Papierherstellung in Deutschland

Klaus B. Bartels

Papierherstellung in Deutschland

Von der Gründung der ersten Papierfabriken
in Berlin und Brandenburg bis heute

Bibliografische Information der Deutschen Nationalbibliothek
Die Deutsche Nationalbibliothek verzeichnet diese Publikation in der Deutschen Nationalbibliografie; detaillierte bibliografische Daten sind im Internet über http://dnb.d-nb.de abrufbar.

Alle Rechte vorbehalten.
Dieses Werk, einschließlich aller seiner Teile, ist urheberrechtlich geschützt. Jede Verwertung außerhalb der engen Grenzen des Urheberrechtsgesetzes ist ohne Zustimmung des Verlages unzulässig und strafbar. Das gilt insbesondere für Vervielfältigungen, Übersetzungen, Mikroverfilmungen, Verfilmungen und die Einspeicherung und Verarbeitung auf DVDs, CD-ROMs, CDs, Videos, in weiteren elektronischen Systemen sowie für Internet-Plattformen.

© be.bra wissenschaft verlag GmbH
Berlin-Brandenburg, 2011
KulturBrauerei Haus 2
Schönhauser Allee 37, 10435 Berlin
post@bebra-wissenschaft.de
Lektorat: Marijke Topp, Berlin
Umschlaggestaltung: typegerecht, Berlin
Innengestaltung: Friedrich, Berlin
Schrift: Caslon 10/14 pt
Druck und Bindung: Friedrich Pustet, Regensburg
ISBN 978-3-937233-82-6

www.bebra-wissenschaft.de

Inhalt

Vorwort	11
1. Papier	13
1.1 Der unverzichtbare Stoff	13
1.1.1 Definitionen und Formate	13
1.1.2 Abgrenzung zu Filzen und Vliesstoffen	17
1.1.3 Papier im Kreislauf	19
1.1.4 Datentechnik mit Papier und Elektronik	19
1.2 Die ersten Bild- und Schriftträger	20
1.2.1 Bild- und Schriftträger aus irdenen Stoffen	20
1.2.2 Bild- und Schriftträger aus tierischen Stoffen	23
1.2.3 Bild- und Schriftträger aus metallischen Materialien	25
1.2.4 Bild- und Schriftträger aus pflanzlichen Stoffen	25
1.2.5 Papyrus	27
1.3 Von China bis nach Deutschland	29
1.3.1 Papier als Kulturträger	29
1.3.2 Die Idee vom Papier	31
1.3.3 Papierherstellung in Samarkand und weiter westlich	40
1.3.4 Das Papier kommt nach Europa	42
1.3.5 Die Gleismühle und ihre Nachfolger	44
2. Papiertechnik	47
2.1 Papier von Hand gemacht	47
2.1.1 Die Technik des Papiermachens	47
2.1.2 Das Schöpfen mit dem Sieb	51
2.1.3 Das Schöpfen mit dem »losen« Deckel	52
2.1.4 Büttenpapier	54
2.1.5 Hüter der Tradition des Schöpfens aus der Bütte	56
2.2 Papiermühlen	57
2.2.1. Mühlen	57
2.2.2 Wasserzeichen	61
2.2.2.1 Das Erkennen von Wasserzeichen	64
2.2.3 Der Schriftträger	65
2.2.4 Anfänge des Papierhandels	66

3. Brandenburgische und Berliner Papiergeschichte — 67
3.1 Hohenofen als Beispiel für die Industrialisierung in Brandenburg / Preußen — 67
- 3.1.1 Die Frühzeit der Eisengewinnung — 67
- 3.1.2 Die Gründung Hohenofens — 70
- 3.1.3 Die Umstellung auf Silber-/Kupfer-Scheidung — 74
- 3.1.4 Das Leben in Hohenofen im 19. Jahrhundert — 77
- 3.1.5 Das Ende der Hütte — 79

3.2 Erfolg bringt Wachstum — 80
- 3.2.1 Überlegungen zum Bau einer Papierfabrik in Hohenofen — 80

3.3 Die bekannt gewordenen Papiermühlenstandorte in Berlin und Brandenburg — 83
- 3.3.1 Papiermühle Altdöbern — 83
- 3.3.2 Bad Freienwalde, Johannismühle — 85
- 3.3.3 Bardewitz bei Treuenbrietzen, Papierfabrik Jordan — 85
- 3.3.4 Belziger Papiermühle (Obermühle) — 85
- 3.3.5 Preußenmühle, Belzig / Springbach — 86
- 3.3.6 Berlin: Die Papiermühle auf dem Wedding — 87
- 3.3.7 Amtspapiermühle zu Cottbus — 88
- 3.3.8 Papiermühle an der Schwärze, Neustadt – Eberswalde — 89
- 3.3.9 Holländische Papiermühle zum Werder in Eichhorst (Niederbarnim) — 91
- 3.3.10 Falkenberger Papiermühle — 93
- 3.3.11 Papiermühle in Friesdorf — 95
- 3.3.12 Gottesforth — 95
- 3.3.13 Kuckucksmühle bei (Heilgengrabe-)Grabow — 96
- 3.3.14 Papiermühle in Heegermühle (Finowtal) — 96
- 3.3.15 Hohenspringe — 99
- 3.3.16 Papiermühle in Köpenick — 99
- 3.3.17 Lindow am Gransee — 99
- 3.3.18 Neustadt (Dosse) — 100
- 3.3.19 Paradiesmühle in Niemegk — 100
- 3.3.20 Papiermühle Pankow — 100
- 3.3.21 Pankow, Neue Mühle — 102
- 3.3.22 Fleuretonsche (staatliche) Papiermühle Prenzlau — 102
- 3.3.23 Sandow bei Ziebingen — 103
- 3.3.24 Papiermühle Schlalach — 105
- 3.3.25 Papiermühle / Papierfabrik Spechthausen (bei Eberswalde) — 105
- 3.3.26 Spremberg — 114
- 3.3.27 Treuenbrietzen / Nieplitz, Gebrüder Seebald — 115
- 3.3.28 Uebigau-Wahrenbrück, Historische Mühle — 116
- 3.3.29 Papiermühle Weissagk — 116

3.3.30 Pressspan- und Dachpappenfabrik Weitlage	117
3.3.31 Wiesenburg (Hohenspringe)	118
3.3.32 Papiermühle/Papierfabrik Wolfswinkel	118
3.3.33 Papiermühle Woltersdorf	123
3.3.34 Papiermühle Zehdenick	124
3.3.35 Brandenburger Papiermühlen und -fabriken in der Statistik 1911	124

4. Das Maschinenzeitalter — 125

4.1 Erfinder und Entwickler	125
4.1.1 Die Langsieb-Papiermaschine: Von Robert bis Gamble	125
4.1.2 Die technische Revolution	130
4.1.3 Fourdrinier, Hall, Donkin	130
4.1.4 Andere Erfinder von Papiermaschinen	133
4.1.5 Selbstabnahmemaschinen	137
4.1.6 Rundsiebmaschinen	138
4.1.7 Der »grobe Bruder«	140
4.1.8 Die Stiefschwester der Pappen: die Wellpappe	140
4.1.9 Stoffaufbereitung	142
4.1.10 Entwicklung der Papiermaschinentechnik in Deutschland	145
4.1.11 Veredelte Papiere	158
4.1.12 Der Weg in einen interessanten und aussichtsreichen Beruf	160
4.2 Roh- und Hilfsstoffe bei der Papierherstellung	166
4.2.1 Baumwolle, Hadern und Ersatzversuche	166
4.2.2 Gräser, Stroh- und Holzstoff	169
4.2.3 Zur Struktur des Holzes	173
4.2.4 Zellstoffherstellung	175
4.2.5 Das Bleichen des Stoffes	179
4.2.6 Altpapier	179
4.2.7 Die Leimung	181
4.3 Papiersorten	187
4.4 Papierprüfung	189
4.4.1 Einführung	189
4.4.2 Stoffe und Hilfsstoffe	194
4.4.3 Auch Weiß ist eine Farbe	197
4.4.4 Gewicht und Volumen	198
4.4.5 Transparenz und Opazität	199
4.4.6 Die Leimungsprüfung	199
4.4.7 Aus der Praxis	200
4.4.8 Glätte, Glanz und Geschlossenheit	202
4.4.9 Verpackungspapiere	203

4.5 Ökologisches ... 204
    4.5.1 Der Wald und das Klima ... 204
    4.5.2 Das Papier und das Klima ... 205
4.6 Druckverfahren ... 207
    4.6.1 Flachdruck ... 207
    4.6.2 Hochdruck ... 209
    4.6.3 Tiefdruck ... 212
    4.6.4 Digitaldruck ... 214
    4.6.5 Siebdruck (Durchdruck) ... 215
    4.6.6 Bromsilberdruck ... 216
4.7 Auch Papier hat seinen Preis ... 216
    4.7.1 Preisstabilität ... 216
    4.7.2 Die faire Kalkulation des deutschen Papiergroßhandels ... 218

5. Maschinenpapierherstellung in Deutschland ... 221
  5.1 Deutschlands erste Papiermaschine und die Patent-Papier-Fabrik zu Berlin ... 221
    5.1.1 Gründung, Schwierigkeiten und Rettung ... 221
    5.1.2 Über die erste Papiermaschine in Deutschland ... 227
    5.1.3 Die finanzielle Basis: Die Seehandlungs-Societät (Preußische Staatsbank) ... 235
    5.1.4 Papiergeld ... 237
    5.1.5 Christian (von) Rother ... 240
    5.1.6 Beteiligung an der Patent-Papier-Fabrik zu Berlin ... 243
    5.1.7 Die Patent-Papier-Fabrik zu Berlin auf Erfolgskurs ... 251
    5.1.8 Der Kauf des Werkes Hohenofen ... 265
    5.1.9 Das Ende der Patent-Papier-Fabrik zu Berlin ... 275
  5.2 Brandenburger und Berliner Papierfabriken ohne Vorläufer einer Papiermühle ... 287
    5.2.1 Actien-Gesellschaft für Pappenfabrikation Berlin ... 288
    5.2.2 Wilhelm Barschall, Berlin ... 288
    5.2.3 Berliner Aktiengesellschaft für Papier-Fabrikation ... 289
    5.2.4 Berliner Kartonfabrik ... 289
    5.2.5 Charlottenburger Papier- und Pappen-Fabrik Gebrüder Damcke ... 289
    5.2.6 Papierfabrik Karl Ernst & Co. AG, Berlin ... 289
    5.2.7 Karton- und Kartonagenfabrik »Monopol«, Berlin ... 290
    5.2.8 Kraft & Knust, Berlin ... 290
    5.2.9 Berlin: Kartonfabrik Fabian & Meissner ... 291
    5.2.10 Berlin: Kartonfabrik Cohn & Co ... 291
    5.2.11 Merkel & Peretz GmbH., Berlin-Zehlendorf ... 291
    5.2.12 Neubauer, Berlin ... 291
    5.2.13 Norddeutsche Papier-Fabrik Actiengesellschaft ... 292

5.2.14 Patent-Papier-Fabrik zu Berlin	292
5.2.15 Gaudschau, J. W., & Comp., Berlin	292
5.2.16 C. Hesse Berlin	292
5.2.17 R. Wigankow, Berlin	292
5.2.18 Elberfelder Papierfabrik Akt.-Ges., Berlin-Zehlendorf	292
5.2.19 Ullmann & Comp., GmbH., Altkarben	293
5.2.20 Märkische Holzstoff- und Pappenfabrik GmbH., Bredereiche	293
5.2.21 Bühlow (Bylow, Byhlow) Post Spremberg	293
5.2.22 Mendelsohn & Wharton, Cöpenick bei Berlin	294
5.2.23 Eisenhüttenstadt: Propapier PM 2 GmbH	294
5.2.24 Groß-Gastrode	294
5.2.25 Guben: Paul Köhler, Pappenfabrik	294
5.2.26 Lübben	295
5.2.27 Neubrücker Bobermühle	295
5.2.28 Neudorf / Spree	296
5.2.29 Neumühle	296
5.2.30 Potsdamer Pappenfabrik	296
5.2.31 Rathenow	296
5.2.32 Papier- und Kartonfabrik Schwedt / LEIPA	296
5.2.33 Zeitungsdruckpapierfabrik Schwedt / UPM GmbH	297
5.2.34 Wilhelmsthal bei Oranienburg	297
6. Die Patent-Papierfabrik Hohenofen	**299**
6.1 Die Seehandlung als Investorin	299
6.1.1 Grunderwerb und Bau	299
6.1.2 Wirkungsloser Gegenwind	303
6.1.3 Das Werk geht in Betrieb	306
6.1.4 Verkauf der Patent-Papierfabrik Hohenofen an die Patent-Papier-Fabrik zu Berlin	319
6.2 Die Privatisierung	326
6.2.1 Ludwig Kayser	326
6.2.2 Der Modernisierer: August Woge	330
6.3 Die offene Handelsgesellschaft in Firma Felix Schoeller & Bausch, Neu Kaliß	341
6.3.1 Felix Schoeller und Theodor Bausch	341
6.3.2 Die Feinpapierfabrik in Neu Kaliß	346
6.3.3 Der Kauf der Hohenofener Fabrik und Gründung der GmbH	352
6.4 Neue Inhaber	356
6.4.1 Illig und andere	356
6.4.2 Eine dänisch-deutsche Episode	358
6.4.3 Zurück zu den Illigs	361
6.4.4 Das Schiff sinkt	371

6.5 Die Wiederkehr der Bauschs 383
    6.5.1 Die Rettung der GmbH und damit der Fabrik 383
    6.5.2 Viktor Bausch im Widerstand gegen Hitler 386
    6.5.3 Felix Schoeller & Bausch, Werk Hohenofen 390
    6.5.4 Der gestohlene Phoenix 393
6.6 »Eigentum des Volkes« 398
    6.6.1 Erinnerungen von Hohenofener Zeitzeugen 398
    6.6.2 Modernisierung 403
    6.6.3 Das Ende nach 151 Jahren 413
    6.6.4 Versuch am untauglichen Objekt 414
    6.6.5 Der Kampf um den Erhalt eines einzigartigen Industriedenkmals 425
    6.6.6 Bürger kämpfen für den Erhalt des Herzens von Hohenofen 427
    6.6.7 Erinnerungen alter Hohenofener 432

7. Deutschland – Ost und West 437
7.1 Niedergang im Osten 437
    7.1.1 Die Zerstörung einer Industrie 437
    7.1.2 Holzschliff-, Zellstoff-, Pappen- und Papierfabriken Ostdeutschlands 438
    7.1.3 Gegenüberstellung der Produktion von Papier und Pappe in West- und Ostdeutschland (DDR) 1950–1983 440
    7.1.4 Das Vorzeigemodell Schwedt 440
    7.1.5 Holzstoff-, Zellstoff- Papier- und Pappenindustrie im Deutschen Reich 1944, DDR 1950 und 1988 und in den neuen Bundesländern 2010 444

8. Zahlen und Fakten 455
8.1 Papiermuseen 455
8.2 Statistisches 457
    8.2.1 Der Pro-Kopf-Verbrauch 457
    8.2.2 Entwicklung der Zellstoff- und Papierindustrie in Deutschland 458
    8.2.3 Rohstoffeinsatz für Papier, Karton und Pappe in Prozent 2008/09 461
    8.2.4 Energie 461
    8.2.5 Preise 462
    8.2.6 Bruttoanlageinvestitionen in Millionen Euro 463
    8.2.7 Größenklassen in der Papierindustrie Deutschlands 464
    8.2.8 Entwicklung der Papierwirtschaft in der Bundesrepublik Deutschland 464

Nachwort 467
    Anmerkungen 471
    Literaturverzeichnis 495
    Personenverzeichnis 503
    Abbildungsnachweis 507

Vorwort

Papier – gibt es einen gewöhnlicheren Stoff als diesen? Es ist Bestandteil unseres Alltags, von der Morgenzeitung über die Hygienepapiere, Verpackungen, persönliche Notizen und Korrespondenz, Akten, bis zu Büchern, Urkunden, gar Träger von Werken der darstellenden Kunst. Wer aber kennt die spannende Geschichte des Weges von den mehr als zweitausend Jahre zurückliegenden Versuchen der ersten chinesischen Papiermacher bis zu unseren heutigen Hightechmaschinen, hunderte Millionen Euro teuren Wunderwerken, deren Produkt aus nachwachsenden Rohstoffen wiederum zu zwei Dritteln zu neuem Papier wird?

Wohl nur wenigen Menschen dürfte der Name Johannes Gutenberg nicht geläufig sein. Der Mainzer Großbürgersohn hat zwar den Buchdruck nicht erfunden; dessen Wurzeln in Form von Holzschnitten liegen weitere 1.500 Jahre zurück. Gutenbergs Erfindungen des Gusses beweglicher Lettern, der Druckfarbe und andere aber waren die Voraussetzung für die Verbreitung von Kultur und Wissenschaft über die Welt. Erst durch seine Leistung wurden Lesen und Schreiben aus der Enge der Klöster und Amtsstuben befreit und mehr und mehr zur Grundlage zivilisierten Lebens und damit des Fortschritts der gesamten Menschheit.

Was aber wären Gutenbergs Arbeiten geblieben, hätte es nicht das Papier gegeben? Papyrus und Pergament, die Beschreibstoffe der Frühzeit und des Mittelalters in Asien und Europa, waren nur in begrenztem Umfang und zu hohen Preisen erhältlich. Das Papier potenzierte die Menge zu druckender Informationen. Sein Preis beruhte damals noch auf knappem Ausgangsmaterial, den Hadern oder Lumpen, und menschlicher Arbeitskraft.

Vom Erfinder der industriellen Papierherstellung mittels Maschinen aber hat kaum jemand auch nur den Namen gehört. Nicolas-Louis Robert hieß der französische Tüftler, der 1798/99 mit der Erfindung des endlos umlaufenden Siebes die Basis für die neuzeitliche Papierproduktion schuf. Seine Helfer, wie sein Chef Didot, in England die Fortentwickler Gamble, Hall, Fourdrinier und andere, an erster Stelle aber der kongeniale Konstrukteur Bryan Donkin und seine Nachfolger, perfektionierten das Prinzip. Deutsche Ingenieurskunst erreichte später eine Spitzenstellung. Weltweit wird heute jede dritte Tonne Papier auf einer deutschen Maschine produziert.

Die Erfindung des Holzschliffs durch den Sachsen Friedrich G. Keller löste fast schlagartig das drückende Problem des Mangels an geeignetem Fasermaterial. Nur wenige Jahre später erfanden europäische und amerikanische Chemiker unterschiedliche Verfahren zur Herstellung von Zellstoff, dessen Einsatz die Qualität des Papieres gravierend verbesserte. Moritz Illig erfand die Leimung im Stoff und ermöglichte dadurch eine bedeutende Produktionssteigerung. Sein Konzept verbreitete sich alsbald weltweit.

Vorwort

Nach Deutschland kam die erste Papiermaschine 1819, gebaut von dem Engländer Donkin. Die Patent-Papier-Fabrik zu Berlin, die erste in Deutschland, war die Gründung des Unternehmers Joseph Corty. Zum Erfolg wurde das Werk aber durch die vorausschauende Wirtschaftspolitik des Staatsministers Rother, der die Königliche Seehandlung als Mehrheitsaktionärin einbrachte. Die Fabrikgebäude in der Mühlenstraße überstanden den Bombenkrieg, aber das DDR-Regime ließ alle Bauten an der Spreeseite abtragen und errichtete die Mauer, deren künstlerische Ausgestaltung just an der Stelle der damaligen Fabrik erneuert wurde und als East Side Gallery zum Anziehungspunkt für Berliner und Besucher geworden ist. Nur an Deutschlands erste Papierfabrik erinnert noch keine Gedenktafel.

Der Erfolg der Berliner Gründung veranlasste Rother, auf dem Areal der stillgelegten Königlichen Seigerhütte in Hohenofen an der Dosse eine zweite Papierfabrik zu errichten, die dann Zweigwerk der Berliner Gesellschaft wurde. Sie ist die einzige Feinpapierfabrik der Ex-DDR, die nicht der allgemeinen Verschrottungsaktion nach der Wiedervereinigung zum Opfer fiel und die also die Tradition des Beginns industrieller Papierfertigung in Deutschland als Technisches Denkmal fortführt.

Im Kontext einer Darstellung der mehr als zweitausendjährigen Geschichte des Papiers den einen Namen und Fakten in die Erinnerung zurückzurufen, die anderen damit vertraut zu machen und auch daran zu erinnern, dass Deutschland nicht nur der größte Papierexporteur der Welt ist, sondern zugleich der Pionier ökologisch bestimmter Produktion mit dem relativ geringsten Holzverbrauch, ist das Anliegen dieses Buches.

Lauterbach (Hessen) im Sommer 2011
Klaus B. Bartels

1 Papier

1.1 Der unverzichtbare Stoff

1.1.1 Definitionen und Formate

Papier ist ein flächenförmiges Erzeugnis aus verfilzten Pflanzenfasern.

Die korrekte Bezeichnung von Papier ist in Deutschland amtlich geregelt. DIN 6730 legt fest, dass Papier ein flächiger, im Wesentlichen aus Fasern meist pflanzlicher Herkunft bestehender Werkstoff ist, der durch Entwässerung einer Faserstoffaufschwemmung auf einem Sieb gebildet wird.

Der Fachmann versteht unter dem Oberbegriff »Papier« drei Unterarten – Papier, Karton und Pappe –, die sich durch ihre Flächengewichte voneinander abgrenzen. Allerdings gibt es für diese Grenzziehung keine offiziellen Bestimmungen.

Die erste Papierart, die wir gemeinhin als »Papier« kennen, reicht bis zu 149 g/m². Bei einer durchschnittlichen Dicke von 0,1 mm für ein maschinenglattes Papier im Flächengewicht von 100 g/m² wäre das eine Stärke von 0,15 mm. Dem steht entgegen, dass in der Nachkriegszeit wegen des Rohstoffmangels Postkarten durchweg auf 140 g/m² schwerem »Postkartenkarton« gedruckt wurden, ebenso die damaligen Paketkarten und ähnliche Formulare. Also behilft man sich mit dem »Griff« – entscheidet also subjektiv, ob das Material, das man in der Hand hat, durch seine Steifigkeit mehr dem »Karton« zuzurechnen ist (den der »Brockhaus« bei 250 g/m² zur Pappe abgrenzt), oder sich doch mehr wie Papier anfühlt. Früher, als Geschäftsbücher noch keine elektronisch gespeicherten Datensammlungen waren, sondern Bücher aus schwerem, sehr gutem holzfreien Papier, »Bücherpapier« oder »Bücherschreib« genannt, lag das Flächengewicht meist zwischen 110 und 130 g/m², konnte aber auch schon einmal 140 g/m² erreichen. Die damals üblichen »Hauptbücher« waren Wälzer im Format von etwa 40 x 60 cm, 3 bis 6 cm dick mit Buchdeckeln aus bis zu 8 mm dicker Buchbinderpappe, nicht selten mit dem kalligrafisch gestalteten Titeldruck »Mit Gott«. In manchem Museum kann man dergleichen noch bestaunen.

Die zweite Papierart, der Karton, ist keineswegs identisch mit dem umgangssprachlich sogenannten Pappkarton, also einem Verpackungsbehältnis aus Karton oder Pappe. Es handelt sich hierbei um dickeres Papier, dessen Definition noch ungenauer ist als die des Papiers, denn Fachleute unterscheiden zwischen Feinkarton und Maschinenkarton für Verpackungszwecke. Feinkarton kann durchaus recht stark sein, Leitkartenkarton etwa, für die »Leitkarten«, die zur übersichtlichen Unterteilung einer Kartei dienten. Dieser wog üblicherweise 350 bis 400 g/m², der Karteikartenkarton hatte 250 g/m². Feinkarton werden solche Produkte aufgrund des eingesetzten Rohstoffes genannt, nämlich Zellstoff (bei billigen dünneren Qualitäten damals auch mit Holzschliff) oder gar Hadern, etwa für Visitenkartenkartons, die Namen trugen wie »Alabasterkarton«, »Elfenbeinkarton«, »Opalkarton« oder auch »Porzellankarton«. Bei solchen Erzeugnissen legte man größten Wert auf eine – im Idealfall – porzellanähnliche Durchsicht. Dies gelang selten ohne Tricks, und so wurden diese Kartons häufig nicht einfach auf der Papiermaschine erzeugt, sondern aus zwei Lagen hochwertigen Papiers zusammengeklebt. Dieser Kniff ist leicht erkennbar: Man zündet den Karton an einer Ecke an, und wenn er sich deutlich spaltet, ist er geklebt. Ganz anders hingegen verhält es sich bei dem Verpackungskarton, den man als dünne Pappe beschreiben kann, wobei auch da die Abgrenzung gefühlsmäßig vorgenommen wird. Man unterscheidet den Graukarton, der nur aus Altpapier hergestellt wird, den gelben Strohkarton, der einstmals für Waschpulverpackungen und ähnliches eingesetzt wurde und der längst ausgestorben ist, weil heutzutage Stroh teurer zu gewinnen ist als Altpapier, und den weißen Holzkarton, dem man heute meist nur noch als Bierdeckel im Wirtshaus begegnet.

Die dritte Papierart, die Pappe, bezeichnet alles, was im Flächengewicht deutlich über dem Karton liegt. Im Grenzbereich kann etwa Chromokarton liegen, ein Graukarton mit einer ein- oder beidseitig weißen, (mineralisch) gestrichenen Oberfläche. Ihm eng verwandt ist der Chromoersatzkarton. Dessen – meist holzfreien – Decken sind scharf satiniert, also auch gut geeignet für Mehrfarbendruck, aber ungestrichen. Man begegnet ihnen fast täglich, z. B. bei den Verpackungen von Zahnpaste, Medikamenten, Süßwaren, Schuhen und unzähligen anderen Zwecken vornehmlich in den Regalen der Supermärkte.

Bei der Pappe stoßen wir fast an die Grenzen der Definition »flächenförmig«, denn ihre Dicke wird schon in mehreren Millimetern gemessen. Noch schwieriger wird es bei einer Form der Pappe, die eigentlich gar keine ist: der Wellpappe. Sie besteht aus mindestens zwei Lagen Wellpappenrohpapier, wird auf Wellpappenmaschinen aber auch zweiwellig hergestellt – mit drei Decken und zwei Wellen. Für extreme Beanspruchungen wird sogar vierwellige Schwerwellpappe produziert. Daher stellt sich schon die Frage, ob man hier nicht die dritte Dimension zu berücksichtigen hat (was man in der Praxis allerdings nicht tut).

Die Fläche ist eine in jeder Art der Papierverarbeitung grundlegende Größe. Schon in der Frühzeit der Papierherstellung, die sich im Wesentlichen auf die Herstellung von Schriftträgern (Schreibpapier) konzentrierte, musste man sich auf annähernd gleiche Bogen- oder Blattgrößen einigen. Heute werden Formate bis DIN A 4 (und die Nebenformate DIN B 4 und DIN C 4) als Blatt bezeichnet, größere (ab DIN A 3) als Bogen. Zeiten großer Umwälzungen bieten häufig die Gelegenheit, dem Volk neue Gesetze und Regelungen vorzuschreiben. So ist es kein Wunder, dass während der Französischen Revolution von 1789 der Gedanke an die Einführung verbindlicher Papierformate entstand. Aber wie das häufig mit großen Ideen ist – der anfänglichen Begeisterung folgen alsbald Bedenken, dann Gleichgültigkeit und endlich das Vergessen.

In Deutschland entstand – quasi als Zwang infolge der Erfindung neuartiger Druckmaschinen und des Aufblühens des Verlagswesens – die Notwendigkeit einer Bereinigung der

Formate. Dies galt ebenso für die zunehmende Einführung und Erweiterung der Verwaltungsarbeit im öffentlichen Bereich wie in der Wirtschaft. Im Zusammenhang mit der Bildung eines wirtschaftlichen Großraumes wurde über die Vereinheitlichung von Maßen und Gewichten diskutiert. Der Deutsche Zollverein, der noch bis 1919 Bestand hatte, gab die Plattform vor. Einige der Bezeichnungen für Papierformate haben sich bis in die gegenwärtige Umgangssprache erhalten, andere erscheinen uns heute fremd:

Name	Maße (mm)	Name	Maße (mm)
Oktav	142,5 x 225	Quart	225 x 285
Folio	210 x 330	Brief	270 x 420
Kanzlei	330 x 420	Propatria	340 x 430
Groß Patria	360 x 430	Bischof	380 x 480
Löwen (Register)	400 x 500	Median I	420 x 530
Median	440 x 560	Post	460 x 560
Median II	460 x 590	Klein Royal	480 x 640
Royal	480 x 650	Lexikon	500 x 650
Super Royal	500 x 680	Imperial	570 x 780
Olifant	675 x 1082		

So logisch und zweckmäßig unsere heutigen DIN-Formate auch sind, der Weg dorthin war steinig. Ein Berliner, der Ingenieur Dr. Walter Porstmann, war der Urheber eines Prinzips, das einfach zu verstehen ist – und doch erst nach langjährigen Diskussionen durchgesetzt werden konnte. Es basiert auf dem Bogen im Format DIN A 0 mit einer Fläche von einem Quadratmeter und dem Seitenverhältnis 1:√2, also im Verhältnis der Seitenlänge eines Quadrats zu seiner Diagonale. Die praktische Konsequenz ist, dass die Halbierung einer Größe jeweils einen Bogen bzw. ein Blatt mit gleichem Seitenverhältnis ergibt. In Zahlen ausgedrückt, heißt das: DIN A 0 = 84 x 118,9 cm = 9.987,6 cm^2, also fast genau 10.000 cm^2.

Wenn Sie ein Briefblatt DIN A 4 in dem üblichen Flächengewicht von 80 g/m^2 mit der ungefähren Dicke von 0,1 mm einmal falten, ergibt das DIN A 5; noch mal gefaltet DIN A 6 (Postkarte) usw. Beim siebenten Mal werden Sie etwa am Ende der Möglichkeiten sein, bei theoretisch DIN A 11, halb so groß wie eine Briefmarke. Nun stellen Sie sich einmal vor, Sie könnten 50 mal falten – und dann raten Sie bitte, wie hoch der Stapel (wenn man den Ausdruck noch benutzen kann) wäre. Nach dem Raten können Sie gern in die Anmerkung schauen.[1]

Die Formate sind in dem internationalen Äquivalent DIN EN ISO 216 festgeschrieben und gelten in fast allen Ländern der Erde. Nur in einigen Staaten, darunter die USA, Kanada und Mexiko, gibt es noch traditionelle Maße, die aber meist weniger praktisch sind. Auch in Deutschland waren die ersten Endlos-Computerpapiere nach amerikanischem Maß gefertigt und damit etwas größer als DIN A 4. Diese kleine Differenz stört aber nur wenig. Da die meisten Druckerzeugnisse der einwandfreien Optik halber beschnitten werden, ist der Rohbogen, wie er der Druckerei geliefert wird, etwas größer als Din A 0, nämlich 86 x 122 cm, oder ein Teil davon, etwa in den gängigsten Lagerformaten des Feinpapiergroßhandels 61 x 86 cm und 43 x 61 cm.

Rabbi Ben Akiba[2] hat bekanntlich postuliert: Alles ist schon einmal dagewesen. Und so gehen wir davon aus, dass auch das DIN-Blatt 476 einen Vorläufer hatte. Dieser soll bereits im Bologneser Statut von 1389 festgeschrieben worden sein.[3] 1786 legte Lichtenberg das Verhältnis 1:√2 oder A:√B fest und warb für seine Anwendung. Das Directoire wendete 1789 dieses Verhältnis auf den Quadratmeter an und stellte eine Formatreihe auf. Der Deutsche Normenausschuss entwickelte das besagte Blatt. In dem Artikel »Normalisierte Papierformate – Wahrheit und Dichtung« beschrieb Liewe Leinwas[4] die ziemlich heftigen Auseinandersetzungen zwischen Wissenschaftlern und Praktikern, die 1907 im schwedischen Papierfabrikantenverein und im Verein für Buchgewerbe über die Einführung »gleichförmiger Papierformate« stattfanden. Der Vorstand wurde damit betraut, geeignete Personen zur Untersuchung der Frage zu ernennen, um den Buchdruckereien Ergebnisse vorzulegen.[5]

Wäre die DIN A-Reihe die einzige, gäbe es ein entscheidendes Problem: Wie bekäme man Blätter in Mappen, Hüllen oder Taschen desselben Formats? Aus diesem Grund wurden Nebenreihen erfunden. Bezogen auf das übliche Briefformat DIN A 4 (21 x 29,7 cm) sind das DIN C 4 = 22,9 x 32,4 cm (Versandtaschen und Prospekthüllen), DIN B 4 = 25 x 35,3 cm (Versandtaschen in Übergröße), DIN D 4 = 19,2 x 27,2 cm (für Einlageblätter). (Die B-Reihe ist gleich der Mitte zwischen dem kleineren und dem größeren A-Format; DIN B 4 also die Mitte zwischen DIN A 4 und DIN A 3. Die C-Reihe ist die Mitte zwischen A und B.) Die D-Reihe wurde als bedeutungslos in der Neuauflage des DIN-Blattes 476 von 1939 gestrichen.[6] Demzufolge misst der normale Briefumschlag DIN C 6 = 11,4 x 16,2 cm und die Langhülle DIN C 6 / C 4 = 11,4 x 22,9 cm.

Packpapiere und Pappen basieren im Regelfall auf den Formaten 70 x 100 cm oder 75 x 100 cm. Eine Normung dafür gibt es nicht. Viele Bücher (auch das vorliegende) werden der ansprechenderen Optik halber aus Bogen von 70 x 100 cm gedruckt.

In Deutschland wurden die DIN-Formate bereits 1922 bekannt gemacht, aber erst ab 1936 mussten alle Büropapiere und -kartons in den genormten Formaten hergestellt werden. Für den amtlichen Gebrauch wurden die Formate als verbindlich erklärt. Mit den DIN-Blättern 5008 und 676 wurde sogar die Gestaltung von Geschäftspapieren vorgeschrieben. Dies gehört aber längst der Vergangenheit an. Der Feinpapiergroßhandel beeilte sich damals, seine Bestände in den nunmehr nur noch im Privatbereich zulässigen Formaten weitgehend mit steuerlicher Wirkung abzuschreiben – und drei Jahre später, mit Kriegsbeginn, wurde die Einkommensteuer verdoppelt. Als in der alsbald ausbrechenden Mangelsituation alles verkäuflich war, was annähernd wie Papier aussah, schlug Vater Staat dann zu.

Wenden wir uns nun der Beschaffenheit des Papiers zu. Seine verfilzten Fasern unterscheiden es etwa von gewebten Flächen wie Schreibseide, Pflanzenteilen, Papyrus (dem kreuzweise aufeinandergelegten Mark der Papyrusstaude) oder aus Baumrinde oder Bast hergestellten Materialien und Folien. Zu letzteren gehört eigentlich auch echtes (vegetabilisches) Pergament. Die Faserstruktur der Cellulose an den Oberflächen wird chemisch aufgelöst und damit zur Folie. Der Kuriosität halber sei erwähnt, dass vor gar nicht so langer Zeit, nämlich zur Zeit des Nationalsozialismus, als die Ideologie wirtschaftlicher Autarkie vorherrschte, während des Krieges und der darauffolgenden Mangelwirtschaft der Nachkriegszeit in großem Maße gereinigte Cellulose auf ganz ähnliche Weise zu Kleiderstoffen verarbeitet wurde. Das sogenannte Viskoseverfahren beruht auf der Umwandlung von Cellulose durch Alkali und Schwefelkohlenstoff in das Natriumsalz der Cellulosexanthogensäure, deren wässrige Lösung die Viskose ist. Aus ihr wird nach einem Nachreifeprozess durch Ausfällen in ein saures Bad aus Schwefelsäure und Natriumsulfat regenerierte Cellulose (Hydratcellulose) in Form von Viskoseprodukten. Wenn die Hydratcellulose durch sehr feine Platindüsen in das Säurebad gepresst wird, entstehen Spinnfasern (Rayon und Zellwolle). Diese Fasern werden zerhackt, versponnen und zu Bekleidungsstücken verarbeitet. Der damals im Volksmund umlaufende Spott, die Anzüge seien aus Holz gemacht und der Drechsler müsse die Knopflöcher fräsen, stimmt natürlich nicht und gehört eher in das Kapitel »Feindpropaganda«.

Es handelt sich zwar um eine ganz ähnliche Technik, aber das Ausfällen in Bahnen ergibt das glasklare Zellglas (Cellophan); durch vergleichbare Verfahren entstehen Viskoseschwämme und -schwammtücher.[7] Näher am Papier sind pergamentähnliche Hartfolien, die unter den Bezeichnungen »IGRAF« und »IGRAFAN«[8] bekannt sind und vornehmlich als Bezugsmaterial für Bucheinbände und ähnliches verwendet werden.

1.1.2 Abgrenzung zu Filzen und Vliesstoffen

Nicht leicht ist die Abgrenzung des Papiers (im weitesten Sinne) von Filzen und Vliesstoffen. Filz ist laut der Internetenzyklopädie »Wikipedia« ein textiles Flächengebilde aus einem ungeordneten, nur schwer zu trennenden Fasergut. Es handelt sich bei Filz also um eine nicht gewebte Textilie. Aus Chemiefasern und Wolle und theoretisch auch aus Pflanzenfasern entsteht Filz[9] durch trockene Vernadelung (Nadelfilz) oder durch Verfestigung durch unter hohem Druck aus einem Düsenbalken austretende Wasserstrahlen. Filz aus Wolle ist ein Walk- oder Pressfilz. Die gereinigte, gekämmte und bis zum Vlies[10] aufbereitete Rohwolle wird durch mechanische Bearbeitung (Filzen und Walken) in einen festen Zusammenhalt gebracht. Die einzelnen Fasern sind dabei ungeordnet miteinander verschlungen. Tierische Haare haben eine schuppenförmige Oberfläche, deren mikroskopisch kleine Plättchen sich beim Filzen dauerhaft ineinander verhaken. Der entscheidende Unterschied zum Papier ist, dass die Fasern keinem Mahlvorgang unterworfen werden. Deshalb ist die Wollfilzpappe, die einst das übliche Rohmaterial für die Teer- oder Dachpappen darstellte, aber auch für Verpackungszwecke verwendet wurde, kein Filz, sondern dem Namen nach eine Pappe, dem Griff nach aber eigentlich ein Karton.

Der Vliesstoff[11] ist ein textiles Flächengebilde aus einzelnen Fasern. Im Gegensatz dazu werden Gewebe, Gestricke und Gewirke aus Garnen hergestellt und Membranen aus Folien. Ein Vliesstoff unterscheidet sich vom Papier häufig in der Länge der Fasern, die beim Papier sehr viel kürzer sind. Es gibt jedoch auch nassgelegte Vliesstoffe aus kurzen Cellulosefasern. Der entscheidende Unterschied ist das Fehlen der Wasserstoffbrückenbindung, die allein dem Papier eigen ist und seine Festigkeit ausmacht. Zugrunde liegt ein chemischer Vorgang. Wasserstoffatome besitzen eine positive, Sauerstoffatome eine negative Ladung. Bei der Papierherstellung unter Einsatz von viel Wasser wird eine sogenannte Wasserstoffbrücke zwischen den beiden Grundstoffen aufgebaut: An ein Sauerstoffatom dockt von jeder Seite ein Wasserstoffatom an. Die chaotisch zusammenliegenden Fasern der Cellulose werden nun miteinander oder über Wassermoleküle verbunden. Fertiges Papier enthält stets noch einen kleinen Rest von Wasser. Deshalb wird es auch nicht spröde – im Gegensatz zu einem absolut trockenen Papier.

Vliesstoffe können aus unterschiedlichsten Faserarten hergestellt werden: aus mineralischen wie Glas, Asbest, Mineralwolle oder Basalt, aus tierischen wie Seide oder Wolle, aus pflanzlichen wie Baumwolle oder Cellulose und aus unterschiedlichsten chemischen Produkten. Für den Papierbereich sind lediglich die Vliesstoffe auf Cellulosebasis relevant, die auf sehr langsam laufenden Schrägsieb-Papiermaschinen gefertigt werden. Anwendung finden diese Stoffe als Staubsaugerfilter, medizinisches Textil, Windelbestandteil oder als Tapetenrohstoff.

Umgangssprachlich wird gelegentlich der Ausdruck »Vlies« für den Ganzstoff benutzt, der auf dem Langsieb im Anfangszustand der Blattbildung liegt, also mit einem Trockengehalt zwischen etwa ein und fünf Prozent.

Auch der nächste Begriff der klassischen Terminologie muss besprochen werden. Papier wird zwar ganz überwiegend aus Pflanzenfasern hergestellt, aber es gab auch Papier aus Asbest (als Brandschutz, feuerfeste Unterlagen und Schutzkleidung oder als Basis für Zündhölzer). Seit Jahrzehnten wird es wegen der Gesundheitsgefahren durch die Mineralfasern nicht mehr verwendet. Es wurden auch Versuche unternommen, Papier aus Kunstfasern herzustellen, die zu der Erkenntnis führten, dass der erwünschte Erfolg einfacher durch eine Folie oder einen Vliesstoff zu erreichen ist. Es liegt auf der Hand, dass die für das Papier charakteristische Wasserstoffbrücke nur beim Einsatz von Cellulose oder ihr ähnlichen Naturprodukten entstehen kann.

1.1.3 Papier im Kreislauf

Gebrauchtes Papier ist längst kein ordinärer Abfall mehr, sondern kostengünstiges, umweltschonendes Ausgangsmaterial. Rund 71 Prozent der deutschen Papier- und Pappenerzeugung beruhen auf der Aufbereitung von Altpapier durch modernste Technik. Deutschland bewahrt damit eine alte Tradition. Schon vor hundert Jahren wurde in Deutschland der größte Anteil an Altpapier weltweit für die Herstellung von Verpackungskarton, Pappen und Packpapieren eingesetzt. Der Fortschritt beim Deinking, dem Entfernen der Druckfarben aus dem Papier, ermöglicht heute die Produktion auch hochwertiger grafischer Papiere aus Altpapier, etwa für Zeitungen, Zeitschriften, Geschäftspapiere, ohne dass die Herkunft aus dem (vielleicht schon mehrfach eingesetzten) einstigen Abfall erkennbar wird. Selbst die herausgelöste Druckfarbe, die in einer modernen Papierfabrik täglich in einer Größenordnung von dreistelligen Tonnenmengen anfällt, dient in praktisch schadstofffrei arbeitenden Kraftwerken als hochwertiges Brennmaterial. Das spart bedeutende Mengen Öl oder Gas ein und senkt damit die Produktionskosten.

Die Internet-Plattform »News – Birkner International PaperWorld« berichtete am 8. August 2010 über eine neue digitale Drucktechnik, die sich nicht mit dem gängigen Papierrecycling verträgt. Der in diesem Jahr erstmals in großem Maße eingesetzte Flüssigtoner der HP-Indigo-Drucker lässt sich auch mit den modernsten und aufwendigsten Methoden nicht entfernen. Der Altpapiergroßhandel muss seine Sortierung deshalb dergestalt umstellen, dass in dem neuen Verfahren bedruckte Papiere ausschließlich für die Herstellung von Wellpappenrohstoff eingesetzt werden.[12]

1.1.4 Datentechnik mit Papier und Elektronik

Papier ist zwar nicht der älteste, wohl aber einer der langlebigsten Datenträger gleich nach den in Stein gemeißelten Hyroglyphen an ägyptischen Tempelwänden. Dennoch dürfen wir es sicher als Glück betrachten, dass uns die Technik des 20. Jahrhunderts eine grundlegend neue Form der Datenerfassung beschert hat, deren Vorläufer noch des Papiers bedurften: die Hollerith-Lochkarten, Randlochkarten, Lochstreifen. Die überleben möglicherweise noch in manchem Archiv, sofern sie nicht der Zahn der Zeit inzwischen zerstört hat. Tatsächlich sind es mehrere Faktoren, die sich an dem Vernichtungswerk beteiligen. Hier und da wird noch eine Maschine existieren, mit der sich diese Speichermedien lesen lassen. Nach der ersten Euphorie über die schnelle und allumfassende Leistung der neuen elektronischen Großrechner stellte sich allerdings bald heraus, dass die Lebensdauer der Magnetbänder und -kassetten durchaus begrenzt ist. Hinzu kam, dass der Fortschritt der Technik sich in ständig verbesserter Hardware verkörperte, mit der sich die schier unendlichen Datenmengen mangels konformer Lesetechnik nicht mehr entziffern lassen.

| Papier

Etwa vierzig Jahre ist es her, dass die Papierwirtschaft von allgemeiner Panik gepackt wurde. Die Legende vom papierlosen Büro verbreitete sich und hat bis heute ihre gläubige Anhängerschaft behalten. Wie aber sieht die Praxis aus? Nie wurde so viel Papier in den Büros der Großkonzerne verbraucht. Ungeachtet der sich stetig weiterentwickelnden Computertechnik findet doch der Schöpfungsakt für (fast) jede neue Idee zunächst auf dem Papier statt. Selbst die aktuelle Euphorie um das elektronische Buch bringt Verleger und Buchhändler nicht mehr zur Verzweiflung, denn der aus der Erfahrung erwachsene Glaube an die Zukunftssicherheit des gedruckten Buches lässt sie die Entwicklung gelassener sehen.

Mehr als zweitausend Jahre nach der Erfindung des Papiers in China fand in der damaligen preußischen Hauptstadt Berlin eine technische Revolution statt, die für die deutsche Bevölkerung, die Wirtschaft und die Wissenschaften von allergrößter Bedeutung war. Leider ist die Erinnerung daran und an die Persönlichkeiten, deren außergewöhnliche Leistungen auf technischem wie wirtschaftlichem Gebiet diesen Sprung in die Neuzeit ermöglichten, gänzlich ins Vergessen geraten. Kein Lexikon nennt mehr ihre Namen, keine Bronzetafel erinnert an die erste Fabrik in Deutschland, in der »Papier ohne Ende« produziert wurde. Die Baulichkeiten in der Mühlenstraße fielen der deutschen Teilung zum Opfer; sie wurden abgerissen, um freies Schussfeld auf potentielle Flüchtlinge zu schaffen. Das Zweigwerk im brandenburgischen Hohenofen aber, das das Ende der Berliner Fabrik um 115 Jahre überlebte, überstand auch die allgemeine Abriss- und Verschrottungsaktion der Feinpapierindustrie der einstigen DDR als einzige komplette Papierfabrik. Das Technische Denkmal wurde 2010 von einigen wenigen engagierten Mitgliedern eines gemeinnützigen Vereins – zumindest vorübergehend – vor dem gänzlichen Verfall bewahrt. Ziel ist die Rettung der Fabrik und das Andenken und die Würdigung des Beginns der industriellen Papierherstellung in Deutschland.

Die ersten Bild- und Schriftträger

Bild- und Schriftträger aus irdenen Stoffen

Die erste uns bekannte Hochkultur entwickelte sich im Gebiet um die Ströme Euphrat und Tigris, häufig als Zweistromland bezeichnet, das in etwa dem heutigen Irak entspricht. Sumerer waren die Bewohner des Landes. Auf Tontafeln wurden Dokumente verschiedenster Art in einer Bilderschrift mit einem Griffel eingedrückt. Aus dieser Periode, die etwa 5.300 Jahre zurückliegt, wurde ein Zeugnis gefunden, das die Forscher als frühe Buchführung erkannten. Auf Tongefäßen wurden sogar noch 2.000 Jahre ältere bildhafte Darstellungen gefunden, doch wurden Töpferwaren wohl eher selten als Schriftträger genutzt. Bei Kalksteintäfelchen aus der Zeit um 3300 v. Chr. wird angenommen, dass es sich um eine Art

Steuerbescheid gehandelt hat. Die Sumerer waren es auch, die zwischen 3500 und 3000 v. Chr. aus der Bilddarstellung eine Schriftsprache entwickelten. Die veränderte Art der Darstellung von Informationen führte zum Ersatz der angespitzten Griffel durch solche, bei denen die Spitze der Rohrstäbchen dreieckig geformt war. Das Ergebnis dieses Wandels war die Entwicklung der Keilschrift, in der um 2000 v. Chr. auch literarische Texte geschrieben wurden. Der Gebrauch der Keilschrift führte rasch zu einer von Sinnbildern abstrahierenden kursiven Gebrauchsschrift, die schon um 2700 v. Chr. ihre Bildhaftigkeit weitgehend verloren hat. Ursprünglich rund 2.000 Zeichen wurden bis ca. 2350 v. Chr. auf ein Drittel reduziert. Die ältesten erhaltenen Texte in Keilschrift stammen aus dem dritten Jahrtausend v. Chr. Da Akkadisch, die Sprache der späteren Bevölkerung Sumers, zur internationalen Handelssprache wurde, lehrte man sie in den Schulen des gesamten Orients. Der Gebrauch der Keilschrift erstreckte sich von Kleinasien nach Syrien, Persien und bis nach Ägypten. Sie wurde auch zur schriftlichen Niederlegung von regionalen Sprachen verwendet, wie z. B. Hurritisch in Nordmesopotamien, Syrien und Kleinasien, Hethitisch und Elamisch in Persien. Darüber hinaus wurden neue Schriftsysteme entwickelt, die sich des Keils als Grundelement bedienten, sich aber in Form und Gebrauch der Schriftzeichen von dem babylonischen Modell unterschieden. Die Keilschrift wurde auch von anderen Völkern übernommen. Um 1400 v. Chr. war sie die Verkehrsschrift des Alten Orients. Sie konnte sich bis 50 n. Chr. erhalten und wurde erst von der aramäischen Schrift abgelöst.[13] Das Schreiben auf Tontafeln verbreitete sich über weite Gebiete Vorderasiens bis nach Persien und wurde noch um die Zeitenwende in Babylon für kultische Texte verwendet. Die Dauerhaftigkeit dieses mineralischen Beschreibstoffes ist zu loben: An die 300.000 solcher Täfelchen sind gefunden worden; die Inhalte befassen sich fast ausschließlich mit wirtschaftlichen Themen. Der wertvollste Fund allerdings waren die zwölf Tafeln mit dem Gilgamesch-Epos, einer meisterhaften ninivetischen Dichtung aus dem Beginn des ersten vorchristlichen Jahrtausends, der noch im klassischen Griechenland der erste Rang in der Dichtkunst eingeräumt wurde.[14] Derartige Täfelchen hatten den Vorteil, dass die Archive bei den damals immer wieder auftretenden Großbränden nicht nur nicht vernichtet, sondern durch das Feuer sogar haltbarer wurden, soweit sie nicht schon für den praktischen Gebrauch gebrannt worden waren. Die Keilschrift der Sumerer wurde übrigens, wie die ägyptischen Hieroglyphen, bereits im 19. Jahrhundert entziffert.

Gänzlich unabhängig von der sumerischen Kultur entwickelten sich erste Schriftformen im China des zweiten vorchristlichen Jahrtausends, vielleicht aber auch schon früher in Ägypten, wo die Hieroglyphen die Fortentwicklung einer Bilderschrift darstellen. Die ältesten ägyptischen Hieroglyphen wurden in die Mauern und Wände von Tempeln und Palästen in bildhauerischer Technik geschlagen. Damit wurde diese Art zweifellos zum längstlebigen Datenträger, den wir heute noch staunend bewundern.

Tontäfelchen dienten auch den alten Griechen als Schriftträger. Ihre Schrift entwickelte sich zunächst in zwei Varianten auf Kreta. Die eine Form hat ihren Ursprung vermutlich um

1650 v. Chr. in der Levante[15], die zweite kam um 1400 v. Chr. auf und wurde schließlich zur Urform der griechischen wie der lateinischen Schrift. Diese Urform konnte erst zu Beginn des zweiten nachchristlichen Jahrhunderts dechiffriert werden.

Auch Stein wurde als Schrift- oder Bildträger verwendet. Die frühesten Techniken altsteinzeitlicher Darstellungen waren wohl Ritzungen und Gravuren (Petroglyphen), doch diente Gestein in Höhlen (Spanien, Südfrankreich) seit 12.000 Jahren, auf Felswänden Nord- und Südafrikas vermutlich noch früher, als Malgrund (Petrogramme). Bewundernswerte Kunstwerke haben so die Zeiten überdauert und werden heute mit großem Aufwand für die Zukunft bewahrt. Die weltweit umfangreichste Kollektion von Felsbildern besitzt das Tassili N'Ajjer im Südosten Algeriens. Dort sind drei Kunstepochen deutlich unterscheidbar, jeweils etwa 3.000, 7.000 bis 8.000 und 12.000 bis 15.000 Jahre alt. Dargestellt werden Tiere tropischer Breiten und Menschen unterschiedlicher Rassen. Der Wechsel zwischen diesen künstlerisch produktiven Zeitabschnitten und den jeweiligen Zwischenzeiten ariden Wüstenklimas gibt uns in einer Zeit der Ängste um mögliche Veränderungen des Weltklimas noch ungelöste Rätsel auf. Schade, dass dort damals die Schrift noch nicht erfunden war – sonst wären wir sicher heute schlauer.

Stein als Schriftträger wurde von der heutigen Großeltern-Generation noch täglich genutzt, nämlich als Schiefertafel im Ranzen wie an der Wand des Klassenzimmers. Der Stein als Bildträger hat noch heute seine Bedeutung, wenn auch seit einigen Jahrzehnten auf die Kunst beschränkt: Die Lithografie, bei der das auf den Stein (heutzutage plangeschliffene Solnhofener Platten) Gezeichnete gedruckt wird – Steindruck – ist eine Technik, um Original-Kunstwerke zu vervielfältigen und so Kunst zu erschwinglichen Preisen zu bieten.

Bekanntlich gibt es nichts, was es nicht gibt – so auch immer wieder Leute, die das Rad neu erfinden wollen. Ähnlich ist das mit der Schrift. Anfang des 19. Jahrhunderts soll der Indianer Sequoyah eine eigene Indianerschrift geschaffen haben.[16] Deren erste Spuren wurden in einer Höhle im US-Bundesstaat Kentucky gefunden, datiert auf das Jahr 1808. 1821 präsentierte er seine Erfindung, eine Silbenschrift, und die Stammesgenossen schafften sich alsbald eine Druckmaschine an, auf der sie mit den neuen Lettern nicht nur das Neue Testament, sondern sogar eine eigene Zeitung druckten, den »Cherokee Phoenix«. Vordem hatten die Indianer des Nordens im Gegensatz zu den Maya oder Azteken nie durch die Schöpfung einer Schrift den Schritt in die Hochkultur vollzogen; lediglich primitive Bilderschriften finden sich bei den Sioux und Delawaren auf Birkenrinde und Büffelhäuten. So meinte also der Weise aus der Neuen Welt, einiges nachholen zu müssen, und entwarf Tausende von Symbolen, die jeweils für ein Wort stehen sollten. Diese Idee, die sich in der chinesischen Schrift durchsetzte, erschien dem Indianer jedoch aufgrund der komplizierten Zeichen problematisch und er kam auf den Gedanken, die Wörter in Silben zu zerlegen, denen er Schriftzeichen zuordnete. Einer englischen Bibel entnahm er die Form einiger Buchstaben. Die Quelle der gleichfalls verwendeten kyrillischen Lettern blieb unerforscht, und wieder andere Zeichen entsprangen wohl seiner Fantasie. Das Endergebnis von 85 Zeichen war anwendbar und durchaus erlernbar. Dennoch war der Schrift kein Erfolg beschieden, denn weiße Siedler vertrieben 1838 den Stamm in die Reservate. Sequoyah suchte nach versprengten Stammesteilen, um sie das neue Alphabet zu lehren, doch ereilte ihn 1843 der Tod. Allerdings hatte der Häuptling noch erkannt, dass auch für seine Schrift Papier als Träger wesentlich praktischer war als Felswände und Büffelhäute.

1.2.2 Bild- und Schriftträger aus tierischen Stoffen

In der Vorzeit wurde in manchen Kulturen auf Knochen oder Elfenbein geschrieben. Der Fantasie unserer Altvorderen waren dabei keine Grenzen gesetzt. Aus Kanada kennen wir Eskimo-Aufzeichnungen auf Walknochen, aus China sind Orakelsprüche überliefert, die auf den Panzer von Schildkröten geschrieben wurden; andere Dokumente sind auf Elfenbein erhalten, das nicht nur im Fernen Osten als Kostbarkeit geschätzt und zu bewunderungswürdigen Kunstwerken verarbeitet wurde.

Aber auch die praktischer zu handhabende Tierhaut wurde als Schriftträger verwendet. Seit wenigen Jahren weiß man, dass vor 40.000 Jahren als allererstes Material, auf dem Malereien angefertigt wurden, die menschliche Haut diente – in Form von Tätowierungen.

Bereits in vorgeschichtlicher Zeit wurde Leder hergestellt, die gegerbte Haut von Kälbern, Rindern, Lämmern, Schafen und Ziegen. Zur Gewinnung von Leder wurden Rauch, fette Öle und Alaun eingesetzt. In der frühen Bronzezeit arbeitete man mit pflanzlichen Stoffen. (In die Gegenwart gerettet hat sich diese Art Beschreibstoff in der jüdischen Religion. Der Talmud schreibt vor, dass das mosaische Gesetz auf Leder geschrieben sein muss, weshalb die Lederrolle in der Synagoge ihre unveränderliche Bedeutung hat.) Erst wesentlich später, um 1500 v. Chr., kam man auf den Gedanken, die Tierhaut als Beschreibstoff brauchbarer zu machen, indem man sie von Haaren befreite, die Haut mit Kalk behandelte, sauber schabte, glättete und durch das Einspannen mittels Fäden in einen Rahmen in die gewünschte Form brachte und trocknete.[17] Allgemein bekannt wurde das Verfahren im zweiten vorchristlichen Jahrhundert, als Ptolemäus II. von Ägypten ein Exportverbot für Papyrus erließ. Eumenes von Pergamon strebte eine Bibliothek von der Größe der alexandrinischen an und förderte deshalb die Herstellung von Pergament. Seine Sammlung soll auf 200.000 Rollen gewachsen sein – und alle sind verloren gegangen. Pergament hatte gegenüber dem billigeren Papyrus einen bedeutenden technischen Vorteil: Man konnte es zweiseitig beschreiben und zu Büchern (Codices) zusammenfügen, während Papyrus nur in Rollenform für umfangreiche Schriftstücke taugte. Diese Rollen nahmen ein Mehrfaches an Platz ein und waren überdies unhandlicher im Gebrauch. Die Zahl der gefundenen Rollen nahm zwischen dem zweiten und dem vierten Jahrhundert von 465 auf 25 pro Jahr ab, die der Codices hingegen von 11 auf 71 zu.[18] Pergament wurde in Pergamon in großem Umfang eingesetzt, dort erfunden wurde es jedoch nicht – auch wenn es seinen Namen von der Stadt erhalten hat. Für besonders feine Pergamentqualitäten waren nach dem siebenten Jahrhundert, als Europa von der Einfuhr ägyptischer Papyri abgeschnitten wurde, die Werkstätten in Nürnberg und Augsburg bekannt. Auch französisches Pergament war hoch geschätzt. Billig waren die Bücher damals wie heute nicht: Das Evangeliar Heinrichs des Löwen, das der Sachsen-Herzog bereits 1173 im Benediktinerkloster Helmarshausen anfertigen ließ, wurde 1983 durch Sotheby versteigert und von der Bundesrepublik für 32,5 Millionen DM (rund 16,3 Millionen Euro) erworben. An der Pariser Sorbonne werden zwei Pergamente aus menschlicher Haut aufbewahrt. Eines davon ist ein Buch der Bibel, das aus der Haut einer Frau gefertigt ist. Im Zeitalter der Renaissance wuchs der Bedarf an Pergament rapide. Es verwundert nicht, dass die Schriftkunst, die Kalligrafie, Höhepunkte erreichte, war doch schon das Material kostbar und verlangte nach adäquater Beschriftung. Schaustücke dieses frühen Schreibmaterials bieten zahlreiche Museen, denn für außergewöhnlich wichtige oder repräsentative Urkunden wird bis in die Gegenwart echtes Pergament eingesetzt – beispielsweise für die amerikanische Unabhängigkeitserklärung vom 4. Juli 1776 oder den Versailler Vertrag vom 28. Juni 1919. Echtes Pergament war zu Zeiten, als man noch nicht so sehr an die Bewahrung von Akten in Archiven dachte, auch für seine Wiederverwendbarkeit bekannt. Mit mäßigem Aufwand konnte das lederverwandte Material mithilfe eines Bimssteines oder ähnlichem von der aufgetragenen Schrift befreit und wiederverwendet werden.

Es ist auch bekannt, dass nordamerikanische Indianer – oder zumindest einige ihrer Stämme – Büffelhäute beschrieben haben. Im Dunkel bleibt allerdings, zu welcher Zeit und in welcher Schrift.

Der Begriff »Echt Pergament« muss erläutert werden, versteht man doch in der Neuzeit, da das tierische, »wirklich echte« Pergament zu einer großen Seltenheit und Kostbarkeit geworden ist, unter »Echt Pergament« ein papierverwandtes Material, insbesondere für die absolut fettdichte Verpackung von Lebensmitteln, z. B. von Butter. Ein holzfreies, festes, weiches, saugfähiges Papier, Pergament-Rohpapier, wird mittels Schwefelsäure in ein Amyloid, einen Eiweißverwandten, umgewandelt, verliert dadurch seine Faserstruktur und ist daher eigentlich kein Papier mehr, sondern eine Folie. Eng verwandt damit ist beispielsweise das Bucheinbandmaterial IGRAF, erfunden von Viktor Bausch, einst Mitinhaber der großen Feinpapierfabrik Felix Schoeller & Bausch in Neu Kaliß, Mecklenburg, und damit auch der Patent-Papierfabrik Hohenofen. Ein weiterer Verwandter ist Vulkanfiber, eine starke, chemisch verwandelte Pappe vornehmlich für die Herstellung von Koffern und heute noch häufig dafür genutzt. Da der Fertigungsprozess von »Echt Pergament«, dem vegetabilischen, teuer ist und für viele Zwecke eine nicht so extreme Fettdichtigkeit verlangt wird, wurde das Pergamentersatzpapier entwickelt. Ein schmierig gemahlener Stoff (das heißt, die Faserstruktur wird durch weniger schneidendes, mehr quetschendes Mahlen zerstört) ergibt ein recht fettdichtes, ziemlich transparentes Papier. Noch vor drei Jahrzehnten war es das beherrschende Verpackungsmaterial für Fleisch- und Wurstwaren. Während des Zweiten Weltkrieges und den folgenden Jahren der Mangelwirtschaft fehlte es an geeigneten Rohstoffen. Um dennoch der Nachfrage Genüge zu leisten, wurde »Ersatz für Pergamentersatz« oder auch »imitiert PE« kreiert. Korrekt müsste also formuliert werden: »Echtes tierisches Pergament«, »(echt) vegetabilisches Pergament«, Pergamentersatz usw.

1.2.3 Bild- und Schriftträger aus metallischen Materialien

Im siebenten Jahrhundert wurde in Lydien das Münzgeld eingeführt und schuf die Grundlage für einen wachsenden Handel. Wie viele Milliarden Münzen heute weltweit im Umlauf sind, ist wohl kaum zu ergründen; wie viele Münzarten es gibt, ist in einschlägigen Katalogen verzeichnet. Metall hat in der Neuzeit auch in anderen Bereichen der Datenspeicherung große Bedeutung erlangt. In der Hochzeit des Buchdrucks waren in jeder noch so kleinen Buchdruckerei Tonnen von Lettern unterschiedlicher Arten und Größen und/oder Schriftmetall für die Setzmaschinen vorhanden. Nach dem Zweiten Weltkrieg verlor diese Drucktechnik rapide an Bedeutung und ist inzwischen fast museal geworden, abgelöst durch den Offsetdruck, dessen Grundlage zu Beginn Zinkplatten waren. Die Weiterentwicklung der Kunststofftechnik hat auch dort zu einer Ablösung geführt.

1.2.4 Bild- und Schriftträger aus pflanzlichen Stoffen

Eine indische Überlieferung besagt, der Hindugelehrte Panningvishee aus Arittuwarum am Ganges habe um 3500 v. Chr. erstmals auf Palmenblätter geschrieben. Die Behandlung, die ein Palmenblatt zu einem Beschreibstoff macht, soll übrigens die erste Erfindung der Welt sein, die auf einen namentlich bekannten Erfinder zurückgeführt werden kann.[19]

Die Nutzung von Pflanzenteilen als Beschreibstoff bietet sich offenkundig an. Wohl mehr für den Souvenirmarkt werden solche Schriftstücke aus den Blättern von Fächerpalmen im zentralen Norden Indiens und in Sri Lanka noch heute gefertigt. Auch die Rinde mancher Bäume ist brauchbar zum Bemalen, Beschreiben oder auch Einritzen. Schon äußerlich erinnert die weiße Rinde der Birke an Papier, und tatsächlich nutzten die alten Russen sie angeblich für ihre Korrespondenz. Rindenbast wird sogar seit der Jungsteinzeit zu papier-, besser: papyrusähnlichen Flächen zusammengelegt und mittels hölzerner Hämmer zusammengeklopft. Vielleicht werden hier und da noch – im Nordwesten Südamerikas, in einem von Küste zu Küste reichenden Gürtel des tropischen Afrikas, in Südindien und einigen Inseln Ozeaniens – Bastfasern von Ficus-Arten verwendet, während im alten Mexiko Agavenfasern als Ausgangsmaterial genutzt wurden. Möglicherweise wurden aus dieser Pflanze auch die Schnüre hergestellt, die die Inka für die Knotenschrift benutzten – eine sehr frühe Technik der Nachrichtenübermittlung über weite Entfernungen.

Papier

Weißrussland hat 2008 eine Briefmarke mit der Abbildung eines Vorläufers unserer Beschreibstoffe ausgegeben. Der Titel des Satzes lautet »Der Brief«, das Objekt wird als frühgeschichtliche Birkenrindenritzung bezeichnet.[20]

Die Bezeichnung »Tapa« oder »Kapa tapa« stammt aus dem Polynesischen. Dort wie auch in Ostafrika und Südamerika wurde der Rindenstoff oder Baumbast des Papiermaulbeerbaums und verwandter Arten vornehmlich zur Herstellung von Kleidung verwendet. In Polynesien, der heute französischen Inselgruppe im Stillen Ozean, wurde der Stoff gewonnen, indem das Rohmaterial auf einer harten Holzunterlage mit gerieften Holzklöppeln geschlagen wurde. Das Material ist ziemlich dick und ähnelt dadurch mehr dem Filz. Der weißgebleichte Stoff wurde bunt mit Pflanzenfarben bemalt. In den beiden Inselgruppen Wallis und Futuna, die am 29. Juli 1961 mit ihrer Hauptstadt Mata utu französisches Überseeterritorium wurden, wird dieses altüberlieferte Kunsthandwerk noch heute gepflegt. Am 8. November 2006 stellte die Post des Gebietes fünf Beispiele bemalter Tapa auf Briefmarken vor, die im Michel-Katalog als Fünferstreifen unter den Nummern 938–941 und einem Zierfeld katalogisiert wurden. Zwei Marken und das Zierfeld enthalten abstrakte klassische Muster, eine Marke bildet eine Tanzveranstaltung in Ono ab, eine andere Tauasu, die abendliche Zusammenkunft in Leava. 2009 erschien eine weitere Marke, die ein Tapa-Stück mit dem Bild des Eiffelturms zeigt.[21]

Amati oder Amate, Rindenpapier, wird heute noch in Mexiko von den Otomis im Dorf San Pablito (Nord-Puebla) hergestellt. Es unterscheidet sich deutlich von dem Tapa aus Ozeanien. Lange Baststreifen werden von den Feigenbäumen abgenommen, die zarte Innenschicht gelöst, feucht auf einen Haufen gelegt und zugedeckt, sodass eine leichte Fermentation erfolgt. Nach kurzer Zeit wird der Bast in einer Brühe aus Asche oder in Kalklauge gekocht und anschließend unter fließendem Wasser gereinigt. Dann werden die Streifen auf einem Brett nebeneinander oder auch sich rechtwinklig kreuzend ausgelegt. Dieser Teppich wird mit einem gerillten Stein geklopft, bis die Streifen sich zu einer gallertartigen Masse verbinden und ein gleichmäßiges Blatt entstanden ist, das zum Trocknen über ein Seil oder einen Bambusstab im Hause gelegt wird. Der Herstellungsprozess ähnelt also stark dem der Papyrus-Fertigung. Aus dem abgelegenen Ort wird das Material auf den Tauschmarkt nach Ixcateopan gebracht.

Das sogenannte Reispapier, das einst in Fernost als Schreib- und Malmaterial diente, hat weder – wie der Name vermuten lässt – mit Reis, noch mit Papier zu tun. Es handelt sich hierbei um das Mark der Papier-Aralie, einer Oblate, ist aber dem Papier im Aussehen ähnlich.

In Mexiko wurden die eindringenden Spanier 1519 erstmals mit amerikanischem Schrifttum konfrontiert. Bücher in Form unserer Leporellos waren in großen Bibliotheken zu finden. Da spanische Bischöfe und Militärs, die sie nicht lesen konnten, sie für Teufelszeug hielten, fielen sie der Vernichtung zum Opfer. Ein Beschreibstoff der Maya war breitgeschlagene Baumrinde, »huun« genannt, die dem Tapa nicht unähnlich, aber eher papierdünn ist.

Bischof Zumarraga hat sich das zweifelhafte Verdienst erworben, die gewaltige Bibliothek von Texcoco, das von William Hickling Prescott[22] als die kultivierteste Stadt Anahuacs bezeichnet wurde, durch Feuer zu vernichten. Ebenso wurde in Tlaltelolco, in Mani, der Hauptstadt der Xiu, und andernorts verfahren. Das Zerstörungswerk wurde so gründlich organisiert und durchgeführt, dass nur drei Maya-Codices erhalten geblieben sind, die unter größten Sicherungsmaßnahmen in Dresden, Paris und Madrid als unersetzliche Kostbarkeiten gehütet werden.

Trotz ihrer vielfältigen Verwendung als Beschreibstoffe haben all diese Materialien aber nichts mit Papier zu tun, weil keine Verfilzung eintritt.

1.2.5 Papyrus

Bekanntester und heute noch kommerziell hergestellter Beschreibstoff aus primärem pflanzlichem Rohmaterial ist der Papyrus. Jeder Ägypten-Tourist kennt den Stoff – zumeist bemalt (über Schablonen) mit Motiven aus den Gräbern von Königen und höheren Staatsbeamten.

Die Herkunft des Namens liegt im Dunkeln. Es gibt zahlreiche Versuche von Sprachwissenschaftlern, aber auch bereits der griechischen Philosophen und Dichter, den Ursprung der Bezeichnung zu finden. Eine anerkannte etymologische Herleitung hat sich bis heute nicht ergeben. In der in Ägypten noch lebendigen koptischen Sprache gibt es das Wort »papurro«, das etwa meint: das Königliche, im Ägyptischen ähnlich »pa pro«. Man könnte daraus schließen, dass die Herstellung von Papyrus einem königlichen Monopol unterlag. Eine andere Deutung, ebenfalls dem Koptischen entstammend, bietet Tschudin an: Papaios = Flusspflanze.[23] Dem Laien ziemlich fremd bleibt die Deutung de Lagardes:[24] Der Name könne auf die Stadt Bura zurückgehen, wobei »pa« den Artikel darstellt. Es gäbe dann eine Ähnlichkeit zur Beziehung der Herkunft des Pergaments zur Stadt Pergamon. Er meint also – für uns doch sehr fremdartig klingend – eine Verbindung zwischen »pa Bura« und »Papyrus« herstellen zu können. Andere Erklärungen finden sich in dem Wort »pabert« (Rose), womit die Büschel an der Papyrusstaude gemeint sind, oder in dem Wort »pa petiero«, zum Flusse gehörig. Diese Deutung ist sehr ähnlich der oben genannten von Tschudin. Es soll eine Entsprechung im Talmud für die Flusspflanze geben: »pa-p-yör«. Aus dem Arabischen stammt die Bezeichnung »pa« für Pflanze und »bir« (Flechten). Man vermutet, dass aus der Pflanze Matten u.ä. geflochten wurden. Es ist eigenartig, dass die Herkunft eines weltweit verbreiteten Wortes noch immer ungeklärt ist. Der Forschung und der Spekulation bleibt reichlich Raum.

Das Herstellungsverfahren für den Namensgeber des Papiers wurde wahrscheinlich im frühen dritten vorchristlichen Jahrtausend erfunden. Es basiert auf einer Pflanze, die in Ägypten heimisch ist und in großer Menge in nahe dem Nil gelegenen Sumpfgebieten zur Verfügung steht, der Papyrusstaude (Cyperus papyrus). Diese ähnelt den an unseren Gewässern wachsenden Binsen, wird aber bis zu fünf Meter hoch und hat armdicke blattlose dreikantige Stängel. Ihr Mark diente als Lampendocht, und aus der faserigen Rinde des Stängels fertigte man Stricke, Matten und Segel. Für die Papyrusherstellung wird der Stamm seiner Haut entkleidet, das Mark gewässert, in möglichst dünne, aber lange breite Streifen geschnitten und dicht aneinandergelegt. Rechtwinklig darüber wird eine zweite Lage positioniert. Beide Lagen werden mit hölzernen Schlägeln zusammengepresst. Der dabei austretende Pflanzensaft verbindet die Streifen fest miteinander. Der fertige Bogen (»plagula«) wird dann – z. B. mit Muschelschalen oder einem Zahn – geglättet und kann nun beschrieben oder bemalt werden. Diese Technik eignet sich zur Fertigung langer Materialbahnen. Etwa zwanzig aneinandergeleimte Bogen bildeten einen »scapus«, mehrere scapi aneinander ergaben ein mehr oder weniger starkes »volumen«. Zu jener Zeit wurden Bücher in Rollenform hergestellt, deren Breite gewissermaßen genormt war. Die Standardbreiten waren, über die Zeiten etwas variiert, vornehmlich 21 und 42 cm. Die Rollenlänge konnte mehr als vierzig Meter betragen, wie an einem überkommenen Exemplar gemessen wurde. Ein großer Sammler dieser Buchrollen war Ptolemäus I., der Begründer der letzten ägyptischen Dynastie, der in seinem Museion 200.000 Stück aufbewahrte. Allein die Katalogisierung der Bestände umfasste 120 Bücher. Einen Teil der Sammlung vermachte Kleopatra VII. Cäsar. Nach überlieferten Berichten, deren Wahrheitsgehalt nicht nachprüfbar ist, wollte das aufgebrachte Volk 48 oder 47 v. Chr. die Verschiffung verhindern, und bei Aufständen fiel ein Teil der Schätze einem großen Brand zum Opfer. Es gibt sogar die Behauptung, Cäsar selbst habe ihn gelegt. Antonius, Nachfolger Cäsars in der Gunst der Königin, schenkte ihr zum Ausgleich die in Pergamon eroberte Bibliothek. Die Brandkatastrophe fand ihre Fortsetzung. Bei zwei Aufständen der Ägypter gegen die Römer und durch Brandstiftung radikaler Christen (391) entstanden weitere Verluste. Unersetzliche Bestände der Bibliothek wurden durch die arabischen Eroberer (638) vernichtet, die jede Schrift neben dem Koran als Schrift des Teufels ansahen.

Glücklicherweise hat der aride Sandboden Ägyptens zahlreiche Fragmente der Literatur bewahrt. Die ältesten Funde stammen aus der Zeit der 1. Dynastie, ungefähr 3100 v. Chr. Der Amerikaner R. A. Pack stellte nach eingehenden Untersuchungen sogar eine Bestsellerliste nach der Anzahl der in der Neuzeit gefundenen Exemplare zusammen, die Homer mit den Plätzen 1 (Ilias) und 2 (Odyssee) eine einsame Spitzenposition einräumt. Die Summe der gefundenen Werke aller 14 folgenden Verfasser erreichte nicht die Zahl der beiden Homer-Werke. Jüngsten Datums ist der Fund eines insbesondere für Theologen interessanten Dokuments: Auf einem koptischen Friedhof am Dorfrand von Karara bei al-Minya in Mittelägypten wurde in einer hüfthoch mit Sand zugewehten Felskammer in den Siebzigerjahren des vergangenen Jahrhunderts das Judas-Evangelium entdeckt, über das es seit vielen Jahrhunderten Gerüchte gab. Die Papyrus-Schrift, um 180 erstmals von Irenäus von Lyon in »Adversus haereses« erwähnt, hat als Kopie im »Codex Tchacos« aus dem 3./4. Jahrhundert (nach der Radiocarbonmethode in der Universität von Arizona untersucht) rund 1.700 Jahre überstanden und wurde erst durch Raubgräber, zwischenzeitlichen Diebstahl und dann durch unsachgemäße Aufbewahrung bei einer Reihe von Händlern in Kairo, der Schweiz und New York weitgehend zerstört und zerfiel in Hunderte von Teilen. Die Schweizer Maecenas-Stiftung hat im Jahre 2000 große Teile der 33 beidseitig beschriebenen Blätter, teils zu daumennagelgroßen Stücken zerfallen, erworben, mit Computerhilfe zusammengefügt und entziffert. Ein Textteil mit mindestens 20 Blättern gilt noch als verschollen.[25]

Die Römer trugen bei ihren europäischen Kriegszügen ganze Bibliotheken zusammen, besonders Bestände in Griechenland fielen ihnen zum Opfer. Mancher wohlhabende Bürger Roms soll mehr als 50.000 Bände besessen haben – neben den 28 städtischen Büchereien, die es in Rom um 350 n. Chr. gab. Außer Papyrusrollen hatten sich aber auch Wachstäfelchen für Notizen und die Buchhaltung ihre Bedeutung bewahrt. Bei den Ausgrabungen in Pompeji wurde man reichlich fündig.

Ein Kuriosum ist dem Papyrus eigen: Das Geheimnis seiner Herstellung ging in einer der im alten Ägypten nicht so seltenen gewalttätigen Epochen verloren. (Auch wir erinnern uns der Zeiten, da die Ausrottung Andersgläubiger wichtiger war als die Pflege kultureller Güter.) 500 Jahre etwa dauerte es nach den heutigen Forschungsergebnissen, bis ein kluger Ägypter von Neuem die Idee des Einsatzes der Papyrusstaude hatte. Es wird von ihm berichtet, dass er auf einer Nilinsel eine Art Papyrusfarm anlegte und durch seine für damalige Verhältnisse große Produktion des alten und nun wieder neu auflebenden Schreibstoffes Bewundernswertes für den Erhalt einer der großen Kulturen der Welt geleistet hat. Gegenüber Leder und Leinen konnte sich der Papyrus wegen seiner leichten Zusammenfügung zu Schriftrollen, der guten Beschreibbarkeit und der niedrigeren Herstellungskosten durchsetzen.

1.3 Von China bis nach Deutschland

1.3.1 Papier als Kulturträger

Papier – bei allem Respekt vor den Erfindern, Herstellern, Nutzern der nicht papierenen Beschreibstoffe: Die Kulturen der Welt hätten sich ohne Papier nicht annähernd zu ihrem heutigen Stand entwickeln können. Die Kunst des Lesens und Schreibens blieb bis in das 19. Jahrhundert hinein einer Minderheit der Höhergestellten und ihrer Helfer, dazu dem Heer der professionellen Schreiber in den christlichen Klöstern vorbehalten – und ebenso den mit gleicher Hingabe an eine faszinierende Kalligrafie in den islamischen Schreibstuben tätigen Schriftkünstlern. Nunmehr breiteten sich neue und alte Kenntnisse aus allen Lebensgebieten, Nachrichten, Ideen, Dichtungen innerhalb weniger Jahrzehnte über (fast) die ganze Welt aus. Ein Maß an Bildung und Wissen, wie es noch vor 200 Jahren wenigen Prädestinierten vorbehalten war, ist zumindest in den entwickelten und den Schwellenländern die Norm eines Schulabgängers, glücklicherweise aber auch in einer Vielzahl von Entwicklungsländern. Dazu gehören etwa in Afrika vornehmlich die meisten der ehemaligen französischen Kolonien, in denen die von der Kolonialmacht eingeführte Schulbildung fortgeführt und unterstützt wird. Akademische Bildung genoss noch vor hundert Jahren eine hauchdünne Schicht – heute ist sie die Voraussetzung für jeden gehobenen Beruf. Und die alltäglich genutzte Grundlage? Der unbegrenzte Zugang zum Wissen der Welt, festgehalten auf Papier in Millionen von Büchern. Natürlich könnte man all dieses Wissen elektronisch speichern – aber die gedruckten Bücher haben doch unschlagbare Vorteile. Man kann sich mit einem Dutzend, an den gesuchten Stellen aufgeschlagenen Büchern umgeben, um ein Thema zu bearbeiten. Bei der Nutzung des Internets – auch dieses nicht mehr fortzudenken – wäre das ein ungleich zeitraubenderer Prozess, und die Erfahrung lehrt, dass alltäglich elektronisch übermittelte Daten auf Tausenden Tonnen Papier ausgedruckt werden. Diese Erkenntnis bricht sich auch da Bahn, wo vorgebliches Fortschrittsdenken sich exklusiv der Elektronik zu- und dem Papier abgewandt hat. Man suche heute einmal nicht urzeitliche, sondern Belege aus dem vorigen oder vorvorigen Jahrhundert: Melderegister, Standesamtsregister, Handelsregister, Grundbücher, auch Korrespondenz, Autografen, Originalnoten und tausenderlei andere Datenträger aus der Vergangenheit – wichtigste Dokumente unserer Gesellschaft, unserer Kultur. Unendlich vieles ist scheinbar modernen Experimenten zum Opfer gefallen. Was beispielsweise bleibt? Kirchenbücher, auf Hadernpapier von Hand geschrieben – soweit sie nicht Folgen menschlicher Untaten, wie Kriegen und Verbrechen, zum Opfer gefallen sind; Bibliotheken einstmals regierender Häuser oder von ihnen geförderte Archive und Museen. Die größten Lücken, die etwa die Geschichtsforschung zu füllen sucht, sind in den zurückliegenden zwei Jahrhunderten entstanden, als man meinte, das Neue müsse alles Alte verdrängen. 1938 beklagte einer der damals maßgeblichen Experten für Papierprüfung, Prof. W. Herzberg, in einem Artikel mit der Überschrift »Die Zukunft unserer Druckwerke« den Verfall des Papieres durch den Einsatz von Holzschliff und minderwertigen Hadern.[26] Fünfzig Jahre zuvor hatte bereits als Erster der Geheimrat Prof. F. Reuleaux in Berlin darauf hingewiesen, dass durch Holzschliffanteil wichtige Akten, Archive usw. der Gefahr baldigen Zerfalls ausgesetzt seien. Zunächst schob man die Ursache der früh erkannten Schäden auf neuartige Herstellungsmethoden – hatten doch bis in die erste Hälfte des 19. Jahrhunderts gefertigte Papiere die Zeiten gut überstanden. Es dauerte Jahre, bis sich die Erkenntnis durchsetzte, dass allein der Schliffeinsatz den Zerfall herbeiführte.

Bis heute – und sicher noch für sehr lange Zeit – ist der Papierverbrauch pro Kopf der Bevölkerung ein recht guter Maßstab für das kulturelle und zivilisatorische Niveau eines Staates, eines Volkes. Vor 200 Jahren konsumierte der statistische Durchschnittsdeutsche im Jahr etwa 1,5 Kilogramm Papier. Die Siegermächte des Zweiten Weltkrieges billigten 1945 den Deutschen sieben Kilogramm im Jahr zu. Inzwischen ist es deutlich mehr geworden. Der Verband Deutscher Papierfabriken (vdp) gibt für das Jahr 2008 den Verbrauch mit 251 Kilogramm an.

1.3.2 Die Idee vom Papier

Nach dem Stand der Forschung im Jahre 1877 schreibt Alwin Rudel in seinem »Central-Blatt«[27] ausführlich über »Das 2.000jährige Jubiläum der Schi-Bereitung oder Papierfabrikation«. Dort heißt es:

»Es sind gerade 2000 Jahre verflossen, seitdem das seltsame Gebild eines Blattes aus verfilzten feinen Fasern für den Gebrauch der höchsten Kulturentwickelung des Menschen, welche die Schrift ist, erdacht worden ist […] Die Kunst der Filzblatt-Bereitung stammt, wie fast alle gewerblichen Erzeugnisse, aus Schina.«

Die Zeit von 221 vor bis 1278 n. Chr. wird als das »chinesische Mittelalter« bezeichnet. Als dessen Begründer gilt der erste Kaiser, der sich den Titel »Huang-ti«, Erlauchter Kaiser, zulegte. Mit der Anlage zahlreicher befestigter Stellungen entlang der Grenze zum Reich der Hiung-nu (Hunnen) schuf er den Vorläufer der chinesischen Mauer. Er war der Bauherr eines der weltgrößten Mausoleen mit der berühmten Terrakotta-Armee. Die Grabstätte liegt 36 km NO von Xi'an in Zentralchina.

Dieser Herrscher (246–209/10 v. Chr.) hatte 70 regionale Fürsten unterworfen und trachtete, die Geschichte der Stämme auszulöschen. Als Mittel dazu dünkte ihn am wirksamsten der Ersatz der unterschiedlichen Schriften durch eine einzige. Der Kanzler Li-se konstruierte aus den ältesten 540 Grundzeichen einer Bilderschrift etwa 10.000 Schriftbilder, Wörter, und reduzierte so die Zahl der gangbarsten Zeichen fast auf ein Fünftel. Bis dato wurde von 100.000 Bildern etwa die Hälfte ständig benutzt. Der kaiserliche Befehl zur alleinigen Nutzung der neuen Schrift wurde jedoch missachtet. Der Imperator schrieb den Ungehorsam namentlich der Verehrung der religiösen und philosophischen Schriften zu, besonders den von Konfuzius (550–479 v. Chr.) überkommenen. Als probates Mittel gegen deren Einfluss sah er die Vernichtung aller Schriften an, die nicht Belehrungen über Ackerbau, Musik, Astronomie, Wahrsagerei und die Geschichte seiner Dynastie Tsin (Qin) enthielten. Gegenteilige Vorstellungen und Gesuche von Gelehrten, hohen Beamten, selbst des Thronfolgers Fu-su blieben fruchtlos. Alle abgelieferten Bücherschätze des gesamten Reiches wurden an einem Tage des Jahres 213 den Flammen übergeben. Die Dynastie der Erbauer der Großen Mauer wollte mit der Untat das Andenken an vergangene Zeiten und deren Machthaber beseitigen, um ihre junge Herrschaft von Grund auf zu etablieren. Dieser Akt der Bücher-Barbarei war der erste überlieferte, dem bis in die Zeiten des »Dritten Reiches« noch viele folgten und Generationen von Historikern dann Arbeit und Brot durch Suche und Entzifferung bescherten.

Im zweiten vorchristlichen Jahrhundert wurde gewissermaßen die Saat für das Papier gelegt: Die Chinesen erfanden nämlich den Haarpinsel, der zu einer gänzlich neuen Schreibtechnik führte. Als Beschreibstoff wählte man während der Qin-Dynastie, vielleicht auch schon früher, Seide – selten und teuer, weshalb man sie aus Abfällen und Kokons zu einem papierähnlichen Stoff aufbereitete. Geschrieben wurde aber auch auf Bambustafeln, die, mit

Papier

Lederriemen zusammengebunden, als Akten in der Verwaltung zu erheblichen Problemen führten. Sie waren unhandlich und schwer. Der bedauernswerte Kaiser Thin Shi (Tsin Schi-hang-ti, Quin Shikuángdi) hatte täglich 60 Kilogramm Akten zu bearbeiten. Sein unfähiger Nachfolger Hu-Hai wurde alsbald gestürzt. Ihm folgte mit Liu Ki – als Kaiser Kao-Tsu genannt – der Begründer der Han-Dynastie, die von 206 vor bis 220 nach Christus an der Macht war. Nach seinem Tod herrschte bis 180 die Kaiserin Lü, dann bis 137 Wen-Ti.

Unter Kaiser Lien-pang aus der Han-Dynastie war es einem Unglück zuzuschreiben, dass die Bibliotheken und Reichsarchive der Hauptstadt Peking bei einer Feuersbrunst völlig niederbrannten. Die Absichten Schi-hang-ti's[28] waren somit in schauerlicher Weise erfüllt worden, doch wurden die Gedanken Konfuzius' unter den Nachfolgern dieses Kaisers zu neuer Geltung gebracht. Die alten Schriften waren auf Schiefer- und Tonplatten, Steinflächen, Metallplatten, Palmblättern, Ulmen-, Linden- und Birkenbastrinde erstellt worden. Seit etwa 800 v. Chr. bediente man sich der Tse, also Holzbrettern, meist 30 bis 35 x 20 bis 25 x 1 cm groß, und schrieb mit dem Grabstichel oder dem Holzgriffel, je nach Materialhärte. Die Schriften Konfuzius' waren in Holztafeln eingeritzt und mit schwarzer oder roter Farbe verdeutlicht. Glücklicherweise kamen aber auch noch immer beschriebene Steintafeln zum Einsatz, die die Vernichtungsaktion überstanden haben.

Wohl bei Experimenten mit Verarbeitungspraktiken kam man nach heutigen Erkenntnissen etwa in der Mitte des zweiten Jahrhundert v. Chr. auf die Idee, Bambus, Bastfasern des Papiermaulbeerbaumes (Broussonetia papyrifera) und andere Pflanzenteile zu zerfasern und die wässrige Suspension auf eine Art Sieb zu schütten – das Papier war erfunden und gleich in einer Qualität, die mehr als zwei Jahrtausende überstand. Um 1950 wurden bei Ausgrabungen Papiere vornehmlich aus Hanffasern gefunden, die aus der Zeit zwischen 140 und 87 v. Chr. stammen, also aus der Regierungszeit des Kaisers Wu-Ti, dem Nachfolger von Wen-ti[29]. Eines dieser Dokumente gilt nach eingehender Prüfung mit den modernsten analytischen Methoden als zweifelsfrei echt – im Gegensatz zu mehreren, während der Kulturrevolution Maos angeblich entdeckten Papieren.

Im Jahr 9 n. Chr. stürzte Wang Mang, der Führer einer Gentry-Gruppe, den Han-Kaiser, doch bereits 25. n. Chr. konnte die Han-Dynastie erneut den Thron besteigen. Unter deren Herrschaft begann dann der Siegeslauf des Papiers.[30] Lange Zeit ging man davon aus, dass der chinesische Landwirtschaftsminister zur Zeit des Kaisers Hedi (89–106), Ts'ai Lun, 104 n. Chr. das erste Papier gefertigt habe. Funde aus dem 20. Jahrhundert lassen aber die Annahme einer früheren Entstehungszeit zu. Ts'ai Lun hat das Papier allerdings amtlich als Beschreibstoff vorgeschrieben. Dem vermuteten Erfinder wurden göttliche Ehren zuteil; die Kaiserin-Mutter Tang ehrte ihn durch die Ernennung zum Marquis von Long-Tang. Die greifbarere Entlohnung war die Zuwendung der Steuereinnahmen aus 300 Wohnungen.

Die Herrschaft der Han-Dynastie beruhte auf der politischen Führung einer Bürokratie, die sich auf eine Schicht reicher Grundbesitzer stützte. Ohne dass die einstigen Lehnsherren noch wirkliche Landesfürsten waren, blieben ihnen doch ihre althergebrachten Titel. In ihrer Gesamtheit allerdings übten sie über die jeweils von ihnen gestützten Kaiser die tatsächliche Macht aus. Dieses »Gentry« genannte System überdauerte mehr als tausend Jahre – obwohl es zwischen den einzelnen Familien immer wieder massive Auseinandersetzungen gab. Wang Mang schuf ein neues System staatssozialistischen Charakters, das auf die Stärkung seiner persönlichen Macht zielte. Das Ergebnis einander jagender Reformedikte war ein Chaos im Reich. Verheerende Überschwemmungen am Unterlauf des Huangho machten Millionen Bauern landlos, die sich zu einem Aufstandsheer organisierten. Daneben entstanden Rebellionen von Gentry-Angehörigen unter Führung von Mitgliedern des Han-Kaiserhauses. Nach langen Kämpfen konnte diese Dynastie sich wieder etablieren. Ihre Macht war jedoch durch einander bekämpfende Großgrundbesitzer und eine starke Hof-Clique begrenzt. Einer daraus resultierenden Hofintrige fiel im zweiten nachchristlichen Jahrhundert auch Ts'ai Lun zum Opfer. Die damalige Kaiserin To hatte ihn in eine Gegnerschaft zur Großmutter des künftigen Kaisers positioniert. Das entpuppte sich für Ts'ai Lun als ein Verhängnis. Er sollte sich nach dem Machtwechsel einem Gerichtsverfahren stellen. Damit hatte er »das Gesicht verloren«, schämte und badete sich, bevor er sich anno 121 vermittels Giftes umbrachte, allerdings nicht in papierene, sondern seine schönsten und luxuriösesten Kleider gewandet.

Bekanntlich lebt die Geschichtsschreibung vom Widerstreit der Koryphäen. So gibt es chinesische Papierhistoriker, die die Forschungsergebnisse anzweifeln und die Datierung des »Baqiaopapiers«[31] (das 1957 in einer Höhle im Vorortgebiet von Xi'an entdeckte älteste fasrige Papier der Welt) auf die Zeit der westlichen Han-Dynastie (221 v. Chr. bis 24 n. Chr.) nicht akzeptieren. Einige von ihnen halten nach wie vor Ts'ai Lun für den Erfinder, andere hingegen schieben das Erfindungsdatum sogar 200 Jahre in die Vergangenheit zurück. Immerhin gab es in China bereits im zweiten nachchristlichen Jahrhundert Papiertaschentücher, und 363 erschien die »Pekinger Zeitung«, sicher die früheste der Welt. Sie wurde erst 1936 (!) eingestellt. Wenn auch sicherlich die Herstellung des ersten Papiers nicht auf den spontanen Einfall eines genialen Technikers zurückgeht, sondern als Ergebnis von vielen und langwierigen Versuchen gesehen werden muss, melden sich doch, wenngleich etwas spät, andere, die den Ruhm für sich in Anspruch nehmen wollen. Um 1985 schrieb der indische Autor P. G. Gosavi unter dem Titel »Did India Invent Paper?«, die Auswertung von Primär- und Sekundärquellen habe ergeben, dass bereits im vierten Jahrhundert v. Chr. das in Indien erfundene Papier bekannt war. Es sind zwar in der Zwischenzeit keine weiteren Belege über die Stichhaltigkeit seiner Behauptung bekannt geworden, doch hat Gosavis Aufsatz der aktuellen Forschung jedenfalls ein neues Gebiet eröffnet, das zu bearbeiten vermutlich noch lange Zeit in Anspruch nehmen wird.[32] Bayerl schreibt dazu: »Es zeigt sich, dass der unbedingte Wille, Erfindungsdaten zu konstruieren, die reale Entwicklung nicht trifft. Die Fixierung von Erfindungsdaten und die Benennung von Erfindern mag eine sinnvolle Geschichtsschreibung für die industrielle Zeit bedeuten; für die vorindustrielle Technologie erweist sich dieser Zugang jedoch häufig als inadäquat.«

| Papier

Herd mit Schale zum Kochen des Fasermaterials (links). Gemauerte Bütte, Sieb mit festem Deckel. Myanmar, 1999.

Eine lebhafte Diskussion über den Rohstoffeinsatz der frühesten Papiere begann in den Jahren nach der zentralasiatischen Expedition von M. Aurel Stein (1906–1908). In einem seit dem zweiten nachchristlichen Jahrhundert verfallenen Wachtturm der Großen Mauer westlich von Tun-huang fand sich neben festdatierten Dokumenten ein Papier[33], als dessen Entstehungszeit etwa das Jahr 100 vermutet wird. Als Rohstoff diente ausschließlich pflanzliches Fasermaterial. Im auffallenden Licht zeigt das Papier eine gewebeartige Textur. Diese Streifen erwiesen sich als Garnfäden. Das offenbar durch Stampfen stark veränderte Gewebe erscheint in eine feinfaserige Masse eingebettet. Sowohl die Fäden als auch die Grundmasse bestehen aus Bastzellen einer Boehmeria-Spezies, einer Unterart der Urtikazeen, die sich durch ungewöhnlich lange (bis zu 26 cm) Fasern auszeichnen. In einem Bericht vor der Kaiserlichen Akademie der Wissenschaften in Wien erläuterte der Hofrat Julius Ritter von Wiesner seine Vermutung, dass bereits in der frühesten Periode der Papierherstellung Versuche unternommen wurden, einen Beschreibstoff aus Gewebe herzustellen. Der Gedanke liegt schon deshalb nahe, weil Seidenstoffe zuvor als Schreib- oder Malbasis dienten. Man könnte also den Versuch unternommen haben, ein dünnes Gewebe als Basis für eine Füllung mit Pflanzenfasermaterial mittels eines Schöpfvorganges zu verwenden. Mehrere andere, im selben Turm aufgefundene Papiere erwiesen sich nach von Wiesner gleichfalls als Hadernpapiere, in denen sich aber keine Garnfäden nachweisen ließen. Dem Verfasser erscheint diese These als etwas gewagt, denn mit der damaligen Technik, die eine deutliche Fibrillierung der Pflanzenfasern noch nicht erlaubte, ist möglicherweise eine Stoffaufbereitung durch Schneiden des Rohstoffes verbessert worden. Unstreitig ist, dass der Einsatz von Hanffasern, die als Ausgangsmaterial für Kleiderstoffe in großem Umfang verwendet wurden, den Vorgang der Fibrillierung, der Zerlegung des Materials in Einzelfasern, ganz erheblich erleichterten. Ein Beweis dafür, dass Gewebe als Ausgangsmaterial verwendet wurden, scheint mir nicht gegeben und damit auch das Fazit seiner Ausführungen, die Chinesen hätten das Hadernpapier erfunden, nicht überzeugend, zumal von Wiesner als Fakt hinstellt, die Chinesen hätten weit vor den Arabern Papier »ganz und gar aus Hadern« hergestellt. Er sagt weiter, »die Verwendung der Hadern als Rohmaterial der chinesischen Papiererzeugung hat sich erwiesenermaßen insofern bis ins achte Jahrhundert erhalten, als noch in dieser Zeit Hadern als Surrogat edlerer Papierfasern benützt wurden«.[34] Nach heutiger Erkenntnis wurde erstmals Baumwolle vor 5.000 Jahren in Ostindien verarbeitet; der Gedanke liegt also nahe, dass ein lebhafter Export nach China erfolgte. Eine gewisse Menge an Baumwollhadern mag verfügbar gewesen sein. Seide kommt (gleich der Wolle) als Papierrohstoff nicht zur Anwendung, weil die Faser kaum spleißbar ist, also nicht zur Verfilzung taugt. Es bleibt nur ein Minimum an potentiellem Hadernaufkommen, und die damalige Technologie war mit den Fasern der dort heimischen Pflanzenarten durchaus gut gerüstet. Über die Zeit des Papierschöpfens hinaus hat sich in Europa der Ruf des Hadernpapiers als edelster Stoff vor der chemisch erzeugten Cellulose ungeachtet des hohen Preises erhalten – aber die wahren Künstler unter den wenigen heutigen Papierschöpfern beziehen ihr Fasermaterial von nur dort wachsenden Pflanzen aus Ostasien.

Unter dem Namen »Kozo« hat ein frühes Papier eine neue Bedeutung zurückgewonnen. Rohstoff hierfür ist der Bast des Papiermaulbeerbaumes. Seine Rinde wird geschält – und die geschälte nochmals geschält, um feine weiße Fasern zu erhalten. Nach einer Art kurzem Faulprozess wird der Stoff – bald auch Hanf – in Holzaschelösung aufgeweicht, in einem Mörser mit Holzklöppeln geschlagen, bis sich die Fasern vereinzeln. In einer hölzernen Bütte mit sehr viel Wasser vermengt ergibt sich eine Suspension. Mit einer Art Paddel wird in die Aufschwemmung Leim, wohl eher Stärke, untergerührt. Die Technik der Blattbildung wird in den alten Quellen unterschiedlich dargestellt. Die zunächst angewandte Methode war die des Eingießens. Auf einen Holzrahmen war ein Gewebe aus Baumwolle oder Hanf gespannt. Dieses Sieb schwamm in einem Wasserbecken, und darauf wurde der relativ viel Trockenmasse enthaltende Stoff gegossen und mit den Händen gleichmäßig verteilt. Möglicherweise legte man aber anfangs das Sieb über ein Erdloch, in welches das Wasser abfloss, später dann über eine Bütte. Diese frühe Technik, als die des »Schwimmenden Siebes« bezeichnet, wird heute noch in entlegenen Gegenden Ostasiens, in Myanmar, Nordthailand und Nepal leicht variiert ausgeübt. Die herausgenommene Form wird an der Sonne oder am offenen Feuer getrocknet. Das bedingt die Vorhaltung einer größeren Anzahl Siebe, die erst nach Abnahme des getrockneten Bogens wieder zur Verfügung stehen. Die Tageskapazität einer Wanne oder Bütte lag bei 40 bis 50 Bogen, vorausgesetzt, der Hersteller besaß so viele Siebe.

1999 besichtigte ich in Myanmar an der Straße von Mandalay zum Inare-See eine Papierwerkstatt. Auf dem winzigen Hof eines Häuschens wurde in einer flachen Schale auf einem aus Feldsteinen aufgeschichteten Herd Fasermaterial gekocht, das dann mit hölzernem Schlägel bearbeitet wurde. Eine mehrere Meter lange gemauerte, rechteckige Bütte war mit einem Paar hölzerner Schienen versehen, zwischen denen jeweils das metallene, mit einem festen Deckel versehene starre Sieb exakt waagerecht »schwimmend« bereitlag. Mit einem Topf wurde der Stoff auf das Sieb gebracht und von Hand dort gleichmäßig verteilt. Dann wurde das Sieb zum Trocknen in die Sonne gestellt. Es waren demnach mehrere Siebe vorhanden, wahrscheinlich so viele, wie für eine Tagesproduktion erforderlich waren. Das Papier wurde später zu Sonnenschirmen verarbeitet.

Mit dem Ausbau der staatlichen Bürokratie reichte die Fertigungsmenge bei Weitem nicht mehr aus. Wahrscheinlich zwischen 300 und 600 n. Chr. kam man auf die Idee des Schöpfens, die die Herstellung von mehr als 1.000 Bogen am Tag ermöglichte, dazu aber eine gewisse Stabilisierung des Siebes voraussetzte. Das Sieb wurde nun aus Bambus hergestellt, der die Entwässerung erheblich beschleunigte. Seidenfäden oder tierische Haare verbanden die feinen Bambusstreifen. Vielleicht wurde um diese Zeit auch das nasse Faservlies vom Sieb abgenommen und zum Trocknen entweder an eine Wand geklebt oder auf den Boden gelegt. Dadurch konnte das flexible Sieb sogleich nach dem Schöpfen eines Bogens wieder eingesetzt werden. Berichte, nach denen ein Deckel auf das Sieb gesetzt wurde, ein hölzerner Rahmen, der das seitliche Ablaufen des Stoffes verhindert, sollten mit Skepsis aufgenommen werden. Flexibles Sieb und starrer Deckel vertragen sich wohl kaum miteinander. Der gesamte Herstellungsprozess, wie man ihn in einzelnen Kleinstwerkstätten noch heute hier und da in Ost- und Südostasien sehen kann, spielte sich, wie vorstehend geschildert, im Freien ab. Tatsache ist, dass bereits im sechsten Jahrhundert in gewaltigen Mengen billigstes Reisstrohpapier als Toilettenpapier verbraucht wurde. Überdies gab es aber noch viele weitere Verwendungsmöglichkeiten: für Möbel, Vorhänge, Fenster, Türen, Schirme, Laternen, Papierblumen, Drachen, Kleidung, Hüte, Schuhe, Tapeten, Bettwäsche, Flöten, Fächer, Papiergeld, marmoriertes Papier, Briefumschläge, Spielzeug, Behälter aus Papiermaché, Papiertiger usw.[35] In die Zeit des sechsten nachchristlichen Jahrhunderts fallen auch die Versuche, die Oberfläche von Papier als Beschreibstoff durch das Einreiben von Gips oder trockener Stärke gleichmäßiger zu gestalten und damit zu verbessern.[36] Man könnte überspitzt sagen: Viel mehr ist der Papierindustrie bis heute nicht eingefallen, sieht man mal vom Zigarettenpapier und Kabelisolierpapier ab. Um 650 bis 683, in der Regierungszeit von Kaiser Kao Tsung, wurde erstmals Papiergeld ausgegeben und im zehnten Jahrhundert dann allgemein als Währung anerkannt. Die Papierqualität erlaubte nach der Erfindung des Holzblockdrucks, etwa vergleichbar unserem Holzschnitt, den Druck von Faltbüchern, wie wir sie heute noch als Leporello kennen. 983 wurde eine tausendbändige chinesische Enzyklopädie gedruckt. Vor 1405 druckte Yü, dessen Familie seit 500 Jahren diesen Beruf ausübte, die Enzyklopädie Yung Lo Ta Tien in 11.995 Bänden. 2.000 Wissenschaftler hatten das Werk konzipiert.

Erstaunlicherweise stammt die älteste bekannte chinesische Anweisung zum Papiermachen erst aus dem Jahr 1590/96 (»Pen-tsao Kang-mu«) In dem Werk wird über Papier geschrieben, es werde in manchen Gegenden Chinas aus unterschiedlichen Materialien hergestellt – im Westen aus Hanf oder Leinen, im Osten aus Bambusrinde, im Norden aus Maulbeerbaumrinde. Andere Ethnien sollen Schilf, Moos, Flechten, Stroh oder Seidenraupenkokons verwenden.[37] Bambusschösslinge müssen sechs Monate in fließendem Wasser liegen, bevor sie mit ungelöschtem Muschelkalk vermischt weitere sechs Monate in einem Bassin gelagert werden.

Die laut Bayerl wichtigste Quelle zur chinesischen Papiermacherei liegt mit der 1634 oder 1637 erschienenen ausführlichen Anleitung für die Papierherstellung aus Bambusrinde mit im Buch »Tien-Kung-Dai-Wu« von Sung Ying-hsing vor. Die Beschreibung der Herstellung von Bambuspapier ist danach besonders interessant, weil es ein ähnliches Material wie der Rohstoff für Papyrus ist. Das chinesische Verfahren ist dem ägyptischen gegenüber zweifellos das fortschrittlichere. Der französische Sinologe Stanislas Julien (1797–1873) übersetzte 1840 genau:[38] »Der Bambus wird im Juni im Gebirge geschnitten und in Stücke zerlegt. Am Ernteort werden diese in einer mit Wasser gefüllten Grube eingeweicht. Um das Faulen des Wassers zu verhindern, wird frisches Wasser zugeführt. Nach etwa 100 Tagen werden die Zweige mit dem Hammer geschlagen und grobe Rinde und grüne Haut entfernt; dann kommen die Bastfasern zum Vorschein, die einer Hanfart ähneln. Diese werden eine Woche lang in Kalkwasser erwärmt, in reinem Wasser ausgewaschen und in Aschenlauge sechs Tage lang gekocht. Dann werden die Fasern im Mörser gestampft und in die Bütte gegeben, wo sie mit reinem Wasser und einem Zusatzstoff, den wir nicht kennen, vermischt wird. Geschöpft wird mit einer Form, die aus einem Holzrahmen mit einem Gewebe aus Bambusbastfasern besteht. Grob entwässert wird, indem das Wasser über die vier Ecken des Rahmens abgegossen wird. [Es wurde also kein loser Deckel verwendet.] Die Form wird dann auf einen Tisch umgedreht. Man häuft bis zu 1.000 Bogen an, legt ein Brett auf den Stapel und umschnürt das Paket mit einem Seil, das mithilfe eines Stocks angezogen wird. Nach dieser weiteren Entwässerung streicht man die Bogen mit einer Bürste an eine hohle Mauer, die rückseitig durch Holzfeuer erwärmt wird. Der trockene Bogen fällt schließlich ab.«

Man darf etwas erstaunt feststellen, dass die chinesische Technik des Papiermachens nur wenig über die ursprüngliche Art hinausgekommen ist, während unterdessen sowohl im arabischen Raum als insbesondere seit dem 13. Jahrhundert in Europa wesentliche Verbesserungen Allgemeingut geworden waren. Man lese weiter unten über die Erfindung des Drahtsiebes und später des Drahtgewebes für das Sieb, die Einführung des starren Rahmens mit dem abnehmbaren Deckel, das (meist wasserbetriebene) Stampfwerk, die Stoffbleiche, die Spindelpresse mit den Nassfilzen und vieles andere. Keine 100 Jahre nach dem chinesischen Werk von 1590/96 und nur rund zwanzig Jahre nach dem »Tien-Kung-Dai-Wu« von 1637 schrieb bereits Johann Amos Comenius 1658 in seinem Schulbuch »Orbis sensualium pictus« (das seine Bedeutung in mehr als 250 Ausgaben in fast 250 Jahre behalten hat) einiges über die Papierherstellung. Wolfgang Jacob Dümler beschreibt in seinem Buch »Erneuerter und vermehrter Baum- und Obstgarten« (Nürnberg 1664) auf das Penibelste 60 Arbeitsgänge, die zur Herstellung von Papier erforderlich sind.

Kozo, nach wie vor in Kleinbetrieben zumeist in Japan geschöpft, dient nicht mehr allein der Herstellung der Chochin, der japanischen Papierlaternen. In der Gegenwart ist es ein wichtiges Hilfsmittel zur Rettung alter Schriftstücke, die durch Säurefraß gefährdet sind. Im 19. und noch in der ersten Hälfte des 20. Jahrhunderts wurde modernes beschreibfähiges Papier fast ausschließlich in der Masse geleimt, also nach damaliger Technik im Holländer. Da der pflanzliche Leim nicht auf der Faser haftete, musste er mit Alaun ausgefällt werden. Dieses Doppelsalz setzt im Laufe der Jahrzehnte Schwefelsäure frei, die das Papier zerfrisst. Um unwiederbringliche Dokumente vor dem Zerfall zu retten, werden sie gespalten, das Papier also in Vorder- und Rückseite zerlegt. Dann wird es mit basischen Substanzen neutralisiert, mit Überschuss an basischer Lauge gepuffert und wieder zusammengefügt. Und für diese Zusammenfügung, bei der penibel auch kleinste Schadstellen repariert werden, eignet sich nichts besser als Kozo-Seidenpapier, im Extremfall geschöpft mit zwei g/m². So vereinen sich die Künste der Urahnen mit denen der heutigen technisch hochgerüsteten hervorragendsten Restauratoren.[39]

Lange hielten die Chinesen ihre Erfindung geheim. Dennoch gelangte die Kunst des Papierschöpfens um 610 durch die buddhistischen Priester Doncho und Hoso über Korea nach Japan. Schon ab 618 lieferte der koreanische König Papier als Tribut an den chinesischen Kaiserhof, um 750 auch nach Japan.[40] Das ist etwa die Zeit der Einführung des Buddhismus in Japan. Um die Gedanken der neuen Religion zu verbreiten, mussten zahllose Abschriften der Sutras, der heiligen Schriften Buddhas, gefertigt werden. Der kaiserliche Hof forderte das Volk auf, Papiermaulbeerbäume anzupflanzen, Broussonetia papyrifera und B. kazinoki. Das Washi genannte Papier wurde nicht allein als Beschreibstoff, sondern auch zur Herstellung von Kleidern, Sonnenschirmen und im Kunstgewerbe verwendet.

Die Papierherstellung in Japan lag bis zur Mitte des 19. Jahrhunderts, also dem Aufkommen der industriellen Produktion, ganz in den Händen der Bauern,[41] die mit ihren Familienangehörigen und den Mitarbeitern hierfür die Zeit nutzten, in der keine Feldarbeiten anstanden.

Die Zweige der vorgenannten Pflanzen wurden zunächst sechs Stunden in Bottichen mit doppeltem, durchlöchertem Boden gedämpft. Dann wurde von den Zweigen die Rinde abgeschält und an der Sonne getrocknet, bis sie mürbe wurde. Durch mehrtägiges Einlegen in reines Wasser wurde sie soweit wieder erweicht, dass man die äußere Rinde abschaben konnte. Diese Trennung war derart zeitaufwendig, dass der Arbeiter nur etwa 25 kg am Tag abscheiden und reinigen konnte. Deshalb wurde die Arbeit vornehmlich von Kindern und Alten verrichtet. Nach der Reinigung wurde der gute Bast in Bündeln zum Trocknen und Bleichen an die Sonne gehängt.

Die zum nachherigen Kochen erforderliche Lauge bereiteten die Japaner aus Tabak- und Buchweizenstängeln, die sie im Herbst sammelten und zu Asche verbrannten. Aus ihr wurde die Lauge ausgezogen, indem man sie in geräumigen Bütten über Lagen von Reisstroh breitete und mit Wasser behandelte, das langsam in einen Sammelbehälter filtrierte. Die reine, trockene Rinde wurde zehn bis zwölf Stunden lang mit dieser Lauge in einem eisernen Kessel gekocht und dann durch ein bis zu drei Tage langes Einhängen in klares fließendes Was-

Japanische Papiermacher-Werkstatt.

ser eines Baches gewaschen. Der gekochte und gewaschene Bast wurde auf einer Hartholzplatte von etwa 1 x 2 m von vier darum sitzenden Männern zu Papierstoff geschlagen. Als Werkzeuge dienten Hartholzkeulen mit einer Breite von 6 x 10 cm. Die Rindenmasse wurde mehrfach gewendet, bis sie gründlich zerschlagen und zerfasert war. In der Schöpfbütte wurde dem Stoff so viel Wasser zugesetzt, dass er zu einer das Schöpfen erlaubenden Suspension wurde. Um die Poren des Papieres auszufüllen und die Weiße zu verbessern, wurde Reismehlmilch zugefügt, die durch ein Tuch filtriert und dann eingerührt wurde. Auch andere, die Optik gefälliger machende Stoffe wie Kreide, Alaun, Tierhaut oder klebstoffhaltige Rinde wurden verflüssigt und hinzugefügt, ebenso Farbstoffe.

Reisstroh wurde im Wesentlichen auf gleiche Art behandelt und als Rohstoff für geringwertige Papier genutzt. Pappe wurde aus stärkeren Rinden, Ausschussproduktion, Kehricht und Abfällen hergestellt. Beschriftetes Papier (Altpapier) wurde für drei bis vier Tage in weitmaschig geflochtenen Körben in klares fließendes Wasser gehängt, häufig umgerührt und nach der Befreiung von Schmutz und Tusche fünf Stunden lang gekocht, wieder eine Stunde lang in den Körben gewaschen und mit Zusatz von Frischfasern für die Fertigung von Papieren zweiter Güte eingesetzt.

In der Heian-Periode (794–1185) schuf der kaiserliche Hof in Kyoto, der damaligen Hauptstadt Japans mit dem alten Namen Heianko, eine staatliche Papierschöpferei für den amtlichen Bedarf, der eine Ausbildungsstätte für Papiermacher angegliedert war. Im 17. Jahrhundert hatte sich die Kunst des Papiermachens und der Verbrauch des Papiers im ganzen Lande verbreitet. Nachdem Edo, das heutige Tokio, zur Hauptstadt geworden war, wurde Washi als Beschreibstoff zum Allgemeingut. Kalligrafische Werke, Farbholzschnitte oder Bücher sind in den Museen der Welt zu bewundern. Das Material diente aber auch zur Fertigung von Kleidung, Fächern, Masken, Fahnen, Drachen oder Trennwänden in den typischen japanischen Häusern. Noch heute werden die besonderen Fasermaterialien, beispielsweise Hanf, Kozo, Gampi (ein wildwachsender Laubbaum, Wikstroemia diplomorpha und Diplomorpha sikokiana Nakai) und Neri, ein schleimartiger Pflanzenzusatz, von einigen künstlerischen Papierschöpfern importiert. Handgeschöpftes Japanpapier findet heute noch seine Liebhaber in aller Welt. Für unterschiedlichste Zwecke – Tapeten, Tischtücher, Lampenschirme, Bucheinbände – werden dem Stoff auf dem Sieb lange Fasern, Blätter und andere Schmuckelemente beigefügt, die in der Draufsicht, besonders aber im durchscheinenden Licht des sehr transparenten, weil füllstofffreien Papiers bemerkenswerte künstlerische Effekte bieten. Die eigenartige Kunst des nagashizuku, des Schöpfens dickerer, man könnte sagen: mehrlagiger Papiere durch mehrfaches Tauchen der Form in die Bütte erleichterte die Einbringung der vorgenannten und anderer Schmuckelemente. Verwendet wurde eine Variante des chinesischen Schöpfsiebes mit einem starren hölzernen Rahmen. Dieses Sieb aus Bambusstreifen wurde durch hölzerne Stege gestützt und besaß einen mit einem Scharnier (vermutlich in Form eines Lederriemens) am Siebrahmen befestigten Deckel.

Papierherstellung in Samarkand und weiter westlich

Die Tartaren brachten bereits um 580 die Kunst der Papierherstellung nach Samarkand.[42] Dort sollen um 650 die Araber das Schöpfen gelernt und nach Arabien eingeführt haben. Andere Quellen gehen davon aus, dass in der Schlacht von Samarkand im Jahre 751 an die 20.000 Chinesen in arabische Kriegsgefangenschaft geraten waren. Unter ihnen waren Papiermacher, die an Stelle der in China verarbeiteten Hadern und/oder Pflanzenfasern nun ausschließlich Hadern, Flachs und Hanf für die Papierherstellung verwendeten – und das blieb auch in der nach Europa ausgedehnten Herstellung bis in die Mitte des 19. Jahrhunderts so. In der neueren chinesischen Geschichtsschreibung wird diese Darstellung allerdings angezweifelt. John N. McGovern weist unter Hinweis auf das Schrifttum darauf hin, dass schon etwa 100 Jahre früher Papier in Samarkand benutzt und wohl auch hergestellt wurde. Immerhin schließt diese Deutung der Westwanderung der chinesischen Papiererfindung nicht aus, dass chinesische Kriegsgefangene in bereits bestehenden Papierwerkstätten Samarkands eingesetzt wurden.[43]

Eine abweichende Hypothese führt den Einsatz unterschiedlicher Techniken als Zeichen dafür an, dass die Kunst des Papiermachens auf den schwer zu überblickenden Netzen der alten Seidenstraße nach Westen gelangt ist. Sie stützt sich auf Funde, die beweisen sollen, dass im Verlauf der Nördlichen Seidenstraße das Schöpfen des Papierstoffes aus der Bütte angewandt wurde. Der Stoff wurde vom Sieb an eine sonnige Wand zum Trocknen praktiziert. Der Papiermacher benötigte hier nur ein Sieb oder einige wenige. Die Nordroute wurde bereits 430 v. Chr. von Herodot in der Gegenrichtung beschrieben. Danach verlief sie von der Mündung des Don zunächst nach Norden, bog nach Osten in das Gebiet der Parther und

Samarkand, Registan (= Sandplatz). Drei Koranschulen, 1999.

weiter nördlich des Tiruschan, der in der westlichen chinesischen Provinz Gauch endete. Eine ähnlich zusammenhängende Beschreibung der Südroute ist nicht erhalten. Versucht man, sie zu rekonstruieren, beginnt diese Strecke in Mesopotamien und verläuft über Ekbatana nach Kyreschata. Dann erreicht sie den Fluss Silis. Weitere Angaben über den Verlauf sind widersprüchlich. Die entlang dieses Weges angewandte Papiertechnik ist die des schwimmenden Siebes. Hierbei handelt es sich um eine frühere Version, die eine größere Anzahl von Sieben erforderte, die mit dem nassen Faservlies zum Trocknen in die Sonne gestellt wurden.

Nach Hans-H. Bockwitz[44] war Dschahsiyari, der um 900 bis 950 lebte, einer der ältesten Historiker, dessen Werke überlebt haben. Er wies nach, dass der Kalif El Mansuur, regierend von 754 bis 775, Papier als amtlichen Beschreibstoff einführte, weil ihm ausländischer Papyrus nicht genehm war.[45] In Bagdad wurde eine weitere Papiermühle um 795 errichtet, und der Kalif Harun al Raschid[46] erhielt 870 das erste Buch aus Papier, das aber zweifellos vor seiner Zeit gefertigt worden war. Die Araber führten eine Reihe von Verbesserungen in der Papiertechnik ein. Die wichtigste war wohl die Abkehr von pflanzlichem Fasermaterial, da die in China und Japan verwendeten Pflanzen im arabischen Raum nicht wuchsen. Rohstoff waren nunmehr Lumpen, Taue und Fischernetze. Überdies aber erfanden die Araber die erste Stufe der Mahltechnik, den Kollergang. Es ist nicht überliefert, wann und wo der erste in Betrieb ging, auch nicht, wie er angetrieben wurde. Denkbar ist die Wasserkraft, aber auch das Göpelwerk, das dort als Antrieb für Pumpen bekannt war und noch heute in primitiver Form etwa in Tunesien, aber auch in der Sahara zum Emporholen von Schöpfeimern aus tiefen Brunnen mithilfe von Kamelen zu sehen ist.

Die Papierleimung wurde durch die Verwendung von Stärke wesentlich verbessert. Für den Handel erwies sich die Einführung genormter Flächenmaße als günstig. 500 Bogen wurden als ein Bündel, arabisch: rizmar, bezeichnet.[47]

Um 1000 soll die Arabische Bibliothek in Hulwan an die 200.000 Bände besessen haben. In dieser Zeit kannte man wohl auch in Kairo schon das Papier und hundert Jahre später in Fez (Marokko).

Hans Buchwitz gab uns Kenntnis über die drei ältesten Papiermacher-Handbücher des Orients.[48] Vermutlich im elften Jahrhundert wurde das erste unter dem Titel »Umdat el-Kufâb« verfasst. Es wurde später mehrfach überarbeitet, zuletzt wohl um 1200. Eine Abschrift aus dem 16. Jahrhundert befindet sich in Leiden in den Niederlanden, etwas spätere in Gotha und Berlin. Als Rohstoff werden nur Hanf und Leinengewebe genannt, die im Mörser unter Wasserzusatz gestampft wurden. Schöpfmatten aus Binsen waren die ersten »Siebe«. Solche aus Draht wurden nach dem österreichischen Arabisten Joseph Karabacek in seinen nach 1888 veröffentlichten Forschungen von den Arabern erfunden.[49] Infolge der aufblühenden Papierherstellung wurden die benötigten Rohstoffe, besonders die wertvollen Lumpen, zur Mangelware. Um 1200 bereiste der Arzt Abd-Allatif Ägypten:[50] Er berichtete: »Die Beduinen, Araber und alle, die sich mit der Erforschung alter Grabstätten befassen, nehmen die Leichentücher und Alles weg, was noch genügende Festigkeit besitzt; sie fertigen sich Kleider daraus oder verkaufen sie an Papiermacher, welche Papier für die Krämer daraus verfertigen.«

Um 1300 war Papiergeld in Persien, Vietnam und Japan im Umlauf. Über die starke Verbreitung in China selbst erzählt 1298 der Chinareisende Marco Polo. In dieser Zeit wird von einer kräftigen Inflation berichtet, die den Wert auf etwa ein Prozent der ursprünglichen Nominale fallen ließ. Um Fälschungen zu erschweren, wurden in staatlichen Werkstätten Spezialpapiere hergestellt, zeitweise mit einem Zusatz an Seidenfasern, Insektiziden und Farbstoffen. Dennoch gab es Geldfälscher, die kurzerhand enthauptet wurden, wenn sie gefasst wurden.[51]

Die Verbreitung des Papiers als Schriftträger bildete die Grundlage der erstaunlichen Entwicklung der Literatur, der Wissenschaften, des Schulwesens und mancher Künste im islamischen Kulturkreis. Für Europa war es ein Glück, dass die fremden Eroberer die Kenntnis von der Kunst des Papierschöpfens mitbrachten. Den ersten spanischen Papiermachern muss man dankbar sein, dass sie die Gabe annahmen und zu ihrer Verbreitung zunächst in Europas Süden beitrugen.

Das Papier kommt nach Europa

Nach Europa kam die Kunst des Papiermachens über das maurische Spanien möglicherweise um die Mitte des zwölften Jahrhunderts. Bereits 1120 erwähnte Petrus Venerabilis, 1122 bis 1150 Abt von Cluny, in seinem Traktat »Contra Judaeos« (cap.V) Papier aus Lumpen. Ob es sich hierbei allerdings um in Spanien gefertigtes Papier handelt, ist nicht nachzuweisen. Die Annahme, dass im besetzten Spanien arabisches Papier verwendet wurde, ist wahrscheinlich, wobei es 1144 in Xativa bei Valencia bereits Papiermacher gegeben haben soll, wie der Zeitgenosse Idrisi angab.[52] Das heißt aber auch: Nachdem der arabische Feldherr Tarik 711 die Schlacht bei Jerez de la frontera gewonnen hatte und alsbald ganz Spanien unterworfen war, vergingen noch vier Jahrhunderte, bis die erste Bütte Europas in Betrieb genommen wurde. In dieser Zeit war das Papier ein Material neben dem Pergament, wenig geschätzt und als Importware überdies preislich nicht eben attraktiv. Nun aber, da gewissermaßen der Startschuss gefallen war, entstanden in Südeuropa weitere Manufakturen. In Spanien wurden Hinweise auf solche in Cordoba und Sevilla gefunden. Diese Werkstätten als Papiermühlen zu bezeichnen, wäre irreführend, denn an einen Mahlvorgang dachte man noch nicht. Es verblüfft, dass der in Arabien erfundene Kollergang damals in Europa noch keinen Eingang fand, er trug doch zur Vereinfachung und Beschleunigung des Fibrillierungsprozesses bei. Die Stoffaufbereitung erfolgte über einen Faulungsprozess (Mazeration) der Lumpen und das Schlagen des Materials mit hölzernen Hämmern, um die Faserstruktur zu lösen. Aus dieser Zeit schrieb der erwähnte Abt Petrus Venerabilis von Cluny aus Toledo, dort Bücher aus Papyrus, Pergament und »aus abgenutzter Leinwand oder vielleicht noch schlechterem Stoff« gesehen zu haben – damit dürfte er wohl Papier gemeint haben.

1236 befand die Verfassung der Stadt Padua, Urkunden auf Papier könnten keine Rechtskraft besitzen. Nach unsicheren Quellen entstand die erste Papiermühle Italiens um 1231 in Amalfi (Salerno). Sie besteht noch heute unter der Firma »Cartiera Amatruda F. sas di Amatruda A. & C.«. Inhaber sind Antonietta und Teresa Amatruda, die mit zehn Mitarbeitern auf einer Rundsiebmaschine jährlich 50 Tonnen Werttitel- und Luxus-Schreibpapiere aus Baumwolle und Cellulose produzieren. Damit erzielen sie den stolzen Umsatz von € 600.000 – das ergibt einen Durchschnittspreis von € 1.200 für 100 kg = € 12.- für ein kg.[53] Bei einem angenommenen Flächengewicht von 100 g/m² kosten dann tausend Blatt DIN A 4 74,84 € oder ein Blatt 7,5 Cent – eigentlich doch nicht gar so teuer. Ein nicht ganz so vornehmes holzfreies Multifunktionspapier von 80 g/m² kostet im Frühjahr 2011 um die sechs Euro für 1.000 Blatt.[54]

Sicher nachgewiesen ist die europäische Papiermacherei erst für das Jahr 1238 in einem Dokument über die Papiermühle in Capellades in Katalonien. In Fabriano (Mark Ancona, Italien) wurde eine Papiermühle erstmals 1269 erwähnt; vermutlich liegt ihr Ursprung aber 30 bis 40 Jahre zurück. Es ist wohl mehr ein Gerücht, dass in Fabriano bereits im Jahr 1200 mehrere Papiermühlen unter Leitung des Meisters Polese arbeiteten. Ein Beleg dafür fand sich bisher nicht. Das älteste bekannte italienische Schriftstück auf Papier datiert von 1267.[55] Das älteste Papierdokument Deutschlands ist ein Fehdebrief, eine Art Kriegserklärung, an die Stadt Aachen von 1302.

Es dauerte noch geraume Zeit, bis die Erkenntnis sich Bahn brach, dass das neue Material aufgrund seines gegenüber dem kostbaren Pergament mäßigen Preises den Markt der Beschreibstoffe für sich erobern werde. Vielleicht ahnte der Markgraf von Meißen, Wilhelm I., das schon, als er 1398 den Benediktinern in Chemnitz das Privileg einräumte, Papier herzustellen.[56] Der Überlieferung nach haben die frommen Brüder davon alsbald Gebrauch gemacht und könnten daher wohl als die nach Ulman Stromer zweiten Papiermacher Deutschlands gelten.

Die Gleismühle und ihre Nachfolger

1.3.5

Ulman Stromer (1329–1407), Sohn des Nürnberger Handelsherren Heinrich Stromer (gest. 1347) und seiner zweiten Frau, Margarete Geusmid, war im Außenhandel der Familienfirma tätig. Nach Ausbildung in Barcelona, Genua, Mailand und Krakau leitete er seit 1370 mit seinen Brüdern Peter und Andreas das europaweit agierende Großhandelshaus. Ab 1371 war er Ratsherr und galt bereits um 1380 als »Graue Eminenz« im Nürnberger Rat. Im Städtekrieg 1388 agierte er erfolgreich gegen Burggraf Friedrich V. und band Nürnberg in den Schwäbisch-Rheinischen Städtebund ein. 1389/1390 hatte er eine alte Kornmühle, die Gleismühl an der Pegnitz bei Nürnberg, zur ersten Papiermühle nördlich der Alpen umbauen lassen. Sie wurde durch ein Wasserrad angetrieben. Als Holzschnitt findet sich die Mühle auf einer Darstellung der Stadt Nürnberg in Hartmann Schedels »Weltchronik« von 1493. Stromer hat sich nicht nur als erster Papiermacher, sondern zudem als erster Papierhistoriker Deutschlands verdient gemacht – hat er doch der Nachwelt sein »Püchl von meim geslechet und von abentewr«[57] hinterlassen.

Der Ratsherr hatte auf einer Geschäftsreise in der Lombardei die Technik des Papiermachens kennengelernt. In seiner erwähnten Lebenschronik beschreibt er die Einrichtung, die ihm nicht nur Freude machte. Das Papiermachen galt damals noch als ein Geheimnis, und so mussten auch seine Arbeiter schwören, ihr Wissen nicht weiterzugeben. Zwei italienische Gesellen versuchten, das auszunutzen und eine Lohnerhöhung zu erzwingen. Stromer, der offenbar ein kräftiger Mann war, sperrte sie in den Nebenraum eines Wasserturmes und brachte sie so zur Räson.

Ab 1394 verpachtete Stromer die Mühle an seinen Mitarbeiter Tirman. Später brannte das Gebäude, wie so viele Mühlen, ab und wurde nicht erneuert.[58] An der Stelle der einstigen Mühle auf der Wöhrder Wiese befindet sich seit 1990 in einer Parkanlage ein Denkmal in Form metallischer Papierstapel mit einer Inschrift zur Erinnerung an die Errichtung der ersten deutschen Papiermühle und ihren Initiator Ulman Stromer.

Seine Familie blieb über die Jahrhunderte erfolgreich und wurde als »Stromer von Reichenbach« geadelt. Der Professor für Wirtschaftsgeschichte, Wolfgang Stromer von Reichenbach (1922–1999), schrieb u.a. »Die Nürnberger Handelsgesellschaft Gruber-Posmer-Stromer im 15. Jahrhundert« und mit Lotte Sporhan-Krempel zusammen papiergeschichtliche Beiträge, u.a. zur 600-Jahrfeier der Gründung der ersten Papiermühle Deutschlands für den Verband Deutscher Papierfabriken, Bonn 1990.[59]

*Die Gleismühle.
Holzschnitt aus
Hartmann Schedels
»Weltchronik«, 1493.*

In der Folge entstanden auch in Deutschland weitere Papiermühlen, so im bereits erwähnten Chemnitz 1398, Ravensburg 1402, Augsburg 1407, Straßburg 1415, Lübeck 1420, Wartenfels 1460, Kempten 1468. Am Ende des 15. Jahrhunderts gab es etwa knapp 50 Betriebe; 100 Jahre später waren es bereits 190. 1494 etablierte sich der erste englische Papiermacher, John Tate. Der berühmteste und bekannteste seiner Kunst jedoch wurde der Deutsche Johann Spielmann aus Lindau, der als Juwelier der Königin Elisabeth in England wirkte. 1585 errichtete er in Dartford (Kent) die Papiermühle mit angeblich 600 Beschäftigten.[60] Der Kuriosität halber sei angemerkt, dass die erste amerikanische Papiermühle erst 1690 etabliert wurde – durch den Papiermacher Wilhelm Rittinghausen aus Mülheim an der Ruhr, der nach seiner Lehrzeit und den Wanderjahren in Deutschland und Holland das Können und den rechten Mut zur Gründung hatte. Die Mühle entstand in Germantown bei Philadelphia. Sie hat leider nicht überlebt, wohl aber das Rittinghausensche Wohnhaus.

Die Darstellung der Verbreitung der Papiermacherkunst in ganz Deutschland würde angesichts der Vielzahl der Mühlen den Rahmen dieses Buches sprengen. Typische Entwicklungen werden in den Familiengeschichten bedeutender Unternehmer in den Abschnitten 6.2 bis 6.5 und als detaillierter Überblick über einige Jahrhunderte in dem überschaubaren Raum von Brandenburg geboten (Kapitel 3.3).

2 Papiertechnik

2.1 Papier von Hand gemacht

2.1.1 Die Technik des Papiermachens

Im Kapitel 1.3.2 wurden die Ursprünge der Papierherstellung beschrieben und als Rohstoffe in Ostasien heimische Pflanzenbestandteile genannt. Die Mehrzahl dieser Gewächse kommt fast ausschließlich in diesem Erdteil vor. Als die Kenntnis von dem neuen Beschreibstoff in den klimatisch sehr verschiedenen arabischen Raum gelangte, ergab sich die Notwendigkeit, andere Ausgangsstoffe zu finden. Alte, abgetragene Kleidungsstücke boten sich deshalb an, weil man aus der frühen chinesischen Praxis Erfahrungen übernehmen konnte, wie aus textilem Material (dort aus Seide) die Fasern gelockert und vereinzelt werden konnten, so, wie man es auch mit dem Rindenbast und anderen pflanzlichen Betandteilen handhabte. Damit war die Voraussetzung für die weitere Entwicklung des Papiermachens gelegt.[1]

Der erste Schritt zur Aufbereitung der Lumpen (Hadern) war von Anbeginn an[2] die Sortierung nach der Art des Gewebes, dem Erhaltungszustand und der Farben. Man kannte vier große Gruppen als Ausgangsmaterial für Textilien: Hanf, Leinen, Baumwolle, Jute einschließlich Manila. Im Handel mit dem damals kostbaren Rohstoff unterschied man in Europa schließlich 28 Sorten – von Nr. 1: feines reines weißes Leinen, bis 28: Öllappen. Die Aufbereitung der Hadern war die Arbeit von Frauen, die sie in einer um fünf Uhr morgens beginnenden Schicht von dreizehn Stunden leisteten. In der frühen Zeit der europäischen Papiermacherei mussten die entstaubten und zerrissenen, mit dem Beil auf einem Holzklotz zerhackten oder (später maschinell) zerschnittenen Hadern einer weitgehenden Lösung der Fasern aus dem Verbund unterworfen werden. Die älteste Technik dafür war die Fußwippe, bei der ein Stein von etwa 5 kg durch Tritt auf das Wippenende 30 bis 40 cm angehoben und dann fallengelassen wurde. Eine Verbesserung der Leistung brachte das durch Wasserkraft betriebene Pochwerk. Die Nocken einer hölzernen Welle hoben einen 6 bis 10 kg schweren Stein, der an einer senkrechten hölzernen Führungsstange innerhalb eines Rohres befestigt war, etwa 20 cm an; danach fiel er auf den Stoff. Als Standardeinrichtung dann allgemein angewandt wurde das Stampfwerk. Stampflöcher, Mulden, die zumeist in einen dicken eichenen Block gehauen und mit einem eisernen, zuweilen auch steinernen Boden belegt waren, nahmen die Hadern auf. Durch eine hölzerne Rinne wurde den Mulden Wasser zugeführt, das den gelösten Schmutz durch ein am Ausfluss befestigtes Haarsieb wegspülte. Das Stampfgeschirr bestand aus einer Wellbaum genannten Nockenwelle, einem dicken geraden Baumstamm mit eingesetzten Daumen (Nocken). Dieser hob über einen langen hölzernen Hebel den (später mit Eisen beschlagenen) 25 bis 30 kg schweren hölzernen Hammer oder einen Stein (»Stampfe«) an, der auf die Hadern fiel, die Gewebestruktur lockerte und die Fasern durch eine 12- bis 36-stündige Bearbeitung für den weiteren Aufschluss vereinzelte. Drei oder vier solcher Stampfen, von denen zwei oder drei dieser Einheiten gelegentlich von der gleichen Welle betrieben wurden, gehörten zu einem Geschirr. Die Welle wurde fast immer über ein Wasserrad bewegt; ausnahmsweise gab es aber auch Windmühlen und ganz vereinzelt Göpelwerke, in denen ein im Kreis herumlaufendes Pferd die Welle über einen Zahnkranz drehte. Die vorbereiteten Hadern wurden nach einem Anfang des 18. Jahrhunderts aus Frankreich übernommenen Verfahren für Tage oder Wochen einem stinkenden Faulungsprozess in Gruben unterworfen, um die Faser weiter aufzuschließen. Das Wasser wurde mehrfach gewechselt.

Das Faulen der Lumpen war eine Kunst, die in unterschiedlichen Varianten ausgeführt wurde, in jedem Falle aber das Können und die langjährige Erfahrung eines Fachmannes voraussetzte. Die Lumpen wurden von Sammlern in die Papiermühlen gebracht. Über Hygiene hatte man sich damals bereits Gedanken gemacht. Teilweise wurde vorgeschrieben, die Lumpen zunächst in Kalklauge zu waschen. Der Kalkzusatz diente aber nicht allein der Desinfektion, die alkalische Masse beeinflusste auch die Auswahl der sich im Faulungsprozess bildenden Bakterien. Der Prozess konnte nicht ohne unangenehme Geruchsentwicklung verlaufen. Der Faulkeller wurde deshalb gelegentlich etwas abseits des Raumes der Schöpfer, Gautscher und Leger eingerichtet.

Nach einem verbreiteten Verfahren wurden die sortierten, aber nicht zerschnittenen Lumpen in die Faulbütte, eine ausgemauerte Grube, gebracht, durch deren Boden Wasser versickern konnte. Ein solcher Trog konnte 3 x 5 x 0,9 m groß sein. In ihm wurden die Lumpen zehn Tage eingeweicht; das versickernde Wasser wurde durch ständigen Zufluss ergänzt. Dann blieben sie weitere zehn Tage ohne Wasserzufuhr liegen und wurden anschließend in eine Kellerecke gebracht, wo sich das Innere des Haufens infolge der einsetzenden Gärung im Verlauf von 15 bis 20 Tagen so weit erhitzte, dass es nicht mehr möglich war, mit der Hand hineinzufassen. Damit waren die Lumpen oder Hadern bereit, in kleine Stücke zerschnitten und im Stampfwerk bearbeitet zu werden. In manchen Betrieben waren die Lumpen allein durch den Faulungsprozess so mürbe geworden, dass sie direkt im Holländer[3] gemahlen werden konnten. Die Gesamtdauer dieses Verfahrens belief sich auf fünf bis sechs Wochen.

Kleinere Mühlen bedienten sich quadratischer Faulgewölbe von drei Metern Seitenlänge. In eine Ecke wurde ein Haufen über die halbe Wandlänge geschichtet und drei Wochen lang bewässert, ohne dabei gewendet zu werden. Dann stand der Haufen zwei oder drei Tage trocken und wurde wiederum einige Tage lang stündlich benetzt. Die Prozedur wurde dreimal wiederholt. Nun brachte man einen zweiten Haufen in gleicher Art ein und behandelte ihn wie den vorigen, den man unbewässert ließ. Nach 20 Tage wurde der erste Haufen auf den zweiten geschichtet und beide reiften gemeinsam, während ein dritter behandelt wurde. Nun folgte ein vierter, der das gleiche Verfahren durchlief. Während dieser Prozedur wurde

Mittelalterlicher Holzschnitt. Rechts im Hintergrund das Wasserrad, das den Wellenbaum dreht. Dessen Nocken heben die Hämmer. Schöpfer, Gautscher und Leger sind bei der Arbeit. Die Bütte wird beheizt.

der erste zur Weiterverarbeitung entnommen, doch die Bakterien und Pilzkulturen, die sich in ihm gebildet hatten, wurden an die nachfolgenden Haufen weitergegeben. Dem geschilderten Verfahren nicht unähnlich war als drittes das Umschicht-Verfahren, bei dem man die Haufen im Faulkeller nass hielt.

Die drei beschriebenen in Frankreich praktizierten Verfahren stimmten darin überein, dass die Gärung offen erfolgte. Im Gegensatz dazu scheint in Deutschland die anaerobe Gärung, also unter Luftabschluss in Fässern erfolgende, die bevorzugte Methode gewesen zu sein. In den hölzernen Gefäßen wurden die Lumpen nur einmal gewendet und erhielten die Reife zur Weiterverarbeitung bereits innerhalb von acht bis neun Tagen. Maria Ludwig Valentin (Louis) Piette (1803–1862), Mitglied einer bedeutenden, in mehreren europäischen Ländern wirkenden Papiermacherfamilie, schildert in seinem »Handbuch der Papierfabrikation« von 1833 das Verfahren im Detail. Danach werden die nassen Lumpen festgestampft und der Behälter zugedeckt. In den ersten drei Tagen erwärmt sich der Stoff spürbar; am vierten Tag entwickelt sich ein Ammoniak-Geruch und dicker Dampf entweicht. Am fünften Tag ist die Hitze unerträglich; Schleim tritt an die Oberfläche, der Gestank ist ekelhaft. Die Lumpen bieten dem Versuch, sie zu zerreißen, starken Widerstand. Die Entwicklung setzt sich fort, am siebenten Tag werden die Lumpen mürbe und leicht zerreißbar. Am achten Tag können sie gemahlen werden; der Verlust liegt bei 18 bis 20 Prozent, also eine spürbare Einbuße. Man beobachtete nunmehr den Gärungsprozess genauer und gab bei Erreichen der Verarbeitungsfähigkeit ungelöschten Kalk hinzu, der die Mikroorganismen abtötete. Ungeachtet des folgenden Auswaschens verblieben Kalkreste im Stoff, die im fertigen Papier einen basischen Puffer hinterließen. Der machte es gegenüber Säureattacken durch Tinten widerstandsfähiger.

> **Papiertechnik**

Piette hat die Vor- und Nachteile des Faulens untersucht. Die Mahlungszeit im Holländer mindert sich von zehn oder zwölf auf zwei bis drei Stunden; der Schöpfvorgang läuft infolge der schnelleren Entwässerung in der Hälfte der Zeit ab. Das Papier trocknet auf der Leine schneller und verzieht sich weniger. Es gab sicher auch damals schon gute Gründe, auf das Faulen mit seinen unangenehmen Nebenwirkungen zu verzichten, doch scheinen die wirtschaftlichen Vorteile überwogen zu haben.

Dieser »anrüchige« Produktionsschritt des Faulens wurde in Folge der weiteren Entwicklung der Heiztechniken durch Kochen in Kugelkochern unter Zusatz von Kalk ersetzt. Dies diente weniger der Ästhetik, sondern kürzte vor allem die Zeit der Vorbereitung spürbar ab und war ein Schritt zu kontinuierlichem Halbstoffaufschluss. Der Kochvorgang befreite die Rohfaser von ihren Inkrustationen, die gebleichte Faser von äußeren Unreinlichkeiten und die künstlich gefärbte Faser von ihrer Farbe. Die Fasern wurden von Staub und Schmutz gesäubert, in ihren Bündeln gelockert und für die nachfolgende Bleiche vorbereitet. Zur Bereitung des Ganzstoffes, also dem zur Herstellung qualitativ hochwertigen Papiers erforderlichen Vormaterial, gelangen der Technik des späten 18. und des 19. Jahrhunderts ständige Verbesserungen, die einerseits die Hadernaufbereitung zu einer Wissenschaft für sich machten, andererseits den Verlust bei dem Kochvorgang minimierten, die Qualität steigerten und die Kosten für Energie und Arbeitskräfte senkten. C. F. Dahlheim widmet der Behandlung der Lumpen 37 Seiten aus der Sicht des Direktors einer Papierfabrik Ende des 19. Jahrhunderts.[4]

Eine grundlegende Qualitätsverbesserung des eingesetzten Hadernmaterials brachte 1774 die Entdeckung der Bleichwirkung des Chlors durch den schwedischen Chemiker Karl Wilhelm Scheele. In der Hadernbleiche wurde Chlor erstmals 1789 von dem französischen Chemiker Graf C. L. Berthollet eingesetzt, um auch minderwertige Lumpensorten für die Papiererzeugung verwendbar zu machen.

Wissenschaftliche Untersuchungen über den Nutzen des Faulungsprozesses haben unerwartete Erkenntnisse gebracht. Zunächst sind die heutigen Lumpen größtenteils Mischgewebe mit Chemiefasern. Die modernen Waschmittel sind so dauerhaft, dass sie auch das gründlichste Auswaschen überstehen. Nach drei Monaten waren in nassen Lumpen noch Waschmittel vorhanden, die das Faulen verhinderten.

1446 erfand Gutenberg den Buchdruck mit beweglichen Lettern aus Metallguss. Dies erhöhte die Nachfrage nach Papier erheblich, da Bücher, Flugblätter oder Zeitungen zu einem bedeutend geringeren Preis hergestellt werden konnten; die mühsame handschriftliche Vervielfältigung durch schriftgelehrte Mönche und hochgeachtete obrigkeitliche Schreiber konnte so umgangen werden. Technisch begabte Tüftler, aber auch Künstler entwickelten neuartige Druckverfahren. Der Holzschnitt, schon im alte China praktiziert, erlebte eine Renaissance; die Tiefdruckverfahren Kupferstich und Radierung boten Künstlern die Möglichkeit, ihre Werke hundertfach feilzubieten und ihre Namen weithin bekannt zu machen. Sie verlangten dafür qualitativ hochwertige und auf das Druckverfahren spezialisierte Papiere. Nur der Einsatz tadelloser Hadern schuf hierfür die Voraussetzung. Als Nebeneffekt entstand ein Markt für mindere Papiersorten, die Verpackungspapiere.

Es war sicher kein Spezialpapier, das gegen Ende der Büttenpapierzeit im 19. Jahrhundert zwei Papierfabrikanten zu den ersten Luftfahrtpionieren machte. Dennoch hatte das Papier, das die Papierfabrikanten Joseph Michel und Jacques Mongolfier zur inneren Auskleidung ihrer Ballon-Leinenhülle benutzten, sein Verdienst am Gelingen dieses Abenteuers, das auf seine Art Vorbote einer neuen Zeit wurde. Die Brüder besaßen nahe Lyon eine Papierfabrik, seit 1782 »Königliche Papiermanufaktur«. Als Hoflieferanten kamen sie zu beträchtlichem Vermögen, das ihnen erlaubte, sich ganz ihren Ballonexperimenten zu widmen. Am 19. September 1783 erhoben sich die ersten Passagiere in der Gondel eines Heißluftballons von 10,7 m Durchmesser 560 m in die Lüfte: ein Schaf, ein Huhn und eine Ente, die unversehrt zwei Kilometer weiter wieder landeten. Am 21. November wagten sich der Direktor des Pariser Museums, Pilatre de Rozier, und der Marquis d'Arlandes in den prächtig bemalten Korb. Aus 85 m Höhe kehrten sie nach einem Flug von acht Kilometern auf die Erde zurück, stürmisch gefeiert vom König und einer großen Menschenmenge.[5]

2.1.2 Das Schöpfen mit dem Sieb

Für die Qualität des Papiers waren neben der Auswahl der Hadern (fast nur solche aus Leinen oder aus Hanf wurden verwendet) und dem Geschick des Schöpfers auch die Güte der Siebe von ausschlaggebender Bedeutung. In Europa war bereits in früher Zeit die Fertigung sehr dünner Drähte möglich. Sie wurden parallel gelegt, vernäht und durch in größeren Abständen rechtwinklig dazu unterlegte Stege in der Waagerechten gehalten. Die Drähte zeichneten sich in der Durchsicht in Form feiner heller Streifen (Rippung) ab, die Stege wirkten als breitere Markierungen. Diese Papiere, die für Liebhaber heute zumeist auf Rundsiebmaschinen mit einer Art Wasserzeichen hergestellt werden, nennt man »gerippte« Papiere (vergé).[6] Sogar auf Langsiebmaschinen werden gerippte Papiere mittels eines Wasserzeichen-Egoutteurs hergestellt – verblüffenderweise für gewisse Packpapiere. Damit soll wohl eine Tradition erhalten werden, denn ein praktischer Sinn ist nicht erkennbar.

Bald nach 1750 gab es die ersten Versuche, Kupfer- oder Messingdrähte zu weben, statt sie parallel und gestützt durch rechtwinklig verlaufende Stege als Sieb an einem Rahmen zu befestigen. Durch den Effekt des Webens wird die für manche Zwecke störend wirkende Rippung des Papiers vermieden. Enschlägige Experimente unternahmen Papiermacher wie der in Mariaweiler ansässige Kufferath. Daniel Kufferath, 1753 geboren, wandte sich ganz der Tätigkeit des Formenmachers zu. Die 1782 gegründete Firma Gebrüder Kufferath war wohl die erste auf Metallsiebherstellung spezialisierte Fabrik, doch nicht die einzige, denn auch Leineweber sahen im Weben von Metallsieben ein Zukunftsgeschäft. Die mit diesen Siebgeweben gefertigten Papiere wurden als Velinpapiere bezeichnet, aus dem Lateinischen

»vellum« für Pergament. Die »gerippten« Papiere wurden dennoch weiter produziert, weil die Velinformen Wasser langsamer ablaufen ließen, die Produktion damit verlangsamten und so verteuerten. Die neue Technik war anfangs also den feineren Qualitäten vorbehalten. Die Massenpapierfabrikation hing jedoch in solch großem Maße von der Einführung der Velinpapiere ab, dass man die Erfindung gewebter Siebe als eine der wahrhaft bahnbrechenden in der Geschichte der Papierherstellung bezeichnen darf. Nur mit dieser Technik war es möglich, endlose Siebe herzustellen, die die Seele der Papiermaschine darstellten. Dies blieb von der ersten Maschine Roberts (1798) bis über die Mitte des 20. Jahrhunderts hinaus so, wenn auch mit dem technischen Fortschritt neuartige Webmethoden Platz griffen, die die Siebe und damit die Struktur der mit ihrer Hilfe hergestellten Papiere immer feiner machten, für unterschiedliche Papiere unterschiedlich optimal geeignete Varianten ermöglichten und überdies mit immer längeren Laufzeiten aufwarten konnten. Erst um 1950 kamen die ersten Kunststoffsiebe auf, die heute in einer Vielzahl von Papiermaschinen zum Einsatz gelangen. In manchen Papiermaschinen übernehmen inzwischen Kunststoffsiebe auch die Funktion der vorher verwendeten Nassfilze, die das Papier, das nun einen Trockengehalt von etwa 20 Prozent hat, an der Gautschpresse aufnehmen und durch die gesamte Nass- oder Pressenpartie führen. Mit etwa 40 Prozent Trockengehalt führen dann Trockenfilze, auch sie heute oft Kunststoffprodukte, das Papier durch die Trockenpartie, die aus dampfbeheizten Zylindern besteht. Die meisten Papiere, überwiegend mit einem Obersieb in der Siebpartie produziert, weisen nunmehr auch keine Sieb- oder Filzmarkierung auf und lassen häufig Ober- und Unterseite nicht mehr unterscheiden.

Das Schöpfen mit dem »losen« Deckel

Eine weitere frühe europäische Erfindung war die Erfindung des »losen Deckels«, einem hölzernen Rahmen, der auf die aus festem Holz gefertigte Siebbasis aufgesetzt und beim Schöpfvorgang durch Daumenkraft festgehalten wurde. Er verhinderte das seitliche Ablaufen des Stoffes und ermöglichte das Schütteln des Siebes, um die Ausrichtung der Fasern in eine bestimmte Richtung zu vermeiden. Das Eintauchen des Siebes geschah mit der Querrichtung annähernd senkrecht. Diese Technik verbreitete sich schnell weltweit. Sie führte zur Bildung eines Dreierteams bei der Produktion, das sich zusammensetzte aus dem Schöpfer, dem Gautscher und dem Leger.

Der Schöpfer musste über eine große Erfahrung und Geschicklichkeit verfügen, um Bogen für Bogen in möglichst gleicher Dicke auf das Sieb zu bringen. Er musste also das Gespür dafür haben, wann wieder »Stoff« in die Bütte zu geben war, Ersatz für die aus der Suspension geschöpften Fasern, und wann zwischendurch mit einer Art Paddel, in kleinen flachen Bütten auch mit dem Arm, umzurühren war. Der Faseranteil im Stoff war ständig so zu bemessen, dass – beeinflusst durch die von einem zum nächsten Schöpfvorgang um ein Winziges vergrößerte Eintauchtiefe – ein Feststoffgehalt von ungefähr 0,5 bis vier Prozent auf das Sieb kam, abhängig von dem zu erzielenden Flächengewicht. Die Bütte konnte aus Holz gleich einem Weinfass sein, oder auch gemauert. Oft war sie mit Bleiblech ausgekleidet; viele waren beheizt – in kühleren Regionen ein Muss. Die Lehrbuben mussten sie vor Schichtbeginn anheizen.

Der Schöpfer oder Büttgeselle nahm am Ende des Schöpfvorganges den Deckel vom Sieb und reichte dieses an den Gautscher weiter, der zwischenzeitlich ein zweites Sieb auf dem Büttenrand platziert hatte. Von dort nahm es der Schöpfer, legt den Deckel auf und schöpft von Neuem. Der zweite Arbeiter gautschte, indem er das Sieb sorgsam am schmalen Rand des leicht gerundeten Filzstapels ansetzte und in einer rollenden Bewegung das Blatt oder den Bogen, dessen Festgehalt noch bei etwa fünf Prozent lag, auf dem Filz ablegte. Das Sieb stellte er zurück auf den Büttenrand. Der Leger bedeckte das nasse Blatt mit einem weiteren Filz.

Es waren stets zwei Siebe in Benutzung. Daraus resultierte, dass Wasserzeichen aus der frühen Zeit um Kleinigkeiten differieren, weil die das Zeichen bildenden Drähte auf dem Sieb von Hand gebogen wurden. Der volle »Pauscht« (180 Bogen, 181 Filze[7]) wurde mittels einer Spindelpresse, die bei größeren Formaten von mehreren kräftigen Männern gedreht wurde, auf etwa 20 Prozent Festgehalt weiter entwässert. (Heute ersetzt Hydraulik die Muskelkraft). Die Bogen wurden mancherorts nochmals ohne Filze und nach Umschichtung, um dem Papier den charakteristischen sammetartigen Griff zu verleihen, mehrfach gepresst und dann zum Trocknen einzeln oder auch zu mehreren Bogen zusammen auf Leinen oder hölzernen Gestellen mit Klammern aufgehängt. Papiere der feinsten Sorten wurden nach Leimung und Trocknung noch durch warmes Wasser gezogen, um den Überschuss an Leim auszuwaschen und die häufig unangenehme Härte zu beseitigen.[8] Dann wurden die Bogen wieder in mehrfach veränderter Reihenfolge aufeinandergelegt, schließlich nochmals auf dem Boden getrocknet und später geglättet. Papiermühlen besaßen für die Trocknung hohe steile Dachkonstruktionen mit zahlreichen Luftschlitzen, in mehreren Etagen übereinander angeordnet. Manche solcher alten Mühlen sind noch heute daran erkennbar. Der Trockenvorgang war in bedeutendem Maße den Launen der Witterung ausgesetzt. Fegte etwa nachts ein plötzlich aufkommender Sturm über das Land und in die offenen Luken, konnte er das mühsam gefertigte Papier auf der Leine zerfetzen und hinwegwehen. In einer guten Sommerzeit dauerte der Trockenprozess drei oder vier Tage und konnte bei feuchtem Winterwetter mehrere Wochen in Anspruch nehmen. Lag allzu lange feuchter Nebel über dem Land, nahm der Papiermüller schon einmal die noch immer nicht trockenen Bogen in die beheizte Wohnstube mit, sofern er nicht glücklicher Besitzer einer beheizbaren Trockenkammer war.

Unser Wissen über die damals angewandten Techniken verdanken wir größtenteils dem Buch »Die Kunst, Papier zu machen« des Franzosen de la Lande[9], das Johann Heinrich Gottlob von Justi 1762 übersetzte und herausgab. De la Lande beschrieb einen damaligen Großbetrieb, in dem aus 30 Bütten täglich je 5.000 Bogen geschöpft wurden. Frieder Schmidt[10] errechnet aus einem Bericht von 1777 eine Kapazität von etwa 3.500 Bogen je Bütte für den zehnstündigen Arbeitstag. Wenn man 5.000 Bogen im Format DIN A 3 = 29,7 x 42 cm mit einem Flächengewicht von 80 g/m² ansetzt, kommt man auf eine Tagesproduktion von rund 1,5 t – im Vergleich zu den durchschnittlichen Papiermühlen mit zwei oder drei Bütten eine unglaubliche Menge. (Eine heutige Papiermaschine mit einer Arbeitsbreite von etwa acht Metern benötigt dafür rund zwei Minuten.)

Büttenpapier

Der Deutsche Arbeitskreis für Papiergeschichte, ein loser Verband von Papierhistorikern, hielt seine Jahrestagung vom 30. September bis 3. Oktober 2010 gemeinsam mit SPH, den Schweizer Papierhistorikern, im Schloss Beuggen (nahe Basel auf deutscher Rheinseite) ab. Dr. Peter Tschudin von der Basler Papiermühle, dem bedeutenden Fachmuseum, bot einen Film, den sein gleichfalls papierhistorisch tätig gewesener Vater aufgenommen hatte. Dieser zeigte eine deutlich fortschrittlichere Art des Papierschöpfens mithilfe eines Vierer- statt des klassischen Dreierteams, das durch einen zusätzlichen Leger erweitert wurde. Der Arbeitsablauf wurde durchgehend rationalisiert: Am Büttenrand war ein Paar pultartig schräger Abstellrahmen für die Siebe installiert worden. So konnte der Gautscher das abgegautschte Sieb sofort griffbereit abstellen, der Schöpfer das nächste benötigte ohne Zeitverlust und mit geringstmöglicher Körperbewegung entnehmen. Der Pauscht, der Filzstapel, war an dieser Stelle durch eine leicht gerundete filzbelegte Ablage ersetzt worden. Statt des üblichen einen Legers waren zwei tätig, die den Bogen sehr sorgfältig abnahmen und ihn dicht daneben auf den eigentlichen Pauscht legten, der dann unter die Presse befördert werden konnte. Nach Meinung von Tschudin sen. war dies ein verbreitetes Verfahren, das jedoch als Geheimnis gehütet wurde, um dem überkommenen Gesetz zu genügen, wonach nichts Altes ab- und nichts Neues aufgebracht werden durfte. Mir scheinen Zweifel an dieser Folgerung angebracht – wäre doch dieses optimierte Verfahren sonst in einem Holzschnitt oder Kupferstich dargestellt worden. Einzusehen ist freilich, dass der Erfinder und Anwender der bewirkten Produktionssteigerung seine Neuerung geheim hielt, mit der er gegen den beschworenen Brauch verstieß.

In der Übergangszeit von der Handpapiermacherei zur Papiermaschine in der ersten Hälfte des 19. Jahrhunderts schritten einige größere Papiermühlen zu einer Teilmechanisierung.[11] Die beschriebene Werkhalle war 22 x 10,7 m groß. *Fig. 4* ist ein senkrechter Schnitt durch den Saal zwischen den Rührbütten *B* und den Schöpfeinrichtungen. An der Fensterwand in der obersten Reihe sind vier steinerne, innen polierte Schöpfbütten *S* in der Weise aufgestellt, dass jede von zwei großen Fenstern Licht erhält. Zur Aufnahme des aus den Holländern abgelassenen Stoffes dienen drei Rührbütten *B*, welche durch Kupferrohre *r* mit den Knotenfängern *K* der Schöpfbütte in Verbindung stehen.

Zu Beginn der Arbeit ließ der Schöpfer den Stoff in den Vorkasten des Knotenfängers fließen und gab das zur Verdünnung erforderliche Wasser zu. Der gereinigte Stoff gelangte in die Schöpfbütte. Ein Rührer hielt den Stoff gleichmäßig im Wasser schwebend.

Papier von Hand gemacht

Werkhalle einer teilmechanisierten Büttenpapierwerkstatt um 1820.

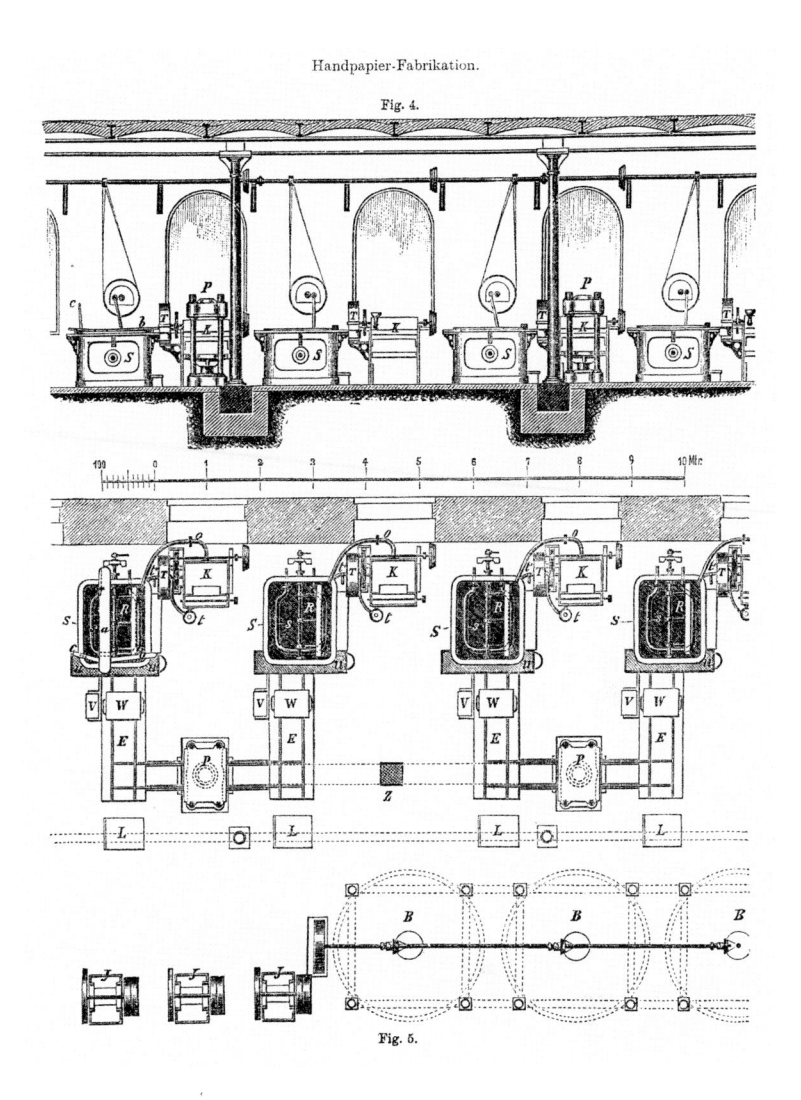

Handpapier-Fabrikation.

Fig. 4.

Fig. 5.

Zu Beginn der Arbeit an den Schöpfbütten öffnete der Schöpfer den Hahn *r1 (Fig. 6)* des Rohres *r*, ließ den Stoff durch Trichter und Rohr *t* in den mit Rührer versehenen Vorkasten des Knotenfängers *K* fließen und gab das zur Verdünnung erforderliche Wasser zu. Der durch die Schlitze des Knotenfängers *K* dringende gereinigte Stoff gelangte durch das Rohr *O (Fig. 5)* in die Schöpfbütte *S*. Die Bütte wurde durch das Schlangenrohr *s* erwärmt. Der Rührer *R* hielt den Stoff gleichmäßig im Wasser schwebend. Wenn die Schöpfbütte gefüllt war, schloss der Schöpfer den Hahn des Rohres *r* so weit, dass nur die entnommene Menge Stoff ergänzt wurde. Nach dem Schöpfvorgang hob er den Deckel ab und schob die Form mit dem nassen Blatt auf einem Steg *b* dem Gautscher zu. Während der Schöpfer die auf der Brücke *a* liegende zweite Form ergriff und die Arbeit wiederholte, hob der Gautscher die übernommene

Form über eine Kante und lehnte sie gegen die Stütze *c*, sodass noch ein Teil des Wassers von der aufgerichteten Form abfließen konnte. Dann ergriff er die Form mit beiden Händen, drückte das Papierblatt auf den vor ihm liegenden Filz, schob die leere Form auf die Brücke *a* und bedeckte das von der Form auf den Filz übertragene Blatt mit einem zweiten Filz. Er stand dabei in dem Gautschstuhl, der die Form einer senkrechten, nach einer Seite hin offenen Rinne hatte. Die leere Form lehnte er gegen die Stütze *c* zum neuerlichen Gebrauch durch den Schöpfer.

Der Pauscht liegt auf einem etwa acht Zentimeter dicken eichenen Pressbrett *W*, das von den Arbeitern auf der mit Gleitschienen belegten Bahn *E* unter die hydraulische Presse *P* geschoben wird. In ihr wird der mit einem Pressbrett bedeckte Pauscht unter bedeutendem Druck entwässert und dann von dem Leger in Papier und Filze geteilt. Er steht dabei vor seinem Legstuhl *L*, der Pauscht befindet sich rechts vor ihm auf der Gleitbahn *E*. Drei Arbeiter konnten so mit einer Bütte in zwölf Stunden etwa 1.200 Bogen feinen Papiers schöpfen.

Hüter der Tradition des Schöpfens aus der Bütte

2.1.5

Nicht nur als museale Schau, sondern auch für den Bedarf von Liebhabern der alten Kunst und sogar für den technischen Einsatz bei der Restauration von Zerstörung bedrohter Dokumente wird auch heute noch Papier von einigen wenigen Künstlern des Faches geschöpft:

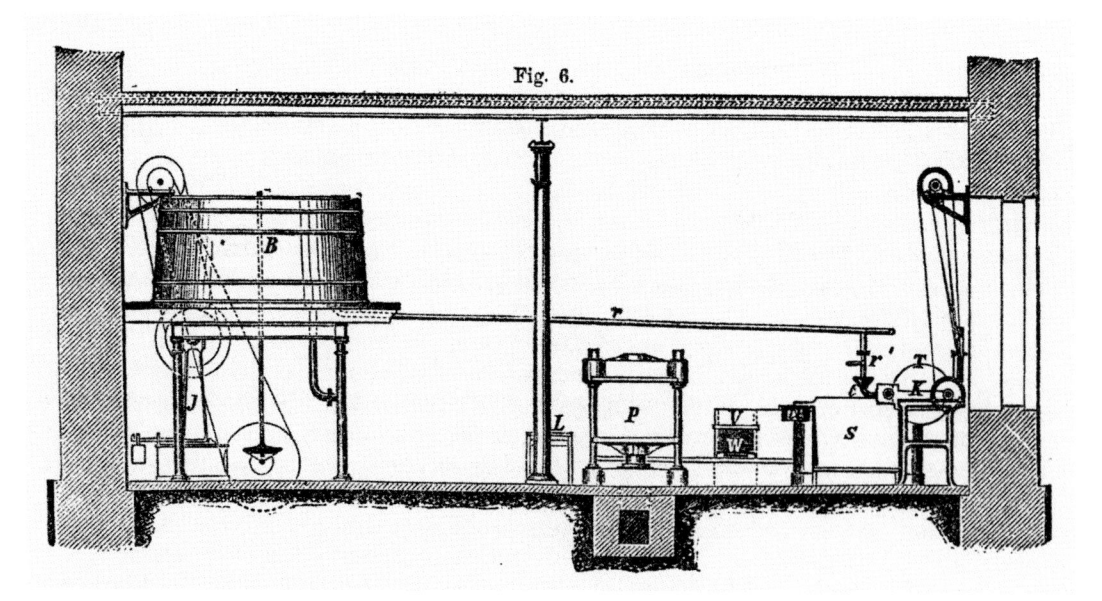

Schöpfbütte in der oben beschriebenen Werkstatt.

Büttenpapierfabrik Gmund GmbH & Co. KG, 83703 Gmund
Museum Papiermühle Weddersleben (Herbert Löbel), 06502 Thale, OT Weddersleben
Johann Follmer, 97855 Triefenstein, OT Homberg
Freiberger Büttenpapier Dr. Kurt Schmidt, 09599 Freiberg (Sachsen)
Isar-Papier, 81675 München
Roman Luplow, Handpapiermacher, 18196 Dummersdorf
Gangolf Ulbricht Werkstatt für Papier, 10997 Berlin[12]

Am 28. Januar 2010 erhielt der Papierkünstler Gangolf Ulbricht anlässlich der Eröffnung der Antiquaria-Messe in Ludwigsburg den 16. Antiquria-Preis für Buchkultur, eine Auszeichnung der Stadt Ludwigsburg, der Kulturgemeinschaft Stuttgart e.V. und des Vereins Buchkultur. Andere Künstler ihres Faches stellen echtes Büttenpapier auf der Rundsiebmaschine her, vom handgeschöpften nicht zu unterscheiden:

Hahnemühle FineArt GmbH, 37586 Dassel
Papierfabrik Zerkall Renker & Söhne GmbH & Co KG, 52393 Hürtgenwald

2.2 Papiermühlen

2.2.1 Mühlen

Eine Mühle (v. althochdeutsch: muli; aus lat. molina bzw. molere = mahlen) ist ein Gerät, eine Maschine oder eine Anlage, um stückiges Aufgabematerial zu fein- oder feinstkörnigem Endprodukt zu zerkleinern. Daher ist meist außer einem Zerkleinerungsvorgang auch eine Vorrichtung zur Größentrennung (Sieben, Sichten) vorhanden.

Die Holländerwindmühlen (regional auch Kappenwindmühlen genannt) verdrängten im 16. Jahrhundert vor allem in Norddeutschland die Bockwindmühlen. Ihren Namen verdanken sie holländischen Mühlenbauern. Ihr unterer Teil ist gemauert und somit äußerst stabil und übt weniger Bodenpressung aus, weil es keine Einzelfundamente gibt. Der auf dem Turm aufliegende bewegliche Kopf (oder die Kappe) der Mühlen mit den angehängten Flügeln ist drehbar auf dem unteren Teil gelagert. Dadurch musste nur noch der obere Teil in den Wind gedreht werden, der untere Teil konnte hingegen zur Lagerung von Waren benutzt werden. Das bedeutete neben statischen Vorteilen gegenüber den älteren Bockwindmühlen mehr Platz im Gebäude, um Müllereimaschinen unterzubringen, und auch der Turm konnte höher in den Wind gebaut werden. Der Wirkungsgrad der Maschine »Windmühle« nahm entsprechend zu. Die Kraft wurde bei diesem Typ mittels eines Getriebes auf eine senkrechte sogenannte Königswelle übertragen, an die Maschinen aller Art angeschlossen werden konnten. Da diese Mühlen aber existenziell vom Wehen des Windes abhingen, wurden einige von ihnen mit einem Göpelantrieb kombiniert, bei dem ein Pferd, ein Ochse oder ein Esel an einem langen Balken die senkrechte Welle drehte. Die Zahl der Göpelmühlen war äußerst

Papiertechnik

gering; nachgewiesen sind bislang nur vier. Mit dieser Kombination konnten windarme Phasen überbrückt werden. Der Forschung sind bislang nur 16 Wind-Papiermühlen in Deutschland bekannt, keine davon in Brandenburg. Wohl die einzige, die den Übergang in das Maschinenzeitalter gefunden hat, war die in Burg Gretesch bei Osnabrück, aus der die heutige Papierfabrik Felix Schoeller hervorgegangen ist. Deren Gründer war ein Sohn des Mitbegründers der Firma Felix Schoeller & Bausch in Neu Kaliß, die viele Jahre Alleingesellschafterin der Patent-Papierfabrik Hohenofen GmbH war. Im Sprachgebrauch hat sich die Bezeichnung »Papiermühle« für die Werkstätten durchgesetzt, in denen aus der Bütte Papier geschöpft wurde. Der Begriff ist so alltäglich geworden, dass selbst die ab dem Beginn des 19. Jahrhunderts entstandenen Papierfabriken oft als Papiermühlen bezeichnet werden.

Großzügig ausgelegt, könnte man die Einführung der Wasserkraft als Antrieb der Stampfwerke zur Fibrillierung der Hadern als einen Mahlvorgang ansehen und die Manufaktur deshalb als Mühle bezeichnen. Solche Antriebe verbesserten tatsächlich im 12./13. Jahrhundert in Amalfi und in Fabriano die Produktionskapazität. Ob dort diese Betriebe Mühlen genannt wurden, ist nicht nachgewiesen. Eine andere Erfindung, die den Italienern zugeschrieben wird, ist die der Leimung des Papieres in einem Bad aus dem Sud von Kalbsfüßen. Sie erst machte das Papier verwendbar für die damalige Schreibtechnik mit Tinte und dem Federkiel.

Im engeren Sinne als Mühlen kann man die Papierschöpferwerkstätten erst seit 1711 (nach anderen Quellen auch um 1670[13] oder 1682[14]) bezeichnen. Ein namentlich unbekannt gebliebener Holländer erfand den nach seinem Herkunftsland benannten Mühletyp, den Holländer. Er besteht aus einem gemauerten, gefliesten oder auch gusseisernen länglichen Trog, der durch eine mittige Trennwand einen annähernd ovalen Stoffumlauf generiert. An einer Seite ist eine messerbesetzte Walze angebracht, zu der ein gleichfalls bemessertes konkaves, dem Umfang der Messerwalze angepasstes »Grundwerk« gehört. Zwischen ihnen kann nun der Stoff für die gewünschte Papierqualität optimal aufbereitet werden. Wird die Walze hart auf das Grundwerk gesetzt, werden die Fasern im Stoff zerschnitten, also gekürzt, behalten aber ihre schlauchartige Struktur. Im Extrem ergibt diese »rösche« Mahlung beispielsweise Löschpapier. Im anderen Extrem quetschen die Messer die Fasern und zerstören ihre Struktur. Solch ein »schmieriger« Stoff ergibt dann Transparentpapier. Der Ganzstoff für jedes Papier bedingt also eine festgelegte Relation zwischen Faserkürzung und Fibrillation. Der »Mahlgrad« wird beispielsweise in einem Gerät nach Schopper-Riegler durch die Zeit, die eine bestimmte Stoffmenge für die Entwässerung benötigt, gemessen. Der durch die Mahlung erzielte Mahlgrad ist das bestimmende Kriterium für das zu fertigende Papier und wird durch den Druck, mit dem die Messerwalze auf das Grundwerk aufgesetzt wird, und die Zeit der Mahlung geregelt. Diese kann für manche Papiere dreißig Minuten dauern und für andere zehn und mehr Stunden in Anspruch nehmen.

Die ersten Patente wurden in England an Nathaniell Bladen unter Nr. 220 am 10. Juli 1682 und an Christopher Jacobson unter Nr. 242 am 11. September 1684 erteilt. Damit erweist sich das obengenannte Jahr 1711 als unzutreffend.[15]

Die Erfindung des Holländers brachte eine Revolutionierung der Ganzzeugqualität mit sich. In den Stampfwerken wurden die vorgefaulten Lumpen vereinzelt, fibrilliert. Die Fasern behielten dabei ihre ursprüngliche Länge. Im Holländer hingegen wurden sie sowohl gekürzt als auch in ihrer Struktur verändert, wie es für die jeweils gefertigte Papierqualität optimal war. Die Festigkeit der nach altem Verfahren mit den naturlangen Fasern geschöpften Papiere hingegen gehörte nun der Vergangenheit an.

Die Details des Mahlungsprozesses im Holländer sind vor hundert Jahren von einer Anzahl Koryphäen aus Industrie und Hochschulen mit unterschiedlichen Ergebnissen untersucht worden. Die Diskussion nahm gelegentlich recht harte Formen an. Insbesondere das Buch von Alfred Haussner, Brünn[16], in dem das Fließverhalten des Stoffes im Zusammenhang zwischen Stoffdichte, Gefälle des Holländerbodens und der Umdrehungsgeschwindigkeit der Messerwalze anhand mathematischer Berechnungen und Formeln dargestellt und begründet wird, nimmt Untersuchungen von Jagenberg, Kirchner und Pfarr ins Visier. Inzwischen ist das nun alles fast nur noch Geschichte. In Fabriken mit geringer und hochspezialisierter Produktion sind gelegentlich noch Holländer zu finden. Im Wesentlichen haben sich aber die kontinuierlichen Mahltechniken durchgesetzt.

Gusseiserner Holländer von Wagner & Co., Köthen, in der Patent-Papierfabrik Hohenofen von 1888.

Wie so vieles andere haben die Holländer fast gänzlich ausgedient. Ihr diskontinuierlicher Betrieb stört den gleichmäßigen Ablauf und verlangt hohe Fachkenntnis und Erfahrung des Holländermüllers, damit jede Füllung immer haargenau gleich ist. Heute erledigen Rohrmühlen, Refiner, messerbewehrte gegeneinander arbeitende Scheiben, den Mahlvorgang innerhalb eines kontinuierlichen Stoffflusses.

Mühlen standen damals meist außerhalb von Ortschaften und (von ganz seltenen Ausnahmen abgesehen) immer an einem Fließgewässer. Das erzeugte über das ober- oder unterschlächtige Mühlrad Energie zum Getreidemahlen, Holzsägen oder andere Gewerke. Für den Papiermacher war das Wasser jedoch nicht allein für den Antrieb der Stampfgeschirre vonnöten. Von der Qualität des Wassers als Träger des Fasermaterials hing und hängt die Güte des Papiers ab. An dem Prinzip hat sich bis heute nichts geändert, wenn auch die Fortschritte der Chemie die Nutzung von Tiefbrunnen, ursprünglich weniger reinem Wasser oder, inzwischen fast Standard, im Kreislauf durch hochwirksame Reinigungsanlagen und chemische Zusätze den Gebrauch fast jeden Wassers möglich gemacht haben. Die Wasserkraft war das ursprüngliche Argument für die Ortsauswahl einer Mühle. Nicht wenige Papiermühlen sind aus anderweitiger vorheriger Technik umgerüstet worden. Sehr selten hingegen ist der Fall, dass ein Mahlmüller sich zum Papiermüller gewandelt hat. Eher hat ein »Papierer« eine bestehende Mühle, auch eine Sägemühle etwa, erworben, weil sie preisgünstig angeboten wurde – oder er hat einen guten Preis geboten, weil das Wasser von besonderer Güte war. Der Papiermacher sah sich seinerzeit nicht etwa als ein Handwerker an, er fühlte sich den Müllern anderer Güter weit überlegen, denn er galt als Künstler, der das geheimnisvolle Wissen um das Papiermachen hatte. Das zu hüten – und zudem: nichts Neues auf- und nichts Altes abzubringen – musste er bei der Freisprechung nach der Lehre schwören, die noch im 18. Jahrhundert vier (für Meistersöhne drei) Jahre und vierzehn Tage[17] dauerte und mit dem Lehrbraten endete, einem Festessen, das der junge Papiermacher Meister und Gesellen zu bieten hatte. Dieser Brauch artete im 18. Jahrhundert derart aus, dass die Ausgaben für tagelange Schmausereien und hemmungslosen Trunk den freigesprochenen Gesellen auf Jahre hinaus durch die Tilgung der Schulden belastete, die er zur Finanzierung des ausgelassenen Festes aufnehmen musste.

Nach den festgelegten Bräuchen hatte der Geselle für drei Jahre auf Wanderschaft zu gehen, dabei ein Wanderbuch zu führen und darin säuberlich jede Mühle, die er besuchte, zu beschreiben. Nicht in jeder Mühle fand er Arbeit, aber jeder Papiermachermeister war verpflichtet, den Wanderburschen je nach Ortsbrauch eine oder mehrere Nächte zu beherbergen und zu verköstigen. Dabei befleißigten sich die jungen Papierer tadellosen Benehmens, unterschieden sie, die Künstler, sich doch auch dadurch von ordinären Handwerkern. Solche Besuche waren keineswegs nur ein Kostenfaktor für den Meister, sondern der Wandernde wusste von fernen Orten zu berichten, fachlichen Erkenntnissen oder dem Ergehen befreundeter Meister. Fand er aber Arbeit, blieb er gelegentlich über längere Zeit, und gar nicht so selten war da eine Müllerstochter, der einst die Mühle als Erbe zufallen sollte. So fanden auch die nachgeborenen Söhne selbstständiger Papiermüller manches Mal den Weg in die Selbstständigkeit. Im ausgehenden 18. Jahrhundert kontrollierte so ein hessischer Meister, Johannes Illig der Ältere, geb. 1719, achtzehn Papiermühlen seiner Söhne und Schwiegersöhne.

2.2.2 Wasserzeichen

Das Wasserzeichen ist eine Markierung im Papier, die im frühen Stadium der Blattbildung durch Verdünnung oder Verdickung der Blattstärke angebracht wird. In der frühen Büttenpapierherstellung wurden Schrift- und/oder Bildzeichen durch Nähen, später Löten entsprechend gebogener Drähte auf das Schöpfsieb erzeugt. An diesen Stellen wurde das Papier dünner und damit in der Durchsicht hell; es konnten also ausschließlich hellwirkende Zeichen geschaffen werden. Erst nach der Erfindung des Siebgewebes und damit des Velinpapieres konnten auch Vertiefungen des Siebes angebracht und damit eine Verdickung des Papieres bewirkt werden. Die Kombination beider ergibt die aus Banknoten bekannten Schattenwasserzeichen, Bilder, deren technische Einrichtung Sache speziell ausgebildeter Metallkünstler ist.

Nach dem vorstehend beschriebenen Prozess wird das Wasserzeichen von der Unterseite des Papieres eingebracht, der Siebseite. Das ist in der industriellen Papierherstellung ausschließlich mit einer Rundsiebmaschine möglich, die den einstigen handwerklichen Vorgang nachbildet. Auf der allgemein eingesetzten Langsiebmaschine hingegen können Wasserzeichen erst seit 1827 mittels des entsprechend bearbeiteten Egoutteurs, jener siebbezogenen Hohlwalze, eingebracht werden, die ohne diese Zeichen zur Beschleunigung der Entwässerung der Papierbahn und der Ebnung der Oberfläche dient. Die Produktionsgeschwindigkeit der neuzeitlichen Langsiebmaschine verbietet allein durch die unvermeidliche Friktion komplizierte Zeichen und lässt vornehmlich die Verwendung einfacher Symbole oder Schriften zu. Bei dieser Technik ist also das Wasserzeichen von der Oberseite in die Papierbahn eingebracht. Eine vielfache Anwendung findet das Verfahren bei Flächenwasserzeichen, einer Vielzahl kleiner Zeichen, die über die gesamte Länge und Breite verstreut sind. Im Gegensatz zum abgepassten Wasserzeichen, das im späteren, zumeist DIN A 4-Blatt jedes Mal an der gleichen Position stehen muss und dessen Erzeugung die Maschinenlaufgewindigkeit begrenzt, spielt das beim Flächenwasserzeichen keine Rolle. Man findet es deshalb hauptsächlich im Bereich großer Anfertigungen für Formulare aller Art, wo es sowohl einer gewissen Fälschungssicherung als auch einem Werbeeffekt dienen kann.

1282 wurde wahrscheinlich in Bologna das erste Wasserzeichen geschöpft,[18] nach anderen Quellen um 1300 in Fabriano. Diese Technik setzte das Vorhandensein eines Schöpfsiebes voraus, das aus starren Metalldrähten bestand, die auf einen Holzrahmen gespannt wurden. Auf diese Drähte ließen sich aus Draht gebogene Zeichen anbringen. Schon sehr früh fand das Wasserzeichen Beachtung in der Literatur. Der italienische Rechtsgelehrte

Bartolus de Sassoferrato (1314–1357) kann wohl als der Begründer der Wasserzeichenkunde (Filigranologie) angesehen werden. Nun – sehr viel hatte er damals noch nicht zu erforschen. Wasserzeichen waren ursprünglich quasi ein Warenzeichen, meist die Namen oder Initialen des Papiermüllers. Später waren es die des Landesherrn, der in Deutschland bis in das 19. Jahrhundert hinein oft der Eigentümer der verpachteten oder in Erbpacht gegebenen Mühle war. Auch Stadtwappen, gelegentlich ergänzt durch das Wappen des Landesherrn, wurden Papiermüllern als Ergänzung zu ihrem Namenszug zugebilligt. Überliefert ist das Papier von Heinrich Joachim Schmidt aus Oberweimar aus dem Herbst 1658. Der Rat der Stadt Jena stellte sein Wappen zur Verfügung, wollte aber nicht ohne den Segen des Herzogs von Sachsen-Weimar handeln. Der war einverstanden, fügte aber auch noch sein Wappen hinzu.

Künstlerisch ausgestattete Wasserzeichen wurden von den Herstellern feiner Papiere als eine Art Gütesiegel vergewendet, gelegentlich auch mit gleichzeitiger Angabe des Formates. Wenn ein Meister mit der Qualität seines Papieres am Markt besondere Erfolge erzielte, geschah es auch, dass sein Wasserzeichen nachgeahmt wurde. Gelegentlich entwickelten sich dann langwierige Prozesse, wie sie etwa in unserer Zeit um die Ähnlichkeit und damit verbundene Verwechslungsgefahr von Markenzeichen geführt werden. Aktenkundig ist der Streit zwischen dem Memminger Papierer Hans Schreglin und seinem Kemptener Konkurrenten Martin Mair aus dem Jahre 1573. Hier ging es um die Darstellung des Reichsadlers als Wasserzeichen. Schreglin verwendete als Vorlage das Memminger Stadtwappen, das sich dadurch auszeichnete, dass die rechte Schildhälfte mit einem Kreuz ausgefüllt war. Mair stellte ein großes »K« in das Feld – für Kempten. Der Streit ging schließlich nicht um des Kaises Bart, sondern um »seinen« Adler, und der erste Buchstabe eines Ortsnamens wurde häufig hinzugefügt – von »A« für Augsburg bis »W« für Weingarten. Da gab es immer wieder reichlich Stoff für Streitigkeiten. Beispielsweise wurde das »W« auch von Wangen verwendet.

Heute interessieren wir uns weniger für die damaligen Differenzen der Marktteilnehmer als für die Zuweisung eines Wasserzeichens zu einer Papiermühle und einem Zeitabschnitt. Die Wasserzeichen handgeschöpfter Papiere können Historikern bei der Datierung alter Schriftstücke eine wesentliche Hilfe sein.[19] Liegt ein datiertes Dokument auf einem Wasserzeichenpapier vor, kann ein undatiertes Stück mit dem gleichen Merkmal auf einen Zeitraum von +/- 5 Jahren genau eingegrenzt werden. Forscher und Sammler haben umfassende Nachschlagewerke geschaffen. Charles Moïse Briquet war der Erste mit seinem Werk »Les Filigranes«,[20] in dem er ca. 16.000 von 40.000 Zeichen aus der Zeit von 1282 bis 1600 abbildete. Karl Theodor Weiß und sein Sohn Wisso Weiß legten 18.000 zwischen 1300 und 1850 verwendete Zeichen vor.[21] Derzeit wird die Zahl der verwendeten Wasserzeichen von 1600 bis 1800 auf rund 175.000 geschätzt. Mit Unterstützung der Europäischen Kommission wird europaweit das Projekt Bernstein (Bernstein Consortium), »Gedächtnis des Papieres«, als gemeinschaftliche Forschungsarbeit der bedeutendsten Sammler und Historiker betrieben. In Deutschland ist federführend Frieder Schmidt in der Deutschen Nationalbibliothek,

Leipzig, der sich in zahlreichen Veröffentlichungen als Kapazität der Papiergeschichtsforschung bewiesen hat. Seine persönliche Vorliebe gilt den Flächenwasserzeichen, also solchen, die – einzeln recht klein – über den ganzen Bogen flächendeckend verteilt sind. Stefan Feyerabend in Hamburg ist der Experte für Maschinenwasserzeichen. Auch seine Forschungsergebnisse, die auf einer eigenen umfangreichen Sammlung gründen, sind von großer Bedeutung.[22]

Im Württembergischen Landesarchiv in Stuttgart wird das Projekt WZIS (Wasserzeicheninformationssystem) federführend bearbeitet. Grundlage ist die in Stuttgart archivierte weltgrößte Wasserzeichensammlung. Gerhard Piccard (eigentlich Gerhard August Karl Bickert, 1909–1989) war Kunstmaler, Archivar und Historiker. In Verbindung mit dem Hauptstaatsarchiv Stuttgart sammelte und beschrieb er 130.000 Wasserzeichen von 1282 bis in die Neuzeit.

Das WZIS hat den Aufbau eines gemeinsamen Informationssystems für Wasserzeichen und deren Beschreibung für die DFG[23]-Handschriftenzentren zum Ziel. Die Bestimmung von Wasserzeichen gehört zu den Grundlagen der Handschriftenkunde und liefert wichtige Anhaltspunkte für ihre Datierung und ihren Aufbau. Das System wird den Aufbau und die Verwaltung einer digitalen Wasserzeichensammlung standardisieren und sie im Internet für die Wissenschaft nutzbar machen. Auf piccard-online.de stehen bereits über 90.000 Datensätze zur Verfügung.

Leider wurde bislang kein Wasserzeichen der Patent-Papier-Fabrik zu Berlin gefunden, obwohl dort seit der Beteiligung der Königlich Preußischen Seehandlung 1821 über unbekannte Zeit vier Bütten und seit wahrscheinlich 1820 bis zwischen 1864 und 1872 auch eine Rundsiebmaschine in Betrieb waren. Die unter piccard-online.de abgebildeten etwa 365 auf Berlin bezogenen Wasserzeichen stammen ausnahmslos aus dem 15. bis zum Beginn des 17. Jahrhunderts.

Ab dem Beginn des 19. Jahrhunderts wurden Wasserzeichen für Wertpapiere wie Staatsschuldverschreibungen, Kassenbillets und dann Banknoten eingesetzt und dienen diesem Zweck bis heute. Ein Wasserzeichen, wie es als Sicherheitsmerkmal auf speziell dafür konstruierten Rundsiebmaschinen erzeugt wird, ist fälschungssicher – es sei denn, die Fälschung erfolgt mit einer gleichartigen Maschine und einem Handwerker, der ein solches »Schattenwasserzeichen«, also ein hell- und dunkel wirkendes, in das Siebgewebe einarbeiten kann. Das Wasserzeichen in einem handgeschöpften Papier ebenso wie in dem auf einer Rundsiebmaschine hergestellten ist von der Siebseite (Unterseite) her eingebracht. Für die die Massenpapierherstellung beherrschenden Langsiebmaschinen wurde erst 1827 der Wasserzeichenegoutteur erfunden,[24] der die Markierungen von oben eindrückt. Seit Ende des 19. Jahrhunderts werden bei der maschinellen Massenproduktion Wasserzeichen sowohl als Flächen- wie auch als abgepasste Wasserzeichen nicht allein für Wertzeichenpapiere, sondern auch zur Aufwertung zum Markenartikel oder auf Kundenwunsch für Großhändler und Großverbraucher erzeugt.

Papiertechnik

Das Erkennen von Wasserzeichen

2.2.2.1

Echte Wasserzeichen sind nicht immer einfach zu erkennen, insbesondere, wenn das zu prüfende Blatt beschrieben oder bedruckt ist. Die simpelste Art der Wiedergabe eines Wasserzeichens ist die Handpause. Der Einsatz eines Leuchttisches vereinfacht die Arbeit, ist aber keine Voraussetzung. Ein Blatt Transparentzeichenpapier wird auf das Prüfobjekt gelegt, eventuell zum Schutz des Originals noch eine klare Folie dazwischen. Dann zeichnet der Betrachter mit weichem Bleistift die Kettlinien und die Linien des Wasserzeichens nach. Selten wird die Wiedergabe jedoch absolut perfekt, denn erschwerend kommt hinzu, dass die Stellung des Wasserzeichens im Bogen oder Blatt schwer nachvollziehbar ist.

Das meistverwendete Verfahren zur Wiedergabe eines Wasserzeichens ist bei den Philatelisten zu finden: Sie legen die zu prüfende Briefmarke auf eine schwarze Kunststoffunterlage und beträufeln sie mit Waschbenzin. Mit ein wenig Glück wird das Wasserzeichen sichtbar. Leider ist die Papierqualität nicht immer die beste, sodass die Zeichen manchmal kaum oder gar nicht erkennbar sind. Der Facheinzelhandel bietet unterschiedliche Geräte zur Durchleuchtung an, die häufig bessere Ergebnisse bringen.

Ein genaueres Bild des Wasserzeichens ergibt das Abreibverfahren.[25] Das Original wird auf eine harte Unterlage gelegt, handgeschöpftes Papier möglichst mit der Siebseite nach oben, Maschinenpapier umgekehrt. Obenauf kommt ein gut satiniertes, dünnes, aber festes Schreibpapier. Mit einem sehr weichen Bleistift oder einem mit Grafit geschwärzten Tampon fährt man mit schwachem Druck über die Fläche des Zeichens. Es entsteht eine perfekte Reproduktion einschließlich der Papierrippung und etwaiger spezieller Merkmale des Siebes.

Das fotografische Verfahren zur Wiedergabe des Wasserzeichens ist relativ leicht einsetzbar: Das Original wird auf ein lichtempfindliches Papier (z. B. DYLUX von Kodak) gelegt und dem Tageslicht ausgesetzt, anschließend wird das Fotopapier UV-bestrahlt (200 bis 400 nm). Das Produkt muss lichtgeschützt aufbewahrt werden, da es sonst verblassen kann.

Komplizierter ist die Phosphoreszenztechnik: Eine phosphoreszierende Platte wird mit UV-Strahlung aktiviert. Dann wird das Original auf die Platte gelegt und mittels einer UV- und IR-Strahlung entwickelt. Diese Platte wird in direkten Kontakt mit einem panchromatischen s/w-Fotofilm gebracht, der wie üblich entwickelt wird.[26]

Das ergiebigste, wenngleich aufwändigste Verfahren ist die Radiografie. Die drei Techniken Betagrafie (optimal mit der Strahlungsquelle Ca-45-Isotop), Röntgen und Elektronenradiografie können nur mit komplizierten Geräten von fachlich versiertem Personal angewandt werden und sind deshalb auf den wissenschaftlichen Einsatz in Instituten und Universitäten beschränkt.

Scanner-Aufnahmen ergeben gleichfalls eine hervorragende Darstellung – vorausgesetzt, der Scanner, sei es nach Durchlicht- oder Auflichtprinzip, ist dafür geeignet. Klarheit hierüber bringt ein Test der Lichtempfindlichkeit und Schärfe der Optik. Der große Vorteil des

Scannens besteht darin, dass das Bild am Computer beliebig bearbeitet werden kann. Ein Nachteil dieses Verfahrens ist die Größenbeschränkung auf das Scannerformat.

Es gibt verschiedene Möglichkeiten, einen wasserzeichenähnlichen Eindruck auf einfachere Art zu vermitteln. Beispielsweise ist es ein Leichtes, ein Schriftstück mithilfe eines Computerprogrammes mit einem »Wasserzeichen« zu versehen. Das hat nun mit dem echten nicht das Geringste zu tun – abgesehen von dem optischen Effekt, einem sehr hell und zart gedruckten, der Schrift unterlegtes Zeichen. Für Fälschungen eignet sich dieses Verfahren wegen der fehlenden Hell-Dunkel-Wirkung bei der Durchsicht nicht.

Eine für den mittelgroßen Bedarf noch erschwingliche Abart des echten Wasserzeichens ist das Molette-Zeichen, das auch Feinpapierfabriken zur Kennzeichnung besserer grafischer Markenpapiere verwenden. Auf einen Metallring (Molette, französisch: Krausrad) wird ein Hartgummiring mit dem Zeichen aufgebracht, ähnlich einem Stempel oder einer Buchdruckletter. Dieses Rad sitzt hinter dem Ende der Siebpartie, wo das Papier bereits relativ trocken ist In diesem Stadium kann Faservlies kaum noch verdrängt werden und das Merkmal wird eingepresst. Die Konturen sind scharf; das Zeichen kann zumeist durch Betupfen mit verdünnter Natronlauge entfernt werden, weil die Fasern dann wieder zu ihrem ursprünglichen Maß aufquellen. Noch etwas einfacher ist die Einprägung. Auch sie kann durch Wasser oder Natronlauge beseitigt werden. Prägungen haben ihre Bedeutung in einem ganz anderen Bereich, denn sie können mithilfe von Walzen im Prägekalander auch flächig entstehen. Man denke dabei an »gehämmertes« oder »leinengeprägtes« Papier. Spezialisierte Papierfabriken, wie die Büttenpapierfabrik Gmund, verfügen über Hunderte solcher Prägewalzen mit Mustern. Gedruckte, also unechte Wasserzeichen werden gelegentlich aus Fälschungsabsicht mit Öl, Glycerin oder Schwefelsäurepaste (Merzerisation)[27] erzeugt. Erstere verschwinden durch Beträufeln mit Benzin, andere durch Alkohol. Raffiniert und recht aufwendig ist die Fälschung von Schattenwasserzeichen durch den Einsatz von zwei Blättern mit der Hälfte der zu erreichenden Dicke. Eines davon wird auf der Rückseite mit dem gefälschten Motiv bedruckt und dann mit dem zweiten Blatt zusammengeklebt. In der Durchsicht meint man, ein Schattenwasserzeichen zu erkennen. Die Brennprobe spaltet aber die Kombination und lässt die Fälschung erkennbar werden.

2.2.3 Der Schriftträger

Das in der oben beschriebenen Art ohne Chemie erzeugte Papier taugt nach der Trocknung ohne weitere Bearbeitung allenfalls zum Bedrucken. Um das Beschreiben mit Tinte zu ermöglichen, war die Behandlung mit Leim unerlässlich. Bogen für Bogen wurden durch ein Bad tierischen Leimes, vornehmlich aus Kalbs- oder Schaffüßen, hergestellt. Die sauber gewaschenen Knochen wurden gekocht, das Fett aus der Brühe abgeschöpft, diese durch filternde Sackleinwand gegossen und mit Alaun versetzt. Mit zwei flachen Holzstäben wurde das Papier durch den Leim gezogen und musste von Neuem getrocknet werden. Die Welligkeit wurde durch stapelweises Pressen in der Spindelpresse behoben, Knoten und Flecke wurden nach bestem Können mit Messer und Bimsstein beseitigt. Daran schloss sich der Arbeitsgang des Glättens an. Die älteste Methode beruhte auf der Verwendung eines rundgeschliffenen Glättsteines »von 3 oder 5 Zoll lang, zwey und einen halben breit und einen Zoll dicke«[28], der über das Papier gerieben wurde. Dazu musste der Bogen auf einer tadellos glatten Unterlage liegen, am besten auf einer polierten Marmorplatte. Bis in die Gegenwart hat sich das Glätten mittels eines (Achat-)steines für wenige spezielle Materialien erhalten, wie z. B. für Presspan oder gewisse hochglänzende Buntpapiere. Natürlich ist auch da die Handarbeit durch Mechanik abgelöst worden. Von einer unter der Raumdecke verlaufenden Welle aus werden an langen Armen die Steine hin- und herbewegt. Allerdings wird der Bogen oft noch von Hand vorgezogen. Besonders für Buntpapier wird der Glanzeffekt aber heute zumeist mit Friktionsglättwerken erzeugt. In ihnen wird nicht wie im Superkalander die Glätte allein durch Druck geschaffen. Unterschiedliche Walzengeschwindigkeit erzeugt den gewünschten Glanz durch Reibung. Später entstand die Technik des Hämmerns. Mit dem hölzernen Schlaghammer wurde zwar das Papier verdichtet und damit geglättet, doch blieben die Spuren der Arbeit erkennbar. Der Vorgang wurde später mechanisiert: Ein von einem Wasserrad angetriebener Glätthammer fiel auf eine Eisenfläche. Der zu behandelnde Bogen wurde von Aufschlagpunkt zu Aufschlagpunkt gezogen, bis die gesamte Fläche geglättet war. Noch heute wird für bessere private Schreibpapiere eine gehämmerte Ausführung angeboten. Die allerdings wird ganz prosaisch mittels Prägewalze erzeugt.

Anfänge des Papierhandels

2.2.4

Den heute allumfassenden Papiergroßhandel gab es früher noch nicht. Dalheim[29] schildert den mühsamen Verkauf des Papiers anschaulich: »Der Absatz des Papiers war bei dem Mangel an Chausseen und Zwischenhändlern mit vielen Unannehmlichkeiten verbunden. Der ehrsame Zunftmeister besorgte in der Regel den Transport und Verkauf persönlich. Auf Bestellung wurde in jener Zeit wohl selten und dann nur in der Nähe größerer Städte gearbeitet. Der Fabrikant fertigte die wenigen, damals gebräuchlichen Formate in Vorrat, packte alles auf einen mit grünlackiertem Leinwandverdeck versehenen Wagen, hüllte sich in seinen Mantel und fuhr mit seinem Knecht hinaus in zehn bis zwanzig Meilen entfernte Städte, oft erst nach Wochen zurückkehrend; er brachte sein Papier zu Markt. Die Konsumenten kannten den Halteplatz der Papierwagen, dorthin gingen sie und kauften ihren Bedarf. Als die Konkurrenz sich regte, fuhr der Fabrikant auch wohl von Krämer zu Krämer, ihm seine Ware feilbietend. War der Vorrat verkauft, begann die Heimreise. Den geringen Erlös in der Tasche, kam der Fabrikbesitzer von damals in Wind und Regen, matt und krank von den endlosen Strapazen, zu den Seinen.«

Brandenburgische und Berliner Papiergeschichte

Unser zentrales Thema ist die Patent-Papierfabrik Hohenofen. Natürlich ist die Frage erlaubt, wie ein so winziger Ort, weitab von jeglicher nennenswerten Stadt, fast an der Grenze Brandenburgs zu Mecklenburg-Vorpommern, so wichtig genommen werden kann. Grund hierfür ist wieder einmal die Geschichte, und um diese zu verstehen, müssen wir zwar nicht bei Adam und Eva beginnen, aber kurz danach. Der Leser wird alsbald erkennen, weshalb die Papierherstellung in Hohenofen ihren Ursprung in der Eisenerzverhüttung hatte.

3.1 Hohenofen als Beispiel für die Industrialisierung in Brandenburg/Preußen

3.1.1 Die Frühzeit der Eisengewinnung[1]

Um 1000 v. Chr. begann nach den Erkenntnissen der Forschung des 20. Jahrhunderts die Gewinnung von Eisenerz und die Eisenherstellung in der Sumpf- und Sandlandschaft der Region Brandenburg. Archäologische Untersuchungen haben die Vermutung bestätigt: Eine Eisenverhüttung in Vierhütten hat nicht erst zur »Slawenzeit« vor 1250 stattgefunden, wie der Name vermuten lässt.[2] Da es in Norddeutschland keine Eisenerze aus felsigen Formationen gibt, wurde schon frühzeitig der in feuchten Niederungen vorkommende Raseneisenstein als Ausgangsprodukt zur Verhüttung in einem Renn-Ofen, wie er zur Zeit der Germanen in fast jeder Siedlung vorhanden war, verwendet. Das waren recht einfach zu errichtende Anlagen. Über einer etwa 60 cm tiefen Grube mit einem Durchmesser von 40 bis 50 cm wurde ein nach oben sich konisch verengender, knapp einen Meter hoher Lehmzylinderofen mit zwei Luftöffnungen aufgebaut, im Inneren durch Weidenruten befestigt. Die Grube wurde mit Holzscheiten oder Holzkohle gefüllt, der Ofenschaft mit einem Gemisch aus zerkleinertem Raseneisenstein und Holzkohle beschickt und durch die Lüftungsöffnungen in Brand gesetzt. Ungeachtet des Einsatzes von Holzkohle war mit dieser Technik nur eine Temperatur von maximal 1.200 Grad zu erreichen. Das genügte nicht zur dünnflüssigen Schmelze. Es entstand eine breiige Eisenluppe, die sich im unteren Bereich absetzte. Fließschlacke tropfte in die ausgebrannte Grube oder wurde seitlich aus dem Ofen abgelassen. Zur Entnahme der im Inneren verbleibenden Eisenluppe musste der gebrannte Lehmmantel des Ofens zerschlagen werden. Die Befreiung der Luppe von Restschlacke und Verschmutzungen erfolgte am Schmiedefeuer. Dieser Vorgang musste mehrfach wiederholt werden. Das so erschmiedete Eisen war geeignet zur Herstellung hochwertiger Arbeitsgeräte und Waffen. Die Kenntnisse über die Eisengewinnung und Schmiedetechnik dürften aus dem Mittelmeerraum mit dem Vordringen der Römer in den Norden Europas gelangt sein. Im zweiten bis vierten nachchristlichen Jahrhundert wurde bei Wusterhausen und unter dem heutigen Sportplatz an der Schule in Neustadt an der Dosse die Eisenherstellung noch oder wieder betrieben. Schlackenfunde, Messer und eine Axt wurden als Beweise gefunden.

1147 wurde nach der Besitzergreifung Albrechts des Bären die Siedlung Sieversdorf begründet und ist damit deutschen Ursprungs. Sie ist der weitaus ältere, wenngleich über Jahrhunderte nicht bedeutendere Teil der heutigen Doppelgemeinde Sieversdorf-Hohenofen im Landkreis Ostprignitz-Ruppin. Der um 1100 geborene Sohn des askanischen Grafen Otto von Ballenstedt und der ältesten Tochter des Herzogs Magnus von Sachsen wurde 1123 Nachfolger seines Vaters und erbte bedeutende Besitztümer – nicht allerdings das Herzogtum Sachsen, um das er sich bemühte. Wohl aber erweiterte er seine Macht nach Osten und wurde 1134 als Markgraf der Nordmark bestätigt. Er eroberte Teile des Havellandes und der Prignitz. Der Hevellerfürst Pribislaw-Heinrich vermachte ihm testamentarisch Brandenburg und Umgebung. Albrecht nannte sich seither Markgraf von Brandenburg. Rheinländer, Flamen und Holländer lockte er mit günstigen Bedingungen zur Besiedelung, deren Nachkommen unter anderem auch Berlin gründeten. Mithilfe der Prämonstratenser christianisierte er die heidnischen Gebiete und gründete die durch den Aufstand der Slawen 983 verwüsteten Bistümer Havelberg und Brandenburg um 1151 neu. Er gilt als Wegbereiter der Ostkolonisation und als der eigentliche Gründer des nachmaligen brandenburgischen Staates.

1334 wird erstmals der Name Sieversdorf (Syuerdestorp) in einem Dokument vom 20. März der Grafen von Lindow, den Brüdern Günther und Ulrich, und den Herren von Ruppin, den Brüdern Adolph und Busso, genannt, mit dem der Landesfürst, der Markgraf Ludwig von Brandenburg, bekennt, ihnen einen bedeutenden Landstrich als Pfand für eine Forderung von 7.000 Mark Brandenburgisch überlassen zu haben. Im Einzelnen werden als der Stadt Wusterhausen an der Dosse zugehörige Orte und Güter insbesondere die Dörfer »Brunne (Brunn), Driplatz (Trieplatz), Syerdestorp (Sieversdorf), Blankenburg, Plonitz (Plänitz), Cernitz (Zernitz), Gardiz (Garz / Temnitztal) und Dannenuelde (Dannenwalde)« nebst Stadt und Land Gransee mit allen Dörfern und Gütern aufgeführt.

1415 wurde Landesherr Friedrich von Hohenzollern, Burggraf von Nürnberg, dem Kaiser Sigismund die Mark Brandenburg zuerkannte. Gleichzeitig verlieh er ihm die Kur- und Erzkämmererwürde des Reiches

1491 weist ein Verzeichnis der Bauern für den Ort 20 Höfe auf, verteilt auf die beiden Ortsteile Groß-Sieversdorf im Süden und Klein-Sieversdorf im Norden, jeweils mit einem eigenen Schulzen, getrennt durch einen Dossearm, den heutigen Mühlengraben, an dem bis 1673 eine Wassermühle arbeitete.

1622 erscheint aus dem Bereich Vierhütten der Flurname »Lindfurt« Der weist wahrscheinlich auf einen Weg, der bei Vierhütten als Furt durch die Dosse führte. Die Furt wurde vermutlich später durch eine Brücke ersetzt. Ein ausgebaggerter Pfosten an der heutigen Dossebrücke ist nach wissenschaftlicher Untersuchung spätestens 1618 eingebaut worden. Spundbohlen mit einem Dendro (Baum)-Fälldatum um 1657 und 1831 könnten ebenso zur Brückenerneuerung als auch zur Befestigung der Kahnanlegestelle am Kohlenplatz gedient haben. Ernst-Felix Rutsch hat 20 ausgebaggerte Pfosten und Bohlen dieser Anlagen geborgen. Sie lehnen heute an der Rückwand des Hohenofener Papiermaschinengebäudes.[3]

1638 Im Dreißigjährigen Krieg 1618 bis 1648 fielen in Klein-Sieversdorf alle Anwesen des Dorfes mitsamt Kirche und Pfarrhaus dem von dem kaiserlichen General Matthias Gallas (1584[4]–1647), Graf von Campo, Herzog von Lucera veranlassten Großbrand zum Opfer. Der Nachfolger Wallensteins verfiel wegen seiner Misserfolge nach den Siegen von 1634 der Gleichgültigkeit und Trunksucht und wurde wohl ohne militärische Veranlassung zum Brandstifter. Die Kirche wurde als Fachwerkbau neu errichtet, schon 1747/48 aber durch einen rechteckigen, verputzten, barocken Massivbau ersetzt. Der Abschluss der Bauarbeiten wird mit dem Aufbau der Wetterfahne am 10. Dezember 1747 dokumentiert. Der hölzerne Turm blieb wohl erhalten, denn die älteste der in den massiven Nachfolger von 1820 gehängten Glocken stammt von 1691. Eine weitere eiserne kam 1861 hinzu. Die noch aus dem Jahr 1737 stammende bronzene wurde wieder aufgehängt. Eine eiserne dient als Uhrenglocke. 1848 verzeichnen Dokumente sogar drei Ortsteile: Groß-Sieversdorf, Klein-Sieversdorf und Büttner-Sand.

1648 Nach dem Ende der halb Mitteleuropa verwüstenden dreißig Kriegsjahre begann in der Region ein technisch-wirtschaftlicher Aufschwung. Der in brandenburgischen Diensten stehende Landgraf Friedrich von Hessen-Homburg hatte das Amt Neustadt erworben und von seinem Besitzvorgänger, dem Grafen von Königsmark, den Rittmeister und Gutsverwalter Liborius Eck als Amtsverweser übernommen. Der untersuchte die »Vierhütten« genannte Gegend und fand vier Schlackenberge als Hinweis darauf, dass dort Eisenhütten gestanden haben mussten. Günter Mangelsdorf schrieb 1978 an H. Bartel: »1622 war Vierhütten ein mit Bäumen bestandener Ort zwischen dem kleinen Steinbusch, dem Lindtfurt, dem Heerweg bis Jülitz und dem Dammfluss.« Später sei an dieser Stelle die Kolonie Hirzelslust gegründet worden. Eck entdeckte bald auch den Eisenstein, den roten Eisenschlamm in den Wiesen der Umgebung. Der Landgraf beschloss 1663, das Eisenwerk wiederherzustellen und dazu ein »Seigerhüttenwerk« (Schmelzwerk) in Hohenofen zur Verhüttung von Raseneisenstein zu errichten.

1662 erscheint in einer Aufzählung von Gewerken, die zum Amt Neustadt gehörten, auch ein »Eisenhammer«. Damit könnte ein durch Wasserkraft betriebenes Schmiedehammerwerk gemeint sein. Ein solches befand sich nachgewiesenermaßen in Hohenofen.

Die Gründung Hohenofens

3.1.2

1663 könnte das Gründungsjahr Hohenofens gewesen sein. Es war das Jahr der Gründung des Seigerhüttenwerks. Zu dieser Zeit wurde also der »Hohe Ofen« errichtet – oder auch mehrere von ihnen. Es verging aber noch lange Zeit, bis die Bürokratie den Namen zur Kenntnis nahm. So wird in einem Neuruppiner Gerichtsprotokoll von 1864 der Patent-Papier-Fabrik-Direktion in Berlin als Baujahr der Seigerhütte in Hohenofen 1663 genannt.

Der Begriff Seigerhütte (auch: Saigerhütte) entstammt der Metallkunde. Die Brockhaus Enzyklopädie[5] beschreibt den Vorgang: »Seigern, saigern, Entmischungsvorgang während der Erstarrung von Legierungen. […] In der Hüttentechnik nennt man Seigern das Herausschmelzen eines leichter schmelzenden Körpers aus einem Gemenge von Metallen oder Metallverbindungen. Die umgeschmolzenen Rückstände beim Seigern nennt man auch Seigerdörner. In Seigeröfen scheidet sich bei niedriger Temperatur eine feste Phase aus, oder es bilden sich zwei flüssige Metallphasen. Angewendet wird das Seigern zum Ausscheiden von Hartzink aus eisenhaltigem Zink, Trennung von Blei und Zink, Entsilberung von Blei u. a.«

Für den zu errichtenden »Hohen Ofen« wurde ein starkes Gebläse benötigt. Zu dessen Antrieb durch ein Wasserrad wurde ein Dosse-Nebenkanal von Neustadt bis zum Bültgraben bei Großderschau gebaut. Die Baukosten beliefen sich auf 2.400 Taler. Die Dosse floss von jeher in der Nähe des nun zu bauenden Hochofens. Ein Dossearm zweigte vorher ab und versorgte die Sieversdorfer Mühle mit Wasser. Der Hauptfluss könnte sich früher etwas östlicher, im Verlauf des heutigen Scheidgrabens, durch den Luch-Sumpf geschlängelt haben. Überliefert ist, dass die Dosse schon 1119 schiffbar war. Ein Hafen in Wusterhausen ist nachweisbar. Später erwies es sich als erforderlich, die Schiffbarkeit unterhalb von Neustadt deutlich zu verbessern. Der neue Wasserweg wurde dann zur Hauptverkehrsader der Dosse und ermöglichte über die Havel die Verschiffung nach und von Berlin. Hohenofen erhielt einen Hafen. 30 Schiffer bewerkstelligten die ankommenden und abgehenden Transporte.

Als Ausgangsstoff für die Eisengewinnung wurde der bis zu sechs Fuß (etwa 120 cm) mächtige Raseneisenstein im Tagebau gewonnen. Dieses Mineral bildet sich in Jahrhunderten und Jahrtausenden in eisenhaltigem Wasser, das aus meist moorigem Erdreich zu Tal sickert. Unter günstigen Bedingungen reichert es sich besonders im Sandboden schichtig oder knollenartig an. Der Eisengehalt kann unter Umständen 50 und mehr Prozent betragen. Solche Knollen wurden früher beim Torfstechen gefunden, in der Neuzeit beispielsweise bei Erdarbeiten an den Uferböschungen der Dosse. Bevorzugtes Abbaugebiet für die Eisengewinnung der Vierhütten waren vermutlich die Dossewiesen oder der Steinbusch am Rohrteich, nördlich von Hohenofen.

1700 übernahm Kurfürst Friedrich III. von Brandenburg, der spätere König Friedrich I. von Preußen, die Hütte und verpachtete sie an die damalige Magdeburger Gewerkschaft.[6]

Im Pachtvertrag vom 12. April 1700 heißt es unter anderem: »Damit die Hüttenleute und Bediente bei ihrer schweren und sauren Arbeit einige Ergötzlichkeiten haben mögen, so sollen dieselben […] kraft dieses Contracts nach Hütten Gebrauch nicht allein von allen Oneribus, Accise, Kopfsteuer, Contributionen und aller anderen wie sie Namen haben, alle Zeit frei sein sondern auch […] nach wie vor dem Herkommen gemäß berechtigt sein, einige Kühe daselbst zu ihrer Haushaltung auf die Weide zu halten und unterwärts der Dosse, von den Hütten an gerechnet und soweit die Hüttengrundstücke reichen, Fische und Krebse, wie bei allen Hütten gebräuchlich, frei zu fangen.«

Auch diejenigen Einwohner von Hohenofen, die der Seigerhütte nicht angehörten, unterstanden der Gerichtsbarkeit des Hüttenamtes. Sie genossen die Vergünstigungen der ständigen Hüttenarbeiter, waren dafür aber auch verpflichtet, der Hütte zu helfen, wenn deren Arbeiter nicht ausreichten. Sie wurden mit dem gewöhnlichen Tagelohn bezahlt, wobei ihnen von jedem Taler sechs Pfennige für die Knappschaftskasse abgezogen wurden. Eine Unterstützungsberechtigung, wie sie für die Witwen, Waisen und Invaliden der Hüttenarbeiter bestand, hatten sie aber nicht

Zur Versorgung mit Erz und Brennmaterial wurde von Neustadt her ein Kanal gegraben, der schließlich der eigentliche Lauf der Dosse wurde. 1712 begründete die Spiegelmanufaktur Neustadt, angeregt durch den Vorteil des Kanalbaues, in Hohenofen eine wasserbetriebene Poliermühle.

Die moderne Hochofentechnologie erlaubte einen durchgehenden Dauerbetrieb mit Holzkohle und Raseneisenstein bei 1.200 bis 1.600 Grad. Es wurde nun bei erheblicher Produktionssteigerung Gusseisen hergestellt. Die Nutzungsdauer des Ofens war eine sehr lange. Er hatte ein birnenförmiges Aussehen und war zu damaliger Zeit wohl vier bis fünf Meter hoch; später baute man diese Öfen mit einer Höhe von sieben bis neun Metern. Das Ofeninnere wurde aus feuerfesten Schamotte-Ziegeln aufgemauert und mit stabilisierender, wärmedämmender Außenmauerung versehen. Das untere Ende des Hochofens war das Fundament mit einem »Herd«. Eine trichterförmige Öffnung verband ihn mit dem bauchigen Ofeninneren, dem Gestell. In dieses führten von außen zwei bis drei Luftöffnungen, durch die mittels Blasebälgen Verbrennungsluft zugeführt wurde. Durch den oberen Ofenhals, die Gicht, wurde der Ofen mit dem zerschlagenen Eisenstein-Holzkohlegemisch beschickt. Durch die Gicht erfolgte auch der Feuerungsabzug. Die Schmelzung begann im unteren Ofenbereich. Das flüssige Eisen floss durch das Gestell. Auf der 1.600 Grad heißen Schmelze schwamm die Schlacke, die seitlich aus dem Herd heraustreten konnte. Das Eisen wurde am Grund des Herdes abgestochen und in Barrenformen oder Masseln geleitet. Der Betrieb lief kontinuierlich, das heißt: mit dem Absenken der Ofenfüllung wurde der Ofen neu mit Erz und Kohle beschickt. Für die Produktion einer Tonne Eisen mussten etwa 8 t Holzkohle aus 30 t Holz eingesetzt werden. Da das produzierte Gusseisen nicht geschmiedet werden konnte, wurde es zur Weiterverarbeitung auf dem Wasserweg in die Königliche Eisengießerei nach Berlin transportiert.

1712 legte die Spiegelmanufaktur in Neustadt an der Dosse unter ihrem damaligen Besitzer und Direktor de Moor in Hohenofen eine Poliermühle an, in der das Spiegelglas geschliffen und poliert wurde. Später gingen die Spiegelmanufaktur und die Poliermühle in den Besitz der Bankiers Schickler und Splitgerber[7] über. Ein Lageplan der Poliermühle war in den Beständen des Betriebsarchivs des damaligen VEB Feinpapierfabriken Neu Kaliß noch vorhanden. Die Maße der Mühle werden angegeben mit 38 ½ Fuß Länge, 34 2/3 Fuß Breite und 12 ½ Fuß »in den Mauern hoch«. Die Spiegelmanufaktur besaß drei Häuser in Hohenofen, in denen zwei Meister und vier Arbeiter der Poliermühle mit ihren Familien wohnten.

1762 Auf einer Landkarte aus diesem Jahr ist Vierhütten noch nicht erwähnt, wohl aber in der Zwischenzeit den Kartografen bekanntgeworden und auf dem (amtlichen) Messtischblatt von 1882/1940 eingezeichnet. Heute erscheint die Bezeichnung wieder als Straßenname. Eine Gehöftgruppe könnte nach Art und Lage die historische Stelle markieren. Alle Hinweise sprechen für die ehemalige Lage der Siedlung »Vierhütten« an ihrer heutigen Stelle, ca. 250 m westlich der Papierfabrik Hohenofen. Am Rand der Dosseniederung gelegen, ist der Straßen- oder Ortsteilname »Vierhütten« nicht nur mündlich, sondern auch amtlich erhalten geblieben. Die vier Schlackenberge, die Eck erwähnt, sind wahrscheinlich im Laufe der Zeit für Wegebefestigungen verwendet worden, also heute archäologisch nicht mehr nachweisbar. Im Erdreich der Region könnten noch Herdgrubenreste, Eisen oder gebrannter Lehm verborgen sein.

In der Mitte des 18. Jahrhunderts waren das Erzvorkommen wie auch die Brennholzvorräte in der näheren Umgebung erschöpft. Die Flurkarte hält noch die Erinnerung an die Ursprungszeit mit dem Namen »Vier Hütten« für das umliegende Ackerland wach. Das Werk wurde zu einer Silberhütte umgerüstet.

Bei Abrissarbeiten des früheren Durchflusses für den Wasserantrieb der Papierfabrik und der Erneuerung der Neustädter Straße in den Jahren 2000 und 2001 fanden sich Eisenschlackeklumpen und Fließschlacke. Der Wusterhausener Bodendenkmalpfleger Ernst-Felix Rutsch grub ehrenamtlich bei den Baggerarbeiten zwei Sorten von Eisenbarren, darunter einen radförmigen von 27 x 3,5 cm, 10 kg schwer, aus. Ähnliche, etwas dickere (bis 7 cm) fanden Ernst-Felix Rutsch und sein Mitarbeiter Jörg Wirsam 2003 auf dem Waldweg nach Sieversdorf, die 12 bis 13 kg wogen. Ihre Untersuchung brachte Erkenntnisse über den Abstich. Vermutlich in einen gusseisernen oder Tonbehälter von über 30 cm Durchmesser und mit einer Randhöhe von 10 cm wurde vor dem Guss Erde oder Sand vom Verhüttungsplatz gefüllt. Darauf wurde eine Blechschüssel gesetzt und rundherum Boden eingefüllt. Nach einer Verdichtung konnte die Schüssel abgenommen werden, die Gussform war fertig. Sie wurde mit der Schalung unter die Abstichöffnung geschoben, das flüssige Eisen abgelassen. Nach dem Erkalten konnte die Form für den nächsten Guss benutzt werden. Mindestens drei der entdeckten Eisenbarren können noch in der späteren Silberverhüttungszeit nach 1702 erschmolzen worden sein.

Im Siebenjährigen Krieg (1756–1763) musste das Werk mehrmals seinen Betrieb einstellen. Die Arbeiter der Hütte, meist ohne Ersparnisse und auf ständigen Verdienst angewiesen, verarmten und verschuldeten sich. Händler und Bauern nutzten ihre Notlage aus und schraubten die Preise für Lebensmittel und Viehfutter in die Höhe.

1770 wurde zugunsten der beiden frühen Industriebetriebe die Dosse bis 1780 begradigt. Die Einwohnerschaft des Ortes stieg durch die damals bedeutsame Industrialisierung stark an. Das Hüttenamt gab bekannt, dass diejenigen Hüttenarbeiter, die sich eigene Häuser bauen wollten, entweder das Bauholz frei oder 30 Reichstaler erhalten sollten. Drei Arbeiter meldeten sich für die Geldzahlung an, traten aber von ihrem Vorhaben zurück, weil sie einen jährlichen Grundzins von zwei Talern bezahlen sollten. Wegen fehlender Arbeit sei ihr Verdienst entfallen und die Lebensmittel seien so teuer geworden, dass sie »ohnehin gegenwärtig kaum Brod halten können«[8]. Das ist heute nicht recht verständlich, weil zu dieser Zeit die Dosse begradigt und eingedeicht wurde. Währenddessen wurden einige Hundert »ausländische Familien« in der Gegend angesiedelt. In den Akten dazu heißt es: »Seine Königliche Majestät von Preußen hat es für nöthig und nützlich erachtet, zur Cultivierung der Gegenden an der Dosse auf der Feldmark des Dorfes Köritz ein Etablissement von ausländischen Familien anzulegen. Von ihnen wurde der größte Theil derer Elsbrücher ausgerodet und durch gezogene Canäle urbar gemacht.« Ein Hinweis, warum es den Einheimischen an Arbeit mangelte, die Zugezogenen hingegen beschäftigt wurden, fehlt.

Der Sieversdorfer Pfarrer Troschke bemerkte in seiner Schilderung der Geschichte des Ortes: »Das Hohenofener Volk gilt bei seinen Nachbarn als ein lustiges Volk und hat sehr viel für Feierlichkeiten und gemütliches Beisammensein übrig. Aber man lässt sich auch gern berieseln, statt selbst etwas zu unternehmen. Da ist so ein bisschen Berliner Schlag drin«, wie die Einwohner mit einem Anflug von Stolz sagten. Die Tradition lebte noch nach dem Friedensschluss.

1774 vernichtete die Viehpest in der Gegend um Hohenofen einen großen Teil des Viehbestandes – eine Katastrophe für die Arbeiter wie auch die Bauern. In Hohenofen wohnten 59 Familien, davon 21 in »königlichen Häusern«, die der Hütte gehörten, die übrigen in eigenen Häusern. Drei Häuser mit je vier Wohnungen gehörten der Spiegelmanufaktur. Eine Reihe Namen der damaligen Bewohner ist überliefert. Die meisten dieser Namen sind im heutigen Ort nicht mehr zu finden, weil ihre Träger ihn in den nachfolgenden schweren Notzeiten verließen.

1799 arbeitete der überwiegende Teil der Hohenofener Einwohner in der Hütte. Überliefert ist die Liste der nur 19 Hausbesitzer, deren Grundstücke damals nicht dem Werk und sie selbst damit auch nicht der Knappschaftskasse angehörten.

1800 Im Juli richtete ein Großbrand erheblichen Schaden an. Das Hüttenwerk und ein Teil des Dorfes brannten ab. In der Überlieferung heißt es: »Frau Ball wollte Speck braten in der Pfanne. Der Speck fing Feuer und flog zum Schornstein hinaus auf das Rohrdach. Das Rohrdach fing Feuer, und das Haus stand in Flammen. Es brannten 10 Häuser und die

Kirche ab. Der König ließ die Kirche wieder aufbauen. Die Abgebrannten bauten sich vom Material für die Kirche auch ihre Häuser wieder auf, denn sie waren sehr arm.«

1802 wurde die Dorfkirche als rechteckiger Putzbau mit verbrettertem Dachturm errichtet. Der Wiederaufbau unterlag einer Planung, in deren Verlauf um 1820 die Kirche eine neue Orgel erhielt, in der erstmalig in Deutschland Zinkpfeifen zum Einsatz kamen.

1806 verlief der Durchmarsch französischer Truppen ziemlich glimpflich. Die Frauen flüchteten zunächst in Panik auf den »Franzosenberg« jenseits des Rohrteiches und verbargen sich dort während der kurzen Dauer des Durchzugs. Napoleon hatte zu dieser Zeit seine Truppen noch unter strenger Disziplin; es gab kaum Zwischenfälle, und die Hütte konnte auf ausdrückliche Weisung des Kaisers ebenso weiterarbeiten wie später auch beim Rückzug Napoleons 1813.

Fünf Hohenofener Männer fielen dem Krieg gegen Frankreich zum Opfer. Ihre Namen sind auf einer eisernen Tafel in der Kirche bewahrt – und auch eines damals Überlebenden wird mit Hochachtung gedacht. Der Hüttenarbeiter Heinrich Laacke war zu den reitenden Jägern einberufen worden. Auf freiem Felde standen sich die Truppen der Preußen und der Franzosen gegenüber. Der kommandierende französische Offizier ritt vor seinem Verband auf und ab, gab aber keinen Angriffsbefehl. In dieser Situation rief der preußische Hauptmann seinen Leuten zu: »Freiwillige vor die Front! Wer holt mir da den Kerl vor der Front weg?« Als niemand sich meldete, ritt Heinrich Laacke zu seinem Hauptmann, wendete sich unvermittelt dem Franzosen zu, galoppierte auf ihn los, schlug ihn vom Pferd und jagte zurück. Nun preschten die Franzosen hinter ihm her, er wehrte sich mit seinem Säbel, und es gelang ihm, wieder sein Regiment zu erreichen. Mit schweren Kopfverletzungen wurde er dennoch gerettet. Hoch geehrt und zum Offizier ernannt, durfte er später mit der siegreichen Truppe in Paris einziehen. Aus Frankreich hatte er sich seine Frau mitgebracht, und nach Kriegsende wurde er Königlicher Förster in der Dreetzer Heide.

Die Umstellung auf Silber-/Kupfer-Scheidung 3.1.3

1811 waren die Vorkommen an Raseneisenstein erschöpft, und die Eisenhütte wurde in ein Seiger-Hüttenwerk zur Silber-/Kupfer-Scheidung umgewandelt.[9] Das Silbererz entstammte den königlichen Silbergruben bei Mansfeld und Rothenburg und kam auf dem Wasserweg. Die Kupfererze und Brennstoffe wurden ebenso aus dem Magdeburgischen herangeholt. Der Schiffsverkehr hatte durch den von Friedrich dem Großen befohlenen Ausbau der Dosse bis zur Havel einen bedeutsamen Auftrieb erfahren, konnten doch nun bedeutend größere, mit Mast und Segel ausgestattete Kähne eingesetzt werden. Allein für den Transport des Silbererzes von Rothenburg über die Havel nach Hohenofen waren neun Schiffer angestellt.

In dem Bereich zwischen der ehemaligen Gaststätte Zettel und der Papierfabrik gibt es eine Fläche, die noch heute »Kohleplatz« heißt. Hier wurden die aus Havelberg ankommenden Lastschiffe entladen.

In dem umgerüsteten Hochofen wurde das Silbererz ausgeschmolzen. Die Feuerung wurde mit Holzkohle betrieben. Da das Silber mit Kupfererz verwachsen war, musste eine größere Hitze erzeugt und Ton zum »Garmachen« des Kupfers eingebracht werden. Der wurde aus der Rübenhorster Elslacke, aus dem »Paschenhorst« benannten Revier, angefahren. »Das Fuder Ton à 7 Berliner Scheffel war mit 9 Groschen und 9 Pfennigen zu bezahlen«. Die Holzkohle wurde von hütteneigenen Köhlern im Barsickower und Zechliner Forst hergestellt oder von den Kohlenmeilern des Klostergutes Köritz bezogen. Für die Fuhren aus dem Zechliner Forst wurden am Brunner Tor in Wusterhausen und am Campehler Tor Zoll erhoben. »Das Brückgeld beträgt für jeden beladenen Wagen pro Pferd 6 Pfennige. Was vorher für den leeren Wagen gezahlt wurde, wird davon abgerechnet«. Die Spanndienst leistenden Bauern aus Sieversdorf und Köritz brachten das Heizmaterial mit ihren Fuhrwerken. Abgeladen wurde auf dem genannten Kohleplatz oder Kohlenberg. Gegossen wurde das Silber im Boden, etwa in der Größe eines Wagenrades, und mit Pferdegespannen in die Münze nach Berlin gebracht.

Die Hüttenarbeiter hatten sehr unter den giftigen Dämpfen zu leiden, die aus dem Hochofen drangen. Als Gegenmittel wurde ihnen frische Milch verordnet. Schon früher als eine Art Lohnzusatz gewährt, hatte jeder Hüttenarbeiter das Recht, eine Kuh frei auf die Weide der Gesellschaft zu treiben. Die beiden ersten Beamten der Hütte konnten je fünf, der dritte Beamte vier, der Obermeister drei Kühe und jeder Hauseigentümer ebenfalls eine Kuh halten. Ein angestellter Hirte hütete die Tiere. Damit war die empfohlene Milchversorgung gesichert. Auch dem Küster wurde ein Weideplatz zugebilligt, obwohl nicht recht ersichtlich ist, wieso er vergiftungsgefährdet gewesen sein könnte. Das Weideland der Hütte von 180 Morgen, ausreichend für etwa 100 Kühe, befand sich im Wusterhauser Gehölz. An anderer Stelle wird von der Weide »Rodahn« gesprochen. Eine Kuh kostete um das Jahr 1770 45 bis 50 Taler, die bei dem kärglichen Verdienst buchstäblich vom Munde abgespart werden mussten. Aber der Besitz einer Kuh war oftmals der einzige Lebensunterhalt. Als der König als Herr des Oberbergamtes die Hütte verkaufte, schenkte er seinen Arbeitern die Rechte an der Weide, die sie so lange genutzt hatten, und machte sie damit zu den Eigentümern. Die Schenkung erstreckte sich auf alle Gärten, die sich im Besitz der Arbeiter befanden. Bei dieser Gelegenheit erhielt auch die Schule drei Gärten. Durch diese großherzige Schenkung ist ein großer Teil der Arbeiterschaft in Hohenofen endgültig sesshaft geworden, da sie nun Weide und Gärten als Eigentum besaßen. Gemeinsam kauften sie dann das Gut Hirzelslust hinzu und teilten das Land untereinander auf.

1812 erließ das Königlich Brandenburgisch-Preußische Oberbergamt am 8. Mai die folgende Anweisung: »Die Polizeigewalt der Hütten- und Berg-Ämter erstreckt sich auf alle diejenigen Personen, welche auf dem Hütten Territorio und in denjenigen Bezirken wohnen, in welchen dem Hüttengerichte die Jurisdiktion zusteht. Die Disziplinargewalt der Berg- und Hüttenämter erstreckt sich nur auf die bei den Berg- und Hüttenwerken angestellten Arbeiter und Subalternen. Die Polizeigewalt wird ausgeübt durch den jedesmaligen Offizianten oder bei Abwesenheit von dessen Stellvertreter. Der die Polizeigewalt ausübende Offiziant ist befugt, Geldstrafen bis zu 1 Thaler, oder dreitägiges Gefängnis oder eine mäßige Züchtigung bis zu 10 Streichen zu bestimmen, körperliche Züchtigungen von Berg- und Hüttenarbeitern dürfen aber nur vorgenommen werden, wenn diese nicht wirkliche Knappschaftsmitglieder sind. Der Offiziant darf Schläge niemals selbst austeilen, sondern nur vom Gerichtsdiener vollstrecken lassen. Größere Vergehen sind vom Oberbergamt abzuurteilen oder von den ordentlichen Gerichten. Wenn ein vereideter Hüttenarbeiter, wes Ranges er sei wegen Diebstahls oder Veruntreuung, wenn solche auch noch so gering gewesen, bestraft worden, soll er auch jedes Mal zugleich abgelegt werden.«[10]

1815 konnte König Friedrich Wilhelm sein Eigentum, die Hütte, wieder übernehmen, doch rentierte sich der Betrieb nicht mehr. Nach Darstellung des Pfarrers von Sieversdorf[11] von 1930 hatte Napoleon die königlichen Erzgruben in Sachsen an »die Juden« verkauft, von denen der König nun das Erz kaufen musste. Der Einstandspreis und die hohen Transportkosten trieben den Betrieb in die roten Zahlen.

1819 wurde die Poliermühle neu erbaut. Eine Beschreibung des Neubaus soll in Neu Kaliß noch vorhanden sein. [12]

In besonders bedrängte Lage kamen die Hüttenarbeiter, wenn der Betrieb nur beschränkt oder überhaupt nicht arbeitete. Solche Stillstände traten ein, wenn die durch Wasserkraft angetriebenen Blasebälge des Hochofens nicht arbeiten konnten, also in trockenen Sommern bei niedrigem Wasserstand der Dosse, bei Eisgang und starkem Frost, bei Hochwasser. An anderer Stelle ist den Akten zu entnehmen: »Während der traurigen Kriegsjahre war eine längere Zeit das Werk gar nicht im Betriebe.«[13] Es fehlte an Arbeitskräften, mehr noch an Gespannen, die für den Kriegsdienst eingezogen waren. Die Arbeiter der Hütte, meist ohne Ersparnisse und auf ständigen Verdienst angewiesen, verarmten und verschuldeten sich. Verschärft wurde ihre Notlage, weil die Bauern diese ausnutzten und die Preise für Lebensmittel und Viehfutter in die Höhe schraubten. Auch hierüber liegen noch Zeugnisse vor.[14] Im Februar 1819 – die Hütte arbeitete beschränkt und beschäftigte nur 38 Arbeiter – richteten alle Hüttenarbeiter durch ihre Sprecher Peter Goebel, Joachim Ramin und Friedrich Sorge eine Bittschrift an den Landrat von Ribbentrop, er möge sich bei der Regierung dafür einsetzen, dass sie etwas Land zugewiesen erhalten, »damit sie das immer mehr im Preise steigende Winterfutter für eine Kuh und etwas Brodtkorn für sich gewinnen könnten«[15]. Sie hätten zwar Weide für eine Kuh, aber keine Wiese, um Heu für den Winter zu gewinnen«. Bei dem eingeschränkten Betrieb des Hüttenwerks seien sie »des Landes gar zu bedürftig und liegen den Bauern ganz in den Händen«. Sie müssten »den größten Theil unseres Verdienstes zu diesem Behuf hingeben, dies schwäche unsere ganze dürftige Einnahme«. Sie erklärten sich bereit, jährlich einen Taler und mehr pro Morgen zu zahlen und schlossen ihr Gesuch:

»Wir gesamten Hüttenarbeiter erdreisten uns mit hoffnungsvollem Herzen und bitten unterthänigst, doch unser Gesuch nicht zu vergessen. Ihr Name soll mit dankbarem Herzen nie in unserer Brust verlöschen. Wir erbitten uns Ihren gütigen Beistand und Hülfe.«

1820 brannte nach Carl Kayser-Eichbergs[16] Erinnerungen »Hohenofen und die Familie Kayser« das gesamte Dorf ab; auch die Hütte wurde zerstört. Angesichts des nur noch geringen Aufkommens an Raseneisenerz unterblieb der Wiederaufbau. Danach verblieb ein verödeter Platz, von dessen einstiger Betriebsamkeit nur noch der Name Kunde gab. Erst im Jahre 1835 entschloss sich die Seehandlung, hier eine Papierfabrik zu gründen und das Dorf vollständig neu aufzubauen.

Keine andere Quelle kennt die Geschichte in dieser Version.[17] Kayser-Eichberg kann sie auch nur aus den Erzählungen der ganz Alten übernommen haben; er selbst wurde erst 1873 geboren. Dem Verfasser erscheint die erste Lesart überzeugender, ist sie doch zum nicht geringen Teil dokumentiert. Hier liegt wohl einfach eine Verwechslung der Jahre vor – und einige Fantasie nach dem bekannten Spruch: »Eine starke Behauptung ist besser als ein schwacher Beweis.«

3.1.4 Das Leben in Hohenofen im 19. Jahrhundert

1822 hatte Sieversdorf 428 Einwohner. Unter den etwa 110 Einwohnern von Köritz waren drei des Schreibens kundig. Der Dorfschulze gehörte nicht zu ihnen. In Hohenofen wurde die Wohnungssituation unerträglich. Eine Witwe Märcker wurde aus ihrer Mietwohnung gewiesen, da der Eigentümer diese für sich selbst beanspruchte. Die Witwe schrieb daraufhin an den Landrat: »Ich liege jetzt schon 3 Tage und 3 Nächte auf der Straße unter freiem Himmel bei der jetzigen Jahreszeit, da ich doch noch 3 kleine Kinder habe, welche bei den rauhen Nächten in Krankheit verfallen.«[18] Das Hüttenamt in Hohenofen, das als Ortsobrigkeit verpflichtet war, für das Unterkommen der Einwohner zu sorgen, antwortete dem Landrat am 2. April 1822 auf seine Rückfrage: »Das hiesige Werk ist jetzt so zahlreich bewohnt, dass auch nicht eine Kammer leer ist.« Am 22. April wandte sich Frau Märcker erneut an den Landrat: »Schon vor 4 Wochen bin ich aus der Wohnung gerichtlich exmittiert und meine Sachen liegen auf der Straße. Seit dieser Zeit habe ich mehrteils bei dem Tischler Blum gekocht und mit meinen Kindern habe ich des Nachts in einem Stall des Tischlers geschlafen. Nach etwa 8 Tagen, als wegen des Osterfestes keine Schule war, habe ich und mein jüngstes Kind von 7 Jahren in der Schule geschlafen, die beiden anderen Kinder von 12 und 15 Jahren haben immer im Stall geschlafen.«

Gern folgt man den Betrachtungen des Malers Kayser-Eichberg über die Dorfarchitektur, die er mit den Worten preist: »Wohl wenige märkische Dörfer, die sich im allgemeinen rechts und links der Straße in monotoner Gleichgültigkeit aufbauen, konnten sich mit Hohenofen vergleichen, dessen bauliche Planung bis ins kleinste durchdacht und zur Ausführung gebracht worden war. Vielleicht mag die ordnende Hand Friedrichs d. G. schon bei der Gründung des Hochofenwerkes und der Spiegelpoliermühle stark mitgesprochen haben; jedenfalls hat der Baumeister Hohenofens das Vorgefundene mit künstlerischem Verständnis für seine Grundrisse benutzt. Dem Unbekannten zu danken ist um so mehr eine Ehrenpflicht, als das Ergebnis seiner Arbeit, zwar unbewusst, von allen Mitgliedern und Anverwandten der Kayserschen Familie empfunden, aber nie als einstige Leistung begriffen wurde.

Die Gesamterscheinung des Dorfes trug den Stempel der Biedermeierzeit. Kam man vom Bahnhof Neustadt aus nach Hohenofen, so führte der Weg in gerader Richtung über die Brücke des Poliermühlengrabens am Fabrikgasthaus vorüber bis zur Ablage, dem eigentlichen Schiff-Verladeplatz. Hier wandte er sich nach rechts und man hatte vom Spritzenhaus aus den Blick auf die Fabrik, das Direktorenhaus, auf den sich teilenden Flusslauf der Dosse sowie auf den Kirchturm, mit einem Wort – auf den Kern des Dorfbildes. Die Straße führte an der Fabrikfassade entlang über drei Brücken; in sanfter Ansteigung ging sie alsdann am Rendanten- und Direktorenhaus sowie an der Kirche vorüber bis zum Platz an der Dorfpumpe, von wo aus sich der Weg gabelte. Bereits vorher, unterhalb des Direktorenhauses, zweigte ein Weg ab, der sich längs des Teichgartens, eines Obst- und Gemüsegartens, hinzog und der zu einem architektonisch gut gegliederten Haus führte, das einst der Fabrik gehörte und das später in den Besitz des Fuhrmannes Reetz überging.«[19] In dieser Art schwelgt er in der ihn faszinierenden Dorfarchitektur, beschreibt einzelne Häuser, Wiesen- und Schilfflächen, und kritisiert die später erfolgten stilwidrigen An- und Umbauten hart.

1824 wurde in Hohenofen eine Wohnraumerfassung durchgeführt. Insgesamt waren für 84 Familien mit 172 Erwachsenen und 118 Kindern 85 Zimmer und 59 Kammern vorhanden. Am besten schien es dem Schneider Balde zu gehen; der hatte für 5 Erwachsene und 4 Kinder zwei Zimmer und zwei Kammern. Ungeklärt bleibt die Diskrepanz zwischen den erwähnten 290 und den gezählten 461 Einwohnern (plus 93 Kühen). Zuzug und Bauerlaubnis waren von der Befürwortung des Hüttenamtes in Hohenofen und von der Genehmigung des Oberbergamtes für die brandenburgisch-preußischen Provinzen abhängig. Zu allen Neubauten mussten außerdem die Zustimmung des Landrats eingeholt und bestimmte Auflagen hinsichtlich Einhaltung der Brandschutzbestimmungen erfüllt werden. Das galt auch für den Bau von Ställen, Schuppen und dergleichen. So wurde zum Bau eines Bienenhauses vorgeschrieben, es müsse mit Ziegeln gedeckt sein, und die Bretterwände müssten eng aneinander gefügt sein. Die leicht gebauten und meist schilfgedeckten Häuser begünstigten Brände, die nur wenig wirksam mit Wassereimern und Handspritzen bekämpft werden konnten. In den Höfen der Häuser und auf den Straßen der Ortschaften war deshalb das Rauchen bei Geldstrafe verboten. Mehr als drei Klafter Holz durfte niemand auf dem Hof haben, oder es musste 30 Schritte von den Häusern entfernt lagern. Für die Entdeckung von Brandstiftern war eine Belohnung von bis zu 300 Talern ausgesetzt.

1825 wurde das Erbpachtgut Hirzelslust parzelliert. Die Hauptparzellen von etwa 15 Morgen mit den Gebäuden kaufte Hütteninspektor Röder. Das übrige Land wurde in einzelnen Parzellen von je einem Morgen an 18 Hüttenarbeiter, 13 Eigentümer von Hohenofen und zwei Eigentümer von Sieversdorf verkauft.

1827 gab es eine Liste der Hohenofener Einwohner, die Kühe hielten, gegliedert nach ihrem sozialen Status. Vier Beamte der Hütte hatten zusammen 12 Kühe, 30 Hüttenarbeiter 37 Tiere, 14 Invaliden und Witwen hielten je eine Kuh. Die 37 (Haus?-)Eigentümer besaßen 37 Kühe, zwei der Eigentümer waren dabei ohne Viehbesitz. Gesondert wurden aufgeführt der Krüger mit zwei, drei Bewohner der Spiegelmanufakturhäuser mit drei Kühen und der Hirte mit einer Kuh.

Im April rief das Hüttenamt zu einer Spende für die Beschaffung von Säbeln für die Landwehr auf. Aus Hohenofen kamen vier Taler; die Spendenliste liegt noch vor.

3.1.5 Das Ende der Hütte

1829 schrieb das Königliche Oberbergamt dem Hüttenamt Hohenofen am 8. November: »Es ist nunmehr beschlossen, dass das dortige Seigerhüttenwerk nach Aufarbeitung der Bestände nicht länger mehr für königliche Rechnung betrieben werden soll.«[20]

Die Verkaufsverhandlungen zwischen dem Königlichen Oberbergamt und der Königlichen Seehandlung Berlin wurden von deren Chef, Oberfinanzrat und Staatsminister Christian Rother geführt. Sie zogen sich mehrere Jahre hin. Die damalige Bürokratie, so darf man wohl daraus schließen, kann sich mit der heutigen durchaus messen.

1833 erst wurde der Betrieb der Silberhütte eingestellt. Die 500 Einwohner Hohenofens gerieten in eine existenzielle Notlage »und versanken in Armuth«, wie es in einem amtlichen Schreiben hieß. Viele von ihnen verließen den Ort. Etliche arbeiteten in Dreetz, andere verdienten ihr Brot mit Torfstechen und in einer Ziegelei bei Rathenow. Die Schiffer fuhren nach dem Nauenschen Graben, wo sie Fracht finden konnten.

Der Leineweber Teetz richtete im März dieses Jahres eine Bittschrift an den Landrat: »Ich lebe mit meiner Mutter und vier noch unerzogenen Geschwistern in der größten Dürftigkeit. Meine Mutter und ich sind so mit der Gicht behaftet, dass wir uns nicht unseren Lebensunterhalt verdienen können. Daß es uns arm geht, davon werden sich Herr Landrath überzeugen bei Nachschlagung der Klassensteuer.«[21] Auf Rückfrage des Landrats antwortete das Hüttenamt: «Sollte das Königliche Oberbergamt alle Bewohner im hiesigen Ort, die sich in den Verhältnissen befinden wie die Teetz, unterstützen, so würden nicht zehn Familien bleiben, die nicht zu unterstützen wären.«[22]

Der Kuriosität halber soll erwähnt werden, dass mit dem Bau der Papierfabrik und der Jahrhundertwende die »großen Probleme« des Dorfes nicht gelöst wurden, wie der Brief des Rechtsanwalts und Notars Sander, Wusterhausen a. D., vom 13. August 1902 zeigt:

»An die Königlich Preußische Seehandlung, Berlin.

Das früher der Königlich Preußischen Seehandlung jetzt dem Fabrikdirektor A. Woge in Alfeld a./L. gehörige und als Patent-Papierfabrik betriebene frühere Saigerhüttenwerk zu Hohenofen bei Neustadt a./D. hat im Anfange des vorigen Jahrhunderts (?) ein Stück Landes – Parzelle 64 Kartenblatts II, 17 Ar 90 Quadratmeter groß – zur Benutzung als Begräbnißplatz für die Guts- und Gemeindeangehörigen von Hohenofen hergegeben, anscheinend ohne das Eigentum daran auf Gemeinde oder Kirche Hohenofen zu übertragen. Wenigstens ist dies stets die Auffassung der Direktion der Patent-Papierfabrik gewesen, wie dies aus dem Inhalte der anliegenden zurückerbetenen 3 Briefe vom 7. Februar und 24. Mai 1866 und 27. Mai 1868 sich ergibt. Ein Grundbuch ist über diesen alten Begäbnißplatz niemals gebildet worden. Derselbe wird vielmehr im Flurbuche des Gemeindebezirkes Hohenofen als ›Öffentliche Anlagen‹ geführt.

Im Jahre 1847 ist von der politischen Gemeinde Hohenofen ein neuer Begräbnißplatz angelegt und dient der alte hier in Frage kommende seit Anfangs der 60er Jahre nicht mehr Begräbnißzwecken.

Die Kirchengemeinde Hohenofen macht jetzt Eigenthumsansprüche an dem alten Kirchhofe geltend, welche anscheinend unberechtigt sind.

Mein ganz ergebenst im Auftrage des jetzigen Eigenthümers der Patent-Papierfabrik Hohenofen an die Königlich Preußische Seehandlung gerichtete Bitte geht nun dahin, mir gütigst auf meine Kosten aus den dort vorhandenen Akten abschriftlich das Material (Vertrag, Verleihungs- oder Schenkungsurkunde) zu übersenden, aus welchen sich die Art der Übertragung des alten Begräbnißplatzes an die Gemeinde oder Kirche zu Hohenofen ergibt.

Der Rechtsanwalt: Sander.«

Erfolg bringt Wachstum

Überlegungen zum Bau einer Papierfabrik in Hohenofen

Angesichts des Erfolgs der Berliner Aktiengesellschaft erwuchs bei der Direktion der Seehandlungs-Sozietät der Gedanke der Errichtung einer weiteren Papierfabrik in Hohenofen, doch war auch damals schon der Dienstweg lang und verschlungen und die Zahl der Bedenkenträger groß. Dabei lagen die unmittelbaren und mittelbaren Eigentumsrechte auf allen Seiten bei der preußischen Krone. Die Verhandlungen wurden zwischen dem Königlichen Oberbergamt »mit Allerhöchster Genehmigung Seiner Majestät des Königs« und der Generaldirektion der Königlichen Seehandlung Berlin geführt. In diesem Jahr schildert das Oberbergamt die Lage in einer Stellungnahme:

»Die Seigerhütte liegt in der Grafschaft Ruppin am Dosse-Fluss in der Nähe des Dorfes Sieversdorf. Sie ist entfernt von Neustadt an der Dosse ½ Meile, von Wusterhausen 1 Meile, von Berlin 11 Meilen. Die neuangelegte Chaussee von Berlin nach Hamburg geht ¾ Meile entfernt von Westen vorbei. Man kann im Durchschnitt annehmen, dass die dem Werke zu Gebote stehende Wasserkraft hinreicht, um eine Mahlmühle mit 5 Gängen den größten Theil des Jahres hindurch zu betreiben, indem nur im Sommer und bei starker Kälte es an Wasser mangelt. Es ruht auf dem Werke die Verpflichtung, die bei dessen 3 Archen vorhandenen Brücken zu unterhalten, sowie die Hälfte der 4. über das Mühlfließ führenden sogenannten Polierbrücke. Zu bemerken ist noch, dass das Werk das Durchflößen von Bau- und Brennholz für Privatpersonen dann gestatten muss, wenn es das Wasser zum Betrieb der Hütten nicht nothwendig braucht und dass dann vom Flößer ein Schleusengeld erhoben wird.«[23]

Die einzigartige Bedeutung dieser Fabrik für die Geschichte der deutschen Papierindustrie beruht auf der Bewahrung der Tradition der ersten deutschen Papierfabrik mit der ersten Papiermaschine in Deutschland, ihrer einstigen Muttergesellschaft, der Patent-Papier-Fabrik zu Berlin.

Da es nur lückenhafte Dokumente über frühere Brandenburger und Berliner Papiermühlen (und leider auch für manche relativ junge Papierfabriken) gibt, müssen wir uns also im Wesentlichen auf die umfassenden, aber mit heutigem Wissensstand angereicherten Forschungsergebnisse von Friedrich von Hößle,[24] Günter Bayerl, Alfred Schulte, Wolfgang Schlieder und etliche mehr oder weniger belegten Berichte und Erzählungen beschränken. Sie lieferten uns einige Ortsangaben, teilweise mit Namen damaliger Mühlenbesitzer, aber wenig dokumentierte Zeitangaben. Deshalb folgt in Kapitel 3.3 eine Aufstellung der uns bekannt gewordenen Standorte – ohne Garantie für die Vollzähligkeit. Brandenburg lassen wir dabei an der Oder enden.

Die brandenburgischen Kurfürsten, mehr noch die dem Großen Kurfürsten folgenden Könige von Preußen, legten großen Wert darauf, dass zumindest die für den amtlichen Gebrauch geschöpften Papiere ein Wasserzeichen trugen, das auf die jeweils herrschende Majestät Bezug nahm. Ihre Initialen sind häufig Bestandteil dieser Zeichen. Es regierten damals Friedrich I. (1701–1713), Friedrich Wilhelm I. (1713–1740), Friedrich II. (auch »der Große«; 1740–1786), Friedrich Wilhelm II. (1786–1797), Friedrich Wilhelm III. (1797–1840) und Friedrich Wilhelm IV. (1840–1861).

Die verwendeten Wasserzeichen lassen sich in drei Gruppen einteilen: Das Zepter, Symbol der Herrschergewalt, den Adler, dessen Körper anfangs lediglich ein »R« schmückte als Hinweis auf den Rex, den König, später die mit dem R verflochtenen Initialen des jeweiligen Königs, z. B. RFW = König Friedrich Wilhelm. Schließlich gab es die königlichen Monogramme, etwa in der Form, dass eine quasi schützend über den Buchstaben schwebende Krone von zwei geflügelten Löwen gehalten wurde.

Zur Bedeutung der einstigen brandenburgischen Papierproduktion gibt Günter Bayerl[25] einige Auskünfte. Danach gab es zwischen 1750 und 1800 im Deutschen Reich etwa 1.000

Papiermühlen, mehrheitlich Kleinunternehmen mit nur einer Bütte, an der nicht mehr als zehn Personen arbeiteten, die mitarbeitenden Familienangehörigen eingeschlossen. Mühlen mit zwei Bütten stellten etwa 30 Prozent der Betriebe, Großbetriebe, die in Einzelfällen mehr als 100 Leute beschäftigten, an die zehn Prozent.[26] Gewissermaßen das Lebenselixier einer Papiermühle stellte das Wasser dar, dessen Qualität mit ausschlaggebend für die Güte des Produktes war. Deshalb fanden sich die Mühlen zumeist außerhalb von Ortschaften in einer Umgebung, die vielerorts die Anlage eines Mühlgrabens und eines Stauwerkes erlaubte, in dem das Mühlrad den Antrieb des Stampfwerkes, später auch des Holländers bewirkte.

Grund und Boden waren großenteils Eigentum des Landesherren oder adliger Großgrundbesitzer. Oftmals war es deren Kapitalkraft, die die Errichtung einer Papiermühle ermöglichte; der Betrieb wurde dann einem Pächter übertragen. Im Verlauf der wirtschaftlichen und politischen Entwicklung entstand häufig auf dem Weg über ein Erbpachtverhältnis der Eigentumserwerb durch den betreibenden Müller. Insbesondere in Bereichen, in denen sich relativ viele Papiermühlen befanden, bildeten sich durch Eheschließungen zwischen den Familienstämmen Sippen heraus, die über Generationen hinweg die Kunst des Papiermachens ausübten und durch die verwandtschaftliche Abstimmung der landesherrlichen Lumpensammelprivilegien das Gewerbe über größere Landesteile hinweg weitgehend beherrschten. Beispiele, wie bis in die Zeit der Industrialisierung hinein solche Großfamilien wirtschaftliche Macht ausübten, finden sich signifikant im Rheinland oder in Hessen.

Als gegen Ende des 17. Jahrhunderts im Zeitalter der Aufklärung die Fähigkeit des Lesens und Schreibens immer breiteren Bevölkerungsschichten zuteil wurde, stieg die Nachfrage nach Papier in einem Maße, dass ein spürbarer Mangel an Rohstoffen, das heißt: Lumpen, eintrat. Dies hatte zur Folge, dass auch geringere Qualitäten verarbeitet wurden, die ihrerseits zu schlechterer Qualität des Papiers führten. Die Konsequenz war, dass bessere Sorten importiert werde mussten. Neben französischer kam die besonders gefragte holländische Ware nach Deutschland. Ein Grundsatz der damals herrschenden Wirtschaftsform der Kameralistik besagte, dass der Abfluss heimischen Geldes für Importe so gering wie möglich zu halten sei. (Unter dem Schlagwort »Autarkie« ließ das nationalsozialistische Regime nach 1933 diese Politik wieder aufleben.) Mehr noch als die Handlungsweise eines mittleren Landes war es die isolationistische Wirtschaftspolitik der Vereinigten Staaten von Amerika zwischen den Weltkriegen, die den weltweiten wirtschaftlichen Niedergang beschleunigte. Erst nach 1945 setzte sich die Erkenntnis durch, dass allein eine weitgehend freie Weltwirtschaft den Weg zu wachsendem Wohlstand öffnen könne. Die deutsche Papierindustrie stieg damit aufgrund ihres hohen Qualitätsstandards zum weltweit größten Papierexporteur auf.

3.3 Die bekannt gewordenen Papiermühlenstandorte in Berlin und Brandenburg

Einen großen Teil der Darstellung alter Papiermühlen habe ich der Aufsatzreihe zu verdanken, die Friedrich von Hößle 1933 in »Der Papier-Fabrikant« Heft 1–40 veröffentlicht hat, Karin Frieses Buch »Papierfabriken im Finowtal«, Aufsätzen von Kirchner und von Hößle in »Der Papier-Fabrikant«, den Tabellen August Blocks und Notizen aus vielen örtlichen Quellen. Leider war die Suche nach Originalbelegen schon in früherer Zeit nicht immer erfolgreich, wie manche, teils gravierende Fehler in den Arbeiten von Autoren des 17. bis 19. Jahrhunderts belegen.

Nachfolgend sind sämtliche Orte in Brandenburg westlich der Oder aufgeführt, in denen es nach den gefundenen Unterlagen einmal eine Papiermühle gegeben hat. Der Bereich der einstigen Neumark bleibt also unberücksichtigt.

Da in den frühen Zeiten gelegentlich Dörfer verlassen wurden und dann verfielen, kann nicht ausgeschlossen werden, dass vielleicht doch noch ein solcher Platz entdeckt wird. Der Wissensstand über die einzelnen Betriebe ist sehr unterschiedlich – von Orten, in denen eine Mühle gestanden hat, von der aber nichts weiter als die Tatsache ihrer Existenz überliefert ist, bis zu den Betrieben, aus denen Papierfabriken, also ausgestattet mit Papiermaschinen, hervorgegangen sind. Denen wird dann schon einmal größere Aufmerksamkeit zuteil. Reine Fabriken ohne Vorläufer einer Mühle werden im Kapitel 5.2 abgehandelt. Verbleibende Lücken in der Darstellung habe auch ich nicht ausfüllen können – und die absolute Fehlerfreiheit kann ich nicht versprechen.

Zur Patent-Papierfabrik Hohenofen siehe Kapitel 6.

Der Patent-Papier-Fabrik zu Berlin ist das Kapitel 5 gewidmet.

3.3.1 Papiermühle Altdöbern

Altdöbern ist ein Dorf im Kreis Oberspreewald / Lausitz nahe einem Schloss, das seit 1571 bis 1917 im Besitz sächsischer Adliger stand[27]. Ihnen verdankt der Ort die Gründung einer Papiermühle. Laut einem Einwohnerverzeichnis gab es im Ort zwei Mehlmüller und einen Salzmüller. Das reine Wasser des Chransdorfer (auch Peitzendorfer) Fließes veranlasste den damaligen Schlossherrn Heinrich Alexander von Eickstedt 1739, kurz vor seinem Tode, dazu, die Salzmühle in eine Papiermühle umzuwandeln und erbat sich deren Privilegierung für den Calauer Kreis. Die Mühle arbeitete etwa einen Kilometer von Altdöbern an der Landstraße Calau–Altdöbern. Sie bestand aus zwei Gebäuden, von denen das Haupt-Mühlengebäude mit massivem Untergeschoss direkt am Wasserlauf stand. Johann Jakob Nöller, Schwiegervater des nachfolgenden Schlossherren von Heinecke, hatte das Gut Altdöbern

1746 für 45.100 Taler gekauft, wahrscheinlich als eine Art Strohmann Heineckes (Heinicke). Unter dem Oberamts- und Kammerrat Carl Heinrich von Heinecke »erfuhr mit dem ganzen Ort auch die Papiermühle eine Zeit des Aufblühens«. Heinecke befasste sich auch mit der Modernisierung der Papiermühle und installierte mindestens einen der neu aufgekommenen Holländer. Damit stieg der Rohstoffbedarf und mit ihm die Auseinandersetzungen zwischen benachbarten Papierern. 1756 verlangte Kurfürst Friedrich August von Sachsen ebenso wie Friedrich der Große die Bekanntgabe des Standes aller inländischen Papiermühlen. Der Amtsvorstand von Muskau meldete, dass der in seinem Amt ansässige Papiermacher Gottfried Fischer erklärte, er habe sein Papier nach Guben, Sorau, Spremberg, aber auch nach Cottbus, Berlin und auf der Frankfurter Messe verkauft. Er leide sehr unter dem Mangel bei der Hadernbeschaffung und sei durch die neue Papiermühle zu Döbern wie auch das Privileg an die Mühle zu Beitzsch heftig betroffen. Er bittet, seine Klage in den Bericht aufzunehmen. Über die Größe der Mühle ist Genaues nicht bekannt. In einem »Lumpenstreitakt« ist zu lesen, dass die Papiermühle mit neun Stampfen gearbeitet hat. Wenn dazu ein Holländer vorhanden war, müsste der Betrieb mit zwei Wasserrädern gearbeitet haben.

Die Schlossherren verpachteten das Werk. Von den Pächtern sind Ludwig Wetzel ab 1789 und nach ihm ein Papiermüller Garbe, der auch in den Papiermühlen an der Oberspree vertreten war, bekannt. Von ihm stammt das Wasserzeichen der über ganz Europa verbreiteten »heraldischen Lilie« und dem »G« des Inhabers. Der Zentner Lumpen kostete damals 20 Groschen bis einen Taler; für das Papier erhielt man pro Ballen feines Papier zehn Taler, Makulatur drei Taler und »groß Pack« 13 Taler. Um 1765 verlor der Schlossherr die Gunst des Kurfürsten, lebte als Einsiedler in seinem prächtigen Schloss und starb 1791. Sein Sohn Carl Friedrich geriet 1798 in Insolvenz und verlor bei der Versteigerung sein Eigentum an den vermögenden Bürger Keyling, über den Näheres nicht bekannt ist und der als erster Bürgerlicher in solch ein vornehmes Besitztum einzog. Aber auch Keyling unterlag in den Kriegsjahren (vom 15. Mai bis 3. Juni 1813 war diese Gegend Kriegsschauplatz) Raub und Plünderung, von denen auch die Papiermühle nicht verschont blieb. Die große Nachfrage infolge des herrschenden Papiermangels ließ jedoch die Verluste alsbald wieder ausgleichen, sodass der Papiermüller in wenigen Jahren der Gutsherrschaft wieder jährlich 100 Taler Pacht bezahlen und sechs Ries Herrenpapier nebst fünf Ries Konzeptpapier liefern konnte.

Keyling verpachtete 1817 seine Güter nebst Altdöbern an den bisherigen Oekonomieverwalter Händler. Garbes Nachfolger wurde der Papiermacher Knoll, zu dessen Zeit – wahrscheinlich zwischen 1840 und 1850 – die sogenannte Knollsche Papiermühle abgerissen und am Salz- oder Kesselteich neu aufgeführt wurde. Auf dem massiven Untergeschoss der alten Papiermühle war eine Mahl- und Schrotmühle errichtet worden. Was in der neuen Papiermühle am Chransdorfer Forst hergestellt wurde, ist nicht bekannt. Nach Ausweis eines Kirchenbuches arbeiteten dort die Papiermacher Knoll, Fleischhauer, Wegener, Garbe, Bosse,

Kunz und Meier. 1905 produzierte Leopold Lask auf einer 125 cm breiten Pappenmaschine Rohdachpappe.[28] Diese Papiermühle bestand bis in die Zeit des Grafen von Witzleben (1881–1914), der sie abbrechen ließ.

3.3.2 Bad Freienwalde, Johannismühle

Im Internet findet sich ein Hinweis[29], dass Johann Heinrich Preuße 1824 eine Mühle gekauft und sie zur Papiermühle umgebaut hat. Der gleiche Name mit gleicher Jahresangabe wird auch von der Gemeinde Bad Belzig (Kreis Potsdam-Mittelmark) in Anspruch genommen.[30] Hier scheint eine ähnliche Verwechslung vorzuliegen wie bei Neustadt an der Dosse und Neustadt-Eberswalde. Tatsächlich gab es in Bad Freienwalde bis 1945 eine Zellstofffabrik. Die lag allerdings acht Kilometer nordostwärts der Stadt bei Hohenwutzen, auf dem jetzt polnischen Ostufer der Oder (Stary Kostrzynek.) Ob die Fabrik eine Papiermühle als Vorläuferin hatte, ist nicht bekannt. Die Forschungsarbeit zu diesem Buch beschränkte sich auf das Gebiet westlich der Oder. Auf dem einstigen Werksgelände befindet sich 2010 ein Shopping-Center.

Zum Amt Freienwalde gehörte auch die Holländische Papiermühle am Werbellinischen Fließ, auf die im Kapitel 3.3.9 eingegangen wird.

3.3.3 Bardewitz bei Treuenbrietzen, Papierfabrik Jordan

Über diese Mühle konnten keine näheren Erkenntnisse gewonnen[31] werden. Ernst Kirchner[32] zählt Brandenburger Papiermühlen auf, die noch 1911 bestanden – darunter ohne weitere Bemerkungen Bardewitz.

3.3.4 Belziger Papiermühle (Obermühle)

Der Belziger Bach, der die Stadt Belzig durchfließt und im Norden mehrere Mühlen treibt, verlässt den Ort an der Nordostecke mit zwei scharfen Krümmungen. Hier wurde bereits um 1600 eine Papiermühle betrieben. Als erster Papiermacher, vielleicht der Gründer des Unternehmens, wird der »Erbare Wolgeacht und Manhaffte« Laurentio (Laurentius, Lorenz) Seelfisch genannt, geboren am 24. Mai 1578. Der Stadtchronist Eilers berichtet, dass am 28. Februar 1721 Johann Zimmers Papiermühle vor Belzig bis auf den Grund abgebrannt sei, »wobei die älteste Tochter im Feuer geblieben«. Nach den Akten des Berliner Geheimen Staatsarchivs, Preußischer Kulturbesitz, ist die zwischenzeitlich wieder aufgebaute Papiermühle im Jahre 1748 nochmals »bis auf den Grund« abgebrannt.

Belzig/Lumpenbach:[33]
Überlieferte Namen

Selfisch, Laurentius (Lorenz)	Besitzer 1606
Selfisch, Samuel	
Thomae, Antoni Thomas	Besitzer
Barisch, Peter	Besitzer bis 1662
Kloß, Georg	Meister ab 1662
Kloß, Gottfried	Geselle
Bock, Arnold	Besitzer bis 1664
Thün, Friedrich	Besitzer 1664
Hoffmann, Martin	Geselle 1665
Benisch	Meister 1665
Heinz, Urban	1668/69
Georg Klose (Kloß)	Meister 1684–1697
Kämmerer, Gürge (aus Ziesar)	
Zimmer, Johann (aus Schlesien)	Besitzer 1706
Pascher, Johann Gottfried	Geselle
Fichel, Görge	Geselle
Gerbers, Georg Gottfried	Besitzer
Schwerdtner, Johann Benjamin	Besitzer 1754–1790
Schwerdtner, Heinr. Gottlob	Besitzer 1791–1802
Grohmann, Johann Christian Ludwig	Besitzer 1810–1826
Völker, Johann Adam	Besitzer 1840
Oelschläger, Franz Julius Wilhelm	Besitzer

Weitere Nachrichten fehlen. 1933 wurde in dem Anwesen eine Mühlenbäckerei betrieben.[34]

Preußenmühle, Belzig/Springbach

3.3.5

Unter dem Namen Springbachmühle wurde in Belzig eine Ölmühle betrieben. 1749 erhielt sie den Namen »Neue Mühle«. Johann Heinrich Preuß erwarb sie 1824, baute sie zur Papiermühle um und gab ihr den Namen »Preußenmühle«. 1832 brannte sie ab, konnte aber im selben Jahr wieder in Betrieb genommen werden. 1862 wurde sie an den Müller Hannemann verkauft, der sie zur Mahl- und Schneidemühle umbaute und »Hannemannsmühle« nannte. Später wurde das unter Denkmalschutz stehende Gebäude in eine beachtete Gaststätte umgewandelt.

3.3.6 Berlin: Die Papiermühle auf dem Wedding

Der Wedding gehörte lange zu den wenigen Ortsnamen, die im Deutschen mit Artikel benutzt werden; der Wedding erinnert an den Ursprung als vom Adligen Rudolf de Weddinge errichteten Gutshof und Vorwerk und folglich sagte man »er wohnt auf dem Wedding« (im Stadtdialekt »er wohnt uff'm Wedding«) oder »am Wedding«. Heute wird jedoch »im Wedding« bevorzugt oder zunehmend von den Zugezogenen die Formulierung »in Wedding« gebraucht.[35]

Diese Papiermühle hat eine sonderbare Vorgeschichte. Um 1900 las man in der Fachpresse[36], dass Friedrich Wilhelm I. (reg. 1713–1740) im Jahre 1719 angeordnet habe, »dass die im Spandowischen Zuchthause ausgelernten Papiermacher« als zunftmäßige Gesellen anerkannt und zum Meister- und Bürgerrecht zugelassen werden sollten. Friedrich von Hößle konnte im Geheimen Staatsarchiv, Preußischer Kulturbesitz, keine Hinweise auf eine »Zuchthauspapiermühle« in Spandau oder der näheren Umgebung finden. Auch der angegebene Erlass von 1719 konnte nicht zutage gefördert werden. Von Hößle bemerkt dazu: »Sollte ein früherer Forscher nach einem anderen Patent von 1716[37] in einer Verfügung erkannt haben, daß die, so im Zuchthause zu Spandow das ›Rasch- und Zeugmachen erlernet‹ in die Zunft aufzunehmen die Zeugmacher für Papiermacher gehalten haben, so war das eine gewagte Auffassung, wie uns Papiermachern bei Kenntnis der charakteristischen Verhältnisse unserer Altvordern vom Fach eine ›Zuchthauspapiermühle als ein Unding‹ dünkt.«

Eine wichtige Akte des Generaldirektoriums über den Vorgang findet sich im Geheimen Staatsarchiv Preußischer Kulturbesitz. Sie befasst sich mit der »beim Wedding belegenen dem Spandowschen Zucht- und Arbeitshause gehörige Walk- und spätere Papiermühle am Pankowfluß 1724–1777«. Diese auf dem Schönhausischen neuen Graben beim Wedding gelegene Walkmühle war in den zwanziger Jahren baufällig, litt unter Wassermangel und »1731 bei allerhöchst dero Generaldirectorio sub hasta gestanden und daselbst öffentlich licitiert worden«[38] sein. Am 10. August 1731 wurde sie an den Papiermacher Johann Heinrich Beyer aus Neudamm gegen Erlegung von 700 Reichstalern Kaufgeld und Entrichtung eines jährlichen Canonis von 40 Talern verkauft. Seit 1797 wirkte nach von Hößle ein nicht näher bekannter Papiermacher Schottler. 1804/05 soll der Papiermacher Neue die Mühle übernommen haben, was nur von Kirchner erwähnt wird.[39] Das Werk ging nach achtzigjährigem Bestand in der Zeit der napoleonischen Kriege 1811 ein. 1840 wurde eine Mahlmühle eingerichtet; 1933 diente das Areal einer Geldschrankfabrik. Der von der Panke abgeleitete Mühlgraben durchfloss den Bezirk Wedding.

Das Aktenstück im Staatsarchiv enthält neben der Chronik der Mühle auch eine die schwierige Verteilung des Rohmaterials auf die Papiermühlen beleuchtende Notiz, die zugleich als Ergänzung der Geschichte der Schlalacher Papiermühle[40] gilt. Bereits 1724 hatte sich der Papier- und Kartenfaktor Böhme zu Dresden um die Ersetzung der Spandauer Walkmühle durch eine auf seine Kosten zu bauende Papiermühle bemüht. Eine Verordnung der Kurmärkischen Kriegs- und Domänenkammer wies ihn darauf hin, »dass bereits dem Papiermacher zu Schalak laut Edikt vom 9. November 1685 und 3. November 1691 das Lumpensammeln in den Kreisen Zauche, Teltow, Havelland und Niederbarnim verschrieben sei und ihm also die nächsten Oerter umb Berlin nicht beigeleget werden können, außer was den Oberbarnimschen Kreis betrifft«.[41] Böhme schlägt darauf vor, »dem Papiermacher zu Schalak anstatt des Nieder-Barnimschen oder Havelländischen Kreises den Priegnitzschen oder Altmärkischen zu assignieren und ihm [Böhme] außer dem Ober-Barnimschen Kreis noch den Nieder-Barnimschen oder Havelländischen inclusive der ganzen Residenzstadt Berlin zu verschreiben, da sonst die anzulegende Papiermühle an Lumpenmangel leiden würde, andererseits auch der Schalaker Papiermacher die Lumpen aus den ihm bisher zustehenden vier Kreisen unmöglich auf seiner Papiermühle verarbeiten könne.« Eine andere als die von Böhme geplante Papiermühle kommt für Spandau-Wedding also 1724 noch gar nicht in Frage. Unbegreiflich dagegen findet von Hößle die Verhältnisse in den Amtskanzleien, wo vor 270 Jahren scheinbar noch kein Ortslexikon und keine Statistik in der Handbibliothek stand, sonst hätten sie nicht drei- bis viermal ein viel südlicher gelegenes »Schalak« angeführt (gemeint war Schlalach), für welches auch die benannten Hadersammeldistrikte wertlos gewesen wären.

Der Papiermacher Putz zu Schlalach hat jedenfalls für etwaigen Überschuss an Lumpen ein gutes Plätzchen gewusst. Die Papiermühle seines Bruders zu Friesdorf und die Nachfolger von Putz waren erfreute Abnehmer. Sie haben die Schlalacher Akten noch 1933 in Verwahrung gehabt.

Der Kartenfaktor Böhme wird enttäuscht nach Dresden zurück gefahren sein und in Sachsen einen anderen Standort gefunden haben. Möglicherweise ist er identisch mit dem 1738 auf der Loßnitz bei Freiberg als Besitzer genannten Martin Böhme. Die staatliche Verwaltung ist jedenfalls die zerfallene Walkmühle auf dem Wedding unter günstigen Bedingungen losgeworden. Sie wusste das Objekt in guter Hand des tüchtigen Papiermüllers Beyer.

Amtspapiermühle zu Cottbus 3.3.7

Die Kreisstadt Cottbus war einst im Besitz einer Privatherrschaft. 1462 kam sie an das Kurfürstentum Brandenburg. Auf Anregung des Markgrafen Hans von Küstrin genehmigte der Kurfürst Joachim II. Hektor dem Papiermacher Benedikt Marsteller (Benediks[42]) 1556 den Bau einer Papiermühle auf eigene Kosten auf dem Grundstück des späteren Etablissements Eichenpark. Dieses Gebiet an der Spree unterstand dem landesherrlichen Amt, gehörte also bis zum 19. Jahrhundert nicht zum Stadtgebiet Cottbus. Die Papiermühle brachte nach von Hößle dem Amt jährlich 160 Taler Zins; dafür musste das Amt die Kosten für die Unterhaltung des Wehres tragen.

Über hundert Jahre war die Papiermühle in Privatbesitz, doch ist aus dieser Zeit kein Name eines Besitzers oder Pächters bekannt. Nur die Jahreszahlen 1557 und 1559 werden erwähnt. Das von einem zwischenzeitlich tätigen Müller gefertigte Papier trug 1623 als Wasserzeichen einen Kreis mit einer Glocke und die Umschrift »Cottbus 1623«. Der Sinn ist nicht bekannt, da Cottbus in seinem Stadtwappen einen Krebs führte. Vor 1687 ging die Mühle in landesherrlichen Besitz über und wurde verpachtet. Als Lumpensammelgebiet waren ihr die Gemeinden Cottbus, Beeskow, Storkow und Lebus zugeteilt. Leider sind bis 1771 keine Namen von Pächtern überkommen, weil das gesamte Aktenmaterial einem Stadtbrand zum Opfer fiel. Das Amt soll einen jährlichen Ertrag von 160 Talern gezogen haben – eine Version, die mit der von Hößle beschriebenen Variante nicht übereinstimmt.[43]

Im Jahre 1771 fungierte als Vormund bei Fischers in Muskau ein Papiermacher Gollmann aus Cottbus. Nach »Berghaus, Landbuch der Mark Brandenburg«, soll die Papiermühle noch in den 1850er Jahren in Betrieb gewesen sein. Das Gebäude steht nicht mehr. Das Gelände mit dem jüngeren Namen Eichenpark wurde um 1903 von der Firma Michaelis & Co. für eine umfangreiche Färberei genutzt.

3.3.8 Papiermühle an der Schwärze, Neustadt – Eberswalde

Der märkische Chronist Angelus (Engel), Pfarrer in Strausberg, schreibt 1598 in den Anales Marchiae Brandenburgicae (Jahrbücher der Mark Brandenburg), »die Papiermühle vor Neustadt-Eberswalde, etwa einen Büchsenschuss weit von der Stadt auf dem Fluss Schwärtze gebaut, die noch besteht«, sei im Jahre 1532 angelegt worden.[44] Damit wäre sie die älteste Papiermühle Brandenburgs. Bauherr war die Stadt, die die Mühle verpachtete.[45] Der Geschichtsschreiber Buchholtz fügt hinzu, dass Kurfürst Joachim Nestor (1499–1535) der Stadt Eberswalde das Privileg dazu verliehen habe. 1769 erwähnt der Küster Johann Albrecht Behling in seiner handschriftlichen »Historie«, dass die Papiermühle bei Eberswalde 1532 auf dem Kienwerder gebaut wurde, an dem jetzt eine Ziegelei für den Bau der Vorstadt stehe. Die Quellen, aus denen diese Chronisten geschöpft haben, sind nicht mehr festzustellen. Indessen geht aus dem noch vorhandenen Grundbrief vom »Tage Conversi Pauli Anno 1540« hervor, dass der Magistrat am genannten Tage dem Hammermeister Hans die Erlaubnis erteilte, eine Papiermühle vor dem Bernauischen Spring neu zu errichten. Aus dieser Fassung der Urkunde könnte geschlossen werden, dass schon vor 1540 eine Papiermühle in Eberswalde bestand. Eher aber scheint es, dass der Bau tatsächlich bereits vorher (1532?) errichtet wurde. Anders beschreibt Carl Ludwig Philipp Schadow[46] nach einem Grundbrief, wohl dem Kaufvertrag, sei die Mühle erst 1540 errichtet worden. Bauherr und Betreiber war danach der Meister Hans Hammermeister, dem die Erlaubnis erteilt wurde, einen Schleifhammer und eine Papiermühle vor dem Bernauischen Spring zu bauen. Zur Baufinanzierung gewährte die Stadt ihm einen Vorschuss von 20 Gulden. Von Hößle vermutet[47], dass sich zwischen

1532 und 1540 Verhandlungen zwischen Stadt und Papiermachern hingezogen haben, wie das bis ins 18. Jahrhundert keine Seltenheit war. 1540 druckte der Berliner Buchdrucker Johann Weiß die »Kirchen Ordnung im Churfürstenthum der Marcken zu Brandenburg / wie man sich beide mit der Leer und Ceremonien halten sol« auf Eberswalder Papier mit Wasserzeichen. Damals erforderte ein solches Werk jahrelange Arbeit, woraus geschlossen werden darf, dass die Papiermühle bereits deutlich vor 1540 in Betrieb war.[48]

Zu dem Bau erhielt Meister Hans aus der Stadtheide freies Bauholz; auch wurde ihm neben dem Vorschuss eine zweijährige Abgabenfreiheit zugebilligt. Nach ihrem Ablauf hatte er jährlich am Martinstag[49] an die Stadtkämmerei sechs Gulden Grundzins zu entrichten. Im Kirchenvisitationsprotokoll des Jahres 1542 findet sich der Name des Papiermachers Christian Jenicke, ohne Zweifel der damalige Besitzer der Papiermühle, da auch sein Garten auf dem Kienwerder erwähnt wird. Nach Behling wurde die Mühle 1547 (nach Schadow 1548) von der Stadt an einen Papiermacher verkauft, später jedoch wieder zurückgenommen. Von Hößle schreibt, das bisherige Pachtverhältnis des Papiermüllers sei 1548 gelöst worden; der Rat verkaufte die Mühle unter Wahrung seines Vorkaufsrechtes für 550 Gulden an den Papiermacher Andreas Ruß (Reusen).[50] Der Kaufpreis wurde ihm gegen einen Zins von 5 Prozent p.a. gestundet; wenn die Schuld auf 200 oder 100 Gulden zurückgeführt sei, betrage der Festzins für die Restsumme zwölf Gulden p.a. Dem neuen Besitzer, der die Mühle natürlich auf eigene Kosten »in baulichen Würden« zu erhalten hatte, wurde daneben wie anderen Bürgern freies Bauholz aus der Stadtheide, freies Brennholz aus der Heide und die Kahnfischerei auf dem Mühlenteich zugesichert. Nach Kaufpreistilgung hatte sich der Rat alljährlich die Lieferung von einem Ries Papier als Steuer ausbedungen. Die Mühle hatte übrigens, bemerkte dazu der Chronist Schadow, außer den schönen Gerechtigkeiten verschiedene Dörfer zum Einsammeln der benötigten Hadern, also einen Bannbezirk, der das Rohmaterial, die Lumpen, zu liefern hatte.

Die Mühle war in ausgezeichnetem Zustande, und das von ihr gelieferte Papier war so vorzüglich, dass sehr bald auch die weitere Nachbarschaft darauf aufmerksam wurde. Besonders eine Geschäftsverbindung, nämlich die mit dem berühmten Leibarzt des Kurfürsten Johann Georg von Brandenburg, dem im Grauen Kloster zu Berlin wirkenden Leonhard Thurneysser zum Thurn, machte die Eberswalder Papiermühle bald weithin bekannt. Der Arzt hatte 1574 in Berlin eine Druckerei gegründet. Auf Eberswalder Papier gedruckt ist z. B. auch das 3300 Seiten starke Brevier, das Thurneysser 1575–77 für die Berliner Domkirche herstellte, ferner die Konsistorial- und Visitationsordnung von 1577 u.a.m. Bald arbeitete die Eberswalder Papiermühle ausschließlich für Thurneysser, und demgemäß stieg auch der Grundzins, der sich nach dem städtischen Erbregister 1573 damals auf 20 Gulden pro Jahr belief.

1573 verzeichnet das Erbregister der Stadt Eberswalde Erasmus Beyer als Besitzer der Papiermühle. Der war möglicherweise ein Erbe des Meisters Ruß (Reuse), denn Fischbach[51] schreibt dazu: «Weil aber Reuse und dessen Erben so viele Schulden gemacht hatten, dass es zum Concours kam: so ward die Mühle Anno 1599, an den Papiermacher Zacharias Beyer verkauft, mit welchem es nicht besser ging, da über diese Mühle schon 1603 ein neuer Concurs entstand.« (Bei Schmidt heißt es abweichend davon, Zacharias Beyer habe bereits 1592 von dem Churf. Brandenb. Renteiverwalter zu Berlin, Andreas Kohl, 250 Tlr. geborgt.)[52] Andere Gläubiger waren u.a. 1602 der Buchdrucker Andreas Eichhorn aus Frankfurt und 1603 ein Papiermachergeselle Melchior Bötticher, der nun in der Zehdenicker Papiermühle beschäftigt war. Ein vom Rat aufgestelltes Inventar und die daraus folgende gerichtliche Werttaxe kam auf die Summe der Aktiva von 1.018 Gulden und 13 Groschen. Die Schulden addierten sich auf 3.580 Taler, sieben Groschen und acht Pfennige. Leider ist uns kein Umrechnungsfaktor bekannt, sodass eine Bilanz nicht möglich ist. Beyer gab die Mühle nicht gutwillig heraus, verlangte von der Stadt vielmehr eine bedeutende Abfindungssumme. So kam es zum Prozess, der damit endete, dass das Kammergericht am 20. November 1619 dem Rat die Mühle für den Wiederkaufspreis von 500 Talern zuschlug. »Beyer both dem Churfürsten solche zum Kauf an, allein vergeblich. Sie wurde endliche dem Magistrat, nach langjährigem Processieren durch Adjudication des Cammer-Gerichts vom 20. November 1619 für 500 Thlr. käuflich zugeschlagen, nachdem die Einnahmen davon schon 1606 in der Cämmerey-Rechnung aufgehöret hatte.«[53] Beyer war inzwischen gestorben. Sein Sohn Elias übernahm die Papiermühle. Sie scheint nachher nicht mehr betrieben worden zu sein; vielleicht ist sie auch in den Wirren des Dreißigjährigen Krieges schwer beschädigt worden, weil sie außerhalb der Stadt lag. 1653 sollte sie aufs Neue verpachtet werden. Jacob Ebart war damals »in der Papiermühle zu Neustadt (Dosse) beschäftigt«[54] Er besichtigte die »wüste Papiermühle« und erklärte sich bereit, den Betrieb mit eigenen Mitteln wieder herzurichten. Eine Einigung mit dem Rat kam aber nicht zustande, und er kehrte alsbald nach Neustadt zurück. Die Mühle verfiel gänzlich. 1674 wurde die »wüste Stelle« dem Joachimsthalschen Schulamte übergeben, das schon die Baumaterialien zum Wiederaufbau herangefahren hatte, als der Schwedeneinfall die Arbeit gänzlich zunichte machte. Ein Wiederaufbau fand nicht statt; an seine Stelle rückte eine Ziegelei.[55]

3.3.9 Holländische Papiermühle zum Werder in Eichhorst (Niederbarnim)[56]

Am 22. Februar 1709 bewilligte das Generaldirektorium den Bau einer Papiermühle holländischer Art am Wehrbellinschen Fließ (Werbelliner Kanal). Unter Leitung des Baumeisters L. van der Willigh, gestorben 1711, errichteten aus Holland angeheuerte Handwerker die Mühle, die im November 1711 in Betrieb ging, mit einem Gesamtkostenaufwand von 18.000 Talern. Im Folgejahr baute sie der Sohn Willighs weiter aus. Es wurden »Post-, Konzept- und schlecht Papier im Littauer Format und Royalpapier« hergestellt. »Ordinär muss ein Geselle täglich 6 Rieß Papier machen, bekommt 10 Groschen, Essen und Trinken, Schlafstätte, freie Wäsche; und bekömmt alle Woche zweimal Braten und zweimal Tischbier, sonst nur Cofent

(Dünnbier). Wer wohl arbeitet, kann es die Woche bis auf 1 Taler und darüber bringen, die Glätters erbringen es noch höher.«[57] 1717 ist die Rede von zwei Mühlen, der »Großen« und der »Neuen« Mühle. Leider wird das nicht weiter erläutert.[58] Pächter war 1717/18 ein gewisser Schleichtinger. Da ein Nachfolger nicht zu finden war, erwog die Verwaltung den Umbau der holländischen in die deutsche Technik. Daraufhin bewarb sich der »gewesene Baumeister van der Willigh« und stellte dabei allerhand Forderungen; der Buchdrucker Schlofth bewarb sich namens des Baukommissars Peter Jaenicke(n), und auch Johann Christian Leo aus Templin, der ein Vorwerk errichten und die Papiermühle nebenbei betreiben wollte. Kammer und Forstamt überließen Jaenicke(n) die Mühle auf Administration und ein Jahr auf Arrende bis Trinitatis 1721 mit der Auflage, Arbeitskräfte einzustellen. Der Verkauf des Papiers wurde ihm überallhin gestattet.

Von Januar bis März 1721 erfolgten drei neue Ausschreibungen.[59] (Der erste Papiermacher soll nach anderen Berichten Bartholdy Mie aus Wernigerode gewesen sein.[60]) Jedenfalls folgte 1721 der Papiermacher Paul(us) Lange mit einem Vertrag auf sechs Jahre. Im Februar 1723 hat sich aber »derselbe an der Papiermühle verloren, dass niemand weiß, wo er geblieben«. Der Bruder Abraham, angeblich bei ihm als Papiermacher beschäftigt, wollte den ruhenden Betrieb bewachen, aber auch er verschwand sechs Monate später unter Zurücklassung von Frau und Kind. Die Anlage bestand aus dem zehngebindigen Mühlenrad »mit dem gehenden Werk«, einem Werkhaus samt Scheuern mit den Pressen, von denen zwei eingegangen und die dritte »im Grunde verfaulet« war, ferner aus einer Packkammer, dem Leimhaus und der Lumpenstube.

Der Buchführer (Buchhändler?) Joh. Andreas Rüdiger aus Potsdam, dem die Mühle 1726 verpachtet wurde, richtete sie wieder her. Auf dem Fließ aber behinderten sich die Flößerei und die Papiermühle derart, dass letztgenannte nur drei Monat im Jahr arbeiten konnte. Rüdiger bat deshalb um die Erlaubnis der Weitergabe, die ihm vom König gern bewilligt wurde, und verkaufte sie am 2. April 1733 an den Prenzlauer Papiermacher Samuel Friedrich Schottler, in dessen Familie sie bis zu ihrem Eingehen 1865 verblieb. Samuel Friedrich Schottler scheint ein unternehmungsfreudiger Mann gewesen zu sein, denn 1729 hatte er pachtweise auch die Papiermühle in Heegermühle übernommen und bis 1741 betrieben. 1747 kaufte sein Sohn Daniel Gottlieb die Mühle. Wegen der Planungen für den Ausbau des Werbelliner Fließes zu einem schiffbaren Kanal und der Anlage zweier Schleusen sah er den Mühlenbetrieb bedroht und bewarb sich um den Wiederaufbau der zerstörten Papiermühle Heegermühle/Wolfswinkel. Nach deren Fertigstellung kehrte er 1767 an seine vormalige Wirkungsstätte zurück. Heegermühle überließ er seinem Schwager Hanto. In den Jahren 1825 bis 1843 war der Besitzer Friedrich Wilhelm Schottler. Am 17. Oktober 1865 brannte die Mühle ab und wurde nicht wieder aufgebaut. Der letzte Besitzer, Gustav Schottler, ging nach dem Brande zu seinem Bruder Wilhelm nach Lappin bei Danzig. An Stelle der Papiermühle trat die Kolonie Eichhorst im Schönebeckschen Forst, die 1911 von einem Förster, einem Schleusenmeister und einigen Kolonisten bewohnt wurde.[61]

3.3.10　Falkenberger Papiermühle

Der Widerstand der Papierfabrikanten Ebart (Spechthausen) und Fournier (Wolfswinkel) gegen den Bau einer Papiermühle in Falkenberg hinderte deren Einrichtung nicht. Johann Gottlieb Meißner (auch: Meichsner), der mit einem unbekannten Teilhaber eine Schleifmühle in Berlin zur Fertigung von ordinären Papieren und Pappen betrieb, erhielt von dem Eigentümer des Gutes Coethen im Kreis Oberbarnim, Hauptmann von Jena, die Erlaubnis, die Wasserführung durch einen anzulegenden Teich neben dem Klingenden Fließ besser zu regeln, sowie die Konzession, eine Papiermühle dort zu errichten. Verbunden damit war die Erlaubnis, den Lumpenbedarf in Berlin und aus dem Ausland zu decken.

Von Jena war Besitzer von vier Orten. Coethen (heute Cöthen) liegt im Tobbengrund südwestlich von Falkenberg unweit Bad Freienwalde, von wo aus weit verzweigte Wasserläufe im linksseitigen Oderbruch reich an gut filtriertem Grundwasser waren. Im Sommer 1801 baute Meißner mit einem staatlichen Vorschuss von 6.000 Talern die Papiermühle samt Wohnhaus und konnte bereits im Dezember desselben Jahres den Betrieb aufnehmen. Sofern das Werk gute Lumpen kaufen konnte, produzierte es ein helles, sehr reines Papier mit feinster Rippung und einem Wasserzeichen mit dem Bildnis Friedrich Wilhelms III. Die größere Menge bestand aber mangels feiner Lumpen aus eher dunklen, auch schlecht gemahlenen Papieren, die dann die Initialen IGM als Wasserzeichen trugen.

Häufig trugen nach der Tradition, oft auch aufgrund vertraglicher Bindung, die besseren Papiere als Wasserzeichen das herrschaftliche Wappen. Das des Herrn von Jena war vierteilig: In den Feldern 1 und 4 enthielt es den Fuchs mit der Gans; die Felder 2 und 3 waren zweimal geteilt mit wellenförmigen Zierleisten. Der erst im Jahre 1803 geschlossene Vertrag zwischen dem Grundherren und dem Erbenzinsmann ist überliefert und folgt unter Auslassung der auch in der vorliegenden Darstellung fehlenden §§ 4 und 5 hier:[62]

»Actum Freyenwalde an der Oder den 22ten Juli 1803.

Der Herr Hauptmann Carl von Jena als Besitzer der Güter Coethen, Dannenberg, Falkenberg und Broichsdorf hat mit dem Papierfabrikanten Johann Gottlieb Meichsner vor mehreren Jahren die mündliche Uebereinkunft getroffen, dass wenn Letzter sich von der Behörde eine Concession zur Anlage einer Papiermühle auswirken könne, Erster ihn dann zu dieser Anlage nöthigen Platz am Klingenden Fließe im Tobben Grund in der Falkenberg'schen Forst käuflich überlassen wolle.

Nachdem nun der Meichsner bereits unterm 1ten April 1801 die erforderlich Concession nach Art der hier beygefügten Abschrift bewirkt habe, so haben beyde genannte Personen unterm 19ten dieses Monats die beygfügte schriftliche Punktation aussergerichtlich errichtet und erschienen heute in Person, um nach Maaßgabe dieser Punktation den Contract selbst gerichtlich abzuschließen und zur Eintragung ins Hypothekenbuch zu verlautbaren. Es wurde daher mit Abschliessung dieses Contracts nach Inhalt nur gedachter Punktation und den näheren Bestimmungen und Abänderungen derselben von den Parteien beym jetzigen Vertrage in folgender Art verfahren.

§ 1   Der Herr Hauptmann Carl von Jena überlässt dem Papierfabrikanten Johann Gottlieb Meichsner in der Falkenberg'schen Forst im Tobben Grunde am Klingenden Fließe einen schon früher angewiesenen Fleck Land nach dem Augenmaaße von vier Morgen Größe zur Erbauung einer Papiermühle von Einer Pütte aus eigenen Mitteln und Anlage des nöthigen Teiches. Die Benutzug des Klingenden Fließes zum Betrieb des Werks in erforderlichem Maaße.

§ 2   In Betreffs des Fließes und seine Benutzung so gestattet der Erbzinsherr dem Erbzinsmann die Räumung aller Springe desselben, jedoch ohne Nachtheil meines Eisbruches und nur auf vorher gemachte Anzeige davon an ihn. Sonst kann die Räumung dieses Fließes und des Untergrabens zu allen Jahreszeiten vorgenommen und der Abraum zu beyden Seiten desselben ausgeworfen werden.

§ 3   Was die Uebergabe des dem Meichsner überlassenen Landes betrifft, so erkennt derselbe an, dass ihm solches vom Herrn von Jena vorläufig mit Vorbehalt der Vermessung angewiesen und den Bau an zu fangen auch das Fließ zu räumen erlaubt worden sey.

§ 6   Damit das Fließ und die Quellen nicht verunreinigt und verstopft werden, so verspricht der Herr von Jena, seinen Leuten das Hüten des Viehes zum Nachteil des Meichsner zu untersagen und das Tränken des Viehes daselbst nicht zu gestatten. Gegen die Uebertreter soll der Meichsner zu Pfändungen berechtigt seyn und ihm zum Ersatze des Schadens so schleunig als möglich verholfen werden.

§ 7   Käufer begibt sich für seine Person und mit seiner Familie, Leuten und Gesinde unter die Gerichtsbarkeit des Herrn von Jena, trägt auch die Kosten dieses Vertrages ohne Ausnahme allein.

Sie haben diese Verhandlung hierauf bei der Vorlesung genehmigt.
gez. Carl Friedrich von Jena
Erbherr auf Coethen, Falkenberg, Dannenberg und Broichsdorf
gez. Johann Gottlieb Meichsner.«

Nach einer amtlichen Generaltabelle des Jahres 1805 erzielte Meißner damals mit sieben Arbeitern einen Umsatz von 3.080 Talern. Außer dem schon genannten Wasserzeichen ist in Meißners Papieren noch der Preußische Adler vertreten, der hier ausnahmsweise Zepter und Reichsapfel trägt. Nach Meißners Tod, etwa 1827, übernahm sein Sohn Friedr. Wilhelm Meißner die Papiermühle, aus dessen Wirkungszeit nichts weiter bekannt ist. Bei mehrfachen Bränden, die das Anwesen heimgesucht haben, sind die vorhanden gewesenen Urkunden vernichtet worden.

Als letzter Besitzer der Mühle wird 1863 Christian Klauke genannt, der infolge der schwierigen Verhältnisse nach der Einführung von Holzstoff und Maschinenbetrieb das Besitztum aufgeben musste. Danach ging das Eigentum an dem in eine Pappenfabrik umgewandelten Werk an die Familie Lask über. Sie produzierte 1933 Rohpappen und Packstoffe. 1935 hieß die Firma Leopold Lask, Papier- und Rohpappenfabrik, Inhaber Lasks Erben und E. Cohn. Sie betrieb zwei Langsiebmaschinen 210 und 150 cm. Als Gründungsjahr wird 1885 angegeben; das war wohl das Jahr der Übernahme durch Lask[63] Das Werk wurde noch 1944 weiter betrieben unter dem Firmennamen Protektor, Fabrik für Isolierbedarf mbH, Papier- und Rohpappenfabrik, mit zwei Langsiebmaschinen.[64] 1950 hieß der Betrieb nach der Enteignung »Papier- und Rohpappenwerk Falkenberg, VVB.«[65]

3.3.11 Papiermühle in Friesdorf

Die Papiermühle in Friesdorf entstand in den ersten Jahren der Regierungszeit Friedrichs des Großen. Nähere Angaben gibt es zu der Mühle nicht, wohl aber das »Reglement in welchen churmärk. Kreisen die in der Churmark belegenen Papiermühlen ihre Lumpen sammeln, was dabei sonst beobachtet und wie die Unterschleife bestraft werden sollen. De dato Berlin den 26. November 1748.«[66] Im Übrigen besagt das Edikt, dass

»vom 1. Januarii 1749 in nachstehenden Churmärkischen Creißen die in der Churmarck befindliche Papier-Mühlen ihre Lumpen privatim sammeln sollen, alß

In der Altmarck die Papier-Mühlen zu Schepfsdorff, und zur Magdeburgischen Forth.

In der Prignitz die Papier-Mühlen zu Rosen Krucke und Hohensprunge.

In der Uckermarck und der Graffschafft Ruppin die Papier-Mühlen zu Prentzlow und die Holländische Papier-Mühle zum Werlach.

In denen Ober- und Nieder-Barnimschen auch Lebusischen Creißen, die Papier-Mühle zu Heegermühle, auch in dem Nieder Barnimschen Creiße die Papier-Mühle zu Schlalach cumulative mit der Papier-Mühle zu Heegermühle.

In denen Cottbussischen, Beeskowschen, Storkowschen und Lebusischen Creißen: die Papier-Mühle zu Cottbus.«

3.3.12 Gottesforth

Über diese Papiermühle ist lediglich bekannt, dass ihre Entstehung in die ersten Regierungsjahre Friedrichs II. fällt. Heinrich Martin Stolze war 1785 Besitzer, 1791 ein Meister Nitsche. Über beide liegen keine weiteren Informationen vor.

Kuckucksmühle bei (Heilgengrabe-)Grabow 3.3.13

Erbaut um 1250 (nach einer einzigen Sekundarquelle 1150).[67] Es gibt die Abschrift einer Verkaufsurkunde von 1525 oder 1526, in der sie als »wüst«, also verlassen, bezeichnet wird. Sie liegt am Flüsschen Jägelitz, früher Gugelitz vom slawischen Gogolica, Entenbachmühle. Zu unbekannter Zeit war der Ritterschaftsrath v. Calbo auf Grabow bei Kyritz Eigentümer. Es liegen keine weiteren Erkenntnisse vor.

Papiermühle in Heegermühle (Finowtal) 3.3.14

Mit Anordnung vom 12. Mai 1725 beauftragte König Friedrich Wilhelm I. die Kurmärkische Kriegs- und Domänenkammer, in der Kurmark so viele Papiermühlen anzulegen, dass nicht nur das Land ausreichend mit Papier versorgt werde, sondern auch für die Ausfuhr gearbeitet werde.[68] Der Kriegsrat d'Arrest wies darauf hin, dass nach dem Abzug der Messinghütte oberhalb des Dorfes Heegermühle eine Papiermühle angelegt werden könne. Samuel Friedrich Schottler aus Prenzlau, der auch die Mühle in Eichhorst besaß, begutachtete den Ort und erklärte sich bereit, den Aufbau einer Papiermühle zu leiten. Er schlug auch vor, die Mühle auf zwölf Jahre pachtweise zu übernehmen. 1729 begann das Pachtverhältnis für die »mit dreien Werken, als zwei deutschen und einem holländischen« ausgestattete, 1726 auf landesherrliche Kosten erbaute Papiermühle in Heegermühle. Sie befand sich im Dorf nahe der Finowkanalschleuse, wo der sogenannte Papiermühlengraben in die Finow mündete. Das Gebäude enthielt neben den Produktionsräumen einen zweigeschossigen Trockenboden und die Wohnung für den Papiermüller mit zwei Zimmern und der Küche. In dem Pachtvertrag wurde ihm das Lumpensammelgebiet mit der Residenz Berlin und den Kreisen Niederbarnim und Lebus zugesichert. Dagegen wurde ihm als »Canon für die Königliche Regia« die Lieferung von Post- und Relationspapier, von blauem und weißem Konzept, weißem, grauem oder bräunlichem Druck-, Pack- und Makulaturpapier auferlegt. Außerdem hatte er dem Amt Biesenthal 200 Reichstaler Jahrespacht zu entrichten. Einen Jahresbetrag hatte er sofort als Kaution zu erlegen. Der Papiermüller weilte allerdings selten in Heegermühle, sondern betrieb weiterhin seine Papiermühle in Prenzlau und hatte für Heegermühle einen Meister eingestellt, der vier bis sechs Gesellen anleitete. Schottlers Schwiegersohn Johann Christoph Schultze war sein Vertreter in Prenzlau; er besuchte aber auch häufig das neue Werk und wurde 1731 Papiermeister. Aus nicht bekanntem Grund wechselte er 1737 in die Papiermühle auf dem Wedding; sein Schwager Christoph Geiseler, ein Sohn aus der ersten Ehe von Schottlers Frau, wurde sein Nachfolger. 1741 lief der Pachtvertrag mit Schottler aus. Vier Versteigerungstermine für eine neue Verpachtung verliefen ergebnislos. Obwohl Schottler sich nun zu einer Verlängerung bereit erklärte, fand ein fünfter Termin statt. Der Geheime Sekretär Braunsberg war unter der Bedingung zur Übernahme bereit, dass der Vertrag auf

Christoff Schultze ausgestellt wurde. Der beanstandete schon bald den vernachlässigten Zustand der Mühle und verlangte höhere Preise für das zu liefernde Papier. Man konnte sich nicht einigen, und so übernahm auf Anordnung der Kammer nicht Schultze, sondern Geiseler die Pacht.

Als 1741 C. Fr. Geiseler die Papiermühle übernahm, ergaben sich erhebliche Meinungsverschiedenheiten über die Vertragsbedingungen. Geiseler beanstandete den maroden Zustand des holländischen und eines deutschen Werkes und wies darauf hin, dass die Rückgabe des Betriebes nach Ablauf der Pachtzeit keinesfalls in dem Zustand wie bei der Übernahme erfolgen könne. Überdies führte das unzureichende Lumpenaufkommen dazu, dass er kein gutes Papier herstellen konnte – was dann auch mehrfach Gegenstand von Reklamationen der Kammer war.

1743 begann der Neubau des Finowkanals. Schon im Folgejahr führten die Arbeiten zu Wassermangel an der Mühle, und Mitte Juli 1745 stand der Betrieb gänzlich still, weil ihm das Wasser total entzogen wurde. Nach Ablauf der Pachtzeit 1747 bat Geiseler um einen neuen Vertrag, stellte die verlangte Kaution und erinnerte an die Zahlung ihm zustehender Beträge. Die schlechte Papierqualität führte er auf die durch den Kanalbau verdorbene Wasserqualität zurück. Ungeachtet dieser Bitte wurde die Verpachtung neuerlich ausgeschrieben. Der ortsansässige Papiermacher Christian Ohle bot unter der Voraussetzung, dass ihm klare Versprechungen für das Sammeln von Lumpen gemacht wurden. Es kam zu keiner Einigung, weshalb ein »Königlicher Spezialbefehl« den Zuschlag zu Gunsten von Geiseler anordnete. Der wies von Neuem auf die durch den Schiffsverkehr verursachte Verschmutzung des Wassers als Ursache für die schlechte Papierqualität hin und schlug die Einfassung einer Quelle nahe dem Messingwerk und den Bau einer Leitung vor. 1748 erbat er unter Hinweis auf die Probleme eine Verlängerung der Pacht auf zwölf Jahre, was aber strikt abgelehnt wurde.

Dieser vertragslose Zustand veranlasste 1751 den Papiermacher Johann Gottfried Stolze, in der Riesdorffschen Papiermühle bei Ziesar geboren, sich um die Übernahme der Papiermühle als Erbzinsgut zu bewerben. Dem widersprach Geiseler. Die Kammer verlangte als Gegenleistung von ihm die Herstellung blauen Zuckerpapiers nach einem ihm übergebenen Muster. Der Grund war der nicht unerhebliche Bedarf der drei Berliner Zuckerraffinerien von David Splitgerber an diesem Papier, das der Umhüllung der damals in großen Mengen hergestellten Zuckerhüte diente. (Ich habe solche blau verpackten Zuckerhüte auf meinen Reisen in Nordafrika noch in den Jahren 1970 bis 1989 als handelsüblich erlebt.) Splitgerber wurde als potentieller Großabnehmer in die Gespräche einbezogen. Ab 1755 sollte die Mühle neu verpachtet werden. Erst am dritten Termin bot Geiseler 200 Taler für einen Vertrag auf der bisherigen Basis und Schultze vom Wedding 230 Taler unter der Bedingung, den Betrieb nach seinen Vorgaben zu renovieren und ihn von der Lieferverpflichtung an das Kollegium zu befreien. Mit dem Hinweis auf seinen hohen Bedarf an blauem Zuckerpapier und dem Argument, das Geld dafür könne im Lande bleiben, bot Splitgerber[69] 232 Taler

Pacht unter der Bedingung, von der Lieferpflicht befreit zu werden, da er die volle Kapazität für seine Zuckersiedereien benötige. An dieser Lieferverpflichtung scheiterte dann eine Einigung mit Geiseler, und Splitgerber gelang es, Cuno Otto Friedrich Stolz aus Friesdorf zur Übernahme der Lieferverpflichtung, allerdings um zwei Groschen pro Ries teurer als bisher, zu bewegen. 1755 ordnete der König von dem Angebot abweichend an, die Papiermühle dem Kaufmann Splitgerber für 232 Rthlr. Jahrespacht zu überlassen. Geiseler zog sich anscheinend in die Papiermühle seines Stiefvaters Samuel Friedrich Schottler in Prenzlau zurück. Splitgerber setzte als Unterpächter den aus Zwickau angeworbenen Papiermacher Carl Modes ein, der bereits seit der Übernahme durch Splitgerber den Betrieb leitete. Die durch die ungünstige Lage der Papiermühle bedingten Probleme blieben ungelöst. Die Schiffe wirbelten das Wasser des Kanals auf, das dadurch so verschmutzt wurde, dass die Stoffaufbereitung sich auf wenige Nachtstunden beschränken musste. Überdies war der bauliche Zustand der Manufaktur so marode, dass eine Generalreparatur erforderlich gewesen wäre, doch hatte der Siebenjährige Krieg (1756–63) die königliche Kasse so gründlich geleert, dass derartige Ausgaben nicht zu bewältigen waren.

1760 wurde Berlin von den Österreichern und Russen erobert. Der russische General von Tottleben, vormals in preußischen Diensten, erhielt den Befehl, mit 200 russischen Soldaten in Eberswalde eine Kontribution von 6.000 Rthlr. einzutreiben und bei Nichtzahlung mit Brand und Plünderung zu drohen. Am 24. Oktober brannten die beiden Schleifmühlen in der Vorstadt, nachmittags der Kupferhammer und am Abend die Papiermühle in Heegermühle und ein Kohlenmagazin auf dem Messingwerk. Modes wurde um 250 Rthlr. erpresst, verlor die Mühle und erlitt »noch dazu von diesen unbarmherzigen Feinden eine auf immer gefährliche Wunde am Haupte«.[70] Bei den Verhandlungen um den Neuaufbau des Werkes unterlag der nunmehr mittellose Modes trotz der Fürsprache Splitgerbers einem Mitbewerber aus der Papiermüller-Sippe Schottler. Modes nahm eine Anstellung als Schleusenmeister der Heegermühler Schleuse an. Über seinen späteren Verbleib ist nichts bekannt. Der Platz blieb wüst; der Neubau wurde in Wolfswinkel errichtet.

Ohne erkennbaren Zusammenhang mit der vorstehenden Geschichte der Papiermühle beabsichtigte Gustav Bastiab 1907 die Errichtung einer Dachpappenfabrik mit Feldbahn. Der Rohbau sollte im Januar fertiggestellt werden.[71] Weitere Erkenntnisse über diese Firma liegen nicht vor.

3.3.15 Hohenspringe

Siehe 3.3.11, Friesdorf. Der ebenfalls erwähnte Ort Rosen Krucke konnte weder in Deutschland noch in Polen gefunden werden.

3.3.16 Papiermühle in Köpenick[72]

Seit 1581 stand im Dammfeld vor dem Dammtor Köpenicks am Neuenhagener Mühlenfließ, der Erpe, die Sandmühle. Sie wurde in der Zeit zwischen 1784 und 1826 zur Papiermühle umgebaut. 1827 bestand auch die Rosenhain'sche Papierfabrik. Die Bezeichnung »Fabrik« hatte sich damals für die Büttenpapiermühlen durchgesetzt. Deshalb ist heute nicht mehr zu entscheiden, ob diese Fabrik mit der Mühle identisch war.

Der Köpenicker Oberpfarrer Hasche schreibt in seinen Jahresberichten, dass von 1828 bis 1838 Lebrecht Orlando Keferstein Besitzer der Papiermühle war. Papiere mit einem Wasserzeichen, das das Eiserne Kreuz mit seinen Initialen LOK zeigt, wurde in anhaltischen Akten gefunden. 1831 wurde eine 26 PS-Dampfmaschine installiert. Keferstein lieferte Kupferdruckpapier nach chinesischer Art (das dürfte wohl Büttenpapier gewesen sein), das ihm patentiert worden war, an J. F. Krohnert in New York. 1838 kaufte der Jude Rosenheim aus Berlin die Fabrik und verwandelte sie in eine Leder- und Tuchfabrik.

Kefersteins Wirken in Köpenick war damit beendet. Über die Gründe hierfür ist nichts zu erfahren; Bürger der Stadt ist er wohl nicht geworden, es gibt keine Unterlagen über die Verleihung des Bürgerrechtes.

1852 war das Grundstück Wilhelmstraße 7a noch im Besitz von Jakob Rosenhain (Rosenheim). 1933 gehörte es der Aktiengesellschaft für Pappenfabrikation in Berlin. Aus nicht nachvollziehbaren Gründen war sie nur in den Jahren 1890 und 1891 im Adressbuch (Titel 16) eingetragen.

3.3.17 Lindow am Gransee

Von Hößle schreibt: »Im Jahre 1700 protestierten die Papiermüller von Schlalach und Friesdorf (nahe der brandenburgischen Grenze) gegen eine Wiedereröffnung einer Papiermühle zu Lindow am Gransee (im Havelland), doch ohne Erfolg.«

Dies ist die einzige Erwähnung; von Hößle selbst führt die Mühle in seiner Darstellung der brandenburgischen Papiermühlen nicht auf.[73]

Neustadt (Dosse)

3.3.18

(angeblich Beiger, Zacharias). Die Existenz einer Mühle in Neustadt (Dosse) ist so gut wie ausgeschlossen. In vielen Sekundärquellen wird eine Mühle benannt. In den örtlichen Dokumenten findet sich nichts darüber, und alle Hinterfragungen führten zu dem gleichen Ergebnis: Gemeint war zumeist die Patent-Papierfabrik Hohenofen. Die aber hatte keine Papiermühle als Vorläuferin – oder es liegt eine Verwechslung mit dem Ort Neustadt / Eberswalde vor.

Aber: In Kapitel 3.3.8 (Papiermühle an der Schwärtze, Neustadt-Eberswalde) wird Jacob Ebart erwähnt, der um 1650 in Neustadt (Dosse) gearbeitet haben soll. Hier ist die Fehlerquelle offenkundig, dass Neustadt (Dosse) mit Neustadt/Eberswalde verwechselt wurde.

Paradiesmühle in Niemegk

3.3.19

Franz Julius Wilhelm Oelschläger (geb. 1812 als Sohn des Belziger Schlossmüllers Christian Gottlob Oelschläger) wandelte seine bei Niemegk gelegene, in früheren Zeiten Walkmühle (1843 unter dem Besitzer Eilers), dann Mahlmühle (1861 unter dem Besitzer Puff, damals Puffmühle genannt), die sogenannte Paradiesmühle, zu unbekannter Zeit in eine Papiermühle um.[74] Da in Belzig eine Papiermühle stand, ist denkbar, dass er dort den Beruf des Papiermachers erlernte und aufgrund seiner Kenntnisse die Umwandlung vornahm. 1840 brannte die Mühle samt Wohnhaus ab. Er scheute den Wiederaufbau und verkaufte die Liegenschaft einschließlich einer Entschädigungsforderung von 2.200 Talern auf dem Wege einer freiwilligen Versteigerung. Wer der Ersterwerber war, ist nicht überliefert; möglicherweise der Mühlenmeister Fr. Gutsche. Er wird allerdings erstmals 1861 erwähnt. Er hat wohl den Neubau wieder der Mehlproduktion gewidmet. 1866 ist der Rentier Gutsche der Besitzer.[75] 1886 bot der Mühlenbesitzer Gutsche die Mühle zum Kauf an. (Das könnte ein Druckfehler sein und richtig 1866 geheißen haben.) 1868 wird J. F. Gutsche mit der Paradiesmühle erwähnt. Ein Mühlenbesitzer Gutsche war 1886 Ratsherr in Niemegk. Der Magistrat kaufte ihm im gleichen Jahr die Mühle ab. Zu Beginn des 20. Jahrhunderts war Eigentümer Krüger und der letzte (1948) Ernst Henze, von Beruf kein Müller.

Papiermühle Pankow[76]

3.3.20

Die Panke ist ein Flüsschen, das bei Bernau »im roten Felde« entspringt, Pankow durchfließt und sich bei Niederschönhausen in zwei Arme teilt. Einer davon münde(e?) am Schiffbauerdamm in die Spree, der andere – der »Schöne Graben« – beim Unterbaum. Die Bezeichnungen der an der Panke gelegenen Papiermühlen sind je nach den Beschreibungen unterschiedlich, und nicht immer ist sicher, welche Mühle gemeint ist. So ist denkbar, dass die Papiermühle Pankow Ende des 19. Jahrhunderts durch ein Hochwasser zerstört wurde. In dem zugrundeliegenden Kurzbericht [77] wird von einer weiteren unterhalb gelegenen Papiermühle geschrieben.

Eine zweite Papiermühle, etwa zwei Kilometer entfernt von der Papiermühle auf dem Wedding (3.3.6) bestand ursprünglich als Getreidemühle »auf der Panke beim Dorfe Wedding« schon 1251, wurde aber erst gegen 1736 zur Papiermühle umgerüstet. Nach dem Papierreglement vom 26. November 1748 hatte sie die »Residenzien« mit Papier zu versorgen. Sie lag »auf dem Wedding zwischen Oranienburger- und Rosenthalerlandwehre« (im späteren Bürgerpark) und fertigte nach einer Beschreibung von 1774 Post-, Herren-, Kanzleipapiere in allen Farben sowie Druckpapier; endlich auch Pappe, Lösch- und Zuckerpapier. Aus demselben Jahr liegt eine Nachricht vor: »Die Papiermüller erlernen ihre Profession in vier Jahren, und jeder ist Meister und Herr, der eine Papiermühle besitzt oder pachtet. Sie sondern sich untereinander in Stampfer und Glätter ab, und beide hegen eine alte Feindschaft gegeneinander.«[78]

Der Franzose Fournier I. betrieb in der ersten Hälfte des 18. Jahrhunderts, jedenfalls bereits vor 1730, im Dorf Pankow nördlich von Berlin eine Papiermühle an der Panke, die vor der Mündung in die Spree Basis einer weiteren Papiermühle auf dem Berliner Wedding war. Gehilfen des Papiermachers waren sein Sohn Josua Fournier II. und Johann Paul Ebart, der aus Thüringen stammte. Nach dem Tode Fourniers II. 1740 heiratete seine Witwe Anna Gertrud Langenbach den Zugewanderten und gründete mit ihm eine Papierhandlung. Aufgrund ihres Erfolges erwarb Ebart 1742 den Bürgerbrief der Stadt Berlin und verlegte 1746 sein Unternehmen von der Mohrenstraße 57 in das Haus Nr. 13. Hier begann der Aufstieg der Familie Ebart zu den bedeutenden Papierfabrikanten in Spechthausen. Wie lange Johann Paul Ebart und seine Frau die Pankower Mühle noch zur Eigenversorgung mit Papier behalten haben, ist nicht überliefert, 1770 ist die Mühle noch auf einer Karte eingezeichnet.

Josua Fournier III. hat 1790 bis 1803 die Papierfabrik Wolfswinkel als Eigentümer betrieben. Sein Sohn Josias Emile Fournier IIIa blieb bis zu seinem Tode 1874 Geschäftsführer in Wolfswinkel. Ein zweiter Sohn, Johann Wilhelm Fournier IIIb, war ab 1830 Verwalter der Papiermühle Godendorf in Mecklenburg-Strelitz für die Erben des dort verstobenen Papierfabrikanten Cowalschki.

»Papiermühlen giebt es eine bei Berlin, dicht bei Pankow zwischen diesem Dorf und dem Luisenbade gelegen, die dem hiesigen Papierhändler Kühn zuständig, ihr Wasser von der Panke erhält und mit 2 Bütten versehen ist.«[79] Dieser Bericht Hellings dürfte die richtige Papiermühle betreffen, da die nahegelegene Papiermühle auf dem Wedding bereits 1811 zerstört wurde. Auch die Bezeichnung als »Papiermühle am Luisenbad« aus dem Jahr 1800 trifft dann zu. Unter dem Stichwort »Berlin« wird beim Luisenbad ein Mühlenmeister Andreas Friedrich Gebhard genannt. Weiteres ist nicht bekannt, insbesondere nicht, ob er ein Mahl- oder ein Papiermüller war. Auch eine Jahreszahl fehlt.

1750 besaß Michael Schwiegerlink die Mühle, im Jahre 1786 J. Fr. Schwiezenburg »Sie wurde von der Panke sehr verwüstet, bald nachher brannte sie ab.« Das war laut Schmidt 1794 (nach Kirchner »um das Jahr 1800«);[80] dann wurde sie von dem Engländer Johann Joseph (»John«) Pickering wieder erbaut.[81] Die Seite mit den zwei großen unterschlächtigen Wasserrädern hat Christian Gottfried Matthes 1809 mit brauner Kreide gezeichnet. 1825 ist die Mühle abermals einem Brand zum Opfer gefallen. Die wüste Stelle erwarb der Buchbindermeister und Papierhändler Carl August Heinrich Kühn aus Berlin, der sie zur Papierfabrik (das heißt in diesem Falle: zu einer großen Manufaktur) ausbaute. Vor 1830 besaß er nach obigem Bericht nur zwei Bütten. Offensichtlich war er sehr erfolgreich und beschäftigte später bis zu 60 Arbeitern. 1832 erweiterte er die Grundfläche auf das Sechsfache, auf umgerechnete 24.819 m². Er stand damit der Mühle in Spechthausen nur wenig nach, die 71 Beschäftigte zählte.[82] Ein Stahlstich von Johann Friedrich Rosmäsler von 1834 zeigt die eindrucksvolle Anlage. Ein zweistöckiger massiver Bau ist die Mühle unmittelbar an der Panke und wohl zugleich das Wohnhaus, wie der repräsentative Eingang vermuten lässt. Das zweigeschossige Dach weist die Merkmale eines Trockenbodens auf. Rechtwinklig zum Hauptgebäude steht ein eingeschossiges Fachwerkhaus mit großem zweistöckigem Dach. Man darf hier vielleicht die Lumpenaufbereitung vermuten. Mehrere kleine Gebäude sind im Hintergrund auszumachen. 1839 riss die Panke die ganze Anlage fort. Das Gelände wurde dann ein Bestandteil des Bürgerparks Pankow. Kühn ist mit der Adresse Berlin, Breitestraße, in den Berliner Adressbüchern von 1838 bis 1872 als Papierfabrikant eingetragen. Ab 1839 kann er aber wieder nur als Händler tätig gewesen sein, da die Unterlagen keine Papiermühle oder Papierfabrik in Berlin kennen, die mit ihm in Verbindung gebracht werden könnte.

Pankow, Neue Mühle   3.3.21

Schwahn 1837. Es liegen keine weiteren Informationen über diese Mühle vor. Man kann vermuten, dass es sich um eine der damals zahlreichen Windmühlen handelte.

Fleuretonsche (staatliche) Papiermühle Prenzlau   3.3.22

Nachdem der Große Kurfürst in Holland die Papierherstellung kennengelernt hatte, bemühte er sich zunächst vergebens um die Einwanderung emigrierter französischer Papiermacher. Umso erfreuter war er, als Francois Fleureton, ein Flüchtling aus Grenoble, sich erbot, eine Papiermühle zu bauen. Sie wurde 1688 mit Unterstützung des Landesherrn in Burg installiert, hatte aber keinen Erfolg. Der Richter Delancon von der französischen Kolonie in Prenzlau schlug vor, die Mühle nach Prenzlau zu verlegen, wo der Rat bereits seit 1621 ein Privileg zum

Betrieb einer Papiermühle besaß, das er aber nicht nutzte, weil die kurz vorher in Zehdenick gegründete Papiermühle dagegen Einspruch erhob. Das junge Unternehmen erhielt das Privileg der freien Einfuhr von Lumpen. Auf Kosten des Kurfürsten wurde 1694 die Mühle nordwestlich des Uckersees an dem von Boitzenburg kommenden Mühlenstrom errichtet. Nach dem Tode ihres Mannes führte seine Witwe Marie Niclas seit 1709 die Pacht des Betriebes bis 1716 fort. Nach einer kurzen Zwischenpachtung des aus Neudamm stammenden Papiermeisters Vetter ging die Mühle für 145 Taler Jahrespacht auf Samuel Friedrich Schottler über. Er erwirkte dagegen das Versprechen, alle sechs oder zwölf Jahre Reparaturaufwendungen ersetzt zu bekommen. 1763 wurde Schottler die Liegenschaft »mit allen Zubehörungen von Gebäuden, Hofstelle und Garten, für sich und seine Erben und Erbnehmer zu ewigen Zeiten in beständige Erbpacht eigentümlich übergeben«. Dafür musste er nun alle Aufwendungen wie Baukosten und Reparaturen zur Gänze selbst tragen. Die Jahrespacht blieb bei 145 Talern. In dem Erbpachtvertrag wurde festgelegt, dass Schottler die Stadt Prenzlau und den Magistrat mit gutem Papier gegen Barzahlung bevorzugt zu beliefern hatte.

W. Schwartz[83] schreibt über die Produktionsverhältnisse der bis 1856 in Schottlers Besitz betriebenen Papiermühle, sie fertige »jährlich ohngefähr von Herrn- und Schreibpapier 14 Ballen, von dem Conceptpapier 18 Ballen, Druckpapier hat er im vorigen Jahre bei 40 Ballen wegen Joh. Arendts Christentum, Packpapier 8 Ballen, Löschpapier 20 Ballen, dazu Blau- und Graupapier«. Den damals blühenden Verlag Ragoczy in Prenzlau belieferte Schottler ausschließlich und war auch sonst bei den Behörden gut eingeführt. Im Jahre 1768 wurden kleines und großes Briefpapier, Konzeptpapier, Packpapier, Blaukonzept- oder Kuvertpapier, ordinäres Druckpapier, großes Druckpapier, Makulaturpapier, blaues Packpapier, ordinäres graues Packpapier und ordinäres Rollenpapier verfertigt. Im Jahre 1768 verarbeitete die Mühle jährlich 600 Zentner Lumpen, eine halbe Tonne inländischen Alaun und für 50 bis 80 Taler Leinenzeug; sie erzeugte 300 Schock Pappen, 40 Ballen Packpapier, 20 Ballen Schreibpapier sowie 80 Ballen Druck- und Makulaturpapier. Die Mengen hatten sich bis zur Jahrhundertwende mehr als verdoppelt. 1822 hat der letzte männliche Schottler noch Papier gemacht. 1856 verkaufte die letzte Witwe Schottler die Papiermühle, die nun unter dem Namen »Neumühle« als Mahlmühle noch 1911 in Betrieb war.[84]

3.3.23 Sandow bei Ziebingen

1827 errichtete Christian August Schmutzer mitten im märkischen Walde, 20 Kilometer von Frankfurt (Oder), vier Kilometer von der Oderablage Aurith auf einem von der Gutsherrschaft Sandow gekauften, am Nebenfluss der Oder, der Pleiske, gelegenen Grundstück eine Bütten-Papiermühle und betrieb sie bis zu einem Brand am 9. September 1849. Mit sieben Papiermachern und fünf Arbeitern stellte er täglich 13 bis 14 Ries Herren- und Konzeptpapier her.

Im Jahr 1851 traten die Herren Noack und Nagel mit dem Besitzer sächsischer Pulverfabriken, Friedrich Wilhelm Steinbock in Bautzen, zusammen, um das Grundstück mit der abgebrannten Papiermühle zu erwerben. Sie errichteten dort unter der Firma Noack, Nagel & Co. in Sandow eine Maschinenpapierfabrik mit einer Papiermaschine. Die Fabrik kam im Jahre 1853 in Betrieb und stellte zu Beginn täglich etwa 500 Kilo Papier, das Fünffache der Erzeugung der früheren Papiermühle, her. Es war eine Wasserkraft von etwa 20 PS vorhanden, die sich bald als ungenügend herausstellte, weshalb im Jahre 1857 eine Hilfsdampfmaschine aufgestellt wurde. Zur Anschaffung einer zweiten Papiermaschine schritt man im selben Jahr, weil jetzt der Sohn des Mitinhabers Friedrich Wilhelm Steinbock, Paul Steinbock, in Rauschmühle bei Sandow, etwa fünf Kilometer oberhalb der Papierfabrik, eine Wasserkraft von 6 PS erworben und dort 1856 eine Holzschleiferei errichtet hatte. Paul Steinbock hatte zusammen mit dem verstorbenen Geh. Kommerzienrat Dr. Ing. Niethammer die neue Erfindung des Holzschleifens bei Heinrich Völter in Heidenheim an der Brenz kennengelernt und baute diese Holzschleiferei in demselben Jahre, in dem Niethammer die erste Holzschleiferei in Kriebstein in Sachsen errichtete. Die Schleiferei stellte täglich 500 bis 600 Kilogramm lufttrockenen Holzschliff her und mahlte zeitweilig Hadernhalbstoff für die Papierfabrik. Im Jahre 1859 wurde in der Nähe der Papierfabrik, etwa fünf Kilometer davon entfernt, bei Ziebingen gelegen, eine Braunkohlengrube eröffnet, die es der Papierfabrik ermöglichte, von nun an dieses billige Brennmaterial zu verwenden, während sie bisher von Frankfurt (Oder) aus Steinkohlen durch Fuhrwerke 20 Kilometer weit hatte beziehen müssen.

Im Jahre 1861 übernahm Paul Steinbock die Papierfabrik und führte sie von nun an unter seinem Namen fort. Durch Einführung der Herstellung von Papieren mit hohem Erdegehalt und Verwendung von Papierabfällen, sowie durch Errichtung einer großen Betriebsdampfmaschine wurde die Erzeugung erheblich vergrößert, und die bis dahin unrentable Fabrikation konnte nun nutzbringend gemacht werden, sodass im Jahre 1868 täglich etwa 1.500 Kilogramm Papier erzeugt wurden. Paul Steinbock erkrankte im Jahre 1869 und übergab deshalb die Leitung der Fabrik Alexander Pohl aus Dresden, während er selbst nach Frankfurt (Oder) übersiedelte. Pohl trat als Teilhaber in die Firma ein, welche bis zum Jahre 1872 Steinbock & Pohl hieß. Als Pohl im Jahre 1872 starb, wurde der Name der Firma wieder in Paul Steinbock, Frankfurt (Oder), umgewandelt. Der Betrieb wurde von dieser Zeit an durch angestellte technische Direktoren geleitet, während die Geschäftsstelle der Firma dauernd in Frankfurt verblieb. Im Jahre 1883 wurde der Bau einer Sulfit-Cellulosefabrik nach System Mitscherlich begonnen und im Jahre 1884 in Betrieb genommen. Danach wurde die Firma Paul Steinbock zu einer Offenen Handelsgesellschaft mit den drei Inhabern Geh. Kommerzienrat Paul Steinbock, Fritz und Walther Steinbock. Die Anlage in Sandow war mit einer 1.000 PS Centraldampfmaschine ausgerüstet und stellte auf drei Papiermaschinen täglich etwa 25.000 kg feste Cellulosepapiere von 20 g/m^2 an aufwärts und etwa 15.000 kg lufttrockene Cellulose sowie Holzschliff für den eigenen Bedarf der Papierfabrik her. Auf dem Gelände der Papierfabrik waren acht Arbeiter- und Beamtenwohnhäuser, eine Fabrikschule, eine Verkaufsstelle für Konsumartikel, eine Kantine und ein großer Saal zur Abhaltung von Festlichkeiten vorhanden.[85]

3.3.24 Papiermühle Schlalach

1685 beantragte der Papiermacher Mathias Fromholtz bei der Churfürstlichen Amtskammer, in Schlalach bei Saarmund eine Mahlmühle zur Papiermühle umzubauen. Friedrich Wilhelm von Brandenburg, der »Große Kurfürst«, bewilligte das Gesuch mit dem Versprechen, dass im Umkreis von acht Meilen keine andere Papiermühle entstehen darf. Das wurde am 20. Januar 1689 von seinem Nachfolger, Friedrich I. zu Cölln an der Spree bekräftigt, der in einer langen Urkunde das Lumpensammelprivileg in allen Einzelheiten beschrieb und unberechtigten Sammlern Strafen androhte – bis zur Konfiszierung von Pferden, Wagen, Waren und Lumpen. Ernst Kirchner[86] vermutet, die Mühle sei schon vor 1685 erbaut worden, gibt aber nichts Näheres an.

1700 protestierten die Papiermüller von Schlalach und Friesdorf erfolglos gegen die Wiederinbetriebnahme einer Papiermühle in Lindow am Gransee.

Nachfolger von Fromholtz wurde 1685 oder früher[87] Christoph Lübeck, der 1721 verstarb. Seine Witwe heiratete den Papiermacher Gregor, dessen Geschlecht über hundert Jahre nachweisbar ist. Die Mühle produzierte jährlich 1.800 Ries und nach Vergrößerung 1783 auf zwei Bütten 2.800 Ries vornehmlich preisgünstiger Papiere. Auf eine der zahlreichen Umfragen für Friedrich II. erklärte der Papiermacher 1768, »groß Postpapier und Briefpapier sind keine currente Waaren«[88]. Er meinte offenbar damit, dass er an der Produktion von Feinpapieren nicht interessiert sei.

1806 kaufte der einer wohlhabenden Familie entstammende Papiermacher Joh. Adam Putz aus Friesdorf (Kreis Jerichow) das Anwesen mitsamt dem dazugehörigen »Kossätenhof« (einer Kate) für 15.000 Taler. Nach seinem Tode 1819 betrieb sein Sohn Gottlieb noch 25 Jahre die Papiermühle und wandelte sie mit Erlaubnis der Königlichen Regierung 1845 in eine Mahlmühle um, die noch 1933 von Walter Putz betrieben wurde.

3.3.25 Papiermühle/Papierfabrik Spechthausen (bei Eberswalde)

Der Hammermeister Johann George Specht erkannte die günstige Lage des bei Eberswalde gelegenen, vom Nonnenfließ und dem Flüsschen Schwärtze durchzogenen Tales, zur Anlage von Wassermühlen. Von 1703 bis 1709 war er Pächter des Königlichen Kupferhammers bei Neustadt-Eberswalde. Da er bei fälliger Neuausschreibung des Pachtvertrages nicht genügend bieten konnte, bat er 1707 die Kurmärkische Kammer, im Amt Biesenthal eine

Schneidemühle anlegen zu dürfen, und erbot sich 1708, die Mühle auf eigene Kosten aufzubauen. Beim Ablauf seiner Pachtzeit war das Werk, die »Schneidemühle zu Spechthausen« bereits betriebsbereit. 1710 kam eine Mahlmühle hinzu, 1712 die Erlaubnis zur Errichtung eines Eisen- und Kugelhammers. Da die Pächter des Kupferhammers keinen Gewinn erzielt hatten, nahmen sie an der nächstfolgenden Ausschreibung nicht teil; der Hammer kam in Verwaltung, und Specht wurde zum Verwalter und Hammermeister bestellt. Zusätzlich hatte er den Radacher Hammer bei Drossen von 1703 bis 1717 gepachtet, starb aber 1716.

Nach ersten negativ verlaufenen Untersuchungen befasste sich 1751 die Kurmärkische Kammer wieder mit dem Plan, in Spechthausen eine Papiermühle anzulegen, da die heimische Papierproduktion unzureichend war und der Bedarf zum großen Teil durch Importe aus Holland und Frankreich gedeckt werden musste. Erst 1770 setzte Friedrich II. eine Prämie für zwei Papiermacher aus, die zum Betrieb einer Mühle bereit waren und durch Vorlage selbstgefertigter Muster ihr Können beweisen konnten. Der Wettbewerb blieb ergebnislos. Der Hofbuchdrucker Decker drängte angesichts der Auftragsflut durch die Behörden auf einheimische Papiererzeugung. Die Bürokratie allerdings verwies auf 16 kurmärkische und zwölf neumärkisch/magdeburgische Papiermühlen und schlug deren Ausbau vor. Eine 1771 ausgelobte Prämie für die Erzeugung feiner Papiere blieb ergebnislos; die vorgelegten Muster konnten mit den Importqualitäten nicht konkurrieren. Der Berliner Papiergroßhändler Eysenhardt, gleichfalls bedeutender Behördenlieferant, bestätigte 1777 die schwierige Versorgungslage und bat den König, ihm die Bedingungen für den Bau einer Fabrik »von feinen Holländischen und Nurrenberger Pappieren« zu nennen. Er war nicht der einzige Interessent. Im selben Jahr bewarben sich auch der Landbaumeister Keferstein aus Brandenburg (Havel), ein gewisser Bendix und der Berliner Kaufmann Büring. Die vom König ausgesetzte Summe von 30.000 Rthlr. erschien den Unternehmern zu gering, und so schwebte dem Monarchen nun vor, einen erfahrenen Fabrikanten aus Frankreich zu interessieren. Weder Decker noch der Großunternehmer Splitgerber konnten jedoch ungeachtet ihrer Auslandskontakte einen geeigneten Bewerber vorweisen. Konsul Streckeisen in Bordeaux schlug schließlich Jean Dubois vor.

Von der Kgl. Kriegs- und Domänenkammer der Churmark ließ der König 1781 die Mahl- und Schneidemühle von A. L. Welle zu Spechthausen ankaufen.[89] Mit Dekret vom 27. Juni 1781 bestimmte Friedrich II., dass die neue Manufaktur erbaut und wie sie eingerichtet werden sollte. Der König stellte dafür eine Summe von 36.800 Talern zur Verfügung, und als Entrepreneur (Unternehmer) wurde der Papiermacher Jean Dubois aus Angoulême im französischen Departement Charente angenommen. Dubois sollte eine Manufaktur zur Anfertigung der »feinen Post Schreib Druck und Royal und Median Papier« errichten und in der Weise betreiben, dass darin »64 Ouvriers und Lehrlinge, 120 Hammer, 3 Cilinder, 6 Bütten, 40 Formen, 18 Preßen, 10 andere Maschinen occupirt und jährlich 14.400 Ries feine Papiere nach holländ. und franz. Art fabricirt werden können«.[90]

Der Bau der Papiermühle wurde zwar größtenteils den Absichten des Königs gemäß ausgeführt, jedoch war Dubois nicht der Mann, der sich den übernommenen Verpflichtungen gewachsen zeigte. Im Jahre 1783 flüchtete er unter Hinterlassung eines Defizits von 50.000 Talern.[91] Am 17. Januar 1784 wurde er in Berlin in Haft genommen, ebenso sein Buchhalter Hautier. Während des durch drei Instanzen laufenden Prozesses blieb er bis Juli 1793 in Haft.

In der ersten Zeit der Abwesenheit von Dubois beaufsichtigte der Pächter der Wolfswinkeler Papiermühle, Hanto, die Arbeit in Spechthausen. Ihm folgten der Steuerrat Gilbert, der Justizbeamte Foerster und der Kammerassessor Mönnich. Um den Erwerb der Papiermühle bemühten sich der Berliner Papierhändler Johann Gottlieb Ebart, sein Kollege Peter Andreas und der »Schutz-Jude Jeremias Bendix jun.«.[92] Erfolgreich wurde Eysenhardt, der die Fabrik am 27. Mai 1784 erwarb und alsbald auf Erfolgskurs brachte. Eysenhardt starb aber schon zwei Jahre später.

Die Fabrik erwarb nun der Berliner Kaufmann und Papierhändler Johann Gottlieb Ebart, der einer alten Papiermacherfamilie entstammte, die um 1740 aus Thüringen in Berlin eingewandert war, so die Festschrift von 1887. (Am 18. Januar 1784 sagte Ebart bei einer Befragung, sein Vater Johann Paul sei vor etwa 20 Jahren aus Sachsen, wo er eine Papiermühle besessen habe und er selbst geboren worden sei, nach Berlin gezogen.) Damals arbeitete der Papiermacher Joh. Paul Ebart in der Wedding-Papiermühle. Er verheiratete sich dort und eröffnete mit seinen Ersparnissen und denen seiner Frau in einem Haus in der Mohrenstraße 57 in Berlin einen bescheidenen Papierhandel. Während Ebart mit einem kleinen Fuhrwerk die in der Kurmark ansässigen Papiermühlen besuchte, um seinen Bedarf ries- und ballenweise einzukaufen, besorgte die Frau zu Hause das Ladengeschäft und vertrieb das Papier bogen- und buchweise. Das Paar muss fleißig und sparsam gewesen sein, denn schon 1746 konnte Ebart, der 1742 Berliner Bürger geworden war, ein Haus in der Mohrenstraße 13 erwerben, das noch lange Sitz der Papiergroßhandlung Gebrüder Ebart war. Dem einzigen Kind Johann Gottlieb und dem Sohn seiner Frau aus erster Ehe, Josua Fournier, ließ er eine gute Erziehung zuteil werden.

Als der Geschäftsgründer 1782 starb, übernahm sein Sohn Johann Gottlieb das Berliner Haus, siedelte nach dem Erwerb der Spechthausener Manufaktur dorthin über und übertrug die Leitung des inzwischen recht umfangreich gewordenen Berliner Stammhauses seinem 1789 aufgenommenen Teilhaber Johann Christian Friedrich Stentz. Während Ebart die Spechthausener Fabrik unter seinem Namen betrieb, wurde die Berliner Niederlage unter der Firma Ebart und Stentz fortgeführt.

Zum Ausbau der Papiermühle berief Ebart den westfälischen Papiermacher Mathäus Friedrich Vorster, der den inneren Betrieb überwachte und im September 1787 als Sozius aufgenommen wurde.[93] Das Geschäft gedieh so gut, dass Ebart gleich in den ersten Jahren nicht nur erhebliche bauliche Erweiterungen vornehmen musste, sondern auch sein Grundeigentum erheblich vergrößern konnte. 1789 beantragte er die Errichtung einer Schule für die 28 in Spechthausen lebenden Kinder. Er erklärte sich bereit, dem Schulhalter eine freie Wohnung und ein Gartengrundstück anzuweisen. Wegen »seiner Uns gerühmten Geschicklichkeit und sonstigen guten Eigenschaften, besonders aber wegen seines anhaltenden Eifers, mit welchem er gedachte, holländische Manufaktur zustande gebracht hat«,[94] zeichnete der König im Jahre 1792 Ebart mit dem Titel eines Königlichen Kommerzienrats aus. In diesem Jahr hatte der Minister von Alvensleben aus England Papiermuster von überragender Qualität mitgebracht. Es waren die ersten Velinpapiere. Die Ausfuhr der zu ihrer Herstellung erforderlichen Formen war strengstens verboten und unter schwere Strafen gestellt. Ebart initiierte langwierige Versuchsreihen, um die gleiche Qualität zu erreichen. Anfangs hatte er Draht zu kleinen Karos flechten und das Sieb mit Gaze beziehen lassen. Nach drei Jahren hatte er als Erster in Preußen das Problem gelöst, Siebdraht zu weben, und ab 1800 ließ er bereits in Berlin Drahttuch für Velinpapier anfertigen.[95] Mit Velinformen und den damit ermöglichten komplizierten Wasserzeichen konnte er fälschungssicheres Banknotenpapier in besserer Qualität als das aus Frankreich bekannte fertigen. Sein Einsatz scheiterte aber an von der Druckerei nicht in den Griff zu bekommenden Qualitätsproblemen. Die bedruckten und unbedruckten Bogen wanderten in Tresore und wurden 1806 verbrannt, die Formen vernichtet. Als sein Lebensweg einen Höhepunkt erreicht hatte, konnte Ebart mit Stolz in seinen 1804 verfassten Lebenserinnerungen feststellen, »eine der größten und besten Fabriken in ganz Europa zu besitzen, welche noch obendrein mit allen Annehmlichkeiten für Auge und Herz versehen ist«.[96] Aus acht Bütten wurden täglich zwischen 80 und 105 Ries Papier geschöpft und in 17 Sorten auf Lager gehalten. Drei über fünf Meter hohe oberschlächtige Wasserräder bewegten 120 Hämmer und drei Holländer. Drei Wohnhäuser mit vier und sechs Wohnungen waren hinzugekommen; für seine Familie ließ er 1802 ein massives Wohnhaus bauen. Er konnte es nicht mehr lange genießen: 58 Jahre alt, verschied er am 19. Februar 1805. Es gibt keine Aufzeichnung darüber, ob ihm noch die Erfindung der Papiermaschine durch Nicolas-Louis Robert 1798 zur Kenntnis gekommen ist.

Ebarts Tod kam ungeachtet einer seit Anfang 1804 ausgebrochenen Krankheit so unerwartet, dass sein Sohn, der sich auf einer Bildungsreise in Wien befand, nicht rechtzeitig benachrichtigt werden konnte, sodass er erst nach der Beisetzung seines Vaters nach Spechthausen zurückkehrte. Johann Wilhelm, 1781 geboren, hatte seine kaufmännische Ausbildung im Handelsgeschäft des Kommerzienrats F. W. Dilschmann absolviert, einem Freund seines Vaters. Nun musste er mit erst 23 Jahren die Leitung sowohl der Papierfabrik als auch der Großhandlung, dort unterstützt durch den alten Sozius Stentz, übernehmen. Als Werkmeister und technischer Leiter stand ihm der Sohn des 1799 verstorbenen M. F. Vorster zur Seite. Schon 1805 bewarb er sich erfolgreich um den Auftrag auf Banknotenpapier. Der Geheime Registrator Schubert überwachte die Herstellung. Der Druck erfolgte im Gebäude der Seehandlung, wohin man die Maschinen aus der Druckerei des Geheimen Ober-Hofbuchdruckers Decker gebracht hatte.

Die Napoleonischen Kriege 1806 bis 1815 belasteten das besetzte Preußen auf das Schwerste. Einquartierungen, Kontributionszahlungen, später Spenden für die Befreiungskriege, der Mangel an Arbeitern, die den Militärdienst gewählt hatten, ließen auch die Papierproduktion zurückgehen. Der Gewinn ging gegen Null. In dieser Zeit heiratete Johannn Wilhelm Ebart Johanna Dorothea Caroline Krüger aus der Papierfabrik bei Neubrandenburg. 1811 verstarb der Teilhaber der Berliner Großhandlung, Christian Stentz. Sein Neffe David Strehmann, nach Lehre im Hause und inzwischen zum Prokuristen aufgestiegen, trat seine Nachfolge an.

Nach dem Ende des Krieges erhöhte Ebart die Kapazität der Fabrik durch den Bau eines Nebenbetriebes. Er hatte etwa einen Kilometer von der Fabrik am Nonnenfließ entfernt sechs Morgen Land erworben und installierte ein Acht-Loch-Stampfwerk, betrieben durch ein oberschlächtiges Wasserrad. Durch diese zusätzliche Halbstoffbereitung konnte er die Zahl der Bütten von acht auf zehn erhöhen. Auch ihm war kein langes Leben beschieden. Nachdem er schon seine nur 22 Jahre alt gewordene Frau verloren und 1814 Wilhelmine Schlesicke geehelicht hatte, raffte ihn 1822, eben vierzigjährig, die Tuberkulose dahin. Vormund der beiden minderjährigen Söhne aus erster und drei Kindern aus zweiter Ehe wurde die Witwe zusammen mit David Strehmann.

Über den Verlauf der folgenden 20 Jahre liegen wenig Erkenntnisse vor. Nach der Übernahme der Geschäftsführung durch Wilhelm Gustav wurde 1841 eine englische Papiermaschine aufgestellt. Sie wird auf der Lieferliste von Bryan Donkin & Cie.[97] nicht erwähnt, stammt also von einem anderen Hersteller.[98] Ansonsten arbeitete die Fabrik wohl ohne wesentliche Veränderung weiter.

Vor 1837, möglicherweise bereits bei der Gründung 1818, hatten die Gebr. Ebart zwei Aktien an der ersten deutschen Maschinenpapierfabrik, der Patent-Papier-Fabrik zu Berlin, übernommen. Außer dem Eintrag im Aktienbuch gibt es keine Erläuterung über Datum und Zweck der Beteiligung.

1842 trug sich Wilhelm Gustav, der älteste Sohn Ebarts, mit seiner Ehefrau Albertine Auguste Emilie Meyer aus Königshorst, in das »Seelen-Register derer auf Spechthausen wohnenden Menschen« ein. In der Anfangszeit der Langsieb-Papiermaschinen war die Herstellung von Wasserzeichenpapier noch nicht möglich. Die Kraft der Wasserräder reichte für den Betrieb der neuen Maschine nicht aus. Eine 24 PS-Dampfmaschine von Borsig brachte Abhilfe, indem sie vier Holländer antrieb. Die Maschinenleistung stieg nun auf 15 bis 16 Zentner (750–800 kg) pro Tag. Im selben Jahr wurde die Eisenbahnstrecke Berlin–Stettin eröffnet. Nun konnte der Versand über den vier Kilometer entfernten Bahnhof Eberswalde erfolgen.

Wertzeichenpapiere mit ihren komplizierten Wasserzeichen wurden weiterhin von Hand geschöpft. Die Sortenstaffel wurde um blaues Zuckerpapier, Kaffee- und Umschlagpapiere in rot und blau, Notenpapier, Pappen und Mützenpappe und braune Aktendeckel aus Weitlage erweitert. Um die Nachfrage nach Sicherheitspapieren decken zu können, wurde 1850 eine dritte Bütte aufgestellt. Da für 1816 zehn Bütten angegeben waren, bleibt die noch ungelöste Frage, ob acht davon mit der Aufstellung der Papiermaschine entfernt wurden oder hier nur die speziell mit der Sicherheitspapierfertigung genutzten gemeint sind. 1851 bis 1853 wurde weißes Hanfpapier mit dem Wasserzeichen »(Geldwert in Zahlen und lateinischen Initialen, teils vollständig, teils in Abkürzungen) Königlich Preußische Kassen-Anweisung« als Ersatz für die verbrauchten Scheine geschöpft, die auf Bütten- oder Rundsiebpapier der Patent-Papier-Fabrik zu Berlin gedruckt waren. Mitten in dieser erfolgreichen Phase seines Wirkens starb Gustav Ebart am 6. Juni 1852 wie sein Vater an Tuberkulose.

Im Gesellschaftsvertrag war festgelegt worden, dass der jüngere Bruder Carl Emil nun alleiniger Chef der drei Geschäfte in Berlin, Spechthausen und Weitlage unter Beibehaltung der seit 1842 sogenannten Firma »Gebr. Ebart« wurde. Ihren Erben war freigestellt worden, nach Erlangung der Volljährigkeit in die väterliche Firma einzutreten. Gustavs Söhne machten nach ihrer Rückkehr aus dem Krieg 1871 keinen Gebrauch von diesem Recht und ergriffen andere Berufe. Carl Emil Ebart verlegte seine Haupttätigkeit nun nach Spechthausen und überließ Berlin seinem Vetter Strehmann. Er widmete sich sofort intensiv der Verbesserung der Technik, ersetzte die Borsigsche Dampfmaschine durch die stärkere englische, baute 1857 ein Gaswerk für die Beleuchtung und installierte 1858 einen rotierenden Lumpenkocher. Die alten Wasserräder wurden durch eine Turbine von 30 PS ersetzt.

1854 bis 1856 wurde wieder Banknotenpapier geschöpft. Das Papier für die Ein-Taler-Scheine lieferte Zanders in Bergisch Gladbach. 1860 wurde deren geringe Haltbarkeit kritisiert und Ebart zu Versuchen für dauerhafteres Papier aufgefordert. Die neue Qualität aus 2/3 Hanf und 1/3 Leinen wurde noch im selben Jahr geliefert.

Die Söhne des Ehepaars Ebart, der 1838 geborene Johann Paul, Techniker in Spechthausen, und der 1842 geborene Johann Wilhelm, Kaufmann in Berlin, hatten eine sorgfältige Ausbildung erhalten und erhielten 1868 Prokura. 1871 bis 1877 wurden die teils 100-jährigen Gebäude umgebaut oder erneuert. Das alte Fabrikgebäude erhielt statt des Fachwerks drei massive Stockwerke. Ein neues Papiermaschinenhaus wurde angebaut und eine Maschine von Escher Wyss & Cie., Zürich, mit einer Arbeitsbreite von 160 cm angeschafft. Es gab einen Querschneider System Easten-Amos zum Schneiden von Wasserzeichenpapieren, drei Schöpfbütten, zwölf eiserne Holländer und zahlreiche Ausrüstungsmaschinen. Die Jahresproduktion belief sich auf 500 Tonnen Maschinen- und 25 Tonnen Büttenpapier. Auch nach der Reichsgründung 1871 blieben Gebr. Ebart Lieferanten für die Banknotenpapiere und lieferten 1874 weißes Hanfpapier für die Fünf-Mark-Scheine. Das Papier für die 20- und 50-Mark-Scheine kam aus Eichberg bei Schildau in Schlesien.

1878 wurde das 50-jährige Berufsjubiläum von Carl Emil Ebart gefeiert, inzwischen Königlicher Kommerzienrat, der an diesem Tage seine beiden Söhne als Teilhaber aufnahm. 1879 wurde erstmals Faserpapier nach dem Patent von James M. Wilcox zu Glen Mills, Pennsylvania, auf der Maschine gearbeitet. Dabei werden in das noch nasse Papiervlies an bestimmten Stellen gefärbte Pflanzenfasern in Form eines verlaufenden Streifens eingebettet und damit eine weitere Sicherung gegen Fälschungen geschaffen. Carl Emil Ebart starb am 6. Juni 1898.

Seine beiden Söhne waren bereits seit fast 20 Jahren Teilhaber der Firma. Der Übergang in die folgende Generation hätte also ganz problemlos sein können. 1900 hatte man mit Erweiterungen und Modernisierungen der Fabrikanlagen begonnen, als der ältere Bruder, der Techniker Johann Paul, am 11. März 1901 verstarb. An seiner Stelle trat sein Sohn Rudolf in die Firma ein. Der 1868 Geborene hatte an der Technischen Hochschule Stuttgart studiert und war danach in mehreren Fabriken tätig gewesen. 1895 kehrte er nach Spechthausen zurück und heiratete 1896 Hedwig Hankwitz. Auf Veranlassung der Feuerversicherungsgesellschaft sollten Gebäude für die Lumpenbehandlung zusammen mit den Kochern abseits der Fabrikationshallen errichtet werden. Deshalb wurde 1903 ein Gebäude dafür direkt an der Straße (der heutigen B2) gebaut, an dem das Ebartsche Wappen noch erhalten ist. 1904 betrieb die Fabrik eine Langsiebmaschine mit einer Arbeitsbreite von 160 cm und zwei Bütten.[99] 1907 wurde »ein stattlicher Neubau« errichtet.[100] Seine Zweckbestimmung wird nicht genannt.

Der ebenfalls zum Kommerzienrat ernannte Onkel Johann Wilhelm Ebart verstarb 1909, und Rudolfs Schwager, Dr. jur. Kurt Hankwitz, Ehemann der Tochter Katharina des Johann Wilhelm Ebart, übernahm die Berliner Papiergroßhandlung.

1930 wurde die Escher Wyss-Papiermaschine durch eine größere ersetzt, für die ein neues Gebäude errichtet werden musste. Auch die nach wie vor betriebene Büttenpapiermacherei musste erweitert werden, denn die Herstellung von Papier für Reichsbanknoten nahm zu. Das Wilcox-Maschinenpapier trug nun rote bzw. dunkelgrüne, für die 20- und 50-Mark-Scheine blaue bzw. hellgelbe Fasern. Die handgeschöpften Papiere erhielten Wasserzeichen als senkrechte Streifen oder Kopfwasserzeichen. In der Inflationszeit 1919 bis 1923 wurde Banknotenpapier auf der Maschine und in mehreren Bütten produziert. Um den ins Uferlose wachsenden Bedarf während der Hochinflation zu decken, musste eine Vielzahl von Papierfabriken eingesetzt werden, und mit dem Druck wurden zahlreiche private Druckereien beauftragt. Von den zehn bis 1919 betriebenen Bütten blieb nur eine in Betrieb. (Je nach den eingesehenen Quellen schwankt diese Zahl zwischen drei und zehn. Der Autor vermutete schon oben, dass die Zahl drei sich auf Banknotenpapier bezieht, insgesamt aber zehn Bütten vorhanden waren.)

Am 13. Juli 1923 wurde der Gesellschaftsvertrag für die Firma »Gebr. Ebart G.m.b.H.« geschlossen. Die Firma wurde am 8. November 1923 in das Handelsregister mit einem Stammkapital von 480 Millionen Mark eingetragen, am 4. November 1924 auf 360.000 Goldmark, am 7. Mai 1925 Reichsmark geändert. Vorstände waren Dr. Rudolf Ebart, Spechthausen, und Dr. Kurt Hankwitz, Berlin. Ebenfalls 1923 wurde die Papierfabrik umgewandelt in die »Papierfabrik Spechthausen Aktiengesellschaft, vorm. Gebr. Ebart«. Anscheinend blieb aber die GmbH eine Holding, denn die Fabrik war in deren Gesellschaftsvertrag neben dem Berliner Großhandel erwähnt. Die Herstellung von Banknotenpapieren blieb ein wesentlicher Geschäftszweig; die Technik wurde ständig verbessert, das Wilcox-Verfahren zumeist beibehalten und neben Flächen- besonders die schwierigen Schattenwasserzeichen eingesetzt. 1927 starb Dr. Kurt Hankwitz. Sein Sohn übernahm in Berlin die Geschäfte der »Gebr. Ebart GmbH«. 1931 liefen in Spechthausen eine Langsieb-, eine Rundsieb- und eine kombinierte Langsieb/Rundsiebmaschine. 1932 wurde Dr. Rudolf Ebart Dr. Ing. E.h., 1933 starb er als letzter männlicher Namensträger.

1934 lautete der Firmenname »Papierfabrik Spechthausen, A.-G., vorm. Gebr. Ebart GmbH«. Leiter waren Dr. R. Ebart (bis 1933), Dir. Erich Schwanke (Prokurist). Die Fabrik hatte eine Langsiebmaschine 180 cm und zwei Rundsiebmaschinen 130 cm und eine Bütte, sie beschäftigte 270 Personen.[101] 1935 wurde firmiert »Papierfabrik Spechthausen Akt.-Ges.«. Vorstand waren Wilhelm Hankwitz und Ottfried von Dewitz. Als Tagesproduktion wurden zehn Tonnen angegeben.[102]

Die Anwesenheit beamteter Kontrolleure bei der Herstellung von Banknotenpapieren war für die zum Schweigen verpflichteten Mitarbeiter etwas Alltägliches. So fiel es nicht so sehr auf, dass es ab 1940 eine enger werdende Zuarbeit zum »Unternehmen Bernhard« gab, das die serienmäßige Fälschung britischer Pfund-Sterling-Noten betrieb, die im KZ Sachsenhausen, dann Mauthausen und später Ebensee gedruckt wurden. Maschinen für den Druck von Reichsmarknoten wurden zumindest teilweise in die Papierfabrik Spechthausen ausgelagert, Drucker zogen in den Ort um. Die fertigen Geldscheine wurden dann zwecks Eindrucks der Kontrollnummern in die Reichsdruckerei nach Berlin gebracht.

Der Amerikaner Lawrence Malkin hat in dem aktuellen Standardwerk »Hitlers Geldfälscher«[103] die Geschichte des »Unternehmens Bernhard« unter Beiziehung einer schier umwerfenden Menge von Dokumenten aus Deutschland, den USA, Großbritannien und anderen Ländern bis in intimste Details erforscht. Ein ausführlicher Anmerkungsapparat kennzeichnet die Penibilität seiner Forschung. Leider war er kein Papierfachmann, sodass gelegentlich technische Vorgänge etwas eigenartig geschildert werden. Als Herstellerfirmen gibt er neben der Hahnemühle in Dassel die »staatliche Papierfabrik Spechthausen« an – eine private Aktiengesellschaft. Beide Unternehmen hatten Rundsiebmaschinen, auf denen auch komplizierte Wasserzeichen erzeugt werden konnten.

Die Beschreibung der Unterschiede zwischen den englischen und den der Fälschung dienenden deutschen Papiere ist oberflächlich und nicht überzeugend. In Deutschland wurde damals nach kurzem Versuch an einer Bütte auf einer Rundsiebmaschine produziert. Deren Siebzylinder kann durch Stege so gestaltet werden, dass mehrere kleine Formate mit echten Büttenrändern entstanden. Die Qualität der gefälschten Pfundnoten war einsame Spitze – die einzige Geldfälschung in der Geschichte, die nie als solche erkannt werden konnte. Die Falsifikate wurden überwiegend über die Deutsche Botschaft in Ankara in den Umlauf gebracht – als Bezahlung für Agenten in aller Welt oder für den Kauf dringend benötigter Rohstoffe. Das Verdienst gebührte nicht allein den Papiermachern, sondern ebenso den Grafikern, Graveuren und Druckern, durchweg Juden, die erkannten, dass ihr Leben gesichert war, solange sie erstklassige Arbeit leisteten. Soweit es bekannt wurde, haben sie alle die Nazi-Zeit überlebt. Es kann nicht überraschen, bei Malkin zu lesen, dass eine Clique Eingeweihter aus der kriminellen Szene sich die eigenen Taschen mit den so gut gelungenen Scheinen füllte. Das Geheimnis wurde keineswegs durch die Geheimdienste gelüftet, sondern durch einen schier unglaublichen Zufall. Der Fan von Kriminalromanen oder einschlägigen Filmen weiß, dass in Großbritannien wie in den USA die Nummern bei den Banken durchlaufender Scheine notiert wurden. In einer kleinen Bankfiliale in England tauchte am selben Tage zweimal die gleiche Nummer auf – eine Wahrscheinlichkeit, vergleichbar mit dem gleichzeitigen Gewinn eines Loses mit sechs Richtigen und dem Hauptgewinn im Spiel 77. Nur durch diesen Zufall flog die gesamte Aktion auf. Die deutsche Luftwaffe warf viele Tonnen der noch vorrätigen Pfundnoten über England ab. Das Ziel, die britische Währung zu ruinieren, konnte nicht annähernd erreicht werden, wohl aber ein geradezu krankhaftes Misstrauen bei jeder Weitergabe eines englischen Geldscheines, auch das eine Waffe in der psychologischen Kriegsführung.

Am 22. April 1945 besetzten sowjetische Truppen Spechthausen. Ungeschnittene Bogen für Briefmarken und Papiergeld lagen auf den Straßen. In der Villa richtete sich die Kommandantur ein. Die Fabrik wurde stillgelegt. 1946 begann die Demontage der Anlagen. Bei Friese ist zu lesen: »Wie der damalige Direktor der Vereinigung Volkseigener Betriebe Land Brandenburg, Chemie-Papier, Heinz Wagner, in einem Brief vom 25. Juli 1983 dem Autor J. Koppatz mitteilte, soll die Demontage auf Betreiben Großbritanniens erfolgt sein. […] Die Maschinen wurden […] per Bahn bis in die Nähe von Swerdlowsk transportiert.«[104]

Einige nicht genutzte Einrichtungen hatten die Demontageaktion überstanden. Eine Wasserturbine konnte wieder in Betrieb genommen und damit ein Holländer betrieben werden. Der damalige Werkführer sammelte einige fachkompetente Mitarbeiter um sich und begann mit der Produktion handgeschöpfter Aktendeckel. Im September 1947 wurde der Betrieb enteignet und mit dem 17. April 1948 darüber eine Enteignungsurkunde ausgestellt. Das Werk unterstand nun der Treuhandverwaltung der Landesregierung Brandenburg in Potsdam und gehörte zur Vereinigung Volkseigener Betriebe (VVB) Chemie/Papier Potsdam. Der bisher tätige Treuhänder wurde zum Betriebsdirektor ernannt. Am 1. Januar 1949 wurde der Betrieb der Märkischen GmbH Druck und Verlage Potsdam übertragen, doch schon nach einem Jahr der VVB zurückgegeben. Zwei Holländer und zwei Bütten waren nunmehr in Betrieb und wurden mit gebleichtem Sulfitzellstoff versorgt. Die Lufttrocknung erfolgte im Papiersaal. Die nicht benötigten Räume, also fast die gesamte ursprüngliche Fabrik, wurden großenteils vermietet. 1951 wurde die Papierfabrikation in Spechthausen der Papierfabrik Wolfswinkel angegliedert, 1956 der Betrieb dorthin verlagert und fortgeführt. Das handgeschöpfte Papier mit dem traditionellen Wasserzeichen mit dem Specht am Baum war von ausgezeichneter Qualität und fand größtes Interesse bei den wenigen noch existierenden privaten Papiergroßhandlungen, weil es ohne Bezugsberechtigung zu haben war. Natürlich war die Produktionsmenge recht gering, sodass es guter persönlicher Kontakte bedurfte, um möglichst reichlich beliefert zu werden. Ungefähr um 1956 wurde der private Papiergroßhandel gänzlich als Bezieher ausgeschaltet. Der letzte Marktführer, Curt Uhlig in Magdeburg, konnte sich dank meiner weitreichenden Verbindungen – ich war zu jener Zeit Geschäftsführer der Firma meiner Frau – recht problemlos auf den Großhandel mit Post- und Glückwunschkarten, Bilderbüchern und Kalendern umstellen und alsbald nach der Flucht der Inhaber der damals bedeutendsten Firma dieser Branche, Oppel & Hess in Jena, auch in dem neuen Bereich wieder die stärkste Position erringen. Dass dadurch der Druck auf die Aufnahme staatlicher Beteiligung, die Vorstufe der Enteignung, zunahm, zumal ich noch einen vom Großhandel getrennten Kunstverlag besaß, war zu erwarten. 1960, wenige Monate vor dem Mauerbau, war unsere Widerstandskraft erschöpft. Die Berliner U-Bahn brachte uns in die Freiheit.

Spremberg

3.3.26

Vor 1568, laut von Hößle[105] erst 1581, wurde eine Papiermühle erbaut, von der nur bekannt ist, dass sie 1588 dem Freiherrn Karl von Kittlitz gehörte. Sie habe beim Dorf Kochsdorf an der Mündung der Teschnitz in die Spree gelegen. Weiteres ist über sie nicht bekannt. Die Freiherren von Kittlitz waren Besitzer von Spremberg und Malmitz. Laut 1588/89 ausgefertigtem Privilegium[106] hatte die Papiermühle an die Landvogteiliche Amtskanzlei in Lübben jährlich fünf Ries gutes Schreibpapier zu liefern. Dafür genoss die Mühle den Schutz, allein in der gesamten Markgrafschaft Niederlausitz Hadern und Lumpen sammeln zu dürfen. Briquet fand Wasserzeichen des Unternehmens.

    Noch vor Ablauf der zehnjährigen Privilegiendauer, nämlich 1594 bis 1599, hatte der Papiermacher Alexius Schaffhirt aus Bautzen die Spremberger Papiermühle als Lehen für eine Jahreszahlung von 120 Reichstalern an das Amt Spremberg und Lieferung von zwei Ries Kanzleipapier erworben. Für Schaffhirt, der Papiermühlen in Bautzen und Obergurig besaß, brachte der Erwerb der Spremberger Mühle hauptsächlich eine Erweiterung seines Gebiets für den Bezug von Rohmaterial. Weitere Nachrichten über den Betrieb, der 1658 abbrannte und als Ruine liegen blieb, fehlen. Die Bautzener Papiermühle hielt das Lumpensammelprivileg unter dem Vorbehalt des Wiederaufbaues der Spremberger Mühle seit 1746 bis über 1771 hinaus.

    1787 beabsichtigte der Muskauer Papiermüller Gotthelf Fischer, die abgebrannte Mühle auf seine Kosten wieder aufzubauen. Dagegen hob sein Vetter, der Bautzener Papierer, Einspruch wegen Schmälerung seines Lumpensammelgebiets. Weitere Erkenntnisse fehlen; es scheint nicht zum Neubau gekommen zu sein, denn zur letzten Lehrbratenfeier der Muskauer Papiermühle 1829 waren nur die Kollegen von Cottbus, Altdöbern, Beitzsch, Sagan, Görlitz, Sänitz, Sprottau und Neustadt geladen.

1852 errichtete Gustav Nitschke auf dem Grundstück der ehemaligen Papiermühle eine Pappenfabrik, die aber bereits um die Jahrhundertwende ihren Betrieb wieder einstellte. »Um die Jahrhundertwende« war wohl etwas großzügig ausgedrückt, denn 1904 fertigte sie noch mit einer Pappenmaschine Rohdachpappe.[107] Sie ging dann in andere Hände über und arbeitete weiter, denn laut Birkner 1935 und noch 1944[108] produzierte die Pappenfabrik vorm. Gust. Nitschke GmbH mit einer 210 cm breiten Langsiebmaschine Roh- und Wollfilzpappen. Möglicherweise wurde sie während der DDR-Zeit stillgelegt, vielleicht auch erst nach der Wiedervereinigung um 1990.

Die Papierfabrik Hamburger Rieger GmbH & Co. KG, Tochtergesellschaft der großen österreichischen Gruppe W. Hamburger GmbH, produziert in dem traditionsreichen Ort seit 2005 auf einer 530 cm breiten Langsiebmaschine jährlich 300.000 Tonnen Wellpappenrohpapiere.

3.3.27 Treuenbrietzen/Nieplitz, Gebrüder Seebald

Ohne Näheres anzugeben, nimmt Kirchner[109] die Papiermühle Schlalach als Vorgängerin der seit 1806 bestehenden, von den Gebrüdern Seebald betriebenen Papiermühle an. Sie war mit sechs Bütten ausgestattet und gehörte damit zu den Großbetrieben der damaligen Zeit. 1828 bestellten die Inhaber die zweite Papiermaschine Deutschlands, 122 cm breit, bei dem damaligen Monopolisten Bryan Donkin & Cie. in England. Die Lieferung landete jedoch nicht in Preußen, sondern auf dem Grund der Nordsee, denn das Schiff ging unter. Da die sechs Bütten in Erwartung der neuen Maschine bereits abgebrochen waren, lag der Betrieb ein Jahr lang still, bis 1829 die Ersatzlieferung eintraf.[110] Die Seebalds gelangten um die Mitte des 19. Jahrhunderts zu großem Wohlstand. Unter den letzten Seebalds und den Leitern eines Bankhauses aus Süddeutschland kam die Fabrik 1899 beinahe zum Stillstand. Nach Umwandlung in eine GmbH wurde das Werk in moderner Weise umgebaut. Die alte Papiermaschine wurde ersetzt und nun durch eine 100 PS Ventildampfmaschine angetrieben. Eine 600 PS Heißdampf-Verbundmaschine mit Kondensation plus 50 PS Wasserkraft sorgten für sparsame Krafterzeugung. Vier Generatoren erzeugten 300 kW Gleichstrom mit 440 bzw. 110 Volt. 1904 produzierte die Firma Wilh. Seebald & Co., Inh. Wilh. Cuntz, mit einer Langsiebmaschine holzfrei Pergamentersatz, Schreib- und Normalpapier.[111] Im erwähnten Bericht von Kirchner 1911 wird die letztgenannte Firma nicht namentlich genannt; er schreibt nur von der GmbH und gibt an, dass die Fabrik nieplitzabwärts ein eigenes Lumpenhalbstoffwerk mit großem Obstgarten besitzt. Täglich werden je nach Sorte vier bis acht Tonnen Papier von hoher Weiße, Festigkeit und gutem Griff erzeugt.

Vermutlich war es diese Firma, in deren Räume 1940 eine Papiermaschine der Firma August Koehler, Oberkirch, ausgelagert wurde. Diese Maschine kauften Felix Schoeller & Bausch 1947. Eigentlich hatte man daran gedacht, die Maschine wieder zusammenzubauen, doch stellte sich heraus, dass die Halle kriegszerstört war. Aus den Trümmern waren alle Elektromotoren geraubt worden, außerdem Kabel und andere buntmetallhaltige Materialien. Immerhin konnte vieles vom Verbliebenen noch für den Neuaufbau in Neu Kaliß genutzt werden.

Uebigau-Wahrenbrück, Historische Mühle[112]

3.3.28

1248 verkaufte Heinrich der Erlauchte die Mühle an das Kloster Doberlug, 1276 gelangte sie in den Besitz von Alexander von Beiersdorf. 1320 pachteten drei Männer: Peter, Heinrich und Arnold, die Mühle und errichteten den erste deutschen Eisenhammer, der bis 1328 bestand. 1342 erfolgte die Rückumwandlung in eine Mahlmühle. Diese wurde 1637 durch Kroaten zerstört und blieb 40 Jahre lang wüst. 1679 erbte Christian von Schweinitz zu Polzen die Mühle. 1695 gründete Johann Ohlen eine Papiermühle und schöpfte Ostern 1696 das erste Papier. Einer seiner Nachfolger als Pächter war Carl Gottlieb Dietrich. 1858 wurde der Betrieb eingestellt und wieder als Mahlmühle eingerichtet. Der letzte Müller, bis 1979, war Heinz Ludwig. Privat wurde sie bis 1998 genutzt. Sie ist noch heute in Familienbesitz und wird sorgsam gepflegt. Eine Besichtigung ist nach Vereinbarung möglich.[113]

Papiermühle Weissagk

3.3.29

In Berlin, im Geheimen Staatsarchiv Preußischer Kulturbesitz, findet sich ein Dokument,[114] nach dem Hans Friedrich von Flemming eine Papiermühle zu Weissagk zur »Perfektion brachte«, ohne dazu privilegiert zu sein. Diese Mühle konnte wegen Wassermangels nur Löschpapier herstellen und blieb infolge häufiger Stillstände unbedeutend und hatte nicht einmal eigene Lumpensammler. Das Privileg, das den Standesherrn von Wiedebach begünstigte, war durch das Aussterben der Herzöge von Sachsen-Merseburg zwar erloschen, jedoch schien im Landesinteresse das Nebeneinanderbestehen dreier Mühlen nicht erwünscht, da man befürchtete, sie würden sich gegenseitig ruinieren. 1689 wurde ein Papiermacher Heno Henrich in den Akten des Staatsarchives erwähnt.[115] Dennoch suchte man nach einem billigen Vergleich, der die beiden neuen Mühlen bestehen ließ, und fand ihn nach langen Debatten zwischen den Amtleuten und den Papiermüllern in der Zuteilung bestimmter Bezirke der Niederlausitz für das Hadernsammeln an die einzelnen Papiermühlen. Am 12. August 1752 wurden vier Privilegien für die Besitzer der Papiermühlen, Friedrich von Wiedebach zu Beitzsch, Carl Heinrich von Heinecke zu Altdöbern, Georg Ramlau in Weissagk und Johann Gottlob Fischer in Bautzen, ausgefertigt. Für die Nachbarpapiermühle Muskau hatte schon die Herrschaft Dohna ein viel älteres kaiserliches Privileg.

Die Weissagk-Papiermühle konnte sich länger behaupten, denn Ramlau war noch 1787 ansässig, und als letzter dortiger Papiermüller wurde 1808 Johann Daniel Ludwig Jahn bezeichnet.

In der Nacht vom 31. März zum 1. April 1849 brannten sämtliche der verehelichten Papiermüllerin Henriette Jahn in Weissagk gehörigen Gebäude, ausgenommen das sogenannte Stampfhaus, nieder. Das letztere ist dann am 28. April ebenfalls abgebrannt. An die Stelle der nun vernichteten Papiermühle trat eine Getreidemahlmühle. Nach unbestätigten Gerüchten soll auch nach dem ersten Brand von 1849 die Papiermühle wieder in Betrieb gegangen sein. So soll noch 1860 ein Lumpenhändler in Wendischdrehna Hadern für die Papiermühle aufgekauft haben.[116]

3.3.30 Pressspan- und Dachpappenfabrik Weitlage

1817 erwarben die Gebrüder Ebart vom Berliner Bankhaus Schickler eine Schleifmühle am Ragöser Fließ, nur sechs Kilometer von Eberswalde entfernt, um dort eine Pappenfabrik zu errichten. Die feinste und teuerste Pappe ist der Pressspan, eine aus reinem Zellstoff hergestellte Variante, die hochgeglättet wird – damals mit dem Achatstein poliert, heute im Friktionskalander. Sie wird in der Elektroindustrie eingesetzt, als Appreturpressspan in der Tuchfabrikation, als Umschlagkarton für stark beanspruchte Schreibblöcke oder als Schreibunterlage. Ebarts begannen mit drei Bütten, erhöhten die Zahl auf fünf, die Stoffaufbereitung erfolgte über ein Acht-Loch-Stampfgeschirr und vier Holländer, angetrieben durch zwei oberschlächtige Wasserräder. Die sehr kräftig ausgelegten Pressen wurden durch eine Dampfmaschine betrieben. Die 50-köpfige Belegschaft bestand zum Teil aus Frauen, die wohl speziell für das Glätten eingesetzt wurden. Der Ortsname Weitlage ist eine Art Scherz, ist er doch aus den Initialen der Familienmitglieder Ebart zusammengesetzt. Er wurde amtlich anerkannt.

Der Duisburger Baumeister Böhm hatte die ursprünglich aus Schweden kommende Dachpappe in Norddeutschland kennengelernt und sprach mit Johann Wilhelm Ebart darüber. Der Fabrikleiter Helmerich erkannte das Potential, aus minderwertigem Rohstoff eine Art saugfähiger Graupappe zu machen, die dann mit Teer getränkt wurde. Nach gelungenen Versuchen begann man 1843 mit der eigentlichen Produktion und verwendete das neue Material alsbald beim Neubau des Hauses Ebart in der Berliner Mohrenstraße – die Erstverwendung von Dachpappe in Berlin. In der Pressspanfertigung hatte man es mit Wettbewerbern in Kurhessen, Sachsen-Weimar und auch in Brandenburg zu tun, erzielte dennoch Erfolge dank eines wachsenden Marktes in Österreich, Ungarn und Italien, ganz besonders aber in Polen und Russland. Während der Frostzeit wurden schwere Pack- und Strohpapiere, Aktendeckel- und Graukarton gefertigt und im Dampftrockner getrocknet. 1845 wurde ein großes Gebäude der Borsig-Werke mit Dachpappe eingedeckt. Das Geschäft erhielt Auftrieb durch die Anerkennung von Pappdächern bezüglich der Brandsicherheit als den Ziegel- und Schieferdeckungen gleichwertig. Das einträgliche Nebengeschäft endete am 14. Februar 1865 durch ein wahrscheinlich durch Brandstiftung verursachtes Großfeuer. Bei annähernd minus 20 Celsius konnte nur so lange gelöscht werden, bis das Wasser im Dampfkessel aufgebraucht war. Gleich im Frühjahr begann der Wiederaufbau in Form eines Massivgebäudes. 1872 wird das Fertigungsprogramm angegeben mit Quadratpappe, Maschinen- und Büttenpappe. Daraus ergibt sich das Vorhandensein einer Rundsiebmaschine für dicke Pappenstärken, denn es werden Bahnen bis zu einer Maximallänge von 31,385 m angeboten. Die können wohl nur in einem Trockenkanal durch Dampf getrocknet worden sein.

Nach 1865 hatte sich die Marktsituation dadurch grundlegend verändert, dass nunmehr Wettbewerber Rohdachpappe wahrscheinlich auf Rundsiebmaschinen auf Rollen produzierten und in Sachsen mehrere Pressspanfabriken entstanden. So fasste man 1875 den Entschluss, die Pappenfabrikation aufzugeben und die alte Papiermaschine aus Spechthausen in Weitlage für die Herstellung besserer Packpapiere einzusetzen. Der Verfall der Papierpreise machte aber auch diese Produktion unrentabel. Sie lief aus, die meisten Maschinen wurden nach Spechthausen zurückgebracht. Das Gebäude wurde zu einer Getreidemühle der neuesten Technik umgestaltet, 1879 in Betrieb genommen und verpachtet.

Wiesenburg (Hohenspringe) 3.3.31

Benno Friedrich Brandt von Linden wurde am 8. Dezember 1610 die Konzession zum Betrieb einer Papiermühle »bei dem hohen Spring« erteilt. Der Betrieb wuchs schnell und belieferte jahrelang eine ständige »große und kleine« Kundschaft in Berlin und Magdeburg.[117] Wie lange die Mühle bestanden hat, ist nicht überliefert. Kirchner erwähnt[118] eine Verordnung von 1709, wonach Lumpen ausschließlich an die Papiermacher von Brandt zum Hohensprung und Heinrich Stolte zu Schoepstorff (auch Schepsdorf, Schepfsdorff) geliefert werden sollen.

Papiermühle/Papierfabrik Wolfswinkel 3.3.32

Bereits drei Wochen nach der Zerstörung der Papiermühle in Heegermühle durch die Russen fragte der Eigentümer, Zuckerfabrikant und Bankier David Splitgerber, bei der Kurmärkischen Kriegs- und Domänenkammer Potsdam an, ob die Papiermühle wieder aufgebaut werden solle. Sein Unterpächter Modes bot der Kammer an, auf eigene Kosten auf dem alten Platz oder bei der Schleuse Wolfswinkel die Mühle wieder zu errichten. Splitgerber unterstützte das Ersuchen und empfahl, Modes gegenüber anderen Bewerbern den Vorzug zu gönnen, weil er wie ehedem alles Papier an die Zuckersiedereien liefern wollte. Wegen des

Wassermangels an dem bisherigen Standort riet der Kriegs- und Domänenrat Feldmann, den Neubau mit Daniel Gottlieb Schottler an Wolfswinkel vorzunehmen, einem wasserreichen Ort, der aber auf den Widerspruch von Modes stieß. Der führte die Gefahr von Hochwasser an, das bereits einmal einer Schiffsmühle zum Verhängnis geworden war. Die Kammer konnte sich für keinen der beiden Bewerber entscheiden und setzte einen Versteigerungstermin an, der wie auch zwei folgende ergebnislos blieb. Bei einem Versteigerungstermin im Oktober 1761 erhielt Schottler den Zuschlag für den Neubau der Papiermühle. Er gab im Reskriptum vom 3. November 1762 an, die Papiermühle bauen, sie für 260 Taler pachten und jährlich 478 Ries Papier verschiedener Sorten an die Churmärkische Kammer gegen Zahlung liefern zu wollen.[119]

Nach langwierigem Feilschen um jedes Detail des künftigen Pachtvertrages einigte man sich auf den Bau zweier Deutscher und eines Holländischen Werkes. Das brauchbare Material der abgebrannten Mühle sollte Schottler ebenso überlassen werden wie freies Bauholz und Feuerholz. Überdies durfte er zwei Kühe halten. Der Schleusenmeisterdienst wurde ihm mit der üblichen Besoldung übertragen; dafür wollte er ein neues Schleusenmeisterhaus errichten. Der Aufbau verlief nicht ohne Probleme. Infolge des erst 1763 beendeten Krieges herrschte ein Mangel an Arbeitskräften. Der Bau des vom Finowkanal abzweigenden Mühlenkanals kostete viel Zeit und Geld. Am 20. Juli 1765 war die neue Papiermühle betriebsbereit. Der endgültige Erbpachtvertrag wurde nach zwei weiteren Jahren abgeschlossen. Schottler zog die Verhandlungen lange hinaus. Seine Holländische Papiermühle am Werbellin konnte wieder produzieren, da die Wassersituation sich nach der Schiffbarmachung des Werbellinfließes bedeutend gebessert hatte. Für den Betrieb beider Mühlen reichte aber Schottlers Kapital nicht aus. Im folgenden Jahr trat er die Mühle dem Papiermacher Johann Tobias Hanto (Hanthow) ab, der auf der Prenzlauer Mühle arbeitete. Schottler erwähnte nicht, dass Hanto sein Schwager war, Schwiegersohn des Samuel Friedrich Schottler zu Prenzlau. Die Kriegs- und Domänenkammer erteilte am 19. Juni 1768 die erforderliche Zustimmung zu dem Verkauf.

Hanto hatte sein Handwerk bei dem Papiermüller Fischer in Muskau erlernt. Auf seiner Wanderschaft kam er auch nach Prenzlau und heiratete dort die Tochter des Mühlenpächters Schottler, Maria Sophia. 1767 arbeitete ihn sein Schwager in Wolfswinkel ein und empfahl ihn dem Amt Biesenthal als künftigen Pächter. Es ist denkbar, dass die an den Übergabeverhandlungen beteiligte Firma Splitgerber & Daum den Kredit für den Aufbau der Mühle gewährt hat.

Auch in Wolfswinkel gab es Qualitätsprobleme, hier verursacht durch das vom Messingwerk verunreinigte Wasser, aber auch durch die schlechten Lumpen. Hanto arbeitete intensiv an einer Verbesserung seiner Papiere. Er konferierte darüber mit dem aus Frankreich eingewanderten Jean Dubois in Spechthausen, der Anfang 1784 in Berlin als Betrüger verhaftet wurde. Nach dessen Flucht wurde Hanto zeitweilig die Aufsicht über die neue Papiermühle in Spechthausen übertragen. Nach 22 Jahren seiner Tätigkeit in Wolfswinkel setzten ihm

Alter und Krankheit zu, sodass er dem König 1790 den Verkauf seiner Mühle an den Papierhändler und Buchbinder Josua Fournier in Berlin, den Stiefbruder von Johann Gottlieb Ebart in Spechthausen, anzeigte. Der Sohn der Frau von Johann Paul Ebart, der Witwe Anna Gertrud Fournier aus deren erster Ehe, hatte nach dem Tod seines Stiefvaters eine angemessene Abfindung erhalten. Hanto bat den Landesherren um seinen Consens, der ihm gewährt wurde. Damit konnte der Kauf rechtskräftig werden; Aufhebungsvertrag für Hanto und Kaufvertrag für Fournier wurden vom König bestätigt. Hanto behielt sich das Eigentumsrecht an Vieh, Ackergeräten und Materialbeständen vor. Der Kaufpreis betrug 7.200 Rthlr, von denen 200 ausbezahlt, 7.000 aber als Darlehen mit vier Prozent Verzinsung überlassen wurden. Am 5. April 1794 verstarb Hanto im 61. Lebensjahr hochgeachtet.

Fournier wusste, worauf er sich einließ, betrieb doch sein Halbbruder J. G. Ebart seit 1787 die Papiermühle in Spechthausen. Dort hatte er sich die Sachkenntnis erworben, und mit dem ihm eigenen Elan betrieb er die Papiermühle mit dem Ziel, sie am Beginn des industriellen Zeitalters in die vordere Linie zu führen. Aus seiner Tätigkeit als Papierhändler wusste er, dass der Papiermangel von Jahr zu Jahr zunahm, und schloss daraus, dass größere Produktionseinheiten geschaffen werden mussten. Er investierte planmäßig in neuzeitliche Technik: Das »mechanische Werk«[120] – also wohl im Wesentlichen die Holländer – wurde erneuert, die Wasserzuführung, das Gebäude für die Wasserräder und eine zusätzliche Bütte angeschafft. 1794 wurde die dritte Bütte installiert. Er baute fünf Doppelhäuser für seine Arbeiter. Die Qualität der von ihm gefertigten Papiere entsprach nun sowohl der im benachbarten Spechthausen als auch der in Holland verbreiteten. 1798 kaufte er das Gelände der früheren Stahl- und Eisenwarenfabrik Schickler in Eberswalde samt einem alten Wohnhaus und einer Quelle. Das Schicksal vergönnte ihm nicht, weitere Erfolge zu erringen: 1803 verkaufte er die Manufaktur an den Kaufmann und Papierhändler Carl Wilhelm Arsand, ohne Inventar. Am 12. April 1805 verstarb er in Berlin.

Der Kaufmann Arsand stellte als Werkmeister Frantz Ebbinghaus aus Menden ein, der als Papiermacher in Spechthausen arbeitete und den Qualitätsgedanken in Wolfswinkel weiterentwickelte. So bot nach seinem frühen Tod, 1804 – im Alter von 33 Jahren – Friedrich Wilhelm Meschmann Kupferstichpapier in der Qualität an, wie es bisher aus Frankreich und der Schweiz bezogen wurde.

Arsands Witwe schloss 1809 mit dem Kaufmann Meschmann einen Kaufvertrag, der am 10. April 1809 in Berlin genehmigt wurde. Der Werkmeister Ebbinghaus scheint in der Zwischenzeit den Betrieb weitergeführt zu haben. Meschmann hatte bald Differenzen mit der Kammer. Schon 1812 verkaufte er die Fabrik an den Kaufmann Johann Friedrich Nitsche aus Berlin.

Nitsche errichtete ein Wohnhaus mit zwölf Wohnungen und eine Hadernmühle zum Zerkleinern der Lumpen, 1817 kam ein neues Schleusenmeisterhaus dazu. Finanziert wurde die Betriebserweiterung 1821 mit einem Kredit von 20.000 Talern zu fünf Prozent Zinsen von der Firma Ebart. 1823 hatte die Fabrik acht Bütten, vier Holländer, vier Loch Geschirr und Lumpenschneider, elf Trockenpressen und beschäftigte 28 Gesellen. Bis 1828 kamen vier weitere Bütten hinzu.

1819 wurde »auf der grünen Wiese«, also ohne Vorläuferin einer Handpapiermühle, die Patent-Papier-Fabrik zu Berlin errichtet, in der die erste Papiermaschine Deutschlands installiert wurde. Deren Erfolg sprach sich herum. Nach Ablauf des Patentschutzes entschloss sich Nitsche sofort, auch eine Maschine aufzustellen. Aus Gründen, die nicht bekannt sind, kaufte er sie in England bei Braithwaite, der sonst nicht als Lieferant auftrat. 1834 ging die Maschine in Betrieb und wurde später von Donkin mit Knotenfänger und Sandfang nachgerüstet. Parallel mit der Industrialisierung wurden die Bütten abgeschafft. Das letzte Wasserzeichen trägt die Jahreszahl 1834. Am 17. Januar 1838 verstarb Nitsche. Er hinterließ eine Witwe und drei erwachsene Söhne.

Der älteste Sohn, Gustav Adolf Alexander, betrieb zusammen mit dem Vater als Kaufmann und Papierfabrikant zusätzlich eine Lumpensortieranstalt. Die beiden jüngeren Söhne führten die Geschäfte in Wolfswinkel. Die Geschäftsleitung blieb jedoch in Berlin; die jüngeren erteilten dem älteren Bruder Generalvollmacht. Die Pflicht zur Papierlieferung an die Regierung, im Erbpachtvertrag von 1767, wurde aufgehoben. 1860 trat die nächste Generation an: Johann Friedrich Nitsche, der Enkel des gleichnamigen Firmengründers, übernahm die Führung in Wolfswinkel. 1865 trat der wohlhabende Berliner Techniker Bernhard Carl Marggraff als Teilhaber ein und verlegte seinen Wohnsitz nach Wolfswinkel. 1866 wurde die zweite Papiermaschine, 175 cm breit, von Escher Wyss & Cie., Zürich, aufgestellt. Die einstige Vereinbarung zwischen dem Berliner Großhandelshaus Nitsche und der Papierfabrik Wolfswinkel, wonach die gesamte Produktion nur an die Muttergesellschaft geliefert werden durfte, blieb unverändert in Kraft. Nur ein Jahr nach der neuerlichen Kapazitätsvergrößerung verstarb Johann Friedrich Nitsche.

Am 24. Januar 1868 erwarb der Gutsbesitzer Adolph Westphalen den früher Johann Friedrich Nitsche gehörigen Anteil an der Fabrik von Gustav Adolph Nitsche zu Berlin, wohl als Vertreter der Erbengemeinschaft. Zwischen den Teilhabern Marggraff und Westphalen gab es dann Differenzen, über die aber nichts Näheres gefunden wurde. Etwa im August 1871 schied Westphalen wieder aus und Marggraff war damit Alleineigentümer.

Mit Gesetz vom 11. Juni 1870 wurde der Konzessionszwang für die Gründung von Aktiengesellschaften aufgehoben. Die Wirtschaft boomte. 23 neu gegründete Papierfabriken drängten auf den Markt mit dem Effekt, dass zunächst die Rohstoffpreise stiegen, bald aber ein Überangebot zu Preisverfall führte. Am 2. März 1872 wurde die Firma »Wolfswinkel Papierfabrik auf Actien« »commissionsweise« von Heinrich Quistorp mit einem Aktienkapital von 350.000 Talern gegründet. Marggraff leitete das Unternehmen als technischer Direktor. Der Ingenieur G. Schultz errichtete 1873 eine Natronzellstofffabrik nach Plänen von J. A. Lee, die aber bereits nach wenigen Jahren wieder stillgelegt wurde. Die Turbulenzen der später als Gründerjahre bezeichneten wirtschaftlichen Katastrophe verschonten Wolfswinkel als eine der 23 in Preußen in Konkurs gegangenen Papierfabriken nicht. 1875 war das Ende.

Bei der Zwangsversteigerung der auf die AG eingetragenen Grundstücke blieb Carl Bernhard Marggraff mit einem Gebot von 411.000 Mark meistbietend. Er nahm im Sommer 1876 den Kaufmann Otto Engel als Gesellschafter auf. Die Papierfabrik firmierte seitdem als »Marggraff & Engel Wolfswinkel«. Obwohl Prof. Alexander Mitscherlich seit 1879 Sulfitcellulose fabrikmäßig herstellen konnte, wagte es Ernst Wartenberg, unter Leitung des Zivilingenieurs Greiner und Friedrich von Hößles, zuvor Cellulose-Dirigent in Cöslin, eine neue Natroncelluloseanlage zu bauen. Die Anlage arbeitete zunächst mit einer Tagesleistung von 800 kg zufriedenstellend, doch beeinflussten hoher Kohlenverbrauch und die 1883 eingeführte billigere Verwendung von Glaubersalz an Stelle von Soda mit der argen Luftverpestung, dazu Preisverfall, die Rentabilität. 1884 wurde die Anlage stillgelegt; Marggraff & Engel kauften die Gebäude zurück. Die technische Einrichtung wurde von der Papierstofffabrik A.-G. Altdamm übernommen. Bis 1885 stand die Firma J. C. Nitsche noch in der Spalte »Papierfabriken« in den Berliner Adressbüchern. Als Großhandelsunternehmen wird sie wohl nach wie vor Wolfswinkeler Papier geführt haben.

Kommerzienrat Marggraff hielt am 20. Juli 1890 die Festansprache zum 125-jährigen Werksjubiläum. Das Redemanuskript mit der Beschreibung der Fabrikgeschichte ist erhalten und findet sich im Brandenburgischen Landeshauptarchiv.[121] Nach 1900 wurden die Ruinen der Zellstofffabrik beseitigt, das Hauptgebäude für die Lumpenaufbereitung umgebaut. Die Papiermaschinen erhielten elektrischen Antrieb. Der Strom, monatlich etwa 150.000 kWh, wurde vom benachbarten Märkischen Elektricitäts Werk bezogen. Drei Kocher, zwei Kollergänge, zwei Bleichholländer und 16 Holländer bereiteten den Stoff für zwei Langsiebmaschinen von 150 und 170 cm Arbeitsbreite.[122] Im Ausrüstungssaal standen vier Kalander, Querschneider, Umroller, Planschneider usw. Das Produktionsprogramm hatte sich allmählich von den holzhaltigen Sorten bereinigt und umfasste nun vornehmlich Normalpapiere, Bücherpapier, Kartons bis zu den besten Dokumentenpapieren sowie Kabelpapieren für die Schwach- und Starkstromindustrie, speziell für die Siemens-Schuckertwerke. Am 5. Juni 1917 starb der Kommerzienrat Karl Marggraff. Er hinterließ acht Töchter. Mit Jahresbeginn 1918 wird im Handelsregister des Amtsgerichts Eberswalde eingetragen: »Marggraff & Engel GmbH., Wolfswinkel. Zweck der Gesellschaft ist die Fortführung des Betriebes der Marggraff & Engel Kommanditgesellschaft. Geschäftsführer sind der Kaufmann Karl Dihlmann und der Oberingenieur August von Eicken«.

Mit Karl Marggraffs Tod endete die patriarchalisch geprägte Ära. Die Siemens-Schuckertwerke GmbH erwarb die Papierfabrik, die nun Teil der großen Siemens-Familie wurde. Die Produktion richtete sich zunehmend nach dem Bedarf von Siemens. 1929 wurde in einer neuen Halle die dritte Doppellangsieb-Papiermaschine mit einer Arbeitsbreite von 300 cm und einer Länge von 65 m aufgestellt. Ihre Höchstgeschwindigkeit betrug 140 m/min. Sie war damals die modernste Papiermaschine Europas. 1935 hieß die Firma »Papierfabrik Wolfswinkel der Siemens-Schuckertwerke AG«. Es waren eine Langsiebmaschine von 174 cm und die erwähnte Doppellangsiebmaschine mit 288 cm beschnittener Arbeitsbreite in

Betrieb, auf denen täglich 20 t Kabelisolier-, Pack-, Schreib-, Druck-, Bücher- und Normalpapiere, weiße und farbige Kartons gefertigt wurden.[123] 1938 wurde die PM 1 durch eine moderne kleine ersetzt, auf der Versuche mit Feinpapieren mit und ohne Wasserzeichen gefahren wurden, dazu Lichtpauspapier, farbige Papiere und solche aus Glasfasern, Schlackenwolle und Manilahanf. Anfang Mai 1945 begann die Demontage des Werkes; am 30. Oktober 1945 wurde die Firma enteignet. Die Demontagearbeiten endeten im Frühjahr 1946. Übrig blieben Teile der alten PM 1, drei große Holländer und einiges anderes, von cleveren Arbeitern geschickt beiseitegeschafft. Im September 1946 wurde der erste Stoff gemahlen, und bald lief die erste Papiermaschine wieder an. Eine zweite wurde aus der in Bredereiche (bei Templin) gelegenen, ausgebrannten alten Fabrik für Graukarton und Packpapier (Märkische Holzstoff- und Pappenfabrik GmbH) herangeschafft, die dem hingerichteten Hitler-Verschwörer General Höpfner gehört hatte. Im Frühjahr 1949 kam sie zum Laufen. 1950 firmierte der Betrieb »Papierfabrik Wolfswinkel, VVB (Z) Papier« und erzeugte Kabel- und Isolierpapier.[124] 1951 wurde dem VEB Papierfabrik Wolfswinkel die Papierfabrik Spechthausen angegliedert. 1956 wurde die nach der Demontage wieder aufgebaute Handschöpferei nach Wolfswinkel verlagert. Die Papiermaschinen produzierten indessen vornehmlich technische Papiere, wie Kabelisolier- und Schleifrohpapiere. Am 1. Januar 1982 wurde der VEB Papierfabrik Wolfswinkel dem 1958 gegründeten VEB Papier- und Kartonwerke Schwedt zugeordnet. Aus denen wurde nach der Wiedervereinigung die Papier- und Kartonfabrik Schwedt GmbH und 1992 die Georg Leinfelder GmbH., 1999 LEIPA. In Wolfswinkel wurde 1990 die Wolfswinkel Papier GmbH gegründet. Wie fast alle Papierfabriken der Ex-DDR war sie den Anforderungen des Weltmarktes nicht gewachsen. Die Privatisierung 1992 misslang, der Konkurs wurde 1994 eröffnet. Die Maschinen wurden nach Sumatra (Indonesien) verkauft. Wolfswinkel ist heute Sitz des Papiermuseums Wolfswinkel-Spechthausen.

3.3.33 Papiermühle Woltersdorf

In dem Luckenwalder Stadtteil Woltersdorf betrieb der Papiermacher Heno Henrich 1689 im Nuthetal eine Papiermühle. Seine unmittelbaren Nachfolger sind nicht bekannt.

Mitte des 18. Jahrhunderts war Philipp Balthasar Schmidt, verheiratet mit Sabina Christiane Louise Lüder, Besitzer. Er verkaufte das Werk am 14. Februar 1760 dem Papiermachermeister Georg Friedrich Boenicke, in dessen Familie die Mühle bis zur Aufgabe der Papiermacherei verblieb. Das Datum der Stilllegung ist nicht bekannt. 1904[125] hieß die Firma Wilhelm Schlüter, die auf zwei Maschinen Pappen erzeugte.[126] Daraus entstand wohl eine Wellpappenfabrik, die 1933 noch arbeitete.

Papiermühle Zehdenick

3.3.34

Zehdenick liegt an der Havel zwischen Joachimsthal am Werbellinsee und Gransee. Nachweislich bestand dort bereits vor dem Dreißigjährigen Krieg eine Papiermühle. Dokumente im Geheimen Staatsarchiv Preußischer Kulturbesitz bezeugen, dass sie 1643 von den Schweden zerstört wurde und bald darauf abgebrannt ist. 1645 ordnete der Große Kurfürst den Wiederaufbau an, »weil sonst das vom Hofe benötigte Papier vom Ausland bezogen werden müsste«.[127] Sie wurde alsbald wiedererrichtet, brannte jedoch 1710 von Neuem ab. Sie wurde unverzüglich wieder aufgebaut. Über das weitere Schicksal der Mühle ist nichts bekannt. Alle Akten der Stadtverwaltung Zehdenick wurden bei einem Großfeuer 1801 vernichtet.

Brandenburger Papiermühlen und -fabriken in der Statistik 1911[128]

3.3.35

Kreis Niederbarnim beschäftigt	13 Arbeiter	Jahresproduktionswert	5.200 Tlr
Kreis Oberbarnim Ebart, Spechthausen	107	2.400 Ballen	40.000 Tlr
Arsand, Wolfswinkel	78	1.500 Ballen	30.000 Tlr
Meißner, Falkenberg b. Freienwalde	7		3.080 Tlr
Kreis Zauche und Luckenwalde	37		7.642 Tlr
Die übrigen Kreise beschäftigen	6		5.412 Tlr

1804 waren in dem gleichen Gebiet 224 Papiermacher beschäftigt, die für 76.576 Taler Papier produzierten. 1908 wurden gezählt: zwölf Papierfabriken, 24 Pappenfabriken, 11 Holzschleifereien und zwei Cellulosefabriken mit etwa 3.600 Arbeitern und rund 378.500 Talern Produktionswert. Die Zahl der Beschäftigten ist nahezu auf das 15-fache, der Produktionswert aber auf fast das 42-fache gewachsen.

4 Das Maschinenzeitalter

4.1 Erfinder und Entwickler

4.1.1 Die Langsieb-Papiermaschine: Von Robert bis Gamble

Nach 2.000 Jahren zwar mehrfach verbesserter, im Prinzip aber gleichgebliebener handwerklicher Fertigung von Papier wurde mit der vorletzten Jahrhundertwende das Ende dieser immer noch recht primitiven Technik eingeläutet. 1798 erfand der Franzose Nicolas-Louis Robert die Papiermaschine, auf die er 1799 ein Patent erhielt. Die Politik trug die Schuld – oder das Verdienst? – daran. Robert war viele Jahre Soldat gewesen. Nach seinem Ausscheiden aus der Armee fand er Anstellung als Lektor in der Großdruckerei von François Didot in Paris und fiel alsbald seinem Chef durch intensive und penible Arbeit auf. Didot machte ihn deshalb zunächst zum Buchhalter, dann zum Meister und schließlich zum Werkführer seiner Papiermühle in Essonnes, die mit ihren damals 300 Beschäftigten zu den Großbetrieben der Branche gehörte. Die Revolution von 1789 hatte zu zahlreichen Aufständen und Unruhen in der Arbeiterschaft geführt, wodurch auch das Unternehmen Didots erheblich beeinträchtigt wurde. Robert sann deshalb darüber nach, ob und wie menschliche Arbeitskraft durch Maschinen, die zumindest nicht aus politischen Gründen streiken, ersetzt werden kann. Mit Zustimmung und finanzieller Hilfe seines Chefs fertigte er schließlich ein Tischmodell an, das er Didot vorführte. Der zeigte sich von dem Prinzip durchaus angetan und initiierte den Bau einer praktisch nutzbaren Papiermaschine in der fabrikeigenen Werkstatt. Wohl deshalb wird von manchen Autoren fälschlich Didot als Erfinder bezeichnet.[1]

Roberts Erfindung hatte einen Vorläufer, der allerdings in Statu Nascendi[2] geblieben ist: 1797, also zwei Jahre vor Robert, hatte der Inhaber der Papierfabrik Klein-Neusiedel, Ignaz Theodor Pachner Edler von Eggenstorf, eine »metallene feine Zeugmaschine«[3] konstruiert, die mit Privilegien belegt, also etwa: patentiert wurde. In Österreich hat man mit eigenen Konstruktionen weitergearbeitet. Unter den folgenden Erfindungen ragt der Name Ludwig Ritter von Peschier, des früheren Besitzers der 1767–69 erbauten Papierfabrik Franzenstal bei Ebergassing, heraus. 1819, sieben Jahre, bevor die erste Papiermaschine von Bryan Donkin in Österreich montiert wurde, stellte von Peschier eine Papiermaschine nach eigenem Patent auf, die ausgezeichnete Erfolge erzielt haben soll. An der Seite Peschiers wirkte der Fabrikdirektor Vincenz Sterz. Den beiden gelang die weitere Verbesserung der ursprünglichen Maschine. Am 23. Dezember 1821 wurde ihnen ein weiteres Patent erteilt.

Die vereinzelten österreichischen Erfinder waren sämtlich selbst Fabrikbesitzer und verwendeten selbstverständlich ihre patentierten Erfindungen nur in ihren eigenen Betrieben.

Das Maschinenzeitalter

Nicolas-Louis Robert.

Leider sind keine detaillierten Beschreibungen oder Zeichnungen dieser Konstruktionen überliefert. So mag man die Geschichte glauben oder nicht; erwähnenswert ist sie auf jeden Fall. Österreich war unbestreitbar Neuerungen aufgeschlossen, und so ist es leicht verständlich, dass die Papierfabrik Kaisermühle bei Prag als erste im Lande 1826 eine Papiermaschine von Bryan Donkin aufstellte. Seit 1864 war Prosper Piette Besitzer dieser Fabrik für Seiden- und Zigarettenpapier. Er war es, der alsbald den Anspruch erhob, in Dillingen die erste Donkinsche Maschine in Deutschland aufgestellt zu haben.

»Zu den wichtigsten und merkwürdigsten Erfindungen im Gebiete der veredelten Industrie gehört die neue Erfindung Papier zu verfertigen, welches nicht in einzelnen Bogen geschöpft, sondern mittelst einer besondern Maschinerie, in einem Continuum hervorgebracht wird, und in jeder beliebigen Länge, Breite und Stärke dargestellt werden kann.

Die erste Erfindung hiezu machte Didot in Frankreich. Schon 1801 verfertigte derselbe Papier durch ein Drathgitter ohne Ende. Sein Unternehmen ward aber in Frankreich nicht gehörig gewürdigt, fand nicht gehörige Unterstützung, und hatte daher keinen Fortgang. Er wandte sich nach England, und richtete zu London, in Verbindung mit andern Unternehmern, eine Papiermühle ein. Am 24. July 1806 ward das erste Patent auf diese Erfindung von dem Papier-Fabrikanten Henry Fourdrinier gelöset, und unterm 14. August 1807 ward dasselbe auf die Namen der Papier-Fabrikanten Henry und Seale Fourdrinier zu London, und John Fanible zu Neots in der Grafschaft Huntigdon gestellt, auf 14 Jahre ausgedehnt; von diesen Inhabern ist seitdem die Vervielfältigung dieser Maschinerie in Großbrittanien ausgegangen.

Natürlicherweise erfuhr die ursprünglich mehr zusammengesetzte Maschinerie bald wesentliche Vereinfachungen und Verbesserungen; und so entstand die jetzt vorhandene, höchst zweckmäßige und vollkommen mechanische Vorrichtung, mittelst welcher das Papier, ohne Zuthun einer menschlichen Hand, in einem fortlaufenden Zusammenhange erzeugt, und in einer solchen Gestalt hervorgebracht wird, daß man ein Stück Papier von mehreren Meilen Länge würde verfertigen können, wenn dieses verlangt würde.

Es war zu erwarten, dass diese, den Betrieb der bisherigen noch auf einer niedrigen Stufe technischer Vollkommenheit stehenden Papier-Fabrikation wesentlich verändernde und verbessernde Verfahren, in jenem gewerbreichen Lande bald die allgemeine Aufmerksamkeit auf sich ziehen und in die vorzüglichsten Papiermühlen eingeführt werden würde. Das ist auch geschehen. Die patentirten ersten Unternehmer haben die ihnen ausschließlich zustehende Befugnis, nach ihrer eigenthümlichen Methode zu fabriciren, vielen anderen Inhabern von Papier-Fabriken, gegen eine gewisse festgesetzte Vergütung abgetreten, und es sind

Erfinder und Entwickler

gegenwärtig schon mehr als 50 Papier-Fabriken in Großbrittanien mit der Maschinerie zur Hervorbringung des Papiers ohne Ende versehen, die darauf mit dem glücklichsten Erfolge arbeiten.

Eben so war abzusehen, daß das Festeland sich diese nützliche Erfindung bald aneignen würde. In Russland existirt eine darauf eingerichtete Anstalt, die für kaiserl. Rechnung betrieben wird. Frankreich besitzt ebenfalls eine Fabrik, worinn nach der neuen Methode gearbeitet wird; und das dritte Etablissement dieser Art auf dem Continente ist für jetzt die in Berlin (in der Mühlenstrasse Nr. 75 unfern des Strahlauer Thores) neu errichtete Papier-Fabrik, welche für Rechnung einer Gesellschaft von Actien-Inhabern angelegt, und in Betrieb gesetzt ist.«[4]

Wir sind leicht versucht, über einen solchen Bericht und die darin enthaltenen Irrtümer zu lächeln. Keine der genannten Bauarten hat Nachfolger gefunden. Der Erfinder der Papiermaschine war ohne jeden Zweifel Nicolas-Louis Robert. Didot war sein Chef und Finanzier. Die Brüder Fourdrinier haben mit dem Robertschen Prinzip des Langsiebs experimentiert und Patente erworben, doch der bedeutendste Konstrukteur der ersten funktionsfähigen Papiermaschinen war und blieb über Jahrzehnte Bryan Donkin, der gar nicht erwähnt wurde. Man muss sich aber den damaligen Stand europaweiter Kommunikation vor Augen führen: Noch

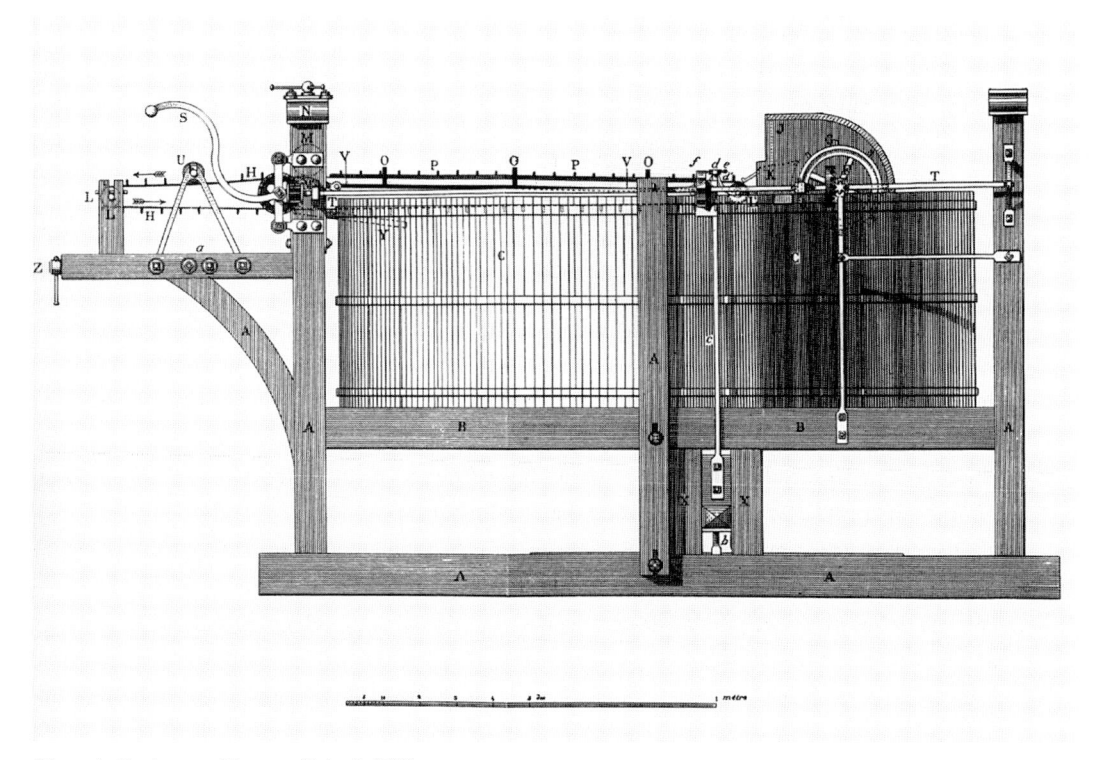

Die erste Papiermaschine von Robert, 1798.

immer war es der Kontakt von Mensch zu Mensch, der Mitteilungen über das Land verbreitete. Dass sich dabei manche Ungenauigkeit im Verlauf der Weitergabe potenzierte, liegt in der allgemeinen menschlichen Unzulänglichkeit. Daran hat sich bis heute nichts geändert. Erst der technische Fortschritt hat diese Quelle fehlerhafter Informationen versiegen lassen. (Wir wollen dabei nicht über die Gefahren von unabsichtlichen oder auch absichtlichen Fehlern diskutieren.) Wer weiß denn, wie jung tatsächlich die uns unverzichtbar erscheinende Presse ist, die uns allmorgendlich das Neueste bietet – und das auch noch im Wettbewerb mit den elektronischen Medien: Rundfunk, Fernsehen, Internet?[5]

Nur der Vollständigkeit halber sei hier eingefügt, dass die Gebrüder Fournier, bevor sie das Prinzip des Langsiebes für sich nutzten, 1802 Versuche mit einer Maschine gemacht hatten, die Papier bogenweise schöpfte. Obwohl sie beizeiten das Verfahren als Irrweg erkannt hatten, fanden sich Nachfolger, denen aber gleichfalls kein Erfolg beschieden war: 1807 Desétables, 1807/12 Cobb, 1881 Max Sembritzki, 1889 Dupont, 1927 Stegherr. Ihre Namen sind inzwischen längst vergessen – ausgenommen Max Sembritzki, damals Direktor der österreichischen Papierfabrik Schlöglmühl. Seine Bogenschöpfmaschine soll vorzügliches Papier gemacht haben; leider erwies sie sich als unwirtschaftlich. Sembritzki hat sich auch einen Namen als Autor in der Fachpresse erworben. Zu dieser Zeit war längst die maschinelle Herstellung von »Büttenpapier« mittels der Rundsiebmaschine zur Perfektion gelangt.

In der uns hier interessierenden Zeit, der der umwälzenden Erfindungen im Bereich der Papierherstellung seit Beginn des 19. Jahrhunderts, breiteten sich die ersten periodisch erscheinenden Blätter langsam und nur in geringem Umkreis um den Erscheinungsort aus. Im 18. Jahrhundert wurden in Deutschland etwa 200 Tageszeitungen herausgegeben, deren größte, besonders die Leipziger und die nachmalige Vossische, Auflagen bis zu 2.000 Exemplaren erreichten. Einige wenige Verlage schufen die Basis künftigen Wachstums und langer Lebensdauer ihrer Titel: die »Leipziger Zeitung«, die »Augsburger Postzeitung«, die »Magdeburgische Zeitung« und als erstes Berliner Blatt die »Vossische Zeitung«. Letztere hatte Vorläufer in einer titellosen Postzeitung seit 1617, erschien aber erst seit 1824 als Tageszeitung »Berlinische Privilegierte Zeitung« und mit dem bis heute bekannten Titel »Vossische Zeitung« dann ab 1911. Sie kam 1914 in den Besitz des Ullstein-Verlages und wurde kurz nach der nationalsozialistischen Machtübernahme am 31. März 1934 eingestellt.

Es kann also nicht verwundern, dass nur eine für die Fachwelt gedachte Publikation wie das »Kunst- und Gewerbblatt« Berichte wie den vorstehenden druckte. Diese Art Fachpresse konnte sich noch eine kurze Zeit der nationalsozialistischen Gleichschaltung entziehen.

Der französische Staat zeigte sich an Roberts Erfindung interessiert und gewährte eine Subvention in Höhe von 3.000 Francs. Robert erhielt auf seine Erfindung Patentschutz mit der Nr. 329 für 15 Jahre, wofür er 1.500 Fr. Gebühr zu zahlen hatte.

Kernpunkt seiner Erfindung war das Prinzip des endlosen Siebes, das, aus gewebtem Kupferdraht, 64 cm breit, 340 cm lang, über eine Gautschpresse (zwei Walzen direkt über der Stoffbütte) lief und mittels einer Handkurbel angetrieben wurde. Schwerstarbeit hatte der Arbeiter zu leisten, der die Kurbel so gleichmäßig wie möglich zu betätigen hatte. Der Maschinenführer hatte die Spannung des Siebes ebenso zu regeln wie den Druck der oberen Anpresswalze und musste außerdem den Bütteninhalt umrühren und jeweils neuen Stoff nachschütten, um dem Schöpfrad eine annähernd gleichmäßige Faserstoffkonzentration zu bieten.

Die Maschine ermöglichte die Herstellung endlosen Papiers mit einer Tagesleistung, die der von drei bis vier Bütten entsprach. Eine Voraussetzung hierfür war die eben erst gefundene Möglichkeit, dünnen Draht zu weben und das Sieb zu einem endlosen zusammenzufügen. Es erhielt den Stoff mittels eines Schöpfrades. Über ein Gleitblech floss der hochgeworfene Stoff mit ein bis zwei Prozent Fasergehalt im Wasser auf das Sieb. Das Wasser lief durch und hinterließ die Fasern. Dort verteilten sie sich dank einer Schüttelung des Siebes über dessen Breite, und die Schüttelung minderte gleichzeitig die unerwünschte Faserausrichtung in die Laufrichtung. Um das Überlaufen des sich bildenden Faservlieses am Siebrand zu verhindern, installierte Robert auf jeder Seite einen Deckelriemen, wobei er Versuche mit Aalhaut und Kupferblech machte. Der Trockengehalt am Ende der Siebpartie lag bei etwa fünf Prozent. Das Siebende hatte eine Nasspresse, zwei übereinanderliegende Walzen mit Verstellbarkeit der oberen. Durch den regelbaren Pressdruck und die variable Neigung des Siebtischs konnte das Flächengewicht beeinflusst werden. Eine Spannvorrichtung hielt das Sieb straff. Auf einer leicht auswechselbaren hölzernen Walze wurde das nasse Papier aufgewickelt und jeweils nach etwa fünf Metern von Hand zwecks Trocknung an der Luft wieder abgezogen. Bei einer Arbeitsgeschwindigkeit von fünf m/min konnte die Maschine täglich 100 kg Papier »ohne Ende« produzieren. Das stimmte so noch nicht: Das nasse Papier wurde in händelbare Enden, sprich: Bogen, getrennt, zum Trocknen aufgehängt, geleimt und nochmals getrocknet.

In dem Didotschen Betrieb wurden Druck-, Zeichen-, Tapeten- und Landkartenpapiere gefertigt. Die erzielte Qualität wurde sogar gerühmt. Gleich dem Schicksal manch eines Erfinderkollegen ermangelte es jedoch auch Didot des erforderlichen Kapitals oder eines Sponsors, um seiner Idee zum finanziellen Erfolg zu verhelfen. Die wirtschaftliche Situation Frankreichs ließ die Politik keinen Bedarf für eine Mehrproduktion erkennen; die Bitte an die Regierung um eine weitere Subventionierung blieb erfolglos. Dabei hatten sich die Buchproduktion und das Aufkommen der Zeitungen als eine Informationsquelle für das Bürgertum bereits weitgehend durchgesetzt. Der Erfinder Robert befasste sich auf eigene Faust mit Versuchen, eine verbesserte Maschine zu bauen, doch setzten seine beschränkten Mittel ihm allzu enge Grenzen. Er verkaufte deshalb das ihm erteilte Patent an seinen Chef. Der wiederum hatte einen Schwager, den Engländer John Gamble, der als Regierungsbeamter in einer britischen Behörde in Paris tätig war. Er hatte in Esconnes die ersten Versuche Roberts gesehen. Nach dem erfolgreichen Einsatz der Robertschen Maschine bewog Didot den Schwager zur Rückkehr nach England, um dort ein britisches Patent anzumelden[6] und sich um Förderer zu bemühen. Einen solchen fand er mit dem Papiergroßhändler Bloxham, der ein Drittel des Patents Nr. 2487 übernahm.

Die technische Revolution

4.1.2

Roberts Idee war nichts weniger als eine Revolution in einem seit 2.000 Jahren ausgeübten Gewerbe, das sich in Europa nicht als ein solches, sondern als Ausübung einer Kunst verstand. Im 18. Jahrhundert, einer Zeit der Aufklärung, war die geistige Voraussetzung für die allenthalben in Gang kommende Industrialisierung geschaffen worden. Zwar hatte Gutenberg den Buchdruck mit beweglichen Lettern bereits seit 1446 ausgeübt, doch blieb auch dieser Beruf handwerklich und damit relativ teuer. Erst die in der ersten Hälfte des 19. Jahrhunderts Schlag auf Schlag folgenden Erfindungen und Entwicklungen von der Papiermaschine über die Herstellung von Holzschliff und bald darauf Zellstoff, von der Tiegeldruck- über die Schnellpresse zur Rotationsdruckmaschine ermöglichten die massenhafte Herstellung von Büchern und Zeitungen zu für breite Bevölkerungskreise erschwinglichen Preisen. Kaum ein anderes Material hat so viel zur Entwicklung der menschlichen Kultur beigetragen wie das Papier. Diese Aussage hat bis heute nichts von ihrer Bedeutung verloren. Die elektronischen Medien bieten Informationen für den Augenblick. Manche ihrer Speicher haben eine extrem geringe Lebensdauer. Papier, nach den Erkenntnissen der letzten 50 Jahre, aus guten (nachwachsenden!) Rohstoffen unter Einhaltung der speziellen Bedingungen für Langlebigkeit gefertigt, kann Äonen überdauern. Wenn das erste Papier der (unbekannten) chinesischen Erfinder nach mehr als 2.000 Jahren auch ohne klimageschützte Aufbewahrung noch erhalten ist, gibt es keinen Grund anzunehmen, dass unsere heutigen Spitzenprodukte nicht noch älter werden können.

Fourdrinier, Hall, Donkin

4.1.3

Nach dem britisch-französischen Friedensschluss von 1802 übertrug Didot die Leitung seiner Papierfabrik an Robert und siedelte selbst nach London über. Die Papiergroßhandlung der Gebrüder Fourdrinier (in England Fourdreneer geschrieben) unterhielt in Dartfort eine kleine Maschinenfabrik unter der Leitung von John Hall. Dort bauten Didot und Gamble die Robertsche Maschine nach und unternahmen Versuche mit ihr. Dabei war ihnen der Schwager von John Hall, Bryan Donkin, behilflich, ein Drahtweber. Didot und Gamble hatten mit ihrer Arbeit keinen Erfolg und beendeten sie deshalb. Donkin aber, der Ingenieur, der unablässig an der Verbesserung der neuen Maschine tüftelte, legte Ideen vor, die die Brüder Fourdrinier veranlassten, ihn 1802 mit dem Bau einer größeren Papiermaschine zu betrauen. Diese, im Folgejahr unter Nr. 2708 für Gamble patentiert, hatte eine Sieblänge von 8,25 m, damit also etwa das Doppelte der Robertschen, und auch fast die doppelte Breite mit 1,22 m. Sie unterschied sich erheblich von dem Vorgängermodell und wurde in einer Werkstatt in Bermondsey bei London gebaut, die die Fourdriniers eigens für diesen Zweck einrichteten. Diese Maschine konnte 1804 in der gleichfalls dazu erworbenen Papiermühle Frogmore

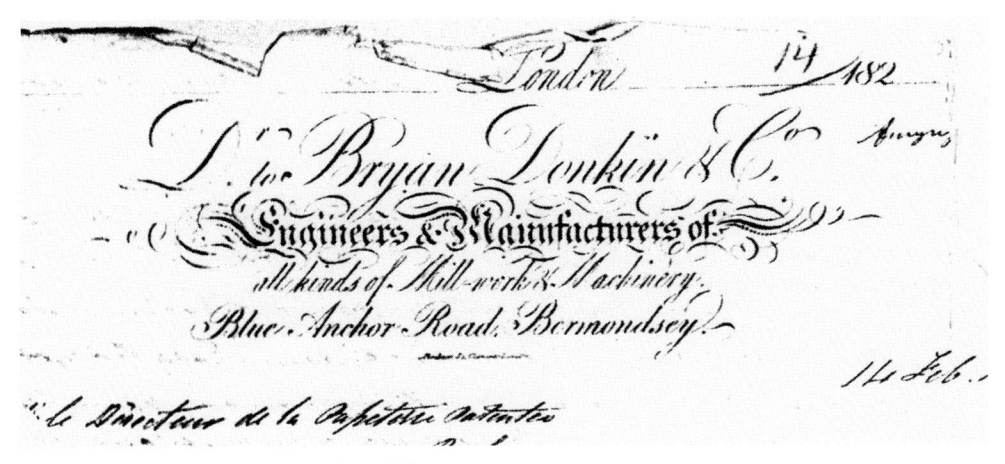

Briefkopf der Firma Bryan Donkin & Co., 1836.

(Herfordshire) überzeugende Ergebnisse liefern. Obwohl die Fourdriniers nicht die Techniker waren, setzte sich doch die Bezeichnung »Fourdrinier« weltweit für Jahrzehnte als Synonym für Langsieb-Papiermaschinen durch.

Bryan Donkin erwies sich als ein kongenialer Konstrukteur und Mechaniker.[7] (Heute würde man ihn Ingenieur nennen). Er trennte die Stoffbütte von der Siebpartie, fügte zwei Obersiebe ein, installierte die Gautsche am Siebende und hinter ihr eine Nasspresse mit Nassfilz. Die Deckelriemen wurden aus Leder angefertigt. Kleine rotierende Walzen, später Registerwalzen genannt, stützten das Sieb ab. Die Entwässerung und damit der Trockengehalt der Papierbahn wurde dadurch bedeutsam erhöht. Die Aufrollung der Bahn erfolgte auf einer Haspel. Mit diesem Erfolg darf Frogmore als die weltweit erste Papierfabrik bezeichnet werden, die mit einer Maschine produzierte. (Es sollten noch 15 Jahre vergehen, bis mit der Patent-Papier-Fabrik zu Berlin die erste deutsche Papierfabrik die Produktion aufnahm.) Es gab also zunächst noch nicht das »Papier ohne Ende«, denn nach wie vor musste die nasse Bahn von der Haspel abgezogen, in Bogen geschnitten und an der Luft getrocknet werden.

Donkin arbeitete für sich weiterhin an Verbesserungsideen. Bereits drei Monate nach dem Anlauf der Maschine in Frogmore überzeugte er die Kapitalgeber Didot, Gamble und die Gebrüder Fourdrinier vom Wert seiner Weiterentwicklung. Sie entschlossen sich zum Bau einer noch breiteren Maschine. Die Sieblänge belief sich nun auf 7,50 m bei einer Arbeitsbreite von 137 cm. Die Arbeitsgeschwindigkeit lag bei sechs m/min. Gamble meldete dazu 1806 das Patent Nr. 2951 an. Mit dem Bau wurde wiederum Donkin betraut, der

Bryan Donkin.

inzwischen die Fabrik in Bermondsey erworben hatte. Hier produzierte er die Maschine, die 1805 in der Fourdrinierschen Papierfabrik Two Waters installiert wurde. Didot hatte sich in fünf Jahren in England zusammen mit seinem Schwager Gamble und Bryan Donkin allein der Entwicklung der Papiermaschine gewidmet und keine Zeit für seine französischen Unternehmen gefunden. Er verlor dadurch seine Papierfabrik Essonnes im Konkursverfahren.

Gamble konnte die einschlägigen englischen Patente auf sich vereinigen. Er half Donkin in den beiden Werkstätten und leitete den Aufbau von Maschinen in den Papierfabriken. Donkin blieb jedoch auf Dauer der große Erfinder, dessen Ideenreichtum schier unerschöpflich war. Er hatte sich 1803 selbstständig gemacht und besaß für einige Jahrzehnte praktisch das Monopol auf die Fertigung von Papiermaschinen, weil einer seiner Erfindungen die nächste folgte, also ständige Verbesserungen vorgenommen wurden: die Ablösung der Handkurbel durch Dampfkraft schon in der ersten Maschine[8], ein Rührwerk im Stoffkasten, die Gautschwalze am Ende der Siebpartie, die Deckelriemen aus Gummi, die das seitliche Abfließen des Stoffes vom Sieb verhinderten, die Nasspresse mit Filz. Canson erfand eine Saugpumpe zur besseren Entwässerung. John Dickinson führte eine zweite Nasspresse ein. Bald folgte der Einbau von Trockenzylindern, die Thomas B. Crompton[9] 1820 patentiert wurden, und die Installierung eines Rollapparates.

Die älteste noch erhaltene Papiermaschine der Welt ist im Deutschen Museum in München zu sehen. Sie ist viereinhalb Meter lang und wurde für die Moulin de la Combe-Basse im Val de Laga bei Ambert in der Auvergne gebaut. Sie hat eine Arbeitsbreite von 75 cm, arbeitete mit einer Geschwindigkeit von fünf m/min, besteht größenteils aus Holz für die Stuhlung und geschmiedeten eisernen Teilen und wurde durch ein Wasserrad betrieben. Sie entstand 1820, eventuell auch erst bis 1850, in der Maschinenfabrik Calla in Paris nach dem Vorbild der ältesten Donkinschen Maschinen. Deren ständige Verbesserungen sind an ihr jedoch spurlos vorübergegangen. Das Deutsche Museum erwarb die Maschine 1973 vom Firmenmuseum der Feinpapierfabrik Lana in Docelles in den Vogesen. Die Berliner Maschine war deutlich moderner. Ihre Konstruktionszeichnung ist erhalten; eine Kopie ist in Hohenofen zu sehen.

Als früheste Patentierung einer Papiermaschine in Deutschland wird von von Hößle[10] das Jahr 1817 angegeben, in dem der damals bedeutenden Papiermühle Buhl in Ettlingen (Baden) die beantragte Exklusivität bewilligt wurde. Das Unternehmen, das damals in zwei Mühlen fünf Bütten betrieb, nutzte das Recht jedoch nicht aus. Erst 1828 wurde eine Maschine von Risler Frères & Dixon, Cernay, installiert.[11]

Die erste Papiermaschine, die in Deutschland 1818/19 aufgestellt wurde, war die der Patent-Papier-Fabrik zu Berlin, zunächst noch ohne Trockenzylinder, die nach einigen Jahren nachgerüstet wurden. Auch die erste Papiermaschine der Patent-Papierfabrik Hohenofen, des späteren Zweigwerks der Berliner Gesellschaft, kam 1838 von Donkin. Die Arbeitsgeschwindigkeit stieg inzwischen auf zehn m/min. Insgesamt lieferte Donkin bis 1862 etwa 300 Papiermaschinen aus. Die Firma Bryan Donkin & Co. bestand 2004 noch. Eine Firma Howdon

Compressors mit weltweiten Niederlassungen gibt auf ihrer Hompage (2011) als Ursprung Bryan Donkin & Co. in Chesterfield an. Dieser Ort taucht in der Literatur nirgends auf. Ob hier ein enger Zusammenhang besteht, bleibt demnach offen.

John Gamble erhielt am 28. Mai 1823 mit Königlich Württembergischem Dekret das Patent für Württemberg, die »von ihm erfundene« Maschine zur Bereitung des sogenannten »endlosen Papiers« einzuführen. Am 28. Juni desselben Jahres erteilte die Königliche Kreisregierung der Firma Gebrüder Rauch in Heilbronn (damals Kolonialwarenhandlung) die Genehmigung zum Umbau ihrer Oel- und Tabakmühle in eine Papierfabrik.[12] Die von Donkin gelieferte Maschine war die erste auf seiner Lieferliste, die nach Deutschland kam. (Die Berliner Maschine ist auf dem Dokument noch nicht verzeichnet).

4.1.4 Andere Erfinder von Papiermaschinen

Es verwundert nicht, dass die Robertsche Erfindung nicht lange ein Geheimnis blieb, der Gedanke an die Mechanisierung der Papierherstellung wohl bereits in der Luft lag und kluge Leute gute Ideen hatten. Der Patentschutz bezog sich zumeist nur auf ein Land und hatte häufig relativ kurze Laufzeiten. Patente wurden aber auch für den Betrieb einer erworbenen Maschine erteilt – so in Berlin am 23. April 1818 dem Gründer der Patent-Papier-Fabrik zu Berlin, dem Kaufmann Joseph Corty, englischer Herkunft, aber in Neustrelitz geboren, auf 15 Jahre (daher der Name Patent-Papier-Fabrik). Louis Piette de Rivage in Dillingen und die Gebrüder Buhl in Ettlingen stellten nicht, wie von Ernst Raitelhuber[13] und anderen dargestellt, die ersten Donkin-Maschinen auf. Möglicherweise liegen hier Bestelldaten und Lieferungen mehrere Jahre auseinander[14]. Nach heute einhelliger Überzeugung lief die erste Langsiebmaschine von Donkin und damit die erste Papiermaschine in Deutschland 1819 bei der Patent-Papier-Fabrik zu Berlin an,[15] die zugleich die erste »auf der grünen Wiese« erbaute Papierfabrik Deutschlands ohne Vorläufer einer handwerklichen Papiermühle war.

1825 erfanden die Brüder John und Christoph Phipps[16] in Dover den Egoutteur für die Langsiebmaschine, eine mit Siebgewebe bespannte Hohlwalze. Es ärgerte sie, dass sie auf ihrer Donkin-Maschine weder gerippte noch Wasserzeichenpapiere herstellen konnten. Erst dann kam man auf den Gedanken, dass der Egoutteur ohne Wasserzeichen auch die Entwässerung deutlich fördert. (Über die Reihenfolge dieser Erkenntnisse gibt es abweichende Meinungen.) 1827 wurde in London der erste Egoutteur installiert.

Der erste deutsche Papiermaschinenhersteller, der funktionierende Maschinen aus eigenem Werk lieferte, war Johann Jakob Widmann in Heilbronn. Ein Arbeiter der Patent-Papier-Fabrik zu Berlin war zu ihm gewechselt und brachte Anregungen aus seiner vorherigen Arbeitsstelle mit. Außerdem kannte er die von Donkin gelieferte Maschine der Gebrüder Rauch, gleichfalls in Heilbronn, an der er mehrfach Reparaturen ausgeführt hatte. Seine erste Maschine blieb im Ort: Die Schaeuffelensche Papierfabrik war 1829 abgebrannt, und

Das Maschinenzeitalter

Langsiebmaschine von Voith 1896 bei Steyrermühl; Siebpartie.

Voith Kartonmaschine mit Querschneider, 1903 bei Ruhrwerke Arnsberg (jetzt Reno di Medici).

Langsiebmaschine von Voith 1905 bei Zanders, Bergisch Gladbach; Trockenpartie mit Rollapparat.

Langsiebmaschine von Voith 1959 bei Zanders, Bergisch Gladbach.

Siebpartie einer Voith-Langsiebmaschine mit Hochdruck-Stoffauflauf bei Björneborgs Papperbruk.

Abb. unten: Packpapiermaschine der Bauart »PrimerFlow SW« der Andritz AG, 2011.

Das Maschinenzeitalter

Widmann lieferte die neue Maschine, in die er eigene Ideen für die Produktion einseitig glatter Papiere einbrachte. Johann Matthäus Voith unterstützte ihn und stellte eine solche Maschine bei Rau & Voelter in Gerschweiler auf. Mit Gustav Schaeuffelen verband ihn eine enge Zusammenarbeit. Unter der Firma Widmann gingen etwa 30 Maschinen an in- und ausländische Fabriken. 21 gleichartige Maschinen wurden in Schaeuffelens Werkstätten gebaut. Auch König & Bauer in Würzburg, schon damals bekannt als Hersteller von Buchdruck-Schnellpressen und Rotationsdruckmaschinen, bauten einige Papiermaschinen. Die Firma gilt heute noch als eine der »großen Drei« auf dem Druckmaschinen-Weltmarkt (mit dem größten, Heidelberger Druckmaschinen, und Manroland in Offenbach). 1840 liefen in Deutschland 25 Papiermaschinen, in England 250 und in Frankreich 120. Weitere Produzenten drängten auf den Markt: Joh. Reuleaux u. Co. in Eschweiler, Maschinenbauanstalt Golzern in Grimma, Escher Wyss in Ravensburg. Die Revolution von 1848 riss die Wirtschaft in einen Abgrund. Widmanns Gesuch an den König um Beihilfe wurde abschlägig beschieden; er verlor seine Fabrik und wanderte mit der elfköpfigen Familie nach Amerika aus, wo sich seine Spur verlor. Auch Schaeuffelen musste seine Maschinenfabrik schließen, konnte aber die Papierfabrik retten. Selbst Ferdinand Oechelhäuser stand jahrelang am Rande des Konkurses. Des Fabrikanten erste Idee mutet eher als eine rückständige an: Seine »Gautschmaschine« bestand aus Zuleitungswalzen, die den mit der Form geschöpften Bogen

Papiermaschine 2 der Hainan Jinhai Pulp & Paper Co. Ltd. Die von Voith Paper 2009 gelieferte Maschine für grafische Papiere ist zurzeit die weltgrößte. Ihre Gesamtlänge beträgt 630 Meter.

einer Gautschwalze zuführten. Der Nachteil bestand darin, dass der Schöpfer die Form höher heben musste als bei dem klassischen Schöpfvorgang. Außerdem verfloss das Wasser leichter und verdrückte dabei den Bogen. Die Form zog oft im Herunterfallen das Papier nach und führte dazu, dass das Papier übereinandergeschlagen wurde.[17] Im Oktober 1838 sah Oechelhäuser die Unzweckmäßigkeit seines Verfahrens ein und experimentierte an einer Verbesserung der Langsiebmaschine.

4.1.5 Selbstabnahmemaschinen

Um 1838 sah Oechelhäuser einige von J. Widmann in Heilbronn gebaute Langsiebmaschinen in Betrieb und entwickelte aus ihnen eine gänzlich neue und sehr viel einfachere und dadurch preisgünstigere Konstruktion, bei der das Papiervlies unmittelbar vom Sieb an der Gautsche anstatt in eine Trockenpartie mit mehreren Trockenzylindern zu einem einzigen überdimensionierten Glättzylinder geführt und durch den Filz während des Trockenprozesses fest an dessen polierte Oberfläche gepresst wird. Das entstehende einseitig glatte Papier fand in kurzer Zeit viele Interessenten, sodass Oechelhäuser ab 1841 viele dieser Selbstabnahmemaschinen aus seiner neuen Fabrik liefern konnte.

Hygienepapiermaschine (Selbstabnahmemaschine) mit dem weltgrößten Glättzylinder (international: „Yankee") der Andritz AG, 2011.

Rundsiebmaschinen

4.1.6

Im April 1819 nahm Adolf Keferstein in seiner Papiermühle in Weida bei Weimar eine von ihm seit 1816 entwickelte Rundsiebmaschine in Betrieb. Ihr Erfolg entsprach nicht den Erwartungen, und seine Bitte um finanzielle Unterstützung durch die Regierung wurde abgewiesen. Nach eigenen Angaben war er selbst nie in England gewesen, hatte sicher aber in Gesprächen mit Berufskollegen und aus Zeitungsmeldungen über solche Maschinen einiges in Erfahrung bringen können. Er erkannte bald, dass er an die Leistungen Donkins und Bramahs nicht anknüpfen konnte, und kaufte 1839 für seine Fabrik in Cröllwitz eine Maschine von Donkin und 1843 eine zweite. Mit späterem Erfolg wagte der Siegener Papiermacher Johannes Oechelhäuser sich an den Bau je einer Maschine für Schmitz in Merken und Ebbinghaus in Westigerbach. Beide Maschinen erfüllten die in sie gesetzten Erwartungen nicht; das erzeugte Papier wurde als schlecht benotet. Über den Typ der Anlagen ist nichts überliefert; Vermutungen gehen in Richtung Rundsieb- oder Bogenschöpfmaschine nach Sembritzki.

1907 erhielt I. B. Walker, New York, ein Patent auf eine Doppel-Rundsiebmaschine.[18] Heute gibt es für die Kartonherstellung Maschinen mit bis zu sieben Rundsieben.

John Dickinson erfand 1809 einen einfachen Querschneider, der mit einem rotierenden Messer die Papierbahn trennen konnte. 1819 baute Dickinson in seiner Werkstatt die erste, 1805 von Bramah (geb. 1748 in Stainborough, Yorkshire, gest. 1814 in London) erfundene Rundsiebmaschine.[19] Deren Prinzip beruht auf einer siebbespannten Hohlwalze großen Durchmessers, die tief in den Stoff eintaucht und dabei das Faservlies auf ihrer Oberfläche bildet. Die Rundsiebmaschine wird in zwei Bereichen der Produktion eingesetzt, die gegensätzlicher nicht sein können: zur Herstellung von Feinpapieren ebenso wie zur Herstellung von Büttenpapier – das heißt: Endloses Papier, das aufgerollt wird, oder durch Stege auf dem Siebzylinder getrennte einzelne Blätter, die vom echten (handgeschöpften) Büttenpapier nicht zu unterscheiden sind. Im Feinpapierbereich werden mit ihr vornehmlich die Banknotenpapiere hergestellt, die als Sicherheitsmerkmal besonders komplizierte »Schattenwasserzeichen«, also hell- und dunkelwirkende Zeichen haben, die in der erforderlichen Präzision auf Langsiebmaschinen nicht erzeugt werden können. Das Papier wurde einst zur Herstellung der Reichsmarknoten auf der Rundsiebmaschine mit doppeltem Stoffauflauf gefertigt: Die schmalen Streifen des für das komplizierte Schattenwasserzeichen besser geeigneten Baumwollstoffes wurden paarweise aneinandergestellt und daneben ebenso die breiten Streifen des wesentlich haltbareren Leinenstoffes. Heute sind die Sicherungsmethoden für Banknotenpapier hoch geheim; keiner der wenigen Hersteller gewährt einem Fremden (das kann auch ein Fabrik-Mitinhaber sein) Einblick in die Technik. Das bedeutet wohl, dass das Geheimnis in der Zugabe von Chemikalien liegt, die den wenigen Experten in der Spitze der Europäischen Zentralbank, der Bundesbank und des Bundeskriminalamtes die eindeutige Feststellung von Fälschungen ermöglicht. Die Geheimhaltung ist unverzichtbar, weil es Fälschern ansonsten ermöglicht würde, sich gleicher Zusätze zu bemächtigen oder Verfahren zu entwickeln, die den Analytiker täuschen könnten.

In relativ kleinen Mengen wird mit Rundsiebmaschinen auch »echtes Büttenpapier« gemacht. Das klingt paradox, ist doch echtes Büttenpapier eigentlich nur dasjenige, was von Hand aus der Bütte geschöpft wird. Der Rundsiebzylinder kann aber durch längs und quer verlaufende Stege in das gewünschte Format, meist also DIN A 4 oder DIN A 3, aufgeteilt werden. Entlang dieser Stege ist das Papier dünner und kann im noch nassen Zustand auseinander gerissen werden. Somit wird also keine endlose Bahn geschaffen, sondern Formatpapier mit quasi echten Büttenrändern. Die derart produzierten Papiere dienen hauptsächlich der Deckung des Bedarfs an feinsten privaten Schreibpapieren. Umfassende Untersuchungen in Materialprüfungsinstituten haben ergeben: Handgeschöpftes und Maschinenbütten lassen sich grundsätzlich nicht unterscheiden. Handgeschöpftes Papier hat keine Laufrichtung; die Fasern werden durch das Schütteln des Siebes kreuz und quer ohne eine Ordnung auf dem Sieb verteilt. Auch die langsam laufende geschüttelte Rundsiebmaschine schöpft die Fasern recht ungeordnet, sodass sich in der Regel keine Laufrichtung zeigt.

Dieser Maschinentyp hat seine Sonderstellung bis in die Gegenwart gehalten. Ebenso wie im Schöpfsieb der Büttenpapierherstellung wird auch auf der Rundsiebmaschine das Wasserzeichen von unten eingebracht, von der Siebseite. In Deutschland sind die mengenmäßig bedeutenden Stätten für die Rundsiebpapierherstellung die beiden Werke der Papierfabrik Louisenthal in Gmund und Königstein des Sicherheitskonzerns Giesecke & Devrient GmbH in München. Die gleichnamige Druckerei druckt darauf in München und Leipzig, dem einstigen Stammwerk, zusammen mit der Bundesdruckerei GmbH (nach Privatisierung seit 2009 wieder in Bundesbesitz) etwa die Hälfte der in Deutschland hergestellten Euronoten. Lediglich die Drewsen Spezialpapiere GmbH & Co. KG in Lachendorf bei Celle (1538 als Papiermühle gegründet) fertigt nach eigenen Patenten für Länder außerhalb des Euroraums Banknotenpapier auf einer Langsiebmaschine mit angetriebenem Wasserzeichenegoutteur. Louisenthal wie Bundesdruckerei und Drewsen haben überdies weitere Sicherheitsmerkmale entwickelt, über die aus gutem Grund nichts aus den geschützten Mauern dringt. Auf jeden Fall konnte man seit 1827 auf der Langsiebmaschine echte Wasserzeichen, die sich aber von oben (auf der Oberseite) in die nasse Papierbahn eindrückten, herstellen. Den Werttitelemittenten, damals also zumeist den Regierungen, war die neumodische Technik anfangs noch suspekt und nicht vertrauenswürdig. Vorsichtshalber, weil beide Werke eben nicht aus einer klassischen Papiermühle hervorgegangen waren, sondern als Papierfabriken gegründet wurden, mussten auf Veranlassung der Preußischen Staatsbank (Seehandlung) sowohl im Stammhaus Patent-Papier-Fabrik zu Berlin 1821 als auch im Zweigbetrieb Hohenofen 1839 nachträglich Bütten installiert werden, um das fälschungssichere Papier für die preußischen Staatsschuldverschreibungen und andere Banknotenvorläufer zu schöpfen. Heute bieten Spitzenqualitäten von Rundsiebbüttenpapieren die Hahnemühle FineArt GmbH in Dassel und die Papierfabrik Zerkall Renker & Söhne GmbH & Co. KG in Hürtgenwald. Beide Firmen erarbeiten ständig

Neuheiten, sei es die Anpassung an veränderte Druckverfahren, sei es die Berücksichtigung von Modeströmungen in der Farbskala, sei es das Eingehen auf spezielle Wünsche von Künstlern oder Werbeagenturen. Solche speziellen Papiere werden ebenso weltweit vertrieben wie die Spitzenqualitäten der großen Feinpapierfabriken und tragen dazu bei, Deutschland den ersten Platz in der Papierausfuhr zu erhalten und zu festigen.

Der »grobe Bruder«

4.1.7

Eine Variante der Rundsiebmaschine ist die Wickelpappenmaschine. Auch sie wird durch das Rundsieb definiert, doch wird das Faservlies auf einer über dem Siebzylinder liegenden Formatwalze aufgewickelt. Wenn die vorgegebene Stärke nach mehreren Umdrehungen erreicht ist, ertönt eine Glocke. Dann schneidet ein Arbeiter das mehrschichtige Produkt entlang einer im Sieb liegenden Schiene auf; der Bogen wurde früher auf einem Trockenboden an der Luft getrocknet. Als besonders gute Buchbinderpappen galten damals diejenigen, die beim Trocknen Frost abbekommen hatten. Diese Art der Pappenproduktion wird heute nur noch in wenigen kleinen Fabriken angewendet. Seit Jahrzehnten hat sich auch hierbei eine Automatisierung durchgesetzt. Bei Erreichen der vorgegebenen Stärke werden die Bogen automatisch getrennt, abgenommen und in einem Trockenkanal getrocknet. In neuerer Zeit werden Buchbinderpappen und ähnliche großenteils auf Mehrrundsiebmaschinen hergestellt. Bei denen werden ähnlich wie bei den Papier-Rundsiebmaschinen mehrere endlose Bahnen geschaffen, die in nassem Zustand zwischen Walzenpaaren zusammengepresst, »gegautscht« werden. Die maximal erzielbare Dicke ist durch die Maschinenkonstruktion, besonders die Leistungsfähigkeit der Trockenpartie, vorgegeben. Moderne Anlagen trocknen das Material innerhalb der Maschine, die am Ende mit einem Querschneider ausgerüstet ist und dann fertige Formate liefert. Eine andere Art, hochwertige Buchbinderpappen herzustellen, besteht darin, zwei oder mehr Lagen Karton zusammenzukleben. Auf ähnliche Weise werden auch höherwertige Kartonsorten erzeugt, indem Rundsieb- mit Langsiebpartien kombiniert werden. So kann ein Graukarton ein- oder beidseitig mit weißer oder farbiger Oberfläche zusammengegautscht werden. Diese Kartons werden als Duplex- oder Triplexkartons bezeichnet. Mit hochweißen gut bedruckbaren Decken auf heller oder weißer Grundlage wird das Material als Chromoersatzkarton bezeichnet.

Die Stiefschwester der Pappen: die Wellpappe

4.1.8

Wellpappe ist keine Pappe im engeren Sinne,[20] sondern besteht aus zusammengeklebten Papierlagen. Die Franzosen haben die klarste Bezeichnung: Papier ondulé (gewelltes Papier). Corrugated boards (gewellter Karton), der englische Name, ist eigentlich nicht deutlicher als der deutsche. Der Einsatz der Wellpappe ist im Verpackungsbereich so allgemein und vielfältig geworden, dass dem Material ein eigener Absatz gewidmet werden muss.

Wellpappe wird definiert durch die Anzahl der Decken und Wellen und die Wellenhöhe und -teilung. Bis in die Mitte des 20. Jahrhunderts waren die A- (Grob-) und die, B- (Fein-) welle Standard. Unterschiedliche Ansprüche der Industrie, aber auch der Qualitätsfortschritt im Flexodruck gaben Anlass zur Schaffung von nunmehr acht Wellenmaßen:

Wellenart	Wellenhöhe	Wellenteilung
G	< 0,55 mm	> 1,8 mm
F	0,6 – 0,9 mm	1,9 – 2,5 mm
E	1,0 – 1,8 mm	3,0 – 3,5 mm
D	1,9 – 2,1 mm	3,9 – 4,9 mm
B	2,2 – 3,0 mm	5,5 – 6,5 mm
C	3,1 – 3,9 mm	6,8 – 7,9 mm
A	4,0 – 4,9 mm	9,0 – 9,5 mm

Das Herz der Wellpappenmaschine ist die Riffelwalze, deren zahnradartige, aber sinusförmige Ausfräsung die Art der Welle bestimmt. Diese Walze ist leicht gegen eine andersformatige austauschbar. Eine Wellpappenanlage kann über zwei, gar drei Stationen verfügen, an denen die dort geformte Welle zunächst mit der Decke, danach mit der zweiten (unteren) Decke verklebt werden kann.

Die Qualitätsspanne von Wellpappen ist weitgedehnt. Einseitig beklebte Wellpappe, Decke wie Welle aus billigstem Schrenzpapier, wird in Rollen für grobe Verpackungszwecke gefertigt. Die meistverwendete Rollenbreite ist 70 cm, gefolgt von 100 cm. Besonders stabile Schwerwellpappe wird aus bis zu sieben Lagen (Wellen) hergestellt. Hierbei werden aber zwei oder drei Lagen Wellpappe zusammengeklebt. Eine mehrwellige Wellpappe kann aus unterschiedlichen Wellenarten kombiniert werden. Zunehmend werden Verpackungen, die den Endverbraucher erreichen, mit weißen Außendecken gefertigt und bedruckt. Für höchste Ansprüche an die Druckqualität wird gestrichenes Deckenmaterial eingesetzt. Bei besten Sorten besteht die Decke (bzw. die Decken) aus Kraftliner, also reinem Kraftpapier, die Welle aus Fluting (Halbzellstoff). Die Decken geringerer Qualitäten sind aus Testliner. Das ist ein AP-Papier, das (in vier Qualitätsstufen) aus recycelten Kraftpapiererzeugnissen hergestellt wird, etwa Papiersäcken oder guten Wellpappsorten. Die Qualität der Wellenpapiere reicht von Schrenz über besseres altpapierhaltiges Material bis zum Fluting, einem Halbzellstoff.

Die Großbetriebe der Verpackungsindustrie bieten eine Vielzahl unterschiedlichster Verpackungen, bis zur mehrfarbig bedruckten SB-Verbraucherpackung aus weiß gedeckter Wellpappe mit den feinsten Wellenarten. Der Optik halber wird für die Welle gelegentlich transparentes Papier verwendet, eine Art Pergamentersatz.

Und die Wellpappe hat auch wiederum eine Stiefschwester, die wir täglich nutzen und die dennoch kaum jemand einmal gesehen hat: Das Wabenpapier. Klopfen Sie doch einmal an Ihre Zimmertür; vielleicht hören Sie ein Echo. Im Ernst: Wohl in mehr als 90 Prozent aller Zimmertüren ist das Innere mit Wabenpapier ausgefüllt. Man stelle sich vor: Wellpappe beim Aufrollen geleimt, so sodass daraus ein fester Block wird. In schmale Streifen geschnitten, entstehen also Scheiben aus Wellpappe – und solche bilden dann das Türinnere. Dem Erfinder Gerd Niemöller ging der Gedanke an die Waben nicht mehr aus dem Kopf. Er tüftelte ein Verfahren aus, mit dem seit 2009 sehr grobe Waben erzeugt werden, also ein Gerippe aus festem Papier, das hauptsächlich aus Luftlöchern besteht und das zum Hausbau verwendet werden kann Niemöller hat das »Afrika-Haus« erfunden, ein bewohnbares Haus mit zwei Zimmern, Küche, Toilette und Dusche auf 34 m^2. Architekten der Bauhaus-Universität Weimar haben bei der Konstruktion mitgewirkt. Das Wabenpapier ist 0,4 mm stark, also ein Karton. Es wird mit Kunststoff feuerhemmend, selbstverlöschend und wasserabweisend getränkt, bei 190° C mit hohem Druck in Form gepresst und dann zu langen Platten verschweißt. Sie werden oben und unten mit glasfaserverstärkten Polyesterflächen verbunden. Wie belastbar die entstehenden Wände sind, beweist Niemöller in einem Versuch: Er legte einen etwa 40 cm breiten und 50 cm langen Streifen der Wabenwand mit einer Längsseite auf eine Treppenstufe, mit der anderen auf den Boden. Die Wabe ist nur fünf Zentimeter dick und wiegt gerade einmal ein halbes Kilogramm. Der Erfinder stellte sich auf die Wabenwand – nichts geschah. Noch weitere vier Männer könne sie tragen, und die Platte sei statisch ausreichend sogar für mehrgeschossige Häuser, sagt er. Die Waben können ausgeschäumt werden und widerstehen dann 30 Minuten lang einer 1.000 Grad heißen Flamme. Der Schaum sorgt auch für gute Isolation. Selbst gegen Erdbeben ist das Haus gefeit, und der Erfinder gibt ihm eine Lebensdauer von mindestens 50 Jahren. Gerd Niemöller hat auch den Prototyp einer Maschine gebaut, die die Papierwaben vollautomatisch herstellt. Sie ist einfach konstruiert und lässt sich ebenso einfach bedienen. Das heißt, überall in der Welt könnten diese Häuser in kürzester Zeit gebaut werden. In dem jetzigen kleinen Werk kann täglich das Material für 15 Häuser entstehen. Die Teile können in wenigen Stunden zusammengefügt werden. Die Kosten für ein solches Haus belaufen sich auf rund 4.000 Euro.

Stoffaufbereitung

Unter »Stoffaufbereitung« versteht man in der Papierherstellung die Bearbeitung der Rohstoffe, des »Halbstoffes«, also die Vorbereitung für den Mahlvorgang, diesen selbst und den Zusatz von Hilfsstoffen. Das Ergebnis ist der »Ganzstoff«, der über Knotenfänger und Rührbütte in den Stoffauflauf und damit auf das Sieb kommt. Wer einmal eine »klassische« Papierfabrik[21] besichtigt hat, wie sie etwa zwischen 1850 und 1950 entstanden ist, sei es eine noch laufende, sei es eine komplett als Technisches Denkmal bewahrte wie beispielsweise in Hohenofen, erinnert sich an die mannigfachen Apparate, Bütten und Maschinen. Der bis vor weniger als 200 Jahren einzige, heute nur noch für wenige besonders hochwertige Papiere eingesetzte Rohstoff sind Hadern (Lumpen).[22] Im beginnenden 19. Jahrhundert kam der Holzschliff hinzu, bald darauf war Zellstoff das hauptsächlich verwendete Material. Heute hat sich das Recycling von Altpapier an die erste Stelle gesetzt. Holzschliff und Zellstoff wird trocken wie Papier in Bogen auf Paletten angeliefert. Bis vor wenigen Jahrzehnten wurden alle diese Materialien in Kollergängen vorbereitet. Diese Aggregate bestehen aus einer gusseisernen kreisrunden Schale oder Wanne auf stabilem Fundament. In ihr drehen sich zwei mächtige kegelstumpfförmige, etwa je 2,5 t wiegende Basaltsteine (Läufer) – für Sonderfälle auch Granit oder Sandstein – mit einem Durchmesser von zumeist knapp zwei Metern und einer Dicke von etwa 55 cm um eine senkrechte Welle (Königswelle). Zur Erhöhung des Wirkungsgrades kann die Wanne mit einer anderen Steinart ausgekleidet sein. Schaber schieben den Stoff immer wieder unter die rotierenden Mahlflächen. Zellstoff, Holzschliff und Altpapier wurden so unter Zusatz von wenig Wasser verkrümelt, um das Material für die folgende Mahlung im Holländer vorzubereiten. Die tonnenschweren Mahlsteine lösen die Verfilzung. Der Antrieb der Königswelle befindet sich zumeist im Untergeschoss; dann wird der Kollergang durch einen Schieber im Boden der Wanne entleert und der Halbstoff in Wagen an die Bleichholländer befördert – oder, seltener, über der Wanne. Dann kann die Entleerung durch Schwerkraft in das darunterliegende Geschoss erfolgen. Diskontinuierlicher Betrieb mit Handarbeit ist kostenträchtig. Nachfolger der Kollergänge waren daher in vielen Fabriken die »Wurster-Zerfaserer« oder Knetmaschinen mit einer vorangehenden Einweichtrommel. Der Vorteil der kontinuierlichen Arbeitsweise liegt auf der Hand.

Kollergang in der Patent-Papierfabrik Hohenofen, 2011.

| Das Maschinenzeitalter

Holländersaal in der Patent-Papierfabrik Hohenofen, 2011.

Heute erfolgt die Vorbereitung der Rohstoffe, Zellstoff oder Altpapier, in sogenannten Pulpern oder ähnlichen Vorrichtungen, in denen diese Suspendierung faserschonender und ununterbrochen vorgenommen wird. In einer sehr großen runden Wanne mit exzentrisch schrägem Boden wälzt eine Flügelschraube den Stoff ständig um und löst ihn dabei auf. An der »Zopfwinde« bleiben Fäden und andere unlösliche Stoffe hängen und werden fortlaufend nach oben abgezogen. Spezifisch schwere Schmutzteilchen setzen sich am Boden ab und werden über eine Schmutzschleuse abgesaugt.

Nach dem Bleichen in speziellen Bleichholländern wurde der Stoff zu den Holländern gepumpt. Heute wird er, anders als bei dem früher allgemeinen Einsatz von Holländern, kontinuierlich nach dem Durchlauf durch Entstipper in Kegel- oder Scheibenrefinern mit dem gleichen Effekt gemahlen, wie es beim Holländer geschehen war.

In manchen Fabriken, etwa in Hohenofen, sind noch die großen gemauerten Bütten zu sehen, die ursprünglich dem Bleichprozess dienten und später als Rührbütten eingesetzt wurden, um die Chargen der phasenweise arbeitenden Holländer bestmöglich zu egalisieren. In der Rührbütte wird der Ganzstoff mit Farbstoffen, Leim, Füllstoffen und ggf. anderen Chemikalien versetzt und der Papiermaschine zugeführt. Unmittelbar vor der Papiermaschine kann ein Knotenfänger zwischengeschaltet sein. Bei den feinsten Bibeldruckpapieren, die bei geringstem Volumen (Dicke) beiderseitigen Druck nicht durchscheinen lassen, kann der aus der Füllstoffzugabe resultierende Aschengehalt mehr als 30 Prozent erreichen. Die durch den Füllstoff geminderte Festigkeit muss durch den besseren Rohstoff ausgeglichen werden. Füllstoffe können auch ein Papier weicher machen oder gleichzeitig den Weißgehalt erhöhen. Einige dieser Füllstoffe sind recht teuer, wie Titanweiß (Titandioxid) oder Barytweiß (Bariumsulfat).

Der sehr verdünnte Stoff gelangt mit einem Fasergehalt von etwa einem Prozent in den Stoffauflauf und fließt auf das Sieb. Bei den neuzeitlichen sehr schnell laufenden Maschinen muss ein 1916 erstmals von Voith konstruierter Hochdruck-Stoffauflauf für eine der Siebgeschwindigkeit angepasste Auflaufgeschwindigkeit sorgen.[23] Das Sieb wurde früher wie heute noch für einen Teil der Papiermaschinen aus Phosphorbronzedraht gewebt. Ein Deckelriemen aus Gummi auf jeder Seite verhindert das seitliche Ablaufen des Stoffes. Viele Maschinen sind heute mit einem modernen Kunststoffsieb bespannt. Dessen Gewebe ist wesentlich dichter und besonders für den Einsatz sehr schmieriger Stoffe, etwa für Transparentpapier, geeignet. Die Blattbildung auf dem Sieb muss für solche Papiere besonders sorgfältig erfolgen und die Oberfläche des Papiers auch auf der Siebseite markierungsfrei sein. Die Waagerechte des Siebes wird durch das unterstützende Register, früher eine Vielzahl kleiner Walzen, heute Leisten aus Gummi oder Kunststoff, und mehrere Saugerkästen, die die Entwässerung durch Vakuum intensivieren, unterstützt.

Die Ungleichmäßigkeit des entstehenden Papiervlieses auf der Papiermaschine ist für Papierliebhaber ein Kriterium für die Papierqualität. Sorgfältig gearbeitete Hadernpapiere haben eine spezielle ästhetisch wirkende Art großer, wenig hervortretender Wolken. Schreib- und Druckpapiere sollen eine möglichst geringe Wolkenbildung haben; das theoretische Ideal wäre eine Durchsicht wie durch feines Porzellan, die in dieser Vollendung nur kostenträchtig mit Tricks erreichbar ist, nämlich durch das Zusammenkleben zweier penibel produzierter dünner Papier etwa zu einem Porzellan-, Alabaster- oder Elfenbeinkarton. Die heutigen Fabrikanten von Massenware auf Altpapierbasis bemühen sich, durch feinst abgestimmte Mahlung Papier mit einer möglichst schönen Durchsicht zu erzeugen.

4.1.10 Entwicklung der Papiermaschinentechnik in Deutschland

Im 19. Jahrhundert und später (einige wenige bis heute) gab es nach unserem Kenntnisstand in Deutschland die nachstehend aufgeführten Papiermaschinenhersteller mit Angabe des Jahres, aus dem die vom Verfasser eingesehenen Unterlagen stammten, oder Gründungs- und Schließungsjahr, dazu einige Auskünfte zu unseren Anfragen nach der Hohenofener Maschine oder aus der Literatur.

André Köchlin & Co.	Mülhausen	Gegr. 1826; 1839 Papiermaschaschinen 1872 Elsässische Maschinenfabrik 1943 Krupp Südwest
C. F. Baller & Co.	Wilhelmshütte Sprottau	
F. G. Banning & Siegloch Maschinenbau-Ges. mbH.	Düren	1913
F. H. Baning & Seitz	Düren	1889

Banning & Seybold AG	Düren	Nach 1904–1933; an O. Dörries AG, Düren
Eisengießerei und Maschinenfabrik Bautzen AG	Bautzen	1899 PM, 1848 VEB Polygraph 1952 PAMA, 1995 abgebaut
Gebr. Bellmer	Niefern	Gegr. 1842, noch erfolgreich
Biesler frères et Dixon	Mülhausen	1828
Braunschweig-Hannoversche Maschinen-Fabriken AG	Alfeld	1907; 1932 Ende
Dürener Metallwerke Adolf Hupertz, F.H. Banning	Düren	Gegr. 1885, 1901 AG, 1957 zu Busch-Jaeger
O. Dörries AG vormals Banning & Seybold	Düren	1966 zu Voith Paper
Dörries-Füllner AG	Bad Warmbrunn	1854; 1943 zu Banning & Seybold
Linke-Hofman-Busch-Werke AG, Abt. Füllnerwerk	Bad Warmbrunn	1943 verkauft
Ebbinghaus, Ulrich & Co.1834–57 G. Linke; 1867–97 Linke & Söhne	Stadtberge	1898; 1996 Alstom
Josef Eck & Söhne	Düsseldorf	
EMAG Eisengießerei u. MaschinenfabrikBetriebs-GmbH	Bautzen	1867; 1952 PAMA
Joh. Wilh Erkens	Düren	1 PM 1874; 1931 Konkurs
Er-We-Pa Davis-Standard	Erkrath	noch 1958
Escher-Wyss Maschinenfabrik GmbH	Ravensburg	Voith Paper
Feyen Maschinenbau GmbH	Krefeld	besteht noch
Papiermaschinenfabrik H. Füllner	Bad Warmbrunn	ab1854 Linke-Hofmann-Busch; 1966 Voith Paper
O. Dörries AG vormals Banning & Seybold	Düren	1966 zu Voith Paper
John Gamble	Heilbronn, Stammhaus GB	
MF Germania vorm. J. S. Schwalbe & Sohn	Chemnitz	1873 AG1946 VEB Germania 1996 Gesamtvollstreckung
Eisengießerei und Maschinenfabrik Goetjes & Schulz	Bautzen	1867; 1889 EMAG 1952 EMN
Hammer & Tölle Gustav Tölle	Niederschlema	1911 an Zwickauer MF AG
Heerbrandt	Raguhn	Ende 19 Jh. LSM; RMIG GmbH 2009 KNMGroup Kuala Lumpur

Gottlob Hemmer (1836–73) C. Hemmer Wwe.	Neidenfels	Gegr 1836 PM ca.1900–1940
Gebr. Hemmer Maschinenfabrik GmbH	Ladenburg-Mannheim	Gegr. 1835 (1922) 1907 an Papierf. Glatz, Neidenf.
Herrenkohl	Aachen	bis vor 1850
Hitscher & Andrees	Zweibrücken	
Hoeborn, Heinrich & Co.	Hemer	später Gebr. Reinhard
Hoffmann & Beinz	Osnabrück	
Joachim & Sohn	Schweinfurt	1888–87 RSM
Keferstein, Adolf	Weiden	Papiermühlenbesitzer; RSM
E. Kirchner	Karlsruhe	Bau durch Maschinenbau-Ges. Karlsruhe (1929 Insolvenz)
Anddré Köchlin & Co.	Mülhausen	Ab 1840 vornehmlich RSM
Gebr. Köhler	Nossen	LSM 1867
Krafft & Wernher Ludwigshütte	Biedenkopf	Patent Oechelhäuser 1839–1846
Lehmann, Rudolf	Raguhn	1931 RSM
Maschinenbau-Werkstätten Niefern GmbH	Niefern	
Maschinenfabrik zum Bruderhaus GmbH	Reutlingen	1985 zu Bellmer. Neue Bruderh. 1981 Konkurs, Kleinewefers
Münzner Maschinenbau	Obergrunau über Freiberg	1836
Morof	Gerlingen	
Nötzli, dann Maschinenbau AG Golzern-Grimma	Grimma	1933
Pama (Ernst Paschke)	Freiberg	Gegr. 1855, noch erfolgreich
Reinhard, Gebr., vormals Hoeborn & Co.	Hemer	zu Bellmer
Gustav Reinhard & Co	Hemer	1933
F. H. Riedel Maschinenfabrik	Raschau	gegr. 1877. 1920 Rundsieb-Zylinder 1991 F. H. Riedel GmbH
Joh. Reuleaux & Co.	Eschweiler	1833, März 1839 liquidiert
Rißler & Dixon		
Schaeuffelen	Heilbronn	1842–1848 (31 PM)
Scholz & Sohn	Suckau	
J. C. Schwarz & Söhne	Göppingen	Papierfabrik bis 1937
Seliger	Karlsruhe	

Georg Sigl	Berlin (Stammwerk Wien)	PM-Bau 1886–88 (?); 158 cm MünchenDachau,156 cm Gmund
F. W. Strobel	Chemnitz	Mehrere Papierfabriken; 1939 liquidiert
Voith	Heidenheim	Weltmarktführer
Vosskühler & Beins	Lüstringen	ab 1839
Wagner (Partner Widmanns)	Heilbronn	
Wagner & Co. (vorh. Thiel, gegr. 1860)	Köthen	1880; 1890 AG; 1966 Voith Paper
Wagner Dörries AG	Herischdorf	Ab 25.01.1939; früher Arb.G. mit O. Dörries
Wheatley	Heilbronn	
Widmann (mit Schaeuffelen)	Heilbronn	1829–1858, 21 PM
B. W. Wietherich & Co.	Berg. Gladbach	bis vor 1850
J. P. Wolff & Söhne GmbH	Düren	zu Bellmer
Gustav Tölle; ab 1910 Zwickauer Maschinenfabrik AG	Niederschlema	bis 1872 Brod-Stiehler, Zwickau

Die meisten der aufgeführten Firmen haben nur einige wenige Maschinen gebaut. Nicht ausgeschlossen werden kann, dass die eine oder andere Fabrik nur Teile oder aber Papierverarbeitungsmaschinen hergestellt hat.

Im Jahre 1855 gab es in Deutschland ohne Schleswig-Holstein und Elsass-Lothringen etwa 300 Papierfabriken mit 160 Maschinen und 1.400 Holländern. Um 1900 entwickelte sich der Trend zu breiteren und schnelleren Papiermaschinen. Maschinen für Zeitungsdruckpapier hatten inzwischen in Europa Arbeitsbreiten von 260 cm erreicht und arbeiteten mit 120 m/min. Die Amerikaner waren den Europäern noch voraus: Ihre breiteren Papiermaschinen erreichten bereits Geschwindigkeiten von 150 m/min, und bald waren sie mit 500 cm Arbeitsbreite und über 200 m/min schier uneinholbar im Vorteil. Der währte allerdings nur kurze Zeit. Bei der Weiterentwicklung der 1908 von dem Amerikaner Millspaugh[24] erfundenen Saugwalze errangen die deutschen Papiermaschinenbauer eine Spitzenposition. Voith baute 1916 den ersten Hochdruckstoffauflauf, der in Verbindung mit der verstellbaren Siebneigung nach Eibel[25] Geschwindigkeiten von 300 m/min und mehr ermöglichte. Der nächste Schritt kam wieder von Voith. Dessen Pumpen-Hochdruckstoffauflauf ermöglichte 1937 an einer 360 cm breiten Maschine 500 m/min. Der Stoff wurde aus einem geschlossenen Kasten heraus auf das Sieb gepresst. Dadurch entfiel der offene Kasten, der zur Erzielung des für die Geschwindigkeit erforderlichen Druckes etwa 550 cm hoch hätte sein müssen. Die größere Walze schräg unterhalb des Stoffauflaufs wird als Brustwalze bezeichnet. Das von unten, aus dem Kanal, aufsteigende, durch Spritzdüsen gereinigte Sieb wurde bis vor wenigen Jahrzehnten durch Registerwalzen waagerecht gehalten. Heute übernehmen Leisten aus Gummi oder Kunststoff diese Aufgabe. Sie haben gegenüber den Registerwalzen den Vorzug, dass nicht, wie bei jenen, infolge der Rotation Wasser wieder von unten in das Sieb geschleudert wird. In das Register eingebettet sind die Saugerkästen, die die Entwässerung durch ihr Vakuum fördern. Im letzten Viertel der Siebpartie übt der Egoutteur einen Druck auf die Papierbahn aus. Der leichte Hohlzylinder ist mit Siebgewebe bezogen und kann zur Erzeugung von Wasserzeichen genutzt werden. Dafür werden Teile, die das Papiervlies dünner und damit durchscheinend machen, also Schriften oder Zeichen, aufgenäht oder aufgelötet. Es ist auch möglich, solche Zeichen oder Schrift in die Walze einzuprägen; dann wird an diesen Stellen das Papier dicker, erscheint also in der Durchsicht dunkel. Die Siebpartie endet an der Gautschpresse, einem Walzenpaar, dessen untere große Walze mit einem dicken Filz bespannt ist, dem Manchon. Das Sieb wird hier nach unten in den Kanal gelenkt, durchläuft dort die Siebwäsche und steigt an der Brustwalze wieder auf. Das Papier wird von einem Nassfilz aufgenommen, neuerdings auch einem speziellen Kunststoffsiebgewebe, und durch die Nasspartie geführt.

Es ist, ganz besonders beim Einsatz von Altpapier, unvermeidlich, dass kürzeste Fasern oder deren Bruchteile ebenso wie feinste Füllstoffe durch das Sieb oder bei der Filzwäsche in den unter der Siebpartie liegenden Kanal gespült werden. Vor langer Zeit floss dieses Abwasser ungereinigt in den Vorfluter und verschmutzte das Gewässer zum Zorn nicht nur der Fischer. Diese Zeit ist lange vorbei; seit fast 200 Jahren muss das Abwasser gereinigt werden. Wirtschaftlich nutzbar war der Flotations-Stofffänger, z.B. von Adca. Ein spezielles Öl umhüllte die im Wasser befindlichen Fasern, die dadurch Auftrieb erhielten und von einem umlaufenden Sauger an der Oberfläche abgenommen und wieder der Rührbütte zugeführt wurden. Für das Abwasser richtete man Absetzteiche ein, in denen die Feststoffe verblieben, und das also oberflächlich gereinigte Wasser konnte in den Fluss geleitet werden. Inzwischen ist auch die Abwassertechnik perfektioniert worden. Man kennt heute die mechanisch-biologische Abwasserreinigung, ein Duplex-Verfahren, in dem zunächst mit chemischen Hilfsmitteln die Fasern, Füllstoffe und andere ungelöste Teilchen geflockt, sedimentiert und als Fangstoff abgeschieden werden. Durch Luftzufuhr erreicht man anschließend in einem Belebungsbecken, dass Mikroorganismen gelöste organische Stoffe des Abwassers aufnehmen und in Belebtschlamm umwandeln, der ebenfalls abgeschieden wird.

Die aerobe biologische Abwasserreinigung anstelle der beschriebenen mechanisch-biologischen bewirkt durch den Zusatz von Bakterien, stickstoff- und phosphathaltigen Nährstoffen und Luft, dass die abbaubaren organischen Stoffe den Mikroorganismen als Nährsubstanz dienen. Die organischen Stoffe werden zu umweltunschädlichen Stoffen ab- oder umgebaut und aus dem Abwasser entfernt. Bekanntlich ist alles Organische brennbar, also auch der Schlamm mit den nicht mehr verwendbaren, weil zu kurzen Fasern. Der wird z. B. einem Ziegelwerk zugeführt, das diese Masse dem Ton beimischt. Im Ofen verbrennen die feinen Teilchen und hinterlassen Mikroporen, die den Wärmedämmwert der produzierten Steine wesentlich erhöhen. Andere Werke verbrennen den Schlamm und nutzen die verbleibende Asche, die im Wesentlichen aus den wiederverwendbaren Füllstoffen besteht.

Vorzugsweise in Zellstofffabriken wendet man die anaerobe, das heißt: ohne Sauerstoff agierende Abwasserreinigung an. Unter Luftabschluss ensteht Biogas – ebenso, wie sich Sumpfgebiete, Seen oder Reisfelder selbst reinigen. Das Biogas wird zur Wärmeerzeugung genutzt. Der Klärschlammanfall ist minimal. Der Nachteil des Verfahrens ist der langsame Reaktionsablauf, weshalb große Reaktionsvolumina erforderlich sind.

Das Papiervlies hat an der Gautsche einen Feststoffgehalt von etwa 15 Prozent erreicht und wird nun von einem Filz, dem Nassfilz, aufgenommen und durch die Nasspressen, Walzenpaare, geführt. Der Feststoffgehalt steigt dabei auf etwa 33 bis 42 Prozent. Bei schnelllaufenden Maschinen für grafische Papiere haben sich seit der Mitte des 20. Jahrhunderts in der Pressenpartie die Saugwalzen durchgesetzt. Bereits 1908 hatte der Amerikaner Millspaugh diese Technik erfunden, die insbesondere durch deutsche Papiermaschinenfabriken zu höchster Vollkommenheit weiterentwickelt wurde.[26] An diese Pressenpartie schließt sich oft die Offsetpresse an, eine filzlose Nasspresse zum Glätten des kalt-feuchten Papiers. Sie besteht aus einer Stonite- und einer Gummiwalze.[27] Dann nimmt der Trockenfilz die Bahn auf und führt sie zunächst mit Druck um mäßig warme Zylinder zur Papierbahnverdichtung und mit in der Folge zunehmender Temperatur zur Trocknung. Nach dem Lauf um einen Kühlzylinder erfolgt eine Rückfeuchtung, da total trockenes Papier durch die zwangsläufige Aufnahme von Feuchtigkeit aus der Umgebungsluft wellig würde. Es muss also, von der Maschine kommend, die relative Feuchtigkeit besitzen, die in der Luft bei 18° mit 65 Prozent angegeben wird und annähernd fünf Prozent im Papier entspricht. Auch der Antrieb der Papiermaschinen wurde revolutioniert. Dem Transmissionsantrieb mit seinen großen Riemenscheiben und den zahlreichen ungeschützt laufenden Riemen folgte der zentrale Antrieb einer langen Welle, an die die Winkelgetriebe für einzelne Gruppen angeflanscht waren. Später entwickelte die Westinghouse Electric Co. einen elektrischen Sektionsantrieb mit automatischer Geschwindigkeitsregelung. Aktuell wird eine Vielzahl von Einzelmotoren elektronisch geregelt.

Die Trockenpartien mussten wegen der geforderten höheren Trockenleistung vergrößert und verbessert werden. Um 1930 wurden die ersten Trockenpartien gekapselt. Die dadurch ermöglichte Verwertung der Abluftwärme führte zu einer deutlichen Dampfersparnis. Die Temperatur der Trockenzylinder steigt kontinuierlich bis zur fast gänzlichen Trocknung des Papiers. Die Heißfeucht-Glätte im letzten Teil der Trockenpartie macht das Papier glanzlos glatt. Die Feuchtglätte vor dem Schlusstrockner am Ende der Trockenpartie ergibt eine schwache Glätte. Den Schluss bildet ein Kühlzylinder, der innen mit Wasser gekühlt wird. Der Filz, der die entweichende Feuchtigkeit aufgenommen hat, wird mittels der oben installierten Filztrockner jeweils wieder für die Feuchtigkeitaufnahmebereit gemacht – oder ist durch ein Trockensieb ersetzt. Das »maschinenglatte« Papier wird auf dem Tambour aufgerollt. Viele Papiermaschinen haben ein integriertes Glättwerk, sodass satiniertes Papier direkt von der Maschine kommt. Je nach Kundenvorgabe wird es nun ausgerüstet: auf dem Superkalander geglättet (»satiniert«), auf dem Querschneider auf Format geschnitten (in große Bogen). Es ist gerade etwa 50 Jahre her, dass im Sortiersaal 50 oder 100 Frauen Bogen für Bogen bis 86 x 122 cm groß (das Rohformat für DIN A 0 = 84 x 118,8 cm) mit elegantem Schwung umschlugen, so schnell, dass immer ein oder zwei Bogen frei in der Luft schwebten. Dabei erkannte die Sortiererin (fast) jeden Fehler: Fleck, Loch oder Riss, und lenkte den beanstandeten Bogen auf den Ausschussstapel. Der intakte landete so genau auf seinem Stapel, dass wenig Mühe darauf verwendet werden musste, diesen zählbereit exakt aufzuführen. Dann wurde gezählt: An der rechten oberen Stapelecke griff die Zählerin (als Rechtshänderin) ein Päckchen, fächerte es so auf, dass die Einzelbogen sichtbar wurden, und griff mit der linken Hand jeweils vier Bogenecken. Je nach Formatgröße legte sie eine Anzahl gezählter Griffe nach links auf den dort liegenden Rieseinschlagbogen, bis der vorgegebene Riesinhalt erreicht war. Dieser wurde aufgestoßen, sodass die Bogenkanten sauber und gleichmäßig waren, und eingeriest: Einschlagpapier mit der Schmalseite von beiden Seiten genau in Rieshöhe zur Mitte hin einlegen und kniffen, oberen Teil so auf den unteren drücken, dass saubere Ecken entstehen, Unterseite hochziehen und anleimen. Dann das gleiche am anderen Ende.[28] Damals (1946/47) wurden noch Ballen gepackt, etwa 150 kg schwer, beiderseits mit Ballenbrettern geschützt und mit Bandeisen befestigt – vorausgesetzt, Holz und Bandeisen waren vorhanden. Wenn nicht, wurden die Riese auch lose im Waggon aufgebaut. Nach der Währungsreform am 20.06.1948 wurde das Vergangenheit; die Zeit der Mangelwirtschaft hatte sich überlebt. Die Palette, beladen mit 1.000 kg, wurde zur Verpackungseinheit. Sie wird nun mit Gabelstaplern auf ihren Platz im Lager – sei es erst in der Fabrik, dann beim Großhändler, schließlich beim Kunden – und zwischendurch im Lkw transportiert. Der Ballen hat nur im Bereich der Packpapiere für kleinere Mengen überlebt, die über das Großhandelslager ausgeliefert werden.

Rollenpapier wird im Umroller auf die vom Kunden verlangte Breite und auf den vorgegebenen Durchmesser ausgerüstet. Gewickelt wird auf Hülsen, Papprohre, die von spezialisierten Papierverarbeitern in jeder gewünschten Länge und Stärke durch spiralförmiges Zusammenkleben von Hülsenpapier, einem geleimten Packpapier nur aus Altpapier, gefertigt werden. Diese Verarbeiter gehören neben den Produzenten von Hygienepapieren zu den Propagandisten der heftig umstrittenen Super-Lastzüge, die vielleicht bald auf unseren Autobahnen zu sehen sind. Die Transportkosten sind derzeit ungewöhnlich hoch, weil der Vierzigtonner (der etwa 32 t laden kann) hauptsächlich Luft transportiert.

Manche Partien wurden auf dem Planschneider auf kleinere Formate, etwa DIN A 4, geschnitten und dann verpackt. Heutzutage sind diese Arbeitsschritte voll automatisiert.

Nach der Mitte des 20. Jahrhunderts machte die Automatisierung der Papierherstellung umwälzende Fortschritte. Eine Rolle spielte dabei der ökologisch gewollte zunehmende Einsatz von Altpapier, der neue Techniken erforderte. Neuzeitliche Papiermaschinen sind zu kompletten Fertigungsstraßen ausgestaltet worden. Wurden vor 50 Jahren noch die Bandeisen der Altpapierballen manuell aufgeschnitten, das Material in den Kollergang geworfen und der Kollerstoff zu den Holländern gefahren, werden die Verpackungsdrähte der Ballen heute automatisch entfernt. Das Altpapier wird in den Pulper befördert und dort faserschonend von der Druckfarbe befreit. Die Fasern werden aus ihrem Verbund gelöst und damit für die

Weiterverarbeitung zu Ganzstoff in den Refinern vorbereitet. Automatisch wird der Faseranteil im Stoff in Rührbütten geregelt und damit die Voraussetzung für gleichbleibende Qualität geschaffen. Kleinere Feinpapiermaschinen, deren Arbeitsbreite aber auch die fünf Meter überschreiten kann, haben einen Hochdruckstoffauflauf, der auf die gestiegene Siebgeschwindigkeit ausgerichtet ist. Die weitere Entwässerung durch Saugwalzen bleibt dem Betrachter der meisten Maschinen verborgen; manchmal ist fast die gesamte Nasspartie gekapselt. Für die Trockenpartie ist das schon seit Jahrzehnten selbstverständlich. In viele neuere Maschinen ist das Streichen integriert; in der Anfangszeit dieser Technik wurden die Papiere dann als »maschinengestrichen« bezeichnet. Heute ist dieses Verfahren für Magazinpapiere (LWC) Standard. Manche Feinpapiermaschinen besitzen eine »Filmpresse«. Diese kann ebenso zur Oberflächenleimung dienen wie zur Aufbringung eines sehr dünnen Striches, kaum erkennbar, der aber die Bedruckbarkeit bedeutend verbessert. Viele Bücher werden heute aus solchen Papieren gedruckt, die auch für den Bilderdruck eine hervorragende Qualität ermöglichen.

Die Mess- und Regelungstechnik ist so ausgefeilt, dass Papiere auf diesen neuzeitlichen Maschinen eine Genauigkeit im Flächengewicht, im Feuchtigkeitsgehalt, in der Oberfläche erreichen, wie sie zuvor nach sorgfältigster Arbeit der Maschinenbedienung und des Betriebslaboratoriums nicht zu erreichen war. Damals konnten nur Muster zwecks Prüfung im Labor aus der Produktion gezogen werden, während heute die Mess- und Regelvorgänge permanent in Echtzeit ablaufen, ohne die Messungen im Labor überflüssig zu machen.

Einst endete die Arbeit der Papiermaschine an einem Rollapparat. In der Ausrüstung wurde das Papier etwa mit einem mineralischen Strich zu Kunstdruckpapier veredelt. Die gewünschte Glätte wurde im Superkalander erzielt. Im Umroller wurde vom Tambour der Maschine auf die kundenorientierte Rollenbreite und den verlangten Rollendurchmesser umgerollt – oder das Papier wurde auf Format geschnitten. Heute geschieht all das vollautomatisch innerhalb des Herstellungsprozesses. Die fertige Papierbahn wird auch nur noch in relativ langsam laufenden Maschinen mit einem Wickelachsen-Rollapparat auf einen Tambour aufgerollt. Die schneller werdenden Maschinen brachten das Problem mit sich, dass die Umfangsgeschwindigkeit des auflaufenden Papieres ständig der Zugspannung angepasst werden musste. Das wurde zunächst mechanisch durch eine Rutschkupplung, später durch regelbare Elektromotoren gelöst. Auch damit waren Grenzen erreicht. Heute wird allgemein in schnelllaufenden Maschinen der Tragwalzenroller (Poperoller) eingesetzt. Der besteht aus einer Tragtrommel, die hohlgebohrte Stahlzapfen für die Einrichtung einer Wasserkühlung hat. Auf dem Zylinder liegen zwei Aufrolltrommeln (Tamboure) von etwa 30 cm Durchmesser. Davon liegt die erste als Hilfstrommel in einem offenen Gabelhebel über dem Zylindermittel und die zweite in einem Traghebel, der um etwa 45 Prozent von der Einlaufseite nach hinten verlegt ist. Die Papierbahn läuft zwischen der vorderen Hilfstrommel und dem Zylindermantel ein und rollt sich auf dem zweiten Tambour auf. Das Besondere ist dabei, dass die Umfangsgeschwindigkeit und damit der Zug an der Papierbahn immer gleich bleibt. Wenn die Papierrolle groß genug ist, wird die Bahn automatisch abgetrennt und auf die Hilfstrommel aufgewickelt.²⁹ Der anschließende Umroller schneidet aus der bis zu 30 t schweren Maschinenrolle die vom Kunden verlangte Breite und den gewünschten Durchmesser. Die fertigen Rotationsrollen werden nur noch verpackt und sind damit versandfertig. Formatpapiere durchlaufen den Sortierquerschneider. Der erkennt jeden Fehler im Papier, lässt den fehlerhaften Bogen nach unten in den Ausschuss fallen. Er zählt die einwandfreien Bogen und schießt auf Kundenwunsch farbige Zählstreifen ein. Dann legt er die Bogen sorgfältig auf die Palette ab, schwenkt nach deren Komplettierung auf die neben ihr vorbereitete leere Palette um und setzt die Arbeit ohne Unterbrechung fort. Für die Weiterverarbeitung zu Kleinformaten, etwa DIN A 4, wird die Palette einer Ausrüstungsstraße zugeführt. In ihr werden die Bogen auf die gewünschte Größe geschnitten, zu meist 500 Blatt eingeriest und wieder palettiert. Das neuere Verfahren schneidet auch Kleinformate direkt aus der Rolle und spart somit einen Zwischenschritt.

1929 staunte die Fachwelt über eine in Kanada installierte Supermaschine: 772 cm Siebbreite ergaben eine beschnittene Arbeitsbreite von 740 cm. Die Geschwindigkeit betrug 300 m/min. Bei einem Flächengewicht von 55 g/m² ergab das eine Tagesleistung von 175,3 t. Die Länge des Siebes betrug 27,45 m. 48 Trockenzylinder mit 152,4 cm Durchmesser führten zu einer Maschinenlänge von 94 m. Das Gewicht der Maschine betrug 1.483 t. Der Rekord wurde 1934 durch die englische Bowater Co. mit einer 813 cm breiten Maschine gebrochen, deren Ausmaße erst in der zweiten Hälfte des 20. Jahrhunderts übertroffen wurden.

Nach dem Zweiten Weltkrieg entwickelte sich die Technik in Riesenschritten. Konnte man bis dahin noch die glattere Ober- von der durch das Phosphorbronzesieb hinterlassenen Markierung der Unter-(Sieb-)seite unterscheiden, eliminierte die Einführung des Obersiebes den Unterschied und beschleunigte gleichzeitig die Entwässerung. Inzwischen sind Papiermaschinen Hightech-Wunder geworden. Nicht weit von Hohenofen, in Schwedt an der Oder, hat die LEIPA Georg Leinfelder GmbH 2005 eine Maschine des Weltmarktführers Voith, Heidenheim, mit einer Arbeitsbreite von 805 cm zum Preis von 265 Mio. € installiert. Die ist nicht mehr flach, wie die Hohenofener, sondern vier Stockwerke hoch. Das Langsieb gibt es nicht mehr. Bei Geschwindigkeiten von mehr als 1.000 m/min kann auch der Hochdruck-Stoffauflauf der Stoff nicht mehr verwirbelungsfrei auf das Sieb bringen. Heute spritzen Hochdruckpumpen den Stoff nahezu senkrecht zwischen zwei Kunststoffsiebe. Man spricht hier auch nicht mehr von der Siebpartie, sondern von einem Duo-Former oder Gap-Former (engl.: gap = Spalt). Der Stoff wird also in den Spalt zwischen zwei Sieben eingebracht. Vakuum-Nasspressen entwässern das Papier, bis es in die voll gekapselte Trockenpartie geführt wird. In deren Endbereich ist eine Streichvorrichtung, die das LWC = light wight coated paper, leichtgewichtiges gestrichenes Papier (für Illustrierte, Magazine, höherwertige Werbeschriften usw.) beidseitig mit einem mineralischen Aufstrich versieht. Der verleiht dem Papier eine geschlossene Oberfläche, egalisiert also das unter dem Mikroskop «alpin» erscheinende Papier zur Optimierung des Druckes. Das Rohpapier wird fast ausschließlich aus Altpapier erzeugt. Vom Aufschneiden des Verpackungsdrahtes der Altpapierballen bis zur Umrollung des Tambours, der 30 t schweren Rolle in Maschinenbreite, auf Breite und Durchmesser nach Kundenwunsch, ist das ein einziger Arbeitsgang.

Im Sommer 2010 wurde im selben Werk die Liner-Maschine, eine Papiermaschine mit einer Arbeitsbreite von 4,48 m für die Herstellung hochwertigen Deckenpapiers für Wellpappe im Flächengewicht von 125 bis 200 g/m² in nur dreitägigem Stillstand mit einem 2-Walzen-Softkalander ausgerüstet. Das Spezialverfahren der österreichischen Firma Andritz erlaubt die Erzeugung eines hochwertigen gestrichenen Papiers für anspruchsvoll bedruckte Wellpappkartonagen.

1990 ist auf dem Nachbargrundstück der damaligen Haindl'schen Papierfabriken, Augsburg, eine ähnlich große Maschine für die Herstellung von jährlich 305.000 t Zeitungsdruckpapier installiert worden. Das Werk ging dann an die UPM-Kymmene GmbH & Co. KG, einen finnischen Konzern, seit September 2009 UPM GmbH, mit Sitz in Augsburg.[30]

Eine noch größere Maschine, die derzeit größte Zeitungsdruckpapiermaschine der Welt, ist im September 2009 in Betrieb gegangen: Die deutsche Firma Papierfabrik Palm in Aalen baute in King's Lynn, Großbritannien, ihre Papiermaschine 7 mit einer Siebbreite von 11,40 m und einer Arbeitsbreite von 10,60 m, ebenfalls geliefert von Voith in Heidenheim. (Ein Drittel der Weltpapierproduktion kommt von Voith-Maschinen.) Jährlich werden dort 400.000 t Standard- und aufgebessertes Zeitungsdruckpapier zwischen 42 und 48,8 g/m² ausschließlich aus ausgesuchtem Altpapier produziert. Nicht ganz so groß ist mit einer Siebbreite von 11,10 m die am 15. August 2009 in der Setúbal mill, Portugal, angelaufene PM 4 der Portucel Soporcel group, geliefert von Metso (Finnland). Sie soll jährlich bis 500.000 t ungestrichene Feinpapiere herstellen. Anfang 2010 bekam die brandenburgische Papierindustrie wieder Verstärkung: Die Propapier PM 2 in Eisenhüttenstadt begann mit der Produktion von Wellenstoff für die Wellpappenindustrie. Die Metso-Papiermaschine mit einer Arbeitsbreite von 10,10 m liefert bei einer Arbeitsgeschwindigkeit von 1.900 m/min 650.000 t Papier im Jahr. Die Gesamtinvestitionssumme liegt bei 650 Mio. Euro.

Mit einiger Berechtigung könnte man durchaus sagen, dass die heutige Papierherstellung immer noch auf dem von Robert erfundenen Prinzip des endlosen Siebes beruht. Im Verlauf der technischen Entwicklung haben sich daraus aber höchst unterschiedliche Konstruktionsmerkmale ergeben.

Nach wie vor gibt es die »klassische« Langsiebmaschine. Sie wird hauptsächlich im Bereich der Verpackungspapierherstellung eingesetzt und besteht aus dem (Hochdruck-)Stoffauflauf (der auch als Zweischichtenstoffauflauf ausgebildet sein kann), der Siebpartie, zumeist mit Obersieb, der Pressenpartie und der Trockenpartie. Oftmals eingesetzte »Schuhpressen« sind solche, deren untere Walze einen Einbau (»Schuh«) aufweist, der durch eine längere Presszone eine schonendere Pressung und dadurch ein höheres Volumen der Papierbahn ermöglicht. Bezeichnend für die Gegenwart ist, dass eine moderne Papiermaschine nur noch für eine bestimmte Sortengruppe und eine relativ geringe Variationsbreite im Flächengewicht ausgelegt wird. Ausnahmen bilden gelegentlich reine Feinpapiermaschinen, bei denen nicht die Erzeugung großer Mengen einheitlichen Materials im Vordergrund steht, sondern die Herstellung unterschiedlicher, besonders hochwertiger Papiere in kleineren oder mittleren Anfertigungsmengen, je nach den speziellen Kundenwünschen.

Papiermaschinen für grafische Papiere, früher als Schreib- und Druckpapiere bezeichnet, werden oft nur für eine bestimmte Sorte konstruiert, häufig mit integrierter Streichanlage. Auf solchen Maschinen werden vorzugsweise leichtgewichtige maschinengestrichene Sorten (LWC) hergestellt, auch als Magazinpapier bezeichnet. Davon werden häufig Tausende Tonnen einheitlichen Materials erzeugt. Im Vordergrund stehen hierbei eine gute Bedruckbarkeit und geringe Produktionskosten. Das Langsieb ist dem Duo-Former gewichen.

Deutlich unterscheiden sich die Maschinen für Hygienepapier. Hier soll hohe Festigkeit mit hohem Volumen verbunden werden. Das bedeutet, dass Struktursiebe eingesetzt werden, Luft und Dampf auf einen folgenden Entwässerungsfilz einwirken und die Trocknung auf nur einem großen Trockenzylinder (Yankee) erfolgt. Das Prinzip ist das der Selbstabnahmemaschine.

Schrägsiebmaschinen arbeiten mit extrem verdünntem Stoff – bis zu 0,1 Prozent – vornehmlich für die sehr langsame Produktion vliesähnlicher und außergewöhnlich langfaseriger Materialien.

Die heutigen Riesenmaschinen mit ihren schwindelerregend hohen Kapitalkosten zwingen zur Minimierung von Standzeiten. Eine grobe Überschlagsrechnung zeigt die Größenordnung: Eine heutige Hochleistungspapiermaschine für eine Jahresproduktion etwa von Zeitungsdruckpapier von 400.000 t kostet mit dem notwendigen »Drum und Dran«, angefangen mit dem Aufwand für Grundstück und Gebäude, rund 600 Millionen Euro. Nimmt man eine Kapitalverzinsung von fünf Prozent und eine Abschreibung mit ebenfalls fünf Prozent an, addieren sich die jährlichen Kapitalkosten auf 60 Mio. Euro. Alle größeren Papiermaschinen laufen an etwa 360 Tagen im Jahr 24 Stunden pro Tag, also im Jahr rund 8.640 Stunden. Damit ergeben sich pro Stunde 6.944 oder pro Minute 116 Euro Kapitalkosten. Umgerechnet auf eine Jahresproduktion von 400.000 t belasten sie eine Tonne Papier mit 150 Euro – bei dem aktuellen Preisniveau (Mitte 2011) für grafische Massenpapiere von etwa 1.000 Euro/t schon recht hart. Zahllose Ingenieure in den weltmarktbeherrschenden Papiermaschinenfabriken, wie Voith, Gebr. Bellmer oder Pama (Deutschland), Andritz (Österreich), Metso (Finnland) und andere bemühen sich mit Erfolg, die Zahl der Abrisse der Papierbahn im Fertigungsprozess zu minimieren. Wenn auch die Durchführung der Bahn schon längst nicht mehr von Hand vorgenommen wird, sondern durch Druckluft und raffinierte Konstruktionen, wie Seilaufführungen, relativ schnell erfolgt, fallen doch bei jedem Stillstand mehrere Tonnen Produktion aus – und das drückt auf die Kosten. Hatte noch etwa 1946 eine Feinpapierfabrik mit einer 180 cm breiten Maschine eine Tagesproduktion von acht Tonnen und erfüllte Kundenwünsche für Flächengewicht, Färbung, Leimung, Aschengehalt ab einer Anfertigungsmenge von zwei Tonnen, bei Stammkunden auch schon einmal eine Tonne, arbeiten manche Fabriken nur noch eine Standardqualität. Bei mehr als acht Meter, in der Spitze über zehn Meter breiten Maschinen und Tagesproduktionen von weit über 1.000 t werden Sonderwünsche von manchen Firmen überhaupt nicht mehr akzeptiert. Aber Ausnahmen gibt es auch hier: Eine der ältesten deutschen Papiermaschinen, vergleichbar der in der Patent-Papierfabrik Hohenofen das Gnadenbrot genießenden (also nicht mehr arbeitenden) von 1888, produziert man in Gmund ab 150 kg jede gewünschte Farbe, Oberfläche und jedes gewünschtes Flächengewicht. Die Firma am Tegernsee besitzt Hunderte von Prägewalzen, die jedem Papier ein individuelles Aussehen verleihen können. Der einzige Haken dabei ist der Preis. Aber die Nachfrage gibt dem Unternehmer recht, der noch eine zweite Maschine hat, die sich mit der alten im Wochenrhytmus abwechselt. Dann muss nämlich das gute alte Stück überholt werden. Zweifellos spielen in diesem Betrieb Stillstandszeiten keine wesentliche Rolle.

Siebbreiten und maximale Arbeitsgeschwindigkeiten der jeweils fortschrittlichsten Papiermaschinen im Laufe der Zeit (teils obere Durchschnittswerte der neuesten Maschinen):

Jahr	Siebbreite in cm	Geschwindigkeit m/min	Bemerkungen
1799	64	5	Erste Papiermaschine (Robert)
1827	150	10	Erster Einsatz (Donkin GB)
1867	150	30	Donkin
1880	250	60	In England
1888	180	25	Hohenofen, Feinpapier
1903	400	160	USA
1912	510	210	USA
1921	770	365	Kanada
1934	815	426	Bowater, GB
1986	534	1700	Tissue,
1986	945	1550	Zeitungsdruck
1988	740	1400	LWC (Magazinpapier)
2005	805	2050	Voith bei LEIPA, Schwedt
2009	1050	2100	Voith Palm PM 7, Weltrekord
2010	534	2200	Hygienepapier SCA Neuß
2010	1180	1900 (oder mehr?)	Voith, Hainan (China) 1 Mio. jato, Weltrekord (?)

Im Mai 2009 hat der Weltmarktkführer für Papiermaschinen, Voith in Heidenheim, die PM 2 der chinesischen Hainan Jinhai Pulp & Paper Co Ltd, (ein Unternehmen der Asia Pulp & Paper Group in Malaysia in Yanagu) auf der Insel Hainan im südchinesischen Meer in Betrieb gesetzt. Die Maschine hat nach unterschiedlichen Angaben eine Jahresproduktion von einer Mio. bis 1,45 Mio. t grafischer Papiere. Das hängt sehr von den erzeugten Flächengewicht (g/m^2) ab. Mit dünnerem Papier (ab ca. 80 g/m^2) kann die Maschine schneller laufen, schafft aber weniger Tonnage. Dickere Sorten (bis 250 g/qm) bringen mehr Gewicht, für die ausreichende Trocknung muss aber langsamer gefahren werden. Die Angabe von einer Million erscheint dem Verfasser, der dazu einige Berechnungen angestellt hat, als das Maximum des Möglichen. Die Siebbreite der Maschine beträgt 11,8 m, die beschnittene Arbeitsbreite 10,96 m. Die Gewichtsgrenzen der gestrichenen Papiere liegen zwischen 128 und 250 g/m². Die nach dem Stand der Technik Ende 2010 bisher erzielte Höchstgeschwindigkeit einer Papiermaschine liegt bei wenig über 2.000 m/min. – Die Maschine in Hainan ist 430, mit den Nebenaggregaten 630 m lang. Breite, Länge und geplante Jahresleistung bedeuten Weltrekord.

Bei 360 Arbeitstagen errechnet sich bei einem Papier im Maximalgewicht von 250 g/m² und einer konstruktiven Arbeitsgeschwindigkeit von 2.000 m/min. eine Leistung pro Minute von 5.480 kg und eine Tagesproduktion von 7.891,2. t, also 2.840.832 t im Jahr. Bei dem als Minimum genannten Flächengewicht von 128 g/m² wären es dann 1,4545 Mio. t, der Höchstwert, der derzeit in den Medien genannt wird. Tatsächlich dürfte also wohl die fabrikseitige Angabe von einer Mio. Jahrestonnen realistisch und weltrekordverdächtig sein. (Palm fertigt in King's Lynn (GB) auf einer 10,63 cm breiten Maschine 400.000 Jahrestonnen Zeitungsdruckpapier, also ungestrichenes – gleichfalls rekordverdächtig.)

16 Pulper mit einer Breite von 11,5 und einer Höhe von vier Metern zur Aufbereitung der Rohstoffe, in erster Linie also des Altpapieres, lieferte die 1778 gegründete Firma Butting in Knesebeck für die neue Maschine. Jeder aus Edelstahl gefertigte Pulper hat ein Gewicht von 26 t und wurde, als Ganzes seegerecht verpackt, geliefert.

Die Firma BVG Bauer Verfahrenstechnik GmbH in Willich hat die für die Bereitung des Materials für den Oberflächenstrich erforderliche und am 18. Mai 2010 in Betrieb gegangene Streichküche geliefert. Die zehn Arbeitsstationen werden täglich mit bis zu 3.000 t Streichfarbe versorgt. Die besteht natürlich zum großen Teil aus Wasser und kann deshalb in keine feste Relation zur Papier-Tagesproduktion gesetzt werden.

China hat auch ein Gegenteil zu bieten: Die Baoding Banknote Paper Mill in Boading (Hebei) produziert mit 3.293 Mitarbeitern auf sechs Langsiebmaschinen 176 und 188 cm breit und vier Rundsiebmaschinen 65 und 254 cm Arbeitsbreite jährlich 40.000 t See- und Landkartenpapiere, Fotorohpapier und, wie der Firmenname sagt, neben anderen Druckpapieren Banknotenpapier. Das bedeutet eine Tagesproduktion von rund 110 t. Bei der unrealistischen Annahme, dass eine Rundsiebmaschine durchschnittlich nur zwei Tonnen am Tag bringt, bleiben für jede Langsiebmaschine 17 t. Das sind Zahlen, die etwa 1950 für diese Qualitätsstufe und diese Maschinenbreiten galten. Anding Paper Mill in Sichuan produziert noch langsamer: 1.120 Leute machen mit sechs Maschinen 9.000 t pro Jahr Seiden- über Fotorohpapier bis Testliner aus Stroh und Bambus, also täglich pro Maschine 4,1 t. Ein Angestellter fertigt damit rund 22 kg am Tag. Bereits mittelalterliche Büttenpapiermacher hatten eine höhere Tagesproduktion. Übrigens: Der »Birkner« notiert für China 630 Papier- und Zellstofffabriken. Etwa 30 von ihnen wollen nach einer Aufstellung von Euwid 2010/11 ungefähr 40 Papiermaschinen mit einer Jahreskapazität von 15,7 Mio. t installieren.

Papiermaschinen werden jeweils nach einigen Jahren Laufzeit auf den aktuellen Stand der Technik umgebaut mit der Absicht, die Produktion zu steigern und die Kosten zu senken. Das kann dazu führen, dass zum Beispiel in einem Unternehmen der Feinpapierindustrie eine Papiermaschine, die 1927 750.000 Reichsmark gekostet hatte, mit ihrer Bezeichnung »PM 1« noch heute läuft. Sie hat ihren Stand gewechselt (vom Erdgeschoss in das Obergeschoss, um die einst bei Hochwasser eintretenden Stillstandszeiten zu vermeiden), hat vermutlich einen neuen Stoffauflauf, eine verlängerte Siebpartie, zusätzliche Trockenzylinder, einen modernen Rollapparat und noch so manches andere anlässlich mehrerer Umbauten erhalten. Was ist also von der ursprünglichen Maschine geblieben? Nicht mehr als einige Trockenzylinder und ein Teil der Stuhlung, der Stahlkonstruktion, die die Trockenpartie trägt. Und die Maschine läuft noch immer – und sicherlich wird sie in ein paar Jahren wiederum modernisiert. Heute kostet eine solche Modernisierung Millionen Euro – und das kann eine zweistellige Zahl sein. Dann aber ist die Maschine wieder »wie neu« und überdies höchst ökologisch, weil ja nur Teile entsorgt und ersetzt werden, für die es wirtschaftlichere Nachfolger gibt. Die Hohenofener Maschine von 1888 ist mindestens 1917, 1938, 1953 und zuletzt 1967/68 vom damaligen VEB Pama, Freiberg, umgebaut worden. Die Siebpartie wurde von 18 auf 27,9 m verlängert, um die Entwässerung des sehr schmierig gemahlenen Stoffes für die Erzeugung von Transparentzeichenpapier zu beschleunigen, und eine vierte Nasspresse eingebaut.

Bei Voith in Heidenheim denken Hunderte von Ingenieuren ständig an die Papiermaschine von morgen. Im November 2010 gab die Firma bekannt, sie habe weltweit das erste stabile Carbon-Formiersieb auf ihrer Versuchspapiermaschine erfolgreich getestet. Diese Siebe sind aus den äußerst stabilen und widerstandsfähigen Carbon-Nanotubes (CNT) gefertigt. Ein Jahr vorher hatte man die Fachwelt mit der nicht berührenden Dickenmessung verblüfft. Bisher galt: Je präziser die Messung, umso größer die Wahrscheinlichkeit, dass das Papier während der Messung durch Kontakt mit dem Sensor beschädigt wurde. Das ist nun vorbei.

Veredelte Papiere 4.1.11

Unter dem Begriff »veredeltes Papier« lassen sich alle Papiere subsumieren, die nach ihrer Herstellung auf der Papiermaschine in einer separaten Anlage eine gesonderte Behandlung erfahren, die aus einem Aufstrich, einer Beschichtung oder einer Imprägnierung bestehen kann. Ob man flächig bedruckte Papiere wie gewisse Buntpapiere oder Tapeten einschließt, ist Ansichtssache. Die maschinengestrichenen (Magazin-)Papiere (LWC, MWC) erwähnten wir bereits. Sehr dünne, auf den ersten Blick nicht erkennbare Striche werden auf einigen Feinpapiermaschinen für spezielle Zwecke aufgebracht.

Das einst für jeden hochwertigen Bilderdruck eingesetzte Kunstdruckpapier hat durch die Qualitätssteigerung der maschinengestrichenen Sorten viel von seiner Bedeutung verloren. 1892 wurde von dem Papierfabrikanten Kommerzienrat Dr.-Ing. e.h. Dr. rer. nat. Adolf Scheufelen in Oberlenningen die erste Streichanlage eingerichtet.[31] Das Kunstdruckpapier – auch der Name wurde von Scheufelen geprägt – setzte sich rasch in vielen Ländern Europas durch und wurde im grafischen Gewerbe zu einem anerkannten Qualitätsbegriff. Es wird heute – zur klaren Unterscheidung häufig als Original-Kunstdruck bezeichnet – aufgrund seines Preises nur noch für höchstwertige Drucksachen genutzt, etwa für Bildbände und ähnliches. Im Bereich der Werbung wird gelegentlich davon Gebrauch gemacht, dass dieses Papier zweifarbig hergestellt werden kann, also mit unterschiedlichen Farben für Ober- und Unterseite. Fast ausgestorben ist das zu dieser Gruppe gehörige einseitig gestrichene Chromopapier, das speziell für Kleinverpackungen und für Etiketten eingesetzt wurde.

Original-Kunstdruck wird auf der Basis sorgfältig gearbeiteter holzfreier Papiere hergestellt. Sie dürfen nicht zu hart sein, weil sonst der Strich schlecht haftet. Der Aufstrich besteht aus weißen oder gefärbten Pigmenten und dem Bindemittel. Als Pigment werden Mineralstoffe von sehr feinem Korn und hoher Deckkraft verwendet, wie Glanzweiß (Satinweiß), eine hochwertige Tonerde, aus der man in Verbindung mit Schwefelsäure schwefelsaure Tonerde erzeugt. Diese wird mit bestem Marmorkalk in Verbindung gebracht. Unter starkem Kneten bildet sich das Glanzweiß in Teigform. Blanc fixe (gefälltes Bariumsulfat) ist gröber im Korn, China Clay weniger weiß, dafür feiner in der Körnung. Um die Pigmente auf dem Rohpapier zum Haften zu bringen, sind leimartige Bindemittel notwendig. Klassische Materialien sind Kasein, präparierte Stärke und – heute wohl überwiegend – Kunststoffdispersionen.

Für den Auftrag des häufig zweimal aufgebrachten Striches gibt es unterschiedliche Techniken: Die verbreitetste ist das Bürsten- bzw. Walzenstreichverfahren. Das beiderseits zu streichende Rohpapier wird durch eine mit der Streichmasse gefüllte Mulde geführt und der Überschuss zwischen zwei aufeinander geschliffenen Gummiwalzen abgepresst. Danach wird die Papierbahn zur gleichmäßigen Verteilung des Striches zwischen Flachbürstenpaaren hindurchgeführt. Beim Messerstrich überträgt eine im Farbtrog rotierende Übertragungswalze die Streichmasse im Überschuss einseitig auf die darüber geführte Papierbahn. Der Farbüberschuss wird durch einen Messerschaber (Rakel) abgestrichen. Beim Luftbürstenstrich bringt eine Walze die Streichmasse auf das Papier. Über einer Stützwalze wird mit einem dünnen Luftstrahl (Luftbürste) der Strich geebnet und der Überschuss weggeblasen.

Das Trocknen des gestrichenen Papieres ist besonders aufwendig, da der Strich nicht beschädigt werden darf. Der Prozess beginnt im Trockenkanal, durch den das Papier schwebend über Blasrohre, aus denen erhitzte Luft gegen Leitbleche ausströmt, geführt wird. Die Bahn wird dabei vorgetrocknet und in Stabhängen, auf Holzstäben in nach unten hängenden Schleifen fertig getrocknet. Nach mehrtägiger Lagerung wird das Papier gefeuchtet und auf speziellen Kalandern satiniert – zur Schonung gar zwei- oder dreimal.

Buntpapiere werden nur noch in wenigen Unternehmen nach unterschiedlichsten Techniken produziert – als einfarbig gestrichene Papiere, die auch im Friktionskalander (also mit Walzen unterschiedlicher Geschwindigkeit, die die Papieroberfläche blank reiben) auf

Hochglanz poliert werden. Das sind korrekt ausgedrückt die Glanzpapiere. Dieses Wort wird fälschlich häufig für in der Maschine gestrichene oder Original-Kunstdruckpapiere verwendet. Deren Oberfläche soll zwar für besten Druck optimal geschlossen und damit glatt sein, aber im Allgemeinen dabei so wenig Glanz wie möglich bekommen, denn der erschwert die Lesbarkeit. Andererseits gibt es Hochglanzbroschüren, die nach dem Druck glänzend lackiert werden. Nun, über Geschmack lässt sich nicht streiten.

Andere Buntpapiere werden mit Bildern oder abstrakten Mustern bedruckt, wieder andere mit Textilfasern beflockt – der Fantasie sind keine Grenzen gesetzt. Das Problem für die Buntpapierindustrie ist, dass nicht nur Verpackungshersteller, sondern selbst die Produzenten von Massenartikeln Rohpapiere in Verpackungsmaschinen direkt veredeln. Gummierte Papiere werden wohl in erster Linie noch für Briefmarken verwendet, aber auch hier mehr und mehr zum Kummer der Philatelisten durch selbstklebende Marken ersetzt. Beschichtungen unterschiedlicher Art gibt es für Selbstdurchschreibpapiere – hier drei Typen: für das erste Blatt unterseitig, für das mittlere beidseitig und für das letzte oberseitig beschichtet. Thermopapier reagiert auf den Typenaufschlag, der dann häufig nach Wochen oder Monaten bereits nicht mehr lesbar ist. Ein Hightech-Produkt ist das sogenannte Fotopapier für PC-Drucker. Das hat mit dem einstigen Papier für fotografische Abzüge fast nichts mehr zu tun, sondern besitzt eine mehrlagige Beschichtung aus unterschiedlichen Chemikalien. Mit diesem Papier kann man auf dem häuslichen Drucker brillante Farbabzüge bekommen. Hergestellt wird es im Werk Weißenborn der Firma Felix Schoeller jun. (Burg Gretesch, Osnabrück.) Das war bis vor wenigen Jahren weltweit einer der wenigen Hersteller hochwertiger Fotopapiere, mit denen selbst führende japanische Hersteller beliefert wurden; doch das Fotografieren nach der Väter Sitte gehört nun fast der Vergangenheit an.

Die Verpackungswirtschaft benötigt nach wie vor imprägnierte und beschichtete Spezialpapiere, wie z. B. Ölpapier für die Verpackung metallener Gegenstände, dafür auch die speziellen Rostschutzpapiere für empfindliches Eisen, Silberschutzpapier, das das Anlaufen von Silber verhindert, Wachspapier für technische wie auch für Lebensmittelverpackung. In der Chemie werden präparierte Papiere für die unterschiedlichsten Zwecke eingesetzt, z. B. Elektrophoresepapier in der klinischen Chemie für die Eiweißbestimmung. Tauchgefärbte Papiere, wie Briefumschlagfutterseiden u. a., sind anscheinend ganz aus der Mode gekommen, weil sie extrem abfärben, wenn sie mit Feuchtigkeit in Berührung kommen.

Der Weg in einen interessanten und aussichtsreichen Beruf 4.1.12

Die beste Maschine ist ohne ihren Führer nutzlos. Es gäbe sie nicht, hätte nicht ein Mensch sie erfunden, nicht Menschen sie gebaut und installiert – und es ist ein Mensch, der sie in Betrieb setzt und erhält, sie pflegt und repariert, und sie vielleicht auch aufgrund der Erfahrungen in der Praxis verbessert.

Wir haben im Vorstehenden die Erinnerung an Menschen wachgerufen, an einzelne hervorragende mit ihren Namen und an die unübersehbare Folge der Generationen von Papiermachern in aller Welt. So, wie sich die Technik verändert hat, hat sich auch die Arbeit der Menschen, der Papierer, verändert. Eines ist geblieben: Die Lehrzeit. Die Papierer aber – wir erwähnten es bereits mehrfach – sahen sich nicht als Handwerker, sondern als Künstler. So verwundert es nicht, dass sie sich nicht in Gilden zusammenschlossen, ihre eigenen Bräuche entwickelten und Eingriffe der Obrigkeit bis ins 17. Jahrhundert zu vermeiden wussten. Sie hatten in früher Zeit einander versprochen, ihre Bräuche nur mündlich weiterzugeben und keineswegs aufzuschreiben, sie der Öffentlichkeit, gar den Behörden niemals zu verraten. 1798 hatte sie dennoch ein Papierer verbotswidrig zu Papier gebracht[32] – und ein Exemplar davon war der Kurfürstlich Braunschweig-Lüneburgischen Regierung in die Hände gefallen, die daran nicht nur keinen Gefallen fand, sondern sie als »äußerst schädliche Gildemissbräuche« abkanzelte. Ein Verhör des Papiermüllers Johann Ephraim Stahl aus Weende bei Göttingen, der seit 1790 Pächter und von 1800 bis 1837 Inhaber der Mühle war, stärkte ungeachtet seiner Bekundung des Nichtwissens die Überzeugung der Behörde, dass diese Bräuche noch immer genau beachtet werden. In Sachsen wurde der Meister Carl Friedrich Braun aus Kühnhaide im Erzgebirge dazu befragt. Er sagte aus, dass seine Bräuche von den Papiermachern Sachsens, Preußens, den Kaiserlichen und Reichslanden wie überhaupt in ganz Deutschland auf das genaueste befolgt würden. So erscheint es zwangsläufig, dass Kaiser Karl VI. (1685–1740) in einer dreißigseitigen Verordnung »den Missbräuchen und Übergriffen im Papiermacherhandwerk« (welche Beleidigung!) entgegenzuwirken suchte. Beanstandet wurde etwa, dass uneheliche Kinder von Meistern zum Handwerk zugelassen und den ehelichen in jeder Hinsicht gleichgestellt werden. So schrieb es eine Kernbestimmung der »heimlichen Gebräuche«[33] vor. Nun war die Saat der Kritik ausgebracht, und seit 1789 mehrten sich auch die kritischen Stimmen aus Kreisen der Betroffenen. 1783 übergab ein Anonymus der königlichen Kriegs- und Domainenkammer in Glogau einen Aufsatz über die Gebräuche und Missbräuche der Papiermacher. 1700 versammelten sich Papiermacher aus Franken, Schwaben und Bayern in Augsburg, um über die Abstellung der »sie zugrunde richtenden Missbräuche«[34] zu beraten. Das Ergebnis dieses Kongresses, die Ordinatio molendinaria, der Entwurf einer Papiermacher-Handwerksordnung in 19 Punkten, wird wie der Entwurf einer Papiermüllerordnung für die Churmark Brandenburg 1745 mit 32 Paragraphen vollständig wiedergegeben.[35] Der Papierfabrikant Johann Adolph Engels in Werden verlangte 1808 in einem Buch[36], alle alten Missstände und alles, was nach Zunft riecht, ganz abzuschaffen, was mithilfe ihrer Landesregierungen, die das Wohl ihrer Fabriken so gern befördern helfen, ohne große Schwierigkeiten geschehen kann. Er greift die Anregungen für eine Papiermacherordnung an, die der Reichsanzeiger 1804 brachte. Er hält es für »eben so unausführbar als zweckwidrig«, eine solche Ordnung »für ganz Deutschland zu entwerfen. […] Deutschland ist in so manche Staaten eingetheilt, wovon jeder eine andere Regierungsverfassung und ein anderes Interesse hat, […] wo im Ganzen so wenig Gemeingeist herrscht«.[37]

Die Häufung der Kritiken beweist, dass die geheimen Bräuche noch weithin eingehalten wurden. Nicht zuletzt hierdurch wurde der Berufsstand von der Entwicklung des Handwerks verhängnisvoll abgegrenzt. Die Stein-Hardenbergschen Reformen, in Preußen besonders dank der industriefreundlichen Politik des Präsidenten der Seehandlung, Staatsminister Christian von Rother, realisiert, ließen in der aufkommenden Industrialisierung das Althergebrachte obsolet werden. Zwar hielten die strengen Bräuche über lange Zeit die weit verstreuten Papiermacher zusammen und trugen zur Bewahrung ihres sozialen Standes bei, aber dennoch hielt der Fortschritt Einzug. Die starken, erfolgreichen Papiermacher installierten Papiermaschinen und stiegen zu Industriellen auf; die Masse der kleinen Papiermühlen hingegen hatte keine Zukunft mehr.

In Deutschland und darüber hinaus hatte sich eine landschaftlich unterschiedliche Lehrzeit der werdenden Papiermacher von drei (mancherorts nur für Meistersöhne) oder vier Jahren und 14 Tagen allgemein durchgesetzt.[38] Der Lehrbube wurde bei seinem Eintritt nach einer vierwöchigen Probezeit in Gegenwart der Gesellen darüber belehrt, wie er sich in seinen Lehrjahren zu verhalten habe. Die Gesellen hatten bei der Einstellung mitzureden. Der Lehrling hatte dann das Lehrgeld von zwei Talern zu erlegen.

Da nichts Schriftliches überliefert wurde, rätselten spätere Generationen über die eigenartige Lehrzeitverlängerung von 14 Tagen. Es war wohl erst Alfred Schulte, der 1939[39] des Rätsels Lösung fand: In jedem Handwerksberuf hat der Lehrling am Ende seiner Ausbildung ein Gesellenstück zu fertigen, mit dem er sein Können beweist. Das ist nun beim Papiermacher schwieriger. Deshalb wurde er nach Ablauf der vier Jahre für 14 Tage in eine andere Papiermühle geschickt, um dort dem Meister und seinen Gesellen zu beweisen, dass er die Kunst beherrsche. Er musste an allen Positionen der Mühle jeweils den Gesellen ersetzen – das heißt, er führte alle einschlägigen Arbeiten aus: am Mühlentriebwerk, auf dem Lumpenboden, am Stampfwerk, am Holländer, an der Bütte, bei Zimmerarbeiten, beim Sortieren, Zählen und Verpacken. Er musste außerdem im Gespräch beweisen, dass ihm die Vorschriften und Bräuche seiner Kunst geläufig waren. Nach Ablauf der 14 Tage gab ihm der Prüfungsmeister einen Brief an seinen Lehrmeister mit, woraufhin er sein Lehrzeugnis erhielt und der Lehrbraten nach altem Brauch gefeiert wurde. Zum Abschied, dem Beginn der obligaten Wanderjahre, gaben ihm Meister und Gesellen neben guten Wünschen die Ermahnung mit auf den Weg, nichts Altes ab- und nichts Neues aufzubringen.

Etwa seit der Mitte des 16. Jahrhunderts war der Berufsneuling zu zwei bis drei Jahren Wanderschaft verpflichtet, der Meistersohn nur zu einjähriger. Jeder Papiermüller war verpflichtet, dem wandernden Gesellen eine Nacht Kost und Herberge zu gewähren, wenn er ihn nicht für einige Zeit als Gesellen nahm. Es war Brauch, dass die Gesellen ihren Kollegen abends ins Wirtshaus führten. So war ein ständiger Austausch von Wissen über viele Mühlen gegeben, nicht nur fachlich, sondern auch Informationen über das Wohlergehen der besuchten Meister. Häufig waren solche miteinander verwandt. Korrespondenz zwischen den Familien gab es nur sehr selten; so war der Besuchte erfreut, nicht nur von Kollegen und ihren

Betrieben, sondern auch von Freunden und Verwandten zu hören. Gar nicht so selten geschah es, dass der Wanderbursche und eine Müllerstochter Gefallen aneinander fanden und nach den Pflichtwanderjahren im Hafen der Ehe landeten. Damit blieb dann manche Papiermühle auch ferner im Familienbesitz, wenn der Meister keinen männlichen Erben hatte. Die Bräuche mahnten den Gesellen aber, seine Begierde im Zaum zu halten. Mit saftigen Geldstrafen wurde belegt, wer sich dabei erwischen ließ, mit einem ledigen Mädchen, gar mit einer verheirateten Frau zu schlafen. Nach viermaligem sündigen Tun wurde der Papierer aus seinem Beruf verstoßen – niemand gab ihm mehr eine Arbeit. Auch die guten Absichten mussten der damaligen Sitte gehorchend gebremst werden. Nicht nur uneheliche Kinder bedeuteten für den Vater das Aus; auch eine Kindsgeburt weniger als 31 Wochen nach der Eheschließung kostete den Voreiligen sechs Taler. War es ein Sohn, konnte er nicht Papiermacher werden; eine Tochter durfte keinen Papiermacher heiraten. Dem Meister drohte bei einem Ehebruch die Verstoßung. Er durfte dann keinen ehrlichen Gesellen einstellen. Erst nach Beginn des 18. Jahrhunderts sah man solche Liederlichkeiten etwas gnädiger und begnügte sich mit einer Kirchenbuße oder Kirchenstrafe.

Zum Glück gibt es immer wieder Menschen, die zumindest das Wissen um die Vergangenheit und Traditionen zu bewahren suchen. Dazu gehörte auch Prof. Ströbel aus Wien, der 1870 auf Veranlassung von Dr. Alwin Rudel, Techniker, zeitweiliger Inhaber der Papierfabrik in Königstein, Herausgeber des »Central-Blatts für die Deutsche Papier-Fabrikation« unter Verwendung überkommener Motive ein Wappen der Papiermacher schuf, das noch heute gelegentlich als heraldische Beigabe auf Dokumenten und in Büchern erscheint.

Mit dem Wandel der Papiermacherei von der Bütte zur Hightech-Papiermaschine änderte sich auch die Ausbildung. Bis zum Zweiten Weltkrieg und darüber hinaus betrug die Papiermacherlehre drei Jahre und endete mit dem Gesellenbrief. Ein betrieblicher Aufstieg zum Maschinenführer, Schichtwerkführer oder gar Oberwerkführer und technischen Direktor war für den Tüchtigen möglich. Handwerkliches Können stand dabei im Vordergrund. Der Verfasser erinnert sich an ein dafür typisches Beispiel, wie er es bei seinem Praktikum in Lachendorf erlebte. Die Fabrik war kriegsbedingt stillgelegt worden und erst Mitte 1946 wieder angelaufen. Der Junior, promovierter Historiker, hatte die Chefposition übernommen und holte als Technischen Direktor den vormaligen Oberwerkführer der Feinpapierfabrik Felix Schoeller & Bausch, Neu Kaliß (Mecklenburg)[40], Robert Altmüller. Der hatte die brutale Demontage des großen Werkes miterlebt und war beizeiten in den Westen geflüchtet. Mit Unverständnis reagierten die meisten Arbeiter auf seine »neumodischen« Weisungen: Man habe sich vor dem Betreten der Fabrik die Schuhe abzutreten, Papierabfälle vom Boden aufzunehmen und sofort an den dafür vorgesehenen Ort zu bringen, Pfützen aufzutrocknen und ähnliches. Der Gedanke, gutes Papier könne nur in pieksauberer Umgebung entstehen, war ihnen fremd. (Das galt nicht nur in Lachendorf; in den meisten Papierfabriken, die der Verfasser in den folgenden Jahren in der damaligen DDR besucht hat, sah es ebenso aus. Ausnahmen bildeten allenfalls Fabriken, in denen Wertzeichenpapiere oder ähnliche hochwertige Sorten produziert wurden.)

Rohstoffe waren zu jener Zeit wie auch alles andere Mangelware. Also beschloss Altmüller, die Untergrenze zu fertigender Papiere von bisher 80 auf 70 g/m² herabzusetzen. Die Arbeiter hatten Zweifel an dieser Umstellung, was Altmüller zu der kühnen Behauptung herausforderte: »Auf dieser Maschine mache ich euch 40 g/m².« Und tatsächlich: Es war einigermaßen brauchbarer Zellstoff vorhanden (in Form nasser Kleinrollen, die im Kollergang aufbereitet werden mussten). Schon am frühen Morgen stand Robert Altmüller am Holländer, prüfte den Mahlgrad zwischen den Fingern, und am frühen Nachmittag war es so weit: Der Stoff kam in die Rührbütte und auf das Sieb. Vergeblich mühte sich der Maschinenführer, mit der Bürste den Stoff vom Sieb zu nehmen und über einige Zentimeter Zwischenraum auf den Nassfilz so zu übertragen, dass der Riss im Vlies schräg zur anderen Siebseite verlief und damit das Papier in die Pressenpartie gelangte, doch nach mehreren fehlgeschlagenen Versuchen schien das Unterfangen unmöglich. Nun kam Altmüller mit derselben Methode. Zwei-, dreimal erfolglos, aber beim vierten Versuch lag der Stoff auf dem Filz, der Riss verlief wie geplant, Beifall, vom Chef bis zum letzten Pressensteher brandete auf. Etwa sechs Stunden lang produzierte die dafür nicht gebaute Maschine Papier von 40 g/m², rund 1,5 t. (Auf bis heute nur zu vermutende Weise wog die Produktion am nächsten Morgen nur noch eine Tonne. Man muss sich erinnern: Es geschah im Hungerwinter 1946/47. Da wurde nun ein Papier gemacht, von dem der Metzger, der ja auch kein Einwickelpapier bekommen konnte, für ein Kilo ein halbes Pfund Wurst ohne Lebensmittelmarken gab – eine Art Pergamentersatz.) Von da an regte sich gegen die neumodischen Methoden aus Mecklenburg nie mehr ein Widerspruch – und die Geschäftsleitung tat, als habe sie vom Schwund nichts bemerkt.

Diese Zeiten sind vorüber. Das Faservlies wird durch Druckluft abgenommen und über Seilkonstruktionen auf den Nass- wie dann auf den Trockenfilz geführt, und das nicht bei (wie damals) mit etwa 30 m/min., sondern auf den modernsten Maschinen mit bis zu 2.000 m/min und darüber.

Wie lernt man aber heute das Papiermachen? Das Mekka nicht nur für alle deutschen Papierer ist Gernsbach, die Papiermacherstadt unweit von Karlsruhe. Sie bildet inzwischen neben den deutschen alle britischen Azubis wie einen großen Teil der finnischen und sicher auch Kollegen aus anderen Ländern aus. Drei Monate je Lehrjahr wird der künftige Papierer in der Theorie der Technik, in Chemie und Physik von hochqualifizierten Dozenten unterrichtet. Die Ausbildungsstätte Altenburg bleibt erhalten. Sie sollte nach der Wiedervereinigung abgewickelt werden, ist aber nun der Fachbereich Papiertechnik in der Johann-Friedrich-Pierer-Schule[41] Altenburg. Seit dem 1. August 2010 hat der neue Ausbildungsberuf Papiertechnologe/-in alle bisherigen Regelungen zum aktuellen Ausbildungsberuf ersetzt.

Der schulische Rahmenlehrplan sieht vor, dass der Stundenplan der Papiertechnologen für alle Auszubildenden an den Schulen in Gernsbach und Altenburg gleich ist. Die Lernfelder wurden aktualisiert und den neuen Anforderungen des Berufs angepasst.

Auch der betriebliche Ausbildungsrahmenplan wurde neu strukturiert. In den ersten zweieinhalb Jahren durchlaufen alle Papiertechnologen die gleiche Ausbildung. Schwerpunkte der ersten eineinhalb Jahre der Ausbildung sind die Themen Produktion, Rohfaser- und Hilfsstoffe sowie Instandhaltung. Die Instandhaltung hat in der neuen Ausbildungsordnung einen höheren Stellenwert erhalten, da in vielen Betrieben kleinere Wartungs- und Instandsetzungsarbeiten an den Maschinen in zunehmenden Maßen auch von den Papiertechnologen erledigt werden.

Nach der Abschlussprüfung Teil 1, welche die Inhalte der ersten 18 Monate der Ausbildung berücksichtigt, sind Produktion, Veredelung und Ausrüstung sowie Steuern und Regeln von Produktionsprozessen die Schwerpunkte.

Hinzu treten die Wahlqualifikationsbausteine: Zum Ende der Ausbildung ermöglicht eine sechsmonatige Vertiefungsphase, entsprechend den betrieblichen Erfordernissen und individuellen Neigungen des Auszubildenden, die Vermittlung bestimmter Inhalte und schafft so Flexibilität in der Ausbildung. Die Betriebe können aus zwölf Qualifikationseinheiten wählen, von denen zwei als Wahlpflichtfächer gelten.

Die Qualifikationseinheiten sollen es den Betrieben ermöglichen, z. B. den künftigen Facharbeiter in Verfahrenstechnik, Steuerungstechnik, in der Instandhaltung oder in anderen Themenfeldern vertieft auszubilden. Entscheidend ist dabei das künftige Einsatzgebiet des Facharbeiters. Nach Abschluss dieses Ausbildungsabschnittes schließt sich nach drei Jahren der zweite Teil der Abschlussprüfung an, welche letztendlich zum Facharbeiterbrief Papiertechnologe/-in (IHK) führt.

Die prozessorientierte Ausrichtung der Ausbildung spiegelt sich auch in der gestreckten Abschlussprüfung wider, die in Zukunft noch stärker handlungsorientiert gestaltet werden wird. So ist im praktischen Teil der Abschlussprüfung im Rahmen einer Wahlqualifikationseinheit eine betriebliche praktische Aufgabe durchzuführen, die zu dokumentieren und zu präsentieren ist. Im Rahmen des anschließenden Fachgesprächs sind weitergehende Fragen zu beantworten.

Die Zwischenprüfung entfällt, da das Modell der gestreckten Abschlussprüfung gewählt wurde. Die Abschlussprüfung Teil 1 nach 18 Monaten wird mit 30 Prozent gewichtet, die Prüfung Teil 2, die sich auf alle Ausbildungsinhalte erstreckt, mit 70 Prozent.

Die Papier erzeugende Industrie verfügt somit über einen flexiblen neuen Ausbildungsberuf. Dessen Kernelemente sind:
– Steuern und Regeln: weitergehende Kompetenzen, mehr Selbstständigkeit
– Monoberuf mit Wahlqualifikationseinheiten (halbes Jahr)
– Instandhaltung: stärkere Betonung der vorbeugenden Instandhaltung
– gestreckte Abschlussprüfung.

Auf diese Weise wird es den Betrieben ermöglicht, betriebsnäher und individueller auszubilden, um den künftigen Facharbeiter optimal auf sein späteres Arbeitsumfeld vorbereiten zu können.

Selbstverständlich steht dem strebsamen Facharbeiter der Weg nach oben frei. Ein Jahr dauert die Weiterbildung zum Meister an der Papiermacherschule in Gernsbach. Nach Zusatz- und Aufnahmeprüfung kann das Universitätsstudium Allgemeiner Maschinenbau aufgenommen werden. Drei Jahre dauert es bis zum Bachelor, dann folgen zwei weitere im Zweig Papier- oder Zellstofftechnik zum Master-Abschluss an der Fachhochschule München oder den Universitäten in Darmstadt oder Dresden. Mit der Hochschulreife geht es schneller. Der Abiturient durchläuft eine auf zwei Jahre verkürzte Lehrzeit und nimmt dann das Studium auf – wenn es ihn nicht gleich von der Schulbank in den Lehrsaal zieht. Dann studiert er etwa an der TU Darmstadt Maschinenbau bis zum Bachelor, entscheidet sich anschließend für den Masterzweig Papiertechnik. Die praktische Erfahrung muss in einschlägigen Berufspraktika erworben werden. Nach erfolgreichem Abschluss ist an den Universitäten auch die Promotion zum Dr. Ing. möglich. Alle Informationen zur Ausbildung, auch Nachweis von Ausbildungsstätten gibt es beim Verband deutscher Papierfabriken e.V. (VDP).[42]

Auf allen Ausbildungsstufen ist technisches Verständnis gefragt, fundierte Kenntnis der Konstruktionen und der Abläufe, also Kopf- statt Handarbeit. Der heutige technische Leiter einer Papierfabrik ist durchweg Dipl. Ing., künftig Master, häufig promoviert. Sein Blick muss weit über seinen Arbeitsplatz hinausgehen, Entwicklungen in der Maschinenindustrie und den Zulieferbetrieben ebenso frühzeitig erkennen wie Trends bei seinen Abnehmern wie beim Wettbewerber. Dem um eine Nasenlänge voraus zu sein, bedeutet vielleicht das Überleben auf einem Markt, der für den Rohstoffeinkauf ebenso weltweit ist wie für den Absatz eines Produktes, dessen Qualität permanent optimiert werden muss. Papier zu machen ist keine Kunst mehr; gute, überragend gute Papiere zu machen, bedeutet höchste Befriedigung für alle Beteiligten und ist die Voraussetzung, um auf einem heftig umkämpften Weltmarkt gute Preise zu erzielen und die Zukunft des Werkes und damit der eigenen Arbeitsstelle zu sichern.

Roh- und Hilfsstoffe bei der Papierherstellung 4.2

Baumwolle, Hadern und Ersatzversuche 4.2.1

Die abgetragenen Stücke, Lumpen, im Fach Hadern genannt, waren bis zur Mitte des 19. Jahrhunderts fast der einzige Rohstoff für die Papiererzeugung. Angesichts der sozialen Lage des überwiegenden Teiles der Bevölkerung war der Anfall dieses Materials sehr begrenzt, weswegen nicht nur der Rohstoff, sondern auch Papier teuer war.

Die Papiermüller kämpften mit zwei entscheidenden Schwierigkeiten: Der Beschaffung von sauberem Wasser und der von genügend Hadern (Leinenlumpen, aber auch Schiffstaue und andere textile Produkte). Letztere wuchs sich im Laufe der Zeit infolge des zunehmenden Bedarfs an Papier zu einer Überlebensfrage jeder Papiermühle aus. Üblich war, dass der Papiermüller der Konzession seines Landesherrn bedurfte. Die war im Regelfall gekoppelt an das Privileg, in einem genau festgelegten Bereich als Alleinberechtigter die dort anfallenden Lumpen zu sammeln. Die Menschen jener Zeit waren meist arm. Sie trennten sich also von abgetragener

Kleidung erst, wenn diese wirklich zu nichts mehr zu gebrauchen war. Erst mit wachsendem Wohlstand erhöhte sich die verfügbare Hadernmenge. Es stieg aber auch die Zahl der Papiermühlen, und es kam nicht selten zu Auseinandersetzungen zwischen benachbarten Papierern oder dem illegalen Eindringen von Lumpensammlern, die unter Umständen außerhalb des Landes höhere Preise für ihre Ware erzielen konnten. Grenzkontrollen sollten den Schmuggel unterbinden, doch schon damals fiel jenen, die ein höheres Einkommen anstrebten, immer wieder Neues ein. So wurden beispielsweise Hadern in einer Papiermühle im Stampfwerk aufbereitet und ganz legal als Halbstoff exportiert: Diese Gesetzeslücke hatten die Juristen nicht bemerkt. Auch mit Ausfuhrzöllen (und zollfreier Einfuhr) versuchte man, des Mangels Herr zu werden. Schon frühzeitig befassten sich einfallsreiche Männer mit der Idee, Papier aus anderen, reichlicher verfügbaren Materialien zu fertigen. Theoretiker und Praktiker verfassten Schriften, in denen sie sich mit dem Ersatz der teuren und knappen Lumpen durch pflanzliche Rohstoffe auseinandersetzten, etwa Seba, Guetar, Gladitsch und andere. Manches Gedachte erwies sich bald als Unsinn, aber René Antoine Réaumur (1683–1757), der französische Zoologe, führte in einer Denkschrift an die französische Akademie 1719 aus:[43] »Die amerikanischen Wespen bilden ein sehr feines Papier, ähnlich dem unsrigen. Sie lehren uns, dass es möglich ist, Papier aus Pflanzenfasern herzustellen, ohne Hadern oder Leinen zu gebrauchen; sie scheinen uns geradezu aufzufordern zu versuchen, ebenfalls ein feines und gutes Papier aus gewissen Hölzern herzustellen.« Als Réaumur einem französischen Papierfabrikanten ein Stück eines Wespennestes zeigte, prüfte der die Probe und bezeichnete sie als das Erzeugnis eines Konkurrenten aus Orléans. 1765 erschien der erste Band der bedeutenden Buchreihe über die Suche nach geeigneten Rohstoffen für die Papierherstellung: »Versuche und Muster ohne alle Lumpen oder doch mit einem geringen Zusatz derselben Papier zu machen«. Der Verfasser war Jacob Christian Schäffer, »Doctor der Gottesgelehrsamkeit und Weltweisheit«[44], ein mit zahlreichen akademischen Ehren ausgezeichneter Wissenschaftler, dessen Meriten sowohl die Theologie als auch die Naturforschung betrafen. Es ist schwer zu verstehen, dass dieser Mann, der mit guten Gründen auf eine Stufe mit Carl von Linné und Alexander von Humboldt gestellt werden darf, in Deutschland so gänzlich in Vergessenheit geraten ist, dass sein Name nicht einmal im »Brockhaus« auftaucht – wohl aber in der entsprechenden amerikanischen »Colliers Encyclopedia«. Seine selbstgestellte Aufgabe suchte er in zahllosen Versuchen mit Pflanzen und Pflanzenteilen jeglicher Art zu einem technisch brauchbaren Ergebnis zu führen. Er begann mit der Samenwolle der Pappel und des Wollgrases, untersuchte Stängel, Blätter, Hölzer vieler Arten, Kräuter, Blumenstrünke, Torf – eine schier endlose Reihe. Der erste Band enthielt daraus gefertigte Papiermuster, die lediglich das Prinzip nachwiesen, ohne auf Qualität zu achten. Seine Schrift legte er der kurfürstlichen Bayerischen Akademie vor und sandte eine Papierprobe aus Distelstängeln an den Erzherzog Prinz Leopold zu dessen Vermählung mit der Prinzessin Maria Ludovika mit einer lateinisch abgefassten Widmung. Der damalige deutsche Kaiser, Josef II., erbat sich ein Exemplar des Schäfferschen Werkes und sandte Schäffer als einen besonderen Gnadenerweis eine prächtige goldene Kette mit dem Bildnis des Kaisers.

Viele Freunde erwarb sich Dr. Schäffer zunächst mit seiner Arbeit nicht. Der bekannte Papiermacher Adolf Keferstein in Weiden, Konstrukteur einer frühen Papiermaschine,[45] verfasste sogar eine Gegenschrift. Schäffers Arbeit inspirierte jedoch viele Papiermacher zu ähnlichen Versuchen. 1784 erschien das erste Buch aus Papier, das nicht aus Hadern hergestellt wurde, sondern aus Gras. 1774 hatte bereits Dr. Justus (Julius) Claproth (nicht zu verwechseln mit Martin Heinrich Klaproth, dem bedeutenden Chemiker, 1749–1817, Entdecker mehrerer Elemente, wie es im Allgemeinen Anzeiger des deutschen Reiches[46] geschehen ist) – eine Schrift mit dem Titel »Eine Erfindung aus gedrucktem Papier wiederum neues Papier zu machen«[47] verfasst – er war damit der Vater des Recycling. Ausgearbeitet hatte er das Verfahren bei dem Papiermüller Johann Engelhard Schmidt in Klein-Lengden.

Um 1800 wurden bereits geringe Mengen Papier und Pappe aus Stroh hergestellt. Noch aber blieb alles im Bereich von Versuchen. 1764 erließ Friedrich II. von Preußen ein Geschärftes Edikt gegen die Ausfuhr von Lumpen. In Amerika wies ein Dr. Isaiah Deck 1855/56 darauf hin, dass Amerika für seine 800 Papiermühlen 405.000 Pfund Lumpen benötige. Dazu könnten die Mumien Ägyptens beitragen, deren jede in etwa 30 Pfund Leinen eingewickelt sei – und die Ägypter mumifizierten ja nicht nur ihre Könige, sondern auch Rinder, Katzen, Krokodile, Ibisse. Nach Decks Berechnungen lebten in Ägypten in den 2.000 Jahren bis Cleopatra rund acht Millionen Menschen mit einem Durchschnittsalter von 32 Jahren. Die je Körper verwendeten 13,5 kg Binden ergaben nach seiner Rechnung potentiell 2,5 Mio. t Hadern und würden den Papierbedarf der Vereinigten Staaten für 15 Jahre decken. Überdies sollten die Mumien der Rohstoffversorgung dienen. Sie enthielten Öl, Alkali, Soda; der Rest könnte zu Seife verkocht werden. Außerdem enthielten sie noch Artefakte, wie Knöpfe aus Silber.

Die beste Idee war das nicht: Der Mühlenbesitzer Standwood ließ während der durch den Bürgerkrieg noch angeheizten Knappheit an Rohstoffen mehrere Schiffsladungen Mumien aus Ägypten kommen, die aber neben Leinen und Papyrus zur Fertigung von Packpapier für die Lebensmittelverpackung auch Cholerakeime mitbrachten. Es gibt deshalb starke Zweifel an dieser Darstellung.[48] Möglicherweise wurden die Mumien zurückgeschickt. Die Ägypter waren da vorsichtiger: Sie nutzten die Mumien zur Befeuerung ihrer Lokomotiven.

Auf den geradezu explosiven Produktionszuwachs an Papier durch die Erfindungen des Holzschliffs, der Leimung in der Masse und des Zellstoffs wird in den folgenden Abschnitten dieses Kapitels ausführlich berichtet. Soweit heute noch Hadernpapiere hergestellt werden, werden dafür Produktionsabfälle der Textilindustrie eingesetzt oder aber Linters, die kurzen, auf den Samenkörnern sitzenden Fasern. Damit ist die Gleichmäßigkeit des Rohmaterials und damit der daraus hergestellten Papiere gesichert. Ein Hadern- oder zumindest hadernhaltiges Papier zeichnet sich nicht nur durch seine Festigkeit (die etwa bei Banknotenpapieren eine Rolle spielt) aus, sondern es wird in Anbetracht des teuren Ausgangsmaterials auch mit besonderer Sorgfalt nur von einigen wenigen Feinpapierfabriken hergestellt. Banknotenpapiere werden überdies mit hochgeheimen Sicherungsmethoden produziert.[49]

4.2.2 Gräser, Stroh- und Holzstoff

Das älteste noch erhaltene Papier entstammt der Zeit der Westlichen Han-Dynastie, die zwischen 240 v. Chr. und 8 n. Chr. regierte.[50] Forscher grenzen die Zeit der Erfindung des neuen Stoffes auf 140 bis 84 v. Chr. ein. Dieses Papier, 1957 gefunden, wurde aus den Fasern der Hanfpflanze gefertigt. Bald wurden aber auch die Fasern des Maulbeerbaums und die Rinde der Rotangpalme verwendet. Jetzt wird der teure Hanf nur noch für wenige Spezialpapiere eingesetzt, etwa für Zigarettenpapier.

Mit einiger Sicherheit weiß man heute, dass während der chinesischen Tang-Dynastie (618–907) die Verwendbarkeit des Bambus als Papierrohstoff entdeckt wurde, wenn er einem Kochprozess in basischer Lauge unterworfen wird. Er erlangte damit die Spitzenposition als Papierrohstoff. In einigen asiatischen Ländern wird Bambus wieder planmäßig angebaut, da er schneller wächst als Bäume und sich Klimaunterschieden relativ leicht anpasst.

Gleich dem Bambus gehört Esparto, das in Nordafrika und Spanien angebaut wird, zu den Gräsern. Der Zellstoff daraus ist relativ hart und eignet sich gut zur Beimischung für die Herstellung hochwertiger Schreib-, Schreibmaschinen- und ähnlicher Papiere, bei denen Wert auf »Klang«, also Härte, gelegt wird.

Noch vor der Erfindung des Holzstoffs durch den Webermeister Friedrich Gottlob Keller wurde Stroh durch einen Kochprozess unter Kalkzusatz als Rohstoff einsetzbar. Der europäische Getreideanbau bevorzugte damals langhalmige Arten. Der Anfall an Stroh war relativ hoch, der Preis niedrig; also wurde Strohstoff als Ersatz für die knappen und teuren Hadern genommen. Das daraus gefertigte Papier war allerdings von minderer Qualität, weshalb es mehr für Verpackungszwecke verwendet wurde. Erst nach Erfindung der Strohzellstoffproduktion wurde das Material wieder in größerem Umfang genutzt. Die Verwendung reinen Strohstoffs, also ohne die Weiterverarbeitung zu Zellstoff, spielte noch bis in die Mitte des 20. Jahrhunderts in den Niederlanden eine bedeutende Rolle. Strohpappe wurde für mindere Verpackungen und für technische Zwecke in ganz Europa in großem Umfang eingesetzt, beispielsweise für die maschinell abgepackten Erzeugnisse der Firma Henkel in Düsseldorf. Persil, Ata, Imi und wie immer sie hießen, kamen in Faltschachteln aus Strohkarton, der in mehreren konzerneigenen Fabriken (Papier und Pappe AG) hergestellt wurde. Die Schachtel erhielt einen Mantel aus mehrfarbig im Tiefdruck bedrucktem holzhaltigen Druckpapier. Das damals »volkseigene« Werk in Genthin setzte diese Verpackungsart mit dem in Magdeburg hergestellten Strohkarton noch über die Mitte des 20. Jahrhunderts hinaus ein.

Eine ziemlich einzigartige Methode, dem Lumpenmangel entgegenzuwirken, beschrieb Theo Gerardy:[51] Brard habe in Südfrankreich verfaultes Fichtenholz gefunden, ab 1815 auch am Fuße des Montblanc und schließlich in der hohen Provence so viel gefaultes Fichten- und Tannenholz gesammelt, dass er ein dem Lumpenpapier ähnliches Material herstellen konnte. In der Papiermühle Ligier in Brignolle im Département Var wurde ein graues Papier erzeugt, das ohne Leimung beschreibbar war. Außerdem wurden Pappe und Teerpapier produziert.

Das Maschinenzeitalter

Friedrich Gottlob Keller.

Über den Erfolg dieser allerdings nicht eben bahnbrechenden Technik verlautet nichts.

Später wechselte die Landwirtschaft zu kurzhalmigen Getreidearten, sodass der Anfall an Stroh stark zurückging. Gleichzeitig gewann die Papier-, besonders aber die Pappenherstellung auf der Basis von Altpapier an Bedeutung, und die Rohstoffpreisentwicklung führte in kurzer Zeit zu einer totalen Umrüstung der holländischen Fabriken, die nunmehr praktisch ausnahmslos Material auf Altpapiergrundlage produzieren. Hinzu kommt, dass Strohpappe leicht bricht, während Graupappe aus Altpapier wesentlich geschmeidiger ist. Abgesehen von Vorstehendem entwickelten sich weiß gedeckter Graukarton und Chromoersatzkarton zu einem preisgünstigen Qualitätsprodukt, das sich ungleich kostengünstiger verarbeiten lässt als die Umhüllung der Strohpappenschachtel mit dem papierenen Mantel.

Anfang Dezember 1843 erfand der sächsische Webermeister Friedrich Gottlob Keller aus Kühnheide (1816–1895) den Holzschliff mit dem Nassschliffverfahren, der Sage nach, als er einen Kirschkern am Schleifstein für die Anfertigung einer Kette für seine Kinder abschliff. Dabei habe er beobachtet, dass sich beim Trocknen eines milchigen Tropfens ein feines Papierblättchen bildete. Diese Beobachtung veranlasste ihn zu intensiven Versuchen mit dem Schleifen von Hölzern. Der Erfolg seiner Arbeit machte ihn zu einem der bedeutendsten Pioniere der Papiertechnik. Deren Entwicklung war über die folgenden Jahrzehnte von der Erkenntnis geprägt, dass Rohstoff in unbegrenzten Mengen verfügbar war. 1844 erhielt Keller das Patent auf seine Erfindung, Holz unter Wasserzusatz zu Schliff zu verarbeiten, und 1845 das sächsische Privileg auf ein Verfahren, Papier aus reiner Holzfaser mit Zusatz von 50 bis 60 Prozent Hadern zu fertigen. Am 11. Oktober 1845 erschienen einige Exemplare der Nr. 41 des »Intelligenz- und Wochenblatt für Frankenberg mit Sachsenburg und Umgegend« auf Holzschliffpapier.

Ihm fehlte allerdings das Kapital, um seine Erfindung für den industriellen Einsatz weiterzuentwickeln, und so erwarb der Papierfabrikant Heinrich Voelter aus Heidenheim am 20.06.1846 das Patent von Keller. Voelter war zwar Kaufmann, erwies sich aber als ausgezeichneter Techniker und Erfinder. Als Angestellter einer Papierfabrik hatte er sich um die Einführung des Holländers und der Papiermaschine verdient gemacht. Nun entwickelte er den ersten, noch primitiven Holzschleifer, der allerdings zu groben Schliff lieferte.

Sein Freund, der Maschinenfabrikant Johann Matthäus Voith, ebenfalls in Heidenheim, hatte den Defibreur oder Raffineur, heute Refiner genannt, erfunden. Mit dieser Konstruktion konnte mehr Feinstoff mit weniger Splittern gewonnen werden. Mithilfe Voiths brachte Voelter das Verfahren zur technischen Nutzung. Er konstruierte nunmehr einen Schleifer, der, mit

Wasser- oder Dampfkraft angetrieben, gleichzeitig mehrere Holzstämme schliff. Das Schleifgut wurde durch Wasser aus der Anlage befördert. Mit der Erfindung einer Entwässerungsanlage für das Transportgut war die Basis für den praktischen Einsatz des Holzschliffs gegeben. Auf der Weltausstellung in Paris 1867 wurde die neue Technik vorgeführt und stieß sofort auf größtes Interesse. Erste Anwendung fand das Verfahren bei Voelters Heidenheimer Assistenten, Fritz Kübler und Albert Niethammer, in ihrer Fabrik in Kriebstein bei Waldheim in Sachsen. Dort existiert die Firma K + N Kübler & Niethammer AG noch (bzw. wieder) heute.[52]

Nach dem heutigen Stand der Technik wird der Schliff kaum noch durch das Zerfasern ganzer Prügel (ein bis zwei Meter langer Hölzer), wie noch vor wenigen Jahrzehnten, in Magazin- oder Stetigschleifern erzeugt, sondern das Holz wird zunächst ähnlich dem Ausgangsmaterial für die Zellstoffproduktion geschnitzelt und dann in Refinern faserschonender geschliffen. Das kann drucklos erfolgen oder auch nach thermischer Vorbereitung des Stoffes unter Druck stehend. Es gibt auch Verfahren, die den Zusatz von Chemikalien (Natronlauge oder Natriumsulfit) zur Verbesserung erfordern. Die Kombination mit Sortierern und den unterschiedlichen Refiner-Techniken führt zu Papierqualitäten, die im Bereich kurzlebiger Einsatzzwecke gut verwendbar sind. Einscheiben-, Doppelscheiben- oder Kegelscheiben-Refiner arbeiten nach dem gleichen Prinzip. Ihr Herz sind Mahlsegmente, rotierende Bauteile, die mit Messern bestückt sind. Die Standzeit solcher Messer liegt zwischen 300 und 1.000 Stunden, dann müssen sie nachbearbeitet werden. Der Holzschliff wird mit einer Stoffdichte zwischen 20 und 45 Prozent in einer Rohrleitung zugeführt. Eine oder zwei gegeneinander arbeitende Mahlscheiben verfeinern das Material, das weiter durch Rohrleitungen zum folgenden Aufbereitungsprozess geleitet wird. Damit kann man preisgünstiges Papier in unbegrenzten Mengen erzeugen. Leider hat die Gerüstsubstanz des Holzes, das Lignin, die

Magazinschleifer von Voith.

unangenehme Eigenschaft, alsbald das Zeitliche zu segnen. Eine Zeitung, bis vor wenigen Jahrzehnten auf holzhaltigem, das heißt: im Wesentlichen aus Holzschliff bestehendem Papier gedruckt, wurde innerhalb von Stunden in der Sonne gelb und braun, und nach zwei, drei Tagen so brüchig, das man sie kaum mehr falten konnte. Das führte zu der Notwendigkeit, auch kurzlebiges Zeitungsdruckpapier mit einem 10- bis 20-prozentigen Zusatz von Zellstoff fester und haltbarer zu machen. Die Verwendung von Holzstoff ist heute weltweit durch den überwiegenden Einsatz von Altpapier auf ein Minimum zurückgegangen.

Im Heimatmuseum von Hainichen, dem Geburtsort Kellers, richtete das Deutsche Buch- und Schriftmuseum Leipzig 1966 aus Anlass des 150. Geburtstages des einstigen Webermeisters eine ständige Gedenkausstellung ein. Sie dokumentiert die Bedeutung Kellers als Erfinder des mechanischen Holzaufschlusses und zeigt überdies eine Reihe von Originaldokumenten, die aus Sicherungs- und Erhaltungsgründen in den Besitz des Deutschen Buch- und Schriftmuseums überführt wurden. Eine weitere Gedenkstätte für Keller ist 1972 in der ehemaligen Werkstatt in seinem Wohnhaus in Krippen (Sächsische Schweiz) eingerichtet worden. Hier wird seine vielseitige Erfindertätigkeit im Laufe der im Ort verbrachten Lebensjahre gewürdigt.

Eine Sonderform ist der Braunschliff, damals auch als Lignit bezeichnet. Grobe Holzschnitzel werden unter einem Dampfdruck von drei bis vier bar mehrere Stunden lang gekocht. Dadurch wird das Holz weich, verliert einen Teil der Harze und ergibt beim nachfolgenden Schleifen eine lange, kräftige braune Faser, aus der sich ein ordentliches Packpapier ebenso herstellen lässt wie die bis vor einigen Jahrzehnten für die Kartonagenherstellung bedeutsame Lederpappe. Diese Materialien konnten sich dann aber auf Dauer nicht gegen die Papiere und Pappen aus Altpapier behaupten.

Noch immer ist der Wald weltweit die beherrschende Rohstoffquelle für die Papierindustrie. Die früher mit mehr oder weniger Holzschliffanteil gefertigten »mittelfeinen«[53] Schreib- und Druckpapiere wie insbesondere das Zeitungsdruckpapier werden heute ganz oder überwiegend aus deinktem (von Druckfarben befreitem) Altpapier hergestellt.

Natürlich ist nicht bestreitbar, dass die heutigen Holzplantagen an die Stelle einstiger Urwälder getreten sind. Diese Wälder, die häufig den weltumspannenden Konzernen der Holzverarbeitung, also auch der Papiererzeugung, gehören, werden in Europa wie in Nordamerika umweltverträglich bewirtschaftet. In Kanada wie im Norden der USA werden viele quadratkilometergroße Nutzwälder optimal und zielgerichtet für die Papierindustrie genutzt und in einem Rhythmus von 30 Jahren geerntet. Der gewaltigen Erntemaschine (Harvester), die in einem Arbeitsgang den Baum fällt, entastet und abholbereit aufschichtet, folgen schon die Arbeiter, die die Stecklinge in den Boden einbringen. Geäst, Unterholz (soweit welches aufgekommen ist) und alles andere bleibt als Dünger für die nächste Baumgeneration liegen.

Nun lesen wir doch aber fast täglich vom Raubbau an nicht nur tropischen Regenwäldern, oftmals mit Bezug auf den Bedarf an Papierholz. Schlicht gesagt, ist das im Prinzip Unsinn. Tropisches Hartholz ist nicht nur zu kostbar, um zu Zellstoff verkocht zu werden, sondern dafür auch nicht sonderlich gut geeignet. Der chemische Aufschluss ist viel teurer als der von schnellwachsenden Hölzern wie Fichte, Kiefer, Buche, Eukalyptus und anderen. Vielmehr erfolgt die zumeist illegale Rodung, oft genug noch als Brandrodung mit der sinnlosen Vernichtung hochwertiger Edelhölzer, durch Ackerland suchende Bauern. Bestreiten kann man auch nicht die Abholzung von bisher unberührten Nadelbäumen zur Zellstoffproduktion in Osteuropa. Die Papierindustrie der Industrieländer, insbesondere die großen Erzeuger wie USA, Kanada, Nordeuropa, haben bereits seit vielen Jahren unter dem Druck der öffentlichen Meinung einen klaren Kurs für den Schutz der natürlichen Wälder eingeschlagen und werben mit ständig überprüften Gütesiegeln für die von ihnen allein eingesetzten ökologisch akzeptierten Hölzer.

4.2.3 Zur Struktur des Holzes

Manch einer will alles genau wissen. Die (verkürzte) Analyse verdanken wir Wilhelm Sandermann:[55] Betrachtet man den Querschnitt eines Holzstammes, so erkennt man von außen nach innen folgende Schichten:
1. Die Außenrinde oder Borke
2. Die Innenrinde oder den Bast
3. Das Kambium, eine sehr schmale Zone lebender Zellen, von denen aus das Dickewachstum des Baumes mittels des Wassertransports erfolgt
4. Den eigentlichen Holzteil mit den durch die Jahresringe gekennzeichneten Zuwachszonen
5. Das Mark

Die Jahresringe geben die Grenze zwischen dem weniger dichten Frühjahrsholz und dem dichteren Sommerholz an. Die Zahl der Jahresringe gibt Aufschluss über das Alter des Baumes, und der Abstand zwischen den Ringen über den Volumenzuwachs in der jeweiligen Wuchsperiode. In den Tropen ist die Ausbildung von Wachstumsringen von Regen- und Trockenperioden abhängig und kann daher unterbleiben oder mehrfach im Laufe des Jahres auftreten. Ist das Dickenwachstum des Holzes weit fortgeschritten, so wird der innere tote Teil des Stammes nicht mehr für die Wasserleitung benötigt. Er füllt sich zunehmend mit Luft. In ihm werden mit fortschreitendem Alter Ballaststoffe abgelagert, wie Gerbstoffe,

Holzart	Faserzellen	Markstrahlzellen	Parenchymzellen	Gefäße
Fichte	95,3	4,7	1,4	-
Kiefer	93,1	5,5	1,4 (Harzgänge)	-
Birke	64,8	10,5	-	24,7
Buche	37,4	27,0	4,6	31,0

Harze und andere Inhaltsstoffe. Die Ablagerung ist oft mit einer Dunkelfärbung dieser Zone verbunden, die Kernholz genannt wird. Die Kernholzbildung ist zwar eine Funktion des Alterns, hängt aber auch von der geografischen Breite, also vom Klima, ab. So setzt beispielsweise die Kernbildung bei der Kiefer in Südschweden mit 25 Jahren, in Mittelschweden mit 40 Jahren und in Nordschweden mit 75 Jahren ein.

Die mikroskopische Untersuchung von Hölzern lässt verschiedene Zellarten erkennen, die bei Nadel- und Laubhölzern recht unterschiedlich sind. Bei Nadelhölzern besteht der Holzteil zu mindestens 90 Prozent aus Tracheiden, also aus langgestreckten Röhren mit meist viereckigem Querschnitt, die an den Enden geschlossen sind. Ihre Länge beträgt bei der Tanne etwa drei bis vier mm, bei der Kiefer drei bis 3,5 mm. Neben den Tracheiden besitzen die Nadelhölzer noch sehr wenige dünnwandige Parenchymzellen, die lebendes Protoplasma enthalten und der Speicherung von Reservestoffen dienen. Weitere Zellelemente der Nadelhölzer sind die Markstrahlen und die radial und vertikal verlaufenden Harzkanäle.

Das charakteristische Merkmal der Laubhölzer sind die Gefäße oder Tracheen. Sie stellen lange Röhrenkanäle dar, die den Holzkörper durchziehen. Ihre Wandung ist oft von spiral- oder netzartigen Versteifungsleisten abgestützt. Der Festigkeit des Holzes dienen Sklerenchym- oder Libriformzellen. Da die Art und die Dimension der Zellarten für die Zellstoffindustrie von großer Bedeutung sind, seien deren Volumenprozente für einige Holzarten angegeben:

Den ersten Einblick in die Chemie der Holzsubstanz gab der Befund[56] von H. Brannot (1819), dass sich Holz mit starken Säuren zu Kohlehydraten abbauen lässt, wobei ein Teil ungelöst zurückbleibt. Damit wurde bewiesen, dass Holz keine einheitliche Substanz ist. Weitere Fortschritte brachten die grundlegenden Arbeiten[57] von A. Payern (1838). Nach aufeinanderfolgender Behandlung von Holz mit Salpetersäure, Alkali, Alkohol und Äther erhielt er einen Rückstand der Zusammensetzung $C_6H_{10}O_5$, den er als Cellulose ansah. Den in Lösung gegangenen Teil nannte A. Payern inkrustierende Substanz. Auch F. Schule (1857) erhielt Cellulose nach Behandlung des Holzes mit Kaliumchlorat und Salpetersäure. Den in Lösung gegangenen Teil nannte er erstmals Lignin. E. Fremy (1868) unterschied bereits drei verschiedene Substanzen im Buchenholz: unser heutiges Lignin (20 %), unsere heutigen Hemicellulosen (leicht verunreinigt mit Lignin) und die Cellulose (40 %). An dieser Einteilung hielt man auch Anfang des vergangenen Jahrhunderts noch fest. Die Menge des Lignins gab der Schwede Klason nach Differenzbestimmung mit 30 Prozent an. Ab 1925 wurde das Gebiet der Cellulose und ab etwa 1935 das des Lignins intensiv erforscht.

Wichtig zum Verständnis der Natur der Cellulose und zum Vorgang der Blattbildung in der Papierherstellung sind die sogenannten Wasserstoffbrücken, die sich zwischen den Wasserstoff- und einem Sauerstoffatom benachbarter Hydroxylgruppen zweier Celluloseketten ausbilden. Bei feuchter Cellulose formen sich diese Brücken zwischen den Hydroxylgruppen und dem Wasser. Selbst die Moleküle des Wassers werden durch Wasserstoffbindungen zusammengehalten. Ohne diese Nebenvalenzkräfte wäre Wasser selbst bei sehr tiefen Temperaturen ein Gas; ein Leben ohne diese Kräfte wäre auf der Erde unmöglich.

Eine Holzfaser besteht aus der vorwiegend Lignin enthaltenden Mittellamelle, der Primärwand, der Übergangslamelle, der mehrschichtigen Sekundärwand und der das Lumen umgebenden Tertiärwand. Grob definiert kann man die Holzsubstanz als die Summe von Holocellulose und Lignin auffassen. Hinsichtlich des Cellulosegehaltes verschiedener Hölzer und Gräser bestehen keine großen Unterschiede, wohl aber hinsichtlich des Gehalts an Hemicellulose und Lignin. Diese amorphe Substanz umhüllt die Cellulosestränge wie der Zement im Beton die eisernen Armierungsstäbe. In das Lignin ist zu 0,5 Prozent eine Coniferylaldehyd-Einheit eingebaut, die mit Phloroglucin-Salzsäure zu einem tiefrot-violetten Farbstoff reagiert. Mittels dieser Reaktion wird der Nachweis von Lignin in Papieren erbracht, also festgestellt, ob es sich um ein holzfreies oder ein holzhaltiges Papier handelt.

4.2.4 Zellstoffherstellung

Die Möglichkeit der Verbesserung der Papierqualität wurde bereits kurz nach der allgemeinen Anwendung des Holzschliffs gefunden, nämlich durch die Entfernung des Lignins (der Gerüstsubstanz des Holzes) und anderer lästiger Stoffe wie Eiweiße, Salze und sonstige durch den Kochvorgang der Zellstoffherstellung. Die Chemiker ersannen in kurzen Abständen etliche Verfahren mit dem Einsatz unterschiedlicher Chemikalien, die jeweils den optimalen Erfolg für bestimmte Holzarten erreichen. Engländer waren die ersten: Charles Watt und Hugh Burgess erfanden 1851 das Natron-Verfahren, bei dem die Holzschnitzel in alkalischer Lauge gekocht wurden. Sechs Jahre später begann Benjamin C. Tilghman mit dem Einsatz von Schwefliger Säure und Calciumbisulfit, brachte das Sulfitverfahren aber nicht bis zur Marktreife. Das gelang den Schweden Carl Daniel Ekman und George Fry mit Magnesiumbisulfit 1883. Etwas schneller noch war Prof. Alexander Mitscherlich, der zusammen mit seinem Bruder, Dr. Richard Mitscherlich aus Darmstadt, 1874 ein Aufschlussverfahren für Sulfitzellstoff mit indirekter Kochung erfand und ab 1877 den industriellen Einsatz mit Calciumsulfit perfektionierte. Seine Methode war für den Aufschluss von Fichtenholz ausgezeichnet, nicht jedoch für die harzreiche Kiefer. Das gelang 1884 Carl F. Dahl mit dem Sulfatverfahren, das zugleich einen wirtschaftlichen Vorteil bietet: Gekocht wird mit einer alkalischen Lösung unter Zusatz von Natriumsulfat. Die »Schwarzlauge«, die das gelöste Lignin enthält, wird eingedickt und zur Energieerzeugung verbrannt. Übrig bleibt ein Gemisch aus Natriumsulfid und Alkalicarbonat, das wiederverwendet wird. Das erforderliche Natriumhydroxid wird bei Umwandlung von Natriumcarbonat durch gelöschten Kalk gewonnen und die Natronlauge für neuerliche Verwendung recycelt. Der besonders feste Sulfatzellstoff ist von Natur aus braun. Das daraus hergestellte »Kraftpapier« wird vornehmlich für Papiersäcke und die Decke erstklassiger Wellpappe eingesetzt. Seit es gelungen ist, Natronpapier zu bleichen und den gesamten Produktionsvorgang umweltverträglich zu gestalten, ist dieses Verfahren das am häufigsten angewandte geworden.

In Deutschland sind von der kanadischen Firma Mercer International modernste Großanlagen in Stendal (Sachsen-Anhalt) und Rosenthal (Thüringen) gebaut worden. Inzwischen sind weitere Varianten der Zellstoffherstellung erfunden worden. Laubhölzer werden mit dem Kaltnatronverfahren insbesondere zu Halbzellstoff verarbeitet, z. B. NSSC-Stoff (Neutralsulfithalbzellstoff). Das hieraus gefertigte Papier ist recht hart und ideal für die Verwendung als Wellenstoff in den guten Wellpappesorten. Mancherorts werden andere, weniger verbreitete Verfahren angewandt, deren Methoden oft als Geheimnis gehütet werden. Für bestimmte hochwertige Feinpapiere wird noch immer ein Zellstoff aus Stroh eingesetzt, dessen schmiegsame Faser das mehrheitlich aus Holzzellstoff bestehende Papiere nicht nur ebener und dichter, sondern auch »klanghart« macht, was der Liebhaber schöner Papiere besonders an Schreib- und Schreibmaschinenpapieren schätzt. Natürlich sind die genauso gut im Digitaldruck, zum Beispiel am PC, einsetzbar – aber im Alltagsgebrauch spielt doch der Preis die wesentliche Rolle, sodass die hochwertigen holzfreien Feinpapiere heutzutage ihre Verwendung fast ausschließlich im Bereich der privaten Korrespondenz, für Dokumente und für Bücher finden, die lange Zeit erhalten bleiben sollen. Wer wendet schon sein Briefpapier hin und her, sieht die geschlossene Oberfläche, sucht in der Durchsicht die als Ideal gedachte Ähnlichkeit zum Porzellan, erkennt aber dabei das charakteristische Bild eines hohen Hadernanteils? Wer verzieht schon das Gesicht, wenn er die übliche wolkige Struktur eines Massenpapiers zu sehen bekommt? Wer prüft das Blatt zwischen den Fingern, freut sich an dem »Griff«, dem erkennbaren Volumen, also der Relation zwischen Flächengewicht und Blattdicke? Ein strahlendes Lächeln überzieht die Miene des Papier-Fans, wenn die kleine Bewegung zwischen drei Fingern einen hellen Klang hervorruft. Wer beispielsweise das Papiermuseum in Hohenofen oder gar eine Feinpapierfabrik aufmerksam besichtigt, wird, so hoffen es die »alten Papierer,« zum Kenner – und vielleicht gar zum Liebhaber schöner Papiere.

Zellstoff, fast reine Cellulose, wird ganz überwiegend aus schnellwachsenden Hölzern gewonnen. Eukalyptuszellstoff hat für die deutsche Papierindustrie in den vergangenen Jahren zunehmend an Bedeutung gewonnen. Die artenreiche Gattung der Familie Myrtengewächse (Myrtaceae) wächst in Form immergrüner Bäume und Sträucher. Der daraus hergestellte Zellstoff wird hauptsächlich aus Spanien, Portugal, Mexiko und Brasilien importiert. Monsanto hat 1995 die erste genveränderte Art auf den Markt gebracht. Daraus gekochter Zellstoff ergibt ein Papier mit hohem Volumen und guter Porosität. Besonders ist das Material für Tissue, voluminöse Druckpapiere, aber auch etwa Trinkbecherkarton geeignet.

Ökologen kritisieren, dass der eigentlich aus Australien und Indonesien stammende Baum durch die in seinen Blättern enthaltenen ätherischen Öle und Alkaloide andere Pflanzen schädigt, den Wald also seiner Artenvielfalt beraubt. Außerdem benötigt er für sein schnelles Wachstum viel Wasser und schädigt das Land infolge der Absenkung des Grundwasserspiegels bis zur Unfruchtbarkeit. Verblüffend ist, dass man in Australien nicht den Eindruck großer industrieller Verwendung von Eukalyptus erhält. Die mehr als 500 Arten zeichnen sich dem Anschein nach dadurch aus, dass sie unheimlich krumm und schief wachsen, was die Aufbereitung, besonders etwa die Entrindung zur Zellstoffproduktion, nicht eben leicht macht. Überdies brennen sie infolge ihres Harzreichtums besonders leicht. Das wiederum ist für einige Arten aber überlebenswichtig: Sie werfen im Laufe ihres Wachstums Geäst ab, das am Boden vertrocknet und einem Waldbrand zusätzliche Nahrung bietet. Durch das Feuer werden aber die Früchte erst geknackt und der junge Austrieb ermöglicht.

In Europa wird noch die Fichte zumeist artenrein angebaut. Das langfaserige Fichtenholz wird sowohl im Sulfit- als auch im heute überwiegenden Sulfatverfahren oder einer der inzwischen zahlreichen chemischen Varianten zu Zellstoff verarbeitet. Die Kiefer, ein besonders in Norddeutschland die Landschaft prägender Baum, bietet ebenfalls lange Fasern, war aber bis vor einigen Jahren mit dem in Deutschland vorherrschenden Sulfitverfahren nicht aufzuschließen. Seit 2004 gibt es neben den Werken in Skandinavien, Brasilien und Nordamerika auch in Deutschland die beiden großen Zellstofffabriken, in denen nach dem Sulfatverfahren gearbeitet wird.

Die Buche ist in Deutschland ein weniger bedeutender Rohstoff. Ihre Faser ist ziemlich kurz. Birken sind in Westeuropa ein eher seltenes Material. Der Baum spielt in Osteuropa eine bedeutende Rolle. Die sibirische Taiga ist weithin durch ihn geprägt. Er wächst aber auch beherrschend am sibirischen Südrand, etwa entlang der Straße Moskau–Ural–Novosibirsk. Die führt teils durch weite Birkenwälder, und Birkenwaldstreifen schützen die Ackerflächen vor der Wirkung starker Winde. Russlands Zellstoffindustrie produziert den gut zu verarbeitenden, kurzfaserigen Birkenzellstoff, den die Papierindustrie für die Herstellung besonders glatter Papiere verwendet. Im Westen hat allerdings der Eukalyptus-Zellstoff den Zellstoff aus Birke weitgehend verdrängt.

2010 gab es Pressemeldungen[58], nach denen die an der Ostseite des Baikalsees gelegenen stillgelegten Zellstofffabriken wieder in Betrieb genommen wurden, ohne dass das außerordentlich stark mit Chemikalien, vor allem Schwefel- und Chlorverbindungen, belastete Abwasser vor der Wiedereinleitung in den See gründlich gereinigt wird. Es ist für uns sensibilisierte Mitteleuropäer unbegreiflich, dass ein einmaliges Biotop mit kristallklarem Wasser leichtfertig gefährdet wird. Über die Wassermenge im See gehen die Angaben weit auseinander. Verbreitet ist die Ansicht, der See habe das doppelte Volumen der Ostsee. Die Internetseite www.ostseeurlaub.info nennt für letztere 21.631 km^3 Scinexx[59] gibt für den Baikalsee 23.000 km^3 an. Heißt das nun, dass die Papierindustrie die letzten Wälder der Erde schnellstmöglich ausrotten wird? Das Gegenteil ist – zumindest in Deutschland – der Fall. Hier ist die nachhaltige Forstwirtschaft seit 200 Jahren die Norm. Der Einsatz deutschen Holzes für die Papiererzeugung beschränkt sich praktisch auf die Verwertung von Dünnholz, also den weniger guten Stämmen, die bei der Durchforstung jüngerer Wälder entfernt werden müssen, damit das erwünschte hochwertige Nutzholz frei wachsen kann – und auf Abfälle der Holz verarbeitenden Industrie, vom Sägewerk bis zur Möbelfabrik. Ohne die Möglichkeit, das Dünnholz und Windbruch zu verkaufen, könnten die deutschen Wälder wirtschaftlich nicht erhalten werden. Entgegen anderslautenden Gerüchten sterben unsere Wälder auch sonst nicht aus. Ungeachtet der Entnahmen und unter Berücksichtigung der Neuanpflanzungen wächst die Biomasse unserer Wälder alljährlich um etwa ein Prozent. Und auch weltweit sind nur noch in wenigen Gegenden Wälder durch die Papierindustrie gefährdet. Vor einigen Jahren wurde eine Statistik veröffentlicht, nach der 52 Prozent des geernteten Holzes als Heizmaterial dienen, 39 Prozent zur Möbelherstellung und als Bauholz – und nur neun Prozent in der Zellstoff- und Papierindustrie verwendet werden. Unbestreitbar ist, dass in Entwicklungs- und Schwellenländern nach wie vor – und womöglich wieder zunehmend – illegal Raubbau betrieben wird. Dabei werden Gebiete in Südamerika, speziell Paraguay und Brasilien, und in Südostasien Indonesien und Malaysia genannt. Umweltschützer, unter dem Druck von Entwicklungshilfe leistenden Staaten auch einige Regierungen der betroffenen Länder, verbieten derartige Umweltsünden nicht nur, sondern greifen auch zunehmend härter dagegen durch, bemühen sich zumindest, wie besonders die brasilianische Regierung betont. Leider konterkarieren die führenden Industrieländer solche Bemühungen durch die unverständliche Förderung der Energieerzeugung durch Biomasse. Die weltweite Preissteigerung für Nahrungsmittel ist zumindest zum Teil Folge der zunehmenden Nachfrage nach pflanzlichen Rohstoffen, wie Palmöl, Soja und Mais, die zur Herstellung von Biodiesel dienen. Höhere Preise verleiten wiederum zur illegalen Waldvernichtung, um neue Ackerflächen zu gewinnen.

Andere Pflanzen, aus denen Papier hergestellt wurde und mancherorts noch wird, haben nur noch geringe Bedeutung. Dazu zählt etwa der Flachs, eine der ältesten bekannten Kulturpflanzen. Eine sehr geringe Menge von Spezialpapieren wird daraus hergestellt, weil die langen Fasern ein besonders festes und alterungsbeständiges Papier ergeben. In Europa wurde aus Flachs Garn hergestellt, aus dem Leinenstoff für die Bekleidungsindustrie gewebt wurde.

Heinrich Lutz beschreibt 1908[60] die Eigenschaften, die sich zum »Griff« vereinigen: Steifigkeit, Elastizität, Härte, im Gegensatz zu Räumigkeit, Schwammigkeit, Weichheit. In dem Fest- und Auslandsheft[61] von 1913 ergänzt ein ungenannter Autor dazu: Bereits 1903 haben vier britische Fachleute den Zweck verfolgt, ein in Zahlen ausgedrücktes Maß für den Griff des Papiers festzulegen. Das wird von Lutz als ausgeschlossen angesehen. Die Differenz beruht auf dem Problem der Übersetzung: Das englische Wort »bulky« bedeutete so viel wie das veraltete deutsche »griffig« und kennzeichnete ein Papier, welches mit verhältnismäßig geringem Gewicht große Dicke oder, nach damaligem Ausdruck, Räumigkeit, verbindet. Wir bezeichnen das heute einfach als spezifisches Gewicht oder beziehen das Volumen als einen Faktor auf das Flächengewicht. Das ist aber dann das Gegenteil dessen, was der Papierliebhaber unter »Griff« versteht. Auch Lutz gerät mit seiner Meinung, dass der Griff des Papieres umso höher ausfalle, je schmieriger der Stoff sei und je besser der daraus gefertigte Faserfilz beim Trocknen in der Fläche, also in der Dicke, einschrumpfe, aufs Glatteis. Demzufolge wäre also Pergamin oder Pergamentersatz als besonders griffiges Papier anzusprechen. Das wird kein Fachmann so sehen. Für den Papierliebhaber ist es die Kombination von Härte, Klang und Volumen. Als messbare Größe ist dem Verfasser der Begriff nicht bekannt.

4.2.5 Das Bleichen des Stoffes

Der schwedische Chemiker Karl Wilhelm Scheele hatte 1774 das Chlor und dessen Bleichwirkung entdeckt. 1789 wendete der französische Graf Berthollet das Verfahren in der Praxis mit Erfolg an. Durch die Verwendung von Chlor als Bleichmittel gelang es, die Menge der für die Papierherstellung geeigneten Hadern signifikant zu vergrößern. Der Verlust durch den Fäulungsprozess betrug 10 bis 20 Prozent, der durch die Bleiche lediglich drei Prozent. Das giftige Gas bedrohte allerdings die Gesundheit der Arbeiter und schädigte gleichzeitig die Festigkeit der Fasern, beeinträchtigte also diesen Aspekt der Papierqualität. Mit dem Übergang auf den Einsatz von Chlorkalk, 1799 von dem französischen Bleichereibesitzer Charles Tennant erfunden, wurden diese Nachteile zwar gemindert, allerdings um den Preis einer gefährlichen Verschmutzung des Abwassers. Überlieferte Gerichtsakten berichten von heftigen Auseinandersetzungen mit unterhalb der Mühle liegenden Wassernutzern, in erster Linie natürlich den Fischern. Erst kurz vor der Jahrtausendwende wurden die weltweiten Proteste gegen den Einsatz von Chlor und Chlorverbindungen so heftig, dass die Papierindustrie nach umweltfreundlicheren Verfahren suchte. Die Sauerstoffbleiche hat sich inzwischen total durchgesetzt, sodass der werbliche Hinweis auf »chlorfrei gebleichtes Papier« obsolet geworden ist.

4.2.6 Altpapier

Nur die Älteren unter uns werden sich noch des Mannes erinnern, der seinen Bollerwagen durch die Wohngegenden unserer Städte zog und mit lauter Stimme vor jedem Haus rief: »Papier«. Dann kamen die Hausfrauen mit dem sauber verschnürten Bündel Zeitungen und Zeitschriften. Für ein Kilo – damals sagte man noch überwiegend »Pfund« für ein halbes – gab es je nach Marktlage zwei oder drei Pfennige, eine erfreuliche Einnahme für die »Schmukasse«, hier und da sicher auch direkt für das allzu schmale Haushaltsgeld. Der vollbeladene Wagen wurde zum Großhändler gebracht, oft einem einstigen Sammelkollegen, der sich dank kaufmännischer Begabung und Fleiß etabliert hatte. An langen Tischen sortierten Frauen und Männer die Anlieferungen mit geschultem Blick für die Qualitäten: Zeitungen für sich, Zeitschriften. Aus dem gewerblichen Bereich wurden Verpackungspapiere angeliefert und Korrespondenz, gesuchte Ware, weil zumeist holzfrei. Die Drucker und Papierverarbeiter sortierten bereits an den Anfallstellen, den Maschinen: weiß und farbig, holzfrei und holzhaltig, bedruckt und unbedruckt, Verpackungspapiere und Pappen. Die Preisskala war weit: Holzfreie weiße Späne brachten einen Preis, der sich an dem für Zellstoff ausrichtete; minderwertige Sorten taugten nur für die Pappenherstellung und waren dementsprechend billig. Die aufkommende Menge war durchaus beeindruckend. Der Großhändler versandte die sortierte Ware waggonweise an die Fabriken. Deutschland hat mit dieser Art der Rohstofferfassung bereits vor mehr als hundert Jahren weltweit eine Spitzenposition eingenommen und hält sie bis heute. Der Materialmangel in Kriegs- und Nachkriegszeiten trug zur Intensivierung bei. Im Kriege waren die Schüler zum Sammeln aufgerufen, und die erfolgreichsten unter ihnen, auch die Schulen, wurden prämiert. In der DDR waren es für den privaten Papieranfall die Sero-Läden (»Sekundärrohstoff«), die das Material ankauften.

Die Sortierung des Altpapiers ist den vielfältigen Ansprüchen der Papiererzeuger angepasst worden. Eine Liste[62] führt 50 bis 100 Sorten auf. Man kann sich schwer vorstellen, wie etwa in der Gruppe 1: Untere Sorten, A 00 bis D 39, »Original gemischtes Altpapier« noch in zehn Qualitäten auseinanderdividiert werden kann. Da wird wohl mehr eine Arena für Preisgespräche geboten. Immerhin werden auch deutlich definierbare Sorten benannt, etwa Kaufhausaltpapier, Grau- und Mischpappen, sortiertes gemischtes Druckerei- und Verlagsaltpapier, Illustrierte mit oder ohne Kleberücken, Zeitungen und Illustrierte – zusammen 39 Positionen. Die Gruppe 2 beginnt mit Tageszeitungen und führt über Selbstdurchschreibpapier und beschichtete Kartons zu bunten Akten. In der Gruppe 3 (bessere Sorten) werden Drucke, weiße Akten, holzhaltige weiße Späne, Chromoersatz- und Lochkartenkarton aufgeführt. Die höchste Gruppe 4 enthält Kraftpapiersäcke, reines Kraftpapier und Wellpappe in 21 Qualitätsstufen. Was man gar nicht mehr einreihen kann, kommt zur Gruppe 5, Sondersorten: X 09, unsortiertes Altpapier aus Mehrkomponentenerfassung. Was letzteres besagt, weiß ich allerdings nicht – vielleicht Straßenkehricht.

In der Bundesrepublik wurde das Recycling, wie nun der moderne Name für die Wiederverwendung war, in erster Linie von Bürgerinnen und Bürgern propagiert, die sich dem Schutz der Umwelt verschrieben hatten. Eine Papierfabrik gehörte dank eines beachtlichen Marketingtricks zu den Vorreitern, indem ein Mitarbeiter das »Umweltpapier« erfand. Die Technik des Deinking, der Entfernung der Druckfarbe, hatte noch nicht die heutige Perfektion erreicht. Da hatte man, wirtschaftlich unter Druck stehend, die schier geniale Idee, das Unansehnliche im Papier einfach durch grüne Einfärbung zu tarnen. Mit dem neuen Namen ließ es sich dann um etwa zehn Prozent teurer verkaufen als holzfreie Qualitäten. Insbesondere im Bereich staatlicher Bürokratie wurde solches Papier noch lange weiterverwendet, als andere Firmen schon fleckenfreies, tadellos weißes Papier aus Altpapier fertigten.

Längst ist das Wissen um die Gefährdung des Weltklimas durch den Schwund ursprünglichen Waldes Allgemeingut. Dementsprechend stieg besonders in den Industrieländern die Nachfrage nach Altpapier steil an. Länder, die über geringe Faserholzgewinnung, wohl aber wachsende Papierherstellungskapazitäten verfügten, heizen den Markt an. Vorreiter dabei sind die fernöstlichen Staaten, deren Schiffe Industriegüter aller Art nach Europa bringen und gern als frachtgünstige Rückladung tausende Tonnen Altpapier mitnehmen.

Der Einsatz von Altpapier unterscheidet sich deutlich von dem anderer Altstoffe: Glas, Kupfer, Stahl, Aluminium und andere Metalle können unmittelbar und praktisch vollständig thermisch recycelt werden. Papier hingegen ist kein einheitlicher Rohstoff. Der Handel scheidet bereits grobe Verunreinigungen aus und – aus verständlichem Grund – Hygienepapiere. Separiert werden auch die braunen Kraftpapiere von Papiersäcken und besseren Wellpappen;

aus denen wird »Testliner«[63]. In der Fabrik grafischer Papiere entsteht erheblicher Abfall durch das Deinking. Der Farbschlamm, der auch Bestandteile des Strichs, Stärkemehl und anderer Chemikalien enthält, fällt bei großen Papiermaschinen in einer Größenordnung von mehreren hundert Tonnen täglich an, er wird eingedampft und zur Energiegewinnung verbrannt, trägt so zur Kostenminderung bei. Bekanntlich unterliegt der »Halbstoff« einem Mahlvorgang, in dem der Charakter des Papiers bestimmt wird. Dabei wird ein Teil der Fasern – besonders solcher, die bereits mehrfach recycelt worden sind – so kurz, dass er mit dem Fabrikationswasser zusammen mit den mineralischen Füllstoffen durch das Sieb fließt. Da auch das Wasser in einem Kreislaufprozess ständig wiederverwendet wird, werden diese Bestandteile entfernt und entweder gleichfalls thermisch entsorgt oder anderweitig wirtschaftlich genutzt.

Grob gerechnet müssen für die Herstellung einer Tonne AP-Papier fast 1,5 t Altpapier eingesetzt werden. Erfasst wurden 2008 in Deutschland 15,5 Mio. t, je etwa die Hälfte aus der haushaltnahen Erfassung (»Blaue Tonnen«) und gewerblichem Anfall, vornehmlich aus Druckereien und Papierverarbeitungswerken. In Europa waren es 56 Mio. t. Die »Rücklaufquote« von 75 Prozent – Weltspitze[64] – reicht für den einheimischen Bedarf nicht aus; Deutschland ist Netto-Importeur auf dem Weltmarkt, der auf 35 Mio. t geschätzt wird. Dieser unterliegt einer Art »Schweinezyklus«, das heißt: Perioden übergroßer Nachfrage wechseln mit Überangebotszeiten ab.

Allein in den Jahren 2005 bis 2010 wurde eine Tonne sortierten Altpapiers mit etwa 70 bis über 200 Euro gehandelt (Anfang 2011 an die 100 Euro). Für unsortierte Abfälle zahlten die Hersteller von Schrenzpapier und einfacher Graukartons und -pappen Ende 2008 2 Euro für 100 kg oder auch nichts. Der gesunkene Preis veranlasst die Papierindustrie zur Lageraufstockung, besonders in Asien. Wenn dann ein paar Schiffsladungen den Weg nach China angetreten haben, beginnt das Spiel von Neuem. In solchen Zeiten werden gemischte Abfälle in Müllverbrennungsanlagen als Heizmaterial eingesetzt und ersparen Öl oder Gas.

In Deutschland betrug der Anteil des Altpapiers am gesamten Rohstoffeinsatz für die Produktion von Papier, Karton und Pappe 2009 rund 71 Prozent. 100 Prozent können nie erreicht werden, da gewisse Papiere immer ausschließlich aus Zellstoff hergestellt werden müssen: Papiere für lange (Jahrhunderte überdauernde) Beständigkeit, wie Dokumente, Bücher, Kunstwerke; für Banknoten und andere Wertpapiere, hochfeste Papiere für Papiersäcke, Schwerwellpappendecken, chemisch reine Filtrierpapiere und für viele technische Zwecke.

4.2.7 Die Leimung

Zur Beschreibbarkeit mit Tinte, aber auch für die Bedruckbarkeit muss Papier mehr oder weniger stark geleimt werden. In der Zeit der Handpapiermacherei experimentierte man mit Stärke, pflanzlichen und auch mineralischen Bestandteilen. Zum Erfolg aber führte nur die tierische Leimung in der Form, dass das fertige Papier durch ein Leimbad gezogen und dann wieder getrocknet wurde. Das war ein aufwendiges und teures Verfahren. Als 1807 Moritz Friedrich Illig, Spross einer später sehr weit verzweigten und erfolgreichen Papiermacher-Dynastie, von Beruf aber berühmt gewordener Uhrmacher, die pflanzliche Leimung im Stoff erfand, wurde seine Erfindung bald allgemein angewandt.

In einer Einleitung zu seiner Broschüre schildert Illig den Weg zu seiner Erfindung:[65] »Wenn man dasjenige, was gewöhnlich unterm Leimen des Papiers verstanden wird, allgemein seiner Natur nach betrachtet, so findet man wohl bald, dass das eigentliche der Sache, worauf es bei dieser Behandlung der Papierblätter, um sie zum Schreiben brauchbar zu machen, hauptsächlich ankommt, im wesentlichsten darauf hinausläuft, dass erstens die Pori derselben in dem Zustand, wie sie von der Bütte kommen und noch Wasser- oder Druckpapier sind, durch einen andern Körper ausgefüllt und verstopft werden müssen, um das mechanische Eindringen oder Einsaugen darauf gebrachter Flüssigkeiten zu verhindern; und zweitens die Fasern des Papierblattes fester unter sich zu verbinden, um ihm dadurch zugleich mehr Consistenz und Härte zu geben. Dabei muss aber auch nothwendigerweise dieser Körper drittens die Eigenschaft haben, dass er sich schwer oder gar nicht vom Wasser und allen denjenigen Körpern auflösen lässt, welche die flüssigen und scharfen Grundlagen der Schreibtinten ausmachen, insofern er dem Papier nicht nur mehr Feuchtigkeiten ertheilen, sondern demselben wirkliche Haltbarkeit gegen das Durchschlagen und Eindringen der Schreibtinten ertheilen soll.

Je unauflöslicher daher eine solche Substanz in Wasser und schwachen Säuren, als den flüssigen und scharfen Bestandtheilen unserer gewöhnlichen Schreibtinten, ist, und je vollkommener die Fasern des Papierblattes damit umgeben und die Pori desselben ausgefüllt sind, desto geschickter wird er auch sein, demselben einen gehörigen Grad von Haltbarkeit gegen das Durchschlagen vorbenannter Flüssigkeiten zu ertheilen.

Gehen wir also von diesen Grundsätzen aus und betrachten die Veränderung, welche des Papier beim Leimen erleidet, näher: So lässt sich wohl mit Zuversicht behaupten, dass man demselben jene Eigenschaft der Haltbarkeit ebenso wohl durch harzige, käsige, die im Wasser unauflöslichen Gummiharze und wachsartigen Substanzen ertheilen kann, als vermittelst der thierischen Gallerte: indem auf sämmtliche hier benannte Substanzen weder Wasser noch schwache Säuren merkliche auflösende Wirkungen äussern, und folglich auch nicht auf ein Papierblatt, dessen Pori damit ausgefüllt und verschlossen sind.

Bei der wirklichen Anwendung solcher für sich in Wasser unauflöslichen Substanzen kommt es nun auf weiter nichts an, um eine Leimflüssigkeit davon zu bereiten, als dass sie vordersamst einer Auflösung unterworfen und in einen Zustand versetzt werden, wo sie sich leicht und ohne Schwierigkeit mit Wasser vermischen lassen und in demselben aufgelöst erhalten, um sie der Papiermasse beimischen und gehörig damit vereinigen zu können. Ist die Papiermasse gehörig und in erforderlicher Menge mit einer solchen Auflösung vermischt worden, so werden folglich auch die einzelnen Fasern derselben von den aufgelösten Bestandtheilen durchdrungen und überzogen. Es ist nun erforderlich, dass man der aufgelösten Substanz ihr Auflösungsmittel, welches sie mit dem Wasser in Verbindung hielt, entzieht, um dadurch ihre natürliche Unauflösbarkeit in Wasser wieder herzustellen und folglich von demselben auszuscheiden, damit sie ihre ersten Eigenschaften wieder erlangt. Die Fasern der Papiermasse werden alsdann nur noch mechanisch davon durchdrungen und umgeben sein, und folglich ein daraus bereitetes Papierblatt nach dem Abtrocknen dem Eindringen oder Durchschlagen derjenigen Flüssigkeiten widerstehen, welche keine chemisch auflösende Wirkung darauf äussern.

Zufolge dieser Theorie, welche ich mir von der Art und Weise entworfen hatte, wie es möglich zu machen sei, um das Papier gleich in der Masse leimen zu können verfolgte ich nun diesen Gegenstand auf bemerktem Wege. Die eigentliche Veranlassung dazu war von der Theorie des Färbens hergenommen. Denn dieses gründet sich bekanntlich auch darauf, dass die Farbetheilchen aus ihrer Auflösung auf die zu färbenden Zeuge niedergeschlagen werden müssen, wenn die Farben haltbar werden sollen.

Mein erster Versuch den ich über das Leimen in der Masse anstellte, bestand darin: ich nahm eine geringe Menge Papiermasse, wie solche aus dem Zylinder oder Holländer kommt und zur Papierbereitung fertig ist, vermischte solche mit etwas ungeronnener Milch wohl miteinander, und liess es so einige Zeit stehen. Es vertheilte sich gut, und eins nahm das andere leicht an, denn Auflösung war hier keine nöthig. Nach einiger Zeit setzte ich dem Ganzen etwas Alaunwasser zu, um die Milch zum Gerinnen zu bringen (jede andere Säure würde das Nämliche bewirkt haben). Die Milch war nun nicht mehr als Flüssigkeit vorhanden, sondern erschien als Pflocken, welche sich an die Fasern der Masse anhängten, so wurde das Gemengte auf eine Papierform gegossen, um ein Blatt daraus zu bereiten. Das Wasser lief ab, da aber die Milch nicht mehr als Flüssigkeit, sondern in Gestalt von Pflocken vorhanden war, so konnte sie nicht mit ablaufen und blieb mit der Masse vereinigt in derselben zurück. Ich trocknete das Blatt ab, die geronnene darin befindliche, in käsige Substanz übergegangene Milch umgab dessen Fasern und erfüllte die Poren desselben, man konnte darauf schreiben, ohne dass die Schrift auf der anderen Seite desselben sichtbar wurde. Die Tinte äusserte keine auflösende Wirkung auf die käsigen Bestandtheile und vertrocknete auf der Oberfläche des Blattes, ohne dessen Körper durchdringen zu können.

Dieser erste Versuch überzeugte mich alsbald von der Möglichkeit der Sache. Die Anwendung im Grossen war aber nicht wohl ausführbar, da nicht zu erwarten ist, dass man in allen Orten die erforderliche Quantität Milch jederzeit würde erhalten können, und ich wählte daher andere Materialien, um meinen Endzweck zu erreichen. Ich machte zu dem Ende, mit Hülfe ätzender alkalischer Lauge Auflösungen von allerlei Harzen und Wachs, vermischte sie gehörig mit Papiermasse und setzte dem Ganzen, nachdem die Vermischung geschehen war, eine mineralische Säure oder Alaunwasser zu, um die aufgelösten Harze aus ihrer Auflösung auf die Masse niederzuschlagen. Die Säuren verbanden sich mit den Alkalien, welche die Harze aufgelöst hatten, und diese wurden nun, in Gestalt von Pflocken und grösstentheils an der Masse hängend, niedergeschlagen. Die aus so behandelter Masse bereiteten Papierblätter, gehörig gepresst und getrocknet, konnten ebenfalls beschrieben werden, ohne dass die Schrift auf der anderen Seite sichtbar wurde.

Ich machte nun mehrere Versuche im Grossen und erhielt jederzeit ein ganz brauchbares Schreibpapier, wenn die Sache mit gehöriger Aufmerksamkeit behandelt wurde und sowohl von der harzigen Auflösung als erforderlichen Säure oder Alaunwasser, die gehörigen Mengen-Verhältnisse gegen die Papiermasse beobachtet waren.

Mehrere ausländische Harze nebst dem Wachs und Mastix würden sich zu vorliegendem Gebrauch sehr gut und besser als unsere einheimischen Harze qualifiziren, da dieselben aber, wenigstens in unseren Gegenden, viel zu theuer kommen, als dass im Grossen vortheilhafter Gebrauch davon zu machen sei, so bediente ich mir bei meinen grösseren Versuchen unsere einheimischen Weissharz und sogenannten Kübelpechs.

Die Harze haben übrigens, wie Jeder ohne Weiteres selbst einsehen wird, weniger bindende Kraft, als der thierische Leim, und man bemerkt diesen Mangel an bindender Kraft auch an Papierblättern, welche statt des Leims blos mit Harzen behandelt wurden; denn letztere stehen ersteren in Rücksicht der Härte und Festigkeit etwas nach. Ich versuchte daher verschiedene Mittel und Wege, dieses zu ersetzen, und erreichte meinen Endzweck am einfachsten und vollkommensten dadurch, wenn nämlich die Lumpen einen gehörigen Grad von Fäulung erlitten hatten, die Papiere vor dem Umlegen stark, und nach dem Umlegen so viel als sie nur immer vertragen konten, gepresst wurden.

Es ist ebenfalls vortheilhaft, wenn man den Säuren oder dem Alaunwasser, womit die Harze aus ihren Auflösungen niedergeschlagen wurden, etwas weissen oder blauen Gallitzenstein[66] zusetzt, denn derselbe vermehrt ebenfalls die Festigkeit des Papieres im Verhältnis der angewandten Menge. Der blaue Gallitzenstein ertheilt ihm zugleich auch eine schöne, in's Blaugrüne fallende Farbe, sodass, wenn etwas viel genommen wird, das Papier auf diese Art zugleich gefärbt werden kann. Ein kleiner Zusatz von gekochter weisser Stärke vermehrt die Festigkeit des Papiers ebenfalls ganz vortheilhaft.

Ich glaube in vorstehenden Bemerkungen über die Theorie des Leimes und besonders über die Art und Weise, wie selbiges in der Masse anwendbar zu machen, nicht nur den rechten Weg entdeckt zu haben, sondern zugleich auch denkenden Männern hinreichende Winke zur weiteren Ausdehnung dieses Gegenstandes zu geben, von dem ich keineswegs glaube, dass derselbe keiner weiteren Verbesserung mehr fähig sei (woran ich ebenfalls fortarbeiten werde) und will nun zur näheren Betrachtung der von mir angewandten Materialien als denjenigen, welche vielleicht in andern Gegenden ebenfalls mit Nutzen zu gebrauchen sind, übergehen und die nöthigen Bemerkungen für diejenigen machen, welche blos empirisch arbeiten wollen.«

Rudel merkt dazu an: »Kann die Tendenz der Stoffleimung wohl richtiger dargelegt werden, als es hier geschehen? Abgerechnet einige veraltete chemische und technische Ausdrücke und sehr unbedeutende wissenschaftliche Irrthümer, ist die ganze Abhandlung so klassisch deutlich und gelehrt geschrieben, wie es heute nicht besser geschehen kann, und doch ist sie zu einer Zeit verfasst, wo die Bildung weit weniger verbreitet war, als heute. Darum ist zu schliessen, dass die Gebrüder Illig sehr unterrichtete Leute und auch klare Denker gewesen sein müssen.« Dem ist auch nach mehr als 200 Jahren nichts hinzuzufügen.

Roh- und Hilfsstoffe bei der Papierherstellung

Nach Erfahrungen mit einigen unterschiedlichen Leimen wurde gegen Ende des 19. Jahrhunderts fast ausnahmslos in Soda gelöstes und durch Alaun niedergeschlagenes Kolophonium, Fichtenharz, eingesetzt. Das ist ein Gemenge mehrerer Harzsorten, die aus Kohlenstoff, Wasserstoff und Sauerstoff bestehen und einen deutlich ausgeprägten Säurecharakter aufweisen. Gewonnen wird es durch das Anritzen der Stämme verschiedener Nadelhölzer und dann mit Terpentin vermischt. Durch Destillation wird die Masse entwässert. Dabei verflüchtigt sich das Terpentin, und Kolophonium bleibt zurück.

Leider hatte das Verfahren einen erst viel später offenbar gewordenen gravierenden Nachteil: Um den pflanzlichen Leim auf der Faser zu fixieren, bedarf es des Zusatzes von Alaun. Das wurde zwar schon früher zur Stoffverbesserung für einige Papiere eingesetzt, aber in geringer Dosierung. Das Doppelsalz setzt im Laufe der Zeit Schwefelsäure frei, die das Papier zerstört. Das später eingesetzte, preisgünstigere und vor allem schneller lösliche Aluminiumsulfat $KAl(SO_4)_2 \cdot 12H_2O$ verhält sich nicht besser und verursacht langfristig die gleiche Schädigung der Fasern. Heute wenden Archive und Bibliotheken in aller Welt viele Millionen Euro auf, um Dokumente und Bücher, die bis etwa 1960 erzeugt wurden, vor dem Verfall zu retten. In der derzeitigen Papierherstellung werden spezielle säurefreie Leime eingesetzt und gute holzfreie Feinpapiere überdies alkalisch gepuffert, sodass ihnen manche Hersteller eine Lebensdauer von 200 Jahren garantieren. Die kann sich in der Praxis durchaus auf 2.000 Jahre verlängern, wie die ohne chemische Zusätze hergestellten und noch immer erhaltenen ersten chinesischen Papiere nahelegen. Die Beweisführung unterliegt allerdings gewissen Schwierigkeiten. Mit den modernen Papiermaschinen ist auch die Oberflächenleimung wieder in Gang gekommen, die in der Papiermaschine in einer Filmpresse mit sogleich anschließender Trocknung vorgenommen wird. Es ist eigentlich kein Grund ersichtlich, warum echte Qualitätspapiere, möglichst aus reinen Leinenhadern in dieser Technik hergestellt, nicht auch so alt werden können wie die ersten chinesischen Papiere. Dr. Judith Hofenk de Graaff definiert in ihrem Buch[67] wissenschaftliche Grundlagen der Entwicklung von Normen für die Qualität dauerhafter Papiere.

Nicht nur technischer Fortschritt findet alsbald Gegner, die das Altüberkommene zu verteidigen suchen. So nimmt es nicht wunder, dass sich auch Verteidiger der tierischen Leimung mit Gegenvorschlägen zu Wort melden. Der Herausgeber des »Central-Blatt für die Deutsche Papier-Fabrikation«, der ausgewiesene Fachmann Dr. Alwin Rudel, kritisiert recht hart das 1878 erschienene Buch »Die Thierische Leimung für endloses Papier« von Ferdinand Jagenberg (1794–1871), auch ein alter Papiermacher.[68] Rudel sieht grundsätzliche Unterschiede in der Technik der deutschen Papierfabriken zu denen in Frankreich, England und Amerika. Wesentlich ist ihm dabei die Feststellung, dass aufgrund der Erfindung des Holzschliffs und teilweise auch der Zellstoffherstellung in Deutschland der Einsatz von »Holzstoff«, worunter er wohl auch den Zellstoff versteht, so groß ist wie insgesamt im übrigen Europa, und ebenso groß wie der Haderneinsatz. Nur fünf Prozent des Papiers waren damals noch reine Hadernpapiere. Als tierisch-leimfähig sieht er dabei nur zehn Prozent der

Produktion, angefangen beim Kanzleipapier, also einem recht hochwertigen Schreibpapier. Als Ursache des kritisierten qualitativen Gefälles gegenüber ausländischer Erzeugung nimmt er die Investoren aufs Korn. Im Zeitalter eines Weltmarktes, in dem die deutsche Papierindustrie mit ihren Qualitätspapieren weltweit die Spitzenposition als Exportnation einnimmt, ist manches in seinen Ausführungen für uns nicht leicht nachvollziehbar: »Die Errichtung von Papierfabriken auf Aktien ist freilich weder vor, noch zur und nach der Gründerperiode jemals aus den Prinzipien der Hebung der Papierindustrie, sondern nur aus dem des ganz gemeinen Geldgewinnes hervorgerufen worden, denn es standen an der Spitze solcher Papierfabriken Leute, welche keinen Schimmer von der Papierfabrikation und selbst nicht vom Papierhandelsgeschäfte hatten und sich daher um deren Wohl und Wehe nicht kümmern konnten. Massenproduktion war aber auf deren Fahne geschrieben, weil dummerweise man glaubte, mit der Masse auch massenhaft zu verdienen. Zur Massenproduktion hat jedoch der Holzstoff nicht allein beigetragen, sondern die Dampfkraft hat sie erst möglich gemacht.

Rechnen wir die bereits mit Thierischer Leimung arbeitenden Fabriken ab, so können etwa 30 Papiermaschinen in Deutschland noch dafür eingerichtet werden, kann dann, ohne Erhöhung der Preise, das Papier »thierischgeleimt« geliefert werden, so halten wir es für möglich, dass sich der Deutsche das unangenehme Schreiben auf solchem Papiere angewöhnen würde; diejenigen, welche diese Liebhaberei schon haben, werden aber ausser von den Dürener Fabriken (folgt die Nennung einiger ausländischer Firmen) in so reichem Maasse versorgt, dass eine neue Fabrik kaum einen Absatz gewinnen wird, zumal diese Fabriken eine vieljährige Routine voraus haben und ausserdem pekuniäre Mittel besitzen, wie sie bei uns schon selten sind. In Frankreich hat die Thierische Leimung auf der Maschine auch bis heute keinen Eingang finden können, trotzdem dass es bei Weitem mehr Feinpapierfabriken besitzt, als Deutschland. Aber man soll ja nicht das Kind mit dem Bade ausgiessen! und so bleibt der Vorschlag Herrn Jagenberg's immer ein sehr beachtenswerther.«

Rudel weist Jagenberg nun einige Irrtümer in seiner Beschreibung früher Beschreibstoffe nach – wohl auch nicht ganz fehlerfrei, wenn er recht großzügig die Erfindung des Papyrus bis auf 20.000 Jahre vor unserer Zeitrechnung datiert. Er wirft Plinius dem Älteren[69] vor, er habe die Papyrusherstellung falsch dargestellt und sie nie gesehen. Damals sei auch mit Tinte und nicht mit Tusche geschrieben worden. Die Leimung fördere auch nicht die Haltbarkeit; chinesische Papiere seien ungeleimt mehr als 2.000 Jahre alt geworden. Aus gutem Grund habe Illig seine Leimmethode Büttenleimung genannt, weil sie in der Bütte erfolgte und dann der geleimte Bogen geschöpft wurde. Er bedurfte also nicht der lästigen Knochenleimung, die so viele Unannehmlichkeiten bereitete und so unsicher war. Er wirft Jagenberg auch seine Behauptung vor, Papyrus sei mit Stärkekleister geleimt worden; es sei der viel geeignetere Kleber (Gluten) benutzt worden.

Die Artikel Rudels, der selbst der einzige Redakteur seiner Zeitschrift und zugleich ein hervorragender Fachmann war, zu lesen, bereitet großes Vergnügen. Er nimmt niemals ein

Blatt vor den Mund.[70] So schließt seine Kritik an der tierischen Leimung mit den Worten: »Die Beibehaltung der thierischen Leimung bei den Engländern gründet sich blos auf das stabile Wesen dieses Volkes, dieser Chinesen Europa's.«

4.3 Papiersorten

Man unterscheidet zwei große Gruppen von Papier: Feinpapiere und Packpapiere. Feinpapiere gliedern sich in grafische (Druck- und Schreib-)Papiere, Hygienepapiere und technische (Spezial-)Papiere. Unter Packpapieren versteht man die dünnen Einschlag- und die kräftigeren eigentlichen Packpapiere sowie die speziellen Wellpappen-Rohpapiere. Natürlich unterliegt Papier, bedingt durch die sich ständig wandelnden Anforderungen, einer permanenten Entwicklung, einem steten Wandel. Vielen Menschen sind Papiersorten, die noch vor 50 oder 70 Jahren eine große Rolle spielten, gar nicht mehr geläufig. Man denke etwa an Konzeptpapier, Durchschlagpapier, Abzugpapier, Affichenpapier, Pergamentersatz, Pergamin, Löschpapier, Hollerithkartenkarton, Karteikarton, Normalpapier (nach DIN für Behörden), Strohpapier und Strohpappe, Lederpappe, Holzpappe außer ihrem Einsatz als Bierglasuntersetzer. Dafür gibt es heute Sorten, die vor 50 Jahren noch niemand kannte: Dekorpapiere, Basispapiere für gedruckte Schaltungen und für Separatoren, Trinkhalmhüllenseidenpapier, Mikroglasfaserfilterpapier, Inkjetpapier, flammhemmende Papiere, Selbstdurchschreibepapiere, Thermopapier, Synthesefaserpapier, Zündspulenpapier, Elektrolytkondensatorpapier, Laserdruckpapier und viele andere. Weltweit werden einige Tausend Sorten Papier hergestellt. Der Verband Deutscher Papierfabriken gibt sich bescheiden und für die deutsche Papiererzeugung etwa 3.000 Sorten an. International ist man großzügiger und spricht gelegentlich von 5.000. Tatsächlich weiß das wohl niemand ganz genau, weil ständig neue Varianten kreiert werden, während andere Produkte vielleicht dem Fortschritt zum Opfer fallen. Die heutige Papierindustrie muss sich hinter der chemischen nicht verstecken: Sie kann (fast) jedes Papier nach den vom potentiellen Kunden vorgegebenen Werten und Eigenschaften herstellen. Das zeigt sich aktuell in der wirtschaftlichen Lage unterschiedlich strukturierter Papierfabriken. Während Hersteller von Massenpapieren, wie Zeitungs- und Magazinpapier und ähnliche in den Jahren 2006 bis 2010 am Rande der Rentabilität arbeiteten, kleinere Hersteller dieser Sorten gegenüber den modernen großen Firmen kaum mehr wettbewerbsfähig waren, gibt es eine – mengenmäßig gesehen – Nischenproduktion der teuersten Papiere. Werttitel-, Briefmarken-, Aktien-, Banknotenpapiere, technische Spezialpapiere bis hinab zu neun g/m^2 (Kondensatorenpapier) und einer Dicke von 8 µ (das heißt: 1.000 Bogen aufeinander messen acht mm; ein Schreibmaschinen-/Drucker-/Kopierer-/Offsetpapier von 80 g/m^2 hingegen etwa 90 bis 100 mm) und eine Vielzahl von Produkten mit chemischen Zusätzen, Beschichtungen, Kaschierungen, Prägungen usw. – und die Skala der Liebhaberpapiere. Für die in vier Qualitätsstufen erzeugt auf »uralten« Maschinen oder gar nach Altvätersitte handgeschöpft, müssen Extrempreise gefordert werden – und sie werden bezahlt. Übrigens ist das acht µ dünne Papier nicht das Ende der Fahnenstange. Wir erwähnten bereits das dünnste (handgeschöpfte) Papier als Exponat im Papiermuseum Hohenofen mit 2 g/m^2. Es ist von Bedeutung für die Restauration geschädigter Dokumente durch das Spaltverfahren. Je nach der Problemstellung genügen dafür aber auch schwerere Seidenpapiere. Noch vor wenigen Jahren hat die Spezialpapierfabrik Oberschmitten in Nidda (Hessen) fünf µ als Minimum erreicht. Derzeit gibt es aber dafür keine Nachfrage mehr.

Erwähnt wurde bereits, dass Papiere aus mehreren Lagen produziert werden können. Drei Arten sind hierbei zu unterscheiden:

- **das Gautschen**: Spezielle Papier-(Karton-)maschinen stellen sich als Integration mehrer Siebpartien dar. Das können ebenso Langsieb- wie Rundsiebpartien sein. Ein Beispiel hierfür ist der ein- oder zweiseitig weiß oder farbig gedeckte Graukarton, in besserer Qualität als Chromoersatzkarton im Handel. Er hat eine mittlere Schicht, die wiederum aus mehreren Lagen Altpapierstoff bestehen kann, und eine oder zwei Decken aus holzfreiem Material mit guter Bedruckbarkeit. Am Ende der Siebpartien werden die Bahnen zusammengeführt und vor den Nasspressen vereinigt, gegautscht. Die Trockenpartie passiert die Bahn als einheitliches Material. Bekannt ist z.B. Fotoschutzpapier aus je einer schwarzen und einer roten oder grünen Bahn. Ähnlich war im Zweiten Weltkrieg teilweise auch das »Verdunkelungspapier«, mit dem in der Dunkelheit die Fenster beleuchteter Räume abzudecken waren. Da nahm man häufig ein Natronmischkrepp mit einer schwarzen und – der Optik im Innenraum wegen – einer braunen oder grünen Lage.
- **das Kleben**: Zwei oder mehr Papierbahnen werden nach klassischer Manier produziert und dann zusammengeklebt. Elfenbeinkarton ist ein hochwertiger, holzfreier, gut geleimter Karton mit klarer Durchsicht, häufig elfenbeinfarbig eingefärbt. Alabasterkarton ist eine besonders hochfeine Sorte von blendend weißem, alabasterähnlichem Aussehen. Er hat eine absolut geschlossene Oberfläche, klare Durchsicht sowie guten Griff und Klang. Er muss optimale Druck-, Präge- und Rillfestigkeit besitzen und wird vornehmlich zur Herstellung von Besuchs- und Glückwunschkarten, Familienanzeigen und dergleichen eingesetzt. Dem Alabasterkarton ähnlich sind die mit anderen Fantasienamen, wie Opal-, Opaline-, Porzellan- usw. bezeichneten Kartonsorten. Bristolkarton besteht aus einer holzhaltigen Einlage und zwei holzfreien Decken. Spielkartenkarton wird aus zwei Lagen gestrichener holzfreier Papiere zusammengeklebt, die nicht spalten dürfen. Er muss vor allem klanghart und undurchsichtig sein. Deshalb wird die Klebemasse schwarz gefärbt. Eher selten gibt es geklebten Postkarten-, Kartei-, Leitkarten- und Aktendeckelkarton. Die drei letzteren sind sowieso fast vom Markt verschwunden. In der Vergangenheit sind auch Banknotenpapiere (keine deutschen) als Sicherheit gegen Fälschung aus drei Lagen unterschiedlicher Papiere geklebt worden.
- **das Kaschieren oder Bekleben**: So nennt man das Aufbringen einer Oberfläche aus beliebigen Materialien auf eine fertige Papier- oder Kartonbahn. Häufig sind das (Metall-)Folien, Buntpapiere und ähnliche.

- **das Beschichten**: Papier wird mit flüssigen oder pastösen chemischen (Kunst-)Stoffen mittels unterschiedlicher Techniken bedeckt, z. B. ähnlich dem Bedrucken durch Walzen, Sprühen, Tauchen. Die Terminologie ist in neuerer Zeit nicht immer eindeutig. So bezeichnet man Chromo- und Kunstdruckpapiere nicht als beschichtet, sondern gestrichen; wohl aber die mit mehreren unterschiedlichen Aufbringungen hergestellten Fotopapiere für die Digitalfotografie.

4.4 Papierprüfung

4.4.1 Einführung

Jegliche Materialprüfung basiert auf dem Vergleich unterschiedlicher Produkte für den gleichen Verwendungszweck. In der Frühzeit der abendländischen Papiermacherkunst stand der Wettbewerb mit dem tierischen Pergament im Vordergrund. Die Sorgfalt des beiderseitigen Glättens unter Berücksichtigung von gewünschter Transparenz oder Opazität (Undurchsichtigkeit) war für die Güte des Materials ausschlaggebend. Das Beschreiben erfolgte in den unterschiedlichen Kulturen seit dem Ende des zweiten Jahrtausends v. Chr. zumeist mit Rohr-, später Haarpinseln, im mittelalterlichen Europa vornehmlich mit dem Kiel von Vogel-, vorzugsweise Gänsefedern. Den Schreibern kam es vor allem auf die einwandfreie Glätte des Papieres an, auf dem der Federkiel ungehemmt gleiten konnte.

An Papier werden je nach Verwendungszweck und Preisklasse die unterschiedlichsten Ansprüche gestellt. Die grafische Industrie wie die Papierverarbeitung unterliegen einem ständigen Wandel. Neue Druckverfahren werden erfunden, neue Verwendungszwecke für den Einsatz von Papier erschlossen. Parallel zu den Veränderungen der Kundenwünsche müssen auch die Hersteller von Mess- und Prüfgeräten die Werkzeuge zur Verfügung stellen, mit denen die Überwachung vorgegebener Kriterien sichergestellt werden kann.

Die Papierprüfung ist eine Hilfswissenschaft. Sie hat sich nach dem jeweiligen Stand der Technik und der Summe vorliegender Erkenntnisse auszurichten. Das bedeutet, dass es Jahr für Jahr neue Methoden, neue Reagenzien, neue Geräte gibt. Jede Veränderung in den Einsatzgebieten von Papier, Karton und Pappe, seien es Druck und Verarbeitung oder auch gänzlich neue Verwendungszwecke in unterschiedlichsten Industrieprodukten und Verfahren, wirkt sich zwangsläufig auf die Aufgabenstellung der Prüfung aus. Gewonnene Erkenntnisse, Erfindungen, die in den Prüfinstituten gemacht werden, führen alsbald zur Konstruktion zweckentsprechender Geräte durch die hochspezialisierten Hersteller.

»Die aktuelle Papierprüfung kennt etwas weniger als 100 Normen, die auf dem jeweiligen Prüfgebiet berücksichtigt werden müssen. Als Standard wird vorgegeben: Prüfungen werden üblicherweise anhand von Kennzahlen vorgenommen – Eigenschaften, die zum Erkennen oder Unterscheiden verwendet werden, wie: Quantitative und qualitative Markmale.

Der Ablauf einer Prüfung wird eingeteilt in Prüfplanung, Durchführung der Prüfung, Auswerten, Vergleichen, Entscheiden, Dokumentieren.

Generelle Voraussetzungen für aussagekräftige Messungen sind:
- Eindeutige Definition des Prüfmerkmals
- Auswahl reproduzierbarer Messverfahren
- Dokumentation der Einheiten des Prüfergebnisses
- Festlegung der Prüfbedingungen
- Eliminierung störender Einflüsse
- Ausreichende Anzahl von Wiederholungsmessungen
- Analyse von Messstreuungen zur Erkennung systematischer und zufälliger Prüffehler«.[71]

Die Anzahl der zu messenden Kriterien ist ständig gestiegen und wird nicht allein durch die Kundenwünsche vorgegeben, sondern auch den Forschungsergebnissen der Universitäten und Prüfungsinstitute angepasst. Besonderen Prüfungen unterliegen nicht nur die unbearbeiteten, sondern auch bedruckte Papiere, die bestimmte Kriterien erfüllen müssen. Für diese werden beispielsweise Rillen und Falzen, Falzbrechen, Strichbrechen und Bedruckbarkeit gemessen. Die Spaltfestigkeit ist von Bedeutung besonders beim Offsetdruck. Eine zu geringe Spaltfestigkeit führt dazu, dass sich die einzelnen Papierschichten hinter dem Druckspalt durch Ankleben an die Gummituchoberfläche der Druckmaschine voneinander lösen. Da gibt es einen »Mottling-Test«, der sich des Aspektes des ungleichmäßigen Aussehens eines bedruckten Papieres annimmt, oder der Wegschlag-Test, der die Fähigkeit des Papiers beschreibt, in der Druckfarbe enthaltene Mineralöle zu absorbieren. Oft geht es um Schuldzumessung zwischen Papierhersteller und Drucker. Ähnlich ist die Trockenrupffestigkeit, eine wichtige Eigenschaft gestrichener Bogenoffsetpapiere. Hier treten große Zugkräfte durch die Filmspaltung der Druckfarbe und die Adhäsionskräfte des Gummituches auf. Dabei besteht das Risiko, dass Fasern, Füllstoffe oder Strichflächen herausgerissen werden. Gemessen wird auf einer Labordruckmaschine mit unterschiedlichen Druckgeschwindigkeiten. Eine kleine Gruppe hochspezialisierter Gerätebauer stellt jeweils die neuesten Techniken der Industrie zur Verfügung.

Der Papiermachermeister alter Art kannte noch kein Laboratorium. Seine Erfahrung genügte, um einen vorgegebenen, aus der Praxis erwachsenen Standard weitgehend einzuhalten. Das war etwa die Färbung des Papiers – oft Gegenstand von Reklamationen und Streitigkeiten –, die vor der Erfindung der Bleiche allein durch die sorgsame Auswahl der verwendeten Hadern beeinflusst werden konnte. Auch das Bleichen war noch eine Kunst; es gab immer wieder deutliche Unterschiede in der stofflichen Zusammensetzung und der Aufbereitung der Hadern, wie beispielsweise bei der Entstaubung und in der frühen Zeit dem Faulungsprozess. Die möglichst gleichbleibende Stärke des Papiers hing allein von der Kunst des Büttgesellen oder Schöpfers ab, die jeweilige Eintauchtiefe des Siebes der geringer werdenden Faserkonzentration im Stoff anzupassen, die Suspension durch Umrühren zu egalisieren und rechtzeitig Ersatz für den verbrauchten Faseranteil in die Bütte zu geben. Auch die Glätte des Endproduktes wurde nach dem Fingerspitzengefühl des damit beauftragten

Arbeiters geregelt. Aus alten Aufzeichnungen und Dokumenten wissen wir, dass es am Markt deutliche Qualitätsunterschiede zwischen den einzelnen Mühlen gab. Nicht selten hing die Güte des Produktes allein von dem Können und der Erfahrung eines Papierers ab. War der seinen Kollegen deutlich überlegen, fügte es sich so selten nicht, dass er sich selbstständig machte und einen guten Start aufgrund seiner besseren Papierqualität hatte.

Mit dem Aufkommen der Papiermaschinen zu Beginn des 19. Jahrhunderts entzündeten sich langwierige Diskussionen über die Frage, ob die Qualität maschinell hergestellten Papiers mit der handgeschöpfter Produkte vergleichbar sei. Unbestreitbar gab es bei der Einführung einer gänzlich neuen Technik zahlreiche Probleme – fehlten doch Erfahrungswerte, und, da viele kleine und kleinste mechanische Werkstätten sich mühten, in einen anscheinend Profit versprechenden neuen Markt einzusteigen, kamen Fehlentwicklungen auf den Markt mit der Folge, dass viele dieser Etablissements sich nur einer kurzen Lebensdauer erfreuen konnten. Andere hingegen legten frühzeitig die Saat für langanhaltenden Erfolg, wurden gar – oft durch die Aufnahme weniger erfolgreicher Wettbewerber – zu Marktführern auf ihren Spezialgebieten. Firmen wie beispielsweise Voith oder Gebr. Bellmer verschrieben sich beizeiten der Weiterentwicklung und bedurften dazu der gleichermaßen wachsenden Messtechnik. Die folgte in der zweiten Hälfte des 19. Jahrhunderts schwerpunktmäßig in den Instituten der Technischen Hochschulen verbesserten und verfeinerten Methoden. Die daraus resultierenden Prüfgeräte, von hochspezialisierten Firmen realisiert, passten sich den Erfordernissen der zur Hightech gewandelten Papierherstellung an.

Seit die Erfindung des Papiers sich aus dem Nahen Osten zwischen dem achten und dem zwölften Jahrhundert über Spanien nach Europa ausdehnte, waren Lumpen (Hadern) der einzige verwendete Rohstoff. Der aber ist bekanntlich kein einheitliches Material, sondern überspannt einen weiten Bereich von weißen oder hellen Abfällen aus Schneiderwerkstätten oder der Hausschneiderei über farbige Stoffe bis zu verschmutzten Altkleidern, Schiffssegeln, Tauen – und häufig noch vermischt mit Wollabfällen, die für die Papierherstellung ungeeignet sind. (Ausnahmen sind die Verarbeitung zu Kalanderwalzenpapier und Rohdachpappe.) Der erste Eindruck bei der Beurteilung von Papieren galt der Freiheit von Flecken, gar Löchern, oder zumindest der Minderung ihrer Anzahl und Größe. Anfangs fertigten die Papiermacher Papier, wie es eben mit dem vorhandenen Rohmaterial anfiel. Ob es dann als Packpapier oder zum Beschreiben verwendet wurde, erwies sich erst später. Der Papierer konnte nach der Trocknung einer Charge, zu Beispiel eines »Pauscht« von 180 Bogen, entscheiden, ob die Partie durch ein Bad tierischen Leims gezogen und nach dem neuerlichen Trocknen geglättet wurde, oder ob sie als Verpackungsmaterial in den Handel kommen sollte. Die Großverbraucher der ersten so zu bezeichnenden grafischen Papiere waren einerseits die Klöster, in denen mancherorts Dutzende, ja, Hunderte von Mönchen in großen Sälen Bücher mit einer bewundernswerten Akribie kopierten, und andererseits die herrschaftlichen Höfe mit ihrer bereits damals wuchernden Bürokratie. Die Landesherren waren es auch, die nicht allein die Optik als Maßstab der verlangten Güte sahen, sondern auf die Dauerhaftigkeit wichtiger Urkunden,

Gesetzestexte und anderer Schriften achteten. Noch bis in das frühe 19. Jahrhundert hinein verlangten Herrscher, dass für wichtige Staatsdokumente Pergament zu verwenden sei, weil man der Dauerhaftigkeit des »modernen« Papiers nicht vertraute.

Das 19. Jahrhundert bescherte der Menschheit eine Flut umwälzender Erfindungen, die einerseits den größten Schub für die Aufklärung und Bildung breitester Schichten der Menschen in aller Welt einleiteten, indem Papier in exponential wachsenden Mengen zu immer niedrigeren Kosten produziert werden konnte. Andererseits erwiesen sich einige dieser zunächst bahnbrechenden Erfindungen, nämlich die der pflanzlichen Leimung und die des Holzschliffs, im Verlaufe der nächsten hundert Jahre als Qualitätskatastrophen, zu deren Eliminierung heute noch alljährlich viele Millionen Euro, Dollar und andere Gelder ausgegeben werden müssen. Wie jede neuartige Technik waren auch die ersten Papiermaschinen nicht ohne Tücken.

Es nimmt nicht wunder, dass die handwerklichen Papiermacher eine ernst zu nehmende Konkurrenz auf sich zukommen sahen. Der Kampf wurde natürlich auch über die Qualitäten ausgetragen – und er nahm an Heftigkeit wie an Bedeutung zu, als 1843 Friedrich Gottlob Keller den Holzschliff erfand, der das Rohstoffproblem – die allzeit knappen Hadern – löste, und Heinrich Voelter die für die industrielle Massenproduktion notwendigen Schleifer konstruierte. Es dauerte nicht lange, bis man gewahr wurde, dass Holzschliff zwar billig war, aber das daraus gefertigte Papier erhebliche Nachteile aufwies: Das Lignin insbesondere, die Gerüstsubstanz des Holzes, und andere Bestandteile, wie Harze und Eiweißstoffe, waren äußerst kurzlebig. Das »holzhaltige«, später »mittelfein« genannte Papier vergilbte besonders im Sonnenlicht sehr schnell und büßte an Festigkeit ein, sodass es nach kürzester Zeit brüchig und damit nicht mehr verwendbar wurde. In klarer Erkenntnis der großen Bedeutung dieses, vom Anteil verholzter Fasern im Papier abhängigen Zerfallsprozesses, rief Carl Hofmann in seiner Papier-Zeitung dazu auf, mittels Eingaben an die Regierungsstellen auf Errichtung einer staatlichen Prüfungsanstalt zu drängen. Heftigen Widerspruch gab es seitens der Industrie, die infolge der Notwendigkeit, statt der Verwendung des billigen Schliffs für viele grafische Papiere nur Zellstoff einzusetzen, erhebliche Kosten auf sich zukommen sah. Neue Eingaben betroffener Großverbraucher, aber auch von Unternehmen des Feinpapier-Großhandels (als Wortführer Friedrich Wilhelm Abel, Magdeburg), führten zur Festschreibung von Qualitätsmerkmalen für Papiere im Gebrauch der Behörden. Nachdem bereits 1877 ein »Reichsformat« festgelegt wurde, ordnete Reichskanzler Fürst Bismarck mit Erlass vom 24 März 1883 die Einführung der »Normalformate« I–XII an, die 1884 behördlich anerkannt wurden. 1891 wurde in Preußen das »Normalpapier« DIN 19307 für den Gebrauch in Behörden vorgeschrieben und zum 1. Januar 1893 im Deutschen Reich für verbindlich erklärt. In dem Blatt werden für alle amtlichen Verwendungszwecke genaue Vorgaben über die Stoffzusammensetzung, die Reißlänge, Doppelfalzungen, Formate, Flächengewicht mit erlaubten Toleranzen festgeschrieben. Die grafischen Papiere Normal 1 bis Normal 4b mussten das Wasserzeichen des Herstellers führen. Der erwähnte Magdeburger Papiergroßhändler Abel setzte durch, dass die Lieferung dieser Papiere dem Großhandel vorbehalten wurde.

Im Kapitel 4.2.7 wird die umwälzende Erfindung Moritz Friedrich Illigs, die pflanzliche Leimung im Stoff (in der Bütte) beschrieben. Der unvermeidbare Zusatz von Alaun oder Aluminiumsulfat, um das Harz auf den Fasern zu fixieren, führte im Laufe der Jahrzehnte zur Freisetzung von Schwefelsäure aus dem Doppelsalz und damit zur Zerstörung des Papiers. Gewaltige Summen werden nun ausgegeben, um Bücher und Dokumente vor dem gänzlichen Zerfall zu bewahren. Ab 1851 wurden der Sulfat-, 1877 der Sulfitzellstoff wichtigste Papierrohstoffe. Nun konnte man Zellstoff und Holzschliff miteinander kombinieren und, vom Stoff her gesehen, vorgegebene Festigkeitswerte erreichen und einhalten. Das Problem der Harzleimung hingegen wurde erst in der Mitte des 20. Jahrhunderts erkannt, und es dauerte noch Jahre, bis der aktuelle Standard der anfangs ausdrücklich als chlor- und säurefrei bezeichneten Sorten Allgemeingut wurde.

Die in dem geschilderten Zeitraum offenkundig gewordenen Probleme führten zu intensiver Forschung zunächst in den Laboratorien der Hochschulen (in Deutschland schwerpunktmäßig die Technische Hochschule, heute Universität, Darmstadt, ebenso die Technischen Universitäten München und Dresden). In enger Zusammenarbeit mit den Instituten entstanden Fachfirmen, die immer genauere Prüfgeräte für immer neue Kriterien der Qualitätskontrolle lieferten. Unternehmen wie Louis Schopper in Leipzig, Karl Frank in Weinheim (der zahlreiche Publikationen in der Fachpresse und ein verbreitetes Taschenbuch schrieb[72]), Jenoptik, Karl Schröder und ein Dutzend weitere verfolgten und verfolgen penibel die technische Weiterentwicklung und bieten für die Fertigungssteuerung und Qualitätsüberwachung notwendige Hightechnology an.

Ein Sondergebiet ist die historische oder kriminalistische Papierprüfung. Sie dient der Datierung oder der Echtheitsprüfung von Dokumenten. Ihre Kriterien sind einerseits die Faseranalyse, die eine Eingrenzung auf historische Zeiträume ermöglicht. In der Darstellung der Geschichte der Papiererzeugung haben wir dargelegt, wann und wo welche Rohstoffe eingesetzt und mit welcher Technik sie aufbereitet wurden. Beispiele aus neuerer Zeit sind die Verwendung von Holzschliff, die pflanzliche Leimung, der Einsatz nach unterschiedlichen Verfahren hergestellter Zellstoffqualitäten. Andererseits spielt die Sichtprüfung eine wesentliche Rolle zur genaueren Bestimmung von Herstellungszeit und -ort. Die Entwicklung der Siebtechnik für handgeschöpfte Büttenpapiere lässt grobe Zeitbestimmungen zu – vom arabischen zum europäischen Sieb. Ungleich genauer ist die Definition der vorgefundenen Wasserzeichen. Seit den Forschungen Briquets hat sich die Wasserzeichenkunde im europäischen Bernstein-Programm ständig verfeinert.[73] Mit dem Aufkommen der Papiermaschinen entstanden neue Kriterien: Mit Velinpapieren begann die Fertigung, die Erfindung des Egoutteurs ermöglichte erst die Herstellung gerippter Papiere auf der Maschine. Maschinenwasserzeichen waren anfangs zunächst Flächenwasserzeichen; erst die Weiterentwicklung der Querschneidertechnik erlaubte das Einbringen abgepasster Wasserzeichen. Die kompliziertesten werden auf Rundsiebmaschinen erzeugt und sind daran zu erkennen, dass das Zeichen auf der Siebseite eingebracht wurde, während der Egouttteur der Langsiebmaschine es in die Oberseite presst. Von den meisten Maschinenwasserzeichen, die sowohl Hersteller- als auch Handels- oder Großverbrauchernamen oder Zeichen tragen, dürften recht genaue Aufzeichnungen über deren Verwendungszeit vorliegen. Leider fehlen diese just für die erste deutsche Papiermaschine in der Patent-Papier-Fabrik zu Berlin. Kein Sammler, kein Archiv hat bisher ein Wasserzeichenpapier von dieser Maschine entdeckt. Ab der zweiten Hälfte des 20. Jahrhunderts kam mehr und mehr das Obersieb und schließlich die Gap-Formertechnik zum Einsatz. Die Unterscheidung von Sieb- und Oberseite ist damit praktisch nicht mehr möglich und daher ein Kriterium für die Herstellungszeit vorher oder nachher. Heute dürfte die Analyse von eingesetzten Chemikalien ein wesentliches Werkzeug für die Produktionszeitbestimmung geworden sein.

Ungeachtet solcher Mühen wird es wohl auch weiterhin Fälschungsversuche geben. Immerhin hat es ein Herr Hanko, seines Zeichens Bibliothekar in Prag, 1817 geschafft, selbst Goethe weiszumachen, er habe in Dvur Kralov in Böhmen die Königinhofer und die Grünberger Handschriften gefunden, die Dichtungen bis auf das 13. Jahrhundert zurück enthalten. Bereits sieben Jahre später gab es erste Zweifel an der Echtheit, und bald konnte der Verfasser als Fälscher entlarvt werden. Erwähnenswert ist auch der Versuch eines Friesen, in einem Buch eine angeblich uralte friesische Runen-Handschrift samt Übersetzung ins Holländische als Familienerbstück aus 1256 n. Chr. anzubieten. Seine Vorgeschichte reiche sogar bis ins Jahr 2193 v. Chr. zurück. Um 1600 v. Chr. sollen danach die Friesen einen Schreibfilz für ihre Korrespondenz benutzt haben. Wie die Überlieferung über die zwischenzeitlichen 600 Jahre funktioniert hat, bleibt ungeklärt. Das für das Machwerk benutzte Papier soll damals ausländisches Papier gewesen sein – nur, dass zu jener Zeit Papier in Europa noch praktisch unbekannt und Pergament der üblicherweise benutzte Schreibstoff war. Ganz peinlich war, dass die Experten das benutzte Papier dann auch in die Zeit um 1850 datierten – natürlich mit wissenschaftlichen Beweisen.

Stoffe und Hilfsstoffe 4.4.2

Die Stoffzusammensetzung, also das verwendete Fasermaterial, Füllstoffe, Leimung, Färbung und beabsichtigte oder zufällige chemische Beimengungen, wird im Rahmen der Fertigungsüberwachung permanent im Labor geprüft. Hier können auch Papiere des Wettbewerbs analysiert werden, um gleichartige oder bessere herzustellen. Das muss nicht in jedem Falle der Fälschung von Banknoten dienen, ist aber ein hervorragendes Beispiel für die Möglichkeiten der Nachahmung: Im Zweiten Weltkrieg wurde in allen großen, am Krieg beteiligten Staaten darüber debattiert, ob man dem Feind durch Fälschung von Geldscheinen bedeutsam schaden könne. Aus unterschiedlichsten Gründen wurden derartige Pläne immer wieder verworfen.

Der Amerikaner Lawrence Malkin hat in seinem Buch »Hitlers Geldfälscher« in aller Welt geforscht und beschreibt ausführlich die Aktivitäten des Deutschen Reiches, die schließlich zur einzigen Geldfälschung führten, die niemals als solche entdeckt werden konnte.[74] Nach dem damaligen Stand der Sicherheitsmaßnahmen war die Analyse der Vorlage und die Herstellung des Papiers mehr der Geduld als der Genialität geschuldet.

Nach der damals wie heute angewandten Standardmethode wird zunächst die Stoffzusammensetzung unter dem Mikroskop analysiert. Dazu wird ein Stück der Vorlage mit einprozentiger Natronlauge gekocht, einige Male mit Wasser gewaschen und im Reagenzglas geschüttelt, bis sich die Fasern vereinzelt haben. Ein Drahtsieb dient weitgehender Entwässerung, bevor der Stoff auf einem Glasplättchen mit feinen Nadeln verteilt und mit einem Deckglas fixiert wird. Eine Zusammenstellung mikroskopischer Aufnahmen der verschiedensten Faserarten, die in Fachbüchern vergrößert abgedruckt sind, dient zum Vergleich. Alle in der Papiererzeugung vorkommenden Faserarten haben ihren eigenen anatomischen Bau, ebenso die sie begleitenden Gefäßzellen. Ein Hilfsmittel für die grobe Erkennung der Stoffzusammensetzung in der täglichen Praxis ist die Anfärbung mit chemischen Indikatoren. Holzschliff reagiert beispielsweise auf die meistens verwendete Phloroglucinsalzsäure gelb bis rot. Die für viele Zwecke erforderliche Verwendung von holzfreien Papieren ist damit leicht erkennbar. Bei dem heute Standard gewordenen Einsatz von Papieren aus Altpapier lässt sich der Gehalt verholzter Fasern je nach der Intensität der Anfärbung ungefähr abschätzen. Im Laboratorium der Papierfabriken und Verarbeiter wird neben der mikroskopischen Prüfung auch der wichtige pH-Wert elektrometrisch oder kolorimetrisch gemessen. Die Wissenschaft kennt dafür zahlreiche Indikatoren, der Farbumschlag wird nicht mehr visuell beurteilt, sondern von optischen Geräten in Zahlenwerten exakt angegeben. Der Grad der Zerstörung der Faserstruktur gibt dem Experten Aufschluss über den Mahlgrad (rösch/schmierig). Mineralische Füllstoffe werden im Verascher der Menge nach bestimmt. Das bis zur Gewichtskonstanz entfeuchtete Papier wird mittels einer Präzisionswaage gewogen und im Veraschungsapparat verbrannt. Die Asche wird zurückgewogen und daraus der Prozentsatz des Füllstoffanteils ermittelt. Die Art des Füllstoffes kann durch mikroskopische und chemische Analyse gefunden werden.

Klar, dass das Papier für die nachzumachenden englischen Banknoten auch in anderen Eigenschaften dem originalen gleichen musste. Mit Sicherheit wurden da das Flächengewicht, die Reißfestigkeit, die Griffigkeit, die Steifigkeit, die Opazität, die Falzfestigkeit, die Berstfestigkeit, die Leimung, die Färbung und vermutlich noch andere Eigenschaften genauestens untersucht. Das Ergebnis war perfekt – das Papier war von dem britischen Originalmaterial nicht zu unterscheiden. Heutzutage ist die Nachahmung eines Sicherheitspapieres nicht mehr so einfach. Der Analysevorgang bleibt prinzipiell immer der gleiche, aber potentiellen Fälschern wird doch insbesondere durch den Einsatz unbekannter Chemikalien die Arbeit so erschwert, dass fast von einer absoluten Sicherheit neuzeitlicher Banknoten gesprochen werden kann. Fälschungsversuche setzen heute einen so hohen technischen Aufwand voraus, dass eine Nachahmung wahrscheinlich unbezahlbar wird.[75] Und: Die großen Banknotendruckereien, wie Giesecke & Devrient in München (die das Papier in ihrer Papierfabrik Louisenthal mit dem Zweigwerk Königstein selbst herstellt) oder die Bundesdruckerei in Berlin (die nach misslungener Privatisierung wieder dem Bund gehört), hüten manche Sicherheitsdetails so penibel, dass nur einzelne, genauestens geprüfte Mitarbeiter in diesem Bereich tätig sind, und die Maßnahmen sind wiederum nur einigen wenigen Personen in der Europäischen Zentralbank (EZB), der Bundesbank und im Bundeskriminalamt bekannt. Immerhin – eine gar nicht so primitive Prüfung der Euro-Noten kann jeder ohne Hilfsmittel vornehmen: Da ist der auffallende silberne Metallstreifen, auf dem zwei- oder dreimal der Nennwert leuchtend zu sehen ist, dazwischen das Euro-Zeichen, nur beim Ankippen sichtbar – oder ebenso nochmals der Nennwert. Der ist auch oberhalb des Wasserzeichens auf Vorder- und Rückseite als Teil der Ziffer so gedruckt, dass diese erst in der Durchsicht vollständig und exakt lesbar ist. Die große Zahl unten ist erhaben geprägt und damit auch für Sehbehinderte ertastbar. Unter einer Quarzlampe leuchten einige unregelmäßig verteilte Fasern auf; auch die Druckfarben der Note ändern sich durch Fluoreszenz, die nicht flächig aufgedruckt ist. Wenn der Griff des Papiers als dünn oder lappig erscheint, ist Vorsicht geboten, und wenn das Papier zwischen drei Fingern kleinflächig bewegt wird, muss es knistern, Klang haben.

Auf das Feinste reagierende Zählmaschinen sortieren in größeren Banken, vor allem natürlich in der Bundesbank, jeden Schein aus, der verschmutzt, angerissen, zerknittert, durchlöchert, beklebt oder sonst wie beschädigt ist. Die ausgesonderten werden aber nicht dem Recycling zugeführt, sondern bei 1.000° C staubfein verbrannt. Weder die Banknotendrucker bei Giesecke & Devrient oder anderswo noch die Papierer in Gmund und Königstein laufen daher Gefahr, mangels Bedarfs an Geldscheinen brotlos zu werden. Die schon etwas betagten Zahlen dürften wenig von ihrer Gültigkeit verloren haben: Im Jahr 2000 vernichtete die Deutsche Bundesbank etwa 1.475 Millionen Banknoten, die ein Gewicht von rund 1.278 Tonnen (und einen Nennwert von ca. 96,2 Milliarden Mark) hatten. 2010 wurden ca. 1.000 Tonnen durch Schreddern und anschließende Verbrennung (auch zur Energiegewinnung) vernichtet. Aus »Vertraulichkeitsgründen« werden »keine Angaben zur Stückzahl, Wert und Verteilung auf die einzelnen Nominale« gemacht. »Unter idealen Laborbedingungen wiegt eine neu gedruckte Euro-Banknote im Durchschnitt etwa ein Gramm. Durch hohe Luftfeuchtigkeit und Verschmutzung kann sich dieses Gewicht jedoch deutlich erhöhen«.[76] Bekanntlich ist Banknotenpapier (aus Baumwolle) eines der qualitativ höchstwertigen Papiere. Dennoch haben Scheine kleinerer Werte nur eine durchschnittliche Umlaufzeit von etwa einem Jahr, und selbst die hohen Werte bleiben nur zwischen vier und sechs Jahren im Umlauf. Mit den vorstehenden Zahlen kann man folgende Rechnung aufmachen: Die oben erwähnten 96,2 Milliarden (damals noch Deutsche Mark) durch 1.475 Millionen Scheine geteilt, ergibt einen durchschnittlichen Nennwert von DM 65,22. Klar – es sind hauptsächlich kleine Werte im Umlauf. Wenn die 96,2 Milliarden 1.278 Tonnen wiegen, wiegt eine Million also 13,3 kg. Das gleiche Gewicht kann man wohl ungefähr auch für Euro-Scheine annehmen, wenn sie durch Verschmutzung und Feuchtigkeit gegenüber dem ursprünglichen Gewicht zugenommen haben. Wieso brauchen dann im Film die Gangster für eine lächerliche Million einen riesigen Koffer? Könnten sie rationell denken, würden sie sich die Summe nur in 500 Euro-Noten zahlen lassen.

4.4.3 Auch Weiß ist eine Farbe

Der erste Eindruck, den der Papierverbraucher vom Material bekommt, ist die Farbe. In der weit überwiegenden Menge sind grafische Papiere weiß. Aber was ist weiß? Jeder Autobesitzer eines weißen Autos kennt die für jeden Typ, fast jedes Baujahr unterschiedliche Bezeichnung der Farbe Weiß – und so unterschiedlich ist auch der Eindruck des jeweiligen Weiß. Der Weißgehalt eines Papieres bemisst sich zunächst nach dem der eingesetzten Rohstoffe, im Regelfall also des Zellstoffs oder des aufbereiteten Altpapiers. Ein solches Papier macht auf uns heutige Verbraucher einen eher gelblichen Eindruck, denn seit Jahrzehnten kennen wir die optisch aufgehellten Papiere. Optische Aufheller (OBA oder FWA) sind Farbstoffe, z. B. Blankophor, die auftreffendes unsichtbares ultraviolettes Licht in blaues sichtbares Licht umwandeln. Damit erhöht sich die Helligkeit, und der Farbort verschiebt sich zu Blau. Den wenigen Puristen unter den Papiernutzern gefällt das nicht; sie wissen, dass die Aufheller im Laufe von Jahrzehnten sich ins Grau verändern, während ein hochweißes Naturpapier seine Farbe behält. Natürlich wird auch die Reflexion gemessen – bei 457 nm mit und ohne UV-Anteil. Der »CIE Weißegrad« (W 10) entspricht einer optischen Erscheinung weißer Papiere mit oder ohne Weißmacher bei Beleuchtung mit einer tageslichtähnlichen Lichtquelle. Im Gegensatz zur ISO-definierten Helligkeit, die auf den blauen Bereich des sichtbaren Spektrums beschränkt ist, basiert der CIE Weißegrad auf den über das gesamte Spektrum gemessenen Reflexionen. Ein blaustichiges Papier wirkt für die meisten Betrachter weißer. Der CIE-Weißegrad ist also dem menschlichen Sehvermögen nachempfunden. Deshalb werden auf speziellen Kundenwunsch »weiße« Papiere mit einem bläulichen, rötlichen, grünlichen oder gelblichen Stich eingefärbt. In der Praxis der Druckereien wird für die Beurteilung zumeist die Normlichtart D 50 nach ISO 366 4 angewandt. Das entspricht dem Mittagslicht bei direkter Sonneneinstrahlung mit 5000 Kelvin Farbtemperatur und ist von Bedeutung für den Vergleich von Original und Reproduktion und von Andruck und Auflagendruck. Labormäßig wird der Weißgehalt auf Basis von Magnesiumoxyd = 100 Prozent mittels Remissionsphotometer gemessen.

Standardisiert ist die Farbbestimmung seit 1931 (geändert 1964) im CIE-Normvalenzsystem. Die Beschreibung der Konstruktion einer Normfarbtafel, des Bauprinzips, der Metamerie und der Festlegung einer Standardbeleuchtung würde den Rahmen dieser Darstellung sprengen. Für die Praxis genügt der Hinweis, dass der Weißgehalt eines Papieres im mittleren 100er-Bereich liegt. Ein Papier nach CIE 160 ist also weißer als eines mit CIE 140.

Gewicht und Volumen

Das Flächengewicht ist nach der Angabe der Stoffgruppe (Hadernpapier, hadernhaltig, holzfrei, holzhaltig, altpapierhaltig) für den Handel und den Verbraucher das vordergründig wichtigste Kriterium. Das dünnste jemals hergestellte Papier wiegt weniger als zwei g/m².[77] In der Ausstellung in Hohenofen findet sich ein klitzekleines Stück handgeschöpften Papieres von 2 g/m² und ein größeres mit 2,2 g/m². Das Muster brachte es auf der Analysenwaage auf 0,2274 g. Das Weitere lässt sich errechnen: Gewicht geteilt durch Länge 37 cm mal 28 cm Breite = 1036 Quadratzentimeter mal 10.000 = Flächengewicht in g/m².[78] Ende des 20. Jahrhunderts wurde in Deutschland noch neun g/m² auf Papiermaschinen produziert (Elektrokondensatorenpapier der Spezialpapierfabrik Oberschmitten). Heute benötigt man kaum mehr etwas unter 13 g/m² (Zigarettenpapier). Dickere Papiere, etwa ab 150 g/m², werden als Karton bezeichnet, ungefähr ab 500 g/m² spricht man von Pappe. Unser heutiges Schreib-, Schreibmaschinen-, Fax-, Computer-, Digitaldruck und ähnliches Papier wiegt zumeist 80 g/m². Äußere Eigenschaften sind leicht zu prüfen: Das Flächengewicht in Gramm je Quadratmeter zeigt in der Praxis die Quadrantwaage an. Je nach dem Skalenbereich gehört zu ihr ein quadratisches scharfkantiges Blech, mit dem man die vorgegebene Blattgröße reißen kann, meist 10 x 10 oder auch 20 x 20 cm. Man liest dann den Wert in Gramm je Quadratmeter von der Skala ab. Früher arbeiteten die Papiermaschinen noch nicht so genau wie heute, wo das Flächengewicht auf Zehntelgramm eingehalten wird. Da der Großhändler das Papier nach Gewicht kauft, aber nach Bogenzahl verkauft, war damals die Kontrolle sehr wichtig. Die Rechnung ist einfach: Der handelsübliche Rohbogen für DIN A 2 hat die Maße 43 x 61 cm = 2623 cm² x 80 g/m² = 21 kg für 1.000 Bogen. Beschnittene Blätter DIN A 4 = 21 x 29,7 cm wiegen dann je 1.000 Blatt 5 kg, ein Blatt also 5 g.

Zum Messen der Dicke gibt es kleine Prüfgeräte für die Jackentasche, die allerdings nicht sehr genau sind. Präziser sind die auf dem Labortisch zu findenden Rollprüfer, bei denen das zu prüfende Muster zwischen zwei Rollen hindurchgeschoben wird, deren Anpressdruck exakt der vorgegebenen Norm entspricht, während die Federgeräte unterschiedliche Werte angeben, wenn man den Fühler langsam senkt oder durch Loslassen des Lifthebels hinunterfallen lässt. Für weniger als 100 Euro bekommt man heute (2011) bereits einen elektronischen Dickenmesser, der berührungslos, das heißt: äußerst präzise misst. Das Flächengewicht durch die Dicke geteilt gibt das Raumgewicht an, handelsüblich als Volumen bezeichnet. Ein Papier von 80 g/m² ist normalvolumig, wenn ein Blatt 0,08 mm oder 1.000 Blatt 8 cm dick sind. Derzeit übliche Computer-, Fax- oder Kopierpapiere von 80 g/qm weisen ein Volumen von etwa 0,1 mm auf. Das Papier mit der Bezeichnung »Auftragend Werkdruck« kann das doppelte Volumen haben. Erzielt wird das durch den Einsatz weicher Zellstoffqualitäten, vor allem aus Laubhölzern, weitgehend röscher Mahlung und Verzicht auf zusätzliche Glättung vor der Aufrollung. Scharf satinierte Papiere wie beispielsweise Pergamin haben ein geringeres (ca. 0,7-faches) Volumen.

4.4.5 Transparenz und Opazität

An die Transparenz (Durchsichtigkeit) oder Opazität (Undurchsichtigkeit) werden je nach Verwendungszweck des Papiers höchst unterschiedliche Anforderungen gestellt. Physikalisch ausgedrückt, ist die Opazität des Papiers, Licht zu absorbieren und zu reflektieren. Wie schon der Name andeutet, verlangt man vom Transparentzeichenpapier höchstmögliche Transparenz ohne störende Wolkigkeit. Das Gegenteil ist der Fall, wenn bei Schreib- oder Schreibmaschinenpapier infolge zu geringer Opazität ein Beschreiben der Rückseite erschwert oder gar unmöglich ist. Am Ende der Skala liegt etwa Bibeldruckpapier. Das mindestens holzfreie, häufig auch haderhaltige oder reine Hadernpapier muss aus den besten Rohstoffen gefertigt werden, weil es ungeachtet seines geringstmöglichen Volumens zwecks Minimierung der Buchdicke einen sehr hohen Anteil mineralischer Füllstoffe aufweisen muss, um das Durchscheinen des Drucks zu verhindern. Die Opazität wird festgestellt, indem ein Blatt Papier auf eine mit vorgegebenem Aufdruck versehene Unterlage gelegt und der Grad des Durchscheinens festgestellt wird. Der Lichtdurchlässigkeitsprüfer (Diaphanometer) nach P. Klemm kann das zahlenmäßig festlegen.

Andere äußere Eigenschaften sind teils visuell erkennbar wie die Oberflächenbeschaffenheit, die Durchsicht, Färbung und mechanische Fehler wie Flecken, Sand, Löcher, Splitter. Die Wolkigkeit, in der fachmännischen Umgangssprache als »Durchsicht« bezeichnet und unter Papierliebhabern eines der wichtigsten Beurteilungsmerkmale, ist, wie alle Qualitätskriterien, zahlenmäßig definierbar. Die Wolkigkeit ist aber nicht allein eine Frage der Ästhetik, sondern gibt dem Techniker Auskunft über Maschinenlaufbedingungen und das Ergebnis der Stoffaufbereitung. Das von Walter Brecht und Wesp entwickelte Verfahren gibt Aufschluss über Blattfestigkeit, Bedruckbarkeit, den Luft- und Spannungswiderstand und anderes. Gemessen werden die Intensität, mit der Wolken auftreten, und die Größe der Abstände, in denen sie vorliegen. Verständlich wird das, wenn man die Durchsicht eines Papiers mit vielen kleinen Wolken mit einem mit wenigen großen Wolken vergleicht. Die Farbe ist gleichfalls eine messbare Größe; die festgestellte Wellenlänge definiert sie eindeutig. Sieb- und Filzmarkierungen (an denen man früher die Unter- von der Oberseite eines Papieres unterscheiden konnte) sind bei heutigen Papieren kaum mehr erkennbar.

4.4.6 Die Leimungsprüfung

Die meisten grafischen Papiere müssen geleimt sein, obwohl höchstens in wenigen Ausnahmefällen noch Privatbriefe mit dem Füllfederhalter beschrieben werden. Mit dem Siegeszug des Offsetdruckes ab dem Beginn des 20. Jahrhunderts blieb die Bedeutung des Leimungsgrades erhalten, weil die Druckplatte gefeuchtet werden musste und das Papier sich nicht dadurch verziehen durfte. Die Leimfestigkeit wird als das Maß für die Hemmung des Saugvermögens angegeben. Als das Schreiben mit Tinte noch allgemeiner Brauch war, genügte zumeist für die laufende Gütekontrolle ein (nach heutiger Ansicht) Primitivversuch: Mit einer Ziehfeder zieht man sich kreuzende Tintenlinien und beobachtet, ob die Tinte noch gut wegschlägt, ohne dass sich die scharfe Begrenzung der Linien, insbesondere an den Kreuzungsstellen, ändert. Sieht man sich aber Berichte in der Fachpresse aus dem 19./20. Jahrhundert an, erkennt man mit Erstaunen, welche Probleme auch dann noch zutage traten, obwohl nach der beschriebenen Methode die Leimung in Ordnung war. Nicht allein die Art der verwendeten Tinte war dabei von Bedeutung. Diese Flüssigkeit, die vor weniger als hundert Jahren nicht nur aus handelsüblichem Pulver, sondern sogar von Verbrauchern oder in Schulen aus den Primärmaterialien Galläpfeln und Eisensalz bereitet wurde, konnte im Papier aggressiv auf den eingesetzten Harzleim wirken. In Linieranstalten, deren es damals viele gab, die die Vordrucke für Geschäftsbücher vorbereiteten, gab es sichtbare Fehler, wenn blaue und rote Linien einander kreuzten. Die Art der verwendeten Federn konnte gleichfalls zu Fehldiagnosen führen, etwa, wenn die Papieroberfläche durch sie angekratzt wurde und dadurch freigelegte Fasern hygroskopisch wirkten. DIN 53 414 legt dann auch Einzelheiten der Versuchsmethode fest, darunter die zu verwendende Prüftinte und die Federn. Das Ergebnis wird nach 24 Stunden festgestellt, um etwaige Spätwirkungen zu berücksichtigen. Eine andere Methode ist die Tintenschwimmprobe. Mit ihr wird die Zeit festgestellt, in der das Rückstrahlvermögen eines von der Unterseite gleichmäßig mit Tinte befeuchteten Papiers um die Hälfte des theoretisch bestimmten möglichen Betrages abgesunken ist. Auch andere Methoden wurden angewandt, die aber allesamt heute keine Bedeutung mehr haben, da kaum noch mit Tinte geschrieben wird und die Ansprüche der Drucker und ihrer Kunden je nach dem angewandten Druckverfahren ungleich höher und genauer geworden sind.

Es gibt Apparate, mit denen ein Leimungsgrad zahlenmäßig erfasst werden kann, wie die von Schluttig-Naumann oder Post, die seit Langem im Einsatz sind. Beide arbeiten mit Eisenchlorid auf der Vorder- und Tanninlösung auf der Rückseite. Das Auftreten der Schwarzfärbung lässt den Leimungsgrad beurteilen. Alle diese Proben sind auf die Eignung des Papiers für die unterschiedlichen Druckverfahren nur sehr bedingt aussagekräftig. Es gibt dafür hochspezialisierte Testmethoden, für die die einschlägigen Hersteller ständig weiterentwickelte Apparaturen zur Verfügung stellen.

Aus der Praxis 4.4.7

Verunreinigungen im Papier können die Optik beeinträchtigen, technische Papiere etwa durch Metallabrieb für den gedachten Zweck sogar unbrauchbar machen. Manches ist unter dem Mikroskop erkennbar, manches wird durch Agenzien erkennbar, etwa Harzflecke durch Alkohol, Eisen durch Salzsäure oder Blutlaugensalz, andere nur durch aufwendige chemische Analysemethoden. Verholzte Fasern werden durch Phloroglucinsalzsäure leicht erkannt. Manche für die Praxis bedeutsame Eigenschaften des Papiers werden dem Kunden im Angebot genannt. Der Feinpapiergroßhandel bietet z.B. sogenannte Computerpapiere mit Tabellen über ihre Druckeignung an. Mit Zahlenangaben oder Sternchen wird die Eignung für schwarz-weiß- oder farbige Bedruckbarkeit mit Laser- oder Tintenstrahldruckern angegeben, für Kopien und Faxe, dazu der Weißgehalt und die vermutliche Lebensdauer. Die Angaben gehen derzeit bis 200 Jahre. Natürlich hat man das über eine so lange Zeit noch nicht prüfen können, doch bietet die Geräteindustrie Verfahren der künstlichen Alterung an, die der natürlichen entsprechen sollen. Die abstrakte Überlegung bei der Beurteilung holzfreier Papiere, die chlorfrei gebleicht und mit basischer Pufferung versehen sind, Beigabe von Chemikalien, die die Entwicklung saurer Reaktionen im Papier verhindern, führt dann logischerweise zu der Annahme, dass diese höchstwertigen Papiere das Alter ihrer chinesischen Vorläufer, 2.000 Jahre, erreichen können. Von größerer Bedeutung ist naturgemäß die Art der Aufbewahrung. Ein Ideal ist den Archäologen bekannt: Nichts konserviert besser als die Wüste. Unter dem Sand sind Schriftstücke tausend und mehr Jahre bestens konserviert worden. Unter ähnlichen Bedingungen wurden die ältesten Papiere der Welt gefunden – vor rund 2.150 Jahren in China gefertigt und immer noch lesbar. Allerdings nützt die beste Qualität nichts, wenn die Beanspruchung die Lebensdauer verkürzt, wie das beispielsweise bei Banknoten der Fall ist.

Bei grafischen Papieren spielt für viele Verwendungszwecke die Laufrichtung eine Rolle. In Maschinenlängsrichtung lagert sich die Mehrzahl der Fasern annähernd in dieser Richtung; man spricht dann von Schmalbahn. Die Querrichtung nennt man entsprechend Breitbahn. Das heute eher selten gewordene Schreibmaschinenpapier sollte in Schmalbahn liegen, weil diese mehr Steifigkeit bietet; gemessen wird die Biegesteifigkeit. Bei Werkdruckpapier muss die Laufrichtung parallel zum Buchrücken sein, um das Blättern zu erleichtern und Wellenbildung im Rücken zu vermeiden. Offsetdruckpapier soll immer in Schmalbahn verarbeitet werden. Einige simple Methoden lassen die Laufrichtung leicht erkennen: Man legt zwei markierte quadratische Blätter kreuzweise aufeinander. Hängt das untere hinab, ist es Schmalbahn, wenn nicht: Breitbahn. Die Reißprobe: Man reißt das Papier an zwei Seiten ein. Der gerade Riss gibt die Laufrichtung wieder, der kurvenreiche erfolgte gegen die Laufrichtung. Die Schwimmprobe: Ein kreisförmiges Papierblatt wird auf Wasser gelegt. Es rollt sich so, dass die Laufrichtung erkennbar wird. Und das Einfachste: Man hält das Blatt schräg zum Licht und erkennt die vorherrschende Ausrichtung der Fasern. Das funktioniert bei holzfreien Papieren einwandfrei, jedoch nicht mehr so recht, wenn das verwendete Altpapier schon ein paar Mal gemahlen wurde. Im Jahre 2009 ist ein elektronisches Gerät entwickelt worden, das die Richtungslagerung der Fasern auf dem Sieb misst und prozentual angibt. Die auf einem Langsieb erzeugten Papiere weisen eine ausgeprägte Längsrichtung der Fasern auf, es sei denn, das Sieb wird geschüttelt, wodurch die Verfilzung der Fasern verbessert wird.

Handgeschöpftes Papier ist von auf einer Rundsiebmaschine gefertigtem Papier kaum zu unterscheiden. Nur dem Experten wird eventuell die Durchsicht einen Hinweis geben. Das

Materialprüfungsamt Berlin hat sich des Problems auf Veranlassung des damaligen Vereins Deutscher Papierfabrikanten mit allen Methoden und Tricks angenommen. Die Papiere wurden trocken, feucht und nass geprüft, die Reißfestigkeit, Dehnung, Falzzahl ermittelt, ohne dass signifikante Unterschiede zutage traten. Die Darstellung der damaligen Testreihen endete mit der Bemerkung, dass, selbst wenn die sichere Trennung gelingen sollte, die Bekanntgabe der Unterscheidungsmerkmale die Hersteller der Maschinenpapiere voraussichtlich alsbald veranlassen würde, ihren Erzeugnissen dieselben Eigenschaften zu verleihen, wie sie die handgeschöpften Papiere aufweisen.

Glätte, Glanz und Geschlossenheit 4.4.8

Geschlossenheit der Oberfläche, Glätte und Glanz sind durchaus unterschiedliche Kriterien. Betrachtet man ein grafisches (Fein-)papier unter einem Mikroskop, erscheint die Oberfläche alpiner Struktur ähnlich. Satinage, das im sogenannten Superkalander vorgenommene Glätten der Oberfläche, ist für Schreibpapiere (die für das Beschreiben mit Tinte gedacht sind) und für den Bilderdruck (Autotypien) im (heute fast ausgestorbenen) Buchdruckverfahren die erste Stufe der Qualitätsverbesserung. Der Kalander besteht aus einer Anzahl übereinander angeordneter Walzen, jeweils abwechselnd aus Stahl und aus Kalanderwalzenpapier, das in Scheiben auf die Welle gepresst wird. Der Druck, den die Walzen ausüben und damit der Grad der Satinage ist regelbar. Da auch durch den größten Druck nur die mikroskopisch kleinen hervorstehenden Teile der Oberfläche zusammengequetscht werden, bleibt ein Rest an Unebenheit. Dieser kann in einem weiteren Veredelungsgang durch den Aufstrich mineralischer Stoffe weitgehend beseitigt werden.[79]

Die erwünschte »Eierschalenglätte« beim industriellen Rakeltiefdruck ergibt ein dem Auge schmeichelndes Druckbild. Häufig beklagt wird der Glanzeffekt der gestrichenen Papiere, der die Erkennbarkeit insbesondere kleiner Schrifttypen erschwert. Ein Papier wird als glänzender empfunden, wenn der größere Teil des auftreffenden Lichtes gerichtet und nur ein geringer Teil diffus reflektiert wird. R. S. Hunter und Lehmann haben unterschiedliche Messverfahren dazu entwickelt. Beide beruhen darauf, dass die Papieroberfläche beleuchtet und das reflektierte Licht in einem bestimmten Winkel gemessen wird. Die Kunst, die insbesondere dem Hersteller von Original-Kunstdruck häufig abverlangt wird, ist es, eine optimal geschlossene Oberfläche mit möglichst wenig Glanz zu erzeugen. Damit die Definition noch etwas komplizierter wird, sollte das Prädikat »Glätte« gar nicht verwendet werden, weil es allzu leicht mit »Glanz« gleichgesetzt wird. Dieser ist ein optischer Effekt, kein mechanischer. Es sollte besser der Ausdruck »Geschlossenheit der Oberfläche« angewandt werden. Für den Laien klingt das erstmal kompliziert – aber jeder hat sich sicher schon einmal darüber geärgert, dass der Glanz des Papiers die Lesbarkeit beeinträchtigte. Der Papiermacherkunst wird hier viel abverlangt.

Ziel der Glätteprüfung ist es, den Grad der Rauigkeit der Oberfläche festzustellen. Glätte wird durch die Zeit definiert, in der ein genormtes Gewicht eine festgelegte Schräge hinabrutscht, und der Glanz beruht auf dem Vergleich der Intensität des regelmäßig und des diffus reflektierten Lichtes (nach Goerz, Wien). Die Methode nach Bekk ermittelt eine Glättezahl als die Zeit des Eindringens von 10 cm^3 Außenluft bei mittlerem Unterdruck von 0,5 kg/cm^2. Dagegen kann man durchaus einwenden, dass dieser Wert nicht unbedingt die Kriterien anzeigt, die die Geschlossenheit der Oberfläche meinen. Moderner ist die Bestimmung der Rauigkeit ungestrichener Papiere nach Berendtsen, bei gestrichenen nach PPS (Parker Print-Surf). Es wird die Menge an Luft bestimmt, die innerhalb einer bestimmten Zeit unter definierten Bedingungen zwischen einer definierten flachen und der Papieroberfläche hindurchströmt.

4.4.9 Verpackungspapiere

Besonders bei Papieren für Verpackungszwecke spielen die unterschiedlichen Kriterien für die Festigkeit eine Rolle, deren es eine ganze Anzahl gibt. Die alltäglichste ist wohl die Einreißfestigkeit, die sich extrem von der Fortreißfestigkeit unterscheiden kann. Die Prüfung der Einreißfestigkeit kann mit dem Zugfestigkeitsprüfer erfolgen. Dabei wird eine Scherbeanspruchung erzeugt. Die Durchreißfestigkeit wird mit dem Elmendorf-Prüfer oder dem Apparat nach Brecht-Imset gemessen. Der Riss geht von einem Einschnitt aus und wird durch ein schwingendes Pendel erzeugt. Eine deutlich andere Art der Durchreißfestigkeit gestaltet die Prüfung unabhängig vom Flächengewicht. Man hat dazu den Begriff der Reißlänge eingeführt. Sie gibt als das Maß der Durchreißfestigkeit an, wann eine frei herabhängende Papierbahn durch ihr eigenes Gewicht reißt. Dieser Vorgang wird in einer Maschine simuliert, indem ein (meist 15 mm breiter) Streifen eingespannt und zwischen den Haltklammern mittels eines langsam laufenden Elektromotors bis zum Bruch auseinandergezogen wird. Die Bruchdehnung und die Reißlänge sind dann an einer Skala ablesbar. Die Prüfung muss für beide Richtungen des Papierblattes bestimmt werden, da die Werte erheblich von einander abweichen.

Die Berstfestigkeit ist der Widerstand, den das Papier dem Versuch des Durchdrückens entgegensetzt. Sie unterscheidet sich von den bereits beschriebenen Kriterien dadurch, dass jene beim Zugversuch eine einachsige Spannungsverteilung haben, während die letztere zweidimensional gesehen werden muss, wenn eine senkrecht zur Papierfläche gerichtete Kraft auf sie einwirkt. Für Tüten, Beutel und vor allem Papiersäcke ist das ein entscheidendes Merkmal. Zwei Messmethoden sind eingeführt: Der Mullentester drückt pneumatisch eine elastische Folie auf ein fest eingespanntes Blatt, bis es bricht, und zeigt dann über die Wölbhöhe die Elastizität und über die Bruchkraft die Berstfestigkeit an. Der ähnliche Prüfer von Gustaf Dalén gibt deutlich andere Werte an. Bei Vergleichen muss demnach das jeweils verwendete Gerät genannt werden. Während die Berstfestigkeit bei langsam zunehmendem Druck gemessen wird, durchschlägt in einem anderen Verfahren (Elmendorf) ein schweres Pendel den Prüfstreifen, um die Schlag- oder Stoßfestigkeit zu prüfen. Der Vollständigkeit halber sei erwähnt, dass es noch eine ganze Anzahl anderer Prüfkriterien gibt, die sich nach den Erfahrungen aus der praktischen Verwendung von Verpackungsmaterialien entwickelt haben. Für die Befüllung von Papiersäcken spielt die Luftdurchlässigkeit eine Rolle. Eine hohe Luftdurchlässigkeit bedeutet eine hohe Füllgeschwindigkeit – aber die Festigkeit des Papiers darf dadurch nicht beeinträchtigt werden. Von besonderer Bedeutung ist die Porosität für die Befüllung mit sehr feinkörnigen bis mehligen Substanzen. Gleichfalls vornehmlich für den Einsatz von Papiersäcken wichtig ist die Wasserdichtigkeit, ebenso aber auch für die Herstellung von Becherkarton oder ähnlichem. Da Papier sich in nassem Zustand erheblich anders verhält als in trockenem, gibt es Methoden, die Nassfestigkeit ebenso zu prüfen wie die Nassabriebfestigkeit.

Ökologisches 4.5

Der Wald und das Klima 4.5.1

Weltweit haben sich über Hunderttausende von Jahren hinweg Wälder unterschiedlichster Art gebildet und unter dem Wechsel des Klimas auf den Kontinenten verändert. Nach Angaben der Food and Agriculture Organization (FAO) hat es 2005 weltweit 2,7 Mio. ha kultiviertes Land gegeben, auf dem 4,9 Mio. t Naturfasern erzeugt wurden (ohne Berücksichtigung von Baumwolle und Wolle). Hauptanbaugebiete für Jute und juteähnliche Pflanzen, Flachs, Sisal, Manilahanf, Faserhanf und Kokospalme sind Ost- und Südostasien, Afrika und Südamerika. Für die Papierwirtschaft sind sie von untergeordneter Bedeutung, da die Fasern noch bis zu sechsmal teurer als holzbasierende Rohstoffe sind. Fast einzige Quelle der Zellstoffproduktion bleibt also Holz. Aufgrund unzureichender technischer und wirtschaftlicher Kenntnisse wird aber immer noch – oder bereits wieder – ein allzu großer Teil des Holzaufkommens für untergeordnete Zwecke verschwendet. Es geht dabei nicht allein um die thermische Nutzung, sprich: Verbrennung ohne zwischengeschaltete Wertschöpfung, wofür ein Drittel des deutschen Holzaufkommens eingesetzt wird. Weit größer ist die Waldvernichtung sowohl in Asien als auch in Südamerika zur Gewinnung von Ackerfläche, auf der dann großenteils Pflanzen zur Gewinnung von Bioenergie angebaut werden. Dieses Vorgehen ist grotesk, weil es der Ökologie in höchstem Maße entgegenwirkt. Nach wenigen Ernten ist der einstige Waldboden ausgelaugt. Gerade in subtropischen und tropischen Regionen ist dann alsbald die Gefahr der Versteppung gegeben.

Im Rahmen der weltweiten Bemühungen um den Erhalt der Urwaldbestände hat die Regierung der Vereinigten Staaten den Lacey Act erlassen, der eine Deklarationspflicht für den Import von Holzprodukten vorsieht. Mit ihm wird die rechtliche Grundlage geschaffen, gegen die Einfuhr von Produkten vorzugehen, die aus illegalem Holzeinschlag stammen. Die europäische Papierindustrie hat bereits 2005 den »Code of Conduct against illegal logging« verabschiedet und in allen Mitgliedsländern umgesetzt. Darin verpflichten sich alle europäischen Zellstoff- und Papierfabriken freiwillig, kein Holz als Rohstoff einzusetzen, das aus illegalem Einschlag stammt. In Anerkennung dieser frühzeitigen Initiative hat die US-Regierung ihre Pläne zurückgezogen, den Lecey Act auf Papier- und Zellstoffprodukte auszudehnen.[80]

Weltweit ist die stoffliche Verwendung von Holz in den vergangenen 22 Jahren ungefähr konstant geblieben, die energetische Verwendung hingegen auf das Fünffache angewachsen. Der europaweit geforderte und geförderte Einsatz von Biomasse zur Energieerzeugung hat dabei Missverständnisse provoziert. Ein positives Gegenbeispiel bietet in Deutschland gerade die Zellstoffindustrie: Die ZS Zellstofffabrik Stendal der Mercer Pulp Group betreibt das derzeit größte Biomassekraftwerk Europas – ganz bestimmt nicht mit Holz, das zu Zellstoff verarbeitet werden kann, sondern mit den Abfällen und der eingedickten in der Zellstoffherstellung anfallenden Schwarzlauge. Die in ihr mit der herausgelösten Holz-Gerüstsubstanz enthaltenen Hemicellulosen und Lignin werden als hochwertiger Ersatz für Öl oder Gas nach neuartigen Verfahren verwertet.[81] Die Hoffnung besteht, dass die Weiterentwicklung der Nutzung erneuerbarer Energien die Holzvernichtung durch Verbrennen baldmöglichst zurückdrängt.

4.5.2 Das Papier und das Klima

Der Umwelt zuliebe, also vor allem dem Schutz des Waldes dienend, ist der Einsatz von Altpapier, wie bereits erwähnt, heute Standard. Die meisten Papiere dienen nur kurzen Nutzungszeiten. Die Zeitung ist schon morgen Altpapier, das Magazin nach wenigen Wochen überholt, die Fachzeitschrift birgt in zwei Jahren nur noch das Wissen von einst. Viele Bücher sind Modeerscheinungen; nach wenigen Jahren werden sie entsorgt. Zum Glück aber gibt es auch anderes: Man denke an die Werke großer Dichter, Gelehrter, Forscher; an Dokumente, die »für die Ewigkeit« halten sollen, beispielsweise Grund- oder Familienbücher, Urkunden, deren historischer Wert anzunehmen ist. Bereits erwähnt wurde das Problem der Alterung, das sich zu unterschiedlichen Zeiten aus unterschiedlichen Gründen gestellt hat: Ab der Mitte des 19. Jahrhunderts, als die pflanzliche Leimung den Einsatz von Aluminiumsulfat oder Alaun erforderte; die Kurzlebigkeit holzhaltiger Papiere, unter der insbesondere viele Bücher von der Mitte des 19. bis in die zweite Hälfte des 20. Jahrhunderts leiden; die uns alle belastende Luftverschmutzung – und, noch nicht gar so lange bekannt, der Abbau der Polymerkette der Cellulose als Ergebnis verschiedenster Einflüsse. Archivare sehen heute die Alterung des Papieres generell als die Zerstörung des natürlichen Polymers Cellulose. Drei Gruppen schadenstiftender Prozesse sind zu unterscheiden: Die thermische, die hydrolytische und die oxidative Alterung.

Das Maschinenzeitalter

Die eher selten vorkommende thermische Alterung kann im gemäßigten Klima allenfalls in industriell wärmebelasteten Räumen vorkommen. Die Papierprüfung simuliert einen Alterungsprozess und erfolgt in den beiden Gruppen: thermisch und hydrolytisch jeweils unterhalb und oberhalb der 200°C Grenze. Die Abbauprodukte, die während des Alterungsprozesses entstehen, können sein: Wasser (das zur Erhaltung der Geschmeidigkeit des Papieres mit einem Anteil von etwa fünf Prozent unbedingt stets im Stoff sein soll); Kohlendioxid, freie Wasserstoffionen; dazu Furane (organische Verbindungen mit einem heterozyklischen Ringsystem). Entstehen können feste Abbauprodukte sowie eine Minderung des Polymerisationsgrades der Cellulose.

Die hydrolytische Alterung von Papier ist seit Mitte des vorigen Jahrhunderts als vorherrschender Schädigungsfaktor erkannt worden, besonders in Form der sauren Hydrolyse. Bekannt sind aber auch die alkalische und die enzymatische Hydrolyse, in deren Folge eine Kürzung der Cellulosekette erfolgt. Schadensquellen können die erwähnte saure Leimung, Chlorlignin (Bleiche), Carboxylgruppen und Schimmelpilze sein.

Die oxidative Alterung kann eine Folge ionischer Bleiche sein, auf freien Radikalen (-OH) oder Radikal- und Ionenbildung durch Bestrahlung beruhen. Die Abbauprodukte entsprechen weitgehend den erwähnten, dazu saure Carboxylgruppen und alkaliempfindliche Bindungen. Zu beachten ist, dass nach den Erkenntnissen von Krause (TU Darmstadt) jede Cellulose im Alterungsprozess nachsäuert – wichtigster Schritt für die Herstellung langlebiger Papiere ist also die basische Pufferung. Erst in jüngster Zeit, vor allem durch die Forschungen von Prof. Dr. Guido Dessauer, Graz, angeregt, sind für die Archivierung klare Regeln erarbeitet worden, die von einer Reihe Feinpapierfabriken penibel eingehalten werden. Dabei hat sich herausgestellt, dass über die Qualität der verwendeten Papiere einschließlich der Vorsatzpapiere und des Einbandmaterials und ihrer chemischen Zusätze hinaus selbst Hüllpapiere und die Pappen der für die Archivierung verwendeten Kartonagen den gleichen Kriterien genügen müssen, da schädliche Verbindungen durch mehrere Verpackungslagen oder auch durch Passepartouts hindurch wandern können.

Verständlich ist, dass nun nicht gleich jedes Papier dauerhaft sein muss. Aus der Praxis haben sich gewisse Regeln ergeben: Eine Alterungsbeständigkeit von zehn Jahren sollte für den alltäglichen Schriftverkehr ausreichen. Für finanzrelevante Unterlagen ist das eine Mindestanforderung. Rechtsverbindliche Akten müssen die allgemeine Verjährungsfrist von mindestens 30 Jahren erreichen. Personal-, Versorgungs- und allgemeine Versicherungsunterlagen sollen 50 bis 80 Jahre Bestand haben.

Im Papierherstellungsprozess können die durch den heute fast allgemein angewandten Wasserkreislauf angereicherten organischen und anorganischen Verbindungen schadenstiftend in das Papier übergehen. Schadstoffe können auch atmosphärisch angelagert werden, etwa Schwefeldioxid und Stickoxide oder Stäube. Ungestrichene alterungsbeständige Papiere müssen nicht nur frei von verholzten Fasern, sondern auch von ungebleichtem Zellstoff sein. Die Verwendung von Recyclingmaterial ist also unbedingt ausgeschlossen.

Dauerhaftes Papier muss einen alkalischen Füllstoff von mindestens zwei Prozent Kalziumkarbonat als Reserve enthalten; der pH-Wert muss im Kaltwasserextrakt zwischen 7,5 und 10 liegen. Nicht in den Richtlinien vorgegeben, aber von großer Bedeutung ist die Abwesenheit von Übergangsmetallionen, die als Katalysatoren den oxidativen Abbau von Cellulose beschleunigen und zur Alterung erheblich beitragen. Das Rohpapier für gestrichene Papiere muss selbstverständlich den genannten Kriterien entsprechen. Leider gibt es für die teils mehrschichtigen Striche noch keine ausreichenden Untersuchungen. Alle Sorgfalt in der Produktion nützt aber nur, wenn das Klima der Archivräume penibel beobachtet wird; Schwankungen können sich schädigend auswirken. Als Norm für Archive soll eine konstante Temperatur von 19 bis 20° C bei einer relativen Luftfeuchte von 40 Prozent eingehalten werden.

4.6 Druckverfahren

4.6.1 Flachdruck

Der Flachdruck ist ein chemisches Verfahren. Druckende und nicht druckende Flächen liegen in einer Ebene; die beiden Teile werden chemisch geschieden: Mit saurer Gummi-Arabicum-Lösung (oder neuzeitlichen Chemikalien) beschichtete Flächen nehmen Wasser an und stoßen Druckfarbe ab; Leinöl oder Gelatine nehmen (fette) Druckfarbe an und stoßen Wasser ab. 1799 erhielt Alois Senefelder in München das Privileg für die Erfindung des Steindrucks, der Lithografie. Druckträger ist ein feinporiger Kalkstein (z.B. Solnhofener Platte), auf den im künstlerischen Verfahren mit Fettkreide gezeichnet wird. Mithilfe einer mit feinen Linien versehenen Glasplatte kann ein Raster auf den Stein kopiert werden, dann das (auch mehrfarbige) Bild. Im 19. Jahrhundert war das die einzige Möglichkeit, eine größere Anzahl Farbdrucke herzustellen. Aus der industriellen Drucktechnik ist der Steindruck längst verschwunden; wenige Künstler beherrschen noch die Lithografie. In Deutschland mag es vielleicht 20 Steindruck-Werkstätten geben, viele von ihnen bieten auch Offsetdruck an, um eine auskömmliche wirtschaftliche Basis zu haben.

Dem Steindruck ähnlich ist der Lichtdruck. Er wurde 1856 von Louis-Alphonse Poitevin erfunden und 1870 von Joseph Albert verbessert. 1879 entwickelte Karl Klietsch aus Experimenten mit dem Lichtdruck die Heliogravüre, den Tiefdruck.[82] Für den Lichtdruck wird eine dicke Glasplatte mit lichtempfindlicher Gelatine beschichtet, auf die die Vorlage kopiert wird. Unbelichtete Teile werden weggespült. Die Oberfläche der ausgehärteten Gelatine ist uneben (»Runzelkorn« in der Druckersprache); also ist das Aufkopieren eines Rasters, der Voraussetzung für den Drei- oder Vierfarbendruck, nicht möglich. Der Druck erfordert deshalb 24 oder 36 oder noch mehr Farben, mit denen aber etwa Gemäldereproduktionen ermöglicht werden, auf deren Rückseite nach Einprägung der Farbauftragtechnik (Pinsel, Spachtel) der Vermerk »Reproduktion« aufgebracht wird, um denkbaren Betrugsversuchen zu begegnen. Auch der

Lichtdruck ist zum Museumsstück geworden, seit der Offsetdruck seine heutige Qualität erreicht hat. Die wenigen Experten des alten Verfahrens bestehen eisern darauf, dass die Originaltreue des Lichtdrucks durch kein anderes Verfahren erreicht wird. Tatsächlich werden noch immer berühmte Gemälde, mittelalterliche Handschriften, andere kalligrafische Meisterwerke und Urkunden in der alten Technik reproduziert. Einige wenige Lichtdruckereien existieren noch, die Hälfte der weltweit vorhandenen davon in Deutschland: Zwei. In Leipzig ist es das Lichtdruck-Kunst-Museum, das eine Partnerschaft mit der Leipziger Volkszeitung eingegangen ist. Die andere ist das Lichtdruck-Werkstatt-Museum in Dresden. Je eine Lichtdruckerei gibt es noch in Kyoto (Japan) und in Florenz (Italien). Ähnlich geht es einigen weniger bekannten Flachdruckverfahren, wie dem Zink- und Aluminiumdruck oder dem Bimetallverfahren, bei dem das obere Deckmetall an den ausgewaschenen Stellen der Kopierschicht weggeätzt wird, sodass das farbabstoßende Trägermetall zum Vorschein kommt. Man kann auch die Deckschicht nach dem Kopiervorgang elektrolytisch aufbringen, z. B. beim Hausleiterverfahren: Messing und Nickel. Wirtschaftliche Bedeutung hat keines dieser Verfahren erlangt.

Das heutzutage vorherrschende Druckverfahren ist der Offsetdruck, ein Flachdruck, der dadurch gekennzeichnet ist, dass das Positivbild von einem Gummituch abgenommen und von ihm dann auf das Papier übertragen wird. Die Erfindung beruht darauf, dass Ende des 19. Jahrhunderts hochwertiges Zinkblech gefertigt werden konnte. Das brachte in den USA etwa 1904 unabhängig voneinander Caspar Hermann, einen Deutschen, und Ira Wittubel auf die Idee, den schweren Stein durch das biegsame Blech zu ersetzen, das auf eine Walze aufgespannt wird. Eine zweite Walze wird mit einem Gummituch überzogen, das das Druckbild über den Druckzylinder auf das Papier überträgt. Hermann kehrte nach Deutschland zurück und verband sich mit der Vogtländischen Maschinenfabrik (VOMAG) in Plauen, mit der zusammen er seine Erfindung marktreif machte und dazu den Rollenoffsetdruck entwickelte. Die Bogen-Offsetdruckmaschine ist heute als Ein-, Zwei- oder Vierfarbmaschine das Herz praktisch jeder Druckerei. Die wirtschaftliche Auflagenhöhe liegt derzeit bei mindestens 400 bis 800 Druck; darunter hat sich der Digitaldruck[83] als kostengünstiger erwiesen. Eine Begrenzung nach oben gibt es praktisch nicht. Rollenoffsetmaschinen, die mehrere Druckwerke haben können, z. B. zehn für den Druck von Zeitungen und Magazinen für vier Farben im Schön- und Widerdruck (Vorder- und Rückseite) und zwei für Eindrucke, beherrschen den Markt der Zeitungen und Illustrierten. Für Sonderzwecke können auf Kundenwunsch auch mehr Druckwerke eingebaut werden. Die Auflagengrenze nach oben liegt wegen der Abnutzung der Druckform und des Gummituches bei etwa einer halben Million Drucke. Für höhere Auflagen hat sich der Tiefdruck durchgesetzt.

Die Druckqualität ist nicht zuletzt durch die Entwicklung der Papierherstellungstechnik derart angehoben, wie das vor 50 Jahren noch undenkbar gewesen wäre. Offsetdruckpapier, einfach als Offset bezeichnet, muss vollgeleimt sein (ausgenommen das in den modernen wasserlos arbeitenden Maschinen verwendete) und in Schmalbahn durch die Maschine laufen. Das Gummituch passt sich kleinen Unebenheiten im Papier an; deshalb sind auch geprägte Papiere, etwa Hämmerung oder Leinen, damit bedruckbar. Dennoch hat sich im Massengeschäft das innerhalb der Maschine beiderseits mit mineralischer Oberfläche versehene maschinengestrichene Papier LWC (light weight coated) durchgesetzt, das auch als Magazinpapier bezeichnet wird, weil so gut wie alle illustrierten Zeitschriften (Magazine) darauf gedruckt werden. Für den Offsetdruck wäre das technisch gar nicht erforderlich, aber die auflagenstärksten im Tiefdruck produzierten Titel (z. B. ADAC Motorwelt, Spiegel oder Stern) haben das Aussehen, also die höchste technisch machbare Qualität, vorgegeben.

Erkennbar ist der Offsetdruck beim Betrachten mit einer Lupe (Fadenzähler, 12x). Man erkennt den Raster und sieht die Farbpunkte exakt begrenzt, ohne Quetschränder.

Die Fortentwicklung des Offsetdrucks wird durch die Fortschritte des Digitaldrucks bestimmt – siehe dort.[84] Der aktuelle Ausdruck heißt »Digital-Offsetdruck«.

4.6.2 Hochdruck

Beim Hochdruck werden erhabene Stellen der Negativform mit Druckfarbe eingewalzt und auf das Papier abgegeben, etwa das Prinzip des Stempels, industriell entsprechend dem Flexodruck, bei dem neben dem klassischen Gummi als Träger heute Kunststoff eingesetzt wird. Flexodruck ist aufgrund seines Einsatzes in der Feinkartonagenindustrie das dritthäufigste Druckverfahren nach Offset- und Tiefdruck. Holz-, Linol- und andere Schnitte dienen künstlerischen Arbeiten. Der Holzschnitt ist der Vorläufer des Buchdrucks gewesen, bereits vor der Zeitenwende in China angewandt und dann über 1.500 Jahre die einzige Art des Druckens. Als »Blockbücher« bezeichnet man die jeweils eine Buchseite großen Schnitte – anfangs nur für den Druck von Bildern genutzt; die Texte wurden von Hand eingeschrieben. Johannes Gutenbergs Erfindung um 1446/1450 beruht auf einem Gussgerät zur Herstellung einzelner Buchstaben (Lettern), die beliebig vervielfältigt und zum wiederverwendbaren Satz zusammengefügt werden können. Der Mainzer Patrizier (ca. 1397–1463), Sohn des Friele Gensfleisch zum Laden (nach einem Haus »Zum Gensfleisch« genannt) hat damit und mit seinen ergänzenden Erfindungen der Legierung des Gießmetalls aus Blei, Antimon und Zinn, der Druckfarbe aus Lampenruß, Firnis und Eiweiß und der einer Kelterpresse nachempfundenen ersten Druckerpresse ein in sich geschlossenes und weitgehend perfektioniertes Verfahren geschaffen, das fast unverändert 400 Jahre lang das einzige blieb. Es war die Grundlage für die grenzenlose Übermittlung von Bildung, Wissen und Literatur, die wiederum die Kunst der Papiermacher zu einer Zeit förderte, als die ersten Papiermühlen in Deutschland entstanden. Aus dieser Epoche, der Mitte des 15. Jahrhunderts, stammt auch die Bezeichnung Buchdruck, denn Gutenbergs erstes großes Werk war die berühmte 42-zeilige Bibel, Biblia latina, die noch heute in ihrer Schönheit als unübertrefflich gilt. Ihr Druck nahm zwei Jahre in Anspruch. Für 30 Exemplare wurde Pergament und für weitere 150 Exemplare Papier verwendet. Dieses Erstlingswerk gab dem Buchdruckverfahren seinen Namen, der bis heute (für die inzwischen fast ausgestorbene Technik) Bestand hat. Allerdings verbindet der Fachmann damit eben nicht den Druck von Büchern – den nennt er Werkdruck.

Das Wort »Buch« entstammt dem Gotischen boka, Buchstabe, Mehrzahl bokos = Schrift. Im Althochdeutschen nannte die Mehrzahl buoh das geschriebene Buch in Form von Papyrusblättern. Später wurde die Einzahl buoch zur Wurzel unseres Wortes – über das Altisländische, wo »bockr« die buchformähnlich zusammengebundenen Buchenholztäfelchen bezeichnete. Die hatten in Form und Namen schon große Ähnlichkeit mit dem Buch.

Buchdruck ist das Hochdruckverfahren von Bleilettern und Autotypien (gerasterten Bildern auf Metallplatten) im Gegensatz zu den beschriebenen Varianten Holz-, Linol- und anderen künstlerischen Verfahren und dem Flexodruck. Noch vor wenigen Jahrzehnten war die Buchdruckerei die Standardwerkstatt für den Akzidenzdruck. Das Wort ist weitgehend aus unserem Sprachschatz verschwunden. Es bezeichnet den Druck von meist kleinen Auflagen von Briefblättern, Besuchs- und Einladungskarten, Geburts- und Todesanzeigen, Prospekten (heute in der einfachsten Art Flyer genannt) und Ähnlichem im Gegensatz zum Zeitungsdruck und dem Werkdruck. Basis war der Handsatz, auch Bleisatz[85] genannt, in dem der Setzer die aus dem Setzkasten entnommenen Buchstaben (Lettern) und Spatien (Abstandhalter) entnimmt und im Winkelhaken, der auf dem linken Arm lag (beim Rechtshänder), zu mehreren Zeilen aneinanderfügte. Der Metteur brachte den Satz in den dem Buchformat angepassten Satzspiegel und band das Ganze mit dünnem, aber sehr kräftigen Faden zusammen.

Das Papier für Bücher heißt Werkdruckpapier und ist ein holzfreies oder holzhaltiges maschinenglattes Papier in unterschiedlichsten Qualitätsstufen. Es ist nicht für den Druck von gerasterten Bildern (Autotypien) geeignet. Illustrationsdruck ist ein scharf satiniertes, meist mittelfeines Papier; holzfreies wird oft als Bilderdruck bezeichnet. Für Qualitätsdruck war das »Original Kunstdruck« das Papier der ersten Wahl – ein holzfreies Rohpapier wird außerhalb der Papiermaschine in einer besonderen Anlage zweiseitig mit hochwertigem Strich versehen, der auch für Vorder- und Rückseite unterschiedlich farbig sein kann. Aufgrund der Qualitätssteigerung der maschinengestrichenen Papiere ist der Einsatz der viel teureren Original-Kunstdruckpapiere stark zurückgegangen.

In der Frühzeit des Buchdrucks wurde der Papierbogen auf die eingefärbte flache Druckform gelegt. Mit einem festen Stoffballen wurde über die Papierrückseite gestrichen und ein gleichmäßiger Druck ausgeübt, sodass die Vorderseite das Druckbild aufnahm. In der Weiterentwicklung wurde der Druck mittels einer Spindelpresse erhöht und egalisiert, und etwas später wurde die Form auf einen Wagen montiert, der mit dem Papier unter die Presse gefahren wurde. Die weitere Mechanisierung führte zu den Zylinderdruckpressen, bei denen ein Druckzylinder Druck auf die eine ebenfalls flachliegende Form ausübte. Man unterscheidet zwischen Eintouren- und Zweitouren-Schnellpressen. Normalerweise wird nach jeder Rotation des Druckzylinders unter Druck (= Druckvorgang) das Papier vom »Zylinder-Greifer« an den »Auslage-Greifer« übergeben. Der Druck wird automatisch abgestellt, um der

Druckform das (beschleunigte) Zurückfahren unter dem Zylinder in die Ausgangsposition zu ermöglichen, wo von der Papier-Anlage ein frischer Bogen eingezogen wird. Diese Art nennt man Eintouren-Schnellpresse, da der Druckzylinder je Druckvorgang nur eine Umdrehung durchführt. Bei der Zweitouren-Schnellpresse macht bei jedem Druckvorgang der Zylinder zwei Umdrehungen (Touren): Die erste, um den Bogen von der Papier-Anlage durch den Druckvorgang zu führen, und eine zweite, um den bedruckten Bogen zur Bogen-Auslage zu befördern, während die Druckform in ihre Ausgangslage zurückfährt und von hier ein frischer Bogen für den neuen Druckvorgang zugeführt wird. Mit einer anderen Technik arbeitet die Tiegeldruckpresse, deren Drucktiegel das Papier auf die senkrecht stehende Druckform presst. Die primitivste Art ist der Boston-Tiegel. Dessen Tiegel (höchstens für DIN A 4) wird mittels eines Handhebels bewegt. Solche Geräte sieht man in Entwicklungsländern noch gelegentlich im Freien betrieben, z. B. in Mexico City in der nächsten Straße vom Zocalo aus mehr als ein Dutzend solcher Mini-Druckereien nebeneinander. Hier ist das Refugium einer ansonsten weitestgehend verschwundenen Technik entstanden, die ganz offensichtlich ihre Kunden im belebten Zentrum der Großstadt noch immer findet, weil die Investition und die Löhne und dementsprechend die Preise niedrig sind. Der Tiegelautomat der Heidelberger Druckmaschinenfabrik (OHT = Original Heidelberger Tiegel) war noch 2000 mit weltweit 400.000 in Betrieb befindlichen die verbreitetste Druckmaschine. Das dritte Bauprinzip, die Rotationsdruckmaschine, arbeitet von der Rolle. Sie ist für Großauflagen wie z. B. bei Zeitungen die vorherrschende Technik. Das Prinzip ist sogar für die neuzeitlichen Offset-Rotationen übernommen worden – Anlagen für mehrfarbigen Schön- und Widerdruck (Vorder- und Rückseite in einem Arbeitsgang) mit integrierten Zusammentrage- und Falzapparaten, sodass die fertige komplette Zeitung ausgelegt wird.

Der wenig verbreitete indirekte Buchdruck (Letterset) übernimmt die Grundtechnik des Offsetdrucks, indem von der seitenrichtigen Positiv-Druckform auf ein Gummituch und erst von diesem auf das Papier gedruckt wird. In diesem Verfahren wurden z. B. die Briefmarken der Dauerserie »Burgen und Schlösser«[86] hergestellt; ein anderer Anwendungsbereich ist der Verpackungsdruck.

Vom Buchdruck übernommen wurde für alle Druckverfahren die Größenbezeichnung für Schriften, der typografische Punkt.[87] Der erste wurde von Sebastien Truchet (1657–1729) konzipiert. Sein Punkt betrug genau 1/1728 »pied du roi« (Fuß), also etwa 0,188 mm und entspricht somit exakt der Hälfte des späteren Didot-Punktes. Dieses Maßsystem entwickelten Ende des 18. Jahrhunderts François Ambroise Didot und sein Sohn Firmin Didot. Der Didot-Punkt, der sich praktisch in ganz Europa durchsetzte, betrug traditionell 0,376065 mm, nach offizieller Umrechnung aber etwa 0,3759715 mm. Er wird üblicherweise mit 0,376 mm angegeben und auch so verwendet (mit + 0,0173 Prozent bzw. - 0,0075 Prozent, weit innerhalb aller technischen Toleranzen). Größere Einheiten sind das Cicero = 12 Punkt; vier Cicero ergeben eine Konkordanz. Amerika hat abweichende Maße. Im IT-Bereich wird nahezu ausschließlich das DTP-Punkt-System (Desktop Publishing) angewandt. Das ist der

864. Teil des anglo-sächsischen Kompromissfußes von 1959 = 1/72 inch, also 0,0138 inch oder 0,3527 mm. Er ist zurzeit das einzig verlässliche Maß in den meisten Anwendungsprogrammen (Druckerkommunikation, Word, Photoshop etc.). CorelDraw hingegen wurde metrisch programmiert. Der DIN-Entwurf 16507-2 sieht einen neuen typografischen Punkt von genau 0,25 mm vor. Noch vor wenigen Jahren wurde dessen Durchsetzbarkeit angezweifelt, doch wird seit 2010 zumindest im Bereich des digitalen Offsetdruckes das neue System mehr und mehr verwendet. Statt der Kegelhöhe[88] wird im DIN-Entwurf die messbare Größe der Versalhöhe (Großbuchstaben) zur Angabe der Schriftgröße verwendet.

Ein Relikt aus der Frühzeit der Buchdruckerei verbindet mit dem Papiermachen: Das Gautschen. Wenn ein Buchdrucker nach beendeter Lehrzeit in den Gesellenstand übernommen wird, wird er aus diesem Anlass kopfüber in eine Bütte oder mangels einer solchen in irgendeinen Wasserbehälter getaucht. Mancherorts hat sich dieser Brauch mehr oder weniger zivilisiert noch über ganz Deutschland erhalten. Buchdrucker werden davon allerdings seltener betroffen sein, denn dieser Beruf ist fast ausgestorben. Er müsste dann auch auf die Offset- und anderen Drucker übertragen werden.

Tiefdruck

4.6.3

Tiefdruck beruht in allen seinen unterschiedlichen Ausprägungen darauf, dass das zu Druckende in der Form vertieft liegt. Die Oberfläche der Druckform muss also von Farbe befreit werden, etwa durch ein Rakelmesser, Wischpapier oder manuell mittels eines Tuches. Die Druckfarbe wird vom saugfähigen Papier aus den unterschiedlich tiefen Elementen herausgezogen.

Tiefdruck, wie er heute führend auf dem Markt der Großauflagen ist,[89] wurde in zwei Schritten von dem Österreicher Karl Klietsch, Sohn eines Papierfabrikdirektors, erfunden. 1879 hatte der Maler und Grafiker beim Umgang mit dem Steindruck die Idee der Heliogravüre, die Technik, in eine Kupferplatte fotomechanisch aufgetragene Bilder und Schriften durch Ätzung der zu druckenden Elemente einzubringen. Die tieferliegenden Darstellungen nahmen die aufgebrachte Druckfarbe auf; der Überschuss, die Farbe auf der Plattenoberfläche, wurde abgewischt, allein die druckenden Teile gaben die Farbe an das saugfähige Papier ab. 1890 ersetzte er die Platte durch einen kupfernen Zylinder. Mit dem gleichen chemischen Verfahren wird (wurde) zunächst ein Raster eingeätzt, damit die Rakel über die Stege zwischen den farbaufnehmenden Näpfchen gleiten kann. Dann wird (wurde) mit Eisenchlorid in mehreren Stufen abnehmender Konzentration nacheinander Bild und Text eingeätzt, sodass die verschieden tiefen Druckelemente viel oder wenig von der dünnflüssigen Farbe abzugeben haben. Die Rakel, ein stählernes Messer, von Karl Klietsch 1890 erfunden, entfernt die überschüssige Farbe von der Zylinderoberfläche. Diese Technik ist sowohl in dem heute kaum mehr anzutreffenden Bogentiefdruck, als auch im beherrschenden Rotationsdruck gleichermaßen einsetzbar.

Heute erfolgt die Herstellung der Form auf dem Druckzylinder[90] durch computergesteuertes Einfräsen. Dadurch wird ein früher nicht seltener kostenträchtiger Zwischenfall vermieden: Bei Wetterwechsel konnte die unterschiedliche Luftfeuchtigkeit die Konzentration der Ätzflüssigkeit so verändern, dass die notwendige Abstufung aus der Kontrolle geriet und ein neuer Zylinder geätzt werden musste. Häufig wird die fertige Druckform noch verchromt und hält dann gut eine Million Drucke aus. Logischerweise muss Tiefdruckpapier eine gewisse Saugfähigkeit aufweisen, etwa halbgeleimt sein.

Das Prinzip, in Metall Vertiefungen einzubringen, aus denen dann das Papier die darin enthaltene Farbe heraussaugt, hat insbesondere im Bereich der Kunst eine ganze Anzahl Varianten entstehen lassen. Viele von ihnen sind lediglich Künstlern und Kennern bekannt. Meist angewandte Technik ist der Stahlstich. Der Stempel wird zunächst ohne Farbe mit hohem Druck auf eine Matern- oder Matrizenpappe gepresst. Das ist die Voraussetzung dafür, dass beim Druck mit recht zähflüssiger, meist glänzend auftrocknender lackartiger Farbe ein Prägeeffekt entsteht. Die Stahlstichpresse färbt den Stempel ein und wischt ihn mit einem von der Rolle zugeführten, sehr zähen Wischpapier farbfrei; die Farbe bleibt nur in den Vertiefungen und wird vom Papier aufgenommen, das beim Druck gleichzeitig geprägt wird. Die Prägung ist sehr scharfkantig und dadurch von der billigeren »hochgezogenen Prägung« auf einer Buchdruck-Schnellpresse leicht zu unterscheiden. Angewandt wird der Stahlstich, der auch ohne Farbe als »Prägedruck« vorkommt, für den Kopf repräsentativer Briefblätter, für hochwertige Glückwunschkarten und – als größten Bereich – im Banknotendruck einerseits als Sicherheitsmerkmal, andererseits als Lesehilfe für Blinde und Sehbehinderte, die die geprägte Ziffer fühlen können.

Die Mutter aller Tiefdruckverfahren ist der Kupferstich. Das älteste signierte Werk stammt aus dem Jahr 1446. Im Prinzip gleicht der Kupferstich dem Stahlstich, doch kann der Künstler auf dem weicheren Material weit feinere Zeichnungen anbringen, indem er mit einem stählernen Stichel die zu druckenden Elemente als Vertiefungen einbringt, aus denen das Kupfer herausgeschnitten wird. Eine Variante ist die Kaltnadelradierung, die nicht, wie das Wort anklingen lässt, eine Art der Radierung, sondern des Stiches ist. Allerdings wird bei der Arbeit mit extrem harter Stahlnadel oder Diamantstift nur die Oberfläche der Kupfer-, Zinn- oder anderer Metallplatte geritzt, aber keine Metallsubstanz entfernt. Deshalb können mit dieser Technik feinste Linien und eine skizzenhafte Wirkung erzeugt werden. Neben anderen hat Rembrandt Meisterwerke der Kaltnadelradierung geschaffen. Den Punkt- oder Punzenstich könnte man vielleicht mit der Maltechnik des Pointilismus vergleichen. Andere Verfahren beruhen auf der Ätzung von Metallplatten, die zuvor mit einer Asphalt- oder Wachsschicht abgedeckt werden. Das bekannteste ist die Radierung, neben dem Kupferstich die verbreitetste künstlerische Art des Tiefdrucks. Auch sie wurde von Rembrandt angewandt und auf der Basis von blankpolierten Kupfer-, Zink- oder Eisenplatten geschaffen. Ein junger Spross des Tiefdrucks ist die um 1765 bis 1767 von Jean-Baptiste Leprince erfundene Aquatinta-Manier. Auf eine meist aus Kupfer oder Zink bestehende Platte wird ein feines säurebeständiges Korn aus Asphalt-, Harz- oder Kolophoniumstaub aufgebracht und durch Erwärmen der Platte aufgeschmolzen. Die Zeichnung entsteht durch Kratzen in die Abdeckschicht. Durch die dicht beieinander liegenden feinen Zwischenräume wird dann geätzt. Das mehrfache Abdecken genügend geätzter und frei bleibender, noch weiter zu ätzender Partien ergibt die gewünschten Tonabstufungen. Etliche Varianten, bei denen in die Schmelze Materialien wie Seesalz, Sand, Kolophonium und andere eingebracht werden, wurden von Künstlern kreiert. Derartige Feinheiten des fertigen Drucks zu definieren, dürfte wohl nur hochspezialisierten Kunstgeschichtlern gelingen – wenn überhaupt. Je nach dem angewandten Verfahren werden besonders geeignete Papiere für den Druck verwendet. Die Spezialisierung geht so weit, dass z.B. ein sehr dünnes Papier gefeuchtet, dann auf einen weichen, ungeglätteten Karton gelegt und beim Druckvorgang sichtbar vertieft aufgepresst wird.

Digitaldruck
4.6.4

Digitaldruck ist die Sammelbezeichnung für unterschiedliche Druckverfahren, die unmittelbar von einem Computer auf eine Druckmaschine übertragen werden. Nach aktuellem Stand der Technik dominieren die Elektrofotografie und der Tintenstrahldruck (Inkjet). Sie unterscheiden sich von den überkommenen Druckverfahren erheblich.

Unter dem Fachbegriff Elektrofotografie finden sich die Toner-Drucker, die mit Trocken- oder Flüssigtoner betrieben werden, vulgo als Laser-Drucker bekannt. Mit ihnen kann eine dem Offsetdruck gleichkommende Qualität erzielt werden. Das verwendete Papier verlangt einen spezifischen Wassergehalt und elektrische Leitfähigkeit. Im gewerblichen Bereich wird der besseren Qualität wegen ein Laserdrucker bevorzugt, der pulverförmigen Farbstoff benutzt. Ihm wird allerdings nachgesagt, dass beim Druck gesundheitsschädliches Ozon freigesetzt wird. Starke Belüftungsanlagen sind bei permanentem Einsatz unverzichtbar. Leistungsfähigere Maschinen nach Art der Laserdrucker werden als Schnellkopierer angeboten und können auch mittlere Auflagen mit einem guten Preis-Leistungsverhältnis drucken. Das Eloxal-Verfahren schützt die aufgebrachten Druckfarben durch eine glasklare Schicht Eloxal (ein Aluminiumoxid). Schilder aller Art, Verkehrszeichen u. ä. bleiben damit langjährig erkennbar. Hewlett-Packard (HP) bietet das sogenannte Indigo-System an, das der Offsetqualität vergleichbare Drucke auch auf ungewöhnlichen Bedruckstoffen, etwa Textilien oder Kunststoffen, liefert. HP nennt es das »Electro-Ink-Verfahren«, das mit flüssiger Tinte arbeitet.[91] Vielleicht noch variabler in der Auswahl der zu bedruckenden Materialien ist der Plattendirektdruck, von dem es etliche Varianten gibt. Die häufigste Art ist das UV-Inkjetverfahren. Neben Papier oder Textilien können Kunststoffe, Metalle, selbst Glas und Holz bedruckt werden.

Im privaten Bereich werden heutzutage zumeist Inkjet-(Tintenstrahl-)drucker eingesetzt. Ihre Druckköpfe sind technisch unterschiedlich aufgebaut, was man leicht aus der Typenvielfalt in den Angebotslisten bemerkt. Ihnen ist gemeinsam, dass das Papier als Druckträger eine geschlossene Oberfläche besitzen und gut geleimt sein muss. Für reine Texte genügt also ein satiniertes geleimtes Naturpapier wie ein Schreibpapier; für qualitativ hochwertigen Bilderdruck ist speziell gestrichenes Papier optimal. Entscheidend ist das Aufnahmeverhalten von Wasser und Lösungsmittel.

Inkjetdruck ist auch prädestiniert für großformatige Drucke, z. B. Plakate. Das Maximum der Druckbreite liegt dabei derzeit bei etwa fünf Metern. Hochwertige dünnflüssige Druckfarbe, die Tinte, (der kg-Preis liegt weit über dem von Gold) wird rechnergesteuert aus hermetisch verschlossenen Kartuschen auf den Druckträger gespritzt. Leider trägt die Masse der digitalen Drucke den Makel baldiger Vergänglichkeit: Die Mehrzahl der eingesetzten schwarzen Farben ist nicht alterungsbeständig. Man hört von einer nur zwei- oder dreijährigen Lebensdauer. Allerdings stellt die Druckfarbenindustrie auch hochwertige Farben bereit, die auf der der Basis von Pigmenten, bei schwarzer Farbe mit Gasruß, bereitet werden. Diese sind allerdings wesentlich teurer und werden deshalb nur für langlebige Druckwerke oder auf speziellen Kundenwunsch eingesetzt.

Der derzeit größte Vorzug des Digitaldrucks liegt darin, dass keine Druckform erstellt werden muss. Es können also aus dem Computer ebenso Einzelexemplare wirtschaftlich gedruckt werden, ein Brief, wie personalisierte Bücher bei Auflagen von einem bis etwa 400 Stück, individuelle Tapeten und vieles mehr. Innerhalb der Auflage sind Variationen problemlos machbar, etwa der Eindruck von Namen.

Im Jahr 2010 nahm die Bedeutung des Digitaldrucks dadurch signifikant zu, dass neuentwickelte Tinten den Druck größerer Auflagen, etwa im Bereich örtlicher Tageszeitungen und der Gratis-Anzeigenblätter, ermöglichen. Diese Tinten sind aber durch die gängigen Deinkingverfahren nicht mehr zu entfernen. Dadurch wird die Farbe des aus AP produzierten Papiers ins Grau verschoben; auch Flecke durch aus dem Stoff nicht zu beseitigende Farbreste machen den Einsatz solcher Altpapiere für grafische Papiere unmöglich. Bei der Abfallsortierung müssen also diese Bestandteile ausgelesen und allein der Fertigung von Wellpappenrohpapieren oder ähnlichen unterwertigen Sorten zugeführt werden. Die Marktführer der Digitaldrucktechnik, Hewlett Packard (San Diego, Kalifornien, USA), InfoPrint Solutions (Boulder, Colorado, USA), Eastman Kodak Company, Rochester (USA) und Océ Printing Systems GmbH, Poing bei München) arbeiten in der Digital Print Deinking Alliance (DPDA) mit dem Ziel zusammen, eine Lösung zu finden, die den Erfordernissen wirtschaftlicher Produktion und ökologischen Maximen gerecht wird.

4.6.5 Siebdruck (Durchdruck)

Die Siebdruckform besteht aus einem feinmaschigen Textil-, Draht- oder Kunststoffgewebe. Die Druckfarbe wird (von Hand oder in einer Maschine) an den vorgesehenen Stellen hindurchgedrückt. Die nichtdruckenden Bereiche werden mittels Schablone (auch chemisch) abgedeckt. Die Anwendung, nur geeignet für relativ kleine Auflagen, ist technisch schier unbegrenzt. Nicht nur ebene Flächen aller Art, sondern auch Profilstücke, Flaschen, Dosen usw. können im Siebdruck bedruckt werden.

Bromsilberdruck

4.6.6

Der Bromsilberdruck[92] ist kein Druck-, sondern ein Schwarz-Weiß-Fotoverfahren, das maschinell von der Rolle praktiziert wird. Bis nach 1920 wurden Ansichtspostkarten in mittleren Auflagen in dieser Technik hergestellt. Mit dem Aufkommen des Farboffsetdrucks blieb der Bereich der Künstlerpostkarten und ähnlicher in mittleren Auflagen das Geschäftsfeld. Es dürfte inzwischen ausgestorben und allenfalls in einem Museum zu sehen sein. In Magdeburg stand in der Druckerei Gebr. Garloff (1945–1972 [Kriegs-]Betriebsgemeinschaft Garloff & Richter)[93], dann VEB, eine der letzten Bromsilberanlagen Deutschlands. In der VEB-Zeit wurde eine zweite Anlage aus einem anderen enteigneten Unternehmen nach Magdeburg verlagert. Nach der Wiedervereinigung wurde dieser Betriebsteil stillgelegt, die Maschinen möglicherweise verschrottet.

Auch Papier hat seinen Preis

4.7

Preisstabilität

4.7.1

Wir sind es seit Jahrzehnten gewohnt, dass etwa der Bezugspreis für Tageszeitungen in regelmäßigen Abständen erhöht wird. Die Begründung ist fast stets dieselbe: Das Papier ist teurer geworden. Die Älteren unter uns erinnern sich noch an die Geburt der BILD-Zeitung, die anfangs tatsächlich »10 Pfennig Bild-Zeitung« hieß. Das Museum Patent-Papierfabrik Hohenofen besitzt einige Belege aus den frühen Jahren des 20. Jahrhunderts. Beispielsweise eine Rechnung vom 9. Mai 1909 an die Firma Otto Schmidt in Aschersleben über eine Rolle = 10 kg (!) »transparent- Entwurf- u. Detailzeichenpapier 60/65 gr. Pro qm, 157 cm breit«. Sie lautet auf 12 RM + 0,40 RM für Papprohr und Verpackung, nach heutiger Währung netto also sechs Euro; 100 kg-Preis, wie Handelsbrauch, 60 Euro. Nach mehr als 100 Jahren mag der heutige Preis vielleicht 240 Euro, also das Vierfache, betragen. Am 12. Mai 1930 wurde eine Lieferung von 5.000 Bogen Normalpapier 4b mit Wasserzeichen, ein holzfreies Papier zweiter Güte, geliefert. Der Preis für 100 kg betrug 71,50 RM, umgerechnet also etwa 35,75 Euro.[94] Heute dürfte der Preis dafür bei etwa 120 Euro liegen. Grob gerechnet heißt das etwa: In 100 Jahren hat sich der Preis maximal vervierfacht, in 80 Jahren noch nicht einmal verdreifacht. Welche andere Ware kann eine solche unglaubliche Preisstabilität nachweisen?

Es wurde bereits erwähnt, dass Büttenpapiere, ob nach klassischer Art handgeschöpft oder auf der Rundsiebmaschine produziert, kostenträchtig, also teuer sind. Wer aber nun im Internet nach Büttenpapier oder Wasserzeichen sucht, muss feststellen, dass er von etlichen Anbietern schamlos über den Tisch gezogen werden soll. Manche Preise liegen in geradezu märchenhaften Höhen. Ein Beispiel: Wasserzeichenpapier aus der zweiten Hälfte des 19. Jahrhunderts, DIN A 2, massenhaft verfügbar (10.000 Bg.), ein Bogen für einen Euro plus Porto. Der Bogen wiegt 20 g. Ein kg sind dann 50 Bogen, der Kilopreis beträgt also 50 Euro oder in handelsüblicher Angabe 5.000 Euro % kg. Handgeschöpftes Büttenpapier aus der ältesten europäischen Papiermühle in Italien kostet ab Fabrik 1.200 Euro/kg.[97]

Mit massenhaft hergestellten, sehr guten Gebrauchspapieren sieht es gelegentlich nicht viel besser aus. »Gohrsmühle« ist Marken- und Wasserzeichen für ein hadernhaltiges Schreibpapier mit abgepasstem Wasserzeichen der früheren Firma I. W. Zanders, Bergisch Gladbach, heute m-real. Dieses sehr gute Papier wird Ende 2010 im Internet in Packungen mit 200 Blatt DIN A 4, 80 g/m^2, also ziemlich genau ein Kilogramm, für 12,75 Euro netto angeboten und damit für einen Hundert-Kilogramm Preis von 1.275 Euro. Das gleiche Papier in Paketen zu 500 Blatt kostet bei einem Office-Bedarfs-Großversender 16,49 Euro = 32,98 Euro %o Bl. = 660 Euro % kg. »Römerturm« ist die Handelsmarke und das abgepasste Wasserzeichen einer renommierten »Feinstpapier-Großhandlung«. Nicht dieses Unternehmen selbst, sondern ein Händler bietet das Papier in 110 g/m^2 = 6,9 kg %o Bl. DIN A 4 für 51,77 Euro sage und schreibe für 100 Blatt an – das ist für 1 kg € 75,02 = € 7.502,90 % kg.

Es soll nicht verhehlt werden, dass diese Zahlen aus dem Einzelhandel vom Ende des Jahres 2010 stammen. Sie können nicht ohne Weiteres mit Industriepreisen verglichen werden, die für die Abnahme von mindestens fünf Tonnen gelten. Immerhin kann man ganz grob den aktuellen Preis (Mitte 2010) für grafische Papier mit 100 Euro für 100 kg beziffern, mit einer Schwankungsbreite von um die 70 bis 400 Euro, je nach Qualität und Verwendungszweck. In den Jahren 2006 bis 2009 sind die Preise auf dem Weltmarkt sehr stark zurückgegangen, und mehrere Fabriken wurden stillgelegt, Firmen gingen in die Insolvenz. Seit Beginn des Jahres 2010 werden die Rohstoffe – Zellstoff wie Altpapier, aber auch die Energiepreise – teurer, Industrie und Großhandel müssen der Entwicklung folgen. Der deutsche Feinpapier-Großhandel erhöhte seine Abgabepreise etwa seit Anfang 2010 mehrfach, und die Entwicklung setzt sich 2011 fort. Inwieweit die Erhöhungen durchsetzbar sind, können wir nicht beurteilen. Es scheint aber, dass die Industrie zumindest für grafische Papiere noch immer nicht die Preise bekommt, die sie vor vier Jahren erzielt hat. Auf der Sonnenseite sind seit Mitte 2010 die Produzenten von Verpackungspapieren, vor allem aber von Wellpappen-Rohpapieren.

Über Papierpreise wurde schon früher geklagt. 1922 druckte der Verein Deutscher Papierfabrikanten in seiner Festschrift zum 50-jährigen Bestehen ein Zitat aus dem Rudelschen Central-Blatt von 1880 ab:

»Würden sich die Papierfabrikanten darüber klar sein, dass kein Papierkäufer in der Lage ist, den Wert und Preis eines Papieres zu bestimmen und zu beurteilen, so würden weder die

Preise noch die Zustände so auf den Hund gekommen sein. Die Kunst des Papiereinkäufers ist eine viel einfachere, als die des Papiermachers; es ist überhaupt gar keine Kunst. Der Papiereinkäufer lässt sich Muster, sagen wir, von 10 oder 20 Fabriken kommen. Unter diesen wählt er das Billigste aus, teilt dessen Preis dem Teuersten, mithin Solidesten, mit, und dieser ist oft dumm genug, darauf hereinzufallen. Um den Kunden nicht zu verlieren, denn diese Halsabschneider zahlen ja immer bar, macht der solide Fabrikant Konzessionen und dem Halsabschneider gelingt es, eine Papiersorte zu einem Preise zu kaufen, den zu bieten ein Beurteilungsfähiger sich schämen würde.«

Sehr amüsant ist nach unseren heutigen Begriffen der Blick auf die Einkaufspreise für Druckereien aus dem Jahre 1921.[96] Damals gab es offenbar keine Mengenstaffeln; es musste wohl derselbe Preis bezahlt werden bei der Abnahme von 10 wie von 1.000 kg. Als Preise je Kilogramm für einige wichtige Sorten Formatpapiere werden angegeben:

Zeitungsdruck	3,70 Mark
Saugpost	h'fr. 13.—, h'h. 6,75–7,75 Mark
Schreibmaschinen	h'fr. 15.—, h'h. 9,25 Mark
Bücherpapier	h'fr. 16.—, h'h. 12,25 Mark (für Geschäftsbücher)
Wertzeichenpapier	22,50 Mark

Im Vergleich zu heutigen Preisen ist das etwa das Zehnfache in Mark, umgerechnet in Euro das Fünffache. Die Inflation warf da wohl schon ihre Schatten voraus.

Die faire Kalkulation des deutschen Papiergroßhandels 4.7.2

Die Kalkulation des lagerhaltenden Papiergroßhandels gehört seit 50 Jahren zu den fortschrittlichsten und fairsten Arten der Preisbildung. Früher wurden die Staffelpreise für die jeweiligen Mengenabnahmen über den Daumen gepeilt. Man war zufrieden, wenn die Ergebnisrechnung am Jahresende stimmte. Das hat sich grundlegend geändert. Der Großhändler erfasst die Kosten für eine Auftragsabwicklung: Verwaltungsaufwand, Buchführung, Handling im Lager, Transportorganisation und alles, was sich auf einen Auftrag ohne Zusammenhang mit Menge und Rechnungsbetrag bezieht. Zweiter Bestandteil sind die gewichtsabhängigen Kosten: Einlagerung, Lagerhaltung, Transport. Am geringsten schlägt der wertabhängige Teil zu Buche – Vertriebskosten (Provisionen), Kosten der Geschäftsleitung u.ä. Der Effekt der Umstellung war seinerzeit spektakulär, denn es stellte sich heraus, dass Kleinaufträge sehr viel kostenträchtiger waren als man bis dahin geschätzt hatte – und große billiger. Das liegt auf der Hand: Eine komplette Palette (1.000 kg) zu händeln erfordert minimalen Aufwand, verglichen mit Minimengen, bei denen die Riesverpackung aufgerissen und die Bogen gezählt werden müssen.

Die namhaften Firmen des Papiergroßhandels haben großenteils rechnergesteuerte Hochregallager. Während früher jeder Sorte im Lager ein Platz vorbehalten war, platziert das Regalbedienungsgerät die eingehenden Paletten auf die verfügbaren Plätze im Regal. Ebenso leicht ist die Entnahme; der Computer weiß, was wo steht. Dieses System bedingt für die meisten der bis zu 1.000 Sorten, die die leistungsfähigen Firmen am Lager halten, je einen zusätzlichen Platz für Anbrüche, von dem einzelne Riese oder auch Teile davon entnommen werden können. Die Klimatisierung dieser teils gewaltigen Lagergebäude ist selbstverständlich und eine Voraussetzung für störungsfreien Druck in einer Qualität, wie sie sich seit dem Ende des Zweiten Weltkriegs sprunghaft gesteigert hat. Der deutsche Druckmaschinenbau, weltweit führend, hat in Verbindung mit der Papierindustrie seinen Teil dazu beigetragen.

5 Maschinenpapierherstellung in Deutschland

5.1 Deutschlands erste Papiermaschine und die Patent-Papier-Fabrik zu Berlin

5.1.1 Gründung, Schwierigkeiten und Rettung

Niemand weiß, weshalb der zwar in Berlin ansässige, aber in Neustrelitz am 31. Juli 1777 geborene Kaufmann englischer Herkunft, Karl Joseph Peter Corty, 1818 auf die Idee kam, in Berlin eine Papierfabrik zu bauen. Er wohnte damals in Rixdorf[1], Am Wasser Nr. 11, und war verheiratet mit Frances Willson geb. Lloyd, mit der er am 10. Dezember 1817 die Tochter Frances Cecilie Henriette[2] und am 15. Juni 1824 die Tochter Lucinde Adolphine[3] bekam. Im Geburtsregister[4] der ersten Tochter 1818 wird als Adresse »Neu Cölln, am Wasser No.11« angegeben, als Beruf des Vaters Kaufmann. Bei der zweiten Tochter steht die Adresse »Schleusenbrücke No. 15, Beruf Gutsbesitzer zu Guben«. In den Folgejahren finden sich in den Adressbüchern mehrere Namensträger, zumeist Beamte. Über etwaige verwandtschaftliche Beziehungen zu Joseph Corty ist nichts bekannt.

Eine gewisse Wahrscheinlichkeit besteht naturgemäß, dass er die Beziehungen zu England pflegte und auf den Konstrukteur und Fabrikanten Bryan Donkin aufmerksam wurde, den damaligen Monopolisten der Papiermaschinenherstellung. Zweifellos faszinierte ihn der Gedanke, eine solche revolutionäre Technik in Deutschland bekannt zu machen und zu nutzen. Bryan Donkin hat ihm zur Unterstützung seiner Bestrebungen die Zeichnung der Papiermaschine überlassen, aufgrund derer er das Recht der exklusiven Nutzung einer solchen Maschine in Preußen erwirken konnte.

1818 Am 23. April wird ihm das erbetene Patent gewährt:

»Mit allerhöchster Genehmigung seiner Majestät des Königs erteile ich dem Herrn Joseph Corty auf dessen Ansuchen hierdurch ein Patent über das ausschließliche Recht, von einer besonderen Art Rahmmaschine zum Fertigen des Papieres ohne Ende Gebrauch zu machen. Dieses Patent ist von heute an 15 nacheinander folgende Jahre und für sämtliche Provinzen des Preußischen Staates gültig, erstreckt sich aber nur auf diejenige Vorrichtung, welche in der zu den Akten des Ministerii des Handels und der Gewerbe niedergelegten Beschreibung näher erläutert und durch eine beigefügte Zeichnung anschaulich gemacht worden. Der in dem Publikando vom 14. Oktober 1815 über die Erteilung von Patenten allgemein festgesetzte Termin für den Anfang der Ausübung wird in dem vorliegenden Falle auf 18 Monate verlängert. Alle übrigen Bedingungen dieses Publikando, auf welches der Herr Corty hiermit ausdrücklich verwiesen wird, […] hat derselbe jedoch genau zu erfüllen, wogegen er bei sei-

Maschinenpapierherstellung in Deutschland

nem Rechte während der Dauer desselben überall geschützt werden soll. Geheimhaltung seines Verfahrens neben diesem Schutz des Staates wird Herrn Corty aber nicht versprochen.«[5]

Das Patent war ausschließlich auf die Papiermaschine der Firma Bryan Donkin in London bezogen. Diese erste Papiermaschine in Deutschland ist in der Lieferliste des Herstellers Bryan Donkin & Co. nicht angegeben.[6] Die beginnt 1823 mit einer Lieferung an Gebrüder Rauch in Heilbronn. Diese Lieferung war ohne Patentverletzung möglich, weil Württemberg gegenüber Preußen Ausland war und ein eigenes Patent erteilen konnte. Die irrige Meinung, jede Art maschineller Herstellung von Papier ohne Ende sei damit geschützt, hat möglicherweise den Einsatz von Papiermaschinen anderer Art verhindert. In Preußen gingen dessenungeachtet zwei weitere Donkin-Maschinen in Betrieb: 1829 in Treuenbrietzen in der Papiermühle der Gebrüder Seebald und in Wolfswinkel bei Johann Friedrich Nitsche, der sogar ein Verkaufsbüro in Berlin unterhielt. Auch in anderen deutschen Staaten gab es frühe Einsätze von Papiermaschinen. So verkaufte Cockerill in Lüttich 1828 eine von seinem Mechaniker Sandfort gebaute an die Patentpapiermühle von Hansch und Jost in Sebnitz in Sachsen. Erstaunlicherweise steht diese Lieferung in der Referenzliste von Donkin: »Cockerell, J.C., Sebuitz (!) [gemeint ist Sebnitz in Sachsen, K.B.B.], Saxony, 1827«[7]. Gleich drei Mühlen folgten 1835: Penig (die älteste noch betriebene Papierfabrik Deutschlands, die auf eine Papiermühle von 1537 zurückgeht, heute Zweigwerk der Technocell Dekor GmbH & Co. KG in der Felix Schoeller Holding GmbH & Co. KG, Osnabrück), ein Jahr älter als Drewsen in Lachendorf; Bautzen (1946 demontiert) und Doberschau. Auch die Gebrüder Buhl in Ettlingen (Baden) hatten vom Großherzog am 25. August 1817 das Privileg für die Einfuhr einer englischen Papiermaschine erhalten, doch vernichtete ein Hochwasser die Mühle, bevor die Absicht realisiert werden konnte.

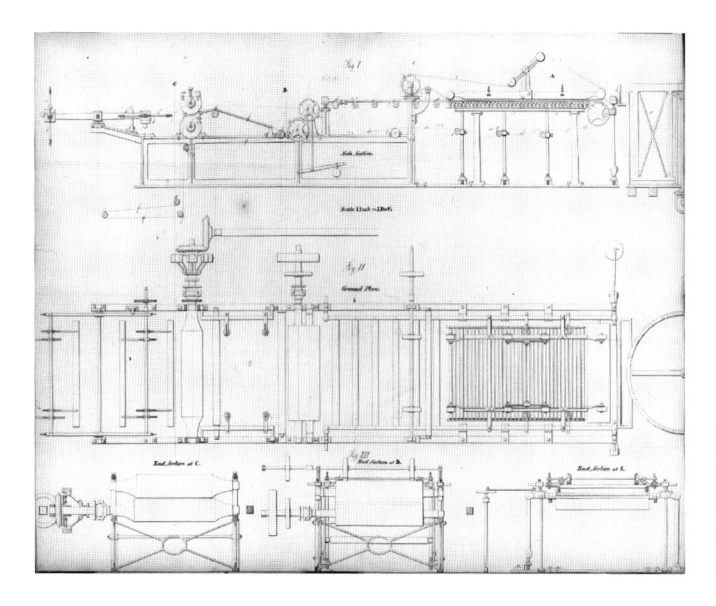

Konstruktionszeichnung der ersten Papiermaschine Deutschlands in der Patent-Papier-Fabrik zu Berlin von Bryan Donkin + Co.

1819 Am 1. April gründet Joseph Corty auf der Grundlage dieses Patents die »Patent-Papier-Fabrik zu Berlin« (in den Adressbüchern regelmäßig als »Berliner Patent-Papierfabrik« bezeichnet) als Aktiengesellschaft mit einem Grundkapital von 90.000 Reichstalern, eingeteilt in 90 Aktien zu je 1.000 Reichstalern, und leitet den Bau der Fabrik in der Mühlenstr. 75, am Strelitzer Tor nahe der Spree. Sein Patent überträgt er der Gesellschaft. Die Statuten der Aktiengesellschaft wurden am 4. April 1819 errichtet. Ein bei W. Dieterici gedrucktes Exemplar befindet sich im Landesarchiv Berlin. Gründungsvorstände sind Wilhelm Christian Benecke von Gröditzberg und der Staatsrat Lecoq.

»An ihrer Spitze stehen der Banquier Hr. W. L. Beneke und der Staatsrath und Regierungs-Chef-Präsident Hr. Lecoq, als Direktoren; neben diesen aber leitet Hr. Joseph Corty den technischen Betrieb der Fabrikation. Der letzte hat das Verdienst, diese wichtige Erfindung aus England zuerst nach Deutschland gebracht zu haben.«[8]

Lecoq ist wohl sehr bald aus der Gesellschaft wieder ausgeschieden. Sein Name wird in der Folge nicht mehr erwähnt. Auch von Corty ist bald nicht mehr die Rede; er siedelte 1824 oder 1825 auf sein Gut bei Guben über.

Wilhelm Christian Benecke nimmt als Mehrheitsaktionär an der Gesellschaft teil. Der am 12. Dezember 1779 in Frankfurt an der Oder geborene (und am 4. Juni 1860 verstorbene) Kaufmann und Bankier war seit 1793 für das Bank- und Handelshaus Gebrüder Benecke (seine Onkel Christian und Etienne) tätig. Nach deren Tod 1805 und 1806 wurde Wilhelm Christian Benecke testamentarisch Etiennes Söhnen Johann Wilhelm und Etienne jun. als Disponent und Teilhaber vorgesetzt. Er übernahm mehrere Firmen in Berlin. 1807 wurde er Bürger von Berlin, 1809 Stadtrat. Er war Gründer und erster Direktor der Berliner Feuer-Societät und kaufte 1815 die Königlich Preußische Hauptnutzholz-Administration. 1820 verhinderte er durch eine Staatsanleihe den Bankrott Norwegens und rettete dem Land dadurch die Selbstständigkeit gegenüber Schweden.[9] Im selben Jahr kamen Etiennes (Sen.) Söhne in den vollständigen Besitz der Handlung, wobei Gustav Benecke, der Bruder von Wilhelm Christian, einen Anteil an dem Geschäft erhielt. Diese Formulierung muss wohl juristisch korrekt dahingehend interpretiert werden, dass die erwähnten Söhne alleinige Komplementäre einer Kommanditgesellschaft wurden, deren Kommanditisten ältere Familienangehörige waren. Alternativ könnte eine offene Handelsgesellschaft gemeint sein, an der Verwandte als stille Gesellschafter beteiligt blieben. 1822 kaufte Wilhelm Christian Benecke gemeinsam mit Benjamin Wegner das Modum Blaufarbenwerk in Norwegen und erwarb Gut und Herrschaft Gröditzberg (5.000 ha) mit Mittelalterburg und Schloss in Haynau-Goldberg in Schlesien. 1823 traten er und sein Bruder ganz aus der Handlung aus. 1829 wurde Wilhelm Christian als Benecke Baron von Gröditzberg in den preußischen Adelsstand erhoben[10]. Mit Wegner zusammen betrieb er den Verkauf der Gemäldesammlung des englischen Handelsherrn Edward Solly an den preußischen König Friedrich Wilhelm III. Diese Sammlung wurde der maßgebliche Grundstock der Berliner Gemäldesammlung. In Berlin besaß er das Palais Unter den Linden 78 (Ecke Pariser Platz, gegenüber dem ehemaligen Palais Graf Redern, heute

Hotel Adlon), das Haus Wilhelmstraße 67, das er neben den Gemälden aus der Konkursmasse des Edward Solly erwarb, sowie Pichelswerder.

1828 brach das Handelshaus Gebrüder Benecke zusammen. Die beiden Inhaber wurden wegen fahrlässigen Konkurses und vorsätzlichen Betruges zu langjährigen Freiheitsstrafen verurteilt. Johann Wilhelm verstarb in der Haft, Etienne jun. wurde später begnadigt und ging nach Mexiko.[11] Dort gelangte er wieder zu Vermögen.

1820 Am 29. Februar erhielt die Gesellschaft vom preußischen Innenministerium die Genehmigung, »die in der Mühlenstraße allhier belegenen […] bisher Hildebrand- und Glanzschen Grundstücke« zu erwerben«.[12]

Joseph Corty, Bevollmächtigter der Patentpapierfabrik, wurde mit Protokoll vom 2. November 1819 als Bürger Berlins aufgenommen:
Actum Berlin den 2. November 1819   4/19
Gestellt sich hier der Bevollmächtigte der Patent-Papier-Fabrik
Herr Cont. Joseph Peter <u>Corty</u> *bittet um Ertheilung des Bürgerrechts*
Ist gebürgt
Resp. ad 1. Er ist laut anliegendem Taufschein
Recip. gegen 25 fl. in Neu-Strelitz am 31. Juli
Empf. den 2. Nov. 1819
1777 gebohren evangelischer Religion
Maurer
ad 2. Sein verstorbener Vater sei Kaufmann geweßen
Lortz
ad 3. Bevollmächtigter der Patent Papier-Fabrik!
ad 4. Nein
abgelesen! Paulmithuber
Der Corty ist ad decretum vom   Joseph Corty
22. October von der Uniform dispensiert.   Stier
<u>*Not. in Skript Nr. 2*</u>   *Krüger*
K.

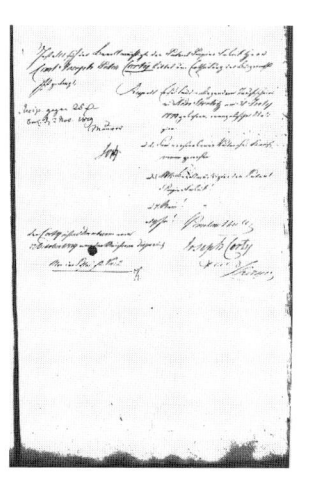

Bürgerrechtsurkunde Corty. Die Abschrift wurde nach bestem Können übertragen, eine Garantie für die Richtigkeit, besonders der angeführten Namen kann nicht übernommen werden.

Über die Lagebezeichnung gibt es in früherer Literatur einige Ungereimtheiten. Corty wohnte Am Wasser 11 in Rixdorf. Hier soll auch die Fabrik gestanden haben. Das ist unzutreffend; die Fabrik stand von Anfang an in der Mühlenstraße (jetzt Stadtbezirk Friedrichshain-Kreuzberg).[13]

Die Mühlenstraße, die ihren Namen einer um 1782 errichteten kurfürstlichen Windmühle auf dem Grundstück Nummer 59 verdankt, liegt im Ortsteil Friedrichshain am Nord- bzw. Ostufer der Spree nahe dem Osthafen zwischen der Oberbaumbrücke und der Straße der Pariser Kommune. Sie schließt im Westen an den Stralauer Platz an, heute die Südseite

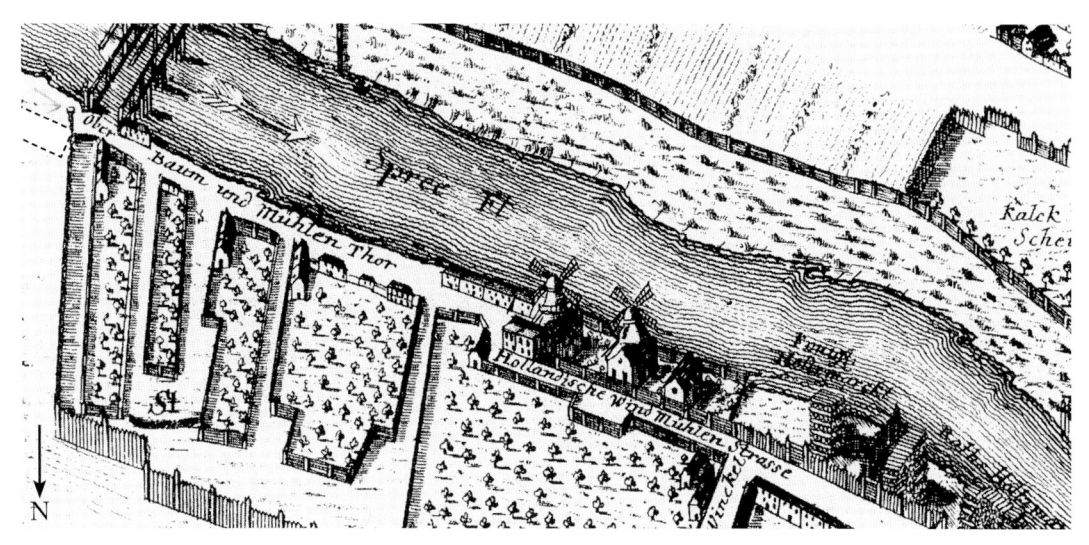

Die Oberspree mit Windmühlen, Gärten, Wendischem (Schlesischem) und dem Palisadenring. Zeichnung von Johann Friedrich Walter, um 1745. Links oben ist der spätere Standort der Papierfabrik eingezeichnet.

des Ostbahnhofs. Die Hausnummer 1 ist am Oberbaum auf der Nordseite. Bis zur Nummer 46 an der Straße der Pariser Kommune standen die meisten Grundstücke im Bereich des Ostgüterbahnhofs im Eigentum des Bahnfiskus. Viele Grundstücke dienten als Kohlenlager der Händler, einige Parzellen auch als Holzplatz. Die südliche (Ufer-)seite beginnt mit der Nummer 47. Ostwärts des Rummelsburger Platzes, fast am Ende der Straße an der Oberbaumbrücke, waren die Liegenschaften der Patent-Papier-Fabrik zu Berlin. Exakte Daten über den Erwerb der einzelnen Gebäude liegen nicht vor, da die Adressbücher von 1818/19 (Titel 4) keine Angaben über die Eigentumsverhältnisse machen und aus dem Werk von 1822 (Titel 6) große Teile fehlen. Letzterem ist zu entnehmen, dass das Haus Nummer 73 von Beßle, Cattundrucker, und Clarck, Papiermacher, bewohnt wurde. Die Nummer 74 war Baustelle (der Papierfabrik?), Nummer 75 noch Eigentum der Hildebrandt'schen Erben, aber die Patent-Papier-Fabrik war bereits als dort domizilierend eingetragen, dazu Hinze, Wächter der Fabrik. Bei der Nummer 77 steht Ohme, Cattundrucker, (verstorben). Als Eigentümerin des Hauses Nummer 79, wohl ein Zweifamilienhaus, wird die Witwe Glanz, geb. Hausenfelder angegeben, in dem auch J. Glanz als Cattundrucker und Victualienhändler wohnte. (Letzterer ist 1824 Eigentümer der westlich liegenden Häuser Nummer 64 und 65). Das Haus mit der Nummer 80 war möglicherweise ein Ladenanbau für den Victualienhandel und Nummer 81 Baustelle. In der Nummer 82–83, dem letzten Haus der Straße, wohnte Corty, Vorsteher der Fabrik, nebst drei Accise-Einnehmern. (Die folgenden Adressbuch-Jahrgänge sind ohne die nach Straßen geordneten Angaben erschienen. Später, z.B. 1939, als die Papierfabrik schon lange nicht mehr bestand, wurde als Eigentümerin des letzten Gebäudes der Mühlenstraße mit den Nummern 79–80 die Ostmühle AG angegeben. Es handelt sich dabei um den heute

East Side Gallery, Gedenktafel.

noch als einziges Gebäude auf der Spreeseite stehenden Getreidespeicher der auf der gegenüberliegenden Seite der Mühlenstraße stehenden Mühle). (Titel 18)

Alle Bauten am Spreeufer mit Ausnahme des unter Denkmalschutz stehenden Getreidespeichers mit der Hausnummer 80 wurden von der DDR zwecks Schaffung freien Schussfeldes und Baues der Grenzmauer Ende der 1970er Jahre beseitigt. Heute ist hier ein Teil der East Side Gallery zu besichtigen, dem mit den restaurierten eindrucksvollen Bemalungen in vielerlei Kunststilen wiederhergestellten 1,3 Kilometer langen Mauerabschnitt. Das Gelände zwischen Mauer und Spree ist in diesem Bereich gärtnerisch sorgfältig gestaltet. Gepflegte Rasenflächen und harmonisch verlaufende, befestigte Wege machen den Spaziergang über den Boden der einstigen Papierfabrik zu einem reinen Vergnügen.

Theoretisch hätte erst 1820 der Bau beginnen können; tatsächlich wurde aber nach den vorliegenden Berichten die Papiermaschine von Bryan Donkin & Co., London, als erste schon 1819 nach Deutschland geliefert. Das bedeutet, dass für die Übergangszeit die Aktiengesellschaft Mieterin eines Teiles der Liegenschaft war. Laut Schlieder[14] fungierte Joseph Corty als technischer Leiter der Fabrik. Das hieß aber wohl eher, dass er den Aufbau leitete, denn nach übereinstimmenden Quellen wurde Technischer Leiter (»Faktor«, auch Direktor, dann Dirigent) Georg Peter Leinhaas, ein dem Neuen aufgeschlossener Techniker – betreute er doch die erste Papierfabrik in Deutschland, die überdies nicht aus einer handwerklichen Papiermanufaktur hervorgegangen ist. Von der englischen Papiermaschine ist die Originalzeichnung überliefert; eine Kopie besitzt der Verein »Patent-Papierfabrik Hohenofen e.V.«[15] Diese realisierte Version hat gegenüber der Angebotszeichnung, die noch auf dem Modell von Robert basierte, eine Anzahl Verbesserungen – vom mechanischen Antrieb über verstellbare Deckelriemen, eine schräg aufliegende obere Gautschwalze, einen verstellbaren Exzenter für die Siebschüttelung, aber noch keine Aufrollung, sondern eine zweiarmige Haspel. Die Maschine ist dann mehrfach umgebaut worden; sehr bald hat sie den ersten Trockenzylinder bekommen und einen Rollapparat.[16]

5.1.2 Über die erste Papiermaschine in Deutschland

Es ist kein Einzelfall, dass eine Erfindung fast gleichzeitig an verschiedenen Orten gemacht wird. Der Streit um den ersten Rang zieht sich dann oft über Jahrzehnte hin. Die Patent-Papier-Fabrik zu Berlin hat es gleich mit zwei Ansprüchen zu tun: dem, die erste Papiermaschine in Deutschland in Betrieb genommen zu haben, und dem, die erste originäre deutsche Papierfabrik gewesen zu sein, also ohne eine Papiermühle als Vorläuferin, in der das Papier von Hand aus der Bütte geschöpft wurde. Der zweite Punkt dürfte ohne Wenn und Aber zu ihren Gunsten geklärt sein. Ansprüche auf die Urheberschaft der Papiermaschine wurden jedoch gerade in Deutschland mehrfach geltend gemacht. Das könnte erstaunen, standen doch zu jener Zeit Deutschland weder eine leistungsfähige Maschinenindustrie noch technisch ausgebildete Handwerker zur Verfügung. Längere Zeit war die Vermutung verbreitet, Piette in Dillingen habe die erste englische Maschine installiert. Diese Behauptung wurde von seiner Familie noch viele Jahre aufrechterhalten. Inzwischen aber gibt es Belege dafür, dass erst um die Jahreswende 1836/1837 die Dillinger Maschine anlief.[17]

1817 In Dillingen an der Saar betrieb der aus Luxemburg eingewanderte Papiermacher Piette de Rivage mit Erfolg eine Papiermühle. Nach der Ortschronik installierte er 1817 die erste Papiermaschine in Deutschland. Da diese Überlieferung im Widerstreit mit dem Anspruch der Berliner stand, die Ersten gewesen zu sein, setzte sich von Hößle 1921 mit dem letzten noch lebenden Nachkommen, dem Papierfabrikanten Prosper Piette de Rivage in Marschendorf in Böhmen, ins Benehmen.[18] Der ließ ihm den Bericht zukommen, wonach sein Großvater 1817 zwei von Bryan Donkin in London gelieferte Papiermaschinen montieren ließ, die Ende 1817 versuchsweise anliefen und im Januar 1818 ihren vollen Betrieb aufgenommen hatten. Die erste bereits vorhandene Papiermaschine sei noch nicht so leistungsfähig gewesen. (Über deren Herkunft verlautet nichts. Versuche mit einer selbst gebauten Maschine nahm zu dieser Zeit Adolf Keferstein in Weiden vor, von dem noch berichtet wird.[19]) Dillingen war damals ein deutscher Ort, denn Preußen hatte im Wiener Kongress 1815 die Rheinprovinz und im Pariser Frieden auch Saarlouis und Saarbrücken zugesprochen bekommen. Den Gegenbeweis über die Priorität Kefersteins führte u.a. Schulte.[20]

1819 Die Aufnahme der Produktion wird belegt durch die statistische Angabe über »Preussens Papier-Industrie vor 60 Jahren«, mitgeteilt von Dr. G. Eberti.[21] Darin wird auf die »ausserordentlichen Fortschritte der preußischen Papierfabrikation seit dem Jahre 1819« hingewiesen. Im weiteren Text heißt es, dass es den preußischen Papiertapetenfabrikanten nicht mehr wie ehemals an tauglichem Papier fehle, »da die Maschinenpapierfabrik hier bekanntlich vortreffliches Papier ohne Ende in großer Menge liefert«. Von Interesse ist bei diesem Fachartikel, dass die Produktionskapazität der preußischen Papierhersteller noch bis 1827 nach Zahl der Betriebe und der Bütten angegeben wird, in diesem Jahr 302 Papiermühlen mit 654 Bütten. Die Patent-Papier-Fabrik wird in dem Zusammenhang gar nicht erwähnt, obwohl sie in dem Aufsatz breiten Raum findet.

Papiermaschinen, um 1870. Aus: Louis Piette, »Handbuch«.

Die neue Maschine in Berlin war 7,5 bis 8 Meter lang. Mit ihr wurden am 14-stündigen Arbeitstag 100 Ries, also rund 50.000 Bogen produziert; das war etwa das Zehnfache einer Manufaktur mit einer Bütte. Die neue Fabrik beschäftigte 80 Mitarbeiter. Im Gegensatz zu den anderen Fabrikanten, die in den Folgejahren gleichfalls Papiermaschinen installierten und die neue Technik vor den Blicken Fremder verbargen, wurde in Berlin nur der Bereich der Handpapiermacherei geschützt, in dem aus vier Bütten das Wasserzeichenpapier für die Staatsschuldscheine unter Aufsicht zweier preußischer Beamter geschöpft wurde.

Damit steht eindeutig die Priorität der Maschine der Patent-Papier-Fabrik Berlin fest. Die Gründung dieser modernsten Fabrik, von Anfang an mit Dampfbetrieb, stieß auf großes Interesse der Öffentlichkeit.

Alfred Schulte (1900–1944), der erste Leiter der Forschungsstelle Papiergeschichte, hat sich penibel um eine eindeutige Klärung der Frage bemüht, welcher deutsche Hersteller als Erster eine Papiermaschine baute. Wir geben nachstehend seinen Artikel aus dem Buch »Wir machen die Sachen die nimmer vergehen« wieder.[22]

»Den Ausführungen von Herrn Walter Sembritzki in ›Papierfabrikant‹ 1931, Heft 39, kann man nur beipflichten; es ist leider in den Nachrichten über die Geschichte der ersten Papiermaschinen in Deutschland mancher Widerspruch, sowohl über die Jahre der Aufstellung und Inbetriebsetzung der Maschinen, als auch in den Einzelheiten ihrer Konstruktion. Von Adolf Keferstein in Weida liegt uns nun glücklicherweise sein eigener Bericht über die Erfindungsgeschichte seiner Maschine und über ihre Bauart vor. Da seine Angaben vor über 50 Jahren zuletzt im Wortlaut wiedergegeben wurden und das betreffende Buch selten geworden und in seinen meisten Exemplaren in den Kollergang gewandert sein dürfte, möchte ich Kefersteins Aufruf hier noch einmal bringen. In der Berliner Allgemeinen Handelszeitung schrieb Adolf Keferstein, ein Sohn des Cröllwitzer Papiermachermeisters Georg Christoph Keferstein, dessen ›Unterricht eines Papiermachers an seine Söhne‹ wohl das erste Lehrbuch für diesen Beruf war, im Jahre 1820:

»Seit vielen Jahren beschäftigte mich die Idee, eine Maschine zu erfinden, die Papier von jeder beliebigen Länge hervorbrächte, denn die ermüdende und angreifende Art, besonders große Papiere auf die bisher übliche Weise zu schöpfen, schien mir nicht die vorteilhafteste und zweckmäßigste zu sein. Tag und Nacht dachte ich über diesen Gegenstand nach und zu Anfang des Jahres 1816 war ich darin so weit vorgeschritten, daß ich drei Zeichnungen von den dazu nöthigen Maschinerien anzufertigen im Stande war. Die erste stellte die Räder und Walzen und Grund- und Aufriß genau dar, die zweite zeigte denselben Gegenstand, aber zugleich mit Metallröhren versehen, welche heiße Dämpfe in die Walzen führen, um solche dadurch so zu erwärmen, daß das von der Maschine zu Bogen geformte Papier sogleich dadurch fest und trocken gemacht werden kann; die dritte Zeichnung stellte eine Maschine vor, welche das Papier, welches die Maschine eben verfertigt hat, in alle beliebigen Formate theilt, solches genau aufeinander legt, beschneidet und zählt. Nie bin ich in Frankreich oder in England gewesen, und in Deutschland waren bisher noch keine solche Maschinen vorhanden. Durch sorgfältiges alleiniges Nachdenken habe ich ohne alle fremde Beihülfe nach den von mir gemachten Zeichnungen diese ganz neue Maschinerie größtentheils in meiner Papierfabrik angebracht und ihren Betrieb mit den schon vorhandenen gewöhnlichen Maschinerien durch ein einziges Wasserrad in Verbindung gebracht.

Im Frühjahr 1816 reiste ich mit den von mir gemachten Zeichnungen dieser Maschine nach Weimar, um solche Sr. königl. Hoheit dem Herrn Großherzog vorzulegen und um Unterstützung zur Ausführung derselben nachzusuchen. Da aber Se. königl. Hoheit verreist waren, so übergab ich solche nebst einer Vorstellung dem Herrn Minister von Vogt zur Ueberreichung an meinen Landesherrn. Als darauf Se. königl. Hoheit im Herbst desselben Jahres Weida und die Umgebung bereisten, hatte ich das Glück, Allerhöchst demselben zwei Modelle vorzulegen, wovon das erste eine Brücke von Sprengwerk ohne Joche, nach einer von mir erfundenen Construction, und das zweite einen sicheren Wasserrechen zum Aufhalten der Floßscheite genau vorstellte, welche so gnädig aufgenommen wurden, daß ich 10 Ducaten als Belohnung erhielt. Da mir aber weiter keine Unterstützung zur Ausführung der Papiermaschine zu Theil wurde und meine Vermögensumstände sehr beschränkt sind, indem ich durch den langjährigen Krieg und die Stockung des Handels sehr viel verloren habe, so konnte ich, um meine Idee realisiert zu sehen, die dazu erforderlichen Maschinen und besonders die Walzen zum Pressen der langen Papierbogen, statt von Metall, bloß von Holz verfertigen, und sie daher nicht mit heißen Dämpfen so erwärmen, daß die darüber gehenden Papierbogen dadurch getrocknet wurden. Indes verfertigte ich bereits im April 1819 auf meiner neuen Maschine Papier von 60 Ellen Länge, und übergab unter dem 26. April desselben Jahres Sr. königl. Hoheit in Weimar die ersten Proben davon, erhielt darauf unter dem 21. März n. J. von der hochlöbl. Großherzogl. Landesdirection zur Resolution, daß ich auf eine Unterstützung für meine Tapeten- und Landkarten Papierfabrikation nicht rechnen könnte. Die von mir angefertigten Zeichnungen der dazu nöthigen Maschinen wurden mir aber nach fast vier Jahren zurückgeschickt.

Da ich nun nicht die nötigen Kosten aufbringen kann, um die Walzen und Cylinder von Metall, sowie die zur Leitung der Dämpfe nöthigen Röhren von gleicher Masse anzuschaffen, die hölzernen Walzen sich aber nach jedesmaligem Gebrauche wegen der Nässe, die sie umgeben hat, verziehen, so kann ich meine Erfindung nicht im Großen betreiben, bin aber bereit, solche gegen eine billige Entschädigung demjenigen mitzutheilen und genaue Zeichnungen davon zu übergeben, auch bei ihrer Einrichtung und Anwendung gegenwärtig zu sein, der sich deshalb an mich wendet.

Proben von dem von mir gefertigten langen Maschinenpapier habe ich unter dem 11. Mai 1819 dem Herrn Superintendenten Geithner hierselbst übergeben, welcher solche zum Andenken der von mir gemachten Erfindung in der Kirchenbibliothek aufbewahrt hat. Meine Maschine und deren Apparat besteht aus zwei Fässern, in welchen die Papiermasse, welche auf die gewöhnliche Art zubereitet worden ist, erwärmt und mit Wasser durchgerührt wird. Aus einem dieser Fässer fließt die Masse in eine breite bewegliche Rinne nach dem Formrade oder Papierschöpfer, auf diesem wird sie zum Papierbogen gebildet, und theilt sich solcher einem mit Tuch beschlagenen großen Cylinder mit. Dieser, indem er den Bogen von dem Formrade abnimmt, preßt ihn auf darunter befindliche kleine Walzen, und führt ihn einer Rolle oder einer Haspel zu, welcher ihn um sich aufnimmt.

Papiermühle bei Weida, den 29. Juli 1820. Adolf Keferstein.«

Es handelt sich demnach ganz augenscheinlich um eine Rundsiebmaschine, wie sie ähnlich dem Engländer Joseph Bramah schon 1805 in England patentiert wurde. Kefersteins Maschine war also 1816 schon durchkonstruiert, kam aber erst im Frühjahr 1819 in Betrieb, und zwar ohne Trockenzylinder. Ob Keferstein später die Mittel aufbrachte, solche aus Blech anfertigen zu lassen, ist nicht bekannt. Jedenfalls hat er als Erster die Idee dampfgeheizter »Walzen« veröffentlicht, und da dies in einer Berliner Zeitung geschah, ist es anzunehmen, dass Corty, der englische Leiter der Berliner Patentpapierfabrik, das Blatt las; es besteht daher durchaus die Möglichkeit, dass er die Anregung nach England weitergab und dass daraufhin der Trockenzylinder im selben Jahr von Thomas Crompton in England zum Patent angemeldet wurde. Entscheiden ließe sich diese Frage möglicherweise, wenn das Datum der Anmeldung in England noch feststellbar wäre. Vielleicht haben wir aber auch hier wieder, wie so oft, die Duplizität der Ereignisse.

Bernhard Dropisch, der in seinem 1878 erschienene Buch »Die Papiermaschine, ihre geschichtliche Entwicklung und Construktion« Kefersteins Aufruf wiedergibt, schreibt dazu, dass Keferstein die Zeichnungen seiner Maschine für 100 Thaler Gold nach Wien verkauft habe – also nicht die Maschine selbst, wie man gelegentlich angegeben findet. Dropisch schreibt: »Keferstein's Papiererzeugungsmaschine wurde beim Brande seiner Papiermühle im Jahre 1851 ein Raub der Flammen, nachdem sein jetzt noch lebender Sohn Hermann, in früherer Zeit ein sehr geschickter Papierformenmacher, kurz vorher die Maschine nach langem Stillstande wieder in Gang gebracht und darauf Papier gemacht hatte, aber eben deshalb, weil verschiedene Theile daran noch aus Holz gemacht waren, welche sich leicht schief zogen, nicht lange gegangen ist.«

Das war das Ende dieser ersten von einem Deutschen gebauten Papiermaschine. Dass ihre Teile aus Holz gefertigt waren, ist selbstverständlich, denn die ganze Einrichtung der alten Papiermühlen war ja Holzarbeit des Mühlenbaumeisters. Wir haben auch später noch eine ganze Reihe solch hölzerner Papiermaschinen in Deutschland gehabt, welche teilweise lange Jahrzehnte zur Zufriedenheit ihrer anspruchslosen Besitzer arbeiteten. Der moderne Fabrikant wird sich allerdings nur schwer vorstellen können, dass man die Maschine nach jedem Gebrauch erst einmal wieder sorgfältig trocknen musste, damit die Walzen sich wieder gerade zogen.

Von Adolf Keferstein haben wir noch einige wenige weitere Nachrichten. Schon früher beschäftigte er sich mit technischen Problemen und brachte mit 27 Jahren im Februar 1801 in den Magdeburg-Halberstädtischen Blättern die Beschreibung einer von ihm erfundenen »Preßmaschine« um »Papiere und Zeuge damit zu pressen«, später eine Schrift über eine Tuchschermaschine, die von einem Hunde angetrieben wurde. Besonders interessant aber ist der genaue Plan für den Einbau einer Papiermaschine in eine alte Papiermühle, den er für Herrn C. F. A. Günther in Greiz zeichnete und der in der hübschen kleinen Festschrift dieser Fabrik 1908 zum Abdruck kam. Der Plan ist undatiert, zeigt aber an der Maschine schon den Planknotenfänger, Saugkasten und Sandfang, Erfindungen der 1830er Jahre, darunter der Sandfang 1838 in England patentiert. In der Nachbarschaft erhielten Penig 1837, Cröllwitz 1840 und Blankenburg 1841 je eine englische Donkinmaschine. Ich nehme daher an, daß Adolf Keferstein den Entwurf für Greiz zeichnete, nachdem er bei seiner Schwägerin bzw. seinen Neffen in Cröllwitz die Maschine gesehen, d. h. nach 1840.

Unentschieden ist leider die Frage, ob in Berlin oder in Weida die Papiermaschine früher in Betrieb kam. Keferstein machte das erste Papier im Frühjahr 1819, aber von der Berliner Patentpapierfabrik wissen wir nur das Datum der Baukonzession vom 23. März 1818. Wir wissen nicht, wie lange es dann dauerte bis die Maschine auf dem Wasserwege die Elbe herauf eintraf und wann die Errichtung der Gebäude und die Aufstellung der Maschine in der Mühlenstraße Nr. 75 am Strahlauer Tor beendet war. Nach den Angaben im Festheft des »Papier-Fabrikanten« 1913 geschah das noch im Jahre 1818, jedoch brachte die Allgemeine Preußische Staatszeitung erst im Juni 1820 einen ausführlichen Bericht, der auch auf Papier dieser Maschine gedruckt war. Die späteren Schicksale dieser leistungsfähigen Berliner Maschine sind ebenfalls interessant, denn sie existierte angeblich noch im Anfange unseres Jahrhunderts, und zwar in zwei Exemplaren! Ernst Kirchner schrieb im Festheft des Wochenblatts 1910, sie sei 1846 nach Ermsleben verkauft und arbeite dort noch, während nach den Angaben im Festheft des »Papier-Fabrikanten« 1913 – wo auch eine genaue Zeichnung wiedergegeben ist – sie 1877 an die Berliner Papierfabrik Kraft & Knust verkauft wurde und dort noch arbeitete.[23] Ludwig Kayser in Ullersdorf im Isergebirge[24] verdanke ich die vor kurzem im hohen Alter von 88 Jahren sauber selbst auf der Maschine geschriebene Mitteilung, »daß er in den Jahren 1862 bis 1866 in der Berliner Patentpapierfabrik bestimmt noch mit der alten Maschine gearbeitet hat, die dann nach 1870, als er nicht mehr in Berlin war, zum Verkauf gekommen sei. So ist diese Frage noch geklärt und die Ermslebener Maschine muß wohl anderer Herkunft sein. Die alte Berliner Maschine aber hat an die hundert Jahre ihre Pflicht getan.«[25]

Wir fügen hier die Fortsetzung der ziemlich abenteuerlich klingenden Beschreibung der Erfindung der Papiermaschine ein, die nicht einmal den Namen von Nicolas-Louis Robert erwähnt:[26]

»… In Russland existirt eine darauf eingerichtete Anstalt, die für kaiserl. Rechnung betrieben wird. Frankreich besitzt ebenfalls eine Fabrik, worinn nach der neuen Methode gearbeitet wird; und das dritte Etablissement dieser Art auf dem Continente ist für jetzt die in Berlin (in der Mühlenstrasse Nr. 75 unfern des Strahlauer Thores) neu errichtete Papier-Fabrik, welche für Rechnung einer Gesellschaft von Actien-Inhabern angelegt, und in Betrieb gesetzt ist. An ihrer Spitze stehen der Banquier Hr. W. Beneke und der Staatsrath und Regierungs-Chef-Präsident Hr. Lecoq, als Direktoren; neben diesen aber leitet Hr. Joseph Corty den technischen Betrieb der Fabrikation. Der letzte hat das Verdienst, diese wichtige Erfindung aus England zuerst nach Deutschland gebracht zu haben.«[27]

»Der Aktienverein, der von einem Herrn Corty das Patent übernahm, welches derselbe auf eine Rahm-Papiermaschine erhalten, erwarb in Berlin mehrere dicht an der Spree gelegene Grundstücke und ließ daselbst die zum Betrieb der Papierfabrik erforderlichen umfangreichen Gebäude errichten. In diesen Gebäuden sind drei Dampfmaschinen aufgestellt, zu denen teils runde gußeiserne, teils schmiedeeiserne Kessel mit Siederöhren gehören.«[28]

»Bey der regen Fürsorge des Preußischen Handels-Ministeriums für die Beförderung und Vervollkommnung der inländischen Gewerbsamkeit, entging demselben die hohe Wichtigkeit und bestimmte Nützlichkeit dieser Erfindung nicht, und es war demnach darauf bedacht, sie dem Lande zu gewinnen, indem es ihre Einführung durch die Ertheilung eines Patents an Hrn. Jos. Corty auf die Dauer von 15 Jahren veranlaßte, und dem Einbringer die Vortheile der ersten Anwendung und Ausführung dadurch sicherte, der sich über deren Abtretung an die erwähnte Actien-Gesellschaft, später mit dieser vereinigt hat. In früheren Zeiten wurden auf dergleichen neue Etablissements oft Hunderttausende aus öffentlichen Cassen verwendet, und die Erfahrung hat gelehrt, daß dergleichen bedeutende Summen den erwarteten Zweck nicht immer erreicht haben; durch die Patentirung hingegen ist das für die Unternehmer sehr kostspielige Etablissement möglichst begründet, und dem Staate fällt keine Ausgabe, keine Gefahr dabey zu Last.

Die von der gedachten Actien-Gesellschaft Behufs der Papier-Fabrikation gemachten Anlagen und Einrichtungen sind eben so zweckmäßig als sehenswerth; und was besonders die große Dampf-Maschine betrifft, welche das ganze Werk in Bewegung setzt, und die Lumpen reinigt, zerstückt, zermalmt, wäscht, leimt, kurz das ihr Anvertraute gut auf dem ganzen Veredlungswege begleitet, und es aus einem Behältniß in das andere befördert, bis es, vermittelst der durch eine zweyte kleinere Dampfmaschine getriebene, eigentliche Papier-Maschine, in seiner endlosen Länge als fertiges Papier auf die Haspel läuft; so übertrifft sie an Eleganz und Accuratesse mehrere ihrer älteren hiesigen Schwestern. Die ihr aufgegebene Arbeit scheint ihr ein bloßes Federspiel zu seyn, so leicht und gewandt geht ihr alles von statten, und der Aufwand des Feuermaterials kommt mit der Leistung dieses seltenen Kunstwerkes in gar keinen Vergleich.

Die durch diese in jeder Hinsicht ganz vortreffliche Maschine, und durch die dazu gehörige gesammte Anlage bewirkte neue Fabrikations-Methode gewährt sehr bedeutende Vortheile; das Geschäft des Papiermachens wird dermassen vereinfacht und beschleunigt, daß im Ganzen nur 6 Stunden dazu gehören, um aus den unansehnlichsten Lumpen, denen alte Stricke, Hanfgurte, und dergleichen ganz rohe Materialien beygemischt seyn können, ein sofort brauchbares Druckpapier zu liefern.

Die Bildung des Papiers aus dem Lumpenbrey selbst dauert nicht länger als fünfzehn Sekunden; diese höchst bewundernswürdige Operation geht vor den Augen des ununterrichteten Zuschauers wie ein halbes Zauberwerk vorüber und selbst dem im Felde der mechanischen Wissenschaften bewanderten Kenner wird die Erscheinung, einen Brey, der jetzt schwimmt, in Zeit von einer viertel Minute und auf der kurzen Reise von einigen Ellen, in so dichtes und trocknes Papier verwandelt zu sehen, das letzteres eine kupferne Rolle von mehreren Pfunden zu tragen vermag, die größte Achtung vor dem Manne abgewinnen, der die Kraft des menschlichen Erfindungsgeistes in diesem hohen Grade bewahrte. Täglich, das heißt, in 14 Arbeitsstunden, kann dieses Kunstwerk 100 Riß Papier liefern. Im Ganzen werden bis jetzt von einem Erwerbszweige der vor Jahr und Tag hier im Orte gar nicht existirte, mehr denn als 80 Menschen beschäftigt.

Die Erzeugnisse dieser Papier-Fabrikation sind besser, brauchbarer und preiswürdiger, als die inländischen Manufacturen im Allgemeinen ihre Waaren bisher haben liefern können; die Kraft, die Regelmäßigkeit, die Gleichheit mit welcher die Maschine arbeitet, ist der menschlichen Hand nicht möglich. In der gewöhnlichen Papiermühle hängt der beste Müller vom Wasser, und neben diesem vom Fleiße, von der Kunstfertigkeit, von der Unverdrossenheit und Laune seiner Arbeiter ab. Die Maschine hingegen arbeitet unverdrossen fort, einen Tag wie den anderen, und darum ist ihr Papier beständig sich gleich.

Einen Hauptvorteil gewährt die vollkommene Maschine auch besonders dadurch, daß sie aus weniger guten Lumpen besseres Papier liefert, als dieses gewöhnliche Papiermühlen im Stande sind. Buchdruckern, Tapetenfabrikanten, Papierhandlungen und Dikasterien[29], welche letztgenannte jährlich eine nahmhafte Quantität Schreibpapiers benöthigt sind, wird die Nachricht, daß die neue Fabrik schon gegenwärtig bedeutende Bestellungen befriedigen kann, bey dem fast allgemeinen Papiermangel gewiß sehr willkommen seyn.

Um die Güte dieses auf der erwähnten Maschine gefertigten Erzeugnißes jedem Leser selbst zur Beurtheilung hinzugeben, ist vorliegender Aufsatz [...] auf Papier aus dieser neuen Fabrik abgedruckt worden.«[30]

Man mag ruhig über diese begeisterte Schilderung schmunzeln. Der Urheber des Berichtes nennt sich selbst einen in den mechanischen Wissenschaften bewanderten Kenner. Dann hätte ihm aufgefallen sein können, dass die Dampfmaschinen nicht selbst den Stoff bearbeiten. Lumpen (Hadern), welcher Qualität sie auch immer seien, müssen erst einmal zerschnitten, nach Qualitäten und Farben sortiert, im Kugelkocher für die weitere Verarbeitung vorbereitet werden. Dann werden sie im Kollergang fibrilliert, und im Holländer werden die Fasern gekürzt und teilweise in ihrer Struktur zerstört. Das Verhältnis zwischen beiden Möglichkeiten, der röschen und der schmierigen Mahlung, bestimmt den Charakter des werdenden Papiers. Dabei beweist sich die eigentliche Kunst des Papiermachers. Grundsätzlich kann aus schlechten Hadern und mit schlechtem Wasser kein gutes Papier erzeugt werden. An diesen Voraussetzungen hat sich bis heute nichts geändert.

Die Leimung fand damals noch nicht in der Bütte statt – das wurde erst 1840 von Leinhaas eingeführt. 1820 wurde noch das nasse Papier von der Haspel gezogen, in Bogen zerschnitten und zum Trocknen aufgehängt, schließlich durch ein Bad tierischen Leimes gezogen und wiederum getrocknet.

Da im Adressbuch von 1822 (Titel 6) noch Bewohner der Häuser Mühlenstraße 73 bis 77 verzeichnet sind, kann die vorstehende Angabe nur so gedeutet werden, dass zu den zumindest teilweise erhaltenen Wohnhäusern Fabrikgebäude gebaut wurden

1820 Bevor noch das mit großen Erwartungen begonnene Werk in vollen Betrieb genommen werden konnte, drohte die Gesellschaft sich schon wieder aufzulösen. Die Geschäfte liefen schlecht, und der Aktien-Zinsfuß musste von fünf auf vier Prozent gesenkt werden.

Dem befürchteten Zusammenbruch zu begegnen und den Weiterbau des für die noch sehr unbedeutende preußische Papierherstellung so wichtigen Unternehmens zu ermöglichen und außerdem die Herstellung des Papiers für Staatsschulddokumente unter die, wenn auch indirekte, Kontrolle der Staatsbank zu bringen, kaufte sich die Königlich Preußische Seehandlung in das Unternehmen

1821 durch eine Kapitalerhöhung um 125.000 Taler ein, wodurch sie eine 50-prozentige Beteiligung erwarb.[31] In der Generalversammlung vom 1. Juni wurden die Aktionäre über den gefährlichen Mangel an disponiblen Geldmitteln und die Verhandlungen des Vorstandes mit der Seehandlung unterrichtet. Zur Vermeidung des Bekanntwerdens der Schwierigkeiten hatte die Gesellschaft 25 Aktien zu Kursen von teilweise unter 60 Prozent selbst erworben. Über die beteiligten Personen ist nichts bekannt. In der außerordentlichen Generalversammlung der Aktiengesellschaft am 27. Juni erteilten die Aktionäre ihre Zustimmung zur Beteiligung der Seehandlung. Die Firma war gerettet. Ungeklärt bleibt dabei eine Differenz gegenüber dem vorher genannten Aktienkapital von 135.000 Tlr. Es muss zwischen 1819 und 1821 eine Kapitalherabsetzung um 10.000 Tlr. gegeben haben; nur so ist die Verdoppelung von 125.000 Tlr. zu erklären. Auffällig ist, dass der Name von Lecoq nicht mehr auftaucht. Man kann vermuten, dass ihm ein Verschulden an der verfehlten Geschäftspolitik vorgeworfen wurde und er deshalb ausgeschieden ist. Aus den vorhandenen Unterlagen ist auch nicht ersichtlich, mit welchem Kapital sich Corty an der Gründung beteiligt hat und wann er seine Aktien abgegeben hat. In den folgenden Aufstellungen über den Aktienbesitz ist er jedenfalls nicht mehr enthalten.

Alfred Schulte gibt etwas abweichend in seinem Artikel »Die Anfänge des deutschen Papiermaschinenbaues«[32] an, die Seehandlung habe 51 Prozent des Aktienkapitals erworben. Exakt kaufte die Seehandlung nach ihrem Eintritt weitere sieben Aktien hinzu und erwarb damit die Mehrheit. Dafür musste der Seehandlungsdirektor Crull als verwaltender Direktor der Patent-Papier-Fabrik aufgenommen werden.

Nur zweimal noch taucht der Name des Gründers in einem Berliner Adressbuch mit der Adresse »Mühlenstr. 82–83 (Königliches Gebäude)« auf: 1822[33] als »Vorsteher der Patent-Papierfabrik« und 1823[34]. Im Adressbuch 1824 fehlen die Buchstaben C – D. 1825 wird Joseph Corty im Adressbuch nicht mehr angegeben.

1824 oder 1825, vielleicht sogar bereits 1823 übersiedelten Corty und seine Familie nach Guben. 1823 wurde er als Gubener Bürger aufgenommen und als Guts- und Fabrikbesitzer bezeichnet. Dort ist seine Frau verstorben. Er heiratete in zweiter Ehe 1828 Henriette Emilie Friederike Buckatzsch.[35] Der Gubener Historiker Erich Müller (verstorben 1969) hat Angaben aus Grundakten des Staatsarchivs in Potsdam (heute Brandenburgisches Landeshauptarchiv) und aus Kirchenbüchern zusammengetragen und notiert: »Corty, Joseph, in Guben, dazu Trebbin, Müllrose, Frankfurt a. O.: Trowitzsch 1934.« In den dreißiger Jahren des 19. Jahrhunderts finden wir in Müllrose den Mühlenmeister Joseph Corty, der ein vielseitiger Mann gewesen sein muss, denn er war auch eine Zeitlang fiskalischer Pächter der hiesigen Seen und Postmeister. Er war auswärtiges Mitglied des »Vereins zur Beförderung des Gewerbefleißes in Preußen« mit der Berufsbezeichnung »Fabrikunternehmer in Guben«[36]. »Am 17. Jan. 1837 hat der Kaufmann J. C.[37] sein Mühlengrundstück an den Tischlermeister Fr. Elsholz aus Berlin verkauft.« Leider fehlen Angaben zu seinem Todesdatum und zu seinen Nachkommen. Lediglich das Todesdatum seines einzigen Sohnes (aus zweiter Ehe) ist bekannt: 1847 starb der Vierzehnjährige an Scharlach. Damit ist aber auch gesichert, dass Corty zu diesem Zeitpunkt noch lebte.

5.1.3 Die finanzielle Basis: Die Seehandlungs-Societät (Preußische Staatsbank)

Friedrich II. (reg. 1740–1786), auch der Große oder der Alte Fritz genannt, machte Preußen nach dem Auf und Ab der letztlich aber siegreich abgeschlossenen drei Kriege zur zentraleuropäischen Großmacht. Innerlich einsam geworden, doch mit ungeminderter geistiger Spannkraft, gepaart mit Selbstkritik, widmete er sich dem Dienst einer ganz auf seine Persönlichkeit abgestimmten Staatsmaschine. Durch Monopole, straffe Steuerpolitik und scharfen Merkantilismus[38] hob er die Volkswirtschaft und damit auch die Staatseinnahmen an. Erster europäischer Vorläufer einer Kapitalgesellschaft (deren Grundzüge im alten Rom gelegt und in Genua mit der »Banca die San Georgio« 1407 in modernerer Form wiedererweckt wurden) war die »Vereinigte Ostindische Handels-Kompanie« (V.O.C.) in Amsterdam. Sie wird noch heute als die Mutter der Aktiengesellschaften moderner Prägung bezeichnet. Untrennbar verbunden mit ihrer Geschichte ist die englische East-India Company, 1613 beurkundet. Des Großen Friedrich Vor-Vorgänger, Friedrich Wilhelm, der Große Kurfürst, hatte bereits 1682 die erste deutsche Aktiengesellschaft ins Leben gerufen. Er hatte erkannt, dass brandenburgische/preußische/deutsche Politik im Konzert der Großmächte Aktivitäten in Übersee unverzichtbar machten. Die »Handels-Compagnie auf denen Küsten von Guinea« war der Beginn. Es folgte die Brandenburgisch-Afrikanische Compagnie. Die Habsburger gründeten 1719 die Orientalische Gesellschaft. In den Folgejahren wurden in den Hansestädten Versicherungsgesellschaften errichtet.

1765, also unter Friedrich II., entstand die Berliner Assekuranz, 1770 die Getreide-Compagnie auf der Oder, 1793 die Berliner Zuckersiederei. Nachdem am 14. Oktober 1772 der König das Gründungspatent der Société de Commerce Maritime unterschrieben hatte, um mit eigener Flotte unter preußischer Flagge Handel zu treiben, begann am 1. Januar 1773 die umbenannte Königliche Seehandlungs-Compagnie ihre Tätigkeit als Aktienverein – wenn auch diese Bezeichnung in den preußischen Gesetzen noch keinen Platz gefunden hatte und auf königlichem Patent beruhte (88 Prozent des Aktienkapitals standen im Besitz des Königs) – mit dem Ziel, den Überseehandel zu fördern und von ausländischen Transport- und Handelsunternehmen unabhängig zu machen.[39] Seit 1777 war die Seehandlung im ehemaligen Domestikenhaus am Gendarmenmarkt, Ecke Jägerstraße ansässig. Sie tätigte bis 1810 den An- und Verkauf von Salz und betrieb überseeische Geschäfte.

1775 Nach dem Gründungspräsidenten Peter Nicolaus Constantin Delattre übernahm Friedrich Christoph von Goerne die Leitung und fusionierte die Seehandlung mit der Handlungs-Compagnie zur Generaldirektion der Seehandlungs-Societät. Seine Bilanzfälschungen und vorgetäuschten Handelserfolge führten 1782 zu seiner Verurteilung zum Ersatz von einer Million Taler und zu lebenslänglicher Festungshaft in Spandau (Begnadigung 1793).

1794 Im Allgemeinen Landrecht für die Preußischen Staaten (ALR) wurde erst in diesem Jahr ein rechtlicher Rahmen für unterschiedliche Gesellschaftsformen geschaffen, wie sie sich in der Praxis und im Wesentlichen unter Bezug auf römisches Recht gebildet hatten. Allerdings beschränkten sich solche wirtschaftlichen Vereinigungen auf offene Handelsgesellschaften und Kommanditgesellschaften. Die wirtschaftliche Entwicklung forderte nun gebieterisch Gesellschaftsformen, die den Erfordernissen zunehmender kommerzieller Aktivitäten gerecht werden konnten. Eine personalistisch strukturierte Gesellschaft (»societas bonorum«) entsteht durch einen »Vertrag, durch welchen mehrere Personen ihr Vermögen oder Gewerbe, oder auch ihre Arbeiten und Bemühungen, ganz oder zum Theil, zur Erlangung eines gemeinschaftlichen Endzwecks vereinigen« (§ 169 ALR). In den damals noch durchgängig agrarisch strukturierten Volkswirtschaften genügte das ALR den praktischen

Anforderungen. Handwerk und Handel waren durch ihre Zunftordnungen und Gewerbeordnungen geregelt; die Industrialisierung befand sich noch in ihren frühesten Anfängen. Die hier und da, zumeist direkt oder indirekt staatlichen Interessen dienenden wenigen Aktienvereine bedurften zu ihrer Etablierung obrigkeitlicher Privilegien, häufig gekoppelt mit der Verleihung von Patenten und Monopolen.

1804–1807 war Karl Reichsfreiherr vom und zum Stein Präsident der Seehandlung. In dieser Zeit verwaltete sie bis zur Errichtung der selbstständigen Hauptverwaltungen die Staatsschulden. Bei ihr waren also alle Schuldverpflichtungen zu registrieren. Das galt auch für die 1809 von den Provinzregierungen ausgegebenen Münzscheine. Die lauteten auf eine individuelle Summe, die durch staatlichen Ankauf von Edelmetall entstanden war. Zwar waren diese Quittungen keine gesetzlichen Zahlungsmittel, doch wurden sie bei Zahlungen für staatliche Domänen, Forsten und Jagden sowie Steuern akzeptiert.

Die handschriftlich ausgefertigten Münzscheine hatten eine laufende Nummer und eine Registriernummer der Seehandlungsdirektion. Ein Schein war 213 x 175 mm groß. Das Papier ist handgeschöpft und weist Rippen und Stege auf.

1810 wurden die Aktien und Obligationen in Staatsschuldscheine umgewandelt und die Seehandlung wurde Geld- und Handelsinstitut des Staates. Ab 1820 waren auch wirtschaftliche Aktivitäten zu verzeichnen wie Industriebeteiligungen, Überseehandel mit eigenen Schiffen, Bau von Chausseen und der Berlin-Anhaltinischen Eisenbahn.

5.1.4 Papiergeld

Friedrich II. erließ am 23. September 1753 die Bankgründungs-Octroy[40], jedoch wurde erst das revidierte und erweiterte Edikt und Reglement der Königlichen Giro- und Lehn-Banquen zu Berlin und Breslau vom 29. Oktober 1766[41] die Grundlage der florierenden Bankgeschäfte, zu denen ab dem 1. Januar 1767 auch die Ausgabe von Banknoten in Banco-Pfunden zu rechnen ist.

Der Gedanke, dass die Staatsbank die heikle Herstellung von fälschungssicherem Papier für die erst seit kurzer Zeit allgemein anerkannten Banknoten indirekt selbst übernehmen wollte, lag nahe. 1798 stimmte König Friedrich Wilhelm III. der Ausgabe von Papiergeld als Ersatz der bis dahin allein gültigen Münzen aus der Überlegung heraus zu, so den unter der Regierung seines Vaters geleerten Staatsschatz wieder aufzufüllen. Das handgeschöpfte Papier dafür lieferte damals Johann Gottlieb Ebart in Spechthausen. Die »Tresorscheine« dienten im Wesentlichen dem Geldumlauf zwischen Unternehmern und ihren Banken. Erst in der zweiten Septemberhälfte 1805, als der russische Zar Preußen aufforderte, den Durchmarsch russischer Truppen in ihrem Kampf gegen Frankreich zu gestatten, musste die »Creirung von Papiergeld«[42] überdacht werden. Am 4. Februar 1806 verordnete der König den Umlauf der weiterhin »Tresorscheine« genannten Banknoten, die laut Aufdruck jederzeit bei den benannten »Bankcomtoirs und dem Seehandlungs-Comtoir zu Warschau«[43] gegen Silbermünzen eingetauscht werden konnten. Das Papier trug das Wasserzeichen F.W.D.III. und war wahrscheinlich wiederum in Eberswalde geschöpft worden, wie auch spätere Wertpapiere, deren Einsatz auf mehrfach variierten Gesetzen basierte und die im Laufe der Entwicklung Eingang in den alltäglichen Zahlungsverkehr fanden. Dafür allerdings war das verwendete Papier ursprünglich nicht gemacht worden; es verschliss allzu schnell und war überdies fälschungsgefährdet. 1820 wurde der Gegenwert der auszugebenden Noten auf die Höhe der Staatsschulden von 11.242.347 Talern festgesetzt und folgerichtig das Umformungsgeschäft unter die Leitung der Hauptverwaltung der Staatsschulden gestellt. Die Lieferung des Papiers wurde der Patent-Papier-Fabrik zu Berlin übertragen, die Anfertigung der Zeichnungen und Druckplatten Professor Friedrich Frick. In dessen Kupferdruckerei erfolgte der Unterdruck; den Aufdruck der Schrift führte die Decker'sche Geheime Ober-Hofbuchdruckerei aus. Die Bezeichnung der Scheine war nun »Kassen-Anweisung«. Jede wurde auf der Vorderseite handschriftlich mit der Nummer und dem Namen des ausgebenden Beamten versehen. Zweifellos wurde das Papier nach klassischer Methode mit der Hand geschöpft. Otto Andrae erwähnt in seinem Besuchsbericht[44] von der Berliner Fabrik das Vorhandensein von vier Bütten, die er aber nicht sehen durfte – ein Hinweis darauf, dass dort Wertzeichenpapier gefertigt wurde. Nur das Büttenpapier konnte mit Wasserzeichen geschützt werden; auf den damaligen Papiermaschinen war das noch nicht möglich.

Auch die 1834 ausgegebenen neuen Kassenanweisungen im Gesamtwert von 25.500.000 Talern wurden auf Papier der Patent-Papier-Fabrik gefertigt. Die Zeichnungen waren von Karl Friedrich Schinkel, damals Ober-Baudirector, entworfen worden. Die Verzierungen für die Vorderseiten wurden von dem Holzschneidekünstler Unzelmann und dem Graveur Thieme in Holz geschnitten und in der Königlichen Münze in Kupfer abgesenkt. Aus welchem Grunde das Papier für die mit Gesetz vom 15. April 1848 geschaffenen Darlehens-Kassenscheine vom 22. September 1851 bis zum 7. April 1853 in der Papierfabrik der Gebrüder Ebart zu Spechthausen geschöpft wurde, ist nicht überliefert. Das weiße Hanfpapier enthielt Wasserzeichen, die den Geldwert jeder Gattung sowie die Bezeichnung »Königlich Preußische Kassenanweisung« sowohl in Zahlen als in lateinischen Initialbuchstaben teils vollständig, teils in Abkürzungen darstellten. Qualitätsunterschiede oder auch ein niedrigerer Preis könnten die Ursache gewesen sein. Aus gleichen Gründen könnte der Auftrag für die ab 1856 in Umlauf gebrachten »Kassen-Anweisungen« an die Papierfabrik Zanders in Bergisch-Gladbach und an Gebr. Ebart, Spechthausen, vergeben worden sein. Insbesondere das von Zanders gelieferte Papier für die Abschnitte über einen Taler jedoch gab Anlass zu Beanstandungen; seine Haltbarkeit genügte nicht den Anforderungen des starken Umlaufs dieses relativ kleinen Wertes. Um das Wasserzeichen im Papier recht deutlich hervorzubringen war der Stoff zu fein, also wohl zu kurz gemahlen worden, wodurch das Papier an Festigkeit eingebüßt hatte. Ab 1860 lieferte dann Ebart ein Papier aus 2/3 Hanf und 1/3 Leinen für den Druck neu gestalteter Noten.

Über diese in Preußen gebrauchten Papiere für geldwerte Dokumente, wie sie seit etwa 1715 verwendet wurden, findet sich Näheres bei der Beschreibung der Papiermühlen und -fabriken: Königliche Papiermühle auf dem Wedding[45], Papiermühle/-fabrik Spechthausen,[46] Patent-Papier-Fabrik zu Berlin[47], Patent-Papierfabrik Hohenofen[48]. Die von der Deckerschen Königlichen Geheimen Oberhofbuchdruckerei (die 1877 mit der 1851 gegründeten Preußischen Staatsdruckerei verschmolzen wurde, 1871 Reichsdruckerei, 1949 Bundesdruckerei)[49] produzierten Werte entstanden ab 1821 auf Papieren der Patent-Papier-Fabrik zu Berlin, später auch in der 1852 von Decker erworbenen Papierfabrik Eichberg (Schlesien). Am 27. Mai 1937 wurde das Konkursverfahren über die Kommanditgesellschaft eröffnet, auf die sofortige Beschwerde hin jedoch ausgesetzt und 1939 mit einem Zwangsvergleich beendet.

Der Ortsname Eichberg taucht alsbald im Zusammenhang mit der Patent-Papierfabrik Hohenofen wieder auf: Der Sohn des langjährigen Direktors und zeitweiligen Inhabers Ludwig Kayser, der einige Jahre in Eichberg tätig war, Carl, wurde als Maler bekannt und änderte seinen Namen nach seinem Geburtsort in Kayser-Eichberg. Der Grund lag in der Namensgleichheit mit den Kunstmalern Paul Kayser (1869–1942) und Conrad Kayser. Nachkommen von Carl Kayser-Eichberg leben noch und sind als erfolgreiche Unternehmer tätig – wenn auch nicht in der Papierwirtschaft.

Übersicht über die Einführung des Staats-Papiergeldes in den deutschen Staaten[50]			
1772	Kurfürstentum Sachsen	1849	Herzogtum Sachsen-Coburg
1806	Königreich Preußen	1849	Herzogtum Anhalt-Dessau
1807	Schleswig-Holstein	1849	Fürstentum Schwarzburg-Rudolstadt
1829	Herzogtum Anhalt-Köthen	1849	Fürstentum Reuß jüngere Linie
1841	Herzogtum Nassau	1850	Großherzogtum Anhalt-Bernburg
1843	Herzogtum Braunschweig	1854	Fürstentum Schwarzburg-Sondershausen
1846	Herzogtum Anhalt-Bernburg	1854	Fürstentum Waldeck
1847	Großherzogtum Sachsen-Weimar-Eisenach	1857	Fürstentum Schaumburg-Lippe
1848	Kurfürstentum Hessen	1858	Fürstentum Reuß ältere Linie
1848	Herzogtum Sachsen-Gotha	1866	Königreich Bayern
1849	Königreich Württemberg	1866	Großherzogtum Mecklenburg-Strelitz
1849	Großherzogtum Baden	1868	Großherzogtum Oldenburg
1849	Herzogtum Sachsen Meiningen	1870	Großherzogtum Mecklenburg-Schwerin

Andere deutsche Staaten ließen ihr Geldscheinpapier z. B. in der Bautzener Papierfabrik oder bei Flinsch & Co. in Leipzig herstellen. Das Papier für die ab 1875 ausgegebenen Reichs-Kassenscheine lieferten Gebrüder Ebart, Spechthausen, und die Eichberger Papierfabrik (R. von Decker) in Eichberg bei Schildau (Bober). Die Patent-Papier-Fabrik zu Berlin hatte ihren

Betrieb 1876 eingestellt. Ob die im Eigentum der Aktiengesellschaft stehende Patent-Papierfabrik Hohenofen, in der gleichfalls zusätzlich zur Donkin-Langsiebmaschine eine Bütte installiert worden war, jemals Banknotenpapier produziert hat, ist nicht überliefert. Gebrüder Ebart bzw. ihre Nachfolgefirma Papierfabrik Spechthausen AG blieben Lieferanten des Papieres für die Reichsbanknoten bis zum Kriegsende 1945. Heute stammt der in Deutschland gefertigte Anteil am Papier für die Euro-Banknoten ausschließlich von Rundsiebmaschinen der Papierfabrik Louisenthal GmbH (Werke in Gmund am Tegernsee und Königstein in Sachsen). Die Firma ist Teil des Sicherheitskonzerns Giesecke & Devrient, München, der auch einen Teil der Euro-Noten druckt.

Christian (von) Rother[51]

Am 14. November 1778 wurde Christian Rother als Sohn kleinbäuerlicher Eltern in Ruppersdorf (Niederschlesien) geboren. Dem Dorfschullehrer fiel der Knabe bereits in frühen Jahren durch seinen Lerneifer und seinen lebhaften Geist auf, doch die Bemühungen des verständnisvollen Pädagogen, dem Jungen die Weiterbildung auf einem Gymnasium zu ermöglichen, scheiterten am verkrusteten Sozialsystem jener Zeit. Der Landrat lehnte die Umschulung mit der Begründung ab, Kinder dieser Herkunft seien für den Weg in eine höhere Bildung und eine gehobene Berufsstellung nicht geeignet. Das sei das Privileg des Adels und des Bürgertums. Dank guter Schulzeugnisse erhielt Rother aber eine Lehrstelle beim Steueramt Neumarkt und dort erste Einblicke in das Wirtschaftsleben und Finanzwesen. Nach beendeter Lehrzeit nahm er die Stelle des Sekretärs eines Kriegs- und Steuerrates in Neustadt (Oberschlesien) an, wo er sich in der wirtschaftlichen Praxis fortbilden konnte, ohne von akademisch festgeschriebenen Theorien wie Kameralismus, Merkantilismus, Liberalismus eingeengt zu werden. Sein Feld war die Praxis. Sie blieb es und wurde zur Basis seiner erfolgreichen Laufbahn bis in die Spitzen der preußischen Verwaltung. Er erkannte frühzeitig die Bedeutung der beginnenden Industrialisierung und sah die Gefahren für die Sozialstruktur im aufkommenden Kapitalismus. Der Wille, das Seine dazu beizutragen, Preußen zu einer führenden Industrienation werden zu lassen und am wirtschaftlichen Erfolg breite Massen partizipieren zu lassen, wurde wohl hier geboren.

Sein Berufsweg führte ihn zunächst nach Warschau, wo er die Stelle des stellvertretenden Quartiermeisters eines Regiments bekleidete. In der nach der dritten polnischen Teilung erworbenen Provinz Südpreußen konnte er seine fundierten Kenntnisse im Rechnungswesen nutzen, um 1797 in den preußischen Staatsdienst aufgenommen zu werden. Er

Christian von Rother.

lernte den Geheimen Finanzrat von Klewitz kennen, alsbald auch den Geheimen Finanzrat Stägemann, die ihn in die Verhandlungen mit dem Großherzogtum Warschau einbanden, nachdem Preußen die Provinz wieder verloren hatte. Nach einer politisch verursachten Wartezeit in Königsberg erhielt er Anfang 1810 eine angestrebte Stelle in Berlin. Karl August von Hardenberg, dem im Juli dieses Jahres ernannten Staatskanzler, war der junge Beamte aufgefallen, der nun ein Experte des preußischen Finanzwesens war und sich dadurch für höhere Weihen empfahl. Großes Verdienst erwarb er sich 1815 durch seine Verhandlungsführung in Paris über die von Frankreich zu leistende Kriegsentschädigung.

1817 etablierte Hardenberg das Ministerium des Schatzes und für das Staatskreditwesen. Direktor wurde der inzwischen zum Oberfinanzrat aufgestiegene Rother mit dem Auftrag, einen Kredit zu vertretbaren Konditionen aufzunehmen. Dank seiner geschickten Verhandlungsführung und seines engagierten Einsatzes erlangte er 1818 vom Londoner Bankhaus Rothschild eine Anleihe über fünf Millionen Pfund Sterling. Preußen war damit gerettet.

Schon oft waren die Statuten der Seehandlung den wechselnden Anforderungen staatlicher Wirtschaftspolitik angepasst worden. 1772 sollte sie von der Staatsbürokratie unabhängig werden; dieser Grundsatz wurde 1808 bestätigt, und nach einigem Zögern wurde das Institut am Ende des Jahres in das Departement der Finanzen, Sektion des Generalkassen-, Bank-, Seehandlungs- und Lotteriewesens, eingebunden und direkt dem Finanzminister unterstellt.

1821 Am 17. Januar trat das Gesetz über die Generaldirektion der Seehandlungs-Societät in Kraft. Als deren Chef wurde mit dem Titel »Wirklicher Geheimer Ober-Finanzrat, Exzellenz« Christian Rother berufen, der, in dieser Position Wirklicher Geheimer Staatsminister, 1847 anlässlich seines 50-jährigen Dienstjubiläums vom König geadelt und Ehrenbürger von Berlin wurde. 28 Jahre herrschte Rother über Wirtschaft und Finanzen des Königreichs und war den Einwirkungen der etablierten Bürokratie entzogen. Zentrale Aufgabe der Seehandlung war es, dem Staat für unvorhergesehene Bedürfnisse Geld zu beschaffen. In der Art einer Kreditbank gab sie Schuldverschreibungen aus und verschaffte sich so ein beachtliches Liquiditätspolster, mittels dessen sie jeweils kurzfristig eingreifen konnte. Die Seehandlung aber war keine Bank, also nicht an die Regeln des Bankwesens gebunden, sondern eine der Gewinnerzielung verpflichtete Gesellschaft unter dem Aspekt der Förderung der einheimischen Industrie. Das schloss Finanzhilfen ebenso ein wie die Beteiligung an oder die Übernahme von in Schwierigkeiten geratenen Industriebetrieben. So verdankt das Fabrikationsgeschäft der Seehandlung seine ersten Anfänge dem Bestreben, zunächst ohne Rücksicht auf eigenen Gewinn solche Fabrikationszweige im Lande heimisch zu machen oder ihm zu erhalten, deren Einführung, Beibehaltung und Vervollkommnung wegen Mangels an Kapital oder an ausgelerntem technischen Personal durch Privatleute nicht zu erreichen war. Die Patent-Papier-Fabrik zu Berlin war eines der ersten Beispiele für die neue Geschäftspolitik und wurde von Rother mit beispielhafter Perfektion realisiert. Im Verlauf der folgenden Jahre und Jahrzehnte wurde eine ganze Reihe unterschiedlichster Unternehmen erworben und nach erfolgreicher Sanierung bei günstiger Marktlage wieder veräußert. Die Papierfabrik blieb aber das einzige Unternehmen, an dem nur eine Beteiligung, die aber über Jahrzehnte, gehalten wurde, weil die erwirtschaftete Rendite außerordentlich erfreulich war.

Rother hatte sich durch seine Erfolge das uneingeschränkte Vertrauen Hardenbergs erworben, und seine Position in der preußischen Hierarchie wurde von Spöttern so beschrieben: »Warum wird Friedrich Wilhelm der Dritte genannt? Weil Hardenberg der Erste, Rother der Zweite ist.«

In den Akten vom 16. August 1819 wurde verzeichnet: »Der bisherige Finanz-Rath und Assessor Regis Kayser wurde zum 3. Seehandels-Direktor mit einem Betrage von 200 Thalern jährlich ernannt.«[52] (Kein Verwandter des Papiermachers gleichen Namens.) Kayser wurde ein guter und treuer – der beste und treueste – Mitarbeiter Rothers, der gelegentlich auch gegen den Willen Rothers eigenmächtig abweichende Wege einschlug, um sicherer ein gestecktes Ziel zu erreichen. Das für die Urkunde verwendete Papier trägt als Wasserzeichen einen großen Adler, in dessen Schild die Buchstaben »RW« stehen. Die Bedeutung dieser beiden Buchstaben ist nicht bekannt – einen König mit diesen Initialen hat es in Preußen damals nicht gegeben; das war zu jener Zeit Friedrich Wilhelm III. Ein Fehler bei der Entzifferung der Buchstaben ist nicht sehr wahrscheinlich, denn »FW« wäre wohl nur denkbar mit dem dritten Buchstaben »R« für Rex = König. Es bleibt die Möglichkeit, dass es das Signet eines Papiermachers ist. Als ausstellende Behörde wird angegeben:[53] »Staatsrat und Staatssekretariat, Kuratorium der Bank und der Seehandlung«.

Hardenbergs (und Rothers) vordringlichste Aufgabe war die Vermeidung des Staatsbankrotts und damit die Gesundung der preußischen Staatsfinanzen. Hardenbergs Reformen, die Bauernbefreiung und die Liberalisierung der Wirtschaft, provozierten den harten Widerstand der etablierten Manufakturherren wie der Gutsbesitzer, die um ihre Pfründen fürchteten. Als Wirtschaftsreformer stand Hardenberg nicht kompromisslos zu dem gemäßigten Liberalismus, der Rothers Ziel war. Schon aufgrund seiner Ausbildung und Laufbahn war Hardenberg zu tief den Gedankengängen des Merkantilismus verhaftet, den Friedrich II. als den Weg zur Größe Preußens betrachtet hatte. Inzwischen aber war ein Menschenalter vergangen, und die industrielle Revolution warf ihre Schatten voraus. Rother, der Selfmademan, hatte ungeachtet seiner nach den Grundsätzen des Merkantilismus fungierenden Finanzbürokratie organisierten Ausbildung längst für sich die Integration einer sozialen und einer liberalen Komponente als die Voraussetzung für den Aufstieg Preußens verinnerlicht. Zurückschauend könnte man ihn heute wohl unter Außerachtlassung der fundamentalen politischen Grundlagen als eine Art Vordenker späterer Begründer einer sozialen Marktwirtschaft, wie Oswald von Nell-Breuning[54], Alfred Müller-Armack[55] und Ludwig Erhard[56] sehen.

5.1.6 Beteiligung an der Patent-Papier-Fabrik zu Berlin

Der Einstieg bei der noch in der Aufbauphase infolge fehlerhaften Managements in Schwierigkeiten geratenen Patent-Papier-Fabrik zu Berlin ist charakteristisch für die Wirtschaftsstrategie des Seehandlungsdirektors Christian Rother und der Seehandlung. Das Liquiditätsproblem der Aktiengesellschaft wurde vermutlich durch die Installation einer zweiten Papiermaschine hervorgerufen. Es handelte sich dabei um eine nach dem Patent Joseph Bramahs von 1805 frühestens 1819 von John Dickinson gebaute Rundsiebmaschine, also eine der allerersten. Da dieser Maschinentyp ein dem handgeschöpften Papier ähnliches Produkt fertigen konnte, dachte man vielleicht schon an die Herstellung einer Qualität, die sich für Werttiteldruck eignete, also nach damaliger Gewohnheit Staatsschuldverschreibungen und ähnliche. Die Technik war aber dafür noch nicht ausgereift, denn die Seehandlung veranlasste nach ihrem Einstieg die Installation von vier Bütten, um das benötigte Papier mit den ziemlich fälschungssicheren Wasserzeichen zu erzeugen. Sie hätte in diesem Stadium das Aktienkapital von 125.000 Talern zum Kurs von 50 Prozent erwerben können. Rother hatte jedoch erkannt, dass hier etwas gänzlich Neues entstehen sollte: die Abkehr von der Herstellung des Papiers durch manuelles Schöpfen aus einer Bütte und die Installation einer »Rahm-Papier-Maschine«, die »Papier ohne Ende« produzierte. (Diese Bezeichnung stand für eine Langsiebmaschine, also im Gegensatz zu der beschriebenen Vermutung. Der Stuttgarter Referendar Carl Friedrich Weisser beschreibt aber nach seiner im gleichen Jahr 1821 erfolgten Werksbesichtigung eine Rundsiebmaschine.[57] Erklärt werden könnte der scheinbare Widerspruch damit, dass Rother den Nutzen der Langsiebmaschine als so überragend ansah, dass die Rundsiebmaschine bei seinen Überlegungen keine Rolle spielte.)

Joseph Bramah (1748–1814) war eines jener Technikgenies, die zum Ruhm Großbritanniens in der Frühzeit der Industrialisierung beitrugen. Zu seinen Erfindungen, von denen 18 patentiert wurden, gehörten Pumpen, noch heute auf der Insel in jedem Pub funktionierende Bierzapfanlagen, die Hydraulikpresse und als deren Ableger die Altpapierpresse, die Öldruckbremse, die Schiffsschraube, die das Schaufelrad ablöste, die WC-Spülung, eine Nummeriermaschine für Banknoten, ein Sicherheitsschloss, das erst nach 67 Jahren geknackt werden konnte – von Alfred Hobbs, der 51 Stunden dafür benötigte und dann selbst verbesserte Schlösser erfand.

Corty hatte das auf die Technik der Donkinschen Langsiebmaschine erwirkte königliche Patent auf die Aktiengesellschaft übertragen. Für die preußische Regierung ergab sich nun die Möglichkeit, die Kapazität der unzureichenden einheimischen Papierherstellung schlagartig zu vergrößern, also die Notwendigkeit von Importen zu mindern, und dazu, die Herstellung der (nach wie vor handgeschöpften) Werttitelpapiere mit komplizierten Wasserzeichen durch Staatsbeamte beaufsichtigen zu lassen, um jede Möglichkeit von Fälschungen oder Diebstählen auszuschließen. Dazu erwarb die Seehandlung durch eine Kapitalerhöhung mittels barer Einlage 125 junge Aktien zu je 1.000 Talern und kaufte später noch sieben Papiere hinzu. Der Deal diente einerseits der Kursstützung, zum anderen der Hilfe zur Erbregelung.[58] Die Seehandlung verfügte nun zwar über die Mehrheit des Kapitals, doch sahen die Statuten ein auf vier Stimmen begrenztes Stimmrecht vor. Das Institut enthielt sich bewusst der Einflussnahme auf die Arbeit des Vorstandes, machte allerdings bei der erforderlichen Satzungsänderung zur Auflage, dass jeweils eine Direktorenstelle durch eine aus drei von der Seehandlung benannten Personen besetzt wird. So blieb die AG einerseits eine vom Staat gänzlich unabhängige Privatfirma, stand aber im Bereich Sicherheit unter dessen unmittelbarer Kontrolle. Zum Verwaltenden Direktor gewählt wurde der Geheime Oberfinanzrat und Seehandlungsdirektor Crull.

Rother begründete den Einstieg der Seehandlung in die Aktiengesellschaft in einem Memorandum an den König, mit dessen Wiedergabe die Darstellung der Geschichte der Patent-Papier-Fabrik zu Berlin beginnt:[59]

»Um dies zu verhindern [den Zusammenbruch; K.B.B.] und die Vollendung des für die damals sehr tief stehende inländische Papierfabrikation so wichtigen Etablissements möglich zu machen, zugleich aber auch im Interesse der Staatsschulden-Verwaltung, welcher daran gelegen sein musste, eine Fabrik in der Nähe zu haben, wo das zu den Staatsschuld-Dokumenten erforderliche Papier unter unmittelbarer genauer Kontrolle ihrer Beamten angefertigt werden konnte, veranlasste ich das Seehandlungs-Institut, welches sich zu jener Zeit durch den Ankauf der sämmtlichen vorhandenen Aktien mit 50 Prozent deren nominellen Werths leicht in den Besitz des ganzen Werks hätte setzen können, diesen Weg verschmähend, nach dem mir von der Aktien-Gesellschaft im Juni 1821 gemachten Antrag, dem Vereine durch Zeichnung und resp. Uebernahme von 125 neu kreirten Aktien beizutreten, welche baar und voll mit 125.000 Rthl. eingezahlt wurden. Später erwarb das Institut, um ein ferneres Sinken des Kourses der Aktien zu vermeiden von einem Mit-Aktionair 4, und zur Erleichterung einer Erbesregulirung noch 3 Aktien, so daß die Seehandlung von den überhaupt ausgefertigten 250 Aktien jetzt 132 besitzt.[60]

Um der Seehandlung jedoch eine Garantie für die richtige Verwendung der von ihr bewilligten Geldbeihülfe zu gewähren, wurde die Aktien-Gesellschaft zugleich verpflichtet, aus drei dazu von mir vorgeschlagenen Männern ein neues Direktions-Mitglied zu wählen. Dadurch trat zunächst der Geheime Ober-Finanzrath und Seehandlungs-Direktor Crull in die Direktion ein, nach dessen im Jahre 1829 erfolgten Tode ich die Aktionairs bestimmte, den jetzigen Geheimen Ober-Finanzrath Wentzel zum verwaltenden Direktor der Fabrik zu wählen. Unter der umsichtigen Leitung dieses Beamten ist dieselbe in einen vorzüglichen Zustand versetzt worden, sie hat sich alle nur irgend vorgekommenen Verbesserungen angeeignet, ist in ihrer Einrichtung und Verwaltung musterhaft, und gewährt den Aktionairen gegenwärtig außer den Zinsen der Aktien sehr ansehnliche Dividenden. Ich darf es daher nicht blos als eine Bestätigung der früher gestellten Bedingung, sondern auch als ein Anerkenntniß der Verdienste der Seehandlung um dieses Etablissement ansehen, daß die Aktien-Gesellschaft in den unterm 26sten April 1837 vollzogenen neuen Statuten die Wahl des verwaltenden Direktors von drei zu drei Jahren dem jedesmaligen Chef des Seehandlungs-

Instituts, so lange dasselbe mindestens 20 Aktien der Gesellschaft besitzt und auch das Pachtverhältniß von Hohenofen zwischen letzterer und dem ersteren besteht, überlassen und einem aus ihrer Mitte bestellten kontrolirenden Direktor die Mit-Aufsicht über den gesammten Geschäftsbetrieb, mit der Befugniß, von allen Angelegenheiten der Gesellschaft, sowie von dem Inhalt der Bücher und Scripturen derselben Kenntniß zu nehmen, anvertraut hat. Sonst steht die Seehandlung zu der Patent-Papier-Fabrik nur in dem Verhältniß eines einzelnen Aktionairs, sie hat beim Besitz von 132 Aktien nicht mehr als 4 Stimmen, also eben so viel als einem Aktionair zukommen, welcher im Besitz von nur 20 Aktien ist, und muss sich statutenmäßig den allgemeinen Beschlußnahmen unterwerfen.

In dieser Beziehung die Eifersucht oder Besorgnisse der Privat-Aktionaire zu erregen oder mir sonst einen mittelbaren Einfluß auf die Verwaltung des Etablissements zu gestatten, habe ich mich sorgfältig gehütet und die Seehandlung erhält daher auch von dem Gange derselben keine andere Kenntniß, als wie sie jedem andern Aktionair durch die Jahresberichte des administrirenden Direktors zu Theil wird. Ich vermag demnach auch nicht, die Fabrik denjenigen, welche sich von ihren Einrichtungen zu unterrichten wünschen, zugänglicher zu machen, wie dies, wenn sie der Seehandlung gehörte, jedenfalls geschehen würde, da ich in dieser Hinsicht andere Ansichten hege als die Privat-Aktionaire, welche die Besichtigung der Fabrik nur ausnahmsweise gestatten wollen, und in dem Besuche Sachverständiger eine Gefährdung ihres Interesses erblicken.

Noch weniger habe ich der Patent-Papier-Fabrik besondere Begünstigungen zugewendet, in sofern nicht etwa die durch andere Umstände bedingte Fabrikation des für die Staatsschuld-Dokumente erforderlichen Papiers dahin gerechnet werden möchte, denn in den eigenen Bureaus der Seehandlung wird neben dem Papier der Patent-Papier-Fabrik auch noch Papier anderer Fabriken verbraucht, welches in ersterer eben so gut und selbst besser verfertigt wird, und alle auswärtigen Etablissements des Instituts beziehen ihren Bedarf von Privathändlern. Die Patent-Papier-Fabrik bedarf aber auch einer derartigen Unterstützung nicht, da es ihr bisher für ihr im In- und Auslande beliebtes Fabrikat an Absatz nicht gefehlt hat. Die Seehandlung dürfte daher Lob verdienen daß sie ein von der Privat-Industrie begründetes, großartiges Fabrik Etablissement, welches auf die Verbesserung der inländischen Papier-Fabrikation einen unläugbar günstigen Einfluß ausgeübt, durch Geldbeihülfe aufrecht erhalten und durch den Vorbehalt der Ernennung des verwaltenden Direktors dafür gesorgt hat, die Leitung der Fabrik umsichtigen, thätigen, energischen, nur das Gedeihen des Etablissements verfolgenden Männern zu übergeben. Leicht wäre es ihr gewesen, sich in früherer Zeit durch Ankauf sämmtlicher Aktien zu sehr niedrigen Preisen in den Besitz desselben zu setzen, auch hat es an desfallsigen Anträgen der Aktienbesitzer nicht gefehlt, welche ich jedoch, um den ursprünglichen Charakter des Unternehmens aufrecht zu erhalten, zurückweisen musste.«

In der Fortsetzung von Rothers Bericht werden die Gründe für die Errichtung einer Papierfabrik in Hohenofen dargelegt. Die Wiedergabe seiner Ausführungen findet sich im Kapitel 6.1.1 über die Patent-Papierfabrik Hohenofen.

1822 hatte die Danziger Kaufmannschaft der Müllerei in Ohlau-Thiergarten wegen erheblicher Vorschüsse große Weizenvorräte an Zahlungs Statt übernommen. Als dieses Getreide vermahlen wurde, ergab sich, dass das Mahlgut nicht exportfähig war. Diese Erfahrung bewog die Seehandlung, ein eigenes, modernen Ansprüchen genügendes Mühlenwerk nach amerikanischem Vorbild in Thiergarten bei Ohlau einzurichten.[61] Die Grundherrschaft lag 1819 beim Domainen-Amt Ohlau, 1830 beim Fiskus (Rent-Amt Ohlau), 1845 beim König (Rent-Amt Ohlau). 1149 wird Ohlau erstmals erwähnt.[62] Thiergarten (jetzt Zwierzyniec Duzy) wurde 1795 als Kolonie auf dem Gelände des fürstlichen Tiergartens (Wildpark) gegründet. Die Papiermühle wird 1830 als Pachtbetrieb der Patent-Papier-Fabrik genannt, 1845 als »ehemalige, abgebrannt«.

1823 starb Hardenberg. Preußens Finanzen hatten zwar die Krise überstanden, doch hatte die Staatsschuld inzwischen mehr als 200 Millionen Taler erreicht.

1832 musste die Seehandlung eine chemische Fabrik in Oranienburg mit Rücksicht auf die Kredite übernehmen, die sie dem Vorinhaber gewährt hatte.[63]

1840 pachtete sie die Beuthener Mühlen des Fürsten zu Schönaich-Carolath auf zehn Jahre.

1840–1861[64] regierte in Preußen Friedrich Wilhelm IV., der das monarchische Prinzip in einem romantisch-konservativen, der Kirche verbundenen Sinne ungeachtet der Spannungen unter seinem Vorgänger Friedrich Wilhelm III. aufrechtzuerhalten suchte. Die mehrheitlich liberaleren Denkschulen verbundene Beamtenschaft konnte dessen ungeachtet Ideen fortentwickeln, die Georg Friedrich Wilhelm Hegel überzeugend zu formulieren wusste.

Der preußische Staatsrat befasste sich mit der Fortentwicklung des kodifizierten Rechtes. Der große Jurist Friedrich Carl von Savigny war zur Zeit des Entwurfs des Aktiengesetzes Staatsminister der Gesetzesrevision und vertrat vor dem Plenum des Staatsrates die Auffassung, die Aktiengesellschaften seien analog zu den Korporationen zu betrachten. Die Aktionäre fühlten sich als stille Gesellschafter, also frei von Haftung über ihre Einlage hinaus. Eine exakte Definition war im Staatsrat noch nicht zu formulieren.

1841 erbaute die Seehandlung die Dampfmühle bei Potsdam.

1842 übernahm sie die Schicklerschen Mühlenwerke in Bromberg.[65]

In dieser Zeit wuchs nicht allein im Kreis von Unternehmern, die unfairen Wettbewerb durch staatlich geförderte oder vom Staat gegründete Betriebe fürchteten, sondern weit darüber hinaus in politischen Gruppierungen, die sich dem Kampf gegen den Absolutismus verschrieben hatten, eine Front gegen das Seehandlungs-Institut. Gerade die von Rother als der Fortentwicklung des von Friedrich dem Großen geförderten Merkantilismus dienendes Instrument gedachte Seehandlung geriet in das Kreuzfeuer unterschiedlichster Gruppen, denen die Abneigung gegen den Staat gemeinsam war. Als ihr Wortführer im Provinzial-Landtag tat sich der Berliner Stadtrat Otto Theodor Risch hervor, der in einer Broschüre[66] 1844 den Frontalangriff gegen die Handlung anheizte. Konkret warf er ihr an zahlreichen Beispielen Handlungen vor, die nach seiner Überzeugung Ausdruck eines Krieges des Staates gegen die private Unternehmerschaft waren. Es würde den Rahmen dieses Buches sprengen, wollte man auf die Vorwürfe in seinen beiden Broschüren[67] im Detail eingehen. Risch hatte aber die Patent-Papier-Fabrik zu Berlin in besonderem Maße aufs Korn genommen und aus Vermutungen und Verdrehungen ein Zerrbild des Erfolgsunternehmens geboten. Die Reaktion der Gegenseite war vorherzusehen, und so fühlte Risch sich bemüßigt, in einem weiteren Werk seine Unterstellungen zu untermauern. 1845 erschien nach den Redeschlachten im 8. Provinzial-Landtag eine weitere Broschüre,[68] aus der einige Ausführungen folgen:

»Das Königlich Preußische Seehandlungs-Institut hat die Besorgnisse, welche man bei seiner Entstehung nicht ohne Grund hegte, aufs Neue hervorgerufen. Seit etwa 15 Jahren [also um 1830, K. B. B.] dehnt sich die Tätigkeit desselben nach einer Seite hin aus, die den Nerv des bürgerlichen Lebens berührt, für den Staat wie für den Bürger gleich bedrohlich ist und zu den ernsthaftesten Fragen führen muss.

Zahllose Beschwerden und Klagen umlagerten den Thron, fanden aber kein Gehör, weil man der, vom eigenen Interesse geleiteten Feder, keinen Glauben schenken zu dürfen vermeinte [...]. Die verklagte Behörde ist nicht selten auch diejenige, welche entscheidet, wenigstens ein großes Gewicht in die Waagschale legt und wenn diese eine, wenn auch auf Täuschungen beruhende, Ueberzeugung trägt, wie sie bei ihrem Geschäftsbetriebe nur von dem Gesichtspunkte ausgehe, Gewerbe und Handel zu heben und zu beleben, das Wohl und Heil des ganzen Preußischen Staates zu begründen, so gewinnt es allerdings den Anschein, als seien es nur Partikular-Interessen, welche klagend auftreten und dem Allgemeinen sich entgegenstellen.«

Risch unterstellt dem Volk allgemeines Misstrauen und einen Widerstand gegen jede Staatsgewalt, wenn sie bürgerliche Gewerbe betreibt. »Die öffentliche Stimme ist gegen die Königliche Seehandlung insbesondere, weil kein anderer Staat, kein europäischer Staat, ein ähnliches Institut aufzuweisen hat.« Er führt das unterstellte Misstrauen auf fehlende Offenheit der Seehandlung über ihre wirtschaftlichen Aktivitäten zurück. Scharf kritisiert er, dass der Provinzial-Landtag die Bedenken seiner Parteigänger nicht dem König vortrage. Der hat allerdings offenbar bereits Rother um eine Stellungnahme gebeten. So heißt es bei Risch in seiner Broschüre[69]: »Der verwaltende Direktor soll, wie verlautet, ebenfalls Actionär sein.« Das ist nicht auszuschließen, wäre aber doch völlig normal. Allein aus der Tatsache, dass Wentzel Beamter der Seehandlung ist, »wird der einfache Schluss gezogen, dass die Königliche Seehandlung in der That durch den verwaltenden Direktor die alleinige Verwaltung habe und dass aus solchen Umständen, den übrigen Producenten gegenüber, nur Nachtheile [sic!] und Beeinträchtigungen hervorgehen können, und dies ist zuversichtlich Wahrheit, wovon sich auch jeder Unpartheiische überzeugen wird, wenn er in Erwägung zieht,

1.) dass die Königliche Seehandlung den größten Theil der Aktien besitzt, bei jeder Operation also auch pro rata immer am meisten betheiligt ist;

2.) dass statutenmäßig der jedesmalige Chef der Königlichen Seehandlung den verwaltenden Direktor wählt, solange dieses Institut mindestens 20 Aktien besitzt, und auch das Pachtverhältnis von Hohenofen und der Gesellschaft besteht;

3.) dass statutenmäßig der von der Königlichen Seehandlung bestellte Direktor ermächtigt ist, die Gesellschaft überall zu repräsentieren und selbige zu vertreten, Verbindlichkeiten aller Art für die Gesellschaft einzugehen, Verträge aller Gattung abzuschließen, den Gegenstand, den Umfang und die Art der Ausführung der Unternehmungen und der Geschäfte, die Gehälter und Remunerationen des ihm nöthig erscheinenden Personals zu bestimmen usw.«

In weiteren Ausführungen macht Risch den Aktionären zum Vorwurf, dass sie mit der Geschäftsführung Wentzels zufrieden seien, weil gute Dividenden erwirtschaftet wurden. Der Vorwurf erstaunt, da dies eine der Hauptaufgaben des Vorstandes einer AG ist. Die Ära Wentzel mit dem technischen Dirigenten Georg Peter Leinhaas zur Seite war die erfolgreichste der Firma. Der Vorwurf, die Seehandlung habe Einfluss auf andere Behörden ausgeübt, Papier von der Patent-Papier-Fabrik zu beziehen wird von Rother zurückgewiesen. Die Behauptung, die Herstellung von Werttitelpapier sei nicht Sache der Patent-Papier-Fabrik gewesen, trifft nicht zu, denn beim Eintritt der Seehandlung in die AG 1821 wurden sogleich vier Bütten dafür installiert. Der Vorwurf, der Dividendenbezug sei eine Art ungebührlicher Gnadenakt einer Behörde für Einzelne, ist absurd – gebührte doch dem Staat mehr als die Hälfte der Ausschüttung, obwohl er in der Generalversammlung nur vier Stimmen hatte. Eine Bevorzugung der Fabrik bei Gütekontrollen ist schon deshalb unsinnig, weil die überragende Qualität ihrer Papiere ihre größte Stärke war.

In dem Absatz über Banknoten ist zu lesen, dass in Preußen Spechthausen Hauptlieferant war. Als gravierender wird dem Management der Ersatz der ersten Donkin-Papiermaschine 1844, also 25 Jahre nach dem Anlauf der Vorgängerin, vorgeworfen. Donkin war bekanntlich ein genialer Ingenieur, sodass die neue Maschine neben anderen Verbesserungen auch eine Produktionssteigerung ermöglichte, die Risch auf 35 bis 100 Prozent ansetzt und damit die AG geradezu des Totschlags an ihren Wettbewerbern bezichtigt. Überdies habe sie das 1819 Corty erteilte Patent, das er der AG weitergereicht hatte, 25 Jahre zur Monopolistin gemacht. Risch übersieht, dass das Patent auf 15 Jahre erteilt worden war, ausschließlich für eine Papiermaschine, wie sie die damalige Konstruktionszeichnung darstellte. Bei Donkins Verbesserungsintensität konnte demnach jede seiner folgenden Maschinen in Preußen installiert werden, weil das Patent nicht tangiert wurde.

Nach den im Landtag über die Papierfabrik gefallenen Worte berief der verwaltende Direktor Wentzel eine außerordentliche Generalversammlung ein, deren Ergebnis eine detaillierte Richtigstellung durch die Aktionäre war und die hier im Anschluss an Rothers Bericht wiedergeben wird.

1843 Das preußische Aktiengesetz aus diesem Jahr stellte klärend fest, dass »Aktiengesellschaften durch die landesherrliche Genehmigung die Eigenschaft juristischer Personen, und insbesondere das Recht, Grundstücke und Kapitalien auf ihren Namen zu erwerben und in das Hypothekenbuch eintragen zu lassen«, erlangen.[70]

1850 bestanden in Preußen 130 Aktiengesellschaften. Von 1851 bis 1870 wurden weitere 295 gegründet. Im Allgemeinen deutschen Handelsgesetzbuch wurde auch das Handelsregister vorgesehen, das aber erst ab 1870 in ganz Deutschland verbindlich wurde.[71] In den Folgejahren wurden zahlreiche Textilfabriken erworben, so die Kammgarnspinnerei in Breslau, eine Maschinenwollenweberei in Wüste-Giersdorf, eine Baumwollenspinnerei und Weberei in Eiersdorf bei Glatz, Flachsgarnmaschinenspinnereien in Erdmannsdorf, Landeshut und Patschkey sowie Flachsbereitungsanstalten in Patschkey und Suckau. Permanent wurde die Entwicklung der Unternehmen überwacht, um sie alsbald nach Erfüllung des angedachten Zweckes und möglichst mit Gewinn wieder abzustoßen.[72]

Um 1850 entwickelte sich die Seehandlung mehr und mehr zum Bankinstitut. 1901/03 wurde das Haus durch einen Neubau ersetzt (heute das älteste Gebäude am Rand des Gendarmenmarktes). 1904 wurde sie in Königliche Seehandlung – Preußische Staatsbank umbenannt, 1918 in Preußische Staatsbank – Seehandlung. Diese Entwicklung war kein Sonderfall. Alle bedeutenderen Handelshäuser wickelten schon früher bankähnliche Geschäfte ab. Sie kauften Wechsel, übernahmen Beteiligungen, gaben Kredite, nahmen Verrechnungen vor. Sie gaben jedoch keine Banknoten oder ähnliche Papiere aus. Auf diesem Gebiet war die Seehandlung eine Ausnahme. Schon 1793 hatte sie selten gebliebene Assignate, 1798 Bankkassenscheine ausgegeben, zwischen 1820 und 1837 unverzinsliche Seehandlungskassenscheine. Von ihnen sind keine Stücke überkommen. Die Scheine wurden aufgrund Kabinettsorder vom 5. Dezember 1836 eingezogen. Den Gegenwert erhielt die Seehandlung als Darlehen in staatlichen Kassenanweisungen gegen Hinterlegung von zwei Millionen Talern ihrer 3,5-prozentigen Staatsschuldscheine. Aus den Zinsen sollte ein Fonds zur Darlehenstilgung gebildet werden; die Tilgungsdauer errechnete sich daraus auf etwa 28 Jahre.

1854 wurde die Patent-Papierfabrik Hohenofen an die Pächterin, die Patent-Papier-Fabrik zu Berlin, verkauft. Auch die Grundstücke in Güstebise wurden abgestoßen.

1856 erledigte sich der geplante Verkauf von Anteilen an einem Schiff dadurch, dass dieses im November verunglückte. Die der Seehandlung zufließende Versicherungssumme überstieg den Buchwert um mehr als 2.000 Taler.

1858 wurden die Ahlsdorfer Güter im Kreis Schweidnitz, 1860 die letzten Schiffsbeteiligungen, 1865 das Mühlenwerk und das Zinkwalzwerk in Thiergarten abgegeben. 1862 bereits war der Betrieb der Dampfmahlmühle in Potsdam eingestellt und die Liegenschaft dem Militärfiskus überlassen worden.

1859 kam es in Italien zu kriegerischen Auseinandersetzungen, als der Conte di Cavour die Einheitsbestrebungen durch die Eroberung Oberitaliens mit französischer Hilfe voranzutreiben suchte. 1862 berief Wilhelm I. Bismarck zum Kanzler, der unter Umgehung des Parlaments die Macht des Souveräns und damit die politische Bedeutung Preußens zu stärken suchte. 1863 unterstützte er Russland bei der Niederschlagung des polnischen Aufstands; 1864 wurde der Krieg gegen Dänemark geführt, 1866 gegen Österreich – als Schritte zur Schaffung des (Klein-)deutschen Reiches, die im Krieg 1870/71 gegen Frankreich mit der Gründung des Kaiserreiches in Versailles am 18. Januar 1871 ihr Ziel erreichten. Die unruhigen Jahre mit den ständigen Kriegsbefürchtungen wirkten sich aber als Gift für die Wirtschaft Preußens aus. Die Seehandlung konnte davon nicht unberührt bleiben. Sie hatte zwar eine starke Stellung als Geld- und Bankinstitut erworben, konnte aber dennoch die sie erreichenden Schwankungen nur mithilfe der Einnahmen aus den übrigen Geschäftszweigen ausgleichen. Zu diesem Zweck stieß sie weitere Unternehmensteile zur Stärkung ihrer Liquidität ab. 1858 wurden die Güter im Kreise Schweidnitz, 1860 der letzte Schiffsanteil und 1865 die Mahlmühle und das Zinkwalzwerk in Ohlau-Thiergarten verkauft. Dem Institut verblieb die Patent-Papier-Fabrik. In der Regel hatten die gewerblichen Unternehmungen der Seehandlung in den Jahren 1854 bis 1873 befriedigende, teilweise recht günstige Ergebnisse aufzuweisen, wobei sich der Branchenmix als vorteilhaft erwies.

1868 musste entgegen der strategischen Neuausrichtung die stillgelegte Spinnerei und Weberei in Eisersdorf aus der Zwangsversteigerung für 50.000 Taler übernommen werden.

1872 gelang es, das Objekt und die Flachsgarnmaschinenspinnerei in Erdmannsdorf mit ansehnlichem Gewinn zu veräußern. Von nun an beschränkte sich der Bestand an industriellen Unternehmungen auf die Flachsgarnmaschinenspinnerei in Landeshut und auf die Mühlenwerke in Bromberg. Beide sind noch mehr als vierzig Jahre im Besitz der Seehandlung geblieben.[73] Die Beteiligung an der Patent-Papier-Fabrik zu Berlin war frühestens nach 1866, möglicherweise aber auch erst nach Beendigung der Liquidation 1907 endgültig beendet.

1904 erfolgte im Rahmen einer Erhöhung des Grundkapitals am 4. August die Umbenennung in »Königliche Seehandlung (Preußische Staatsbank)«.

1918 Die erste Firmenbezeichnung »Generaldirektion der Seehandlungs-Societät« wurde mehrfach geändert. Das Gesetz betreffend Firma und Grundkapital der Seehandlung vom 25. Februar legte in einer Zeit hohen staatlichen Finanzbedarfs (zur Unterbringung von Staatsanleihen) die Umkehrung in »Preußische Staatsbank (Königliche Seehandlung)« fest. Die jüngste Firmierung bestand seit November 1918 als: »Preußische Staatsbank (Seehandlung)«. Aufsichtsbehörde war ab 1820 der preußische Finanzminister, seit 1944 der Reichswirtschaftsminister. Nach dem letzten Gesetz über die Preußische Staatsbank (Seehandlung) vom 22. Februar 1930 gehörten zu ihren Aufgaben die Wahrnehmung der Interessen des preußischen Staates auf dem Kapital- und Geldmarkt sowie die Durchführung aller Geschäfte, bei denen es der Mitwirkung einer Bank bedurfte, daneben das reguläre Bankgeschäft und die Emission von Staats- und anderen Anleihen durch das von der Preußischen Staatsbank (Seehandlung) geführte Preußenkonsortium, dem die bedeutendsten öffentlichen und privaten Banken sowie Bankierfirmen angehörten. Seit 1932 führte die Bank die Geschäfte des Umschuldungsverbandes deutscher Gemeinden

1924–1945 war Franz Schroeder Präsident der Seehandlung.

1936/39 wurde das Verwaltungsgebäude durch einen Ergänzungsbau in der Jägerstraße 22/23 erweitert. 1946 wurde der Bankkomplex der neugegründeten Deutschen Akademie der Wissenschaften übergeben. Heute beherbergt er deren Nachfolgeinstitution, die Berlin-Brandenburgische Akademie der Wissenschaften (BBAW), eine Kulturstiftung.

1947 erfolgte nach der Auflösung Preußens am 25. Februar die Umwandlung der Seehandlung in eine sogenannte »ruhende Altbank«. 1950 wurde sie als verlagertes Bankinstitut (Sitz bis 1960 in Hamburg) zur Abwicklung ihrer Verpflichtungen im Bundesgebiet anerkannt.

1983 wurde die Bank liquidiert. Ihr verbliebenes Vermögen wurde größtenteils der Landesbank Berlin übergeben; nur ein kleiner Teil bildete den Grundstock der Stiftung Preußische Seehandlung[74].

5.1.7 Die Patent-Papier-Fabrik zu Berlin auf Erfolgskurs

1821 Im Juni besuchte der Fürst und Staatskanzler von Hardenberg die Patent-Papier-Fabrik zu Berlin. Am 30. Juni schrieb ihm W. C. Benecke einen Dankesbrief.

1822 verzeichnete das Adressbuch[75] die Patent-Papier-Fabrik Berlin auf dem gemieteten Grundstück in der Mühlenstraße 75. Im Straßenverzeichnis des gleichen Buches wird für die Umgebung genannt

»Nr. 74   Baustelle
Nr. 75   Hildebrandt'sche Erben (verst.)
Nr. 76   Baustelle
Nr. 77   Ohme, Kattundrucker (verst.)
Nr. 78   Leist, Gärtner (verst.)
Nr. 79   Glanz Wwe.(verst.), Baustelle
Nr. 80–81 Baustelle
Nr. 82–83 Königliche Gebäude. Corty, Vorsteher der Patent-Papier-Fabrik«

Diese Angaben divergieren mit dem Katasterplan, der aus späterer Zeit stammt. Er nennt die Nr. 73 separat, weil die Aktiengesellschaft das Objekt erst später als Wohnhaus erworben hatte. Das Areal der Papierfabrik umfasste die Hausnummern 75–77. Nr. 78 und 79 waren kleine Wohnhäuser mit einer Gaststätte. Der mit Nr. 80 bezeichnete Getreidespeicher wurde erst 1907 gebaut.[76]

Nicht bekannt ist das Datum des Eintritts von Georg Peter Leinhaas als Meister in die junge Patent-Papier-Fabrik. Der Sohn des Bürgers und Webers Johann Adam Leinhaas wurde am 1. Dezember 1795 in Mannheim geboren.[77] Danach entstammt er nicht einer Papiermacherfamilie, muss aber doch wohl entweder diesen oder den Beruf eines Schlossers erlernt und umfassende Kenntnisse in den obligatorischen Wanderjahren erworben oder als gelernter Schlosser schnell fachmännischen Zugang zu der neuen Technik gefunden haben. Erstmals wird er im Adressbuch 1826[78] als Werkmeister aufgeführt; jedenfalls war er aber bereits 1823 dort als Faktor tätig, wie aus dem unten folgenden Bericht des Papiermachergesellen Otto Andrae hervorgeht. Verheiratet war er mit Emilie Dorothee geb. Werner, mit der er am 27. Januar 1827 die Tochter Dorothee Henriette Emilie, am 7 Oktober 1828 den Sohn Georg

Ernst Herrmann und am 15. März 1831 die Tochter Ida Amalie Agnes bekam. Deren Namen tauchen als im Papierbereich Tätige nicht auf, ausgenommen Emilie, die den bedeutenden Papiergroßhändler Carl Weise ehelichte. Die Ehefrau geb. Werner war die Tochter des Tischlereibesitzers Werner, der die Tischlerarbeiten beim Bau der Papierfabrik lieferte. Dabei lernte Leinhaas sie kennen – und deren Schwester wurde die Ehefrau von Johann Jakob Kayser, dem späteren Betriebsleiter in Hohenofen. Leinhaas wohnte bis zu seinem Tod auf dem Fabrikgrundstück. Sein Name ist in den Adressbüchern von 1838 und 1839[79] fälschlich als »Leimhaas« gedruckt. 1823 wird erstmals die Berufsbezeichnung »Faktor« verwendet, dann Direktor, schließlich Dirigent. Am 10. Juni 1850 heiratet der Witwer in der St. Georgen-Kirche die 37-jährige Henriette Emilie Christoph, Tochter des Bürgers und Kunstgärtners Johann Gottfried Christoph.

1822 wird im Adressbuch[80] erstmals Kayser, J. J., Schlossermeister, Schützenstraße 4, erwähnt. Letztmalig wird er verzeichnet im Jahrgang 1826[81] mit gleicher Adresse, aber wie in den Jahren ab 1823 als Schlosser. Zeit und Namensabkürzung geben Anlass zu der Annahme, dass es sich um Johann Jacob Kayser handelt, der ab 1833 in der Papierfabrik arbeitete. Das erweist sich aber nach den vorliegenden Lebenslaufdaten als ausgeschlossen, denn Johann Jacob Kayser, 1807 in Untermössing geboren, hat eine Papiermacherlehre in Schriesheim absolviert, nach deren Abschluss er mindestens 18 Jahre alt gewesen sein muss.

Die Stadt Schriesheim liegt im Rhein-Neckar Kreis. Im 19. Jahrhundert betrieb die dort angesiedelte Ehrmannsche Papier-Fabrik drei Mühlen. 1817 wurde Clemens Ehrman als Betreiber einer Druckerei und Papierfabrik genannt, 1822 dessen Brüder Dr. Ludwig Ehrmann in Frankfurt am Main und Kreisrat Heinrich Ehrmann, die an der Firma Gebrüder Ehrmann beteiligt waren. Details sind leider nicht zu finden. Das heute noch als Sehenswürdigkeit bekannte »Obere Werk/Kerzenfabrik« wurde erst um 1835 gebaut, kann also nicht die Ausbildungsstätte Kaysers gewesen sein. Ein Feuer zerstörte mehrere Gebäude auf dem Areal, die nicht wieder aufgebaut wurden. 1866 wurde die Mühle der Gebrüder Ehrmann zur Mahlmühle umgebaut, 1875 von Eduard Kauffmann Söhne aus Mannheim erworben und Stammberg getauft. Ursprung war die Bezeichnung Stampfwerk, also die Stoffaufbereitung einer Papiermühle. Eine solche wurde sie wieder 1894, als sie von dem Fotografen Emil Bühler für die Papierherstellung umgerüstet wurde.[82] Die produzierten Fotoroh- und Barytpapiere und »direktkopierendes Kohlepapier« fanden guten Absatz und wurden sogar ausgezeichnet. 1936 wurde das Werk geschlossen und zur Kerzenfabrik umgebaut. Denkbar bleibt, dass Kayser in der Mittleren Mühle lernte, die möglicherweise zu der Zeit einem Papiermacher Spangenberg gehört haben kann.[83]

Nach den drei Wanderjahren war Kayser ausgebildeter Fachmann und damit 21 Jahre oder älter. Die Daten bieten also keinen Anlass, ihn mit dem obengenannten Schlosser(meister) in Verbindung zu bringen.

In der Ahnenreihe der Familie Kayser wird als erster Papiermacher Johann Christopher genannt, 1725 geboren und 1787 in Ründeroth verstorben. Die Liste der »Papiermacher und ihrer Papiermühlen«[84] verzeichnet ihn und eine Mühle in Bickenbach in Hessen, leider ohne Angabe seiner dortigen Funktion (Inhaber, Pächter oder Meister) und ohne Zeitangabe. In seinem Sterbeort Ründeroth (heute Ortsteil von Engelskirchen) gab es eine (bei Block nicht verzeichnete) Papiermühle. Das könnte damit zusammenhängen, dass Bickenbach nur zwei Kilometer von Ründeroth liegt, sodass die Zuweisung der Papiermühle nach Bickenbach die richtige Adresse ist.

Johann Christoph(er)s Sohn Friedrich Jacob wurde 1762 in Langen-Brombach geboren, wo es gleichfalls eine Papiermühle gab. Für sie wird im Verzeichnis der Name Peck genannt, ohne Angabe seiner Funktion. Friedrich Jacob hat demnach vermutlich in dieser Mühle das Papiermacher-Handwerk erlernt und zog später nach Untermössing, wo er als Papiermachergeselle arbeitete. Auf der Internetseite der Gemeinde[85] wird die Papiermühle Unter-Mossau als Kleinod für das ganze Mossautal gerühmt. Dort heißt es: »Die Papiermühle. Sie wurde 1757 von dem Hubengut getrennt. (Wieser, Flechsenhaar, Schneider, Kredel, Ihrig). […] Die Papiermühle wurde zu einer Mahlmühle umgewandelt. Sie ist noch heute funktionsfähig. Es gibt ein Protokoll über die Umwandlung der Papiermühle und Setzung eines Eichenpfahles vom 6. August 1857. Auch das Wasserzeichen des Papiermüllers G[eorg] P[eter] Kredell [›Papiermüller‹ ist noch heute Hausname der Ihrigs] ist bekannt. Der Rest eines Papierschöpfrahmens ist ebenso vorhanden wie ein Leimkessel aus Gusseisen.)« Das vor einigen Jahren umgebaute Haus ist denkmalgeschützt. Letzter Betreiber der Mühle war bis um 1980 ein Herr Klingler, dessen Witwe noch heute das Haus bewohnt. Hier wurde auch 1807 Johann Jacob Kayser geboren. Der absolvierte seine Lehre nicht in Vaters Arbeitsstätte, sondern in Schriesheim. Friedrich Jacob Kayser starb 1841 in Hasloch. Dieser Ort findet sich in der erwähnten Liste nicht.

Josef Geuenich stellt in seinem Buch[86] zahlreiche Namensträger als Unternehmer vor und weist darauf hin, dass seine Forschungen die Existenz zweier Familienstämme Kayser ergeben hätten, zwischen denen keine verwandtschaftlichen Beziehungen bestanden. Ebensowenig konnte der Verfasser, der seine kaufmännische Ausbildung in der Feinpapier-Großhandlung I. C. Kayser & Giesecke in Hannover (Schwesterfirma von I. C. Kayser & Co. in Dresden) absolvierte, hierzu eine Verbindung erkennen. Es gibt heute weder eine Papierfabrik noch ein Papierverarbeitungswerk oder eine Papiergroßhandlung, die den Namen Kayser im Firmennamen führt.[87] Weitere Forschungen müssten weit in die Vergangenheit zurückgehen und zumindest den gesamten westdeutschen Raum abdecken, was den Rahmen des vorliegenden Buches sprengen würde.

Johann Jacob Kayser, dem unser Interesse gilt, erweiterte seine Kenntnisse im Anschluss an die Schriesheimer Lehre in der vorgeschriebenen dreijährigen Wanderzeit in Deutschland, Holland, Belgien und Frankreich.

1823 Am 15. Juli beschrieb der Papiermachergeselle Otto Andrae in seinem Wandertagebuch[88] den Besuch in der Patentpapierfabrik. Er sah nach fast drei Wanderjahren die erste deutsche Papiermaschine, die er mit fassungslosem Staunen bewunderte:

»Den Nachmittag ging ich nach der berühmten Patent-Papierfabrik, die am Stralauer Thor in der Mühlen-Straße liegt; durch den Herrn Faktor Leinhaas bekam ich denn Einlaß, der mich denn auch überall herumführte. Mit Staunen sah ich dies kostspielige kunstreiche Werk an; es genau zu beschreiben war die Zeit zu kurz, das ich es sah. Die Dampfmaschine treibt 6 Holländer, wo allemal drey an einem Stirnrade liegen, die Räder mit Getrieben und Wellen ist alles von Guß-Eisen, und geht einzig; der eine von drey Holländern ist ein Halber-Zeug-Holländer, aus dem der Zeug gleich in die beiden niedriger liegenden andern läuft, aus diesen in zwey große Kasten, in denen eine stehende Welle als Rechen die Masse immer umrührt; von hier läuft der Zeug nun auf die Maschine, wo vorn eine Scheibe ist zum Stellen entweder dick oder dünne Papiere, man kann es sich denken als ein großes Lumpensieb, von feinem gewebten Draht, das unaufhörlich hinter sich bewegt und dadurch die Masse zusammen treibt, dies ist ungefähr 6–8 Schuh, dann passirt es zwey eiserne Walzen, zwischen denen sich der Filz befindet und die es schon so auspressen wie bey einer Presse; von hier gleich wieder zwey metallene, die aber Schluß sind und es nur glatt machen, und hinter denen hat es eine solche Festigkeit, daß es sich schon auf einer Haspel aufwickelt. So ist es schon fertig, und nun schneidet man die Form des Papiers, die man haben will. Es sind eygentlich zwey Dampfmaschinen, eine, die die Maschine, und eine andere größere, die die Holländer treibt. Sie machten gerade Zuckerpapier. An den vier Bütten (die man aber nicht zu sehen kriegt), wird das ganz feine Post, auch die Tresor- und übrige Staatspapiere gemacht. In dem Preßsaale stehen 16 Pressen, eine so schön wie die andere, es waren 8 Gesellen da; in dem Saal und bey den Lumpen befinden sich 60–70 Weibspersonen. Wenn die Maschine den ganzen Tag geht, fertigen sie mit derselben 120 Ries Median und 200 Ries Schreibpapier.«

Es fällt auf, dass Weisser 1821 nur von einer Rundsiebmaschine berichtet, Andrae 1823 hingegen allein die Langsiebmaschine beschreibt. Die Original-Konstruktionszeichnung von Donkin ist im Kapitel 5.1.1 wiedergegeben; von der Rundsiebmaschine sind keine Unterlagen vorhanden.

1824 baute der Papiermüller Gustav Schaeuffelen in Heilbronn nach den Angaben eines zugewanderten Arbeiters, der in der Patent-Papier-Fabrik Berlin gearbeitet hatte, das Modell einer Langsiebpapiermaschine.

1828 stand erstmals die Patent-Papier-Fabrik im Adressbuch[89] als Eigentümerin des Grundstücks in der Mühlenstraße 75 mit einer Niederlage in der Grünstraße 21. Diese blieb es bis 1830 und wurde dann an den Papierhändler A.C.M. Ulrici verkauft.

1829 trat Crull als Verwaltender Direktor zurück und starb noch im gleichen Jahr.
Ihm folgte der Geheime Oberfinanzrat Wentzel. Dessen Berufung wurde von der Generalversammlung am 28.07.1830 durch einstimmigen Beschluss gebilligt. Die zuvor beschlossene Reduktion des Aktiennennwertes wurde widerufen. Wentzels Eintritt bedeutete den Beginn einer für alle Beteiligten sehr erfreulichen Periode, die bis zu Wentzels Tod um 1870 anhielt und dann im Strudel der zu Ende gehenden Gründerzeit versank. Benecke von Gröditzburg blieb Vorstandsmitglied und hatte diese Position noch 1846 inne, als die Dauer der

Aktiengesellschaft durch eine Statutenänderung um zehn Jahre auf das Jahr 1856 verlängert wurde mit der Option, dann eine weitere Fortdauer der Gesellschaft zu beschließen. Staatsminister Christian Rother hat persönlich mit Verfügung vom 12. März 1846 die Fortdauer der Gesellschaft mit dem Hinweis befürwortet, dass »in Hinsicht auf die bisherigen Geschäfts-Erfolge [die Verlängerung, K. B. B.] von sämtlichen Beteiligten bereitwillig angenommen werden wird.«

1830 waren zwei Dampfmaschinen mit sechs und eine mit 24 PS in Betrieb. Nach der Zählung der im Berliner Polizei-Bezirke befindlichen Dampfmaschinen gab es 1820 acht und 1830 25 Maschinen. Nur drei Betriebe nutzten je zwei Dampfmaschinen: Die Dannenbergische Kattundruckerei, die Zeitungsdruckerei Haude et Spener und die Patent-Papier-Fabrik. In der preußischen Papierproduktion wurde außer den beiden Berliner Maschinen nur eine dritte erwähnt. In der ersten überregionalen Pressenotiz über die Fabrik werden eine große und zwei kleine Dampfmaschinen angegeben.[90] Abweichend davon gibt die Liste »Die Dampfmaschinen in der Berliner Wirtschaft im Jahre 1820« für die Papierfabrik nur eine Hochdruckdampfmaschine mit wahrscheinlich sechs PS von der Firma Seraing (Belgien) mit dem Vermerk »staatlich finanziert« an. Was das bedeutet, ist dem Verfasser nicht bekannt. Von Subventionen wurde damals noch nicht gesprochen, und die Seehandlung beteiligte sich erst im Folgejahr. Überdies konnte die Fabrik mit nur sechs PS nicht betrieben werden; allein die Holländer benötigten etwa die vierfache Kraft.[91] Eine Papiermaschine verfügt über einen Trockenzylinder.[92]

1833 tritt Johann Jakob Kayser als Faktor unter dem Direktor Leinhaas in die Fabrik ein. Dem Lebenslauf Ludwig Kaysers ist zu entnehmen, dass der Vater als Papiermachergeselle an der Bütte das Papier für die preußischen Geldscheine schöpfte.[93] Er muss über das handwerkliche Können hinaus fundierte technische Kenntnisse gehabt haben, denn er war offenbar in der Patent-Papier-Fabrik nicht allein der zweite Mann nach dem Dirigenten Leinhaas und 1837 dessen Schwager, sondern von Leinhaas auch mit der Einrichtung der Patent-Papierfabrik Hohenofen betraut worden. Dort war er dann bis zu seiner Pensionierung 1884 Direktor. Die Bedeutung seiner Position in beiden Fabriken ergibt sich auch daraus, dass sein Sohn Ludwig sein Nachfolger in Hohenofen wurde. Der hatte 1863 Kontakt mit der Berliner Niederlage der Fabrik, in der er an vielen freien Stunden, die ihm sein Militärdienst ließ, sich ein schönes Taschengeld verdiente. Etwas erstaunlich ist es, dass in seinen Erinnerungen[94] der Vetter seines Schwagers, Adam Leinhaas, Leiter der Niederlage, nicht vorkommt. Am 1. April 1864 trat Ludwig Kayser in eine Stellung bei der Patent-Papier-Fabrik ein und arbeitete teils im Werk, teils in der Niederlage in der Wallstraße 7 und 8, wo er auch wohnte.

Vor 1836 erwarb die Patent-Papier-Fabrik ein Grundstück in Guben, richtete dort eine Lumpenankaufs- und Sortieranstalt ein und vergrößerte die Berliner Anlage.[95]

1836 Die neuen preußischen Kassenanweisungen werden auf einem aus reinen, rohen Hanffasern bereiteten Papier gedruckt. Sie sind dauerhafter, glatter und weniger zerbrechlich als die früheren, die dreibogig geschöpft waren, wobei »der mittlere Bogen die farbige Einsicht lieferte« Es darf wohl angenommen werden, dass das Papier aus der Patent-Papier-Fabrik zu

Berlin stammte. Nach obiger Quelle gehörte die PPF Berlin zu den vorzüglichsten Papiermühlen (!) in Deutschland neben Memmingen, Cröllwitz, Reinerz und Harzgerode.

1837 steht im Berliner Adressbuch[96] unter Eintrag: »Papierfabriken, Patent-, Mühlenstr. 75, Niederlage. Jägerstr. 26«.[97]

Durch die Unterstützung der Seehandlung konnte sich nun der Betrieb zur leistungsfähigen Fabrik entwickeln. Die Patent-Papier-Fabrik florierte so gut, dass die Seehandlung in den Jahren 1837 bis 1838 eine weitere »mustergültige große Maschinen-Papier-Fabrik« (Fengler) in Hohenofen bei Neustadt an der Dosse erbaute.[98] In der Kopie des »Extrakt aus der Verhandlung in der Generalversammlung der Actionairs der Patent-Papier-Fabrik, vom 20. März 1846«[99], in der auch die vorstehende Empfehlung zu lesen ist, findet sich die Aufstellung der Aktionäre gemäß dem Aktienbuch von 1837 und 1846.

»1837[100]

1. das Königliche Seehandlungs-Institut — 125
2. dem Herrn Benecke von Gröditzberg — 52
3. dem Herrn Geheimen Justizrath Jordan — 12
4. der Frau Wilhelm Pellisson — 10
5. dem Herrn Professor Frick — 8
6. dem Herrn Professor von Poselger — 5
7. den Erben des verstorbenen Geheimen Ober-Finanz-Raths Rosenstiel — 2
8. der Frau Wilhelm Jacoby [Orfend u. Papzoe[?]] — 4
9. dem Oberforstmeister von Münchhausen zu Abersburg — 2
10. dem General-Münzendirektor Gödeking — 2
11. der Frau Benecke geb. Beyrich — 2
12. den Gebrüdern Ebart — 2
13. dem Banquier Simonsohn — 2
14. dem Oberbürgermeister Daetz — 1
15. dem Reg. Baurath Langerhans — 1
16. dem Banquier Gustav Benecke — 4
17. dem Herrn P. Schlumberger — 1

zusammen 235

Bei der Vollziehung der (Buchungen) im Jahre 1837
waren folgende Veränderungen inzwischen eingetreten:
a) Die Aktien
der Rosenstielschen Erben — 2
des Banquiers Gustav Benecke — 4
des P. Schlumberger — 1

7 Aktien

waren auf das Königliche Seehandlungs-Institut übergegangen.

b) durch Cession waren ferner übergegangen:
auf den Herrn Benecke von Gröditzberg die 4 Aktien vom
[… ?] Jacoby
Auf den Herrn B. Heinemann die 2 Aktien des Banquiers
Simonsohn«

Aus dieser Aufstellung ergeben sich interessante Erkenntnisse:

a) Das Gründungskapital der Gesellschaft in Höhe von 90.000 Talern erwies sich sehr bald als unzureichend und musste mit Statuten-Nachtrag vom 8. Mai 1819 um 45.000 auf 135.000 Taler erhöht werden.[101] Dann hätte die Beteiligung der Seehandlung mit 125.000 Tlr. nicht der Hälfte des neuen Gesellschaftskapitals entsprochen. Es musste also um 10.000 herabgesetzt worden sein, später um weitere 15.000 Tlr. Belege hierzu liegen nicht vor.

b) Es fehlen die Namen von Corty und dem Gründungs-Mitvorstand Lecoq. Die Vermutung liegt doch nahe, dass beide bei der Gründung Aktien selbst gezeichnet haben, das Kapital bei ihrem Ausscheiden aber gekündigt haben. Ein Grund für den Verkauf der Aktien ist nicht erkennbar, es sei denn eine totale Interessenverlagerung Cortys hin zu seinem Gut in Guben und umliegenden Orten, in denen er Investments platzierte. Veranlassung konnte jedenfalls nicht sein Tod sein, denn am 10.10.1847 hat er noch den Tod seines einzigen Sohnes erlebt[102]. Joseph Cortys Todestag ist nicht bekannt. Lecoq hingegen sah möglicherweise eine Interessenkollision zu seinem Amt als Regierungs-Chefpräsident. Belege sowohl für die Kapitalreduktion als auch über das Ausscheidens Lecoqs fehlen.

c) Der Zuerwerb der weiteren sieben Aktien durch die Seehandlung beruhte im Falle Benecke auf der Überlegung, durch die Übernahme angebotener Papiere den Hinzutritt neuer Beteiligter und einen dadurch denkbaren Kursrückgang zu vermeiden; der zweite Punkt betraf Hilfe bei Erbschaftsregulierungen Rosenstiel und Schlumberger. Am Stimmrecht änderte dies nichts, da bekanntlich satzungsgemäß kein Aktionär mehr als vier Stimmen haben konnte.

d) Verblüffend erscheint die Beteiligung der Gebrüder Ebart, die ja starke Wettbewerber am Markt der handgeschöpften Werttitelpapiere waren. Sie gehörten nicht dem Kreis der Gründer an, sondern erwarben die Aktien von einem unbekannten Dritten. Ihr Interesse bestand von Anbeginn darin, von den Erfahrungen der neuen Fabrik mit der Papiermaschine zu lernen. In Spechthausen wurde die erste Papiermaschine erst 1841 installiert. Denkbar ist auch eine Geschäftsverbindung durch die bedeutende Papiergroßhandlung der Gebrüder Ebart in Berlin.

1837 kündigte der Eigentümer des gepachteten Hadernhalbstoffwerkes Guben den Vertrag. Das Datum des seinerzeitigen Vertragssschlusses ist nicht bekannt, auch nicht die Lage und vorherige Art des Betriebs. Er muss am Neisse-Ufer gestanden haben, denn er bedurfte der Wasserkraft für den Antrieb der Mühleneinrichtung, sei es ein Hammerwerk, Kollergang oder Holländer gewesen. Man kann ausschließen, dass es sich um eine traditionelle Papiermühle gehandelt hat, denn Guben wird niemals und nirgends als (einstiger) Papiermühlenstandort genannt. Denkbar ist, dass es der Vorläufer der Pappenfabrik Köhler war. Die Installation dieser Pappenmühle wird aber nach leider unvollständigen Quellen für das Jahr 1850 angenommen.[103] Die Kündigung blieb ohne Auswirkung auf den Betriebsablauf in Berlin, weil im gleichen Jahr die Patent-Papierfabrik Hohenofen in Gang kam. Dort standen ausreichende Kapazitäten zur Verfügung.

Vor 1840 hatte die Firma eine Papiermühle in Ohlau-Thiergarten gepachtet. Ohlau, polnisch Olawa, war Hauptstadt des gleichnamigen Kreises im preußischen Regierungsbezirk Breslau und liegt zwischen Ohle (Ohlau) und Oder. Es gab ein königliches Schloss; eine hölzerne Brücke führte über die Oder. Die Existenz einer (abgebrannten) Papiermühle ist gesichert.[104]

Als Ort der Niederlage der Papiermühle in Ohlau-Thiergarten wird die Jägerstraße 75 in Berlin genannt.

»Betrifft die Papiermühle zu Ohlau, gepachtet von der Patent-Papier-Fabrik. Untersuchung des Brandes vom 7. Nov. 1840, ¾ auf 9 (Zuziehung der Mühlenadministration).[105] Betroffen die Hälfte des Wohnhauses, Hälfte vom Schneidwerk, Stall und Scheune. Zeugen: Eduard Scholz, 32 Jahre; Christian Trumpke, 37; Carl Clet, 36; Daniel Kabus, 30«. Unterschriften: Eduard Scholz [und andere; K. B. B.]

Bericht von Kayser, Mechaniker; Caroline Dirallen, Marie Hoffmann. Poststempel auf Adressblatt »Ohlau«.

Blätter 154–163. Endunterschrift »Elsholtz, Kreissekretarius« (bestätigt)

»gleichlautend mit der Urschrift« auf gerippt Bütten, Wasserzeichen nicht erkennbar.

1840 wendet Leinhaas als Erster (neben Keferstein, Cröllwitz) die Harzleimung im Stoff an und verbessert sie zwei Jahre später durch Zusatz von Stärke.[106]

1841 Brief: Berlin, 18. Juni 1841. Direktion der Patent-Papierfabrik, Wentzel, an Generaldirektion der Seehandlungs-Societät wegen Entschädigung Papier Mühle zu Thiergarten bei Ohlau (auf Velinpapier ca. 90 g/m^2).

Blätter 167 bis 171: Weiterer Schriftwechsel über den Brandschaden in der Papiermühle Ohlau-Thiergarten.

Im Schreiben vom 24. Januar der Patent-Papierfabrik (Wentzel) an Minister Rother heißt es u.a. »[…] dass wir den Pachtzins von jährlich 100 Rthl. bis zur Auflösung der Pacht […] bereit sind zu zahlen und demgemäß die Zahlung bis Ende December 1840 geleistet ist«.

Blatt 173: Weiterer Schriftwechsel wegen Thiergarten.

Blätter 206–216: Schreiben der Patent-Papierfabrik [gez.: Leinhaas] an Seehandlungs-Societät, Wentzel: Kosten-Anschlag zum Bau einer neuen Papier-Mühle für Rechnung der Kgl. Seehandlung zu Thiergarten bei Ohlau:

Vorgesehen 3 Bütten. Endsumme (korrigiert) 13.077 Rthl.

Eintragung des Besitztitels auf die zu Thiergarten […] No. 22 belegene Papier-Mühle für die Kgl. Seehandlungs-Societät zu Berlin. 6. December 1839.

Prozesssache der Schlesischen AG für Bergbau und Hüttenbetrieb wider den Gutsbesitzer Gustav Deverny.: Das Kgl. Appellations-Gericht bestätigt am 2. Juli 1871 an die Generaldirektion der Seehandels-Societät zu Berlin den Empfang der am 20. Juli eingereichten Urkunden:

1.) des Privilegiums des Herzogs Georg v. Brieg vom 21. August 1594

2.) des Privilegiums des Herzogs Joachim Friedrich v. Brieg v. 14. April 1623

3.) des Privilegiums des Herzogs Johann Christian v. Brieg v. 8. Nov. 1623

4.) des Privilegiums des Herzogs 15. Februar 1661

5.) der späteren Erwerbsurkunden vom 1.8.1667, 28.12.1683, 3.9.1716, 28.7.1764, 3.1.1803, sämtlich die Hypothek No. 22 Thiergarten betreffend.«

Ungeachtet des ziemlich reichlich vorhandenen Schriftwechsels über den Brand der Papiermühle Ohlau-Thiergarten bleibt die Frage ungelöst, wann die Pacht begann. Sehr wahrscheinlich ist, dass das Pachtverhältnis mit der Pachtzahlung bis 31.12.1840 beendet war. Der angesprochene Neubau ist wohl nicht erfolgt. Da 1838 die für damalige Verhältnisse große und moderne Patent-Papierfabrik Hohenofen als Pachtbetrieb übernommen worden war, bestand wohl auch keine Notwendigkeit für die Beibehaltung des Standortes Ohlau.

1842 Adressbucheintrag[107] »Die Patent-Papier-Fabrik [Mühlenstraße 74–77]. Sie ist im Jahre 1819 auf Aktien gegründet und mit ihr im Juni 1838 die von dem königl. Seehandels-Institute zu Hohenofen bei Neustadt a.D. errichtete, der Patent-Papier-Fabrik pachtweise überlassene große Maschinen-Papier-Fabrik in Verbindung gesetzt worden.

Verwaltender Direktor

Hr. Wenzel Geh. Seehandlungsrath u. Direktor des königl. Kredit-Instituts für

Schlesien, Thiergartenstr. 1a

Beamte

Hr. G. P. Leinhaas, Faktor und erster Beamter [leitet die Fabrikation], im Fabrikgebäude.

Barth, Buchhalter, Holzmarktstr. 47

Niederlage der Fabrik [Oberwallstr. 3]

Hr. A. Leinhaas, Vorsteher, Oberwallstr. 3

F. Sieber, desgl., Köpenickerstr. 29«

1843 trat das preußische Aktiengesetz in Kraft. Ein Handelsregister gab es damals noch nicht. In Preußen wurde das Bestehen eines solchen Registers erst im Allgemeinen Deutschen Handelsgesetzbuch von 1861 festgeschrieben und trat am 1. Januar 1870 in Kraft. Als zuständige Gerichte wurden die Handelsgerichte eingesetzt. Möglicherweise gab es vorher Aufzeichnungen bei Börsen, Ständevertretungen oder anderen Institutionen. Die Nachforschungen danach verliefen im Sande, da neben dem Archiv der Berliner Börse auch Bestände anderer Berliner Archive den Luftangriffen im Zweiten Weltkrieg zum Opfer fielen.

Nach dem bis dahin geltenden Allgemeinen Landrecht wurden selbst privilegierte Gesellschaften wie die Papierfabrik hinsichtlich der Rechtsfähigkeit auf das Recht der Privatgesellschaften verwiesen – allerdings vorbehaltlich anderslautender Privilegien, und solche waren wohl mit der Patenterteilung von 1818 verbunden. Damals lautete die Definition der Rechtsfähigkeit noch: »Corporationen und Gemeinen stellen in den Geschäften des bürgerlichen Lebens Eine moralische Person vor. Sie werden in Rücksicht auf ihre Rechte und Verbindlichkeiten gegen Andre, außer ihnen, nach eben den Gesetzen, wie andre einzelne Mitglieder des Staates, beurtheilt.« Die Verleihung der Korporationsrechte setzte voraus, dass sich die Beteiligten »zu einem fortdauernden gemeinnützigen Zwecke verbunden haben«. Damit waren also vom Prinzip her Handelsgesellschaften ausgeschlossen – es sei denn, der Souverän hatte ihnen ein abweichendes Privileg erteilt. Für die Geschichte der Patent-Papier-Fabrik zu Berlin und damit auch ihres Zweigbetriebes Patent-Papierfabrik Hohenofen ist dabei von Bedeutung, dass die Gründung in Berlin auf königlicher Privilegierung beruht, da es 1818/19 noch an einer allgemeinen Rechtsgrundlage für die AG fehlte und also auch noch kein Handelsregister existierte. Die in dem uns vorliegenden listenartigen Ausdruck der handelsregisterlichen Veränderungen im Jahr 1873 für die Fabrik angegebene Nummer 492 kann also frühestens nach dem 9. November 1843 vergeben worden sein. Die heutige Einteilung des Handelsregisters in Teil A: Einzelfirmen und Personengesellschaften und Teil B: Kapitalgesellschaften kann es zu jener Zeit noch nicht gegeben haben, weil die Nummer dafür zu hoch ist.

Im selben Jahr veröffentlicht das Gewerbe-Blatt für Sachsen einen Artikel unter der Überschrift »Die Patent-Papierfabrik zu Berlin und ihre Zweigetablissements«[108]. Der Verfasser stieß im Internet auf der Suche nach Einzelheiten über die beiden Zweigbetriebe in Guben darauf. Leider wurden weder das gepachtete Halbstoffwerk in Guben, noch die gleichfalls gepachtete Papiermühle in Ohlau-Thiergarten erwähnt. Dennoch ist der Aufsatz wegen seiner detaillierten Beschreibungen höchst bemerkenswert – und auch deshalb, weil wieder einmal nichts von der zweifellos einmal vorhanden gewesenen Rundsiebmaschine verlautet. Sie soll doch erst 1864 verkauft worden sein.

»In der »Vossischen Zeitung «theilen einige Akzionäre dieses auf Akzien gegründeten Etablissements folgende interessante Angabe über Einrichtung und Umfang desselben mit. Der Akzienverein, welcher im Jahre 1819 von einem Herrn Corty das Patent übernahm, welches derselbe auf eine amerikanische Rahmpapiermaschine erhalten, erwarb für seinen Zweck in Berlin mehrere dicht an der Spree belegene Grundstücke und ließ daselbst in bedeutendem Umfange die zum Getriebe der Papierfabrikazion erforderlichen Gebäude errichten. Es sind in diesen Gebäuden drei Dampfmaschinen aufgestellt, zu denen theils runde gusseiserne, theils dergleichen schmiedeeiserne Kessel und Siederöhren gehören. Die beiden Hochdruckdampfmaschinen von rsp. 24 und 16 Pferdekraft sind dazu bestimmt, alle übrigen, zur Fabrikazion des Papiers erforderlichen Maschinen, insbesondere aber 9 Holländer in Bewegung zu setzen, durch welche die Lumpen gewaschen, zermalmt und theilweise gefärbt werden. Durch die dritte Dampfmaschine wird mit einer Kraft von 6 Pferden die Rahmpapiermaschine in Thätigkeit erhalten. Die meisten Arbeiten der Fabrik, und unter diesen auch das Zerschneiden der Lumpen und das Stauben und Büken [= in Lauge einweichen; K. B. B.] derselben so wie das Satiniren der Papiere, werden durch die Kräfte der drei Dampfmaschinen bewirkt, indessen beschäftigt die Fabrik doch auch noch ein bedeutendes Arbeitspersonal mit den Verrichtungen, welche nicht durch Maschinenkräfte bewerkstelligt werden können, wozu auch die Arbeiten an vorkommenden Reparaturen, in den besonders eingerichteten Schmiede- und Tischlerwerkstätten, so wie bei den Apparaten zur Bereitung des Chlorgases und des flüssigen Chlorkalks zum Bleichen der Lumpen gehören. Außer den Lokalien zur Fabrikazion des Maschinenpapieres ist auch noch ein besonderes Lokal zur Anfertigung solcher Papiersorten eingerichtet, welche wegen eigenthümlicher Beschaffenheit nicht durch Maschinen hergestellt werden können und hauptsächlich von Behörden für besondere Zwecke in Bestellung gegeben werden. Es sind in diesem Lokal drei Bütten aufgestellt, aus denen das Papier in gewöhnlicher Art bogenweise geschöpft wird. Die Quantität der Lumpen, welche alljährlich in der Fabrik verarbeitet wird, beläuft sich auf circa 10.000 Zentner, und die verschiedenen Papiersorten, welche daraus angefertigt werden, und in neuerer Zeit noch durch die Fabrikazion von sogenanntem Tapetenpapier vermehrt worden sind, finden wegen ihrer Preiswürdigkeit, Güte und Dauerhaftigkeit überall guten Absatz.«

»Obgleich das dem Akzienverein ursprünglich verliehene Patent längst erloschen ist, so ist die Fabrik unter Anwendung der seit ihrer Gründung auf Kosten derselben gemachten Erfahrungen, sowie der dadurch nöthig gewordenen mannichfaltigen Verbesserungen und zweckmäßigen Einrichtungen doch unausgesetzt in vollem Betriebe geblieben. Sie befindet sich noch jetzt im Besitz des Akzienvereins. Alle Jahr ist mindestens eine Generalversammlung, in welcher die Beschlüsse durch Stimmenmehrheit der Akzionäre festgestellt werden.«

»Als in Folge der fortschreitenden Vervollkommnung des Fabrikats sich Nachfrage und Begehr danach in einem solchen Maße vermehrten, dass sie durch die aufs Höchste gesteigerten Kräfte der Fabrik nicht mehr befriedigt werden konnten, wurde das Bedürfniß einer Erweiterung des ganzen Unternehmens fühlbar, welche dadurch herbeigeführt wurde, dass nicht allein in Guben eine besondere Lumpenankaufs- und Sortiranstalt in einem hierzu angekauften Grundstücke eingerichtet und die Gebäude in Berlin vermehrt wurden, sondern auch der Akzienverein von der königl. Seehandlung, welche das bis zum Jahre 1830 für Rechnung des Staats betriebene sogenannte Saigerhüttenwerk zu Hohenofen bei Neustadt a. D., nachdem es fruchtlos vielfach öffentlich zum Verkauf ausgeboten worden war, als Eigenthum erworben und in den Jahren 1836 bis 1838 zur Papierfabrikazion eingerichtet hatte, diese Fabrik in Pacht nahm.« (Fortsetzung im Kapitel 6.1.3, K. B. B.)

1844 wurde nach der bei Frieder Schmidt[109] abgedruckten Liste »Papiermaschinen-Lieferungen der Firma Bryan Donkin & Co. an deutsche und böhmische Fabriken (1823–1851)« eine Maschine mit der Kundenbezeichnung »Leinhaas, Berlin« geliefert. Technische Angaben zu dieser Maschine fehlen. Sie ersetzte die Maschine von 1818.

Adressbuch[110]: Firma, Sitz und Beschreibung wie 1842

Wentzel jetzt: Thiergartenstr. 1a

»Beamte
Hr. G. P. Leinhaas, Faktor und erster Beamter (leitet die Fabrikation), Mühlenstr. 75
Barth, Buchhalter, große Frankfurterstr. 32
Niederlage der Fabrik (Oberwallstr. 3)
Hr. A. Leinhaas, Vorsteher, Oberwallstr. 3
F. Sieber, desgl., Sebastianstr. 15«

1845 sind laut dem »Journal für Papier- und Pappenfabrikation«[111], »drei Dampfmaschinen aufgestellt, zu denen teils runde gusseiserne, teils schmiedeeiserne Kessel mit Siederöhren gehören. »Die beiden Hochdruckdampfmaschinen von 24 und 16 Pferdkraft sind dazu bestimmt, außer den vielen Apparaten insbesondere neun Holländer in Bewegung zu setzen, in welchen die Lumpen gewaschen und zermalmt wie auch die Papiermassen gefärbt werden. Durch die dritte Dampfmaschine wird mit einer Kraft von sechs Pferden die Papiermaschine in Tätigkeit erhalten. Die meisten übrigen Arbeiten der Fabrik wie Zerschneiden, Stauben und Bücken der Lumpen sowie das Satinieren der Papiere werden durch die Kräfte der zwei Dampfmaschinen bewirkt; indessen beschäftigt die Fabrik doch auch noch ein bedeutendes Personal mit den Verrichtungen von Reparaturen, Chlorgasbereitung usw.

Ein besonderes Lokal ist zur Anfertigung solcher Papiersorten eingerichtet, welche wegen eigentümlicher Beschaffenheit nicht mit der Maschine hergestellt werden können, und hauptsächlich von Behörden für besondere Zwecke bestellt werden. Es sind hier drei [1823 werden vier angegeben; K.B.B.] Bütten aufgestellt, aus denen das Papier nach alter Art bogenweise geschöpft wird. Diese, jedenfalls erst zwischen 1818 und 1845 nachträglich geschaffene Anlage bildet ein neues Beispiel dafür, wie man neben der Papiermaschine bis in unsere Zeit herein immer noch Einrichtungen für die Herstellung von Büttenpapier schuf.«[112]

Damals wurden jährlich 10.000 Zentner (= 500 t) Lumpen verarbeitet, auch zu Tapetenrohpapier.

1845 Adressbucheintrag wie 1844[113]

1846 verkauft die Patent-Papier-Fabrik zu Berlin nach Ernst Kirchner[114] die erste englische Papiermaschine aus dem Jahr 1818 an die Papierfabrik Rudolf Keferstein, Ermsleben. Eine andere Quelle sagt, eine Rundsiebmaschine sei 1877 an die Papierfabrik Kraft & Knust, Berlin, Ackerstraße 92–96, verkauft worden. Das Jahr kann nicht stimmen. Das war 1864 bei der Gründung dieser Firma. Kraft & Knust haben dann 1878/79 die zweite Donkin-Langsiebmaschine (aus dem Jahr 1844) gekauft, für die sich in der Versteigerung am 22. Februar 1878 kein Interessent gefunden hatte.[115]

Ludwig Kayser hat nach seinen Aufzeichnungen[116] 1862–1866 an der neuen Langsiebmaschine von Donkin gearbeitet. Er gibt keinen Hinweis auf zwei zur gleichen Zeit arbeitende Langsiebmaschinen. Zwar wurden beim Versteigerungstermin zwei Langsiebmaschinen angeboten – die neue von Escher-Wyss, die einen Käufer gefunden hat, und die möglicherweise nicht mehr in Betrieb gewesene Donkin. Kayser erwähnt aber auch keine Rundsiebmaschine.

Es waren demnach[117] bei der Vollziehung der Maßnahmen vom 20. Maerz 1846 vertreten:

1. das Königliche Seehandlungs-Institut mit 132 Aktien
2. dem Herrn Benecke von Gröditzberg 56 Aktien
3. dem Herrn Geheimen Justizrath Jordan 12 Aktien
4. der Frau Wilhelm Pellisson 10 Aktien
5. dem Herrn Professor Frick 8 Aktien
6. dem Herrn Professor Poselger, nach dem Tode desselben gegenwärtig als Erbe dessen Sohn, als Treuhänder [?] die Philosophin Poselger 5 Aktien
7. dem Herrn Oberforstmeister von Münchhausen 2 Aktien
8. dem Herrn General-Münzdirektor Gödeking 2 Aktien
9. die Frau Benecke geb. Beyrich 2 Aktien
10. die Gebrüder Ebart 2 Aktien
11. dem Raphael Heinemann [ohne Herr oder Titel; K. B. B.] 2 Aktien
12. dem Oberbürgermeister Deetz, nach dessen Tod jetzt die Tochter desselben, die Frau Geheime Ober-Finanz-Räthin Vilaatsch als Erbin 1 Aktie
13. dem Stadt-Baurath Langerhans <u>1 Aktie</u>

zusammen 235 Aktien

Der Pachtvertrag des Werkes Hohenofen mit der Seehandlung wurde gleichzeitig um zehn Jahre verlängert.

Lecoq ist wohl sehr bald aus der Gesellschaft wieder ausgeschieden. Sein Name wird in der Folge nicht mehr erwähnt. Auch von Corty ist bald nicht mehr die Rede; er siedelte auf sein Gut bei Guben über. Der Bericht lobt nun die Verdienste der preußischen Regierung um die Patent-Papier-Fabrik.

1848 Adressbucheintrag[118] Firma, Sitz und Beschreibung wie 1842, 1844 und 1845
»Verwaltender Direktor
Hr. Wenzel Geh. Oberfinanzrat u. Direktor des königl. Kredit-Instituts für Schlesien, Kemperhof 2
Beamte
Hr. G. P. Leinhaas, technischer Dirigent, Mühlenstr. 75
Flos, Buchhalter, Breslauerstr. 18
Niederlage der Fabrik (Oberwallstr. 3, v. Osten Unterwasserstr. 6)
Hr. A. Leinhaas, Vorsteher, Unterwasserstr. 6
F. Sieber, dgl., Chausseestr. 77a
Mit Datum vom 10. April 1848 ist »dem Dirigenten der Berliner Patent-Papierfabrik, G. P. Leinhaas in Berlin […] ein Patent auf eine durch Zeichnung und Beschreibung nachgewie-

Langsieb-Papiermaschine um 1850 von Escher Wyss. Eine ähnliche Maschine könnte die in Berlin von Donkin 1844 installierte gewesen sein. Die Berliner Escher-Wyss-Maschine kam erst 1872.

sene Verbesserung der Knotenreinigungsmaschinen für die Papierfabrikation auf fünf Jahre, von jenem Tage an gerechnet, und für den Umfang des preußischen Staats ertheilt worden.«

1851 machte sich zum 1. Februar der Vetter von Georg Peter Leinhaas, Adam Leinhaas, bisheriger Vorsteher der Fabrikniederlage, als Großhändler selbstständig. Im Adressbuch dieses Jahres[119] wird er allerdings noch in seiner alten Funktion erwähnt. Die Anschrift der Patent-Papier-Fabrik lautet nunmehr Mühlenstraße 74–77.

1852 steht zu Adam Leinhaas im Adressbuch[120] »Papierhändler en gros, Lager von Patentpapieren der Patent-Papierfabrik Berlin, feine Lederwaaren und Papparbeiten, Niederlage von Buch- und Kupferdruckfarben«

Am 25. Dezember dieses Jahres verstirbt Georg Peter (im Sterberegister der St. Georgenkirche A 702/0012 nur Peter genannt) Leinhaas im Alter von 57 Jahren an Unterleibsentzündung. Er hinterlässt Frau und drei volljährige Kinder (aus erster Ehe).

1853 Eintrag im Adressbuch unter Papierfabriken: Berliner, Patent-, Mühlenstraße 75, Niederlage: Unterwasserstr. 6

Im Adressbuch ist Leinhaas noch verzeichnet.

1853 notiert das Adressbuch über Adam Leinhaas: »Kaufmann und Händler von Patentpapier etc., feine Lederwaren«

1854 Das Adressbuch[121] gibt an: »Leinhaas geb. Christoph, verw. Dirigent«.
»Adam Leinhaas: Materialien: Geschäftslokal Unterwasserstr. 8, Kaufmann en gros, Lager von Berliner Patentpapieren, Unterwasserstr. 71, Burgstr. 15«, gleichlautend in den Jahren 1856, 1858 und 1859[122].

1855 (Titel 14) wird als Dirigent der Name Pütter genannt – bis 1859. Der Adressbuchteil von 1860 fehlt. Im selben Jahr arbeitete nach Prof. E. Kirchner[123] die erste Donkin-Maschine mit einer Arbeitsbreite von 142 cm immer noch und erzeugt täglich 750 kg Papier. Das kann nicht die Maschine von 1818/19 gewesen sein, da diese 1846 nach Ermsleben verkauft wurde. 1844 wurde dafür die zweite Maschine von Donkin installiert, die in dessen Lieferliste mit dem Empfänger »Leinhaas, Berlin« aufgeführt wird. Dazu gibt es zwölf Holländer, zwei Dampfmaschinen und einen Querschneider. Kirchner[124]:

»Sie [die Patent-Papier-Fabrik zu Berlin, K B. B.] mag später in Schwierigkeiten gekommen sein. Schreiber ist dieses erinnerlich, dass die Patentpapierfabrik Anfang der 1870er Jahre umgebaut wurde und dass die Kgl. Seehandlung in Berlin wohl Besitzerin war. Später ist sie dann eingegangen und hat nichts mit der einen heute in Berlin arbeitenden Papierfabrik zu tun.« Damit ist Kraft & Knust in der Ackerstr. 92–96 gemeint.

Die Berliner Fabrik hatte tatsächlich Probleme, wie Kirchner richtig bemerkt.[125] Das Hohenofener Werk bestand hingegen weiter und wurde erst 1886 an Ludwig Kayser verkauft. Die bis dahin nach Berlin überwiesenen Gewinne sind der Grund dafür, dass nach den Unterlagen die Liquidation der AG nach dem Verkauf der Grundstücke noch bis 1907 andauern konnte. Im Adressbuch[126] wird die Firma allerdings letztmalig 1888 mit dem Sitz in der Kommandantenstraße erwähnt.

5.1.8 Der Kauf des Werkes Hohenofen

1855 Für 160.000 Reichsthaler wurde die bisher gepachtete Patent-Papierfabrik Hohenofen der Seehandlung abgekauft und von nun an als Zweigniederlassung betrieben. In der Erfolgsrechnung für 1879 wird der zu verzinsende Kapitaleinsatz mit 480.000 Mark angegeben, was der Relation ein Taler = drei Mark entspricht.

Anhang[127]
zu den
Statuten der Patent-Papier-Fabrik
zu Berlin
vom 26sten April 1837

Die Aktionairs der unter dem Collectiv-Namen: »Patent-Papier-Fabrik zu Berlin« bestehenden Aktien-Gesellschaft haben zu mehrerer Sicherung des Geschäftsbetriebes derselben in der am heutigen Tage stattgefundenen General-Versammlung organische Beschlüsse gefaßt, welche einen Anhang zu den Statuten vom 26. April 1837 der gedachten Aktien-Gesellschaft nothwendig machen.

Demnach sind sie über die folgenden nachträgliche Bestimmungen zu den vorbezeichneten Statuten mittelst des gegenwärtigen Vertrages übereingekommen.

§ 1

Die Königliche Seehandlung hat das ihr zugehörige im Bezirk der Königlichen Regierung zu Potsdam, im Ruppiner Kreise am Dossefluß belegene Grundeigenthum Hohenofen nebst der mit demselben zu einem Ganzen vereinigten sogenannten Poliermühle und verschiedene

Grundstücks-Parzellen, sowie nebst der zu jenem Ganzen gehörigen Maschinen-Papier-Fabrik, welche sämmtliche Gegenstände sie der Patent-Papier-Fabrik zeither in Pacht gegeben, dieser letzteren mittelst zweier Kauf-Kontrakte vom 11./18. Mai 1855 für ein Kaufgeld von 160.000 Rthlrn. und 245 Rthlrn. Courant eigenthümlich abgetreten.

Nachdem die §§ 2 und 10 der Statuten vom 26. April 1837 angeordnete Reduktion des Aktien-Kapitals durch Beschluß der General-Versammlung der Aktionairs aufgehoben und der ursprüngliche Nominalbetrag der Aktien von je 1000 Rthlr. wieder hergestellt ist, wird das nach §. 2. der obengedachten Statuten zur Zeit vorhandene Betriebs-

Kapital	235.000 Rthlr.
Cour[128] zur Bezahlung des vorgedachten Kaufpreises auf Höhe der	160.000 Rthlr
durch Ausgabe von 320 Aktien, eine jede auf 500 Rthlr. Cour. lautend, deren Nominalbetrag die Aktionairs der Gesellschaft einzahlen, vergrößert, so daß das	_____
gesammte Aktien-Kapital der Gesellschaft künftig	395.000 Rthlr. Cour.

betragen wird. Die vorgedachten 245 Rthlr.[129] werden aus dem vorhandenen Vermögen der Gesellschaft bezahlt.

Die Inhalts des gedachten § 2 der Statuten gegenwärtig in Cirkulation befindlichen 235 Aktien, jede über die Summe von 1000 Rthlrn. Courant ausgefertigt, werden eingezogen und in 470 Aktien jede über 500 Rthlr. Courant lautend, umgeschrieben. Zu der vorstehenden Aktienzahl sind 320 neue Aktien, jede über 500 Rthlr. Courant lautend, auszufertigen, dergestalt, dass künftig 790 Aktien in Cirkulation sich befinden werden.

§ 2

Die umgeschriebenen 470 Aktien sowohl, als die neu kreirten 320 Aktien, werden nach dem beiliegenden Formular in fortlaufenden Nummern auf einen bestimmten, namentlich benannten Eigenthümer ausgefertigt und auf neu anzulegende Folia in das Aktienbuch eingetragen. Die Kosten der Umschreibung und Ausfertigung werden aus dem Vermögen der Aktien-Gesellschaft berichtigt.

Sämmtliche Bestimmungen, welche die Statuten vom 26. April 1837 über die Rechte und Verbindlichkeiten der Aktionairs, sowie überhaupt über die Aktien, namentlich über die Veränderung des Eigenthums derselben enthalten, gelten von den neu zu kreirenden Aktien. Diese genießen dagegen mit den über das Aktien-Kapital der 235.000 Rthlr. Courant ursprünglich ausgegebenen Aktien, folglich mit den vorgedachten 470 umgeschriebenen Aktien, gleiche Rechte. Die Direktion ist dafür verantwortlich, daß keine der neu zu kreirenden 320 Aktien vor Einzahlung des Nominal Betrages ausgegeben werde.

§ 3

Die Eigenthümer der nach § 2 neu zu kreirenden und auszugebenden Aktien nehmen vom 1. Januar 1856 ab Antheil an der Gesellschaft, mithin auch an dem Gewinn und etwaigen

Verlust derselben und sind an die Bestimmungen der Statuten vom 26. April 1837 und des gegenwärtigen Nachtrages zu denselben gebunden.

§ 4

Die § 8 der Statuten vom 26. April 1837 bestimmte Dauer der Gesellschaft wird auf zehn Jahre, mithin bis zum letzten Dezember 1865 verlängert. Die in jedem § 8 bestimmte stillschweigende Prolongation nach der Zeit vom letzten Dezember 1865 ab, soll nicht mehr eine fünfjährige, sondern eine zehnjährige sein.

§ 5

Hinsichtlich der Verhältnisse des zeitigen verwaltenden Direktors verbleibt es bei dem von der Königlichen Seehandlung abgeschlossenen, am 15. März 1854 von dem Königlichen Finanz-Ministerio bestätigten und von den Aktionairs der Gesellschaft am 18. März 1854 vollzogenen Vertrag vom 15. September 1853.

§ 6

Der § 32 der Statuten vom 26. April 1837 wird in der Weise abgeändert, dass zehn Aktien und darüber 1 Stimme

zwanzig Aktien und darüber 2 Stimmen

dreißig Aktien und darüber 3 Stimmen

vierzig Aktien und darüber 4 Stimmen geben und selbst der Besitz über vierzig Aktien mehr als vier Stimmen nicht gewährt.

§ 7

Hinsichts des § 7 der Statuten vom 26. April 1837 vorgeschriebenen schiedsrichterlichen Verfahrens wird noch bestimmt, daß der Inhalt des gedachten § 7 die Stelle eines zwischen den Kontrahenten, sowie deren Erben und Nachfolgern unter sich, oder zwischen ihnen und den übrigen Theilnehmern der Gesellschaft zu schließenden speciellen Kompromisses vertritt und ausdrücklich dem Einwande entsagt wird, dass in jedem einzelnen Falle zuvörderst ein besonderer förmlicher Kompromiß-Vertrag hätte geschlossen werden müssen.

§ 8

Im Uebrigen hat es beim dem Inhalt der Statuten vom 26. April 1837 überall das Bewenden. Berlin, den 8. Mai 1855«

1857 Am 26. April beschloss die Generalversammlung der Aktiengesellschaft im Zusammenhang mit dem Kauf der Patent-Papierfabrik Hohenofen neue Statuten. In ihren §§ 2 und 10 wurde eine Herabsetzung des Aktienkapitals festgeschrieben. In einer Anlage zu den Statuten heißt es unter § 1:

»Verwaltender Director ist der Geheime Ober-Finanz-Rath Wentzel auf Lebenszeit und controllierender Director der Wirkliche Geheime Ober-Regierungs-Rath Matthies, in Vertretung des in § 21 der Statuten genannten Herrn Benecke von Groeditzburg, der durch andauernde Krankheit abgehalten ist, diesem Amte vorzustehen. Berlin, den 18. Decbr. 1857. (gez.) Altmann«

Der Wortlaut dieser Statuten ist gedruckt in der Deckerschen Geheimen Ober-Hofbuchdruckerei. Ein Exemplar befindet sich im Landesarchiv Berlin.[130]

Ein am 8. Mai 1855 beschlossener Anhang, in dem der Kauf der bisher gepachteten Patent-Papierfabrik Hohenofen dokumentiert wird, findet sich unter dem letztgenannten Datum und Zeichen.

1858 entwickelte sich ein umfangreicher Schriftwechsel mit dem Königlichen Polizei-Präsidium über dessen Verlangen nach Vorlage der Geschäftsdaten. Das wird von der Direktion der Patent-Papier-Fabrik (gez.: Wentzel) mit der Begründung zurückgewiesen, dass die Aktiengesellschaft 1819 gegründet sei und deshalb die Bestimmungen des Gesetzes vom 4. November 1834 keine Anwendung finden können. Die Akte befindet sich im Landesarchiv Berlin.[131]

Am 14. März bittet die Direction der Patent-Papier-Fabrik »Eine Königliche Hochlöbliche General-Direction der Seehandlungs-Societät, hierselbst:

Nach einer, von der Königlichen Regierung zu Potsdam getroffenen Bestimmung soll in dem Dorfe Hohenofen unverweilt mit der Constituierung der politischen Gemeinde und der Einführung des Ortsstatuts vom 1ten October 1846 vorgegangen werden und ist zu diesem Behufe in Hohenofen ein Termin auf den 24ten d.M. von dem Landraths-Amte anberaumt worden. Da mir hierzu noch sowohl des, noch in den Acten Einer Königlichen Hochlöblichen General-Direction der Seehandlungs-Societät sich befindenden Original-Statuts bedürfen, als es uns auch wünschenswert sein muss, von den sonstigen bei Wohlderselben während der Zeit des Besitzes der Hohenofener Papier-Fabrik durch die Königliche Seehandlung über den Gegenstand gepflogenen Verhandlungen eingehende Kenntniß zu nehmen, so ersuchen Eine Königliche Hochlöbliche General-Dirction der Seehandlungs-Societät wir ganz ergebenst: uns die, auf die Angelegenheiten in Rede Bezug habenden dortigen Acten, die ohnehin bei der Seehandlung nicht mehr gebraucht werden dürften, möglichst bald zugehen lassen zu wollen.

Die Direction der Patent-Papierfabrik Berlin« (gez.) Wentzel.[132]

General-Direction der Seehandlungs-Societät (neue Akten-Nr. 223)
»Acta, betreffend die Überlassung der Akten Hohenofen Nr. 13 Vol. 1 + 2
Nr. 19 Vol. 1, Nr. 3 Vol 1 (an die Direction der sächsischen Patentpapierfabrik)
Depositorium Hohenofen, angefangen 16. März 1859.
Nachweis der in der Geheimen Seehandlungs-Registratur befindlichen, das Etablissement Hohenofen betreffenden Akten.
Acta, betreffend den Aufruf des Seigerhüttenwerks Hohenofen (…), 1833«

1859 Am 17. März wurden unter Acta No. 1323 «der Direction der Patent-Papier-Fabrik übergeben 142, 132 und 141 Folien betreffend Schriftwechsel mit dem Königlichen Ober-Bergamt wegen Verpflegung der Ortsarmen; 185 Folien betreffend die Bildung eines Gemeindeverbandes mit dem Ersuchen, uns den richtigen Empfang gefälligst anzuzeigen.

General-Direction der Seehandlungs-Societät (gez.) Camphausen, Somelter [?] –. Z.d.A. Berlin 22.3.1859 Generaldirection (gez.) Wentzel«

1859 Adressbucheintrag wie 1853[133], Niederlage: Wallstr. 3.4.f.Donath. Die Gesellschaft erwirbt das Nachbarhaus, offenbar ein kleineres Wohnhaus in der Mühlenstraße 73 der Witwe Glantz.

1860 »Wir nehmen ganz ergebenst Bezug auf das geehrte Schreiben Einer Königlichen Hochlöblichen General-Direction vom 17. März v.J., mit welchem uns die, die Ortsarmenpflege und die Bildung eines Gemeindeverbandes in Hohenofen betreffenden Acten des Königlichen Ober-Bergamtes beziehungsweise der Königlichen Seehandlung zugegangen sind. Dieser Acten bedurften wir aus Veranlassung der damals beabsichtigten Constituierung der politischen Gemeinde und Einführung des Ortsstatuts vom 1. October 1846 in Hohenofen. Indessen ist nicht nur die Erreichung des oben angegebenen Zweckes bisher an der Renitenz der betheiligten Einwohner gescheitert, sondern es sind Hohenofener Eigenthümer neuerdings auch mit Ansprüchen gegen die dortige Gutsherrschaft – unter Anderem mit dem Anspruch auf Einräumung des Rechts zur unentgeltlichen Mitbenutzung der Fabrikablage – hervorgetreten, die, wenn man sie zur Geltung kommen lassen sollte, geeignet sein würden, die Interessen der Gutsherrschaft, also der Actiengesellschaft der Patent Papier Fabrik wesentlich zu benachtheiligen. Wir halten diese Ansprüche nicht für begründet, deshalb aber es umso mehr für unsere Pflicht, dieselben mit allen gesetzlich zulässigen Mitteln zurückzuweisen.

Augenblicklich sind wir damit beschäftigt, die vorhandenen actenmäßigen Beweismittel zur Widerlegung der Ansprüche zu sammeln, und hierbei kommt es uns darauf an, auch von der noch in der Geheimen Seehandlungs-Registratur sich befindenden, zu der Erwerbung, den Besitz und [...] Verwaltung der Hohenofener Fabrik in Beziehung stehenden Acten, Karten, Situationsplänen und sonstigen Zeichnungen Einsicht zu nehmen. Vorzugsweise erwünscht würde uns die Einsicht

    a) der Acten über den Verkauf des vormaligen Seigerhüttenwerkes in Hohenofen seitens des Königlichen Ober-Bergamtes an die Königliche Seehandlung;

    b) der Noten über den Ankauf der Poliermühle daselbst,

    c) der Hohenofener Separations-Acten

    d) der Thalschen Karte von Hohenofen von 1807

    e) der Copie aus dieser Karte von dem Hohenofener Weideplan, angefertigt bei Gelegenheit der vor einigen Jahren ausgeführten Separation dieses Planes sein, und ersuchen Eine v.g. Hochlöbliche General-Direction ganz ergebenst, uns diese Acten und Karten geneigtest recht bald zugehen lassen zu wollen, wobei wir es jedoch dankbar anerkennen würden, wenn Eine Königliche Hochlöbliche General-Direction die übrigen, bei Wohlderselben außerdem noch vorhandenen Hohenofener Acten, Karten, Situationspläne und Zeichnungen uns gleichzeitig aushändigen zu lassen die Geneigtheit hätte. Dass die vorerwähnten Acten, Karten etc. bei der Königlichen Seehandlung nicht mehr gebraucht werden und deshalb ferner in unserem Besitz bleiben können, glauben wir zwar voraussetzen zu dürfen; wir erklären uns anderer

Seits jedoch sehr gern bereit, diejenigen davon unverweilt zurück zu geben, deren Retmedition Eine Königliche Hochlöbliche General-Direction wünschen sollte.

Berlin, den 4. April 1860. Die Direction der Patent-Papier-Fabrik (gez.) Wentzel«
5 Blatt = 9 Seiten Nachweisung der in der Geheimen Seehandlungs-Registratur befindlichen, das Etablissement Hohenofen betreffenden Akten (50 Positionen)
2 Blatt = 3 Seiten Verzeichnis der in der Geheimen Seehandlungs-Registratur befindlichen, das Seigerhüttenwerk Hohenofen bei Neustadt a./Dosse betreffenden Karten, Situationspläne und Zeichnungen (15 Positionen).

1862 Im Adressbuch[134] wird als Dirigent Petsch genannt. Eintrag Adam Leinhaas: »Kaufmann Engros, Papier-Händler, Kommandantenstr. 85; ab 1.4. Kommandantenstr. 5a (Eigentümer)« In diesem Jahr hatte Ludwig Kayser seine Lehrzeit in Hohenofen unter Leitung seines Vaters beendet und wurde Soldat. In seiner ausgiebigen Freizeit verdiente er sich ein Taschengeld in der Niederlage der Patent-Papier-Fabrik zu Berlin und trat nach Ende seiner Dienstzeit als Angestellter in die Fabrik ein. 1866 wurde er zum Wehrdienst einberufen.

1865 Eintrag im Adressbuch wie vorher, aber Kommandantenstr. 5a; Eigentümer von Nr. 8–12. Adam Leinhaas ist demnach wohlhabend geworden.

1866 Für dieses Jahr liegt dem Landesarchiv Berlin[135] eine Bilanz vor:
»Ergebnisse der letzten Bilanz
Patent-Papier-Fabrik in Berlin. Der Sitz der Aktiengesellschaft ist Berlin.
Fabrikation von Papier und Verkauf des Fabrikats.
Bis 1855 betrug das Grundkapital 235.000 Rthl. in Stamm-Aktien.

Erhöht wurde das Grundkapital durch den Statuten-Nachtrag vom 2. Mai 1855 um 160.000 Rthl. in Stamm-Aktien erhöht.

Grund-Kapital Nominal-Betrag der Aktien, auf die Einzahlungen geleistet sind Stamm-Aktien	Betrag der getätigten Einzahlungen		Nominalbetrag der einzelnen Aktien
395.000 Rthl.	395.000 Rthl.	Die Aktien lauten auf den Namen	500 Rthl.

Ergebnisse der letzten Bilanz			
Zusammen	Das Grundkapital ist vollständig durch Aktien gedeckt	eingezahlte Betrag des Reservefonds a) der Berliner Patent-Papier-Fabrik b) der Papier-Fabrik zu Hohenofen zusammen	14.740 Rthl. 14.750 Rthl. 29.440 Rthl.
395.000 Rthl			

Reingewinn im Ganzen	Betrag der Tantiemen	Zur Vertheilung an
	853 Rthl.	die Aktionäre
23.772 Rthl.	An diesen Tantiemen partizipieren	Zinsen: 4 %
	der Verwaltende Direktor und die	Dividende: 6 %
	3 Vorsteher der Fabriken und der	Summa: 10 %
	Niederlagen	

Bemerkungen:

A. Die Gesellschaft besitzt

a) die Patent-Papier-Fabrik Mühlenstraße 73–75 hierselbst

b) die Papier-Fabrik in Hohenofen bei Neustadt/Dosse[136] und bewirkt den kaufmännischen Vertrieb ihres Fabrikats durch ihre hiesigen Niederlagen, die sich z.Z. in der Wallstr. Nr. 7 + 8 befinden.

B. Verwaltender Director der Gesellschaft ist der Königliche Geheime Ober-Finanz-Rath und Director Wentzel und zwar auf seine Lebenszeit. Demnächst wird die Stelle des Verwaltenden Directors jedes Mal von 3 zu 3 Jahren besetzt.

C. Ein aus mehreren Personen bestehender Aufsichtsrat ist statutenmäßig nicht vorhanden, wohl aber ein controllierender Director, welches Amt z.Z. Seine Excellenz der Königliche Wirkliche Geheime Rath und Präsident Herr Mathis inne hat.

25. October 1866

Die Direction der Patent-Papier-Fabrik zu Berlin (gez.) Wentzel«[137]

1868 »Verzeichniß der in den alten Landestheilen der Preußischen Monarchie bestehenden Actien-Gesellschaften, mit Ausschluß der Eisenbahn- und Chausseebau-Actien-Gesellschaften. Aufgestellt im November 1867. Separat-Abdruck aus dem Königlich Preußischen Staats-Anzeiger. Berlin im März 1868.[138]

In der besonderen Beilage zu Nr. 89 des Königlich Preußischen Staats-Anzeigers vom 17. April 1866 ist eine Nachweisung der Preußischen Actien-Gesellschaften bis 1865 mit Ausschluß der Eisenbahn- und Chausseebau-Actien-Gesellschaften veröffentlicht worden. Im Anschluß hieran hat der Herr Minister für Handel etc. Veranlassung genommen, eine ausführliche Zusammenstellung der Verhältnisse der Preußischen Actien-Gesellschaften durch die Königlichen Regierungen herbeizuführen. Wir sind in den Stand gesetzt, auch diese Zusammenstellung, welche die eigentlichen Actien-Gesellschaften im Sinne des Artikel 207 des Handelsgesetzbuches, beziehungsweise des Gesetzes vom 15. Februar 1864 (Ges.-S. S. 57) und des älteren Gesetzes vom . November 1843 (Ges.-S. S. 341) umfasst, zu veröffentlichen.«

»Patent-Papier-Fabrik zu Berlin. – St. v. 4. April 1819; Nachtr. v. 25. Nov. 1819; Rev.St. v. 26. April 1837; Nachtr. v. 8. Mai 1855; durch Reskr. d.Min. d. Inneren v. 29. Febr. 1820 genehmigt. – Fabrikation von Papier und Verkauf desselben. Dauer: unbestimmt. – Grundkap. 1855: 235.000 Thlr. – Betr. u. Z. d. Erh. d. St.-Act: 160.000 Thlr. (1855) – Nombetr. d. St.-Act.: 395.000 Thlr. – Betr. d. E. a. St.-Act.: 395.000 Thlr. – Actien lauten auf Namen, Nombetr. d. einz. Act. 500 Thlr«.[139]

Der Eintrag lässt Fragen offen: Wie können die Nachträge des Statuts von 1837 und 1855 schon 1820 genehmigt worden sein? Da ist die Formulierung wohl etwas durcheinander geraten. Es scheint, dass hier eine Art Vorläufer des Handelsregisters gegeben wird. Allerdings liegt eine Chronologie der Akiengesellschaft vor, die unvollständig ist. Die Entwicklung des Aktienkapitals lässt sich nicht nachvollziehen.

1870 Adressbuch unter Papierfabriken[140] »Berliner, (Patent), Mühlenstr. 75«
Adam Leinhaas: »Papier-Großhändler, Kaufmann und Schiedsmann des Neue Grünstraßen-Bezirks 86, Kommandantenstr. 5a (Eigentümer), in schiedsrichterlichen Angelegenheiten Kommandantenstr. 2–3«

Die Papier-Zeitung[141] führt unter der Überschrift »75 Jahre Papiergroßhandlung« aus: »Die Papiergroßhandlung von A. Leinhaas, Berlin, kann am 1. Februar d.J. auf ein 75jähriges Bestehen zurückblicken. Sie wurde am 1. Februar 1851 von Adam Leinhaas begründet. Indirekt ist die Firma aus der Berliner Patenpapierfabrik hervorgegangen, die 1818 in Berlin die erste englische Papiermaschine in Deutschland aufstellte. Sie allein durfte bis 1840 Maschinenpapier in Preußen herstellen. Der Direktor dieser Fabrik, Peter Leinhaas, übertrug die Leitung der Berliner Niederlage seinem Vetter Adam Leinhaas, welcher dann nach Aufgabe dieser Stellung unter seinem Namen eine Papiergroßhandlung errichtete. Er nahm später seinen Schwager Carl Balz als Teilhaber auf. Danach folgten als Inhaber die inzwischen auch verstorbenen Max Balz und Bruno Engel. Die heutigen Inhaber sind Eduard Wegener und Curt Stephan[142], Berlin, sowie Heinrich Eggers, Hamburg, welcher die dort errichtete Zweigniederlassung leitet. Die seit jeher fachtüchtig und gediegen geleitete Firma genießt in weitesten Fachkreisen hohes Ansehen.« Die gleiche Zeitschrift teilt[143] unter der Überschrift »Heinrich Eggers« mit: »Am 15. April d.J. verstarb der langjährige Teilhaber der Papiergroßhandlung A. Leinhaas, Berlin–Hamburg, Herr Heinrich Eggers, im 61. Lebensjahre. Im Jahre 1893, also vor nahezu 40 Jahren, trat der Verstorbene als Angestellter bei der Firma A. Leinhaas, Berlin, ein und übernahm im Jahre 1900 die Vertretung für Hamburg. Als Anerkennung für seine wertvollen Dienste wurde ihm im Jahre 1907 Prokura erteilt und im Herbst 1908 wurde er als Teilhaber in die Firma aufgenommen. Seit diesem Zeitpunkt war er ununterbrochen hauptsächlich als Leiter der Zweigniederlassung Hamburg seiner Firma tätig, widmete aber seine Erfahrungen und gediegenen Fachkenntnisse auch dem Berliner Stammhause. Sein lauterer Charakter und seine vornehme Denkungsweise schufen ihm zahlreiche Freunde, die durch seinen Tod in aufrichtige Trauer versetzt sind. Die Firma A. Leinhaas, Berlin–Hamburg, wird von dem nunmehrigen Alleininhaber Curt Stephan, Berlin, in bisheriger Weise fortgesetzt; die Hamburger Interessen werden fortan durch Herrn Hans Eggers, den Neffen und langjährigen Mitarbeiter des Herrn Heinrich Eggers, vertreten.« Die Firma ist 1950 im 99. Jahr ihres Bestehens erloschen.

1871 versammelte sich in Dresden eine Anzahl von Papierfabrikanten, die erklärte:[144]
»In Folge der fortwährenden Steigerung aller Materialien ist es als eine Nothwendigkeit zu bezeichnen, bis auf Weiteres einen Preiszuschlag gegen die Papierpreise im Frühjahr nach

Höhe von mindestens 12 Prozent eintreten zu lassen. Die durchschnittliche Berechnung ergiebt zwar einen Mehraufwand von 16 2/3 Prozent bei der Fabrikation, dennoch begnügte man sich mit der Erhöhung von 12 Prozent, weil man eine baldige Ermässigung mancher Materialpreise und namentlich der Kohlen erwarten zu könen [sic!] glaubte.«

»Mit den Gründungen begann auch die Erhöhung der Papierpreise. Papier und Lumpen stiegen sehr im Preis, weil der Consum sich plötzlich verdoppelte und verdreifachte. Die zahllosen Gründungen verschlangen viele tausend Ballen schönes Papier, welches mit lauter faulen Actien bedruckt wurde. Die Zeitungen vergrösserten ihr Format und ihren Umfang, brachten täglich etliche Bogen, ausschliesslich bedeckt mit redactionellen Börsennotizen, ellenlangen Courszetteln, grossmächtigen Prospecten und Reclamen und sonstigen Inseraten über lauter Gründungen und Emissionen. Es entstand eine Menge neuer Zeitungen, vornehmlich Börsenblätter, von denen die meisten inzwischen wieder eingegangen sind. Dazu Brochüren und Denkschriften über neue Unternehmungen, die in vielen tausend Exemplaren ausgestreut, eine Unmasse von neuen Geschäfts- und Handlungsbüchern, und eine lawinenartig anwachsende Correspondenz zwischen Börse, Banquiers und Publikum! Genug, der Papierverbrauch war augenscheinlich ein ungeheurer, und darum geschahen auch so viele Papiergründungen, die sich allerdings wieder meist auf die Umwandlung schon bestehender Fabriken beschränkten.«[145] Wir verzeichnen folgende:[146]

    Holzstoff- und Papierfabrik, Kiauten in Ostpreussen
    Stettiner Papierfabrik Hohenkrug   +
    Papier- und Geschäftsbücher–Fabriken, sonst Gebr. Rubens,
    Oldesloe und Hamburg
    Papierfabrik und Kalkbrennerei, vormals Rudolf Keferstein in Sinsleben
    Rheinische Papierfabrik Neuss   +
    Hessische Papier- und Papierwarenfabrik, sonst G. Bodenheim & Co. Cassel
    Papierfabrik, früher Keferstein & Sohn in Cröllwitz   +
    Muldenthal-Papierfabrik vormals Schmidt & Mehner, Freiberg
    Freiberger Papierfabrik zu Weissenborn   +
    Papierfabrik in Hütten bei Königstein
    Papierfabrik zu Köttewitz bei Dresden
    Sebnitzer Papierfabrik, vormals Gebrüder Just & Co.
    Vereinigte Bautzener Papierfabriken,
    vormals C. F. A. Fischer und Grimm & von Otto   +
    Papierfabrik zu Einseidel bei Chemnitz
    Patentpapierfabrik zu Penig   +
    Papierfabrik zu Lösnig bei Lepzig, früher Krüger & Hennig
    Holzstoff- und Papierfabrik zu Schlema bei Schneeberg
    Magdeburger Papierfabrik   +
    Papierfabrik zu Alt-Damm bei Stettin   +

Dombacher Papierfabrik
Seifersdorfer Papierfabrik
Papierfabrik zu Radeberg
Papierfabrik zu Strassburg   +
Papierfabrik Porschendorf-Zschopau   +
Förster'sche Papierfabrik zu Krampe bei Grünberg in Schlesien«

(Die mit + gekennzeichneten Fabriken haben, teils unter anderem Namen, noch nach dem Ersten Weltkrieg bestanden.)

1872 wird von Escher Wyss & Cie., Zürich und Ravensburg, die Papiermaschine Nr. 79 Typ A mit einer Arbeitsbreite von 183 cm geliefert.[147] Nach der Referenzliste aus dem Jahr 1925 bezeichnet der Lieferant als Typ A »die normale Papiermaschine für gewöhnliche, mittelfeine und ganz feine Papiere in der Stärke von 25–40 Gramm pro qm bei einer Geschwindigkeit von 80-2 [vermutlich ist hier 200 gemeint, K. B. B.] m pro Minute, Arbeitsbreite 1800–2600 mm.«

Das »Adress-Buch der Maschinen-Papier-Fabriken und der Holzstoff-Fabriken des deutschen Reichs, Oesterreichs und der Schweiz«[148] gibt an:

»Patent-Papierfabrik in Berlin. 1 M. Sch. u. Dr.« (1 Maschine für Schreib- und Druckpapier). Damit dürfte die Donkin-Maschine gemeint sein, denn die Escher-Wyss-Maschine kam erst in diesem Jahr, und die Donkin-Maschine blieb bis zur Betriebseinstellung vorhanden. Nach dem folgenden Bericht von Alwin Rudel ist aber nicht anzunehmen, dass sie noch betrieben wurde. Die Rundsiebmaschine war schon früher an Kraft & Knust verkauft worden.

Damals war die Blüte der »Gründerzeit«. Von 1871 bis 1873 wurden in Deutschland 23 Papierfabriken als Aktiengesellschaften gegründet. Im Verlauf der durch hemmungslose Spekulationen ausgelösten Wirtschaftskrise gingen laut Wisso Weiss[149] 39 Papierfabriken zugrunde, so auch Berlin.

1871 oder **1872** ist das Aktienkapital auf M. 1.800.000 (entsprechend 600.000 Rthl.) erhöht worden. Mit der Installation der Escher-Wyss-Papiermaschine musste das Maschinengebäude erneuert werden. Als Architekten hatte der Vorstand einen der bedeutendsten des ausgehenden 19. Jahrhunderts betraut: Walter Kylmann (1837–1913), der zusammen mit Adolf Heyden ein renommiertes Architekturbüro betrieb. Neben vielen anderen bemerkenswerten Bauten errichtete das Duo 1873 die Kaisergalerie, »eine 130 m lange Passage mit 50 Einzelhandelsgeschäften im Zentrum Berlins zwischen Unter den Linden und der Friedrichstraße (Ecke Behrenstraße)«.[150] Mit dieser insgesamt erheblichen Investition hatte sich dann wohl die Notwendigkeit der Kapitalerhöhung ergeben. Ein Beleg für das Datum der Aufstockung fehlt. Auch seitens der Seehandlung liegt kein Hinweis vor; insbesondere bleibt ungeklärt, ob sie sich an der Kapitalerhöhung beteiligt hat.

1873 gibt das Handelsregister in Abteilung II an:

»Patent-Papier-Fabrik zu Berlin. Vertreten durch den Director Heinr. Friedr. Scheller. Geschäftslokal: Mühlenstr. 74–77. Nr. des Handelsregisters 492.« Die Aufteilung auf die Abteilungen A (Einzelfirmen, Personengesellschaften) und B (juristische Personen, Kapitalgesellschaften) gab es offensichtlich immer noch nicht.

1874 Adressbucheintrag:[151] »Patent-Papierfabrik Mühlenstraße 75, Niederlage: Wallstr. 7.8.« In diesem und dem nächsten Jahr wird kein Name für den Dirigenten angegeben.

1875 war zum Jahresende ein Verlust nach Abzug des Gewinnes der Hohenofener Patent-Papierfabrik von 217.335 Mark aufgelaufen.[152]

5.1.9 Das Ende der Patent-Papier-Fabrik zu Berlin

1876 Ende April wurde der Betrieb der Fabrik eingestellt.[153] Im Geschäftsbericht des Aufsichtsrats für 1876 wird rekapituliert, dass die Geschäftszahlen bereits in der außerordentlichen Hauptversammlung vom 10. Juli a. p. vorgelegt worden waren.[154] Die Gewinn- und Verlustrechnung wird in den Einzelheiten dargestellt. Danach war der Verlust »theils durch unrichtige Aufnahme der ultimo 1875 verbliebenen Bestände seitens der früheren Verwaltung der Berliner Fabrik und theils durch den Verlust bei der Fabrikation der Berliner Fabrik im I. Quartal 1876 um 151.992, mithin auf die Summe von 369.347 Mark erhöht hat«. Dieser Verlust erhöhte sich bis Ende 1876 um weitere 53.182 Mark. Dabei wird erwähnt, dass der Geheime Oberfinanzrat Scheller 3.032 Mark erhaltene Tantieme zurückgezahlt hat. Hohenofen hat dagegen einen Gewinn von 32.848 M. erwirtschaftet und damit das auf sie entfallende Aktienkapital von 480.000 M. mit sechs Prozent verzinst – ein als befriedigend angesehenes Ergebnis. Unter dem Strich bleibt für die AG eine Unterbilanz[155] von 389.681 M. Die Bemühungen des auf der a.o. Generalversammlung vom 10. Juli 1876 mit Verkaufsverhandlungen beauftragten Aufsichtsrates blieben erfolglos.

Laut Wisso Weiß[156] soll die Fabrik bereits 1873 eingegangen sein. Das stimmt ebenso wenig wie die Angabe von Hößles in seinem Aufsatz »Geschichte der Patentpapierfabrik zu Berlin«,[157] in dem er als Jahr der »Auflösung der Aktiengesellschaft« 1877 angibt. Beide Angaben sind durch im »Central-Blatt« veröffentlichte Berichte über Hauptversammlungen widerlegt worden. Die Liquidation der AG zog sich bis 1907 hin. Die Donkin-Papiermaschine (das war die zweite, 1844 installierte, von der Rudel meinte, sie könne nach Hohenofen gegeben werden) wurde danach an Kraft & Knust in Berlin verkauft, wo sie nach etlichen Umbauten 1913 noch in Betrieb war. Der Kauf der zweiten Donkin-Maschine durch Kraft & Knust ist unter der Prämisse nachzuvollziehen, dass die Firma erst die Rundsiebmaschine 1844 oder etwas früher erwarb und nach der Versteigerung die dabei nicht bebotene Langsiebmaschine. Eine der bei Kraft & Knust laufenden Maschinen hatte laut dem »Birkner«[158] nur eine Arbeitsbreite von 120 cm, während die erste englische Maschine (laut Konstruktionszeichnung) eine Siebbreite von 182 cm, also eine Arbeitsbreite von etwa 150 cm hatte und die zweite sicher nicht kleiner war. Abweichend von beiden Maschinendaten ist die vorstehend zitierte Handelsregistereintragung sowie die weiteren Eintragungen in Berliner Adressbüchern bis zum Jahre 1888.[159] Ein anderer Adressbucheintrag von 1887 trägt für die Patent-Papier-Fabrik korrekt den Zusatz »i. L.«.[160] Hingegen datiert die Eintragung dreier (neu berufener?) Liquidatoren im Handelsregister aus der Jahresübersicht von 1897. Ab 1882 wird die Fabrik auf dem Grundstück Mühlenstraße 73–77 im Adressbuch nicht mehr genannt. Die Fabrikeinrichtung war bereits am 22. Februar 1878 versteigert worden; das Liquidationsbüro war nun in der Brandenburgstraße 14 eingerichtet worden. Das Werk Hohenofen arbeitete erfolgreich bis zum Verkauf 1886 an Ludwig Kayser weiter. So gibt es auch Letzterer in seinem Lebenslauf an.[161]

Der erwähnte Rudel war nicht irgendein Journalist. Dr. Karl Adolph Alwin Rudel war Techniker und Papierspezialist, der am 14. Oktober 1861 zusammen mit dem vermögenden Karl Louis Kaufmann von Karl Ludwig Jaenicke das Grundstück mit der niedergebrannten Papiermühle in Königstein im sächsischen Elbsandsteingebirge erwarb. Die beiden bauten gemeinsam und zügig neue Gebäude auf und errichteten eine Papierfabrik mit der ersten Papiermaschine des Bialatals. Auch hier fehlen leider alle Angaben über die Maschine und die sonstige Fabrikeinrichtung. Wahrscheinlich wurden Schreib-, Druck- und Verpackungspapiere hergestellt.[162] Die Betriebsleitung lag in den Händen angestellter Fachleute. Rudel befasste sich mit der Information der Öffentlichkeit über die Gesamtinteressen der sich entwickelnden Papierindustrie. 1850 konnte er den ersten bedeutenden Erfolg für sich verbuchen: In Mainz konstituierte sich der »Verband deutscher Papierfabrikanten«. Rudel wurde zum Vereinssekretär und zum Vorsitzenden der Landesverbände Sachsen und Schlesien gewählt. Diskutiert wurde vornehmlich über Fragen der Papierpreise, des Lumpensammelns und der statistischen Datenerfassung. Besonders hierzu beklagte Rudel »das alte Erbübel germanischer Stämme, die Eigenbrötelei, die sich wie hinterdrein noch so oft, hemmend in den Weg stellte«.[163] Daran ging der Verein dann auch wieder ein, weil das Denken in Konkurrenzinteressen den Gemeinsinn überflügelte. 1850 gründete Rudel bereits das »Centralblatt für die deutsche Papierfabrikation«, deren Verleger, Herausgeber und einziger Redakteur er war. Die Beschränkung auf Deutschland war bewusst gewählt, um den technischen Fortschritt als entscheidendes Kriterium gegen ausländischen Wettbewerb zu propagieren. In seinen Artikeln war er wenig zurückhaltend, prangerte Missstände ebenso deutlich an wie er positive Entwicklungen lobte. Sein herausragendes Anliegen aber blieb die aus seiner Sicht unverzichtbare Zusammenarbeit der deutschen Papierfabrikanten. In seinem »Centralblatt« bemühte er sich auch um ein verstärktes Selbstbewusstsein der Papiermacher, die sich nie als Handwerker, sondern stets als Künstler betrachteten, also keine eigenen Zünfte gründeten. Da es infolgedessen auch kein Wappen für ihren Berufsstand gab, propagierte Rudel das Wappen der Maler und freien Künstler als »angenommenes Papiermacherwappen« und ließ ein Wasserzeichen nach einer von dem Wiener Professor Ströhl entworfenen Vorlage fertigen.

In der Folge des nach dem Krieg 1870/71 durch die Reparationszahlung Frankreichs ausgelösten wirtschaftlichen Aufschwungs, der Gründerzeit, verkaufte Alwin Rudel am 16. Juni 1872 die Papierfabrik an den Dresdner Bankier Hugo Grumpelt und widmete sich nunmehr ausschließlich dem »Centralblatt«, das er bis zu seinem Tode 1902 erfolgreich fortführte. Es ist noch heute eine bedeutende Quelle für die Arbeit des Papierhistorikers. Der größte Erfolg Alwin Rudels war die Gründung des »Vereins Deutscher Papierfabrikanten« im Dezember 1872 durch die Vertreter von 67 Papierfabriken. In der Festschrift zum 50-jährigen Bestehen des Vereins wurde Rudels Wirken für die deutsche Papierindustrie in vielfältiger Weise gewürdigt.

Die 1560 begründete Papierherstellung in Königstein wurde von Hugo Grumpelt weiterbetrieben und das Unternehmen noch 1871 in eine Aktiengesellschaft umgewandelt. Der erforderliche Abriss und Neubau wichtiger Gebäude kostete mehr als das vorhandene Kapital hergab, und so endete das Abenteuer des Bankiers im Konkurs. Zum Glück für die Fabrik und die Bewohner Königsteins ersteigerte die Familie von Hoesch aus Düren, ein Zweig der großen Unternehmersippe aus dem Dürener Raum, das Werk aus der Konkursmasse und baute es zu einer erfolgreichen Feinpapierfabrik aus. Ab 1920 fertigte man neben den traditionellen Herstellern, Staffel in Witzenhausen und Ebart in Spechthausen, das sogenannte Wilcoxpapier für deutsche Reichsmarknoten. Die Königsteiner hätten während des Zweiten Weltkrieges gern mit den beiden Kollegen kooperiert, stießen aber im Gegensatz zu Witzenhausen in Spechthausen auf krasse Ablehnung. Helmut Cedra schreibt darüber noch in seinem Buch[164] zornig. (Man wusste offenbar nicht, dass man dort andere Sorgen hatte: In allerhöchster Geheimhaltung wurde das Papier für britische Banknoten nachgemacht.[165] Der gewünschte Effekt, die Schädigung der britischen Währung, wurde zwar nicht erreicht, wohl aber der Erwerb durchaus gehobenen Wohlstandes durch einige der beteiligten Randfiguren, die (ebenfalls?) aus dem kriminellen Milieu stammten.)

Nach dem Zweiten Weltkrieg wurde die Fabrik demontiert – im Gegensatz zu den meisten anderen betroffenen aber planmäßig und sorgfältig ausgebaut und in die Sowjetunion verfrachtet. Gerüchtweise verlautet, dass nicht alle Züge die ihnen zugewiesenen Ziele erreicht haben und manche Papiermaschinenteile in der sibirischen Landschaft liegen blieben. Nach der Wiedervereinigung knüpfte der Betriebsleiter Helmut Cedra Kontakte zur Papierfabrik Louisenthal GmbH (früher Haug & Co.), einer Tochter des Sicherheitskonzerns Giesecke & Devrient in München. Nunmehr gemeinsame Anstrengungen beider Firmen gipfelten in der Übernahme des Königsteiner Werkes und seiner völligen Erneuerung und Modernisierung durch die Kollegen aus Gmund am Tegernsee und der Verschmelzung der Unternehmen. Heute produziert in Königstein die modernste Rundsiebpapiermaschine Deutschlands Spitzenqualitäten bis zum Banknotenpapier und setzt so alte Tradition fort.

Und es gab sogar ein Band (wenn auch nicht gerade ein enges) nach Hohenofen: Die Familie Hoesch war in mehreren Unternehmen, z. B. Schoeller & Hoesch in Gernsbach, und auch familiär mit der Familie Schoeller verbunden, die wiederum in der Firma Felix Schoeller & Bausch in Neu Kaliß durch den Kauf der GmbH Hohenofen Muttergesellschaft wurde.

1877 ist ein gewisser Louis, über den Näheres nicht bekannt ist, Dirigent. Im selben Jahr findet sich der spätere Liquidator (einer von drei) E. Donath, Kaufmann, im Adressbuch mit der Anschrift Brandenburgstraße 14. Diese Adresse hat Tradition in der Branche: 1903 bis 1917 domizilierte hier die Märkische Holzstoff- und Pappenfabrik GmbH (Brederieche in der Uckermark), 1904 bis 1907 die Papierindustrie GmbH, und 1903 bis 1905 die Wellpappen-Werke Hausburger & Fuchs. Vorher, bis 1892, war L. Donath jun. unter gleicher Anschrift Vertreter der Patent-Papierfabrik Hohenofen.

1878 schreibt Rudel:[166] »Die einst in erster Reihe gestandene Patentpapierfabrik in Berlin hat das kläglichste Ende erreicht, zu welchem ein Institut herabkommen kann. Am 22. Febr. fand die öffentliche Versteigerung der Maschinen-Einrichtungen statt und die berühmte Fabrik verschwindet somit von der Erde. Ein Konsortium schien sich vereinigt zu haben, um keine Maschine aus der Hand zu lassen, und so war die Ueberbietung gewissermassen, sit venia verbo, auf's Maul geschlagen. Die Escher-Wyss'sche 70 Zoll[167] breite Papiermaschine, welche 72.000 M. gekostet hat, wurde mit 17.000 M. erstanden. (Die 25 Jahr alte, gut erhaltene Donkin'sche Papiermaschine und 5-6 alte Holländer sollen in Hohenofen aufgestellt werden, was wir vollständig gut heissen.) Die 50pferdige Dampfmaschine wurde für 5.000 Mark erstanden u.s.w. Es können daher als Auktionsertragniss 20 % des Werthes veranschlagt werden, mehr nicht. Ein gewisser Samuel Meyer und Josef Goldmann scheinen die Hauptmacher gewesen zu sein, denn Ersterer bietet jetzt die Maschinen aus, auch Herr C. Hofmann in Berlin. Da nun die Akten über die Patentpapierfabrik geschlossen sind, so kann nach keiner Seite hin mehr eine Schädigung der Interessen stattfinden und wir können daher die Geschichte dieses Etablissements erzählen.«

Im Berliner Adressbuch von 1878[168] richtet sich die Reihenfolge der Eintragungen gleichen Namens nicht nach Vornamen, sondern alphabetisch nach Berufen. Unter Goldmann, J. findet sich: »Kfm. u. Kommiss.Rath. J. Goldmann vorm. Aug. Hamann'sche Werkzeug Maschinenfabrik. Alexanderstr. 28.« Das muss die Privatadresse gewesen sein, denn im Verzeichnis der Firmen und Berufe steht die genannte Firma unter Kaiserstr. 44.45. Samuel Meyer ist in dem Verzeichnis nicht auffindbar. Meyer, Adalb., Kfm., ist mit der Anschrift Holzmarktstr. 60.70 und dem Vermerk: Samuel Meyer eingetragen. Im Straßenverzeichnis findet sich unter gleicher Adresse Meyer, S., Produktenhandlung. Unter dieser Branchenbezeichnung kann man sich nichts oder alles vorstellen. Der erwähnte C. Hofmann in Berlin dürfte Rudels Konkurrent gewesen sein, der Herausgeber und Chefredakteur der Papier-Zeitung.

Von Hößle[169] nennt als Käufer der Donkin-Langsiebmaschine von 1840 (später, nicht im Versteigerungstermin) die Erwerber »Kraft & Kunst«, nicht Knust. Dieser Fehler setzt sich in anderen Publikationen fort.[170] Nach den Chroniken der Papiermacherfamilie Keferstein hat F. W. Keferstein in Ilfeld die erste Donkin-Maschine von 1818 im Jahr 1844 für 3.500 Taler von der Seehandlung gekauft. Er ließ sie in Moabit umbauen und stellte sie in seiner neuen Fabrik Sinsleben 1845 auf. Die Angabe der Verkäuferin ist nicht korrekt. Nicht die Seehandlung war Eigentümerin, sondern die Aktiengesellschaft – deren Mehrheitsaktionärin die Seehandlung war.

1879 lädt der Aufsichtsratsvorsitzende von Eckardstein am 9. April die Aktionäre »zur ordentlichen Generalversammlung in das bekannte Lokal« ein.[171]

1880 Am 29. April wird den Aktionären der Geschäftsbericht für 1878 vorgelegt.[172] Die Veräußerung der Grundstücke war noch nicht möglich; selbst die Vermietung der Fabrikräume war nur in sehr beschränktem Maße erfolgreich. Der Kostenanfall war noch erheblich: Zinsen, Hauslasten, Reparaturen an Gebäuden, Löhne und Abschreibung summierten sich auf 46.236 Mark. Ihnen gegenüber standen Mieteinnahmen von 11.206 und der Gewinn des Hohenofener Werkes von 46.099 M., der einer Kapitalverzinsung von beachtlichen neun Prozent entsprach – und das unter »obwaltenden schwierigen Verhältnissen, unter welchen die Papier-Industrie gegenwärtig leidet«. Die Unterbilanz der Aktiengesellschaft hat sich damit um 12.806 M. auf 668.673 M. vermindert.

Das Kapital der 1851 aus Gesellschaftsmitteln gegründeten Altersversorgungskassen für die männlichen Arbeiter in Berlin und Hohenofen war für den Neubau der Berliner Fabrik[173] eingesetzt worden; die Kassen figurierten nunmehr als Gläubiger. Ihr Guthaben wurde mit 4,5 Prozent verzinst. Die Berliner Kasse hatte ultimo 1878 eine Forderung von 50.423 M, die Hohenofener 18.876 M. Die Liquidität der AG ermöglichte es, nunmehr diese Guthaben wieder in sicheren Staatspapieren anzulegen. Der fällige Druck neuer Dividendenscheine wurde angesichts der aussichtslosen Lage ausgesetzt; die fälligen neun Prioritäts-Obligationen im Wert von 9.000 M wurden eingelöst; für 1879 wurde die Einlösung von elf Stück beschlossen. Diese Maßnahmen wurden von der Generalversammlung genehmigt und der satzungsgemäß ausscheidende Salomon Ball als Aufsichtsratsmitglied durch Akklamation wiedergewählt.[174]

Für das Fabrikgrundstück gab es in diesem Jahr nur sieben Mieter. Dem Nachbarn (zwei zusammengelegte Grundstücke mit den Hausnummern 78 und 79 und dem Speicherbau, jetzt Wohnhaus Nummer 80) geht es nicht besser. 78/79 ist nicht vermietet, im Speicherbau ist außer der Schankwirtschaft nur ein Mieter benannt.

1880 liest man im Adressbuch[175] Patent-Papierfabrik Berlin, Mühlenstraße 75 (eigenes Grundstück). Niederlage: Brandenburgstr. 14. Diese Adresse bleibt bis zur Liquidation gültig.

Ab 1881 wird für die Grundstücke Mühlenstraße 73 und 74–77 als Verwalter der Mühleninspektor Jahrsetz genannt.

Auf der Generalversammlung vom 28. März wurde eine Herabsetzung des Aktienkapitals einstimmig beschlossen. Die Versammlung war jedoch wegen Unvollzähligkeit der vertretenen Aktien nicht beschlussfähig. Deshalb lud der Aufsichtsratsvorsitzende Frhr. v. Eckardstein am 30. April zu einer zweiten Generalversammlung am 21. Mai nachmittags fünf Uhr in den Norddeutschen Hof in der Mohrenstraße 20 ein. Gemäß § 41 der Satzung ist diese Versammlung ohne Rücksicht auf die Zahl der vertretenen Aktien beschlussfähig. Auf der Tagesordnung steht die Beschlussfassung über den Antrag die Reduktion des Aktienkapitals betreffend.[176]

»Zufolge Verfügung vom 12. Juni 1880 sind am selbigen Tage folgende Eintragungen erfolgt: In unser Gesellschaftsregister, woselbst unter Nr. 294 die Aktiengesellschaft in Fa. Patent-Papier-Fabrik zu Berlin mit dem Sitz in Berlin und Zweigniederlassung zu Hohenofen bei Neustadt/Dosse unter der Fa.: Fabrik zu Hohenofen vermerkt steht, ist eingetragen: In der Generalversammlung vom 21. Mai 1880 ist beschlossen worden nach näherer Maassgabe des betreffenden Protokolls eine Herabsetzung des Grundkapitals der Gesellschaft auf 1.080.000 Mark herbeizuführen. [Die Summe entsprach 360.000 Thlr.; K.B.B.]

Nachdem die Aktionäre der Patent-Papier-Fabrik in den a.o. Generalversammlungen vom 28. April und 21. Mai die Reduktion des Aktienkapitals von 1.800.000 auf 1.080.000 Mark beschlossen haben, fordern wir nach § 243 des HGB die Gläubiger der Fabrik hierdurch auf, sich mit ihren Forderungen bei der Niederlage der Patent-Papier-Fabrik hierselbst, Brandenburgstr. 14, zu melden.

Berlin, den 16. Juni 1880. Direktion der Patent-Papier-Fabrik«[177].

Anzeige im Central-Anzeiger:[178]

»Patent-Papier-Fabrik in Berlin. Dem Beschlusse des Aufsichtsrats der Patent-Papier-Fabrik zufolge kündigt die unterzeichnete Direktion hierdurch die 6 p.Ct. Prioritäts-Obligationen der Gesellschaft, soweit dieselben nicht bis dahin durch Auslosung amortisiert sind, zur Rückzahlung am 1. Juli 1881; stellt jedoch den Besitzern dieser Obligationen frei, an Stelle der Bareinlösung der Obligationen die letzteren in Obligationen konvertieren zu lassen, welche vom 1. Juli 1881 an mit 5 p.Ct. p.a. verzinslich sind. Diejenigen Besitzer von 6 p.Ct. Prioritäts-Obligationen, welche mit der Herabsetzung auf 5 p.Ct. einverstanden sind, werden aufgefordert, die quaest. Obligationen nebst den Talons und den nach dem 1. Juli 1881 fälligen Zins-Kupons bei der Niederlage der Patent-Papier-Fabrik, hierselbst, Brandenburgstr. Nr. 14, in der Zeit vom 1. – 30. Dezember d.J. in den übliche Geschäftsstunden zur Anmeldung und Konvertierung zu bringen. Die Kapitalerträge sämmtlicher 6 p.Ct. Prioritäts-Obligationen, welche bis zum 30. Dezember d.J. an der oben bezeichneten Stelle zur Konvertierung nicht vorgelegt sind, werden am 1. Juli 1881 zurückgezahlt und hört die Verzinsung mit diesem Tage auf.

Berlin, den 11. November 1880. Direktion der Patent-Papier-Fabrik. Donath.«

Am 28. April fand die ordentliche Generalversammlung statt, bei der 559 Aktien vertreten waren. Deren Zahl hat sich also seit der aus 1837 vorliegenden Aufstellung, die mit 235 Aktien schloss, mehr als verdoppelt. Ob die Seehandlung noch beteiligt war, ist nicht zu erkennen. Der Geschäftsbericht, leicht um einige Details gekürzt, sagt aus:[179]

»Im verflossenen Jahre hat wie in den Jahren 1877 und 1878 nur eine theilweise Vermiethung der Räumlichkeiten der im Jahre 1876 ausser Betrieb gesetzten Berliner Fabrik stattgefunden und betragen die erzielten Miethen insgesammt 12.181 M. Hierzu tritt noch ein Coursgewinn beim Verkauf von Staatsschuldscheinen im Betrage von 302 M., sodass sich die ganze Einnahme auf Summe 12.483 M. stellt. Dagegen betragen die Ausgaben für die Berliner Fabrik […] in Summa 40.922 M […] Verlust […] 28.439 M. Da ein Verkauf der Berliner

Fabrikgrundstücke zu angemessenem Preise für die nächsten Jahre nicht ausführbar erscheint, so sind mit Zustimmung des Aufsichtsraths der Gesellschaft die Grundstücke mit der vorhandenen Dampfmaschine und den drei Dampfkesseln an die Herren Rosenberg u. Loewe zur Einrichtung und zum Betriebe einer Dampfmahlmühle, sowie zu Speicherräumen vom 1. April d. J. ab auf die Dauer von 5 Jahren für den Preis von 30.000 M. pro anno vermiethet; auch haben die Miether sämmtliche Lasten, Steuern, Reparaturen u.s.w. zu tragen. Für den Fall, dass sich vor Ablauf der fünf Jahre eine Gelegenheit zum Verkauf der quäst. Grundstücke darbieten sollte, ist mit den Miethern das Abkommen getroffen, dass eine Auflösung des Mieths-Kontraktes, wenn die Vermiether es wünschen, auch schon vor 5 Jahren erfolgen kann und zwar nach 3 Jahren, gegen eine den Miethern zu gewährende Entschädigung von 20.000 M., und nach vier Jahren gegen eine Entschädigung von 7.500 M. Der Abschluss der Berliner Fabrik wird sich in Folge der Vermiethung wesentlich günstiger als in den letzten Jahren stellen, weil vom 1. April c. ab gegen 1879 die jährliche Mehr-Einnahme an Miethe rund 18.000 M. und die Ersparnis der Abgaben und Kosten 6.000 M., in Summa 24.000 M., beträgt, um welchen Betrag der, wie oben nachgewiesen, pro 1879 rund 28.000 M. betragende Verlust sich verringern wird.«

Die weiter folgenden Ausführungen über Hohenofen geben wir unter der Geschichte des dortigen Werkes[180] wieder:

»Das Gesammt-Resultat des Abschlusses beider Fabriken per 1879 stellt sich nunmehr wie folgt […] Von dieser Unterbilanz im Betrage von 657.205 M. sind im neuen Jahre folgende, bisher als Gläubiger der Fabrik fungirende Positionen abgeschrieben worden: 1. der Berliner Reserve-Fond im Betrage von 46.218 M., 2. das Guthaben der Berliner Altersversorgungs-Kasse von 50.378 M., zusammen 96.596 M., sodass die Unterbilanz gegenwärtig nur noch 560.609 M. beträgt. Dem Antrage des Aufsichtsraths entsprechend genehmigte die General-Versammlung die erfolgte Abschreibung […] mit der Bedingung, dass die den invaliden ehemaligen Arbeitern der Berliner Fabrik noch zustehenden Unterstützungen im Betrage von insgesammt circa 2.300 M. von den Mieths-Einnahmen bestritten und auf Unkosten-Konto verrechnet werden. […] Der nach dem Turnus als Mitglied des Aufsichtsrath ausscheidende Baron v. Eckardstein auf Prötzel wurde durch Akklamation wiedergewählt. Nach ertheilter Decharge wurde die ordentliche General-Versammlung geschlossen und unmittelbar darauf die ausserordentliche General-Versammlung der Aktionäre der Patent-Papier-Fabrik mit folgendem Berichte eröffnet: (folgt Wiederholung der vorstehenden Abrechnung). Um vielfachen aus dem Kreise der Aktionäre der Patent-Papier-Fabrik laut gewordenen Wünschen entgegen zu kommen, hat der Aufsichtsrath beschlossen, der General-Versammlung behufs Beseitigung der Unterbilanz eine Reduktion des Aktienkapitals auf 60 Prozent, d.h. von 1.800.000 Mark auf 1.080.000 M. oder von 1.500 M auf 900 M. Nominalwerth pro Aktie vorzuschlagen. Das gesammte Aktien-Kapital würde demnach um 720.000 M. verringert und hiervon zur Ausgleichung der Unterbilanz 560.000 M., der Rest aber von 159.391 zur Entlastung des Kontos der Berliner Grundstücke verwendet werden. Der jetzige Buchwerth dieser Grundstücke nebst den Gebäuden incl. Dampfmaschine und Kessel im Gesammtbetrage von 1.081.1391 M. würde nach Abschreibung vorstehender 159.391 M. auf 922.359 M. stehen. Die General-Versammlung genehmigte die vorgeschlagene Reduktion des Aktien-Kapitals und die Verwendung des abgeschriebenen Kapitals, theils zur Beseitigung der Unterbilanz, theils zur Abschreibung vom Berliner Gebäude-Konto einstimmig. Da indess bei der General-Versammlung nur 575 Stück Aktien vertreten waren, während statutenmässig eine Vertretung von 900 Stück Aktien (nämlich ¾ des gesammten Aktien-Kapitals) erforderlich war, so muss eine neue, ausserordentliche General-Versammlung berufen werden, welche über die Reduktion des Aktien-Kapitals der Patent-Papier-Fabrik endgiltig Beschluss zu fassen hat. Die ausserordentliche General-Versammlung der Berliner Patent-Papierfabrik beschloss, dem Auftrage des Aufsichtsrathes entsprechend, das Aktienkapital in der Weise zu reduziren, dass 5 Aktien zu 3 zusammengelegt werden.

Zusatz der Red. Es war ein Jahr vor dem Umbaue der Patent-Papierfabrik[181], dass der Herausgeber dieses beim Durchwandern der Räume derselben (gerade auf dem Holländersaale) vom begleitenden Dirigenten[182] die triumphirende Mittheilung von dem unglücklichen Plane erhielt und darauf äusserte: ›Wenn diese Holländer und diese Papiermaschine nicht mehr arbeiten werden, dann wird es auch kein Patentpapier mehr geben, denn nicht die Dirigenten, sondern diese Maschinen haben das ausgezeichnete Papier geliefert‹. Und so geschah's trotz des Kopfschüttelns des Begleiters. Man glaubte mit neuen Maschinen und Einrichtungen im grösseren Style Besseres zu leisten und mehr verdienen zu können und opferte dafür den 50jährigen Ruhm und die Existenz der Fabrik! Dieses Beispiel steht nicht vereinzelt da in unserem Industriezweige, doch gehört es zu den eklatantesten und wird sich immer wiederholen, sobald die lokalen Verhältnisse nicht berücksichtigt, sondern deren Grenzen überschritten werden. Geldmittel hören eben dann gänzlich auf, einen Einfluss auszuüben.«

Die Seehandlung hat entweder in den Vorjahren ihr Engagement beendet oder sich an der erwähnten Kapitalerhöhung nicht beteiligt. Wenn das Stammkapital bis zur Herabsetzung M. 1.800.000 betragen hat, hätte die Seehandlung, um die Mehrheit aufrechtzuerhalten, mehr als 900.000 Mark halten müssen. Auf der außerordentlichen Generalversammlung waren aber laut Protokoll nur M. 575.000 vertreten. Die größere Wahrscheinlichkeit ist also, dass die Seehandlung nach 1866 ausgeschieden ist. In diesem Jahr ist noch der Seehandlungsdirektor Wentzel als Direktor genannt. 1873 war Heinrich Friedrich Scheller Direktor; 1800 hatte das Amt Donath inne. Wann der Wechsel erfolgte und wann die Liquidation begann, ist nicht bekannt Donath wird in der Handelsregister-Übersicht von 1897 als einer der drei Liquidatoren genannt.

1881 gibt das Adressbuch[183] als Mieter der Mühlenstraße 74–77 u. a. Rosenberg & Loewe, Berliner Dampfmühlenwerke (Inh. Adolf Rosenberg und Martin Loewe)[184] und eine Kohlenhandlung an. Es wohnen aber noch einige Mitarbeiter der vormaligen Papierfabrik auf dem Grundstück.

1882 ist die Adressenangabe Brandenburgstraße 14. Sie stimmt überein mit der handelsgerichtlichen Notiz von 1897 mit den Namen dreier Liquidatoren. Als weitere Mieter findet man die Holzbearbeitung Jahrsetz & Co. und den Farbholzhandel Leerd, dazu zwölf weitere Mieter. Ähnlich bleibt die Situation auch in den Folgejahren.

1883 waren im Fabrikgelände außer den Berliner Dampfmühlenwerken zwölf Mieter. Nachbar Stamer (78/79) hat sechs Wohnungen vermietet. Der Baumeister Becker hat den Getreidespeicher gekauft, wohl, um Wohnungen zu schaffen, und hatte zwei Mieter.

1883 bis 1888 (letzter Eintrag), jährlich wiederkehrend: Patent-Papierfabrik Berlin, Akt.-Gesellschaft, Brandenburgstr. 14.« Das wäre dann das Büro zur Abwicklung der Gesellschaft.

1884–1887 ändert sich an den Grundstücken nichts Wesentliches. Erst zum Jahresende 1887 ist das Glück der Aktiengesellschaft hold: Die Liegenschaft wird an den recht bedeutenden Unternehmer R. Riedel verkauft, der eine Dampfwäscherei und Färberei betreibt, allerdings zunächst noch nicht in der Mühlenstraße.

1885 befindet sich unter dieser Anschrift auch die Niederlage.

1886 wurde die Patent-Papierfabrik Hohenofen an Ludwig Kayser verkauft. Nach den vorliegenden Unterlagen waren damit alle Sachanlagen versilbert worden. Ein Grund für den bis 1907 weitergehenden Vorgang der Liquidation ließ sich nicht ermitteln. Im selben Jahr wurde angeblich die seit Mitte des 18. Jahrhunderts sogenannte Wind-Mühlen-Straße auf »Mühlenstraße« reduziert. Vorher soll sie sogar Holländische Wind-Mühlen-Straße geheißen haben. Bei meinen Nachforschungen ist mir nie eine andere Bezeichnung als Mühlenstraße untergekommen.[185]

1887 wird die AG mit dem Zusatz »i. L.« verzeichnet. Noch wird als Eigentümerin des Grundstücks letztmalig die Patent-Papierfabrik AG angegeben.

Im selben Jahr erfolgte die Gründung eines Kartells der Patentpapierfabrikanten, das 1892 erneuert wurde. Nach der Auflösung im Jahr 1894 wurde eine Zentralverkaufsstelle für Patentpapier (1898 erneuert) gebildet.

1888 ließ der Grundstückseigentümer Riedel sich auf dem Grundstuck in der Mühlenstraße 73–77 eine Villa errichten. Im Adressbuch[186], steht als Eigentümer dieser Häuser: »Riedel, Fabrikbesitzer«.

Adressbuch[187] »Brandenburgstr. 14: Niederlage der Hohenofener Papierfabrik«

1889 wurden auf dem Grundstück Mühlenstraße 66–67 die Vereinigten Berliner Mörtelwerke angelegt.

1890 wurden auf dem Grundstück Mühlenstraße 62–63 die Mörtelwerke der Gebrüder Tabbert angelegt. Etwa zur gleichen Zeit errichtete der Eigentümer Riedel für seine Großfärberei auf dem Gelände der einstigen Papierfabrik ein Fabrikgebäude direkt am Wasser, das den Krieg überstand und Ende der siebziger Jahre von der kommunistischen Regierung für den weiteren Ausbau der Grenzsperranlagen beseitigt wurde. Auf dem Foto von 1893 ist dieser Bau hinter der hölzernen Oberbaumbrücke in seiner ganzen Ausdehnung zu sehen. Es ist angesichts des noch nicht gerade hohen Alters des Hauptgebäudes der Papierfabrik von 1872 kaum

Maschinenpapierherstellung in Deutschland

anzunehmen, dass man dieses abgerissen hat. Es könnte das recht verschwommen auszumachende Objekt sein, das rechts hinter der Stirnseite des Neubaues steht.

Einige Kilometer stromabwärts war die Spree bis auf einen schmalen Durchlass in der Mitte mit Stegen versperrt, um von den Schiffern Zoll zu erheben. Nachts wurde die Lücke mittels eines mit Nägeln versehenen Stammes versperrt, der Unterbaum genannt wurde. Ähnlich gab es ostwärts den Oberbaum.

Als 1723 Stadtgrenze und Zollmauer verlegt wurden, wurde anstelle des Oberbaums eine hölzerne Brücke gebaut. Das Stralauer Tor war der Eingang nach Berlin. 1893 wollten Siemens & Halske hier eine Eisenbahnbrücke installieren. Das Ergebnis der Verhandlungen war eine Kombination aus Straßen- und Eisenbahnbrücke, die 1894 bis 1896 im neugotischen Stil errichtet wurde. Unter den Gleisen für die U1 wurde ein Fußgängerüberweg angebracht. Der mittlere Brückenbogen erhielt zwei je 34 Meter hohe Türme als Symbole für die einstige Funktion des Oberbaums als Wassertor.

1893 erwarb der Architekt Becker das Grundstück Nr. 80, das weiterhin als Wohnhaus diente.

1897 wurde im Handelsregister beim Amtsgericht Charlottenburg (HR-B 492) unter Nr. 5.«in Liq.« eingetragen: »Patent-Papier-Fabrik zu Berlin. Abteilung II: Liquidatoren: 1. Wilhelm Donath, 2. Heinrich Neuberg, 3. Justizrath Ernst Haack. Die Liquidationsfirma wird von je zwei der Liquidatoren gültig gezeichnet. Geschäftslokal: Brandenbg.str. 14.«

Im Adressbuch[188] dieses Jahres taucht unter der alten Adresse Mühlenstraße 73–77 erstmals die Firma »W. Riedel, Färberei« auf. Ob sie mit dem Unternehmen des Eigentümers verbunden ist, ist nirgends erkennbar, wenngleich sehr wahrscheinlich.

1898 wird das Nachbarhaus Nr. 78 abgebrochen. Die beiden Grundstücke 78 und 79 sind zusammengelegt worden. Der Eigentümer heißt Krause. Im ehemaligen Speichergebäude wohnen jetzt sieben Familien.

1900 findet sich im Adressbuch[189] die Firma W. Riedel, Färberei, und als Eigentümer J. Riedel.

1901 zieht in den Komplex der einstigen Patent-Papier-Fabrik wieder ein Unternehmen aus der Branche ein: die Wellpappenwerke Hamburger & Fuchs.

1905 Die Wellpappenwerke Hamburger & Fuchs werden im Adressbuch nicht mehr genannt. An ihrer Stelle bewahrt die Tradition die Märkische Holzstoff- und Pappenfabrik GmbH. Deren Werk ist allerdings in Bredereiche.[190]

1907 »Patent-Papier-Fabrik zu Berlin, Zweigniederlassung. Fabrik zu Hohenofen bei Neustadt a. D. Die Liquidation ist beendet und die Firma erloschen«[191]

Als Beispiel für die damalige Nutzung nenne ich hier alle gewerblichen Mieter:[192]

Bergmann & Westphal, Maschinenfabrik

Berliner Wollwäscherei

Bromsilber Emulsions-Werke Heiske & Eisner. Photographische Papierfabrik

Dampfwäscherei »Siegfried«

Erste Berliner Wäsche-Manufaktur Franz Wagner
Märkische Holzstoff- und Pappenfabrik GmbH, Bredereiche
Pappenindustrie Ges. mbH.
W. Riedel, Färberei

Im selben Jahr wurde der Bau des Mühlenspeichers der auf der gegenüberliegenden Seite der Mühlenstraße arbeitenden Weizenmühle der Firma Karl Salomon & Co. vollendet. Dadurch entfielen die Hausnummern 81–83. Dieses ehemalige Speichergebäude mit der Hausnummer 80, jetzt der letzten unmittelbar unterhalb der Oberbaumbrücke, steht unter Denkmalschutz und ist als einziges auf der Spreeseite der Mühlenstraße der Grenzabrissaktion der DDR in den späten Siebzigerjahren entgangen und als eines der ersten Berliner Gebäude nach der Wiedervereinigung restauriert worden. Heute beherbergt es eine Gaststätte und Fitnesseinrichtungen.

In diesem Jahr wird in das Handelsregister Abt. B eingetragen: »Patentpapierfabrik GmbH., Berlin. Herstellung und Verkauf von Säcken aus Papier oder papierähnlichen Stoffen und gesetzlich geschütztem Verschluss zum Transport von Zement und pulverförmigen und körnigen Produkten. Das Stammkapital beträgt 30.000 M. Geschäftsführer sind Kaufmann Georg Matthias in Wilmersdorf, Kaufmann Carl Wirth in Charlottenburg (stellv. GF) und Kaufmann Richard Ullrich in Schöneberg (stv. GF). Sind mehrere Geschäftsführer vorhanden, wird die Gesellschaft durch zwei oder einen GF und einen Prokuristen vertreten.«[193]

Nach Beendigung der Liquidation der Aktiengesellschaft war wohl der Firmenname verfügbar geworden. Dem Unternehmen war dennoch kein langes Leben beschieden.

1908 las man bereits: Patentpapiersackfabrik (!) GmbH: Die Gesellschaft ist aufgelöst. Liquidator ist Harry Fehringer.[194]

1909 etablierte sich auf dem Grundstück 78/79 wieder eine Mühlenspeicher GmbH offenbar mit einer Art Planungsbüro, denn bereits

1910 hat sie die Liegenschaft gekauft und mit der traditionellen Nutzung begonnen.[195]

Blick über die Spree auf den Komplex der ehemaligen Papierfabrik. Rechts die Oberbaumbrücke.

1911 hat der Eigentümer Riedel zwei Firmen seiner Branche als Mieter: Die Dampfwäscherei »Felicitas« und die Groß-Dampfwäscherei »Siegfried« Klingner & Co. Man darf wohl vermuten, dass es da einen wirtschaftlichen Zusammenhang gab, doch ist aus den vorhandenen Unterlagen nichts zu erkennen.

1912 kam auf dem Gelände die Neu-Wäscherei Hoechst, Inh. A. & R. Vetter, hinzu.[196] Die auf S. 285 abgebildete Postkarte stammt aus der Zeit etwa zwischen 1913 und 1923 und zeigt das um 1890 von Riedel am Spreeufer errichtete Gebäude mit den Aufschriften an der Fassade zur Flussseite »Wäscherei A Wegner Mühlen-Str. 75« und »Erste Berliner Wäsche-Manufaktur Franz Wagner«. Diese Firma bestand 2010 noch. Der Inhaber war zuletzt Alfred Strehlau in der Amendestraße 48. Die Textzeile der Postkarte versichert zumindest, dass das Foto deutlich nach 1910 aufgenommen worden sein muss.

1915 war A. Wegner, Dampf-Wäscherei, noch vorhanden.

1920 las man im Adressbuch »Antonie Wegner, Dampfwäscherei«. Da war wohl der Erbfall eingetreten.

1923 vernichtete ein Großfeuer den »Riedelspeicher«, Mühlenstraße 73/77 und damit also auch Baulichkeiten der einstigen Papierfabrik. Ob damit das 1872 erbaute Produktionsgebäude des Stararchitekten Walter Kylmann oder das Gebäude unmittelbar am Spreeufer oder beides gemeint war, ist nicht festzustellen. Die gesamten Lager zweier bedeutender Firmen, einer Wäschemanufaktur und einer Pappenfabrik, wurden vollständig vernichtet.[197] Über letztere findet sich in den Berliner Adressbüchern der Jahre 1922 bis 1924 weder unter der Adresse noch im Branchenverzeichnis ein Hinweis. Dafür residierten in der Mühlenstraße 11, also weit entfernt, zwei Pappengroßhandlungen. Man erinnert sich aber an die Märkische Holzstoff- und Pappenfabrik, Bredereiche, die hier vielleicht nicht nur ein Büro, sondern auch ein Lager unterhielt.

Im Zweiten Weltkrieg wurde die Oberbaumbrücke sowohl durch Luftangriffe als auch durch die Wehrmacht zur Verteidigung gegen die Sowjets erheblich beschädigt.

1961 wurde das Spreeufer in diesem Abschnitt mit dem Mauerbau zum Grenzbereich mit den berüchtigten Sperranlagen. Der notdürftig geschaffene Fußgängerüberweg wurde geschlossen und erst 1972 für den Kleinen Grenzverkehr wieder geöffnet. Zahlreiche Gebäude am Spreeufer der Mühlenstraße hatten den Krieg überstanden. Neben etlichen Wohnungen und Läden befanden sich auf den Grundstücken Nummer 65 bis 76 mehrere Volkseigene Betriebe (VEB), darunter ein Verpackungsmittelbetrieb und ein Büro des Außenhandels mit Papier der DDR. In den siebziger Jahren (wahrscheinlich 1977) wurden alle diese Gebäude abgerissen – angeblich, um die Straße zu verbreitern, tatsächlich, um die Grenzanlagen übersichtlicher zu gestalten und Fluchtversuche besser zu verhindern. Nur ein Gebäude, der 1907 von dem Architekten R. Schreiber erbaute Getreidespeicher mit der Nummer 80, also fast unmittelbar an das Gelände der früheren Papierfabrik angrenzend, blieb erhalten und steht heute unter Denkmalschutz wie auch die »East Side Gallery«, ein insgesamt 1,3 Kilometer langes Teilstück der ehemaligen Berliner Mauer, deren überwiegender Anteil innerhalb des Wettbewerbsgebietes liegt.[198]

1990 Die East Side Gallery wurde im Frühjahr Gegenstand einer spontanen Künstleraktion. Diese größte Open-Air-Galerie der Welt ist als Symbol der Überwindung der Grenzen und zum Gedenken an die Wiedervereinigung weltberühmt geworden. Anlässlich der Feierlichkeiten zum 20. Jahrestag des Falls der Mauer ist die East Side Gallery nach dem Verfall und den Vandalismusschäden wiederhergestellt worden. Einer Künstlerinitiative ist die Restaurierung zur Bewahrung dieses Zeitdokuments zu verdanken.

Nach der Wiedervereinigung wurde die Oberbaumbrücke neu errichtet. Die Pläne des Architekten Santiago Calatrava mussten mehrfach geändert werden, bis man sich schließlich darauf einigte, ein neues Mittelteil einzusetzen und den Straßen- und U-Bahnverkehr zu ermöglichen. Heute ziert das Bild der aufwendigsten Brücke Berlins das Wappen des Bezirks Friedrichshain-Kreuzberg. Stromabwärts hat man von der Brücke aus den Blick am Getreidespeicher vorbei auf das Gelände der früheren Patent-Papier-Fabrik.

2003 rief die Senatsverwaltung für Stadtentwicklung, Abteilung Städtebau und Projekte im April einen landschaftsplanerischen Realisierungswettbewerb für »Spreeufer/Arena am Ostbahnhof, Berlin Friedrichshain-Kreuzberg« aus. Dieser Bereich ist identisch mit der Mühlenstraße. Nordostwärts der Straße ist inzwischen ansehnliches Neues entstanden: die 2008 eröffnete O_2 World, die als Multifunktionshalle für bis zu 17.000 Besucher mit Kulturveranstaltungen aller Art an das einst spektakuläre Unterhaltungsangebot des PLAZA-Varietétheaters anknüpft.

5.2 Brandenburger und Berliner Papierfabriken ohne Vorläufer einer Papiermühle

In Kapitel 3.3 wurden die Probleme geschildert, die eine vollständige und fehlerfreie Darstellung der brandenburgischen Papiermühlen erschweren. Für den Bereich der maschinellen Papierherstellung mit Beginn des 19. Jahrhunderts ist die Forschung darüber hinaus durch Kriegszerstörung von Archiven und Bibliotheken, speziell in Berlin, durch Nachlässigkeit der Bürokratie und wohl am meisten durch die sinnlose Vernichtungswut der kommunistischen Machthaber und ihrer Gefolgsleute in der einstigen DDR zu einer Sisyphusaufgabe geworden. So gut wie alle Handelsregister und die dazugehörigen Akten, Notariatsakten, Melderegister, Dokumente der Technischen Überwachung, Unterlagen der Reichsministerien sind spurlos verschwunden, obwohl sie nach den gesetzlichen Bestimmungen auf Dauer den Landesarchiven zu übertragen waren. In den wenigen Papierfabriken Brandenburgs wurden um 1946 bei Demontagen durch die Sowjets Akten auf die Straßen geworfen, und noch in den Tagen der Wiedervereinigung haben »rote« ehemalige Betriebsleiter Geschäftspapiere tonnenweise in den Kollergang befördert. Um so dankbarer bin ich all jenen Damen und Herren, die sich in Archiven und anderen Dienststellen nach Kräften bemüht haben, das spärliche Erbe einer für die Industrie- und Kulturgeschichte bedeutsamen Ära zu sichten und zu bewahren.

Blick vom ehemaligen Fabrikgrundstück auf die gegenüberliegende Spreeseite (links). Blick vom ehemaligen Fabrikgrundstück auf den früheren Getreidespeicher.

Actien-Gesellschaft für Pappenfabrikation Berlin

Die Actien-Gesellschaft für Pappenfabrikation Berlin, vormals Fr. Biermann & L. Wiganckow, wurde im März 1872 von Moritz Eduard Meyer, Gustav Thölde, August Aders, Hugo Schalhorn und Franz Wiganckow jun. gegründet. Die beiden Letzteren übernahmen die Direktion. Das Grundkapital betrug 900.000 Taler. Aufsichtsratsvorsitzender war Rechtsanwalt Hecker. Die Centralbank für Genossenschaften garantierte auf fünf Jahre eine Mindestdividende von sechs Prozent, die bereits 1875 nicht mehr gezahlt werden konnte. Der Papier-Kalender[199] notiert für die Actien-Gesellschaft für Pappenfabrikation Berlin vier Maschinen für Papier und Pappe. Für 1879/80 wurde eine Dividende von 2,75 Prozent ausgeschüttet. Aus Erträgen aus Häusern, Zinsen, disponiblen Kapitalien und Effekten waren größere Summen eingekommen.[200] 1907 wurde ein Reingewinn von 20.214 M. nach Tilgung des Verlustvortrages von 55.556 M. ausgewiesen und eine Dividende von 1,5 Prozent gezahlt.[201] 1908 wird bekannt gemacht: »Den mehrfach angeregten zur Zeit nicht ratsamen Verkauf des teuren Grundbesitzes in Charlottenburg unter Verlegung des Fabrikbetriebes in den Norden oder Osten behalte man im Auge.«[202] Gegen Ende des Jahres wird das Werk Potsdam mangels Aufträgen stillgelegt. Es soll die Folge eines Streiks gewesen sein. Eventuell sollte der Betrieb wieder aufgenommen werden.[203] 1929 wurden die Berliner Fabriken stillgelegt.[204] Im »Birkner« von 1936 wird die Firma nicht mehr erwähnt.

Wilhelm Barschall, Berlin

Papierfabrik, Jerusalemer Str. 66;[205] 1909: Papierfabrik Birkenbusch GmbH.[206] Diese Notiz kann nicht stimmen, denn bereits im Dezember 1907 wurde bekanntgemacht: »Die Gesellschaft ist aufgelöst. Liquidator: Ernst Salzmann, Berlin«.[207]

5.2.3 Berliner Aktiengesellschaft für Papier-Fabrikation

Die »Berliner Aktiengesellschaft für Papier-Fabrikation« wurde im Juli 1871 von Emil Heymann, Meyer Cohn, Abraham Hamburger, Hermann Lask, Emil Holländer und Albert Hofmann (Eigentümer des »Kladderadatsch«[208]), Moritz Cohn und Gebrüder Guttentag in Breslau und Meyer Samuel Meyer in Magdeburg gegründet. Die Gründer kauften die Papierfabrik von Fr. Hendler in Alt-Friedland (Waldenburg in Schlesien). Leiter waren der Stadtverordnete Leopold Ullstein und Hermann Lask. Die Fabrik betrieb zwei Maschinen für Schreib- und Druckpapier.[209] Auch ihr war kein langes Leben beschieden. In den Berliner Adressbüchern taucht sie nur von 1873 bis 1877 auf und im Jahrgang 1878 unter der Anschrift Mohrenstraße 42. Das war dann vermutlich das Büro der Liquidatoren oder des Konkursverwalters. Im »Central-Blatt«[210] wurde bekanntgegeben, dass die verfügbare Masse des Vermögens der AG am 22. Januar 1879 um 10 Uhr zur Verteilung komme.

5.2.4 Berliner Kartonfabrik

Die Berliner Kartonfabrik wurde im Juni 1871 von Adolf Abel (S. Abel jr.) und Eugen Dzondi (Robert Thode & Co.) zwecks Erwerbs der Papierfabrik von Bernhard Behrend und dessen Söhnen Moritz und Georg in Köslin gegründet. Das Aktienkapital betrug 500.000 Taler, von denen die Vorbesitzer 200.000 Taler übernahmen. Die Leitung blieb in Händen von Moritz und Georg Behrend, im Aufsichtsrat waren Alexander von Loeben, K. A. Seelig und Hermann Leubuscher in Berlin, Wilhelm Wolff in Köslin. Auf zwei Papiermaschinen wurden Schreib- und Druckpapiere produziert, darunter Telegrafenpapier für die Reichspost.

Behrends behielten ihre Schleiferei in Varzin und verpflichteten sich zur jährlichen Lieferung von 4.000 Zentnern Holzstoff auf zehn Jahre. Die AG ging 1876 in Konkurs. Fürst Bismarck, Herr auf Varzin, nutzte die Gelegenheit zur Gründung einer Papierfabrik.

5.2.5 Charlottenburger Papier- und Pappen-Fabrik Gebrüder Damcke

Mit der Adresse Charlottenburger Ufer 11 steht die Charlottenburger Papier- und Pappen-Fabrik Gebrüder Damcke« erstmals 1878 und zuletzt 1896 im Berliner Adressbuch.[211] Inhaber waren Ernst und Gust. Wilh. Damcke. Die Seite aus dem Papier-Kalender ohne Jahresangabe mit dem Eintrag der Firma muss von vor 1876 stammen, weil die Patent-Papier-Fabrik noch genannt wird.

5.2.6 Papierfabrik Karl Ernst & Co. AG, Berlin

Der Papier-Kalender nennt die Papierfabrik Karl Ernst & Co. AG ohne weitere Angaben.[212] Für das Jahr 1907 wird eine Dividende von fünf Prozent wie im Vorjahr vorgeschlagen.[213]

Karton- und Kartonagenfabrik »Monopol«, Berlin

5.2.7

Geschäftsführer waren Leopold Falk und Max Pollak[214] Im »Birkner«[215] ohne weitere Angaben.

Kraft & Knust, Berlin

5.2.8

Die Firma Kraft & Knust wurde 1864 gegründet. In der Anzeige im Adressbuch von 1874[216] nennt sie sich Textilfabrik[217] und »Fabrik von endlosen Emballage-Papieren, Pappen und rohen Dachpappen«. Sie muss also bereits damals eine Papiermaschine besessen haben, und das könnte die Rundsiebmaschine der Patent-Papier-Fabrik gewesen sein. Leider haben die damaligen Papier-Adressbücher noch keine Angaben über Art und Breite der vorhandenen Maschinen gemacht. Inhaber der neuen Firma waren F. K. und M. Kraft, wohnhaft in der Poststraße 3. Dort wohnte auch R. Kraft, Kaufmann in der Firma F. S. Oest Wittwe & Co., zusammen mit G. A. Kraft Gesellschafter in einer Graphitschmelztiegelfabrik, Chamotte-Gas-Retorten-, Chamotte-, Stein- und Steingutfabrik. An dieser Firma waren noch beteiligt Th., G. und Friederike Oest geb. Schreck. Der andere Teilhaber der Papierfabrik, F. W. Knust, steht im Adressbuch[218] von 1866 mit der Wohnanschrift Ackerstraße 56; später wohnte er wie die Krafts auf dem Betriebsgelände Ackerstraße 96.

Die Papierfabrik produzierte nach der Adressbucheintragung Tüten- und Zeichenpapiere – eine etwas seltsam anmutende Auswahl angesichts der doch extrem auseinanderliegenden Qualitätsanforderungen. Im »Birkner« von 1926 ist die Firma letztmalig eingetragen. Als Erzeugung wurden genannt: Grau und farbig Schrenz-, satin. und einseitig glatte, farbige und blaue Tütenpapiere, Schulzeichenpapiere, Holzzementpapiere, Rohdachpappe. Die Firma hatte angeblich 1844 eine erste, 1877 eine zweite Langsiebpapiermaschine von der Patent-Papier-Fabrik zu Berlin gekauft.[219] Letztere war die zweite Donkin-Maschine, die bei der Versteigerung des Maschinenparks keinen Käufer gefunden hatte. Rudel ging davon aus, sie könne in Hohenofen noch gute Dienste leisten; dorthin ist sie aber nicht gekommen. Da jedoch die Versteigerung am 22. Februar 1878 war, kann die Jahresangabe 1877 nicht stimmen. 1878 ist denkbar, wenn man einen Termin nach dem 22. Februar annimmt. Die Verhandlungen können sich aber auch bis 1879 hingezogen haben.[220] Alle Quellen geben übereinstimmend an, dass die erste Donkin-Maschine 1844 nach Ermsleben verkauft und nach Überholung in Berlin 1848 dort in Betrieb gegangen ist.[221] Die 1864 gegründete Textil- und Papierfabrik Kraft & Knust hat in ihrem Gründungsjahr möglicherweise die Rundsiebmaschine erworben. Über diese Maschine gibt es allein den Bericht von Carl Friedrich Weisser von seiner Betriebsbesichtigung 1821.[222] Weder in den Unterlagen der Seehandlung, der Patent-Papier-Fabrik noch in Berichten über Kraft & Knust gibt es einen Hinweis. Originalbelege für die beiden Käufe gibt es nicht; die Angaben stammen von von Hößle.[223] 1888 wurde eine außerordentliche Abschreibung von 139.000 M. auf das Anlagevermögen vorgenommen, das sich danach auf 230.000 M. belief. 1898 siedelte die Fabrik in die Scheringstraße 2–7 um. Der

»Birkner« 1907[224] nennt als Arbeitsmaschinen eine Langsiebpapiermaschine 1,50 m Breite und eine Langsiebpappenmaschine 1,20 m Breite. Die erstgenannte könnte die aus der Patent-Papier-Fabrik zu Berlin 1878/79 erworbene sein. Kraft & Knust waren in der ersten Jahreshälfte 1907 noch eine Kommanditgesellschaft mit der Witwe Alma Knust als persönlich haftender Gesellschafterin. Nach dem Mai 2007 wurde die Firma in eine Aktiengesellschaft umgewandelt. Gründungsaktionäre waren die Witwe Alma Knust, Wwe. Lina Seidel geb. Kraft, Rentner Paul Kraft, Fabrikdirektor Richard Kraft, Wwe. Hedwig Heider geb. Kraft., Wwe. Jenny Assman geb. Kraft, Rittergutsbesitzerin Martha Neumann geb. Moebius und Bankier Max Moebius.[225] Das Grundkapital betrug 260.000. M. Vorstand war Dittmann und bis zum Ende 1925 Fritz Steidel.[226] In der letzten Eintragung im »Birkner«[227] sind eine Langsiebpapiermaschine von 150 cm und eine Langsiebpappenmaschine von 120 cm Arbeitsbreite angegeben. Diese letzte Angabe scheint einmal mehr unkorrekt zu sein. Die Rundsiebmaschine, auf der durchaus Karton hergestellt werden konnte, hatte nach den vorherigen Angaben eine Arbeitsbreite von 120 cm, während die Donkin-LSM 150 cm breit war.

Im vierten Kriegsjahr 1917 wurde eine Beschlagnahme- und Bestandsmeldeaktion für Rohdachpappen und Dachpappen aller Art erlassen und bald darauf eine Bestandserhebung von Hobelspänen aller Art.[228]

5.2.9 Berlin: Kartonfabrik Fabian & Meissner

Die einzige über die Kartonfabrik Fabian & Meissner vorliegende Information ist die über ein Schadenfeuer 1907.[229] Es scheint sich um eine Kartonagenfabrik gehandelt zu haben.

5.2.10 Berlin: Kartonfabrik Cohn & Co

Inhaber der Kartonfabrik Cohn & Co waren Bernh. Cohn und Heinrich Elsner.[230] 1908 wurde die Gesellschaft aufgelöst; Heinrich Elsner war nunmehr Alleininhaber.[231] Ob es sich tatsächlich um eine Karton- und nicht eine Kartonagenfabrik handelte, bleibt ungeklärt.

5.2.11 Merkel & Peretz GmbH., Berlin-Zehlendorf

Die Pappenfabrik Merkel & Peretz GmbH. wurde 1925 gegründet. 1935 wurden laut »Birkner«[232] Pressspanit, Pressspan und Glanzpappen erzeugt. Adresse: Stubenrauchstraße 1.

5.2.12 Neubauer, Berlin

Adolf Neubauer, Papier-, Pappen- und Tütenfabrik, Köpenicker Str. 40/41[233]

Norddeutsche Papier-Fabrik Actiengesellschaft　　　5.2.13

Außer einer Eintragung unter »Papierfabriken« in den Adressbüchern von 1873 bis 1876[234] unter der Anschrift Annenstraße 24 ist über die Norddeutsche Papier-Fabrik Actiengesellschaft nichts bekannt. Dem Anschein nach liegt hier der gescheiterte Versuch einer Firmengründung vor. Es könnte aber auch die Norddeutsche Papierfabrik in Coeslin, vormals B. Behrend, gemeint sein, die mit zwei Maschinen Schreib- und Druckpapier produzierte. Siehe auch Kapitel 5.2.4

Patent-Papier-Fabrik zu Berlin[235]　　　5.2.14

Siehe Kapitel 5.1.

Gaudschau, J. W., & Comp., Berlin　　　5.2.15

Die Firma betrieb eine Maschine für Papier und Pappe. Im Berliner Adressbuch nicht zu finden, wohl aber im »Adress-Buch«[236].

C. Hesse, Berlin　　　5.2.16

Die Pappenfabrik C. Hesse arbeitete mit acht Maschinen für Papier und Pappe. Sie ist in den Adressbüchern von 1874 (Hessesche Erben, Gartenstraße 50) und 1876[237] (Hesse, Gartenstraße 48–50) verzeichnet. Dem Anschein nach lag die doch recht große Fabrik außerhalb Berlins; hier war vielleicht die Geschäftsleitung oder ein Verkaufsbüro ansässig.

R. Wigankow, Berlin　　　5.2.17

Im Birkner 1907[238] mit diesem Namen erwähnt. In der Akt.-Ges. für Pappenfabrikation wird ein »Wiganckow« genannt. Ob es die gleiche Familie ist, also ein Schreibfehler vorliegt, ist nicht bekannt.

Die Pappenfabrik produziert auf einer Langsiebmaschine 170 cm Rohdach-, Unterleg- und Filzpappen.

Elberfelder Papierfabrik Ak.-Ges., Berlin-Zehlendorf　　　5.2.18

Die namensgebende Fabrik in Elberfeld wird als Filialpapierfabrik angegeben, als Gründungsjahr 1905, der AG in Elberfeld 1899.[239] Erzeugt werden fotografische und Kartonpapiere, speziell Bromsilber-Patent-Papiere in 9 Sorten, Patent-Farbdruck-Kartons ein- und zweiseitig, Lichtdruck-, Baryt-, Umschlag-, Einlage- und Bromsilber Patent-Kartons.[240]

5.2.19 Ullmann & Comp., GmbH., Altkarben

Die Papier- und Pappenfabrik Ullmann & Comp. wurde 1863 als oHG gegründet[241] und produzierte auf einer Papiermaschine 140 cm breit und auf einer Pappenmaschine grüne Strohpappe in schmalen Rollen. 1918 erteilte die »Untermühle Papiergesellschaft Altcarben« Katharina Ullmann geb. Nathansohn und Minna Ullmann Prokura mit der Befugnis zur Beleihung und Veräußerung von Grundstücken.[242] Laut »Birkner«[243] stellte die GmbH auf drei Papiermaschinen Strohkarton und Strohpappen von 150 g/m² aufwärts in jeder Stärke her, Strohpapier und Schrenzpapier von 30–200 g/m². Als Spezialerzeugnis werden Fahrkarten genannt. Wann die Firma einging, ist nicht bekannt. 1944 hat sie jedenfalls nicht mehr bestanden. Sie wird im »Birkner«[244] nicht mehr erwähnt.

5.2.20 Märkische Holzstoff- und Pappenfabrik GmbH., Bredereiche

Die Märkische Holzstoff- und Pappenfabrik wurde 1894 gegründet. Auf einer Papiermaschine wurden Braunholz- und Cellulosepapiere erzeugt, auf fünf Pappenmaschinen Lederpappe.[245] 1930 hieß die Firma »Pappenindustrie Berlin GmbH«. Nach dem Ableben von Hermann Buchholz sind Geschäftsführer Hermann Fischer und Dipl. Ing Waldemar Buchholz, beide in Bredereiche.[246] Im »Birkner«[247] sind die beiden ebenfalls genannt, aber unter der früheren Firmenbezeichnung. Es wurden alle Arten mittlere Packpapiere, e'glatt und satiniert, Schulzeichen-, Hülsen-, Schrenzapier für Tüten und Wellpappe hergestellt. Eine Langsiebmaschine 210 cm und sechs Pappenmaschinen waren im Einsatz. Die Tagesproduktion lag bei 16 t Papier und 9 t Pappe. Wohl in den letzten Kämpfen des Zweiten Weltkriegs brannte die Fabrik aus. Die Langsiebmaschine wurde nach der Enteignung 1946 in die demontierte Papierfabrik Wolfswinkel umgesetzt und arbeitete dort bis 1992. Nach der Insolvenz des privatisierten Unternehmens wurde sie nach Sumatra verkauft.

5.2.21 Bühlow (Bylow, Byhlow) Post Spremberg

Die Pappenfabrik Bylow Vuagnal & Co. stellte bis 1904 auf sechs Maschinen Lederpappen her. 1905 hieß die Firma J. & N. Goldemann und besaß eine Papiermaschine 200 cm und fünf Pappenmaschinen.[248] 1908 wurde die Firma umgegründet in die »Holzstoff- und Pappenfabrik Byhlow GmbH.«. Laut Handelsregister war ihr Sitz in Byhlow. Gegenstand des Geschäfts war der Erwerb und Betrieb von Pappen-Fabriken, insbesondere einer in Byhlow belegenen Pappen-Fabrik. Geschäftsführer war Richard Otte, Fabrikbesitzer in Berlin.[249] 1917 wurden Bruno Haak und Bruno Wachsberger zu den Inhabern; die Mitteilung war unter »Berlin« eingefügt.[250] Birkner gibt an: Byhlower Pappenfabrik Gerhard Berger. Mit dem Ortsnamen Bühlow arbeitete die Firma Gerhard Berger mit drei Pappenmaschinen noch 1944.[251] Sie ist wohl während der DDR-Zeit eingegangen.

Mendelsohn & Wharton, Cöpenick bei Berlin   5.2.22

Die Rohpappenfabrik wurde 1861 gegründet. Inhaber waren 1907[252] Paul Mendelsohn und C. Levy. Auf einer 120 cm breiten Langsiebmaschine wurden täglich 6 t Rohpappen erzeugt.

Eisenhüttenstadt: Propapier PM 2 GmbH   5.2.23

Die Propapier PM 2 GmbH arbeitet mit einer Linermaschine von Metso, 1.010 cm Arbeitsbreite Wellenstoff für 360 Mio. Euro und mit einer von Kapazität von 320.000 Jahrestonnen. Der Betrieb wurde im März 2010 mit 161 Beschäftigten aufgenommen.

Groß-Gastrode   5.2.24

Carl Lehmann Kommandit-Gesellschaft. Die Gr. Gastroder Werke (Mühle und Fabrik) befanden sich seit den 1840er Jahren im Besitz der Familie Lehmann. In der Fabrik wurden bis Anfang der 1890er Jahre Tuche hergestellt. Die Tuchfabrik wurde um diese Zeit nach Guben verlegt, die Fabrik in eine Holzstoff- und Lederpappenfabrik umgewandelt. Zwei Turbinen produzierten 400 PS Wasserkraft; eine 400 PS Dampfmaschine stand als Reservekraft zur Verfügung. 1916 wurde das Holzwehr aus 1888 durch ein massives großes Stauwehr ersetzt, ebenso das am Mühlengraben gelegene kleine Wehr. Sieben Pappenmaschinen bis 150 cm erbrachten 1928 eine Tagesproduktion von 10 t Lederpappen.[253] Die Fabrik bestand 1944 noch.[254]

Guben: Paul Köhler, Pappenfabrik   5.2.25

Dieses Werk wird bei den Maschinenpappenfabriken erwähnt, weil die Büttenpappenproduktion nur in einer kurzen Startphase betrieben wurde. Es ist nicht auszuschließen, dass die Pappenfabrik einen Vorläufer hatte. Die Patent-Papier-Fabrik zu Berlin betrieb nach 1821 bis 1838 ein Hadernhalbstoffwerk, über das nur bekannt ist, dass der Eigentümer den Pachtvertrag 1837 kündigte. Zu dieser Zeit war die Patent-Papierfabrik Hohenofen bereits im Gang und konnte die Halbstoffaufbereitung für Berlin mit übernehmen.

Um 1850 gründeten der Papiermacher August Weiß und der Kaufmann Karl Köhler eine Fabrik für handgeschöpfte Pappen besserer Qualitäten, wie Koffer- Brand- und Buchbinderpappen. Mitte der sechziger Jahre wurden in dem neu erworbenen Grundstück in der Bahnhofstraße 19 zwei Pappenmaschinen der Firma Strobel, Chemnitz, installiert und die zusätzliche Herstellung von Strohpappe aufgenommen. Eine Dampfmaschine erzeugte die benötigte Energie. Der Tagesausstoß erhöhte sich auf 1.000 kg. Nach einem Schadenfeuer 1878 schied Weiß aus der Gesellschaft aus. Karl Köhler wurde Alleininhaber und nahm 1886 seinen Sohn Paul als Gesellschafter auf. Eine Langsiebmaschine 210 cm produzierte nun täglich 5.000 kg Strohpappe. 1902 wurde Paul Köhler einziger Inhaber. Er verlegte den Betrieb in die Grunewalderstraße 34. Die Liegenschaft wurde bereits 1898 erworben und mit Gleisanschluss versehen. Die Firma wurde in »Paul Köhler, Guben« umbenannt. 1919 traten dessen Söhne Georg-Paul und Hans-Joachim als Gesellschafter einer oHG ein. Die Tagesproduktion belief sich 1928 auf 50 bis 60 t. Die Fabrik war damit eine der größten ihres Faches in Deutschland. Sie stellte Stroh- und Maschinengraupappe her, die sie durch Zusammenkleben, weiße und farbige Decken, Prägung, Masern und Bedrucken veredelte.[255] Ein Foto des Maschinensaals in der örtlichen Presse zeigt zwei Langsiebmaschinen, möglicherweise die kombinierte 176 cm und die Kartonmaschine 210 cm[256] von 1905. 1935 war Hans-Joachim Köhler der Inhaber. Es gab zwei Langsiebmaschinen 1,76 und 2,10 m, eine Rundsieb-Kartonmaschine 2,10 m. Mit 190 Arbeitern wurden täglich 70 t Strohpappen, auch beklebt und zusammengeklebt, farbig gedeckt, graue Maschinenpappen und Lederpappen, ein- und zweiseitig farbig gedeckte Kartons, auch bedruckt, und Holzkarton mit grauer Einlage produziert.[257] 1941 oder 1942 soll die Fabrik abgebrannt sein; sie wurde aber bis 1944 im »Birkner« verzeichnet. Später, auch 1950, ist nichts über sie bekannt. Es gibt sowohl die Möglichkeit, dass sie nicht wieder aufgebaut wurde – im Krieg auch nicht werden konnte – oder aber 1946 demontiert wurde. Leider konnte kein Verzeichnis demontierter Betriebe Brandenburgs gefunden werden. Mit der bedeutenden Pappenfabrik Albert Köhler GmbH & Co. KG in Gengenbach gibt und gab es ungeachtet der Namensgleichheit und des gleichen Produktionsprogramms keinerlei verwandtschaftliche Beziehung.[258]

5.2.26 Lübben

Lübbener Pappen- und Papierfabrik E. Stimming, gegründet 1888;[259] ab 1904 dann »Stimming & Söhne«[260]. Vier Pappenmaschinen 120 und 160 cm breit wurden in der Fabrik eingesetzt. 1929 fehlt im »Birkner« die Angabe des Inhabers. Das Hauptkontor befindet sich in Cottbus, in der Briesmannstraße 2. Als Erzeugnisse werden graue Buchbinder-, Wickel-, Jacquard-, Dichtungs- und Deckpappen genannt. 1935 erlitt die Fabrik ein Großfeuer durch Brandstiftung.[261] Produziert wurden graue Buchbinder-, Dichtungs- und Deckenpappen. Die Fabrik bestand 1944 noch mit den vier Maschinen.[262] Birkner notiert unter Cottbus:[263] »Lübbener Pappen- und Papierfabrik«. 1950 lautet die Firmenbezeichnung »Lübbener Pappenfabrik« ohne Inhaberangaben, aber mit unveränderter maschineller Einrichtung.[264]

5.2.27 Neubrücker Bobermühle

Papierfabrik, Holzstofffabriken, gegründet 1886. Hermann Plaen stellte auf einer 180 cm breiten Maschine Packpapier her.[265] 1929 war Willy Plaen der Inhaber. Die Maschinenbreite wurde jetzt mit 160 cm angegeben, dazu sieben Entwässerungsmaschinen. Erzeugt wurden täglich 5.000 kg Braunholzpapier 50–200 g/m² und Holzstoff.

Neudorf / Spree

5.2.28

Die Spreemühle Hartpappenfabrik GmbH wurde 1940 in der Fachzeitschrift »Der Papier-Fabrikant« erwähnt. 1939 war die gleichnamige KG, wohl die Rechtsvorgängerin, erloschen. Näheres ist nicht bekannt.

Neumühle

5.2.29

1910 gegründet als Bäucker & Zänker, Handlederpappenfabrik, Holzstofffabrik. 1929 waren Carl Bäucker und Minna Sachse die Inhaber.[266] 1934 und 1935: »Dr. Conrad Bäucker GmbH. Vier einzyl. Pappenmaschinen 120 cm. Handlederpappen, Holzstoff f. eig. Bedarf. Tägliche Produktion: 3–4.000 kg.«[267] Später »Holzstoff- und Pappenfabrik Neumühle Hermann Bickelhaupt«. Vier Pappenmaschinen 120 bis 150 cm breit.[268] 1938: »Pappenfabrik Neumühle G.m.b.H. Betrieb ist z. Zt. in der Umstellung begriffen.«[269] Der nächste Eintrag lautet: »Holzstoff- und Pappenfabrik Neumühle Hermann Bickelhaupt«, Maschinen wie vorstehend.[270] Wann die Fabrik geschlossen wurde und die Firma erloschen ist, ist nicht bekannt.

Potsdamer Pappenfabrik

5.2.30

Die Firma Paul Urban produzierte auf einer 100 cm breiten Maschine Pappen.[271]

Rathenow

5.2.31

Patent-Asbestonit-Fabrik P. E. Ladewig & Co. Zwei Pappenmaschinen, Veredelung zu Vulkanfiber.[272]

Papier- und Kartonfabrik Schwedt / LEIPA

5.2.32

Die Papier- und Kartonfabrik Schwedt wurde 1956 als VEB Papier- und Kartonfabrik Schwedt gegründet. Nach der Wiedervereinigung wurde die Fabrik von der Treuhand in die Papier- und Kartonfabrik Schwedt GmbH überführt und 1992 von der LEIPA Georg Leinfelder GmbH übernommen. LEIPA ersetzte bzw. modernisierte zwei übernommene Maschinen mit Arbeitsbreiten von 492 und 445 cm und installierte 2005 eine 805 cm breite Papiermaschine modernster Technik mit einer Tagesproduktion von 1.200 t beidseitig gestrichenem LWC (light wight coated paper); dazu gestrichene Offset- und Tiefdruck- sowie Wellpappenrohpapiere gestrichen und ungestrichen. Beschäftigt wurden 2010 in Schwedt 760 Personen. Der Sitz der LEIPA Georg Leinfelder GmbH war ursprünglich in Schrobenhausen. Dort produzieren 500 Mitarbeiter auf einer Papiermaschine mit 200 cm und einer Kartonmaschine mit 360 cm Arbeitsbreite höherwertige Verpackungspapiere, auch mit Druck, und Graukarton, Kraftduplex- und Krafttriplexkarton, auch weiß gedeckt, und ähnliche Qualitäten. Mit der Vergrößerung des Werkes Schwedt wurde der Sitz der Gesellschaft dorthin verlegt.[273]

5.2.33 Zeitungsdruckpapierfabrik Schwedt / UPM GmbH

1991/92 baute die bedeutende Firmengruppe Haindl'sche Papierfabriken, Augsburg, auf dem Nachbargrundstück der LEIPA eine Zeitungspapierfabrik. Im Jahre 1992 wurden die Fabriken der Gruppe in Augsburg, Schongau und Schwedt und das österreichische Werk in Steyermühl für 3,85 Milliarden.Euro an die finnische UPM-Kymmene Papier GmbH & Co KG verkauft. Im September 2009 änderte sich die Firmenbezeichnung in UPM GmbH mit Sitz in Augsburg. (Die Fabrik in Walsum am Niederrhein ging an das norwegische Unternehmen Norske Skog).[274] In Schwedt werden jährlich 305.000 t Zeitungsdruckpapier hergestellt.

5.2.34 Wilhelmsthal bei Oranienburg

Max Krüger, Pappenfabrik. Drei Pappenmaschinen produzierten Grau- und Lederpappen, Asbestplatten und Kunstleder.[275] 1944 stand das Unternehmen nicht mehr im Birkner. Es konnte lange vorher eingegangen oder als Kriegsmaßnahme geschlossen worden sein. Auch später wurde das Werk nicht mehr erwähnt.

6 Die Patent-Papierfabrik Hohenofen

6.1 Die Seehandlung als Investorin

6.1.1 Grunderwerb und Bau

Entgegen späteren Darstellungen durch Wisso Weiß gab es aufgrund des wirtschaftlichen Erfolges der Patent-Papier-Fabrik zu Berlin bereits 1832 Überlegungen seitens der Seehandlungs-Sozietät als Hauptaktionärin, eine weitere Maschinenpapierfabrik zu errichten. Die Idee wurde zur Absicht, als das Oberbergamt, gleich der Seehandlung ein Königliches Unternehmen, darauf drängte, sich von der Liegenschaft der Silberhütte als Nachfolgerin der stillgelegten Seigerhütte in Hohenofen an der Dosse zu trennen. Das Werk hatte den Betrieb 1833 eingestellt.

Im Extra-Blatt zum 33sten Stück des Amtsblattes der Königlichen Regierung zu Potsdam und der Stadt Berlin[1] vom 6. Juni findet sich eine Bekanntmachung über den Verkaufswunsch:

»Zum Verkauf des Saigerhüttenwerks zu Hohenofen bei Neustadt a.d. Dosse an den Meistbietenden, steht ein anderweitiger Lizitationstermin auf den 27. September d.J., Vormittags 11 Uhr, in der Gerichtsstube zu Hohenofen an, zu welchem Kauflustige hiermit eingeladen werden. Das Saigerhüttenwerk Hohenofen liegt im Regierungsbezirk Potsdam, Ruppiner Kreise, in der Nähe des Dorfs Sieversdorf am Dossefluß, und entfernt von Neustadt a. d. Dosse ½ Meile, Wusterhausen a.d.Dosse 1 Meile, Friesack 2 Meilen, Kyritz 2 Meilen, Havelberg 3 Meilen, Rathenow 4 Meilen, Ruppin 4 Meilen, Berlin 11 Meilen, Magdeburg 14 Meilen, von der Chaussee zwischen Berlin und Hamburg ¾ Meilen, von der Havel 1 ½ Meilen. Unterhalb des Werks ist die Dosse mit Kähnen von 60 bis 80 Zentner schiffbar, die bei großem Wasser 120 bis 150 Zentner laden können. Der Einfluß der Dosse in die Havel findet 1 ½ Meilen von dem Werke bei dem sogenannten Wendischen Kirchhofe statt, und können von dort aus Schiffe mit 1500 bis 2000 Zentner befrachtet werden.

Zu dem Hüttenwerke gehören:
Die Hüttengebäude, und zwar
die große Hütte und Pechwerksarche,
die kleine Hütte,
die Saigerhütte,
die Hammerhütte,
die neue Hütte,
der Vorraths- und Schirrschuppen,

der Holzschuppen,
der Kohlenschuppen,
das Feuerkelterschauer,
die neue Saigerhütte,
das Kupfermagazin,
das Spritzenhaus,
die Floß- und Betriebsarche zwischen der Hammer- und neuen Hütte,
die Betriebsarche zwischen der großen und kleinen Hütte.

Die Wohn- und Wirthschaftsgebäude, und zwar:
das Hüttenamtsgebäude und erste Offiziantenwohnung mit Stallung,
das Wohnhaus des zweiten Beamten mit Stallung,
das Wohnhaus des dritten Beamten mit Stallung,
ein Wohnhaus zu zwei Familien nebst Stall,
ein Wohnhaus zu vier Familien nebst Stall und Probier- und Waagestube,
ein Vier-Familienhaus, der Stall genannt,
das Zwei-Familienhaus neben dem Kruge,
das Sechs-Familienhaus links von der Poliermühle,
das Fünf-Familienhaus rechts von der Poliermühle,
das Badehaus,
das Kruggebäude mit Stall.

Vier Brunnen
Die baaren Gefälle.
Fischerei im Teich und in der Dosse.
Gärten, Wiesen und Weide.
Wassergefälle.

Taxe und Beschreibung dieses Werks, so wie die Verkaufsbedingungen können bei dem unterschriebenen Kommissarius, Justizrath Gericke zu Wusterhausen a.d. Dosse, auf dem Saigerhütten-Amte zu Hohenofen und in der Registratur des Königl. Ober-Bergamtes zu Berlin eingesehen werden.
    Wusterhausen a.d. Dosse, den 5. Juni 1832.
    Gericke.«

1833 wurde bereits über den Kauf einer Papiermaschine mit Bryan Donkin & Co. verhandelt. Einige Unterlagen darüber verwahrt das Berliner Landesarchiv.[2] Darin befindet sich die »Acta der General-Direction der Seehandels-Societät betreffend die bei Bryan Donkin & Comp. zu London für die Papier-Fabrik zu Hohenofen bestellten Maschinen und Theile, und darauf geleistete Zahlungen«. Der Direktor Wentzel kündigt in einem Schreiben an den damals in London weilenden preußischen Hofrat Meier für den 22. Oktober 1833 den Besuch des Berliner Dirigenten Georg Peter Leinhaas in London an, der sich bei englischen Papierherstellern über unterschiedliche Ausführungen und Preise informieren soll. Die meisten Fabrikanten lehnten aber seinen Besuch ab. Er kontaktierte auch die kleinen Hersteller von Papiermaschinen; die aber wollten nicht nach Preußen liefern. Das waren womöglich Ausreden, denn die Donkinschen Maschinen waren jeweils auf dem allerneuesten Stand der technischen Entwicklung, und praktisch hatte Donkin damit das Monopol auf Langsieb-Papiermaschinen. Donkin sollte nach einem Wasserrad für drei Holländer gefragt werden, ca. 4 PS, und nach einer Papiermaschine mit Zubehör. Donkin sollte auch die für die Maschine erforderliche Betriebskraft berechnen.[3] Die Angaben über das Dossewasser – Wassermenge und Wasserkraft im langjährigen Durchschnitt – waren Donkin zu ungenau, und er forderte aus Berlin genaue Zeichnungen und Beschreibungen an.

1834 bat Leinhaas in einem Schreiben vom 12. Januar Donkin um Informationen über gusseiserne Holländer. Die vorhandene Dampfmaschine für 6 PS solle nicht überlastet werden. Am 14. Februar bot Donkin das Glättwerk und Trockenzylinder an. Am 18. März legte John Hall, Dartford, ein Gesamtangebot über 3.210,10 Engl. Pfund vor.

Im selben Jahr entschließt sich die Seehandlung auf Grund des Erfolges der Patent-Papier-Fabrik zu Berlin Aktiengesellschaft als deren Hauptaktionärin endgültig, auf dem Hohenofener Areal eine Papierfabrik zu errichten.[4] Der von der Seehandlung auf die Regierung unter anderem mit einem Schreiben vom 26. Februar ausgeübte Druck hatte endlich Erfolg, hatte sie doch drastisch auf die verzweifelte Lage der Ortsbewohner hingewiesen: »Die seit dem Aufhören des Hüttenwerkes unbeschreiblich vorgeschrittene Verarmung und Noth der dort vorhandenen zahlreichen Arbeiter macht den baldmöglichsten Beginn der projektierten Papierfabrik dringend notwendig.«[5]

Offenbar hatte das Management der Seehandlung nicht allein das Wohl der durch Abwanderung schon geschrumpften Einwohnerschaft Hohenofens im Auge, sondern ebenso das eigene, hing doch der Betrieb der Papierfabrik auch vom Vorhandensein einer ausreichenden Zahl von Arbeitskräften ab. Schon für den Bau mussten Arbeitskräfte aus Sieversdorf, Köritz, Dreetz und noch entfernteren Orten angeheuert werden. Etlichen von ihnen war der Weg zu ihrem Wohnort und zurück nicht zuzumuten; deshalb wurden frei gewordene Wohnungen für sie bereitgehalten.

Ebenfalls 1834 soll laut E. Kirchner bereits eine 150 cm breite Donkin-Maschine an die Königlich Preußische Seehandlung in Hohenofen geliefert worden sein. Kirchner wusste offenbar nicht, dass Hohenofen ein Pachtbetrieb der Berliner AG war, denn er führt ihn als den Patentschutz verletzende Konkurrenz von Berlin auf. Der Irrtum könnte dadurch entstanden sein, dass die Seehandlung 1830 wieder einmal ihre Firmierung änderte. Friedrich von Hößle schreibt in seiner Abhandlung »Alte Papiermühlen der Provinz Brandenburg«:[6] »Im Ort Hohenofen wurde auch von der Königlich Preußischen Seehandlung nach dem Gewerbeblatt für Sachsen in der Zeit von 1836 bis 1838 an Stelle eines früheren Seiger-Hüttenwerks eine Papierfabrik errichtet.« Auch von Hößles Zeitangabe ist nicht korrekt. Selbst Wisso Weiß unterliegt irrtümlichen Jahresangaben, wenn er in seiner »Zeittafel zur Papiergeschichte«[7] die Aufstellung der Donkinschen Papiermaschine (150 cm breit) auf dieses Jahr terminiert.

Im März 1834 kaufte die Seehandlungs-Compagnie dem Oberbergamt die Liegenschaft der Seigerhütte ab. Am 8. und 13. März wurde der Kaufvertrag geschlossen; der Kaufpreis betrug 5.000 Taler. Am 2. Mai übernahm die Seehandlung das Objekt. Von nun an begannen die Vorbereitungen für die Einrichtung einer Papierfabrik nach dem Vorbild der Patent-Papier-Fabrik zu Berlin. Der Baubeginn der Papierfabrik war für 1835 vorgesehen, doch verzögerte die Bürokratie den Fortschritt nach Kräften. Die Seehandlung strebte den Kauf der benachbarten Poliermühle der Spiegelmanufaktur an. Zweck dieses Kaufes war die Vermeidung von Auseinandersetzungen zwischen den beiden benachbarten Unternehmen und die bessere Ausnutzung der Wasserkraft. Die Poliermühle wurde von der Spiegelmanufaktur für den Schliff des Spiegelglases gebaut. Das rohe Spiegelglas wurde auf dem Wasserweg von Spiegelberg nach Hohenofen verfrachtet und hier mittels Wasserkraft geschliffen und poliert. Die Manufaktur und mit ihr die Mühle mussten 1834 aus wirtschaftlichen Gründen ihren Betrieb einstellen.

Am 25. Mai verfügte der König:

»Auf den Bericht des Staatsministers v. Schuckmann vom 11. v. M. ermächtige ich Sie zur Erteilung des Zuschlages und zur Bestätigung des Kontraktes vom 8. und 13. März ds. J. über den Verkauf des Saigerhüttenwerkes zu Hohenofen nebst Zubehör an die Generaldirektion der Seehandlungssocietät für die Summe von 5.000 Talern und genehmige zugleich, dem Antrage gemäß, dass die von der Seehandlung nicht übernommenen baulichen Unterhaltungen der Kirche und Schule mit dem Tage der Übergabe des Werkes, die Zahlung der Besoldungen des Pfarrers und Schullehrers aber, im jährlichen Betrage von 146 rt 10sgr das Schulgeld von jeder Hüttenarbeiterfamilie jährlich zu 22 sgr 6 Pf und von jedem schulfähigen Kinde der übrigen Einwohner des Werkes vierteljährlich zu 10 sgr, erst vom 1. Januar k. J. ab auf die entsprechenden Fonds der Regierung zu Potsdam übergehen, wonach Sie das Weitere zu veranlassen haben.

Berlin, den 25. Mai 1834

(gez.) Friedrich Wilhelm«

Dieses Dokument liegt nur in Abschrift vor, die wie folgt beglaubigt wird:

»Für die Richtigkeit der Abschrift aus dem Gerichtsurteil der 1. Civilkammer des Königlichen Landesgerichtes zu Potsdam 1.P.208/99/86 vom 19. Oktober 1900

Sieversdorf, den 23. Mai 1930

(gez.) Troschke, Pfarrer«

Die neue Papierfabrik blieb also von den einst von der Hütte getragenen Schul- und Kirchenlasten befreit. Bei ihr verblieben allein die Armenlasten. Die konnte sie leicht tragen, gab es doch nun für alle – auch die Ungelernten – reichlich Arbeit, und war es nur beim Lumpensortieren.

1836 führte das zum Kaufvertragsabschluss über eine Papiermaschine mit 156 cm Siebbreite mit Nasspressen und Trockenzylindern, Pumpen, dazu eiserne Wasserräder, Holländer samt Grundwerken, Lumpenkochpfannen, einen Dampfkessel, eine Schneidemaschine und jegliches dazu gehörige Kleinmaterial.

In Abstimmung mit Faktor Kayser beantragte Wentzel beim Finanzminister Grafen von Alvensleben eine Ermäßigung der Einfuhrsteuer mit der Begründung, dass die preußischen Maschinenfabriken mangels ausreichender Kenntnisse nicht in der Lage seien, das benötigte Material zu liefern. Die Generaldirektion der Steuern lehnte das Gesuch ab. So musste die allgemeine Eingangsabgabe an das Haupt-Steuer-Amt in Berlin bezahlt werden, das erst dann die Lieferung freigab.

6.1.2 Wirkungsloser Gegenwind

Aus familiären Gründen war auch der Papierfabrikant und Besitzer der Papierfabrik Wolfswinkel bei Eberswalde, Johann Friedrich Nitsche, an der Errichtung und dem Erwerb einer Papierfabrik in Hohenofen stark interessiert. Er bot der Seehandlung seine Fabrik in Wolfswinkel gegen Hohenofen zum Tausch an und schrieb der Seehandlung am 12. April 1835 unter anderem:

»[…] Ich habe drei Söhne von entgegengesetzten Charakteren, die sie zu meinem Bedauern nicht brüderlich vereinen, sondern eher von einander entfernen. Mein Vermögen steckt in der Fabrik und meine Söhne würden nach meinem Tode gezwungen sein, solche gemeinschaftlich zu besitzen und zu leiten, da das Werk wegen seiner Größe und seines hohen Werthes nicht so leicht zu veräußern wäre. Dies zu vermeiden ist nun mein sehnlichster Wunsch, der sich schwerlich auf eine andere Weise als durch den Verkauf der Fabrik realisieren ließe. Sie ist mit einer Maschine versehen, wie sie die Patentpapierfabrik besitzt, liegt am schiffbaren Finowcanal und hat soviel Wasserkraft, dass täglich 10 Ballen Medianpapier vermittels der Maschine und außerdem noch bei 3 Bütten gearbeitet werden kann. Ehe ich die Maschine aufstellte, welche mir inclusive des nöthigen Umbaus der Holländer und des Locales mehr als 20 000 Thaler gekostet hat, berechnete ich den Werth der Fabrick auf 100.000 Thaler. Ich würde jetzt zum Heil meiner Kinder ein sehr großes Opfer bringen und sie für diese Summe mit der Maschine, doch ohne Inventarium, erlassen. Indem ich mir erlaube, Ew. Excellenz unmaßgeblich auf die geringe Wasserkraft des Werkes Hohenofen aufmerksam zu machen, scheint mir dasselbe jedenfalls zu unbedeutend als Hülfswerk der Patentpapierfabrik. Ich glaube, dass eine Maschine kaum 3 Tage in der Woche wird in Gang gehalten werden können. Das dürfte nach meinem Dafürhalten einen zu geringen Nutzen von einem Grundstück abwerfen, dessen Kosten nach vollkommener Instandsetzung sich gewiß auf 40 000 Thaler belaufen müssen. Dagegen wird dieses Werk, nach meinen itzigen Plänen, sehr passend für mich zur Errichtung einer kleinen Fabrik von 3–4 Bütten sein, die ich dann einem meiner Söhne überlassen würde. Dem Ältesten derselben, der bereits Theilnehmer meiner Papierhandlung ist, kann ich später solche allein übertragen, für den dritten, einem Buchhändler, eine Buchhandlung zu erstehen bedacht sein. Der Ankauf von Hohenofen hat unter den Papierfabrickanten, die die Kraft des Wassers nicht genau kennen, aus Besorgnis über die dadurch entstehende größere Concurrenz, große Bestürzung erregt, dass sie sich bereits mit einer Bittschrift an Ew. Excellenz gewandt haben. Diese Besorgnis würde vollkommen gehoben werden, wenn Ew. Excellenz sich gewogen fühlten, mein gehorsamstes Gesuch zu berücksichtigen, indem dann keine neue größere Fabrick ins Leben träte.«[8]

Die Seehandlung geht auf den Vorschlag nicht ein und bleibt bei ihrem Projekt. Mit Jahresbeginn sollte der Bau in Angriff genommen werden. Er verzögerte sich jedoch erheblich. Außer der ehemaligen Seigerhütte sollte nun auch noch die zur Spiegelmanufaktur Neustadt gehörende Poliermühle in Hohenofen mit erworben werden, um die ständigen Differenzen zwischen den Besitzern der beiden aneinander grenzenden Betriebe auszuschalten.

1836 Am 13. Mai gibt der General-Director der Steuern dem Antrag der Seehandlung vom 30. April 1836 statt, das Haupt-Steueramt anzuweisen, die behufs der in Hohenofen anzulegenden Maschinenpapierfabrik aus England zu beziehenden Maschinen gegen die allgemeinen Eingangs-Abgabe verabfolgen zu lassen.

»Finanz Ministerium, Abtheilung für Handel, Gewerbe und Bauwesen. Akten, betreffend die Verbesserung und Beförderung der Papier-Fabrikation.

Die Einrichtung, also alle Maschinenteile, die für die Ausrüstung des Betriebes benötigt wurden einschließlich der Papiermaschine, wurden in den Fabriken der Herren John Hall and Sons, Dartford, und Bryan Donkin & Co. in London (England) gefertigt«[9]. In einem Schreiben an den Chef des preußischen Finanzministeriums Graf von Alvensleben vom 18. März 1836 gibt der Direktor der Seehandlung als Grund hierfür an, »dass die inländischen Maschinenfabriken – zum Teil wegen der zurückhaltenden Mitteilungen der englischen Fabrikanten – zur Zeit noch nicht imstande sind, sämtliche zur Einrichtung einer solchen Papierfabrik erforderlichen Bestandteile in der notwendigen Genauigkeit und Zeitkürze anzufertigen«.[10] Es gab sehr wohl zu dieser Zeit mehrere Unternehmen in Deutschland, die sich mit dem Bau von Papiermaschinen befassten oder zumindest Versuche mit eigenen Konstruktionen machten.[11] Die meisten von ihnen kamen über einige wenig überzeugende Maschinen nicht hinaus, und selbst Widmann blieb den Donkinschen Anlagen unterlegen. Beispielsweise schrieb der Papierfabrikant Louis Piette in Dilllingen um 1836/37 in einem Antrag:[12]

»Ich bin daran mit meinen Brüdern und Schwägern in Dillingen eine Fabrik für Papiere ohne Ende anzulegen. Da wir in den Rheinlanden keine Werkstätte besitzen, welche schon die für eine solche Fabrik nötigen Maschinen geliefert hätte, wie denn auch unsere Maschine die erste sein wird in den Rheinprovinzen und wir nicht etwa den ersten Versuch eines

Maschinenbauers, sondern das Werk eines Meisters haben wollen, […] so haben wir die eigentliche Papiermaschine mit einem Holländer für Muster bei Engländer Sanford & Warrall in London und Paris bestellt.«

Das Joseph Corty 1818 gewährte Patent schloss die Aufstellung weiterer Papiermaschinen in Preußen für den Zeitraum von fünfzehn Jahren nicht prinzipiell aus, da es sich lediglich auf eine Maschine der Konstruktion von Donkin bezog, wie sie für die Patent-Papier-Fabrik importiert worden war. Das wird auch in einem Gutachten der Technischen Deputation für Gewerbe vom 18. Juli 1832 unterstrichen: »Wenngleich das Patent der hiesigen Fabrik sich auch auf die patentierte Vorrichtung, nicht aber auf Papier ohne Ende bezieht, so hat doch ein irriger Glaube des Gegenteils wohl die Verbreitung solcher Maschinen von anderer Konstruktion verhindert.«[13] Der hier genannten Ursache für die zögernde Anwendung von Papiermaschinen kann man sich wohl kaum anschließen. Immerhin gingen in der fraglichen Zeit zwei preußische Papiermühlen zur industriellen Fabrikation über: Im Jahre 1829 bezogen die Gebrüder Seebald in Treuenbrietzen eine 122 cm breite Papiermaschine von Bryan Donkin.[14] Johann Friedrich Nitsche stellte in seinem Betrieb in Wolfswinkel 1832 ebenfalls eine Donkin-Maschine auf.[15]

Noch aber wird von interessierter Seite auf das im Entstehen begriffene Projekt scharf geschossen:

»Die Anlegung einer neuen Papier-Fabrik zu Hohenofen durch die königliche Regierung betreffend – An den Königlichen Wirklichen Geheimen Rath und Präsidenten, Ritter hoher Orden, Herrn Rother, Exzellenz[16] – (folgen vier halbseitig eng beschriebene Seiten umfassendster Argumentation gegen den Bau des Werkes, der den gänzlichen Ruin der gesamten preußischen Papierwirtschaft unvermeidlich zur Folge haben würde). Eigenhändig haben unterzeichnet:

Gartmann [?], Besitzer der Papierfabrik zu Trutenau
[unleserlich], Besitzer der Papierfabrik zu Knauken [?] [Knuróv?]
Riedel, Besitzer der Papierfabrik zu Wischwill OS
Gebrüder Ebart, Besitzer der Papierfabrik zu Spechthausen
Nitsche, Besitzer der Papierfabrik zu Wolfswinkel
G. Boenicke, Besitzer der Papierfabrik zu Woltersdorf bei Luckenwalde
Carl Kühn, Besitzer der Papierfabrik zu Pankow
Gebrüder Seebald, Besitzer der Papierfabrik zu Treuenbrietzen
Keferstein und Germer, Besitzer der Papierfabrik zu Cröllwitz
C. A. Münch, Besitzer der Papierfabrik zu Hohenkrug«

Die Antwort war preußisch kurz und eindeutig:[17]

»An den Papierfabrikanten Herrn Gartmann [?] zu Trutenau bei Königsberg: Auf die von Gartmann [?] in Gemeinschaft mit mehreren anderen Papierfabrikanten an mich gerichtete Vorstellung vom 28. März d. J. gebe ich Ihnen zu erkennen, dass die Papierfabriks-Anlage zu

Hohenofen an die hiesige Patentpapierfabrik AG verzeichnet ist, die Herausfolgung, dass jene neue Fabrik mit den […] und für Rechnung der Seehandlung betrieben werde, […] nicht zutrifft.

Namens seiner Exzellenz (gez.) ›B‹., 18.5.«

Das Werk geht in Betrieb

Viele Einwohner hatten in dieser Zeit Hohenofen verlassen, da sie hier kaum noch ihr Dasein fristen konnten. Um die Abwanderung zu stoppen und nachteiligen Auswirkungen auf das Tempo der Bauarbeiten zu begegnen, wartete die Seehandlung den Kaufabschluss über die Poliermühle nicht länger ab.

1836 Im Frühjahr begannen die Bauarbeiten für die neue Papierfabrik in Hohenofen und dauerten etwas über zwei Jahre. Unter der Bauleitung des königlichen Bauleiters Kloht und der Verwaltung durch den zum Administrator berufenen bisherigen Kanzleisekretär der Seehandlung, Rau, ging der Bau flott voran. Rau war für die Verwaltungsaufgaben zuständig und übte bis zur Wahl eines Dorfschulzen auch die Polizeigewalt aus. Die Gerichtshoheit lag beim Justizamt in Dreetz. Der von der Patent-Papier-Fabrik Berlin versetzte Faktor Johann Jakob Kayser war auch der Buchhalter.

Im Herbst wurde die Papiermaschine von Bryan Donkin & Co. geliefert. Sie war per Schiff nach Hamburg und dann per Achse transportiert worden. Langley als der erfahrene Auslandsmonteur hatte nicht zuletzt wegen seiner Ansprüche an Perfektion Probleme nicht nur mit englischen Zulieferern, die nach seinen Zeichnungen vorgeschriebene Teile nicht mit der verlangten Präzision gefertigt hatten. Auch mit dem Baukonducteur Kloth verstand er sich nicht eben glänzend und hatte Schwierigkeiten mit den Arbeitern, die seinen Anweisungen nicht folgen wollten. Nicht zuletzt waren es auch die Sprachschwierigkeiten, die einer Verständigung hinderlich waren. Schließlich verlangte Langley die Hinzuziehung englischer Facharbeiter. Im Interesse einer alsbaldigen Inbetriebnahme der Fabrik und eines künftigen störungsfreien Laufes der Maschinen akzeptierte Wentzel ungeachtet der bedeutenden Kosten die Forderung, nachdem er sich auch der Zustimmung der Generaldirektion der Seehandlung versichert hatte.

Der im November eingetroffene englische Monteur Grabb brachte für die Installation drei Facharbeiter mit – Charles Harries, John Offord, George Humphrys. Grabb kehrte im Dezember nach England zurück. Aus den im Archiv vorhandenen Akten geht nicht hervor, ob die Papiermaschine zu diesem Zeitpunkt schon fertig montiert war oder ob Crabb seine Arbeit nur des Winters wegen zeitweilig aussetzte und wieder nach Hohenofen zurückkehrte. Mit den Engländern ging Faktor Kayser täglich in dem zwei Stunden entfernten Wusterhausen zum Essen. Auch mit dem »Königl. Oberstallmeister, Chef sämtlicher Gestüte, Ritter hoher Orden, Excellenz Herrn von Knobelsdorf«[18] nahm die Seehandlung Verhandlungen auf mit dem Ergebnis, dass das König-Friedrich-Wilhelm-Gestüt Neustadt 30 Quadratruten[19] Wiese im Tausch gegen eine gleich große Wiese am Rohrteich abtrat. Die künftige Papierfabrik erhielt dadurch »eine zweckmäßigere Leitung des Wassers nach der zum Hauptbetrieb bestimmten Arche«.

Der »Verwaltende Direktor der Patent Papier Fabrik Berlin«[20] (Geheimer Oberfinanzrat Wentzel) schlug für die Position des künftigen »Faktors« (Fabrikleiter) den Stellvertreter Leinhaas', Johann Jakob Kayser, vor, der seit Ende 1833 in der Firma tätig war. Die Vertragsverhandlung zwischen ihm und der Firma wurden wohl recht zäh geführt, denn der Beginn seiner neuen Tätigkeit in Hohenofen wurde auf den 1. Januar 1836 festgelegt; der Vertrag wurde jedoch erst am 8. August mit Wirkung vom 1. Januar dieses Jahres geschlossen. Kayser wurde ein Jahresgehalt von 600 Talern versprochen, das schon sehr bald auf 900 Taler erhöht wurde; dazu kamen freie Wohnung mit Heizung und Beleuchtung, die Nutzung des Ackerlandes am Hüttenteich und eine Weide für drei Kühe. Sein Spesensatz für Geschäftsreisen betrug 1 Taler und 14 Silbergroschen – umgerechnet etwa € 2,20, kaufkraftmäßig aber erheblich mehr.

Die Seehandlung schließt nunmehr mit der Patent-Papier-Fabrik zu Berlin einen rechtsverbindlichen Pachtvertrag:

»Contract mit

der Direction der Patentpapierfabrik, hier, am 1. Juli 1836 bis Ultimo Dezember 1846 und vom 1. Januar 1847 – Dezember 1856[21]

Zwischen der Königlichen General-Direction der Seehandlungs-Societät als Verpächterin an einem, und der unter dem Namen Patent-Papier-Fabrik zu Berlin bestehenden Actien-Gesellschaft, vertreten

1) durch den [unleserlich] H. Wentzel

2) den derzeitigen controllierenden Director, Herrn Benecke v. Gröditzburg

(neue Statuten der Patentpapierfabrik vom 26. April 1837) als Pächterin

§ 1 Die Königliche General Direction der Seehandels-Societät hat besagendes mit dem Königlichen Ober-Bergamt für die Brandenburgisch-preußischen Provinzen vom 8. und 13. März 1834 abgeschlossenen, von dem Königlichen Finanz-Ministerium auf den Grund der Allerhöchsten Cabinetts Order vom 25. Mai 1834 unter dem 11ten Juni desselben Jahres bestätigten Kauf-Entwurfs des […] Seigerhüttenwerks […] eigenthümlich für die Preußische Seehandels-Societät erworben. [Es folgt die Aufzählung und Beschreibung diverser Grundstücke.]

§ 2 Die Königliche General Direction der Seehandels-Societät verpachtet [die Papierfabrik Hohenofen] an die unter der Firma Patent-Papier-Fabrik zu Berlin hierselbst bestehende Actien-Gesellschaft besonders zum Zweck der Papier-Fabrikation […] vom 1. Juli 1838 bis Ende Dezember 1846 […] gegen […] 9.500 Reichsthaler Pachtzins. […]

§ 3 Die Verpächterin verpflichtet sich spätestens am 1. Juli 1838 auch die Maschinen-Papierfabrik in einem zum Betriebe geeigneten Stande zu übergeben […]

[es folgen 8 Seiten, K. B. B]
Beurkundet am 8ten Junius 1838: [gez.] v. Bülow

Der Pachtvertrag wurde vom 1. Januar 1847 – 31. Dezember 1856 verlängert. Der Pachtzins erhöht sich auf 10.000 Reichsthaler.

9. Mai 1846 Seehandels-Societät: [gez.] Maget
Genehmigt: Der Königliche Geheime Staats Minister, Chef des Königlichen Seehandels Institutes, [gez.] Rother
Die Direction der Patentpapierfabrik Actiengesellschaft
[gez.] Benecke v. Gröditzburg   [gez.] Ober-Finanz-Rath Wentzel«[22]

Die für die Dokumente verwendeten Papiere waren natürlich noch handgeschöpft – es gab ja bis dahin in Deutschland keine anderen.[23]

Die interne Begründung für die Pachthöhe von 9.500 Talern p.a. wurde so formuliert: »Bei Veranschlagung der Pachtsumme ist von der Ansicht ausgegangen, dass die Seehandlung das zum Ankauf und zur Einrichtung verwendete Kapital von 140.000 Talern nicht allein mit 4 % jährlich verzinst erhält, sondern in höchstens 25 Jahren auch amortisiert erhält. Jedenfalls macht also die Seehandlung ein gutes Geschäft, nicht zu vergessen, dass das Institut an dem reinen Gewinn als Aktionär der Patentpapierfabrik noch 4 % bezieht. Selbst bei einer Verarbeitung von nur 4.500 Zentnern Lumpen und vorausgesetzt, dass bei der noch immer zunehmenden Concurrenz eine Herabsetzung der bisherigen Fabrik-Preise sollte erfolgen müssen, dürfte nach den gemachten Überschlägen doch immer noch ein reiner Überschuss von ca. 3.500 bis 4.000 Talern verbleiben.«[24] Bauleiter Kloth errechnete anhand der Baukosten und Anschaffungen folgenden Wert der Fabrik:

Fabrikgebäude	34.610 Taler
Bleichhaus	2.597 Taler
Lumpen- und Papiermagazin	2.203 Taler
Schmiede und Tischlerei	966 Taler
Kontor und Pförtnerhaus	2.638 Taler
Maschinen und feststehendes Inventar	<u>49.295 Taler</u>
	92.309 Taler

Buchhalter war ein gewisser Rau.

Die anfängliche Pachtzeit von nur 8,5 Jahren ergab sich aus den Statuten der Aktiengesellschaft, die zunächst eine Dauer der Gesellschaft bis Ende 1846 vorsahen.

In einer Akte beim Landesarchiv Berlin finden sich Schriftstücke über den Verkauf der Papiermühle Coepenick durch Keferstein, über Elsner zu Alt Beekern und Knoblich zu Michelsdorf.[25]

1838 Der Umfang der Investitionen geht aus den Policen der Feuerversicherung hervor. In ihr sind aufgeführt:[26]

6 gusseiserne Holländer

1 gusseisernes Wasserrad zum Betrieb einer Papier- und Trockenmaschine

1 Fabrikgebäude, »theils massiv, theils von Fachwerk und mit Ziegeln gedeckt. Das Trocknen des Papiers geschieht durch gusseiserne Zylinder, die mittels Wasserdämpfen erwärmt werden.

1 Dampfkessel nebst Heißkessel mit Alimentationspumpe

2 Lumpenkessel

10 Papierpressen

1 complette Halbzeugpresse

1 Leimpresse, 3 Leimkessel

1 Lumpenschneider und Lumpenstäuber

2 Farbkessel

Trockengerüste »mit Trappeln und Haarsträngen«

1 Wohnhaus

1 Bleichhaus

1 Papier- und Lumpen-Magazin

1 Schmiede und Tischlerei

Mit großer Wahrscheinlichkeit darf man unterstellen, dass die Fabrik von Anbeginn an mittels Dampfkraft betrieben wurde – zumindest für die Beheizung der Trockenzylinder. Die mechanische Energie wurde 1838 durch ein Wasserrad erzeugt, wie die vorstehende Liste angibt. Vor 1843, dem Datum des Berichtes aus dem Gewerbe-Blatt, waren drei Wasserräder mit 36 bis 40 PS in Betrieb.[27]

Zwar haben wir erst aus dem Jahre 1852 eine Angabe, dass »eine neue« Dampfmaschine installiert wurde. Die Mutterfirma Patent-Papier-Fabrik zu Berlin hatte aber dort bereits 1818 mit Dampfbetrieb begonnen und 1820 eine Hochdruck-Dampfmaschine der Société Anonyme Jean Cockerill, Seraing (Belgien) mit einer Leistung von höchstwahrscheinlich 6 PS aufgebaut.[28] Da wird man sicherlich 18 Jahre später nicht rückschrittlich gehandelt haben. Diese erste Dampfmaschine hatte ihren Platz in der Glaserei/Tischlerei, in dem Gebäudeteil gegenüber dem Lumpenboden, Eingang unter dem jetzigen Übergang. Der Keller darunter ist später vollgestopft worden mit alten Papierresten aus der Toilettenpapierproduktion. Siegfried Hänsch berichtet von einem Rattenloch, in das niemand mehr hinunterging. Die Reste dieser Dampfmaschine wurden noch bis 1965 abgebaut[29].

Nach einem Bericht von 1843 bestand die Hohenofener Anlage aus einem Hauptgebäude mit zwei Seitenflügeln und mehreren Nebengebäuden. Die vorbeifließende Dosse setzte drei große eiserne Wasserräder mit 36 bis 40 Pferdekräften in Bewegung. 60 Arbeiter, wohl zumeist Frauen, richteten die Lumpen zu, welche in zwei großen eisernen Kesseln gekocht und anschließend mit Chlorgas gebleicht wurden.[30] Satiniermaschinen (Kalander) wurden nach

Die Patent-Papierfabrik Hohenofen

1838 beschafft und ein Lumpenhalbstoffwerk mit Wasserbetrieb nahebei eingerichtet – vermutlich im Gebäude der ehemaligen Poliermühle.

Im Kesselhaus wurde der Prozessdampf für die Papiermaschine erzeugt und die Versorgung der Dampfmaschine abgesichert. Eingebaut waren zunächst zwei Flammrohrkessel. Ob dieses Kesselhaus bereits damals errichtet wurde, ist nicht eindeutig bewiesen. Ein Umbau wurde Ende der 60er Jahre des 20. Jahrhunderts vorgenommen.

Auch das Baujahr der Wasserturbine kann noch nicht belegt werden; es dürfte aber wohl das der Erstinstallation des Werkes sein. Der Turbinengraben war ein Seitenarm der Dosse, der am Filterhaus vorbei unterhalb der Straße, dann unterhalb des Fabrikgebäudes in Höhe der Siebpartie das Fabrikgelände querte, um wieder in die Dosse zu gelangen. Dieser Lauf wurde am Fabrikgebäude durch drei Schleusentore abgeschottet. Hinter diesen drei Toren führten drei Läufe talwärts. Links war die Freischleuse, in der Mitte die Turbinenschleuse und rechts eine Regulierungsschleuse. Im Lauf der Turbinenschleuse lag eine Wasserturbine oder ein Wasserrad.[31] Die mechanische Energie wurde zum Antrieb der Holländer-Mühlen abgegriffen.

Bald nach Jahresbeginn stand die Aktion zur Beschaffung einer Schneidemaschine an. Im Landesarchiv Berlin findet sich die »Acta, betreffend die Bestellung einer Papier-Schneide-Maschine für die Papier-Fabrik zu Hohenofen bei […] Sanford & Varrell zu Paris. Leinhaas gibt ein Angebot von H. de Berguel, Spérafno & Cie. wieder: Preis 4.500 frcs. Nutzen: Täglich können 5 Ries pro Hundert vor der gleichen Menge Papierstoff gefertigt werden; 1 Arbeiter wird eingespart.«

»Am 3. Juni 1838 wurde die Papierfabrik eingeweiht. Nach einigen Probeläufen wurde mit Schreiben vom 24. August 1838 an das Steueramt in Neustadt/Dosse festgestellt: »Das Papiergeschäft hat am 1.7.1838 begonnen.«[32]

An diesem Tage ging die Papiermaschine in Betrieb. Ein Volksfest mit Musik und Tanz feierte den für Hohenofen so bedeutsamen Tag. Der Anlauf der Maschine brachte zunächst die unvermeidlichen Schwierigkeiten mit sich. Die Produktion erreichte noch nicht gleich die veranschlagte Tagesleistung. Im Verlauf der nächsten Wochen steigerte sich allerdings der Erfolg bis zur geplanten Menge. Auch der Transport des Papieres bereitete anfangs einige Probleme. Allein der Wasserweg war vorgegeben, denn es gab weder eine Chaussee noch Eisenbahn. Der Schiffer Laacke wurde verpflichtet, das Gut auf einem Deckkahn nach Berlin zu fahren. Dazu muss-

Traditionelles Wasserzeichen der Patent-Papierfabrik Hohenofen, später auch im Briefkopf der Nachwende-GmbH und des Vereins verwendet.

te er aber erst die erforderlichen Kähne bauen lassen, denn das empfindliche Papier durfte nur unter Deck transportiert werden. Die Fahrt führte dosseabwärts in die Havel, diese aufwärts über Rathenow, Brandenburg, Potsdam, Spandau nach Berlin. Hier wurden jeweils etwa 500 kg auf einen derben Handwagen geladen, der von zwei Männern gezogen und von zwei weiteren geschoben wurde. Die an die Kunden zu liefernde Menge wurde von der Fabrik nicht etwa nach vorliegenden Bestellungen festgelegt, sondern aufgrund der noch immer nicht ausreichenden Kapazitäten zugeteilt. Ungeachtet der erheblichen Kapazitätsausweitung nach der Erfindung der Papiermaschine und dem Bau der Patent-Papierfabriken in Berlin und Hohenofen blieb Papier noch immer eine Mangelware. Nach den vorliegenden Quellen konnten große Kunden mit 100 bis 150 Zentnern rechnen, also 5 bis 7,5 Tonnen; kleineren Kunden wurde je nach Möglichkeit etwas zugeteilt. Ob die Basis dieser Verteilung die jeweilige Schiffsladung war, wird nicht erwähnt, ist aber zu vermuten. Immerhin steigerte sich die Leistungsfähigkeit der neuen Fabrik derart, dass Laacke bald den zweiten Kahn einsetzen konnte, dazu drei Ableichter, auch die mit festem Deck. Für eine Neugründung bedeutete das in damaliger Zeit eine beachtliche Investition. Mit der vergrößerten Transportkapazität konnte nun in zweiwöchigem Rhythmus jeweils eine Ladung nach Berlin abgefertigt werden. Da auch andere neu installierte Unternehmen in Neustadt und Umgebung Transportbedarf hatten, wuchs die Dosseflotte auf 14 Kähne an, die an der Ablage in Hohenofen be- und entladen wurden. Nicht wenig trug der Bedarf an Material für die großen Bauvorhaben der Hamburg–Berliner Chaussee und der Hamburger Bahn dazu bei.

Im August 1838 hatte Direktor Wentzel nach Hohenofen geschrieben: »Ich habe nochmals reiflich in Erwägung gezogen, auf welchem am mindesten kostspieligen Wege der Transport des Papiers von Hohenofen nach Berlin auszuführen sein dürfte und infolge dessen den definitiven Entschluss gefasst, den Transport durch ein eigenes Fuhrwerk der Fabrik zu bewirken. Demgemäß habe ich Herrn Amtmann Achard heute um den Ankauf von drei tüchtigen, gesunden und kräftigen Pferden, welche den schweren Transport aushalten können, ersucht und als Maximum des Kaufpreises die Summe von 400 Thalern bestimmt. Ich überlasse der Fabrik nunmehr:

1. unverzüglich einen zweckmäßig eingerichteten, nicht zu schweren, dennoch aber solide gebauten Wagen anzukaufen,

2. einen Kutscher zu verpflichten, von dessen Redlichkeit, Treue und dienstlicher Brauchbarkeit man sich im Voraus überzeugt halten darf. Der monatliche Lohn für den Kutscher darf unter keinen Umständen die Höhe von 15 Thalern übersteigen. Es versteht sich von selbst, dass er sich auf allen Reisen selbst beköstigen muss.«[33]

Am 13. September ging die erste Fahrt nach Berlin. Hin- und Rückfahrt dauerten vier Tage. Ein Pferd erkrankte unterwegs, woraufhin ein viertes angeschafft wurde. Aufgrund seiner Auslagen und seiner auf der ersten Fahrt gesammelten Erfahrungen lehnte Kutscher Liep es ab, für den bisherigen Lohn zu fahren und forderte 24 Taler. Er wurde sofort entlassen. Seinem Nachfolger Klünder wurde immerhin ein Monatslohn von 18 Talern zugebilligt. Von Hohenofen bis zur Chaussee Berlin–Hamburg musste wegen der unbefestigten und ausgefahrenen Wege mit Vorspann gefahren werden, der aus vier bis fünf Pferden bestand, von Fuhrmann Wolff aus Köritz gestellt wurde und 1,5 Taler kostete. In der Zeit vom 1. Oktober 1838 bis zum 31. Mai 1839 wurden 1.953 Zentner Papier mit dem Fuhrwerk nach Berlin verfrachtet. Die Rückfracht betrug in der gleichen Zeit 440 Zentner und bestand vermutlich aus Lumpen. Im genannten Zeitraum erfolgte der Transport nach Berlin und zurück durchschnittlich fünfmal im Monat Das Fuhrwerk kostete in diesen acht Monaten an Futter 665 Taler, an Schmiedearbeiten 38 Taler, an Kutscherlohn 145 Taler und an Vorspann 73 Taler, insgesamt also 921 Taler.

Die gesamten Kosten des Fuhrwerks einschließlich Reparaturen, Abschreibung usw. betrugen in diesen acht Monaten 1.105 Taler. Deshalb wies die Muttergesellschaft ihr Zweigwerk an, den Papiertransport so lange wie möglich auf dem Wasserweg vorzunehmen und das Fuhrwerk nur noch einzusetzen, wenn die Schifffahrt des Wetters wegen eingestellt werden musste.

Im Dezember hat die Firma Scherbins & Co. die bestellte Papierschneidemaschine in sieben Kisten angeliefert. Der Buchhalter Rau wurde von Barth abgelöst (41 Taler Monatsgehalt). Zum Verwaltungspersonal gehörte neben dem technischen Leiter Kayser der Pförtner Teetz mit zwölf Talern und der Polizeidiener Rehfeldt mit sieben Talern monatlich. Über ihn heißt es in den Akten: »Er hatte bei Ausübung seines Amtes vielen Verdruß und Widerwärtigkeiten zu erleiden, wie es bei halsstarrigen Menschen, davon es in Hohenofen eine bedeutende Anzahl giebt, zu erwarten ist.«[34]

Ein Bote aus Hohenofen brachte und holte anfangs täglich die Post zum und vom Postamt Wusterhausen in einer Ledertasche, zu der das Postamt und die Papierfabrik einen Schlüssel besaßen.

1839 betrug die Jahresproduktion 2.800 Zentner mit einem Wert von 70.000 Talern. Ein Vergleich mit heutigen Preisen ist schwierig. Bei der Einführung der Mark und darüber hinaus galt ein Taler = drei Mark. Demnach kosteten 1.400 Doppelzentner = 140 t 210.000 Mark. Das ergibt einen 100 kg-Preis von 150 Mark. Rechnerisch wären das 75 Euro und läge damit in der Größenordnung von 75 % für heutiges grafisches Massenpapier.[35]

Beschäftigt waren im Werk 32 männliche und 60 weibliche Arbeitskräfte.[36] An die »fleißigsten und thätigsten Arbeiter« wurden 30 Taler Weihnachtsgeld verteilt. Verwaltender Direktor der Patent-Papier-Fabrik zu Berlin und der Patent-Papierfabrik Hohenofen war der Geheime Oberfinanzrat Wentzel. Der Technische Leiter Johann Jakob Kayser erhielt ein Jahresgehalt von 800[37] (nach anderen Quellen: 900) Talern.

»Mit Beginn des Jahres 1839 wurde der Schriftwechsel mit dem Hauptwerk in Berlin von einem betriebseigenen Pferdefuhrwerk befördert«.[38] Die Familie des Faktors Kayser wohnte im Direktorenhaus auf einer Anhöhe. Es beherrschte mit seiner Giebelfassade den gesamten Hauptteil des Dorfes. Das Haus hatte im Erdgeschoss zwei Räume, die mit einer breiten Tür zu einem Festsaal vereint werden konnten. Entlang eines Korridors befanden sich Schlafräume, das Esszimmer, zwei Küchen für Mensch und Vieh, eine Speisekammer und die Kassenstube, die wohl einst der Fabrikverwaltung diente. Im Obergeschoss lagen die Dienstbotenkammern, der Wäscheboden, die Schulstube sowie eine Reihe von Fremdenzimmern.

1840 war in Hohenofen auch eine Bütte in Betrieb.[39] (In Hohenofen wurde aus der Bütte zunächst hochfeines Wasserzeichenpapier für Staatspapiere geschöpft, später nur noch gelegentlich Aktendeckelkarton.) Auf der Maschine wurden gleichfalls hochwertige Feinpapiere nur aus Hadern (Lumpen) vornehmlich für den Behördenbedarf gefertigt. Beide Patent-Papierfabriken (Berlin und Hohenofen) belieferten jedoch auch den Markt, sehr zum Verdruss der Wettbewerber, die den angeblich niedrigeren Preis eines Staatsbetriebes heftig kritisierten. Die Behauptung erscheint jedoch wenig glaubhaft, da die Mutterfirma in Berlin jährlich eine Pacht von 9.500 Reichstalern an die Seehandlung zahlen musste. Die hatte letztlich die Hohenofener Fabrik aufzubringen.

1841 Das Lohnbuch weist für dieses Jahr monatlich aus
Maschinenmeister Kudemann   20 Taler 10 Groschen
Arbeiter im Durchschnitt   7 Taler
(Dabei waren drei Arbeiter am Lumpen-Kochkessel und einer an der Bleiche eingesetzt).
Arbeiterinnen   1–2 Taler

Insgesamt waren 19 Männer an den Maschinen tätig, sieben bei diversen Arbeiten, 14 Mädchen im Apretten Saal (mit zwei Talern relativ hoch bezahlt. Vermutlich waren sie zur Arbeit im Papiersaal, also Sortieren, Zählen, Einriesen eingesetzt.). Mit der Lumpensortierung, Stäuben und Schneiden waren fünf Männer und 77 Mädchen unter drei Aufsehern beschäftigt – die meisten für einen, wenige für zwei Taler/Monat. Insgesamt waren einschließlich der vier Verwaltungskräfte 130 Personen tätig.

Der Arbeitstag hatte zwölf Stunden, die Woche sechs Arbeitstage.
Von Berlin wurden am 16. August 1841 selbst kleine Ausgaben nach den Kassenabrechnungen Tiedemanns beanstandet:

»1.) Schreibfedern:	am 24. Februar	1 Dutzend für 3 Silbergroschen
	am 2. März	1 Karte für 8 Silbergroschen
	am 21. April	12 Dutzend für 28 Silbergroschen
		1 Dutzend große für 7 Silbergroschen
Bleistifte	am 12. Februar	1 Dutzend für 2 Silbergroschen, 6 Pfennige
	am 29. Februar	1 Dutzend für 19 Silbergroschen

Wodurch dieser große Bedarf entsteht und namentlich warum so große theuere Stahlfedern und Bleistifte angeschafft werden, darüber ist mir Auskunft zu ertheilen.

2. Laut Rechnung vom 24. Juli hat die Fabrik für 1 Zentner Alaun den enormen Preis von 7 Reichsthalern 22 Sgr und 6 Pfennigen gezahlt. Dazu wünsche ich eine nähere Erläuterung zu erhalten, da sonst der Preis nur auf 6 Reichsthaler zu stehen kommt.«

Die Patent-Papierfabrik Hohenofen

In einem anderen Revisionsbericht heißt es: »Dem C. Paetsch wurden für das Kleinmachen von 6 Klafter Holz 7 Thaler bezahlt. Zur Beurteilung der Angemessenheit des Lohnsatzes fehlt bei diesem Belege insofern jeder Anhalt, als in demselben nicht ausgedrückt ist, wie oft das betreffende Holz geschnitten und gespalten wurde.«[40] Es ist nicht überliefert, ob von Stund an beim Holzhacken in Hohenofen die Scheite gemessen und abgezählt wurden.

Buchhalter Barth wurde von Kleist abgelöst, der zuvor bei der chemischen Produkten-Fabrik in Berlin beschäftigt war.

1841 Die vorliegende Einwohnerliste[41] verzeichnet einen Schiffbauer, sechs Schiffer, zwei Schuhmacher, fünf Maurer, drei Schneider, drei Garnweber, je einen Brauer, Krüger, Händler, Holzhändler, Bäcker, Schmied, Musiker, Hirt, Glaser, Böttger, je zwei Polierer und Zimmergesellen, zehn Tagelöhner, sieben pensionierte Hüttenarbeiter, elf Witwen und »die separierte Laacke« (könnte geschieden bedeuten). Der Grund, weshalb nur 63 Einwohner auf der Liste stehen, ist nicht bekannt. Wenn man durchschnittlich einen Ehegatten und zwei Kinder hinzuzählt, käme man auf etwa 250 Personen; die Gesamtbevölkerung dürfte aber beim Doppelten gelegen haben. Vielleicht muss man die Beschäftigten der Papierfabrik hinzuzählen.

»Im September wurde der Pförtner Teetz nach Berlin versetzt und durch den von dort kommenden Pförtner Braband ausgewechselt. Diese Ablösung wurde der Papierfabrik Hohenofen von Direktor Wenzel[42] wie folgt angekündigt:

»Ihnen dem Herrn Faktor Kayser mache ich folgende Eröffnung: Wie mir leider zur Genüge bekannt geworden ist, neigt die Frau Braband sehr zu Klatschereien und Verläumdungen. Dabei ist sie eine Augendienerin, die anscheinlich niemand betrübt. Machen Sie daher dem Manne gleich nach seinem Eintreffen in Hohenofen bemerklich, dass Ihnen diese traurigen Schattenseiten seiner Frau bekannt geworden wären und er seine männliche Autorität gegen seine Frau dahin geltend machen solle, dass er ihr die strengste Anweisung ertheile, sich nur auf sich und ihr Hauswesen zu beschränken und sich nicht zu unterfangen, dergleichen Gewäsch wie hier auch in Hohenofen zu treiben, da sie sonst ihn nur unglücklich machen würde. Hohenofen ist jetzt von dergleichen bösen klatschhaften Frauen befreit. Ich wünsche daher nicht, solche dort wieder aufkommen zu lassen.«[43]

Der Antrag eines Hohenofener Einwohners auf Ausstellung eines Gewerbescheins für das Lumpensammeln »ohne Pferd und Wagen« wurde vom Landrat v. Ziethen abgelehnt, »weil der wegen Diebstahls mit Verlust der National-Kokarde, mit Zuchthausstrafe und mit Peitschenhieben bestraft worden ist und niemals wieder einen Hausierschein erhalten kann«.

1842 Am 13.Oktober wurde Ludwig Kayser geboren, Sohn des Werkleiters. Er wurde durch die Hauslehrerin Frl. Julie Ohnesorge erzogen; den Lateinunterricht erteilte der Pfarrer Arndt in Sieversdorf[44].

1843 trat das preußische Aktiengesetz in Kraft. Ein Handelsregister hat es demnach vorher nicht gegeben. Wann ein solches tatsächlich in Preußen obligatorisch wurde, ist noch ungeklärt. Die Seehandlung als Eigentümerin der Liegenschaft und damit der Fabrik hat das Werk an die Patent-Papier-Fabrik Berlin, an der sie die Aktienmehrheit hielt, verpachtet.

Infolgedessen hat die Seehandlung in Hohenofen kein Handelsgewerbe ausgeübt, kann also nicht als Firma eingetragen sein. Ob damals der Betrieb einer Zweigniederlassung an deren Ort oder dem der Muttergesellschaft vermerkt wurde, ist gleichfalls noch nicht geklärt. Das heute zuständige Amtsgericht Neuruppin besitzt keinerlei Unterlagen über die damaligen Rechtsverhältnisse der Fabrik.

In diesem Jahr erschien im »Gewerbe-Blatt«[45] der (anonyme) Artikel »Die Patent-Papierfabrik zu Berlin und ihre Zweigetablissements«, deren erster Teil im Abschnitt 5.1.7 wiedergegeben ist. Wir lassen nun die Fortsetzung folgen:

»Beiläufig bemerkt, wurde nur durch diese Operazion der königl. Seehandlung der ganz verödete und verarmte Ort Hohenofen wieder gehoben und seinen dem bittersten Elende Preis gegebenen Bewohnern Unterhalt verschafft. Das Papierfabriketablissement in Hohenofen besteht aus einem Hauptgebäude mit zwei Seitenflügeln und mehreren andern Gebäuden und Magazinen und wird fast in der Mitte von der Dosse durchströmt, welche drei große eiserne Wasserräder mit einer Triebkraft von 36 bis 40 Pferden in Bewegung setzt. In einem großen Saale sind einige 60 Personen mit dem Trennen, Reinigen und Sortiren der Lumpen beschäftigt, welche in einem daran stoßenden Raume durch Maschinen zerschnitten und in zwei großen eisernen Kesseln durch heiße Dämpfe gekocht werden, nachdem die grauen und gefärbten Stoffe mittelst einer im nahen Seitengebäude befindlichen chemischen Schnellbleicherei durch Chlorgas binnen kurzer Zeit entfärbt und weiß gebleicht worden sind. An ein darauf folgendes großes Lokal, in welchem sich außer mehreren Wasserpumpen und der Dampfleimkocherei sechs große eiserne Holländer befinden, um den bereiteten Lumpenstoff zu waschen, theilweise zu färben und in Papierbrei zu verwandeln, schließt sich der Raum an, in welchem dieser Papierbrei auf gleiche Weise wie in der Berliner Fabrik durch Maschinen in Papier verwandelt wird. Dies Papier wird alsdann in dem benachbarten Lokal von dazu bestimmten Arbeitern sortirt, mittelst einer englischen Presse gepreßt und durch eine besondere Maschine in einem hohen Grade geglättet. In einem anderen Theile des Gebäudes ist ein großer eiserner Dampfzylinder zur Erzeugung heißer Dämpfe aufgestellt, welche in eisernen Röhren nach den verschiedenen Räumen der Fabrik geleitet und zum Kochen der Lumpen und des Leimes, so wie zum Heizen der Bleichretorten und der Zylinder zum Trocknen des Papiers benutzt werden. Auch ist in der Nähe des Hauptgebäudes ein besonderes Hülfswerk eingerichtet, in welchem durch Wasserkraft in Bewegung gesetzte Maschinen die Lumpen auswaschen, sie theilweise zermalmen und solchergestalt eine Vorarbeit für das Hauptwerk verrichten. Eben so besitzt die Fabrik eine Tischler- und eine Schlosserwerkstatt, um alle vorkommenden Reparaturen sofort bewirken zu können. Es werden in der Fabrik verschiedne Sorten Schreib-, Zeichnen-, Kupferdruck- und Tapetenpapier von vorzüglicher Güte und Dauerhaftigkeit angefertigt, und das Quantum der jährlich zur Verarbeitung kommenden Lumpen beträgt mehr als 8000 Zentner.«

1843 umfaßte das Produktionsprogramm: Zeichenpapier, Seidenpapier, Conceptpapier, Schreibpapier, Mediandruck, Pro patria, Royal-Kupferdruck, Tapetenpapier und Krempenpapier.

Die Patent-Papierfabrik Hohenofen

Es fällt auf, dass neben Qualitätsbezeichnungen auch Formatangaben stehen[46] wie »Royal, Median, Pro Patria«. Bei letzterem ist nicht zu erkennen, worum es sich handelt. Wegen des großen Formates halte ich Bücherschreibpapier für wahrscheinlich.

In diesem Jahr wurde ein Gewinn von 23.463 Talern erzielt, wovon 22.826 als Dividenden ausgeschüttet wurden. Über die Preise liegen keine Angaben vor. [47]

1845 schreibt der Chef der Seehandlung, der Geheime Oberfinanzrat Rother, über den Bau der Patent-Papierfabrik Hohenofen:[48]

»Die in Hohenofen bei Wusterhausen a. D. errichtete große Maschinen-Papier-Fabrik, welche in ihrer Einrichtung nach dem Urtheile von Sachverständigen als ein Muster gelten kann, ist von der Seehandlung angelegt und der Patent-Papier-Fabrik für die Zeit vom 1ten Juli 1838 bis Ende Dezember 1846 gegen einen jährlichen Zins von 9.500 Rthlr in Pacht überlassen worden.

Durch die im Jahre 1834 erfolgte Erwerbung der von dem Fiskus wiederholt fruchtlos zum Verkauf ausgebotenen, zu dem dortigen vormaligen Seiger-Hüttenwerke gehörigen Grundstücke, zu denen sie im Jahre 1838 die zur ehemaligen Schicklerschen Spiegel-Manufaktur gehörige Poliermühle hinzukaufte, und durch die dortige Anlegung der Papier-Fabrik hat die Seehandlung dem traurigen Zustande ein Ende gemacht, in welchen die zahlreiche, von allem Landbesitz entblößte Bevölkerung des Orts Hohenofen durch die Aufhebung des dortigen Hüttenwerks versetzt worden war. Diese Fabrikanlage gewährt einigen hundert sonst ganz brodlosen Individuen der ärmsten Volksklasse reichlichen Unterhalt und vollständigen Ersatz für den früher gehabten Arbeitsverdienst, so daß ihre Aufhebung ein großes Unglück für die dortige Gegend sein würde.

Während Hohenofen früher ein sehr verrufener Ort war, dessen Einwohner den benachbarten Gemeinden durch Bettelei und andere Unordnungen lästig wurden, ist gegenwärtig Fleiß und Sittlichkeit dort eingekehrt und die sonst der Seehandlung als Grundherrschaft ausschließlich zur Last fallenden bedeutenden Armen-Unterstützungen hatten sich bereits am Schlusse des Jahres 1842 auf den geringen Betrag von monatlich 1 Rthlr. 20 Sgr. vermindert. So hat diese Anlage, welche von der Seehandlung auf den Wunsch der Aktien-Gesellschaft der Patent-Papierfabrik ins Leben gerufen wurde und wesentlich dazu beigetragen hat, die Verhältnisse dieser Gesellschaft günstiger zu gestalten, sehr segensreiche Folgen gehabt. Wenn aber zugleich berücksichtigt wird, daß noch gegenwärtig die Fabriken des Auslandes große Quantitäten Papier hierher absetzen, und dessen ungeachtet die Fabriken des Inlandes bei einem besseren und ausgedehnteren Betriebe mit Gewinn arbeiten, so ergiebt sich hieraus, daß die Klagen über die Konkurrenz der Patent-Papierfabrik aller Begründung ermangeln. Indem ich aber durch die mir überlassene Wahl des verwaltenden Direktors ohne alle Einmischung in die Administration, einen Einfluß auf die Fabrik gewonnen habe und ausübe, benutze ich diesen für einen höchst wichtigen Staatszweck, welcher allein hinreichen würde, die fortgesetzte Betheiligung der Seehandlung bei diesem Etablissement zu rechtfertigen. Dasselbe hat sich nämlich verbindlich gemacht, dem Staate jede verlangte Sorte von Papier in jeder ihm beliebigen Form mit jedem ihm gefälligen Wasserzeichen gegen Entschädigung zu liefern und in sofern dessen Fabrikation ein der Fabrik vom Staate mitgetheiltes Geheimnis enthält, dieses streng zu bewahren. Die Fabrik verfertigt daher in Gegenwart zweier Beamten das Papier zu den Kassen-Anweisungen, Staatspapieren, Seehandlungs-Obligationen etc. und gewährt hierbei in der Person seines, dem Staate als Beamter verpflichteten verwaltenden Direktors diejenige Sicherheit gegen Missbrauch, welche zur Sicherung des Staats-Interesses so unbedingt erforderlich ist.«

1846 wurde der Pachtvertrag zwischen der Patentpapierfabrik Actien-Gesellschaft (Berlin) mit der Seehandels Societät auf weitere zehn Jahre verlängert. (Siehe obige Auszüge aus dem Pachtvertrag von 1836). Der jährliche Pachtzins erhöhte sich auf 10.000 Taler.

Im selben Jahr wurde Hohenofen durch Kabinettsorder zur Gemeinde erklärt. Das am Niederungsrand befindliche alte »Vierhütten« wurde nach Hohenofen eingemeindet.

1849 beschloss die Hauptversammlung die Gründung eines Pensionsfonds für die männlichen Arbeiter mit einem Grundkapital von 1.500 Talern. Nicht zuletzt sollte damit der Abwanderung guter Arbeiter entgegengewirkt werden. Der Kranken- und Sterbekasse wurden aus dem Gewinn 200 Taler zugefügt.

Um 1850 wurde die Fabrik erweitert – nähere Angaben fehlen. Im Brandenburgischen Landesarchiv in Potsdam finden sich in einem Aktenfaszikel unter der Bezeichnung: Einzelne Gewerbe, f: Mühlensachen, Kreis Ruppin, unter Position 3037 Mühlenbau-Sachen Nr. 61 Belege über »Bau und Veränderung der Papiermühle in Hohenofen 1835–1856«. Leider sind darin keine für die Geschichte der Fabrik relevanten Hinweise zu finden. Der Historiker von Hößle vermutete zu dieser Zeit in Neustadt (Dosse) eine alte Papiermühle.[49] Im Stadtarchiv und sonstigen Stellen ist kein solches Werk nachweisbar. Der Verfasser ist sich sicher, dass es sich um eine Verwechslung mit Neustadt/Eberswalde handelt. Die o.g. Akte könnte eine Begründung für die fehlerhafte Vermutung geben: Alle Unternehmen der Papierherstellung wurden unter dem Oberbegriff »Mühlen« amtlich eingeordnet. In dieser Zeit der Installation der ersten Papiermaschinen war der staatlichen Verwaltung der grundlegende Unterschied zwischen einer Papiermühle, also der Herstellung handgeschöpften Büttenpapieres, und der maschinellen Produktion noch nicht geläufig. Wahrscheinlich ist unter den Mitarbeitern der Fabrik die Bezeichnung »Mühle« kaum angewandt worden – im Unterschied zu Unternehmen, die aus einer handwerklichen Papiermühle zur Fabrik umgerüstet wurden. Da war es zumindest noch bis weit in das 20. Jahrhundert hinein üblich, den Holländersaal als »Mühle« zu bezeichnen.

1851 mussten die Papierpreise wegen der gestiegenen Lumpenpreise um drei Pfennige pro Pfund erhöht werden.

1852 waren die Hadernpreise wieder gesunken. Mit Wirkung vom 1. Oktober wurden die Preise für alle geleimten Papiere um 0,25 Groschen pro Pfund ermäßigt, um dem Umsatzrückgang zu begegnen. Aus diesem Jahr liegt die Abrechnung der Krankenunterstützungs- und Sterbekasse vor:

Einnahmen	Taler	Silbergroschen	Pfennige
Beiträge von 47 Arbeitern	126	24	
Jahresbeitrag der Fabrik	10		
Außerordentliche Unterstützung der Fabrik	70		
Bestand des Grundfonds	869	23	11
Zinsen	35		11
Ausgaben			
Jahreshonorar für Dr. Nolde	67		
Arzneien (Apotheker Priem)	46	4	6
Krankenunterstützungen	108	20	
Begräbniskosten	13	20	

Aus: »Mein Lebenslauf, in meinem 86. Lebensjahr niedergeschrieben, meinem Enkel Ulrich Kayser in Potsdam gewidmet zu seinem 25jährigen Geburtstag. Ullersdorf im Isergebirge, den 2. März 1928. Ludwig Kayser«.

1853 kam der zehnjährige Ludwig Kayser nach Berlin auf das Gymnasium zum Grauen Kloster. In seinem Lebenslauf beschreibt er in farbiger Schilderung seine Schulzeit, während der er bei einer Lehrerwitwe wohnte und ohne Taschengeld auskommen musste. Es gab damals in Berlin weder Gas noch Wasserleitungen, dafür obrigkeitlich strenge Regeln. So musste sich nach der Revolution von 1848 jeder – auch die Schüler – durch einen Ausweis legitimieren, wenn er ins Zentrum gelangen wollte. Als er einmal nach Ferienschluss mit seiner Mutter in einer Droschke das Neue Tor passierte, wurde die mitgenommene Makronentorte konfisziert. Sie musste amtlich untersucht werden, ob sie frei von Mehl sei, denn das wurde hoch besteuert. Nach umfänglichen Formalitäten wurde sie ihm aber wieder ausgehändigt. Als Quintaner sang er im Chor unter Musikdirektor Heinrich Bellermann und erhielt dafür im Quartal zwei Taler (6 Mark), womit er seinem Vater, der ihm niemals Taschengeld gab, gewaltig imponierte. Als Tertianer wurde er konfirmiert. Die Feier fand in der Familie seines damals sehr reichen Vetters Carl Weise statt, der einen Papiergroßhandel betrieb. Als die Patent-Papier-Fabrik zu Berlin unter der Leitung des Direktors Leinhaas gebaut wurde, hatte Kaysers Großvater Werner die Ausführung der Tischlerarbeiten übernommen. Dadurch lernte Leinhaas die älteste Schwester der Mutter von Kayser kennen und heiratete sie. Vater Johann Jacob Kayser war damals Papiermacher und schöpfte das Papier für die staatlichen Geldscheine. Dadurch hatten sich Kayser sen. und seine spätere Frau, die Schwester von Frau Leinhaas, kennengelernt. Die Leinhaassche Tochter Emilie heiratete dann Carl Weise, der durch seinen vom Vater erbten Papierhandel enge Beziehungen zur Fabrik hatte.

Mit dem Berechtigungsschein für den Einjährig-Freiwilligen-Militärdienst verließ Ludwig Kayser die Sekunda des Gymnasiums, um sich auf der Gewerbeschule für seinen späteren Beruf als Papiermacher in Technik und besonders Chemie vorzubereiten. Er wohnte bei einem Verwandten, Ludolph Kampmeyer, einem millionenschweren Holzhändler. Dort erhielt er ein eigenes kleines Zimmer, in dem er chemische Experimente ausführen konnte. Kampmeyer arbeitete als Tischlergeselle bei Kaysers Großvater Werner. Mit einem Lohnvorschuss hatte er ein Viertellos erworben, das am nächsten Tag mit dem Hauptgewinn gezogen wurde. Der nun reiche junge Mann begab sich auf die damals übliche Wanderschaft in seine westfälische Heimat Bielefeld und bis nach Paris. In Homburg v. d. H. versuchte er erneut sein Glück bei der Spielbank, sprengte sie und wurde zum Millionär. Er heiratete eine Cousine von Kaysers Mutter und schuf, obwohl er weder lesen noch schreiben konnte, einen bedeutenden Holzhandel nebst Sägewerk. Mit seiner vierzig Jahre jüngeren zweiten Frau wurde er alt und verlor bei Spekulationen fast sein gesamtes Vermögen. Ludwig Kayser merkt an, dass die »Beamten« der Firma, also die leitenden Angestellten, sämtlich wohlhabend geworden waren.

Während der Sommerferien 1859 unternahm er mit seinem Schulfreund Paul Wolff, der es bis zum Oberst brachte, eine Fußwanderung durch den Harz, die mit dem Besuch der ihm väterlicherseits verwandten Papiermacherfamilie Fuess in Moringen bei Northeim (Hannover) abschloss. Frau Fuess war eine geborene Spangenberg, die Schwester seiner G r o ß m u t t e r. An dieser Stelle darf daran erinnert werden, dass Heinrich Otto Ludwig Fueß, Louis genannt, am 15. August 1800 in der väterlichen Fabrik in Herzberg am Harz geboren, jener staunende Besucher der Berliner Fabrik war, der die erste uns überlieferte Beschreibung des Betriebes verfasste. Sein Wandertagebuch gibt etwa 80 besuchte Papiermühlen an.[50]

6.1.4 Verkauf der Patent-Papierfabrik Hohenofen an die Patent-Papier-Fabrik zu Berlin

1855 änderte sich das Rechtsverhältnis der Fabrik grundlegend: Die Preußische Seehandlung verkaufte das Objekt am 8. Mai an die Patent-Papier-Fabrik zu Berlin, deren Statuten daraufhin angepasst wurden. Die Zahl der männlichen Arbeiter war auf 55 gestiegen. Ihre Namen sind überliefert[51].

»Die Hohenofener Anlage bestand aus einem Hauptgebäude mit zwei Seitenflügeln und mehreren Nebengebäuden. Die vorbeifließende Dosse setzte drei große Wasserräder mit 30 bis 40 PS in Bewegung. 60 Personen richteten die Lumpen zu, welche in zwei großen eisernen Kesseln gekocht wurden, um dann mit Chlorgas gebleicht zu werden. Die maschinelle Einrichtung umfasste sechs große eiserne Holländer, eine englische Papiermaschine von Donkin, eine hydraulische Presse, Satiniermaschinen, Dampfkessel, Wasserpumpen, die Leimkocherei usw. Nahe dabei wurden noch mit Wasserbetrieb ein eigenes Lumpenhalbstoffwerk, dann die Tischlerei und Schlosserei betrieben. Aus 8.000 Zentner Lumpen wurden alljährlich Schreib- Zeichen-, Kupferdruck- und Tapetenpapiere hergestellt.

Dass die englische Maschine noch 1855 in Betrieb war, sei hier besonders erwähnt als Richtigstellung anderweitiger in neuzeitlicher Literatur zu lesender Angaben«.[52]

1859 kaufte das Werk 9.500 Zentner Lumpen für 45.600 Taler. Im Schriftwechsel mit Lumpenhändlern liest man mehrfach die Rüge, die Lumpen seien angefeuchtet worden, um das Gewicht zu erhöhen. Weiße Lumpen kosteten vier bis fünf Taler, graue 2,5 bis 3,5 Taler pro Zentner. Verfeuert wurde englische Steinkohle, die per Schiff via Hamburg geliefert wurde. Entladestelle war Wendisch-Kirchhof. In diesem Jahr konnte wegen Wassermangels im Sommer nur begrenzt gearbeitet werden. Die Löhne mussten deshalb auf Anweisung der Berliner Zentrale zeitweilig reduziert werden. Berlin gab die Anweisung: »[…] die Löhnungsausgaben wenigstens annähernd in dem Verhältnisse einzusparen, als die Produktion abnimmt, […] durch Beschränkung der Arbeitszeit und einer angemessenen Ermäßigung der Tage- und Wochenlöhne. In der geschäftslosen Zeit des laufenden Jahres wurde zu diesem Mittel von vielen Betrieben unter anderem auch von den Maschinenbauanstalten Berlins gegriffen«.[53] Dagegen erhob sich heftiger Widerspruch aus Hohenofen sowohl wegen der Gefahr der Abwanderung von Arbeitskräften als auch unter Hinweis auf soziale Auswirkungen und die Verschuldung vieler Arbeiterfamilien. Berlin blieb hart. »Den Arbeitern muss daran gelegen sein, ihre Beschäftigung bei der Fabrik, von der sie wissen, dass sie eine dauernde ist, nicht dadurch preiszugeben, dass sie bei der Fabrik aus der Arbeit treten, so bald sie vorübergehend anderswo mehr verdienen können. Denn sie würden sich in diesem Falle ihren Rücktritt zur Fabrik in besseren Zeiten selbst nur für immer verschließen. Das Interesse beider Theile ist ein gegenseitiges. Wie der Fabrikherr in Zeiten flotten Fabrikations Betriebes seinen Arbeitern gerne Gelegenheit zum Mehrverdienst geben wird, so wird auch der betroffene Arbeiter in Zeiten, wo die Fabrikation aus irgend einem Grunde stockt, gerne mit einem geringeren Verdienst vorlieb nehmen und in der Hoffnung baldiger Wendung der Dinge zum Besseren lieber seine häuslichen und persönlichen Bedürfnisse entsprechend senken, als seinen Verdienst bei der Fabrik ganz und gar aufgeben. Denn dass der Fabrikherr, der ohnedies mit einer sehr schwierigen Concurrenz zu kämpfen hat, nur im Stande ist, sich über längerdauernde Betriebsstörungen dadurch hinweg zu helfen, dass er für die Zeit dieser Störung seine Betriebsausgaben möglichst verringert, muss sich der vernünftige Arbeiter selbst sagen.«[54]

Über die Konsequenzen ist nichts Greifbares zu erfahren gewesen. Der Leser kennt die Situation aus den wirtschaftlich schwierigen Jahren 2008/2009. Das Kurzarbeitergeld war damals noch nicht erfunden, auch von Mindestlohn war keine Rede. Erstaunen muss, dass das Wort Facharbeiter oder Papiermacher nicht auftaucht. Die Arbeit am Holländer, an der Papiermaschine, an der Bütte (von der nur einmal die Rede ist – eine Dokumentation darüber fehlt) erfordert bedeutende Fachkenntnisse. Das schlägt sich in den vorhandenen Lohnlisten nicht in der Bezahlung nieder und wird im Vorstehenden auch nicht als Argument verwendet.[55]

1861 trat Ludwig Kayser nach dem Abitur an der Gewerbeschule in die »überaus strenge Lehre«[56] seines Vaters ein. Mit Stolz vermerkt er aber, dass er als Primaner zum 100. Geburtstag Schillers, als der Grundstein zum Denkmal vor dem Schauspielhaus gelegt wurde, das Meistersolo aus dem Lied von der Glocke gesungen hat.

Wie ein einfacher Arbeiter hatte er jede Tätigkeit in der Fabrik auszuführen. Er bekam die Möglichkeit, in einem für ihn hergerichteten Laboratorium die gelieferten Chemikalien zu untersuchen. Holzschliff war noch kaum auf dem Markt, Zellstoff wurde gerade erfunden; Lumpen oder Hadern waren der einzige Rohstoff. Es gab außer Ultramarin und Cochenille auch noch keine Farben zu kaufen; sie mussten im Bedarfsfall selbst entwickelt und hergestellt werden. Der Vater machte ihm ansonsten die Lehrzeit nicht leicht. Von seinem Bett aus hatte er einen Klingelzug zur Kammer Ludwigs legen lassen, um ihn zu jeder beliebigen Nachtstunde rufen zu können. Dann musste er in der Fabrik unverzüglich die Nachtarbeiter kontrollieren. Um Mogeleien vorzubeugen, musste er jeweils einen Bogen von der Papiermaschine mitbringen, auf dem der Maschinenführer seinen Namen mit Zeitangabe zu vermerken hatte. Nach zweijähriger Lehrzeit war er jedoch bereits befähigt, die technische Leitung der Papierfabrik zu übernehmen. Sein Vater konnte nun einen vierwöchigen Urlaub zur Wiederherstellung seiner Gesundheit nehmen, aus dem er »völlig umgewandelt, gesund, froh und glücklich zurückkehrte«[57].

Auch der Sohn Ludwigs, Carl Kayser-Eichberg, schildert in seinen Erinnerungen seinen Großvater als den »Hohepriester der gesamten Familie, von vornehmer großer Gestalt, ruhig und gemessen in seinen Bewegungen und [er] machte nie ein überflüssiges Wort«. Zwischen beiden Großvätern und den Enkeln gab es keinerlei Zärtlichkeiten, eher deutliche Distanzierung. Die Großmutter war die liebevoll ausgleichende Kraft im Hause und aus sozialer Anteilnahme Mittelpunkt und Nothelferin der ganzen Dorfgemeinde[58].

1860 bis etwa 1880 soll angeblich ein Papiermüller Kasper von Unter-Mossau im Odenwald Besitzer der Papierfabrik gewesen sein.[59] So liest man auch in der Broschüre »Hohenofen – Eisen und Papier. Zur Geschichte der Gemeinde und Papierfabrik Hohenofen 1663–1988«, der ich auch andere Informationen, insbesondere Auszüge aus firmeninternen Berichten, entnommen habe, im Kapitel »Aus alten Akten« von Gerhard Beckel. Keine andere Quelle gibt einen Hinweis darauf. Abgesehen von der absolut unzutreffenden Zeitangabe hat es einen »Kasper« niemals gegeben. Der Irrtum beruht wohl auf der schwer lesbaren Schrift preußischer Beamter. Statt »Kayser« (geboren in Unter-Mossau) wurde »Kasper« gelesen – und dieser Fehler hat in den Erzählungen Hohenofens mehr als ein Jahrhundert überdauert. Die Aktiengesellschaft in Liquidation hat nach einer Tabelle des Registergerichts bis 1907 bestanden. Man fragt sich vergebens, was die drei Liquidatoren nach 1886 noch liquidierten, als doch das Berliner Grundstück 1881 (sicher auch das Gubener, von dem keine Rede mehr ist) und die Hohenofener Fabrik verkauft waren.

Auch die Historiker früherer Zeiten haben ihre Probleme mit den Quellen gehabt. Friedrich von Hößle gibt angebliche Familienberichte der Familie Kayser wieder. Das ist schwer zu glauben, gab es doch Nachkommen Ludwigs, vor allem den Kunstmaler Carl Kayser-Eichberg, die man unmittelbar hätte ansprechen können. So steht aber nun in der Fachpresse[60], zwischen 1860 und 1880 sei ein Papiermüller Kasper von Unter-Mossau Besitzer gewesen. Nun, die Fakten sind hier nachzulesen. Richtig ist nur, dass August Woge die Fabrik 1888 gekauft hat.[61]

1863 wird ein Revisionsbericht von den Herren Kayser und Adolf Ramin unterzeichnet. H.-J. Peters berichtet von seinem Kontakt mit dem 1916 geborenen Enkel Herbert Ramin.[62] Der erinnert sich, dass sein Großvater als Buchhalter mit Prokura ausgestattet war. An Kayser, dessen Familie in einer Fabrikvilla an der jetzigen Hauptstraße wohnte, erinnert heute noch der Name Kaysersberg für den kleinen Anstieg der Straße. (Später lebte Frau Illig sen. nach dem Tode ihres Mannes Julius weiterhin in der Villa; Franz Illig bewohnte mit seiner Familie ebenfalls am Kaysersberg ein gegenüberliegendes Haus.)

Ludwig Kayser trat nach Beendigung seiner Lehrzeit als Einjährig-Freiwilliger beim Kaiser Franz Garde-Grenadier-Regiment in Berlin ein. Er war gern Soldat und mit Erfolg bemüht, die Zufriedenheit seiner Vorgesetzten zu erwerben. In seinen vielen freien Stunden konnte er sich auf der Niederlage der Papierfabrik beschäftigen und erhielt dafür ein schönes Taschengeld. Er nennt nicht den Namen des Leiters der Niederlage; das war ab 1842 Adam Leinhaas, ein Vetter des Dirigenten. Adam Leinhaas war später ein sehr erfolgreicher Papiergroßhändler. Im September wurde Kayser Gefreiter, im März des Folgejahres Unteroffizier. Er schreibt in seinem Lebenslauf, wie stolz er war, als er nun von allen Soldaten gegrüßt werden musste.

1864 nahm Ludwig Kayser wieder eine Stellung bei der Berliner Patent-Papier-Fabrik an. Er arbeitete teils in der Fabrik, teils in der Niederlassung Wallstraße 7 und 8 bei freier Wohnung und einem Monatsgehalt von 20 Talern. Er wohnte in einem Seitengebäude der Niederlage im 4. Stock. Dort nahm er seinen Freund Eduard Wagenknecht als Untermieter auf. Als er dann im Juni 1866 zum Wehrdienst einberufen wurde, überließ er die gesamte Einrichtung leihweise seiner Schwester Alme, die zu Pfingsten Rudolf Fuess heiratete. Der Einberufungsbefehl wurde wunschgemäß auf Ruppin ausgestellt, wo er vom Offizierskorps mit großer Liebenswürdigkeit begrüßt wurde.

1866 war der jährliche Bedarf an Hadern in Hohenofen auf 14.040 Zentner gestiegen, dazu erstmals 200 Zentner Papierspäne. Weiße Lumpen kosteten vier bis fünf Taler, graue zwei bis 3,5 Taler pro Zentner. Oft musste weiterhin reklamiert werden, dass der Verkäufer die Lumpen angefeuchtet habe, um das Gewicht zu erhöhen.

Ludwig Kayser nahm am 3. Juli an der Schlacht bei Königgrätz und den folgenden Gefechten teil. Im Quartier kurz vor Wien wurde er von seiner Ordonnanz mit dem Gruß »Guten Morgen, Herr Leutnant!« überrascht. Er hatte auf die Beförderung zum Vizefeldwebel gehofft, sich aber offenbar besondere Verdienste erworben, aufgrund derer er nun Offizier wurde. Leider erfuhr er bei dieser Gelegenheit, dass seine Kiste mit Kleidung vom Marketenderwagen gestohlen worden war. Seine Eltern schickten ihm dann in zwei Feldpostbriefen zwei halbe Hosen, die zu einer ganzen zusammengenäht wurden. Weiter ging es nach Prag, dann nach Leipzig. Kurz vor der Heimkehr wurde Kayser nach Havelberg versetzt. Eine aktive Militärlaufbahn schloss er aus. Sein Vater hatte mit dem ehemaligen Besitzer der Geheimen Ober-Hofbuchdruckerei, Rudolf von Decker, eine Anstellung Ludwigs in dessen Eichberger Papierfabrik abgesprochen. Nach kurzem Aufenthalt in Hohenofen trat er seine Stelle am 1. November an. Von Decker besaß außer der Fabrik das große Rittergut Dittersbach und das Dominium Eichberg mit dessen herrlichem Schloss. Kayser hatte dadurch Gelegenheit, Leute wie Fontane, General-Postmeister Stephan, Flügel-Adjutant von Albedyll kennenzulernen.[63] Die Königin-Witwe von Bayern führte er durch die Fabrik. In Breslau lernte er das Notwendige, um in Eichberg eine Betriebsfeuerwehr aufzubauen. Die freiwilligen Feuerwehrleute erhielten für jede Übungsstunde, wie sie alle 14 Tage sonnabends abends angesetzt war, zwei gute Groschen und während des theoretischen Unterrichts zwei Glas Bier kostenfrei. Als einer der Ersten schaffte er für die Fabrik ein Fahrrad mit hölzernen Rädern an, das er selbst für Ausflüge benutzte, um allgemeines Aufsehen zu erregen.

1869 verlobte sich Ludwig Kayser mit der am 3. März 1849 in Schmiedeberg geborenen Auguste, Tochter des Zimmermeisters Carl Grosser, in Schmiedeberg. Die Hochzeit sollte sogleich nach dem komfortablen Umbau der Wohnung erfolgen.

1870 war das Aufgebot veröffentlicht, die ersten Gäste eingetroffen, als der Krieg ausbrach und der Leutnant d.R. einberufen wurde. Die Feierlichkeiten mussten verschoben werden. Seine Kriegserlebnisse hat er in Briefen an seine Braut niedergeschrieben. Sie sammelte alle Briefe, er heftete sie zusammen, weswegen er eine Verwendung der Briefe in seinem Lebenslauf als überflüssig ansah.

1871 Am 21. Mai wurde die Hochzeit nachgeholt.

1872 findet sich im »Adress-Buch der Maschinen-Papier-Fabriken und der Holzstoff-Fabriken des deutschen Reichs, Oesterreichs und der Schweiz, zusammengestellt von Güntter-Staib, II. Auflage, Biberach, Verlag von Dorn'sche Buchhandlung« folgender Eintrag:

»Hohenofener Papierfabrik in Hohenofen b. Neustadt a. Drosse (!). 1 M. Sch.«
(eine Papiermaschine für Schreibpapiere). Ohne Zweifel ist die Firmenbezeichnung unrichtig; die Firmierung »Patent-Papierfabrik Hohenofen« wurde von der Gründung an intern verwendet. Nach außen war es ein Zweigbetrieb der Patent-Papier-Fabrik zu Berlin, erst gepachtet, 1855 gekauft.

1873 erlebte die Firma den ersten Streik mit dem Ziel einer Lohnerhöhung, der für die Arbeitnehmer ergebnislos blieb. In der Folge kündigten zahlreiche Arbeiter und verließen Hohenofen, um anderswo (und wohl in anderen Branchen) ein höheres Einkommen zu erzielen.

Für Ludwig Kayser in Eichberg wurde es ein schweres Jahr. Nach der Geburt seines ersten Sohnes Carl am 25. April, der später als Maler Kayser-Eichberg Bedeutung erlangen sollte, erkrankte seine Frau schwer an Kindbettfieber. In Eichberg herrschten die schwarzen Blattern, in Schmiedeberg wütete die Cholera. Seine erst fünfzigjährige Schwiegermutter starb daran.

Die Patent-Papierfabrik Hohenofen

Am 1. April kaufte Kayser, den sein Sohn Carl in seinen Erinnerungen als »einen unternehmenden Mann, zudem Optimist von größten Ausmaßen«[64] schildert, gemeinsam mit dem befreundeten Verwalter des Dominiums Erdmannsdorf, dem pensionierten Major Hoffmann, die Papierfabrik in Lomnitz, die beide den Verhältnissen entsprechend ausbauten und Druck-, Pack- und Tütenpapiere anfertigten.

1878 brach das Lomnitzer Unternehmen im Strudel des großen Börsenkrachs zusammen. Zudem fügte eine Berliner Schwindelfirma der Fabrik so große Verluste zu, dass Kayser gezwungen war, seinen Anteil den Verwandten seines Sozius zu überlassen. Sein gesamtes Privatvermögen wurde nach einigen Wochen im Gasthaus Kretscham von Haufe versteigert; nur das Vermögen der Mutter blieb unangetastet.

Die Hohenofener Fabrik arbeitete weiter mit gutem Erfolg und führte an die Patent-Papier-Fabrik zu Berlin i.Liqu. für 1877 eine Dividende von neun Prozent ab.[65]

1880 bewarb sich Ludwig Kayser mit Erfolg um die Stelle eines Bürochefs bzw. 3. Direktors bei der Patent-Papierfabrik zu Penig und nahm am 15. Mai seine dortige Tätigkeit auf. Ausschlag für seine Anstellung soll seine hervorragend schöne Handschrift gegeben haben. Er wurde in die dortige vornehmste Elite-Gesellschaft integriert, gründete einen Billard-Klub und erteilte den erwachsenen Söhnen und Töchtern dieser Familien gelegentlich Tanzunterricht. Er schreibt: »Unserem schönen Aufenthalt in Penig, der nur zwei Jahre dauerte, hat mein Neffe Richard Fuess es zu danken, dass er in eine bestehende hochfeine Firma hat hinein heiraten können.«[66] Er erwähnt nicht, dass dort sein Sohn Ludwig am 27. August geboren wurde, der später als Dr. jur. Fabrikdirektor war. Wir wissen nur, dass er am 29. Oktober 1919 die am 19. Mai 1899 in Gleiwitz geborene Ilse Scherff heiratete; über seine Berufslaufbahn ist nichts bekannt.

In Hohenofen erfolgte in diesem Jahr die Umstellung des Hauptantriebes von Wasser- auf Dampfkraft.

1881 war das letzte Arbeitsjahr für Johann Jakob Kayser. Am 31. Dezember endete seine 46-jährige erfolgreiche Tätigkeit als technischer Dirigent und er durfte zu seiner Freude erleben, dass sein Sohn Ludwig Kayser (im 92. Lebensjahr 1934 in Ullersdorf verstorben) sein Nachfolger wurde. Ihn hatte der Aufsichtsrat der Berliner und Hohenofener Papierfabrik aufgefordert, zum 1. Juli die Direktorenstelle seines 75-jährigen Vaters in Hohenofen zu übernehmen – ein Angebot, das er nicht ausschlagen konnte. Die Eltern zogen zu ihren verheirateten Kindern nach Berlin.

Arbeitsbeginn von Ludwig Kayser als Werkleiter war am 1. Januar 1882. Neben seinem Beruf betrieb er in Hohenofen auch Land- und Viehwirtschaft, besaß zwei große Obst- und Gemüsegärten und übte Fischerei und Jagd aus. Sein Sohn beschreibt das Zusammenleben mit und zwischen den Eltern als ideal. Der Vater war nach seiner Erinnerung aufrecht, tüchtig, fleißig und seinen Arbeitern ein treuer Berater und Vorbild. Als Patriarch wusste er stets guten Rat zu geben. Er ließ seine Beziehungen in der Papierindustrie spielen, um Hohenofener Jungen in gute Stellungen zu bringen, aber auch die, die den Drang zum Militär in sich spürten. Da hat der Hauptmann d.R. manchen Hauptmann oder Feldwebel besucht, um einem Schützling den Weg zu ebnen. Die Mutter setzte die Tradition ihrer Schwiegermutter fort und stand Alten und Kranken im Dorf bei – nicht durch das Dienstpersonal, sondern durch die eigenen Kinder.

Im Haus war stets volles Leben. An der Mittagstafel saßen junge Leute, Buchhalter, Werkführer, Volontäre, der Hauslehrer und ein Stab junger Mädchen, die als Pensionärinnen neben Kaysers Tochter im Hause waren. Das Zusammensein zeigte sich auch beim Sport, bei Wanderungen, Kahnfahrten, Tanz oder Ausflügen mit dem geschmückten Leiterwagen. Das modernste Sportgerät war das Fahrrad.

Zu einem 50-jährigen Arbeitsjubiläum von drei alten Arbeitern wurde Carl sogar vom Ruppiner Gymnasium beurlaubt. Das gesamte Dorf befand sich in einem Festrausch und war geschmückt. Der geehrte Maschinenführer Karl Haack hielt ein Rede, der der Gedanke zugrunde lag, dass der Papierverbrauch eines Volkes der Maßstab für seine Kultur sei; er und alle seine Mitarbeiter seien stolz darauf, in einem derartigen Wirtschaftszweig tätig sein zu können. Die drei Jubilare waren Ehrengäste an der Festtafel, und es wurde bis zum Morgen gefeiert.[67]

Es gibt einen Bericht von Gustav Merkel, dem Schwiegersohn Ludwig Kaysers, vom März 1889,[68] in dem er die Arbeitsgänge zur letzten Zeit vor dem Verkauf an Woge penibel beschreibt. Danach gab es eine Hadernschneidmaschine. Das Material passierte zwei Entstäuber und wurde dann in einem der beiden stehenden Kocher mit doppeltem Boden mit Soda und von Holzkohlen gebranntem Kalk bei schwachem Druck (1 Atm.) gekocht. Dann wurde das Zeug (im Fachjargon auch: der Zeug) gewaschen, gemahlen und gebleicht. Es waren drei Halbzeug-, zwei Wasch- und drei Ganzzeugholländer vorhanden, welche terrassenförmig übereinander standen. Die Holländer wuschen mit Scheiben und Trommeln gleichzeitig und enthielten je etwa 50 Kilogramm Stoff. Von hier aus gelangte der Stoff durch natürliches Gefälle in die Stoffbütten mit stehenden Rührern und auf die Papiermaschine von etwa 150 cm Arbeitsbreite. Das war also noch die Donkin-Maschine von 1838. Darauf deutet auch die Konstruktion: Zwei Planknotenfänger, etwa 10 m Sieb, zwei Saugwannen, zwei Nasspressen, deren untere Walzen einen Hartgummiüberzug hatten; nur drei Trockenzylinder mit einem Filztrockner. Der konnte mittels Schrauben an den Trockenzylinder angepresst werden. Dadurch wurde ohne Heißpresse eine schöne Maschinenglätte erzielt. Das fertige Papier lief auf einen Querschneider. Die Bogen kamen dann in einen Bogenkalander oder wurden zwischen Zinkplatten satiniert. 32 Mann waren mit dem Glätten Tag und Nacht beschäftigt – allein das war ein nicht mehr zu bewältigender Kostenfaktor. Der Antrieb der Papiermaschine erfolgte bis Anfang der 1880er Jahre durch ein Wasserrad, dann durch eine Dampfmaschine. Die übrigen Aggregate wurden durch zwei Wasserräder mit schmiedeeisernen Schaufeln, eine kleine Turbine und eine Dampfmaschine von etwa 25 PS angetrieben. Zwei Bouilleurkessel[69] (der größere mit etwa 60 m² Heizfläche) lieferten den Dampf.

Produziert wurden hochwertige Papiere. So wurde z.B. für deutsche Kolonien in Afrika »Patentschreibmaschinenpapier« mit Briefköpfen wie »Kaiserliches Obergericht für Kamerun und Togo in Bura« hergestellt, aber auch (möglicherweise handgeschöpftes) Banknotenpapier für die Kolonien in Ostafrika mit Hohenofener Wasserzeichen. Allerdings fehlt in Gustav Merkels Aufstellung der Hinweis auf eine Bütte; auch könnte die Erwähnung des Hohenofener Wasserzeichens auf die Maschine deuten.

Ludwig Kayser beschreibt die Papierfabrik als »in etwas veraltetem Zustand«. Sein sofortiger Antrag bei den Aktionären auf Erneuerung verschiedener Maschinen wurde abgelehnt. Im Gegenteil: Nach nicht sehr langer Zeit wurde die Liquidation beschlossen. Damit meint er vermutlich die Stilllegung oder den Verkauf der Fabrik. Die Liquidation der Aktiengesellschaft hat sich noch bis 1907 hingezogen.

Die Privatisierung

Ludwig Kayser

1876 Ende April wurde der Betrieb der Patent-Papier-Fabrik zu Berlin eingestellt. Das »Berliner Adreß-Buch für das Jahr 1876«[70] verzeichnet die Fabrik unter der alten Anschrift Mühlenstraße 74–77 und im Haus Nr. 73 letztmalig den Dirigenten (wohl als Technischer Direktor zu betrachten) Louis. Wisso Weiß gibt irrtümlich 1873 als Jahr der Betriebseinstellung an.[71] Eine listenartige Aufstellung der handelsregisterlichen Veränderungen aus dem Jahr 1897 verzeichnet die Namen von drei Liquidatoren.

Die Zahlen aus diesem Jahre wurden im Central-Blatt[72] zweimal angegeben – vorab und im Rahmen des Berliner Geschäftsberichtes, wie er auf der Generalversammlung am 28. April vorgelegt wurde. Dieser wurde weiter oben wiedergegeben, soweit er Berlin betraf, hier folgt nun der Bericht über Hohenofen:

»Bei der Hohenofener Fabrik wurden im Jahre 1879 9.714 Ztr. Papier zum Werthe von 538.213 M. produzirt; es kosten die dazu verarbeiteten 13.585 Ztr. Hadern incl. Sortirlohn 297.653 M. und betragen die sonstigen Kosten, als Reparaturen, Löhne, Zinsen, Lasten und Abgaben, sowie die Abschreibungen, abzügl. der Einnahme aus dem Grundbesitz 199.473 M., mithin in Summa 497.126 M., sodass ein Ueberschuss von 41.097 M. verblieben ist. Hiervon die kontraktlich zu zahlende Tantième an die Direktion in Abzug gebracht mit 1.180 M, ergiebt Netto-Gewinn 39.907 M.

Die Hohenofener Fabrik hat demnach das für dieselbe ursprünglich aufgewendete Aktien-Kapital von 480.000 M. mit 8 1/3 % pro anno 1879 verzinst. Im verflossenen Jahre hat sich die Lage der Deutschen Papier-Fabrikation gegen 1878 nicht wesentlich gebessert. Es will scheinen, als ob der Deutsche Papiermarkt seit einigen Jahren an einer starken Ueberproduktion leidet, welche nur durch eine allgemeine kräftige Hebung der Industrie und des Handels und die dadurch hervorgerufene Vermehrung des Papier-Konsums wieder ausgeglichen werden kann.

Der früher bedeutende Export Deutscher Papiere nach England und Amerika ist auf ein Minimum herabgesunken, die Einfuhr ausländischer, insbesondere Oesterreichischer Papiere nach Deutschland währt dagegen ungeschwächt fort; auch die mit dem 1. Januar d.J. eingetretene unbedeutende Zoll-Erhöhung auf die vom Auslande eingeführten Papiere dürfte kaum eine Aenderung darin hervorbringen. Hierzu tritt noch, dass gegen den Schluss des verflossenen und in den ersten Monaten dieses Jahres eine erhebliche Steigerung der Hadernpreise stattgefunden hat, welche, wenn die höheren Preise sich dauernd erhalten sollten, äusserst schädigend auf den bei der Fabrikation bisher verbliebenen Nutzen einwürken würde, da bei der dermaligen Geschäftslage eine den höheren Hadernpreisen entsprechende Erhöhung der Papierpreise kaum durchführbar sein dürfte.«[73]

1886 Verbürgt ist, dass die Patent-Papier-Fabrik zu Berlin als Eigentümerin sich Mitte dieses Jahres im Rahmen der Liquidation der Aktiengesellschaft von ihrem Werk Hohenofen getrennt und es an Ludwig Kayser verkauft hat. In seinem Lebenslauf gibt Kayser leider keinen Kaufpreis an. Die geforderte Anzahlung wurde mithilfe der Verwandtschaft, Onkel Rudolf Fuess, Tante Emilie Fuess und Tante Antonie Esser, aufgebracht.

Der Hauptmann a. D., Nachfolger seines Vaters als Betriebsleiter, war von Mitte 1886 bis zum 1. April 1888 Besitzer der Fabrik. Leider fehlt für diese Zeit noch jedes Dokument. Auch das Amtsgericht Neuruppin besitzt keinerlei Unterlagen, die über die Firmierung der Firma Auskunft geben könnten. Zwar ist zu vermuten, dass der Name »Patent-Papierfabrik Hohenofen« beibehalten wurde. Nach damaligem Recht hätte aber der Name des Inhabers hinzugefügt werden müssen, weil eine Sachfirma für eine Einzelfirma unzulässig war. Es gibt aber auch keinen Beleg über die »Patent-Papierfabrik Hohenofen A. Woge«. Dass diese Firma so lautete, wissen wir nur, weil sie in der Ersteintragung im Handelsregister der späteren GmbH als Vorläuferin genannt wird.

Mit der inzwischen veralteten Ausstattung konnte Kayser keine Erfolge mehr erzielen, und für die notwendige Erneuerung fehlte ihm das Kapital. Erschwerend hinzu kam noch, dass sich der Berliner Vertreter der Firma unter Hinterlassung bedeutender Schulden erschoss, die er im Namen der Fabrik aufgenommen hatte und für die Ludwig Kayser aufkommen musste. Damit waren Kaysers finanzielle Verhältnisse gänzlich zerrüttet. Er musste einsehen, dass er die Fabrik nicht halten konnte. Er verkaufte das Werk bereits zum 1. April 1888. Der Sieversdorfer Pfarrer Troschke gibt allerdings für den Kauf das Jahr 1887 und damit den Weiterverkauf nach nur einem Jahr an. Nach den Aufzeichnungen Troschkes[74] sei auch die Schließung der Niederlage in Berlin ein Grund für den Verkauf gewesen. Da die Patent-Papier-Fabrik zu Berlin eine solche Niederlage unter der Leitung von Adam Leinhaas betrieben hatte, dieser sich dann nach der Stilllegung der Fabrik als Papiergroßhändler erfolgreich selbstständig gemacht hatte, muss Kayser sich also einen neuen Vertreter gesucht haben. Im Berliner Adressbuch[75] wird die Niederlage der Papierfabrik Hohenofen (also wohl identisch mit der genannten Vertretung) noch für 1888 verzeichnet. Ob hier einfach ein Eintrag zu lange geführt wurde oder zwischenzeitlich noch ein anderer Vertreter tätig wurde, ist nicht bekannt.

Auf jeden Fall musste Kayser eine neue Firma gründen. In der Annahme, bald einen finanziell potenten Teilhaber zu finden, hatte er die Fabrik übernommen und fand in der Person des reichen Fabrikbesitzers August Woge einen Käufer als Alleininhaber, allerdings unter der Bedingung, dass er, Kayser, die alleinige Leitung der Fabrik behalten sollte. Der Verkaufserlös befreite ihn vom größten Teil seiner Schulden; lediglich seine Tante Antonie Esser bat er, ihm das Darlehen von RM 4.000 noch weiter zu belassen. Darüber hinaus hatte er noch weitere RM 6.000 zu zahlen.

Sein Sohn Carl, der ihn in seinen Erinnerungen stets liebevoll und doch auch kritisch darstellt, kommt zu dem Schluss, dass der Vater aus Pflichtbewusstsein den falschen Beruf ergriffen hat. Er sei sein Leben lang Soldat vom Scheitel bis zur Sohle gewesen und ließ sich von seinen Arbeitern mit »Herr Hauptmann« anreden. Er genoss freiwillige Autorität. Was ihm aber fehlte, so der Sohn, sei »das Stückchen Pessimismus und Misstrauen, das sich selbst der größte Idealist in leitender Stellung bewahren muss«. Er sprach auch mit keinem Menschen, auch nicht mit seiner Frau, über seine geschäftlichen Angelegenheiten. Er wollte unbedingt vermeiden, dass sie sich Sorgen machte.

Carl zieht am Ende seiner Betrachtungen das Fazit: «So war der Lebensweg meiner Eltern in geldlicher Hinsicht eine Kette von Verlusten. […] Über allem aber stand der Optimismus und die zähe Energie meines Vaters sowie der sonnige, goldige Humor meiner Mutter. Meine Eltern ließen niemals ein Gefühl der Verbitterung aufkommen. Sie haben schließlich einen sorgenlosen Lebensabend gehabt.»[76]

Carl Kayser-Eichberg errang Bedeutung als impressionistischer Maler. An der Akademie in Berlin war er Schüler von Eugen Bracht. Als Landschaftsmaler genoss er bei den Freunden des Impressionismus einen ausgezeichneten Ruf.

Stammbaum der Papiermacherfamilie Kayser
Kayser, Johan Christopher,
   geb. 1725, gest. 1787 in Ründeroth, Papiermacher
   verh. mit Eva Susanne Wesche, geb. 1724
   2 Töchter, 2 Söhne:

Kayser, Friedrich Jakob,
   geb. 1752 in Langen-Brombach, gest. 1841 in Hasloch, Papiermüller,
   verh. mit Maria Sophia Spangenberg, geb. 1771, gest. 1839
   2 Söhne: Dietrich, geb. 1805; Johann Jakob, geb. 1807; 2 Töchter

Kayser, Johann Christoph,
   geb. 1758 in Zell, gest. 1812 in Ründeroth,
   Papierfabrikant
   Ehefrau unbekannt, kinderlos

Kayser, Johann Jakob,
    geb. 1807 in Untermossau, gest. 20.12.1889
    verh. mit Pauline Werner, geb. 1810, gest. 1885
    Papierfabrikdirektor, leitender Angestellter der Patent-Papier-Fabrik zu Berlin unter Leinhaas und beauftragt mit der Einrichtung und Betriebsleitung der Patent-Papierfabrik Hohenofen.
    3 Söhne: Ludwig, geb. 1842; Otto, geb. 1847; Ernst, geb. 1848; 5 Töchter

Kayser, Ludwig,
    geb. 1842 in Hohenofen, gest. 20.1.1934 in Ullersdorf
    verh. mit Auguste Grosser, geb. 1849, gest. 1939 in Krobsdorf
    3 Söhne, 1 Tochter. Das Ehepaar konnte am 21.5.1931 das Fest der Diamantenen Hochzeit feiern.[77]
    Er wurde als Nachfolger seines Vaters Johann Jakob Kayser Technischer Leiter der Patent-Papierfabrik Hohenofen. 1885–1886 war er Inhaber dieser Fabrik und weitere acht Jahre Direktor unter August Woge; dann gräflicher Papierfabrikdirektor in Ullersdorf bei seinem Schwager Gustav Merkel.

Ludwig Kaysers Schwester Paula,
    geb. 1872 in Eichberg, gest. 1952 in Weimar
    war verh. mit Gustav Merkel, geb. 1866 in Nürnberg, gest. 26.10.1931 in Ullersdorf als gräflicher Papierfabrikbesitzer.
    Deren Sohn Friedrich Merkel, geb. 1892 in Gröningen (Sachsen-Anhalt)[78], gest. 1929 in Dresden, Dr.-Ing., Hochschuldozent. Ort (Dresden?) und Fakultät ist nicht bekannt. Er war verheiratet mit Charlotte Franz, geb. 1834 in Zwickau, Todesdatum unbekannt.

Kayser, seit 1903 Kayser-Eichberg, Carl,
    geb. 1873 in Eichberg, gest. 1964 in Potsdam; verh. mit Martha Klotz, geb. 1883 in Potsdam, dort verst. 1935
    2 Söhne. Kunstmaler.
    Fünf Fresken von ihm zieren die Brandenburghalle im Schöneberger Rathaus in Berlin. Weitere Werke von ihm befinden sich im Märkischen Museum Berlin, in Potsdam sowie im Museum von Breslau. Ein großformatiges Ölbild hängt in der (nicht mehr sakral genutzten) kleinen Kirche in Hohenofen.

Kayser, Otto,
    geb. 1875 in Lomnitz, gest. 1944 in Friedeberg; verh. mit 1.) Elly Schubert, geb. 1883, 2.) Elli Reschke, geb. 1899
    Fabrikant (Branche unbekannt)

Kayser, Ludwig,
   geb. 1880 in Penig, verh. mit Ilse Scherff
   Dr. jur., Fabrikdirektor, lt. Birkner 1938 bei der Patentpapierfabrik zu Penig.[79]

Leider gibt es keine Dokumente über die Firma im Besitz Kaysers.
Möglicherweise hat die preußische Bürokratie schon damals die handelsgerichtlichen Unterlagen verschlampt oder vernichtet.

Der Modernisierer: August Woge

1888 erwarb Karl August Ludwig Woge (1825–1903), Hauptaktionär der »Hannoverschen Papierfabriken Alfeld-Gronau vormals Gebr. Woge« unabhängig von dieser Beteiligung mit Vertrag vom 1. April 1888 das Werk.

Die Firma «Patent-Papierfabrik Hohenofen A. Woge« wurde in das Handelsregister des Königlichen Amtsgerichts Kyritz unter der Nr. HR-A 10 eingetragen. Diesen Hinweis gibt es amtlich nur im Handelsregisterauszug des Amtsgerichts Kyritz HRB 1/3. Dort wird Woge als Vorgänger der GmbH genannt. Alle Bemühungen um die Beschaffung des fehlenden Handelsregisterauszuges blieben ergebnislos. Das Ministerium der Justiz des Landes Brandenburg antwortete am 9. April 2009 auf die Anfrage:

»[…] teile ich Ihnen mit, dass der Inhalt von geschlossenen Handelsregisterblättern nach § 22 Abs. 2 der Handelsregisterverordnung auch weiterhin wiedergabefähig bzw. lesbar bleiben muss. Nach den bundeseinheitlich geltenden Aufbewahrungsbestimmungen ist für das Handelsregister eine dauernde Aufbewahrung vorgesehen. D. h., dass auch die geschlossenen Handelsregisterblätter dauerhaft aufzubewahren sind.

Nach den bestehenden Verwaltungsvorschriften sollen die Gerichte die nicht mehr benötigten Unterlagen nach Ablauf der Aufbewahrungsfrist an das Brandenburgische Landeshauptarchiv abliefern. Bei dauernd oder länger als 30 Jahre aufzubewahrendem Schriftgut soll dies erfolgen, wenn seit der Weglegung mindestens 30 Jahre vergangen sind. Die Entscheidung über die Ablieferung trifft der Behördenleiter. Übernimmt das Landeshauptarchiv die Unterlagen nicht, sind sie bei der zuständigen Stelle weiterhin aufzubewahren.

Die Handelsregister werden in Brandenburg bei den Amtsgerichten am Sitz des Landgerichts geführt, das sind die Amtsgerichte Cottbus, Frankfurt (Oder), Neuruppin und Potsdam. Inwieweit dort geschlossene Handelsregisterblät-

August Woge.

ter noch vorliegen bzw. eine Übergabe an das Landeshauptarchiv bereits erfolgt ist, ist hier nicht bekannt.«

Die intensive Suche nach den Dokumenten blieb auch unter Hinweis auf die Auskünfte des Ministeriums ergebnislos. Die diesbezügliche Mitteilung an das Justizministerium wurde am 20. Juli 2009 mit nachstehendem Schreiben beantwortet:

»[…] die Ihnen mit meinem Schreiben vom 9. April 2009 geschilderte Rechtslage kann bezüglich der vor 1990 entstandenen Unterlagen nur insoweit in Anspruch genommen werden, als Unterlagen überhaupt noch in den Gerichten vorhanden sind. Wie Sie selbst bereits in Bezug auf die Patent-Papierfabrik Berlin angemerkt haben, können Unterlagen durch Kriegseinwirkungen beschädigt oder abhanden gekommen sein. Auch durch Änderungen in der Gerichtsstruktur in der ehemaligen DDR können Handelsregisterunterlagen möglicherweise nicht mehr auffindbar sein. Hier besteht keine Übersicht, welche Unterlagen aus der Zeit vor 1990 überhaupt noch in den Gerichten bzw. bei welchem Gericht vorhanden sind.

Das Kreisgericht Kyritz wurde 1992 aufgelöst und gehörte bis dahin zum Bezirksgericht (heute Landgericht) Potsdam. Das Handelsregister für den Landgerichtsbezirk Potsdam wird vom Amtsgericht Potsdam geführt. 1993 wurde im Rahmen der Einführung der Gerichtsstrukturen nach dem Gerichtsverfassungsgesetz im Land Brandenburg das Landgericht Neuruppin errichtet. Das Amtsgericht Neuruppin hat erst zu diesem Zeitpunkt die Führung des Handelsregisters für den Landgerichtsbezirk übernommen. Inwieweit in diesem Zusammenhang geschlossene Handelsregisterblätter vom Amtsgericht Potsdam dem Amtsgericht Neuruppin bzw. dem Landeshauptarchiv übergeben wurden, kann nur durch die Amtsgerichte Potsdam und Neuruppin selbst bzw. durch das Landeshauptarchiv festgestellt werden. […]« Nach dem Hinweis des Justizministeriums habe ich mich neuerlich an die beteiligten Behörden (Amtsgerichte als Registergerichte; Landratsamt als Rechtsnachfolger der Kreisverwaltung der DDR) mit der Forderung nach Überlassung der Handelsregisterakten gewandt.

Das Amtsgericht Potsdam schrieb am 18. August 2009:

»In o.g. Registersache wird Ihnen bzgl. Ihres Schreibens vom 23.07.2009 mitgeteilt, dass im Amtsgericht Potsdam – Abt. für Registersachen – keine Eintragungen und Akten vorhanden sind.

Hier muss auch mitgeteilt werden, dass die oben genannten Firmen mit Sitz in Hohenofen nicht in der örtlichen Zuständigkeit des Amtsgerichts Potsdam liegen. Sämtliche Unterlagen (Altregister) sind im Zuge der Neuordnung der ordentlichen Gerichtsbarkeit zum 01.12.1993 zum Amtsgericht Neuruppin übersandt worden.«[80]

Mit Datum vom 18. Januar 2010 teilt das Amtsgericht Neuruppin – Altregister – mit:

»In der Altregistersache Patent-Papierfabrik Hohenofen wird unter Bezugnahme Ihrer bisherigen Anfragen mitgeteilt, dass keine Registerblätter oder sonstigen Eintragungen der Patent-Papierfabrik Hohenofen A. Woge (HRA 10, AG Kyritz) vor 1905 ebenso die Fassung (mit den lesbaren, später geröteten Angaben der Patent-Papierfabrik Hohenofen GmbH

Die Patent-Papierfabrik Hohenofen

(HRB I/3, Nummer der Firma 7) vorhanden sind, und dass es auch keine Hinweise auf deren Verbleib oder Vernichtung gibt.«[81]

Am 25. Mai 2009 schreibt der Landkreis Ostprignitz-Ruppin, Kreisarchiv: »Bezugnehmend auf Ihre o.g. Anfrage muss ich Ihnen leider mitteilen, dass in den hier archivierten Unterlagen keine Handelsregister der Papierfabrik Hohenofen vorhanden sind bzw. waren. Ich empfehle Ihnen, sich in dieser Angelegenheit an das Brandenburgische Landeshauptarchiv in 14404 Potsdam, Postfach 60 04 49 zu wenden.«[82]

Damals wie heute – Verweis des Bürgers von einer Dienststelle zur nächsten, am liebsten im Kreis.

Die »Papierzeitung« schreibt 1888[83] in der Rubrik »Neue Geschäfte und Geschäftsveränderungen« als Schlusssatz unter dem Bericht über die Generalversammlung der Hannoverschen Papierfabriken Alfeld-Gronau: »Die beabsichtigte Erhöhung des Grundkapitals hängt vermuthlich damit zusammen, dass Herr Direktor Woge, wie man hört, die Patentpapierfabrik zu Hohenofen bei Berlin von dem jetzigen Besitzer, Herrn Kayser, gekauft hat.« Die Fabrik wurde von Woge zeitgemäß für Normal-, Bücher- und Zeichenpapiere mit einer 180 cm breiten Maschine eingerichtet.[84] Leider gibt es an der mehrfach umgebauten Maschine keinen Hinweis auf den Hersteller. Alle Bemühungen um eine Dokumentation des Lieferwerks blieben ergebnislos, aber unmittelbar unter der erwähnten Kurzmitteilung findet sich eine große Anzeige der »Maschinenfabrik, Eisengiesserei und Kesselschmiede Wagner & Co., Coethen in Anhalt« über u. a. Papiermaschinen. Dass zwei gusseiserne Holländer die eingegossene Bezeichnung dieser Firma mit der Jahreszahl 1888 tragen, ist der überzeugendste Hinweis auf den Hersteller der heute noch in Hohenofen komplett vorhandenen Papiermaschine. Diese Auffassung wird noch dadurch gestärkt, dass die Maschinenfabrik Aktiengesellschaft vorm. Wagner & Co., Köthen, in einer ganzseitigen Anzeige bekannt gibt, dass sie eine Papiermaschine an die Hannoverschen Papierfabriken Alfeld-Gronau vorm. Gebr. Woge geliefert hat, die in den letzten Jahren bereits zwei Maschinen von Wagner bekommen haben. Dieser Zeitraum schließt das Jahr 1888 ein. Wie ich resignierend feststellen musste, sind auch die Unterlagen der schon vor 1878 eingerichteten Dampfkessel-Überwachung,[85] heute Aufgabe des TÜV, nicht mehr vorhanden, obwohl die zu prüfenden Trockenzylinder nach wie vor vorhanden sind.

Die Papier-Zeitung berichtet weiter:[86] »Herr Director A. Woge in Alfeld hat privatim die Patent-Papierfabrik Hohenofen käuflich erworben; die Fabrik wird nach wie vor durch Herrn Kayser geleitet und es werden daher die Alfeld-Gronauer Papierfabriken in keinerlei Beziehungen zur Patentpapierfabrik stehen«.[87] Auf Seite 952 desselben Jahrgangs liest man: »Wie schon früher mitgetheilt, ging die Patentpapierfabrik Hohenofen von Kayser auf Herrn Fabrikbesitzer Aug. Woge zu Alfeld (Hannover) über. Die Firma zeichnet jetzt: Patentpapierfabrik A. Woge und hat dem Fabrikdirector Hauptmann a. D. Ludwig Kayser Procura erteilt.«

Die Fachpresse berichtete auch vor mehr als hundert Jahren über tragische Zwischenfälle in der Industrie. Es gab damals bereits die Berufsgenossenschaft, an die die Unternehmen

Beiträge zu zahlen hatten, die sich nach dem Aufwand der Versicherung für Schadensfälle richteten. Es lag also im Interesse aller Beteiligten, durch Unfallberichte zur Vorsicht zu mahnen. Namen und Firmen zu nennen, war üblich.

1889 »Ein bedauerlicher Unglücksfall mit tödlichem Ausgang hat sich in Hohenofen bei Neustadt / Dosse vor einigen Tagen in der Patent-Papierfabrik ereignet. Der Arbeiter Eitz, der bei einer Maschine beschäftigt war, wurde von einem Treibriemen erfasst und dermaßen zugerichtet, dass der Tod auf der Stelle eintrat«.[88]

Der von Grund auf erneuerte Betrieb lief nun gut. Woge kam nur selten, um nach dem Rechten zu sehen. Nach sieben Jahren aber wurde Kayser der bisherige Buchhalter als Prokurist zur Seite gestellt. Dessen junge Frau war ehrgeizig und machte durch ihr Verhalten eine weitere Zusammenarbeit unmöglich. Er beschloss deshalb, im Herbst 1895 Hohenofen zu verlassen und zog nach Berlin, wo er die Vertretung einiger Papierfabriken usw. übernahm und damit vollauf beschäftigt war. Er hielt Vorträge über die Papierherstellung in fachlichen Vereinen, stand dem Materialprüfungsamt in Berlin-Charlottenburg als Berater zur Seite[89] und übernahm 1900 die Geschäftsführung einer Papierausstellung, die der Papierverein im City-Hotel veranstaltete. Nach dem Tod seines Schwiegervaters 1896 und seines Schwagers Tönsing siedelte er als Geschäftsführer der Immobilien-GmbH nach Schmiedeberg über. Die Gesellschaft wurde 1913 liquidiert. Da sein Schwager Gustav Merkel 1912 die Ullersdorfer Papierfabrik gekauft hatte, zog er 1913 nach Friedeberg um. Im Ersten Weltkrieg amtierte er als Stadtkommandant von Friedeberg und wurde dort anlässlich seines 75. Geburtstages Ehrenbürger. 1918 übersiedelte er nach Egelsdorf. Hier hatte Merkel mit seiner finanziellen Beteiligung die Jäckelsche Pappenfabrik gekauft. Kayser litt an einer schweren Augenerkrankung, in deren Folge er auf dem linken Auge erblindete. 1925 zog er nach Ullersdorf als seinem erwählten Altersruhesitz. Er durfte sich im Alter über zahlreiche Orden freuen, die ihm im Krieg 1870/71 und später verliehen wurden, wie er stolz vermeldet.[90]

1888 verzeichnet das Berliner Adressbuch[91] unter der Anschrift Brandenburgstraße 14: »Niederlage der Hohenofener Papierfabrik«.

August Woges Vorfahren waren im Harz ansässig. Ende des 17. Jahrhunderts betrieb der Landwirt Hans Thomas Woge in Badenhausen bei Seesen im Harz zusätzlich ein kleines Fuhrunternehmen. Als er 1665, nur 58 Jahre alt, verstarb, hinterließ er Hof und Fuhrbetrieb seinem einzigen Sohn Johann Heinrich. Dessen ältester Sohn, gleichfalls mit den Vornamen Johann Heinrich, führte den Fuhrbetrieb weiter. Der jüngere Sohn Andreas Jordan hingegen suchte sein Glück in der Fremde. Auf seiner Wanderung durch das norddeutsche Land kam er 1755, 18 Jahre alt, nach Alfeld an der Leine und fand dort bei dem Papiermeister Ebenau, dem Pächter der städtischen Papiermühle, eine Ausbildungsstätte.

Am 8. Juli 1706 hatte der Rat der Stadt Alfeld dem Papiermeister Hermann Spies aus Relliehausen bei Dassel die Erlaubnis »bey des Notarii Rosengarten am Stadtgraben eine Papiermühlen« zu bauen erteilt.[92] Spies starb bereits 1711. Der Besitz der Mühle wechselte in

Die Patent-Papierfabrik Hohenofen

den Folgejahren mehrmals und wurde nun von Ebenau betrieben. Später ging der Pachtvertrag auf den Meister Dammes über.

Mit dem Eintritt Andreas Jordan Woges in die Papiermacherlehre begann die annähernd 150-jährige Geschichte der Unternehmerfamilie Woge. Andreas Jordan Woge, der seit 20 Jahren in der Mühle gearbeitet und dabei das kleine Erbe, das ihm nach dem Tode seines Vaters zugefallen war, durch zielbewusste Sparsamkeit vermehrt hatte, pachtete die Mühle 1775, nachdem er zum Papiermeister ernannt worden war. Wenige Tage nach seinem Eintritt als Pächter heiratete er die Tochter des Papiermeisters Johan Conrad Bruns, des Pächters der alten Papiermühle in Brunkensen in der Nähe von Alfeld. In 28 glücklichen Ehejahren bekam das Paar drei Söhne und eine Tochter. Nach 15-jähriger Pachtzeit konnte Woge 1792 den Betrieb gegen Erbzins käuflich erwerben. Es erscheint ein wenig paradox, dass der Kaufvertrag und Erbzinsbrief vom 2. April 1792 auf tierisches Pergament geschrieben wurde.

Als er 1803 (oder kurz davor) starb, hinterließ er ein geordnetes und gepflegtes Anwesen, das den Nachkommen eine sichere Existenz und Anreiz zu weiteren Verbesserungen und erfolgreicher Arbeit bot. Zum Erben der Mühle war, den Bräuchen entsprechend, der älteste, nunmehr 25-jährige Sohn Johann Heinrich eingesetzt worden. Der Ort seiner Papiermacherausbildung ist nicht überliefert, doch hat er sicher die traditionellen Wanderjahre absolviert und durch die Arbeit in einer Anzahl fremder Papiermühlen sein Wissen und Können erweitert. Die Epoche der Papiermaschinen hatte gerade begonnen. 1798 hatte Robert die Papiermaschine erfunden, seit 1803 hatte der kongeniale Ingenieur Bryan Donkin fortlaufend Verbesserungen geschaffen und 1819 die erste Papiermaschine nach Deutschland geliefert – an die Patent-Papier-Fabrik zu Berlin, die spätere Mutterfirma der Hohenofener Fabrik. Selbstverständlich war die Kunde von den umwälzenden, in kurzen Abständen aufeinander folgenden Erfindungen auch in die kleine Mühle in Alfeld gedrungen. Noch aber stand der nunmehrige Inhaber der Firma »J. H. Woge« im Bann der überkommenen Bräuche der Papiermacherkunst und dem beim Lehrbraten zu leistenden Schwur »nichts Neues auf- und nichts Altes abzubringen«. Das Risiko, das mit einer Investition in eine noch wenig bekannte Technik zwangsläufig verbunden war, scheute der sorgsam rechnenden Kleinunternehmer, dem die Bewahrung des Ererbten Grundlage seines Handelns war.

Seine erste Ehe währte nur kurz; allzu früh starb seine Frau. Über die beiden Nachkommen ist nur die Nachricht vom Tod der Tochter Dorothea Auguste Christiane überliefert, die als Kind beim Baden ertrunken ist. Von dem zweiten Kind ist nichts bekannt. Die zweite Ehe war mit vier Söhnen und vier Töchtern gesegnet. Die Söhne sollten »von der Pike auf« rechte Papiermacher werden und sich auch in der Welt umsehen. Der Älteste, August Friedrich, wanderte 1832 durch Süddeutschland, die Schweiz und Österreich und arbeitete in dortigen Papiermühlen. Um dem Erstgeborenen die künftige Existenz zu sichern, pachtete er 1836 von Graf Görtz die Papiermühle in Brunkensen, wo schon seine mütterlichen Vorfahren seit 1710 als Pächter gewirkt hatten. Seit 1800 aber war die Mühle in fremden Händen und musste infolge der herrschenden Knappheit an brauchbaren Hadern die Produktion auf Strohpappen umstellen. Johann Heinrich wollte die Familientradition wieder aufleben lassen, und so zog »Fritz«, August Friedrich, im Alter von 22 Jahren als Meister in Brunkensen ein. Wirtschaftliche Überlegungen führten 1859 zu dem Entschluss, die Pachtung Brunkensen aufzugeben und dafür in Gronau auf der Grundlage eines 30-jährigen Pachtvertrages in der bisherigen Öl- und Graupenmühle am Flutgraben die Strohpappenherstellung aufzunehmen. Das Schicksal versagte ihm, sich lange des neuen erfolgreichen Unternehmens zu erfreuen. Im Alter von nur 49 Jahren verschied er 1863. Das fünfte seiner sechs Kinder war 1848 der ersehnte Sohn, Heinrich, der später die Fabrik erst nach Gronau, dann nach Elze verlegte und 1876 zum Begründer der namhaften Strohpappen- und Papierfabrik J. H. Woge GmbH wurde. Friedrich Woges Witwe Friederike Johanna, geb. Damköhler, sorgte nicht nur für die Erhaltung des nun »A. F. Woge Wwe.« firmierenden Betriebes, sondern baute ihn weiter aus. Zwei ihrer Töchter unterstützten sie durch ihre Arbeit in Buchhaltung und Korrespondenz, aber auch die jüngeren Brüder des Verstorbenen, die inzwischen nach Übersiedlung auf das Gelände am Mühlgraben in Alfeld erfolgreich waren, halfen beim Ausbau der Strohpappenfabrik, hatten auch die äußerst günstige Lage der Mühle in Gronau erkannt und kauften sie dem Müller Julius Albrecht mit Grund und Boden ab. Dadurch wurde 1865 die Witwe Friedrichs Pächterin ihrer Schwäger, die sich ihr als immer unentbehrlicher hinstellten. Dieser Besitzwechsel führt schließlich zum Entschluss der Neuerrichtung der Strohpappenfabrik J. H. Woge GmbH in Elze, die bis 1963 in Betrieb war.

Die beiden jüngeren Söhne Johann Heinrich Woges, Carl Heinrich Ludwig und Karl August Ludwig (ein vierter Sohn war früh gestorben) waren bei seinem Tode im Jahre 1838 noch unmündig. Die Witwe führte für sie die Alfelder Papiermühle unter der Firma »J. H. Woge«, später »Woge Erben«, weiter. 1846 übernahmen die Brüder August und Heinrich Woge das Werk, nannten es nunmehr »Gebr. Woge«.[93]

1851 wurde die Handschöpferei eingestellt und eine Papiermaschine installiert. Die Papierfabrik hatte ihren Sitz inzwischen auf die Gegenseite des Mühlgrabens verlegt. Ein weiterer Schritt zu größerer Bedeutung erfolgte 1872 mit der Gründung einer Aktiengesellschaft durch die Brüder, die »Hannoverschen Papierfabriken Alfeld-Gronau vormals Gebr. Woge Aktiengesellschaft«. 1880 erwarb die AG von Alexander Mitscherlich in Alfeld die Lizenz zur Herstellung von Sulfitzellstoff und damit eine eigene Rohstoffbasis, die auch eine Verbesserung der Papierqualität im Gefolge hatte.

August Woge verfügte offenbar über reichlich freie Liquidität, als er am 1. April 1888 privat die Fabrik in Hohenofen kaufte. Er machte dort kurzen Prozess mit dem alten Inventar und installierte eine neue, 180 cm breite Papiermaschine. Die Inbetriebsetzung mit der Neueinrichtung erfolgte bereits im Oktober 1888. Der Betrieb stellte sich nach der Schilderung Merkels[94] nun so dar: »In dem ca. 60 m langen Hauptgebäude, dessen Front nach der Straße zeigt, befinden sich die Hauptmaschinen. Nach vorne heraus sind zu ebener Erde der Kalandersaal mit Querschneider, die Haupttransmission, Turbine und der alte Dampfkessel. Die Stoffkästen sind im ganzen unteren Stockwerk verteilt. Nach dem Hofe hinaus ist die Pa-

Die Patent-Papierfabrik Hohenofen

piermaschine, eingeschlossen von 2 Flügeln, deren einer den Papier- und Packsaal, der andere den großen Dampfkessel enthält. Jenseits des Mühlgrabens befindet sich der Anbau für die Dampfmaschine, dessen Verlängerung den Hadernsaal enthält. Über der Transmission befinden sich die Holländer, über der Dampfmaschine die Kocher. Die anderen Theile der oberen Stockwerke enthalten alle Hadern- bzw. Papiervorräte.«

Daraus ist zu schließen, dass das heutige Lumpenhaus seinerzeit noch nicht existierte.

In Alfeld wurden 1889 und 1898 je eine Dampfmaschine der Maschinenfabrik Augsburg installiert. 1907 lieferte die Maschinenfabrik Aktiengesellschaft vorm. Wagner & Co., Köthen, eine 210 cm breite Papiermaschine nach Alfeld. Die Maschine besaß zwei Nasspressen, zwei Vortrockenzylinder je 1.250 mm Durchmesser, einen Glättzylinder mit 3.000 mm Durchmesser, eine deutsche Presse mit Filzwickelwalzen. (Die Trockenzylinder kamen von der Braunschweig-Hannoverschen Maschinenfabrik, Alfeld.) In der großformatigen Anzeige wird erwähnt, dass auch Holländer und Kollergänge geliefert wurden und zudem bereits zwei Papiermaschinen an Woge.[95]

1920 wurde die Zellstofffabrik in Alfeld bedeutend erweitert. 1921 wurden zwei Dampfmaschinen der Flottmann-Werke aufgestellt, 1922 vier und 1923 eine weitere.[96] Von 1935 bis zum Ausbruch des Zweiten Weltkriegs wurden große Investitionen für die Erweiterung der Papierproduktion vorgenommen. Nach 1945 wurde mit dem Kauf von zwei neuen Papiermaschinen die Umstrukturierung auf Spezialpapiere begonnen. 1971 ging die Aktienmehrheit in den Besitz der schwedischen NCB und 1992 weiter an die südafrikanische Sappi, eine internationale Gruppe mit einer Jahresproduktion von mehr als fünf Millionen Tonnen Papier, die nunmehr die »Sappi Alfeld GmbH« mit fünf Papiermaschinen und mehr als 1.000 Mitarbeitern erfolgreich weiterführt.

Seit Anfang 2008 suche ich nach dem Hersteller der Hohenofener Papiermaschine. Sicher scheint bisher nur, dass sie nicht von einer der noch bestehenden oder von ihnen übernommenen Firmen stammt. Die Suche gestaltet sich nicht zuletzt dadurch so schwierig, dass viele Unternehmen, die einmal einige wenige Papiermaschinen gebaut haben, längst wieder untergegangen sind, ohne dass Unterlagen über von ihnen gebaute Maschinen vorhanden sind. Ein Hoffnungsschimmer ergab sich, als im Juli 2009 der Leiter der Abteilung Papier, Druck, Textil des Deutschen Museums in München, Dr. Winfrid Glocker, in der Festschrift von Eugen Hubrich »München-Dachauer Papierfabriken« den Hinweis auf eine Meldepflicht an das Reichswirtschaftsministerium 1938 fand. In der dort abgedruckten Aufstellung der Papiermaschinen der MD sind alle mit genauen Angaben über Hersteller, Baujahr, Arbeitsbreite und -geschwindigkeit usw. aufgeführt, darunter auch eine aus dem Jahr 1884 von Georg Sigl, Berlin. Diese Firma, von der eine Maschine noch immer in der Büttenpapierfabrik Gmund arbeitet, wäre aufgrund ihres Firmensitzes möglicherweise in Betracht gekommen. Leider fanden sich weder in Berlin noch im Wiener Technikmuseum Siglgasse irgendwelche Belege aus der damaligen Firma. Das Bundesarchiv, in dem nach den gesetzlichen Bestimmungen die Akten des Reichswirtschaftsministeriums bewahrt werden müssten, teilte mir auf meine Bitte um eine Kopie der Aufforderung an die Papierindustrie, die Maschinenfragebogen auszufüllen, am 25. August 2009 mit: »[…] dass hier nur vier Akteneinheiten der Wirtschaftsgruppe der Papier-, Pappen- Zellstoff- und Holzstofferzeugung überliefert sind. Darunter befinden sich leider keine Fragebogen zur technischen Ausstattung von Firmen, die zu dieser Wirtschaftsgruppe gehören.« Alle Anfragen bei noch bestehenden größeren privaten Papierfabriken nach dem Aufforderungsschreiben des Ministeriums blieben erfolglos. Hätte man Datum und Aktenzeichen dieser Anordnung, wäre wohl eine neue Suche im Bundesarchiv möglich. Im Mai 2009 besuchte der pensionierte Prokurist der Papiermaschinenfabrik Gebr. Bellmer, Otto Göhre, das Werk in Hohenofen und gab am 8. Juni 2009[97] darüber einen ausführlichen Bericht, der hier auszugsweise wiedergegeben wird:

»Die Anlage machte trotz ihrer sehr langen Stillstandszeit einen guten Eindruck, so dass praktisch alle Einzelheiten erkennbar waren. Zuerst habe ich mir die Stoffaufbereitung angesehen. Von der ursprünglichen Anlage, in der aus Hadern gebleichter Papierstoff erzeugt wurde, waren noch die Teile vorhanden, die in der letzten Produktionsphase notwendig waren, nämlich Kollergang, 3 Bleichholländer und eine Batterie Mahlholländer. Die Bleichholländer waren in liegende Stoff-Vorratsbütten umgeändert worden, indem man die Zugabevorrichtung für Bleichmittel und die Waschtrommelgarnitur entfernt hat. Verblieben sind die Stofftröge mit keramischer Auskleidung und dem Umwälzorgan für die Stoffsuspension. Hierbei handelt es sich um sogenannte horizontale Schneckenpropeller, die es ermöglichen, langfaserigen Stoff mit 5–7 % Konzentration ständig in Suspension zu halten und in den großen Bütten umzuwälzen. Diese Geräte sind ab 1880 weltweit ausschließlich von der Firma Gebr. Bellmer gebaut worden und zwar mit später weiterentwickelter Konstruktion bis zum Ende des 20. Jahrhunderts. Deshalb ist es eindeutig, dass in Hohenofen frühestens ab 1880 die Bleichholländer von der Fa. Gebr. Bellmer geliefert wurden.

Die Batterie Mahlholländer stammt eindeutig von der Fa. A Wagner in Köthen/Anhalt, wie unschwer auf den noch vorhandenen Firmenschildern auf den Holländern zu erkennen ist. Der Lieferant heißt ›Maschinenfabrik AG. vorm. Wagner & Co., An der Eisenbahn, Köthen‹.

Die Papiermaschine ist von klassischer Bauweise, wie sie zuweilen noch bis etwa 1950 gebaut wurden. Einige Merkmale in der Nasspartie, besonders den Pressen, zeigen, dass sie seit ihrer ursprünglichen Installation mehrfach umgebaut wurde. Die Anlage behielt aber ihre Funktion als Feinpapiermaschine mit variablem Programm bei. Leider konnte ich keine Herstellerzeichen mehr feststellen, sodass eine Zuordnung der Maschine zu einem bestimmten Hersteller nicht ohne weiteres möglich ist. Diese Art Maschinen ist bereits seit den 1860er oder 1870er Jahren und in weiterentwickelter Form noch bis gegen 1950 allein in Deutschland von mindestens 8 Maschinenfabriken gebaut worden, vor 1880 allerdings höchstens von 2 oder 3, darunter auch Gebr. Bellmer. Es gibt allerdings noch eine Möglichkeit, den Namen des ursprünglichen Herstellers zu erfahren: Die gusseisernen Trockenzylinder der Papiermaschine wurden als dampfbeheizte Druckgefäße schon immer von einer zuständigen Prüfstelle auf Betriebssicherheit getestet und erhielten danach ein Prüfzeugnis. Zur Identifikation ist und war es vorgeschrieben, dass jeder Zylinder auf einem der seitlich angeschraubten Deckel den Namen des Herstellers, das Baujahr und die Zylindernummer eingegossen bekam. Leider sind aber die Deckel durch die darübergeschraubten Wärmeschutzbleche nicht sichtbar. Sollte ein dringendes Interesse am Namen des ursprünglichen Herstellers der Maschine bestehen, ist es notwendig, die Wärmeschutzbleche eines Zylinders abzuschrauben. Dann wären die obigen Daten sichtbar.«

Verwirrend war anfangs, dass die Hohenofener Papiermaschine in den Unterlagen für die Umbauten in den Jahren um 1967 ausnahmslos als »PM 2« bezeichnet wurde. Es ist eine alte Tradition in der Maschinenpapierfertigung, die Nummern der Maschinen stets beizubehalten. Beispielsweise hatte die erste Papiermaschine der Feinpapierfabrik Drewsen in Lachendorf, in der der Verfasser 1946/47 seine technische Ausbildung erfahren hat, logischerweise die Nr. 1. Sie wurde 1925 durch eine moderne ersetzt, die alte wurde verschrottet, und so übernahm die neue die historische Nr. 1. Diese wurde im Laufe von inzwischen mehr als 80 Jahren oftmals umgebaut, vergrößert und modernisiert. Von 1925 stammen heute wohl nur noch einige Trockenzylinder und Teile der Stuhlung, aber die Nr. 1 bleibt. Sie erhielt nach dem Zweiten Weltkrieg ein Pendant – die »PM 2«. Dann übernahm Drewsen für einige Jahre die dänische Fabrik einer anderen Linie der Familie und gab den beiden Maschinen die Nummern 3 und 4. Als das dänische Werk geschlossen wurde und die Maschinen nicht mehr existierten, blieben deren Nummern frei, sodass die moderne große dritte Maschine in Lachendorf die Nummer 5 bekam. In Hohenofen stellte sich also die Frage: Wieso PM 2? Aus alter Neu Kalißer Tradition konnte sie nicht stammen, denn die zweite dortige Maschine wurde schon 1899 in Betrieb genommen. Ihre Nr. 2 ist in Erika von Hornsteins Buch verifiziert.[98] (Eine dritte, eine Schrägsiebmaschine, wurde 1925 installiert.) Die Lösung gibt eine Bemerkung in der Festschrift[99] aus der Zeit nach der Enteignung: Da lesen wir von der Langsiebmaschine PM 1, die nach der Demontage von der Belegschaft unter Leitung von Dipl. Ing. Viktor Bausch aus Schrott, zusammengesuchten, gekauften, geschmuggelten Teilen gebaut und »Phoenix« getauft worden war.[100] Die Hohenofener Maschine, die ab 1. Januar 1968 als einzige Anlage im sozialistischen Wirtschaftsgebiet ausschließlich Transparentzeichenpapier für den gesamten Ostblock arbeitete, wird als PM 2 bezeichnet. Sie war die zweite Maschine in dem volkseigenen Kombinat Neu Kaliß. Die Nummer 3 bekam in Neu Kaliß die Rundsiebmaschine, auf der Papiere mit besonders komplizierten Wasserzeichen gefertigt wurden, vor allem also Banknotenpapiere. Die Nummer 4 erhielt die Maschine der Fabrik für Verpackungspapiere in Wismar. Dieses Werk galt wie Hohenofen als Zweigbetrieb des VEB Neu Kaliß. Hier kam noch eine Schrägsiebmaschine hinzu – die »PM 5«, gebaut von der Maschinenfabrik zum Bruderhaus.

In den Fachzeitschriften um 1888 gibt es Werbeanzeigen der Firma Wagner & Co., Köthen, für Langsiebpapiermaschinen.[101] Die Nachfolgefirma Maschinenfabrik Aktiengesellschaft vorm. Wagner & Co. wurde 1969 von Voith übernommen und bewahrt in ihrem Werk Düren das Archiv. Leider sind in dem Archiv erst Unterlagen ab dem Jahr 1889 vorhanden – ein Jahr zu spät, um Beweiskräftiges über die Lieferung nach Hohenofen zu erfahren. August Woge schuf auch eine moderne Stoffaufbereitung mit zwei Kollergängen (nicht gesichert; sie können auch noch der übernommenen Einrichtung entstammen) und zwei Holländern, in deren gusseiserner Wandung der Schriftzug »Maschinenfabrik AG vorm. Wagner & Comp., Cöthen [Köthen, Sachsen-Anhalt; K.B.B.], 1888« prangt. Es spricht demnach eine an Sicherheit grenzende Wahrscheinlichkeit dafür, dass auch die Papiermaschine von Wagner stammt; nur der Beweis fehlt noch. Woge baute für die neue Maschine ein Gebäude in nordwestlicher Richtung an den alten Fabrikbau, installierte drei Bleichholländer, ein Zellstofflager sowie zwei Magazingebäude. Die beiden anderen eisernen Holländer kamen Anfang des 20. Jahrhunderts hinzu. Wann die zwölf steinernen, paarweise angeordneten Holländer installiert wurden, ist noch unerforscht, desgleichen die genauen Daten der Installation der Transmissionen, des Rohrleitungssystems, der eisernen Transporthunte und der Vorratsbütten mit Misch- und Rührwerk. Letztere wurden gleichzeitig 1888 von der Firma Gebr. Bellmer eingerichtet. Ob auch ein neuer Klärturm gebaut wurde, ist nicht erwiesen. Dessen Standort wurde jedoch während der VEB-Periode geändert. An seiner jetzigen Stelle stand früher der Kamin der ehemaligen Kraftanlage. Aus der Wogeschen Zeit liegen Wasserzeichenpapiermuster vor von Normal 3b (1898) und Normal 2a (1897) vor.

Lumpensortiersaal der früheren Papierfabrik Gebrüder Rauch, Heilbronn (kriegszerstört).

Die Patent-Papierfabrik Hohenofen

1889 wurde, wie Gustav Merkel im Mai berichtet, erstmals in der Fabrikgeschichte Cellulose verarbeitet, nachdem man 50 Jahre lang ausschließlich Hadernpapiere hergestellt hatte. Der Einsatz im April beschränkte sich allerdings auf eine halbe Waggonladung, die für zwei Monate ausreichte.

1894 sandte das Konsistorium einen Brief an die Seehandlung, der zwar für die Geschichte der Fabrik nicht von überragender Bedeutung ist – aber es ist der älteste Brief mit einem gedruckten Briefkopf, den der Verfasser bisher gesehen hat.

»Königliches Konsistorium   Berlin, den 14.11.1894
der Provinz Brandenburg   SW, Schützenstr. 26
C. N<u>o</u> 24.795[102]

An die Königliche Seehandlung wegen Bezahlung der Kultuskosten in Hohenofen«

1898 verzeichnet das »Papier-Adressbuch von Deutschland«:[103] »Patentpapierfabrik Hohenofen b. Neustadt a. Dosse. TA Papierfabrik Hohenofen. Inh. A. Woge, Alfeld a. Leine. E. Gegr. 1845[104] PMB Dkr. U. Wkr. 200 PS 1 Papierm. 1,80 m. 150 Pers. Jhrl. 700.000 kg Normal-, Schreib-, Bücher- u. Zeichenp., Aktendeckel«

August Woge starb 1903 in Alfeld. Sein Sohn Dr. Paul Woge (geb. 1870) leitete die Fabrik bis 1905 und verkaufte sie dann an Felix Schoeller & Bausch in Neu Kaliß (Mecklenburg), die die Firma in eine GmbH umwandelten. Woge verstarb kinderlos 1912 in Hohenofen. Die Familie Woge ist ungeachtet vieler Kinder, meist Mädchen, im Mannesstamm ausgestorben. August Woge scheint einen Sohn Henrik Ludvig (1803–1856) gehabt zu haben, der nach Dänemark geheiratet hat. Dort leben jetzt zwölf Ururenkel, wie einer von ihnen, Ejlif Engedal Jacobsen (*1941), mitteilte. (Er hat auch wieder drei Kinder). Engedal hat vor einigen Jahren Alfeld besucht und etwas Ahnenforschung betrieben[105].

Das Hohenofener Lumpenhaus ist möglicherweise 1905/06 erbaut worden; die Werte für Gebäude im Bilanzbuch der GmbH lassen darauf schließen. Im Erdgeschoss lagerten die angelieferten Lumpen. In der mittleren Etage wurden sie sortiert und in der oberen Etage sortenrein für die Weiterverarbeitung eingelagert. Danach ging es über die Hochbrücke (Lorenbrücke) in das gegenüberliegende Gebäude, in dem die Häcksler standen. Dort wurden auch die Lumpen im Autoklaven (Kugelkocher) unter Druck gekocht. Dann folgten – wie heute noch – der Holländersaal und die Kollergänge.

1904 nahm die Brandenburgische Städtebahn ihren Betrieb auf. Die Papierfabrik hatte nicht von Anbeginn an einen Gleisanschluss. Der wurde 1906 oder 1907 eingerichtet, das genaue Datum konnte noch nicht ermittelt werden. Das Anschlussgleis führte auf das Werkgelände zu einer Drehscheibe. Die Gleise überquerten drei Brücken: zuerst den Goldgraben (Pochhammergraben), dann den Turbinengraben in Höhe der Mündung in die Dosse und dann noch einmal den Turbinengraben in Höhe des alten Schornsteins. Vor dem Kontorgebäude befand sich eine Drehscheibe. Die althergebrachten zweiachsigen Güterwagen waren für die Drehscheibe beherrschbar. Zusehends kamen aber auch vierachsige Güterwagen. Es wurde überlegt, die Drehscheibe zu erneuern, d. h. zu vergrößern, aber die Ausgaben waren nicht zu bewältigen. Außerdem waren die drei Brücken vom Zahn der Zeit angegriffen und durch die technische Aufsicht nicht mehr freigegeben, bzw. es bestand die Gefahr, dass keine Betriebserlaubnis mehr erteilt würde. Dies führte auch dazu, dass der Turbinengraben verrohrt wurde und damit die Brücken nicht mehr benötigt wurden. Außerdem gewann man mehr Raum für den Kohlenplatz. Die Drehscheibe wurde in den 1970er Jahren aufgegeben.

6.3 Die offene Handelsgesellschaft in Firma Felix Schoeller & Bausch, Neu Kaliß

6.3.1 Felix Schoeller und Theodor Bausch[106]

Der Familienstamm Bausch, einer Hugenottenfamilie, gehört eher zu den jüngeren Familien, die in der deutschen Papiererzeugung eine hervorragende Stellung eingenommen haben. Viele Papiermüller stammten in der zurückliegenden Ära der Papiermühlen, in denen das Papier von Hand geschöpft wurde, aus bäuerlichem Umfeld. Auch die Bauschs waren Landwirte. Seit Jahrhunderten waren sie auf dem Jülicher Ritterlehen Bausch(en)hof in Berzbuir (heute einem Ortsteil von Düren) ansässig. Stammeltern des Papierer-Zweiges waren Johan(n) Albert Bausch, 1790 in Berzbuir geboren und mit Johanna Catharina Schergens, 1795–1876, verheiratet. Düren war noch bis weit in das 20. Jahrhundert hinein eine der Hochburgen der deutschen Feinpapierindustrie und ganz besonders der weit verzweigten Sippe der Schoellers. Um deren Stammbaum herum ranken sich einige der großen Namen aus der Branche: Bausch, Schüll, Hoesch, von Scheven, Ahrenkiel, Rhodius und andere. Wahrscheinlich war es eine Schwester von Johann Albert Bausch, Johanna Katharina, verehelicht mit Johann Paul Schenkel, dem Besitzer der Papiermühle zu Niederdrove (vermutlich identisch mit Drove, heute einem Ortsteil von Kreuzau bei Düren), die die erste Verbindung der Familie mit der Papiermacherkunst herstellte. Bereits in der nächsten Generation folgte der erste Papierfabrikant Bausch, Eduard Theodor, der 1832 als zehntes von dreizehn Kindern geboren wurde. Als jüngster Sohn sah er seine Zukunft nicht in der Landwirtschaft, sondern in der gerade aufkommenden Industrie. (Sein Vater hat ihm diesen Bruch mit der jahrhundertealten Familientradition bis zu seinem Tode nicht verziehen.) Seine Lehrzeit als Papiermacher absolvierte er in der Papierfabrik Schüll in Kreuzau bei Düren bei dem Schwiegervater von Felix Heinrich Schoeller. Von den älteren Gesellen erfuhr er vieles aus einer Epoche, die für ihn schon als Vergangenheit galt. Damals musste der Lehrling nach seiner Freisprechung und vor dem Antritt der obligatorischen drei Wanderjahre schwören, »nichts Neues auf- und nichts Altes abzubringen«. Bauschs Gedanken aber kreisten zu jener Zeit bereits um die moderne Technik der aufkommenden Papiermaschinen, wie sie seit 1841 in seiner künftigen Arbeitsstätte mit einer Langsiebmaschine von Bryan Donkin Einzug gehalten hatte. Das Rohmaterial der Papiererzeugung bestand aber noch immer aus den Lumpen, die von Arbeiterinnen nach Art ihres Erhaltungszustandes, des Gewebes und nach Farben sortiert wurden. Abgetragene Kleider, Spitzenjabots, Schäfergewänder (die die Mode hinweggefegt hatte), Segeltuche, Laken und Bettbezüge, Manilataue und Tuchreste des Rokoko wurden zum Rohstoff Hadern und damit zur Basis des Beschreibstoffes der Neuzeit. Alles dies wurde nach der Sortierung geschnitten und für die chemische Weiterbehandlung vorbereitet. Noch kurz zuvor mussten die Lumpenfetzen in Gruben angefault werden – eine recht übelriechende Angelegenheit, die Theodor Bausch nur noch aus den Erzählungen der Älteren bekannt. Auch Hadernstampfgeschirre, die eisenbeschlagenen Stampfen, die von Nocken auf dem durch Wasserkraft rotierenden hölzernen Wellbaum angehoben wurden und dann auf die faulenden Hadern krachten, waren Vergangenheit. Die Holländer hatten sich (für mehr als zweihundert Jahre) durchgesetzt. Mit den Holländern war der Wandel vom Halb- zum Ganzstoff berechenbar geworden: Der Mahlgrad, das Verhältnis von gekürzten, in ihrer schlauchförmigen Struktur erhaltenen, und der defibrillierten, strukturell zerstörten Fasern, war und ist das entscheidende Kriterium für das zu fertigende Papier. Gemessen wird er an der Entwässerungsgeschwindigkeit nach vorgegebenen Maßen (System Schopper-Riegler). Füllstoffe, Leim, Farben, Schaumverhinderer und andere Chemikalien werden hinzugegeben. Der »Ganzstoff« ist nun bereit, auf das Sieb geleitet zu werden.

Für die Papierfabrik Schoellershammer des Heinrich August Schoeller in Krauthausen bei Düren arbeitete Theodor Bausch als Verkäufer und Reisender und war an der Montage und Inbetriebnahme der 2. Papiermaschine 1851 beteiligt. Er freundete sich mit Schoellers Sohn Felix Heinrich (1821–1893) an und unterstützte ihn 1856 beim Kauf der Walzmühle in Düren. Sein Ausscheiden bei Heinrich August Schoeller zugleich mit dem Unternehmersohn hinterließ dort eine stark bedauerte Lücke. Über Jahrzehnte wirkte Eduard Theodor Bausch als Direktor, wichtigster Mitarbeiter und engster Freund und Vertrauter des Inhabers des jungen Unternehmens.

1855 trafen sich Felix Heinrich Schoeller und Theodor Bausch in Paris auf der Weltausstellung. Bausch hatte seine Beziehungen zum Sammeln umfassender Informationen genutzt. Auf deren Grundlage berieten sie sich ausführlich über die Möglichkeiten der Gründung eines neuen Unternehmens. Schoellershammer hatte 1851 in London nicht ausgestellt. Die Silbermedaille von der Gewerbeausstellung in Berlin 1844 machte sich allein auf dem Briefbogen nicht sehr dekorativ, nachdem man aus gutem Grund die Prämiierungen Kaiser Napoleons unerwähnt ließ. Hier in Paris nun konnte Bausch darauf wieder diskret hinweisen. Schließlich hatte Frankreich seinen großen Kriegshelden inzwischen mit allem Pomp im Invalidendom beigesetzt.

Tagesgespräch war der geplante Bau des Suezkanals, und Bausch riet Schoeller, Suezaktien zu kaufen. Bausch fragte immer wieder nach dem Stand der Dinge in Düren. Paris wimmelte von Menschen aus aller Welt, mehr als drei Millionen waren gekommen. Deshalb fürchtete man überall Horcher, und die beiden verschoben jedes diskrete Gespräch, bis sie hinter den Scheiben eines Cafés an den Champs-Elysées sich vor etwaigen Beobachtern oder

Lauschern geschützt sahen. Felix Heinrich Schoeller hatte sich Kreuzau angesehen, auch Uedingen bei Kreuzau. Er hielt Kreuzau aber trotz guter Wasserkraft für zu weit von Düren mit den neuen Bahnanschlüssen gelegen. Überdies störte ihn – zur Erheiterung Bauschs – der Mangel an Ausdehnungsmöglichkeit für eine Fabrik, die noch gar nicht stand. Die positiven Erfahrungen mit der ersten Dampfmaschine auf Schoellershammer ließen auch einen Bau ohne Wasserkraft als möglich erscheinen. Ludolph Adolph Hoesch, verheiratet mit Louise Schüll, der Schwägerin von Felix Heinrich Schoeller, besaß ausreichend Gelände beiderseits einer Walzmühle, das möglicherweise zu erwerben war. Bausch hielt dagegen: Eine Dampfmaschine erfordere einen hohen Kapitaleinsatz, und Kreuzau biete auch gutes Gelände. Schoeller hatte noch nicht mit Hoesch gesprochen, wollte auch zuvor seinen Vater und die Brüder unterrichten. Abgesehen von dem Zukunftsprojekt informierten sich aber die beiden über die ausländische Papierindustrie und ihre Erzeugnisse und den Stand der Technik. Es gab neue Dampfmaschinen, bessere Filze, feinere Siebe, Papiermaschinen mit einer Arbeitsbreite von mehr als einem Meter und einem Tempo von beinahe dreißig Metern in der Minute. Schaeuffelen in Heilbronn konnte einseitig glattes Papier in einem Arbeitsgang auf der PM erzeugen. So erfuhr man in Paris manches aus dem heimischen Umfeld.

In Düren begannen die Kaufverhandlungen mit Hoesch – nicht direkt, um keine Gerüchte in Düren aufkommen zu lassen, aber auch aus Fairness: Es sollten im Geschäft verwandtschaftliche Beziehungen keine Rolle spielen. Also schloss der Papierfabrikant Ferdinand Jagenberg aus Solingen am 28. November 1856 einen Kaufvertrag über 13.700 Taler und erklärte am selben Tag, den Kauf für Felix Heinrich Schoeller getätigt zu haben. Hoesch empfand dies als ein besonders faires Vorgehen, weil er auf diese Weise seinen Preis ohne Befangenheit hatte nennen und aushandeln können. Als sein Sohn Hugo wieder zum Papierfach wechseln sollte, wurde er von Felix Heinrich und Theodor Bausch angelernt, gefördert und viele Jahre später zum Leiter der in Gernsbach errichteten Zellstofffabrik bestimmt und schließlich 1893 dort als Teilhaber aufgenommen. 1896 entschloss man sich zur Aufstellung einer Papiermaschine und stellte Packpapier aus dem eigenen braunen Zellstoff her. Die wirtschaftliche Lage blieb prekär; sie wurde etwas besser, als man zur Herstellung braunen Seidenpapiers überging. Ein Gewinn wurde dennoch nicht erzielt. 1898 stellte man die Zellstoffproduktion ein und ging zur ausschließlichen Fertigung von Seidenpapieren über. 1898 wurde Hoesch Alleingeschäftsführer und beschaffte eine zweite Papiermaschine, mit der dann Seiden- und Zigarettenpapier hergestellt wurden. In der Folge errang die Firma Schoeller & Hoesch (heute Glatfelter Gernsbach GmbH & Co. KG, Tochterunternehmen eines amerikanischen Konzerns) Weltruf.

1857 begann in Düren der Umbau der Walzmühle zur Papierfabrik. Die Freunde inspizierten den Baufortschritt täglich. Bausch bezog ein altes Wohnhaus auf dem Fabrikgelände, um Tag und Nacht in unmittelbarer Nähe des Betriebes zu sein. Die erste Papiermaschine – Schoeller dachte an drei – wurde installiert, auch die erste Dampfmaschine. Vorgesehen war die Fertigung von Schreib-, Post- Zeichen- und Löschpapier und farbiger Kartons. Die zwischen den Freunden ständig erörterte und abgestimmte Geschäftspolitik war ungeachtet der 1859/1860 herrschenden Wirtschaftsflaute auf Expansion gerichtet. Schoeller interessierte sich brennend für das von M. A. C Mellier erfundene Strohaufschlussverfahren, das in einem verhältnismäßig einfachen Arbeitsgang die Strohcellulose fast restlos aufschloss. Schoeller und Bausch betrieben den Ausbau des jungen Werkes mit allen Mitteln. Die Familien gönnten sich keinen Luxus; jeder verdiente Taler floss ins Unternehmen zurück. Die gegenüber der aussterbenden Schöpfmethode vervielfachte Produktionskapazität der Papiermaschinen forderte große Rohstoffmengen; das Hadernaufkommen konnte dem nicht entsprechen. Friedrich Gottlob Keller, ein 1816 in Hainichen (Sachsen) geborener Handwerker, hatte 1844 das Verfahren erfunden, Holzschliff als billigen, unerschöpflich verfügbaren Rohstoff herzustellen. Heinrich Voelter, bald gemeinsam mit Johann Matthäus Voith in Heidenheim, entwickelte Kellers Idee zur industriellen Produktionsreife.

An der Weltausstellung 1861 in London wollte man sich nicht beteiligen, weil das Sortenprogramm noch nicht reichhaltig genug war. Felix Heinrich Schoeller ließ sich aber von Theodor Bausch davon überzeugen, dass wenigstens einer von ihnen nach London reisen müsse. Bausch hatte mit seinem Drängen, den Export zu erweitern, zu dem nun beschleunigten Ausbau beigetragen. Man bestellte die zweite Papiermaschine mit einer Arbeitsbreite von 160 cm. Das Haus, in dem Bausch mit seiner Familie bisher mitten auf dem Fabrikgelände gewohnt hatte, wurde abgerissen. Sein Platz war für eine weitere Dampfmaschine vorgesehen. Bauschs Wohnhaus wurde, ebenfalls auf dem Gelände der Walzmühle, neu errichtet und lag nun günstiger, weiter am Rande des neuerworbenen Landes und der Straße näher. Es wurde ein großes schönes Haus, und es sehe, so sagte man in der Fabrik, fast aus wie das Haus eines Teilhabers. Möglicherweise erwartete Bausch einen Schritt, einen Vorschlag Schoellers mit dem Ziel einer Teilhaberschaft, aber der Fabrikherr ließ nichts verlauten. Bausch mochte keine ausdrückliche Frage stellen, und Schoeller verhielt sich völlig undurchsichtig. Nur seiner Frau gegenüber, die in ehelichen Zwiegesprächen den Dingen gern auf den Grund ging, sprach er davon, dass Bausch als Mitarbeiter außerordentlich tüchtig und ihm als Hilfe in der Zeit des Aufbaus unentbehrlich sei. Bausch sei unternehmend, vielleicht zu unternehmend. Jetzt, als Alleinherrscher, habe er, Felix Heinrich, das letzte Wort. Wäre Bausch Teilhaber, so würde das bei seinem Temperament wohl nicht so bleiben. Zwei Dickköpfe, fügte er lächelnd hinzu, täten dem Werk nicht gut.[107]

Schoeller hatte seine eigenen Ideen für die Zukunft der Walzmühle. Er wollte sich auf keinen Fall hineinreden lassen. Andererseits war Bauschs unausgesprochene Erwartung einer Teilhaberschaft durchaus verständlich. Es schien Schoeller besser, sich in dieser schwierigen Frage harthörig zu stellen und einfach zu schweigen.

1867 fand die Weltausstellung wieder in Paris statt. Wie zwölf Jahre zuvor war Bausch erneut vorzeitig in Paris, um der Walzmühle einen guten Stand zu sichern. Man kannte nun die Erzeugnisse von Felix Heinrich Schoeller nicht allein auf dem Kontinent, sondern auch in England, Nord- und Südamerika.

Die offene Handelsgesellschaft in Firma Felix Schoeller & Bausch, Neu Kaliß

Schoeller hatte seiner Frau eine Reise nach Paris versprochen, nun aber stand dem die Initiative der Tochter Ann entgegen, sich mit dem Teppichfabrikanten Philip Schoeller zu verloben, die die volle Zeit der Mutter in Anspruch nahm. Es blieb der Ausweg, dass sie den Gatten in Paris abholte, wenn Theodor Bausch die Firma an seiner statt in Paris vertrat. Das Ehepaar verlebte eine schöne Zeit in der Weltstadt, doch die Zuspitzung der politischen Lage in Europa veranlasste zu vorzeitiger Heimkehr. Im Herbst kam Schoeller noch einmal nach Paris, um auf der Schlussfeier der Weltausstellung die goldene Medaille für die Erzeugnisse seiner Fabrik entgegenzunehmen.

Entgegen den Befürchtungen liefen die Geschäfte in den beiden Folgejahren sehr gut. In Düren arbeiteten nun zwölf größere Papiermaschinen für Fein- und Feinstpapiere und neun kleinere für alle Arten Packpapier, die mit 3.000 Arbeitern täglich 350 t Papier herstellten.

Die von Frankreich nach dem Kriegsende 1871 an das Deutsche Reich zu zahlende Kriegsentschädigung führte geradeswegs in die Hektik der Gründerjahre. 1870 liefen in Deutschland 2.480 Dampfmaschinen, zehn Jahre später 5.120. Zwischen 1850 und 1860 wurden 179 Aktiengesellschaften gegründet; zwischen 1860 und 1870 waren es 242 – und nach dem Krieg 3.291.

Felix Heinrich Schoeller erlebte den kommerziellen Boom, verdiente ausgezeichnet und legte den Grundstock, der aus der Wohlhabenheit zum Reichtum führte. Der aber hatte nicht Luxusbedürfnissen zu dienen, sondern der Stärkung des Unternehmens. Er wollte durchaus Filialen schaffen, eine eigene Rohstoffbasis, aber nicht Aktienkonzerne beherrschen und politischen Einfluss ausüben. Er sammelte Reserven, um sie zu benutzen, wenn die Baisse eintrat. Es wurden aber neue Maschinen eingebaut, die Energieanlagen wesentlich erweitert. Auf der Weltausstellung in Wien 1873 konnte er auf drei Dampfmaschinen zu 310 PS und eine Turbine von 60 PS hinweisen. Sechs Kocher bearbeiteten den Rohstoff der drei Papiermaschinen. Die Belegschaft betrug 543 Leute. Vom Preisgericht wurde ihm die höchste Auszeichnung, ein Ehrendiplom, zugesprochen.

Im Lauf des Jahres 1871 ergaben sich für Felix Heinrich Schoeller persönliche Schwierigkeiten. Er beabsichtigte, seine Söhne als Teilhaber aufzunehmen. Theodor Bausch, der bislang auf die Frage seiner Teilhaberschaft nicht zurückgekommen war, fühlte sich nun deutlich übergangen. Er war nicht der Mensch, der sich ein Leben lang mit einer untergeordneten Stellung begnügte. Andererseits wollte Schoeller seinen Dürener Betrieb ausschließlich seiner eigenen Familie vorbehalten. Eine Teilhaberschaft mit seinem Freund Theodor Bausch war ihm durchaus erwünscht, nur sollte sie nicht in Düren sein. Im Verlaufe der Unterredungen zwischen Schoeller und Bausch kam es schließlich zu einem Kompromiss, der für beide Seiten einen Vorteil brachte: Bausch sollte sich selbstständig machen und unter finanzieller Beteiligung von Schoeller eine eigene Firma gründen. Als Bedingung für seine Beteiligung verlangte Schoeller nur, dass Bausch sich nicht in Düren und dessen weiterer Umgebung niederließe. Bausch war einverstanden und machte sich auf die Reise, um einen Ort zu finden, der gutes Wasser und gute Transportmöglichkeiten zugleich bot.

Die Patent-Papierfabrik Hohenofen

Am 1. Juli 1873 wurden die Söhne Felix Heinrichs, Guido und Heinrich, als Teilhaber eingetragen. Der Firmenname blieb unverändert.

Bausch reiste zunächst in die Pfalz, doch fand sich ungeachtet aller Mühen und der Werbung der Bürgermeister kein für die Herstellung hochwertiger Papiere geeignetes Wasser. Aufgrund seiner langjährigen Dürener Erfahrungen musste Bausch die höchsten Anforderungen stellen. Er gelangte bei seiner weiteren Suche nach Osten und nach Norden. Mecklenburg bot vielfältige Möglichkeiten: Seen und Flüsse, Kanäle und Gräben zwischen Wäldern und Wiesen. Das Wasser der Neuen Elde, eines nicht unbeträchtlichen Flusslaufes zwischen dem Müritzsee und der Elbe hatte er geprüft und für gut befunden. Er sondierte die strategische Lage, fand in Ludwigslust an der Bahnstrecke Berlin–Hamburg nichts, abends dann aber im Städtchen Dömitz an der Mündung der Neuen Elde in die Elbe. Hier hatte man sogar den Dürenern etwas voraus: Vom Dömitzer Elbhafen konnte man Berlin, Dresden und den Hamburger Hafen mit billigster Schiffsfracht erreichen, und englische Kohle konnte man auf dem Wasserwege billiger beziehen als mit der Bahn aus dem Hinterland.

Die Feinpapierfabrik in Neu Kaliß

6.3.2

In der Nähe von Dömitz fand Bausch im Dorf Neu Kaliß, was er suchte: eine alte Mühle neben der Schifffahrtsschleuse mit einem Mühlteich, der bei entsprechendem Ausbau 300 PS Wasserkraft liefern konnte. Hier wurde bis 1811 Raseneisenstein zu Eisen verhüttet. (Eine exakte Parallele zur Entwicklung in Hohenofen.) Danach wurde Lohgerberei betrieben und die Liegenschaft später an den Papiermüller Friedrich Idler verkauft. 1825 wurde Wilhelm Albrecht Markuth aus Leppin (Havelberg) Besitzer, der das Objekt 1848 an seine Tochter weitergab, die mit dem Papiermüller Keuck verheiratet war.[108]

Felix Heinrich Schoeller.

Der Platz, das letzte Gefälle vor der Elbe, war fast ideal zu nennen. Felix Heinrich Schoeller kam nach Theodor Bauschs Telegramm sofort angereist, um das Objekt zu besichtigen und mit Bausch die erforderlichen Käufe und Eintragungen zu tätigen. Wieder standen die beiden Freunde an einem Wasserlauf, betrachteten alte Gebäude und diskutierten ihre Verwendbarkeit, wie sie es einst in Düren angesichts der Hoeschschen Walzmühle getan hatten. Damals hatte Bausch Schoeller zur Selbstständigkeit verholfen, nun tat Schoeller dies für Bausch.

Die Erbpachtmühle von Keuck lag an einem kleinen Fluss mit sauberem Wasser. Überdies gab es im benachbarten Malliß preisgünstige Braunkohle. Keuck war verkaufswillig. Für rund 48.000 Taler übertrug er 1871 den künftigen Inhabern Grundstück und Gebäude; Fritz Gebert gab für 2.500 Taler eine benachbarte Büdnerei ab. Für die vorgesehene Produktionskapazität waren jedoch die übernommenen Baulichkeiten nicht geeignet und wurden sogleich durch Neubauten ersetzt, für die das Baumaterial auf dem Wasserweg nach Dömitz und dann mit Gespannen nach Neu Kaliß befördert wurde. 20.000 Ziegelsteine lieferte die im nahen Schlesin gelegene Ziegelei Ahrens, 70 t Zement kamen von Boeninghaus & Linsen in Boizenburg, Bruchsteine aus Bernburg, Holz aus Schweden.

1872 Am 4. Mai wurde der Grundstein gelegt.

Die Firma »Felix Schoeller & Bausch« mit Sitz in Neu Kaliß wurde gegründet, am 27. Februar 1872 ins Handelsregister eingetragen und nahm noch im Jahr 1873 die Fabrikation von Holzzellstoff nach dem Sulfatverfahren und fast gleichzeitig auch die von Papier auf. Am 24. Juni 1873 lief das erste Papier von der Maschine (175 cm breit), die von der Maschinenfabrik Golzern-Grimma geliefert worden war. Bis zum Jahresende wurden 335.794 Pfund (umgerechnet 167,9 t) produziert. Die weitere Maschinenausstattung bestand aus zwei Lumpenkesseln, einem Waschholländer, sechs Halbzeugholländern, einer Bleiche, zwei Kalandern, zwei Wasserturbinen für etwa 70 PS Leistung der Elsässischen Maschinenbau-Anstalt Mülhausen und einem Kesselhaus. In der Bilanz wird der Wert der Fabrik mit ihrer Einrichtung mit 784.900 Mark angegeben. Bausch leitete die Firma allein. Schoeller war nur durch finanzielle Einlagen und durch besondere Lieferabmachungen beteiligt, die er sich, insbesondere auf dem Gebiet des Holzzellstoffes, ausbedungen hatte. Gerade der war besonders interessant geworden, seit es kürzlich gelungen war, den Rohstoff, der in den Wäldern um Neu Kaliß reichlich wuchs, durch das neuentwickelte Sulfatverfahren aufzuschließen. Man war wieder einmal der Zeit voraus, denn die Entwicklung konnte erst 1878 abgeschlossen werden. In Neu Kaliß wurde die Zellstofffabrikation wieder aufgegeben. Das Werk ging fast ausschließlich zur Fertigung von Hadernpapieren über.

Im Großherzogtum Mecklenburg-Schwerin existierte bis dato keine Papiermühle. Bausch konnte sich des Wohlwollens der Obrigkeit versichern und genoss dadurch Zugang zum Einsatz seiner Dokumentenpapiere in den Behörden des Landes. Von besonderer Bedeutung war die Monopolstellung zwischen Hannover und der Küste bei der Beschaffung des Rohstoffes Lumpen (Hadern, Textilabfälle), die bedeutend billiger zu beschaffen waren als im industrialisierten Rheinland. Nicht zuletzt hofften Landesherr und Bevölkerung auf die Schaffung von Arbeitsplätzen für die arme Bevölkerung. Natürlich bedurfte die Pflege des Marktes ständiger Beobachtung und gelegentlicher Nachhilfe bei der Sicherung des Absatzes. So schrieb Theodor Bausch 1879 an den Großherzog Friedrich Franz II:[109]

»In der Papierindustrie wird in neuerer Zeit insofern viel gefälscht, als auch das zu Urkunden, Registern und Akten

Theodor Bausch.

bestimmte Papier mehr oder minder einen Zusatz von weisser Erde, Holz- oder Strohzellstoff erhält. Diese Fälschungen sind umso bedauerlicher, als das mit diesen Zusätzen versehene Papier binnen weniger Jahre der Zersetzung anheim fällt. Angesichts jener Fälschungen haben wir die Absicht, speziell für Mecklenburg ein garantiert surrogatfreies Hanf-Concept Fein Aktenpapier und superfein Dokumentenpapier in Velin sowohl als in Gerippt in verschiedenen Stärken anfertigen zu lassen. Bei dem Umstand, dass Mecklenburg und das benachbarte Hannover noch viel derbes Handgespinnst haben, sind wir vorzugsweise befähigt, zähe, feste, surrogatfreie Papiere herzustellen. Um nun einer ähnlichen Benachteiligung bei dem neuen Fabrikate vorzubeugen, bitten Eure Königliche Hoheit wir allerunterthänigst uns allergnädigst zu gestatten, das neue Papier mit dem Allerhöchsten Wappen versehen zu dürfen, weil wir in diesem Falle durch § 360 sub 7 des Strafgesetzbuches für das deutsche Reich gegen unbefugte Nachahmungen vollständig geschützt sein werden. Da der inländische Industrielle den Vorzug vor dem Ausländer verdienen dürfte, so wagen wir die fernere allerunterthänigste Bitte, Eure Königliche Hoheit wollen Allergnädigst geruhen, Allerhöchst Ihren Behörden die Benutzung des neuen Papiers zur Pflicht zu machen«.

Einige Details seiner Argumentation wird man heute etwas belächeln. Holzschliff und Zellstoff waren erst vor weniger als zwanzig Jahren erfunden worden, und für die Hersteller von Feinpapieren war alles, was nicht Hadern waren, suspekt. Richtig ist – und diese Erkenntnis war damals bereits Allgemeingut –, dass Holzschliff eine sehr begrenzte Lebensdauer hat und deshalb für bessere grafische Papiere ungeeignet ist. Noch nicht aber kannte man die Gefahr, die mit der von Illig erfundenen Leimung im Stoff verbunden war: Das technisch unvermeidbare Aluminiumsulfat oder Alaun spaltet im Laufe der Jahrzehnte Schwefelsäure ab, die das Papier zerstört. Heute werden Millionen Euro dafür ausgegeben, unersetzliche Dokumente und wertvolle Bücher aufwendig vor dem Verfall zu retten. Und »weiße Erde« – von China Clay bis Titanweiß – ist bei Schreib- und Druckpapieren unverzichtbar, um die Opazität zu erhöhen; sonst wäre eine zweiseitige Beschriftung oder der zweiseitige Druck wegen der natürlichen Transparenz des Papiers ausgeschlossen.

Felix Heinrich Schoellers Sohn Felix Hermann Maria (1855–1907), der in England mehrere Werke besucht hatte, um den damals hohen Entwicklungsstand der dortigen Papiermaschinentechnik kennenzulernen, arbeitete danach ein halbes Jahr in einer sächsischen Papierfabrik. Schließlich ging er als Technischer Leiter nach Neu Kaliß. Die Zusammenarbeit des älteren Theodor Bausch mit dem jungen Felix Hermann Maria Schoeller verlief allerdings nicht konfliktfrei. Es gab erhebliche Meinungsverschiedenheiten über die technische Weiterentwicklung der Fabrik. Offenbar duldete Theodor Bausch keinen »familienfremden« tätigen Gesellschafter. Felix Heinrich Schoeller reiste nach Neu Kaliß und vermittelte: Er verabredete mit seinem alten Freund Theodor Bausch eine saubere Trennung: Der Gesellschafter Felix Hermann Maria Schoeller schied aus der Firma aus und wurde ratenweise bis zur Jahrhundertwende ausgezahlt.Theodor Bausch war nun der alleinige Herr im Hause und durfte als Vater dreier Söhne das Werk als gesichert betrachten.

Was aber sollte mit ihm geschehen? Felix, der Junior, wurde Teilhaber der Walzmühle und der davon abgespaltenen »Zellstofffabrik Hermann Maria Schoeller & Co.«. Sein Selbstständigkeitsdrang war damit aber nicht gestillt. 1895 kündigte er seine Dürener Beteiligungen und gründete in Burg Gretesch bei Osnabrück die Firma Felix Schoeller jun. – auf dringende Bitte seines Vaters, das Unternehmen von dem väterlichen deutlich zu unterscheiden, wählte er diese Firmenbezeichnung. Im Verlauf von mehr als 100 Jahren wurde aus diesem Unternehmen die heutige Felix Schoeller Holding GmbH & Co. KG, eine der bedeutendsten privaten deutschen Unternehmensgruppen der Papierindustrie mit Werken in Osnabrück, Günzach, Titisee-Neustadt, Weißenborn, Penig (Sachsen) und im Ausland. Die Gesellschaft hat rund 140 miteinander verwandte Kommanditisten in fünf Familienzweigen. Einer davon gehört Andreas Bausch an, dessen Urgroßväter Felix Heinrich Schoeller (gest. 1893) und Theodor Bausch waren und der eine Tante und seine Mutter aus der Schoeller-Dynastie zu seiner Familie zählt.

Stammtafel der Schoellers von Johannes bis Felix Heinrich[110]

Johannes Schoeller, Rentmeister des Grafen von Manderscheid in Schleiden, 1458 genannt

Philipp Schoeller, 1503 genannt

Johannchen Schoeller, 1503 genannt

Johann Schoeller
Reidemeister (= Hersteller, Unternehmer) zu Wiesen bei Schleiden, 1501–1542 genannt

Joeris (Georg) Schoeller, 1549–1579 genannt

Johann Schoeller, gestorben 1658

Philipp Dietrich Schoeller, 1645–1707

Johann Paul Schoeller, 1700–1754

Heinrich Wilhelm Schoeller, 1745–1827

Heinrich August Schoeller, 1788–1863

Felix Heinrich Schoeller, 1821–1893

Die Patent-Papierfabrik Hohenofen

Die Firma Reflex-Papierfabrik Felix Heinrich Schoeller ging 1965 in den Besitz der Feinpapierfabrik I. W. Zanders, Bergisch Gladbach, über, heute M-real Zanders (finnischer Konzern), und besteht als deren »Werk Reflex« weiter.

Theodor Bausch sen. wurden zahlreiche höchste Ehren für seine Verdienste um die Wirtschaft und die Bevölkerung des Großherzogtums Mecklenburg-Schwerin zuteil.

1888 Am 20. Juli erhielt der Commerzienrat für die »opferwillige Hülfe in der Wassernoth« die Großherzoglich Mecklenburg-Schwerinsche Ehren-Medaille;[111] später wurde er mit dem Ehrentitel »Geheimer Kommerzienrat« und 1912 mit der Verleihung der sehr selten vergebenen goldenen Verdienstmedaille »Dem redlichen Manne und guten Bürger« durch Friedrich Franz IV., Großherzog von Mecklenburg-Schwerin, für seine unternehmerische Leistung ausgezeichnet[112]. Die Firma war bis zur Enteignung 1950 nach dem Flugzeugwerk Heinkel das größte Industrieunternehmen Mecklenburgs. Im selben Jahr (1912) ehrten ihn anlässlich seines 80. Geburtstages »die kaufmännischen Beamten der Firma Felix Schoeller & Bausch« mit einer künstlerisch gedruckten zweiseitigen Gratulation. 1922 ernannte der Verein Deutscher Papierfabrikanten e.V. ihn zu seinem Ehrenmitglied »für seine treue Mitarbeit an den Aufgaben des Vereins und wegen seiner besonderen Verdienste um die Förderung der Papierindustrie«[113]. Als Vorsitzender unterschrieb damals der Eberswalder Papierfabrikant Rudolf Ebart. Dessen Andenken wird heute noch durch den Verein Papiermuseum Wolfswinkel-Spechthausen gepflegt, dessen Sitz allerdings nicht mehr in der ehemaligen Papierfabrik Spechthausen der Gebr. Ebart ist, sondern unweit davon in der einstigen Papierfabrik Wolfswinkel, bis zur Enteignung 1948 im Besitz des Siemens-Konzerns. 1924 dankte die ehemalige Großherzogin Alexandra aus dem Schloss Ludwigslust mit einem in ungewöhnlich großen Lettern auf der Schreibmaschine getippten zweiseitigen Brief Bausch für »die reiche Spende, die Sie gütiger Weise meinem Hilfswerk überlassen haben«.[114]

Theodor Bausch, der Gründer der Papierfabrik Felix Schoeller & Bausch, war ein Fabrikbesitzer, dessen innere Einstellung zum Unternehmertum durch seine Herkunft aus bäuerlicher Familientradition geprägt war. Vereinfacht ausgedrückt, sah er in einer Fabrik nichts grundsätzlich anderes als ein Gut. Sicher war die Ansiedlung in Neu Kaliß aus rein sachlichen Erwägungen erfolgt – günstige Lage, gutes Wasser, Arbeitskräfte – aber nach Überzeugung seiner Nachfahren wäre für ihn eine Großstadt als Unternehmenssitz undenkbar gewesen. Wie ein guter Bauer herrschte er als Patriarch in der Fabrik. Er war der Boss – daran war kein Zweifel erlaubt, aber er beschäftigte keine Arbeiter, er hatte »seine Leute«. Alle hatten ein gemeinsames Ziel: den Erfolg der Firma, zu dem jeder nach bestem Können beitrug. Für den Unternehmer folgte daraus, dass Gewinne immer wieder investiert wurden und so eine solide Basis für Sicherheit und Wachstum geschaffen wurde. 1899 wurde die zweite Papiermaschine, wiederum von Golzern, in Betrieb genommen, die von einer eigenen Dampfmaschine angetrieben wurde. Die Tagesproduktion stieg damit auf etwa 4 t.

Im Mai **1904** heiratete Heinrich Schoellers (Bruder von Felix jr.) ältester Sohn Alfred Felix Jacob Adele Karoline Bausch, die jüngste Tochter Eduard Theodors.

Der Fabrikhof mit dem noch erhaltenen Papiermaschinengebäude.

Feinpapierfabrik Neu Kaliß, um 1938.

1907 heiratete Felix Bausch, der Sohn von Theodor Bausch, Hermine Schoeller. Nach wie vor waren die freundschaftlichen und geschäftlichen Beziehungen zwischen der Walzmühle und Neu Kaliß eng. Nun waren die beiden Familien Bausch und Schoeller auch verwandtschaftlich miteinander verbunden.

1944 Der Zweite Weltkrieg führte zur fast vollständigen Zerstörung der Stadt Düren und des größten Teiles ihrer Papierindustrie. Alfred Schoeller, Mitinhaber von Felix Heinrich Schoeller und mit den Bauschs verschwägert, übersiedelte nach Neu Kaliß und richtete dort für den kaufmännischen Betrieb eine Ausweichstelle ein.

Der Kauf der Hohenofener Fabrik und Gründung der GmbH

1905 Am 31. Januar wurde die Firma »Patent-Papier-Fabrik Hohenofen« als GmbH in das Handelsregister beim Amtsgericht Kyritz[115] eingetragen. Unter »Bemerkungen« in der Spalte 7 ist zu lesen: »Die frühere Firma hieß Patent-Papierfabrik Hohenofen A. Woge (Nr. 10 des Handelsregisters). Der Übergang der im Betrieb des Geschäfts dieser Firma begründeten Verbindlichkeiten ist bei dem Erwerb des Geschäfts durch die Gesellschaft mit beschränkter Haftung ausgeschlossen«. In Spalte 6: »Jeder Geschäftsführer ist nach dem Gesellschaftsvertrage zur selbständigen Vertretung der Gesellschaft berechtigt und hat mit der Firma und seiner Unterschrift zu zeichnen.« »Umgeschrieben vom 2. H.R.B.1 am 15. Februar 1938.«

Die 1905 geänderte Firmierung »Patent-Papier-Fabrik Hohenofen GmbH« blieb rechtlich unverändert bis zur Enteignung 1951. Die Erwerber errichteten höchstwahrscheinlich das Lumpenhaus mit der Lorenbühne, eine Leimküche, das Büro- und Wohnhaus und das Werkstattgebäude. Der Wert der Gebäude wurde in der Bilanz per 31. Dezember 1905 mit M. 40.000 angegeben, im Folgejahr mit M. 343.986,60. Wasserzeichenpapiere sind bekannt als Normal 2a (1915) und Normal 4b (Herstellungsjahr unbekannt).

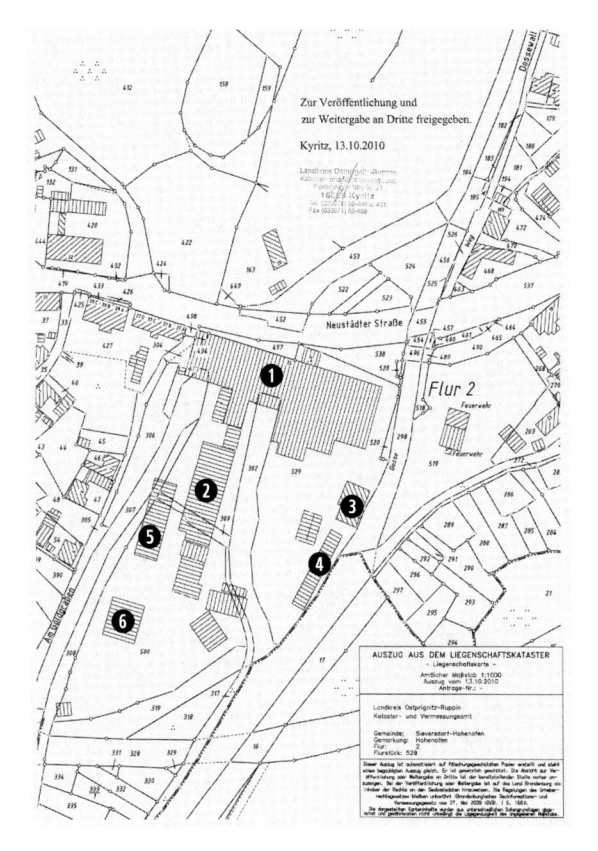

1: Papiermaschinengebäude
2: Lumpenhaus
3: Büro
4: Werkstatt
5: Sozialgebäude
6: Kesselhaus

Liegenschaftskarte der Papierfabrik und Nachbarschaft.

Ehemaliges Lumpenhaus der Patent-Papierfabrik Hohenofen, etwa 1980.

Die von August Woge erneuerte und modernisierte Technik wurde von den Bauschs weiter verbessert. Aus dem Lumpenhaus gelangten die sortierten, gereinigten und geschnittenen Hadern in Wagen über die Lorenbrücke in das Obergeschoss des Papiermaschinengebäudes zu den Kugelkochern.[116] Der alternativ eingesetzte Zellstoff oder Altpapier wurden in die dort installierten zwei Kollergänge gegeben. Die Kollergangantriebe befinden sich im Erdgeschoss neben der Papiermaschine. Der solchermaßen aufgeschlossene Halbstoff wurde bei Stillstand des Kollergangs aus der Schale in eiserne »Hunte« geschaufelt und in den Holländersaal, die »Mühle«, gekarrt. Dort erfolgte der Mahlungsvorgang in vier gusseisernen und zwölf gemauerten Holländern. Kurz vor der Erreichung des vorgegebenen Mahlgrades wurden Hilfsstoffe zugefügt: Leim, heute zumeist synthetisch, der das Papier beschreibbar mit Tinte macht, aber auch für etliche Druckverfahren unverzichtbar ist. Mineralische Füllstoffe wie Gips (Annaline), Kaolin (Porzellanerde, China Clay), für sehr hochwertige Papiere auch Titanweiß (Titandioxid) oder Bariumsulfat (Barytweiß, Blanc fixe, Neuweiß, Permanentweiß) machen das Papier opak, also undurchscheinend auch für zweiseitigen Druck. Die teuren Füllstoffe geben zugleich eine hohe Grundweiße, die im Gegensatz zu den üblichen optischen Aufhellern alterungsbeständig ist. Viele Papiere werden auch gefärbt. Größte Sorgfalt ist dabei vonnöten, denn der Kunde verlangt auch beim nächsten Auftrag nach etlichen Jahren noch haargenau den gleichen Farbton. Viele Farben, ganz besonders Rot, verblassen unter dem Einfluss von Licht. Nur selten werden heute noch Erdfarben eingesetzt, die lichtunempfindlich sind, jedoch schwieriger in stets wiederholbarer Tönung gehalten werden können. Der »Ganzstoff« fließt dann in Stoff-Vorratsbütten, gemauerte Tröge mit keramischer Auskleidung und einem Umwälzorgan für die Stoffsuspension. In Hohenofen handelt es sich dabei um einen horizontalen Schneckenpropeller, der es ermöglicht, langfaserigen Stoff mit fünf bis sieben Prozent Konzentration ständig in Suspension zu halten und in den großen Bütten umzuwälzen. Die

Die Patent-Papierfabrik Hohenofen

Rechnung Patent-Papierfabrik Hohenofen.

noch heute bedeutende Firma Gebr. Bellmer in Niefern (Baden) lieferte diese Geräte ab 1880 weltweit ausschließlich (nach Hohenofen 1888) und mit später weiterentwickelter Konstruktion bis zum Ende des 20. Jahrhunderts.

Es soll nicht verheimlicht werden, dass dem Stoff vieler Papiersorten unterschiedlichste Chemikalien beigefügt werden, mit denen bestimmte Papiereigenschaften, Beschreibbarkeit, Nassfestigkeit und andere erreicht oder verbessert werden. Retentionsmittel z. B. sind Chemikalien, die gezielt Teile des Halbstoffes im Papier halten, die sonst im Verlauf des Blattbildungsprozesses mit dem Siebwasser ausgespült würden. Es kann sich da um Farben, speziell Blankophore (optische Aufheller), Leim, Imprägniermittel, aber auch um (alltägliche) Füllstoffe, wie China Clay und andere, handeln. Effekt ist nicht allein die Verhütung von Verlusten an eingebrachten Materialien, sondern auch die weniger aufwendige Reinigung des Produktionswassers im Kreislauf. Verwendet werden unterschiedlichste Ingredienzien aus den Bereichen der Polyaluminiumchloride, Polyacrylamide, Polyethylenimin, Polyvinylamine und manche andere, deren Bedeutung allein die Chemiker kennen. Kennen wird auch der Laie hingegen Stärke, die chemisch verändert wird und zur Qualitätsverbesserung des Papiers führt, z. B. zur besseren Bedruckbarkeit.

Mit der langsam laufenden Papiermaschine konnten sehr kleine Anfertigungen etwa schon ab 300 kg kundenspezifischer Papiere produziert werden. Teilweise wurden diese Papiere mittels kundeneigener Egoutteure mit Wasserzeichen ausgestattet.

Patent-Papierfabrik Hohenofen, um 1910.

Heute fertigt allein die Büttenpapierfabrik Gmund auf einer 156 cm breiten Papiermaschine von Sigl, Berlin, aus dem Jahre 1884 Posten ab 150 kg in jeder beliebigen Farbe, dazu noch mit firmen- wie auch kundeneigenen Prägungen versehen. Die Preise derartiger Sonderanfertigungen liegen im Bereich des Fantastischen, aber die Firma blüht und gedeiht. Dabei hält die uralte Maschine – die der in Hohenofen sehr ähnelt – jeweils nur eine Produktionswoche durch, dann muss sie in der Folgewoche durchgesehen werden. Zwischenzeitlich produziert eine neuere, breitere Maschine.

Der Kaufpreis für die Hohenofener Fabrik könnte 290.000 Mark betragen haben, doch werden die Aktiva bereits am 31. Dezember 1906 mit 857.718,03 M. bewertet, darunter allein die Maschinen statt mit 60.000 nun mit 241.781,25 und die Gebäude statt mit 40.000 mit 343.986,60 M. 1916 sind 221.000 M. und 289.000 M. gebucht; die Forderungen von Felix Schoeller & Bausch betrugen 658.529,07 Mark. Das Stammkapital taucht in keiner Bilanz auf.[117]

Die aus dem schwer lädierten Bilanzbuch und teilweise durch Vergleichsrechnung ergänzten Angaben werfen eher Fragen auf, als dass sie Klarheit in den Geschäftsablauf bringen. Die vom Wirtschaftsprüfer zertifizierten Bilanzen sind nach heutigem Verständnis in einigen Fällen geradezu abenteuerlich gestaltet. Kosten werden in der Bilanz unter die Aktiva gebucht; in der V-und G-Rechnung wird der Umsatz auf der Haben-Seite gebucht, die Summe der Kosten abgezogen und so der Gewinn ausgewiesen. Der schwankt extrem, wie auch andere Werte. Schoeller & Bausch haben in der ersten Periode als Eigentümer (1905–1917) fast keinen Gewinn erzielt. Die Forderung der Muttergesellschaft betrug 1906 M. 700.297 und zum Zeitpunkt des Verkaufs (1917) 606.731. Eine Amortisation war so gut wie nicht erfolgt. Unerklärlich ist die Bilanzierung für das Jahr 1905. Da wird als Summe der Sachanlagen M. 160.000 in runden Beträgen ausgewiesen. Das kann nicht der Kaufpreis gewesen sein, denn bereits 1906 summieren sich die Sachanlagen auf M. 670.379 und die Verbindlichkeit an Felix Schoeller & Bausch auf M. 700.297. Das lässt eher an den Kaufpreis denken. Die Erhöhung der Maschinenwerte von 60.000 auf M. 241.781 lässt nicht auf Investitionen in diesem Bereich schließen, möglicherweise aber auf eine Überholung und Modernisierung der Papiermaschine. Der Sprung bei den Gebäudewerten von M. 40.000 auf 343.987 könnte vermuten lassen, dass das Lumpenhaus damals gebaut wurde, vielleicht auch das Bürogebäude. Ansonsten entwickelte sich der Wert der Maschinen bis 1935 (letzte Angabe) entsprechend den Abschreibungen; er betrug zuletzt 99.920. Eine nennenswerte Investition in der Ära Illig hat also nicht stattgefunden. Konstant ist der Grundstückswert geblieben; Illig hat 1930 eine Parzelle für RM 17.746 verkauft. Auch der Wert der Baulichkeiten entwickelte sich entsprechend den Abschreibungen.

Unglaubliche Sprünge wurden für den Umsatz angegeben. Der stieg von 1905 bis 1912 auf das Doppelte und brach 1913 auf weniger als 25 Prozent ein.

1914 Der Ausbruch des Ersten Weltkrieges führte zu großen Belastungen der Wirtschaft. Arbeitskräfte wurden zum Wehrdienst einberufen, und nicht immer konnten Frauen die entstandenen Lücken ausfüllen. Material wurde knapp. Das Interesse der Gesellschafter der Firma Felix Schoeller & Bausch galt vorrangig der Existenz des Stammhauses in Neu Kaliß, und so trennte man sich noch zu Lebzeiten des Firmengründers Theodor Bausch (sen.) 1917 von der Tochtergesellschaft. Man sah die Wirtschaftlichkeit der Fabrik durch die Kriegsereignisse infrage gestellt. Schoeller & Bausch und mit ihnen das Werk Hohenofen hatten einen sehr großen Exportanteil, der zum wesentlichen Teil weggebrochen war. Um Neu Kaliß nicht zu gefährden, hat man sich wohl von dem Zweigbetrieb verabschiedet.

Vor **1917** wurde eine Dampfmaschine von dem Aschersleber Maschinenbau installiert.

Neue Inhaber

Illig und andere

1917 Am 11. Juni wurde das Ende des Geschäftsjahres auf den 30. Juni verlegt und für die Zukunft auf die Zeit vom 1. Juli bis 30. Juni festgesetzt. Am 7. Juli »[sind] Theodor Bausch junior und Viktor Bausch […] als Geschäftsführer ausgeschieden und an ihrer Stelle der Kaufmann Alexander Rosenberg und der Direktor Julius Illig zu Geschäftsführern bestellt mit der Bestimmung, dass jeder allein die Gesellschaft zu vertreten befugt ist. Durch Beschluß der

Gesellschaft vom 2. Juli 1917 sind die §§ 5–10 des Gesellschaftsvertrages vom 23. Januar 1905 abgeändert Es werden zwei Geschäftsführer bestellt, von denen jeder allein die Gesellschaft zu vertreten befugt ist. Die Gesellschaft wird auf unbestimmte Zeit geschlossen. Hinsichtlich der übrigen Abänderungen wird auf den vorgenannten Beschluß vom 2. Juli 1917 Bezug genommen. Die Prokura des Fabrikdirektors Alfred Heckler ist erloschen.«[118] In diesem Jahr wurde in der Zeitschrift »Der Papier-Fabrikant« mehrmals zur Zeichnung der 6. und 7. Kriegsanleihe aufgerufen.

Schoeller & Bausch verkauften also die Fabrik, (das heißt: die GmbH-Anteile) an Julius Illig, den Spross einer der bedeutenden Papiermacherfamilien des 18. und 19. Jahrhunderts vornehmlich in Hessen, und mit einiger Wahrscheinlichkeit auch an einen oder mehrere Mitgesellschafter, denn in Sekundärquellen wird als Erwerber die »Firma Illig« genannt. Belege oder Hinweise auf eine Teilhaberschaft haben sich nicht finden lassen; auch die Quellen behandeln das Thema nicht.[119]

Der bereits mehrfach zitierte Pfarrer Troschke schreibt in seinen Aufzeichnungen über Hohenofen: »Fa. Illig[120] kam 1916 [laut Handelsregisterauszug 1917; K. B. B.] und übernahm die Fabrik von Fa. Bausch, baute sie wieder aus, auch baute sie elektrisches Licht in Hohenofen und in der Kirche. Auch eine neue Papiermaschine wurde aufgestellt, die alte Maschine war veraltet, sie schaffte nur 30 Ztr. Papier in einem Tag. Die neue Maschine ist größer und nach der neuesten Konstruktion die schafft in einem Tag noch über 150 Ztr. Papier.«[121]

Keine andere Quelle spricht von einer neuen Papiermaschine. Aus mehreren Gründen ist die Angabe äußerst unwahrscheinlich:

1.) Woge hatte 1888 vier zusätzliche gusseiserne Holländer installiert – sicherlich nicht für die ursprüngliche Donkin-Maschine mit einer Arbeitsbreite von 150 cm. Die könnte 30 Ztr. = 1,5 t am Tag geschafft haben. Da Woge die Fabrik völlig modernisiert hatte, kann die Anschaffung der 180 cm breiten Maschine als so gut wie sicher gelten. Sie war also 1917 gerade knapp 30 Jahre alt – kein Alter für eine Papiermaschine. Eine Tagesproduktion von 150 Ztr. = 7,5 t wäre für diese heute noch vorhandene Maschine realistisch.

2.) Nach einer solchen Laufzeit ist eine Überholung und Modernisierung dringend geboten. Es kann also durchaus sein, dass Troschke den Umbau mit einem angeblichen Neubau verwechselt.

3.) Hätte Illig damals eine 180 cm breite Maschine ersetzt, dann sicher nicht durch die gleiche Dimension, sondern mindestens durch die damals als modern geltende 260 cm breite Maschine.

4.) In keiner mir bekannten Referenzliste der deutschen Papiermaschinenhersteller ist nach 1900 eine Lieferung nach Hohenofen verzeichnet.

5.) Der wirtschaftliche Erfolg Illigs hielt sich in engen Grenzen. Aus dem leider nur teilweise erhaltenen Bilanzbuch der GmbH ist zu entnehmen:

»- 31.12.1916: Maschinen M. 221.000.--Gewinn M. 35.265,42« (Letztes Jahr der Ära Schoeller & Bausch).

Aus dem Bilanzenbuch fehlen die Seiten

25 (rechte Hälfte): Verlust- und Gewinnkonto am 31.12.1916

26 (beide Teile): Bilanz per 30.6.1917

27 (beide Teile) Verlust- und Gewinnkonto am 30.6.1917

28 (beide Teile) unbekannt

29 (linke Hälfte) Bilanz (Aktiva) per 1.7.1917

(und weiter die Seiten 33 rechte Hälfte (V.-u.G.-Kto. per 30.6.1919 bis Seite 57 linke Hälfte (Bilanz per 31.12.1930, Aktiva).

Der zweite Geschäftsführer, Alexander Rosenberg, wird im Firmenteil der Berliner Adressbücher von 1896 bis 1905[122] in der Spalte »Papierfabriken« unter der Adresse Roßstraße 30 A geführt. Die in diesem Adressbuchteil Verzeichneten waren entgegen der Überschrift überwiegend Händler, unter ihnen bedeutende Namen, und Handelsvertreter. Als ein solcher fungierte wohl Rosenberg und brachte in die neue Geschäftsleitung seine umfassenden Erfahrungen als Verkäufer ein. Darauf lässt auch schließen, dass er 1915 mit der Adresse Kommandantenstraße 10 und dort auch weiterhin bis 1921 als Handelsvertreter gelistet ist. Neben der Patent-Papierfabrik Hohenofen für Feinpapiere vertrat er die Massenpapierhersteller Cröllwitzer Papierfabrik (bei Halle/Saale) und Oskar Dietrich in Weißenfels. Die Eintragungen enden mit dem Jahr 1924. 1926–1927 wird er als Großhändler geführt. In der Zeitschrift »Der Papier-Fabrikant«[123] steht die Mitteilung: »Alexander Rosenberg, Kommanditgesellschaft, Berlin SW 19. Die Kommanditistin ist ausgeschieden, gleichzeitig sind zwei Kommanditisten in die Gesellschaft eingetreten. Gesamtprokurist in Gemeinschaft mit einem anderen Prokuristen: Joachim Mohr, Berlin«. 1931–1932 wird ein »W. Rosenberg« als Papierfabrik-Vertreter ohne Angabe einer vertretenen Firma genannt.

1915 bis **1929** wurden etliche Schriftstücke über das Wasserrecht (den Stau der Dosse) verfertigt, die im Landeshauptarchiv Potsdam gehütet werden.

Eine dänisch-deutsche Episode 6.4.2

Georg Balthasar Illig kam 1693 auf der in den Regeln der Papiermacherkunst vorgeschriebenen Wanderschaft nach Kopenhagen. 1643 war die königliche »Strandmoellen« Papiermühle geworden und schließlich 1690 in den Besitz der Königin Charlotte Amalie, Christians V. Gemahlin, gekommen.[124] Der damalige Betriebsleiter schlug die Modernisierung der veralteten Einrichtung vor. Die Vorbereitungen waren noch im Gange, als die Königin am 2. November 1693 die Mühle an den Papiermacher Johann Drewsen den Älteren (1667–1734), den ältesten Bruder von Marcus Drewsen (1678–1724), Pächter der Papiermühle in Lachendorf, verpachtete. Marcus war also der Begründer das Lachendorfer Zweiges der heute noch als Mitinhaber der bedeutenden »Drewsen Spezialpapiere GmbH & Co. KG« in Lachendorf bei Celle ansässigen Familie. Nach der 1537 gegründeten Papierfabrik Penig, heute der Felix

Schoeller-Gruppe zugehörend, ist sie mit einem Jahr Abstand die zweitälteste noch bestehende Papierfabrik Deutschlands.

Das in der Manufaktur gefertigte Papier hatte das Missfallen des offenbar bestens ausgebildeten jungen Papiermachers Georg Balthasar Illig erregt. Zu Beginn dieses Jahres hatte Johann Drewsen als Meister der königlichen Besitzerin die Mühle gepachtet. In einem Brief am den Obrist-Hofmeister Johann Friedrich von Geismar am Hofe der Königin Charlotte Amalia von Dänemark erbot sich Illig, auf der Strandmöllen besseres Papier zu machen, als dort bislang bekannt war. Sein Gesuch blieb indes ohne Erfolg, und er kehrte in seine deutsche Heimat zurück.

Vier Jahre nach dem Tod der Königin Charlotte Amalie verkaufte ihr Sohn, Prinz Charles, die Mühle für die beeindruckende Summe von 5.000 Reichstalern an Johann Drewsen, der sie mit großem Erfolg bis zu seinem Tod 1734 betrieb. Der Kinderlose hatte seinen jüngsten Bruder Marcus testamentarisch 1720 als seinen Nachfolger eingesetzt. Nach dessen Tod beerbte ihn seine Witwe, Anne Kristine Finckenhoff. Die ehelichte 1736 Ludwig Wittrock, der die Mühle bekam, als seine Frau etwa ein Jahr später starb. Der älteste Sohn von Marcus, Johann »der Jüngere« (1715–1776) war, aufgrund seiner Unzufriedenheit mit einigen Erziehungsmethoden seiner Mutter, nach Kopenhagen zu seinem Onkel gezogen, wurde angesehener Papiermacher und kaufte 1739 von seinem Verwandten die Strandmöllen.[125]

Die von der Papiermacherfamilie Drewsen angenommene Herkunft aus Dänemark kann nicht verifiziert werden. Vater des ersten nachgewiesenen Papiermachers war Johann Drewsen, Bürger und Kaufmann in Buxtehude, dort 1630 mit Anna Marquardt verheiratet. Der 1667 erstgeborene Sohn Johann (»Der Ältere«) wanderte nach Dänemark aus und wurde dort Besitzer der erwähnten Strandmöllen. Er starb kinderlos 1734. Der jüngere Sohn Marcus hatte mit seiner Frau Elisabeth Magdalene Pfuhl (1690–1775) wiederum zwei Söhne. Johann, »der Jüngere« genannt, wurde Besitzer der Strandmöllen, die dann im Mannesstamme weitervererbt wurde an Christian Drewsen (1745–1810) und Johann Christian (1775–1851). Dessen ältester Sohn Christian (1799–1896) verkaufte die Strandmöllen, Orholm und Nymöllen. Michael Drewsen (1804–1874) hingegen war nicht nur der Gründer und Besitzer der Papierfabrik Silkeborg, sondern gilt geradezu als Gründer der Stadt, die ihm ein Denkmal gewidmet hat.

Über die Qualität von Feinpapieren muss damals eine heftige Debatte angelaufen sein. Wohl aus diesem Anlass publizierte die Papierfabrik Silkeborg ein »Attest«: »In Folge Aufforderung unterlassen wir nicht, hiermit zu bezeugen, dass, nachdem wir Haflunds chemische Trämassefabriks-Cellulose in unserer Papierfabrikation hier angewandt, wir gefunden haben, dass diese Masse in jeder Hinsicht zufriedenstellt. Sie ist gut bearbeitet, vorzüglich rein und lässt sich sehr leicht vollständig weiss bleichen, so dass sie sowohl für Postpapier, als auch für alle besseren Schreibpapiere verwendbar ist.

Silkeborg, Papierfabrik, 31. Okt. 1877

M. Drewsen & Sohn«[126]

Die Patent-Papierfabrik Hohenofen

Michael Drewsens Sohn Johann-Christian (1834–1900) war der letzte Drewsen in Silkeborg. Die Fabrik ging zusammen mit der Strandmöllen, Oerholm (alles Drewsen-Mühlen bzw. Fabriken) und weiteren Werken 1980 im Konzern »Forenede Papirfabrikker« auf. Dieser wurde von dem schwedischen Konzern Stora Kopparberg übernommen (1288 gegründet und damit eine der ältesten (die älteste?) Firmen der Welt), die 1998 mit der finnischen Enso Gutzeit zur Stora Enso fusionierte und weltweit zweitgrößter Waldbesitzer ist. 1993 hatte die Drewsen Spezialpapiere GmbH & Co. KG in Lachendorf Kapazitätsengpässe und griff zu, als Stora Verkaufsabsichten bekannt machte. Die Drewsen Silkeborg Papierfabrik A/S erfüllte leider die in sie gesetzten Erwartungen nicht auf Dauer und wurde am 31. Mai 2000 stillgelegt. Die Gebäude wurden in den letzten Jahren teils abgerissen, teils umgebaut. So entstand quasi ein neuer Stadtteil mit Hotel, Konzertsaal und weiteren Einrichtungen. Ein Papiermuseum hält die Erinnerung an die große Zeit des Papiermachens aufrecht. Leider gilt dessen Fortbestand im Herbst 2010 als gefährdet, da die Stadt als Träger unter Finanznot leidet.

Der zweite, 1722 geborene Sohn von Marcus und Elisabeth Magdalene Drewsen geb. Pfuhl, Gabriel-Christoph, trat die Nachfolge des Vaters als Pächter der Papiermühle in Lachendorf an und war überdies Besitzer in Altkloster. Letzterer Besitz ging 1790 an seinen Sohn Georg Christoph (1753–1819) über, der sich aber 1812 davon trennte. Friedrich-Christian Drewsen (1757–1831), der Enkel von Marcus Drewsen, Jurist, zweiter Sohn des Gabriel-Christoph, wurde in Lachendorf Besitzer. Das blieb auch sein Sohn Georg, der bereits 1822 Compagnon seines Vaters in der Firma Friedrich-Christian Drewsen & Sohn geworden war. Nach dessen Tod führte er die Geschäfte bis 1835 für sich und die übrigen Erben zunächst unter der alten Firma weiter, übernahm aber dann den Erbenzinsvertrag auf eigene Rechnung und seinen Namen, Georg Drewsen. Mit großem Interesse verfolgte er den Erfolg der ersten in Deutschland aufgestellten Papiermaschine in der Patent-Papier-Fabrik zu Berlin 1819. Mit seinem Vetter Louis Keferstein aus Cröllwitz unternahm er 1837 eine Reise nach Dänemark, um in der Strandmöllen die ersten beiden dort etablierten Papiermaschinen zu besichtigen. Die Verwandtschaft mit der Papiermacherfamilie Keferstein ergab sich 1790 mit der Heirat von Georgs Tante Rachel Charlotte mit Louis Keferstein. Die Papiermacherdynastie Keferstein geht bis auf 1520 zurück. Da wurde der spätere Begründer und Besitzer der Colditzer Papiermühle, Hermann Keferstein, geboren. Ihm folgten vier Generationen von Kefersteins in Colditz bis zum bedeutendsten Papiermacher der Familie, Georg Christoph (1712–1802). Der galt nicht nur als hervorragender Papierer, sondern auch als sehr belesen und gebildet. Seinen 15 Söhnen (nebst zwei Töchtern) widmete er das 1766 erschienene Buch »Unterricht eines Papiermachers an seine Söhne, diese Kunst betreffend«.[127] Einer der Söhne war Adolf Keferstein aus der Papiermühle in Weida, über den im Kapitel »Über die ersten Papiermaschinen in Deutschland« ausführlich berichtet wird. Louis Keferstein zog alsbald die Konsequenz aus dem Erlebten und bestellte schon 1839 eine Donkin-Papiermaschine für Cröllwitz. Das Schicksal verwehrte Georg Drewsen, seine weit fortgeschrittenen Pläne umzusetzen; bereits 1839 verstarb er an einer Typhuserkrankung. Seine Witwe Betty geb. Hacker gab ihr Einverständnis zum Bau der ersten Papiermaschine. Der Sohn Carl (1831–1900) erbte das vom Vater erstandene Rittergut und die Firma. Er pachtete 1860 ein Speichergrundstück der Capellschen Tuchfabrik in Celle und richtete dort eine Lumpensortieranstalt ein, weil es in Lachendorf nicht genügend Sortiererinnen gab. Den Betrieb erweiterte er 1874 zu einem Halbstoffwerk und 1881 zu einer Papierfabrik. Er starb kinderlos; ihm folgte sein Bruder Friedrich (1838–1928) nach. Dessen Sohn Walther (1882–1966) wurde Besitzer, nach der Umwandlung in die Georg Drewsen Feinpapierfabrik Aktiengesellschaft 1923[128] und 1952 in eine GmbH Gesellschafter. Die Geschäftsführung hatte sein Sohn aus erster Ehe, Dr. Horst-Winfried Drewsen, geb. 1908, inne. Jung verstarb er bereits 1956. Nach Ausbildung im In- und Ausland folgte ihm der 1926 geborene Halbbruder Elgar Johann-Christian. Das für den unerlässlichen weiteren Ausbau der Fabrik erforderliche Kapital war von der Familie Drewsen allein nicht zu stemmen. Ein Glücksumstand war es, dass der bedeutende Papiergroßhändler, Importeur und Exporteur Gustav Schürfeld aus Hamburg 1958 zunächst mit einer 50-prozentigen Beteiligung einstieg. Der Entschluss, eine 480 cm breite PM 5 aufzustellen, bedingte eine weitere Kapitalerhöhung. Heute ist der Sohn Gustav Schürfelds, Jens, Mehrheitsgesellschafter. Dipl. Ing. Elgar Drewsen steht der Drewsen Spezialpapiere GmbH & Co. KG mit seiner in einem langen Berufsleben erworbenen Erfahrung ebenso zur Verfügung wie im Bereich seiner historischen Forschung, die 2007 ihren Niederschlag in dem faszinierenden Buch »Papier aus Lachendorf seit 1538«[129] findet.

Und wie das Leben so spielt: Mit dem Namen Schürfeld zieht sich nun, etwas verschlungen, ein Band von Lachendorf nach Hohenofen. Viktor Bausch hatte nach der erzwungenen Flucht aus seiner nach Demontage wieder aufgebauten Feinpapierfabrik Felix Schoeller & Bausch in Neu Kaliß, Mecklenburg, der Inhaberin des Zweigbetriebes Hohenofen, in Berlin mit Gründung der Firma Viktor Bausch & Co. den Grundstein für die heute bedeutende börsennotierte SURTECO S.E. gelegt – und einer der als eine Gruppe handelnden Großaktionäre neben den Vettern Dr. Dr. Thomas Bausch und den Nachkommen des Dipl. Ing. Johan Viktor Bausch (früherer Vorstand) ist neben der Familie Ahrenkiel (Schoeller-Verwandtschaft) Jens Schürfeld (Drewsen Spezialpapiere).

6.4.3 Zurück zu den Illigs

Georg Balthasar Illig arbeitete nach seiner Rückkehr aus Dänemark ab 1697 in Unterschmitten bei Nidda (Oberhessen) auf der Papiermühle von Peter Dielmann. Wie es damals Brauch war, ehelichte er dessen einzige Tochter Margaretha Clara. Die Sitte, den Beruf des Papiermachers mehr der Kunst als dem Handwerk zuzuschreiben, und der zu leistende Schwur, nichts Altes ab- und nichts Neues aufzubringen, führten zu den bekannten zahlreichen Verflechtungen von Papiermacherfamilien. Aufgrund des Ehekontraktes konnte Illig sich nach Ablauf des Pachtvertrages seines Schwiegervaters um die Nachfolge der Erbleihe bewerben.

Die Patent-Papierfabrik Hohenofen

Der Landgraf Ernst Ludwig zu Hessen bewilligte sein Gesuch am 22. April 1702. Dieser erste Papiermacher Illig wurde zu einem der erfolgreichsten. Bei seinem Tod 1737 hinterließ er seinen fünf Söhnen und zwei Schwiegersöhnen eigene Papiermühlen.

Die Papiermühle vor Lauterbach (heute Kreisstadt des Vogelsbergkreises in Oberhessen) war 1696 von dem aus Schwartzenfels stammenden »Bopbiermacher« Johannes Caspar Reinhardt erbaut worden. Pächter nach ihm wurde 1696 Johannes (Hans) Bayer. Georg Balthasar Illigs Tochter Juliana (1698–1769) heiratete Joachim Andreas Dornemann (1692–1769), der die Lauterbacher Mühle erwarb. Nachfolger wurde 1711 sein Schwiegersohn Johannes Winterberg. Ihm folgte 1739 Johann Christoph Schäfer, der Schwiegersohn des Papiermachermeisters Johann Michael Schürmann aus Elberberg im Bezirk Kassel. Schäfer starb 1756. Sein Nachfolger Johann Ludwig Meyer war der Sohn des Papiermachers Ludwig Meyer aus Plön. Nach seiner Lehrzeit war er auf die Papiermühle bei Unterschmitten gekommen und hatte dort Anna Margarete Dornemann geheiratet, mit der er als Papiermachermeister nach Lauterbach verzog. Er starb bereits 1758. Johann Heinrich Müller, Papiermacher aus Wartenfels in Oberfranken, heiratete die Witwe und führte die Mühle fort. Müller verstarb 1765; die Witwe arbeitete mit ihrem ältesten Bruder Johann Georg Dornemann als Meisterknecht weiter. 1770 kam der Papiermacher Johann Conrad Normann aus Mergshausen bei Braunschweig auf die Papiermühle und wurde 1771 dritter Ehemann von Anna Margarethe, die er 1779 verließ. Seine Frau blieb ihrem Werk bis zu ihrem Tod 1786 treu. Nach Normanns Fortgang war ihr Vetter Friedrich Jakob Mattfeld, Sohn von Johann Georg Mattfeld und Anna Catharina Illig aus Unterschmitten, helfend eingesprungen. Er übernahm die Erbleihe, die er 1796 seinem Vetter Johann Georg Christian Dornemann weitergab. Der hatte in der von seinen Verwandten betriebenen Papiermühle bei Büdingen als Geselle gearbeitet und heiratete Christiana Elisabeth Illig. 1801 arbeitete Johann Heinrich Illig, 1803 Friedrich Illig als Geselle. Eine Zeitlang, vermutlich schon von 1804 an, war Wilhelm Friedrich Peter Illig Teilhaber in Lauterbach. 1822[130] trat er wieder aus, um die Branntweinschenke und das Handelsgeschäft seines Schwiegervaters in Lauterbach zu übernehmen. Den Erben ermangelte es an dem wirtschaftlichen Erfolg, um den Übergang zur Maschinenpapierherstellung zu bewältigen. Sie versteigerten 1844 das Anwesen. Der Versuch, die Papiermühle zu verkaufen, scheiterte. Der letzte Eigentümer Johann Gottfried Dornemann nahm sich 1847 das Leben. Erst zwei Jahre später erwarb der Papierfabrikant Hüttenmüller die Mühle, die er zu einer Pappen- und Pressspanfabrik umbaute. 1866 übernahm Anton Finger den Betrieb und führte ihn unter der Firma »A. Finger & Comp.« fort. Nach seinem Tod wurden seine zweite Frau Christiane, verwitwete Dürbeck, und seine Tochter Emilie, verheiratete Jost, Inhaberinnen. 1935 waren Inhaber Emmy Dürbeck und Ludwig Jost; Betriebsleiter war David Möver. Es liefen zwei Rundsieb-Pappenmaschinen. Gefertigt wurde Pressspan 0,15–5,0 mm Stärke, auch Brand-, Jacquard- und Schuhpappen. Emmy Dürbeck[131] trat ihren Anteil später an den Schwiegersohn von Ludwig Jost, Adolf Schönheit, ab. Ende der 1980er Jahre wurde das Unternehmen liquidiert, die Fabrik stillgelegt und abgebaut. Die Firma ist am 10. Januar 1990 erloschen.[132]

Wir kehren zurück zur weitverzweigten Familie Georg Balthasar Illigs, der 1737 starb. Sein Sohn Johannes Illig (der Ältere) wurde 1719 in Unterschmitten als neuntes Kind geboren. Er setzte das erfolgreiche Wirken seines Vaters fort und kontrollierte schließlich als »Papierfabrikant auf der hiesigen Papiermühle«[133] von Nieder-Ramstadt aus 18 Papiermühlen seiner Söhne und Verwandten.

Sein ältester Sohn war Ludwig Wendel Illig (1747–1817), verheiratet mit Maria Engelhold Keck. Seit 1806 betrieb er die Papiermühle in Nieder-Ramstadt. Ihm folgten Johann Christian Illig ab 1817 und Johann Wilhelm Wendel Illig 1842 nach. Ein Brand zerstörte die Papiermühle. 1846 erfolgte der Wiederaufbau als Papierfabrik mit einer Papiermaschine und zwei Bütten. 1870 verkaufte er die Firma an Gascar, Timm & Forckel, die nach 1900 insolvent wurden. Julius Votherr und seine Nachkommen führten die »Illigsche Papierfabrik in Eberstadt« weiter, die von der Firma Cordier Wwe. in Bad Dürkheim nach dem Zweiten Weltkrieg übernommen wurde. Die Holding ging 2006 in Insolvenz und wurde von der »Cordier Spezialpapier GmbH« aufgefangen, die den traditionellen Namen »Illig'sche Papierfabrik« beibehielt.

Der dritte Sohn Johann Christian (1751–1818) war der Papiermüller in Oberlenningen, verheiratet mit Maria Elisabeth Koeber (1753–1806). Deren dritter Sohn Karl Maximilian August Illig (1787–1836), kinderlos, verkaufte 1834 den halben Teil des Unternehmens an Christian Huber. Der setzte nach Illigs Tod 1836 die Teilhaberschaft mit der Witwe fort, bis beide 1855 den gesamten Besitz an Hubers Schwiegersohn, den Seifensieder Jakob Gottlieb Beurlen verkauften. Er reichte das Werk 1856 an den Papiermacher Carl Scheufelen weiter. In 150 Jahren wuchs dieses Unternehmen zum bedeutendsten deutschen Hersteller von Original-Kunstdruckpapieren, bis es, vielleicht auch durch die Konkurrenz infolge der Weiterentwicklung der maschinengestrichenen Papiere, 2008 in Insolvenz ging. Die Powerflute GmbH übernahm das Werk im selben Jahr.

Johannes Illig (der Jüngere) war der zweite Sohn des gleichnamigen Vaters, 1748 in Nieder-Ramstadt geboren und dort 1813 verstorben. Er war verheiratet mit Christiane Elisabeth Wittich (1753–1817). Das Paar hatte zehn Kinder. Sein ältester Sohn war Moritz Friedrich Illig, in Erbach am 30. Oktober 1777 geboren und am 26. Juli 1845 in Darmstadt gestorben. Er erlernte den Beruf des Papiermachers auf der väterlichen Mühle bei Erbach. Die Familie musste 1794 vor den Franzosen nach Amorbach flüchten. Dort kam er mit seinen Brüdern bei einem Uhrmacher in die Lehre. Als die Papiermühle bei Amorbach durch französische Besetzung zum Stillstand kam, ließ er sich einen Reisepass ausstellen und ging als tüchtiger Uhrmacher auf die Wanderschaft in die Schweiz. Wohl nach seiner Rückkehr nach Erbach hat er von den Illigs für die Papierherstellung das Bedeutendste geleistet: Er war 1799, dem Jahr, als Nicolas-Louis Robert in Frankreich die erste Papiermaschine konstruierte, der Erfinder der vegetabilischen Leimung in der Masse, trat aber erst 1804 damit vor die Öffentlichkeit. Bis dahin wurde die zur Beschreibbarkeit des Papieres unerlässliche Leimung dadurch vorgenommen, dass das fertige (getrocknete) Papier durch tierischen Leim aus Kalbsfüßen gezogen und danach neuerlich getrocknet wurde. Zum Beginn der maschinellen Fertigung von Papier musste dazu noch die endlose Bahn in Bogen geschnitten werden. Alle vorangegangenen Versuche, in der Masse zu leimen, waren fehlgeschlagen, weil die pflanzlichen Stoffe nicht auf der Faser hafteten. Dazu war der Zusatz saurer Ingredienzien – Alaun – erforderlich. Auch die Verwendbarkeit von Harz, Pech, Kalk und Potttasche beschrieb er 1806 oder 1807[134] in einer Broschüre unter dem Titel »Anleitung, auf sichere, einfache und wohlfeile Art Papier in der Masse zu leimen«. Er gibt dabei seinen Namen weder als Erfinder noch als Herausgeber an. Aus unerforschten Gründen nutzte er seine Erfindung nicht aus, sondern überließ sie seinem Bruder Ludwig Christoph Albrecht Illig. Der bemühte sich, deutschen und österreichischen Papiermachern mithilfe des brüderlichen Buches, das sogar zwei Auflagen erlebte, das neue Verfahren bekannt zu machen. Der Widerstand der Gewerbsgenossen war groß. Allein die Erkenntnis fortschrittlicher Papiermacher aber, dass das neue Verfahren die Herstellungskosten gegenüber dem tierisch geleimten Papier spürbar senkte, überzeugte manchen Meister vom Nutzen der Neuerung. Die französische Regierung ehrte ihn für seine Erfindung der Harzleimung mit einer Dotation von 200.000 Francs.

1821 musste die väterliche Papiermühle bei Erbach aufgegeben werden. Moritz Friedrich Illig zog mit seinem Bruder nach Darmstadt, wo er am 17. April 1813 als Bürger und Uhrmacher aufgenommen wurde. Er heiratete dort Elisabeth Pfeil und hatte zwei Kinder, Johann Wilhelm und Jakobine Florentine Theodore. Moritz Friedrich Illig entwickelte sich zu einem berühmten Meister seines Faches als Uhrmacher. Die Turmuhr im Jagdschloss Wolfgarten und eine Flötenuhr im alten Palais zu Darmstadt sind Meisterwerke seiner Hand. In der Papierindustrie, die nun seine Erfindung allgemein nutzte, blieb sein Name vergessen. Erst eine Veröffentlichung des Papierfabrikanten Piette de Rivage in Arlon machte den Erfinder wieder bekannt. 1904 fand man sein Grab in Darmstadt wieder. Der Verein Deutscher Papierfabrikanten schrieb auf seinen Gedenkstein: »Er erfand die vegetabilische Leimung des Papiers in der Masse. Seine Arbeit wirket fort zum Wohle der Menschheit.«

Verblüffenderweise bezeichnet der Berliner Historiker F. M. Feldhaus Moritz Friedrich Illig als »Nichtfachmann«, dem wohl mehr aus Zufall die Erfindung der Leimung in der Masse mit Harzseife gelang, wonach er zwischen 1798 und 1805 gesucht habe.[135] Dass Illigs Erfindung ihm nicht in den Schoß gefallen war, beweist die von ihm verfasste Einleitung zu seiner Broschüre vom Januar 1806.[136] Erst fast 150 Jahre nach Illigs Tod, in der Mitte des 20. Jahrhunderts, wurde entdeckt, dass das unvermeidliche Doppelsalz Alaun oder Aluminiumsulfat im Laufe langer Zeit Schwefelsäure abspaltet, die das Papier zerfrisst. Einen anderen Schock hatte die Papierwirtschaft bereits viel früher hinter sich gebracht: die Erkenntnis, dass Holzstoff, 1840 dem Webermeister Friedrich Gottlob Keller patentiert, nicht eben langlebig ist. Da aber die alten Chinesen schon Papier gemacht haben, das mehr als 2.000 Jahre überdauerte, sollten die jetzt produzierten hochwertigen Qualitäten mit dem Einsatz von Hightech Chemie, insbesondere durch basische Pufferung des Stoffes, wohl solches Lebensalter spielend erreichen.

Neue Inhaber

Johann Christian Ludwig Illig (1774–1821) war der Bruder von Karl Maximilian August Illig. Er war Papiermachermeister in Gönningen, verheiratet in zweiter Ehe mit Anna Maria Kienzlin. 1794 übernahm er die Erbleihe der Papiermühle bei Gönningen nahe Tübingen.[137] Der kleine Betrieb mit nur einer Bütte bestand als einer der letzten seiner Art noch 1860. Eines der neun Kinder Illigs war Ludwig Heinrich (Louis) Illig, 1811 in Gönningen geboren und in erster Ehe mit Agatha Grimm (geb. 1817) verheiratet, die ihm acht Kinder gebar, von denen noch fünf lebten. Sie starb 1856, seine zweite Ehefrau wurde am 26.09.1858 Theresia Rieger (1827–1887), mit der er weitere zehn Kinder bekam. Fünf von ihnen starben noch zu seinen Lebzeiten. Über ihn steht im Kirchenbuch von Schwäbisch Hall-Steinbach: »Fabrikaufseher in Miesbach […] 1856 von Unterkochen nach Hall-Steinbach verzogen.« Mit Datum vom 26. Juni 1856[138] erwarb er die Gipsmühle in Steinbach unterhalb der Feste Kombach samt Wohnhaus etc. Die in anderen (Sekundär-)quellen zu findende Version, er habe eine Papierfabrik gebaut, trifft demnach nicht zu; auch ist die Bezeichnung des Werkes als Fabrik nicht korrekt.[139] Offenbar hat er die Gips- zur Papiermühle umgebaut. Frieder Schmidt[140] gibt in der Tabelle »Um 1860 existente württembergische Handpapiermühlen, die nach 1821 entstanden sind« für die Papiermühle in Steinbach an: Gründungsjahr unbekannt, Ausstattung mit einer Bütte, einem Holländer, einem Wasserrad mit 5 PS Leistung.[141] Diese Papiermühle wird in Schmidts Buch nicht weiter erwähnt. Ein Zusammenhang mit der nahegelegenen Papiermühle Oberscheffach besteht nach Auskunft des Stadtarchivs Schwäbisch Hall nicht. 1879 ging Illig in Konkurs. Die andernorts genannte Schließung der Mühle 1872 mit dem Hinweis, sie habe bis zu diesem Datum Packpapier und Pappen geliefert, ist in den Unterlagen des Stadtarchivs Schwäbisch Hall nicht nachweisbar. Aus der Gantmasse wurde die Papierfabrik an den Privatier Georg Gehring in Hall verkauft.[142] Gehring verkaufte noch im selben Jahr das Fabrikationsgebäude an den Gipsmühlenbesitzer Friedrich Probst weiter.[143] Beim Weiterverkauf ist von einer Papiermaschine nicht die Rede. Louis Illig verstarb 1886 in Hall. Er besaß keinen Anteil an der Mühle mehr und war erneut überschuldet.[144] Eine Mitinhaberschaft eines der Söhne lässt sich nicht nachweisen.[145] Zum Zeitpunkt seines Todes lebten noch zehn Kinder. Das achtzehnte und jüngste Kind Julius Otto Illig, in Steinbach am 19. September 1869 geboren, war also nach dem Tode seines Vaters noch unmündig und wurde unter Vormundschaft gestellt. Er ehelichte später Dora Pott. Als Direktor verschiedener Papierfabriken blieb er dem ihm von den Ahnen überkommenen Berufe treu. Vom 17. Juni 1892 bis zum 10. August 1898 war er in Traun (Österreich) gemeldet und dort Werkführer der 1867 gegründeten und heute noch bestehenden Papierfabrik Dr. Franz Feurstein Ges.m.b.H., die jetzt auf drei Papiermaschinen vornehmlich Zigarettenpapier erzeugt. Sie gehört inzwischen der delfortgroup AG, die Papierfabriken in Wattens und in Tschechien, Finnland und Ungarn betreibt. Illigs Verbleiben ist bis 1911 nicht bekannt. Von da an war er Direktor der F. W. Ebbinghaus GmbH., Papierfabrik in Letmathe, seit 1975 ein Stadtteil von Iserlohn.

1818 gründete Friedrich Wilhelm Ebbinghaus (1789–1847) zusammen mit dem Kaufmann Schrimpf eine Papiermühle an der Oeger Straße. 1820 wurde sie in eine GmbH umgewandelt, 1844 eine Papiermaschine angeschafft, 1855 auf Dampfkraft umgestellt. 200 Mitarbeiter produzierten in diesem Jahr 3.000 t Feinpapier. Damit war die Firma eine der größten Papierfabriken Preußens. 1905 verkaufte die Familie das Unternehmen an die »Neue photographische Gesellschaft m.b.H.« in Berlin-Steglitz.[146]

Die NPG wurde 1894 in Schöneberg von Arthur Schwarz gegründet. In den Laboratorien des Unternehmens um den Chemiker Dr. Rudolf Fischer wurde das fotografische Bromsilberpapier weiterentwickelt, Voraussetzung für die Fotobildherstellung von der Rolle (»Kilometerfotografie«). Die NPG arbeitete mit 1.200 Angestellten selbst als Verlag von Postkarten mit Niederlassungen in London, Paris, New York und anderswo. Höhepunkte der Forschung waren die Entwicklung der Farbfotografie (Patent 1911) und die Herstellung von Stereofotos, die durch eine »Hexenbrille«, ein Paar geschliffener Gläser in einem Rahmen, zu betrachten waren. Der Kauf der Papierfabrik lag nahe, um Sicherheit für die gleichbleibende Qualität des speziellen Rohpapieres zu haben. 1920 übergab NPG den Alleinvertrieb der Stereofotos und Betrachter an die Bing-Werke, Nürnberg. Das Andenken an die technischen Leistungen des einstigen Weltunternehmens NPG wird von dem gemeinnützigen Verein Neue photographische Gesellschaft e.V. in Dresden gepflegt. Die dortige Fotofirma Mimosa hatte die NPG 1921 gekauft und unter dem Traditionsnamen bis 1948 fortgeführt.[147]

1917 trat Julius Illig dann als Käufer der Hohenofener Fabrik und als Geschäftsführer der GmbH in Erscheinung, gemeinsam mit seinem Sohn Franz, der von Anfang an als Direktor genannt wurde.

Der Krieg hatte in allen Bereichen der Wirtschaft seine Spuren hinterlassen. So lesen wir eine Bekanntmachung der Kriegswirtschaftsstelle für das deutsche Zeitungsgewerbe GmbH:[148] »§ 4 der Bekanntmachung über Druckpapier vom 20.6.1916: Meldungen. Meldungen monatlicher Verkaufsmengen von m'gl. holzhaltig Druckpapier: Fehlende Waggons sind bei der Stelle anzumelden.«

Das Königlich Preußische Kriegsministerium verfügte die Beschlagnahme von Natron-(Sulfat-)Zellstoff, Spinnpapier und Papiergarn. Eine Bekanntmachung betreffend die Reichsstelle für Druckpapier vom 12. Februar 1917 änderte einen Preisstop und schrieb gegenüber den Preisen vom 30. Juni 1915 einen Aufschlag für Rollen von M. 11.–, für Formate M. 13.– vor.

In immer kürzeren Abständen wurden ständig neue Anweisungen über Herstellung, Verwendung, Preise für Papier und Pappe erlassen.

Im selben Jahr erwarb Julius Illig, wahrscheinlich zusammen mit einem weiteren, bisher unbekannten Kapitalgeber, von der Firma Felix Schoeller & Bausch die Geschäftsanteile der Patent-Papierfabrik Hohenofen GmbH und starb in Hohenofen am 10. Februar 1925.

In der Handelsregister-Abschrift sind die im Original gerötelten, d.h. ungültig gemachten Angaben über das Stammkapital, die Geschäftsführer und Prokura nicht mehr verzeichnet. In den einschlägigen Spalten findet sich nur der Vermerk »gerötet«. Deshalb fehlt der Nachweis über die ersten Geschäftsführer, die wahrscheinlich die geschäftsführenden Gesellschafter der offenen Handelsgesellschaft in Firma Felix Schoeller & Bausch, Neu Kaliß, waren. Das war noch zu Lebzeiten des Firmengründers, des Geheimen Kommerzienrats Theodor Bausch. Lediglich die Eintragung der Abberufung der Geschäftsführer Theodor Bausch junior und Viktor Bausch (Senior) und die Berufung von Alexander Rosenberg und Julius Illig ist mit der Eintragung vom 7. Juli 1917 gesichert.

1918 gibt »Birkner, Adressbuch der Papierindustrie«, an:
»Patentpapierfabrik Hohenofen G.m.b.H., Feinpapierfabrik
Geschäftsführer: Direktor Franz Illig
Kaufm. u. techn. Leiter: Direktor Franz Illig
Arbeitsmaschinen: 1 Langsiebmaschine 1,77 m beschn. Breite, 28 Holländer, 4 Kalander, 2 Kocher, 2 Kollergänge, 3 Querschneider, 6 Schneidemaschinen, 1 Rollapparat
Erzeugung: Alle feinen Hadernpapiere, Aktien-, Bücher-Papiere, h'fr. Karton, weiß und farbig, sat. und m'gl., Melis- und Zeichenpapier, vom Lager oder in Mindestanfertigungen von 7/800 kg. aufwärts, Normalpapier 1 – 4b, Kanzleipapier, Abzugpapiere, Saugpost, Wertzeichenpapiere, echte Alfa- und Büttendruckpapiere, Hartpostpapier mit und ohne Wasserzeichen, Werkdruck und federleicht h'fr. Druckpapier
Sondererzeugnisse: echt federl. Alfadruck, Werkdruck und Registerkarten in allen Farben.
Gewichtsgrenzen: 40–450 gr per qm
Tägl. Produktion: 9.000 kg.«

Eine Linie der Papiermacher in der Familie Illig gehört zu den Vorfahren der Familie Henkel, den Gründern und Inhabern des weltweit agierenden Chemiekonzerns mit dem Hauptsitz in Düsseldorf. Gerda Henkel geb. Janssen hat in einem fast 500-seitigen Privatdruck von 1941 »Die Papiermacher-Ahnen in der Ahnentafel der Geschwister Henkel« die Familienzweige penibel beschrieben. Der Hohenofener Zweig der Illigs schließt die bekanntesten Familienmitglieder ein. Mit dem Tod Franz Illigs starb die Linie aus.

Als noch nicht dem Berufsstand der Papiermacher zugehörig wird als erster der Ahnenreihe Andreas Ile erwähnt, »gewesener Lieutenant zu Ötlingen in Baden«, dort vor Januar 1663 verstorben. Er war der Vater von Ernst Wendel Ile (Illig), am 25. Januar 1663 verehelicht mit Anna Maria Siglet, geboren 1632 als Tochter des Schlossmüllers Hans Siglet. Sie hatte in erster Ehe den Hufschmied Valten Reinhard geheiratet, der 1661 starb. Durch ihre zweite Ehe brachte sie ihrem Ehemann die Brückenschmiede zu. Nach ihrem Tod 1688 erbten ihre Kinder aus erster Ehe den Betrieb.

Gerda Henkel hatte demnach zu Beginn ihrer Forschungsarbeit über die Familie Illig mit dem Problem des Namenswechsels in den alten Schriftstücken zu kämpfen. Der Kunst des Lesens und Schreibens waren dazumal nur wenige mächtig, und auch die Kirchenbuchführer und Beamten waren häufig bei Beurkundungen dadurch überfordert, dass ihre Klientel oft genug den eigenen Namen nicht buchstabieren konnte. So wurde also im vorliegenden Falle aus Ile: Illig. Gertrud Ernst[149] hat sich mit der Geschichte der Papiermacherfamilie Ilgen befasst. Als älteste Namensträger fand sie Johann Michael und Heinrich Eberhard Ilgen,

Die Patent-Papierfabrik Hohenofen

Söhne des Schneiders Zacharias Ilgen zu Wolfenbüttel. Es gab damals recht zahlreiche Papiermacher dieses und ähnlicher Namen. Ohne eine erkennbare Verwandtschaft zu den Vorgenannten blieb die beschriebene Heirat Friederike Kefersteins, Tochter des Papiermachers Christian Ernst Keferstein (1757–1812) in Ilfeld bei Nordhausen mit dem Papiermacher Illich, über den nichts weiter bekannt ist.[150]

Eine Taufpatin von Ernst Wendels Sohn Georg Balthasar Illig, geboren 1670, Maria, Frau des Papiermachers Elias Vogel, ermöglichte ihm die Ausbildung an einer der drei damaligen Papiermühlen in Schleusingen. Dort gab es die »Alte Papiermühle« von 1500, eine zweite von etwa 1550 und die »Neue Mühle« von 1592.[151]

Nach der erwähnten Aufzeichnung Gerda Henkels war Franz Illig »damit heute (1941) der einzige Papiermacher seines Geschlechtes, das von 1697 an bis zur Gegenwart nicht nur durch den Erfinder Moritz Friedrich Illig, sondern auch durch viele Papiermachermeister auf deutschen Papiermühlen berühmt geworden ist«.[152] Ob es stimmt, dass von den mindestens 18 Kindern seines Großvaters (von den ersten zwölf, die in Schwäbisch Hall von seiner ersten, 1856 verstorbenen Frau Agatha geb. Grimm geboren wurden, waren vier totgeboren oder alsbald nach der Geburt gestorben) kein zweites den Beruf des Papierers ausgeübt hat, konnte noch nicht ermittelt werden.

Das Grundbuch,[153] das mehr als 50 Parzellen umfasst, gibt für Franz Illig die Auflassung für die Parzellen F. 8, (Dorfstraße, Hof), 11.9 (Gehöft) und R. 5 (am Kirchhof, Gebäude) an. Nach der Lageskizze könnte das der Bereich der späteren Bahnentladungsanlage gewesen sein; dem fehlt aber die technische Logik. Leider stimmt das damalige System der Parzellennummerierung nicht mit dem auf der Liegenschaftskarte überein. Ich halte es dagegen für wahrscheinlich, dass aufgrund der Lagebezeichnung »Am Kirchhof, Gebäude«, diese drei Parzellen das Wohnhaus mit Garten beschreiben.

1917 belief sich der Umsatz auf M. 202.811.-.

1918 erhöhte sich der Umsatz auf unglaubliche M. 1.858.096.-. Ein Grund dafür ist nicht erkennbar.

Der »Oberbefehlshaber in den Marken« erließ ein Verbot, Papierbestandteile in den Hausmüll zu werfen.[154] In fast jedem Heft der Fachzeitschrift erschien ein Aufruf, Kriegsanleihe zu zeichnen. Der Handel mit Papier, Karton und Pappe war nur Personen erlaubt, die vor dem 1. Januar 1916 Handel damit getrieben hatten.[155]

1919 war der Umsatz wieder auf rund M. 60.000 zurückgegangen. Auch das ist aus den Unterlagen nicht zu ergründen.

Das Stammkapital wurde von M. 250.00 um 175.000 auf M. 425.000 erhöht. Dieses erhöhte Kapital wurde auch in der vorgesehenen Spalte des Handelsregisters vermerkt. Da aus den Unterlagen keine nennenswerten Investitionen erkennbar sind, diente die Erhöhung wohl der teilweisen Ablösung der Kaufpreisschuld, denn die Bilanzposition »Kreditoren« minderte sich von RM 817.098,05 auf RM 455.044,53. Wer der Investor war, ist nicht nur nicht bekannt; auch in den Hohenofener Dorfgesprächen gibt es nicht den geringsten Hinweis. Die

Handelsregisterakte, in der die alljährliche Meldung der Anteilseigner verwahrt wird, ist weder im zuständigen Amtsgericht Neuruppin, noch im Landeshauptarchiv Potsdam vorhanden.

1925 folgte als geschäftsführender Gesellschafter nach dem Tode des Vaters sein Sohn Franz Xaver Julius Illig, am 24. Juni 1893 in Traun (Oberösterreich) geboren. Auffallend ist, dass der laut Satzung vorgeschriebene zweite Geschäftsführer Alexander Rosenberg gleich nach dem Tod des Seniors abberufen wurde. Er scheint demnach nicht beteiligt gewesen zu sein.

Der Junior war in zweiter Ehe mit Johanna Auksotat verheiratet und Direktor (diese Bezeichnung steht auch im Grundbuch) der Papierfabrik Hohenofen. Die Firmierung der GmbH blieb unverändert. Fräulein Auksotat, Jahrgang 1808 und im Kreis Gnesen geboren, war seit 1827 als Sekretärin in der Fabrik angestellt. Ihr Chef hatte also reichlich Gelegenheit gehabt, etliche Augen auf sie zu werfen, was ihn bewog, eine eheliche Verbindung mit ihr für denkbar zu halten. Vorsichtshalber allerdings beauftragte er die Auskunftei »Welt Detektiv« Preiss in Berlin W 50 mit einer umfassenden Recherche über sie und ihre Familie. Mit Schreiben vom 6. März 1935 erhielt er einen vierseitigen Bericht, der ohne jede Einschränkung positiv ausfiel. Ihr Vater war Wachtmeister bei den Dragonern gewesen, dann Gestütswärter und mit guter Pension versehen nach Neustadt an der Dosse verzogen. Das alles sollte uns natürlich gar nicht interessieren, doch erstaunt es nicht wenig, mit welchem Misstrauen er den Weg in die Ehe ebnete. Die Vorsicht hat ihm wohl bei seinen geschäftlichen Aktivitäten gefehlt, deren endliche Erfolglosigkeit im Folgenden detailliert zu schildern ist. Mehr Misstrauen hätte man auch der jungen Dame gewünscht, die ihren Chef 1935 ehelichte, obwohl sie doch vermutlich hätte wissen müssen, dass er finanziell ruiniert war. Den Erzählungen alter Hohenofener nach lebte sie nach Illigs Tod im Elend – und viel besser kann es zuvor auch nicht gewesen sein. Das lückenhafte Bilanzbuch verzeichnet für die Jahre 1932 bis 1935 wenige und nur schwer nachvollziehbare Zahlen:

Seite 61 rechte Hälfte (Bilanz per 31.12.1932, Passiva)

62 (V- u.G-Kto. 1932, 63–64 unbekannt),

65 linke Hälfte (Bilanz per 31.12.1933, Aktiva)

Letztes Blatt ist linke Hälfte der Seite 69: Bilanz per 31.12.1935, Aktiva)

Der erste aus der Ära Illig überlieferte Umsatz ist der Habenseite der V.-u G.-Rechnung vom 30. Juli 1918 zu entnehmen. Dort steht: »Rohgewinn 1.858.096,27 abzüglich Rohstoffe- und Chemikalien-Verbrauch M. 743.755,11; Löhne, techn. Gehälter, Betriebs- usw. Unkosten 669.350,02, Summe 1.413.105,13, (Gewinn) 444.991,14.« Die Zahlen sind vom öffentlich angestellten, beeidigten Bücherrevisor Ernst Dammann uneingeschränkt testiert worden. Bei sechs Arbeitstagen wöchentlich wurden an 312 Tagen je 8 t = rund 2.500 t produziert. Der Umsatz betrug 1.858.096 RM. Daraus errechnet sich ein Durchschnittspreis von RM 74,32 Prozent/kg, durchaus im Rahmen. Der Reingewinn je 100 kg von RM 17,80 = 24 Prozent würde wohl heute manchen Papierfabrikanten ekstatisch jubeln lassen.

Die Schilderung der negativen Geschäftsentwicklung nach anfänglichen Erfolgen und die lückenhaften Bilanzdaten in dem vorgefundenen lädierten Bilanzbuch widersprechen der Aussage Troschkes, Illig habe eine neue Papiermaschine angeschafft.

In einer (sehr rot angehauchten) Geschichte über diese Zeit in der Hohenofener Broschüre von 1988 wird von Willi Sootzmann eine Tragödie mit wenigen Worten erwähnt: Julius Illigs Tochter Claere, genannt Klärchen, geb. im März 1904 (also die Schwester von Franz Illig) verliebte sich in den Arbeiter Paul Erdmann. Der seinerzeit herrschende Standesdünkel verbot eine solche »standeswidrige« Liaison – die Liebe der beiden hatte keine Zukunft. Klärchen schoss auf ihren Geliebten – er überlebte, blind; sie tötete sich am 29. Mai 1922, gerade achtzehn Jahre alt. Ihr Grab auf dem Hohenofener Friedhof ist nahe der letzten Ruhestätte ihres Vaters.

Um 1925 kostete eine Papiermaschine mit 180 cm Arbeitsbreite ungefähr RM 750.000. Eine solche Größenordnung ist bei einer Abschreibung von fünf Prozent p.a. in die vorstehenden Zahlen nicht einzubringen, wohl aber eine Modernisierung für größenordnungsmäßig 100.000 RM. Die kann durchaus zu einer deutlichen Produktionssteigerung geführt haben. Der oben genannte Rekordumsatz ist aber auch damit nicht erklärt. Er fiel schon im Folgejahr auf die Hälfte. Leider ist die Zeitspanne, aus der die Buchseiten fehlen (1919–1930) zu lang, um stichhaltige Schätzungen anzustellen.

1925 war Herr Hauser Werkleiter. Über ihn ist bislang nichts Näheres bekannt. Diesen Hinweis und viele der folgenden Daten (ausgenommen die »Birkner«-Adressbücher) verdanke ich den Nachforschungen des Vereinsmitgliedes Bodo Knaak, Hohenofen. 1925 schied der Geschäftsführer Julius Illig durch Tod aus. Im selben Jahr verstarb der Unternehmensgründer, Geheimrat Theodor Bausch. In seinem Sterbejahr wurde in Neu Kaliß die dritte Papiermaschine in Betrieb genommen.

1927 Am 1. Februar wurde Illigs Sohn, der Ingenieur Franz Illig, zum Geschäftsführer bestellt. Alexander Rosenberg behielt nur noch kurzzeitig die gleiche Position, die er demnach mehr als ein Jahr lang allein ausgeübt hatte. Franz Illig war offenbar von Anbeginn an auf seinen Titel »Direktor« stolz. Es ist schwer einzusehen, dass er dem in keiner Veröffentlichung genannten Rosenberg rechtlich gesehen die Alleinherrschaft überlassen hat. Charlotte Hohmann, die Ende 2009 verstorbene damals älteste Einwohnerin Hohenofens, war die Mutter von Hans-Jürgen Peters, dem wir eine ganze Reihe wichtiger Details aus der Geschichte der Fabrik verdanken. Die alte Dame sagte, dass zwar Julius Illig der Käufer der GmbH (und nach dem Handelsregister Geschäftsführer mit Alexander Rosenberg) gewesen sei, tatsächlich aber sein Sohn Franz das Unternehmen geführt habe. Auch im »Birkner« wird er als kaufmännischer und technischer Leiter genannt.

»Durch Beschluß der Gesellschafterversammlung vom 4. Januar 1927 ist der § 3 des Gesellschaftsvertrages vom 23. Januar 1905 dahingehend abgeändert, dass das Stammkapital der Gesellschaft 425.000 Reichsmark beträgt und dass sämtliche Geschäftsanteile in Höhe ihres Nennbetrages auf Reichsmark lauten« – eine Formalie ähnlich der nach der Einführung der Euro-Währung üblichen Umstellung von Deutscher Mark auf Euro. Im Handelsregisterauszug ist der Eintrag vom 1. Februar zu finden: »Durch Beschluß der Gesellschafterversammlung vom 4. Januar 1927 ist der § 9 des Gesellschaftsvertrages in der am 2. Juli 1917 beschlossenen Fassung dahin abgeändert worden, dass das Geschäftsjahr vom 1. Januar bis 31. Dezember eines jeden Jahres läuft. Ferner ist der Gesellschaftsvertrag dahin ergänzt worden, dass für Klagen der Gesellschafter gegen die Gesellschaft oder umgekehrt und für Klagen der Gesellschafter untereinander das Landgericht I Berlin bzw. das Amtsgericht Berlin-Mitte zuständig ist.« Datum der Eintragung ist der 1. Februar 1927.

1928 wurde am 13. Januar eingetragen,[156] dass der Geschäftsführer Alexander Rosenberg, Berlin, mit dem 31. Dezember 1927 ausgeschieden ist. Die Änderung des Gesellschaftsvertrages vom 4. Januar 1927 und die folgende Abberufung Rosenbergs lassen die Vermutung aufkommen, dass es zwischen den Gesellschaftern gravierende Differenzen gegeben hat. Gänzlich unklar ist, ob Rosenberg ab Übernahme der GmbH durch Illig beteiligt war. Man kann nicht ausschließen, dass er als selbstständiger Handelsvertreter einiges Kapital erwerben konnte. Andererseits ist ab 1934 die Mehrheitsbeteiligung des Bankiers Robert W. Sauer dokumentiert. Er muss sie durch Erwerb der Anteile eines bis dahin beteiligten Dritten bekommen haben, den wir nicht kennen. Rosenberg war jedenfalls 1934 und später nicht beteiligt. Er etablierte sich in Berlin wieder als Handelsvertreter, auch für Hohenofen, und wurde später Papiergroßhändler. Eine Dampfmaschine der Firma Flottmann AG wurde installiert.

6.4.4 Das Schiff sinkt

1929 konnten die finanziellen Probleme nicht mehr gemeistert werden. Die GmbH stellte einen Vergleichsantrag und strebte einen Zwangsvergleich an, dem das Gericht stattgab. Offensichtlich wurde die Produktion mit dem Insolvenzantrag stillgelegt. Die Eintragung im Handelsregister fehlt; wohl aber ist die Beendigung des Zwangsvergleichs nach dessen Erfüllung am 16. April 1931 handelsgerichtlich dokumentiert.

Die »Birkner«-Eintragungen geben über die Stillstandszeit keine Auskunft:

In den Illigschen Bilanzen steht das Stammkapital korrekt auf der Passivseite, im Soll stehen »Fabrikationskosten«. Auf manchem Gewinn- und Verlustkonto fehlt – aus nicht nanvollziehbaren Gründen – der Umsatz.

Aus dem teilweise erhaltenen Bilanzenbuch fehlen die Seiten der Jahre 1919 bis 1929. Darin enthalten waren die infolge der Hochinflation wenig aussagekräftigen Zahlen der Jahre 1922 bis 1923 und die Neubewertung nach Einführung der Rentenmark durch Verordnung vom 15. Oktober 1923 (Erstausgabe der neuen Geldscheine am 20. Oktober 23, deren Ersatz durch die Reichsmark nach dem Münzgesetz vom 10. August 1924; umlaufende Rentenbanknoten blieben bis 1948 gültig). Eine Rentenmark entsprach einer Billion Mark, ein US-Dollar wertete 4,2 Billionen Mark.

Der Glaube hat bekanntlich in der historischen Wissenschaft nichts zu suchen. Aber ohne denselben kann ich die Zahlen nicht zur Kenntnis nehmen, geschweige denn, sie der Nachwelt überliefern. Das Studium alter Dokumente bereitet dem Historiker sowieso immer neue

Überraschungen. Soweit aus den nur zum Teil erhaltenen Eintragungen im Bilanzenbuch zu erkennen ist, war die Fabrikation bereits 1929 eingestellt. Der Warenerlös wurde mit nur noch RM 29.471,87 ausgewiesen.

1930 heißt es im »Birkner«[157]: »Patentpapierfabrik Hohenofen, G.m.b.H., Feinpapierfabrik. Geschäftsführer: Direktor Franz Jllig, Hohenofen a. Dosse. Gegründet: 1834. […] Kaufm. u. techn. Leiter: Direktor Franz Jllig. Betriebskraft: Wasser 125 PS, Dampf 500 PS. Gewässer: Dosse. Dampfmaschinen: 4. Dampfkessel: 3. Turbinen: 1. Arbeitsmaschinen: 1 Langsiebmaschine 177 cm beschn. Breite, 28 Holländer, 4 Kalander, 2 Kocher, 2 Kollergänge, 3 Querschneider, 6 Schneidemaschinen, 1 Rollapparat.

Rohstoff: Lumpen, Cellulose, holzfreie Papierabfälle sowie diverse Chemikalien.

Erzeugung: Alle feinen Hadernpapiere, Aktien-, Bücher- papiere, h'fr. Karton, weiß und farbig, sat. und m'gl. Melis- und Zeichenpapier, vom Lager oder in Mindestanfertigungen von 7/800 Ko aufwärts, Normalpapier 1 – 4b, Kanzleipapier, Abzugpapiere, Saugpost, Wertzeichenpapiere, echte Alfa- und Büttendruckpapiere, Hartpostpapier mit und ohne Wasserzeichen, Werkdruck und federleicht h'fr. Druckpapier.

Sondererzeugnisse: echt federl. Alfadruck, Werkdruck und Registerkarten in allen Farben. Gewichtsgrenzen: 40–450 gr per qm. Tägl. Produktion: 9000 kg.«

Die Gewinn- und Verlustrechnung für 1930 weist keinen Umsatz aus. Der könnte in den gebuchten Zahlen versteckt worden sein: Möglicherweise sind in den Aufwand-Positionen »Handlungs-Unkosten, RM 102.993,73« und »Fabrikations-Konto RM 29.4711,87« Aufwendungen für Roh- und Hilfsstoffe sowie Löhne mit Verkaufserlösen saldiert worden, denn die Habenseite enthält nur einen kleinen Verlust aus dem Effektenkonto und den mit den Vorjahren kumulierten Verlust von RM 387.095,35 mit dem Text »Per Bilanz-Kto.« Die Bilanz ist leider aus dem Buch gerissen worden.

Zum Jahresende ist der Geschäftsführer Dr. Werner Fritze ausgeschieden, eingetragen am 29. Dezember 1930. Er war aber vorher in der Spalte »Geschäftsführer« nicht erwähnt worden. Unter dem gleichen Datum wurde vermerkt: »Für den ausgeschiedenen Geschäftsführer Dr. Werner Fritze ist der Kaufmann Sami Saffra in Berlin zum Geschäftsführer bestellt.« Der Eintrag war gerötet, also ungültig gemacht, ebenso auch ein Eintrag in der Spalte »Rechtsverhältnisse«.

Es gibt nach dem Eintrag vom 29. Dezember 1930 eine weitere gerötete Zeile bei den Rechtsverhältnissen. Eine Frage bleibt also hier offen.

In diesem Jahr verzeichnete die deutsche Papiererzeugung 32 Insolvenzfälle.[158]

1931 Am 27. April wurde in das Handelsregister eingetragen: »Das Vergleichsverfahren über das Vermögen der Patent-Papierfabrik (andere Schreibweise!) G.m.b.H. in Hohenofen ist nach Bestätigung des Zwangsvergleichs am 16. April 1931 aufgehoben.« Der Betrieb wurde aber bis zum Verkauf der Firma nur noch sporadisch aufgenommen.

Der Verlust dieses Jahres belief sich auf RM 40.835,68 zusätzlich zum Vergleichs-Konto RM 484.676,60. Aus Lagerbeständen wurden erlöst RM 70.406,41.

Die Fachzeitschrift »Der Papier-Fabrikant« veröffentlichte 1931 nur wenige Firmenmitteilungen. Im April wurden sechs Konkursverfahren in der Branche eröffnet (Vormonat: sieben) und sieben (Vormonat: fünf) Vergleichsverfahren.

1932 lautet der Eintrag im »Birkner«: »Patentpapierfabrik Hohenofen GmbH. Geschäftsführer: Franz Jllig. [Nach dem Handelsregister aber auch Sami Saffra; K. B. B.].

Kaufm. u. techn. Leiter: Franz Jllig

Betriebskraft: Wasser 125 PS, Dampf 500 PS. Dampfmaschinen: 4, Dampfkessel: 3, Turbinen: 1

Arbeitsmaschinen: 1 Langsiebmaschine 1,80 m, 28 Holländer, 4 Kalander, 2 Kocher, 2 Kollergänge, 3 Querschneider, 6 Schneidemaschinen, 1 Rollapparat

Erzeugung: (wie 1929 angegeben, jedoch ohne Hinweis auf Lagerhaltung und Mindestanfertigungen).«

Die Produktion wurde bereits vor Abwicklung des Zwangsvergleichs stillgelegt. Nach Auskunft von Siegfried Hänsch[159] fanden die bis dahin Beschäftigten auf großen landwirtschaftlichen Gütern und nach 1933 beim Kasernenbau in Neuruppin Arbeit. Die »Birkner«-Eintragungen geben über die Stillstandszeit keine Auskunft.

Bis 1932, also noch nach der zeitweiligen Stilllegung der Fabrik, wurde das Papier mit einem Fuhrwerk von Hohenofen nach Sieversdorf zur Bahnverladung gefahren. Charlotte Hohmann[160] erinnerte sich noch gut: Der letzte Fuhrmann hieß Laubusch. Er wohnte in dem firmeneigenen Wohnhaus »Unterm Diek« unterhalb der Filterteiche. Hier befanden sich auch die Remise und die Stallungen für die Pferde. Die zeitliche Einordnung lässt den Schluss zu, dass die Arbeiten an dem Anschlussgleis während des Werkstillstandes durchgeführt wurden.

1933 betrug der Umsatz bei einer Betriebszeit von 180,75 Tagen RM 556.806,74 und erbrachte einen Rohgewinn von RM 33.966,70. Der Verlust war nach Aufhebung des Zwangsvergleichs schon wieder auf RM 217.679,71 angestiegen. Und nun kommt die Überraschung: In dem Fest- und Auslandsheft der Zeitschrift »Der Papier-Fabrikant« von 1933[161] findet sich eine halbseitige Anzeige:

»Patent-Papier-Fabrik Hohenofen G.m.b.H., Hohenofen (Dosse)
liefert vom Lager:
sat. und m'gl. holzfrei Post mit und ohne
Wasserzeichen in allen Normalformaten
holzfrei Leinenpost
Normalpiere 1 – 4b
holzfrei hochweiß Abzugpost und Saugpost mit und ohne Alfa-Zusatz
holzfrei Registerkartenkarton
holzfrei Postkartenkarton für Maschine und Handschrift
In Sonderanfertigung:

holzfreie Offset-, Tief- und Steindruck-, Werkdruck-, federleichte Alfa-Druck-Papiere und Kartons

holzfrei Durchschlagpapier ab 38 g/qm

holzfreie Zeichen und Bücherstoffe

holzfreie Dokumente und Wertzeichen aus Zellstoff und Hadern

holzfreie Kartons für alle Zwecke

Beachten Sie besonders unsere Spezialerzeugnisse: hochweiße holzfreie, tintenfeste und saugfähige Abzugpapiere mit und ohne Alfa-Zusatz in preiswerten Qualitäten vom Lager und in Sonderanfertigung«.

Ob die Rechnung des Verlages bezahlt wurde, ist nicht überliefert. Geschäftsführer war laut Handelsregister zu dieser Zeit Franz Illig allein (nach den vorliegenden Unterlagen satzungswidrig; für den ausgeschiedenen Mitgeschäftsführer Sami Saffra war kein Nachfolger bestellt worden).

1933 Mit dem 21. August schied der Geschäftsführer Sami Saffra in Berlin aus. Der Eintrag datiert vom l7. Oktober 1933. Im Handelsregister findet sich kein Eintrag eines neuen (zweiten) Geschäftsführers, auch kein Hinweis auf eine Satzungsänderung, die diese Position abschafft. Saffra floh während der Naziherrschaft nach Holland.[162]

Samuel Saffra, geboren am 7 Oktober 1898 in Frankfurt am Main, war verheiratet mit Tilly geb. Schachnowitz. Er ist in den Berliner Adressbüchern von 1930 bis 1932 mit der Adresse W 15, Emser Straße 39, und der Berufsbezeichnung »Kaufmann« eingetragen. Die genannte Adresse hat er nach den vorliegenden Papieren auch während seiner Tätigkeit in Hohenofen beibehalten.

Franz Illig war an dem Stammkapital von 425.000 RM nur noch mit 100.000 RM beteiligt. Mehrheitsgesellschafter war Robert Wilhelm Sauer, Berlin, geboren am 9. April 1887 in Domaschow, Kr. Petrikau; seine Ehefrau Jeanette Luise geb. Hanke, geboren am 30. August 1879 in Domaschow, verstarb am 28. Dezember 1955. (Standesamt Steglitz, Nr. 2225). Die Familie Sauer kam 1911 aus Rostow, Russland. Sauers Vater, Johann Sauer, war mit Pauline geb. Biener verheiratet. Robert W. Sauer war im Berliner Adressbuch noch bis zur letzten Ausgabe (1943)[163] als Bankier mit der Adresse Lichterfelde-West, Berliner Str. 84 verzeichnet. Er ist am 26. März 1946 verstorben (Standesamt Steglitz, Nr. 1004)[164]. Das Paar hinterließ zwei Töchter, Tatjana Lieselotte, geboren am 22. April 1913, über die das Landesamt für Bürger- und Ordnungsangelegenheiten (Zentrale Einwohnerangelegenheiten)[165] mitteilt, dass sie »im automatisiert geführten Melderegister nicht als gemeldet oder gemeldet gewesen ermittelt werden konnte«. Ihre Schwester Sofia Eugenia, geboren am 28. Juni 1915, war in Berlin verheiratet mit einem De Martini, wohnhaft Andreezeile 8, und verzogen nach Neckargemünd, Im Schulzengarten 19.[166] Am 20. Oktober 1980 ist sie nach 69226 Nußloch, Seidenweg 13, übersiedelt, am 30. Dezember 1986 nach 68723 Schwetzingen in ein Altenheim und am 9. März 1987 in Oberaudorf verstorben. Nachkommen wurden noch nicht gefunden.

Die anfängliche Vermutung, dass der Berliner Kaufmann (Bankier?) Robert W. Sauer Gesellschafter war, weil dessen Name erst im Bericht der Wirtschaftsprüfer J. Staudt – A. Krause – Dr. H Götze, Berlin, vom 23. April 1935 über die Jahre 1933 und 1934 angeführt wurde, hat sich nicht bestätigt. Der Wirtschaftsprüfer Staudt beanstandete darin nicht nur die fehlende Dokumentation, sondern auch das Fehlen des gem. § 16 Abs. 1 des Gesetzes betreffend die Gesellschaften mit beschränkter Haftung vom 20. April 1892 erforderlichen Nachweises des Erwerbes der Anteile der Gesellschaft. »Seine Eintragung in das Handelsregister ist jedoch bereits erfolgt.« Dieser Hinweis kann wohl nicht wörtlich genommen werden, denn die Gesellschafter einer GmbH werden nicht im Handelsregister aufgeführt. Die Gesellschaft muss allerdings alljährlich eine Liste der Gesellschafter zu den Handelsregisterakten im Register-(Amts-)gericht einreichen. Geschäftsführer ist Sauer nach den vorliegenden Unterlagen nicht gewesen, obwohl nach der Abberufung des Geschäftsführers Saffra die Bestallung eines zweiten Geschäftsführers neben Franz Illig in der Satzung vorgeschrieben war.

Am 15. Juli 1933 hatte die neue nationalsozialistische Reichsregierung eines der wichtigsten Wirtschaftsgesetze erlassen – das »Gesetz über die Errichtung von Zwangskartellen«. Damit konnte die Wirtschaft auf allen Ebenen von Berlin aus gesteuert werden.

Die Bilanz nebst Gewinn- und Verlustrechnung für das Jahr 1933 wurde von der Wirtschafts- und Steuerberatung J. Staudt – A. Krause – Dr. H. Götze zusammen mit dem Abschluss 1934 geprüft und über die oben geschilderten Beanstandungen hinaus in mehreren Positionen gegenüber den von der Geschäftsleitung angegebenen Daten geändert.

Ebenfalls im Jahr 1933 gibt der Papier-Kalender unter Berlin an: »Patent-Papierfabrik Hohenofen GmbH., Kommandantenstr. 10/12«. Nach dem Adressbuch[167] domizilierte hier noch 1938 im Gebäudekomplex der Reichsdruckerei die »Papier-Agentur A. Rosenberg Kom.-Ges.«.

1934 In diesem Jahr wurde an 117 Tagen gearbeitet. Der Umsatz wurde nicht angegeben, lediglich der Betriebsverlust von RM 7.756,58.

Ein kurzer Schriftwechsel wirft ein Schlaglicht auf die Praxis des NS-Staates, Juden auch noch die letzten Vermögensreste zu stehlen:

»Der Oberfinanzpräsident Berlin-Brandenburg, Vermögensverwaltungsstelle

Berlin NW 40, Alt-Moabit 143, 24. Juni 1943, an

Geheime Staatspolizei, Staatspolizeileitstelle Berlin.

Betrifft: Elfte Verordnung zum Reichsbürgergesetz vom 25. November 1941 (RGBl.1 S.722)

Auf Grund des § 7 obiger Verordnung sind mir Vermögenswerte des im Ausland befindlichen Juden Samuel Israel Saffra […] angezeigt worden. […]

Unter Bezugnahme auf den Erlaß des Reichssicherheitshauptamtes II A 5 Nr. 230 – V/41 – 212 vom 9. Dezember 1941 Ziffer 3 unter a und b bitte ich für den obengenannten Juden […] vordringlich die Feststellung zu beantragen, dass die Voraussetzungen für den Vermögensverfall § 8 obiger Verordnung gemäß vorliegen, damit die Vermögenseinziehung von mir beschleunigt durchgeführt werden kann.

(rückseitig:) Lebensversicherung Nr. F 241 354 bei der Allianz Lebensversicherungs-AG Frankfurt/Main, mit einem Rückkaufswert von 732,20 RM.

[…] I. A. [Unterschrift].«

Eine abweichende Version der Wohnadresse findet sich in einem Schreiben des Haupttreuhänders für Rückerstattungsvermögen an die Wiedergutmachungsämter von Berlin vom 12. Oktober 1995. Da wird fälschlich [?] als Geburtsdatum der 1.[statt des 7.] Oktober 1898 angegeben. Beim Namen heißt es: »Sami Saffra (jetzt) Sam Schachno, zuletzt wohnhaft Bln.-Schöneberg, Eisenacherstr.« Der geänderte Name weist auf den Geburtsnamen seiner Frau hin. Das Verfahren dauerte; die Akte OFP-O 5210-6388/43 wurde am 27. Juni 1962/ 24. April 1963 zwischen den beiden Ämtern nochmals hin- und hergeschickt.

Aus den Unterlagen ist nicht erkennbar, ob Saffra damals noch am Leben war oder Erben als Anspruchsberechtigte agierten.

Eintrag Birkner[168] 1934: Patentpapierfabrik Hohenofen, GmbH

Geschäftsf.: Franz Jllig

Personenzahl: 130

Betriebskraft: Wasser 125 PS, Dampf 600 PS. Dampfmaschinen: 3 mit 500, 250 und 100 PS, Dampfkessel: 3, Turbinen: 1, 125 PS

Arbeitsmaschinen (wie 1932, jedoch ohne Rollapparat). Tägl. Produktion 10.000 kg.

In diesem Jahr erlässt die Reichsregierung die ersten Verordnungen über die Lenkung der Wirtschaft im nationalsozialistischen Sinn. Grundsätzlich wird eine autarke, das heißt vom internationalen Güteraustausch unabhängige Wirtschaft im Rahmen von Vierjahresplänen angestrebt. Zur branchenspezifischen Realisation wird die Reichsstelle für Papier und Verpackungswesen unter dem Reichsbeauftragten Dr. Friedrich Dorn gegründet. Ihr folgt die Überwachungsstelle, seit Frühjahr 1939 Reichsstelle, für Papier und Verpackungswesen. Das Instrument zur Lenkung der Wirtschaft ist die Bewirtschaftung des Großteils der Roh- und Hilfsstoffe. Organisiert wird die vollständige Rohstofferfassung im Inland. Für die Papiererzeugung heißt das zunächst die gelenkte Sammlung und Verwertung von Altpapier. Gleichzeitig damit werden Sulfatzellstoff und das daraus erzeugte Natronsackpapier bewirtschaftet, alsbald auch Sulfitzellstoff und schließlich sogar der Holzstoff. Das Grundgesetz für das Wirken der Reichsstellen ist die Warenverkehrsordnung vom 18. August 1939. Die bereits 1936 von der Reichsstelle verkündeten Verbote für Erweiterungen und Veränderungen in der Papierindustrie galten ursprünglich bis zum Ende des Jahres 1937 und wurden dann alljährlich um ein weiteres Jahr verlängert. 1938 wurde Österreich in den Geltungsbereich einbezogen. Die Geschäftsleitung stellte am 20. August 1935 eine Rentabilitätsberechnung auf der aktuellen Preisbasis auf. Die strotzt von Optimismus und ist nach den verlustreichen Vorjahren und mehreren Jahren Stillstand weit von jeder Realität entfernt. Man nahm – mit detaillierten Einzelpositionen für 9.000 kg Tagesleistung – an:

»Roh- und Hilfsstoffe	RM 1.735.—
Treib- und Schmierstoffe	‖ 360.—
Löhne und Gehälter	‖ 430.—
Transport u. Verpackung	‖ 320.—
Erlösminderungen	‖ 120.—
Verwaltung, Steuern, A.f.A.	‖ 392.—
	RM 3.357.—
und als Erlöse RM 46.-- % kg	
./. 10 % Verschnitt u. Ausschuss	RM 3.725.—
Gewinn pro Tag	RM 368.—
Ergibt in 300 Arbeitstagen rund	RM 110.000.—«

Der höchste jemals erzielte Jahresgewinn war nach den erhalten gebliebenen Unterlagen rund 75.000 Mark (1918), aber die Hälfte der Jahre waren wohl Verlustjahre.

Die Spezifizierung der 1933 bis 1937 unverändert bilanzierten langfristigen Verbindlichkeiten der GmbH ist auf den ersten Blick nicht nachzuvollziehen. Sie gliedern sich auf in die Gruppen:

Hypothekengläubiger: Hier steht die Maschinenfabrik AG vorm. Wagner & Co., Köthen, mit an der Spitze	145.000.— RM
A.G. für Versicherungs-Werte, Berlin	20.000.— RM
Rheinische Grundstück-Handels-GmbH in Liqu.	85.000.— RM
J. Michael & Co., Berlin	9.203,50 RM
Darlehensschulden: J. Michael & Co., Berlin	36.296,50 RM
Industrie- und Privatbank, Berlin	127.500.— RM
Pilota G.m.b.H., Frankfurt/M.	30.000.— RM

Diese sechs Firmen gehörten zur Gruppe Jacob Michael, die nach der Zahlungseinstellung der Industrie- und Privatbank im März 1932 zerbrach. Der Jude Jacob Michael war bereits 1931 in die Niederlande, 1939 in die USA ausgewandert.

In Anbetracht der einstigen Geschäftsverbindung zwischen Wagner & Co. und der Patent-Papier-Fabrik, damals A. Woge, und der noch immer nicht dokumentierten Herkunft der Papiermaschine (mit an Sicherheit grenzender Wahrscheinlichkeit Wagner & Co.) macht es stutzig, dass Wagner nun als Großgläubiger genannt wird. Es könnte zu der Vermutung führen, dass Illig weitere Investitionen über Wagner getätigt hat. Das erwies sich als falsche Fährte, die von Matthias Freundel, Köthen,[169] detailliert korrigiert wurde. Als der Deus ex machina wird Jacob Michael genannt. »Der am 28. Februar 1894 geborene Kaufmannssohn

Die Patent-Papierfabrik Hohenofen

hatte im Ersten Weltkrieg hohe Gewinne mit seiner Firma Starck, Michael & Co. erzielt, indem er im Erzgebirge aus Haldenrückständen das kriegswichtige Wolfram gewinnen ließ. Die erwirtschafteten Gelder nutzte er in der Nachkriegs- und Inflationszeit zum Kauf von chemischen Fabriken, Firmen der Textilbranche und der Metallindustrie sowie von Bank-, Versicherungs- und Handelsunternehmen, aus denen er einen Konzern unter dem Dach seiner Firma Michael & Co. und der als Konzernbank fungierenden Industrie- und Privatbank in Berlin formte«[170]. Im Gegensatz zu den meisten Industriellen setzte er am Ende der Inflationszeit auf die Papiermark, während ansonsten jedermann Sachwerte hortete. Dadurch verfügte er über hohe flüssige Mittel und konnte aus deren Verleih horrende Zinseinnahmen erzielen. Nach der Währungsumstellung wurde sein Vermögen 1925 auf 150 Millionen Reichsmark geschätzt.

»Ende 1927 sicherte sich der Michael-Konzern das Vorkaufsrecht auf die Vorzugsaktien der Maschinenfabrik Aktiengesellschaft vorm. Wagner & Co. und bot bis zum 5. Januar 1928 für Stammaktien 40 Prozent ihres Nominalwertes. Tatsächlich gelangte Jacob Michael so in den Besitz von 1.400.000 RM Stammkapital und 5.000 RM Vorzugskapital und verfügte damit über 32.000 Stimmen, mehr als zwei Drittel der Stimmrechte«[171]. Er erkannte als versierter Geschäftsmann das in der Köthener Firma steckende Potential. Kunden wie die Papierwerke Waldhof AG urteilten noch immer über Wagner, dass die Firma von jeher sehr gute Maschinen geliefert habe.

»Zwar waren rund 500.000 RM der zusammen 1.117.000 RM betragenden Bankguthaben der Firma dem Michaelschen Bankinstitut anvertraut worden, doch hatte sich die Geschäftsleitung von Wagner diese Einlage durch Sicherheiten wie Wertpapiere, Hypotheken (darunter 165.000 RM auf eine Papierfabrik, wie die Deutsche Bank und Disconto-Gesellschaft in einem Schreiben vom 7. April 1932 notierte) und die Übereignung von fünf Zellophan-Maschinen abdecken lassen«[172]. Zweifellos handelte es sich bei der Papierfabrik um die in Hohenofen, wie der Vergleich mit der o.g. Bilanz zeigt. Lieferungen von Wagner nach Hohenofen sind von 1917 bis 1935 nicht nachweisbar, schon gar nicht in der Größenordnung der Hypothek. Die Patent-Papier-Fabrik hatte Darlehen in der Größenordnung von 455.000 RM bei dem Konzern Michaels aufgenommen, aufgeteilt auf die A.G. für Versicherungswerte, Berlin; Wagner; Rheinische Grundstück-Handel-GmbH i.L., Köln, und J. Michael & Co., etwa zur Hälfte hypothekarisch abgesichert. Aufgrund der Sicherheitsabtretung war Wagner dann mit 250.000 RM Hypothekengläubiger.

Beim Ausbruch der Weltwirtschaftskrise 1929 verfügte der Inflationsgewinnler Michael über viele Sachwerte, hatte aber keine flüssigen Mittel mehr. Im März 1932 stellte die Industrie- und Privatbank ihre Zahlungen ein; der Konzern zerbrach. Die Zahlungsschwierigkeiten von Michael und die Insolvenz seiner Bank hatten für Wagner keine finanziellen Folgen. »Michael selbst emigrierte bereits 1931 in die Niederlande, 1939 in die USA. Dort gründete er mit der New Jersey Industries Inc. erfolgreich eine neue Firma. Er entging damit nicht nur der Verfolgung als Jude, sondern rettete«[173] den Großteil seines Vermögens. Er hatte den größten Teil seines deutschen Beteiligungsbesitzes auf die ihm gehörende Emil Köster AG übertragen und diese seinem amerikanischen Unternehmen angegliedert. So bewahrte er diesen Konzern (der damit als Auslandsbesitz galt) vor der »Arisierung«. Nach dem Zweiten Weltkrieg konnte er 1954 die Emil Köster AG »gewinnbringend an den damals aufstrebenden Helmut Horten verkaufen«[174].

Es bietet sich die Vermutung an, dass Robert W. Sauer in irgendeiner Weise für die genannten Firmen (treuhänderisch?) handlungsfähig war. Da das Michaelsche Vermögen im Wesentlichen in der Kaufhausfirma Emil Köster AG gebündelt war – womöglich unter Ausschluss der o.g. sechs Unternehmen – war es nun als amerikanisches Eigentum für die damalige Reichsregierung nicht greifbar. Man kann sich vorstellen, dass die sicher beschlagnahmten sechs Unternehmen vor ihrer Liquidation von uneinbringlichen Forderungen bereinigt werden sollten. Ob Sauer als Bevollmächtigter für enteignetes jüdisches Vermögen oder ganz oder teilweise für sich selbst gehandelt hat, ist aus den vorhandenen Unterlagen nicht zu ersehen. Sicher ist jedenfalls, dass er keinen Pfennig in die Gesellschaft einbrachte, denn die Lage der Gesellschaft war zu dieser Zeit bereits desaströs und blieb es bis Ultimo 1937.

Die auf den genannten Verpflichtungen lastenden Zinsen wuchsen von Jahr zu Jahr. Der Mehrheitsgesellschafter Sauer ließ alsbald nach seinem Eintritt 1934 den größten Teil der Zinsforderungen gegen die GmbH per 31. Dezember 1934 ausbuchen. Dem Geschäftsführer Illig hatte er erklärt, dass er mit seinen GmbH-Anteilen auch die Forderungen gegen die Gesellschaft erworben habe. Er wolle nun, um die Liquidität und den Vermögensstand der Gesellschaft zu verbessern, diese Beträge erlassen. Sauer hat jedoch weder den Nachweis des Erwerbs der Forderungen geführt, noch den Nachlass der aufgelaufenen Zinsen schriftlich rechtswirksam ausgesprochen. Die Prüfungsgesellschaft erkannte deshalb diese Buchungen nicht an und veranlasste im Gegenteil, dass eine Gutschrift der vereinbarten Zinsen weiterhin zu erfolgen habe. Dass dem entsprochen wurde, beweist die Bilanz per 31. Dezember 1937.

Aus dem Vermerk des Prüfers,[175] auch der Erwerb der Beteiligung sei noch nicht nachgewiesen, kann man nur schließen, dass Sauer einen früheren Gesellschafter abgefunden hatte, ohne Namensnennung und ohne Nachweis. Der Verdacht, es könne zulasten eines politisch Verfolgten gehandelt worden sein, ist nicht einfach aus dem Weg zu räumen. Saffra hier zu nennen, ist aber wieder wenig wahrscheinlich, weil die Gestapo als Vermögen des Flüchtigen nur eine nicht eben große Lebensversicherung angibt. Bisher habe ich nur die Spur der 1915 geborenen Tochter Sauers, Sophia Eugenia Di Martini, verfolgen können, die nach 1986 in Schwetzingen verstorben ist, und hoffe, dass eine jüngere Generation möglicherweise Kenntnisse über die damaligen Geschehnisse hat.

Der Clou ist das Fazit der Untersuchung: Eine Überschuldung von 635.844,52 RM. per 31 Dezember 1934. Der Wirtschaftsprüfer weist auf die Verpflichtung zur Konkursanmeldung hin, wenn Sanierungsmaßnahmen nicht zum Ziel führen.

Die Eintragung im »Birkner« entspricht der von 1934; es gibt keinen Hinweis auf eine Betriebseinstellung.

1935 ruhte der Betrieb ganzjährig. Am Jahresende waren noch vorhanden
- Warenvorräte   RM   30.274.—
- Rohstoffe   RM   34.558,25
- Materialien   RM   49.437,70
                   RM 114.269,96

Der Umsatz aus Lagerverkauf wird nicht genannt.

Im selben Jahr prüfte der Wirtschaftsprüfer Johannes Staudt aus Berlin die Bilanz nebst Gewinn- und Verlustrechnung und erteilte eine uneingeschränkte Bestätigung. Er fügte einen zwölfseitigen Bericht bei, der die katastrophale wirtschaftliche Lage der Firma beschreibt. Das Wesentliche ist mit wenigen Worten darzulegen: Die Luftbuchungen nach den Vorgaben Sauers wurden storniert. Die Fabrik steht weiterhin still.

Der Reichsanzeiger[176] veröffentlichte die »Anordnung einer Beschränkung der Herstellung von Papier, Pappe, Zellstoff und Holzschliff vom 28 Dezember 1936: Auf Grund des Gesetzes über Errichtung von Zwangskartellen vom 15. Juli 1933 (RGBl. I S. 488) ordne ich an:

§ 1: Die Worte ›bis zum 31. Dezember 1936‹ in § 1 der 2. Anordnung einer Beschränkung der Herstellung von Papier, Pappe, Zellstoff und Holzschliff vom 21. Dezember 1935 (Deutscher Reichsanzeiger Nr. 300 vom 24. Dezember 1935) werden durch die Worte ›bis zum 31. Dezember 1937‹ ersetzt.

§ 2: § 2 der 2. Anordnung vom 21.12.1935 erhält folgenden 2. Satz: ›Ausnahmebewilligungen können mit Bedingungen oder Auflagen versehen werden‹.

§ 3: In § 3 der 2. Anordnung vom 21.12.1935 werden hinter ›Wer eine Vorschrift des § 1‹ die Worte eingefügt: ›Bedingungen oder Auflagen (§ 2 Satz 2)‹.

§ 4: Diese Anordnung tritt am Tage nach ihrer Verkündung in Kraft
Berlin, den 28. Dezember 1936. Der Reichs- und Preußische Wirtschaftsminister. In Vertretung: Dr. Posse.«

Die Anordnung von 1935 verbietet praktisch jede Veränderung – sei es durch mehr oder weniger Maschinen, Ausdehnung oder Kürzung des Produktionsprogramms, Änderung des Mengenausstoßes. Die Reichsstelle für Papier und Verpackungswesen wurde ermächtigt, weitergehende Vorschriften zu erlassen. Das Diktat wurde jeweils von Jahr zu Jahr verlängert. 1938 wurde Österreich einbezogen.

Es folgen einige der wichtigsten Zahlen aus dem Bilanzenbuch ab GmbH-Gründung (1905) Die Seiten mit den Zahlen für 1920 bis 1929 fehlen (*). Alle folgenden Seiten sind aus dem Bilanzbuch ausgerissen worden.

Die Kosten in den Jahren nach der Stilllegung beruhen in erster Linie auf dem zum Substanzerhalt erforderlichen Löhnen für Bewachung und Erhaltung und auf den weiterhin vorgenommenen Abschreibungen. 1930 sind auch alle uneinbringlichen Forderungen abgeschrieben worden.

Neue Inhaber

Jahr	Datum	Bemerk.	Grundst.	Gebäude	Masch.	Umsatz	Ergebnis
1905	31.12		60.000	40.000	60.000	297.669	./. 18.398
1906	31.12		84.611	343.987	241.781	338.744	./. 57.715
1907	31.12		87.063	423.974	299.000	491.325	+ 12.787
1908	31.12		93.412	419.400	363.802	470.077	+ 267
1909	31.12		80.000	400.000	340.000	562.846	+ 3.052
1910	31.12		60.000	390.000	315.000	633.922	+ 58.972
1911	31.12		67.500	359.283	304.318	640.248	+ 48.000
1912	31.12		75.000	339.283	293.637	621.548	+ 56.000
1913	31.12		84.041	322.319	279.501	136.486	+ 16.000
1914	31.12		84.000	316.032	269.500	480.802	+ 1.020
1915	31.12		83.964	304.745	258.699	402.197	./. 15,240
1916	31.12		80.000	289.000	221.000	202.811	+ 35.265
1917	30.06.		75.657	273.255	181.619	100.000	0
1917	30.06.	Wertber.	4.347	15.745	39.381		
1917	01.07.	Illig	78.400	289.000	179.994	0	
1918	30.06.		78.400	319.400	123.221	1.858.096	+127.801
1918	30.06.	Wertber.	1.600	6.600	41.076		
1919	30.06.		76.832	329.162	152.416	600.000	+ 86.684
*							
1930	31.12.		80.000	239.787	154.619	29.472	./.387.095
1930	31.12.	Verkauf	17.746	27.350	stillgelegt		
1931	31.12.		67.254	232.890	139.151	70.406	./. 40.836
1932	31.12.		62.254	229.400	135.703		./. 66.595
1933				225.950	122.578	331966	./.110.248
1934				222.570	110.321		./.128.686
1935				219.230	99.290		./.127.340

Die Bilanz auf den 31. Dezember 1935 ist die letzte im Bilanzenbuch noch erhaltene. Es fehlt die vom 31. Dezember 1936. Glücklicherweise ist die für die Historie besonders wichtige vom 31. Dezember 1937, die letzte unter der Ägide von Illig, auf separaten Blättern erhalten. Alle folgenden aus der zweiten Ära Bausch fehlen. Uns liegen aber Versicherungsunterlagen von 1941 und eine undatierte Baupreisberechnung vor, deren Zusammenhang mit dem wenige Jahre vorhergehenden Jahresabschluss schwer zu erkennen ist. Im folgenden Kapitel werden beide Abschlüsse nebeneinander gestellt.

1936 Eintrag »Birkner«: Patentpapierfabrik Hohenofen, GmbH.

(wie 1934, jedoch ohne Angabe eines Geschäftsführers)

Die Beteiligungsverhältnisse der GmbH in den Jahren 1917 bis 1933 sind in den Einzelheiten nicht bekannt. Franz Illig ist nach dem Tod seines Vaters immer (auch) Geschäftsführer gewesen. Ob Alexander Rosenberg von Anfang an (bis 1927) der zweite Geschäftsführer war, geht aus dem Handelsregisterauszug nicht hervor, ist aber sehr wahrscheinlich. Rosenberg war zuvor in Berlin Handelsvertreter von Papierfabriken und wohl eher als Vertriebsfachmann vorgesehen. Das von Schoeller & Bausch festgesetzte Stammkapital von RM 250.000 wurde 1919 um RM 175.000 erhöht. Es ist schwer vorstellbar, dass der Betrag aus eigenen Mitteln aufgebracht wurde, denn spätestens 1934 besaß Franz Illig nur noch Anteile in Höhe von RM 100.000. Vielmehr darf angenommen werden, dass ein weiterer Gesellschafter hinzugetreten ist. Leider fehlt darüber nicht nur jeder Beleg, sondern es gibt auch keine Hinweise auf einen vermuteten Dritten. In der Bilanz per 31 Dezember 1918 erscheint ein Passivposten RM 417.098 »Gläubiger« und RM 400.000 »Nationalbank für Deutschland«. 1919 finden sich »Kreditoren« mit RM 455.044. Die Kapitalerhöhung hatte also der Schuldentilgung, vielleicht aus dem Kaufpreis, gedient. Auf wessen Veranlassung 1930 Dr. Werner Fritze für kurze Zeit, dann Sami Saffra, Berlin (bis 1933) Geschäftsführer wurden, ist gleichfalls nicht überliefert.

1937 wurde die letzte erhalten gebliebene Bilanz verfasst. Der Kassenbestand war null; Postscheck und Bank wiesen RM 6,92 auf. Warenbestände waren nicht mehr vorhanden, Rohstoffe und Materialien für RM 14.430,17. Das letzte Geschäftsjahr der Illigs hatte noch einen Verlust von RM 101.746,32 verursacht.

Die Schlussbilanz der Ära Illig weist eine Überschuldung von RM 720.798,84 auf. Damit hatte sich der Geschäftsführer Franz Illig zweifelsfrei strafbar gemacht. Wenn aber Robert W. Sauer tatsächlich befugt war, Verbindlichkeiten gegenüber der früheren Michael-Gruppe zu erlassen, wäre dem Gesetz Genüge getan gewesen. Leider fehlt jeglicher Hinweis auf die Geschehnisse nach dem Verkauf der Anteile. Über das weitere Schicksal der vorstehend aufgeführten Schulden der GmbH nach der Übernahme durch Felix Schoeller & Bausch ist nichts bekannt.

Im Landesarchiv Berlin werden einige Sauer betreffende Akten aus Verwaltungsgerichtsverfahren aufbewahrt. Die Erbengemeinschaft klagte das Nutzungsrecht eines Grundstücks ein, nahm jedoch die Klage 1947 zurück.[177]

Eine Wiedergutmachungsakte,[178] ein Verfahren Joan Lemel, Brooklyn, betreffend, konnte in den Akten des Landesarchivs nicht gefunden werden. In einer anderen Akte[179] ist Sauer Verfahrensgegner, nicht Antragsteller (Verfolgter). Das bedeutet, dass er Begünstigter einer rassisch begründeten Enteignung war.

Franz Illig verstarb am 25. Februar 1948 kinderlos und in ärmlichsten Verhältnissen in Hohenofen. Mit ihm ist der letzte Papierer der Sippe dahingegangen. Ein großer Name, der 250 Jahre lang Papiergeschichte geschrieben hat, ist damit verschwunden – wie so viele Familien- und Firmennamen der Modernisierung und Globalisierung zum Opfer gefallen sind. Illigs Witwe hatte kein Geld für einen Grabstein; deshalb ist sein Grab heute nicht mehr zu finden.

Einst waren aus vielen Papiermühlen zahlreiche Papierfabriken hervorgegangen. Die Entwicklung nach dem Zweiten Weltkrieg mit dem Wandel zur Hightech Papierfabrik hat den Zwang zu immer größeren Einheiten mit sich gebracht. Daraus resultiert dann auch der Schritt zu weltumspannenden Konzernen, deren Management allein der Gewinnmaximierung verpflichtet ist. Ein deutscher Familienname, der vielleicht über Jahrhunderte in Fachkreisen zum Begriff geworden war, hat auf dem Weltmarkt keine Bedeutung. Neue Firmenbezeichnungen, meist als Sachbegriffe, zuweilen auch auf Abkürzungen beschränkt, einige wenige Familiennamen, die auf mehreren Erdteilen zum Begriff geworden sind, oder auch reine Fantasienamen werden über die Medien der breiten Masse vermittelt.

6.5 Die Wiederkehr der Bauschs

6.5.1 Die Rettung der GmbH und damit der Fabrik

1938 Am 3. Januar kauften Felix Schoeller & Bausch die stillliegende, nach der Darstellung in »100 Jahre Feinpapierfabriken Neu Kaliß«[180] ziemlich heruntergewirtschaftete Papierfabrik Hohenofen zurück. Der Handelsregistereintrag vom 28. Februar 1938 gibt an:

»Der Geschäftsführer Franz Jllig ist abberufen und an seiner Stelle der Diplomingenieur Viktor Bausch junior in Berlin Wannsee zum Geschäftsführer bestellt worden. Beschluss der Gesellschafterversammlung vom 22. Januar 1938.« Es verblüfft, dass die nächstfolgende Eintragung dann die von der Enteignung am 28. August 1953 ist. Es gab demnach keinen zweiten Geschäftsführer und keinen Prokuristen. Der erwähnte Beschluss muss dann wohl auch eine entsprechende Satzungsänderung beinhaltet haben.

Unbekannt ist leider der Kaufpreis. Auf jeden Fall müssen die Käufer das Stammkapital wieder aufgefüllt und damit den Konkurs der GmbH abgewendet haben.

Alfred Schulte rühmte in seinem Artikel »Hundert Jahre Patentpapierfabrik Hohenofen«[181], dass die Fabrik noch unter der alten Firma arbeite und zu den ganz wenigen deutschen Werken gehöre, welche über hundert Jahre denselben Namen führten. Damit war Schulte nicht mehr auf dem Stand der Entwicklung. Sicher aus gutem Grund haben Felix Schoeller & Bausch nach dem Wiedererwerb der Fabrik den Namen fallen gelassen. Unter Illig war die GmbH als Eignerin in den 1931 abgewickelten Zwangsvergleich geraten. Seitdem ist die Fabrik nur mehr sporadisch in Betrieb und Ende 1935 schon wieder konkursreif gewesen. Damit war der traditionelle Name diskreditiert. Die Fabrik wurde nun nur noch »Felix Schoeller & Bausch, Feinpapierfabriken, Werk Hohenofen« genannt. Das GmbH-Grundkapital wurde in der Muttergesellschaft als Finanzanlage geführt.

Eintrag »Birkner«: Patentpapierfabrik Hohenofen, GmbH.

Betrieb ist z. Zt. in der Umstellung begriffen[182]

Die Patent-Papierfabrik Hohenofen

Leider ist nicht überliefert, wie die GmbH über die Jahre 1936 und 1937 den Konkurs abwenden konnte (denn im Konkursfall wäre zwangsläufig die GmbH erloschen). Eine Wahrscheinlichkeit spricht dafür, dass Schoeller & Bausch einen Vergleich mit den Gläubigern erzielten. Die Altgesellschafter hatten zweifellos ihr Stammkapital dabei verloren, das von den Erwerbern aufgefüllt werden musste. Denkbar ist, dass Schoeller & Bausch noch eine Kaufpreisforderung an Illig hatten. Die könnte dann in der Form geltend gemacht worden sein, dass sie auf das Stammkapital umgebucht wurde.

Bezeichnung	Bilanz 1935	Versicherungswert 1940	Baupreisberechnung[183]	
			Querschneiderraum	16.110
			Packsaal	28.524
			Kalandersaal	33.390
			Papiermaschinengeb.	68.685
			Turbinenraum	64.166
			Dampfmasch.Raum	72.072
			Zellstofflager	27.216
			Stoffkammern	38.860
			Rohstofflager	6.080
			Lumpenhaus	113.792
			Kesselhaus	27.888
			2 Magazine	14.720
			Filterhaus	31.902
			Werkstatt	17.940
			Bürohaus u. kleine G.	45.249
Gebäude	219.230	632.365	Gebäude insgesamt	606.594
Maschinen	99.290			
Werkerhaltg.	98.250	780.000		
Summe	416.770	1.401.365[184]		

Versicherungswert und Baupreisberechnung stimmen weitgehend überein, divergieren jedoch gegenüber dem Bilanzansatz 1935 erheblich. Das trifft auch auf die Position »Maschinen« zu. Es bleibt zu klären, welche Investitionen vorgenommen wurden.

1940 bringt die Firma eine ganzseitige Anzeige in »Der Papier-Fabrikant«[185], in der außer dem Feinpapier-Programm auf die Spezialitäten IGRAF und VELAMENT hingewiesen wird. Als Firmenbezeichnung steht: »Felix Schoeller & Bausch, Feinpapier-Fabriken« – also die Mehrzahl, aber ohne einen Hinweis auf Hohenofen.

Theodor Bauschs Sohn Christoph Theodor (auch Theo, 1863–1940) war mit Berta Jung, der Tochter von Hermann Jung und Maria Schoeller, verheiratet. Er war mit seinen Brüdern

Papiersaal der früheren Papierfabrik Gebrüder Rauch, Heilbronn, ca. 1938, ähnlich dem in Hohenofen.

Ernst Viktor (1865–1945) und Felix (1874–1953) Geschäftsführer der Firma Felix Schoeller & Bausch. Felix (sen.) ehelichte Hermine Schoeller; die Ehe blieb kinderlos.

1898 wurde der älteste Sohn von Viktor Bausch sen., Viktor (Theodor) jun., geboren. Er besuchte das Realgymnasium Ludwigslust und diente während des Ersten Weltkrieges im Jäger-Regiment zu Pferde Nr. 4, zuletzt als Leutnant. Danach folgte ein Studium der Chemie und des Maschinenbaues in der Fachrichtung Papieringenieurwesen in Darmstadt. Der Diplomingenieur befasste sich mit den Möglichkeiten, Rohpapiere durch Imprägnierung, Lackierung oder Präparierung zu neuen Werkstoffen zu veredeln. Er stieß dabei auf das Unverständnis im konservativen Neu Kaliß und baute deshalb in Berlin ein Labor. Dazu gründete er 1925, handelnd für Felix Schoeller & Bausch, eine Gesellschaft zur Herstellung und zum Vertrieb von kinematografischen Apparaten und Papierfilm. Ab 1926 firmierte sie als IGRAF G.m.b.H. (Internationale Grafik- und Filmgesellschaft). Geschäftsführer wurde Viktor, der dieselbe Position auch bei der in denselben Räumen ansässigen Verkaufsgesellschaft bekleidete. Ein Ziel war die Ablösung des feuergefährlichen Nitrocellulose[186]-Kinofilms durch einen schwer entflammbaren Film auf Papierbasis und die Entwicklung eines mit 10 Volt und 10 Milliampère beschreibbaren Papiers als Grundlage einer Textübermittlung per Funk, ein Verfahren, das auf der Nordpolexpedition des Grafen Zeppelin um 1930 praktisch erprobt wurde.

In den zwanziger Jahren erfolgte die Entwicklung von IGRAF-Bucheinband-Pergament, Velament, IGRAF Tapeten für Flugzeuge und Schiffe, gasdichten Papieren und IGRAF-Lampenschirmkarton. Latex-Dichtungen für die aufkommende Autoindustrie wurden zum Erfolg. Auf dem fälschungssicheren Papier »Ultra-Safe« wurden die deutschen Reisepässe und Personalausweise gedruckt.

Viktor Bausch hatte zwar sein Studium der Papiertechnik in Darmstadt absolviert, sich dort aber auch intensiv mit Geschichte und Philosophie befasst. Das beeinflusste sein Handeln von Grund auf. Im beruflichen Bereich fanden der Vater Viktor sen. (der alte Praktiker) und der junge Ingenieur gleichen Namens ein weites Feld fachlicher Diskussionen, in deren Zielsetzung, dem Erfolg der Firma, sie übereinstimmten. Weniger Verständnis hatte der Vater aber für die engen Verbindungen, die der Sohn mit dem Philosophen Hermann Alexander Graf Keyserling, dem Rechtshistoriker Eugen Rosenstock-Huessey, mehr aber noch mit den Sympathisanten der aufkommenden Sozialdemokratie pflegte. Was sein Großvater noch aus erlebter Tradition praktiziert hatte, die Synthese zwischen dem Anspruch auf die Autorität des Chefs und der Verantwortung für »seine Leute«, sah Viktor aus der Sicht des kritisch geschulten Akademikers. Weit entfernt von den Utopien Karl Marx' und Friedrich Engels sah er die soziale Verpflichtung eines modernen Unternehmers vorbildlich realisiert durch Henry Ford, dessen Thesen im Hinblick auf den Betrieb ihn ebenso faszinierten wie die in Amerika zur Selbstverständlichkeit gewordene politische Demokratie. Er sah sich selbst als einen sozialen Demokraten – dem Unternehmertum ebenso verpflichtet wie sozialem Handeln.

Unbestreitbar stand er aus heutiger Sicht links, wenn man etwa die Soziale Marktwirtschaft von Nell-Breuning, Müller-Armack und Erhard ebenso dort ansiedeln will. Zu den Vorgenannten hatte er kaum Kontakte, wohl aber zu einer Reihe weitgehend Gleichgesinnter, die in der Ablehnung des aufkommenden Nationalsozialismus und schließlich im Widerstand gegen das herrschende System übereinstimmten.

Viktor Bausch im Widerstand gegen Hitler[187]

6.5.2

»Wenn vom deutschen Widerstand in der Zeit des Nationalsozialismus die Rede ist, dann fallen meist die Namen der Attentäter vom 20. Juli 1944. Doch der Anschlag auf Hitler wäre ohne den Kreisauer Kreis nicht möglich gewesen, von dem sich einige Mitglieder der Gruppe um Claus Schenk Graf von Stauffenberg anschlossen. Zu den Helfern des Widerstandsbündnisses aus dem zivil-bürgerlichen Milieu gehörte auch Viktor Bausch (1898–1983) aus dem mecklenburgischen Neu Kaliß.

Im öffentlichen Bewusstsein sind der Name des Unternehmers und sein Handeln gegen das NS-Regime nahezu verdrängt. In der DDR galt bürgerliche Zivilcourage in der Nachkriegszeit als nicht systemkonform. Auch die Bundesrepublik tat sich mit der Würdigung von Widerstandskämpfern jahrzehntelang schwer. Seinem Sohn Thomas verdankt Bausch, dass er nicht gänzlich in Vergessenheit geriet. Das Durchsetzen neuer Ideen sei seine Herausforderung und Aufgabe gewesen, schrieb er über seinen Vater. In Neu Kaliß trägt die Grundschule seit 2009 Viktor Bauschs Namen. Ein Park erinnert an die Familie.

›Bausch war stark mit den Idealen der Rechtsstaatlichkeit und der Freiheit verbunden‹, sagt der Historiker Andreas Wagner vom Schweriner Verein Politische Memoriale. Während der NS-Zeit habe er dadurch auch hohe persönliche Risiken auf sich genommen. Bausch beschäftigte in seiner Firma jüdische Bürger, die er zuvor mit falschen Papieren versorgt hatte und so vor der Ermordung rettete.«

Thomas Bausch bezeichnet seinen Vater im Rückblick als produktiv schaffenden Unternehmer, der sich nicht als Geschäftsmann verstand.

Aus seiner Überzeugung hatte er keinen Hehl gemacht. In Verfolgung der Vorgänge des 30. Juni 1934, als Hitler sich Abweichlern innerhalb der Partei und bekannter Oppositioneller entledigte, geriet auch Bausch in das Visier der Gestapo und war kurze Zeit in Haft. Er hatte erfahren, dass sein Freund Arnold von Borsig, der ein Attentat auf Hitler plante, in unmittelbarer Gefahr war und ihn gewarnt. An Beweisen gegen Bausch fehlte es dann aber. Bis Kriegsende blieb sein Verhältnis zur NSDAP angespannt. Namhafte Verschwörer aus dem Kreisauer Kreis gehörten zu Bauschs engen Freunden. Als Hersteller von Sicherheitspapieren in Neu Kaliß besorgte er gefährdeten Personen perfekt gefälschte Papiere und hatte in Kreisen des Widerstandes den Ruf als ›König der Fälscher‹.[188] (Felix Schoeller & Bausch rangierten im Kreis der Hersteller von Sicherheitspapieren in der ersten Reihe.) In der Fabrik lagerten 480 Wasserzeichen-Egoutteure deutscher und ausländischer Banken, Werttiteldruckereien, großer Firmen, aber auch 116 eigene mit beim Patentamt original eingetragenen Felix Schoeller & Bausch-Wasserzeichen.

Mehrere Freunde Viktor Bauschs fanden in ihrem Kampf gegen den Faschismus den Tod. Theodor Haubach war zwei Jahre im KZ Bürgermoor inhaftiert, ebenso wie Julius Leber und Carl von Ossietzky. Der ›militante Sozialdemokrat‹ Carlo Mierendorff wurde bis 1938 festgehalten. Er wurde am 4.12.43 Opfer eines Luftangriffes auf Leipzig. Bausch stellte den nach wie vor hochgefährdeten Haubach als ›Spezialist für Rohstofffragen‹ ein, ein Posten, bei dem er Bewegung und Reisemöglichkeiten für seine Widerstandsarbeit fand. Bauschs Ehefrau, Erika von Hornstein, war als Malerin Meisterschülerin von Schmidt-Rottluff. Ihn und den gleichfalls auf der Liste der Maler ›Entarteter Kunst‹ stehenden Carl Hofer versorgte Bausch nicht nur mit Zeichenkarton, sondern ließ Kisten voller Gemälde, Aquarelle, Zeichnungen zum Schutz vor Bomben in Neu Kaliß in Maschinenfundamente der Fabrik einbetonieren.

Bis zum Kriegsausbruch hatten die Bauschs häufig ihren Wohnsitz in Berlin genommen. Dort war neben der IGRAF auch das Verkaufsbüro von Felix Schoeller & Bausch. Der Krieg zwang Viktor jedoch, die meiste Zeit in Neu Kaliß zu sein.

Viktors Sekretärinnen für das Berliner Büro waren Bettina Nickel und Gisela Flügge (ihr Vater saß im KZ, ihre jüdische Mutter war – nach der durch die Hilfe von Viktor Bausch geglückten Befreiung aus dem KZ – flüchtig), beide unerreicht in ihrer Verschwiegenheit und in alle Details ständig eingeweiht. Nach dem Attentat vom 20. Juli 1944 konnte Bausch sich mit unerhörtem Glück der Verfolgung entziehen. Auch das Tun der beiden Damen blieb glücklicherweise unentdeckt.

Unterdessen fielen Wohnung und Geschäftsräume in Berlin den Bomben zum Opfer. Viktor Bauschs Frau Erika von Hornstein hat in ihrem spannenden Buch »Der gestohlene Phoenix«[189] die selbsterlebte unglaubliche Geschichte der Papierfabrik Neu Kaliß von 1945 bis 1951 aufgeschrieben.

1945 Dr. Rudolf Bausch, Viktors Bruder, Jurist und kaufmännischer Leiter, war Generalstabsoffizier d.R. gewesen und ungeachtet der Warnungen, die die Amerikaner allen kriegsgefangenen deutschen Offizieren zuteil werden ließen, mit vorher eingeholter Zustimmung des sowjetischen Ortskommandanten nach Neu Kaliß zurückgekehrt. Nur wenige Tage waren vergangen, als er aufgrund einer Denunziation verhaftet wurde; im April 1946 verstarb er im NKWD-Lager Neubrandenburg-Fünfeichen.

1951 Nach der Enteignung der wiederaufgebauten Fabrik flüchteten die Bauschs nach West-Berlin. Mit Kapitalgebern gründete Viktor die Firma Viktor Bausch KG, in der auch zehn bewährte Mitarbeiter aus Neu Kaliß wieder eine Beschäftigung fanden. Der Neuanfang war schwierig, denn Konkurrenzunternehmen hatten die alten IGRAF-Verfahren, deren Patente inzwischen abgelaufen waren, kopiert und besetzten die Märkte. Bauschs Erfindergeist war aber noch lebendig. Er hatte ein Verfahren zur Produktion von Möbelfolien entwickelt und patentieren lassen, das sich erfolgreich am Markt behauptete.

1967 hatte er seinen Neffen, Rudolf Bauschs Sohn Dipl. Ing. Johan Viktor Theodor Rudolf, genannt Hanno, als geschäftsführenden Gesellschafter der Viktor Bausch KG aufgenommen, 1968 auch seinen Sohn Dr. Dr. Thomas Bausch. Hanno wurde später Alleinvorstand der Bausch AG. Er starb am 14. August 2010 im Alter von 82 Jahren.

1971 legte Viktor Bausch die Geschäftsführung ganz in die Hände der jungen Generation. Die KG, die nach einem going public zur Bausch AG umgewandelt wurde, sich später mit der Firma Robert Linnemann zusammenschloss und weiter mit der Döllken-Gruppe, ist als Produzent von Folien für die Möbelindustrie in der Firma Surteco S.E. mit dem Sitz in Pfaffenhofen Weltmarktführer.

Joachim Bausch, Vetter der Brüder Viktor und Rudolf, Papieringenieur (1904–1967), verheiratet mit Renate Schoeller, kehrte 1945 nach seiner Flucht aus englischer Kriegsgefangenschaft nicht nach Neu Kaliß in die sowjetisch besetzte Zone zurück. Er traf seine Familie in Osnabrück und war dann Prokurist der Firma J. H. Eppen in Winsen an der Luhe. Diese Papierfabrik war im Zweiten Weltkrieg stillgelegt worden. Nach Ende des Krieges kam nur die Zellstofffabrik wieder in Gang; die Papierfabrik wurde liquidiert. Später übernahm die Firma Felix Schoeller jun. das Werk, das wegen Überalterung und Unrentabilität nach einigen Jahren endgültig geschlossen wurde. Ein kurzer Versuch, den Namen »Felix Schoeller & Bausch« als Großhandelsunternehmen in Burg Gretesch (Osnabrück) zu erhalten oder Ende der fünfziger Jahre eine neue Großhandlung unter dem Namen »Joachim Albert Bausch« zur

Vermarktung noch vorhandener Vorräte aus Neu Kaliß zu gründen, wurde nach dem Ausverkauf beendet.

Joachim Bauschs Sohn Andreas, geboren 1933, gründete 1968 in Hamburg ein neues Unternehmen und zog später nach Winsen an der Luhe, wo er heute noch lebt und mit seinen Söhnen Stephan Ph. und Christoph die Andreas Th. Bausch GmbH & Co. KG, ein Papierverarbeitungsunternehmen, und mit seinem Sohn Alexander die Bausch Convert oHG für Papierausrüstung und Papiergroßhandel betreibt.

Die geschäftsführenden Gesellschafter der Firma Felix Schoeller & Bausch waren:

1. Generation: Theodor Bausch (sen.) (1832–1925), seit 1901 Alleininhaber; verh. mit Karoline Dittmann (1838–1907)

2. Generation: Theodor Bausch (jun.) (1863–1940), verh. mit Berta Jung

Ernst Viktor Bausch (sen.) (1865–1945), verh. mit Alberta Kraus

Felix Bausch (1874–1953), verh. mit Hermine Schoeller (Tochter des Ewald Schoeller: Schlesische Cellulose- und Papierfabriken Ewald Schoeller & Co.) (kinderlos)

3. Generation: Dipl. Ing. Viktor Bausch (jun.) (1898–1983), Sohn von Ernst Viktor Bausch (sen.), verh. mit Erika von Hornstein

1951 Gründer der Firma Viktor Bausch & Co. KG in Berlin, dann Bausch AG, später BauschLinnemann AG, seit 1999 mit der Döllken-Gruppe (Kunststofffolien) SURTECO S.E.

Dr. jur. Rudolf Bausch (1900–1946, umgekommen im sowjetischen Lager Neubrandenburg), Sohn von Ernst Viktor Bausch (sen.), verheiratet mit Gerda Lilliehöök

Joachim Bausch, Papieringenieur (1904–1967), Sohn von Theodor Bausch (jun.), verh. mit Renate Schoeller (Tochter von Lothar Schoeller), nach 1945 Prokurist der Papier- und Zellstofffabrik Eppen, Winsen (Luhe).

4. Generation: Dr. Dr. Thomas Bausch, (geboren 1945)

Dipl. Ing. Johan Viktor Bausch (1928–2010).

Andreas Theodor Bausch (geboren 1933)

5. Generation: Stephan Ph. Bausch

Alexander Bausch

Christoph Bausch

Söhne von Andreas Th. Bausch,

Bausch Convert oHG und Andreas Th. Bausch GmbH & Co. KG, Winsen (Luhe)

Briefkopf nach der zweiten Übernahme 1938 ohne Nennung der GmbH.

Felix Schoeller & Bausch, Werk Hohenofen

1938 wurde im ersten Halbjahr das Werk unter erheblichem Arbeits- und Kostenaufwand wiederinstandgesetzt. Um die Kostenstruktur in den Griff zu bekommen, wurden die Beschäftigten nur nach der Tarifposition 3a entlohnt, während in Neu Kaliß die Position 3 angewandt wurde, die 33 Prozent höher lag. Streiks waren seinerzeit verboten, aber die Arbeitsleistung sank. Die Betriebsleitung beantragte am 21. März 1939 beim »Reichstreuhänder der Arbeit für das Wirtschaftsgebiet Brandenburg« die Einführung einer Leistungsprämie, die den Tariflohn um 8 bis 15 Prozent anheben sollte.

Nicht geklärt ist die Frage, weshalb die Bauschs das Werk im hundertsten Jahr seines Bestehens wieder zurückkauften. Die Papiermaschine ist – mit an Sicherheit grenzender Wahrscheinlichkeit – heute noch die 1888 von Wagner & Co. gebaute. (Der in Hohenofen geborene Hans-Jürgen Peters, der hier seine Lehre als Papiermacher absolvierte, dann in Greiz tätig war, in Altenburg studierte (Dipl. Ing. FH) und 2008 als Rentner noch im Handel mit gebrauchten Maschinen der Papierindustrie tätig ist, ist sich dessen ganz sicher. Die Herstellerfirma ist ihm aber auch nicht bekannt.) Dem widerspricht zwar die Darstellung des Referenten für technische und Industriedenkmalpflege, Dr. Matthias Baxmann, in seiner nach 2003 verfassten Darstellung.[190] Danach stammt die Maschine aus den 1920er Jahren. Die Investition fiele dann in die Zeit der Herrschaft von Franz Illig. Das ist unwahrscheinlich, zumal inzwischen die damaligen Liquiditätsprobleme der Gesellschaft bekannt sind. Auch die leider unvollständigen Zahlen in dem Bilanzenbuch der GmbH geben keinen positiven Hinweis. Gesichert ist nur, dass die 1888 installierte Papiermaschine weder von Voith noch von Escher-Wyss, Bellmer oder einer der von ihnen übernommenen Firmen stammt. Die Gründe, die mich fast sicher sein lassen, dass die Maschine 1888 von der Maschinenfabrik Wagner & Co., Köthen, geliefert wurde, sind oben ausführlich erläutert.[191] Zur Zeit des 100-jährigen Jubiläums (1938) ist die Firma weiterhin als GmbH im Handelsregister Kyritz unter Nr. B 10 eingetragen. Als Eigentümerin der Liegenschaft ist 1938 die Offene Handelsgesellschaft in Firma Felix Schoeller & Bausch, Neu Kaliß, im Grundbuch dokumentiert, die das Werk als Zweigbetrieb von Neu Kaliß betrieb. Der historische Name wurde im Außenverhältnis nicht mehr erwähnt. Werkleiter war der Prokurist Sattler, Produktionsleiter und stellvertretender Werkleiter Hermann Bein, Werkstattmeister und Technischer Leiter Rülicke. Diese im Verhältnis zu Neu Kaliß kleine Fabrik hat später nicht unerheblich zur Finanzierung der Neukonstruktion einer Papiermaschine aus Altteilen und Schrott (»Phoenix« getauft) unter Leitung von Dipl. Ing. Viktor Bausch nach der Totaldemontage des großen Werkes Neu Kaliß bis zur Enteignung im Jahr 1951 beigetragen.

Der Name einer Firma, die manchmal über Jahrhunderte die Tradition eines Unternehmens gepflegt hat, ist auf dem globalisierten Markt in den USA, Russland, China, Brasilien und anderswo ohne Wert. Als nur ein Beispiel von vielen kann der Name Schoeller genannt werden, der noch im 20. Jahrhundert für eine ganze Anzahl bedeutsamer Papierfabriken stand: Ewald Schoeller & Co. (Schlesische Cellulose- und Papierfabriken); Felix Schoeller & Bausch, Neu Kaliß (die letzten Inhaber der Patent-Papierfabrik Hohenofen); Hugo Albert Schoeller, Düren; Felix Heinrich Schoeller, Düren; Schoeller & Hoesch, Gernsbach; Heinrich August Schoeller Söhne; nur diese letztgenannte (Papierfabrik Schoellershammer, Düren) und die Firmengruppe Felix Schoeller Jun., Osnabrück, haben noch überlebt. Manche der Fabriken allerdings produzieren nach wie vor, doch unter dem Namen ihrer heutigen (zumeist ausländischen) Besitzer.

1939 eröffneten Felix Schoeller & Bausch mit Jahresbeginn eine Geschäftsstelle in Hamburg, Paulstraße 11.

1940 Am 3. Januar starb Kommerzienrat Theodor (jun.) Bausch, der älteste Sohn des Gründers. »Der Papier-Fabrikant«[192] veröffentlichte eine große Todesanzeige. Die beiden anderen Seniorchefs, Viktor (sen.) und Felix Bausch nahmen 1941 ihre Söhne, Dipl. Ing. Viktor (jun.) Bausch als technischen Leiter, Dr. jur. Rudolf als kaufmännischen Leiter und deren Vetter Joachim Bausch als Gesellschafter in die offene Handelsgesellschaft auf. Qualität und Dimensionen der gefertigten Papiere wurden penibel überwacht. So reklamierte beispielsweise Neu Kaliß Übergewicht bei Landkartenpapier von Hohenofen wegen des höheren Rohstoffverbrauchs.

Viktor Bausch entwickelte in Berlin und Neu Kaliß mit Assistenz des Chefchemikers Dr. Schroth technische Papiere, u.a. Dichtungsstoff, Gasfilterpapier, Ballonstoff, Wurstdarmpapier und zähen Kreppstoff.[193] Die Papierfabriken in Neu Kaliß und Hohenofen wurden als »kriegsentscheidend« eingestuft und mit Rohstoff und Kohle bevorzugt beliefert, während andere Werke ungenügend versorgt oder sogar geschlossen wurden. Die Produktion von Landkartenpapier, Hell-(Fern-)schreiber- und Lochstreifenstanzpapier, Wurstdarmrohpapier, Lichtpausrohpapier, Banknotenpapier wurde gesteigert. Andere Spezialpapiere, wie wasserstoffgasdichtes Papier für Propagandaballons, kampfstofffestes Einwickelpapier »Igrafan«, IGRAF-Pergament, Elektroisolierpapier, Gasfilterkarton, Pflasterkrepp, Verdunkelungspapier »Velament«, wurden neu entwickelt und in die Produktion aufgenommen. 15 Viktor Bausch erteilte Patente im Deutschen Reich, überdies angemeldet in Belgien, Frankreich, Österreich, Schweden, Schweiz, Großbritannien und den Vereinigten Staaten, dokumentieren die Bedeutung seiner Arbeit. Versuche des Teams um Dr. Schroth, der ebenfalls eine patentierte Erfindung machte, für die Entwicklung eines Papiers für die elektrochemische bzw. elektrothermische Aufzeichnung drahtloser Funkpeilung wurden durch die Kriegsereignisse gestoppt.

Am 22. Februar erlässt die Reichsstelle für Papier- und Verpackungswesen den Nachtrag 2 (Herstellungsvorschriften für Papiererzeugnisse) zur Anordnung vom selben Tag. Darin werden die HoHo-Stoffklassen (Vereinigung holzhaltig/holzfrei) 1a (holzfrei), 2 (h'fr.), 3 (h'h.) und 5 (h'fr. bessere) für verbindlich erklärt. Für Schreib- und Druckpapiere und Verpackungen wird der Einsatz nur für genau angegebene Verwendungszwecke erlaubt.

1941 Am 1. August zählte Hohenofen 81 Arbeiter, acht Angestellte und 18 Kriegsgefangene. Zum Wehrdienst einberufen waren 25 Mitarbeiter. Die Beschäftigten waren großen-

Die Patent-Papierfabrik Hohenofen

teils überaltert. 1944 waren allein in Neu Kaliß sieben Jubilare mit 50-jähriger und über hundert mit 25-jähriger Betriebszugehörigkeit beschäftigt. Bei gleichbleibendem Mechanisierungsgrad betrug die Arbeitsleistung in Tonnen 1938: 4,5 t, 1943: 8,3 t. Gearbeitet wurde in zwei Schichten zu je zwölf Stunden.

Am 28. September erschien die »Achte Anordnung einer Beschränkung der Herstellung von Papier, Pappe, Zellstoff und Holzschliff«. Danach wurde bis zum 31. Dezember 1941 weiterhin verboten:

die Gründung neuer Unternehmen
die Erweiterung des Geschäftsbetriebes
die Erhöhung der Leistungsfähigkeit 1) von Kochern und Schleifern; 2) Neu-, Um- und Ausbau; 3) Änderung des Antriebes
die Herstellung anderer Sorten als am 1.1.1939 produziert
die Wiederinbetriebnahme stillgelegter Betriebe.

Unterzeichnet waren diese Beschränkungen vom »Reichswirtschaftsminister;
i.V. des Staatssekretärs: v. Hanneken.

Ebenfalls 1941 wurden mit der »Anordnung Nr. 2« der Reichsstelle für Papier und Verpackungswesen Herstellungs- und Verarbeitungsvorschriften für Papier, Karton und Pappe erlassen, die alle Details der Papiererzeugung regelten. Festgelegt wurden u.a. Formate, Rollenbreiten, Stoffzusammensetzung, Verwendungsgebote und -verbote, Herstellungsverbote und die Verteilung. Am 11. April traten zahlreiche Verwendungsverbote in Kraft, deren Aufzählung über Seiten ging und noch die letzten Petitessen erfasste. Zur Kenntnis gebracht wurden alle diese Anordnungen durch das amtliche Mitteilungsblatt »Deutscher Reichsanzeiger und preußischer Staatsanzeiger«. Diese Anordnung wurde von Jahr zu Jahr bis zum jeweiligen Ultimo verlängert und blieb so wohl bis zum Kriegsende in Kraft. Die Anordnungen wurden jährlich in der Dezemberausgabe des »Papier-Fabrikanten« veröffentlicht.

Über die Kriegszeit hinweg führte Viktor Bausch als allein wegen Unabkömmlichkeit vom Wehrdienst freigestellter Gesellschafter das Unternehmen. Er entzog sich damit nicht der

Die letzten aktiven Gesellschafter der Firma Felix Schoeller & Bausch, Neu Kaliß und Hohenofen: Viktor Bausch, Rudolf Bausch, Joachim Bausch (v.l.n.r.).

persönlichen Gefahr: Als Unterstützer des Kreisauer Kreises stand er im Widerstand gegenüber dem nationalsozialistischen Regime.

1943 wurde die Berliner Geschäftsstelle durch Bomben stark beschädigt, 1945 im Rahmen der Kampfhandlungen gänzlich zerstört.

1944 hat Escher-Wyss die Grundwerkkästen der Hardt-Holländer Gr. I überholt. »Birkner, Adressbuch der Papierindustrie Europas« hat in diesem Jahr einen Einband aus rotem IGRAF-Pergament und eine ganzseitige Werbeanzeige auf der zweiten Umschlagseite ohne Erwähnung von Hohenofen.

1945 Am 1. September konnte das Werk Neu Kaliß die Produktion mit 179 Mitarbeitern wieder aufnehmen. Am 9. Oktober wurde der erste Betriebsrat gewählt; Vorsitzender wurde Friedrich Diehm. Erzeugt wurden in beschränktem Umfang Post-, Schreib-, Durchschlag- und Vervielfältigungspapiere; dazu wurden Schulhefte und andere Verarbeitungsprodukte hergestellt. Im Januar 1946 ging eine zweite Papiermaschine in Betrieb, auf der Vulkanfiberrohpapier für Reparationsleistungen gefertigt wurde.

1946 im Januar lief die Hohenofener Papiermaschine wieder an.

6.5.4 Der gestohlene Phoenix[194]

1946 Am 28. März begann die vollständige Demontage des Werkes Neu Kaliß (bis auf eine Wasserturbine, die die Stromversorgung des Dorfes sicherstellte). Dipl. Ing. Viktor Bausch hatte nach Erhalt der Demontageanordnung den leitenden Ingenieur des Werkes angewiesen, einen genauen Plan für den sachgemäßen Abbau zu erarbeiten. Von dem nahmen die sowjetischen Offiziere nicht einmal Kenntnis. Mit brachialer Gewalt rissen 2.000 Angehörige einer Strafeinheit und 1.000 zwangsverpflichtete Arbeiter aus der Umgebung die drei hochwertigen Papiermaschinen und alle Nebenaggregate auseinander. Panzer, deren Geschütztürme abgebaut waren, rammten die Wände der Maschinenhallen ein und zogen ohne Rücksicht auf Verluste die Teile ins Freie. Auf Schönheit achteten nur die hohen Sowjets: Aus Kisten ragten die Wellenenden verpackter Zylinder heraus und mussten deshalb abgeschnitten werden. Sabotage – gegen wen? 13 Eisenbahnzüge wurden mit dem Schrott beladen, der nie wieder auch nur zu einer Maschine zusammengefügt werden konnte. Selbst die gemauerten Holländer auf Mühle II wurden zerschlagen. Innerhalb eines halben Jahres ging unter, was einmal Mecklenburgs bedeutendstes Industrieunternehmen nach dem Flugzeugwerk war. Noch der letzte Hammer, Nagel, Wasserhahn, Äxte und Schaufeln, Hebezeuge und Werkzeugmaschinen wurden mitgenommen. Auch die hier gelagerte neue Dampfturbine und die Ersatzteile für Hohenofen wurden ein Opfer des Raubzuges. Somit war auch Hohenofen von der Demontage mit betroffen, obwohl das Werk nicht auf der Liste stand.

Noch während der Abrissarbeiten beantragte Viktor Bausch gemeinsam mit dem Betriebsrat bei der Sowjetischen Militär-Administration den Neuaufbau der Fabrik – und be-

Die Patent-Papierfabrik Hohenofen

reits am 4. September erließ der Chef der SMA der Provinz Mecklenburg-Vorpommern, Generalmajor der Garde Skossyrew, den Befehl Nr. 1159, der die rechtliche Grundlage zu einem in der Papierindustrie einmaligen Wiederaufbau schuf.[195] Die Landesregierung stellte einen Kredit von zwei Millionen, später auf über drei Millionen Mark erhöht, zur Verfügung. Die einstige Fabrik wurde drei Jahre lang Baubetrieb. Unter der Ägide des technischen Leiters mit ungeheurer Tatkraft, Oberingenieur Frenzel, richtete der Oberingenieur V.D.I. Jäckel, bis Kriegsende bei den Füllnerwerken in Bad Warmbrunn beschäftigt, einem der großen Hersteller von Papiermaschinen, unter Unterstützung durch den Ingenieur Schindler ein Konstruktionsbüro ein. Ingenieure und Handwerker leiteten die Aufbauarbeiter an. Aus Papiermachern wurden Hilfsarbeiter, die sich im Laufe der Zeit zu Hilfsschlossern und Hilfsmonteuren qualifizierten. Es fehlte an allem: Es gab keinen Lkw, nicht einmal ein Pferdegespann. Die Arbeiter brachten ihr Werkzeug von zu Hause mit. Bezugsscheine über Streichhölzer, Papierbindfaden, Holzpantinensohlen mussten beim Wirtschaftsamt Dönitz beantragt werden. Die Mitarbeiter leisteten Unglaubliches, um ihre traditionsreiche Arbeitsstätte wieder zum Leben zu erwecken. Ein Lkw wurde »organisiert«[196]; schließlich waren es deren drei. Niemand wollte Genaueres über ihre Herkunft wissen. Von der Papierfabrik August Koehler AG, Oberkirch in Baden, konnte für 130.000 Mark eine Papiermaschine gekauft werden, die 1940 nach Treuenbrietzen ausgelagert worden war. Im bitterkalten Winter 1946/47 wurde sie aus dem Schutt ausgegraben, unter dem sie nach der Zerstörung der Halle durch Artilleriebeschuss lag. Andere Interessenten waren schneller gewesen: Alle Motoren und fast alle Teile aus Buntmetall fehlten. Die Maschine war für die Fertigung von Seiden- und Zigarettenpapier konstruiert worden, später für Strohkarton umgebaut. Für die Erzeugung von Feinpapieren war sie unbrauchbar, verfügte sie doch nur über zwei Pressen, während für Feinpapier mindestens drei, besser vier benötigt wurden. Die Trockenpartie war unzureichend. Der Schrotthandel konnte helfen: Eine gleichfalls bomben- und brandgeschädigte Papiermaschine konnte in Oranienburg für 22.000 Mark erworben werden. Ihre Herkunft ist unbekannt; aus der benachbarten Fabrik konnte sie nicht stammen. Die Fundamentschienen und Konsolen konnten verwendet werden. Eine komplette Pressenpartie mit zwei Pressen und Spezialmotoren wurden auf Schlitten über die zugefrorene Elbe herangeschafft. Die Deutsche Wirtschaftskommission genehmigte für den Ausgleich des Gegenwertes von 300.000 Mark die Lieferung von Papier, das der Demontageaktion entgangen war. Mithilfe gutwilliger sowjetischer Offiziere wurden Werkzeugmaschinen aus Rüstungsbetrieben beschafft, die demontiert wurden. Auch in anderen Demontageopfern wurde man fündig, etwa in der Dynamitfabrik Dömitz und weiteren. Die etablierten Papiermaschinenhersteller: Golzern-Grimma, und Paschke, Freiberg, waren mit Reparationslieferungen ausgelastet. Die Zeitumstände verboten einst selbstverständliche Skrupel. Vier Handwerker holten bei Nacht und Nebel, bis über die Knie im Wasser stehend, aus der Ruine des Berliner Hotels Adlon die Filteranlage heraus. Dreißigtausend Nägel wurden von Hand hergestellt. Von Siemens-Schuckert in Berlin konnte der Antrieb gekauft und über die Sektorengrenze geschmuggelt werden. Ein-

einviertel Millionen Arbeitsstunden (ohne Techniker und Verwaltung) wurden für den Neuaufbau geleistet, ca. 250 cbm Beton- und Mauerwerk mit Vorschlaghammer und Meißel zerkleinert und abgetragen, um Zement für die Fundamente zu sparen. 1.300 t Maschinen und Teile und Alteisen wurden herangeschafft, aus 250 t Alteisen wurden 27.000 Einzelteile gefertigt, darunter Muttern und Flanschen. Zwölf km elektrische und zwei km Rohrleitungen wurden verlegt, 320 cbm Holz verarbeitet. Die Lkw legten 320.000 km zurück.

Von Beginn an wollte man Solides, Dauerhaftes, kein Provisorium schaffen und dachte auch an spätere Erweiterung. Ein Dampfmaschinen-Generator und eine Gegendruck-Dampfmaschine konnten aus der Zuckerfabrik Wismar erworben werden, wo sie als Reservemaschinen standen. Dadurch konnte die Kraftstation nach den Regeln der Kunst geplant werden. Unter den 185 Beschäftigten waren fünf Ingenieure und Techniker, acht Werkmeister, 22 Schlosser, acht Elektriker, elf Tischler und Zimmerleute und sieben Maurer. 124 ehemalige (und wieder künftige) Papiermacher arbeiteten nun als Bauhilfsarbeiter. Der Stundenlohn der Facharbeiter in Neu Kaliß betrug 75 Pfennig, der der Hilfsarbeiter 72 Pfennig. In Hohenofen wurden 1946 auf 1947 die Löhne erhöht, für Papiermaschinenführer von 77,2 auf 90 Pfennig, Pressensteher von 57,8 auf 71 Pfennig, Holländermüller von 60,4 auf 81 Pfennig; Kollerer von 57,8 auf 78 Pfennig, Querschneiderführer von 57,8 auf 80 Pfennig, für Papiersaalarbeiterinnen (die sortierten, zählten oder einriesten) mit eigenem Haushalt von 41,4, ohne von 36 auf 70 Pfennig. (In Nordwestdeutschland erhielten die Frauen teilweise bei Kriegsende noch weniger als 25, bei Wiederanlaufen des Betriebes dann mindestens 25 Pfennig.) Der Durchschnittsgrundlohn für Frauen bis 18 Jahren war 48 Pfennig, bis 20 Jahren 54 und darüber 60 Pfennig.

Die Papiermaschine in Neu Kaliß war nicht die einzige, die nach der brutalen Demontageaktion wieder produzierte – wohl aber die einzige, die nur aus Schrott und zusammengesuchten Teilen und von der Belegschaft zusammmengebaut wurde. Papiermaschinen liefen noch vor 1950 wieder – in Königstein, Fockendorf, Wolfswinkel. Die Unternehmer aber waren lange vorher enteignet worden, den Fabriken wurden Papiermaschinen aus anderen Betrieben zugewiesen und sie erhielten als »volkseigene« Unternehmen die Unterstützung der kommunistischen Behörden und selbst der Sowjetischen Militäradministration (SMA).

1947 fand in Hohenofen eine Betriebsversammlung statt, auf der Viktor Bausch sprach. Leider ist seine Rede nicht überliefert, die er wohl unmittelbar nach der Demontage des Hauptwerks Neu Kaliß gehalten hat.

In diesem Jahr wurde bei der Provinzial-Versicherungsanstalt Mark Brandenburg für den kaufmännischen und technischen Leiter Curt Sattler, geboren am 14. Dezember 1888 in Stumm, eine Unfallversicherung mit einer Invaliditätssumme von 90.000 RM und einer Todesfallsumme von 30.000 RM abgeschlossen. Nach der Währungsreform 1949 wurden die von der Versicherungsanstalt des Landes Brandenburg übernommenen Werte 3:1 vermindert und durch Zahlung von 165,80 Mark wieder aufgefüllt. Auch die Mitglieder der Betriebsfeuerwehr wurden versichert. Der Betrieb hatte damals einen Pkw Adler, einen Opel P4 und einen Lkw Chevrolet 1,5 t.

Die Patent-Papierfabrik Hohenofen

1948 führt Viktor Bausch anlässlich der Betriebsversammlung des Werks Neu Kaliß am 20. August unter anderem aus:[197]

»Unsere heute hier anwesenden Hohenofener Kollegen, die ich auch meinerseits herzlich begrüße, werden wahrscheinlich sagen: nanu – hier sieht es ja prächtig aus! Auf dem Hofe wachsen die Tomaten, und alles ist sauber und blank gefegt [...].

Wenn nicht Hohenofen wäre, dann würden wir schon früher fertig gewesen sein. Ich sprach gelegentlich einer vorjährigen Betriebsversammlung in Hohenofen in diesem Sinne zu den dortigen Kollegen und dankte ihnen für ihr Verständnis, dass alles, was besorgt wird, nach Neu Kaliß geht und ihr Werk in Hohenofen zu kurz kommt. In Hohenofen geschieht in dieser Beziehung so wenig, dass ich mich manchmal frage, ob wir dort überhaupt noch unserer Pflicht als Unternehmer nachkommen. Aber Hohenofen musste und muss auch noch einen Pflock zurückstecken, denn, wie schon gesagt, alles, was heute mobil gemacht werden kann, muss zunächst Neu Kaliß zugute kommen. [...]

Meine Herren aus Hohenofen! Jeder von Ihnen sollte sich einmal einige Zeit zwischen die zerschlagenen Holländer auf Mühle II oder in der Ruine der Lumpenkocherei auf eine Kiste setzen und darüber nachdenken, durch was für eine Notzeit das Neu Kalisser Werk gegangen ist. Der Großteil der besten Arbeiter des Neu Kalisser Werkes steht noch draußen, sie begießen ihre Tomaten und warten, bis wir hier wieder in Gang kommen. Aber die Hohenofener mögen versichert sein, dass, wenn wir das Notwendigste hier aufgeführt haben werden, um

Die Papiermaschine »Phoenix«, 1949.

Eine Ehrentafel wurde am Rollapparat der Papiermaschine »Phoenix« angebracht.

überhaupt wieder in Gang zu kommen, und möglichst auch schon früher, die Geschäftsleitung sich intensiv um das Werk Hohenofen kümmern wird, denn auch Hohenofen ist von der Demontage betroffen worden; die für Hohenofen vorgesehene Dampfturbine ist pascholl und gleichfalls das umfangreiche Reservelager, das für beide Werke in Neu Kaliß sich befand, leider, ist Hohenofen ebenso los. Wir bitten die Hohenofener, noch eine Zeitlang kurz zu treten. Im großen Plan steht Hohenofen genau so drin wie Neu Kaliß.«

1949 In Neu Kaliß wird in der Nacht vom 16. zum 17. November die Papiermaschine I in Gang gesetzt und auf den Namen »Phoenix« getauft.

In der Festschrift »100 Jahre Feinpapierfabriken Neu Kaliß« durfte das Schild (Abb. oben) nicht erwähnt und nicht abgebildet werden. Es ist spurlos verschwunden, aber Abbildungen bewahren die Erinnerung an die einmalige Leistung, die die Mitarbeiterschaft der Firma vollbrachte.

Die Papiermaschine mit 196 cm beschnittener Arbeitsbreite hatte automatische Steuerung, Einzelantrieb mit 30 Getriebezapfmotoren und einer Arbeitsgeschwindigkeit von 18 bis 85 m/min, dazu zwei Kalander, fünf Umroller, zwei Querschneider.

1950 wurde die streng geheim gehaltene Enteignung vom 30. November 1948 durchgeführt. Das damalige Dokument der Landesregierung Mecklenburg war nur an die Gesellschafter Dr. Rudolf Bausch und Joachim Bausch gerichtet. Viktor Bausch hatte seine Aktivität für den Wiederaufbau des Werkes an die Bedingung geknüpft, dass die Familienanteile von Dr. Rudolf und Joachim Bausch nicht in Landeseigentum übergingen. Da Viktor Bauschs Mitarbeit beim Wiederaufbau unentbehrlich war, blieb der Bescheid verborgen. Der Beauftragte Neuwirth schrieb am 7. Oktober 1949 an die Deutsche Wirtschaftskommission: »[...]

Die Patent-Papierfabrik Hohenofen

nicht die vier leeren Wände enteignen und die Enteignung erst dann vornehmen, […] wenn der Betrieb […] fertig wäre«.[198] Nach einer zugespielten Warnung flüchtet die Familie Viktor Bausch 1950 nach West-Berlin. Das Unternehmen wurde zunächst Treuhandbetrieb und »Pachtbetrieb der VVB[199] Papier« und 1953 zusammen mit Hohenofen Volkseigener Betrieb. Die Verbindung mit der Feinpapierfabrik Hohenofen blieb bestehen; die kleine Packpapierfabrik Wismar wurde ebenso als Zweigbetrieb integriert wie die Vulkanfiberfabrik Werder (Havel).

Im selben Jahr wurde nach den Erinnerungen der letzten Hohenofener Zeitzeugin Johanna Mechling das Fundament für die Dampfturbine durch eine Baufirma aus Neugersdorf (Sachsen) gelegt. Sie weiß das Datum genau, weil sie in diesem Jahr ihren Mann, den Maurer Fritz Mechling, kennenlernte. Ob diese Arbeit noch auf Veranlassung von Viktor Bausch oder aber einem zwischenzeitlich bestellten Treuhänder durchgeführt wurde, ist ungeklärt.

»Eigentum des Volkes«[200]   6.6

Erinnerungen von Hohenofener Zeitzeugen   6.6.1

Seit den Zeiten des industriellen Wiederaufbaus der Seigerhütte in der Mitte des 17. Jahrhunderts und des Baues der Papierfabrik nach dem Ende der Hütte galt für die Einwohner Hohenofens die Einheit von Dorf und Industriebetrieb. Letzterer umfasste die bedeutendsten Bauwerke und war für die Menschen die Grundlage ihrer Existenz. Die Mehrheit der Bevölkerung arbeitete in der Fabrik oder für sie. Infolgedessen umfassen Berichte aus damaligen Zeiten das Dorf und das Werk als eine Einheit. Veränderungen der Ortsbebauung wirkten sich zumeist auf beide Faktoren, die Gemeinde wie die Firma, aus und wurden im Zusammenhang dargestellt.

Das Dossewehr im Hauptlauf der Dosse war eingebaut, um den Wasserstand der Dosse so zu regulieren, dass eine Befüllung der Filterteiche ermöglicht wurde. Es gab deren fünf und das Filterhaus. In den Filterteichen setzten sich Schwebstoffe auf dem Boden ab. Der Filterteich wuchs so allmählich zu, von einer Tiefe von knapp über zwei Metern bis dann nach Jahren zu einer Tiefe von nur 80 Zentimetern. Filterteiche und Filterhaus konnten über eine Entwässerungsleitung, die am Turbinengraben anschloss, abgelassen werden. Auch führte eine Entwässerungsleitung vom Filterteich hinter Nikolow bis zum Filterhaus und dann in den Goldgraben. Einer der fünf Teiche wurde durch die Papierfabrik mit Schlacke aufgefüllt und wurde so zum Schlackeplatz.

Hermann Bein, Jahrgang 1925, arbeitete vermutlich zwischen 1948 und 1953 in der Patentpapierfabrik Penig und studierte dann an der Ingenieurschule für Papiertechnik in Köthen. Paul Niquet, dessen Vorfahren Hugenotten waren, arbeitete in der Papierfabrik als Bleicher. Erich Rösler war in der Papierfabrik Maurer.

1950 sollte im Dreieck zwischen Dosse und Mühlgraben im Rahmen des »Nationalen Aufbauwerkes« eine Badeanstalt für die Bevölkerung gebaut werden. Bei den Schachtarbeiten stieß man auf umfangreiche Fundamente, die der Silberschmelze zugeordnet wurden. Der dabei entdeckte Rohguss einer Silberschüssel wurde noch lange in der Papierfabrik aufbewahrt.

1951 Am 1. März ordnete die Landesregierung Mecklenburg Treuhandverwaltung für die Muttergesellschaft in Neu Kaliß an, die den Zweigbetrieb Hohenofen – rechtlich noch immer eine selbstständige GmbH – einschloss. Zum Treuhänder und Leiter beider Werke wurde Professor Dr. Wilhelm Kallmeyer bestellt, der bis dahin an der TU Dresden lehrte.

Mit der Verstaatlichung begann die Indoktrinierung der Belegschaft mit der sozialistischen Ideologie. Klassenkämpferisch ausgerichtete Parteibonzen erhielten Schlüsselpositionen. So wurde am 30. März Carl Franck zum Vorsitzenden der Betriebsgewerkschaftsleitung »gewählt«, die den einstigen Betriebsrat ersetzte. Kritisiert wird in der erwähnten Jubiläumsschrift, dass die jungen Genossen und Gewerkschafter die Werke der revolutionären Klassiker nicht studiert hatten und ohne fundiertes Wissen über die »Theorie der Lehren von Marx, Engels und Lenin« waren. Die Details der politischen Gleichschaltung der Mitarbeiter ersparen wir uns; die verquaste Rhetorik der damals Herrschenden und ihrer Mitläufer ist heute kaum mehr zu verstehen.

Zu Beginn des Jahre 1951 erfolgte eine »Strukturumwandlung«[201] zum Pachtbetrieb der VVB Papier. Am 1. Juli schloss sich der Betrieb mit dem VEB Papierfabrik Wismar, der als Pachtkontrahent auftrat, zu einer betrieblichen Einheit zusammen, wobei das Werk Neu Kaliß als Leitbetrieb fungiert. Die neue Einheit erhielt den Namen VEB Papierfabriken Wismar – Neu Kaliß.

1953 In diesem Jahr begann die Installation einer neuen 500 PS Borsig-Dampfmaschine hinter dem alten Heizhaus. 1954 konnte sie in Betrieb gehen. Die Leistung der Papiermaschine wurde durch den Einbau eines vierten Saugers erhöht, durch den die Produktionsgeschwindigkeit erhöht werden konnte. Für den technischen Teil war Herr Graf zuständig. Die Dampfmaschine arbeitete bis Ende der siebziger Jahre. Sie war ursprünglich zur Erzeugung von Elektroenergie vorgesehen. Die wurde für notwendig erachtet, um bei einem Spitzenbedarf an Energie die Papierfabrikation nicht anhalten zu müssen, da die Versorgung aus dem öffentlichen Netz den Bedarf für die Papierfabrik nicht decken konnte. In der »Neuererbewegung«[202] führte das zu einer bemerkenswerten Kuriosität: Zuerst wurde ein Neuerer-Vorschlag eingereicht, der die Energieerzeugung mit der Dampfturbine aus eigenen Mitteln absichern sollte. Dies wurde mit Zahlen unterlegt und der Effekt in barer Münze über die Kostenstelle »Abrechnung Neuererwesen« ausbezahlt. Wenig später kam der Neuerervorschlag, dass die Stromversorgung aus dem Netz effektiver sei. Dies wurde mit Zahlen unterlegt und der Effekt in barer Münze ausgezahlt – »Abrechnung Neuererwesen«. Diese Institution war im Werk ins Leben gerufen worden und allgemein in der DDR noch nicht entwickelt. Nicht entwickelt war auch die allgemeine Energieversorgung. Weder gab es eine ausreichende Kraftwerkska-

Die Patent-Papierfabrik Hohenofen

pazität, noch ein leistungsfähiges Leitungsnetz. Jeder fähige technische Leiter hätte also wie selbstverständlich zur Sicherung der Energieversorgung des Werkes die eigene Stromerzeugung favorisiert. Die Kraft-Wärme-Kopplung war schon damals in der Papierfabrikation allgemein angewandt.

Mit dem 1. Januar 1953 wurde die Papierfabrik Wismar aus dieser Betriebszusammenlegung wieder herausgelöst. Die Werke Neu Kaliß und Hohenofen wurden voll in »Volkseigentum« überführt. Die Eintragung als »Volkseigener Betrieb« in das Handelsregister erfolgte am 28. August 1953. Sie lautet: »Laut Rechtsträgernachweis ist der Betrieb in Volkseigentum überführt und wird beim Rat des Kreises Kyritz Abteilung Staatliches Eigentum unter dem Aktenzeichen K N Ky 122 geführt. Die Firma wird auf Antrag des VEB Feinpapierfabriken Neu Kaliß VVB Papier u. Pappe gelöscht«. Der Eintrag im »Birkner«[203] unter Hohenofen lautete aber noch: »Felix Schoeller & Bausch, Feinpapierfabrik. Siehe Neu-Kaliß (Meckl.)«

Eher belustigt liest man heute in dem bereits erwähnten Werk »100 Jahre Feinpapierfabriken Neu Kaliß«: »Der Prozeß der Überführung des Privatbetriebes in das Eigentum des Volkes in den Jahren 1951/52 erforderte von allen Kollegen eine völlige Neuorientierung von der bisherigen Tradition auf die Prinzipien der volkseigenen Wirtschaft. Kaum ein Kollege beherrschte die Arbeitsmethoden, die der volkseigene Betrieb verlangte, und viele von ihnen hatten noch nicht die enge Verflechtung der fachlichen mit den politischen Problemen erkannt.«

Der umwerfende Erfolg ist in dem Technischen Denkmal Patent-Papierfabrik Hohenofen zu bewundern. Jedenfalls ist dort deutlich zu erkennen, wie Papier vor hundert Jahren hergestellt wurde.

Von 120 Mitarbeitern wurden in diesem Jahr 780 t Transparentzeichenpapier, Transparent-Lichtpausrohpapier, Extrafein-Bücherschreibpapier, Registerkartenkarton, Spezialmanilakrepp, Rändelpapier und Packpapier produziert. Zeitweise als einziges Werk lieferte Hohenofen Transparentzeichen für den gesamten Ostblock, aber auch in den Westen. Interessant ist die Feststellung, dass die außerplanmäßigen Stillstände in Hohenofen 1953 von 635 auf 75 Stunden gesenkt werden konnten. Leider ist nicht überliefert, worauf die hohen Stillstandzeiten des Vorjahres beruhten.

Die »jungen Rationalisatoren«[204] Günther Handrick, Rudi Demuth und Egon Niemann nahmen eine vorläufige Spezialisierung der beiden Werke Neu Kaliß und Hohenofen vor. Die Fertigung von Transparentpapier und stoffgleichen Qualitäten wie Transparent-Lichtpausrohpapier und Lochstreifenstanzpapier übernahm von nun an aufgrund seiner hierfür besse-

Briefkopf des Werkes II des VEB Feinpapierfabriken Neu-Kaliß, 1953–1889.

ren produktionstechnischen Voraussetzungen ausschließlich das Werk Hohenofen, während sich das Werk Neu Kaliß auf Fein-, Zeichen- und sonstige Papiere spezialisierte. Im selben Jahr richtete man in Hohenofen eine neue Abteilung ein, die aus Abfällen von Transparentpapier Rundlinge und Abdeckscheiben fertigte, was dazu beitrug, eine Bedarfslücke in der Verpackung der Lebensmittelindustrie zu schließen, die Ausschussquote zu senken und den Gewinn zu erhöhen. Noch heute sind als Museumsexponate zahlreiche Rundstanzwerkzeuge vorhanden. In Hohenofen wurde damals auch der Hadernhalbstoff für Neu Kaliß hergestellt, bis dort eine neue Hadernaufbereitungsanlage in 2.000 »freiwilligen Aufbaustunden«, also unbezahlten, errichtet wurde. Aus Hohenofen ist sie spurlos verschwunden.

Ebenfalls 1953 kam Eduard Schulz nach Hohenofen, um die TKO (Technische Kontrollorganisation) aufzubauen, die Güteprüfung. Das Haus, in dem er wohnte (dort wohnte er oben und Betriebsleiter Rudolf Richter im Erdgeschoss) war die ehemalige Poliermühle. Er berichtete, dass er bei den Sanierungsarbeiten am Haus die gemauerte Öffnung entdeckt hatte, durch die die Welle vom Wasserrad, die die Poliermühle antrieb, in das Haus führte. Der Poliergraben ging von der Dosse ab und führte an dem Haus vorbei. In Höhe des Hauses verzweigte er sich noch einmal, um das Wasserrad anzutreiben. Der Poliergraben querte die Landstraße und verlief hinter den Häusern, um wieder in die Dosse zu münden. Das Haus war um 1712 erbaut worden.

1954 Der ehemalige Treuhänder und bisherige Leiter des Gesamtbetriebes, Kallmeyer, schied am 1. Januar aus. Kommissarisch übernahm »der junge Aktivist« Rudolf Dreyer bis zum 10. Mai 1954 diese Funktion.[205] Dann wurde Rudolf Richter, »Aktivist der ersten Stunde«, vom VEB Patentpapierfabrik Penig, Werk Willischthal, Leiter des Betriebes. Als Werkleiter für Hohenofen wurde Arno Brüning bestätigt.

Im selben Jahr wurden Bücherschreib und Registerkartenkarton aus dem Programm genommen. Gemäß Prüfung vom 8. April wurde der Einbau einer Gautschbruchbütte geplant.

1955 endete die Herstellung von Packpapieren. Zur Eigenerzeugung von Energie wurde in diesem Jahr die erwähnte Borsig-Entnahmedampfmaschine für die Beheizung der Trockenzylinder in Betrieb genommen, im Spätsommer außerdem eine Faserstoffrückgewinnungsanlage, die wesentlich zur Reduzierung der Stoffverluste und zur Reinhaltung des Vorfilters beitrug. Die Dampfmaschine diente nur zur Elektroenergieerzeugung für den Fabrikeigenbedarf, jedoch wurde schon bald festgestellt, dass diese Art Energieerzeugung nicht rationell war und der Strombezug vom Netz günstiger war. Die Dampfmaschine wurde kurz darauf abgeschaltet.

Ob die Herstellung von Toilettenpapier (nicht eben ein typisches Erzeugnis einer Feinpapierfabrik) unter die Kategorie »Packpapiere« subsumiert wurde, ist nicht überliefert. Das braune Material, genormt nach TGL 289 77, würde wohl heute kein Unternehmen als holzhaltig Leichtkrepp für Verpackungszwecke verwenden wollen. Damals wurde das Papier »konfektioniert ohne Hülse«[206] zum vorgeschriebenen Endverbraucherpreis von -.20 M pro Rolle verkauft. Zugegeben – gegenüber dem jahrelang verwendeten, auf etwa DIN A 6, dem

Die Patent-Papierfabrik Hohenofen

Postkartenformat, zugeschnittenen Zeitungspapier, aufgespießt auf einen krummen Draht, war das durchaus ein Fortschritt. Das nun produzierte einlagige Toilettenpapier aus hartem Holzschliff, zusammengehalten durch erstaunlich sauberes Altpapier (vielleicht Ausschuss aus der Feinpapiererzeugung), war mehr optisch als technisch gekreppt, erweckte aber immerhin den Krepp-Anschein. Das Fehlen einer Hülse nahm man als planwirtschaftlich gegeben hin. Das vorliegende Muster ist nur an einer Seite glatt geschnitten; die andere sieht aus, als wäre die Tambourrolle, wie sie von der Papiermaschine kommt, unbeschnitten in den Umroller praktiziert worden. Vielleicht sollte damit das Gefühl von Büttenpapier vermittelt werden; eher aber ist zu vermuten, dass die gesamte Siebbreite ohne einen Beschnitt ausgenutzt worden ist.

1957 führte man die »durchgehende Produktionswoche im kontinuierlichen Dreischichtsystem« ein. Ob das bedeutete, dass über das Wochenende produziert oder etwa vorher allnächtlich abgestellt wurde, bleibt noch zu klären.

Eine Statistik der Jahresproduktionen aus diesem Jahr ist in den Hohenofener Akten erhalten geblieben.

In gerundeten Zahlen wird angegeben für die gesamte Jahresproduktion, nicht etwa für Toilettenpapier:[207]

1948	792 t
1949	1.079 t
1950	1.080 t
1951	1.146 t
1952	1.284 t
1953	820 t
1954	841 t
1955	890 t
1956	1.031 t (nach anderen Unterlagen 935 t)
1957	837 t

1958 konnte man bereits 1.070 t Transparentzeichen, Transparent-Lichtpausrohpapier, Lochstreifenstanzpapier und Extrazäh Krepp herstellen.

1959 begann der Abiturient Hans-Jürgen Peters seine Lehre als Facharbeiter für Papierfabrikation. Die zentrale Ausbildung fand in der Papierfabrik Greiz (ehemals Otto Günter) statt. Die praktische Tätigkeit erfolgte in den schulfreien Wochen im Heimatbetrieb Hohenofen. Er erinnert sich heute »dass bis zur Aufnahme meines Studiums 1961 und während meines Studiums, wo ich in der Papierfabrik arbeitete, keine Liquidation der Drehscheibe des Anschlussgleises erfolgte. Nach meiner Auffassung muss diese im Zuge des Umbaues der Papiermaschine 1967 eliminiert worden sein. Das passt zeitlich auch zusammen mit der Bereitstellung von Gabelstaplern und dem größeren Produktionsvolumen. Die Waggons wurden übrigens mithilfe einer Seilwinde unter Verwendung von Umlenkrollen gezogen, später mit einem motorgetriebenen Rangierfahrzeug.«[208]

»Eigentum des Volkes«

Aufkleber »Toiletten-papier« auf einem Originalblatt.

Die Holländer (im traditionell »Mühle« genannten Saal) wurden anfangs mechanisch mit Wasserkraft, später mit Einzelmotoren angetrieben. Hinter der Papiermaschine stand ein sogenannter »Flottmann«, ein Dampfmotor, der den Transmissionsstrang der Maschine antrieb, wenn nicht genügend Elektroenergie vorhanden war. Alle Ausrüstungsmaschinen hatten Elektroantrieb.

»Einen Schiffsdiesel zum Antrieb der Maschine hat es nach meiner Auffassung nie gegeben. Die Infrastruktur, Tanks, Tankfahrzeuge, Abgasschornstein usw. war einfach nicht dafür da.« So beschreibt es Peters.[209]

1960 lief die Turbine nicht mehr.

Die Trafostation Goldbeck 15 kV wird mit der Zeichnung I-ST-0839-002 entworfen.

6.6.2 Modernisierung

1965 wird die Baugenehmigung für zwei Maschinen-Rührbütten im Erdgeschoss unter der Nr. 170/65 erteilt. Der Aufwand wird mit 19.000 MDN genannt.

1966 lief die Dampfmaschine das letzte Mal und wurde entsorgt. Bis dahin wurde die Papiermaschine durch Transmissionen angetrieben. Danach erfolgte der Umbau auf Elektromotoren.

1967 beschrieb der VEB Papierfabrik Tannroda als beauftragtes Planungsunternehmen die für die vorgesehene Verlängerung der Nasspartie erforderlichen Arbeiten an Fundamenten und Fußböden. Die Verlängerung erforderte die Beseitigung von Querwänden. Deshalb

Die Patent-Papierfabrik Hohenofen

mussten die Deckenlasten durch einzubauende Unterzüge aus Stahl abgefangen werden. Die Arbeiten und insbesondere die zu verwendenden Materialien, wie Betonklassen, wurden im Einzelnen vorgegeben.

Am 25. Juli wurde die Baugenehmigung Nr. 173/67 für den Umbau der PM 2 mit Verlängerung des Maschinensaales für ca. 80.000 MDN (Mark der Deutschen Notenbank) erteilt. 1967/69 erfolgte der Umbau der Papiermaschine durch den VEB Papiermaschinenwerk Freiberg. Der Papiermaschinenantrieb wurde erneuert (Längsantrieb mit Einzelmotoren), die Siebpartie von 18 auf 27,9 m verlängert, die Pressenpartie durch eine vierte Einheit erweitert. Zwei Offsetpressen wurden installiert. Eine solche ist eine filzlose Nasspresse zum Glätten des kalt-feuchten Papiers vor dem Einlauf in die Trockenpartie, bestehend aus einer Stonite- und einer Hartgummiwalze. Der Name rührt daher, dass eine solche Presse für die Herstellung maschinenglatter Offsetdruckpapiere optimal ist. Durch die Vergrößerung der Blattbildungs- und Entwässerungszone konnte eine Spezialisierung auf transparente Zeichenpapiere in drei Qualitätsstufen und Transparent-Lichtpausrohpapier erfolgen. Ein Flächenmessgerät wurde installiert, der Filztrockner und einer der beiden Kühlzylinder entfernt. Überdies wurden die Stoffbütten erneuert. Nach den Feststellungen von Peters blieb die Trockenpartie unverändert. Die Stuhlung und die Art der Trockenzylinder stammen nach seinen Feststellungen aus der Zeit des Neubaues 1888. Das trifft zumindest auch auf eine Presse zu. Die Bemühungen um einen Einblick in die Prüfbücher des TÜV (der oder eine gleichartige Institution prüfte auch in der DDR-Zeit vorschriftsgemäß alle zwei Jahre die Trockenzylinder) blieben leider ergebnislos; keines der damaligen Dokumente ist noch vorhanden. Anlässlich der Umbauten wurde auch der Rollapparat erneuert. Irgendwann in dieser Zeit glaubte man – zu Recht oder auch nicht – keine Wasserzeichenpapiere mehr zu produzieren und entsorgte die mehr als 20 vorhandenen Wasserzeichen-Egoutteure, zumeist kundeneigene, aber auch die mit den vorgeschriebenen Wasserzeichen für Normalpapiere. Unersetzliches Kulturgut fiel dadurch der allgemeinen Rohstoff-Sammelwut in der DDR zum Opfer.

Damals muss auch das alte Kesselhaus umgebaut worden sein. Die zwei liegenden Rauchgaskessel waren der zu erwartenden Produktionssteigerung nicht gewachsen. Außerdem war es in der DDR gängige Praxis, solche Erweiterungen zu nutzen, um andere Engpässe zu beseitigen. Man bekam eine »Vorhabennummer« und konnte damit auch die Finanzierungszusage erhalten. Aufgrund der technischen Forderungen wurde ein Zweikreisdampferzeuger mit fünf t/h eingebaut. In den folgenden Jahren war der Dampfbedarf weiter gestiegen, und das alte Kesselhaus reichte nicht mehr aus.[210]

Rohstoff für die Produktion war fast ausschließlich Fichten-Sulfitzellstoff aus Gröditz. Der brachte Probleme bei der Verarbeitung mit sich, die sich auf die Papierqualität auswirkten. Der beste Zellstoff wurde aus Finnland und Schweden importiert, er war relativ trocken.

1968 Man mag es heute gar nicht mehr glauben, aber in diesem Jahr wurde »der 6. selbständige Kampfgruppenzug Hohenofen gebildet, aus dem 1974 die 11. Kampfgruppenhundertschaft mot. entstand. Trägerbetrieb ist die Papierfabrik.«[211]

Peters schloss in diesem Jahr ein Abendstudium als Ingenieurökonom ab. In seiner Abschlussarbeit musste er eine wirtschaftliche Untersuchung verschiedener kontinuierlicher Mahltechnologien für die Transparentpapierproduktion in Hohenofen erarbeiten. Ausgangspunkt dafür waren seine Studien am Institut für Zellstoff und Papier (heute: Papiertechnische Stiftung) in Heidenau über den Einsatz moderner Mahlmaschinen für sehr schmierige Stoffe.

Hohenofen hatte in der DDR-Zeit den Bedarf des gesamten Ostblocks an Transparentzeichenpapier zu decken. Es wurde also ausschließlich sehr schmierig gemahlener Stoff eingesetzt, zu dessen Mahlung der Einsatz von Basalt- oder anderer Steinbemesserung der Holländer den Stahl- oder Bronzemessern überlegen war. Verarbeitet wurden in dieser Zeit nur Zellstoffe aus dem Zellstoffwerk Rosenthal. Für die Transparentpapierproduktion musste eine besondere Zellstoffqualität erzeugt werden, um bei der Mahlung eine gute Faserquetschung und damit letztlich die verlangte Transparenz zu erzielen. Die Umstellung auf moderne Refiner, Scheiben- oder Steilkegelmühlen wäre also eine Lösung gewesen. Bei der Wirtschaftlichkeitsberechnung schnitten diese Varianten aber schlechter ab, da der investive und der energetische Aufwand im Verhältnis zur Papiermaschinenleistung keinen wirtschaftlichen Erfolg versprachen.

Die Bemesserung der heute noch vorhandenen Walzen und Grundwerke bestand zunächst aus Basaltlava. Da bekanntlich in der DDR alles Mangelware war, gab es bald auch keine Steine mehr. Der Retter in der Not wurde im Ort selbst gefunden. Der dörfliche Steinmetz stellte die Bemesserung in einwandfreier Qualität aus Kunststein her.

Der Stoff wurde dann in die großen gemauerten, innen gefliesten Vorratsbütten gepumpt und von da über den Knotenfänger der Rührbütte und dem Stoffauflauf zugeführt.

1969 wurden 1.310 t Transparentpapier hergestellt.
In den wenigen Unterlagen, die das Chaos nach der Wende überlebt haben, findet sich ein handschriftlicher Bericht vom 17. August dieses Jahres mit dem Titel »Gemeinsam geht alles!«[212]

»Die Papiermaschine hatte nach dem Umbau eine schöne Farbe und ein frisches Aussehen. Doch ach wie kurz war diese Freud', der Kesselstein wurde unser Feind. Das äußere Ansehen gefiel uns nun allen nicht mehr. Einer griff zum Spachtel und zum Pinsel und ein altes Sprichwort sagt: Alle Affen machens nach. Verzeiht dem Schreiber, liebe Koll. Aber zum 20. Geburtstag hatten wir ein neues Geschenk auf dem Geburtstagstisch. Eine frische Maschine.«

Mit dem Geburtstag war wohl der Jahrestag der faktischen Enteignung der Inhaber gemeint. Und weiter lesen wir mit Datum vom 31. Dezember 1969:[213]

»Mit Ausklang des Jahres 1969 sollte die Produktion um 8.00 Uhr auslaufen, um noch einige notwendige Reparaturen ausführen zu können vor der Jahreswende und einen guten Plananlauf vom 1. Tage an zu sichern. Leider löste sich beim Anhalten ein trockener Stoffbatzen und wir waren gezwungen, im alten Jahr noch einen Siebwechsel vornehmen zu müssen. Trotzdem Allen ein erfolgreiches Prosit Neujahr!«

1971 wurde die Abteilung Beutelpapierausrüstung gebildet. Hier wurden Importrollen auf maschinengängige Breiten und Durchmesser umgerollt, die für Mehl- und Zuckertüten verwendet wurden. Diese Abteilung verarbeitete jährlich 1.900 bis 2.100 t Papier. Im Juni wurde die Produktion von maßbeständigem Zeichenkarton (Grubenbildplatten) aufgenommen, nachdem durch umfangreiche Baumaßnahmen die sicherheitstechnischen Bedingungen im Erdgeschoss des ehemaligen Lumpengebäudes geschaffen worden waren. Das einstige Lumpenhaus erhielt später seinen Namen AMZ-Gebäude von dem Produkt »Aluminiumhaltiger maßbeständiger Zeichenkarton«, in Westdeutschland als »Grubenbildplatten« bekannt und in Düren produziert. Heute ist er wohl ausgestorben. Dieser Spezial-Zeichenkarton wurde manuell gefertigt, Stück für Stück. Er zeichnete sich durch besondere Maßhaltigkeit aus, die z. B. im Bergbau gefordert war. Der Zeichenkarton enthielt Aluminium, Eisen und Kunststoffeinlagen, die Herstellung war nur unter Explosionsschutz möglich, und die Arbeiter mussten unter Einhaltung besonderer Arbeitsschutzbedingungen arbeiten. Die drei Entlüftungsrohre an der Längsseite des Gebäudes stammen von der Be- und Entlüftung der Anlage. Weiterhin befanden sich in dem Gebäude der Speisesaal, der Kultursaal und die Werkküche. Nachdem der neue Speisesaal und die Werkküche gebaut worden waren, zog die Pikiertopffertigung in das AMZ-Gebäude. Von 1972 bis 1987 konnte die Produktionsmenge von 9.800 auf 18.255 m² fast verdoppelt werden. Der Versuch, den Ausschuss aus der Tütenpapierausrüstung dem Stoff der Transparentpapiererzeugung beizufügen, schlug fehl. Es kam zu einem deutlichen Qualitätsabfall des Produkts. Stoffaufbereitung und Sortierung waren nicht geeignet, einen stippenfreien Stoff zu garantieren.

Alljährlich wurde das Wasser aus einem der Filterteiche abgelassen und der Teich gereinigt, wenn wegen einer geplanten Großreparatur der Betrieb ruhte. Gleichzeitig wurden die Kiesfilter im Filterhaus gespült. Der für das Filterhaus Zuständige hatte auch die Feinrechenanlage vor dem Turbineneinlauf frei zu halten. Nach dem Aufbau eines Klärtrichters gab es eine andere Wasserführung und Wasserverwendung. Das führt dazu, dass der Frischwasserbedarf extrem zurückging und die Pflege der Filterteiche vernachlässigt wurde.

Mit der gleichen sauberen Handschrift wie 1969 finden sich auch für dieses Jahr einige Kurzberichte, die einen Einblick in die sozialistische Arbeitswelt der DDR vermitteln:[214]

»16.4.1971: Sozialistische Gemeinschaftsarbeit!
Viele Kollegen arbeiten dieser Tage Hand in Hand. Gegenseitige Hilfe beim Holzeinschlag ist selbstverständlich. Alle Kollegen schaffen sich eine zusätzliche Hausbranntversorgung [sic!], um somit in den schweren Wintermonaten unsere sozialistische Wirtschaft etwas entlasten zu können. Auch dieses Beispiel zeigt einmal mehr, wie eine neue, sozialistische Menschengemeinschaft wächst.«

»14.4.1971: Neues Mitglied der DSF!
Um die Verpflichtung im Brigadevertrag weiterhin einzuhalten und zu erweitern, so wie weitere Kollegen der Brigade für die DSF[215] zu gewinnen, hat sich das Brigademitglied und Meister der Papierfertigung Günter Sootzmann bereiterklärt, Mitglied der DSF zu werden.«

»19.4.1971. Siebwechsel[216]
Da zur Zeit Rollenpapier für den Goebelroller angefertigt wird und die Rollen und somit das Papier einwandfrei sein muß, mußte das gelaufene Sieb gewechselt werden. Es hatte sich ein Riß im Sieb gebildet. 8 Kollegen wechselten das Sieb in 4 ½ Stunden. Eine wirklich gute Zeit.«

So viel über die Zeit, in der die unbezahlte Arbeit für das NAW, das »Nationale Aufbauwerk«, gerühmt wurde – für den Bau eines neuen Feuerwehrgerätehauses, Reparaturarbeiten in den Werkwohnungen und ähnliches. Verfasser dieser Einblicke in den real existierenden Sozialismus war ein gewisser Herbrich, der die Texte diktiert hat – das lässt jedenfalls seine Unterschrift unter den einzelnen Berichten vermuten.

Ebenfalls aus dem Jahr 1971 stammt ein »Protokoll über die Versammlung der Brigade Papierfertigung nach Versammlungsplan« vom 8. Dezember, fünf Schreibmaschinenseiten mit Zeitangabe (45 Minuten). Die teilnehmenden 17 Kollegen sind namentlich aufgeführt. Interessant sind hier einige Klagen, die in der Diskussion vorgebracht wurden. Da beschwerte sich Erich Rehfeldt: «Meine Schuhe, die ich gekauft habe, gehen auseinander. Bei uns besteht die Losung ›Meine Hand für mein Produkt‹. Wie sieht es in anderen Betrieben damit aus?« Oder Koll. Krella: »Auch wir sind im Arbeitsablauf an die Zeit gebunden. Aber wir haben trotz mehrerer Hinweise noch keine Uhr für uns erhalten. Wir können doch nicht verlangen, dass jeder eine alte Uhr von zu Hause mitbringt. Es ist an der Zeit, eine Uhr, die brauchbar ist, zu beschaffen.«

1972 erhielt das Werk eine Kegelbahn. Ob sich dadurch Qualität oder Quantität der Erzeugnisse verbesserten, ist nicht überliefert. Überliefert ist hingegen, dass in diesem Jahr »dem Kollektiv des Werkes Hohenofen der Orden ‚Banner der Arbeit' verliehen wurde.«[217]

1974 wurde das »Buch der Freundschaft« angelegt. Fotos sowjetischer Soldaten waren mit Jubeltexten beschrieben. Auf keiner Seite fehlte die Formulierung »Unsere Freunde«. Ein Freundschaftsvertrag besiegelte das Verhältnis.

Bei den erhalten gebliebenen Unterlagen fanden sich Posteingangsbücher vom Juli bis Dezember 1974 mit 2.252 Positionen und von Januar bis 31. Oktober 1975 mit 1.824. Positionen. Die waren eingeteilt in Telegramme, Drucksachen, Wirtschaftsdrucksachen, Karten und Briefe.

1975 gibt der VEB MINOL, Filiale Potsdam, unter dem 2. Dezember zwei Seiten Richtlinien zur »Planung für 1978«. Für alle Schmier-, Kraft- und Brennstoffe müssen Bestellungen dreifach eingereicht und »Wirtschaftsverträge« abgeschlossen werden. Immerhin mussten für Benzin und Dieselöl keine Vorbestellungen erfolgen.

Das Wareneingangsbuch von März 1976 bis 1978 ist erhalten geblieben.

1977 wird am Pfingstsonnabend und -montag ein aus Königstein geliefertes Glättwerk eingebaut. Eine Woche später ist »Subbotnik« angesagt – »freiwillige« unbezahlte Arbeit: Aufräumung, Reparaturen, Malerarbeiten, Fußbodenbetonierung, Ausheben eines Wasserleitungsgrabens.

Die Patent-Papierfabrik Hohenofen

Fabrikansicht, um 1975.

Info-Tafel Kesselhaus.

Am 25. Oktober erhält der VEB Feinpapierfabriken Neu Kaliß für sich, Hohenofen und Wismar den »Vaterländischen Verdienstorden in Gold«.

1978 In diesem Jahr, und sicher auch schon vorher und noch nachher, mussten in Hohenofen Briefordner gefertigt werden. Dafür wurde Hartpappe von unterschiedlichen Pappenfabriken, vornehmlich aus Sachsen, bezogen, Hebel- und Reißmechaniken vom VEB Kaltwalzwerk Oranienburg. Federführend war der VEB Falken Registraturen in Peitz, dessen Fertigungskapazität beschränkt war. Für 1979 waren in Hohenofen 5.680.000 Stück vorgesehen.

1979 bis 1981 wurde ein neues Kesselhaus mit einem 40 Meter hohen Schornstein gebaut.

Wesentlicher Grund für den hohen Dampfbedarf war die Umsetzung der Pikiertopfanlage von Neu Kaliß nach Hohenofen.

Eine der eigenartigsten Maßnahmen der DDR-Regierung, dem eklatanten Mangel an Gütern des täglichen Bedarfs abzuhelfen, war die Anweisung an volkseigene Industriebetriebe jeglicher Art, derartige Produkte zu fertigen. Es war dabei gleichgültig, ob diese Erzeugnisse in Zusammenhang mit der normalen Produktion standen; allein das Ergebnis zählte. So wurde dem VEB Feinpapierfabriken Neu Kaliß aufgegeben, Pflanz- oder Pikiertöpfe zu fertigen. Rohstoff war ein Gemisch aus Abfallzellstoff und Torf. Das Herstellungsverfahren wird als Pappenguss bezeichnet. Man kennt es noch heute für die Eierverpackung.

1980 war die Nachfrage nach in Neu Kaliß hergestellten Pikiertöpfen aus Pappenguss so gewachsen, dass eine Produktionslinie für Torfpflanztöpfe errichtet wurde. Das war wohl damals ein typisches Produkt für eine Feinpapierfabrik.

Ein Brigadebuch für die 38 Mitglieder der Brigade PM II gibt Auskunft, wer in welchen Vereinen war. Aufgeführt werden SED, FDGB (Gewerkschaft), DSF, (Deutsch-Sowjetische Freundschaft), ABI, DAV, VKSK, ZV (die sind mir nicht geläufig), Feuerwehr, Polizeihelfer, Kampfgruppe, DTSB (Sportbund). An Auszeichnungen werden die Titel Bestarbeiter, Aktivist und Qualitätsarbeiter in Bronze und Silber angegeben

1981 Im Mai ging das neue Kesselhaus in Betrieb. Geplant und bilanziert war eine Anlage mit zwei Rastern, das heißt zwei Dreizug-Großwasserraumkesseln mit einer Leistung von 3,2 t/h. Typ DCK P 3. Durch den technischen Leiter wurde aber eingeschätzt, dass die Kessel voll ausgelastet seien und keine Möglichkeit bestehe, einen Kessel abzuschalten, zu überholen und zu reinigen. Operativ wurde ein drittes Raster während des Bauens dazu geplant und gebaut. Da das benötigte Material nicht bilanziert war, musste es operativ beschafft und das bestehende Projekt erweitert werden. Das bezog sich auf den Bau, der größer werden musste, auf den Kessel, der zusätzlich beschafft werden musste, auf die Entstaubung usw.

Für die Umstellung auf Braunkohlenbriketts anstelle der bisher genutzten Rohbraunkohle wird die Lieferbereitschaft mit Schreiben vom 21. November 1977 an VEB Verkaufskontor Kohle in Berlin in nachstehender Höhe beantragt:

für 1977: 1.500 t
für 1978–79: je 6.900 t
für 1980: 8.200 t

1981 wurde das neue Heizhaus mit drei Kesseln errichtet, von denen jeder 3,2 t Dampf pro Stunde lieferte. Im Mai ging die neue Kesselanlage in Betrieb.

Sie wurde mit jährlich 3.500 t Braunkohlenbriketts und 4.300 t Rohbraunsiebkohle beheizt. Der Dampf diente allein der Beheizung der Trockenzylinder. Strom wurde aus dem öffentlichen Netz bezogen. Die Anlieferung des Feuerungsmaterials erfolgte durch die Bahn; zur Entladung musste die heute noch in wesentlichen Teilen erhaltene Krananlage im Bereich des künftigen Wohnmobil-Stellplatzes geschaffen werden. Der neue (noch stehende) Schornstein ist 40 m hoch bei einem Durchmesser von 1,20 m. Parallel dazu wurde der alte Schornstein am Hauptgebäude gesprengt. Er fiel in den bis dahin vorhandenen Dosse-Kanal, der später zugeschüttet wurde. Die Erinnerung an ihn wird durch den jetzt weiß geschotterten diagonalen Fußweg erhalten.

VEB Robotron-Messelektronik »Otto Schön«, Dresden, liefert am 24. Feburar 1981 eine Flächenmessanlage für die Papiermaschine zum Preis von 109.493 M.

Für dieses Jahr existiert das Brigadebuch der Werkstatt. Es enthält Berichte über eine Geburtstagsfeier, Philatelie, Probelauf der Anlage 7, das Protokoll über die Plandiskussion

1982 wurde im Zusammenhang mit den Bauarbeiten – möglicherweise bedingt durch die Erhöhung der Anzahl beschäftigter Frauen – ein Sozialgebäude errichtet.

1983 lief an der Fasermaschine die Produktion von Töpfen am 19. Oktober an.

1984 Die zweite »Fasermaschine« nahm den Betrieb am 8. Juni auf.

Die Patent-Papierfabrik Hohenofen

1985 Ein Protokoll über die Schichtversammlung im Bereich Papierfertigung an vier Tagen im Juni beginnt mit den Hinweisen des Produktionsleiters Genosse Bein auf die Planerfüllung gemäß den Aufgaben der 7. Tagung des Zentralkomitees der SED. Es gelte »die Einheit von Wirtschafts- und Sozialpolitik zum Wohl des Volkes und zur Erhaltung des Friedens fortzusetzen«. Das kann für einen Papiermacher eine schwierige Aufgabe gewesen sein.

Im November nahm eine dritte »Fasermaschine« den Betrieb auf.

1988 Kurz vor dem Ende der DDR erschien die bereits erwähnte Broschüre »Hohenofen – Eisen und Papier 1663–1988«. Von mehreren Verfassern wurden sachliche Berichte (Gerhard Beckel: »Aus alten Akten«), kommunistische Rührgeschichten und unglaublicher Unsinn (Heino Leist: »Ein Mann wie Bausch«) geliefert. Leist kritisiert die aus dem Nichts aus Schrott und Altteilen nach der Demontage gebastelte Papiermaschine als nicht richtig modern.[218] Ansonsten enthält die Broschüre viele Kurzgeschichten im Stil der Artikel aus dem »Neuen Deutschland«. Informativ ist die unter dem Titel »Ein guter Rat« von dem leitenden Ingenieur Hans-Ulrich Bein verfasste Darstellung der technischen Entwicklung. Er schildert eindrucksvoll die Probleme, denen er sich bei der Umstellung auf die exklusive Herstellung von Transparentzeichenpapier gegenübergestellt sah – und zu welchen Lösungen er stufenweise kam. Einen Abriss über die technischen Veränderungen bietet auch der Artikel »Aus der Chronik des Werkes« des damaligen Werkdirektors Eduard Schulz[219]. Dessen Daten fanden Eingang in die vorstehende Chronologie der Fabrik. Schulz weist in einem Schlusswort darauf hin, dass der Einsatz der rechnergesteuerten Zeichenmaschinen (Plotter) eine neue Papierqualität erforderlich mache. »Deshalb wird die Papiermaschine so modernisiert, dass Papiere bis 120 g/m² gefertigt werden können. […] Einheitlich glättere Oberfläche erfordert neue Ausrüstungsmaschinen und entsprechenden Zellstoff […].« Ob es zu diesem Umbau kam, konnte bislang nicht geklärt werden. Auf die Person Schulz wird im Folgenden noch eingegangen.[220]

Beutelpapier wurde aus Rumänien per Bahn antransportiert und am Göbel-Roller umgerollt und geschnitten. Das gesamte produzierte Papier wurde an der Rampe seitlich vom Papiersaal aus dem Fahrstuhl heraus beladen. Der Fahrstuhl diente dazu, vom Boden her das Produkt auf Höhe des Bahnwaggons zu heben und dann in den Waggon zu rollen. Die Rollen aus Rumänien wurden mittels Gabelstapler ausgeladen und auf dem Werkgelände transportiert.

Mit Datum vom 19. April 1988 liegt uns der Registerauszug der volkseigenen Wirtschaft, Bezirk Schwerin[221] des VEB Feinpapierfabriken Neu-Kaliß, Betr. Nr. 0091802 7, Mutterbetrieb von Hohenofen (neben Schwerin und Werder) vor. Im Aufbau entspricht es dem Handelsregister.

Als gesetzliche Vertreter sind benannt:
Bodo Buchbinder, Betriebsdirektor
Gernot Stier, Direktor für Planung und Ökonomie und Stellvertreter des Betriebsdirektors
Richard Kliewe, Direktor für Beschaffung und Absatz

Horst Friese, Direktor für Produktion

Rüdiger Lambers, Direktor für Wissenschaft und Technik

Änderungen (die wohl nur die Namen gesetzlicher Vertreter betreffen können) sind nicht angegeben.

1989 Am 9. November fällt die Berliner Mauer. Damit wird das Ende der DDR eingeläutet. Bis dahin arbeitete die Papierfabrik als Betrieb im Kombinat Zellstoff und Papier mit Sitz in Heidenau und als Werk 2 unter dem Stammbetrieb Neu Kaliß mit den weiteren Werken 3 (Wismar) und 4 (Vulkanfiberfabrik Werder). Rumänien war bis zuletzt einer der Hauptabnehmer für Transparentpapier. Die Ware wurde auf dem Schienenwege abtransportiert. Mit dem Ende des Jahres 1989 und der damit verbundenen Wende brach auch diese Handelsbeziehung abrupt ab.

Bodo Knaak hat einen Überblick[222] über die Struktur der Papierfabrik verfasst und ist mit der Vervollständigung beschäftigt. Er und H.-J. Peters nennen dabei als Arbeitsplätze:

Direktoren

1952: Arno Brüning (Werkleiter)

1965: Rudolf Richter,   Techn. Leiter Karl Lüth

1970: Karl Lüth   Techn. Leiter Hänsch

1981: Ulrich Bein

1982: Eduard Schulz

1991–1992: Hänsch (Geschäftsführer der GmbH. i.G.)

1992: Liquidator RA Schulze, Hamburg)

1994: Pächter Ernst Felix Rutsch

2002: Eigentümer: Christoph Steinhauer

Produktionsleiter	1938: Hermann Bein	
	1952–80: Ulrich Bein	
	1982: A. Nerlich	
Werkführer	Gustav Wolf	
TKO	Eduard Schulz	
Schichtmeister	Willy Sootzmann	
Hauptbuchhalter	Wilhelm Lorentz	

Parteisekretär und Schichtmeister Viktor Wazele
(seine Vorfahren kamen aus NRW)

Gewerkschaftsleitung   Schnittker

Labor   Frau Borchert

Papiermaschine: Meister   Siegfried Otto

Maschinenführer

Pressensteher

Querschneider

| Die Patent-Papierfabrik Hohenofen

HOBEMA-Roller	20 m-/ 50 m-/ 100 m-Rollen
Goebel-Roller	
Krepp-Roller	
Umroller	
Sortierung: die Damen	Ramona Thamke
	Bulz
	Schnittker
	Fussy
	Wazele
	Fenske
	Rehfeldt
Gärtner, später Ausrüstungsleiter Otto	

Einige Details hat Siegfried Hänsch in einem Gespräch mit mir noch aus alten Unterlagen beigetragen. Hohenofen war und blieb immer ein typisches Industriedorf. Alle Einwohner lebten direkt oder indirekt von der Existenz der Papierfabrik.

»Auch zur meiner Zeit« so schreibt H.-J. Peters,[223] »hatte der Werkleiter immer mehr zu sagen als der Bürgermeister. Besonders nach dem Krieg, wo an allem Mangel herrschte, war es immer der Werkleiter, der oftmals der Gemeinde, aber auch manch einem Einwohner Hilfe brachte. Das sportliche und kulturelle Leben der Gemeinde wäre nicht zustande gekommen. So verwundert es nicht, dass eine ganze Reihe von Einrichtungen, wie die Kegelbahn, der Sportplatz, der Kultur- und Speisesaal von der Papierfabrik geschaffen und bereitgestellt

Die Papiermaschine der Patent-Papierfabrik Hohenofen von 1888.

wurden. Nach Abwicklung der Papierfabrik entwickelte sich ein ähnlicher Zustand wie nach der Schließung des Seigerwerkes und der Silberschmiede: Abwanderung der Jugend, Überalterung, Verfall der Häuser usw. Nur heute kümmert sich kein preußischer König mehr um Ausgleichsmaßnahmen.«

6.6.3 Das Ende nach 151 Jahren

1989 Nach der Wiedervereinigung wurde die Treuhand Eigentümerin. Sie gründete, folgt man den in Hohenofen umgehenden Erzählungen, eine GmbH mit Eduard Schulz, dem vormaligen Werkleiter, als Geschäftsführer. Nach vielen Monaten langen Suchens bei allen infrage kommenden Amtsgerichten, Stadtverwaltungen, Archiven und sonstigen denkbaren Ansprechpartnern brachte ein ausführliches Telefongespräch mit Hänsch[224] am 7. Juli 2009 die endgültige Klärung. Wie mir von der Bundesanstalt für vereinigungsbedingte Sonderaufgaben in einer E-Mail mitgeteilt wurde, gibt es keinen Beleg für die Gründung einer GmbH zu dieser Zeit. Der Versuch dazu wurde in dem unten zitierten Brief der Feinpapier Neu Kaliß GmbH vom 28. Juni 1991[225] gemacht.

1989 stellte der VEB Kombinat Zellstoff und Papier in Heidenau[226] noch einen Produktionsplan für sämtliche Papier-, Karton- und Pappenmaschinen der schon untergehenden DDR auf. Die Liste der 148 aufgeführten Maschinen war nach deren jeweiliger Kapazität geordnet. Die Hohenofener Maschine stand darin an 130. Stelle. Als Baujahr der Papiermaschine wird fälschlich 1929 statt 1888 angegeben. In der Bilanz vom 31. Dezember 1931 wird der Wert der Maschinen mit RM 154.619,25 ./. 10 % Absetzungen für Abnutzungen (A.f.A.) 15.461,20 = 139.158.- angegeben. Wenn man großzügig zwei A.f.A.-Raten hinzuzählt, käme man im Jahr 1929 auf rund 190.000.- RM. Am 30. Juni 1918, dem ersten Geschäftsjahr der Ära Illig, stehen die Maschinen mit 123.221.45 Mark zu Buch.

Der letzte Umbau wird richtig für 1967 angegeben. Die Maschine sollte 1.470 t Transparentpapier 64 g/m^2 im Wert von 11,5 Mio. Mark bei 340 Arbeitstagen herstellen. Daraus errechnet sich ein stolzer Preis: M 782,30 % kg, der fünfthöchste von allen. Nach ihr rangierten nur noch zwei Feinpapiermaschinen: Göritzhain (früher Scheerer) mit Seiden- und Overlaypapier und Königstein (ehem. Hugo Hoesch) mit holzfreien Schreib- und Druckpapieren, dazu noch die beiden Filtrierpapiermaschinen in Niederschlag (ehemals Gessner & Kreuzig).

Ähnliche Preise wurden noch vorgegeben für Fotorohpapier (Weißenborn), Dekorpapier (Penig), h`fr. Schreib u. Druck und Pergamentrohpapier (Blankenburg, Rosenthal). Die Spitzenposition nahm Niederschlag mit M 1.442,20, gefolgt von Königstein mit 1.082,90 für h`fr. Schreib u. Druck, Muskau mit 1.253,20 (Zigarettenpapier) und Wolfswinkel mit 827,10 für Schleifrohpapier ein.

Die leistungsfähigste Papiermaschine ist die KM 3 in Schwedt mit 134.387 t Karton, PM 1 Schwedt mit 84.932 t Zeitungsdruck, Kriebstein mit 53.130 t Zeitungsdruck und

KM 2 Schwedt mit 48.467 t Karton. Da muss man sich nicht wundern, dass bald darauf alles auf dem Schrott landete. Mit diesen Produktionsmengen war schon damals kein Geld zu verdienen.

1990 erreichte die Industriegewerkschaft Chemie, Glas und Keramik den ersten Tarifabschluss für die Papierindustrie, gültig ab 1. August 1990. Der brachte den Arbeitnehmern eine Erhöhung der Löhne und Gehälter um 35 Prozent, bei Kurzarbeit einen Zuschuss von 15 Prozent. Weiterbildung und Qualifizierung sollten nun Vorrang genießen, ein Rationalisierungsschutzabkommen sollte Arbeitsplätze sichern. (Dahinter stand sicher viel guter Wille – und wenig Einblick in die reale Situation der Papierindustrie in der ehemaligen DDR). Praktisch keine einzige Papiermaschine war dafür geeignet, unter den neuen Bedingungen eines weltumspannenden Marktes wirtschaftlich zu produzieren.) Mit der fast einzigen Ausnahme der PM 2 in Hohenofen und der relativ modernen Papierfabrik Schwedt wurde alles verschrottet. Die Gebäude verkamen und wurden großenteils abgerissen. In den folgenden Jahren errichtete die damalige finnische Firma Enso-Gutzeit (heute nach der Fusion mit der schwedischen Stora-Kopparberg Europas Marktführer Stora-Enso) die erste gänzlich neue Fabrik für Zeitungsdruck ausschließlich aus Altpapier im sächsischen Eilenburg; andere von Grund auf neu erbaute Papierfabriken folgten – gelegentlich abseits des historischen Vorläufers. So stehen die Gebäude der einstigen Feinpapierfabrik Felix Schoeller & Bausch in Neu Kaliß, der Firma der letzten Inhaber der Fabrik in Hohenofen, leer – und außerhalb des Ortes ist die modernste Neu Kaliß Spezialpapier GmbH aus der Melitta-Firmengruppe mit einer Schrägsiebmaschine zur Herstellung von Tapeten-Vliespapier entstanden. Die Geschichte der ostdeutschen Papierindustrie wird weiter unten [227] im Detail dargestellt.

Versuch am untauglichen Objekt 6.6.4

1989 bis 1991 startete Andreas Bausch, der Sohn des 1967 verstorbenen Joachim Bausch, in Winsen an der Luhe, wo er die Ausrüstungsfirma Andreas Th. Bausch aufgebaut hatte, einen Wiederbelebungsversuch. In seinen Erinnerungen schreibt er:[228]

»Als im November 1989 plötzlich die Berliner Mauer fiel, war es der Anfang vom Ende der Deutschen Demokratischen Republik, der DDR. Man konnte reisen, von Ost nach West und auch umgekehrt. Neu Kaliß war nach 44 Jahren wieder ungehindert erreichbar. Ein faszinierender Gedanke, der sich aber erst formen und verfestigen musste. Zu tief saß der Splitter des gestohlenen Erbes in meiner Seele. Meinem Vater hat dieses Schicksal noch dramatischer zugesetzt. Ich erinnere mich an Fahrten mit ihm an das Westufer der Elbe gegenüber Dömitz. Von dort aus konnte man den Neu Kalisser Fabrikschornstein sehen. Unerreichbar nah. Diese Schmach hat er tief in sich vergraben. Sie ist auch, dessen bin ich sicher, mit ein Grund für sein so frühes Ende mit 63 Jahren. Nun plötzlich stand das Tor offen, der Weg war frei. 'Was wirst du tun?' Diese imaginäre Frage spürte ich überdeutlich und setzte mich eines Tages in den Wagen und fuhr hin. Unverbindlicher, freundlicher Empfang durch zwei Herren der Geschäftsleitung, Henselin und Stier, im Kontor meines Urgroßvaters. An der Wand hing eingerahmt ein Stück Papier. Angeblich sei es ein Muster vom Anlauf der ersten Papiermaschine im Jahres 1874. Inzwischen stellte man Kaffeefilter her. Das Papier dazu lieferte eine Schrägsiebmaschine aus den sechziger Jahren. Sie produzierte ca. 10.000 kg/Schicht. Die westliche Konkurrenz erreichte in der gleichen Zeit zehn Mal soviel. Die Hallendächer waren undicht, die Fensterscheiben kaputt. In vierzig Jahren hatte man weitestgehend von der Substanz gelebt. Nach dem Rundgang durch das Werk fand ich mein Auto umringt von lauter hoffnungsfrohen Mitarbeitern. ›Bausch kommt wieder‹, glaubte man. Der alte 90-jährige Werkmeister Brüning tickte mir auf die Schulter: ›büst du een Söhn von Vicky or von Jochen?‹ Ich musste mit in seine Werkswohnung kommen, und es wurde ein sehr emotionaler Nachmittag. Aufgewühlt fuhr ich am Abend nach Hause zurück. Merkwürdigerweise überdeckten meine Gedanken das deutliche Gefühl: Da ist mit den mir zur Verfügung stehenden Mitteln nichts, aber auch gar nichts zu machen. Der Kapitalbedarf übersteigt bei weitem meine bescheidenen Möglichkeiten. Außerdem wollte ich auch keine Kaffeefilter produzieren. Das Projekt war aussichtslos. Sollten andere sich damit beschäftigen. Was Melitta dann später ja auch getan hat.

So kam es, dass sich der Gedanke an Hohenofen in meinem Kopf zum Plan entwickelte. Dort war alles etwas überschaulicher. Es gab eine kleine Papiermaschine mit etwa 180 cm Arbeitsbreite. Man hatte bis vor einigen Monaten noch transparentes Zeichenpapier hergestellt. Per Telegramm meldete ich einen Besuch am Mittwoch, den 5.12.1990 dort an. Die etwa zweistündige Autoreise ins tiefste Brandenburg, Richtung Neustadt /Dosse, verlief auf leeren Straßen völlig reibungslos, mal abgesehen von den zahlreichen, knöcheltiefen Schlaglöchern. Sehr freundlicher Empfang dort durch meine alten Freunde aus Neu Kalisser Zeit: Hans Ulrich (Ulli) und Hermann (Bubi) Bein. Beide waren leider schon pensioniert, aber immer noch passionierte Papieringenieure. Ulli war Betriebsleiter in Hohenofen gewesen. Seinen Nachfolger, Herrn Hänsch, stellte er mir anschließend vor. Ich wurde von Ulli und seiner netten Frau Waltraud zum Mittagessen eingeladen. Bei der Gelegenheit entwickelte ich ihm meinen Plan, hier auf der Maschine einen Versuch zu fahren und bat ihn, mir dabei als alterfahrener Papiermacher zu helfen. Außerdem brauchte ich einen verlässlichen Mittler zwischen ‚Kapitalismus und Marxismus'. Ullis Vater war in Neu Kaliß ein hochangesehener Werkmeister meines Großvaters gewesen. Er kannte also unsere Familie ganz genau. Etwas zögerlich willigte er ein und schon bald sollte sich diese Abmachung bewähren, als ich nämlich auf Eduard Schulz stieß. Dieser Mann war der politische Beauftragte der SED und bisher dafür verantwortlich gewesen, dass im Betrieb alles linientreu verlief. Er saß mir an seinem mageren, leeren Schreibtisch gegenüber und verkündete staubtrocken und überzeugt, solange er hier säße, bekäme ich kein Bein (in doppelter Bedeutung) an die Erde! Aha, gut zu wissen, Herr Schulz. Na denn, auf eine unterhaltsame Zusammenarbeit. Auf meiner Lohnliste stehen Sie jedenfalls nicht! Bisher beschäftigten sich meine Gedanken mit technischen Details und

Die Patent-Papierfabrik Hohenofen

mit den möglichen Papierrezepturen. Sogenannte ›rote Socken‹ und deren mögliche Seilschaften hatte ich noch nicht ins Kalkül gezogen, konnte ich wohl auch weiterhin vernachlässigen, denn außer Schulz waren alle Mitarbeiter hoch motiviert und an einem zukünftigen Arbeitsplatz interessiert. Aber jetzt habe ich etwas vorgegriffen.

Zunächst mache ich ja nur einen Informationsbesuch, der dann mit dem Entschluss endete, dass der Versuch gemacht werden musste, diese charmante, kleine Fabrik zum Leben zu erwecken. Was nun folgte waren umfangreiche, administrative Vorbereitungen, Genehmigungen von der Treuhand in Berlin einzuholen. Anfragen und Besprechungen in Neu-Kaliss. Entwicklung eines dreistufigen Versuchsablaufs zur Herstellung von transparentem Zeichenskizzenpapier und als Ergänzung die Produktion von Pergamentersatzpapier aus holzfreien und leicht holzhaltigen Abfällen. ›Recycling‹ war das neue, moderne Stichwort. Diese Papiere wurden zu dem Zeitpunkt noch nicht aus Sekundärfasern hergestellt. Meine Vorlage dafür war eine PWA[229]-Qualität, die ich in Farbe, Oberfläche, Grammgewicht und Griff imitieren wollte. Von der Hamburger Altpapierfirma Julius Rohde kaufte ich eine Ladung holzfreie und auch ein Drittel holzhaltige Späne und ließ die nach Hohenofen verfrachten. Anfang Mai 1991 waren alle Genehmigungen erteilt, alle Vorbereitungen eingeleitet. Es konnte eigentlich losgehen. Nur das Rohrleitungsnetz musste noch drei Tage lang mit klarem Dosse-Wasser gespült werden, die Maschine wurde abgeschmiert, und die Bütten und Holländer gesäubert.

Am Freitag den 10. Mai 1991 fuhr ich früh morgens hoffnungsfroh aus Winsen ab und erreichte Hohenofen gegen Mittag. Um 14 Uhr sollte die Maschine anlaufen, was dann aber erst um 15 Uhr gelang. Ich zitiere jetzt mal meinen Tagebucheintrag von jenem Tag: ›Ein Fehlschlag nach dem anderen. 1815. Uhr ziehe ich mich etwas zurück. Meine Hoffnung sinkt und sinkt. Die PM muss komplett anders eingestellt werden. Schließlich gegen 19 Uhr kommt Papier hinten an, wird auch aufgerollt, reißt wieder ab. Es ist noch zu dick, ca. 90 g/m². Muss schmieriger gemahlen werden. Allmählich wird es dünner und härter, ist aber noch zu verdreckt. Um 20 Uhr verschwinde ich auf mein Zimmer. Was wird morgen?‹

›Sonnabend, 11. Mai 1991. Die Nachtschicht hat noch viel Ausschuss produziert. Aber ab ca. 9 Uhr früh läuft es einigermaßen. Die Bahn riss ständig an derselben Stelle im Mittelteil der hinteren, letzten Trockengruppe. Bis der kleine Schmierer eine leichte Umlenkwelle fettete, dann ging es plötzlich. Er bekam den ersten Hohenofener Fettorden. Maschine läuft seit etwa 14 Uhr mit 25 Metern/Min. 2.000 kg pro Schicht, 50 g/m². Bis 22.30 Uhr waren es 5.600 kg insgesamt. Ich gehe jetzt zufrieden und müde schlafen. Höre noch der Nachtigall zu.‹

Obwohl auch der Sonntag 12. Mai 1991 einigermaßen produktiv verläuft, wird mir immer deutlicher, wie sehr viel und überall verändert und verbessert werden muss. Allein die Aufrollung des fertigen Papieres hinter der Maschine geschieht auf Holzspunden. Wenn die Rolle einen Durchmesser von 50–60 cm hat, wird gewechselt. Je sechs davon können dann direkt in den Querschneider eingehängt werden, der aber leider nicht funktioniert. So musste später alles nach Winsen transportiert werden. Auch dort konnten die Rollen wegen der veralteten Holzhülsen nur nach vorherigem Umrollen weiter verarbeitet werden.

Es tauchten auch immer wieder Dreckstippen im Papier auf. Der Grund dafür waren die kaputten Fensterscheiben, durch die nämlich die Schwalben hin und her flogen und ihre Nester an die Decke über den Bütten klebten. Deren Jungvögel kleckerte ihren Mist über den Rand direkt in den darunter befindlichen Stoffbrei. Butterbrotpapier mit Schwalbendreck! Welch eine Vorstellung für qualitätsverwöhnte Wessis.

Am Sonntagnachmittag (30. Hochzeitstag) laufen die bunten Andruckspäne und es tauchen die ersten Latexprobleme auf. Abends ist die Pleite komplett: Das Papier hat Löcher, ist verstippt und so gut wie unbrauchbar. Die Ursache war unsauberes Altpapier. Darin fanden sich abgetrennte Klebeleisten von Blöcken, die uns zum Verhängnis wurden. Später gab es zähe und unerfreuliche Auseinandersetzungen mit dem Rohstofflieferanten Rohde. Mühsame, stundenlange Säuberungen wurden notwendig. Außerdem fehlten etwa 5.000 kg von den holzfreien Spänen. Nie geklärt, wo die geblieben sind. Vermutlich verschwanden sie als Stoffbrei durch die ausgetrockneten Ritzen der hölzernen Vorratsbütten und sind über den Fabrikhof in die benachbarte Dosse gesickert. Die war nämlich eines Morgens komplett weiß. Glücklicherweise gab es dort damals noch keine Naturschützer.

Das war also der praktische Versuch in Hohenofen weiter Papier zu produzieren. Eigentlich ist es gar nicht so schlecht gelaufen. Das wenige Papier, das wir hergestellt hatten, kam der Vorlage ziemlich nahe. Nur leider rechnete sich der Vorgang nicht. Wir lagen etwa 20 Pfennig pro Kilo über dem westlichen Niveau. Die Treuhand wollte das nicht subventionieren und die Winsener ATHB konnte und durfte es daher nicht. So wurde die Tür wieder verschlossen, und ich fuhr traurigen Herzens nach Hause. War aber zufrieden, den Versuch unternommen zu haben. Hat mich runde 40.000.- DM gekostet und viel Erfahrung eingebracht.«

In der Zwischenzeit, am 4. März 1991, schrieb die Treuhandanstalt, Direktorat U 4 HP an die Feinpapier Neu Kaliss GmbH, Geschäftsführer Herrn Henselin:

»Schließung der Betriebsteile Wismar und Hohenofen:

Sehr geehrter Herr Henselin,

Es ist davon auszugehen, dass der Vorstand in Kürze die Schließung der beiden o.g. Betriebsteile verfügen wird. Bitte treffen Sie schon jetzt Maßnahmen, die die Lösung des Pachtvertrages für die Betriebsstätte Papierverarbeitung im Betriebsteil Wismar betreffen. Die beweglichen Güter sind zu konservieren und in den Betriebsteil Wismar zu überführen. Bitte leiten Sie dann den Verkauf der Ausrüstungen ein.

Hinsichtlich der Probleme, die sich aus der Schließung der Betriebsteile Hohenofen und Wismar ergeben, wollen Sie bitte Ihren Sozialplan mit der Treuhandanstalt – Direktorat Arbeitsmarkt und Soziales, Abt. Sozialplan- und Tarifwesen, Herrn Bayreuther, Telefon: 2352955, abstimmen. Beide Betriebsteile müssen personell gesichert und sachversichert bleiben.

Wegen der komplizierten Eigentumslage des Stammbetriebes sehen wir in Wertung der Gesetzeslage nur die Fortführung des Betriebes auf Erbpachtbasis vor. Bitte verstärken Sie hierfür Ihre Anstrengungen zur Gewinnung eines Partners.

Wir halten nochmals ausdrücklich fest, dass über die Schließung der Betriebe Hohenofen und Wismar eine gesonderte Information ergeht.

Mit freundlichen Grüßen

i. V. Dr. Meyer-Viol – Dr. Müller, Direktor«

Zur Zeit der zweiten Inhaberschaft der offenen Handelsgesellschaft in Firma Felix Schoeller & Bausch, Neu Kaliß, tauchte der Firmenname Patent-Papierfabrik Hohenofen GmbH nicht mehr auf. Die Fabrik wurde als Zweigwerk von Neu Kaliß geführt. Das DDR-Regime behielt diesen Zusammenhang bei und fügte noch die Papierfabrik in Wismar und das Vulkanfiberwerk Werder als Werke 3 und 4 hinzu. Die Treuhand führte diesen Zusammenhang nach der Wiedervereinigung mit der Gründung der Feinpapierfabrik Neu Kaliß GmbH am 2. August 1990 fort. Der Zweck der Gesellschaft wurde umfassend beschrieben:[230] »Entwicklung, Herstellung, Verarbeitung, Vertrieb sowie der Im- und Export von Papier und Karton aller Art, aus organischen und anorganischen Faserstoffen, von Fasergusserzeugnissen einschließlich von bedruckten und unbedruckten Erzeugnissen der Papierverarbeitung.« Das Stammkapital war mit DM 8.500.000 adäquat großzügig bemessen. Geschäftsführer waren Dipl. Ing. Manfred Henselin, vormals Angestellter des VEB Papierfabrik Schwedt, und Dipl. Ing. Ökonom Gernold Stier, der zeitweilig Betriebsleiter in Hohenofen gewesen war. Die Firma wurde am 21. September 1990 unter HRB 551 in das Handelsregister beim Kreis-Amtsgericht Schwerin-Stadt eingetragen. Einzelprokuristen waren Joachim Rehfeld und Dieter Kirchner. Am 22. Januar 1992 schieden Henselin und Kirchner aus. Am 5. Mai wurde das Stammkapital auf DM 50.000 herabgesetzt, am 23. September die Gesell-

Eine der drei früheren Fabrikantenvillen, heute eine Klinik im Stadtpark (links). Informationstafel zur geplanten Nutzung des Geländes der früheren Papierfabrik.

Wohnhausneubau auf dem Grundstück der ehemaligen Papierfabrik Wismar, 2010.

schaft aufgelöst, Stier abberufen und der Rechtsanwalt Thomas Eckhart Schulze in Hamburg zum Abwickler bestellt. Am 16. Mai 1995 schied Rehfeld aus, am 18. März 1999 Schulze, und RFT Nachrichtentechnik GmbH, Schwerin, wurde Liquidator, ihre Firma am 23. Juli geändert in Vermögens-Verwertungs-Gesellschaft mbH. Schwerin. Am 30. November 2000 wurde eingetragen: «Die Liquidation ist beendet. Die Firma ist erloschen.«

Die Werke in Wismar und Werder wurden geschlossen.[231] Das Fabrikgebäude in Wismar, einst Fertigungsstätte von Verpackungspapieren, wurde später abgerissen. Bestehen blieb das Verwaltungsgebäude, das 2009 zur Schaffung von Eigentumswohnungen umgebaut wurde.

Die Firma in Werder wurde mitten im Ersten Weltkrieg gegründet. Die Fabrik begann um 1920 mit der Herstellung von Vulkanfiber. Dabei durchläuft das ungeleimte saugfähige, auch intensivfarbig eingefärbte Papier des VEB Papierfabrik Calbe (früher Brückner & Co., Papierfabrik und Mühlenwerke) ein Schwefelsäurebad, in dem sich die Oberflächen der Cellulosefasern lösen und zu Hydratcellulose umwandeln – ein Vorgang, der dem der Pergamentierung sehr ähnlich ist. Vulkanfiber wurde zu Dichtungen, Bremsbelägen, Garnhülsen, Elektroisoliermaterial, Knöpfen, Koffern, Mützenschirmen, Schleifmittelträgern und sogar funkenfrei arbeitenden Zahnrädern verarbeitet. Kunststoffe haben das Material weitgehend verdrängt, doch wird in Troisdorf (Dynos GmbH), Geldern (Vulkanfiber-Fabrik Ernst Krüger GmbH & Co. KG) und Wuppertal (G. H. Sachsenröder GmbH & Co. KG) nach wie vor Vulkanfiber hergestellt, in letztgenannter Firma auch das eng verwandte »Echt Pergament«. Werder wurde 1993 stillgelegt. Ein Teil der Vulkanfiberproduktionsanlage ist nach Hohenofen gekommen und soll als Exponat im Museum verbleiben. Leider lässt sich nicht der vollständige Herstellungsprozess zeigen; es fehlen die aus Lärchenholz gefertigte Bütte und möglicherweise auch die Aufwicklung, in der die nasse Bahn bis zur gewünschten Stärke aufgegautscht wurde.

Die Patent-Papierfabrik Hohenofen

Ende September 1991 kam ein Anruf vom (ehemals VEB) Kombinat Zellstoff und Papier, Heidenau, der Holding für die gesamte Zellstoff-, Papier- und Pappenindustrie der einstigen DDR, an Hermann Schulz, wonach mittlerweile Schulden in einer Größenordnung von 500.000 DM aufgelaufen seien – eine Folge der Währungseinheit, bei der die kombinatseigenen und sozialistisch geplanten Betriebe quasi ins Wasser geworfen wurden. »Dann muss ich eben die Produktion anhalten, wollen Sie das?«, fragte der damalige Fabrikdirektor Eduard Schulz. »Dann halten Sie die Produktion an«, wurde ihm erwidert. Schulz kam wieder zurück nach Hohenofen und stoppte die Produktion, um die Schulden nicht weiter ansteigen zu lassen. Also wurde am 30. September (nach der Erinnerung von Siegfried Hänsch am 10. Oktober) die Papierproduktion eingestellt, die Papiermaschine abgeschaltet und das Kesselhaus abgestellt. Man setzte sich zusammen, um ein Konzept für die Weiterführung der Papierproduktion zu erarbeiten. Es wurde überlegt, wie die Papiermaschine noch umzubauen sei (die Trockenpartie sollte verlängert werden). Außerdem wollte man drastisch Personal einsparen und veranschlagte anstelle der einstigen 120 Mitarbeiter nur noch 60 Arbeitskräfte. Man reiste auch zu Thomas Bausch nach Berlin, um zu fragen, ob er nicht sein Eigentum zurückhaben wolle. Er erwiderte nur: »Sie können mit der Papierfabrik machen, was sie wollen.«[232]

Viktor Bausch hatte inzwischen nach 1951 in West-Berlin die kriegszerstörte Firma Viktor Bausch & Co. wieder aufgebaut und mit Dekorpapier und anderen Erzeugnissen zum Erfolg geführt. Das Unternehmen war 1926 als IGRAF GmbH gegründet worden. Das Wiederaufbaukonzept für Hohenofen wurde gleich 1990 bei der Treuhand eingereicht und abgewiesen. «So ein Konzept können Sie gar nicht erarbeiten, das kann nur im Westen gemacht werden«, wurde mitgeteilt.[233] Das Konzept aus dem Westen hätte viel Geld gekostet, das aufgrund der eigenständigen wirtschaftlichen Situation nicht verfügbar war. Man verkaufte auf eigene Faust jetzt das Transparentpapier, das tonnenweise auf dem Hof gelagert wurde. Der DDR-gemäße Handelsbetrieb war zusammengebrochen und man suchte sich seine Kunden selbst. Der Gleisanschluss, von dem nur noch das Zufahrtsgleis zum Werksgelände für die Anlieferung der Rohbraunkohle für das neue Heizhaus vorhanden war, wurde stillgelegt. Vorher hatte es noch einen Gleisabgang schräg zum Kohlenplatz vor dem alten Heizhaus und einen anderen im Winkel von 90 Grad entlang der Straße vor dem alten Heizhaus gegeben. In Richtung auf das Lumpenhaus führte die Bahn über eine Brücke des Dossenseitenarms. Die war marode und hätte auf Forderung der Reichsbahn erneuert werden müssen. Mit der Sprengung des alten Schornsteines wurde aber der Dossearm zugeschüttet, sodass das Gleis und damit auch die zentral gelegene Drehscheibe überflüssig und aufgegeben wurden.

Beim Aufzugbau OTIS GmbH in Magdeburg wurde im September 1991 der Bau des Papiersaal-Aufzugs gegen Zahlung von 665,75 M. storniert.

Im Oktober 1991 beantragten die Erben der Gesellschafter der offenen Handelsgesellschaft in Firma Felix Schoeller & Bausch die Rückgabe des entzogenen Vermögens, darunter 100 Prozent der Geschäftsanteile der Patent-Papierfabrik Hohenofen GmbH. Die Produktionsbetriebe wurden nicht zurückerstattet.

Am 13. März 1991 fand eine Beratung Geschäftsleitung/Betriebsrat Hohenofen mit den Betriebsratsmitgliedern Frau Radtke, den Herren Gyger, Hermann, Erdmann, Wöllmann, und den Geschäftsführern Manfred Henselin und Gernot Stier der Feinpapier Neu Kaliß GmbH auf Einladung des Betriebsrates Werk Hohenofen statt. Seitens der Geschäftsleitung war es das Ziel, einen Interessenausgleich zwischen beiden Seiten herbeizuführen. Dazu gab die Geschäftsleitung einen Bericht zum aktuellen Stand der Bemühungen und Ergebnisse zur Privatisierung/Sanierung des Unternehmens. Unabhängig von weiteren Aktivitäten wurde bisher lediglich eine weitere Nutzung von Anlagen in Hohenofen zur Faseraufbereitung für die Märkische Faser AG, Premnitz, vereinbart. Dadurch war die Beschäftigung von ca. 20 Arbeitskräften möglich. Der Personalabbau war zum Erhalt des Industriestandortes Hohenofen 1991 unumgänglich. Die personelle Festlegung der notwendigen Kündigungen wurde beraten. Es bestand Übereinstimmung darin, dass unter Berücksichtigung des Arbeitsrechts die Auswahl durch fachliche und soziale Kriterien bestimmt sein musste und damit auch Mitglieder des Betriebsrates betroffen sein konnten. Arbeitsbeschaffungsmaßnahmen sollten so durchgeführt werden, dass keine zusätzlichen Kosten für Material und Fremdleistungen entstanden (Verwendung vorhandener Materialien) und die ABM unabhängig von einem zukünftigen Unternehmenskonzept sinnvoll waren.

Nach Vorliegen der Ergebnisse weiterer Verhandlungen mit dem Ziel der Privatisierung hatte die Werkleitung Hohenofen bis zum 22. März 1991 ein aktualisiertes Unternehmenskonzept der Geschäftsleitung vorzulegen. Hänsch wurde ab dem 1. April 1991 mit der Führung des Werkes Hohenofen beauftragt. Schulz wurde zum 30. Juni 1991 gekündigt. Ab dem 1. April 1991 ging er bis zum Ablauf der Kündigungsfrist in Kurzarbeit und stand auf Anforderung von Hänsch für Aufgaben im Sinne der weiteren Unternehmensentwicklung zur Verfügung.

Am 28. Juni 1991 informierte die Geschäftsleitung über die »Wirtschaftliche Abspaltung der Werke der Feinpapier Neu Kaliß GmbH ab 01.07.91«: In einer Beratung bei der Treuhandanstalt Berlin, UB 4, am 26. Juni mit Herrn Malze sowie für Bereich Recht Herrn Brandt wurde notiert:

»Auf der Basis des Gesetzes über die Spaltung der von der Treuhandanstalt verwalteten Unternehmen vom 05. April 1991 (BGBl. I S. 854, Sp.Tr.UG)« wurde festgelegt, die wirtschaftliche Trennung der Feinpapier Neu Kaliß GmbH ab 01.07.91 zu vollziehen und gleichzeitig die rechtliche voranzutreiben (ca. vier Monate Dauer). Zum 30. Juni 1991 war durch den Wirtschaftsprüfer ein bestätigter Abschluss mit Darstellung aller drei Unternehmensteile zu erstellen. Voraussetzung dafür war eine körperliche Inventur in allen Werken, mit Stichprobekontrollen durch Neu Kaliß.

1.) Ab 1. Juli 1991 wurde die Buchführung für die ehemaligen Unternehmensteile separiert, die Konten geschlossen und von Neu Kaliß für den Neustart ein später zu verrechnendes Darlehen gewährt.

2.) Die Bilanzen waren bis zum 10. Juni Neu Kaliß vorzulegen; der Abschluss durch den Wirtschaftsprüfer für die Treuhand war zum 31. Juli 1991 zu erstellen.

3.) Die Rechtsbezeichnungen sind wie folgt:

Alt	neu
Feinpapier Neu Kaliß GmbH	unverändert
Feinpapier Neu Kaliß GmbH	Papierfabrik Hohenofen GmbH
Feinpapier Neu Kaliß GmbH	Recycling Werk Wismar GmbH

Das Vulkanfiberwerk Werder wird nicht erwähnt. Offenbar ist es bereits früher abgespalten worden.

Geschäftsführer der angestrebten GmbH (die niemals gegründet wurde, weil die Treuhand Hohenofen wie auch Wismar und Werder als Anhängsel von Neu Kaliß behandelte) war – wie oben berichtet – nach Eduard Schulz Siegfried Hänsch. Der Techniker war aus Zittau gekommen, wo er Schlosser gelernt hatte, und begann seine Tätigkeit in Hohenofen 1965. Über die Positionen Hauptschlosser und technischer Leiter stieg er 1991 zum Werkleiter auf. Als Fachmann wusste er, dass für die Wiederaufnahme einer Papierproduktion enorme finanzielle Mittel für Reparaturen und Modernisierung erforderlich, aber nicht zu beschaffen waren. Bis zum 20. Oktober 1991 wurde Kurzarbeit angeordnet und am 22. Oktober mit 22 Mitarbeitern eine Produktion für das Chemiefaserwerk Premnitz aufgenommen. Die Mahlholländer erwiesen sich als ideal bei der Zerfaserung einer Kunststofffaser, die als Ersatzstoff für Asbest Verwendung finden sollte. Der breiige Stoff wurde über eine Siebvorrichtung nach dem Mahlvorgang in Lagen getrocknet und als Leporello verpackt. Diese Produktion war eine gelungene Möglichkeit, auch unter den neuen marktwirtschaftlichen Bedingungen gutes Geld zu verdienen. Allerdings dauerte sie nur bis zum Ende des Jahres 1991, denn das Chemiefaserwerk stellte seine Produktion ein. Zum 31. Dezember 1991 wurde allen Beschäftigten gekündigt. Die Löhne wurden bis zum Ablauf der Kündigungsfrist korrekt bezahlt. 100 Leute aus Premnitz haben alles aus Premnitz Mitgebrachte verschrottet.

Im Rahmen der Liquidation der Muttergesellschaft in Neu Kaliß wurde auch in Hohenofen alles zu Geld gemacht, was man finden konnte. Insgesamt wurden 300 t Papier, Anlagenteile, kleine Maschinen, Maschinen der handwerklichen Bereiche in 15 Übersee-Container verpackt und in den Libanon verkauft. Der Querschneider ging nach Österreich. Nach der Erinnerung von Siegfried Hänsch war ein Bankguthaben von etwa 500.000 DM vorhanden. Über den Verbleib ist ihm nichts bekannt. Zuständig war nach seiner Kenntnis die Treuhand in Schwerin.

Briefkopf der Papierfabrik Hohenofen GmbH (die nie gegründet wurde).

Vom 1. Januar 1992 bis zum 30. Juni 1992 waren Hänsch, Tilche und Backhaus mit der Archivierung der Unterlagen beschäftigt. Etliche Unterlagen gingen zur Treuhandverwaltung nach Schwerin. (Eine Liste der im Landesarchiv Schwerin befindlichen Akten der Firma Felix Schoeller & Bausch mit etlichen Hohenofen betreffenden Stücken hat das Archiv an Dr. Dr. Thomas Bausch gegeben, der mir eine Kopie überlassen hat.) Einige Unterlagen hat Hänsch gerettet. Er besitzt Namenslisten der letzten Beschäftigten, Inventarlisten der Container, die in den Libanon gingen, Auflistung des betrieblichen Vermögens, Betriebsbücher von 1900 bis zum Zweiten Weltkrieg, Betriebsbücher ab 1948, Pachtverträge Rutsch, Lohn- und Gehaltsabrechnungen, Brigadetagebücher, Bilderalbum Hochwasser und einen Hochwasserplan.

Viele andere Akten, Unterlagen und Bilder musste Bodo Knaak auf Anweisung von Hänsch im Kessel verbrennen. Nach Knaaks Angaben »waren auch viele chronistische Dinge darunter, z.B. Akten vom Personal, die längst nicht mehr tätig waren bzw. auch schon gestorben. Ich konnte nichts dagegen machen. Ich führte das aus. Das wurde alles nur gemacht, weil sie ja alle in der Stasi waren und es keinen Beleg geben sollte. Die waren alle in der Stasi [es folgen mehrere Namen, K. B. B.]. Mit Richter konnte man sprechen, der hat einen verstanden. Zu den Wahlen bin ich nicht gegangen. Wen sollte man wählen waren ja doch alle von einer Sorte. Wahlbetrug wurde auch gemacht. Sie kamen mit der fliegenden Wahlurne und fragten meine Frau nach den Wahlbenachrichtigungsscheinen. Sie gab diese und darauf wurden diese in die Wahlurne gesteckt. Ich sagte, aber doch nicht von mir, ich war doch im Garten und gar nicht dabei. Na gut, dann komme her, wir nehmen aus der Urne deinen Schein wieder heraus und du steckst ihn dann wieder hinein«[234]

1992 bis **1993**: Der Papierfabrik gehörte im Prinzip der ganze Ort, als da waren: die Fabrikwohnungen und Häuser, die Durchgangsstraße, die halbe Dosse, Gräben, Wege. Alles wurde 1992 bis 1993 im Zusammenwirken mit der Treuhand geregelt und den entsprechenden Ämtern übergeben. In einer Flächenzusammenstellung, erstellt von der Feinpapier Neu Kaliß GmbH i. L., Werk Hohenofen (ohne Datum – die Firmierung gab es vom 23. September 1992 bis zum 30. November 2000) werden alle Flurstücke einzeln aufgeführt und nach der Nutzung jeweils zusammengerechnet:

Betriebsgelände:	23.291 m^2
Filterteiche (4 Stück),	40.874 m^2
Filterhaus	2.243 m^2
Schlackeplatz	9.018 m^2
Anschlussgleis	1.119 m^2

Für eine eventuelle Erweiterung der Fabrik waren weitere Flächen vorgesehen, die im Besitz der Papierfabrik waren:

Gartenland	9.936 m²
Hohenofener Sportplatz, Dorfaue	12.832 m²

Nicht betriebsnotwendiges Gelände:

Wohnungen	18.532 m²
Gräben und Flussläufe	3.330 m²
Straße	7.469 m²
Wege und Plätz	<u>19.156 m²</u>
	147.800 m²

(Addition nicht, wie im Original, 148.430 m²)

Die Berechnungen werden als Anlage zum Grundbuchauszug verwahrt.

1993 verpachtete die von der Treuhand installierte »Feinpapierfabrik Neu Kaliß GmbH« Teile der Produktionsanlagen und des Werksgeländes der als »nicht sanierungsfähig« eingestuften Papierfabrik Neu Kaliß auf fünf Jahre an die von der Melittagruppe zur Übernahme des Werkes gegründete Gesellschaft »Neu Kaliß Spezial Papier GmbH & Co. KG« und modernisierte einen Teil der Maschinen. In den von der Treuhand gepachteten Fabrikationshallen wurde die Papierproduktion zunächst mit Filter- und Spezialpapieren, Pflanzen- und Anzuchttöpfen weitergeführt. Diese Töpfe wurden seit 1965 auf eigens dafür entwickelten Anlagen aus einem Gemisch von Torf und Holzstoff geschöpft. Innerhalb von sechs Wochen zerfallen sie im Boden vollständig und werden biologisch abgebaut. 1995 erfolgte der Umzug der Melitta-Firma in das neugebaute Werk im Gewerbegebiet Heiddorf. Das nunmehr leere Fabrikgelände verblieb im Eigentum der Treuhand.

Am 1. Juni 1991 fand bei der Treuhandanstalt als alleiniger Gesellschafterin der Feinpapier GmbH Neu-Kaliß[235] unter Verzicht auf alle Form- und Fristvorschriften um 15.30 Uhr in den Räumen der Treuhandanstalt, Berlin, eine außerordentliche Gesellschafterversammlung statt, in der laut der vorliegenden Niederschrift beschlossen wurde:

»Die Feinpapier GmbH Neu-Kaliß wird aufgelöst.
Der Geschäftsführer, Herr Gernold Stier, wird abberufen.
Zum Liquidator wird Rechtsanwalt Thomas E. Schulze bestellt.
Zur Prüfung des Jahresabschlusses zum 31.12.1991, der Abschlussbilanz der werbenden Gesellschaft sowie der Liquidationseröffnungsbilanz wird zulasten des zu prüfenden Unternehmens die Flensburger Treuhandgesellschaft mbH (Geschäftsführer:
Herr Fanselau)
Duburgerstr. 70-02, 2390 Flensburg, Tel. 0461/58 040 bestellt.
In Abweichung zu den gesetzlichen Bestimmungen wird als Geschäftsjahr der Liquidationsgesellschaft das Kalenderjahr bestimmt.
(gez.) Dr. Wild, Mitglied des Vorstandes;
L. M. Tränkner, Direktor Abwicklung«

Vom 1. Januar bis 30. Juni 1993 arbeitete Siegfried Hänsch an der Archivierung der Akten und Belege.

Am 1. April 1993 übernahm das Deutsche Technik-Museum Berlin (jetzt: Stiftung Deutsches Technikmuseum Berlin) Geräte und 51 Positionen Zeichnungen, Mappen und Schriftgut. Der Verein Patent-Papierfabrik Hohenofen e.V. (Vorsitzender Michael Vossen) und der Papierhistoriker und technische Berater Klaus B. Bartels führten 2009/10 mit der SDTM Gespräche über einen Tausch: In Hohenofen lagern umfangreiche Bestände von Eisenbahn-Drucksachen aller Art, an denen Berlin interessiert ist, während Hohenofen viele der Geräte gern wieder als Exponate hätte. Einer Rückgabe steht nichts im Wege, sobald das Papiermaschinengebäude nach Dacherneuerung für die Einrichtung als Museum geeignet ist.

6.6.5 Der Kampf um den Erhalt eines einzigartigen Industriedenkmals

1994 bevollmächtigte der Bremer Rechtsanwalt Thomas E. Schulze als Liquidator der Feinpapier Neu Kaliß i. L. Herrn Siegfried Hänsch, für den Betriebsteil Hohenofen sämtliche behördlichen Abmeldungen durchzuführen, die notwendig sind, um die Betriebsstilllegung des Betriebsteils Hohenofen in die Wege zu leiten. Eine Fotokopie seiner Bestellung zum Liquidator durch die Treuhandanstalt Berlin fügte er bei.

Ab dem 25. November 1994 pachtete Ernst Felix Rutsch die Liegenschaft aus Treuhandvermögen für monatlich eine DM. Seinen Betrieb für die Papierausrüstung in Kiel-Raisdorf, Albert-Schweitzer-Straße 4, schloss er, da der Pachtvertrag für die dortigen Räume auslief. Er war dort kein Unbekannter geblieben. Seine Geschäftsidee war, Papiere zweiter Wahl, Ausschussrollen, Havarieposten, Konkursbestände billig aufzukaufen. Statt das Material dem Recycling, der Wiederverwendung als Papierrohstoff (mit einer damals noch recht primitiven Technik, deren Produkt wiederum nur für nachgeordnete Zwecke eingesetzt werden konnte) zuzuführen, rüstete er es für den unmittelbaren Weiterverbrauch aus. Unter Ausrüstung versteht der Papierer das Umrollen auf schmale Rollen oder solche mit geringerem Durchmesser sowie das Schneiden der Rollen auf Format und Bogenformate auf kleinere. Da seine Produktion wenig Energie, kein Wasser und keinen Primärrohstoff benötigt, wurde ihm 1994 der Kieler Umweltpreis zuerkannt. Dieses, dort erfolgreiche Gewerbe wollte er fortsetzen. Bei der Suche nach geeigneten Räumen kam er nach Hohenofen. Mit 15 neu eingestellten Arbeitskräften konnte er die Maschinen in Kiel abbauen und den Aufbau in Hohenofen vorbereiten lassen. Es kamen mehrere Waggons mit Papier und Tieflader mit Maschinen an. Papier wurde im Lagerhaus am Neustädter Bahnhof eingelagert. Maschinen wurden in Hohenofen aufgestellt, blieben aber zum größten Teil ungenutzt. Durch Rutsch wurde nur noch ein Ausrüstungsauftrag abgearbeitet (Umrollen und Trennen). Fehler bei der Suche nach einer tragbaren Finanzierung, aber auch die Installation von Ausrüstungsunternehmen in demontierten oder wegen Unwirtschaftlichkeit liquidierten sächsischen Papierfabriken, als Nebenbetrieb

Die Patent-Papierfabrik Hohenofen

einer der größten Papiergroßhandlungen oder Neubeginn eines einstigen bedeutenden Unternehmers der Papiererzeugung mit seinen Söhnen bedeuteten eine nicht zu schlagende Konkurrenz.

1996 Im Juli wurde die gesamte Belegschaft entlassen.

Neben seinem Ausrüstungsbetrieb wollte Rutsch eine Art Museum unterschiedlichster Themen einrichten, neben der erhaltenen Papierfabrik auch DDR-Erinnerungen, Eisenbahn-Souvenirs und verschiedenste Maschinen der Papierveredelung mit dem kompletten Maschinensatz der Vulkanfiberfabrik Werder, die in der DDR-Zeit ein Schwesterbetrieb unter der Leitung der Feinpapierfabrik Neu Kaliß war. Die Fertigungsmaschinen stammten teilweise von 1889 aus den USA. Hinzu kamen Relikte aus der Buchdruck-Bleisatzzeit. Er war nicht nur ein eifriger Fotograf; auch die Presse nahm von seinen Bemühungen eingehend Kenntnis und veröffentlichte wohlwollende Beiträge über ihn und seine Absichten.[236]

Der Name der Gemeinde Sieversdorf-Hohenofen ist jüngsten Datums. Erst am 31. Dezember 1997 schlossen sich die bis dahin selbstständigen Orte Sieversdorf und Hohenofen freiwillig zusammen. Die dazu führenden Überlegungen waren die gleichen, die im westlichen Teil der Bundesrepublik Deutschland bereits in den siebziger und achtziger Jahren des 20. Jahrhunderts zu einer Zusammenlegung kleinerer Ortschaften zu Großgemeinden oder zum Anschluss an benachbarte Städte geführt hatten. Bereits am 1. Januar 1992 hatte Hohenofen sich mit zehn Gemeinden zum »Amt Neustadt (Dosse)« zusammengeschlossen. Zahlreiche gemeindliche Aufgaben konnten nun kostengünstiger zentralisiert erfüllt werden, das politische Gewicht einst schier vergessener Kleinkommunen wurde im Verbund mit den Nachbarn bedeutsamer. Eine alsbald folgende Fusion kleiner Landkreise verstärkte unter dem Druck der Verwaltungskosten den Effekt ebenfalls. Als Folge der positiven Entwicklung größerer Verwaltungseinheiten setzt sich dieser Trend bis in unsere Tage fort, und ein Ende ist noch nicht in Sicht. So gehörte Hohenofen einst zum Kreis Kyritz, heute zum Landkreis Ostprignitz-Ruppin.

2000 Die letzte Eintragung im Handelsregister der Muttergesellschaft »Feinpapierfabrik Neu-Kaliß GmbH« stammt vom 10. November 2000: »Die Liquidation ist beendet. Die Firma ist erloschen.«

In der Folgezeit litt die Fabrik unter mehrfachen Diebstählen und Plünderungen. Rutsch hatte während seiner Pachtzeit zahlreiche Aufnahmen von der Austattung der Fabrik gemacht – Maschinen, Anlagen, Gerätschaften, dazu Szenen aus den von ihm veranlassten Aufräumungs- und Reparaturarbeiten mit teils vom Arbeitsamt zugewiesenen ABM-Hilfskräften. Seine aus Kiel verlagerten Maschinen waren hinzugekommen. Aus seinen Fotos wie auch aus Presseberichten[237] ist der Umfang der Verluste deutlich erkennbar. Teile der Produktionseinrichtung – zwei der drei tonnenschweren Dampfkessel, die gesamte Kraftanlage, die Laborausstattung verschwanden. Rutsch ging in Insolvenz, Gebäude, Anlagen und Zubehör verfielen, es regnete durch undichte Dächer, besonders auf die Holländer und die Papiermaschine. Der Rost nagte an den wertvollen Maschinen und Geräten.

Patent-Papierfabrik Hohenofen, Straßenseite, 2011.

2002 wurde die Papierfabrik durch die Nachfolgegesellschaft der Treuhand in Berlin-Schöneberg versteigert. Den Zuschlag für das 2,5 ha umfassende Objekt erhielt Christoph Steinhauer aus Görne im Einvernehmen mit der Kommune von der regionalen Treuhand-Liegenschafts-Gesellschaft und bemühte sich, es nicht nur zu erhalten, sondern für die Öffentlichkeit interessant zu machen. Das Grundstück umfasst als Wichtigstes das in 150 Jahren stückweise errichtete Papiermaschinengebäude, dessen 101 m lange Front an der Neustädter Straße, der Bundesstraße 102, durchaus repräsentativ aussieht und das bedeutendste Bauwerk des Ortes ist. Das Lumpenhaus ist mit ihm durch eine Lorenbrücke verbunden. Ein kleines Wohn- und Bürohaus und zahlreiche Nebengebäude, wie das Kesselhaus, die Betriebskantine, ein Werkstattgebäude, einen hölzernen Wasserklärturm und andere ergänzen das Ensemble.

6.6.6 Bürger kämpfen für den Erhalt des Herzens von Hohenofen

2003 gründen Bürger aus Hohenofen und benachbarten Orten, unter ihnen etliche ehemalige Arbeiter und Angestellte des Werkes, den Verein »Patent-Papierfabrik Hohenofen e.V«, der am 11. Dezember 2003 im Vereinsregister des Amtsgerichts Neuruppin unter VR 1007 OPR eingetragen und dem die Gemeinnützigkeit zuerkannt wurde.

Den Gründungsvorstand bildeten Hermann Haacke (Vorsitzender), Michael Vossen (Stellvertretender Vorsitzender), Ingrid Lutz (Kassenwartin), Edmund Bublitz (Beisitzer) und Christoph Steinhauer (Beisitzer). Steinhauer verpachtete dem Verein die Liegenschaft auf 25 Jahre pachtzinsfrei. Wegen der Befürchtung von Interessenkollisionen in seiner Eigenschaft als Bürgermeister trat Hermann Haacke am 8. Februar 2006 zurück, ebenfalls Ingrid Lutz.

Die Patent-Papierfabrik Hohenofen

Im September desselben Jahres wurde die Papierfabrik als Einzeldenkmal in die Denkmalliste des Landkreises Ostprignitz-Ruppin eingetragen. Das Technische Denkmal ist ein bedeutendes Beispiel für die Entwicklung dezentraler Industrialisierung in dem vornehmlich landwirtschaftlich geprägten Ruppiner Land des 19. und 20. Jahrhunderts. Dr. Matthias Baxmann, Referent für technische und Industriedenkmalpflege, »Brandenburgisches Landesamt für Denkmalpflege und Archäologisches Landesmuseum« schreibt dazu in seiner Darstellung der Fabrikgeschichte:[238]

»In ihrer Gesamtheit und Anordnung veranschaulichen die denkmalgeschützten Fabrikgebäude und der in einzigartiger Vollständigkeit erhaltene Maschinenbestand des 19. und 20. Jahrhunderts den Produktionsablauf der Papierherstellung zur Zeit der deutschen Hochindustrialisierung von der Lagerung und Aufbereitung der Werkstoffe über die eigentliche Papierherstellung bis hin zur Verpackung und dem Versand. Der einzige überlieferte Klärturm verdeutlicht die im späten 19. bzw. frühen 20. Jahrhundert zunehmend öffentlich wahrgenommene Problematik der Wasserverunreinigung durch industrielle Tätigkeit und die daraus resultierende Wasseraufbereitung. Die genannten Gebäude und Maschinen zeigen, dass die Technologie der Papierherstellung sich bis ins späte 20. Jahrhundert nicht grundlegend änderte. Die Maschinen erwiesen sich bei nachfolgenden Modernisierungen als erstaunlich kompatibel. Damit ist die Papierfabrik als Zeugnis technischer Verhältnisse und Entwicklungen von signifikanter technikgeschichtlicher Bedeutung und einmalig im Land Brandenburg. Darüber hinaus hat die Fabrikanlage industrie- und wirtschaftsgeschichtliche sowie städtebauliche Bedeutung. Die Papierfabrik war seit ihrer Erbauung einer der wichtigsten Standortfaktoren der Subregion um Neustadt/Dosse. Sie fungierte als Hauptarbeitgeber der Region und prägte so maßgeblich die Entwicklung und das soziale Leben Hohenofens sowie der umliegenden Ortschaften. Im Gegensatz zu den sich im 19. Jahrhundert in der Mark Brandenburg entwickelnden industriellen Zentren in der Lausitz, dem Barnim und dem engeren Verflechtungsraum um Berlin handelt es sich bei Hohenofen um eine dezentrale Industriedörflichkeit in einer ansonsten landwirtschaftlich geprägten Gegend. Bei der Standortwahl für die Papierfabrik spielte die tradierte frühindustrielle Vorgeschichte und die günstige Lage an der Dosse als Prozessenergie- und Brauchwasserlieferant sowie als Transportweg eine entscheidende Rolle. Die Papierfabrik dokumentiert ferner die standortgebundene industrielle Transformation von der frühindustriellen Eisenverarbeitung zur Leichtindustrie und gleichzeitig den endgültigen Niedergang des Hüttenwesens in der Region. Letztlich gehört die Papierfabrik zu den markantesten Gebäuden Hohenofens. Sie prägen durch ihre exponierte Lage neben der Dosse mit dem hohen Giebel und dem langgestreckten Baukörper maßgeblich das Erscheinungsbild der Hauptstraße. Sie ist damit ein Blickfang am Ortseingang und wirkt so im hohen Maße ortsbildprägend […].«

2004 wird an der Technischen Universität Berlin ein städtebaulicher und grünordnungsplanerischer Entwurf für die »Industriebrache Papierfabrik Hohenofen« gefertigt.[239] Diese wird mit ihrem denkmalwürdigen Gebäudebestand aus kulturhistorischer Sicht als besonderes Kleinod der Region bezeichnet. Es wird bemerkt, dass eine lokale Arbeitsgruppe Naturpark Westhavelland e.V. mithilfe von EU-Mitteln eine strukturelle, soziale und ökologische Entwicklung der Region fördert. Das Fabrikgelände wurde in dieses Leader-Konzept aufgenommen und soll entsprechend den genannten Zielen beplant und entwickelt werden. Mögliche Ansätze können von einer kulturellen Nutzung (Industriemuseum) bis hin zu einer Nutzungsmischung aus Gewerbe, Tourismus und sozialen Einrichtungen reichen.

Vergleich mit modernen Papiermaschinen (nach Bodo Knaak*)[240]

	Mittelalterliche Papiermühle mit 24 Arbeitern	Vorhandene Papier-Maschine von 1888	Neuzeitliche Zeitungsdruck-Papiermaschine	Papiermaschine von Voith der Papierfabrik Leipa, Schwedt, Inbetriebnahme 2004, (zweitgrößter Standort Deutschlands: Leipa 3 Maschinen, und UPM Kymmene, 2 PM)	Papiermaschine von Voith in Hainan, China, 2009 Jahreskapazität 1 Mio. t
*Die Angaben aus den Jahren 2004 und 2009 wurden vom Verfasser ergänzt.					
Länge		42 m		420 m	630 m
Arbeitsbreite		1,65 m	9 m	8,05 m	10,98 m
Geschwindigkeit		50 m/min	1.700 m/min	1800 m/min	2000 m/min
Pro Sekunde kommen		knapp 1 m	25 m	30 m	33 m
In 16 Stunden / In 24 Stunden	100 kg	4 t/d	1.200 t/d	1.150 t/d	2.778 t/d

2006 Am 8. Februar wurde Michael Vossen neuer Vorsitzender (bis April 2010), Christoph Steinhauer blieb Beisitzer, und Marina Schneider geb. Grünberg wurde zur Kassenführerin gewählt. Der Verein bemüht sich seitdem mit Unterstützung des Bürgermeisters Hermann Haacke und Ein-Euro-Arbeitskräften aus dem Leader-Programm um den Erhalt des in Deutschland einzigartigen papierindustriellen Denkmals.

Im selben Jahr hörte ich in Lauterbach in Oberhessen gemeinsam mit meiner Frau Ilse Bartels einen Bericht im Hessischen Rundfunk über das Papiermuseum Hohenofen. Die Vorfahren meiner Frau waren Pappenfabrikanten im Erzgebirge. Die Annaberg-Buchholzer Pappenfabrik Eli Uhlig war einst eine der größten Hartpappenfabriken Deutschlands. Ihr Vater Curt Uhlig, ehemals Direktor der Feinpapierfabrik Georg Drewsen in Lachendorf, gründete 1920 in Magdeburg die Feinpapier-Großhandlung Curt Uhlig, die nach seinem Tod von ihrer Mutter weitergeführt und 1954 von meiner Frau übernommen wurde. Ich, dort zuvor Prokurist, fungierte als Geschäftsführer. Mein Bemühen um einen Studienplatz wurde mit dem

Argument abgeschmettert, meine gesellschaftlichen Aktivitäten seien unzureichend. Immerhin wurde ich von der Industrie- und Handelskammer Halle als Sachverständiger für Feinpapier berufen. Um 1956 entzog die Regierung der DDR dem privaten Papiergroßhandel die Existenzgrundlage, indem Bezugsberechtigungen allein über die Deutsche Handelszentrale Zellstoff und Papier realisiert werden konnten. Die Entwicklung war abzusehen, man stellte die Weichen neu, und bald darauf war die Firma auch im Bereich Großhandel mit Post- und Glückwunschkarten, Bilderbüchern und Kalendern wieder die größte private in der DDR mit zehn Vertretern. Ich gründete dazu 1956 das »Hansa-Verlagskontor Klaus B. Bartels« für Post- und Glückwunschkarten. Das Jahreskontingent betrug damals 50.000 Karten. Davon war kein Brot, geschweige denn die Butter zu verdienen. Die alten Verbindungen im Papiergroßhandel ermöglichten aber eine Jahresproduktion von sechs bis acht Millionen Karten. Der Gewinn unterlag einer Einkommensteuer von bis zu 89 Prozent. Unsere damals elfjährige Tochter bekam unvertretbare Probleme in der Schule, weil wir – ihre Eltern – nicht bereit waren, ihr die Mitgliedschaft bei den »Jungen Pionieren«, der Kinderorganisation der Freien Deutschen Jugend (FDJ) zu erlauben. Das Abfahrtsignal war damit gegeben. Über West-Berlin verließen wir den Arbeiter- und Bauernstaat. Nach einigen Semestern Betriebswirtschaft ging ich als Geschäftsführer einer Papiergroßhandlung nach Lauterbach. Als die Firma an das bedeutende Unternehmen Knüppel Verpackungen GmbH & Co. KG, Hann.-Münden, verkauft wurde, machte ich mich als Vermögensberater selbstständig und war nach dem Eintritt ins Rentenalter mit meiner Frau auf Langzeitreisen im eigenen Wohnmobil in allen fünf Erdteilen.

2007 waren meine Frau und ich auf einer Rundreise durch Norddeutschland und besichtigten die Fabrik in Hohenofen. Es war die einzige Feinpapierfabrik der einstigen DDR, die ich nicht aus eigener Anschauung kannte – es gab damals keinen Grund dafür, den Zweigbetrieb der Feinpapierfabrik Neu Kaliß aufzusuchen, von der ich Tiefdruckpapier gekauft hatte. Der erste Eindruck von der einzigen Feinpapierfabrik, die die allgemeine Verschrottungsaktion nach der Wiedervereinigung überlebt hatte, war zwiespältig: Die Fabrik war fast komplett, mit Stoffaufbereitung, Bütten und Papiermaschine – die ganz ähnlich der von 1927 war, an der ich 1946/47 in der Georg Drewsen Feinpapierfabrik AG in Lachendorf meine technische Ausbildung absolviert hatte –, die Gebäude hingegen waren in erbärmlichem Zustand. Insbesondere das Papiermaschinengebäude glich fast einer Ruine mit seinem total maroden Dach. Die freundliche Frau Schneider (damals noch Grünberg) führte die Besucher durch die Fabrik.

In den Tagen, Wochen, Monaten nach meinem ersten Besuch in Hohenofen wuchs mehr und mehr die Überzeugung, man könnte ein solches Denkmal einstiger hochklassiger Papiertechnik doch nicht dem Verfall überlassen. Eines Tages fasste ich dann den Entschluss, mich zu engagieren. Erste Telefongespräche mit dem Vereinsvorstand verliefen in jeder Hinsicht positiv. Nun war Handeln angesagt. Ich entwickelte in Abstimmung mit dem Verein erste Konzepte über die künftige Strategie und die zur Erreichung des Zieles anzuwendende Taktik.

Einig wurde man sich alsbald, die Einrichtung eines Museums für Geschichte der Beschreibstoffe und der Papierindustrie sowie die Darstellung der Sortenvielfalt der deutschen Papierindustrie (mehr als 5.000 Sorten gibt es insgesamt) voranzutreiben und eine breite Palette von Exponaten zu beschaffen. Schwerpunkte von Verarbeitungsprodukten, vornehmlich Verpackungen und Hygienepapiere, sollen als Beispiele gezeigt werden. Außerdem soll die besondere Lage der Papierindustrie in den neuen Bundesländern dargestellt werden: Kriegszerstörungen und Demontagen 1945–1947, Enteignungen 1950–1956, Abriss der durchweg veralteten Industrie und Neuaufbau nach der Wiedervereinigung mit dem Ergebnis, dass es heute weltweit keine vergleichbare Konzentration modernster und leistungsfähigster Papierfabriken wie auf dem relativ kleinen Raum der neuen Bundesländer gibt. Ein Schwerpunkt ist auch die Heranführung von Kindern und Jugendlichen an das Papier als einzigartigen Träger unserer Kultur und Zivilisation – und an den dringend benötigten anspruchsvollen Beruf des Papiertechnologen für eine Hightech-Industrie.

Die Sanierungsarbeiten gehen langsam voran, da es bislang nicht möglich war, nennenswerte Spenden zu generieren oder gar eine geplante Stiftung zu errichten. Mehrere Rundreisen zu einschlägigen Institutionen, Museen und Archiven und zu den bedeutendsten privaten Feinpapierfabriken brachten viele wertvolle Erkenntnisse, aber keinen Cent in die Kasse. Im August 2008 trug ich dem Deutschen Arbeitskreis Papiergeschichte in der Papiermacherschule Gernsbach in einem Kurzreferat die Geschichte Hohenofens und die vorgesehenen Maßnahmen vor und konnte alte Kontakte wieder beleben und neue Verbindungen knüpfen. Im November wurde von der brandenburgischen Landesregierung der Beginn umfassender Sanierungsarbeiten zur Rettung eines einzigartigen Industriedenkmals in Aussicht gestellt. Anfang 2009 sollten Landes- und Bundesmittel zur kurzfristigen Erneuerung der Dächer zur Verfügung stehen. Es wurden bereits zahlreiche Ausstellungsobjekte beschafft. In Räumen des ehemaligen Lumpenhauses wurde eine Apfelsaftkelterei eingerichtet, die einige Mieteinnahmen bringt; ein Gebäude ist an einen Gebrauchtwarenhändler vermietet, eine Autowerkstatt hat sich etabliert. Auf dem betonierten Bereich der früheren Bahn-Entladeanlage wird ein Wohnmobil-Stellplatz eingerichtet. Dessen Eintragung in die Stellplatz-Verzeichnisse ist auch eine Werbegelegenheit für das Museum. Gelegentlich finden auf dem Fabrikgelände Popkonzerte und Flohmärkte statt. Im einstigen Lumpenhaus wird alljährlich eine Kunstausstellung veranstaltet. Der ADAC ist gebeten worden, das Papiertechnikmuseum auf seiner Straßenkarte als Sehenswürdigkeit zu markieren.

In diesem Jahr arbeiteten Ein-Euro-Arbeitskräfte engagiert an der Sanierung von Innenräumen für das künftige Museum, ersetzten zerbrochene Fensterscheiben und flickten zusammen mit Vereinsmitgliedern Löcher in den Dächern. Viele Tonnen Altpapier konnten entsorgt werden und brachten ein paar Euro in die Vereinskasse. Im Frühsommer kam ein Tiefschlag: Die Sparkassenstiftung, von der man sich einen größeren Beitrag zur Sanierung erwartet hatte, lehnte das Gesuch ab. Nun ist der Verein bemüht, Sponsoren zu finden, die durch einen größeren Beitrag die Voraussetzung dafür schaffen, dass auch Bund und Land ihren Beitrag leisten. Inzwischen gelang es dem Vorstand, einige Mieter für nicht benötigte Gebäude zu finden und etwas Geld bei der Durchführung von Veranstaltungen auf dem Gelände zu aquirieren.

2010 trat der Vorsitzende des Vereins, Michael Vossen, zurück. Er verstarb kurz darauf. Zu seinem Nachfolger wurde der Eigentümer der Liegenschaft, Christoph Steinhauer, gewählt.

Erinnerungen alter Hohenofener

Ein früherer Mitarbeiter der Fabrik[241] schildert die Geschichte Hohenofens mit seinen Worten während eines Vortrages am 20. Juli 2008 im Holländersaal der Papierfabrik. Eigene Beobachtungen, Erzählungen der Älteren und der ganz Alten, neuere Dichtkunst und der Schwund von Erinnerungen vereinen sich zu einem Konglomerat von Dichtung und Wahrheit. Manches davon findet sich in der Geschichtsschreibung des 19. und 20. Jahrhunderts wieder und wurde von einem Historiker zum nächsten weitergereicht. Damit begann die nun mehr als dreijährige Forschungsarbeit, wenn ich auch damals noch nicht im Traume daran dachte, daraus einmal ein Buch werden zu lassen.

»Nach dem 30-jährigen Krieg war alles verwüstet und es musste ein Neuanfang geschehen. Der Landgraf Prinz von Homburg kam auf den Gedanken die Umgebung von Neustadt, Dreetz und Hohenofen aufzukaufen. Der Landgraf kam durch Heirat zu großem Reichtum. Er beauftragte seinen Rittmeister Eyck die Gegend zu inspizieren. Er fand in Dreetzer Richtung hinter der Dosse vier Schlackeberge und die ließen darauf schließen, dass die Vorfahren, also die Slawen und Germanen für den Hausgebrauch geschmolzen haben. Er untersuchte die Wiesen und fand Raseneisenerz. Daraus entstand die Idee hier am Ort ein Hüttenwerk zu bauen.

Zum Hüttenwerk gehört ein hoher Ofen. Der Hohe Ofen wurde beheizt mit Erlenholz. Das Raseneisenerz wurde per Pickel abgebaut und mit Forke verladen und herangekarrt. Es entstand aber kein großer Reichtum. Die königliche Amtsverwaltung gab dem bis dahin namenslosen Ort den Namen Hohenofen. Dies wurde 1663 beurkundet.

Der Anteil Eisenerz im Raseneisenerz betrug 30 %. Das Eisen wurde dann per Lastkähne dosseabwärts über die Havel bis Berlin transportiert. Die Dosse war ein wilder und ungezügelter Flusslauf, dadurch war der Transport nicht jederzeit möglich. Dadurch waren Stillstände bei der Verhüttung. Die Dosse war im Winter zugefroren und hatte Treibeis, im Frühjahr war Hochwasser. Es herrschte aber dennoch große Armut, die Leute kamen nicht zu Reichtum. Es schaltete sich Friedrich III. ein und kaufte die Hütte. Er verpachtete aber das Anwesen an die Magdeburger Bergbaugesellschaft. Weiterhin kam De Moole in die Gegend und errichtete in Spiegelberg eine Spiegelmanufaktur. Für Spiegel benötigt man auch Glas und so baute er in Hohenofen eine Poliermühle in der Flachglas geschliffen wurde. Spiegel wurden in Spiegelberg hergestellt, die bis zum Dresdner Zwinger verwendet wurden. Den Reichtum brachte es aber trotzdem nicht.

Im Jahre 1756 brach dann der 7-jährige Krieg aus. Sämtliche Arbeiter wurden in Hohenofen zwangsrekrutiert und die Arbeit im Werk wurde eingestellt. Nach dem Krieg musste es 1763 wieder weiter gehen. Seine Majestät Friedrich der III. hatte angewiesen hier Silbererz zu schmelzen. Das Silber kam aus den königlichen Silberminen aus Sachsen (Freiberg). Das wurde per Schiff antransportiert. 1780 wurde dann die Dosse begradigt und eingedeicht. Die umliegenden Wiesen- und Nassgebiete wurden trockengelegt. Es wurden Kolonien gebildet und es siedelten sich ausländische Kolonisten an. Auch in Hohenofen wurden Kolonisten angesiedelt.

Die Freude währte aber nicht lange und 1800 ging alles wieder zu Ende. Es musste wieder ein Neuanfang gemacht werden. Dieser währte auch nicht lange, denn 1806 kamen die napoleonischen Horden durch Hohenofen und zerstörten vieles. Die Leute verließen wiederum Hohenofen.

Das königliche Seefahrtsamt sinnierte über das Werk mit der Idee hier eine Papierfabrik zu errichten. 1833 ging das Silberschmelzen zu Ende. Der Bau der Papierfabrik hatte sich gerichtlich bis 1835 hingezogen. Dann wurden alle umliegenden Anwohner verpflichtet (Hohenofen, Sieversdorf, Dreetz, Köritz) beim Aufbau zu helfen. Ein Gebäude für die Papiermaschine wurde errichtet. Ein Praktikus aus England (Lengley) wurde verpflichtet mit der Aufgabe die wassertechnischen Bedingungen für den Anschluss einer Papiermaschine zu schaffen. Der gesamte Betrieb wurde verpachtet an die englische Firma Donkin. Es wurde die erste Papiermaschine Deutschlands gebaut. Sie war aber nicht vergleichbar mit den heutigen Papiermaschinen, sie war 16 m lang und 0,75 m breit. Von 1836 bis 1837 wurde gebaut. Am 1. Juli 1837 wurde dem Steueramt in Neustadt mitgeteilt, die Papierfabrikation hat begonnen.

Ein Unternehmer aus Alfeld an der Leine hat die Papierfabrik gekauft und 1888 die Papiermaschine wieder abgerissen und eine neue errichtet, wie jetzt noch in Teilen vorzufinden ist. Es wechselte wiederum mehrfach der Besitzer bis 1902 Schöller & Bausch den Betrieb erwarben. Schöller hatte in Amerika eine Papierfabrik in Betrieb.

Bausch hat die Papierfabrik 1917 wieder verkauft an die Firma Illig. 1938 kaufte Bausch das gesamte Werk wieder zurück und war als Unternehmer tätig bis 1950. Nach dem Kriege wurde unter sozialistischen Bedingungen gearbeitet. Der kapitalistische Unternehmer bediente alle möglichen Papiersorten. Das bedingte aber dass beim Sortenwechsel alles gereinigt werden musste, die Leitungen mussten gespült werden, die Holländer mussten gereinigt werden, die Maschine musste gereinigt werden. Das war kostenintensiv und es wurde auf wenige Sorten umgestellt. Es wurde vorgegeben, dass nur noch 4 Sorten Papier hergestellt werden.

Das hatte Bausch nicht gefallen und er setzte sich nach Westberlin ab und kam nicht wieder zurück. Von 1950 bis 1953 wurde die Papierfabrik durch die Treuhand verwaltet. Die russische Kommandantur gab vor, das Papier nur in Brandenburg und Berlin zu verkaufen. Ab 1953 wurde die Papierfabrik VEB. Da in der Volkswirtschaft Transparentpapier benötigt wurde, wurde seitens des Staates vorgegeben, dass Transparentpapier in Hohenofen herzustellen ist. Die Maschine von 1888 lief bis 1968. 1968 kam der Befehl die Maschine umzu-

Die Patent-Papierfabrik Hohenofen

bauen. Die Maschine von 1888 hatte eine Sieblänge von 18 Metern und eine Gesamtlänge von 32 Metern bei einer Breite von 1,80 Metern. Die Maschine wurde 1968 von der FAMA Sachsen umgebaut. Die Siebpartie wurde auf 27,90 m verlängert. Der Transmissionsantrieb wurde herausgeschmissen. Angetrieben wurde bis dahin die Papiermaschine durch einen alten Schiffsdieselmotor. Bei der Verwendung von Zellstoff spricht man bei der Papiermasse vom Stoff. Bei der Verwendung von Lumpen als Faser spricht man vom Lumpen-Brei. Im Lumpenhaus waren 60 Frauen, 38 Männer und 1 Rattenfänger beschäftigt.

Die erste Papiermaschine war die erste Papiermaschine mit der endlos Papier hergestellt werden konnte. Das war gewissermaßen ein Patent und führte zum Namen Patentpapierfabrik. Es wurde dafür ein Vertrag gemacht mit der Patentgesellschaft Berlin. Damit die Abnahme des Papiers, das auf der ersten Maschine hergestellt wurde, also ab 1837, auch dann gesichert war, wenn auf der Dosse kein Transport möglich war, wurden Pferde, Planwagen und Kutscher angeschafft, die den Transport nach Berlin übernahmen. Die Fahrt dauerte 2 Tage hin und 2 Tage zurück von Berlin. Auf der Rücktour wurden dann Lumpen mitgebracht. Die Berliner waren helle und feuchteten die Lumpen an, damit sie extra schwer waren. Die Papierfabrik hatte einen großen Musterschrank, den hat Rutsch weggegeben. Im Musterschrank waren von fast 100 Jahren die Muster enthalten.

Als Bausch von 1938 an die Papierfabrik leitete war sie weltbekannt gewesen. Während der Hitlerzeit erhielt er finanzielle Unterstützung und wurde als kriegswichtiger Betrieb eingestuft. Es wurde Landkartenpapier für Karten, Ballonpapier für aufsteigende Flugkörper hergestellt. 1940 ließ Bausch im ehemaligen Lumpenhaus Flugzeugtragflächen montieren der ARADO-Werke. Als das Lumpenhaus nach dem Kriege so nicht mehr genutzt wurde, wurde es umfunktioniert. Es war Kistenlager. Dann wurde Toilettenpapier umgerollt, von einer großen Rolle in die handelsüblichen kleinen Rollen. Die Hohenofener brauchten seitdem kein Toilettenpapier mehr zu kaufen. Wenn ausgeliefert wurde, gab es schon eine Absprache. Ein Packen flog zur Seite und riss auf und das ganze Papier wurde flugs verteilt. Dann wurde eine Küche eingerichtet, ein Kulturraum und ein Kino. Von oben kam die Order maßbeständiges Zeichenpapier zu produzieren. Maßbeständiger Zeichenkarton ist eine kaschierte Aluminiumfolie, mit Kleber bestrichen und eine Lage Papier. Der Kleber war ausgesprochen aggressiv und umweltschädlich. Dafür gab es extra Entlüftungen. Dies vereinbarte sich nicht mehr mit der Küche, und es wurde ein neuer Küchentrakt gebaut. Der Zutritt zur Zeichenkartonherstellung war nur einem bestimmten Personenkreis gestattet, die dort arbeiteten, das Schichtpersonal und die Meister.

Im Rahmen der Konsumgüterproduktion wurden Pikiertöpfe hergestellt. Es wurden 3 Maschinen zur Herstellung aufgestellt. Anfangs wurden die Töpfe noch aus Torf hergestellt. Torf wurde knapp wegen der Kosten der Anfuhr. Dann wurde Packpapier dazugegeben. Es kamen aber Reklamationen, die Töpfe weichen von ganz allein auf.

Rollenpapier aus Rumänien wurde angeliefert und umgewickelt und ging nach Ungarn für Zuckerpapier oder für Tapeten nach Schwedt. Bis 1968 wurde in Hohenofen auch Extra-Spezialkrepppapier hergestellt. Das war deshalb möglich weil die Papiermaschine noch mit Transmissionen angetrieben wurde. Die Siebpartie konnte mit 40 m/min gefahren werden bis zur ersten Trockengruppe. Vor der ersten Trockenwalze wurde ein Kreppschaber eingebaut der das Papier zusammenschob. Die Trockengruppe lief dann mit 35 m/min. Der Krepp war so stabil, dass man einen Strick daraus drehen konnte der nicht riss. Spezial-Krepp wurde zu DDR-Zeiten auch zur Pflasterherstellung verwendet.

Es gab zwei geschlossene Wasserkreisläufe. Wasser wurde so gut wie gar nicht verbraucht. Wasser wurde nur zum Reinigen verbraucht, Abspritzen der Maschine, Spülen der Leitung und Holländer. Filterteiche wurden angelegt, damit das Wasser sich säuberte. Es waren 4 Filterteiche. Erster Filter von der Dosse war der kleine Filter. Das Wasser sollte sich biologisch reinigen. Das Wasser kam dann in das Filterhaus. Dort waren mehrere Kiesfilter. Der Kiesfilter hatte unten groben Kies, dann mittelgroben Kies und oben feinen Kies. Das Wasser war danach so klar, dass man damit Kaffee kochen konnte. Die Kiesfilter wurden regelmäßig gereinigt. Zuerst mit dem Spaten umgegraben und später mit dem Feuerwehrschlauch gespült. Stillgelegt warum: wir hatten Ärger mit unserem letzten Chef. Er war Offizier bei der Stasi und schön rot. Wir hatten dann als die Wende kam und abzusehen war, dass Transparentpapier nicht mehr gebraucht wird, vorgeschlagen, Plotterpapier herzustellen. Nein, wir müssen erst noch für Rumänien 80 t Transparentpapier herstellen. Die Zeit ist doch aber vorbei, wir bekommen sowieso kein Geld mehr und Ceaucescu ist auch nicht mehr. Er hat sich breitschlagen lassen und einen halben Tag lang Plotterpapier auf der Papiermaschine gefahren. Was sollte das, das Labor konnte nicht einmal vernünftige Proben machen. Danach war Schluss, 80 t noch für Rumänien und dann keine Aufträge mehr.

Einen Holländer zum Laufen bringen: Die Grundwerke sind mit Holzkeilen einjustiert. Wenn dann die Feuchtigkeit kam, quollen die Holzkeile und befestigten die Grundwerke. Wenn die Holländer lange trocken stehen sind die Holzkeile verfault. Für den 10-Klassenschüler hieß die Ausbildung Facharbeiter für Papier. Für den 8-Klassen-Schüler hieß die Ausbildung Papiermacher. Ausbildungszeit 3 Jahre.

Am südlichen Ende des Papierfabrikgebäudes lief ein unterirdischer Kanal von den Filterteichen. Auf der gegenüberliegenden Seite hatte neben dem Filterhaus die neue Kneipe aufgemacht. Gleich daneben war ein Kontrollschacht, da wurde ein Kasten Bier herabgelassen, der dann unterirdisch im Gebäude ebenfalls an einem Kontrollschacht in Empfang genommen wurde.

Zum Transparentpapier kann nur guter Zellstoff genommen werden. Die Kurzfaserigkeit sorgt für die Durchsichtigkeit. Lumpenfasern sind dazu nicht geeignet. Man kann sie Kochen und Klopfen, die bleiben immer grob. Beim Transparentpapier ist die Streichfestigkeit wichtig, die dafür sorgt das beim Zeichnen mit Tusche diese nicht verläuft.«

Der Berichter »war nach der Wende auf einer Schulung und kam mit einem Dozenten in Kontakt. Der hatte eine Papierfabrik in Oldenburg und der suchte noch eine andere alte Fabrik. Der schickte seinen Sohn nach Hohenofen und er bekundete Interesse. Er wollte spezielle Papiere machen. Der rote Chef hat das gleich abgelehnt. Hier kommt kein Kapitalist in die Fabrik. Bausch kam auch noch einmal und brachte altes Papier mit Klebestreifen an der Seite mit. Siegfried Otto machte dann den Maschinenführer. Das Resultat war ein Papier mit Klebeflocken durchsetzt. Hat überhaupt nicht funktioniert.«[242]

7 Deutschland – Ost und West

7.1 Niedergang im Osten

7.1.1 Die Zerstörung einer Industrie

Vor dem Zweiten Weltkrieg gehörte Sachsen zu den deutschen Gebieten, die sich durch eine besonders große Anzahl von Holzschleifereien (65), Zellstoff- (7), Papier- (48) und Pappenfabriken (158) auszeichneten. Ausschlaggebend dafür war sicher die dichte Bewaldung, besonders des Erzgebirges, die den Rohstoff lieferte, und Flüsse mit sauberem, klarem, für die Papierherstellung besonders geeignetem Wasser. Überdies war Sachsen bereits frühzeitig bedeutend industrialisiert und bot ebenso ein reiches Abnehmerpotential wie eine an anspruchsvolle Industriearbeit gewöhnte Bevölkerung. Auch in Sachsen-Anhalt und Thüringen gab es eine relativ große Anzahl einschlägiger Unternehmen. Die ersten Einschnitte in die gewachsene Struktur der Papierindustrie brachte der Zweite Weltkrieg, in dessen Verlauf Papier- und Pappenfabriken geschlossen wurden, weil der infolge der kriegsbedingten Mangelwirtschaft geringer gewordene Bedarf auch von weniger Fabriken gedeckt werden konnte und so Arbeitskräfte für den Kriegsdienst freigesetzt wurden.

Die drei nicht allein für die Papierindustrie schicksalsträchtigen Jahre sind 1944, 1948 und 1989. Die letzte Kriegsausgabe des »Birkner, Adressbuch der Papierindustrie Europas« konnte eine Art Inventar aufstellen, das sich nicht prinzipiell von der Vorkriegssituation unterschied. Als sich nach dem Ende der schrecklichen Jahre die Papierindustrie Westdeutschlands unverzüglich an die Erkundung des technischen Standes vor allem in den USA machte und die Weichen für die Modernisierung und den Anschluss an den erwarteten Weltmarkt stellte, vernichteten die Sowjets 1946–47 in einer noch nie dagewesenen Welle von Demontagen und sinnloser Zerstörung den Großteil der Industrie in ihrer Besatzungszone (SBZ).

Das Wirtschaftsgebiet der SBZ, der späteren DDR, war bis 1945 mit der Wirtschaft Westdeutschlands wie mit der der Ostgebiete auf das Engste verbunden. Die SBZ und Berlin umfassten etwa 23 Prozent der Fläche des Deutschen Reiches von 1937, 24 Prozent der Bevölkerung und 29 Prozent der in der Industrie Beschäftigten. 27 Prozent des Gesamtumsatzes der deutschen Industrie wurden hier erzielt. Das wäre nach den Zerstörungen des Krieges eine gute Ausgangslage für den Wiederaufbau gewesen, der im Westen alsbald seinen Anfang nahm. Nicht hingegen im Osten: Mit größter Brutalität raubten die Sowjets den Großteil der Industrie ohne Rücksicht auf die Bedürfnisse der Bevölkerung – und gerade in der Papierindustrie ohne Rücksicht auf die empfindlichen Papiermaschinen, die vielerorts durch Soldaten, teilweise aus Strafeinheiten, und willkürlich dienstverpflichtete deutsche Arbeitskräfte ohne einen Gedanken an einen Wiederaufbau in Russland zerstört, in Teilen mit Panzern aus den herausgebrochenen Wänden ins Freie geschafft und ohne Kennzeichnungen verladen wurden. Dabei gehörte die Papierindustrie noch nicht einmal zu den am meisten geschädigten Branchen. Die Eisenhütten und Walzwerke, Elektroindustrie und der Maschinenbau verloren etwa 80 Prozent ihrer Kapazitäten, Fahrzeugbau, Feinmechanik und Optik rund 75 Prozent. Nachdem Ende 1948 die Demontagen beendet wurden, eigneten sich die Sowjets einen großen Teil der verbliebenen Werke in der Form von Sowjetischen Aktiengesellschaften (SAG) an. Insbesondere die größeren Industriebetriebe wurden entschädigungslos in »Volkseigentum« überführt, die noch privaten seit Mitte der fünfziger Jahre zunehmendem Druck auf Aufnahme staatlicher Beteiligung ausgesetzt. Das war nur eine Zwischenstufe zur Enteignung. Der private Unternehmer wurde Komplementär, ein volkseigener Betrieb (VEB) Kommanditist. Der Private musste Einkommensteuer zahlen, die in der oberen Stufe bei 95 Prozent lag; die Vermögensteuer war nicht abzugsfähig, sodass durchaus Steuerbelastungen oberhalb 100 Prozent möglich waren. Darüber hinaus bedurfte der Komplementär für die Lebenshaltung laufender Entnahmen. Da der Kommanditist von alledem unberührt blieb, stieg sein Anteil am Firmenkapital von Jahr zu Jahr. 1972 war dann das Ende der privaten Wirtschaft erreicht; sämtliche Industriebetriebe und zahllose andere Unternehmen unterlagen der Enteignung. Dabei spielte es keine Rolle, wenn etwa der Eigentümer einen Teil seines durch die Demontage verlorenen Betriebes aus eigener Kraft – selbstverständlich ohne irgendeine Unterstützung durch den Staat – wieder aufgebaut hatte. So wurde er also ein zweites Mal enteignet, und ein besonders krasses Beispiel des gesetzlichen Diebstahls bietet das Stammhaus der letzten Eigentümer der Patent-Papierfabrik Hohenofen GmbH., die Feinpapierfabrik Felix Schoeller & Bausch in Neu Kaliß. Erika von Hornstein, Schriftstellerin und Malerin, die Gattin des letzten geschäftsführenden Gesellschafters der OHG und Geschäftsführers der GmbH, Viktor Bausch, hat darüber ein zutiefst eindrucksvolles, aufwühlendes und spannendes Buch verfasst, das unter dem Titel »Der gestohlene Phoenix«[1] bereits seine vierte Auflage erlebt.

Holzschliff-, Zellstoff-, Pappen- und Papierfabriken Ostdeutschlands 7.1.2

Die einzige Zellstofffabrik der DDR war anfangs die in Blankenstein (Zellstoff- und Papierfabrik Rosenthal, ehemals Wiede & Söhne). Der Großteil des Bedarfs musste durch Importe gedeckt werden, sodass frühzeitig der Gedanke erwogen wurde, ein zweites, modernes Werk zu errichten. Ausgeguckt wurde dafür Magdeburg, die Stadt des Schwermaschinenbaus. An deren nördlichem Stadtrand war nach 1933 ein Verbund kriegswirtschaftlich bedeutsamer Unternehmen errichtet worden. Das oberschlesische Montanunternehmen Georg v. Giesches Erben hatte eine Zinkhütte gegründet, um das im schon damals als gefährdet angesehenen Osten geförderte Erz zu verarbeiten, dazu auch Aluminium. Die zum Betrieb des elektrolytischen Prozesses erforderliche Strommenge wurde vom benachbarten, ebenfalls neuen Kraft-

Niedergang im Osten

Land	Holzstoff			Zellstoff					
	Werke			Werke	Beschäft.	Werke	Beschäft.	Werke	Beschäft.
	1944	1950	2010	1944		1950		2010	
Sachsen-Anhalt	1	0	0	0	0	0	0	1	590
Brandenburg	0	0	0	0	0	0	0	0	0
Mecklenburg-V.	0	0	0	0	0	0	0	0	0
Sachsen	44	21	0	6	1.200	1	140	0	0
Thüringen	6	2	0	0	0	0	0	1	390

Land	Papier					
	Werke	Beschäftigte	Werke	Beschäftigte	Werke	Beschäftigte
	1944		1950		2010	
Sachsen-Anhalt	16	3.809	11	1.355	2	180
Brandenburg	6	2.350	2	350	4	1.284
Mecklenburg-V.	3	885	1	70	1	135
Sachsen	47	15.458	25	7.512	14	1.225
Thüringen	7	4.700	4	3.460	4	350

Land	Pappe/Karton					
	Werke	Beschäftigte	Werke	Beschäftigte	Werke	Beschäftigte
	1944		1950		2010	
Sachsen-Anhalt	13	955	10	940	0	0
Brandenburg	7	775	2	255	0	0
Mecklenburg-V.	3	65	1	10	0	0
Sachsen	119	7.166	45	4.884	8	653
Thüringen	18	962	15	887	1	60

werk der Mikramag, Mitteldeutsches Kraftwerk Magdeburg, geliefert, das seine Prozesswärme dem anderen Nachbarn, der Brabag, Braunkohle Benzin AG, zur Verfügung stellte. Dieser Industriekomplex diente den alliierten Bomberstaffeln als gutes Ziel. Sie verwandelten vor allem die Zinkhütte in ein einziges Trümmerfeld. Nicht allein das, sondern besonders der Boden darunter wurde mit Unmengen Chemikalien getränkt. Diese machten sich allerdings erst bemerkbar, als sie die frisch gegossenen Fundamente des VEB Zellstofffabrik Magdeburg so gierig fraßen, dass man, nachdem man für einige Millionen Mark Beton versenkt hatte, heimlich die Idee zu den Akten legte und nicht vergaß, das Firmenschild, das vom Sieg des

Sozialismus kündete, schleunigst wieder abzubauen. Man wandte sich nun Gröditz zu, das kein schädliches Erbe aus der Vorkriegszeit tragen musste, sondern sich friedlich die erstrebte Zellstofffabrik auf den Acker setzen ließ.

Gegenüberstellung der Produktion von Papier und Pappe in West- und Ostdeutschland (DDR) 1950–1983

Jahr	Jahresproduktion in 1.000 t in der Bundesrepublik	Jahresproduktion in 1.000 t in der DDR
1950	1.565	492
1955	2.515	651
1960	3.434	810
1965	4.039	943
1970	5.504	1.062
1975	5.266	1.206
1980	7.580	1.237
1983	8.272	1.244
2007	23.318	
2008	22.848	
2009	20.956	

Die vergleichende Aufstellung zeigt, dass die ostdeutsche Produktion mit der westdeutschen Entwicklung von Jahr zu Jahr weniger Schritt halten konnte. Papier blieb in der DDR ein Mangelartikel und war bis zur Wiedervereinigung streng bewirtschaftet.

Das Vorzeigemodell Schwedt[2]

Bekanntlich gab es in der DDR nichts, das nicht knapp war – Papier aber besonders. Über viele Jahre hinweg wurde das Problem in Berlin einfach nicht zur Kenntnis genommen. Gohl schreibt[3]: Dieser Industriezweig sei wohl der am weitesten zurückgebliebene. Erst 1978 erreichte die Papierindustrie den Vorkriegsstand. Die wenigen verbliebenen Produktionsanlagen waren überaltert. Es hatte zwar keine nennenswerten Kriegsschäden gegeben, doch war der Verlust durch die brutalen Demontagen umso schmerzlicher. Viele der verbliebenen Papiermaschinen stammten noch aus dem 19. Jahrhundert – wie z. B. die Museums-Papiermaschine in Hohenofen (1888). Zwar wurden etliche Maschinen modernisiert, so auch die Hohenofener, doch erst in den fünfziger Jahren entstand in Heidenau die erste neue.

1957 wurde das Zentrale Projektierungsbüro für die Zellstoff- und Papierindustrie beauftragt, eine neue Fabrik für die Erzeugung von Zeitungsdruckpapier, Wellpappenrohpapier und Chromoersatzkarton zu planen. Als künftigen Standort favorisierte man das agrarisch geprägte Nordostdeutschland und zog sich zugleich den erbitterten Widerstand der Landwirtschaftsbehörden zu, die einen Verlust an dringend benötigten landwirtschaftlichen Arbeitskräften befürchteten. Im ausgeguckten Bezirk Frankfurt/Oder wurden 14 zumeist kleine Orte in eine Auswahlliste aufgenommen und schließlich Hohenwutzen, Wriezen und Schwedt favorisiert. Auf dem zweiten Rang standen noch Beeskow und Vogelsang. Schwedt konnte aber für sich die günstige Lage unweit der Oder, also Kanalanschluss und ausreichende Wasserversorgung, betonen. Auch wurde vom Rat des Bezirks die Verbesserung der sozialen Struktur der Bevölkerung angeführt. Sofort wurde mit den vorbereitenden Bauarbeiten begonnen – die vom selben Rat nach vierzehn Tagen wieder abrupt eingestellt wurden. Den SED-Oberen in der Bezirkshauptstadt war plötzlich aufgefallen, dass Frankfurt als Standort den größeren politischen Nutzen bringen würde und überdies Schwedt sowieso unter Wohnungsmangel leide, während Frankfurt kulturelle Einrichtungen, genügend Baukapazität und eine ausreichende Zahl an Arbeitskräften zu bieten habe. Die Staatliche Plankommission focht das nicht an.[4] Sie bemerkte, das in Aussicht genommene Grundstück liege zwei Kilometer von der Oder entfernt und 30 Meter höher. Der Bau des notwendigen Anschlussgleises werde dadurch viel zu teuer, und der Frankfurter Bahnhof sei durch den Transitverkehr schon jetzt überlastet. Sieben Monate dauerte das Hin und Her der Behörden und Parteiorgane, bis schließlich die Zustimmung zum Bau in Schwedt erkämpft worden war. Die Lage wurde überdies zusätzlich durch die Planung eines Erdölverarbeitungswerkes belastet; auch für dieses war Schwedt auserkoren. Die Argumente dafür glichen aufs Haar denen, die für die Papierfabrik ausschlaggebend gewesen waren. Erst im März 1958 wurde auf einer öffentlichen Stadtverordnetensitzung die Bevölkerung über den bevorstehenden Bau informiert. Die Investition von 100 Millionen Mark sollte mit 600, später 1.000 Beschäftigten zu einer Tagesproduktion von 700 t Papier und Karton führen.

Schon in der Bauphase fehlte es an allem. Die Arbeitskräfte mussten mühsam überzeugt werden, sich für den neuen Arbeitsplatz zu entscheiden. Baustahl kam nicht heran. Bauarbeiter mussten sich teilweise ihr Werkzeug aus West-Berlin beschaffen. Die sogenannte gleitende Projektierung stellte die Pläne jeweils gerade mal für die nächsten Wochen vor. Im August 1960 gab es noch keine Planung für das künftige Papiermaschinengebäude. Republikflucht lichtete immer wieder die Reihen nicht nur der Bauarbeiter, sondern auch besonders der Ingenieure und Bauleiter. Im Brustton der Empörung wird vermerkt, dass jugendliche Arbeiter sich westlich kleiden und »westliche Schundliteratur«[5] lesen – offenbar auch das ein Grund für die Verzögerungen. Als Beweis wurde der Brand der Kulturbaracke am 6. Oktober 1959 genannt. Gar so schlimm kann der Schaden wohl nicht gewesen sein, denn bereits nach zehn Wochen war sie wieder benutzbar.

Als besonders problematisch wurden die aus dem Westen angereisten Bauarbeiter beurteilt, unter ihnen auch Rückkehrer. Der Kontakt zwischen den Gruppen – Erstzuziehende, Rückkehrer und Alteingesessene – wurde äußerst ungern gesehen. Der Mangel insbesondere an gelernten Maurern und anderen Bauarbeitern verbot jedoch Gegenmaßnahmen. Die Schere zwischen Soll und Ist öffnete sich immer weiter. So sollten Ende Oktober 578 Arbeitskräfte tätig sein, vorhanden waren aber lediglich 335. Die Kreise wurden aufgefordert, Leute nach Schwedt zu delegieren. Von den geforderten 230 kamen 27. Die Leiter auswärtiger Baubetriebe, etwa in Eisenhüttenstadt, lehnten die Überstellung ihrer Mitarbeiter nach Schwedt rigoros ab.

Immerhin schritt der Aufbau der Fabrik ungeachtet der Schwierigkeiten voran. Am 31. Oktober 1961 lief die aus dem Westen eingeführte Kartonmaschine an. Leider verursachten Nebenanlagen, die unter Zeitdruck installiert worden waren, immer wieder Stillstände und Verzögerungen. Noch 1961 sollte die geplante Papiermaschine in Betrieb gehen und die erste Baustufe der Fabrik damit vollendet werden. Zwar waren die Bauteile im Wert von 15 Millionen Mark im Frühjahr 1962 auf der Baustelle, doch wurden zugunsten des Erdölverarbeitungswerkes Arbeitskräfte abgezogen. 1963 arbeiteten auf der Baustelle Papierfabrik noch 120 Bauarbeiter, beim Erdölverarbeitungswerk 2.240. Am 28. Juni 1963 konnte dann der Probebetrieb der Papiermaschine aufgenommen werden. Es dauerte vierzehn Tage, bis das erste Papier von der Maschine kam. Die Bedeutung der Fabrik wuchs nun zusehends. 1975 stammten 70 Prozent des DDR-Zeitungspapiers aus Schwedt, 1982 sogar 85 Prozent des Kartons. 1968 war die zweite Kartonmaschine in Betrieb gegangen; die Zahl der Arbeitskräfte hatte bereits 1970 bei 1.300 gelegen. Die Planung sah weiterhin noch Großes vor – eine zweite Papiermaschine sollte kommen, eine Halbzellstofffabrik Rohstoff für die Kartonproduktion herstellen und ein Kartonagenwerk den Karton verarbeiten. Dazu sollte ein Faserplattenwerk errichtet werden. Die Maschine für Illustrations- und Tiefdruckpapier sollte 1975 kommen, doch das alles blieben unerfüllbare Träume. Verwaltungsmäßig wurde das Werk mit dem VEB Zellstoffwerk Gröditz zum VEB Vereinigte Papier- und Zellstoffwerke Schwedt zusammengefügt, der dem Kombinat Zellstoff und Papier in Heidenau angegliedert wurde. Um Sichtbares für die Bevölkerung zu schaffen, wie das in allen volkseigenen Industriebetrieben mit teilweise absurden Ergebnissen praktiziert wurde, baute man eine Tapetenherstellung auf, die schließlich 23 Prozent der DDR-Tapetenproduktion lieferte. Das Peinliche daran war, dass der Bedarf weit überschätzt worden war und der Lagerbestand ständig wuchs – von März 1974 mit 263.400 Rollen bis Juli 1974 auf 465.204 Rollen. 1982 kam man auf die Idee, auch noch Zellstoffwindeln zu produzieren. Die Quellen geben keine Auskunft über die Herkunft des Rohmaterials, denn auf einer Zeitungsdruckpapiermaschine kann kein Hygienepapier gefahren werden.[6]

Rekordverdächtig war das Werk jedenfalls im Hinblick auf Havarien und Brände, die durch Materialverschleiß verursacht wurden. Im April 1972 brannte die PM 1 (Zeitungsdruck) fast völlig aus, Schadenssumme 2,5 Millionen.[7] 1975 erlitt dieselbe Maschine einen

Schaden von 20 Millionen Mark. Die Ursachen waren vielfältiger Art, kulminierten jedoch immer wieder bei den Problemen unzureichender Wartung, fehlender Schutzmaßnahmen und mangelnder Ersatzteilbevorratung. Überdies war die Maschinengeschwindigkeit ständig erhöht worden, ohne die dazu erforderlichen Nachrüstungen vorzunehmen. So wurden viele Konstruktionselemente überbelastet und damit störungsanfällig. Als Verantwortlicher musste der Betriebsleiter Schneider seinen Posten verlassen. In der Erinnerung alter Schwedter Papierer war er der beste Chef in der kommunistischen Ära. Mit Beginn des Jahres 1976 wurden die beiden Werke organisatorisch wieder getrennt; man firmierte nun als VEB Papier- und Kartonwerke Schwedt. Ungeachtet mehrerer Wechsel auf dem Chefsessel blieben die Schwierigkeiten unbewältigt: Es fehlte ständig an Ersatzteilen und Werkzeugen. Bei einem Bedarf von 25.000 Bahnwaggons und 7.000 Lkw kam es vor, dass tagelang kein Waggon verfügbar war. Die erwarteten Holzladungen aus der Sowjetunion blieben aus – und kamen dann mit dem kompletten Quartalsbedarf. Erst dann konnten die überquellenden Papierlager wieder geleert werden.

Symptomatisch war auch die Fluktuation der Arbeitskräfte, die die Ausbildung einer fachlich kompetenten Facharbeiterschaft über die Maßen erschwerte. Dennoch schreibt Philipp Springer[8] unter Bezugnahme auf Gohl:[9] »Trotz der Mitte der 80er Jahre einsetzenden Schwierigkeiten, eingeplante Arbeitskräfte tatsächlich zu finden, trotz steigender Fluktuation, trotz Unmuts in der Belegschaft über die schlechte Ausstattung des Betriebes, trotz des Scheiterns lange geplanter Erweiterungen und trotz der drängenden Transportprobleme stand die Papierfabrik am Ende der DDR nicht schlecht da. Neben dem thüringischen Zellstoff- und Papierwerk Rosenthal, das in den 70er Jahren errichtet worden war, konnte innerhalb der Papierindustrie der DDR allein der Schwedter Betrieb für sich in Anspruch nehmen ein moderner Großbetrieb zu sein.«

Dr. Hubert Schrödinger, Inhaber und Vorsitzender der Geschäftsführung der LEIPA Georg Leinfelder GmbH, sah das wohl anders, als er 1991 die Anteile der »Papier- und Kartonfabrik Schwedt GmbH« übernahm. Er trennte sich von den Kartonmaschinen und produziert heute auf drei Papiermaschinen mit 445, 492 und 805 cm Arbeitsbreite (das sind die größten und modernsten Maschine für grafische Papiere in Deutschland) jährlich 700.000 t gestrichene Offset- und Tiefdruckpapiere in Rollen (LWC und MWC) und weiß gedeckte Wellpappenrohpapiere gestrichen und ungestrichen.

Auch die Zellstoff- und Papierfabrik Rosenthal GmbH, heute ein Unternehmen der kanadischen Mercer-Gruppe, kann wohl nicht ganz auf dem höchsten Stand der Technik gewesen sein. Die Papierherstellung wurde nach der Wiedervereinigung gänzlich beendet, die Zellstoffproduktion nach neuester Technik eingerichtet. Sie umfasst einen kontinuierlichen Zellstoffkocher, eine Sauerstoffbleichanlage, eine Ozonbleichanlage, eine fünfstufige Endbleichlinie und einen 540 cm breiten Zellstofftrockner. Verarbeitet wird vornehmlich Fichten-Sägerestholz und -Faserholz zu Nadelholz-Kraftzellstoff ECF und TCF.

Holzstoff-, Zellstoff- Papier- und Pappenindustrie im Deutschen Reich 1944, der DDR 1950 und 1988 und in den neuen Bundesländern 2010

7.1.5

In diese Tabelle sind alle einschlägigen Firmen aufgenommen, die in den Birkner-Ausgaben von 1950 und 2010 verzeichnet sind.

Firma		Art	Maschinen 1944		Beschäftigte	Maschinen 1950	Maschinen 2010	Firma 2010
Anhalt								
Gebr. Lange GmbH	Bernburg	A,D	1	153 cm	100	1 VEB		
Mitteld. Papierwerke	Coswig	D	2	220, 320	200	2		
Leipz. Wellpapier Moll & Söhne	Dessau	D	1	210	170	1 VEB		
Wilh. Bergmann	Jessnitz	D	1	200	150	1		
Otto Neumann AG	Raguhn	A	stillgelegt					
	Spergau						1	Kartogroup Deutschland GmbH
Mecklenburg								
Papierfabrik	Bützow	D	2	210, 220	165	2		
A. Richard	Godendorf	E	1	100	10			
Wilhelm Krüger	Neubrandenburg	E	1	120	10			
Felix Schoeller & Bausch	Neu Kaliß	C	3	180, 190	800	1 VEB		
Rasenack & Sohn	Parchim	D	1	150	45	1		
G. Marsmann KG	Wismar	D	1	160	70	1 VEB		
							1	Neu Kaliß Spezialpapier GmbH
Berlin								
AZ Hoeschwerke Pirna, Verwaltung	Pirna	B			100	VEB		
AZ Heidenau Verwaltung	Heidenau	B			100	VEB		
Papier und Pappe, Verwaltung	Magdeburg	E	1	210	100	VEB		
Papier und Pappe, Verwaltung	Zwintschöna	E	1	210	70	1 VEB		
							1	Melitta Haushaltsprodukte GmbH
Brandenburg								
Gerhard Berger	Bühlo	E	3		25			

Protektor Industriebedarf	Falkenberg	D	2	150, 210	150			
Siemens-Schuckert	Wolfswinkel	C,D	2	175, 280	200	demontiert		
Carl Lehmann KG	Groß-Gastrode	E	7	150	95			
Paul Köhler	Guben	D,E	3	176, 210	190			
Felix Schoeller & Bausch	Hohenofen	C	1	180	160	VEB		
Pappen- u. Papierfabrik	Lübben	E	4	120, 160	55			
Herm. Bickelhaupt	Neumühle	E	4	100, 120	40			
PF AG vorm. Gebr. Ebart	Spechthausen	C	4		1000	demontiert		
Carl Nitschke GmbH	Spremberg	E	1	210	90		1	PF. Hamburger-Spremberg GmbH & Co. KG
Propapier	Eisenhüttenstadt	D					1	PM 2 seit März 2010
	Schwedt						3	LEIPA Georg Leinfelder GmbH
	Schwedt						1	UPM GmbH
Provinz Sachsen								
Ammendorfer Papierfabrik	Ammendorf	C	4	228–260	660	demontiert		
Radew. Rohpappenfabrik	Radewell	E	1	100	55			
P. F. Seydel	Bad Tennstedt	D,E	2	150	100	1		
Kart. F. Hohenwarte	Bitterfeld	E	6	150–230	250			
Karl Thieme	Braunsdorf	D	1	150	50	1		
Volkmann & Co.	Brunsdorf	D	1	120	25			
Brückner & Co.	Calbe (S.)	C	2	144	250	2		
D. Br. Wagner GmbH	Eilenburg	E	1		5			
Alex Palm	Gottesforth	E	1	130	5			
N. Geissler	Halberstadt	E	12	140–170	70			
Th. D. Lovis Söhne	Heiligenstadt	D,E	3	100–200	164	3		
C. Stolze	Herrenmühle	C	stillgelegt					
Papierfabrik AG	Muldenstein	C	3	260–385	420	demontiert		
A. + F. Schneider	Nebra	E	3	130–140	130			
Wilhelm Vieritz	Reesdorf	E	1	110	4			
Paul Glöckner	Rodersdorf	D	2	160,290	75	2 VEB		
Julius Seeber	Rohr	E	1	100	15			
Hermann Kaunert	Schermen	E	1	110	6			
Curt Pilz	Schleusingen	D	1	150	18			
Ludwig Keferstein	Weddersleben	C	1	160	55			
Oskar Dietrich GmbH	Weißenfels	C	4	204–269	1100	demontiert		
Braunschw. Pap.- u. P. F.	Wernigerode	D	1	200	120			
Holzstoff- u. Pappenf.	Ziegenrück	A,E	4	140,160	290			

Propapier	Burg	D				1	Propapier PM1 GmbH
	Stendal	B					ZS Zellstoff Stendal GmbH
Sachsen							
Paul Körner	Ammelsdorf	A	1		5		
Emil Seifert	Amtsheinersdorf	E	1		10		
Eli Uhlig	Annaberg-Buchholz	E	6	130	60	6	
Hermann Kübler & Söhne	Antonsthal	A	3	130	10		
Georg Hockel	Auerbach	E	2	110,160	10		
Vogtländ. Pappenfabrik	Barthmühle	E	2		40		
Verein. Bautzener PF	Bautzen	C	5	170–220	500	demontiert	
Bietenst. Holzstoffwerke	Bietenstein	A			7		
Weisflog & Sonntag	Blumenau	A,E	4		20		
Gebr. Theile, Pressspanf.	Böhringen	E	2	130,150	100		
Schnicke & Strobel	Borstendorf	A			10		
F. R. Weber	Braunsdorf	A			5		
W. Tautenhahn Nachf.	Bräunsdorf	E	1	120	4		
Adolf Goelze	Breitenbrunn	E	0		220		
Brodmeyer & Junghans	Burgmühle	E	5	125	35		
Paul Rochhausen	Burkhardtsdorf	E	1	110	6		
Verein.Strohstofffabriken	Coswig	B			650		
Christian Uhlmann	Cranzahl	E	1	103	6		
C. F. Leonhardt	Crossen	C			1000	demontiert	
Leonhardt Söhne	Crossen	B,C	4	210	1400	demontiert	1
Georg Weber	Crottendorf	A					
Rudolf Schmidtchen	Dippoldiswalde	E	8		80		
Hermann Geipel	Dittersbach	D	1	105	28	1	
Eduard Saupe	Döbeln	C	1	170	150	1	
Fedor Schoen	Dohna	C	1	230	100	1	
Max Seifert	Dörfel	E			10		
F. E. Weidenmüller	Dreiwerden	C	2	264		2 VEB	
F. E. Weidenmüller	Antonsthal	C	3	214–284	700	2 VEB	
Osthushenrich-W., Verw.	Dresden	E					
Bretschneider & Co.	Eibenstock	E	12		80		
F. E. Epperlein	Elterlein	C	1	150	100	1	
Clemens Rochhausen	Elterlein	E	1	110	10		
Richard Knorr	Fährbrücke	C	2	125,215	300	2	
Carl Dietrich GmbH	Finsterau	A,E	5	100	31		

Curt Dietrich	Streckewalde Finsterau	E	3		16			
C. G. Schönherr	Flossmühle	C	2	239	300	demontiert		
C. W. Schneider	Frauenstein	A			15			
Oskar Vollmer KG	Freiberg	E	1		6			
Ludwig Steyer	Freiberg	A			10			
Baumbach & Co.	Frohburg	E	3	130–180	60			
Oskar Böttcher	Gebirge	A,E	5	120	16			
Walter Steinborn	Geising	A			5			
Bruno Kämpfe	Geising-Grund	A			5			
F. G. Fischer	Geyersdorf	A,E	3		10			
Georg Uhlig	Geyersdorf	A,E	3		20			
Max Weißbeck	Geyersdorf	A	3		5			
Pappenf. Brückenmühle	Glashütte	E	3		15		2	PAKA Glashütter Pappen- u. Kart. F
Otto Wenzel	Glashütte	E	2		12			
Richard Lüders	Göhren	A			10			
Ewald Berthold	Göritzhain	E	2	110	20			
Hermann Pfeifer	Göritzhain	E	4	100,140	30			
Max Pfitzner	Göritzhain	E	2	110	20			
J. Scheerer	Göritzhain	C	2	210	140	2		
Schrödersche Papierf.	Golzern	C	3	180–214	400	3 VEB		
Vedag Dachpappen	Groitzsch	E	1	120	50			
Papierfabrik	Großenhain	C	3	210,275	350	3		
Rudolf Bräuer	Großrückerswalde	A			18		1	Pappen- u. Kart. W. Rudolf Bräuer
Julius Müller	Großrückerswalde	A,E	10		76			
Kurprinz Georg Keil	Groß Schirma	E			700			
Carl Grossmann	Grunau	A			10			
Franz Reinelt	Grunau	C	1	170	100	1		
Papierfabriken	Grünhainichen	C	4	186–280	450	4	2	Grünperga Papier GmH
Richard Fischer jun.	Grünstädtel	C	8		24			
H. Kretzschmar KG	Hainewalde	D,E	4	100–140	100	4		
Köttewitzer Papier + Kart.	Hainsberg	D,E	2	220,260	210	2		
Thodesche Papierf.	Hainsberg	C	4		158-260	500	1	Papierfabrik Hainsberg GmbH
Heidenauer PF	Heidenau	C	4	130–220	500	demontiert	1	Dresden Papier GmbH
Krause & Baumann	Heidenau	C	4			demontiert		
Gebrüder Einhorn	Heidersdorf	A			60			
Holzschleiferei Mai	Hohnstein	A			5			

Deutschland – Ost und West

Carl Wendler	Hopfgarten	A,E	4		19				
A. Obenauf	Kämmerswalde	E	4		50				
Edmund Dotzauer	Klingenthal	E	1		15				
Moritz Clausnitzer	Kniebreche	A			8				
Fein- u. Zigarettenp. F.	Köbeln	C	2		400	2	2	ofm Feinpapierfabrik GmbH stillgel.	
Hugo Hoesch	Königstein	A.C	3		500	PM de-montiert	2	Papierfabrik Louisenthal GmbH	
Herbert Herrmann	Königswalde	A			8				
Kübler & Niethammer	Kriebstein	C	4	166–270	1370	demontiert	1	Kübler & Niethammer Kriebstein AG	
Kübler & Niethammer	Kriebethal	C	3	258–380		demontiert	2	WEPA Papierfabrik Sachsen GmbH	
Kübler & Niethammer	Gröditz	B				VEB			
Wildenfelser PF	Langenbach	C	4	200–270	450	Sowjetische AG	1	Fährbrücke Papier GmbH	
Schmidt & Co. KG	Langenhennersdorf	D,E	6		100	6			
Beda & Söhne	Lastau	D	2	150,200	70	2			
C. Th. Landmann	Lauter	C	2	220,225	150	1			
F. M. Weber	Leipzig	D,E	5	210	250	5			
Georg Bauer GmbH	Leubetha	E	1	110	10				
Traugott Silber	Lichtenhainer Mühle	E			10				
Papierfabrik	Limmritz-Steina	C	1	210	210	1			
Weber & Niezel	Lohmen	E	12	120–170	350				
Wilhelm Vogel	Lunzenau	E	2	305,335	220	2	1	Lunzenauer Papier- u. Pappenfabr.	
Oskar Hammer	Mahlitzsch	A,E	3		45				
H. Auhagen	Marienberg	E	1		8				
Theodor Brückner	Markersbach	E	3	130	15				
Ernst Dietrich	Markersbach	A			7				
H. Georgi	Markersbach	E	2	110,130	12				
Rudolf Meyer	Markersbach	A			8				
Wettengel & Schuster	Markneukirchen	E	1	100	10				
Karl Schreiber	Medingen	D	1	160	40	1			
Ferdinand Müller	Mittelndorf	E	1	12	8				
Pappenf. Fuchsgrund	Moseln	E	3		16				
Johann Oswald Aust	Mütelgrün	E			20				
Weißflog & Sonntag	Mulda	A,E			8				
E. Seidel	Munzig	E	5	110–170	63				
Papierfabrik	Neidhardtsthal	C	2	204	140	2			
Werner Dotzauer	Netzschkau	D	1	150	8				
Spreemühle	Neudorf	E	6	125–140	250				

Paul Clausnitzer	Neusorge	E			6		
H. Hambcke	Neuwernsdorf	E	2	110	12		
Emil Freitag	Niederau	E	11		100		
Willy Hänel	Nieder-Globenstein	E	3	105	25		
Robert Clausnitzer	Niederlauterstein	E	3		16		
Paul Zeissler	Niederlungwitz	E	1	105	6		
Gessner & Kreuzig	Niederschlag	C	2	110, 165	152	2	Muntell & Filtrak GmbH
Verein. Holzst.- u. PF	Niederschlema	C	6	180–236	750	4	
G. Clemens	Niederschmiedeberg	E	3		17		
Papierfabrik	Niederschmiedeberg	C	2	165, 216	300	demontiert	
Nossener PF	Nossen	C	2	225	250	2	
Max Nitzsche & Co.	Obergruna	E	11		124		
Georg Pilz	Obergruna	E	2	115, 165	14		
Ferdinand Meyer	Oberschaar	A,E	4	110, 130	40		
Emil Pursch KG	Oberschaar	E	3	130	12		
Gebr. Beyer	Oberschmiedeberg	E	5	110, 130	17		
Richard Haase KG	Olbernhau	A			10		
K. Emil Nebel	Olbernhau	E	2	135	25		
Schwarzmühle	Olbersdorf	D	1	162	40	1	
Gebr. Neumann	Ottendorf	A			5		
Friedrich Schlieder	Pappendorf	E	2	125	14		
Patentpapierfabrik zu	Penig	C	8	138–222	1050	8 VEB	1	Technocell Dekor GmbH & Co. KG
Westfälische Zellstoff	Peschelmühle	B			140	VEB	
PF Copitz G. Hänsel	Pirna	C	3	135–250	200	3	
F. Richard Uhlmann	Pischwitz	E			35		
PF P. Albert Fr. Brandt	Plattenthal	C	2	210, 220	220	demontiert	
Gebr. Bach	Pockau	A			3		
Richard Braun	Pockau	E	4	100–130	28		
G. Harnisch	Pohlau	A			10		
Gewerksch. Morgenstern	Pohlau	E	4	110, 120	43		
A. M. Theile	Polenz	E	3	110, 140	30		
F. Gust. Weber	Polenz	E	1	90	8		
P. Friedrich C. Rung	Porschendorf	E	7	100–150	140		
P. Friedrich C. Rung	Porstendorf	E	7		60	1	Kartonfabrik Porstendorf GmbH
Gebr. Freitag	Raschau	E	3		460		
Riedel & Fischer	Raschau	D	1		25	1	

Deutschland – Ost und West

Arno Hofmann	Rechenberg-Bienenmühle			5			
Heinrich Biermann	Rechenberg-Bienenmühle	A		3			
Georg Saifart	Rechenberg-Bienenmühle	E	7	35			
Spezialpapier GmbH	Reinsberg				1		Reinsberger Spezialpapier GmbH
Kuhn & Schneider	Rentzschmühle	E	1	10			
Fischers Erbe	Riesa	E	1	5			
Solanum GmbH	Riesa	C	1 210	80	1		
Moritz Beer	Rittersgrün	A		3			
Junghans Söhne	Rittersgrün	E	7	180			
Kurt Kaufmann jr.	Rittersgrün	A		3			
Max Albert Reissmann	Rittersgrün	A		5			
C. J. Sternkopf	Rittersgrün	E	2 75	10			
E. Weigel	Rittersgrün	E	2 125	10			
Christian Braun	Rochsburg	C, E	1+16	300	1+16		
Franz Spreer	Rochsburg	E	4 140–200	30			
J. G. Winkler	Rothental	E	1 100	60	1		
Gottlob Lauckner	Rubenau	E		15			
Schneeberger Ultramarin	Schindlerswerk	E	6	30			
Julius Küblers Erben	Schlaisdorf	A		10			
Guido Brückner	Schlettau	E	2	10			
Arthur Graf & Co.	Schlottwitz	E	2 130	20			
C. F. Reichel KG	Schmalzgrube	C	2 120, 130	18			
C. G. Nitzsche Söhne	Schmiedeberg	A		10			
Paul Maywald	Schmiedefeld	E	3 100–150	25			
C. Schumann	Schmiedefeld	E	2 115	30			
Bernhard Scheffler	Schönfeld	E	2 120	12			
Schönf. Papierfabrik	Schönfeld Annaberg-Buchholz	C	1 325	150	1		Schönfelder Papierfabrik GmbH
W. Bergmann	Schönlind	E	1 103	8			
Otto Göricke	Schwarzbach	E	2 120, 138	15			
Ernst Kron	Schwarzenberg	E	3 120	80		1	Kartonagen Schwarzenberg GmbH
Arno Müller	Schwarzenberg	E	2	20			
Emil Vieweg	Schwarzenberg	D	2 120, 130	60	2		
Pressspanfabrik	Untersachsenfeld	E	15	150		1	Pressspanfabrik Untersachsenfeld GmbH
Sachsenfelder Holzstoff	Schwarzenberg	A		12			
Schwarz. Pressspanf.	Schwarzenberg	E	4 + 1	70			
P. Dietzsch	Schwarzhammermühle	E	7 113–183	70			

Papierfabrik Sebnitz AG	Sebnitz	C	6	192–400	700	demontiert		
Albert Emil Kunze	Sehma	E	5	120, 130	85			
Paul Nitzsche	Seyde	A			8			
Bruno Weber Nachf.	Stein	E			8			
PF Limritz-Steina AG,	Steina-Saalbach	C	2	175, 205	320	2		
Ferdinand Puchert	Stollsdorf	E	5		100			
Willy Schrell	Stollsdorf	E			5			
Victor Jockel	Stolpen	E	2	140, 225	46			
Carl Dietrich	Streckewalde	E			10			
Arthur Höhne	Streckewalde	E	6		60			
Friedr. Juschke	Streitwald	E	3	135	18			
Clemens Claus	Thalheim	E	9	130, 160	160		1	August Krempel Soehne GmbH
Herbert Häussler	Tragnitz	A			43			
Wiede & Söhne	Trebsen	C	3	220–288	400	demontiert	1	Julius Schulte Trebsen GmbH & Co
Hans Sack	Troischau	E	3	125	25			
Holzschleiferei	Waldkirchen-Zschopautal	A			5			
F. Fritzsch GmbH	Walthersdorf	E	2	130	10			
Gebr. Hübschmann	Waschleithe	E	2	70, 85	8			
Oskar Claus	Weigmannsdorf	A			6			
Karl Wenzel	Weigmannsdorf	A			3			
Freiberger Papierfab. zu	Weißenborn	C	3	160–200	900	VEB	1	Felix Schoeller Werk Weißenborn
Günther & Richter	Wernsdorfer Papierf.	C	4	210–184	500	2 demontiert		
Pappenf. Zschopautal GmbH	Wiesa	E	3	160	30			
Bernhard Scheffler	Wiesa	E			5			
W. Max Strobel	Wiesenbach	A			10			
Ottomar Schrott	Wildenthal	E	2		10			
F. Maennel & Co.	Wilkau-Hasslau	D	1	210	50	1		
Carl Tschötsch	Wilchen	E	2	100, 140	10			
A. Th. Roscher	Wolfersgrün	E	1	110	5			
Richard Berger	Wolkenburg	C	2	200, 210	250	2		
Falkenhorster Cartonf.	Wolkenstein	E	1		100	1		
Hartwig Schneiders	Zweibach	A			3			
Pressspanfabrik	Zwönitz	E	5	125			5	August Krempel Soehne GmbH
Reinhard Wintermann	Zwönitz	E	1	120				
	Eilenburg						1	Stora Enso Publication Paper Sa.M
Thüringen								
Hetzer & Walther	Bad Berka	E	3		25			

Aug. Steinkopf	Beega	E	2	130	30			
R. Dittrich & Co. KG	Bad Blankenburg	E	5	100–160	110			
Ziegenrücker Holzstofff.	Burgkhammer	A;E	4	110, 140	40			
Richard Pilz	Dorndorf	A			15			
Grosch & Zitkow	Fischersdorf	A			10			
Papierfabrik	Fockendorf	C	4	150–285	500	demontiert		
Paul Schreyer	Georgenthal	E			5			
Franz Hintze GmbH	Geraberg	E	1	110	60	1		
Otto Günther	Greiz	C	7	150–240	1200	7 VEB	1	Koehler Greiz GmbH & Co. KG
G. Hüttenmüller	Herpf	D,E	1		20			
Hermann Hickethier	Hockeroda	A			12			
Grosch & Zitkow	Hohenwarte	E	1		200 VEB			
Pappenfabrik	Jesuborn	E	1	100	8			
Zilles Pappenfabrik	Langewiesen	E	1	100	6			
Alexander Willich KG	Lehnamühle	E	15	100–210	400			
Max & Erich Voigt	Leibis	E	2	120, 1130	20			
A. Otto Schmidt oHG	Leutenberg	C	1	160	60	1		
Mellenb.Holzwerke	Mellenbach	A			10			
Oskar Böttcher	Porstendorf	E	1	218	70			
Wiedes Papierfabrik	Rosenthal-Reuss	C	5	110–385	1500	4 demontiert	1	Zellstoff- und Papierfabrik Rosenthal
H.Fritz & B.Oschmann	Schweina	E			30	x		
Blechhammer Mühle	Sitzendorf	E	3	160	30			
Bruno Vieweg	Tambach-Dietharz	E	2	110, 120	12			
Minteld.Papierwerke	Tannroda	E				VEB		
H. Göllwitz & Co.KG	Töppeln	E	4	110	40			
Gebr. Hüfner	Waltershausen	E	1	100	6	1		
Paul Hüfner & Co.	Weimar	E	1	130	10			
Papierfabrik	Wernshausen	C	5		200	VEB	1	THP Thüringer Hygiene Papier GmbH
Oskar Froeb	Würzbach	E	4	110–130	70			
	Schwarza	D					1	Adolf Jass Schwarza GmbH
	Wernshausen	C					2	Werra Papier Wernshausen GmbH

Volkseigenes Kombinat Zellstoff und Papier, Heidenau

Die Dachorganisation für die volkseigenen Betriebe war eine Art Holding, etwa vergleichbar mit einer heutigen Konzern-Muttergesellschaft. Die Einflussnahme auf die einzelnen Betriebe ging aber sehr viel weiter. Klare Anweisungen wurden z.B. erteilt für die zu produzierenden Sorten, aber auch die Jahrestonnage oder für vordringliche Exportlieferungen in den Westen.

Die jeweilige Firmenbezeichnung lautete: VEB …

Zellstoff und Papier Crossen

Papierfabrik Dreiwerden

Vereinigte Pappen- und Kartonwerke Glashütte

Papierfabrik Greiz

Zellstoffwerk Gröditz

Papierfabrik Hainsberg

Papierfabrik Heiligenstadt

Papierfabrik Kriebstein

Zellstoff- und Papierfabriken Merseburg

Feinpapierfabrik Neu Kaliß (mit Papierfabrik Hohenofen, Vulkanfiberwerk Werder und Papierfabrik Wismar)

Vereinigte Papier- und Kartonfabriken Niederschlema

Papierfabrik Penig

Vereinigte Zellstoffwerke Pirna

Zellstoff- und Papierfabrik Rosenthal

Papier- und Kartonwerke Schwedt

Zellstoff- und Papierfabriken Trebsen

Freiberger Zellstoff- und Papierfabrik zu Weißenborn

Pressspan- und Spezialpappenfabriken Zwönitz

Für die Vollständigkeit dieser Liste kann ich nicht garantieren, weil mir belastbare Belege fehlen.

Zugeordnete Werke sind (außer bei Neu Kaliß) nicht erfasst. Solche fungierten wie unselbstständige Zweigbetriebe. Im Falle Hohenofen änderte sich also gegenüber der privatwirtschaftlichen Abhängigkeit des Werkes von Neu Kaliß nichts. Die Betriebe in Wismar und Werder wurden als weitere Betriebsteile Neu Kaliß unterstellt.

Vermutlich gab es außerdem einige kommunale VEB, die nicht dem Kombinat unterstanden. Die hießen dann »VEB (K) […]« Das waren nicht nur Papierfabriken, sondern kleinere Gewerbebetriebe unterschiedlicher Art von nur kommunaler oder regionaler Bedeutung. Sie unterstanden nicht dem Kombinat.

Außerdem gab es mindestens einen Betrieb der VOB (Vereinigung organisationseigener Betriebe), das waren Parteibetriebe der SED. Zu ihnen gehörte die ehemalige »Wildenfelser Papierfabrik, Osthushenrich-Werke«, jetzt Papierfabrik Fährbrücke GmbH. Diese Fabrik wurde von dem Eigentümer mehrerer Papierfabriken, Osthushenrich aus Dresden, 1945 an die Sowjetische Militär-Administration (SMA) verkauft (!) – und die verkaufte sie nach einigen Jahren dann an die SED.

8 Zahlen und Fakten

8.1 Papiermuseen

Deutschland

Deutsches Buch- und Schriftmuseum, Referat Kultur- und Papierhistorische Sammlungen, Deutsche Nationalbibliothek, Deutscher Platz 1, 04103 Leipzig

Deutsches Museum, Forschungsstelle Papiergeschichte, Museumsinsel 1, 80538 München – mit der ältesten originalen Papiermaschine der Welt

Deutsches Verpackungs-Museum e.V., Hauptstraße 22, 69117 Heidelberg

Friedrich Gottlob Keller Gedenkstätte, Friedrich-Gottlob-Keller-Straße, 01814 Krippen

Gutenberg-Museum Mainz – Museum für Buch-, Druck- und Schriftgeschichte Liebfrauenplatz 5, 55116 Mainz

Leopold Hoesch-Museum, Papiermuseum Düren, Hoeschplatz 1, 52349 Düren

Museum für Papier und Buchkunst, Schlossrain 15, 73252 Lenningen

Museum Papiermühle Homburg, Gartenstraße 11, 97855 Markt Triefenstein

Naturhistorisches Museum Schloss Bertholdsburg Schleusingen, Burgstraße 6, 98553 Schleusingen

Neumann-Mühle (ehem. Holzschleiferei), Am Bahnhof 6, 01814 Bad Schandau

Papiermacher- und Heimatmuseum, Telstraße 47, 67468 Frankeneck

Papiermühle Plöger – Kulturdenkmal und Technik-Museum, Im Niesetal 11, 32816 Schieder-Schwalenberg

Papiermuseum Gleisweiler, Kurpfälzischer Zehnthof, Kellergeschoss, Zum Sonnenberg 1, 76835 Gleisweiler

Papiermuseum Wolfswinkel-Spechthausen, Eberswalder Straße 27–29, 16227 Eberswalde

Patent-Papierfabrik Hohenofen e.V., Technisches Denkmal, Neustädter Straße 25, 16845 Sieversdorf-Hohenofen – eine komplette Papierfabrik

Rheinisches Industriemuseum Papiermühle Alte Dombach, Alte Dombach, 51465 Bergisch Gladbach – mit einer kompletten Langsiebmaschine

Sammlung für Papier- und Druckgeschichte Johannes Roßberg, Markt 8, 09669 Frankenberg

Stiftung Deutsches Technik-Museum, Trebbiner Straße 9, 10963 Berlin

Technisches Museum Papiermühle Niederzwönitz, Köhlerberg 1, 08297 Zwönitz – Pappenfabrik

Traditionsverein Papierfabrik Fockendorf e.V., Fabrikstraße 10, 04617 Fockendorf

Westfälisches Freilichtmuseum Hagen im Mäckingerbachtal – LWL-Freilichtmuseum Hagen Westfälisches Landesmuseum für Handwerk und Technik, Mäckingerbach, 58091 Hagen

Frankreich
École internationale du papier, de la communication imprimée et des biomateriaux, 461 rue de la Papeterie BP65, 38402 Saint Martin d'Hères Cedex
Musée historique du papier Moulin Richard de Bas, 63300 Ambert

Österreich
Brauch Wellpappemuseum, Hausfeldstraße 76, 2320 Deutsch Wagram
Österreichisches Papiermacher-Museum Laakirchen-Steyrermühl, Museumsplatz 1, 4662 Steyrermühl

Polen
Papiermuseum i Duszniki-Zdrój (Bad Reinerz) ul. Kłodzka 42, 57-340 Duszniki Zdrój

Schweiz
Basler Papiermühle, St. Alban-Tal 37, 4052 Basel
Historische Papermaschine, Fabrikstraße 26, 9220 Bischofszell

8.2 Statistisches

8.2.1 Der Pro-Kopf-Verbrauch

Zunächst ein Blick in die Vergangenheit: Der Pro-Kopf-Papierverbrauch betrug im Jahre 1907 in Großbritannien 6,5 kg, in den USA 5,7 kg, in Frankreich 4,2 kg, in Österreich-Ungarn und Italien 2 kg, in Spanien 0,85 kg, in Russland 0,75 kg.[2] Diese Zahlen haben sich seitdem, also in gut einhundert Jahren, stark verändert: 2008 betrug der Pro-Kopf-Papierverbrauch:

Belgien	345	Kroatien	94
Bulgarien	52	Norwegen	171
Dänemark	224	Russland	46
Deutschland	251	Schweiz	214
Estland	112	Serbien, Montenegro	53
Finnland	342	Ukraine	31
Frankreich	168	Weißrussland	44
Griechenland	112	Sonst. europ. Länder	22
Großbritannien	185		
Irland	118	**Europa insgesamt**	**137**
Italien	191		
Lettland	84		
Litauen	58	Australien	189
Luxemburg	494	Brasilien	45
Malta	89	China	59
Niederlande	211	Indien	9
Österreich	252	Indonesien	23
Polen	109	Japan	242
Portugal	115	Kanada	209
Rumänien	31	Südkorea	182
Schweden	248	Taiwan	179
Slowakei	84	USA	266
Slowenien	172		
Spanien	180	**Sonstige Regionen**	**20**
Tschechien	155		
Ungarn	97	**Welt**	**58**
Zypern	134		
Europäische Union 27	**179**		

Entwicklung der Zellstoff- und Papierindustrie in Deutschland

A) Jahresproduktion Papier und Pappe insgesamt

Jahr	Jahresproduktion
1800	15.000 t
1868	80.200 t
1893	409.000 t
1909	1.500.000 t
1926	3.000.000 t
1933	2.006.000 t
2009	20.955.000 t

B) Produktivität der Papier- und Pappenerzeugung 1950 bis 1990 in Westdeutschland, 2000 und 2009 in der wiedervereinigten Bundesrepublik

	1950	1960	1970	1980	1990	2000	2009
Betriebe	316	388	321	216	291	184	168
Beschäftigte (x 1.000)	54,6	77,6	70,5	51,5	82,6	45,8	41,7
Umsatz (Mio. €)	710	1.731	2.538	5.133	k.A.	14.820	12.459
Umsatz in € je Beschäftigten	13.004	22.307	36.000	99.670	k.A.	323.581	298.777
Investitionen (Mio. E)	61	153	322	639	1.023	1.040	743
Produktion in t x 1.000	1.565	3.434	5.504	7.580	12.773	18.182	20.956
Produktion in t je Beschäftigten	28,7	44,3	78,1	142,2	154,6	397	502,5
Durchschnittspreis € je 100 kg	45,37	50,04	46,11	67,72	k.A.	70,51	59,45

(Quelle: Leistungsbericht des Verbandes Deutscher Papierfabriken (VDP) 2010)

Deutsche Produktion nach Hauptsorten 2008/09 in Tausend Tonnen

Hygienepapiere	1.379	1.367
Papier und Pappe für technische und spezielle Verwendungszwecke	1.506	1.292
Papier, Karton und Pappe für Verpackungszwecke	9.371	9.107
Grafische Papiere	<u>10.570</u>	<u>9.189</u>
Total	22.826	20.955

Der deutsche Papier-Außenhandel in Tausend Tonnen

Land	Export 2008	Import 2008	Export 2009	Import 2009
Frankreich	1.708	1.565	885	741
Großbritannien	1.396	1.226		
Polen	1.335	1.293	324	320
Italien	1.292	1.032	413	378
Niederlande	1.047	1.046	633	490
Belgien	833	786	375	363
Österreich	759	675	1.003	819
Tschechische Republik	665	601		
Schweiz	493	462	1.106	819
Spanien	442	367		
Finnland			2.768	1.999
Schweden			2.476	2.382
Russland			238	266
andere				
Transid oder Veredelung	4.000		4.000	3.440
Total	14.000	9.053	14.224	12.100

(Quelle: Leistungsbericht des Verbandes Deutscher Papierfabriken (VDP) 2010)

Zahlen und Fakten

Deutschland ist nach wie vor weltweit der größte Papierexporteur

2009[3] war die Entwicklung infolge der Weltwirtschaftskrise rückläufig. Die deutsche Papierindustrie hat dabei schlechter abgeschnitten als die Gesamtwirtschaft. Die Jahresproduktion von Papier, Karton und Pappe sank um mehr als acht Prozent auf 21,0 Mio. t und lag damit etwas über dem Niveau von 2004. Es war der höchste Produktionseinbruch seit der Ölkrise 1975. Der Tiefpunkt war im April erreicht, als der Produktionsrückgang im Vergleich zum Vorjahresmonat 18 Prozent betrug. Im weiteren Jahresverlauf zeigte die Entwicklung wieder nach oben. Der stärkste Rückgang entfiel dabei auf den Export nach Übersee mit 18 Prozent; der Anteil am Gesamtexport betrug nur noch zwölf Prozent. Mit 65 Prozent ging der größte Teil des Auslandsabsatzes wieder nach Westeuropa. Der Anteil Osteuropas hat sich mit 23 Prozent deutlich erhöht.

Der Umsatz der deutschen Papierindustrie lag 2009 mit 12,4 Mrd. Euro um 16 Prozent unter dem des Vorjahres (14,8 Mrd. €). Der Rückgang fiel zwischen den Sortengruppen extrem unterschiedlich aus. Während grafische Papiere 15 Prozent verloren, waren es bei Verpackungspapieren lediglich ein Prozent. Der Anteil der Hygienepapiere blieb annähernd unverändert.

Nach der tiefen Rezession im Vorjahr hat sich die deutsche Papierindustrie 2010 spürbar erholt und das Niveau des Vorkrisenjahres 2008 erreicht. Produktion und Absatz lagen mit einem Zuwachs von über 14 Prozent erheblich höher als im Vorjahreszeitraum. Sorge bereitet den Unternehmen hingegen noch immer die Ertragskraft. Insbesondere die extremen Preiserhöhungen für Rohstoffe wirken sich negativ auf das Betriebsergebnis aus. Auch die Pläne der Bundesregierung zur drastischen Erhöhung der Energie- und Stromsteuern könnten den beginnenden Wiederaufschwung gefährden.[4]

Motor der Entwicklung im ersten Halbjahr 2010 war erneut der Auslandsabsatz, der mit 21 Prozent deutlich stärker anstieg als der Inlandsabsatz, der um neun Prozent zulegte. Die Nachfrage aus Westeuropa stieg um 16 Prozent, die aus Osteuropa um 21 Prozent. Sehr dynamisch entwickelten sich die Lieferungen in das nichteuropäische Ausland mit einem Anstieg von 55 Prozent. Hier zeigt sich deutlich die positive Entwicklung der Weltwirtschaft, aber auch der schwache Euro-Kurs stützt den deutschen Export.

Weiter unterschiedlich entwickelten sich die einzelnen Märkte der Papierindustrie. Die grafischen Papiere konnten im zweiten Halbjahr den Rückstand aufholen und ihre Preise verbessern. Der Verpackungsbereich liegt deutlich über dem Vorjahreslevel. Die Lieferzeiten haben sich teilweise auf mehrere Monate verlängert. Generell hat sich die Perspektive der Papierindustrie im Verlauf des Jahres 2010 verbessert, doch bleibt die Ertragsschwäche wegen der belastenden Kostensituation bestehen.

8.2.3 Rohstoffeinsatz für Papier, Karton und Pappe in Prozent 2008/09[5]

Altpapier:
Die Einsatzquote von 71%, ist weltweit die höchste. Deutschland ist mit 14,8 Mio t Einsatz nach China, den USA und Japan der viertgrößte Altpapierverbraucher. Diese vier Länder verarbeiten mehr als die Hälfte des weltweiten Altpapieraufkommens.

Zellstoff:
Der Rohstoffanteil beträgt 16%. Deutschland produzierte 1,5 Mio. t, exportierte 0,9 Mio. t und importierte 3,9 Mio. t. 22% kamen aus Brasilien, gefolgt von Schweden, Finnland, Kanada, Spanien, Portugal, Uruguay, USA und Chile.

Mineralien und Additive machten 16% des Rohstoffeinsatzes aus, Holzstoff 5%. Der Holzeinsatz für Schliff und Zellstoff belief sich auf 10,7 Mio. Festmeter aus Windwurf, Durchforstung und Sägewerksabfällen

8.2.4 Energie

Der wertmäßige Umsatz der deutschen Papier- und Pappenerzeugung lag 2009 bei 12,5 Milliarden Euro und damit 16 Prozent unter dem Vorjahr, erreichte 0,52 Prozent des Bruttoinlandsproduktes und verbrauchte mehr als neun Prozent des Energieeinsatzes der verarbeitenden Industrie. Damit gehört die Papierindustrie zu den fünf energieintensivsten Branchen in Deutschland nach der Metallerzeugung, der chemischen, der Nahrungsmittelindustrie und dem Bereich Steine und Erden. Bezogen auf den Umsatz beträgt der Anteil der Energiekosten durchschnittlich 14 Prozent. Lag der spezifische Energieverbrauch 1955 noch bei rund 8.200 kWh/t, beträgt er heute nur noch rund 3.100 kWh/t. Das entspricht einem Rückgang um 62 auf 38 Prozent. In einzigartiger Weise hat die Papierindustrie es verstanden, Wachstum und Energieverbrauch zu entkoppeln. Ermöglicht wurde das vor allem durch die von jeher übliche Kraft-Wärme-Kopplung, die bei 94 Prozent der unternehmenseigenen Stromerzeugung angewandt wird. Der dabei anfallende Dampf dient unmittelbar der Beheizung der Trockenzylinder. Mit der heute allgemein üblichen Kapselung der Trockenpartie wird die freiwerdende Wärme zum großen Teil für die Wasservorwärmung zurückgewonnen. 54 Prozent der von der europäischen Papierindustrie eingesetzten Energie stammt bereits aus erneuerbaren Quellen, überwiegend durch die thermische Verwertung von Faser- und Produktionsrückständen. Bekanntlich wird der größte Teil gebrauchter Papiere und Pappen wieder als Rohstoff eingesetzt. Im Laufe der Zeit werden also Papiere mehrfach recycelt und das heißt, jedes Mal einem unverzichtbaren Mahlungsvorgang unterworfen. Irgendwann wird dann ein Teil der eingesetzten Fasern so kurz, dass er durch das Sieb fällt. Im Wasserkreislauf wird dieses nunmehr unbrauchbare Material zurückgewonnen und beispielsweise der Ziegelindustrie zugeführt. Beim Brennvorgang entstehen dann Mikrohohlräume, die die Wärmedämmung der gebrannten Steine signifikant verbessern. Andere Papierfabriken benutzen den Stoff als Zusatz zur Feuerung der betrieblichen Kraftanlage – zusammen mit dem entwässerten Farbschlamm, der beim Deinking anfällt. Diese, die Energiekostenbilanz deutlich aufbessernden Produktionsrückstände fallen bei einer neuzeitlichen großen Papiermaschine in der Größenordnung von täglich mehreren hundert Tonnen an. Durch die Optimierung aller einschlägigen Verfahren konnte die europäische Papierindustrie ihren spezifischen CO_2-Ausstoß um 42 Prozent, absolut um acht Prozent senken. 2007/08 war die Papierindustrie der einzige Industriesektor, der seine Emissionen senken konnte.[6]

Preise

Der Erzeugerpreisindex für Papier, Karton und Pappe ist im Jahresverlauf 2008 auf der Basis des Jahres 2000 = 100 auf 105,6 im Durchschnitt über alle Sorten leicht, in 2009 erheblich auf 100,5 gesunken. Im Jahr 2010 zeichnet sich eine Erholung des Preisniveaus ab, unterschiedlich für Sortengruppen. LWC-(Magazin-)papier leidet noch immer unter dem gesunkenen Anzeigenaufkommen der großen illustrierten Zeitschriften, das den Umfang der Hefte stark gemindert hat. Gewisse Bereiche hingegen dürfen sich über volle Maschinenauslastung freuen, die vereinzelt bereits zu Lieferzeiten von mehreren Monaten geführt hat. Dazu gehört in besonderem Maße Schrenz (Wellenstoff). Die Maschinen sind ungeachtet der Kapazitätserhöhung durch die PM 2 in Eisenhüttenstadt auf Monate ausgelastet. Nicht zu vergessen ist dabei, dass die Vorlieferanten – Zellstofffabriken – durch radikale Abschaltungen einer Anzahl bedeutender Werke über Monate und besonders der Altpapierhandel ihre Preise deutlich angehoben haben.

Die schwierige Lage der Papier erzeugenden Industrie im Jahr 2008 verdeutlicht die Entwicklung der Kostenfaktoren für die Produktion:

Art, Rohstoffe 2000 = 100	2007	2008	2009	Änderung in %
Holzstoff, Zellstoff (Imp.)	79,7	82,2		+ 3
Sulfatzellstoff (Import)	77,0	78,5		+ 2
Darunter Nadel	79,6	81,0		+ 2
Laub	73,9	75,7		+ 2
Sulfitzellstoff (Import)	74,1	76,7		+ 4
Papier und Papier-Reststoffe ohne Gemischtes Altpapier 2005 = 100	137,8	122,9	76,8	- 38
Gemischtes Altpapier	161,7	126,3	64,8	- 49
Energie 2000 = 100				
Strom, Gas, Fernwärme	161,1	129,8	122,2	- 6
Erdgas	178,9	151,1	141,5	- 6
Braunkohle, Briketts	113,8	112,8		
Heizöl, schwer	156,0	164,8	125,3	- 24
Wasser	107,9	103,6	106,3	+ 3
Maschinen für das Papiergewerbe	107,9	106,8	107,9	+ 1

Neuere Zahlen liegen noch nicht vor.

8.2.6 Bruttoanlageinvestitionen in Millionen Euro[7]

	2007	2008	2009
Verarbeitendes Gewerbe insgesamt	52.240	55.290	48.600
Zellstoff-, Papier- und Pappeerzeugung	820	485	743
Papier- und Pappe verarbeitende Industrie	840	800	800
Druck und Vervielfältigung	1.165	925	910

(Quelle: Leistungsbericht des Verbandes Deutscher Papierfabriken (VDP) 2010)

Eine Papiermaschine kostet in Abhängigkeit von der Größe, Ausstattung und davon, ob in eine vorhandene Fabrik eingebaut oder neu gebaut wird, größenordnungsmäßig zwischen 100 (mittelgroß, eingebaut), 300 (groß, eingebaut) und mehr als 600 (groß, Neuerrichtung) Millionen Euro.

Größenklassen in der Papierindustrie Deutschlands

Jahresproduktion in t	Unternehmen 2007	2009	Produktion in t 2007	2009	Anteil %	Durchschnitt t/Jahr
unter 10.000	29	26	125.797	95.671	0,5	3.680
10.000 – 50.000	33	33	1.010.486	1.007.930	4,5	30.543
50.000 – 100.000	13	8	899.508	551.700	2,4	68.965
100.000 – 250.000	17	18	3.984.809	3.179.977	14,3	175.665
250.000 – 500.000	8	7	3.019.969	2.449.992	11,0	349.999
Über 500.000	12	12	15.178.127	13.670.385	67,3	3.139.199
Insgesamt	112	104	23.318.696	20.955.655	100,0	201.497

(Quelle: Leistungsbericht des Verbandes Deutscher Papierfabriken (VDP) 2010)

Entwicklung der Papierwirtschaft in der Bundesrepublik Deutschland

Umsatz in Mio. €	2008	2009	Veränderung in %
Produzierendes Gewerbe gesamt	1.421.201	1.097.801	- 23
Zellstoff- und Papierindustrie	14.831	12.459	- 16
Produktionsindex 2005 = 100			
Produzierendes Gewerbe gesamt	111,9	93,8	- 16
Zellstoff- und Papierindustrie	104,5	92,6	- 11
Erzeugerpreisindex 2005 = 100			
Gewerbliche Erzeugnisse gesamt	112,7	108,0	- 4
Zellstoff- und Papierindustrie	106,2	100,7	- 4
Papier-, Karton- und Pappewaren	108,3	103,9	- 4
Betriebe mit 50 und mehr Beschäftigten			
Gesamte Industrie	32.747	33,435	- 2
Zellstoff- und Papierindustrie	177	168	- 5
Beschäftigte (50 und mehr)			
Gesamte Industrie	5.308.383	5.006.530	- 6
Zellstoff- und Papierindustrie	43.400	41.650	- 4

(Quelle: Leistungsbericht des Verbandes Deutscher Papierfabriken (VDP) 2010)

Statistisches

Sorte	2008	2009	2008 zu 2009 in %
Grafische Papiere insgesamt	10.570.639	9.189.046	- 13,1
Hozhaltige Papiere	6.917.182	6.026.386	- 12,9
Zeitungsdruckpapier	2.339.589	2.126.079	- 9,1
Zeitschriften- und Katalogpapier	4.050.427	3.443.510	- 15,0
Gestrichen (LWC, MWC)	2.411.094	1.966.562	-18,4
Ungestrichen (SC)	1.639.333	1.476.948	- 9,9
Gestrichene Formatdruckpapiere	198.063	174.990	- 11,6
Recyclingpapiere, sonstige	329.103	281.807	- 14,4
Holzfreie Papiere	3.653.457	3.162.660	- 13,4
Gestrichene Druckpapiere	2.038.986	1.559.077	- 23,5
Ungestrichene Druck- und Büropapiere	1.614.471	1.603.583	- 0,7
Papier, Karton und Pappe für Verpackungszwecke	9.371.143	9.107.041	- 2,8
Pack-und Wellpappen- Papiere	6.443.683	6.450.411	+ 1,2
Maschinenkarton	2.502.955	2.278.490	- 9,0
Wickelpappe	75.632	57.994	- 23,3
Verpackungspapiere	348.873	341.413	- 2,1
Hygienepapiere (Maschinenproduktion)	1.379.792	1.367.525	+ 0,9
Papier, Karton und Pappe für technische und spezielle Verwendungszwecke	1.506.412	1.292.043	- 14,2
Tapetenrohpapier	146.591	136.908	- 6,6
Foto-, Dekor- usw. Rohpapier	599.174	462.962	- 22,7
Andere Papiere und Pappen für technische und spezielle Verwendungszwecke	760.647	692.173	- 9,0
Papier, Karton und Pappe Insgesamt	22.827.986	20.955.655	- 8,2

(Quelle: Leistungsbericht des Verbandes Deutscher Papierfabriken (VDP) 2010)

Nachwort

Etwas ungewöhnlich ist es schon, wenn ein Rentner in der zweiten Hälfte seines achten Lebensjahrzehnts sich der ersten Hälfte seines Berufslebens erinnert und einer selbst gestellten Aufgabe widmet: der Erforschung der frühesten Geschichte der deutschen Papierindustrie. Ich gebe gern zu, dass ich den Umfang dieser Arbeit weit unterschätzt hatte. Glücklicherweise fand ich im Kreise der aktiven »Papierer« wie der Ruheständler manche Helfer, deren Spezialwissen interessante Details zutage brachte. Ihnen allen und den ungezählten Bürgerinnen und Bürgern, die mit ihren Erinnerungen Interessantes und Wesentliches beitrugen, zu danken, ist mir eine freudig erfüllte Pflicht. Sie halfen, die Tradition eines Berufsstandes, der sich einst als Künstler verstand, nicht als Handwerker, zu bewahren und sie kommenden Generationen zu vermitteln.

Die erste Stelle meines Dankes gebührt natürlich meiner Frau Ilse, die drei Jahre lang in Kauf genommen hat, dass mein Leben durch das Studium von Büchern und Dokumenten und die Arbeit am Computer bestimmt wurde. Ich konnte ihr in dieser Zeit wenig Hilfe in Haus und Garten sein. Mit dem Erscheinen dieses Buches trete ich nun endgültig (?) in den Ruhestand und hoffe, manches nachholen zu können.

Es wäre unverzeihlich, nun nicht einige Namen derer zu nennen, die mich in ganz besonderer Weise darin unterstützt haben, meine Idee zu realisieren.

Im Vordergrund stehen da die Sponsoren, ohne deren finanzielles Engagement dieses Buch nicht hätte erscheinen können – Nachkommen früherer Inhaber der Patent-Papierfabrik Hohenofen: Dr. Jobst Kayser-Eichberg, dessen Ur- und Ururgroßvater Leiter und später Eigentümer waren, und die Bausch-Stiftung der Herren Andreas, Dipl. Ing. Johan Viktor (2010 verstorben) und Dr. Dr. Thomas Bausch, Söhnen der letzten Firmeninhaber. Alle Vorgenannten haben mir außerdem bei der Erforschung ihrer Familiengeschichten viel Hilfe geleistet. Dr. Frieder Schmidt von der Deutschen Nationalbibliothek, Deutsches Buch- und Schriftmuseum / Kultur- und Papierhistorische Sammlungen, Leipzig, hat mir mit seiner Dissertation das unumgängliche Grundwissen fachgerechter Geschichtsschreibung vermittelt. Dipl. Ing. Elgar Drewsen, Gesellschafter der Drewsen Spezialpapiere GmbH & Co. KG in Lachendorf (meiner Lehrfirma 1946/47) hat den technischen Teil dieses Buches mit der gleichen Akribie durchgesehen wie Stefan Feyerabend, ehemaliger Feinpapier-Großhändler und als Ruheständler Experte für Maschinenpapier-Wasserzeichen. Erwähnt werden müssen auch der Birkner-Verlag der «International Paper World», des unverzichtbaren weltweiten Nachschlagewerks; der Redakteur Frank Kliempt hat sich oftmals durch uralte verstaubte Adressbuch-Jahrgänge gearbeitet, um Antwort auf meine Fragen zu finden, Dr. Winfried Glocker, Abteilungsleiter Papier im Deutschen Museum, München – wie auch die engagierten Mitarbeiterinnen und Mitarbeiter der Archive, Bibliotheken und Museen, besonders in

Nachwort

Potsdam, Berlin und Bergisch Gladbach, in denen ich die Spuren früher Papiermacher suchte. Hervorheben muss ich dabei die hilfreichen Damen der Stadtbücherei Lauterbach, die mir geduldig meine zahlreichen Fernleihe-Wünsche erfüllt haben, und diejenigen, die mir halfen, Geheimnisse meines Computers zu knacken, darunter mein Schwiegersohn, Dipl. Ing. Walter Kork und Freunde in Lauterbach, und last but not least, die Mitarbeiter des be.bra wissenschaft verlages, Dr. Robert Zagolla und die Lektorin Marijke Topp.

Auch Kritik muss erlaubt sein: Mein Glaube an die sprichwörtliche Korrektheit der »preußischen« Beamtenschaft ging bei dieser Arbeit verloren. Dokumente, Handelsregister, Melderegister, Akten von Behörden und Firmen – unendlich viel Wichtiges, Einmaliges ist ungeachtet gesetzlicher Vorgaben unauffindbar verschwunden – nicht zu reden von den Kriegsverlusten, von denen besonders Berlin betroffen worden ist. Enttäuscht hat auch das mangelnde Interesse der Wirtschaftsverbände und mancher Berliner Behörden. Muss man daraus schließen, dass das Interesse an einem hervorragenden Bestandteil der deutschen Industriegeschichte in der heute aktiven Generation keinen Stellenwert mehr besitzt? Nicht ich allein würde das sehr bedauern.

In drei Jahren intensiver Forschungsarbeit für dieses Buch habe ich unendlich viele neue Erkenntnisse gewonnen und über Generationen weitergegebene Fehler korrigiert. Ich hoffe nun mit allen Liebhabern des Kulturgutes Papier auf die Rettung der Patent-Papierfabrik Hohenofen, deren wichtigstes Gebäude schwere Schäden aufweist. Leider muss ich Aktivitäten des gemeinnützigen Vereins vermissen, ohne die auch Hilfen der öffentlichen Hand nicht erbracht werden. Sobald ich hier Licht am Ende des Tunnels sehe, werde ich dem Projekt »Papiertechnisches Museum« weiterhin als technischer Berater zur Seite stehen und weitere interessante Exponate zusammentragen.

Mein herzlichster Dank gilt Ihnen, meinen Lesern. Wenn Sie künftig einmal ein Blatt Papier als ein Stück des bedeutendsten Kulturträgers der Menschheit ansehen, wäre das für mich die Erfüllung eines langgehegten Wunsches.

Anhang

Anmerkungen

Kapitel 1 Papier (S. 13)

1. Die Rechnung ist ganz einfach: 0,1 mm x 2^{50} = 112.589.991 km = drei Viertel des Weges zur Sonne.
2. Gestalt in Gutzkows Trauerspiel »Uriel Acosta« (1846) in Anlehnung an Prediger Salomos 1.9
3. Sandermann, Willhelm: Die Kulturgeschichte des Papiers. Berlin 1988, S. 92
4. Liewe Leinwas in: Papiergeschichte XI, S. 74–76
5. Der Papier-Fabrikant. Zeitschrift für die Papier-, Pappen-, Holz-, Zell- und Strohstoff-Fabrikation; Organ für die Bekanntmachungen des Vereins Deutscher Zellstoff-Fabrikanten. Berlin 15/1917, S. 826
6. Beuth-Vertrieb GmbH, Berlin SW 68
7. Zum Einsatz der Cellulosefasern in der neuzeitlichen Papierherstellung siehe Kapitel 4.2.4
8. Markennamen der ehemaligen Feinpapierfabrik Felix Schoeller & Bausch, Neu Kaliß (Mecklenburg)
9. http://de.wikipedia.org/wiki/filz, Stand 02.07.2010
10. Als Vlies wird auch die nach Schur und Bereißen noch zusammenhängende Schafwolle bezeichnet.
11. http://de.wikipedia.org/wiki/vliesstoff, Stand 27.07.2010
12. INGEDE Internationale Forschungsgemeinschaft Deinking-Technik e.V. München
13. www.literaturknoten.de/geschichte/einzel/a05_3000_orient/gilga/keilschrift.html, Stand 14.06.2010
14. Das Epos beruht auf tausend Jahre älteren sumerischen Kurzepen, die den um 2600 lebenden König von Uru verherrlichten.
15. Ital. »Morgenland«; Bezeichnung für die Länder um das östliche Mittelmeer bis zum Nil und Euphrat.
16. Der Spiegel, Nr. 27, 29.06.2009, S. 110
17. Diese Zeit nennt Hunter in »Papermaking«. Hasjo Wernicke legt den Ursprung in »Papyrus, Pergament, Papier« auf etwa 2200 v. Chr.; andere Quellen gehen noch weitere 500 Jahre zurück.
18. Sandermann, Wilhelm: Die Kulturgeschichte des Papiers
19. Weiß, Wisso: Zeittafel zur Papiergeschichte. Leipzig 1983
20. Michel-Katalog Osteuropa, Weißrussland Nr. 705, 28.05.2008
21. Ebd. Nr. 1000
22. Amerikanischer Historiker, 1796–1859, History of the conquest of Mexico, 1843; deutsche Ausgabe: Die Eroberung von Mexiko, 1845; Neuaufl. München 1984
23. Papiergeschichte II, S. 81
24. de Lagarde, Paul Anton: Ägyptica. 1883; Paul Anton de Lagarde (1827–1891), eigtl. Bötticher, Orientalist und Kulturphilosoph.
25. http://de.wikipedia.org/wiki/Judasevangelium, Stand 20.07.2010
26. Der Papier-Fabrikant 36/1938, S. 2196–2198
27. Central-Blatt, 5/1877, S. 32–36 und 6/1877
28. Auch: Shihuangdi
29. Als zweifellos echt aus dieser Zeit wird aktuell (2010) ein einziges beschriebenes Blatt anerkannt.
30. Von den frühen Papieren werden besonders diejenigen angezweifelt, die während der Kulturrevolution (1966–1976) gefunden wurden. Experten verdächtigen die Regierung, aus politischen Gründen Fälschungen veranlasst zu haben.
31. Carducci, So groß wie die Welt, S. 202
32. Bayerl, Günter: Die Papiermühle. Frankfurt/Main 1967, S. 43
33. signiert T XII a ii la
34. Kurzbericht in: Der Papier-Fabrikant 25/1911
35. Sandermann, Wilhelm: Die Kulturgeschichte des Papiers, S. 131–139

36	Schlieder, Wolfgang: Papiergeschichtsforschung in der DDR. In: Jahrbuch der Deutschen Bücherei 7–10. Leipzig 1974, S. 53–60
37	Bayerl, Günter: Zum Stand der Papiergeschichtsforschung in Deutschland. Frankfurt/Main 1993, S. 53
38	Julien, Stanislas: Notices sur les pays et les peuples étrangers. O.O. 1846, S. 166
39	Vgl. Kapitel 4.2.7
40	Hasjo Wernicke gibt in »Papyros, Pergament, Papier«, S. 17, sogar »um 550–620 in der Regierungszeit der japanischen Kaiserin Suiko« an.
41	Hofmann, Carl: Praktisches Handbuch der Papier-Fabrikation. Berlin 1891/1897, S. 8–9
42	Heute der Name der zweitgrößten Stadt Usbekistans mit eindrucksvoller Architektur
43	Sandermann, Willhelm: Eine Kulturgeschichte des Papiers
44	1884–1954, Direktor des Deutschen Buch- und Schriftmuseums in Leipzig
45	Papiergeschichte I, S. 39–40
46	»Aaron der Rechtsgelehrte«, abbasidischer Kalif (763 oder 766–809)
47	Dies entspricht unserem heutiges Ries, das allerdings inzwischen nur noch ein mit starkem Rieseinschlagpapier verpacktes Paket Papierbogen bezeichnet, also mindestens im Format DIN A3 (DIN A 4-Blattpackungen werden als »Paket« bezeichnet). Der Inhalt kann je nach Sorte, insbesondere aber Flächengewicht zwischen 100 (etwa für Umschlagkarton) und 1.000 Bogen (Durchschlagpapier) unterschiedlich sein – wenn überhaupt noch eingeriest wird. Lediglich im Bereich der Seidenpapiere kommt hier und da noch das »klassische« abendländische Ries mit 480 Bogen zur Anwendung. Druckpapiere werden häufig ungeriest auf Paletten mit 1.000 kg geliefert – fertig zum Einfahren in die Druckmaschine.
48	Der Papier-Fabrikant, 25/1939, S. 207–212
49	Hofrat Prof. Dr. Joseph (von, 1905) Karabacek (1845–1918), in: Neue Quellen zur Papiergeschichte. Mitteilungen aus der Sammlung des Papyrus Erzherzog Rainer, 4/1888, S. 75–122
50	Abd-Allatif: Relation de l'Égypte par Abd-Allatif, par Silvestre de Sacy. Paris 1810, S. 198
51	Sandermann, Die Kulturgeschichte des Papiers
52	Karabacek, Joseph: Das arabische Papier, Wien 1882
53	Birkner International Paperworld, Teil 1, 2009, S. 158
54	Wochenblatt für Papierfabrikation, 2/2010, S. 140
55	Wochenblatt für Papierfabrikation, 49/1900, S. 469
56	Sächs. Hauptstaatsarchiv Dresden, Copial 30, Fol. 114
57	Hegel, Karl: Die Chroniken der fränkischen Städte. Nürnberg. Göttingen 1961, S. 1–3 und 77–83. [Originalausgabe Leipzig 1862] Andere Schreibweise: »Püchel von mein geschlecht und mein abentewr«
58	Sporhan-Krempel, Lore, von Stromer, Wolfgang: Das Handelshaus der Stromer und die Geschichte der ersten deutschen Papiermühle. Nach neuen Quellen. In: Vierteljahrschrift für Sozial- und Wirtschaftsgeschichte (VSWG) Band 47, 1960, S. 81–104
59	http://de.wikipedie.org/wiki/Ulman Stromer, Stand 25.01.2011
60	Churchyard, Thomas: Ein deutscher Papiermacher in England. Zittau 1941

Kapitel 2 Papiertechnik (S. 47)

1	Vgl. Kapitel 1.3.3
2	Um die Mitte des 8. Jahrhunderts in Samarkand.
3	Vgl. Kapitel 2.2.1
4	Dahlheim, C. F.: Taschenbuch für den praktischen Papier-Fabrikanten, 3. Aufl., Leipzig 1896, S. 68 ff.
5	Felsch, Wolfgang: Die Mischbütte. Wissenswertes aus Natur und Technik zum Thema Papier, Karton und Pappe. 2. Aufl. Heidelberg 2001, S. 83
6	Der englische Ausdruck für geripptes Papier ist laid paper; »laid« = gelegt.
7	Einzelne Mühlen wichen von der genannten Menge ab. Andere legten über den ersten Bogen mehrere Filze, um eine genügend weiche Unterlage beim Gautschen zu haben.
8	Hofmann, Carl: Praktisches Handbuch der Papier-Fabrikation. Berlin 1891–1897, S. 22

9 de La Lande, Joseph Jérôme: l'Art de faire le papier. Paris 1761. Deutsche Ausgabe: Die Kunst Papier zu machen. Nach dem Text von Joseph Jerome Francois übersetzt und kommentiert von Johann Heinrich Gottlob v. Justi 1762. Herausgegeben von Alfred Bruns. Münster 1993
10 Schmidt, Frieder: Von der Mühle zur Fabrik. Die Geschichte der Papierherstellung in der württembergischen und badischen Frühindustrialisierung. Ubstadt-Weiher 1994, S. 157ff.
11 Hofmann, Carl: Praktisches Handbuch der Papier-Fabrikation, S. 22–25
12 Hier wird Papier bis minimal 2 g/m² geschöpft. Ein »Stapel« von 1.000 Bogen ist ca. 2,5 mm hoch.
13 Freyer, Dieter: Kleine Papiergeschichte. Vom Papyrus zum Papier des 20. Jahrhunderts; online: http://papiergeschichte.freyerweb.at; Stand: 12.0.2011
14 Der Papier-Fabrikant 1940
15 Ebd.
16 Vorlesungen über mechanische Technologie der Faserstoffe: Spinnerei, Weberei, Papierfabrikation. Leipzig 1906
17 Es gab landschaftlich und zeitlich unterschiedliche Lehrdauern, mindestens jedoch drei Jahre.
18 Briquet, Charles-Moise: Les Filigranes. Dictionnaire historique des marques du papier dès leur apparition vers 1282 jusqu'en 1600. Paris 1907, Nr. 5410
19 Vgl. Kapitel 4.1.4
20 Briquet, Charles Moise: Les Filigranes Dictionnaire historique des marques du papier dès leur apparition vers 1282 jusqu'en 1600
21 Weiß, Karl Theodor: Handbuch der Wasserzeichenkunde. Leipzig 1962
22 Feyerabend übergibt seine Sammlung abschnittsweise im Laufe des Jahrs 2011 mit Fortschritt der Bestandsaufnahme an das Deutsche Buch- und Schriftmuseum (Deutsche Nationalbibliothek) in Leipzig, (Leiter Dr. Frieder Schmid)
23 Deutsche Forschungsgemeinschaft
24 vgl. Kapitel 4.1.4
25 Haupt, Wolfgang: Wasserzeichenwiedergabe in schwirigen Fällen. In: Maltechnik-Restauro. International Zeitschrift für Farb- und Maltechniken, Restaurierung und Museumsfragen [Mitteilungen der IADA]. München 1981, S. 38–43
26 Siemer, J.: Ein neues Verfahren zur Abbildung von Wasserzeichen. In: Gutenberg-Jahrbuch 1981, S. 99–102, nach Gravell, in: Restaurator 2/1975
27 John Mercer, 1791–1866, amerikanischer Chemiker, entdeckte 1850 die Löslichkeit von Cellulose durch Ammoniak-Kupfersulfat.
28 de La Lande, Joseph Jérôme: l'Art de faire le papier, Paris 1761. Deutsche Ausgabe: Die Kunst Papier zu machen, S. 134
29 Blechschmidt, Jürgen (Hrsg.): Taschenbuch der Papiertechnik. München 2010, S. 18

Kapitel 3 Hohenofen als Industriestandort (S. 67)

1 Die folgenden Ausführungen basieren auf dem »Beitrag zur Geschichte der Entstehung und Entwicklung der Gemeinde und Papierfabrik Hohenofen in der Zeit von 1700–1860« von Gerhard Beckel, Neu Kaliß. Einzusehen ist das Werk im dortigen Heimatmuseum.
2 Eine frühere Verwendung des Namens ist nicht bekannt.
3 Teske, M.: Eisengewinnung und Silberschmelze in Hohenofen, Typoskript, 25.04.2003, im Archiv des Autors. Nur der Zeitgleichheit geschuldet sei am Rande bemerkt, dass 1693 französische Soldateska bei der Eroberung Heidelbergs die reichhaltige Bibliothek des Geschichtsforschers Gruterus vernichteten, in dem die Bücher zerrissen und den Pferden als Streu untergeworfen wurden.
4 Robert Rebitsch berichtigt in dem Beitrag »Matthias Gallas und die Liquidierung Albrecht von Wallensteins« das Geburtsjahr auf 1688 (Innsbrucker Historischen Studien, Ausgabe 23/24, 2004, S. 336).
5 Der Neue Brockhaus. Leipzig 1937, Band 17, S. 264
6 Bei der Magdeburger Gewerkschaft handelte es sich um eine bergrechtliche Gesellschaft. Hier ist die Gewerk-

Anhang

schaft älteren Rechts gemeint, die beim Erlass des Preußischen Berg-Gesetzes von 1865 bereits bestand und ihre 128 Anteile, Kuxe genannt, nicht mobilisierte. Sie war eine durch bergrechtliche Sonderbestimmung gestaltete Gesellschaft von Miteigentümern zur gesamten Hand, keine juristische Person.

7 Vgl. Kapitel 3.3.31
8 Dieses und das folgende Zitat: Beckel, Gerhard: 100 Jahre Feinpapierfabriken Neu Kaliß. Ein Beitrag zur Geschichte des VEB Feinpapierfabriken Neu Kaliß. Neu Kaliß 1972
9 Zu den folgenden Ausführungen vgl. Teske, M.: Eisengewinnung und Silberschmelze in Hohenofen, S. 7–8
10 Beckel, Gerhard: 100 Jahre Feinpapierfabriken Neu Kaliß, S. 2–3
11 Troschke, Typoskript vom 23.05.1930 im Archiv des Autors.
12 Akten der Firma Felix Schoeller & Bausch aus dieser Zeit befinden sich zwar im Landesarchiv Mecklenburg-Vorpommern, sind dort aber aus bürokratischen Gründen kaum einsehbar.
13 Beckel, Gerhard: Aus alten Akten. In: Leist, Heino: Hohenofen. Eisen und Papier. Zur Geschichte der Gemeinde und Papierfabrik Hohenofen 1663–1988. Hohenofen 1988, S. 2
14 Ebd., S. 7
15 Die Zitate stammen aus: Beckel, Gerhard: Aus alten Akten, S. 3 ff.
16 Zur Familiengeschichte Kayser vgl. die Kapitel 5.1.7, 6,1,3 und 6.2.1
17 Vgl. Kapitel 3.1.2 (1800)
18 Dieses und die folgenden Zitate: Beckel, Gerhard: Aus alten Akten, S. 12
19 Erinnerungen des Malers Carl Kayser-Eichberg, bei den Familienpapieren in München
20 Landesarchiv Berlin Pr.Br.Rep. 030 Nr. 19639
21 Beckel, Gerhard: Aus alten Akten, S. 4
22 Ebd.
23 Ebd., S. 20
24 Auch »von Hößle« geschrieben
25 Bayerl, Günter: Die Papiermühle. Vorindustrielle Papiermacherei auf dem Gebiet des alten deutschen Reiches. Frankfurt/Main 1987, Teil I, S. 599 ff.
26 Ebd., S. 574
27 www.de.wikipedia.org/wiki/Schloss_Altdöbern, Stand 29.01.2011
28 Papier-Kalender 1905
29 www.brandenburg-tipp.de, Stand 02.02.2011
30 Vgl. Kapitel 3.3.5
31 Wochenblatt für Papierfabrikation 23/1911, S. 2073
32 Prof., Papierchemiker, Vater des expressionistischen Malers Ernst Ludwig Kirchner, Autor im Wochenblatt für Papierfabrikation
33 http://www.blogus.de/Pmnamen.html; Stand: 02.05.2011
34 www.brandenburg-tipp.de, Stand 25.03.2011
35 www.wikipedia.org/wiki/Berlin-Wedding, Stand 30.01.2011
36 Friedrich von Hößle in: Der Papier-Fabrikant 49/1933, S. 646
37 gedruckt bei Mylius, Corp. Const. March VII
38 Friedrich von Hößle in: Der Papier-Fabrikant 49/1933, S. 646
39 Kirchner im Wochenblatt für Papierfabrikation 23/1911, S. 1191
40 Siehe hierzu Kapitel 3.3.24
41 Dieses und die folgenden Zitate: Friedrich von Hößle in: Der Papier-Fabrikant 49/1933, S. 646
42 Kirchner, Ernst: Die Papierfabrikation in den Ländern der Sektion X der Papiermacher-Berufsgenossenschaft. In: Wochenblatt für Papierfabrikation. 3/1911, S. 2070
43 Schmidt, Rudolf: Märkische Papiermühlen bis um 1800. In: Brandenburgisches Jahrbuch, herausgegeben vom Landesdirektor der Provinz Brandenburg. Deutsche Bauzeitung GmbH Berlin 1928, S. 8
44 Ebd.
45 Kirchner im Wochenblatt für Papierfabrikation 23/1911, S. 2069

46 Schmidt, Rudolf: Geschichte der Stadt Eberswalde. Nachdruck Eberswalde 1993; Eberswalder Chronik, 1786
47 Friedrich von Hößle in: Der Papier-Fabrikant 37/1933, S. 490–491
48 Schmidt, Rudolf: Geschichte der Stadt Eberswalde, S. 99–105
49 11. November, zu Ehren des Hl. Martin von Tours.
50 Kirchner, Ernst: Die Papierfabrikation in den Ländern der Sektion X der Papiermacherschaft, S. 2069
51 Fischbach, Friedrich L.: Statistisch-topografische Städte-Beschreibung der Mark Brandenburg. Berlin und Potsdam 1786, S. 64–66
52 Schmidt, Rudolf: Märkische Papiermühlen bis um 1800, S. 6
53 Ebd.
54 Das ist eine Ortsverwechslung: Nicht Neustadt (Dosse), sondern Neustadt-Eberswalde.
55 Schmidt, Rudolf: Märkische Papiermühlen bis um 1800, S. 4–5
56 Kirchner schreibt im Wochenblatt für Papierfabrikation 23/1911 auf Seite 2073 über die Holländische Papiermühle zum Werlach bei Neustadt-Eberswalde mit (teils abweichenden) Angaben über Daniel Gottlieb Schottler bis Gustav Schottler nach dem Brand der Mühle. Da verwechselt er einiges. Vgl. auch Kapitel 4.1.13 (Werlach/Werder)
57 Schmidt, Rudolf: Märkische Papiermühlen bis um 1800, S. 13
58 B LHA Potsdam Rep. 2 D 12104, Bl. 4–13, 63, 93. 143
59 BLHA Pr.Br. Rep. 2 D 12103 Fol. 63
60 Kirchner, Ernst: Die Papierfabrikation in den Ländern der Sektion X der Papiermacher-Berufsgenossenschaft, S. 2073
61 Ebd, S. 2073
62 Friedrich von Hößle in: Der Papier-Fabrikant 48/1933 S. 630–632
63 Birkner 1935
64 Birkner 1944
65 Birkner 1950, S. 63
66 Schmidt, Rudolf: Märkische Papiermühlen bis um 1800, S. 73–74
67 Topographie der Untergerichte der Kurmark, Brandenburgs und der dazugeschlagenen Landesteile; Geografisch-statistisches Comptoir- und Zeitungs-Lexicon: oder Beschreibung. Herausgegeben von Carl und Benjamin Ritter. Leipzig 1836
68 Friese, Karin: Papierherstellung im Barnim. In: Mitteilungen aus dem Archivwesen des Landes Brandenburg 8/1996. Der 5. Archivtag der Kommunalarchive des Landes Brandenburg in Chorin vom 7.–8. November 1996, S. 73
69 Vgl. Kapitel 3.3.31
70 Schmidt, Rudolf: Märkische Papiermühlen bis um 1800, S. 69–70
71 Der Papier-Fabrikant 1/1907, S. 25
72 Friedrich von Hößle handelt den Ort als Teil Berlins ab. Damals war das Dorf aber noch selbstständig.
73 Friedrich von Hößle in: Der Papier-Fabrikant 49/1933, S. 644. Vgl. auch Kapitel 3.3.24
74 www.wiki-de.genealogy.net/Niemegk, Stand 24.02.2010
75 www.wiki-de.genealogy.net/Niemegk/M, Stand 24.02.2010
76 Friedrich von Hößle behandelt Pankow als Teil von Berlin; damals war der Ort aber noch selbstständig.
77 Friedrich von Hößle in: Der Papier-Fabrikant 49/1933, S. 646
78 Schmidt, Rudolf: Märkische Papiermühlen bis um 1800, S. 71. Die Darstellung Schmidts ist mit Vorsicht aufzunehmen. Er behandelt nur die »Wedding-Papiermühle«, gibt aber Daten, z. B. »60 Arbeiter« an, die nach Friedrich von Hößle der Pankow-Papiermühle zuzurechnen sind. Die kannte Schmidt offensichtlich nicht.
79 Helling, Ludwig: Geschichtlich-statistisch-topografisches Taschenbuch von Berlin. Berlin 1830; www.buergerpark-pankow.de, Stand: 11.01.2011
80 Kirchner, Ernst: Die Papierfabrikation in den Ländern der Sektion X der Papiermacher-Berufsgenossenschaft, S. 2070
81 Otto Monke 1907 in der Neuen Preußischen Zeitung.

Anhang

82 Friedrich von Hößle in: Der Papier-Fabrikant 49/1933, S. 646
83 Unbekannter Informant von Rudolf Schmidt, in: Ders.: Märkische Papiermühlen bis um 1800, S. 69 (unter Ortsangabe »Zehdenick«)
84 Kirchner, Ernst: Die Papierfabrikation in den Ländern der Sektion X der Papiermacher-Berufsgenossenschaft, S. 2073
85 Ebd., S. 2079
86 Ebd., S. 2072
87 Ebd. Diese Zeitangabe kann nicht stimmen – der Übergang muss später erfolgt sein. Am 5. November 1885 genehmigte der Große Kurfürst erst die Einrichtung einer Papiermühle; vgl. Friedrich von Hößle in: Der Papier-Fabrikant 49/1933, S. 643–644.
88 Ebd.
89 Kirchner, Ernst: Die Papierfabrikation in den Ländern der Sektion X der Papiermacher-Berufsgenossenschaft, S. 2076
90 Schmidt, Rudolf: Märkische Papiermühlen bis um 1800, S. 75
91 Diese Summe ist der Festschrift »Hundert Jahre der Papierfabrik Spechthausen« von 1887 entnommen und aus anderen Dokumenten nicht zu belegen.
92 BLHA pr. Br. Pr. Rep. 2 D 6024, S. 5
93 Kirchner, Ernst: Die Papierfabrikation in den Ländern der Sektion X der Papiermacher-Berufsgenossenschaft, S. 2077
94 Schmidt, Rudolf: Märkische Papiermühlen bis um 1800, S. 75
95 Schlieder, Wolfgang: Die Papiergeschichte in der ehemalige DDR und ihre Einrichtungen, Typoskript, S. 5
96 Schmidt, Rudolf: Märkische Papiermühlen bis um 1800, S. 77
97 Abgedruckt bei Schmidt, Frieder: Von der Mühle zur Fabrik. Die Geschichte der Papierherstellung in der württembergischen und badischen Frühindustrialisierung. Ubstadt-Weiher 1994, S. 869–870
98 Anders bei Kirchner im Wochenblatt für Papierfabrikation 23/1911, S. 2077: Er schreibt von einer Donkinschen Papiermaschine.
99 Der Papier-Fabrikant 1904
100 Der Papier-Fabrikat 38/1907, S. 2328
101 Birkner 1934, S.35
102 Birkner 1935
103 Malkin, Lawrence: Hitlers Geldfälscher. Wie die Nazis planten, das internationale Währungssystem auszuheben [Originaltitel: Krueger's Men: The Secret Nazi Counterfeit Plot and the Prisoners of Block 19, New York, 2006], Bergisch Gladbach 2007
104 Friese, Karin: Papierherstellung im Barnim, S. 242
105 Friedrich von Hößle in: Der Papier-Fabrikant 16/1933, S. 354
106 Briquet, Charles-Moise: Les Filigranes. Dictionnaire historique des marques du papier dès leur apparition vers 1282 jusqu'en 1600. Paris 1907, I Nr. 1097 und I 1099
107 Papier-Kalender 1904
108 Birkner 1935 und 1944
109 Kirchner, Ernst: Die Papierfabrikation in den Ländern der Sektion X der Papiermacher-Berufsgenossenschaft, S. 2074
110 Schlieder, Wolfgang: Die Papiergeschichte in der ehemalige DDR und ihre Einrichtungen, Typoskript
111 Dieses und das folgende Zitat: Kirchner, Ernst: Die Papierfabrikation in den Ländern der Sektion X der Papiermacher-Berufsgenossenschaft, S. 2074–2075.
112 Pierer's Universal-Lexikon der Vergangenheit und Gegenwart oder Neuestes encyclopädisches Wörterbuch der Wissenschaften, Künste und Gewerbe. Altenburg 1864, S. 753
113 Deutsche Gesellschaft für Mühlenkunde und Mühlenerhaltung, Mühle Nr. 97, www.muehlen-dgm-ev-de; Stand 12.06.2010
114 GStA PK HA I Rep. 94 Mühlen, 15–19

115 Kirchner, Ernst: Die Papierfabrikation in den Ländern der Sektion X der Papiermacher-Berufsgenossenschaft, S. 2072. Es wird keine Rep.-Nr. genannt.
116 Friedrich von Hößle in: Der Papier-Fabrikant 26/1933, S. 368: »In Weissagk wird erzählt […] [e]in alter Herr will in seiner Jugend 1850 in Windischdrehna einen Lumpenhändler gekannt haben […]«
117 Schmidt, Rudolf: Märkische Papiermühlen bis um 1800, S. 64
118 Kirchner fügt eine Fußnote ein: »Vielleicht ist Hohenofen b. Neustadt a.d. Dosse dieselbe Stelle. Kirchner.« Das ist nun ganz gewiss nicht der Fall. Kirchner, Ernst: Die Papierfabrikation in den Ländern der Sektion X der Papiermacher-Berufsgenossenschaft, S. 2072; vgl. auch die Erläuterung vor Kapitel 3.3.17.
119 Kirchner, Ernst: Die Papierfabrikation in den Ländern der Sektion X der Papiermacher-Berufsgenossenschaft, S. 275
120 Friedrich von Hößle in: Der Papier-Fabrikant 38/1933, S. 502
121 BLHA Potsdam Rep. 2A
122 Papier-Kalender 1904
123 Birkner 1935
124 Birkner 1950, S. 68
125 Papier-Kalender 1904
126 Papier-Kalender 1905
127 Friedrich von Hößle in: Der Papier-Fabrikant 48/1933, S. 633
128 Wochenblatt für Papierfabrikation 23/1911, S. 2079

Kapitel 4 Papierherstellung (S. 125)

1 Die patentirte Papierfabrik zu Berlin. Kunst- und Gewerbeblatt des polytechnischen Vereins im Königreich Bayern 56/1820 (12. Juli 1820), Sp. 442–446
2 Während der Geburt
3 Der Papier-Fabrikant 39/1931, S. 626
4 Der Papier-Fabrikant 39/1931, S. 626ff. Über den Fortgang in Berlin siehe Kapitel 5.1.
5 Vgl. Kapitel 8.1.1 (China, 362 n. Chr.)
6 Dieses Patent wurde am 7. Juni 1803 erteilt; siehe von Hößle, Friedrich: Die Einführung der Papiermaschine in Deutschland. In: Verein Deutscher Papierfabrikanten. Festschrift zum 50jährigen Jubiläum des Vereins, Berlin 1922. In diesem Artikel stellt von Hößle die unrichtige Behauptung auf, die erste Papiermaschine in Deutschland sei 1817 bei Piette de Rivage in Dillingen aufgestellt worden. (Vgl. Kapitel 4.1.4)
7 Donkin wird auch die Erfindung der Konservendose und weiterer bedeutender technischer Entwicklungen zugeschrieben.
8 In der Frühzeit wurde beim Umrüsten von Papiermühlen auf die Maschine auch vorhandene Wasserkraft noch für den Antrieb genutzt.
9 Clapperton, R. H.: The paper-making machine. Its invention, evolution and development. Oxford u.a. 1967, S. 86 ff.
10 von Hößle, Friedrich: Papiermühlen-Gründungen. In: Der Papier-Fabrikant 1928, S. 409–410
11 Schmidt, Rudolf: Märkische Papiermühlen bis um 1800. In: Brandenburgisches Jahrbuch, herausgegeben vom Landesdirektor der Provinz Brandenburg. Deutsche Bauzeitung GmbH Berlin 1928, S. 416
12 von Hößle, Friedrich: Die Einführung der Papiermaschine in Deutschland, S. 258
13 Die Konstruktion der ersten Papiermaschinen mit geschütteltem Langsieb; in: Papiergeschichte, Zeitschrift der Forschungsstelle Papiergeschichte in Mainz, Jahrgang 21, 1971, S. 22–53
14 Vgl. hierzu auch Kapitel 5.1.2
15 Schulte, Alfred: Wir machen die Sachen, die nimmer vergehen. Zur Geschichte der Papiermacherei. Wiesbaden 1955
16 Nach anderen Quellen war der Erfinder John Marshall. Er erfand jedenfalls 1827 den Wasserzeichen-Egoutteur, realisiert im gleichen Jahr von T. J. Marshall & Co. in Dartford.
17 DZA Merseburg, Rep. 120 TD Schriften O 6.

Anhang

18 Der Papier-Fabrikant 21/1931, S. 1182
19 Dahlheim bezeichnet in seinem »Taschenbuch für den praktischen Papier-Fabrikanten« (Leipzig 1896, S. 4) Leistenschneider in Saarlouis als den Erfinder. Er war aber wohl allenfalls der erste deutsche Hersteller einer solchen Maschine.
20 Vgl. auch Kapitel 1.1.3
21 Gegen Ende des 20. Jahrhunderts wurde die Papierherstellung zur High-Tech-Produktion. Zwar blieb das Prinzip bestehen, doch wurden die Maschinen total verändert, siehe auch Kapitel 5.2.29 »Schwedt«.
22 Eingehende Beschreibung siehe Kapitel 4.2.1
23 Keim, Karl: Das Papier, seine Herstellung und Verwendung als Werkstoff des Druckers und Papierverarbeiters. Stuttgart 1956, S. 139
24 Ebd., S. 135
25 Ebd.
26 Ebd.
27 Keim, Karl: Das Papier, seine Herstellung und Verwendung als Werkstoff des Druckers und Papierverarbeiters, S. 150
28 Ich habe als einziger Mann inmitten von sechzig Frauen gelernt – und kann es noch heute. Das Tempo aber, das die Frauen vorlegten, habe ich nie geschafft.
29 Keim, Karl: Das Papier, seine Herstellung und Verwendung als Werkstoff des Druckers und Papierverarbeiters, S. 301–302
30 Siehe Kapitel 5.2.30
31 Zum Schicksal der Firma siehe auch Kapitel 1.5.3
32 Diller, G.: Zünftiges aus Handwerk und Papiermacherhandwerk vor 200 Jahren. In: Wochenblatt 51/1935, S. 956–958
33 Ebd.
34 Ebd.
35 Ebd.
36 Engels, Adolph: Über Papier und einige andere Gegenstände der Technologie und Industrie. Duisburg und Essen 1808. Neuaufl. Mainz 1940 für die Papierfabrik Zerkall
37 Steiner, Gerhard, Merbach-Steiner, Ingrid: Die alte handwerkliche Papierherstellung. Halle 2006, S. 64
38 Gelegentlich wird auch von dreijähriger Lehrzeit berichtet. Wann und wo es diese Abweichung gab, ist nicht bekannt.
39 Der Papier-Fabrikant 37/1939
40 Diese Firma war von 1905 bis 1917 und von 1938 bis zur Enteignung Alleingesellschafterin der Patent Papierfabrik Hohenofen GmbH.
41 Altenburg (1767–1832), Arzt (Promotion mit 20), Drucker, Buchhändler, Verleger (Pierers Konversations-Lexikon).
42 Verband Deutscher Papierfabriken e.V. (VDP), Adenauerallee 55, 53113 Bonn, www.vdp-online.de
43 Réaumur, René Antoine: Histoire de l'Académie royale des sciences, Band 2, Paris 1719, S. 230
44 Schäffer, Jacob Christian: Versuche und Muster ohne alle Lumpen oder doch mit einem geringen Zusatz derselben Papier zu machen, Band 1. In: Ders.: Sämtliche Papierversuche. Regensburg 1765
45 Vgl. Kapitel 6.1
46 Allgemeiner Anzeiger des Deutschen Reiches 1791, Band 2, S. 253
47 Claproth, Justus: Erfindung aus gedrucktem Papier wiederum neues Papier zu machen und die Druckfarbe völlig heraus zu waschen, Göttingen 1774 [Neuaufl. 1947 von der Papierfabrik Kabel, Hagen-Kabel, 1974 von der Herzberger Papierfabrik Ludwig Osthushenrich GmbH, Herzberg und 1996 von der Basler Papiermühle]
48 Sandermann, Wilhelm: Papier. Eine spannende Kulturgeschichte. 1997 Berlin
49 Vgl. auch Kapitel 4.4.2
50 Vgl. auch Kapitel 1.3.2

51 »Gemeinnützige Blätter zunächst für das Königreich Hannover« 7/1831, Band 1, S. 96, abgedruckt im Papier-Kalender, Dresden 1922
52 In der DDR-Ära war die Firma enteignet, geriet nach Restitution 2007 in Insolvenz und wurde von der AG aufgefangen.
53 Eine nur noch selten gebrauchte Bezeichnung für holzhaltige Papiere. Heutzutage geht der Verbraucher davon aus, dass Papier durchweg aus oder unter Verwendung von Altpapier, Recycling- Material, hergestellt wird. Holzfreie Papiere werden immer als solche bezeichnet und fast nur noch für besondere Zwecke eingesetzt – repräsentative Drucke oder solche, die eine lange Lebensdauer haben und deshalb frei von verholzten Fasern sein müssen.
54 Felsch, Wolfgang: Die Mischbütte. Wissenswertes aus Natur und Technik zum Thema Papier, Karton und Pappe. 2. Aufl. Heidelberg 2001, S. 17
55 Sandermann, Wilhelm: Die Kulturgeschichte des Papiers. Berlin 1988, S. 131–139
56 Felsch, Wolfgang: Die Mischbütte, S. 17
57 Ebd.
58 Russland aktuell: www.aktuell.ru; Stand: 23.04.2010
59 Sachverständigenrat für Umweltfragen: Biomasse: Weniger Biosprit, mehr Wärme und Strom. Das Wissensmagazin, 13.07.2007: http://www.g-o.de/wissen-aktuell-6805-2007-07-13.html; Stand: 04.05.2011
60 Der Papier-Fabrikant. Fest- und Auslandsheft, Berlin 1908
61 Der Papier-Fabrikant 1913
62 Altpapier. Sorten. In: Papier + Technik, AP-Zeitschrift für Mitarbeiter der Papierindustrie 02-03/2011.
63 Vgl. auch Kapitel 4.1.8
64 Vor Österreich und den Niederlanden mit über 70 Prozent; Nordamerika bringt es erst auf 50 Prozent.
65 Central-Blatt 3/1878, S. 19–21
66 Älterer Ausdruck für schwefelsaures Zinkoxid (Zinkvitriol) und schwefelsaures Kupferoxid (Kupfervitriol).
67 de Graaff, Hofenk: Beiträge im Central Research Laboratory. Amsterdam 2002
68 Central-Blatt 4/1878, S. 23–25
69 Plinius lebte 23 oder 24 bis 79 (starb durch den Ätna-Ausbruch), Politiker und Schriftsteller; vgl. Rudel im Central-Blatt 4/1878, S. 23–25
70 Vgl. auch Rudels Meinung zum Untergang der Patent-Papier-Fabrik zu Berlin in Kapitel 5.1.9
71 Die folgenden Ausführungen stützen sich auf Irene Pollex und Olav Dauin, in: Blechschmidt, Jürgen (Hrsg.): Taschenbuch der Papiertechnik, München 2010
72 Blechschmidt, Jürgen (Hrsg.): Taschenbuch der Papiertechnik, München 2010
73 Vgl. auch Kapitel 2.2.2
74 Zur Technik der Herstellung der gefälschten englischen Banknoten vgl. Kapitel 3.3.25
75 In Kapitel 3.3.24 werden die Technik der Herstellung von Sicherheitspapieren beschrieben. Wenn ein Staat, wie das Deutsche Reich 1943, in aller Heimlichkeit die für zivile Gangster wohl unbezahlbare Technik beschafft, kann eine solche Aktion nicht mit absoluter Sicherheit ausgeschlossen werden.
76 E-Mail der Bundesbank vom 22.02.2011 an mich, Az. 2011/002545
77 Hergestellt von Gangolf Ulbricht, Berlin
78 Vgl. Kapitel 3.3.7
79 Keim, Karl: Das Papier, seine Herstellung und Verwendung als Werkstoff des Druckers und Papierverarbeiters. Stuttgart 1956, VI. Abschnitt, S. 319 ff.
80 VDP-Meldung vom 10.08.2010 online. www.paper-world.com/news
81 PTS Faserstoff-Symposium 2009, in: Wochenblatt für Papierfabrikation 3/2010 S. 166–167
82 Vgl. auch Kapitel 4.6.3
83 Vgl. auch Kapitel 4.6.4
84 Vgl. ebd.
85 Die Lettern bestanden aus einer Bleilegierung mit Antimon und Zinn.
86 Michel 913, 914, 1028, 1038, 1140, 1143 A II

Anhang

87 http://de.wikipedia.org/wiki/Schriftsatzma%C3%9F, Stand: 03.05.2011
88 Der Kegel ist im Bleisatz der Körper, der das kleinere spiegelverkehrte Abbild des Buchstaben trägt. Da die Kegel etwas höher als die Buchstaben sind, ist die Kegelhöhe oder der Schriftgrad etwas größer als die tatsächliche Buchstabengröße.
89 Beherrschend bei mehr als einer halben Million Exemplaren.
90 Genau genommen wird nicht der Zylinder geätzt oder gefräst, sondern eine kupferne dünne Auflage, die für den nächsten Auftrag durch eine neue ersetzt wird.
91 Vgl. Kapitel 3.3.32 (Probleme beim Papier-Recycling)
92 Vgl. Kapitel 3.3.25 (Neue photographische Gesellschaft)
93 Das Kunst- und Lichtdruckwerk Paul Richter wurde am 16. Januar 1945 zerstört. Nur eine Bogentiefdruckmaschine wurde instandgesetzt und in das Gemeinschaftsunternehmen eingebracht.
94 Zur aktuellen Entwicklung vgl. auch Kapitel 3.3.19
95 Birkner 2010, S. 152: Umsatz € 600.000.-, Jahresproduktion 50 t.
96 Unverbindliche Papier-Einkaufs-Preise am 10. Januar 1921. Unter Mitwirkung der Mitglieder des Bezirksvereins Mannheim des Deutschen Buchdrucker-Vereins, bearbeitet von Georg Jacob, Mannheim

Kapitel 5 Anmerkungen (S. 221)

1 Rixdorf (Kr. Teltow) war das größte Dorf Preußens und erhielt 1899 das Stadtrecht; am 27. Januar 1912 erfolgte die Umbenennung in Neukölln und am 1. Oktober 1920 wurde Neukölln ein Bezirk Groß-Berlins.
2 Kirchenbuch A 1506b, Februar 1818. Die Patin Jungfr. Corty könnte eine Schwester Cortys sein.
3 Kirchenbuch A 368 Seite 00156 im Monat August 1824. C.: Gutsbesitzer zu Guben
4 A 368/00156 von 1824
5 DZA Merseburg, Rep. 120 C VII 2 Nr. 71, Bl. 20, in: Schlieder, Wolfgang: Einfuhr englischer Papiermaschinen nach Deutschland in der ersten Hälfte des 19. Jh., Vortrag auf dem Internationalen Kongress der Papierhistoriker 1967
6 Deutsches Zentralarchiv Merseburg, Rep. 129 TD Schriften, C 82
7 Deutsches Museum, Sondersammlungen, Bestand der ehemaligen Forschungsstelle Papiergeschichte, Nachlass Alfred Schulte, Abdruck bei Schmidt, Frieder: Von der Mühle zur Fabrik. Die Geschichte der Papierherstellung in der württembergischen und badischen Frühindustrialisierung. Ubstadt-Weiher 1994, S. 869–870
8 Ebd.
9 Die patentirte Papierfabrik zu Berlin. Kunst- und Gewerbeblatt des polytechnischen Vereins im Königreich Bayern 56/1820, S. 443
10 www.running-gag.de/Wilhelm_Chrisitan_Benecke_Baron_von_Gröditzburg; Stand: 21.07.2008
11 Ebd.
12 Pierer's Universal-Lexikon, Band 2, Altenburg 1857, S. 556
13 DZA Merseburg, Rep. 109 A XII, 7 Nr. 109
14 Der Papier-Fabrikant. Fest- und Auslandsheft 1913, S. 43
15 Schlieder, Wolfgang: Zur Einführung der Papiermaschine in Deutschland
16 GStA PK, I. HA Rep. 120 TD Technische Deputation für Gewerbe, Patente Schriften, Nr. C 82
17 Der Papier-Fabrikant, Fest- und Auslandsheft 1913, S. 43
18 Central-Blatt 7/1918. Wien. In: Der Papier-Fabrikant 46/1921, S. 1321–1322
19 vgl. Kapitel 5.1.2
20 vgl. Kapitel 6.1.1
21 Papierzeitung. Organ des Vereins Deutscher Buntpapier-Fabrikanten 14/1889, S. 1047–1048
22 Schulte, Alfred: Wir machen die Sachen, die nimmer vergehen. Zur Geschichte der Papiermacherei. Wiesbaden 1955, S. 12
23 Die erste Donkin-Maschine ging 1846 nach Ermsleben, die zweite, 1844 erworben, 1877 an Kraft & Knust, die bereits 1864 die Rundsiebmaschine gekauft hatten.
24 Dort 1934 verstorben.

Anmerkungen Kapitel 5

25 Schulte, Alfred: Wir machen die Sachen, die nimmer vergehen
26 Die patentirte Papierfabrik zu Berlin. Kunst- und Gewerbeblatt des polytechnischen Vereins im Königreich Bayern 56/1820, S. 444 ff.
27 Schulte, Alfred: Wir machen die Sachen, die nimmer vergehen
28 Journal für Papier- und Pappenfabrikation. Weimar 1845
29 Die altgriechischen Volksgerichte; auch: die Gesamtheit der Behörden der Kurie. Hier wohl verwendet für die Gerichtsbarkeit im Allgemeinen.
30 Die patentirte Papierfabrik zu Berlin, S. 444 ff.
31 Siehe nachfolgende Anmerkungen zur Liste der Aktionäre
32 Der Papier-Fabrikant 37/1870, S. 149–151
33 Titel 6; die Aufschlüsselung der Titelnummer findet sich im Literaturverzeichnis.
34 Titel 7
35 Grundakten Guben, Landungen Band 51 Vol. (oder fol.) 273
36 Verhandlungen des Vereins zur Beförderung des Gewerbefleißes in Preußen, 9. Jahrgang 1830
37 Damit kann nur Corty gemeint sein, der mehrere Gewerbunternehmen betrieb und auch Mitglied des vorgenannten Vereins war.
38 Die europäische Wirtschaftspolitik des 17. und 18. Jahrhunderts war geprägt von einem Zusammenspiel aus wirtschaftlichem Nationalismus und staatlichem Dirigismus.
39 http://berlingeschichte.de/lexikon/mitte/articles/Seehandlung; Stand: 18.04.2011
40 Königlicher Erlass ohne Beteiligung eines Parlaments
41 N.C.C.M. Bd. IV, Sp. 589 ff. (Berlin 1771). In: Fengler, Heinz: Über frühe Geldscheinausgaben in Berlin. Berlin 1983, S. 77
42 Fengler, Heinz: Skizze der Berliner Bankgeschichte bis zum Beginn des 1. Weltkrieges. In: Beiträge zur brandenburgisch-preussischen Numismatik. Heft 3. Berlin 1996, S. 114
43 Radtke, Wolfgang: Die Preußische Seehandlung zwischen Staat und Wirtschaft in der Frühphase der Industrialisierung. Berlin 1981, S. 115
44 Vgl. auch Kapitel 5.1.7 (1823)
45 Vgl. Kapitel 3.3.6
46 Vgl. Kapitel 3.3.25
47 Vgl. Kapitel 5.1.7
48 Vgl. Kapitel 6.1.3
49 Inzwischen privatisiert und 2009 wieder verstaatlicht.
50 Reichsdruckerei (Hrsg.): Das deutsche Staatspapiergeld. Als Handschrift gedruckt. Berlin 1901. Reprint der Original-Ausgabe. 1993, S. 184
51 Das folgende Kapitel stützt sich vornehmlich auf die Beiträge von Bärbel Holtz und Christian Rother in: Neue Deutsche Biographie, Band 22, Berlin 2005, S. 121 ff., die Beiträge von Karl Wippermann und Christian Rother in: Allgemeine Deutsche Biographie, Band 29, Leipzig 1889, S. 360 ff. und Kirchner, Wolfgang: Bankier für Preußen. Berlin 1987.
52 Radtke, Wolfgang: Die Preußische Seehandlung
53 I.HA. Rep. 8
54 Oswald von Nell-Breuning, kath. Wirtschafts- und Sozialwissenschaftler (1890–1991).
55 Alfred Müller-Armack, Volkswirtschaftler, 1958–1963 Staatssekretär (Mitbegründer der Sozialen Marktwirtschaft (1891–1978).
56 Ludwig Erhard (1897–1977), Bundeswirtschaftsminister 1949–1963, Bundeskanzler 1963–1966, »Vater der Sozialen Marktwirtschaft«.
57 Vgl. Kapitel 5.1.6
58 Vgl. Kapitel 5.1.6
59 von Rother, Christian: Die Verhältnisse des Königlichen Seehandlungs-Instituts und dessen Geschäftsführung und industrielle Unternehmungen. Berlin 1845

Anhang

60 Ebd.
61 Dort hatte die Patent-Papier-Fabrik zu Berlin vor 1840 eine Papiermühle gepachtet. Die Vermutung liegt nahe, dass ein Zusammenhang mit dem dortigen Mühlenbau bestand.
62 Knie, Johann Georg: Alphabetisch-statistisch-topografische Übersicht der Dörfer, Flecken, Städte und anderen Orte der Königlich Preußischen Provinz Schlesien. Breslau 1845
63 Radtke, Wolfgang: Die Preußische Seehandlung zwischen Staat und Wirtschaft in der Frühphase der Industrialisierung, S. 75
64 Tatsächlich regierte er nur bis 1857, als ihn mehrere Schlaganfälle regierungsunfähig machten. Sein Bruder übernahm die Regentschaft und nach dem Tode Friedrich Wilhelms die Krone unter dem Namen Wilhelm I. Mit diesem Namen wurde er 1871 erster Deutscher Kaiser.
65 Radtke, Wolfgang: Die Preußische Seehandlung zwischen Staat und Wirtschaft in der Frühphase der Industrialisierung, S. 75
66 Risch, O. Theodor: Das Königlich Preußische Seehandlungs-Institut und dessen Eingriffe in die bürgerlichen Gewerbe. Berlin 1845
67 Risch, O. Theodor: Das Königlich Preußische Seehandlungs-Institut und dessen Eingriffe in die bürgerlichen Gewerbe und ders.: Nothwendige Rechtfertigung. Berlin 1845
68 Risch, O. Theodor: Nothwendige Rechtfertigung
69 Ebd., S. 38
70 § 6 Preuß. AktGes.
71 Hadding, Walter, Kießling, Erik: Anfänge des deutschen Aktienrechts. Das Preußische Aktiengesetz vom 9. November 1843. In Pohl, Hans (Hrsg.): Geschichte des Finanzplatzes Berlin. Berlin 2002, S. 159ff.
72 Radtke, Wolfgang: Die Preußische Seehandlung zwischen Staat und Wirtschaft in der Frühphase der Industrialisierung, S. 106
73 Ebd., S. 107
74 Rechtsfähige Stiftung des Bürgerlichen Rechts zur Förderung von Wissenschaft und Kultur in und für Berlin
75 Titel 6
76 Vgl. Kapitel 5.1.9 (1907)
77 Landeskirchliches Archiv Karlsruhe, Abt. 155, Luth. Kirchenbücher Mannheim, F 323
78 Titel 7
79 Titel 12
80 Titel 6
81 Titel 7
82 Brunn, Hermann: Schriesheimer Mühlen in Vergangenheit und Gegenwart. Reprint der 1. Aufl. von 1947; 2. Aufl. Schriesheim 1989, S. 230
83 August Block hat eine Liste aller ihm bekannten Papiermühlen und der Müller erstellt. In ihr wird der Name Spangenberg für die Mühle Schriesheim genannt, leider ohne Zeitangabe.
84 August Block: http://www.blogus.de/Pmuehlen.html; Stand: 22.02.2010
85 www.mossautal.de/tourismus/feizeit/sehenpapiermuehle.htm, Stand 10.12.2009
86 Geuenich, Josef: Geschichte der Papierindustrie im Düren-Jülicher Wirtschaftsraum. Düren 1959
87 Birkner, International PaperWorld 72. Edition 2009, Teile 1, 2 und 4
88 Abgedruckt bei Schulte, Alfred: Wir machen die Sachen, die nimmer vergehen. Zur Geschichte der Papiermacherei. Wiesbaden 1955
89 Titel 7
90 Die patentirte Papierfabrik zu Berlin, S. 442–446
91 Lärmer, Karl: Berlins Dampfmaschinen im quantitativen Vergleich zu den Dampfmaschinen Preußens und Sachsens in der ersten Phase der Industriellen Revolution. In: Lärmer, Karl (Hrsg.): Studien zur Geschichte der Produktivkräfte Deutschlands zur Zeit der Industriellen Revolution. Berlin 1979, S. 172
92 Weiß, Wisso: Zeittafel zur Papiergeschichte. Leipzig 1983, S. 287. (Das ist ein Hinweis auf eine zweite, nämlich die Rundsiebmaschine)

93 Das kann nur in der Patent-Papier-Fabrik zu Berlin gewesen sein. Vgl. das vorstehend zitierte Wanderbuch von Andrae.
94 Kayser, Ludwig: Mein Lebenslauf, in meinem 86. Lebensjahr niedergeschrieben, meinem Enkel Ulrich Kayser in Potsdam gewidmet zu seinem 25jährigen Geburtstag. Ullersdorf im Isergebirge, den 2. März 1928
95 Gewerbeblatt für Sachsen, 45/1843 zitiert nach Friedrich von Hößle in: Der Papier-Fabrikant 47/1921
96 Titel 10
97 Titel 12. Die Zentral- und Landesbibliothek hat mir 2009 eine Zusammenstellung der Eintragungen der Fabrik unter »Gewerbe/Papier/Fabriken« in den Adressbüchern 1836–1888 zur Verfügung gestellt.
98 Vgl. auch Kapitel 6
99 Geh. Staatsarchiv Rep. 120 A XII JN 109, S. 44–65. Etliche der Dokumente sind kaum zu entziffern, weshalb eine fehlerlose Abschrift nicht möglich war. Manche Worte wurden daher aufgrund logischer Überlegungen ergänzt.
100 Einige Namen waren kaum zu entziffern. Nicht alle konnten nach Abgleich mit den Adressbüchern fehlerfrei wiedergegeben werden.
101 L.A.Berlin Apr.Br.Rep.030 Nr. 19639 Bl. 318: (Deckblatt) »Verzeichniß der in den alten Landestheilen der Preußischen Monarchie bestehenden Actien-Gesellschaften, mit Ausschluß der Eisenbahn- und Chausseebau-Actien-Geellschaften. Aufgestellt im November 1867«, Blatt 335: Kapitalentwicklung bis 1855 (lückenhaft, nicht im Detail nachvollziehbar.)
102 Sterberegister Nr. 39 der Evangelischen Kirchengemeinde Guben, E-Mail vom 23.02.2011
103 Vgl. Kapitel 5.2.22
104 Neues elegantes Conversations-Lexicon für Gebildete aus allen Ständen, Band 3, S. 362
105 LArch.Berlin Rep. 109 Acc ¾ (6085 Bl. 154–216)
106 Kirchner, Ernst: Papiergeschichte Deutschlands. Von der Papiermacherfamilie Illig (Jllig, Jlinc, Jllic) und der Erfindung der Masseleimung von F. M. Illig. In: Wochenblatt für Papierfabrikation. 47/1916, S. 448
107 Titel 12
108 Gewerbe-Blatt für Sachsen. Achter Jahrgang 1843. Leipzig und Chemnitz, S. 274
109 Schmidt, Frieder: Von der Mühle zur Fabrik. Die Geschichte der Papierherstellung in der württembergischen und badischen Frühindustrialisierung. Ubstadt-Weiher 1994, S. 870
110 Titel 14
111 Journal für Papier- und Pappenfabrikation. Hrsg. von Carl Hartmann. Weimar 1854
112 Abgedruckt in von Hößle, Friedrich: Geschichte der Patentpapierfabrik zu Berlin. In: Der Papier-Fabrikant 47/1921, S. 1357–1358.
113 Titel 14
114 Die Papierfabrikation in den Ländern der Sektion X
115 Vgl. Kapitel 5.2.8
116 Kayser, Ludwig: Mein Lebenslauf, in meinem 86. Lebensjahr niedergeschrieben, meinem Enkel Ulrich Kayser in Potsdam gewidmet zu seinem 25jährigen Geburtstag. Ullersdorf im Isergebirge, den 2. März 1928
117 Vgl. Bericht aus dem Jahr 1837
118 Titel 14
119 Titel 14
120 Titel 14
121 Titel 14
122 alle Titel 14
123 Wochenblatt für Papierfabrikation 23/1911 (im Widerspruch zu seiner Publikation von 1910)
124 Dieses und das folgende Zitat: Kirchner, Ernst: Die Papierfabrikation in den Ländern der Sektion X
125 Vgl. auch Kapitel 1.1.9
126 Titel 8
127 Landesarchiv Berlin Apr.Br.Rep.030 Nr. 19639
128 Courant = Kurant – in Preußen umlaufende Münzen, die in sich werthaltig sind (Gold, Silber)
129 Gerichts- usw. Kosten

Anhang

130 LA Berlin, Apr.Br.Rep.030 Nr. 19639
131 A XII 7N 109, 44-5765, 62-64; A V C.22, 132, 186–189
132 Geheimes Staatsarchiv Nr. 36, Rep. 109-066, 3/47
133 Titel 14
134 Titel 14
135 Apr. Br. Rep. 030 Nr. 19639
136 Es fehlt die Lumpenaufbereitung in Guben, die auf eigenem Grundstück steht. Dass das Objekt verkauft sein könnte, ist gänzlich unwahrscheinlich, da die Fabrik gut arbeitet und also viel Rohstoff benötigt.
137 Die Berechnung des Gewinns, der Tantiemen und der Ausschüttungen erfolgte nach damaliger Rechtslage und ist in Unkenntnis dieser nicht nachvollziehbar. Der Lumpensammel- und Sortier-Betrieb Guben wird nicht erwähnt. Wann das Objekt verkauft wurde, ist nicht erkennbar.
138 LArch.Berlin, Rep. 030 Nr. 19638, Blatt 318
139 LArch. Berlin Rep. 030 Nr. 19639, ohne Blatt-Nr.
140 Titel 14
141 Papier-Zeitung. Fachblatt für Papier- und Schreibwaren-Handel und -Fabrikation 7/1926, S. 168
142 Der Papier-Fabrikant 37/1926, S. 560
143 Ebd. 34/1930, S. 1025 ff.
144 Ebd.
145 Glagau, Otto: Der Börsen- und Gründungsschwindel in Berlin. Leipzig 1877, S. 178ff.
146 Ebd., S. 177ff.
147 Vermutlich die Siebbreite; die Arbeitsbreite war nach Rudel 178 cm; vgl. Central-Blatt 1878, S 45.
148 Günter-Staib: Adress-Buch der Maschinen-Papier-Fabriken und der Holzstoff-Fabriken des deutschen Reichs, Oesterreichs und der Schweiz, Ravensburg 1872
149 Weiß, Wisso: Zeittafel zur Papiergeschichte. Leipzig 1983, S. 376
150 http://de.wikipedia.org/wiki/Walter_Kyllmann; Stand: 24.09.2010
151 Titel 15
152 Rudel im Central-Blatt 1877, S. 70
153 Ebd.
154 zweideutig: anni praesentis = dieses Jahres, oder anni praeteriti = vergangenen Jahres. Letzteres ist zutreffend, denn in der gleichen Ausgabe des Central-Blatts wurden die Aktionäre der Hamelnschen Holzstofffabrik mit Datum vom 22. April 1877 auf den 9. Mai zur Hauptversammlung eingeladen
155 Gemeint ist ein Verlustvortrag.
156 Weiß, Wisso: Zeittafel zur Papiergeschichte, S. 262
157 Der Papier-Fabrikant 47/1921, S. 1357–1358
158 Birkner, 5. Aufl. 1911
159 Titel 15 bis 1880, Titel 16 1881–1895
160 In Liquidation
161 Kayser, Ludwig: Mein Lebenslauf, in meinem 86. Lebensjahr niedergeschrieben, meinem Enkel Ulrich Kayser in Potsdam gewidmet zu seinem 25jährigen Geburtstag. Ullersdorf im Isergebirge, den 2. März 1928 (Abschrift von Hans Koska vom 15. März 1934), S. 119
162 Cedra, Helmut: Aus Tradition geschöpft. 450 Jahre Papierherstellung in Königstein/Sachsen. Kurort Gohrisch 2010, S.66; hier wird bestätigt, dass aus der Zeit vor dem Brand von 1892 keinerlei Unterlagen existieren.
163 Cedra, Helmut: Aus Tradition geschöpft, S. 66
164 Ebd., Kapitel 2
165 Vgl. Kapitel 3.3.25; der gewünschte Effekt, die Schädigung der britischen Währung, wurde zwar nicht erreicht, wohl aber durchaus gehobener Wohlstand durch einige beteiligte Randfiguren, die (ebenfalls?) aus dem kriminellen Milieu stammten.
166 Central-Blatt 06.03.1878, S. 45

Anmerkungen Kapitel 5

167 1 Zoll = 2,54 cm, also 178 cm breit
168 Titel 15
169 von Hößle, Friedrich: Geschichte der Patentpapierfabrik zu Berlin. In: Der Papier-Fabrikant 47/1921, S. 1357–1358
170 Der Papier-Fabrikant 47/1921, S. 1138
171 Central-Blatt 1879, S. 14
172 Ebd., S. 173–174
173 Der Neubau muss wohl im Rahmen der Installation der Escher-Wyss-Maschine 1872 erfolgt sein.
174 Rudel nennt als Quelle »B.B.-Ztg.« (Berliner Börsen-Zeitung [?]; K. B. B.)
175 Titel 11
176 Central-Blatt 1880, S. 521–522
177 Central-Blatt 1880, S. 143
178 Central-Anzeiger 1880, S. 350
179 Central-Blatt 1880, S. 165–167
180 Vgl. Kapitel 6
181 Damit ist sicher die Installation der Escher-Wyss-Maschine 1872 nebst den erforderlichen baulichen Veränderungen gemeint.
182 Das war damals (bis 1873) Petsch, der wie seine Vorgänger auf dem Fabrikgelände wohnte.
183 Titel 16
184 Berliner Adreßbuch 1880 (Titel 15)
185 Uebel, Lothar: Spreewasser, Fabrikschlote und Dampfloks. Die Mühlenstraße am Friedrichshainer Spreeufer. Berlin 2009, S. 9
186 Titel 16–18
187 Titel 16
188 Titel 17
189 Titel 18
190 Vgl. Kapitel 5.2.21
191 Mitteilung aus dem Handelsregister. In: Der Papier-Fabrikant 17/1907, S. 946. Hohenofen war bereits 1886 verkauft worden. (Vgl. Kapitel 6.2)
192 Titel 18
193 Der Papier-Fabrikant 30/1907, S. 1879
194 Der Papier-Fabrikant, 48/1918, S. 2903
195 Vgl. Kapitel 5.1.1
196 Diese und die folgenden Angaben über Eigentümer und Mieter sind den Adressbüchern Titel 18 entnommen.
197 Der Papier-Fabrikant 21/1923, S. 1182
198 Lagekarte in: Senatsverwaltung für Stadtentwicklung (Hrsg.): Berliner Mauerweg 1. Berlin 2008
199 Jahrgang wahrscheinlich 1874, nicht genau festzustellen.
200 Central-Blatt 1880, S. 264
201 Der Papier-Fabrikant 17/1907, S. 945
202 Der Papier-Fabrikant 27/1908, S. 1696
203 Der Papier-Fabrikant 45/1908, S. 2726
204 Der Papier-Fabrikant 27/1933, S. 510
205 Papier-Kalender 1907
206 Papier-Kalender 1909
207 Der Papier-Fabrikant 51/1907, S. 3088
208 Satirische Zeitschrift, 1848 im Verlag von Gregor Heirich Alfred Hofmann gegründet, erschien bis 1944. Herausgeber war bis zu seinem Tode David Kalisch (1820–1872), dann Johannes Trojan und ab 1909 Paul Warncke. 1923 wurde der Verlag an die Stinnes Company verkauft.
209 Papier-Kalender ca. 1874

Anhang

210 Central-Blatt 1932, S. 14
211 Titel 15 und 17
212 Papier-Kalender 1904
213 Der Papier-Fabrikant 16/1907, S. 888
214 Der Papier-Fabrikant 21/1931, S. 1183
215 Birkner, 28. Aufl. (1932)
216 Titel 15
217 In einer Anzeige nannte sie als Produkte »Shoddy- (eine Art Reißwolle), Mungo- (Ich fand beim Nachblättern zum Thema Textilien über Mungo völlig gegensätzliche Erklärungen zwischen Wolle, Baumwolle, Nylon, Tuch, Samt und Velours nebst 20 anderen) und bezeichnete sich als Alpacca-Fabrik (grober Schürzen- und Anzugstoff), Streichgarn-Spinnerei und -Färberei. 219 Titel 12
218 Birkner, 22. Aufl. 1926
219 Friedrich von Hößle in: Der Papier-Fabrik 7/1921, S. 1357–1358; Ernst Kirchner in: Wochenblatt 23/1911
220 Im »Adreß-Buch der Papierfabriken und der Holzstoffabriken des Deutschen Reiches, Österreichs und der Schweiz« (zusammengestellt von Güntter-Staib. Biberach 1872) ist die Firma nicht verzeichnet, den »Birkner« gab es noch nicht (erstmals 1905)
221 Vgl. Kapitel 5.1.7
222 Vgl. Kapitel 5.1.6
223 von Hößle, Friedrich: Geschichte der Patentpapierfabrik zu Berlin. In: Der Papier-Fabrikant 47/1921, S. 1557–1559
224 Birkner 1907, S. 41 (Redaktionsschluss des Buches war Mai 2007)
225 Der Papier-Fabrikant 49/1907, S. 2922.
226 Der Papier-Fabrikant, 38/1926, S. 2326–2327
227 Adreßbuch der Papierindustrie, 22. Aufl. 1926
228 Der Papier-Fabrikant 17/1917, S. 212 und Der Papier-Fabrikant 29/1917, S. 365
229 Der Papier-Fabrikant 49/1907, S. 2922
230 Der Papier-Fabrikant 23/1908, S. 1129
231 Der Papier-Fabrikant 16/1908, S. 850
232 Birkner, 31. Aufl. 1935
233 Papier-Kalender 1912
234 Titel 15
235 Vgl. Kapitel 5.1
236 Adreß-Buch der Papierfabriken und der Holzstoffabriken des Deutschen Reichs, Österreichs und der Schweiz, S. 10
237 Titel 15
238 Birkner 2. Aufl. 1907, S. 41
239 Ebd.
240 Vgl. Kapitel 6.4.3
241 Papier-Kalender 1904/05
242 Der Papier-Fabrikant 31/1918, S. 443
243 Birkner, 28. Aufl. 1932
244 Letzte Auflage vor Kriegsende.
245 Papier-Kalender 1904
246 Der Papier-Fabrikant 47/1930, S. 1041
247 Birkner, 26. Aufl. 1930
248 Papier-Kalender 1904 und 1905
249 Der Papier-Fabrikant 26/1908, S. 1639
250 Der Papier-Fabrikant 30/1917, S. 381
251 Birkner, 40. Aufl. 1944

252 Birkner, 2. Aufl. 1907, S. 42
253 Birkner, 31. Aufl. 1935
254 Birkner, 40. Aufl. 1944
255 Stein, Erwin (Hrsg.): Monographien deutscher Städte. Band XXV. Guben, Berlin 1928
256 Papier-Kalender 1905.
257 Birkner 1936, S. 38, gleichlautend Birkner 1938, S. 40
258 Telefonische Auskunft des Verkaufsleiters der Albert Köhler GmbH & Co. KG Christian Geiger vom 13. September 2010
259 Birkner 1935
260 Papier-Kalender 1904
261 Der Papier-Fabrikant 38/1935, S. 2327
262 Birkner, 40. Aufl. 1944
263 Birkner, 31. Aufl. 1935
264 Birkner 1950, S. 68. Die Firma könnte enteignet worden sein.
265 Papier-Kalender 1904
266 Birkner 1929
267 Birkner 1934, S. 35 und 1935
268 Birkner 1944
269 Birkner 1938, S. 40. Die »Umstellung« wurde damals auch als Umschreibung für Insolvenz verwendet
270 Birkner 1950, S. 68
271 Papier-Kalender 1905
272 Ebd.
273 Siehe auch Kapitel 8.2
274 Vor dem Zweiten Weltkrieg war Generaldirektor der Haindl'schen Papierfabriken Berthold Friedrich Brecht, der Vater des Dichters Bertolt Brecht und des Professors für Papiertechnik in Darmstadt, Walter Brecht.
275 Papier-Kalender 1904

Kapitel 6 Papierherstellung (S. 299)
1   August 1832, S. 173–174
2   Rep. 109-966, 3/47 Vol. 1 (318)
3   Rep.109-acc3/47Vol. 1 (218)
4   GStA Berlin Rep. 109, 219, S. 169–170; Rep. 109, 228, S. 1–54
5   Friedrich v. Hößle in: Der Papier-Fabrikant 49/1933, S. 643
6   Weiß, Wisso: Zeittafel zur Papiergeschichte. Leipzig 1983, S. 284
7   Beckel, Gerhard: 100 Jahre Feinpapierfabriken Neu Kaliß, S. 22–23
8   Rep. 120 D, Abth. IX, Nr. 11 (196 Blätter)
9   Schlieder, Wolfgang: Einfuhr englischer Papiermaschinen nach Deutschland in der 1. Hälfte des 18. Jh. In: Communications, VII. Int. Congress of Paper Historians, Trinity College Oxford 24.–29. Sept. 1967. Oxford 1967, S.116–118
10 Vgl. Kapitel 4.1.10
11 Schlieder, Wolfgang: Einfuhr englischer Papiermaschinen nach Deutschland, S.116–118
12 DZA Merseburg, Rep. 120 C VII 2 Nr. 71, S. 2
13 Das Corty erteilte Patent bezog sich auf die Maschine gem. Konstruktionszeichnung. Es schützte nicht jede Art Papiermaschine, sondern nur die Konstruktion der exakt definierten.
14 Kirchner, Ernst: Beschreibung alter Papiermühlen der Provinz Brandenburg. In: Festheft des Wochenblatts für Papier-Fabrikation. Biberach 1911
15 neu nummerierte Seiten 156 bis 159; nach damaligem Brauch wurde der Text nur auf die rechte Blatthälfte geschrieben; die Adresse steht ganz unten auf der linken Seite.
16 neue Seite 160 der Akte

Anhang

17 Beckel, Gerhard: Aus alten Akten. In: Leist, Heino (Redaktion): Hohenofen. Eisen und Papier. Zur Geschichte der Gemeinde und Papierfabrik Hohenofen 1663–1988. Hohenofen 1988, S. 9
18 DZA Merseburg Rep. 120 C 27 Nr. 71
19 14,185 m2 x 30 = 425,55 m2
20 Schulte, Alfred: Hundert Jahre Patentpapierfabrik Hohenofen. In: Der Papier-Fabrikant 33/1938, S. 363–364
21 Rep. 109, Nr. 6085
22 Landesarchiv Berlin, Rep. 109 ACC 3-4 (6085, Bl. 1–12)
23 Wasserzeichen: KEFERSTEIN 1842, Marke; KEFERSTEIN 1845, COEPENICK
24 von Rother, Christian: Die Verhältnisse des Königlichen Seehandlungs-Instituts und dessen Geschäftsführung und industrielle Unternehmungen. Berlin 1845
25 Landesarchiv Berlin (Rep. 120 Abt. IX D Nr. 1)
26 Beckel, Gerhard: 100 Jahre Feinpapierfabriken Neu Kaliß, S. 26
27 Vgl. Kapitel 6.1.3 (1843)
28 Lärmer, Karl: Berlins Dampfmaschinen im quantitativen Vergleich zu den Dampfmaschinen Preußens und Sachsens in der ersten Phase der Industriellen Revolution..In Lärmer, Karl (Hrsg.): Studien zur Geschichte der Produktivkräfte. Deutschland zur Zeit der Industriellen Revolution. Berlin 1979, S. 172
29 persönliches Gespräch im Jahr 2010
30 von Hößle, Friedrich in: Der Papier-Fabrikant 47/1921 nach dem »Gewerbeblatt für Sachsen« 45/1843
31 Vol. 1 No. 24 Hohenofen. Repositorium Activa der Seehandlung, angefangen am 1. April 1838. (Rep. 109 – acc 3/47, 222), Blatt 2
32 Beckel, Gerhard: 100 Jahre Feinpapierfabriken Neu Kaliß, S. 26
33 Ebd., S. 29
34 Ebd.
35 Ein realistischer Preisvergleich wäre nur bei Kenntnis der Relation zwischen den damaligen Lebenshaltungskosten zu den heutigen möglich. Dazu fehlen die statistischen Daten.
36 Beckel, Gerhard: 100 Jahre Feinpapierfabriken Neu Kaliß, S. 27
37 Ebd., S. 27
38 Ebd., S. 29
39 Vgl. Kapitel 2.1
40 Gerhard Beckel, 100 Jahre Feinpapierfabriken Neu Kaliß, S. 35–36
41 Ebd., S. 28
42 Der korrekte Name ist »Wentzel«. Im damaligen Schriftwechsel wurde aber das »t« häufig weggelassen.
43 Gerhard Beckel, 100 Jahre Feinpapierfabriken Neu Kaliß, S. 36–37
44 Kayser, Ludwig: Mein Lebenslauf, in meinem 86. Lebensjahr niedergeschrieben, meinem Enkel Ulrich Kayser in Potsdam gewidmet zu seinem 25jährigen Geburtstag. Ullersdorf im Isergebirge, den 2. März 1928
45 Gewerbe-Blatt für Sachsen. 8. Jahrgang. Leipzig und Chemnitz 1843, S. 2724
46 Gerhard Beckel, 100 Jahre Feinpapierfabriken Neu Kaliß, S. 37
47 Pr. Br. Rep. 2 A Regierung Potsdam I HG Nr. 12
48 von Rother, Christian: Die Verhältnisse des Königlichen Seehandlungs-Instituts und dessen Geschäftsführung und industrielle Unternehmungen
49 von Hößle, Friedrich: Alte Papiermühlen in der Provinz Brandenburg. In: Der Papier-Fabrikant 49/1933, S. 643
50 Dieser Absatz beruht auf Ludwig Kaysers eigenhändig geschriebenem Lebenslauf vom 2 März 1928
51 Beckel, Gerhard: 100 Jahre Feinpapierfabriken Neu Kaliß, S. 39
52 von Hößle, Friedrich: Alte Papiermühlen in der Provinz Brandenburg, S. 643
53 Beckel, Gerhard: 100 Jahre Feinpapierfabriken Neu Kaliß, S. 40
54 Ebd., S. 40–41
55 Ebd., 39–41
56 Kayser, Ludwig: Mein Lebenslauf, in meinem 86. Lebensjahr niedergeschrieben, meinem Enkel Ulrich Kayser in Potsdam gewidmet zu seinem 25jährigen Geburtstag. Ullersdorf im Isergebirge, den 2. März 1928

Anmerkungen Kapitel 6

57 Ebd.
58 Carl Kayser-Eichberg in seinen Erinnerungen »Hohenofen und die Familie Kayser«. Manuskript bei den Familienpapieren.
59 von Hößle, Friedrich: Alte Papiermühlen in der Provinz Brandenburg, S. 643
60 Ebd.
61 In der Fachpresse veröffentlicht, z.B. Wochenblatt für Papierfabrikation 23/1911, S. 2079, Papier-Zeitung 15/1888, S. 296 (zeitnah)
62 Peters, H. J.: Ergänzungen zur Geschichte der Papierfabrik Hohenofen. Brief an mich aus dem Jahr 2009
63 Eine Frau v. Albedyll war bis Ende des 20. Jahrhundert in Frankfurt am Main Tanzsporttrainerin und unterrichtete noch in hohem Alter Rock'n'Roll als Leistungssport.
64 Carl Kayser-Eichberg in seinen Erinnerungen »Hohenofen und die Familie Kayser«. Manuskript bei den Familienpapieren.
65 Rudel im Central-Blatt für die deutsche Papier-Industrie XXX 1879
66 Kayser, Ludwig: Mein Lebenslauf, in meinem 86. Lebensjahr niedergeschrieben, meinem Enkel Ulrich Kayser in Potsdam gewidmet zu seinem 25jährigen Geburtstag. Ullersdorf im Isergebirge, den 2. März 1928
67 Der Bericht ab 1863 ist fast wörtlich der Lebenslauf Ludwig Kaysers; nur die Ich-Form ist verändert.
68 Bei den Familienpapieren in München.
69 Die Bezeichnung ist heute nicht mehr geläufig. Zweifellos kommt sie aus dem Französischen und bedeutet etwa so viel wie »Kochkessel« – bekannt aus der französischen Küche.
70 Titel 15
71 Weiß, Wisso: Zeittafel zur Papiergeschichte. Leipzig 1983
72 Central-Blatt 7/1880, S. 71; Central-Blatt 17/1880, S. 165–167; Central-Blatt 18/1879, S. 173–174; Central-Blatt 3/1878, S. 45
73 Central-Blatt 1880, S. 165–166
74 Troschke: Hohenofen, S. 7. Typskript aus dem Jahr 1930, im Archiv des Autors.
75 Titel 16
76 Carl Kayser-Eichberg in seinen Erinnerungen »Hohenofen und die Familie Kayser«. Manuskript bei den Familienpapieren.
77 Der Papier-Fabrikant 21/1931, S. 412
78 In Gröningen gab es eine Papiermühle, evtl. auch -fabrik. Ein Wasserzeichen »Fugger 1462« wird 1932 von A. Woge verwendet. Ob der mit der Alfelder Firma zusammenhing, ob vielleicht der Vater Friedrich Merkels in dem Werk gearbeitet hat, war ungeachtet aller Mühen nicht zu ergründen.
79 Familienstammbaum
80 Ohne Aktenzeichen
81 Ohne Aktenzeichen
82 Az. 243/09 Ge Ra
83 Papierzeitung vom 19.02.1888, S. 296
84 Kirchner, Ernst: Die Papierfabrikation in den Ländern der Sektion X der Papiermacher-Berufsgenossenschaft. In: Wochenblatt für Papierfabrikation. 23/1911, S. 2067 ff., S. 2079
85 Rudel im Central-Blatt für die deutsche Papier-Fabrikation Jg. XXIX 1878, S. 521–522
86 Papierzeitung vom 19.02.1888, S. 391
87 Die Papier-Zeitung desselben Jahrgangs, S. 952
88 Der Papier-Fabrikant 36/1889, S. 2201
89 Der Papier-Fabrikant 21/1931, S. 412
90 Kayser, Ludwig: Mein Lebenslauf, in meinem 86. Lebensjahr niedergeschrieben, meinem Enkel Ulrich Kayser in Potsdam gewidmet zu seinem 25jährigen Geburtstag. Ullersdorf im Isergebirge, den 2. März 1928, S. 122
91 Titel 16
92 75 Jahre J. H. Woge GmbH, Elze/Hannover: Gründung, Entwicklung, Familiengeschichte. Festschrift 1951
93 Ebd.

Anhang

94 Familiengeschichte Merkels, im Besitz der Familie Kayser-Eichberg
95 Der Papier-Fabrikant 17/1907, S. 2277
96 www.albert-gieseler.de; Stand: 16.11.2009
97 Der Bericht erfolgte in einem persönlichen Brief an mich.
98 von Hornstein, Erika (verh. Bausch): Der gestohlene Phoenix. 3. Aufl. Berlin 1998, S. 146 ff.
99 Beckel, Gerhard: 100 Jahre Feinpapierfabriken Neu Kaliß, S. 52
100 Der Name wurde nach dem Vogel aus der frühen griechischen Mythologie ausgewählt. Die Römer adoptierten ihn in ihren Sagenkreis. Nun wurde er zum Sinnbild ewigen Lebens: Alle 500 oder 1461 Jahre – je nach Lesart – verbrannte er sich und entstand aus der Asche neu.
101 Papier-Zeitung 15/1888, S. 296 – unmittelbar unter der redaktionellen Mitteilung über den Kauf der Hohenofener Fabrik durch Woge.
102 Erster aufgefundener gedruckter Briefkopf.
103 Verlag der Papier-Zeitung, S. 19
104 Das ist ein Irrtum; das Gründungsjahr war 1838.
105 Eilif Engedal: Ahnentafel der Nachkommen Woge in Dänemark.
106 Die Ausführungen stützen sich auf: Ahnentafel Bausch S. 60, 68, 74, 77 (Typoskript); Geuenich, Josef: Geschichte der Papierindustrie im Düren-Jülicher Wirtschaftsraum. Düren 1959; Klaus Schwalbe in Mecklenburg 32, Geschichte: Dem redlichen Mann und guten Bürger; Bausch, Thomas: Papierfabrik Neu Kaliß – die »Bausch Zeit« 1871 bis 1950 (Typoskript); Moeller, Christian (DDP-Hintergrund – Zum 20. Juli): Unternehmer im Widerstand gegen die Nationalsozialisten – Der Papierfabrikant Viktor Bausch aus Neu Kaliß, MVregio Aktuell vom 20.07.2008; Bausch, Thomas: Viktor Bausch. Eine biografische Skizze. In: Zeitgeschichte regional 12. Jg., Heft 1, S. 84–95; Gallenkamp, Hans-Michael: Papier Positiv. Eine Vision. 100 Jahre Felix Schoeller. Osnabrück 1995; Nadolny, Burkhard: Felix Heinrich Schoeller und die Papiermacherkunst in Düren. Baden-Baden 1957; Birkner.
107 Nadolny, Burkhard: Felix Heinrich Schoeller und die Papiermacherkunst in Düren. Baden-Baden 1957
108 Ernst Kirchner im Wochenblatt für Papierfabrikation 23/1911, S. 2072
109 Wirtschaftsgeschichte Mecklenburg 2005, S. 18. Die Bildvorlagen stammen von Johan Viktor Bausch; es ist nicht unwahrscheinlich, dass er auch den Text schrieb, denn er war an der Familien- und Papiergeschichte bis zu seinem Tod 2010 rege interessiert.
110 Nadolny, Burkhard: Felix Heinrich Schoeller und die Papiermacherkunst in Düren, S. 21
111 Urkunde vom 20. Juli 1888 (Archiv des Autors).
112 Schwabe, Klaus: Mecklenburg Geschichte 32. Farbfoto der Medaille im Besitz des Autors.
113 Urkunde vom Juni 1922 (Archiv des Autors).
114 Kopie des Schreibens, im Anhang Bildnis der einstigen Großherzogin (Archiv des Autors).
115 Nr. HR-B 1/3
116 Die Kugelkocher sind in den Wirren der Wiedervereinigung verloren gegangen.
117 Teile des Bilanzbuchs finden sich im Archiv des Autors.
118 Handelsregisterauszug AG Kyritz HRB 7
119 Typoskript des Sieversdorfer Pfarrers Troschke vom 23. Mai 1930 (Archiv des Autors): Von ihm beglaubigte Abschrift der Ermächtigung des Königs Friedrich Wilhelm vom 25. Mai 1834 an Staatsminister v. Schuckmann zum Verkauf des Seigerhüttenwerkes zu Hohenofen an die Seehandlung; im Anschluss (S. 2–7) Kurzdarstellung der Geschichte Sieversdorfs und Hohenofens mit der Papierfabrik. Ob »die Firma Illig« bei ihm erstmals auftaucht oder er sie auch von anderen übernommen hat, ist nicht erkennbar.
120 Dass Troschke von »Firma Illig« schreibt, könnte ein Hinweis darauf sein, dass Julius, evtl. mit seinem Sohn Franz, nicht alleiniger Käufer war, sondern ein bisher nicht bekannter weiterer Investor beteiligt war.
121 Typoskript des Sieversdorfer Pfarrers Troschke vom 23. Mai 1930, S. 7
122 Titel 17–18
123 Der Papier-Fabrikant 44/1937
124 Die Strandmoellen. Aufzeichnungen von Johann Christian Drewsen. Gyldendals Verlagsbuchhandlung Kopenhagen 1922

Anmerkungen Kapitel 6

125 Voorn, Henk: Papermaking in Denmark. In: The paper maker. Volume 24/1955, Number One (USA)
126 Central-Blatt 1877, S. 69
127 Friedrich, Florian: Papier aus Lachendorf seit 1538. Geschichte eines Familienunternehmens. Festschrift der Drewsen Spezialpapiere GmbH & Co. KG. Lachendorf 2007, S. 68
128 In der Wirtschaftskrise 1930 wurde Kurzarbeit eingeführt; im Zweiten Weltkrieg wurde die Fabrik geschlossen; eine Pappengussfirma Dr. Müller nutzte die Gebäude. 1946 konnte der Betrieb wieder aufgenommen werden.
129 Friedrich, Florian: Papier aus Lachendorf seit 1538. Geschichte eines Familienunternehmens
130 Dieses Jahr wurde seitdem als Gründungsjahr der Pressspanfabrik genannt.
131 Der Papier-Fabrikant 19/1917, S. 241
132 Der Abstecher nach Lauterbach basiert nicht auf besonderen Erfolgen der Illigs, sondern darauf, dass ich nicht nur hier wohne, sondern auch Geschäftsführer einer Schwesterfirma der Pressspanfabrik in der Dürbeck-Gruppe, der Papiergroßhandlung Herm. Dürbeck, war.
133 Kirchenbuch der evangelischen Gemeinde zu Nieder-Ramstadt
134 Rudel im Centralblatt Nr. 3/1878, S. 19–21
135 Der Papier-Fabrikant 25/1908, S. 1377
136 Siehe auch Kapitel 4.2.7
137 Seit 1971 ist Gönningen ein Stadtteil von Tübingen.
138 StadtA. Schwäb. Hall 19/1658, S. 143–148
139 Henkel, Gerda: Die Papiermacher – Ahnen in der Ahnentafel der Geschwister Henkel. Privatdruck 1941, S. 452–453
140 Schmidt, Frieder: Von der Mühle zur Fabrik. Die Geschichte der Papierherstellung in der württembergischen und badischen Frühindustrialisierung. Ubstadt-Weiher 1994, S. 617, Tabelle 71
141 Mährlen, Johannes: Die Darstellung und Verarbeitung der Gespinste und die Papierfabrikation in Württemberg. Statistishe Notizen im Auftrage der K. Centralstelle für Gewerbe und Handel erhoben durch die vier Handels und Gewerbekammern Heilbronn, Reutlingen, Stuttgart und Ulm. Stuttgart 1861, S. 217, zitiert nach Schmidt, Frieder: Von der Mühle zur Fabrik. Die Geschichte der Papierherstellung in der württembergischen und badischen Frühindustrialisierung, S. 25
142 Wochenblatt für Papierfabrikation 19/1961, S. 417–423
143 Ebd, S. 451–456
144 Wochenblatt für Papierfabrikation 18/1886
145 Wochenblatt für Papierfabrikation 19/1929, Nr. 184 (Eintrag im Güterbuch)
146 Faltblatt des Fördervereins Letmathe
147 Neue photographische Gesellschaft e.V., Dresden. Stereofotos/Raumbildbände. Vgl. Kapitel 5.2
148 Der Papier-Fabrikant 7/1917, S. 83
149 Papiergeschichte 1960, S. 1–4
150 Deutsches Geschlechterbuch. Band 5, Görlitz 1943, S. 160
151 Papiergeschichte 1960, S. 1–4
152 Henkel, Gerda: Die Papiermacher – Ahnen in der Ahnentafel der Geschwister Henkel. Privatdruck 1941, S. 453
153 Grundbuch von Hohenofen, Band VII, Blatt 175
154 Der Papier-Fabrikant 10/1918, S. 111
155 Reichsgesetzblatt S. 417 vom 17.05.1918
156 Eintrag in das Handelsregister
157 Birkner, S. 65
158 Der Papier-Fabrikant 47/1931, S. 841
159 Mitarbeiter der Patent-Papierfabrik, ab 1970 technischer Leiter
160 Bei ihrem Tod Ende 2009 war Charlotte Hohmann die älteste Einwohnerin Hohenofens.
161 Der Papier-Fabrikant, Fest- und Auslandsheft 1931, S. 106

Anhang

162 Rep. 36A, Brandenburgisches Landeshauptarchiv/0 5210 – P.II. Verv., Landesarchiv Berlin A; Rep. 092 Nr. 32768: Oberfinanzpräsident Berlin-Brandenburg, Vermögensverwertungsstelle
163 Titel 18
164 Auskunft des Landesarchivs Berlin vom 07.05.2010, Geschäftszeichen LAB-II Schr.
165 Schreiben vom 8. Juli 2010
166 Landesamt für Bürger- und Ordnungsangelegenheiten, Schr.v.24.08.2010, GZ II A 1 – T 1
167 Titel 18
168 Jahrgang 1934, Teil I, S. 85
169 E-Mail-Bericht an den Verfasser vom 27.12.2009
170 Ebd.
171 Ebd.
172 Ebd.
173 Ebd.
174 Ebd.
175 Bericht des Wirtschaftsprüfers vom 02.04.1936
176 Reichsanzeiger, Nr. 303 vom 30.12.1936
177 Prozessakte Rep. 074 Nr. 3390
178 B Rep. 025-08 Nr. 19764 bis 19769/59. Hieraus geht nur das Verfahren hervor, aber keine Details
179 2 WGA 246/49 Landesarchiv Berlin. Mir wurde nur telefonisch das Aktenzeichen und der Parteistatus (Verfahrensgegner) genannt, keine Einzelheiten. Motiv meiner Nachfrage war die (vergebliche) Suche nach einem männlichen Nachkommen.
180 Beckel, Gerhard, 100 Jahre Feinpapierfabriken Neu Kaliß
181 Der Papier-Fabrikant 33/1938
182 Birkner 1938, S. 40
183 Baupreisberechnung der Gebäude der Papier Fabrik Hohenofen
184 Abschrift des Versicherungsscheines der Nord-Deutschen Versicherungs-Gesellschaft in Hamburg Nr. 121 321
185 Der Papier-Fabrikant Nr. 24-25/1940, S. 391
186 Salpetersäureester der Cellulose, explosibel oder mit sehr heißer Flamme brennbar.
187 Auszug aus dem Artikel des ddp-Korrespondenten Christian Moeller in MVregio vom 20.07.2008 mit dem Titel »Unternehmer im Widerstand gegen die Nationalsozialisten – Der Papierfabrikant Viktor Bausch in Neu Kaliß«.
188 Bausch, Thomas: Viktor Bausch. Eine biografische Skizze. In: Zeitgeschichte regional, 1/2008, S. 84–95. Dieser Arbeit habe ich die wesentlichen Fakten dieses Kapitels entnommen.
189 von Hornstein, Erika: Der gestohlene Phoenix. Köln, Berlin 1956
190 Baxmann, Matthias: Geschichte und Bedeutung der Patent-Papierfabrik Hohenofen. Typskript vom 28.12.2008, im Archiv des Autors
191 Vgl. Kapitel 6.2.2
192 Der Papier-Fabrikant 3/1940, S. 18
193 Das Papier 1/1970
194 Erika von Hornstein, die Frau von Viktor Bausch, hat die damaligen Ereignisse in Neu Kaliß miterlebt. In der Erstauflage ihres Buches »Der gestohlene Phoenix« (1956) sind die meisten Namen der deutschen wie der sowjetischen Beteiligten als Pseudonyme genannt, um niemanden zu gefährden. Ab der 2. Auflage sind Klarnamen verwendet worden.
195 von Hornstein, Erika: Der gestohlene Phoenix, S. 179
196 Ebd., S. 192
197 Die Typoskriptseiten 2 und 13 der Ansprache befinden sich im Archiv des Verfassers.
198 von Hornstein, Erika: Der gestohlene Phoenix, S. 322
199 Vereinigung volkseigener Betriebe

Anmerkungen Kapitel 6

200 Die nachfolgenden Darstellungen sind großenteils den Erinnerungen von Bodo Knaak und H.-J. Peters zu verdanken.
201 Brüning, Arno: 100 Jahre Feinpapierfabriken Neu Kaliß, S. 46ff.
202 Die Berichte und Abrechnungen befinden sich in den Akten in Hohenofen.
203 Jahrgang 1952/53
204 Leist, Heino (Redaktion): Hohenofen. Eisen und Papier. Zur Geschichte der Gemeinde und Papierfabrik Hohenofen 1663–1988. Hohenofen 1988, S. 62–63, Chronik
205 Brüning, Arno: 100 Jahre Feinpapierfabriken Neu Kaliß, S. 49
206 Aufdruck auf den Zettel, der auf die unverpackte Rolle geklebt wurde.
207 Brief von H.-J. Peters: Ergänzungen zur Geschichte der Papierfabrik Hohenofen
208 Ebd.
209 Ebd.
210 Ebd.
211 Leist, Heino (Redaktion): Hohenofen. Eisen und Papier. Zur Geschichte der Gemeinde und Papierfabrik Hohenofen 1663–1988, S. 56
212 Das »Brigadebuch«, eine Art Tagebuch, befindet sich noch in Hohenofen.
213 Ebd.
214 Ebd.
215 Gesellschaft für Deutsch-Sowjetische Freundschaft
216 Brigadebuch
217 Brigadebuch
218 Vgl. Kapitel 6.5.4
219 Leist, Heino (Redaktion): Hohenofen. Eisen und Papier. Zur Geschichte der Gemeinde und Papierfabrik Hohenofen 1663–1988, S. 62
220 Vgl. Kapitel 6.6.4
221 Registernummer 110/02/137 (Archiv des Autors)
222 Direktion der Papierfabrik Hohenofen (Archiv des Autors)
223 H.-J. Peters, Ergänzungen zur Geschichte der Papierfabrik Hohenofen
224 1970 Technischer Leiter, 1989–1990 übte er die Arbeit eines Geschäftsführers aus, ohne dass die angestrebte GmbH realisiert wurde.
225 An die Werkdirektoren in Hohenofen und Wismar
226 Am 16.05.1989
227 Vgl. Kapitel 7.1
228 Bericht vom Mai 1991
229 Papierwerke Waldhof-Aschaffenburg, hervorgegangen aus den Konzernen Zellstofffabrik Waldhof in Mannheim und Aschaffenburger Zellstoffwerke, heute zumeist SCA und m-real.
230 Kreis-AG Schwerin-Stadt, HRB 551
231 Schreiben der Treuhandanstalt, Direktorat U 4 HP, vom 04.03.1991 an Feinpapier Neu Kaliss GmbH: »Schließung der Betriebsteile Wismar und Hohenofen«.
232 Hier liegt eine Verwechslung vor: Viktor Bausch war bereits 1983 verstorben. Man hat wohl mit seinem Sohn Dr. Dr. Thomas Bausch gesprochen.
233 Bericht von Siegfried Hänsch am 29.01.2009 an mich in Hohenofen.
234 E-Mail vom 15.10.2009 an mich.
235 Die Firma hieß seit dem 27. Februar 1991 dann Feinpapier Neu-Kaliß GmbH, nicht Feinpapier GmbH Neu-Kaliß.
236 Uckermark Kurier Nr. 29, 03.02.1996, S. 3
237 Der Tagesspiegel, 14.07.2000, S. M 5
238 Baxmann, Mathias: Geschichte und Bedeutung der Patent-Papierfabrik Hohenofen. Typoskript vom 28.12.2008

239 Typoskript. Betreuung: Dr. Wolfgang Wende
240 Typoskript im Archiv des Autors.
241 Wegen Formulierungen, die an die DDR-Terminologie erinnern, wird hier darauf verzichtet, den Namen des verstorbenen Autors zu nennen.
242 Protokoll eines Vereinsmitgliedes über den geschichtlichen Bericht eines ehemaligen technischen Mitarbeiters der Fabrik.

Kapitel 7 Deutschland – Ost und West (S. 437)

1 v. Hornstein, Erika: Der gestohlene Phoenix. 1. Aufl. Köln, Berlin 1956
2 Springer, Philipp: Verbaute Träume. Herrschaft, Stadtentwicklung und Lebensrealität in der sozialistischen Industriestadt Schwedt. 2. Aufl. Berlin 2006
3 Gohl, Dietmar: Deutsche Demokratische Republik. Eine aktuelle Landeskunde. Frankfurt (Main) 2. Aufl. 1991, S. 208
4 Springer, Philipp: Verbaute Träume
5 Ebd.
6 Ebd.
7 Das klingt nicht nach einem Großschaden.
8 Springer, Philipp: Verbaute Träume, S. 148
9 Gohl, Dietmar: Deutsche Demokratische Republik, S.208

Kapitel 8 Zahlen und Fakten (S. 455)

1 Unter Verwendung der Chronologien von uni-kassel.de/fb9/mediaevistik/froehlich/projekt/papier; Stand: 14.11.2010; Akademischer Papieringenieurverein, www.apv-dresden.de/195.html; Stand: 14.11.2010; Buecher-wiki.de/index.php/BuecherWiki/ZeitleistePapierherstellung; Stand: 14.11.2010
2 Rudel schreibt in: Der Papier-Fabrikant 30/1908, S. 2105: »Zu was die Russen so viel PApier brauchen, ist und unerfindlich. «
3 Leistungsbericht des Verbandes Deutscher Papierfabriken (VDP) 2010
4 Der Präsident des VDP Dr. Wolfgang Palm, zur Halbjahresbilanz der Branche im Leistungsbericht des VDP.
5 Leistungsbericht des Verbandes Deutscher Papierfabriken (VDP) 2010
6 Papier 2010 – Ein Leistungsbericht. Verband Deutscher Papierfabriken.
7 Leistungsbericht des Verbandes Deutscher Papierfabriken (VDP) 2010

Literaturverzeichnis

75 Jahre J. H. Woge GmbH, Elze/Hannover: Gründung, Entwicklung, Familiengeschichte. Festschrift 1951

Bausch, Thomas: Viktor Bausch. Eine biografische Skizze. In: Zeitgeschichte regional 12. Jg, 2008, Heft 1, S. 84–95

Baxmann, Matthias: Geschichte und Bedeutung der Patent-Papierfabrik Hohenofen. Typoskript vom 28.12.2008, im Archiv des Autors

Bayerl, Günter: Die Papiermühle. Vorindustrielle Papiermacherei auf dem Gebiet des alten deutschen Reiches; Technologie, Arbeitsverhältnisse, Umwelt. Frankfurt/Main 1987

Bayerl, Günter: Zum Stand der Papiergeschichtsforschung in Deutschland. Frankfurt/Main 1993

Beckel, Gerhard: 100 Jahre Feinpapierfabriken Neu Kaliß. Ein Beitrag zur Geschichte des VEB Feinpapierfabriken Neu Kaliß. Neu Kaliß 1972

Beckel, Gerhard: Aus alten Akten. In: Leist, Heino (Redaktion): Hohenofen. Eisen und Papier. Zur Geschichte der Gemeinde und Papierfabrik Hohenofen 1663–1988. Hohenofen 1988

Blechschmidt, Jürgen (Hrsg.): Taschenbuch der Papiertechnik. München 2010

Bockwitz, Hans H.: Die Chronik der Feldmühle. Fünfzig Jahre Feldmühle. 1885–1935. Stettin 1935

Bornschier, Hans: Papier von A–Z. Praktischer Wegweiser durch die Anordnung der Reichsstelle für Papier und Verpackungswesen. Berlin 1941

Bötefür, Hans Joachim: 200 Jahre Papier aus Neu Kaliß 1799–1999. 2. Aufl. Neu Kaliß 2006

Briquet, Charles-Moise: Les Filigranes. Dictionnaire historique des marques du papier dès leur apparition vers 1282 jusqu'en 1600. Paris 1907

Brunn, Hermann: Schriesheimer Mühlen in Vergangenheit und Gegenwart. Reprint der 1. Aufl. von 1947; 2. Aufl. Schriesheim 1989

Buscher, Rolf: Vom Wasserzeichen zum Markenpapier. Die Papiermarkierung als Mittel der Absatzpolitik im 20. Jh. Dissertation 2007; online: http://ubt.opus.hbz-nrw.de/volltexte/2007/434/pdf/08-Wasserzeichen.pdf

Cedra, Helmut: Aus Tradition geschöpft. 450 Jahre Papierherstellung in Königstein/Sachsen. Kurort Gohrisch 2010

Clapperton, R. H.: The paper-making machine. Its invention, evolution and development. Oxford u.a. 1967

Claproth, Justus: Erfindung aus gedrucktem Papier wiederum neues Papier zu machen und die Druckfarbe völlig heraus zu waschen, Göttingen 1774

Communications, VII. Int. Congress of Paper Historians, Trinity College Oxford 24.–29. Sept. 1967. Oxford 1967

Dahlheim, C. F.: Taschenbuch für den praktischen Papier-Fabrikanten. 3. Aufl. Leipzig 1896

Deutsches Geschlechterbuch. Görlitz 1943

Diller, G.: Zünftiges aus Handwerk und Papiermacherhandwerk vor 200 Jahren. In: Wochenblatt 51/1935, S. 956–958

Engels, Adolph: Über Papier und einige andere Gegenstände der Technologie und Industrie. Duisburg und Essen 1808. Neuaufl. Mainz 1940 für die Papierfabrik Zerkall

Facius, Friedrich et al. (Hrsg.): Das Bundesarchiv und seine Bestände, Boppard am Rhein 1977

Felsch, Wolfgang: Die Mischbütte. Wissenswertes aus Natur und Technik zum Thema Papier, Karton und Pappe. 2. Aufl. Heidelberg 2001

Fengler, Heinz: Skizze der Berliner Bankgeschichte bis zum Beginn des 1. Weltkrieges. In: Beiträge zur brandenburgisch-preussischen Numismatik. Heft 3. Berlin 1996

Fengler, Heinz: Über frühe Geldscheinausgaben in Berlin. Berlin 1983

Fenner, Kurt et al.: Die Geschichte des Papiers. Eine Mediensammlung zur Geschichte der Papierherstellung. Hagen 1986

Findbuch zum Bestand U47: Kübler & Niethammer Papierfabrik Kriebstein 1823–1948. Beucha Markkleeberg 2009

Fischbach, Friedrich L.: Statistisch-topografische Städte-Beschreibung der Mark Brandenburg. Berlin und Potsdam 1786

Frank, Karl (Hrsg.): Taschenbuch der Papierprüfung. Hilfs- und Nachschlagebuch für die Prüfung von Papier, Zellstoff und Holzschliff. Darmstadt 1958

Freyer, Dieter: Kleine Papiergeschichte. Vom Papyrus zum Papier des 20. Jahrhunderts. online: http://papiergeschichte.freyerweb.at; Stand: 12.04.2011

Friedrich, Florian, mit Drewsen, Elgar: Papier aus Lachendorf seit 1538. Geschichte eines Familienunternehmens. Festschrift der Drewsen Spezialpapiere GmbH & Co. KG, Lachendorf 2007

Friese, Karin: Papierfabriken im Finowtal. Die Geschichte der Papiermühlen und Papierfabriken vom 16. bis zum 20. Jahrhundert mit einem Katalog ihrer Wasserzeichen. Eberswalde 2000

Friese, Karin: Papierherstellung im Barnim. In: Mitteilungen aus dem Archivwesen des Landes Brandenburg 8/1996. Der 5. Archivtag der Kommunalarchive des Landes Brandenburg in Chorin vom 7.–8. November 1996

Geuenich, Josef: Geschichte der Papierindustrie im Düren-Jülicher Wirtschaftsraum. Düren 1959

Gittig, Heinz (Hrsg.): Brandenburgische Zeitungen und Wochenblätter. Berlin 1993

Glagau, Otto: Der Börsen- und Gründungsschwindel in Berlin. Leipzig 1874

Gohl, Dietmar: Deutsche Demokratische Republik. Eine aktuelle Landeskunde 2. Aufl. Frankfurt/Main 1991

Göttsching, L., und Katz, G. A.: Papier-Lexikon. Gernsbach 1999

Göttsching, Lothar (Hrsg.): Papier in unserer Welt. Ein Handbuch. Düsseldorf u. a. 1990

de Graaff, Hofenk: Beiträge im Central Research Laboratory. Amsterdam 2002

Haupt, Wolfgang: Wasserzeichenwiedergabe in schwierigen Fällen. In: Maltechnik-Restauro. International Zeitschrift für Farb- und Maltechniken, Restaurierung und Museumsfragen [Mitteilungen der IADA]. München 1981, S. 38–43

Hegel, Karl von (Hrsg.): Die Chroniken der fränkischen Städte. Nürnberg. Bd. 1. Leipzig 1862

Helling, Ludwig: Geschichtlich-statistisch-topografisches Taschenbuch von Berlin. Berlin 1830

Henkel, Gerda: Die Papiermacher – Ahnen in der Ahnentafel der Geschwister Henkel. Privatdruck 1941

Herzberg, Wilhelm: Papierprüfung. 2. Aufl. Heidelberg 1963

Hofenk de Graaff, Dr. Judith: Die Entwicklung von Qualitätsnormen für dauerhaftes Papier. Amsterdam 1996

Hofmann, Carl: Praktisches Handbuch der Papier-Fabrikation. 2 Bde. 2. Aufl. Berlin 1891–1897

Holtz, Bärbel: Rother, Christian, in: Neue deutsche Biographie, Band 22 (2005) S. 121ff.

Hornstein, Erika von: Der gestohlene Phoenix. Berlin 3. Aufl. 1998

Hößle, Friedrich von: Die Einführung der Papiermaschine in Deutschland. In: Verein Deutscher Papierfabrikanten. Festschrift zum 50jährigen Jubiläum des Vereins, Berlin 1922

Hößle, Friedrich von: Alte Papiermühlen in der Provinz Brandenburg. In: Der Papier-Fabrikant. Band 30. Berlin 1933

Hugo Albert Schoeller GmbH, Feinpapierfabrik Neumühl (Hrsg.): Mein Papier, du bist ein herrlich Sach. Festschrift zum 250 jährigen Jubiläum 1710–1960. Düren 1960

100 Jahre Fachgebiet Papierfabrikation 1905–2005, 100 Jahre Papieringenieure aus Darmstadt. Festschrift zum 100-jährigen Jubiläum des Fachgebiets Papierfabrikation und Mechanische Verfahrenstechnik und des Akademischen Papieringenieur-Vereins e.V. Darmstadt 2005

Illig, Moritz Friedrich: Anleitung auf eine sichere, einfache und wohlfeile Art Papier in der Masse zu leimen. Als Beitrag zur Papiermacherkunst. Erbach 1807. Nachdruck 1959

Jahn, Karl Theodor: Arbeit an der Papiermaschine. Grundschule für Papiermacher. 4. bearb. Aufl. Darmstadt 1958

Jersch-Wenzel, Stefi, Rürup, Reinnhard (Hrsg.): Quellen zur Geschichte der Juden in den Archiven der neuen Bundesländer. Band 5. München 2000

Julien, Stanislas: Notices sur les pays et les peuples étrangers. tirées des géographes et des historiens chinois. O.O. 1846

Kayser, Ludwig: Mein Lebenslauf, in meinem 86. Lebensjahr niedergeschrieben, meinem Enkel Ulrich Kayser in Potsdam gewidmet zu seinem 25jährigen Geburtstag. Ullersdorf im Isergebirge, den 2. März 1928. Abschrift von Hans Koska vom 15. März 1934

Kehnscherper: 100 Jahre Feinpapierfabrik. Neu Kaliß 1980

Keim, Karl: Das Papier, seine Herstellung und Verwendung als Werkstoff des Druckers und Papierverarbeiters. Stuttgart 1956

Keim, Karl: Die Papiermaschine. Entwicklung von der Erfindung bis zur heutige Hochleistungsmaschine. Heidelberg 1954

Kirchner, Ernst: Die Papierfabrikation in den Ländern der Sektion X der Papiermacher-Berufsgenossenschaft. In: Wochenblatt für Papierfabrikation. 23/1911, S. 2067 ff.

Kirchner, Ernst: Papiergeschichte Deutschlands. Von der Papiermacherfamilie Illig (Jllig, Jlinc, Jllic) und der Erfindung der Masseleimung von F. M. Illig, Erbach 1806. In: Wochenblatt für Papierfabrikation. 47/1916, S. 448–449

Kirchner, Wolfgang: Bankier für Preußen. Berlin 1987

Knie, Johann Georg: Alphabetisch-statistisch-topografische Uebersicht der Dörfer, Flecken, Städte und andern Orte der Königl. Preusz. Provinz Schlesien, nebst beigefügter Nachweisung von der Eintheilung des Landes nach den Bezirken der drei Königlichen Regierungen, den darin enthaltenen Fürstenthümern, der mittleren Erhebung über die Meeresfläche, der Bewohner, Gebäude, des Viehbestandes u.s.w. Breslau 1945

Krämer, Erich: 200 Jahre Koehler 1807–2007. Geschichte eines Familienunternehmens. Oberkirch 2007

de La Lande, Joseph Jérôme: l'Art de faire le papier. Paris 1761. Deutsche Ausgabe: Die Kunst Papier zumachen. Nach dem Text von Joseph Jerome Francois übersetzt und kommentiert von Johann Heinrich Gottlob v. Justi 1762. Herausgegeben von Alfred Bruns. Münster 1993

Lärmer, Karl: Berlins Dampfmaschinen im quantitativen Vergleich zu den Dampfmaschinen Preußens und Sachsens in der ersten Phase der Industriellen Revolution. In Lärmer, Karl (Hrsg.): Studien zur Geschichte der Produktivkräfte. Deutschland zur Zeit der Industriellen Revolution. Berlin 1979

Lärmer, Karl (Hrsg.): Studien zur Geschichte der Produktivkräfte. Deutschland zur Zeit der Industriellen Revolution. Berlin 1979

Leist, Heino (Redaktion): Hohenofen. Eisen und Papier. Zur Geschichte der Gemeinde und Papierfabrik Hohenofen 1663–1988. Hohenofen 1988

Leist, Heino: Hohenofen. Feinpapiere. Neu Kaliß 1988

Lutz, Heinrich: John Cockerill in seiner Bedeutung als Ingenieur und Industrieller. In: Jahrbuch des VDI. Band 10. Berlin 1920, S. 103–120

Mährlen, Johannes: Die Darstellung und Verarbeitung der Gespinste und die Papierfabrikation in Württemberg. Statistishe Notizen im Auftrage der K. Centralstelle für Gewerbe und Handel erhoben durch die vier Handels und Gewerbekammern Heilbronn, Reutlingen, Stuttgart und Ulm. Stuttgart 1861

Malkin, Lawrence: Hitlers Geldfälscher. Wie die Nazis planten, das internationale Währungssystem auszuhebeln. Bergisch Gladbach 2007

Gallenkamp, Hans-Michael: Papier Positiv. Eine Vision. 100 Jahre Felix Schoeller. Osnabrück 1995

Müller, Friedrich: Die Papierfabrikation und deren Maschinen. Ein Lehr- und Handbuch. 4 Bde. Biberach 1928–1931

Nadolny, Burkhard: Das Wunder aus Lumpen, Holz und Stroh. Düren 1958

Nadolny, Burkhard: Felix Heinrich Schoeller und die Papiermacherkunst in Düren. Baden-Baden 1957

Nicolay, Klaus-Peter: Papierkultur seit 1829. Büttenpapierfabrik Gmund feierte seine Tradition und blickte in die Zukunft. In: Druckmarkt. Hrsg. von Klaus-Peter Nicolay. Vierteljährlich. Bruttig-Fankel seit 1999

Oligmüller, J. Georg, Schachtner, Sabine: Papier. Vom Handwerk zur Massenproduktion. Köln 2001

Pierer's Universal-Lexikon der Vergangenheit und Gegenwart oder Neuestes encyclopädisches Wörterbuch der Wissenschaften, Künste und Gewerbe. Altenburg 1864

Piersig, Wolfgang: Kompendium Papier – eine Chronologie mit einem umfangreichen Lexikon zu diesem alltäglichen Werkstoff. München 2009

Pohl, Hans (Hrsg.): Geschichte des Finanzplatzes Berlin. Frankfurt/Main 2002

Possanner von Ehrenthal, Bruno: Die Papierprüfung. Leipzig 1927

Radtke, Wolfgang: Die Preußische Seehandlung zwischen Staat und Wirtschaft in der Frühphase der Industrialisierung [= Einzelveröffentlichungen der Historischen Kommission zu Berlin] Band 30. Berlin 1981

Raitelhuber, Ernst: Die ersten Rundsiebpapier- und Pappenmaschinen der Geschichte. In: Papiergeschichte. Jahrgang 15. 1965, S. 59–73

Raitelhuber, Ernst: Die Konstruktion der ersten Papiermaschinen mit geschütteltem Langsieb. In: Papiergeschichte 1971, S. 22–52

Réaumur, René Antoine: Histoire de l'Académie royale des sciences. Band 2, Paris 1719

Reichsdruckerei (Hrsg.): Das deutsche Staatspapiergeld. Als Handschrift gedruckt. Berlin 1901. Reprint der Original-Ausgabe 1993

Renker, Armin: Das Buch vom Papier. 3. Aufl. Frankfurt/Main 1950

Renker, Armin: Weg und Werden des Papiers. Berlin 1938

Risch, O. Theodor: Das Königlich Preußische Seehandlungs-Institut und dessen Eingriffe in die bürgerlichen Gewerbe. Dargestellt und beobachtet durch O. Th. Risch, Stadtrath. Berlin 1845

Risch, O. Theodor: Nothwendige Rechtfertigung, als Fortsetzung der Brochüre »Das Königlich Preußische Seehandlungs-Institut und dessen Eingriffe in die bürgerlichen Gewerbe, dargestellt und beobachtet durch O. Th. Risch, Stadtrath«. Berlin 1845

Ritter: Topographie der Untergerichte der Kurmark, Brandenburgs und der dazu geschlagenen Landestheile. Unter Aufsicht des Kammergerichts aus amtlichen Quellen zusammengestellt. Leipzig 1837

von Rother, Christian: Die Verhältnisse des Königlichen Seehandlungs-Instituts und dessen Geschäftsführung und industrielle Unternehmungen. Berlin 1845

Sandermann, Wilhelm: Die Kulturgeschichte des Papiers. Berlin 1988

Sandermann, Wilhelm: Papier. Eine spannende Kulturgeschichte. 3. Aufl. Berlin 1997

Sändig, Johannes (Hrsg.): Handbuch der Papier- und Pappenfabrikation (Papierlexikon). 2 Bde. Niederwalluf 1971

Schachtner, Sabine: Größer, schneller, mehr. Zur Geschichte der industriellen Papierproduktion und ihrer Entwicklung in Bergisch Gladbach. Köln 1996

Schäffer, Jacob Christian: Sämtliche Papierversuche. 6 Bde. Regensburg 1765

Schäffer, Jacob Christian: Versuche und Muster ohne alle Lumpen oder doch mit einem geringen Zusatz derselben Papier zu machen. Band 2. In: Ders.: Sämtliche Papierversuche. 6 Bde. Regensburg 1765

Schlieder, Wolfgang: Einfuhr englischer Papiermaschinen nach Deutschland in der 1. Hälfte des 18. Jh. In: Communications, VII. Int. Congress of Paper Historians, Trinity College Oxford 24.–29. Sept. 1967. Oxford 1967, S. 113–125

Schlieder, Wolfgang: Papiergeschichtsforschung in der DDR. In: Jahrbuch der Deutschen Bücherei 7–10. Leipzig 1974, S. 53–60

Schlieder, Wolfgang: Zur Einführung der Papiermaschine in Deutschland. In: Jahrbuch der Deutschen Bücherei 6. Leipzig 1970, S. 101–126

Schlieder, Wolfgang: Die Papiergeschichte in der ehemalige DDR und ihre Einrichtungen, Typskript; im Archiv des Autors

Schmidt, Frieder: Von der Mühle zur Fabrik. Die Geschichte der Papierherstellung in der württembergischen und badischen Frühindustrialisierung. Ubstadt-Weiher 1994

Schmidt, Rudolf: Märkische Papiermühlen bis um 1800. In: Brandenburgisches Jahrbuch, herausgegeben vom Landesdirektor der Provinz Brandenburg. Deutsche Bauzeitung GmbH Berlin 1928, S. 58–76

Schmidt, Rudolf: Geschichte der Stadt Eberswalde. Nachdruck Eberswalde 1993

Schmidt-Bachem, Heinz: Tüten, Beutel, Tragetaschen. Zur Geschichte der Papier, Pappe und Folien verarbeitenden Industrie in Deutschland. Münster 2001
Schulte, Alfred: Die geschichtlichen Zahlen der deutschen Bütten und Papiermaschinen. In: Wochenblatt für Papierfabrikation 63/1932, S. 282–283
Schulte, Alfred: Hundert Jahre Patentpapierfabrik Hohenofen. In: Der Papier-Fabrikant 33/1938, S. 363–364
Schulte, Alfred: Die Anfänge des Papiermaschinenbaues. In: Der Papier-Fabrikant 37/1939, S. 149–151
Schulte, Alfred: Wir machen die Sachen, die nimmer vergehen. Zur Geschichte der Papiermacherei. Wiesbaden 1955
Schwieger, Heinz Gerhard: Von den Wohltaten der Weißen und der Schwarzen Kunst. Wiesbaden 1987
Siemer, J.: Ein neues Verfahren zur Abbildung von Wasserzeichen. In: Gutenberg-Jahrbuch 1981, S. 99–102
Siemers, Viktor-L.: Braunschweigische Papiergewerbe und die Obrigkeit. Merkantilistische Wirtschaftspolitik im 18. Jahrhundert. Braunschweig 2002
Springer, Philipp: Verbaute Träume. Herrschaft, Stadtentwicklung und Lebensrealität in der sozialistischen Industriestadt Schwedt. 2. Aufl. Berlin 2006
Stein, Erwin (Hrsg.): Monographien deutscher Städte. Band XXV. Guben, Berlin 1928
Steiner, Gerhard, Merbach-Steiner, Ingrid: Die alte handwerkliche Papierherstellung. Halle 2006
Stromer, Ulman: Püchl von meim geslechet und von abentewr. In: Hegel, Karl v. (Hrsg.): Die Chroniken der deutschen Städte. Bd. 1. Leipzig 1862
Tschudin, P. F.: Der Weg der Papierindustrie von der Industrialisierung zur Automation. In: Das Papier 42/1988, S. 1–9
Uebel, Lothar: Spreewasser, Fabrikschlote und Dampfloks. Die Mühlenstraße am Friedrichshainer Spreeufer. Berlin 2009
Verband Deutscher Papierfabriken e.V. (Hrsg.): Passion Papier. 1900 Jahre Geschichte eines Kulturgutes. 2. Aufl. Bonn 2007
Verein Deutscher Papierfabrikanten. Festschrift zum 50jährigen Jubiläum des Vereins, Berlin 1922
Walenski, Wolfgang: Das Papierbuch. 2. Aufl. Weinheim 1999
Walenski, Wolfgang: Wörterbuch Druck und Papier. Frankfurt/Main 1994
Weirich, Hans: Wie beurteile ich Papier. Stuttgart 1929
Weiß, Karl Theodor: Handbuch der Wasserzeichenkunde. Leipzig 1962
Weiß, Wisso: 150 Jahre Papiermaschine. In: Urania. Bd. 12. Jena 1949, S. 458–462
Weiß, Wisso: Zeittafel zur Papiergeschichte. Leipzig 1983
Wernicke, Hasjo: Papyrus, Pergament, Papier. Hannover 2007
Wiesner, Julius Ritter v.: Über die ältesten bis jetzt aufgefundenen Hadernpapiere. In: Der Papier-Fabrikant 9/1911
Wippermann, Karl: Rother, Christian, in: Allgemeine deutsche Biographie Band 29 (1889) S. 360–361
Wurz, Otto: Papierherstellung nach neuzeitlichen Erkenntnissen. Graz u.a. 1947
Zedlitz, Leopold Freiherr v. (Hrsg.): Der preußische Staat in allen seinen Beziehungen. Eine umfassende Darstellung seiner Geschichte und Statistik, Geographie, Militärstaates, Topographie, mit besonderer Berücksichtigung der Administration. Berlin 1835

Adressbücher

Adreß-Buch der Papierfabriken und der Holzstofffabriken des Deutschen Reiches, Österreichs und der Schweiz. Zusammengestellt von Güntter-Staib, Biberach 1872
Adressbuch der Papier-, Pappen-, Holz-, Stroh- und Zellstoff-Fabriken Deutschlands und der Schweiz. Hrsg. von A. Birkner, Berlin ab 1904 und folgende
Birkner, Adressbuch der Papierindustrie Europas. Darmstadt 1929–1959
Birkner, Handbuch der Hersteller und Verarbeiter von Zellstoff, Papier und Pappe. Hamburg 1968–1994
Birkner, International PaperWorld, Hamburg, vermutlich unter diesem Titel ab 1995

Anhang

Berliner Adressbücher mit Angabe der zugewiesenen Titelnummern:

1: 1799 Neander v. Petersheiden, Karl: Anschauliche Tabellen von der gesammten Residenzstadt
2: 1801 v. Petersheiden: Neue anschauliche Tabellen von der gesammten Residenzstadt
3: 1812 Allgemeiner Strassen- und Wohnungs-Anzeiger von der gesammten Residenzstadt. Hrsg. von S. Sachs
4: 1818/1819 Allgemeiner Namen- und Wohnungs-Anzeiger von den Staatsbeamten, Gelehrten, Künstlern, Kaufleuten, Fabrikanten, Handels- und Gewerbetreibenden, Partikuliers, Rentiers (…) in der Königl. Preuß Haupt- und Residenzstadt Berlin für das Jahr 1818 und 1819. Nach alphabet. Ordnung eingerichtet u. hrsg. von C. f. Wegener, Berlin 1818
5: 1820 Allgemeines Adreßbuch für Berlin
6: 1822 Haus und General-Adreßbuch der Königl. Haupt- und Residenzstadt auf das Jahr 1822. Hrsg. von C. F. Wegener. Berlin 1822
7: 1823–1828 Allgemeiner Wohnungsanzeiger für Berlin auf das Jahr (…); enthaltend: die Wohnungsnachweisungen aller öffentlichen Institute und Privat-Unternehmungen, aller Hausbesitzer, Beamten, Kaufleute, Künstler, Gewerbetreibenden und einen eigenen Hausstand Führenden, in alphabetischer Ordnung / hrsg. von J. W. Boicke. Berlin 1823–1854
8: 1829–1830 Allgemeiner Wohnungsanzeiger für Berlin und dessen nächste Umgebung auf das Jahr (…)
9: 1831–1835 Allgemeiner Wohnungsanzeiger für Berlin mit Einschluß von Charlottenburg auf (…)
10: 1836 Winckler: Allgemeiner Wohnungsanzeiger (…)
11: 1836 Boike, Allgemeiner Wohnungsanzeiger für Berlin, Potsdam und Charlottenburg
12: 1837–1842 J. W. Boikes Allgemeiner Wohnungsanzeiger für Berlin, Charlottenburg und Umgebungen
13: 1843 Allgemeiner Wohnungsanzeiger für Berlin, Charlottenburg und Umgebungen
14: 1844–1872 Allgemeiner Wohnungs-Anzeiger nebst Adress- und Geschäftshandbuch für Berlin, dessen Umgebungen und Charlottenburg auf das Jahr … aus amtl. Quellen zsgest. durch J. A. Bünger. – Berlin 1859–66
15: 1873–1880 Berliner Adreß-Buch für das Jahr (…) von W. S. Loewe. Berlin 1873–1880
16: 1881–1895 Berliner Adreß-Buch für das Jahr (…) Hrsg. unter Mitwirkung von H. Schwabe von W. & S. Loewenthal. Berlin 1881–1895
17: 1896–97 Neues Adressbuch für Berlin und seine Vororte
18: 1898–194 Berliner Adressbuch (…) unter Benutzung amtlicher Quellen. Berlin: Scherl 1898–1943

Zeitschriften und Jahrbücher

Allgemeine Papier-Rundschau. Hrsg. von Sabine Walser und Eckhart Thomas. Monatlich. Heusenstamm seit 1965
Central-Blatt der deutschen Papier-Fabrikation. Hrsg. von A. Rudel. Dresden ab 1850
Centralblatt für die österreichisch-ungarische Papierindustrie; gegründet 1883; später: Zentralblatt für Papierindustrie; ab 1938–1941 Zeitschrift für Papier, Pappe, Zellulose und Holzstoff (Springer-Verlag)
Central-Anzeiger für die Papier-Industrie und ihre Nebenfächer. Hrsg. von A. Rudel. Beilage zum Central-Blatt. Dresden ab 1888
Das Papier. Hrsg. von Eduard Roether. Darmstadt 1945–1996
Der Papier-Fabrikant. Hrsg. von Otto Elsner Verlagsges. Fest- und Auslandsheft zur Hauptversammlung. 1933. Berlin 1929–1942
Die patentirte Papierfabrik zu Berlin. Kunst- und Gewerbeblatt des polytechnischen Vereins im Königreich Bayern 56/1820. Sp. 442–446
Gutenberg-Jahrbuch. Hrsg. vom Verlag der Gutenberg-Gesellschaft. Jahrgang 14. Mainz ab 1925
Deutscher Reichsanzeiger und Preußischer Staatsanzeiger. Wochentäglich. Berlin 1843–1945
Jahrbuch der Papier- und Pappen-Industrie (Papier-Kalender). Berlin ab 1887 oder früher

Literaturverzeichnis

Journal für Papier- und Pappenfabrikation. Hrsg. von Carl Hartmann. Weimar 1848–1854

Papier-Kalender. Adressen-Verzeichnis der deutschen Papierfabriken, Holzstoff-, Zellstoff-, Strohstoff- und Pappenfabriken sowie der bedeutenden europäischen und sonstigen bedeutenderen deutschen Lumpen- und Hadern-Händler. Hrsg. von Heinrich Lohne. Dresden ab 1896

Papier + Technik, AP-Zeitschrift für Mitarbeiter der Papierindustrie. Heidelberg 02–03/2011

Papier-Zeitung. Fachblatt für Papier- und Schreibwaren-Handel und -Fabrikation. Hrsg. von Carl Hofmann, Berlin 1876–1945

Statistisches Handbuch der deutschen Papier- Pappen- Zellstoff- und Holzstoffindustrie. Bearbeitet in der Wirtschaftsstatistischen Abteilung der Papier-, Pappen- Zellstoff- und Holzstoffindustrie. Berlin 1925

Papier 2009. Ein Leistungsbericht. Hrsg. vom Verband Deutscher Papierfabriken e.V. Jährlich. Bonn 2009

Papier 2010. Ein Leistungsbericht. Hrsg. vom Verband Deutscher Papierfabriken e.V. Jährlich. Bonn 2010

Wochenblatt für Papierfabrikation. Die Fachzeitschrift für die Papier- und Zellstoffindustrie. Erscheint monatlich. Frankfurt am Main

Zeitschrift für Papier-Erzeugung und Verarbeitung. Berlin ab 1887 oder früher

Personenverzeichnis

Abd-Allatif 42
Abel, Friedrich Wilhelm 192f.
Akiba, Ben 16
Alexandra, Großherzogin 350
Altmüller, Robert 163f.
Amatruda, Antonietta und Teresa 43
Andrae, Otto 238, 251, 253f.
Arsand, Carl Wilhelm 120, 124

Ball, Salomon 279
Balz, Carl 272
Bausch, Johan Viktor Theodor Rudolf (Hanno) 389
Bausch, Alexander 389
Bausch, Andreas Theodor 349, 389, 414f., 467
Bausch, Berta geb. Jung 385, 389
Bausch, Christoph Theodor (Theo) 385, 389
Bausch, Eduard Theodor 341f., 350
Bausch, Ernst Viktor 385, 389
Bausch, Felix 389, 391
Bausch, Hermine geb. Schoeller 351, 385, 389
Bausch, Joachim Albert 388f., 391f., 397, 414f.
Bausch, Johan Albert 341
Bausch, Johan Viktor 361, 389, 467
Bausch, Johanna Catharina geb. Schergens 341
Bausch, Johanna Katharina 341
Bausch, Renate geb. Schoeller 389
Bausch, Rudolf 388f., 391f., 397
Bausch, Stephan Ph. 389
Bausch, Theodor jun. 356, 389, 391
Bausch, Theodor sen. 341–346, 350f., 356, 367, 384, 389

Bausch, Thomas 361, 386–389, 423, 467
Bausch, Viktor (Theodor) (jun.) 385–393, 395–398, 415, 420, 438
Bausch, Viktor sen. 24, 338, 356, 361, 367, 383, 385f., 389
Baxmann, Matthias 390, 426
Bayer, Johannes (Hans) 362
Bayerl, Günter 33, 37, 81
Beckel, Gerhard 321, 410
Bein, Hans-Ulrich 410f.
Bein, Hermann 390, 398, 410f., 415
Benecke von Gröditzberg, Wilhelm Christian 223, 251, 254, 256f., 263, 267, 307f.
Benecke, Christian 223f.
Benecke, Etienne 223f.
Benecke, Gustav 223, 256
Berthollet, Graf C. L. 50, 179
Bickelhaupt, Hermann 296, 445
Bismarck, Otto von 192, 249, 289
Bladen, Nathaniell 58
Bodenheim, Gumpert 273
Bracht, Eugen 328
Bramah, Joseph 138, 230, 243
Brannot, H. 174
Briquet, Charles Moise 62, 114
Brüning, Arno 401, 411, 415
Bublitz, Edmund 427,
Buchholz, Hermann 293
Buhl, Gebr. 132f., 222
Bühler, Emil 252
Burgess, Hugh 175

Calatrava, Santiago 287
Cäsar 28
Cavour, Conte di 249

Dänemark, Königin Charlotte Amalie 358f.

Dänemark, König Christian V. 259

Claproth, Justus (Julius) 168
Cluny, Peter von, gen.Venerabilis 42f.
Cobb 128
Cockerill 222, 309
Cordier Wwe. 363
Corty, Karl Joseph Peter 12, 133, 221–226, 230, 232, 235, 243, 248, 251, 257, 260, 263, 305
Cowalschki 101
Crull 235, 244, 254
Cuntz, Wilh. 115

Dahl, Carl F. 175
Dahlheim 50
Damcke, Gustav Wilhelm 289
Deck, Isaiah 168
Decker, Rudolf von 106, 108, 239, 323
Desétables 128
Dewitz, Ottfried von 112
Dickinson, John 132, 138, 243
Didot, Francois 11, 125ff., 129–132, 211
Dihlmann, Karl 122
Dittmann 291, 389
Donath, L. 269, 278, 280, 282
Doncho 38
Donkin, Bryan 11f., 109, 115, 121, 125ff., 130–133, 138, 156, 221f., 226f., 240, 248, 254, 261f., 264f., 274f., 278, 290f., 300f., 304ff., 319, 325, 334, 341, 357, 360, 433
Dorn, Friedrich 376
Dornemann, Christiana Elisabeth geb. Illig 362
Dornemann, Joachim Andreas 362

503

Dornemann, Johann Georg Christian 362
Dornemann, Johann Gottfried 362
Dornemann, Juliana geb. Illig 362
Drewsen, Carl 361
Drewsen, Elgar 361, 467
Drewsen, Friedrich 361
Drewsen, Friedrich Christian 360
Drewsen, Gabriel-Christoph 360
Drewsen, Georg 360, 429f.
Drewsen, Georg Christoph 360
Drewsen, Horst-Winfried 361
Drewsen, Johann Christian d. J. 361
Drewsen, Johann Christian d. Ä. 360
Drewsen, Johann d. Ä. 358f.
Drewsen, Johann d. J. 359
Drewsen, Marcus 358, 360
Drewsen, Michael 359f.
Drewsen, Walther 361
Dubois, Jean 106f., 119
Dupont 128
Dürbeck, Emmy 362

Ebart, Carl Emil 110f.
Ebart, Jacob 91, 100
Ebart, Johann Gottlieb 107–110, 120, 237
Ebart, Johann Paul 101, 107–111, 117, 120
Ebart, Johann Wilhelm 109ff., 117
Ebart, Rudolf 111f., 350
Ebart, Wilhelm Gustav 110
Ebbinghaus, Frantz 120, 138, 146
Ebbinghaus, Friedrich Wilhelm 365
Eckardstein, Frhr. von 29, 281
Eggenstorf, Ignaz Theodor Pachner Edler von 125
Ekman, Carl Daniel 175
Engels, Johann Adolph 161
Ernst Ludwig, Landgraf zu Hessen 69, 362
Eysenhardt 106f.

Fanible, John 126
Feyerabend, Stefan 63, 467
Finger, Anton 362
Finger, Christiane, verw. Dürbeck 362
Fischer, Rudolf 366

Fleureton, Francois 102
Follmer, Johann 57
Fontane, Theodor 323
Ford, Henry 386
Fourdrinier 11, 126f., 130f.
Fournier 93, 128
Fournier I. 101
Fournier, Johann Wilhelm IIIb 101
Fournier, Josias Emile IIIa 101
Fournier, Josua II 101
Fournier, Josua III 101, 107, 120
Frank, Karl 193
Fremy, E. 174
Frenzel 394
Friedrich I. König von Preußen 70, 81, 105
Friedrich II. (Der Große) 81, 84, 105f., 168, 235ff., 242
Friedrich Wilhelm III. 81, 223, 237, 242, 246
Friedrich Wilhelm IV. 81, 246
Fritze, Werner 372, 382
Fry, George 175
Fueß, Heinrich Otto Ludwig (Louis) 319
Fuess, Richard 324
Fuess, Rudolf 322, 327

Gamble, John 11, 129–133, 146
Geuenich 253
Glocker, Winfrid 336, 467
Goerne, Friedrich Christoph von 236
Göhre, Otto 337
Gosavi, P. G. 33
Grosser, Karl 323, 329
Günther, C. F. A 231
Gutenberg, Johannes 11, 50, 130

Haacke, Hermann 427, 429
Hall, John 11, 130, 301, 304, 365
Hankwitz, Kurt 111f.
Hänsch, Siegfried 309, 411f., 415, 420–423, 425
Hardenberg 241f., 246, 251
Haussner, Alfred 59
Henkel, Gerda 367
Henselin, Manfred 415, 417f., 421
Herzberg, W. 30
Heyden, Adolf 274
Hildebrandt'sche Erben 251
Hoesch, Hugo 413, 448

Hoesch, Ludolph Adolph 343
Hofenk de Graaf, Judith 185
Hofmann, Carl 192, 278
Hoso 38
Hößle, Friedrich von (Hössle) 81, 83, 87–90, 98f., 227, 290, 301, 317, 321
Hubrich, Eugen 336

Ile, Andreas 367
Illich, Friederike, geb. Keferstein 368
Illig, Claere (Klärchen) 370
Illig, Franz 322, 367f.
Illig, Franz Xaver Julius 369f., 374f., 377, 379, 381ff., 390, 413
Illig, Georg Balthasar 358f., 361f., 368
Illig, Johann Christian Ludwig 363, 365
Illig, Johannes (d. Ä.) 61, 363
Illig, Johannes (d. J.) 363
Illig, Julius 322, 356f., 370
Illig, Ludwig Christoph Albrecht 364
Illig, Ludwig Wendel 363
Illig, Moritz 11, 182, 184, 348, 356, 368

Jacobson, Christopher 58
Jaenicke, Karl Ludwig 276
Jagenberg, Ferdinand 59, 185f., 343
Jahrsetz 279, 283
Jordan 35, 256, 263, 333f.
Jost, Emilie geb. Finger 362
Jost, Ludwig 22, 362

Kasper 321f.
Kayser, Carl = Kayser-Eichberg 323f., 328f.
Kayser, Friedrich Jakob 328
Kayser, Johann Christopher 328
Kayser, Johann Jakob 252f., 255, 306f., 312, 314, 324, 329
Kayser, Ludwig 231, 239, 255, 262, 265, 270, 276, 283, 314, 318f., 321–324, 326–329, 332f.
Kayser, Otto 329
Kayser-Eichberg, Carl 77, 239, 321f.
Kayser-Eichberg, Jobst 467

Personenverzeichnis

Kayser (Seehandlungsdirektor) 242
Keferstein, Adolf 138, 147, 168, 227–231, 258, 273, 305, 308, 360
Keferstein, Christian Ernst 368,
Keferstein, F. W. 278
Keferstein, Georg Christoph 229
Keferstein, Hermann 360
Keferstein, Leberecht Orlando 99
Keller, Friedrich G. 11, 169–172, 192, 344, 364
Kirchner, Ernst 51, 83, 87, 102, 115, 118, 147, 231, 265, 301
Klaproth, Martin Heinrich 168
Kleist 314
Kleopatra VII. 28
Kliempt, Frank 467
Knaak, Bodo 370, 411, 423, 429
Knobelsdorf, von 306
Knust, F. W. 231, 262, 265, 274f., 278, 290f.
Köhler, Karl 147, 294f.
Köhler, Paul 147, 294f., 445
Konfuzius 31f.
Königsmark, Graf von 69
Koppatz, J. 113
Kork, Walter 468
Kraft, F. K. 231, 262, 265, 274f., 278, 290f.
Kraft, M. 290
Kraft, Paul 291
Kraft, Richard. 290f.
Kufferath, Daniel 51
Kühn, Carl August Heinrich 101f., 305
Kurfürst Friedrich III. von Brandenburg 70, 84
Kylmann, Walter 274, 286

Lande, Joseph Jérôme Francois de la 53
Lask, Hermann 289
Lask, Leopold 85, 95
Leber, Julius 387
Lecoq 223, 232, 234, 257, 263
Lee, J. A. 121
Leinhaas, Adam 251, 255, 259, 261, 263f., 270, 272, 322, 327
Leinhaas, Georg Peter 226, 234, 248, 251f., 254f., 258f., 261–265, 272, 301, 307, 310, 318, 329
Leopold, Erzherzog Prinz 167
Leprince, Jean-Baptiste 213

Linné, Carl von 167
Li-Se 31
Liu Ki = Kao Tsu 32
Löbel, Herbert 57
Ludwig, Heinz 116
Luplow, Roman 57
Lutz, Ingrid 427

Malkin, Lawrence 112f., 195
Mansuur, El 41
Marggraff Bernhard Carl 121f.
Mathis (Matthies) 271, 267
Mattfeld, Friedrich Jakob 362
Merkel, Friedrich 329
Merkel, Gustav 325, 329, 291, 333, 340
Meschmann, Friedrich Wilhelm 120
Meyer, Anna Margarete geb. Dornemann 362
Meyer, Johann Ludwig 362
Meyer, Samuel 278, 289
Michael, Jacob 377f.
Michel, Joseph 51
Mierendorff, Carlo 387
Millspaugh 150
Mitscherlich, Alexander 104, 122, 175, 335
Mitscherlich, Richard 175
Moebius, Max 291
Mongolfier, Jacques 51
Müller, Johann Heinrich 362

Neumann, Martha geb. Moebius 291
Neuwirth 397
Niemöller, Gerd 142
Niethammer, Geh. Komm. Rat 104, 171, 448
Nitsche, Johann Friedrich 120f., 222, 303, 305
Noack 104
Normann, Johann Conrad 362

Oechelhäuser 136ff., 147

Pack, R. A. 28
Panningvishee 25
Payern, A. 174
Peters, Hans-Jürgen 322, 370, 390 402–405, 411f.
Phipps, John und Christoph 133
Piccard, Gerhard (eigtl. Bickert, Gerhard August Karl) 63

Pickering, Johann Joseph 102
Piette de Rivage, Prosper 227
Piette, Louis 133, 227f., 304, 364
Piette, Maria Ludwig Valentin (Louis) 49f.
Piette, Prosper 126
Polo, Marco 42
Porstmann, Walter 15
Preuße, Johann Heinrich 85
Ptolemäus I. 28
Ptolemäus II. 23
Pütter 264

Radtke 421
Raschid, Harun al 41
Rau 136, 306, 308, 312
Réaumur, René Antoine 167
Rembrandt 213
Reuleaux, F. 30, 136, 147
Riedel, R. 283f., 286
Riedel, W. 284f.
Risch, Otto Theodor 246ff.
Rittinghausen, Wilhelm 45
Robert, Nicolas-Louis 11, 108, 125ff., 363
Rosenberg, Alexander 281ff., 356, 358, 367, 369ff., 375, 382
Rosenheim (Rosenhain), Jakob 99
Rother, Christian 12, 79, 162, 240–244, 246ff., 255, 258, 305, 308, 316
Rozier, Pilatre de 51
Rudel, Alwin 31, 163, 184ff., 274ff., 278, 290
Rutsch, Ernst-Felix 69, 72, 411, 423, 425f., 434

Saffra, Samir (Samuel) 372–376, 379, 382
Sassoferrato, Bartolus de 62
Sauer, Robert Wilhelm 371, 374f., 379, 382
Savigny, Friedrich Carl von 246
Schachno, Sam = Saffra, Samir 376
Schadow, Carl Ludwig Philipp 90
Schaeuffelen 136, 147f., 254, 343
Schäfer, Johann Christian 362
Schäffer, Jacob Christian 167f.
Scheele, Karl Wilhelm 50, 179
Scheller, Heinr. Friedr. 274f., 282
Scheufelen, Adolf 159
Scheufelen, Carl 363

505

Schinkel, Karl Friedrich 238
Schlieder, Wolfgang 81
Schmidt, Frieder 62, 467
Schoeller, Ewald 389, 391
Schoeller, Felix Heinrich 115, 160, 163, 222, 277, 340–351, 355ff., 359, 361, 366f., 382–385, 387, 388–391, 400, 414, 418, 420, 423, 438, 444f., 451
Schoeller, Felix Hermann Maria 348f.
Schoeller, Felix jr. 24, 58, 349, 388, 391
Schoeller, Heinrich August 342, 349, 391
Schönheit, Adolf 362
Schottler, Samuel Friedrich 87, 92, 96, 98, 103, 119
Schrödinger, Hubert 443
Schroeder, Franz 250
Schroth 391
Schubert, Elly 329
Schuckmann, von 302
Schule, F. 174
Schulte, Alfred 81, 162, 227f., 235, 283
Schulz, Eduard 401, 410f., 413, 415f., 420ff.
Schulze, Thomas Eckhardt. 411, 419, 424f.
Schürfeld, Gustav 361
Schürfeld, Jens 361
Schürmann, Johann Michael 362
Schwarz, Arthur 366
Seebald, Gebrüder 115, 222, 305
Sembritzki, Max 128, 138
Senefelder, Alois 207
Sigismund, Kaiser 68
Sigl, Georg 148, 336, 355
Sotheby 24
Spangenberg 252, 319, 328
Spielmann, Johann 45
Splitgerber, David 97f, 106, 118f.
Sporhan-Krempel, Lore 44
Stägemann 241
Standwood 168
Staudt, Johannes 375, 380
Stegherr 128
Steidel, Fritz 291
Stein, Reichsfreiherr vom und zum 162, 237
Steinbock, Friedrich Wilhelm 104

Steinbock, Paul, Geh. Komm.Rat 104
Steinhauer, Christoph 411, 427, 429, 432
Stentz, Johann Christian Friedrich 107ff.
Stier, Gernot 224, 410, 415, 418f., 421, 424
Strehlau, Alfred 286
Strehmann, David 109f.
Stromer, Ulman 44
Stromer, Wolfgang, von Reichenbach 44

Tang 32, 169
Tate, John 45
Tennant, Charles 179
Thin Shi = Tsin Schihang-ti = Quin Shikuángdi 32
Thurneysser zum Thurn, Leonhard 90
Tilghman, Benjamin C. 175
Troschke 73, 302, 327, 357
Trowitzsch, Joachim 235
Truchet, Sebastien 211
Ts'ai Lun = Marquis von Long Tang 32
Tschudin, Peter 27, 54

Ulbricht, Gangolf 57
Ullrich, Richard 285

Voelter, Heinrich 136, 170, 192, 344
Vogel, Elias 368
Voith, Johann Matthäus 136, 145, 148, 153ff., 170, 191, 339, 344, 390
Völker, Johann Adam 86
Völter, Heinrich 104
Vorster, M. F. 107f.
Vossen, Michael 425, 427, 429, 432

Walker, I. B. 138
Wang Mang 32f.
Watt, Charles 175
Wegener, Eduard 84, 272
Wegner, Benjamin 223
Weise, Carl 252, 318
Weiß, August 294
Weiß, Karl Theodor 62
Weiß, Wisso 62, 299, 302

Weisser, Carl Friedrich 243, 254, 290
Wen-ti 32
Wentzel 244, 247f., 254, 258, 261, 267–271, 270f., 282, 300, 303, 306ff., 311ff
Werner 252, 318f.
Westphalen, Adolf 121
Widmann, Johann Jacob 133, 136f., 148, 304
Wiesner, Julius Ritter von 34f.
Wilcox, James M. 110ff.
Willigh, L. van der 91f.
Witzleben, Graf von 85
Woge, Andreas Jordan 334f.
Woge, Carl Heinrich Ludwig 335
Woge, Henrik Ludvig 340
Woge, Karl August Ludwig 80, 322, 325, 327–333, 335f., 339f., 352f., 357, 377
Woge, Paul 340
Woge, Thomas 333
Wu-Ti 32

Yü 36

Zeppelin, Graf 386
Ziethen, von 314
Zumarraga 27

Abbildungsnachweis

Andritz AG S. *135 (unten), 137*

Archiv des Autors S. *39, 45, 49, 55, 56, 131, 224, 225, 228, 389, 403, 422*

Archiv École Internationale du Papier S. *126, 127*

Archiv Sappi Alfeld S. *330*

Archiv Schoeller-Holding GmbH Co. KG S. *346*

Archiv Thomas Bausch S. *347, 351 (unten), 392, 396, 397, Umschlagrückseite (links)*

Klaus B. Bartels S. *34, 41, 226, 288, 351 (oben), 408 (rechts), 418, 419, 427*

Beamten-Wohnungs-Verein zu Berlin eG S. *240*

Stefan Feyerabend S. *339, 385, Umschlagvorderseite (links)*

Katasteramt Landkreis Ostprignitz-Ruppin S. *352*

Bodo Knaak S. *59, 143, 144*

Kreuzberg Museum S. *285*

Patent-Papierfabrik Hohenofen e.V. S. *222, 310, 353, 354, 355, 400, 408 (links), 412, Umschlagvorderseite (rechts oben und unten)*

Voith Paper Holding GmbH & Co. KG S. *134, 135 (oben, Mitte), 136, 170, 171, 264, Umschlagrückseite (rechts)*

Der Autor

Klaus B. Bartels, Jahrgang 1925, war nach technischer Ausbildung in einer Feinpapierfabrik und kaufmännischer im Feinpapiergroßhandel Geschäftsführer in der Feinpapiergroßhandlung seiner Frau, Curt Uhlig in Magdeburg, und Inhaber eines Kunstverlages unter seinem Namen. Die IHK Halle berief ihn zum Sachverständigen für Feinpapier. Nach der Flucht aus der DDR 1960 und einigen Semestern BWL-Studium war er Prokurist und Geschäftsführer einer Papier- und Pappengroßhandlung in Lauterbach und nach deren Verkauf selbstständiger Vermögensberater. Seit Erreichung der Altersgrenze bereiste er mit seiner Frau 102 Länder auf allen fünf Erdteilen, größtenteils im eigenen Wohnmobil. Seit mehr als drei Jahren widmet er sich der Papiergeschichte und steht dem gemeinnützigen Museumsverein Patent-Papierfabrik Hohenofen e.V. (Brandenburg) als technischer Berater zur Seite. Seit 2008 ist er Teilnehmer am Deutschen Arbeitskreis Papiergeschichte.